全面 • 专业 • 实用 • 经典 • 艺术 • 厚重 • 超值

中文版

AutoCAD 2009 建筑设计完全自学手册

孙启善 白英 编著

- 技术手册　全面系统地讲解AutoCAD建筑设计应用的实用技术
- 行业典范　针对行业的需求和应用，设计典型的行业经典案例
- 操作技巧　丰富简练的操作练习，学习变得轻松、简单、快捷
- DVD　包括书中100多个案例的源文件、素材以及900多分钟的多媒体语音视频教学，赠送近50个常见技巧及疑难解答、200多个常用命令速查以及常用快捷键、常用系统变量的电子手册

兵器工业出版社

北京希望电子出版社
Beijing Hope Electronic Press
www.bhp.com.cn

内 容 简 介

本书主要针对建筑设计领域，以中文版 AutoCAD 2009 为设计平台，以工程设计流程为主线，详细而系统地介绍了 AutoCAD 在建筑设计领域内的具体应用。

全书共 25 章的内容。首先从软件基础知识开始讲解，结合众多实例讲述了 AutoCAD 在建筑制图中常用的绘图及模型制作技能；其次精选了 20 个典型实例，使读者在绘制图的过程中学习和巩固软件功能，同时提高自身的绘图水平；最后以工程案例形式、理论结合实践的手法，全面讲述了 AutoCAD 在建筑制图领域内的实际应用。

本书结构严谨、案例经典、图文并茂，且实用性、专业性特点突出。通过本书的学习，能使读者在熟练应用 AutoCAD 软件的基础上，了解、掌握建筑工程图纸的设计流程、方法和技巧。

本书主要面向初、中级用户和建筑设计人员，不仅适合作为建筑院校相关课程的教材和教学参考用书，也可成为广大建筑设计人员和急于投身到该设计领域广大读者的最佳操作向导。

在本书的配套光盘中提供了书中实例的部分图块文件、效果文件及源文件，同时还提供了部分章节的教学视频，供读者学习和参考。

图书在版编目（CIP）数据

中文版 AutoCAD 2009 建筑设计完全自学手册/ 孙启善，白英编著. —北京：兵器工业出版社；北京希望电子出版社，2009.5

ISBN 978-7-80248-332-3

Ⅰ.中… Ⅱ. ①孙…②白… Ⅲ. 建筑设计：计算机辅助设计—应用软件，AutoCAD 2009—手册 Ⅳ.TU201.4-62

中国版本图书馆 CIP 数据核字（2009）第 038526 号

出版发行：兵器工业出版社　北京希望电子出版社

邮编社址：100089　北京市海淀区车道沟 10 号

100085　北京市海淀区上地三街 9 号

嘉华大厦 C 座 611

电　　话：（010）62978181（总机）转发行

（010）82702675（邮购）（010）82702698（传真）

经　　销：各地新华书店　软件连锁店

印　　刷：北京市密东印刷有限公司

版　　次：2009 年 5 月第 1 版第 1 次印刷

封面设计：潘海波

责任编辑：于　伟　宋丽华　陆京梅

责任校对：小　雅

开　　本：787×1092　1/16

印　　张：34（彩插 14 页）

印　　数：1-3000

字　　数：771 千字

定　　价：59.80 元（配 1 张 DVD）

小区建筑总平面图

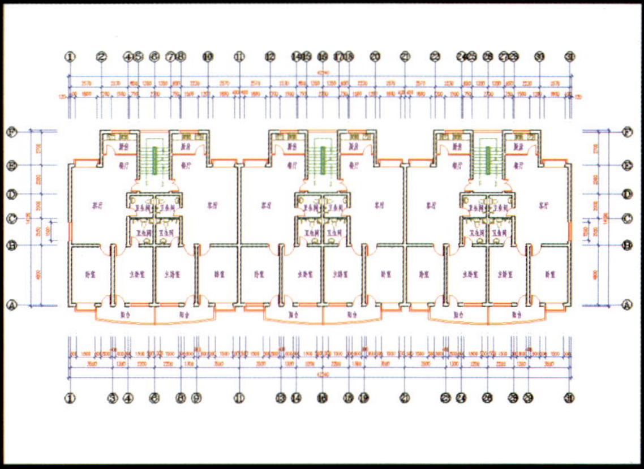

建筑平面图

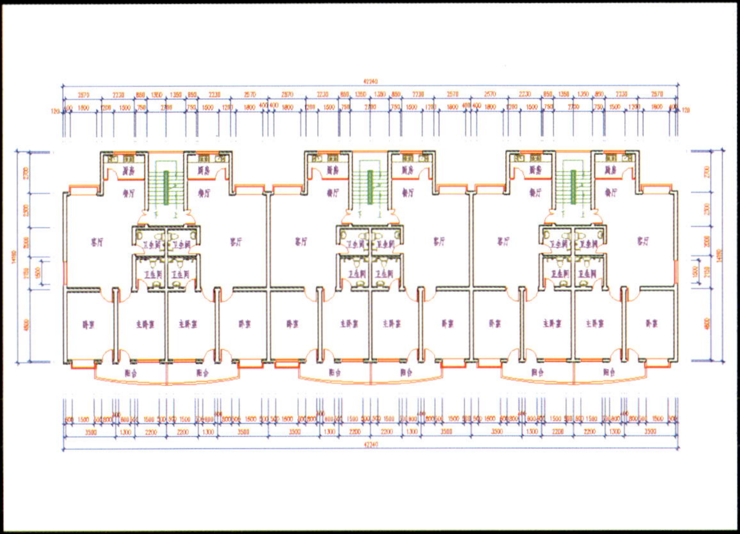

标注施工尺寸

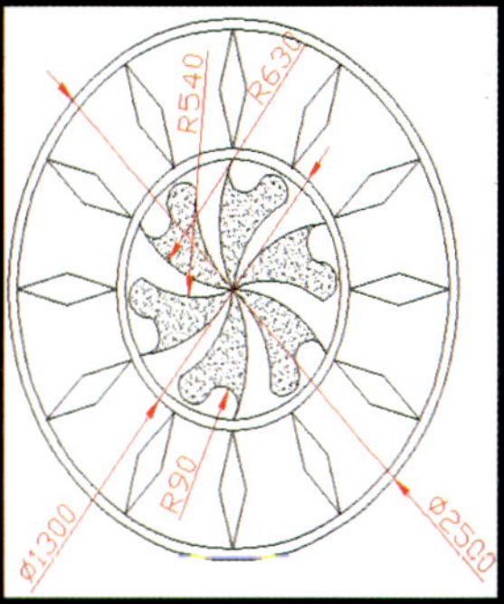

地面拼花1

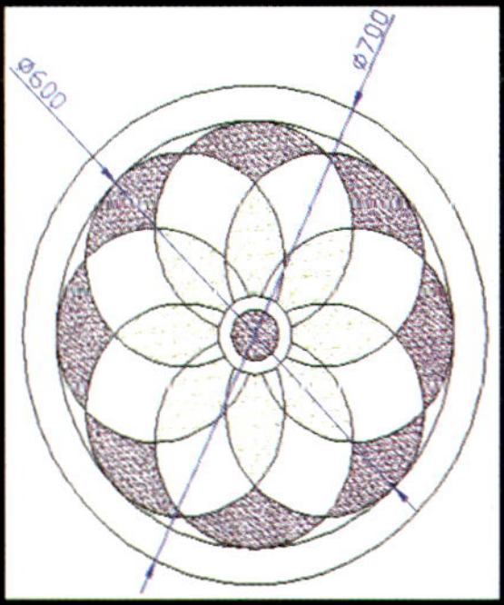

地面拼花2

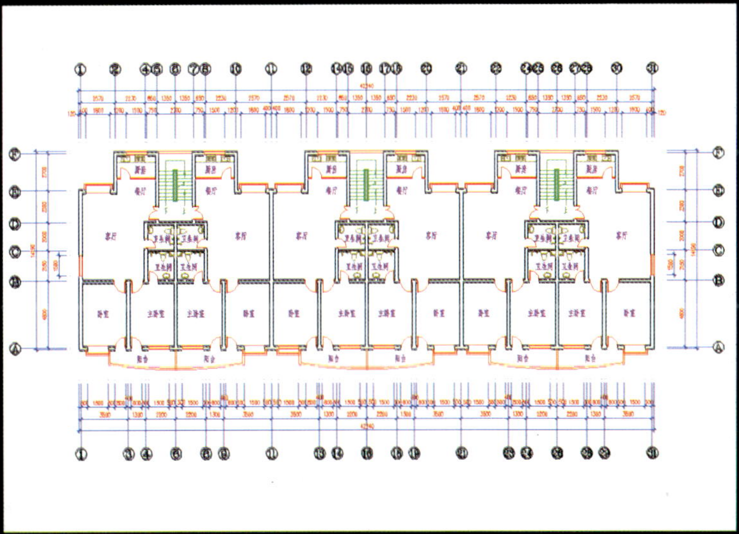

编写墙体序号

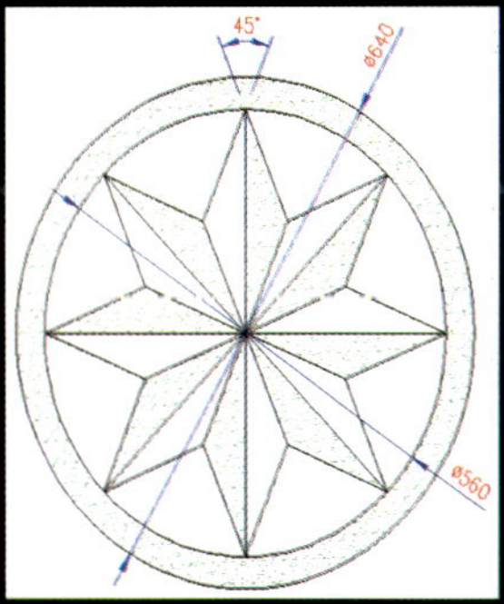

地面拼花3

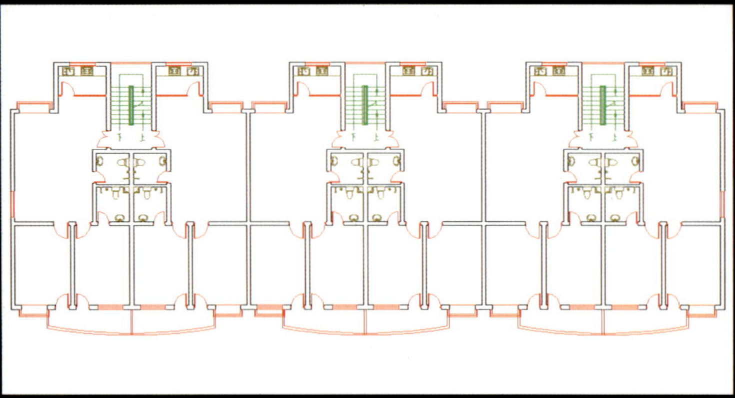

建筑物构件

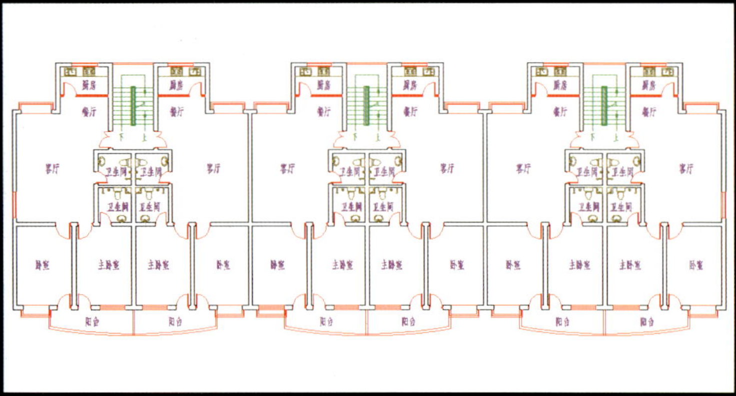

标注房间功能

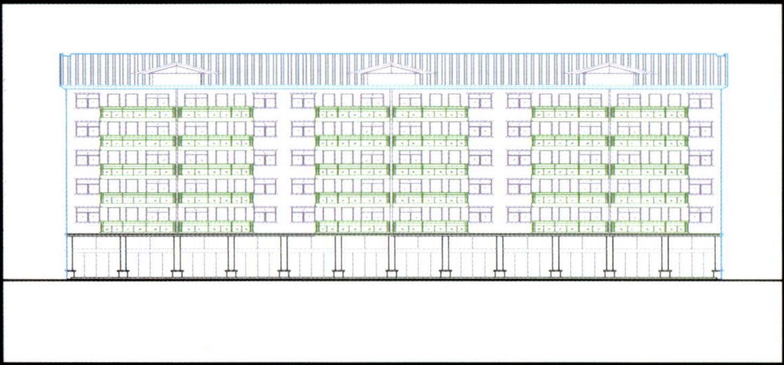

顶层立面

标准层立面

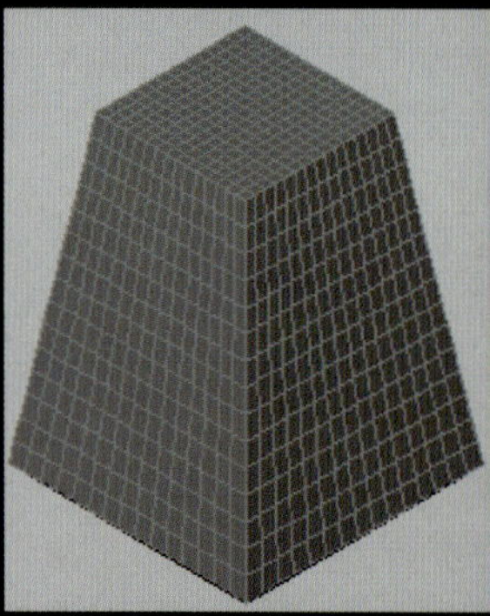

边界网格

曲面网格

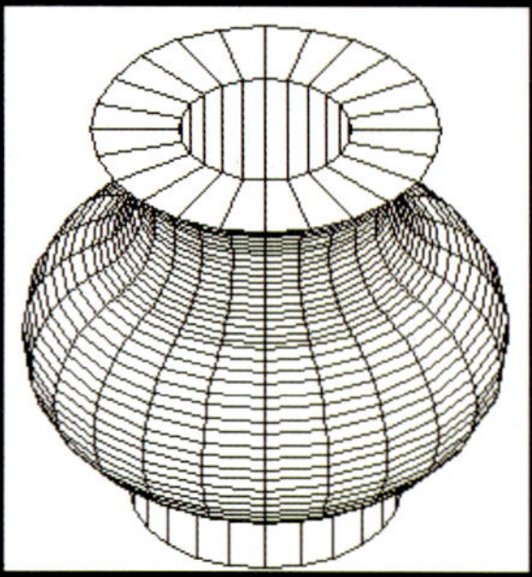

直纹网格

渲染直纹网格

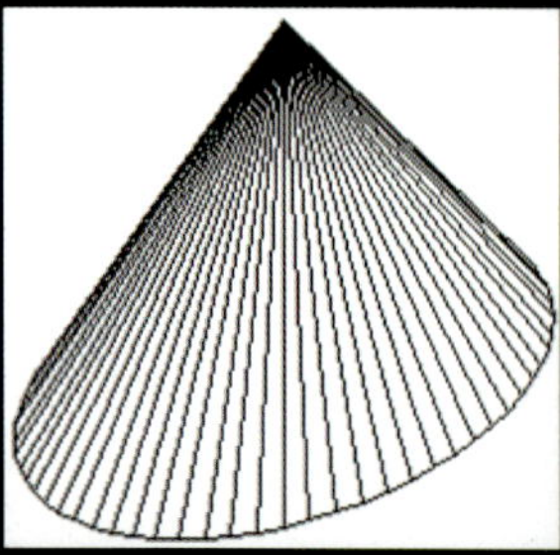

锥体

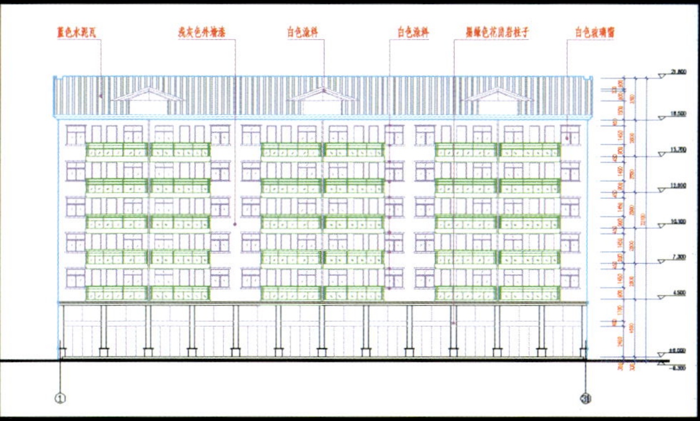

标注立面尺寸

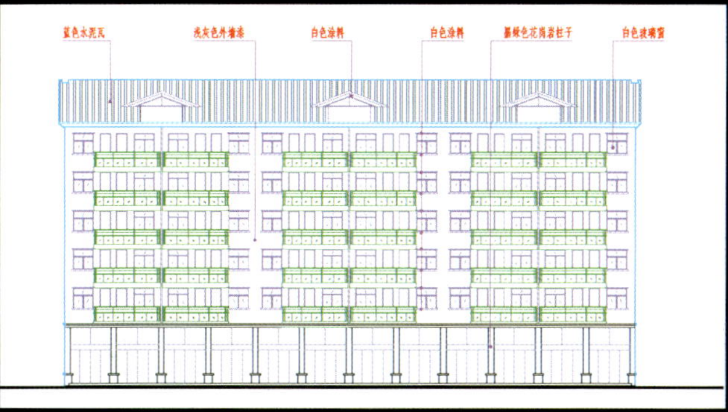

标注立面文字

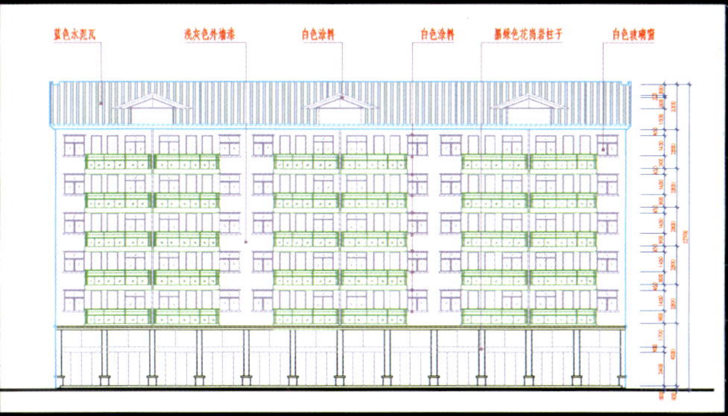

标注立面尺寸1

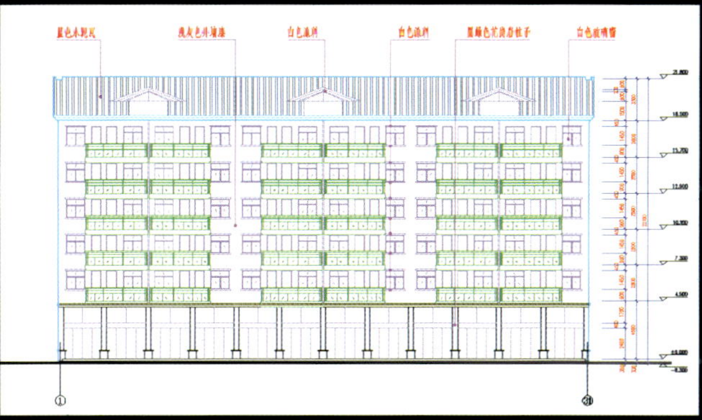

标注立面标高

资料柜

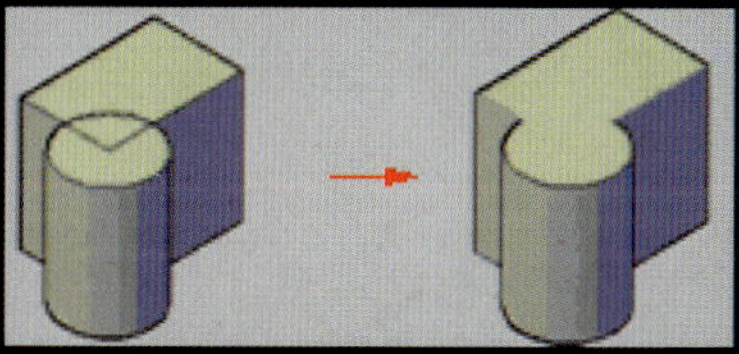

三维倒角-并集

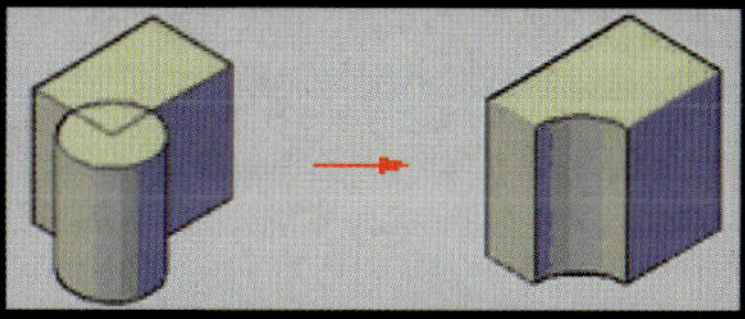

三维倒角-差集

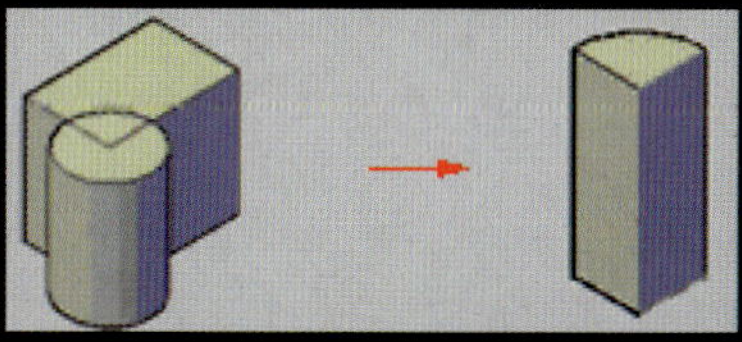

三维倒角-交集

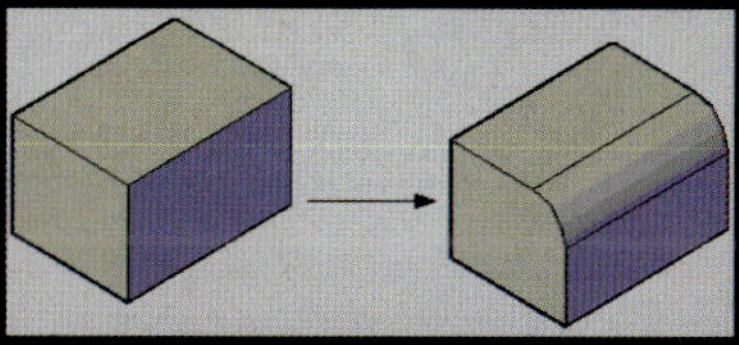

实体三维倒角

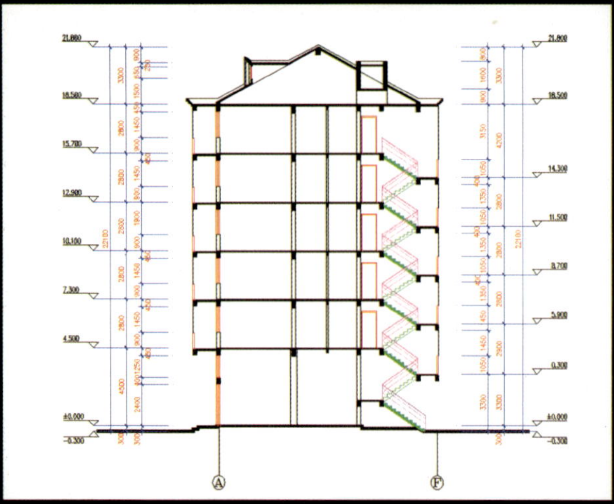

楼层结构及标注

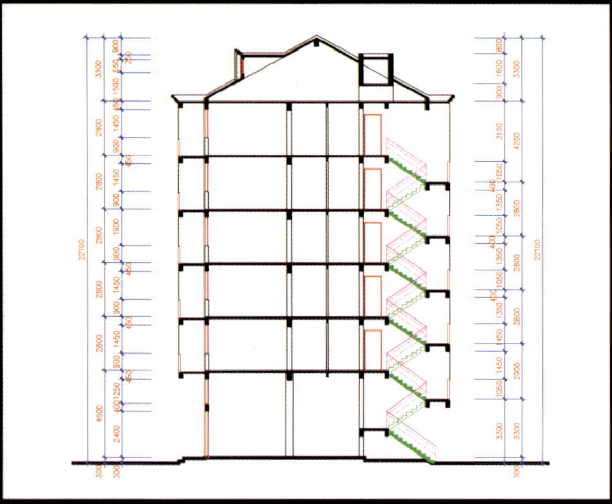

标注剖面尺寸

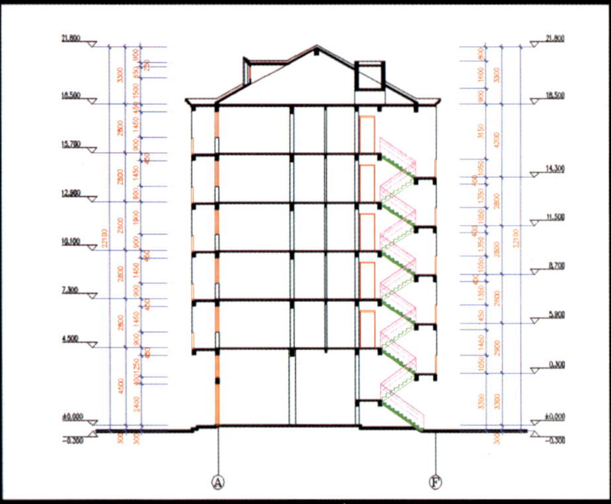

标注剖面标高

班台

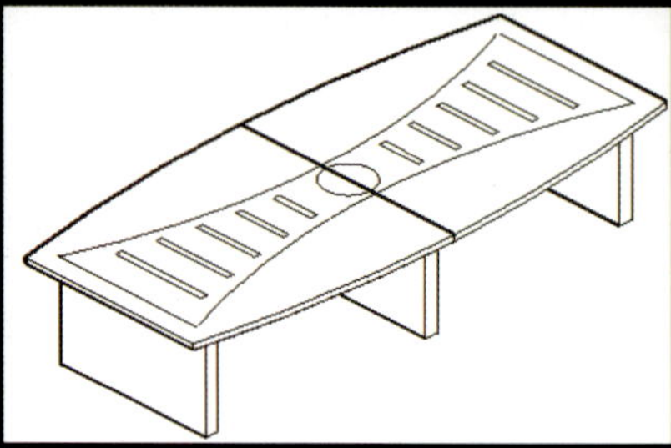

会议桌

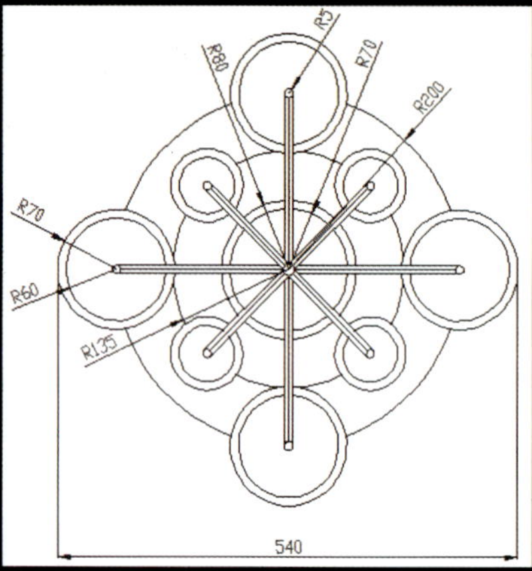

艺术吊灯

推拉门

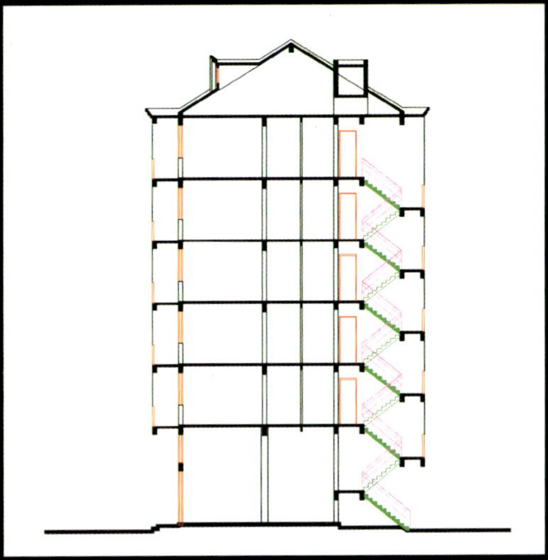

顶层剖面

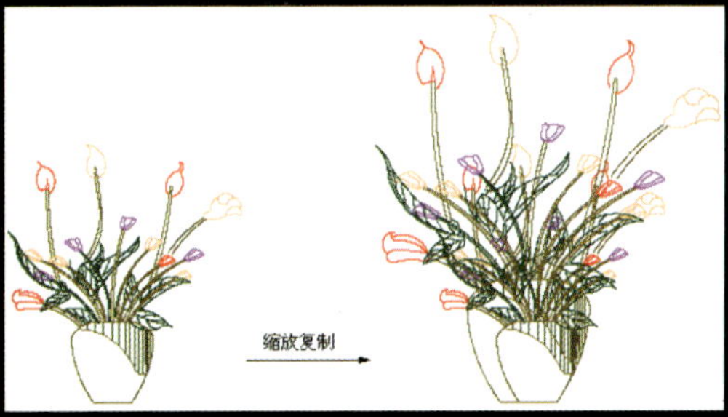

花篮

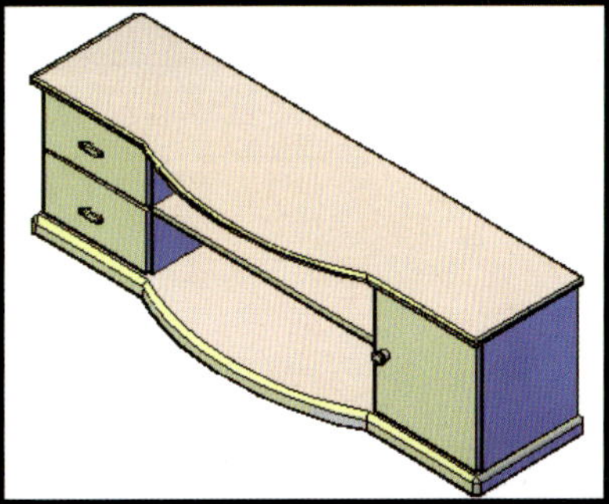

电视柜

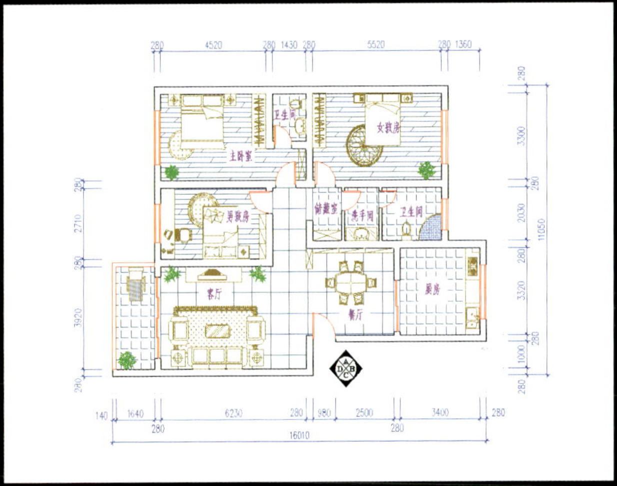

套房标注

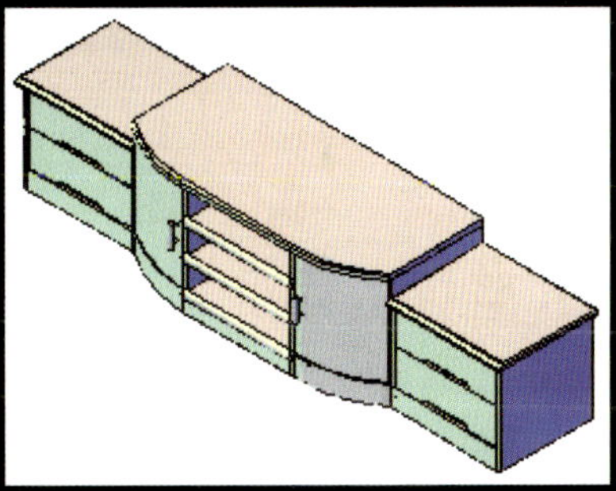

电视柜立体造型

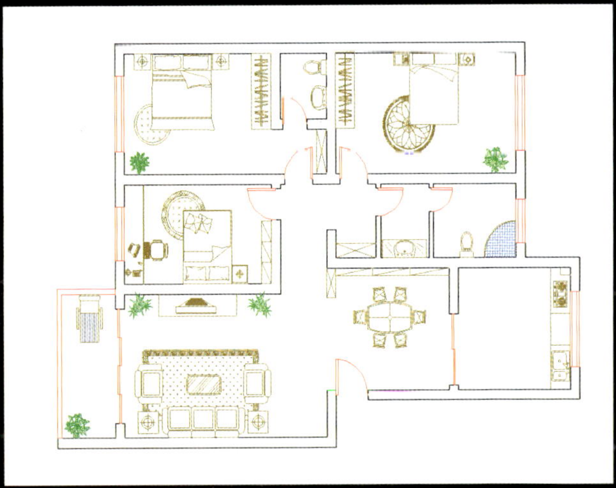

套房布置图

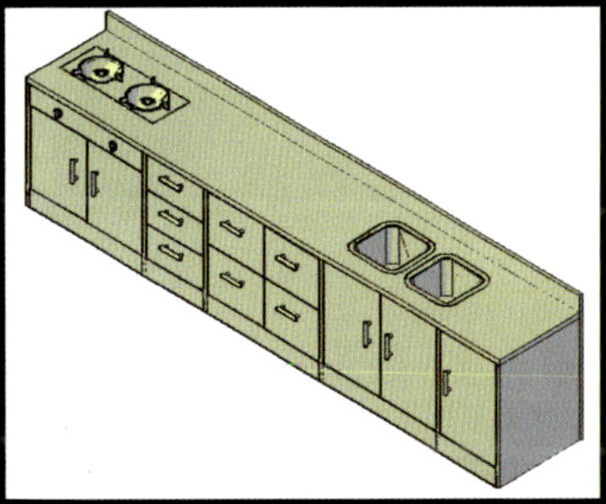

厨柜立体造型

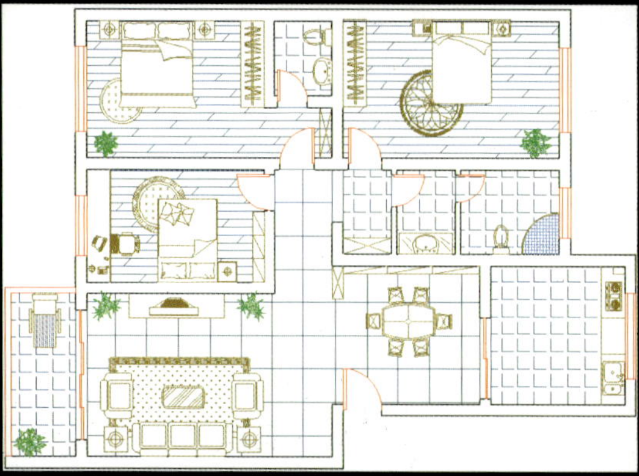

填充地面装饰线

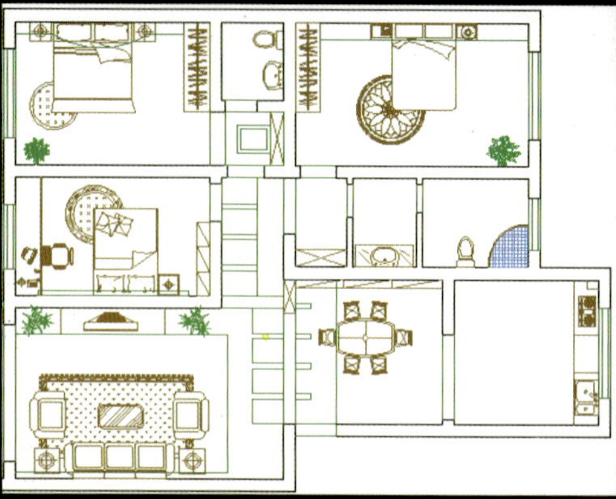

吊顶轮廓

标注文字注释

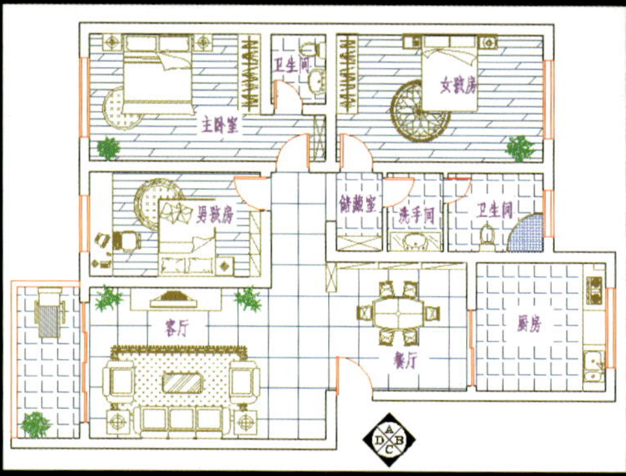

标注投影符号

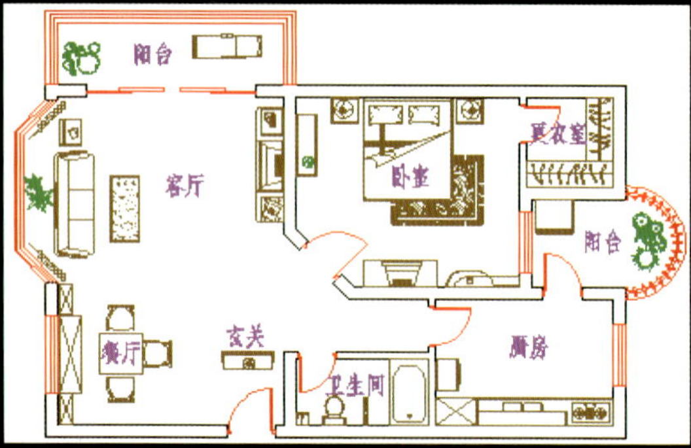

套房平面图

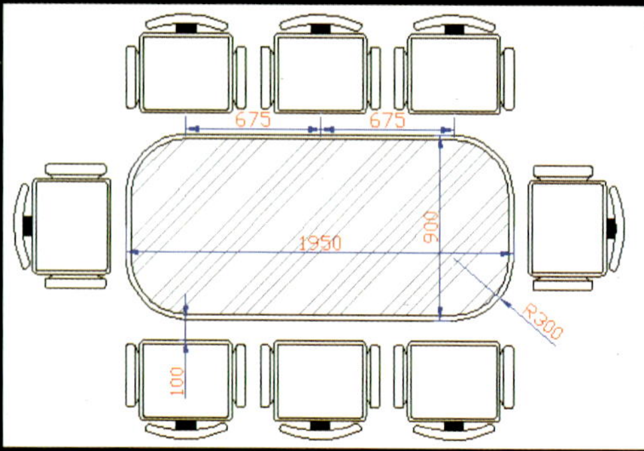

餐桌椅

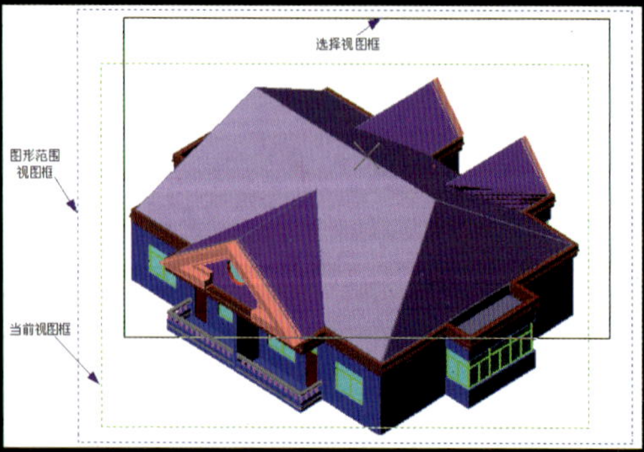

试图范围

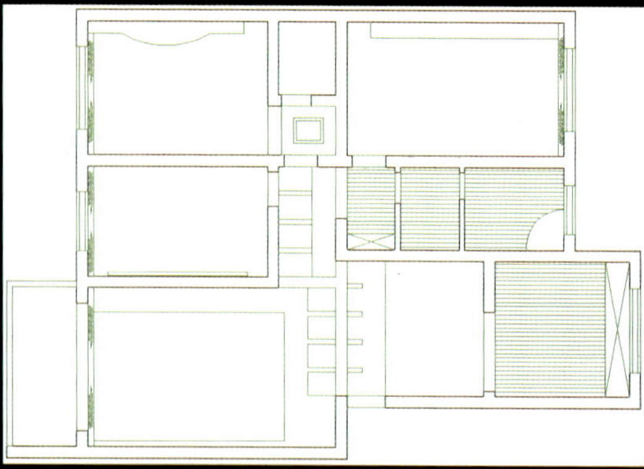

吊顶轮廓

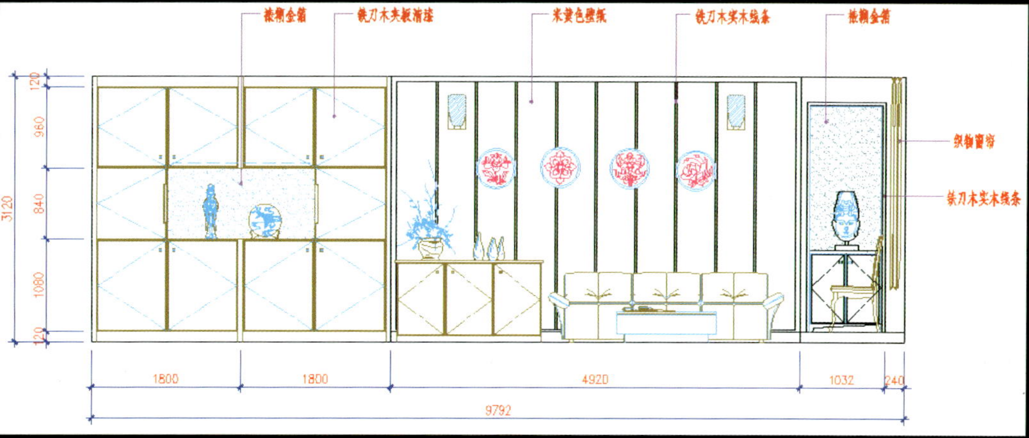

标注客厅立面图

客厅立面图

卧室立面图

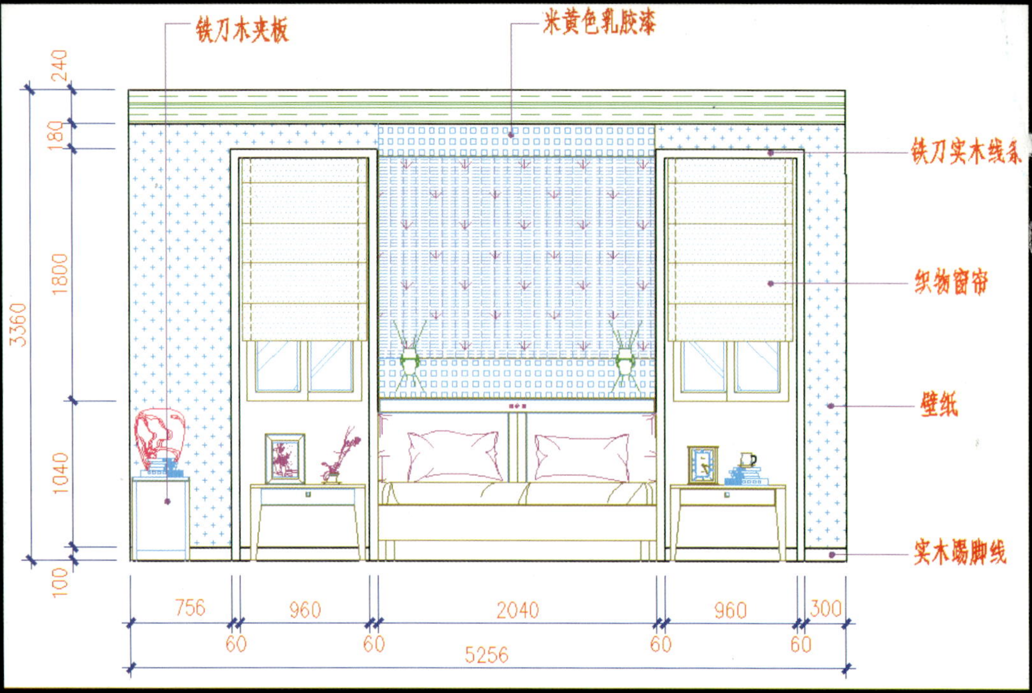

标注卧室立面图

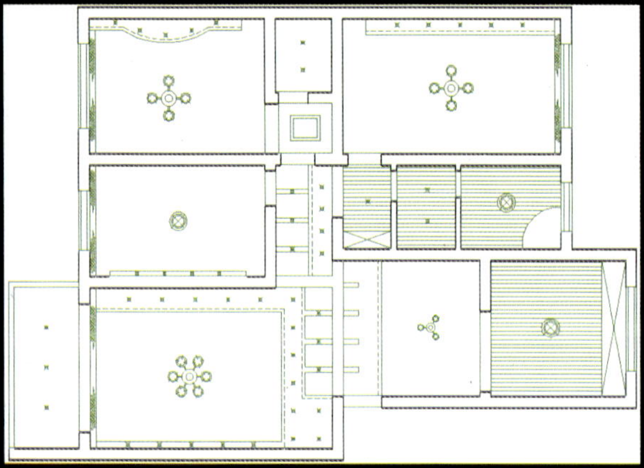

布置灯具与灯带

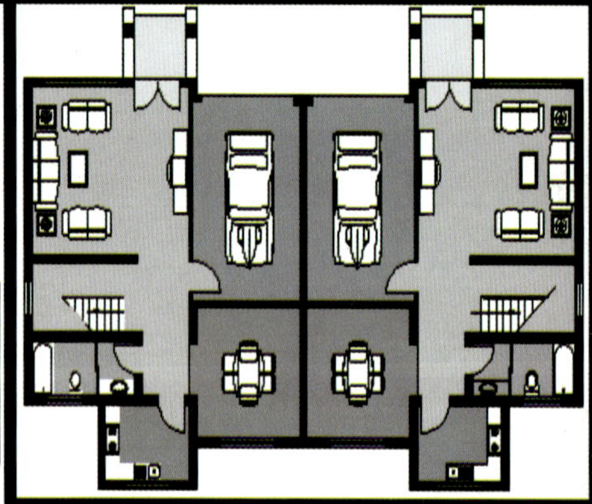

布置灯具与灯带

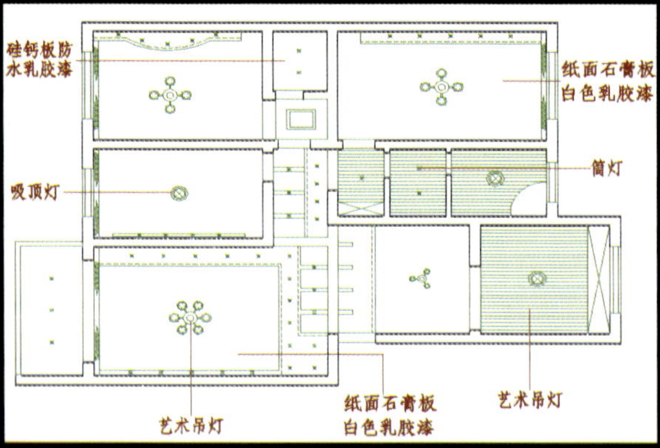

地理位置对阳光的影响

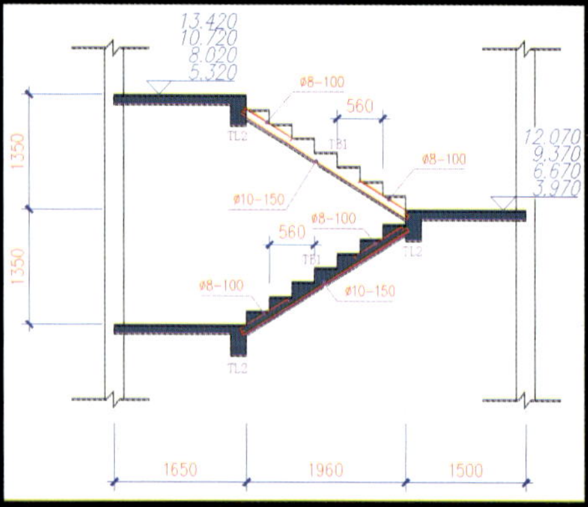

楼梯剖面详图

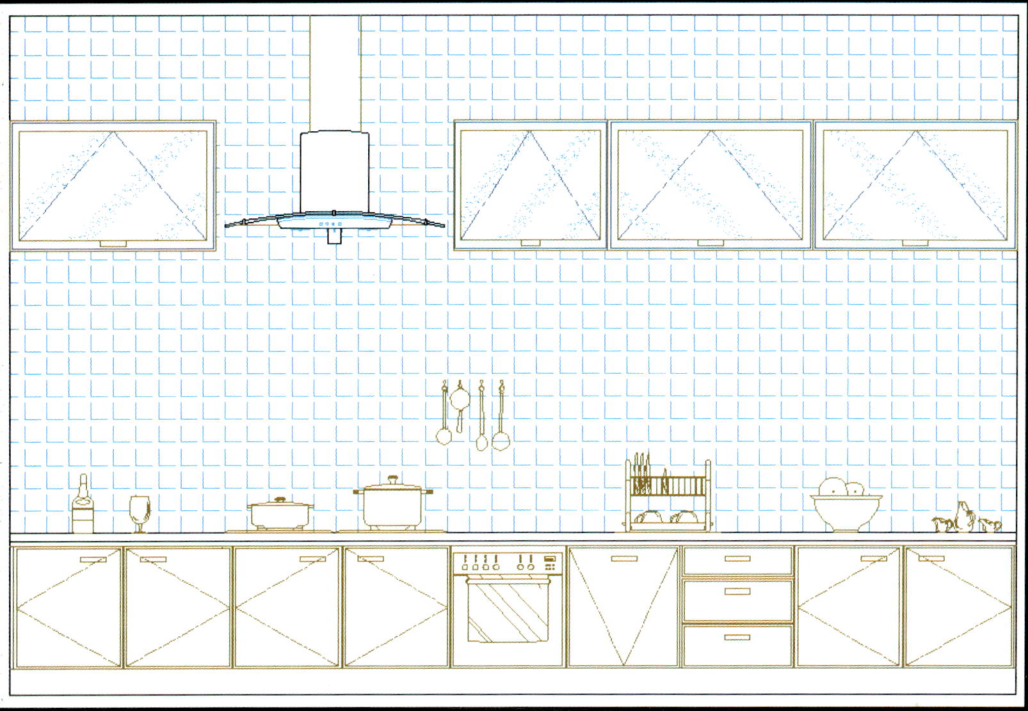

厨房立面图

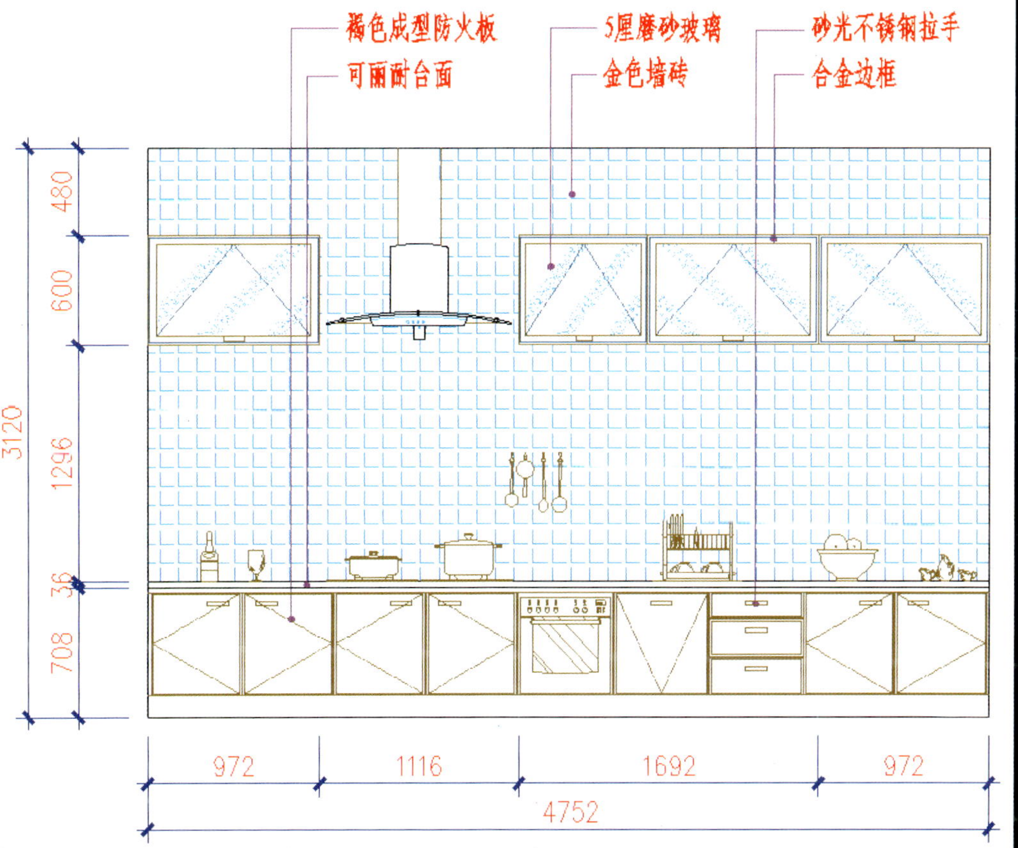

标注厨房立面图

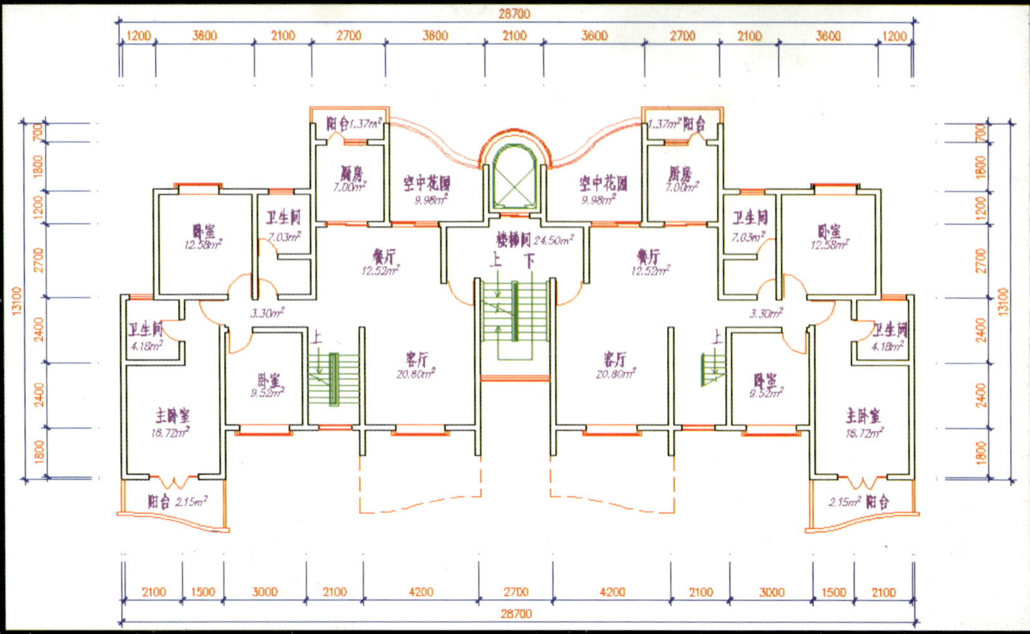

单元平面

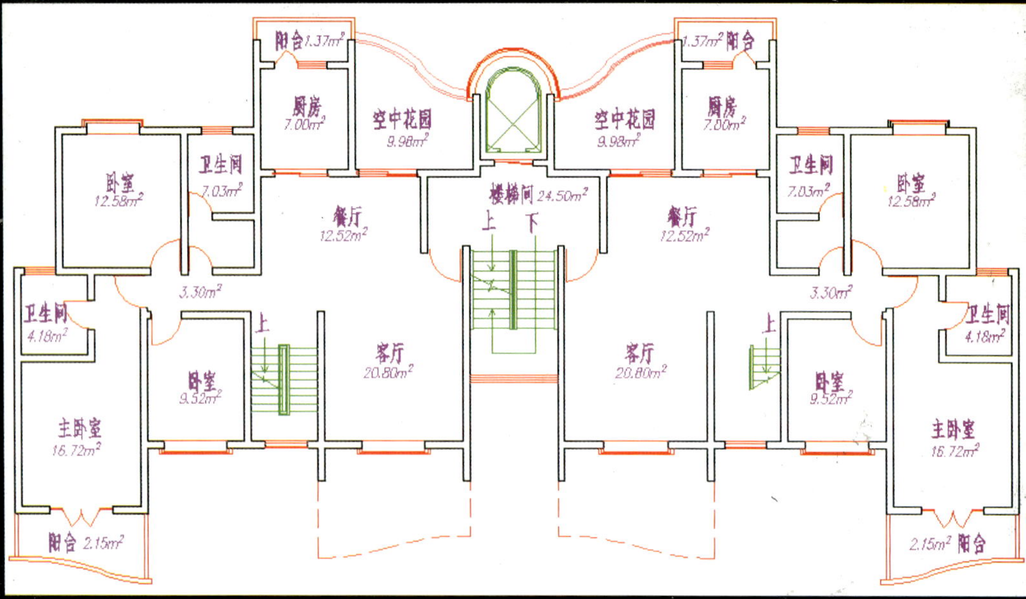

住宅单元

厂房

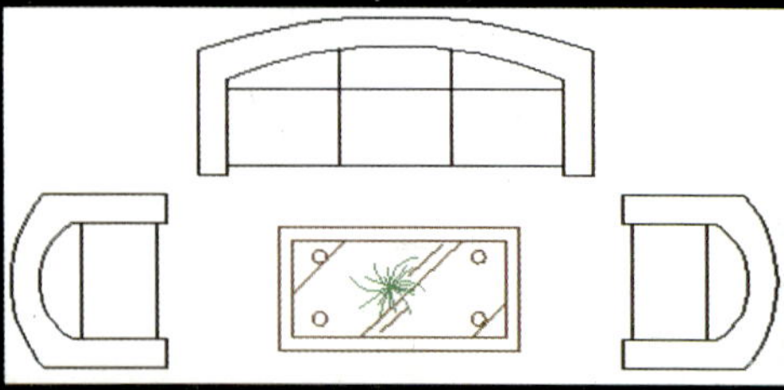
客厅沙发

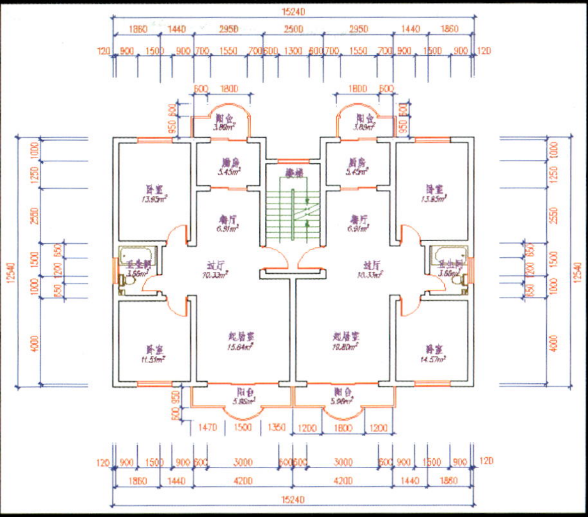

单元平面1

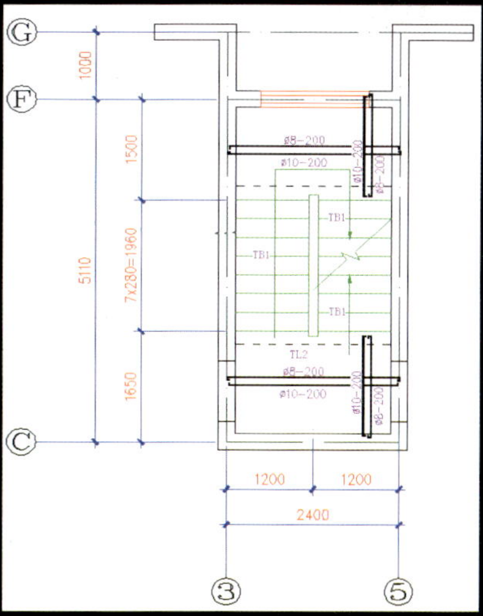

楼梯平面详图

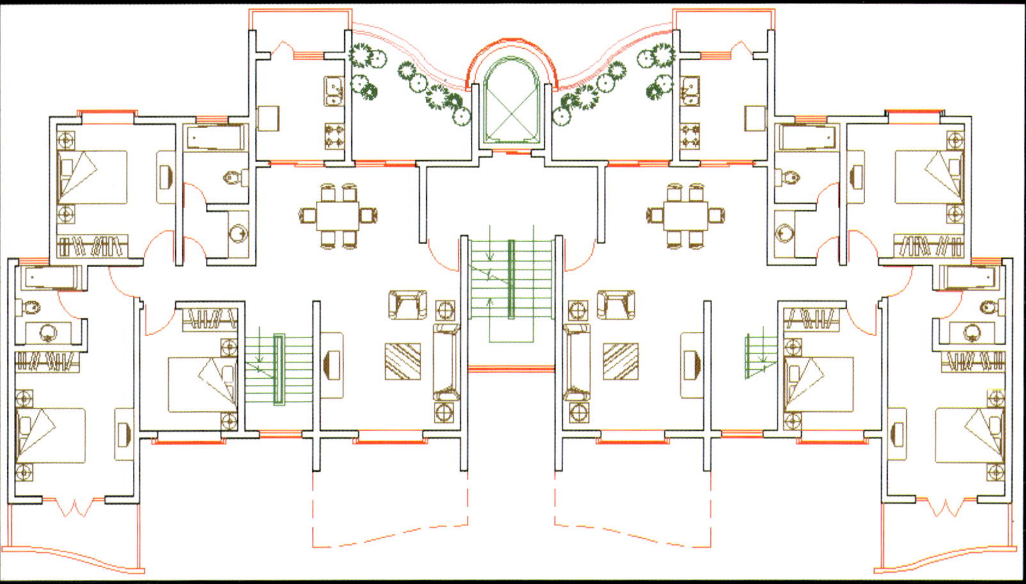

住宅单元平面

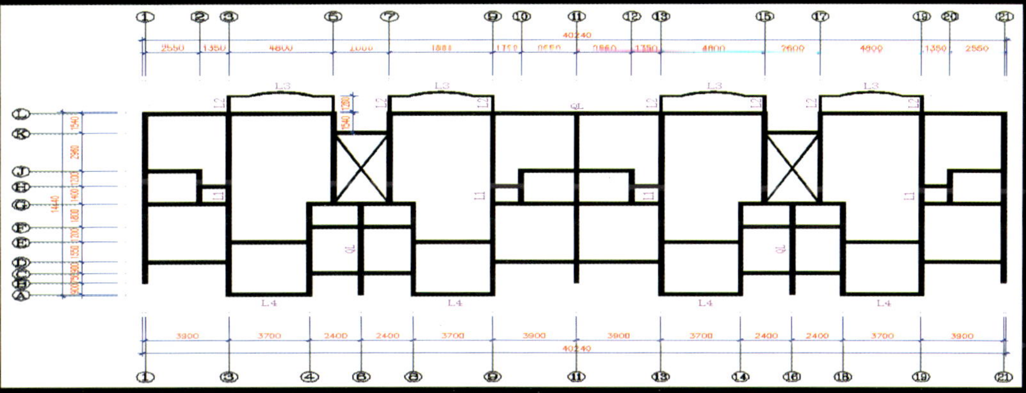

编写轴号

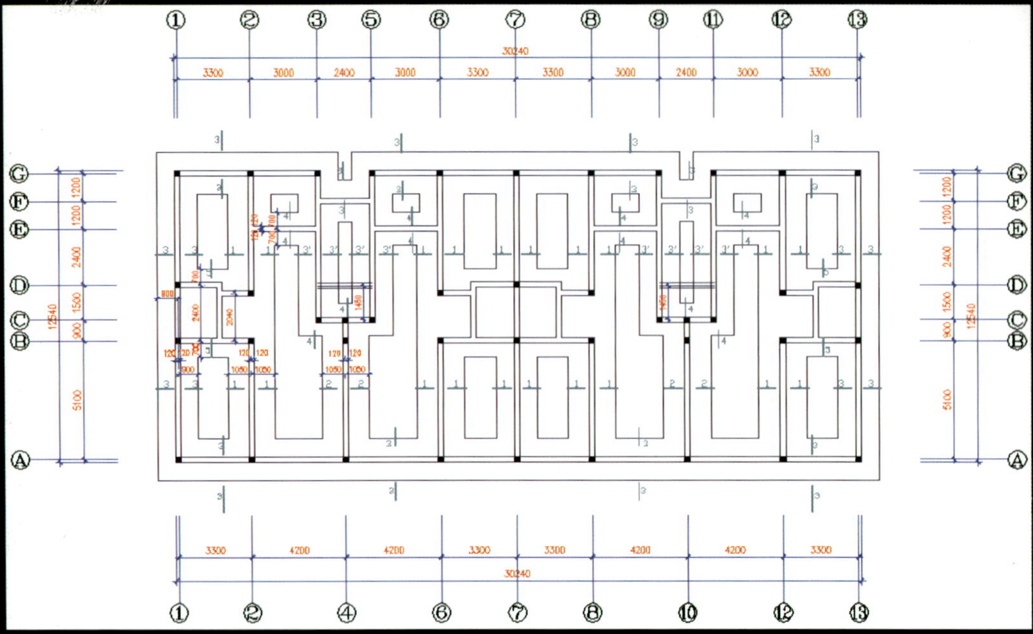

楼体基础平面图

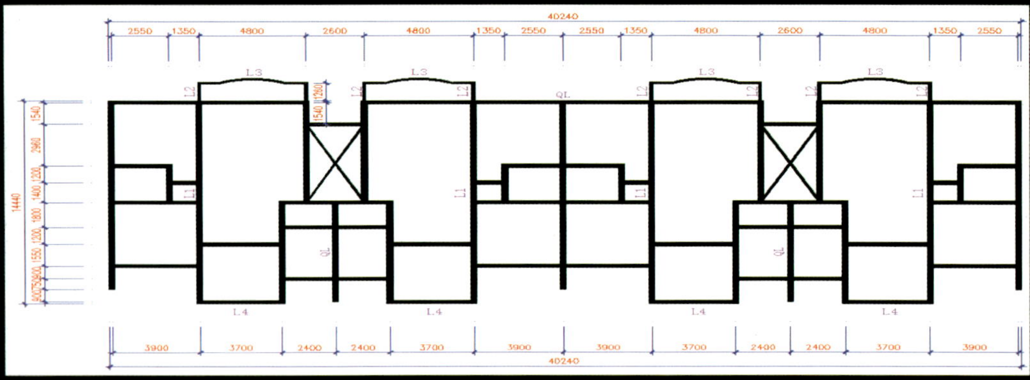

尺寸标注

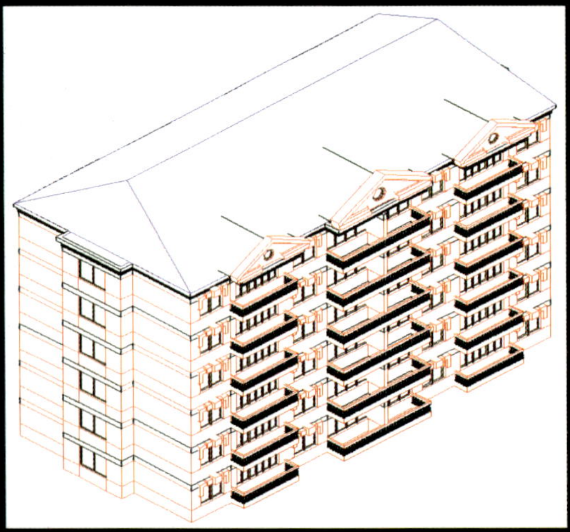

楼体消隐

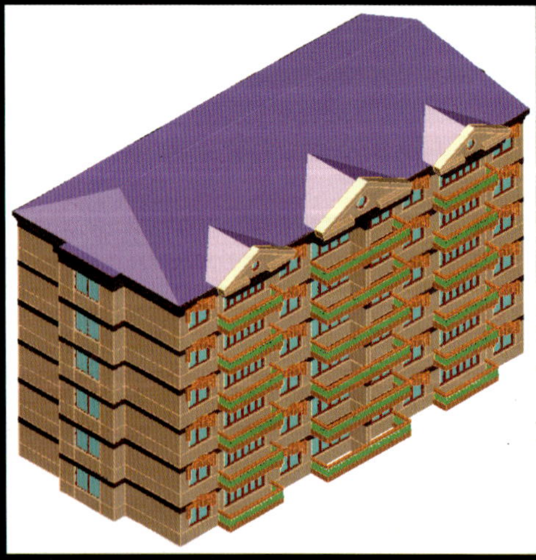

住宅楼三维效果

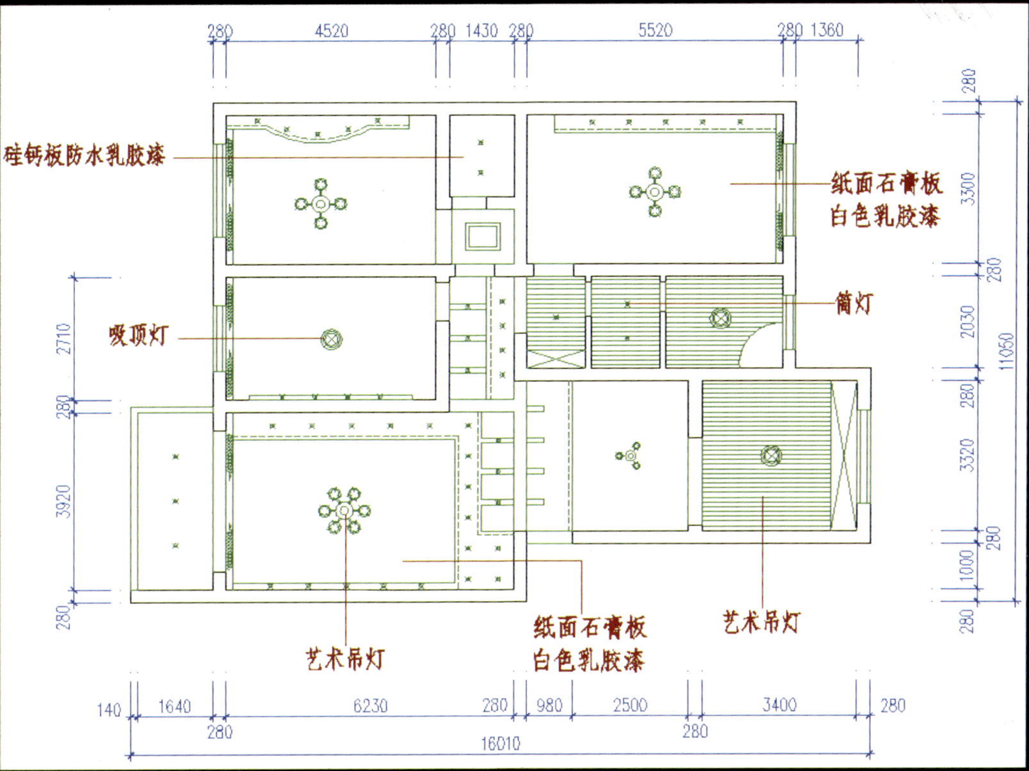
280
4520
280
1430
280
5520
280
1360
硅钙板防水乳胶漆
纸面石膏板
白色乳胶漆
筒灯
吸顶灯
2710
280
3920
280
3300
2030
3320
1000
11050
纸面石膏板
白色乳胶漆
艺术吊灯
艺术吊灯
140
1640
6230
980
2500
3400
16010

户型吊顶

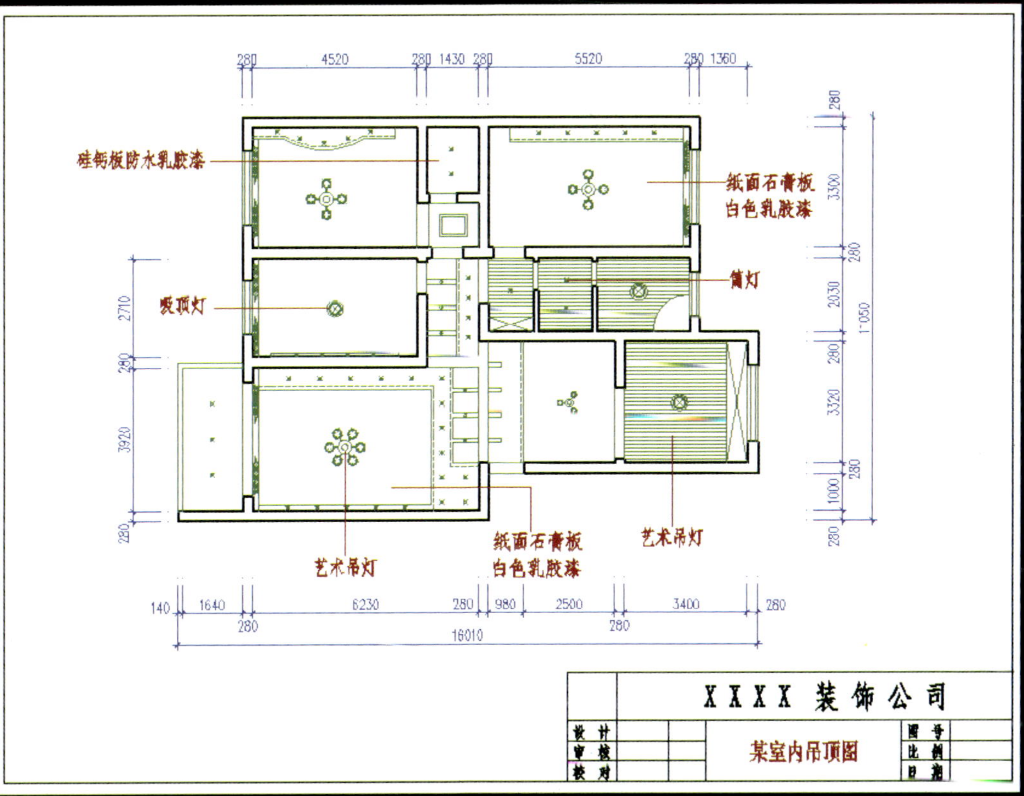
硅钙板防水乳胶漆
纸面石膏板
白色乳胶漆
筒灯
吸顶灯
艺术吊灯
纸面石膏板
白色乳胶漆
艺术吊灯
16010
XXXX 装饰公司
设计
审核
校对
某室内吊顶图
图号
比例
日期

模型快速打印

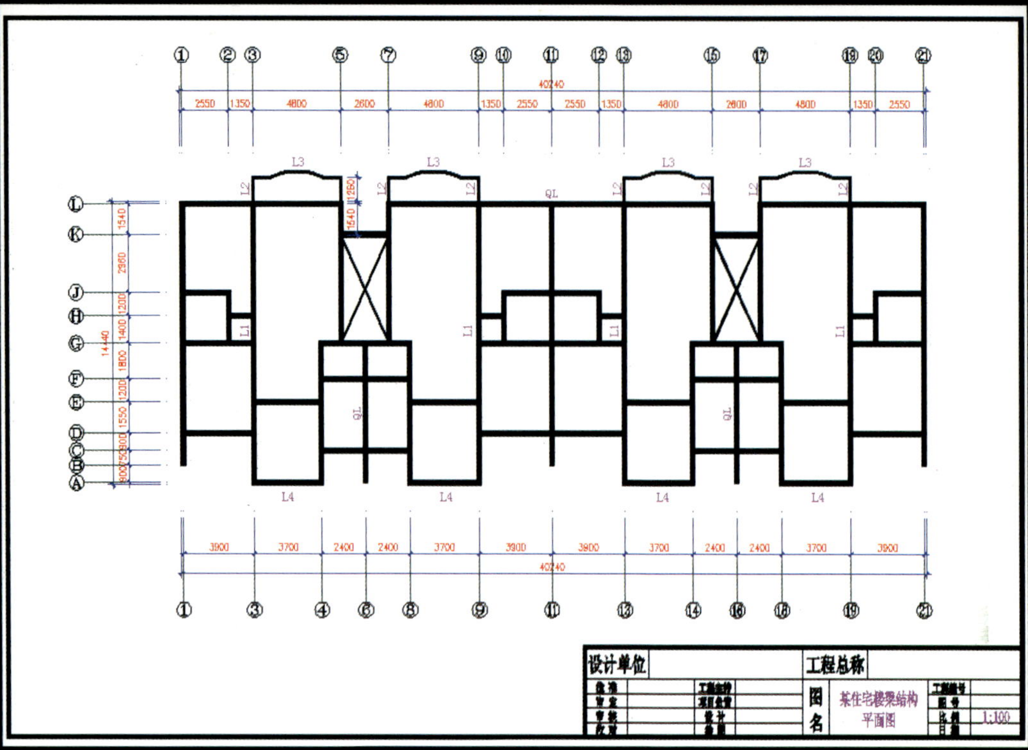

单比例精确打印

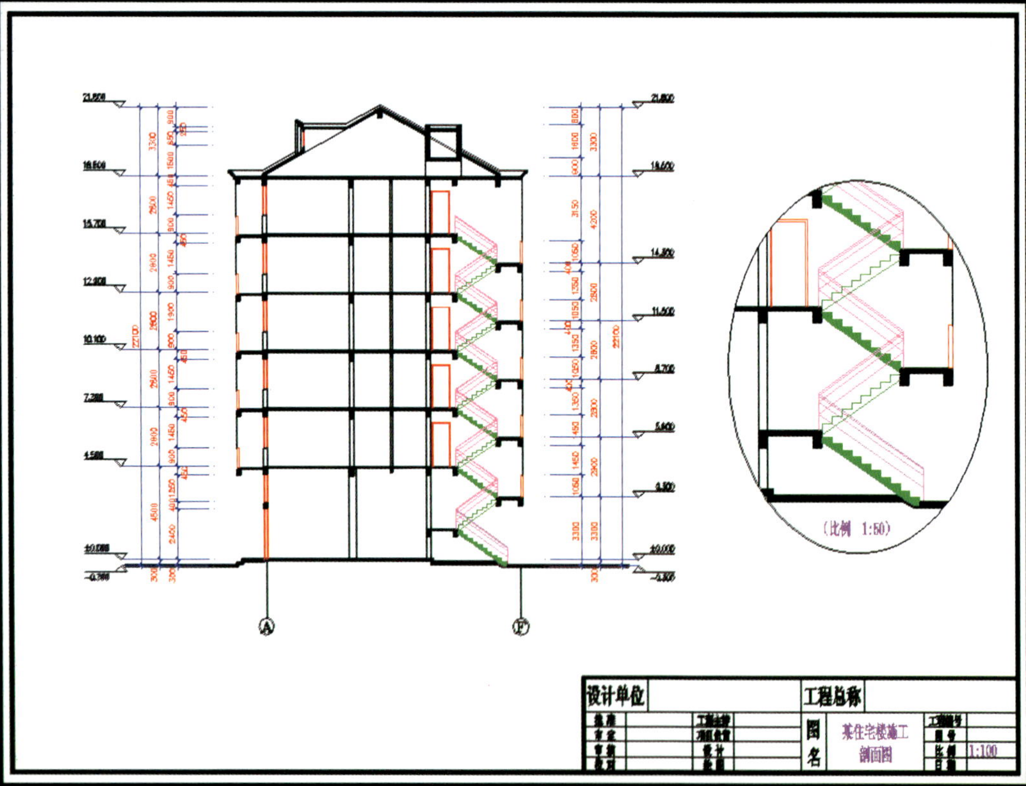

多比例精确打印

前 言

本书是以 AutoCAD 2009 为基础，主要针对建筑设计领域，全面系统地讲述了使用 AutoCAD 进行建筑设计的基本方法和操作技巧，使读者全面地掌握 AutoCAD 的常用命令及作图技巧。还可以使读者学会使用 AutoCAD 进行建筑图样的设计并领悟绘制建筑图样的精髓。

全书共分为 25 章。第 1～10 章主要讲述 AutoCAD 2009 的基础知识及基本操作，绘图过程中点的精确定位与视图调整，二维绘图及编辑功能，图形资源的管理与共享，标注零件图尺寸、公差、文字与符号，AutoCAD 三维设计环境，AutoCAD 曲面及实体建模实例，三维操作与实体编辑；第 11～12 章主要为读者精心设计了 20 个实例，通过这些实例全面引导读者熟练掌握软件的各项基本技能和一些高级制图技能，使读者通过本部分的学习，不但可以巩固和提高对软件的综合掌握技能，而且还可以切切实实地提高绘图技能，体会绘图的经验和技巧；第 13～25 章主要全方位引导读者学习 AutoCAD 绘图软件在建筑行业方面的综合应用技能，通过本部分的学习，读者不但可以熟练掌握软件的各种应用技能，而且还可以了解和掌握各类工程图的表达内容、绘制思路、绘制过程和行业绘制技巧等，并可以独立完成施工图的设计和绘图工作。

本书在章节编排方面一改其他同类电脑图书手册的编写方式，充分考虑培训教学的特点以及个人自学的方式，始终与实际应用相结合，以学以致用的原则贯穿全书，有利于培养读者应用 AutoCAD 完成设计绘图的能力。

本书的所有实例及在制作实例时所用到的图块、图形源文件等内容都收录在随书光盘中，光盘内容主要有以下几部分。

- “效果文件”目录：书中所有大小实例的效果图文件都按章收录在随书光盘中的“效果文件”文件夹下，光盘中的图形文件的名称与书中的名称相同，读者可随时查阅。
- “图块文件”目录：书中所有讲述的实例中所使用的图块都收录在随书光盘中的“图块文件”文件夹下。
- “绘图模板”目录：书中所使用的工程制图样板文件收录在随书光盘中的“绘图模板”文件夹下，读者在使用此样板文件时，最好是将其拷贝至“AutoCAD 2009/Template”目录下再使用。
- “源文件”目录：书中实例所使用到的图形源文件都收录在随书光盘中的“源文件”文件夹下，以供读者随时调用。
- “绘图样式”目录：书中所使用到的尺寸标注样式和文字标注样式等，都收录在随书光盘中的“绘图样式”文件夹下，读者可直接调用。
- “视频教学”目录：书中所有实例的动态演示和声音解说在随书光盘中的“视频教学”文件夹下，以供读者学习。

本书由起点工作室策划，由具有多年教学和绘制经验的资深设计师编写。在写作过程中承蒙广大业内同仁的不吝赐教，使本书的内容更贴近实际，谨在此一并表示由衷的感谢。

如对本书有什么意见和建议，请您告诉我们，也可以与本书作者直接联系。

E-mail：qdqishan@sina.com

作　者

2009 年 3 月

目　录

第1章

AutoCAD 2009 快速上手

AutoCAD 软件是一款高精度的图形设计软件，它是由美国 Autodesk 公司于 20 世纪 80 年代开发研制的，其间经历了 20 多次的版本升级换代，至今已发展到 AutoCAD 2009。它集二维绘图、三维建模、数据管理以及数据共享等诸多功能于一体，将 AutoCAD 软件的应用推向了高潮，使广大图形设计人员能够轻松高效地进行图形的设计与绘制工作，成为绘图工作中不可缺少的得力助手。

本章主要介绍 AutoCAD 的基本概念、系统配置、操作界面以及绘图文件的设置等基础知识，使没有基础的初级读者对 AutoCAD 有一个初步的了解和认识。

1.1 了解 AutoCAD 绘图软件

在学习 AutoCAD 2009 绘图软件之前，首先简单介绍软件的基本概念、系统配置及其启动和退出等知识。

1.1.1 基本概念

AutoCAD 是一款大众化的图形设计软件，其中 Auto 是英语 Automation 单词的词头，意思是“自动化”；CAD 是英语 Computer Aided Design 的缩写，意思是“计算机辅助设计”。

AutoCAD 早期版本都是以版本的升级顺序进行命名的，比如第一个版本为 AutoCAD R1.0、第二个版本为 AutoCAD R2.0、第三个版本为 AutoCAD R3.0，等等，该软件发展到 2000 年以后，则变为以年代作为软件的版本名，如 AutoCAD 2000、AutoCAD 2002、AutoCAD 2004、AutoCAD 2007、AutoCAD 2008，等等。

1.1.2 系统配置

AutoCAD 2009 是一款高精度的计算机辅助设计绘图软件，对计算机系统的硬件和软件的最低配置需求如下：

1. 操作系统

- 32 位：Windows Vista Enterprise、Windows Vista Business、

Windows Vista Ultimate、Windows Vista Home Premium、Windows XP Professional Service Pack 2、Windows XP Home Service Pack 2。

- 64 位：Windows Vista Enterprise、Windows Vista Business、Windows Vista Ultimate、Windows Vista Home Premium、Windows XP Professional。

技巧

安装 AutoCAD 时，系统将自动检测 Windows 操作系统是 32 位还是 64 位，以安装相应的 AutoCAD 版本，不能在 64 位版本的 Windows 上安装 32 位版本的 AutoCAD。

2．Web 浏览器

- 32 位：Internet Explorer 6.0 SP1 或更高版本。
- 64 位：Internet Explorer 7.0 或更高版本。

3．处理器

- 32 位：Intel® Pentium® 4 处理器或 AMD® Athlon，2.2 GHz 或更高；Intel 或 AMD 双核处理器，1.6 GHz 或更高。
- 64 位：AMD64 或 Intel EM64T。

4．RAM

- 32 位：对于 Windows XP SP2 系统而言，需要 1GB 内存；而对于 Windows Vista 系统而言，则需要 2 GB 内存或更大内存。
- 64 位：2 GB 内存。

5．图形卡

1280×1024 VGA，32 位彩色视频显示适配器（真彩色），具有 128MB 或更大显存，且支持 OpenGL®或 Direct3D®的工作站级图形卡。

对于 Windows Vista，需要具有 128 MB 或更大显存且支持 Direct3D 的工作站级图形卡以及 1024×768 VGA 真彩色（最低要求）。

需要支持 Windows 的显示适配器，对于支持硬件加速的图形卡，必须安装 DirectX 9.0c 或更高版本。

6．硬盘

除 750 MB 的安装空间外，可用空间为 2 GB（Windows Vista）。

7．定点设备

- 鼠标、轨迹球或其他设备。
- DVD/CD-ROM。
- 任意速度（仅用于安装）。

8．可选硬件

- 打印机或绘图仪。

- 数字化仪。
- 调制解调器或其他访问 Internet 连接的设备。
- 网络接口卡。

1.1.3 工作空间

当用户成功将 AutoCAD 2009 安装到计算机上之后，双击桌面上的图标，或者单击桌面任务栏【开始】|【程序】|【Autodesk】|【AutoCAD 2009】中的 AutoCAD 2009 选项，即可启动该软件，进入如图 1-1 所示的“AutoCAD 经典”工作空间。

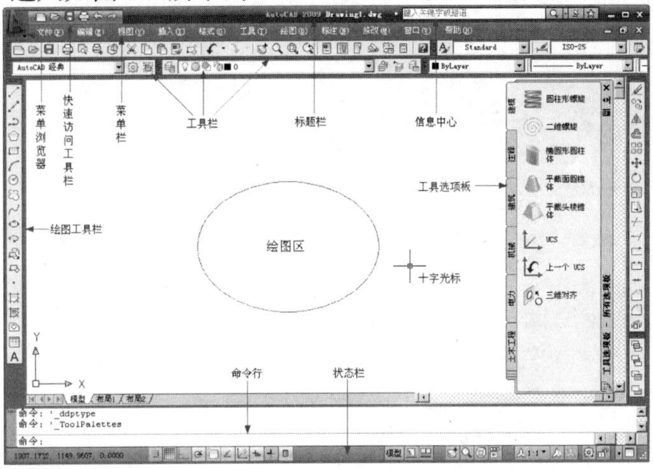

图 1-1 “AutoCAD 经典”工作空间

如果用户为 AutoCAD 的初始用户，那么当启动 AutoCAD 2009 软件后，则会进入如图 1-2 所示的“二维草图与注释”工作空间，该工作空间是 AutoCAD 2009 新增的一个工作空间，在绘制二维图形与标注二维图形方面，比较方便快捷。

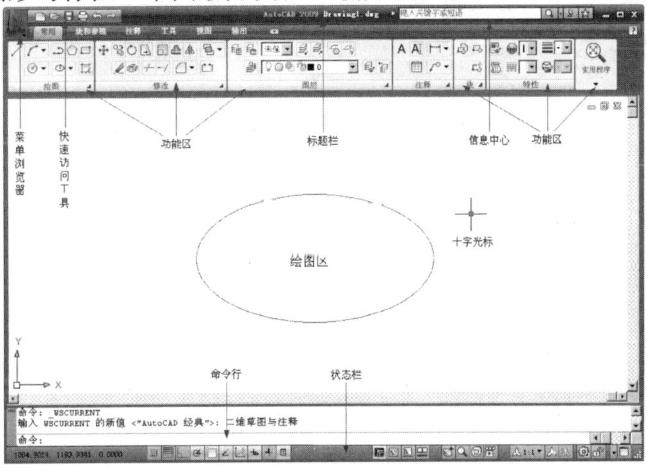

图 1-2 “二维草图与注释”工作空间

另外，至于启动软件后进入哪个工作空间，还取决于上次退出软件时所使用的工作空间，如果在退出软件时使用的是 AutoCAD 经典工作空间，那么在下次启动软件时，系统将自动进入所图 1-1 所示的经典工作空间。至于在哪个工作空间内绘图，这要取决于用户的习惯及工作需要。

除了“AutoCAD 经典”和“二维草图与注释”两种工作空间外，AutoCAD 2009 软件还为用户提供了“三维建模”工作空间，如图 1-3 所示。在该工作空间内，用户可以非常方便地访问新的三维功能，而且新窗口中的绘图区可以显示出渐变背景色、地平面或工作平面（UCS 的 XY 平面）以及新的矩形栅格，这将更加突出三维效果和三维模型的构造。

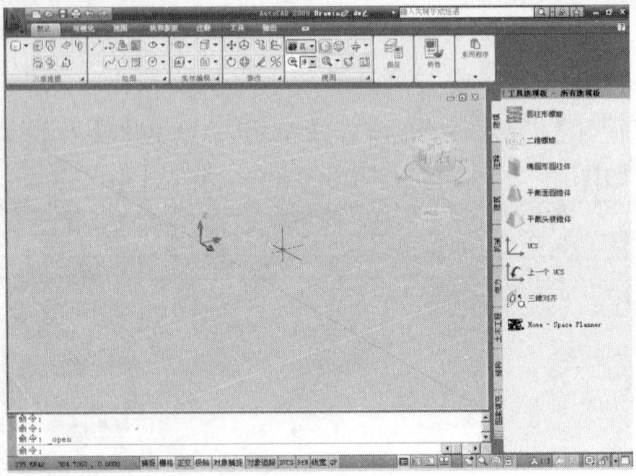

图 1-3 “三维建模”工作空间

无论选用何种工作空间，在启动 AutoCAD 之后，系统都会自动打开一个名为 Drawing1.dwg 的默认绘图文件窗口。另外，无论选择何种工作空间，用户都可以在日后对其进行更改，也可以自定义并保存自己的自定义工作空间。

3 种工作空间的切换，主要有以下 3 种方式：

- 单击“菜单浏览器”按钮，选择菜单栏上的【工具】|【工作空间】子菜单中各命令，如图 1-4 所示。
- 展开【工作空间】工具栏中的【工作空间设置】下拉表列，进行选择工作空间，如图 1-5 所示。

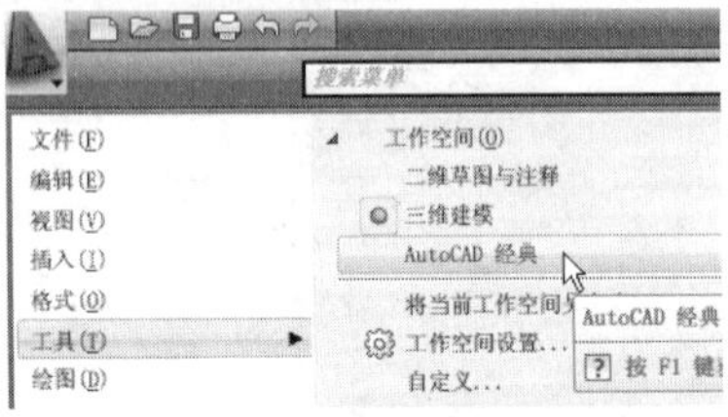

图 1-4 菜单浏览器

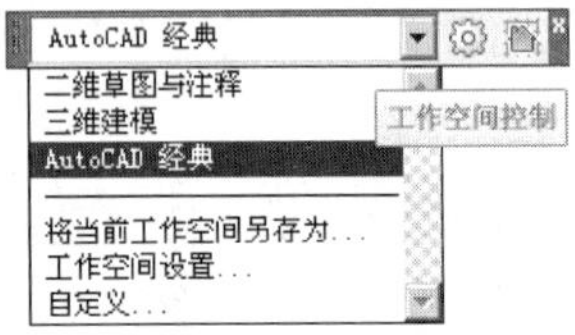

图 1-5 【工作空间控制】下拉列表

- 单击状态栏上的【切换工作空间】按钮，从弹出的下拉菜单中选择所需工作空间，如图 1-6 所示。

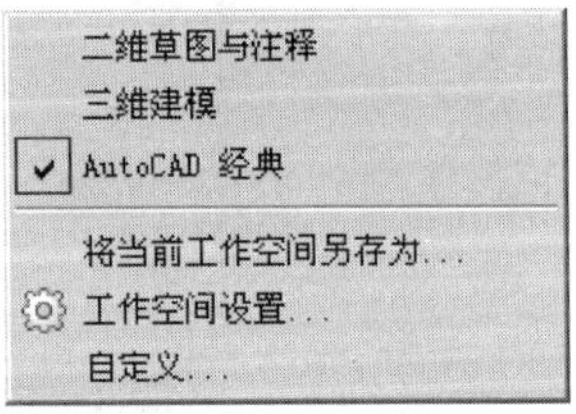

图 1-6 【切换工作空间】按钮菜单

1.2 AutoCAD 2009 界面

从图 1-1 和图 1-2 所示的软件界面中可以看出，AutoCAD 2009 的界面主要包括标题栏、菜单栏、工具栏、绘图区、命令行、状态栏、功能区、选项板等，本节将简单讲述各组成部分的功能及其一些相关的常用操作。

1.2.1 标题栏

如图 1-7 所示的标题栏，位于 AutoCAD 操作界面的最顶部，主要包括菜单浏览器、快速访问工具栏、程序名称显示区、信息中心和窗口控制按钮 5 部分内容。

图 1-7 标题栏

标题栏内容如下：

- “菜单浏览器”按钮位于标题栏最左端，此功能将所有菜单命令都集中在一个位置，用户可以选择、搜索各菜单命令，也可以标记常用命令以便日后查找，如图 1-8 所示。

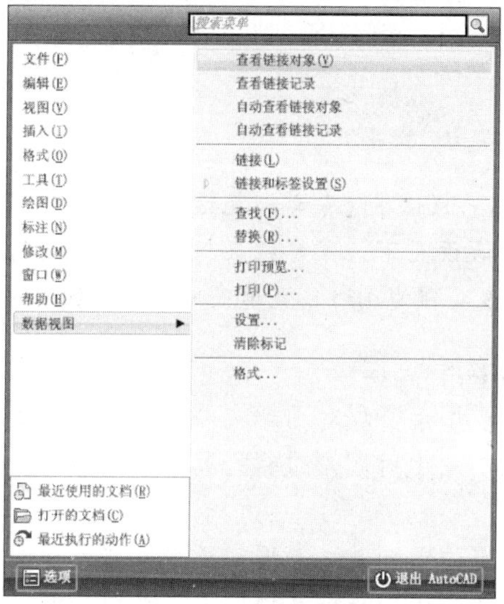

图 1-8 菜单浏览器

- “快速访问工具栏”不但可以快速访问某些命令，而且还可以添加常用命令按钮到工具栏上，控制菜单栏的显示和各工具栏的开关状态等。

技巧

在“快速访问工具栏”上右击鼠标，从弹出的快捷菜单上就可以实现上述操作。

- “程序名称显示区”主要用于显示当前正在运行的程序名称和当前被激活的图形文件名称。
- “信息中心”可以快速获取所需信息、搜索所需资源等。
- “窗口控制按钮”位于标题栏最右端，主要有“最小化”、“还原/最大化”、“关闭”，分别用于控制 AutoCAD 窗口的大小和关闭。

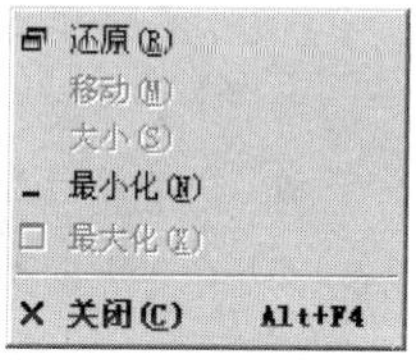

图 1-9 标题栏快捷菜单

技巧

在标题栏的空白区域右击鼠标，从弹出的快捷菜单上也可以控制窗口的大小和关闭窗口，如图 1-9 所示。

1.2.2 菜单栏

AutoCAD 为用户提供了【文件】、【编辑】、【视图】、【插入】、【格式】、【工具】、【绘图】、【标注】、【修改】、【窗口】和【帮助】11 个主菜单，如图 1-10 所示。AutoCAD 的常用制图工具和管理编辑等工具都分门别类地排列在这些主菜单中，用户可以非常方便地启动各主菜单中的相关菜单项，进行必要的图形绘图工作。具体操作就是在主菜单项上单击鼠标，展开此主菜单，然后再单击需要启动的命令选项即可。

图 1-10　菜单栏

菜单栏左端的图标就是“菜单浏览器”图标，菜单栏最右边图标按钮是 AutoCAD 文件的窗口控制按钮，如“最小化”、“还原/最大化”、“关闭”，用于控制图形文件窗口的显示。

技巧

由于 AutoCAD 2009 为用户提供了“菜单浏览器”功能，所有菜单命令都可以通过“菜单浏览器”执行，因此默认设置下，菜单栏在工作界面中是隐藏的，用户可以使用变量 MENUBAR 进行控制，变量值为 1 时，显示菜单栏；为 0 时，隐藏菜单栏。

各菜单的主要功能如下：

- 【文件】菜单主要用于实现对图形文件进行设置、管理和打印发布等功能；
- 【编辑】菜单主要用于对图形进行一些常规的编辑，包括复制、剪切、粘贴、链接等命令；
- 【视图】菜单主要用于调整和管理视图，以方便视图内图形的显示等；
- 【插入】菜单主要用于向当前文件中引用外部资源，如块、参照、图像等；
- 【格式】菜单用于设置与绘图环境有关的参数和样式等，如绘图单位、颜色、线型及文字、尺寸样式等；
- 【工具】菜单为用户设置了一些辅助工具和常规的资源组织管理工具；
- 【绘图】菜单是一个二维和三维图元的绘制菜单，几乎所有的绘图和建模工具都组织在此菜单内；
- 【标注】菜单是一个专用于为图形标注尺寸的菜单，它包含了所有与尺寸标注相关的工具；
- 【修改】菜单是一个很重要的菜单，用于对各类图形进行修整、编辑和完善；
- 【窗口】菜单用于对 AutoCAD 文档窗口和工具栏状态进行控制；
- 【帮助】菜单主要用于为用户提供一些帮助性的信息。

1.2.3 工具栏

在绘图窗口的两侧和上侧，以图标按钮形式出现的工具条就是 AutoCAD 的工具栏。默认设置下，AutoCAD 2009 共为用户提供了 38 种工具栏，如图 1-11 所示。在任一工具栏上右击鼠标，即可打开此菜单，然后在所需打开的选项上单击鼠标，即可打开相应的工具栏。

使用工具栏执行命令，是最常用的一种方式。用户只需要将光标移至工具按钮上稍做停留，光标的下侧就会出现此图标所代表的命令名称，在按钮上单击鼠标，即可快速激活该命令。AutoCAD 的工具栏包括“浮动工具栏”和“嵌套工具栏”，如图 1-12 所示。

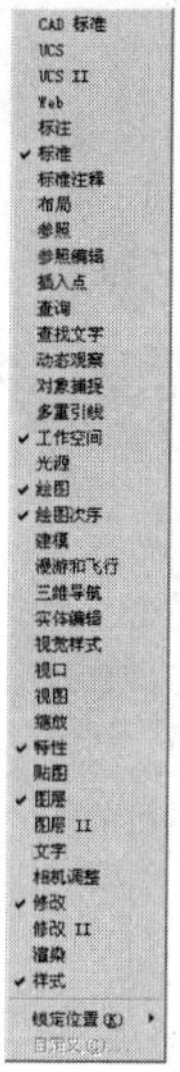

图 1-11　工具栏菜单

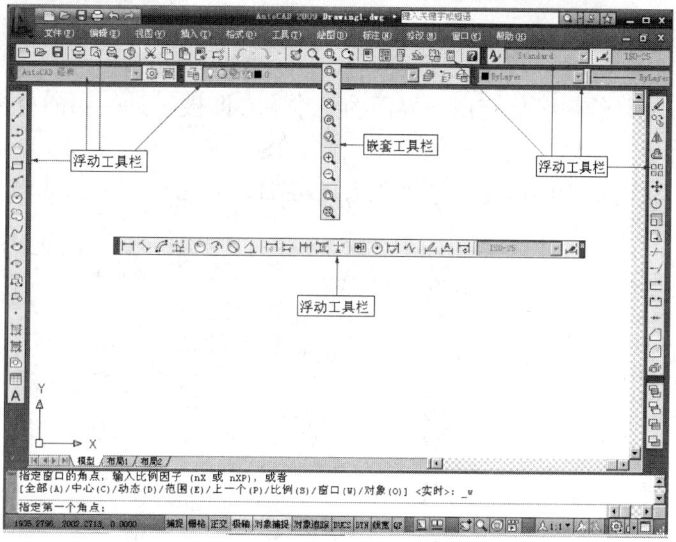

图 1-12　两种工具栏

技巧

在工具栏菜单中，带有勾号的表示当前已经打开的工具栏，不带有勾号的表示当前没有打开的工具栏。为了增大绘图空间，通常只将几种常用的工具栏放在用户界面上，而将其他工具栏隐藏，需要时再调出。

默认设置下出现在界面中的工具栏都为“浮动工具栏”，用户可以将任一位置的工具栏拖动到其他位置；“嵌套工具栏”就是嵌套在某一工具栏中的工具栏，与菜单栏中的子菜单性质一样，这种工具栏有一种特殊的小三角标志，在这个三角标志上按住鼠标左键不放，即可打开此嵌套工具栏。

右击工具栏，在弹出的快捷菜单上选择【锁定位置】|【固定的工具栏／面板】命令，可以将绘图区四侧的工具栏锁定，如图 1-13 所示，工具栏一旦被锁定之后，是不可以被拖动的。

技巧

用户也可以单击状态栏上的按钮，从弹出的菜单中进行控制工具栏和窗口的固定状态，如图 1-14 所示。

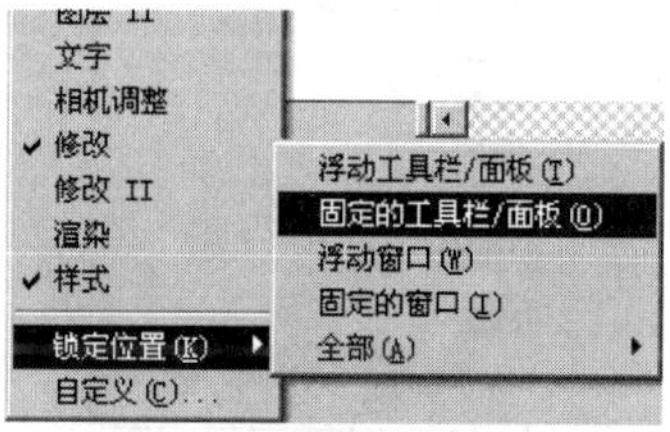

图 1-13　固定工具栏位置

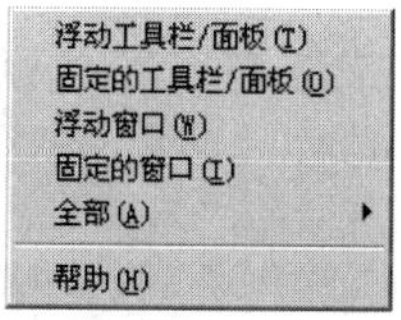

图 1-14　【锁定】按钮菜单

先将浮动工具栏拖到绘图区，然后单击工具栏一端的“关闭”按钮，就可以将工具栏关闭。

1.2.4 绘图区

绘图区位于用户界面的正中央，即被工具栏和命令行所包围的整个区域，如图 1-15 所示。此区域是用户的工作区域，图形的设计与修改工作就是在此区域内进行操作的。缺省状态下绘图区是一个无限大的界面，无论尺寸多大或多小的图形，都可以在绘图区中绘制和灵活显示。

图 1-15　绘图区

默认设置下，绘图区背景色的 RGB 值为（254、252、240），用户可以使用菜单栏上的【工具】|【选项】命令进行更改背景色。例如，将绘图区背景色更改为白色，则可按如下步骤进行操作：

❶首先单击菜单栏上的【工具】|【选项】命令，或使用快捷键 OP 激活【选项】命令，打开【选项】对话框。

❷展开【显示】选项卡，在【窗口元素】选项组中单击 颜色(C)... 按钮，打开如图 1-16 所示的【图形窗口颜色】对话框。

❸在对话框中展开如图 1-17 所示的【颜色】下拉列表框，在此下拉列表内选择需要的颜色。

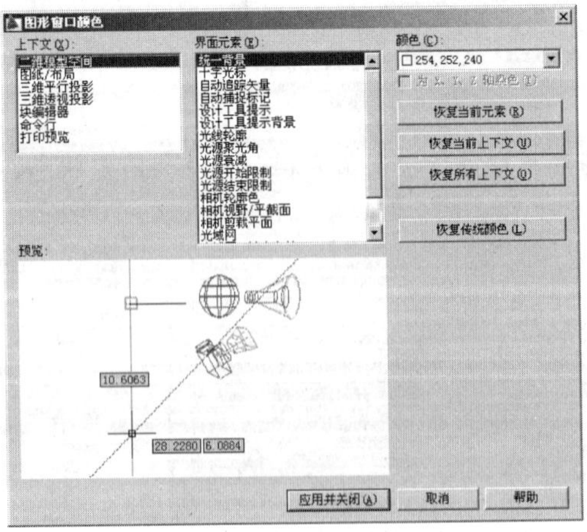

图 1-16　【图形窗口颜色】对话框

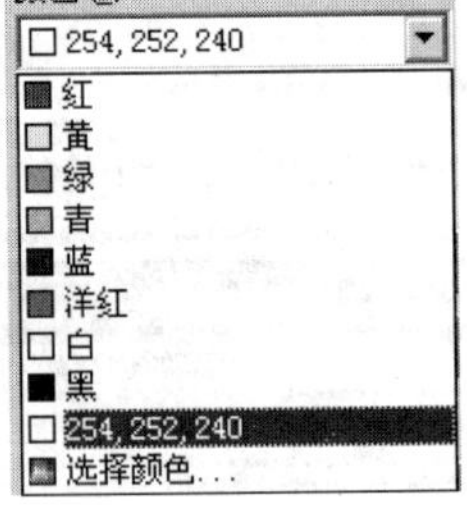

图 1-17　【颜色】下拉列表

❹单击 应用并关闭(A) 按钮返回【选项】对话框。

❺在【选项】对话框中单击 确定 按钮，结果绘图区的背景色显示为“白色”。

当用户移动鼠标时，绘图区会出现一个随光标移动的十字符号，此符号被称为“十字光标”，它是由“拾取点光标”和“选择光标”叠加而成的，其中“拾取点光标”是点的坐标拾取器，当执行绘图命令时，显示为拾点光标；“选择光标”是对象拾取器，当选择对象时，显示为选择光标；当没有任何命令执行的前提下，显示为十字光标，如图 1-18 所示。

图 1-18　光标的 3 种状态

在绘图区左下部有 3 个标签，即模型、布局 1、布局 2，分别代表了两种绘图空间，即模型空间和布局空间。模型标签代表了当前绘图区窗口是处于模型空间，通常都会在模型空间进行绘图。布局 1 和布局 2 是缺省设置下的布局空间，主要用于图形的打印输出。用户可以通过单击标签，在这两种操作空间中进行切换。

1.2.5　命令行

绘图区的下侧则是 AutoCAD 独有的窗口组成部分，即“命令行”，它是用户与 AutoCAD 软件进行数据交流的平台，主要功能就是用于提示和显示用户当前的操作步骤，如图 1-19 所示。

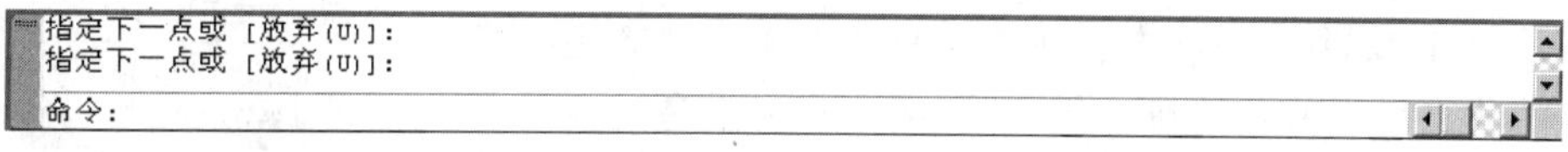

图 1-19　命令行

如图 1-19 所示的“命令行”，可以分为“命令输入窗口”和“命令历史窗口”两部分，上面两行则为“命令历史窗口”，用于记录执行过的操作信息；下面一行是“命令输入窗口”，用于提示用户输入命令或命令选项。

由于“命令历史窗口”的显示有限，如果需要直观快速地查看更多的历史信息，则可以按 F2 键，系统则会以“文本窗口”的形式显示历史信息，如图 1-20 所示，再次按 F2 键，即可关闭文本窗口。

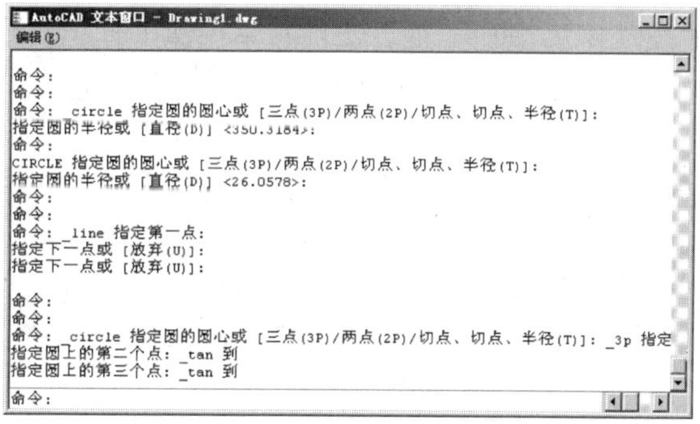

图 1-20　文本窗口

1.2.6　状态栏

如图 1-21 所示的状态栏，位于 AutoCAD 操作界面的最底部，它由坐标读数器、辅助功能区、状态栏菜单 3 部分组成，具体如下。

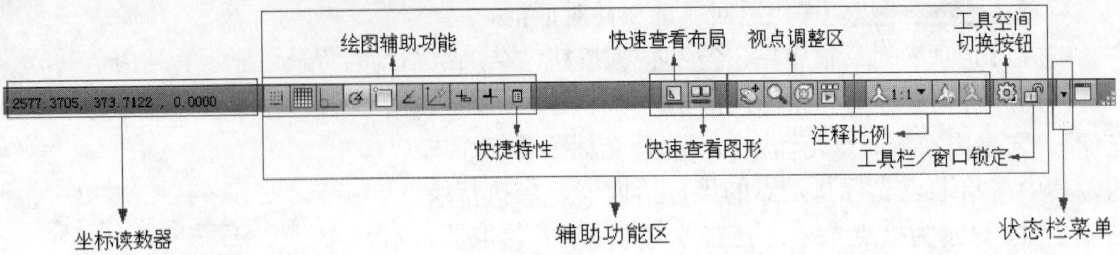

图 1-21　状态栏

- 坐标读数器：状态栏左端为坐标读数器，用于显示十字光标所处位置的坐标值。
- 辅助功能区：在辅助功能区左端的按钮，是一些重要的辅助绘图功能按钮，主要用于控制点的精确定位和追踪；中间的按钮主要用于快速查看布局、查看图形、定位视点、注释比例等；右端的按钮主要用于对工具栏、窗口等固定、工作空间切换以及绘图区的全屏显示等，都是一些辅助绘图的功能。有关各辅助绘图功能，将在后叙章节中详细讲解。
- 状态栏菜单：单击状态栏右侧的小三角▾，将打开如图 1-22 所示的状态栏快捷菜单，菜单中的各选项与状态栏上的各按钮功能一致，用户也可以通过各菜单项以及菜单中的各功能键进行控制各辅助按钮的开关状态。

图 1-22　状态栏菜单

1.2.7　选项板

所谓“选项板”，指的就是将块、图案填充和自定义工具等整理在一个便于使用的窗口中，如图 1-23 所示。在此窗口中，包含多个类别的选项卡，每一个选项卡面板中，又包含多种相应的工具按钮或图块、图案等。

用户可以通过将对象从图形拖动至工具选项板来创建工具，然后可以使用新工具创建与拖至工具选项板的对象具有相同特性的对象。

添加到工具选项板的项目称为“工具”，可以通过将以下任何一项拖动至工具选项板来创建工具：

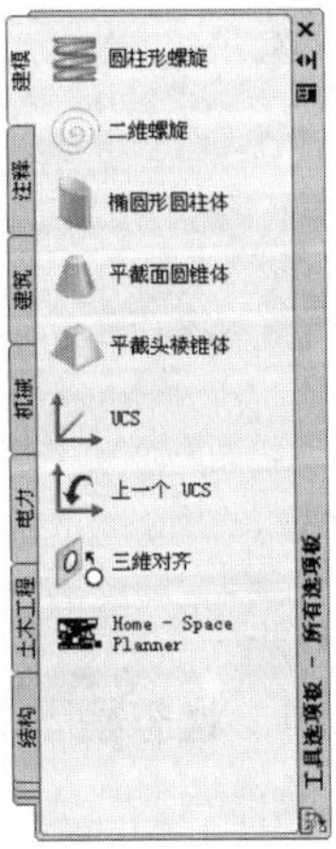

图 1-23　选项板窗口

- 几何对象（例如直线、圆和多段线）
- 标注
- 块
- 图案填充
- 实体填充
- 渐变填充
- 光栅图像
- 外部参照

1.2.8 功能区

“功能区”是 AutoCAD 2009 新增的一项功能，它代替了 AutoCAD 众多的工具栏，以面板的形式，将各工具按钮分门别类地集合在选项卡内，如图 1-24 所示。

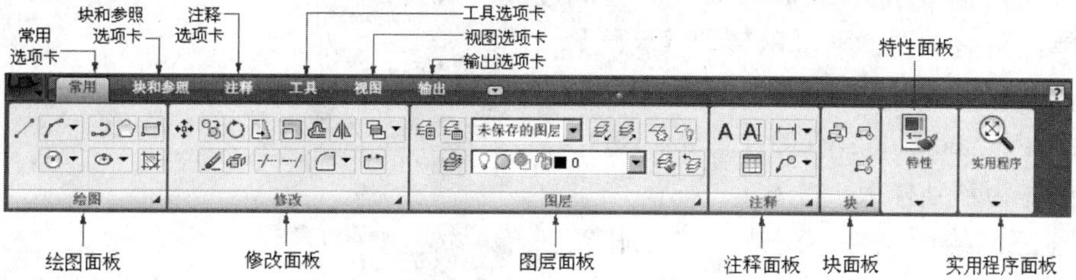

图 1-24　功能区

技巧

默认设置下，功能区仅显示在“二维草图与注释”和“三维建模”两种工作空间内。

用户在调用工具时，只需在功能区中展开相应选项卡，然后在所需面板上单击工具按钮即可。由于在使用功能区时，无须再显示 AutoCAD 的工具栏，因此使得应用程序窗口变得单一、简洁有序。由于这个界面特性，功能区可以将可用的工作区域最大化。

1.3 绘图文件基础操作

接下来，学习 AutoCAD 绘图文件的新建、存储以及应用等基本操作功能。

1.3.1 新建绘图文件

当用户启动 AutoCAD 绘图软件后，系统会自动打开一个名为 Drawing1.dwg 的绘图文件，如果用户需要重新创建一个绘图文件，则需要执行【新建】命令，执行此命令主要有以下几种方式。

- 菜单栏：单击菜单栏上的【文件】|【新建】命令。
- 工具栏：单击【标准】工具栏中的按钮。
- 命令行：在命令行输入 New。
- 组合键：按 Ctrl+N 键。

技巧

在命令行输入命令后，还需要按 Enter 键，才可以激活该命令。

激活【新建】命令后，打开如图 1-25 所示的【选择样板】对话框。在此对话框中，为用户提供了许多的基本样板文件，其中 acadISo-Named Plot Styles 和 acadiso 都是公制单位的样板文件，两者的区别就在于前者使用的打印样式为“命名打印样式”，后一个样板文件的打印样式为“颜色相关打印样式”，读者可以根据需求进行取舍。

选择 acadISo-Named Plot Styles 或 acadiso 样板文件后单击 打开(O) 按钮，即可创建一张

新的空白文件，进入 AutoCAD 的缺省设置的二维操作界面，如图 1-1 所示。

1. 创建 3D 绘图文件

如果用户需要创建一张三维操作空间的公制单位绘图文件，则可以启动【新建】命令，在打开的【选择样板】对话框中，选择 acadISo-Named Plot Styles3D 或 acadiso3D 样板文件作为基础样板，如图 1-26 所示。即可以创建三维绘图文件，进入三维工作空间，如图 1-3 所示。

图 1-25 【选择样板】对话框

2. "无样板"方式创建文件

另外，AutoCAD 也为用户提供了"无样板"方式创建绘图文件的功能，具体操作就是启动【新建】命令后，打开【选择样板】对话框，然后单击 打开(O) ▾ 按钮右侧的下三角按钮，打开如图 1-27 所示的按钮菜单。

图 1-26 选择 3D 样板

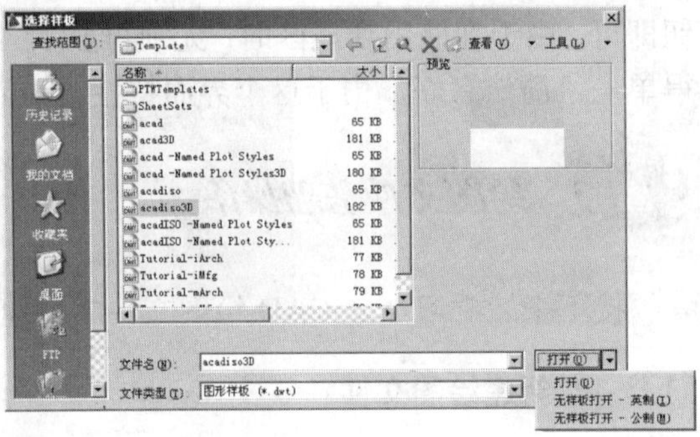

图 1-27 打开的按钮菜单

在按钮菜单上选择"无样板打开-公制"选项，即可快速新建一个公制单位的绘图文件。

1.3.2 保存绘图文件

【保存】命令就是用于将绘制的图形以文件的形式进行存盘，存盘的目的就是为了方便以后查看、使用或修改编辑。执行【保存】命令主要有以下几种方法。

- 菜单栏：单击菜单栏上的【文件】|【保存】命令。
- 工具栏：单击【标准】工具栏中的 按钮。
- 命令行：在命令行输入 Save。
- 组合键：按 Ctrl+S 键。

将图形进行存盘时，一般需要为其指定存盘路径、文件名、文件格式等，其操作步骤如下：

❶首先启动【保存】命令，打开【图形另存为】对话框，如图 1-28 所示。

❷设置存盘路径。单击上侧的【保存于】下拉列表框，在展开的下拉列表内设置存盘路径。

❸设置文件名。在【文件名】文本框内输入文件的名称，如"我的文档"。

❹设置文件格式。单击对话框底部【文件类型】右侧的下三角按钮，在展开的下拉列表框内设置文件的格式类型，如图 1-29 所示。

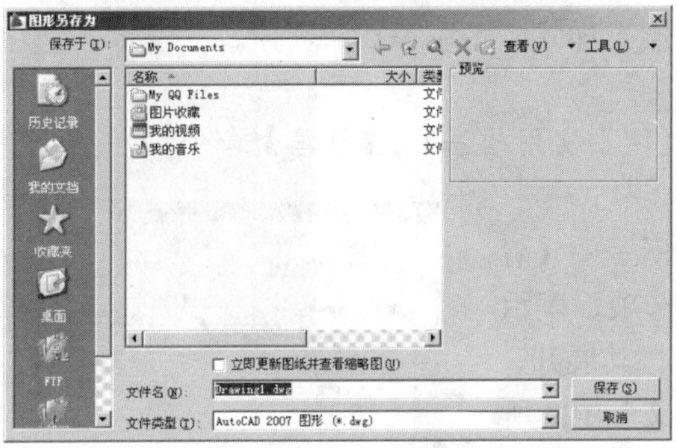

图 1-28 【图形另存为】对话框

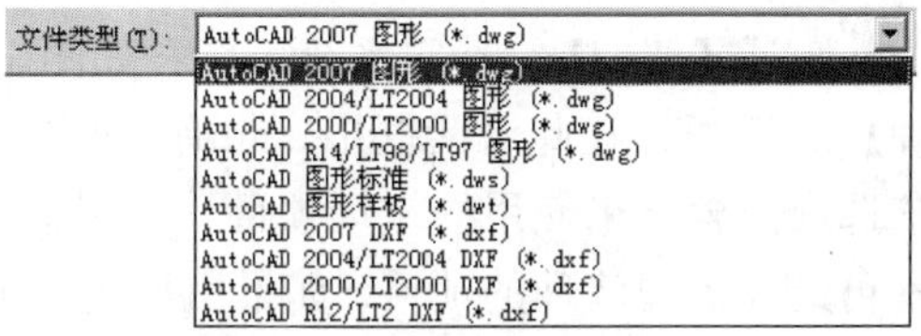

图 1-29 设置文件格式类型

技巧

默认的存储类型为“AutoCAD 2007 图形（*.dwg）”，使用此种格式将文件存盘后，只能被 AutoCAD 2007 及更新的版本所打开，如果用户需要在 AutoCAD 早期版本中打开此文件，必须使用为低版本的文件格式进行存盘。

❺当设置好路径、文件名以及文件格式后，单击 保存(S) 按钮，即可将当前文件存盘。

当用户在已存盘的图形的基础上进行了其他的修改工作，又不想将原来的图形覆盖，可以使用【另存为】命令，将修改后的图形以不同的路径或不同的文件名进行存盘。执行【另存为】命令主要有以下几种方法。

- 菜单栏：单击菜单栏上的【文件】|【另存为】命令。
- 组合键：按 Shift + Crtl + S 键。

1.3.3 应用绘图文件

当用户需要查看、使用或编辑已经存盘的图形时，可以使用【打开】命令，将此图形打印。执行【打开】命令主要有以下几种方式。

- 菜单栏：单击菜单栏上的【文件】|【打开】命令。
- 工具栏：单击【标准】工具栏中的按钮。
- 命令行：在命令行输入 Open 命令。
- 组合键：按 Ctrl + O 键。

激活【打开】命令后，系统将打开【选择文件】对话框，在此对话框中选择需要打开的图形文件，如图 1-30 所示。单击 打开(O) 按钮，即可将此文件打开。

图 1-30 【选择文件】对话框

1.3.4 清理垃圾文件

有时为了给图形文件进行“减肥”，以减小文件占用的存储空间，可以使用【清理】命令，将文件内部的一些无用的垃圾资源（如图层、样式、图块等）清理掉。

执行【清理】命令主要有以下两种方法。

- 菜单栏：单击菜单栏上的【文件】|【图形实用程序】|【清理】命令。
- 命令行：在命令行输入 Purge 或 PU。

激活【清理】命令，系统可打开如图 1-31 所示的【清理】对话框，在此对话框中，带有“+”号的选项，表示该选项内含有未使用的垃圾项目，单击该选项将其展开，即可选择需要清理的项目，如果用户需要清理文件中的所有未使用的垃圾项目，可以单击对话框底部的全部清理(A)按钮。

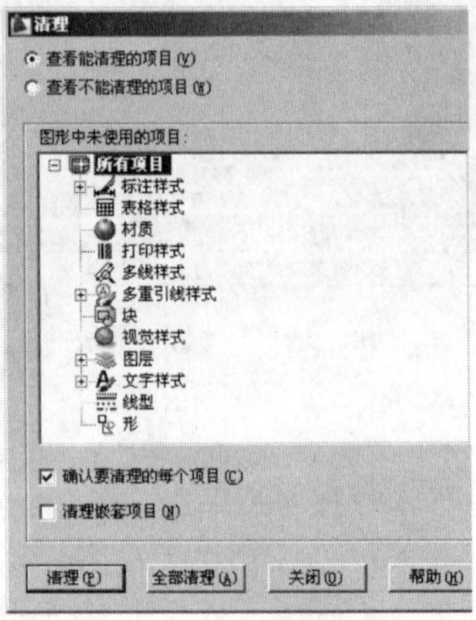

图 1-31 【清理】对话框

1.4 设置工作环境

本节将学习绘图单位和绘图界限的设置方法。

1.4.1 设置绘图单位

【图形单位】命令主要用于设置长度单位、角度单位、角度方向以及各自的精度等参数。执行此命令主要有以下几种方法。

- 菜单栏：单击菜单栏上的【格式】|【单位】命令。
- 命令行：在命令行输入 Units 或 UN。

设置图形单位

❶首先创建空白文件。

❷单击菜单栏上的【格式】|【单位】命令，打开【图形单位】对话框，如图 1-32 所示。

❸在【长度】选项组中单击【类型】下拉列表框，进行设置长度的类型，默认为“小数”。

> **技巧**
>
> AutoCAD 提供了“建筑”、“小数”、“工程”、“分数”和“科学”5 种长度类型。单击该选项中的▼按钮可以从弹出的下拉列表中选择需要的长度类型。

❹展开【精度】下拉列表框，设置单位的精度，默认为 0.0000，用户可以根据需要设置单位的精度。

❺在【角度】选项组中单击【类型】下拉列表框，设置角度的类型，默认为“十进制度数”。

❻展开【精度】下拉列表框，以设置角度的精度，默认为 0，用户可以根据需要进行设置。

技巧

【顺时针】复选框是用于设置角度的方向的，如果勾选该选项，那么在绘图过程中就以顺时针为正角度方向，否则将以逆时针为正角度方向。

❼在【插入时的缩放单位】选项组中确定用于缩放插入内容的单位，默认为“毫米”。

❽设置角度的基准方向。单击对话框底部的 方向(D)... 按钮，打开如图 1-33 所示的【方向控制】对话框，设置角度测量的起始位置。

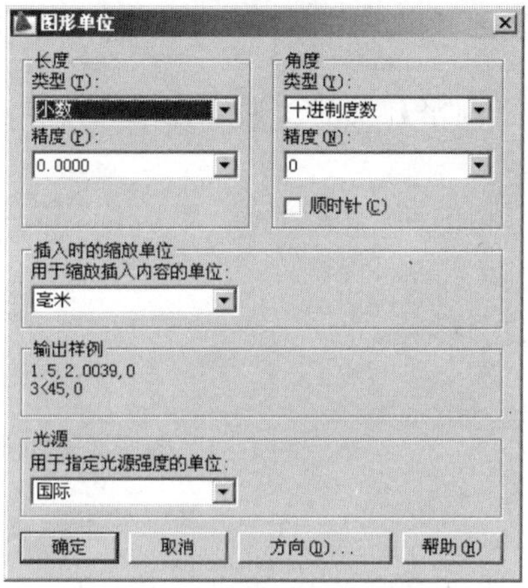

图 1-32 【图形单位】对话框

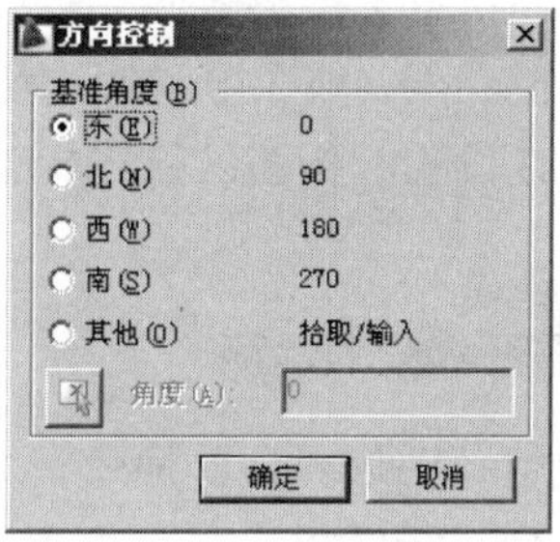

图 1-33 【方向控制】对话框

技巧

系统默认方向是以水平向右为 0°。

1.4.2 设置绘图界限

所谓“图形界限”，指的就是绘图的区域，它相当于手工绘图时，事先准备的图纸。设置“图形界限”最实用的一个目的，就是为了满足不同范围的图形在有限绘图区窗口中的恰当显示，以方便视窗的调整及用户的观察编辑等。

在 AutoCAD 中，“图形界限”实际上是一个矩形的区域，只需定位出矩形区域的两个对角点，即可成功设置“图形界限”。

执行【图形界限】命令主要有以下几种方法。

- 菜单栏：单击菜单栏上的【格式】|【图形界限】命令。
- 命令行：在命令行输入 Limits。

1. 设置图形界限

❶首先创建空白文件。

❷执行【图形界限】命令，在命令行“指定左下角点或[开（ON）/关（OFF）]：”提示下，直接按 Enter 键，以默认原点作为图形界限的左下角点。

技巧

在设置图形界限时，一般以坐标系的原点作为图形界限的左下角点。

③继续在命令行“指定右上角点：”提示下，输入“200,100”，并按 Enter 键。

④单击菜单栏上的【视图】|【缩放】|【全部】命令，将图形界限最大化显示。

技巧

在默认设置下，图形的界限为 3 号横向图纸的尺寸，即长边为 420、短边为 297 个单位。

当设置了图形界限之后，可以开启状态栏上的【栅格】功能。通过栅格点，可以将图形界限直观地显示出来，如图 1-34 所示。

当用户设置了图形界限后，如果禁止绘制的图形超出所设置的图形界限，那么可以使用绘图界限的检测功能，将坐标值限制在设置的作图区域内，这样就不会使绘制的图形超出边界。

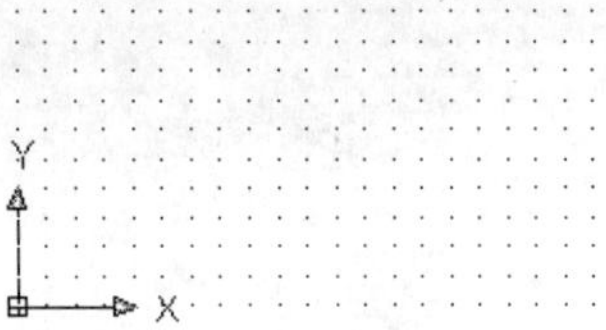

图 1-34　图形界限的显示

2．**图形界限的检测**

①执行【图形界限】命令。

②在命令行“指定左下角点或 [开(ON)/关(OFF)] <0.0000,0.0000>：”提示下，输入 on 并按 Enter 键，打开图形界的检测功能。

③如果用户需要关闭图形界限的检测功能，可以激活【关】选项，此时 AutoCAD 允许用户输入图形界限外部的点。

技巧

界限检测功能只能检测输入的点，所以对象的某些部分可能会延伸出界限。

1.5 退出 AutoCAD

当用户需要退出 AutoCAD 2009 绘图软件时，则首先需要退出当前的 AutoCAD 文件，如果当前的绘图文件已经存盘，那么用户可以使用以下几种方式退出 AutoCAD 绘图软件：

- 单击 AutoCAD 2009 界面标题栏右端的控制按钮 ×；
- 按下 Alt+F4 键；
- 按下 Ctrl+Q 键；
- 单击菜单栏上的【文件】|【退出】命令；
- 在命令行中输入 Quit 或 Exit。
- 展开“菜单浏览器”面板，单击 退出 AutoCAD 按钮。

如果用户在退出 AutoCAD 绘图软件之前，没有将当前的 AutoCAD 绘图文件存盘，那么系统将会弹出如图 1-35 所示的提示对话框，单击 是(Y) 按钮，将弹出【图形另存为】

对话框，用于对图形进行命名保存；单击 否(N) 按钮，系统将放弃存盘并退出 AutoCAD 2009；单击 取消 按钮，系统将取消执行的退出命令。

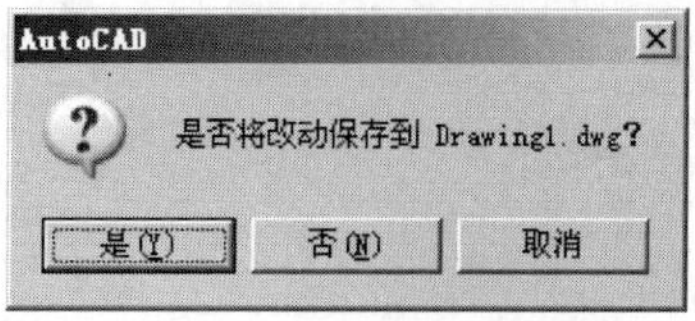

图 1-35　是否保存改动提示框

1.6 综合实例——绘制简单图框

下面以绘制如图 1-36 所示的 3 号图纸内外边框为例，对本章知识进行综合练习和应用，体验一下文件的新建、图形的绘制以及文件的存储等图形设计的操作流程。

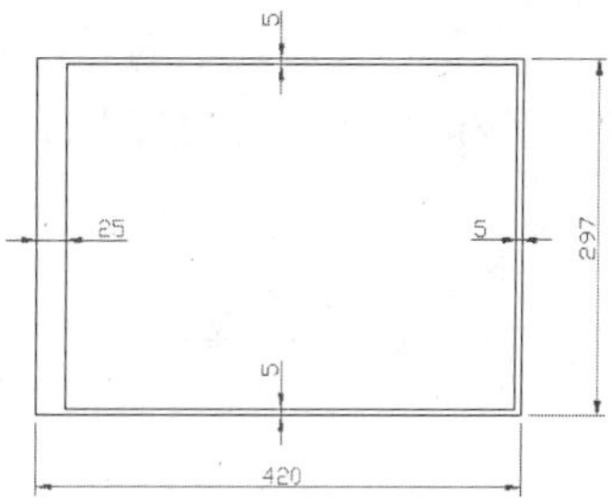

图 1-36　图纸边框

❶新建文件。单击【标准】工具栏中的按钮，在打开的【选择样板】对话框中，以 acadISo-Named Plot Styles 样板作为基础样板，创建空白文件。

❷按下 F12 键，将状态栏上的【动态输入】功能关闭。

❸绘制外框。单击【绘图】工具栏中的按钮，激活【直线】命令，绘制 3 号图纸的外框。命令行操作如下：

```
命令: _line
    指定第一点:                          //0,0Enter，以原点作为起点
    指定下一点或 [放弃(U)]:              //420<0 Enter，输入第二点
    指定下一点或 [放弃(U)]:              //420,297 Enter，输入第三点
    指定下一点或 [闭合(C)/放弃(U)]:      //297<90 Enter，输入第四点
    指定下一点或 [闭合(C)/放弃(U)]:      //c Enter，闭合图形，同时结束命令
```

技巧

有关坐标点的输入功能，请参见第 2 章中的相关内容。

❹绘制内框。按 Enter 键，重复执行【直线】命令，绘制 3 号图纸的外边框。命令行操作如下：

```
命令: _line
    指定第一点:                          //25,5 Enter，定位起点
    指定下一点或 [放弃(U)]:              //@390,0 Enter，输入第二点
    指定下一点或 [放弃(U)]:              //@287<90 Enter，输入第三点
    指定下一点或 [闭合(C)/放弃(U)]:      //@390<180 Enter，输入第四点
    指定下一点或 [闭合(C)/放弃(U)]:      //c Enter，闭合图形，同时结束命令
```

❺命名存储。单击【标准】工具栏中的按钮，激活【实时平移】工具，将所绘制的图形从左下角拖至绘图区中央，使之完全显示，如图 1-37 所示。

技巧

在绘图时，如果不慎出现错误操作，这时可以使用直线命令中的【放弃（U）】命令撤销错误的操作步骤。

图 1-37　平移结果

❻单击菜单栏上的【视图】|【显示】|【UCS 图标】|【开】命令，关闭坐标系。

❼最后单击【标准】工具栏中的按钮，将图形命名保存为“绘制图纸边框.dwg”。

技巧

当结束某个命令时，可以按下 Enter 键；当中止某个命令时，可以按下 Esc 键。

1.7 本章小结

本章在简单了解 AutoCAD 2009 的基本概念和系统配置的前提下，主要介绍了软件的启动退出、软件工作空间、软件操作界面、绘图文件的设置与管理以及工作环境的简单设置等基本技能，并通过一个完整简单的实例，引导读者动手操作 AutoCAD 2009 图形设计软件，并掌握和体验一些最初级的软件操作技能。

通过本章的学习，能使读者对 AutoCAD 2009 绘图软件有一个快速的了解和认识，为后叙章节的学习打下基础。

1.8 练习题

绘制如图 1-38 所示的图表框，并将绘制的图形命名存储为 A4-H.dwg。(提示：用户可以事先将外框左下角点定位在坐标系的原点处)

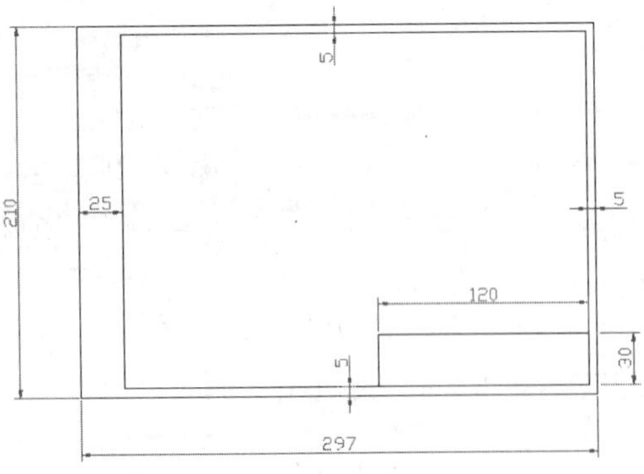

图 1-38　练习题

第2章

AutoCAD 基础操作

通过第 1 章的学习，使读者了解和体验了 CAD 绘图的基本操作过程，但是如果想更加方便、灵活地操控 AutoCAD 绘图软件，还必须了解和掌握一些基础的软件操作技能，比如图形的选择、点的输入、点的捕捉追踪以及视图的调控，等等。本章将详细讲述 AutoCAD 的一些基础操作技能。

2.1 命令的启动方式

一般情况下，在软件与用户交流的方式大都通过“对话框”或“命令面板”的方式进行，但是 AutoCAD 除了上述方式外，还有其独特的交流方式。

2.1.1 菜单栏与菜单浏览器

单击菜单栏中的命令选项，是一种比较传统、常用的命令启动方式。另外，AutoCAD 2009 为用户提供了“菜单浏览器”功能，用户可以通过该功能，展开任意一个菜单，从而快速启动菜单中的命令。

为了更加方便启动某些命令或命令选项，AutoCAD 为用户提供了快捷菜单，所谓快捷菜单，指的就是右击鼠标弹出的快捷菜单，用户只需单击菜单中的命令或选项，即可快速激活相应的功能。根据操作过程的不同，快捷菜单归纳起来共有 3 种：

- 默认模式菜单。该菜单是在没有命令执行的前提下或没有对象被选择的情况下，右击鼠标显示的菜单。
- 编辑模式菜单。该菜单是在有一个或多个对象被选择的情况下右击鼠标出现的快捷菜单。
- 模式菜单。该菜单是在一个命令执行的过程中，右击鼠标而弹出的快捷菜单。

2.1.2 工具栏与功能区

与其他电脑软件一样，单击工具栏或功能区中的命令按钮，也是一种常用、快捷的命令启动方式。通过形象而又直观的图标按钮代替 AutoCAD 的一个个命令，远比那些复杂烦琐的英文命令及菜单更为方便直接，用户只需将光标放在命令按钮上，系统就会自动显示出该按钮所代表的命令名称，单击按钮即可激活该命令。

2.1.3 命令表达式

所谓“命令表达式”，指的就是 AutoCAD 的英文命令，用户只需在命令行的文本框中，输入 CAD 命令的英文表达式，然后再按 Enter 键，就可以启动命令。该方式是一种最原始的方式，也是一种很重要的方式。

如果用户需要激活命令中的选项功能，可以在相应步骤提示下，在命令行输入窗口中输入该选项的代表字母，然后按 Enter 键，也可以使用快捷菜单方式启动命令的选项功能。

2.1.4 功能键与快捷键

功能键与快捷键是最快捷的一种命令启动方式。每一种软件都设置了一些命令快捷组合键，如表 2-1 则列出了 AutoCAD 自身设定的一些命令快捷键，在执行这些命令时只需要按下相应的按键即可。

表 2-1 AutoCAD 功能键

功 能 键	功 能	功 能 键	功 能
F1	AutoCAD 帮助	Ctrl+N	新建文件
F2	文本窗口打开	Ctrl+O	打开文件
F3	对象捕捉开关	Ctrl+S	保存文件
F4	数字化仪开关	Ctrl+P	打印文件
F5	等轴测平面转换	Ctrl+Z	撤销上一步操作
F6	动态 UCS	Ctrl+Y	重复撤销的操作
F7	栅格开关	Ctrl+X	剪切
F8	正交开关	Ctrl+C	复制
F9	捕捉开关	Ctrl+V	粘贴
F10	极轴开关	Ctrl+K	超级链接
F11	对象跟踪开关	Ctrl+0	清屏
F12	动态输入	Ctrl+1	特性管理器
Delete	删除	Ctrl+2	设计中心
Ctrl+A	全选	Ctrl+3	特性
Ctrl+4	图纸集管理器	Ctrl+5	信息选项板
Ctrl+6	数据库连接	Ctrl+7	标记集管理器
Ctrl+8	快速计算器	Ctrl+9	命令行

另外，AutoCAD 还有一种更为方便的“命令快捷键”，即 CAD 英文命令的缩写。严格说它算不上是命令快捷键，但是使用命令简写的确能起到快速启动命令的作用，所以也称之为快捷键。不过使用此类快捷键时需要配合 Enter 键。比如【直线】命令的英文缩写为 L，用户只需按下 L 键后再按下 Enter 键，就能激活画线命令。

2.2 图形选择方式

“图形的选择”也是AutoCAD的重要基本技能之一，它常用于对图形进行修改编辑之前。常用的选择方式有点选、窗口选择和窗交选择3种。

2.2.1 点选

“点选”是最基本、最简单的一种对外选择方式，该方式一次仅能选择一个对象。在命令行“选择对象：”的提示下，系统自动进入点选模式，此时鼠标指针切换为矩形选择框状，在对象的边沿上单击鼠标，即可选择该图形，被选择的图形对象以虚线显示，如图2-1所示。

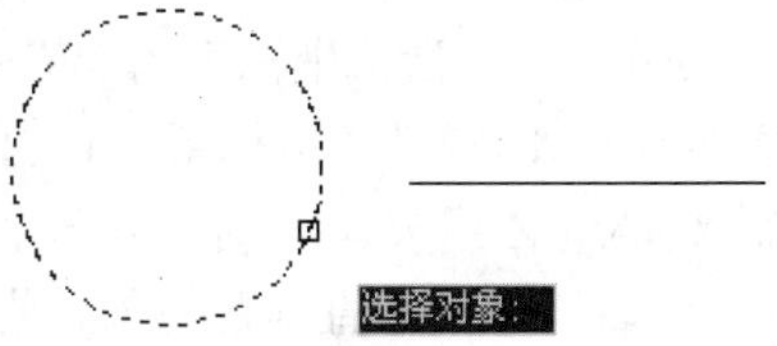

图2-1 点选示例

2.2.2 窗口选择

“窗口选择”也是一种常用的选择方式，使用该方式一次可以选择多个对象。在命令行“选择对象：”的提示下从左向右拉出一矩形选择框，此选择框即为窗口选择框，选择框以实线显示，内部以浅蓝色填充，如图2-2所示。

当指定窗口选择框的对角点之后，结果所有完全位于框内的对象都能被选择，如图2-3所示。

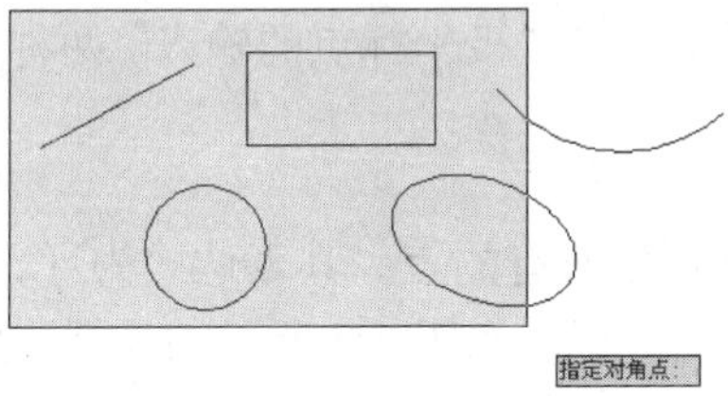

图2-2 窗口选择框

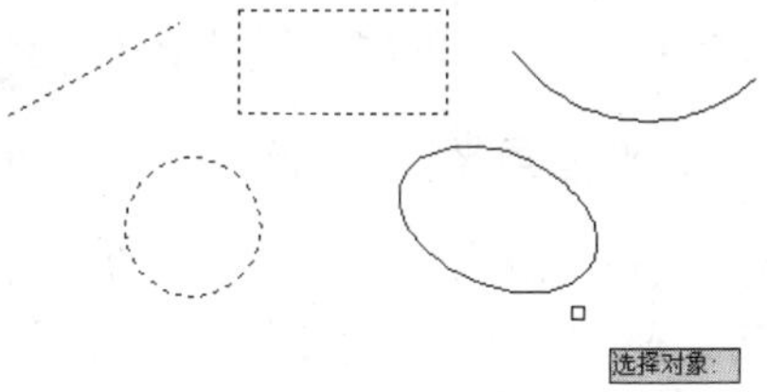

图2-3 窗口选择的结果

2.2.3 窗交选择

“窗交选择”是使用频率非常高的选择方式，使用该方式一次也可以选择多个对象。在命令行“选择对象：”提示下从右向左拉出一矩形选择框，此选择框即为窗交选择框，选择框以虚线显示，内部以绿色填充，如图2-4所示。

当指定选择框的对角点之后，结果所有与选择框相交和完全位于选择框内的对象都被选择，如图2-5所示。

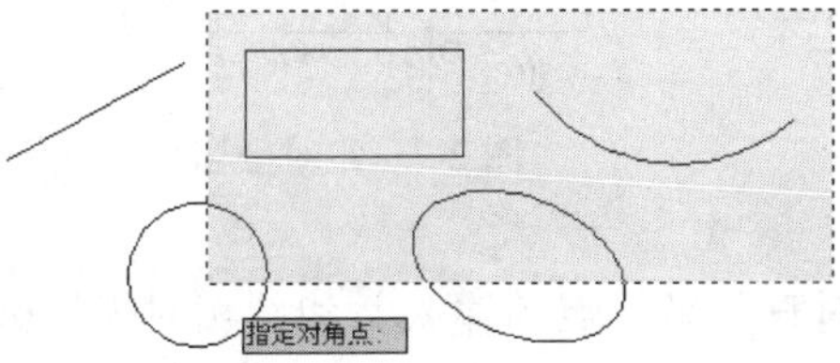

图2-4 窗交选择框

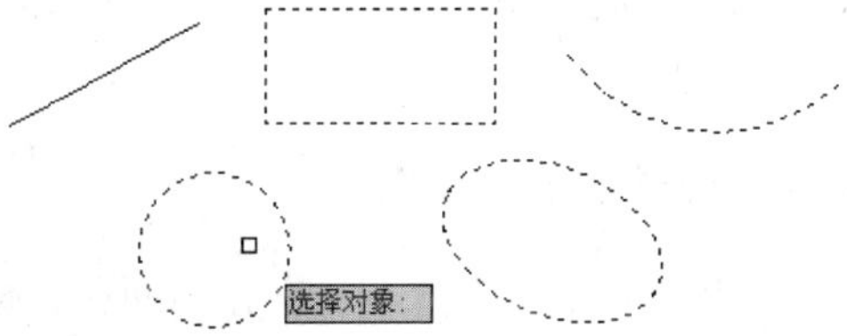

图2-5 窗交选择的结果

2.3 点的精确输入

要绘制数据精确的图形，就必须要准确地定位点，而利用图形点的坐标功能定位图形上的点，是一种最直接、最基本的点定位方式。在讲解点的坐标输入功能之前，首先简单了解一下常用的两种坐标系，即 WCS 和 UCS。

2.3.1 WCS 和 UCS

AutoCAD 默认坐标系为 WCS，即世界坐标系。此坐标系是 AutoCAD 的基本坐标系，它由 3 个相互垂直并相交的坐标轴 X、Y、Z 组成，X 轴正方向水平向右，Y 轴正方向垂直向上，Z 轴正方向垂直屏幕向外，指向用户。坐标原点在绘图区左下角，在二维图标上标有 W 字样，表明是世界坐标系，如图 2-6 所示。

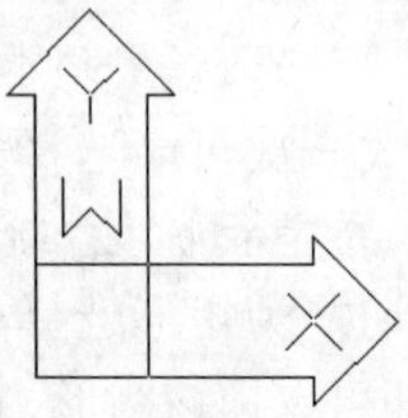

图 2-6 世界坐标系图标

为了更好地辅助绘图，用户需要修改坐标系的原点和方向，为此 AutoCAD 为用户提供了一种可变的 UCS 坐标系，即用户坐标系。在默认情况下，用户坐标系和世界坐标系是相重合的，用户也可以在绘图过程中根据需要来定义 UCS。

2.3.2 绝对坐标点的输入

图形点的精确输入功能主要有“绝对坐标点的输入”和“相对坐标点的输入”两大类，其中，“绝对坐标点的输入”又分为“直角坐标点的输入”和“极坐标点的输入”两种类型。

1. 绝对直角坐标点的输入

绝对直角坐标是以原点（0,0,0）为参照点，进行定位所有的点。其表达式为（x,y,z)，用户可以通过输入点的实际 x、y、z 坐标值来定义点的坐标。如图 2-7 所示的坐标系中，B 点的 X 坐标值为 3（即该点在 X 轴上的垂足点到原点的距离为 3 个单位），Y 坐标值为 1（即该点在 Y 轴上的垂足点到原点的距离为 1 个单位），那么 B 点的绝对直角坐标表达式为（3,1）。

2. 绝对极坐标点的输入

绝对极坐标是以原点作为极点，通过相对于原点的极长和角度来定义点的。其表达式为（$L<\alpha$）。在图 2-7 所示的坐标系中，假若直线 OA 的长度用 L 表示，直线 OA 与 X 轴正方向夹角使用α表示，则 A 点的绝对极坐标即为（$L<\alpha$）。

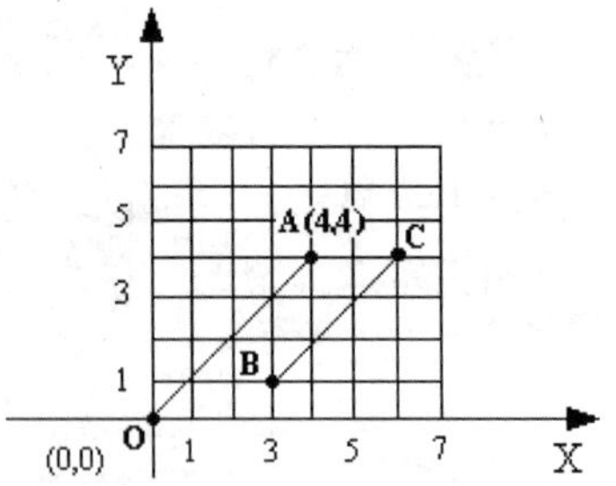

图 2-7 绝对坐标系上的点

2.3.3 相对坐标点的输入

“相对坐标点的输入”也分为两种，即“相对直角坐标点的输入”和“相对极坐标点的输入”。

1．相对直角坐标点的输入

相对直角坐标就是某一点相对于对照点 X 轴、Y 轴和 Z 轴 3 个方向上的坐标变化。其表达式为（@x,y,z）。在实际绘图当中常把上一点看作参照点，后续绘图操作是相对于前一点而进行的。

例如在图 2-7 所示的坐标系中，用 C 点的绝对坐标为（6,4），如果以 A 点作为参照点，使用相对直角坐标表示 C 点，那么表达式则为（@6-4,4-4）=（@2,0）。

技巧

AutoCAD 为用户提供了一种变换相对坐标系的方法，只要在输入的坐标值前加@符号，就表示该坐标值是相对于前一点的相对坐标。

2．相对极坐标点的输入

相对极坐标是通过相对于参照点的极长距离和偏移角度来表示的，其表达式为（@L<α），L 表示极长，α 表示角度。

例如在图 2-7 所示的坐标系中，如果以 A 点作为参照点，使用相对极坐标表示 C 点，那么表达式则为（@2<0），其中 2 表示 C 点和 A 点的极长距离为 2 个图形单位，偏移角度为 0°。

技巧

默认设置下，AutoCAD 是以 X 轴正方向作为 0°的起始方向，逆时针方向计算的，如果在图 2-7 所示的坐标系中，以 C 点作为参照点，使用相对坐标表示 A 点，则为（@2<180）。

2.4 点的捕捉追踪

除了点的坐标输入功能外，AutoCAD 还为用户提供了点的捕捉和追踪功能，具体有“步长捕捉”、“对象捕捉”和“精确追踪”3 类。这些功能都是辅助绘图工具，其工具按钮都位于状态栏上，如图 2-8 所示，运用这些功能可以快速、准确、高精度地绘制图形，大大提高了绘图的精确度。

图 2-8　捕捉追踪在状态栏上的工具按钮

2.4.1　步长捕捉

所谓“步长捕捉”，指的就是强制性的控制十字光标，使其根据定义的 X、Y 轴方向的固定距离（即步长）进行跳动，从而精确定位点。例如将 X 轴的步长设置为 20，将 Y 轴方向上的步长设置为 30，那么光标每水平跳动一次，则走过 20 个单位的距离，每垂直跳动一次，则走过 30 个单位的距离，如果连续跳动，则走过的距离则是步长的整数倍。

1．**“步长捕捉”的启动**

- 状态栏：单击状态栏中的按钮或捕捉按钮（或在此按钮上右击鼠标，在弹出的快捷菜单中选择【启用】命令）。
- 功能键：按F9键。
- 菜单栏：单击菜单栏上的【工具】|【草图设置】命令，在打开的对话框展开【捕捉和栅格】选项卡，然后勾选【启用捕捉】复选框。

下面通过将 X 轴方向上的步长设置为 20、Y 方向上的步长设置为 30，学习“步长捕捉”功能的参数设置和启用操作。

❶在状态栏上右击捕捉按钮，在弹出的快捷菜单中选择【设置】命令，打开如图 2-9 所示的【草图设置】对话框。

❷在对话框中勾选【启用捕捉】复选框，即可打开捕捉功能。

❸在【捕捉 X 轴间距】文本框内输入数值 20，将 X 轴方向上的捕捉间距设置为 20。

❹取消【X 和 Y 间距相等】复选框的勾选，然后在【捕捉 Y 轴间距】文本框内输入数值 30，将 Y 轴方向上的捕捉间距设置为 30。

❺最后单击确定按钮，完成捕捉参数的设置。

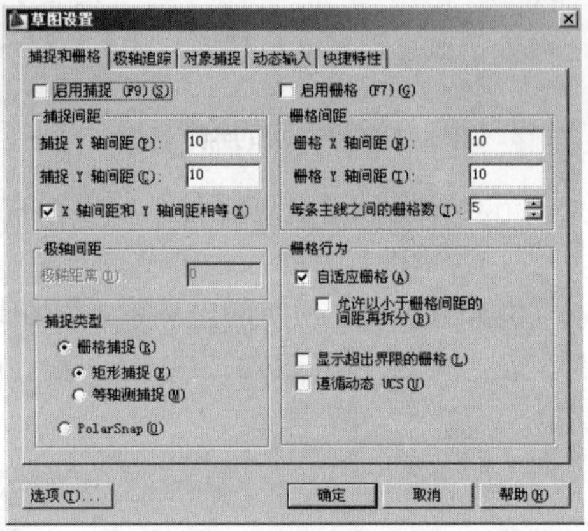

图 2-9 【草图设置】对话框

> **技巧**
>
> 【捕捉类型和样式】选项组，用于设置捕捉的类型及样式，建议使用系统默认设置。

2．**栅格**

【栅格】功能主要以栅格点的形式直观显示作图区域，给用户提供直观的距离和位置参照，如图 2-10 所示。栅格点之间的距离可以随意调整，如果用户使用步长捕捉功能绘图时，最好是按照 X、Y 轴方向的捕捉间距设置栅格点间距。

栅格点是一些虚拟的参照点，它不是一些真正存在的对象点，它仅显示在图形界限内，只作为绘图的辅助工具出现，而不是图形的一部分，也不会被打印输出。启动【栅格】功能主要有以下几种方法。

- 状态栏：单击状态栏中的按钮或栅格按钮（或在此按钮上右击鼠标，在弹出的快捷菜单中【启用】命令）。
- 功能键：按F7键。
- 组合键：按Ctrl+G键。
- 菜单栏：单击菜单栏上的【工具】|【草图设置】命令，在打开的对话框中展开【捕捉和栅格】选项卡，然后勾选【启用栅格】复选框，如图 2-11 所示。

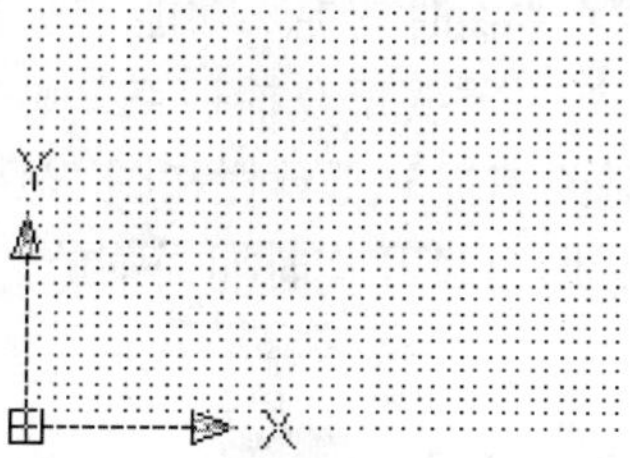

图 2-10　栅格示例

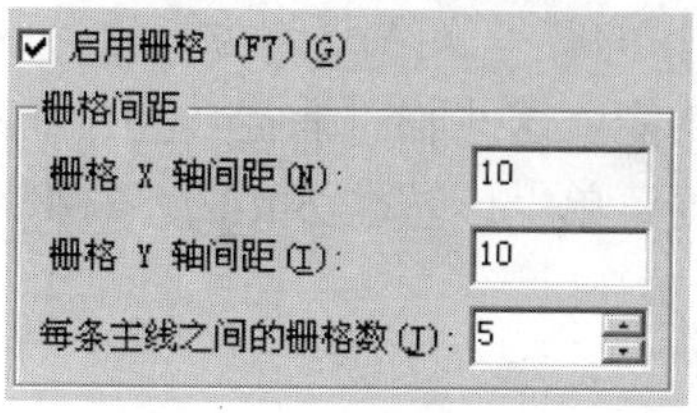

图 2-11　启用栅格功能

技巧

如果激活了【栅格】功能后，绘图区没有显示出栅格点，这是因为当前图形界限太大，导致栅格点太密的缘故，需要修改栅格点之间的距离。

2.4.2　对象捕捉

AutoCAD 共为用户提供了 13 种对象捕捉功能，如图 2-12 所示。使用这些捕捉功能可以方便精确地将光标定位到图形的特征点上，如直线的端点、中点；圆的圆心和象限点等。

在所需捕捉模式上单击鼠标，即可开启该种捕捉模式。在此对话框内一旦设置了某种捕捉模式后，系统将一直保持着这种捕捉模式，直到用户取消为止，因此该对话框中的捕捉常被称为“自动捕捉”。

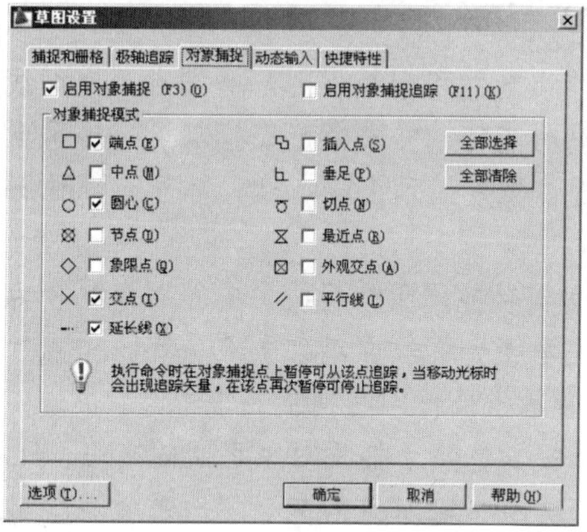

图 2-12　13 种对象捕捉功能

技巧

在设置对象捕捉功能时，不要全部开启各捕捉功能，这样会起到相反的作用捕捉不到想要捕捉的特征点。

1.【对象捕捉】功能的启动

- 状态栏：单击状态栏上的□按钮或对象捕捉按钮（或在此按钮上右击鼠标，在弹出的快捷菜单中【启用】命令）。
- 功能键：按F3键。
- 菜单栏：单击菜单栏上的【工具】|【草图设置】命令，在打开的对话框中展开【对象捕捉】选项卡，然后勾选【启用对象捕捉】复选框。

为了方便绘图，AutoCAD 为这 13 种对象捕捉提供了“临时捕捉”功能。所谓“临时捕捉”，指的就是激活一次功能后，系统仅能捕捉一次；如果需要反复捕捉点，则需要多次激活该功能。这些临时捕捉功能位于如图 2-13 所示【对象捕捉】工具栏和图 2-14 所示的临时捕捉菜单上，按住Shift或Ctrl键，然后右击鼠标，即可打开临时捕捉菜单。

图 2-13 【对象捕捉】工具栏

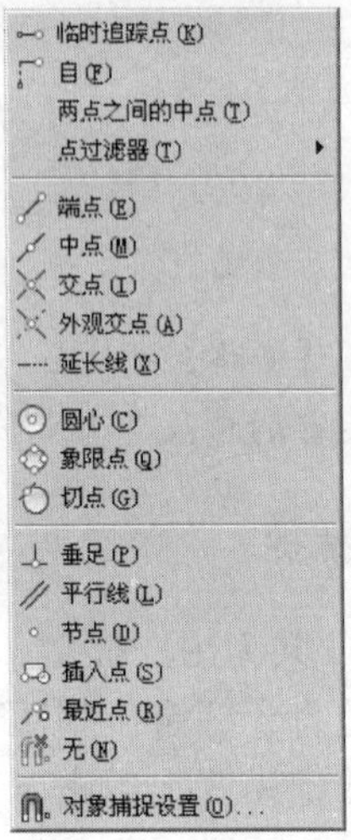

图 2-14 临时捕捉菜单

2．13 种捕捉功能的含义与功能

- 端点捕捉。该捕捉功能用于捕捉图形的端点。比如线段的端点，矩形、多边形的角点等。激活此功能后，在命令行“指定点”提示下将光标放在对象上，系统将在距离光标最近位置处显示出端点标记符号，如图 2-15 所示，此时单击鼠标即可捕捉到该端点。
- 中点捕捉。该捕捉功能用于捕捉线、弧等对象的中点。激活此功能后，在命令行“指定点”的提示将光标放在对象上，系统在中点处显示出中点标记符号，如图 2-16 所示。此时单击鼠标即可捕捉到该中点。
- 交点捕捉。该捕捉功能用于捕捉对象之间的交点。激活此功能后，在命令行“指定点”的提示下将光标放在对象的交点处，系统显示出交点标记符号，如图 2-17 所示。此时单击鼠标即可捕捉到该交点。

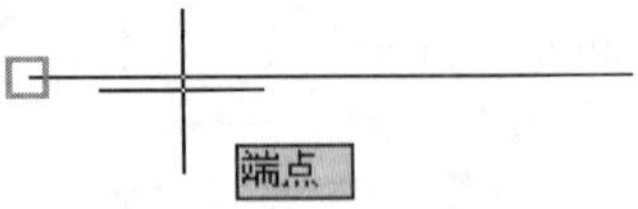

图 2-15 端点捕捉标记

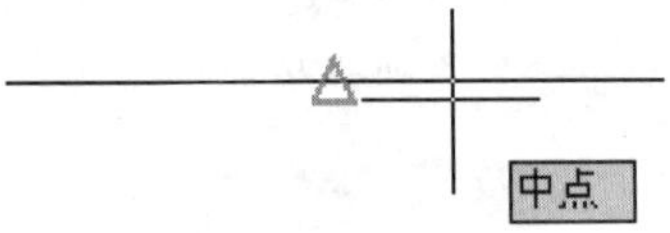

图 2-16 中点捕捉标记

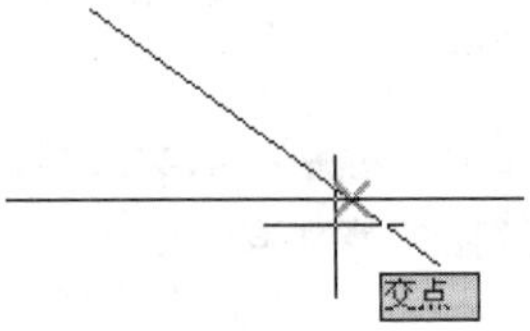

图 2-17 交点捕捉标记

技巧

如果需要捕捉对象延长线的交点，那么首先将光标放在其中的一个对象上单击鼠标，拾取该延伸对象，如图 2-18 所示。然后再将光标放在另一个对象上，系统将自动在延伸交点处显示出交点标记符号，如图 2-19 所示，此时单击鼠标即可精确捕捉到对象延长线的交点。

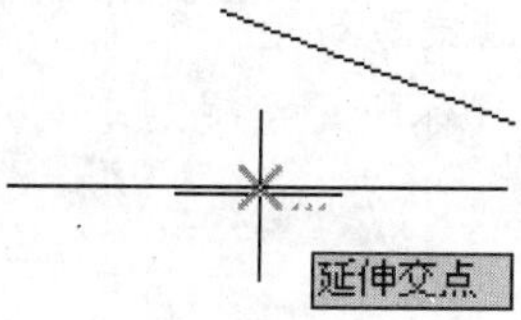

图 2-18　拾取延伸对象

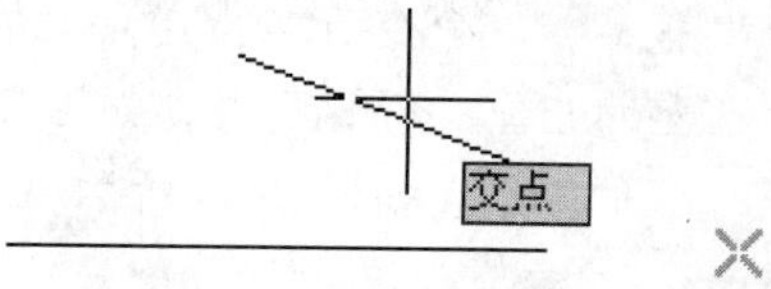

图 2-19　延长线交点标记

- 外观交点捕捉。该捕捉功能主要用于捕捉三维空间内对象在当前坐标系平面内投影的交点。
- 延长线捕捉。此功能用于捕捉对象延长线上的点。激活该功能后，在命令行“指定点”的提示下将光标放在对象的末端稍一停留，然后沿着延长线方向移动光标，系统会在延长线处引出一条追踪虚线，如图 2-20 所示。此时单击鼠标，或输入一距离值，即可在对象延长线上精确定位点。

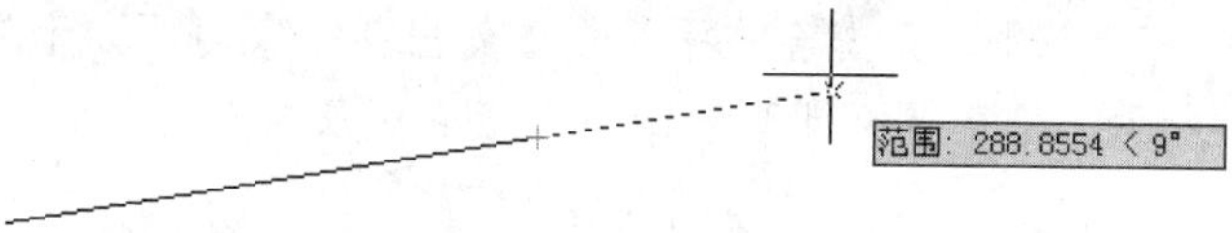

图 2-20　延长线捕捉

- 圆心捕捉。该捕捉功能用于捕捉圆、弧或圆环的圆心。激活该功能后，在命令行“指定点”提示下将光标放在圆或弧等的边缘上，也可直接放在圆心位置上，系统在圆心处显示出圆心标记符号，如图 2-21 所示。此时单击鼠标即可捕捉到圆心。
- 象限点捕捉。该捕捉功能用于捕捉圆或弧的象限点。激活该功能后，在命令行“指定点”的提示下将光标放在圆的象限点位置上，系统会显示出象限点捕捉标记，如图 2-22 所示。此时单击鼠标即可捕捉到该象限点。

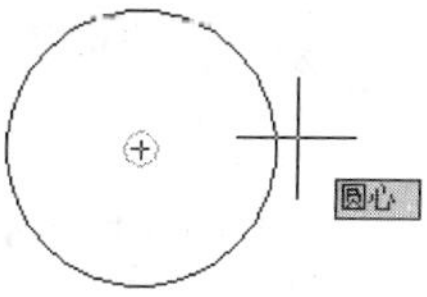

图 2-21　圆心捕捉标记

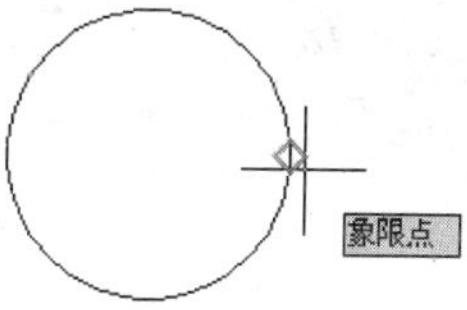

图 2-22　象限点捕捉标记

- 切点捕捉。该捕捉功能用于捕捉圆或弧的切点，绘制切线。激活该功能后，在命令行“指定点”的提示下将光标放在圆或弧的边缘上，系统会在切点处显示出切点标记符号，如图 2-23 所示。此时单击鼠标即可捕捉到切点，绘制出对象的切线，如图 2-24 所示。

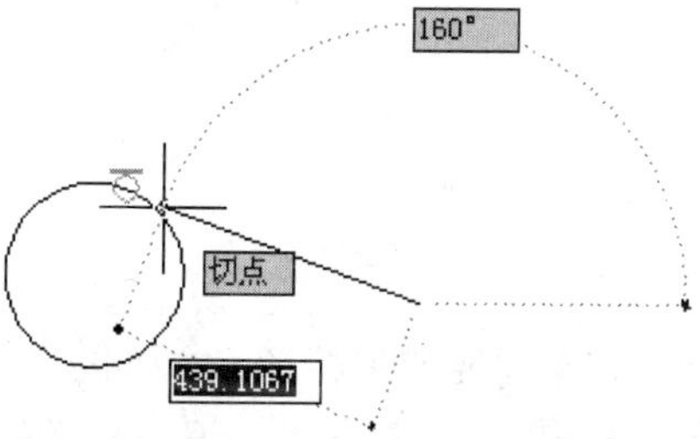

图 2-23　切点捕捉标记

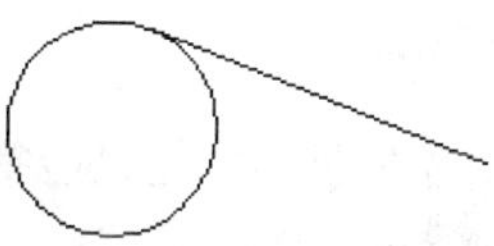

图 2-24　绘制的切线

- 垂足捕捉。该捕捉功能常用于捕捉对象的垂足点，绘制对象的垂线。激活该功能后，在命令行“指定点”的提示下将光标放在对象边缘上，系统会在垂足点处显示出垂足标记符号，如图 2-25 所示。此时单击鼠标即可捕捉到垂足点，绘制对象的垂线，如图 2-26 所示。

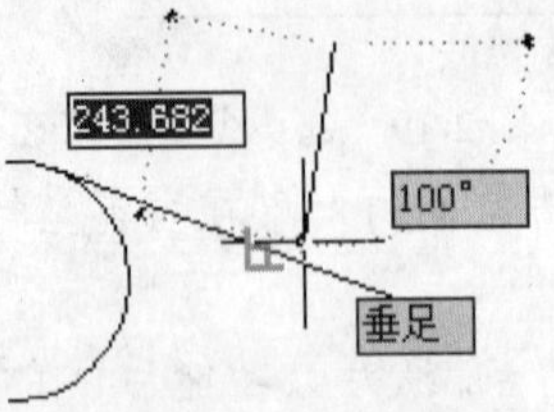

图 2-25　垂足标记

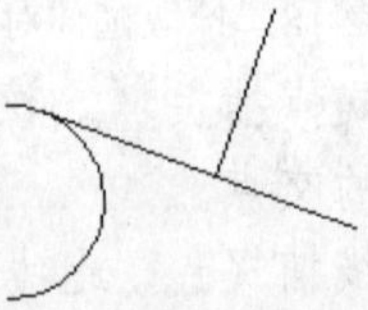

图 2-26　绘制的垂线

- 平行线捕捉。该捕捉功能常用于绘制线段的平行线。激活该功能后，在命令行“指定点：”提示下把光标放在已知线段上，此时会出现一平行的标记符号，如图 2-27 所示，移动光标，系统会在平行位置处出现一条向两方无限延伸的追踪虚线，如图 2-28 所示。单击鼠标即可绘制出与拾取对象相互平行的线，如图 2-29 所示。

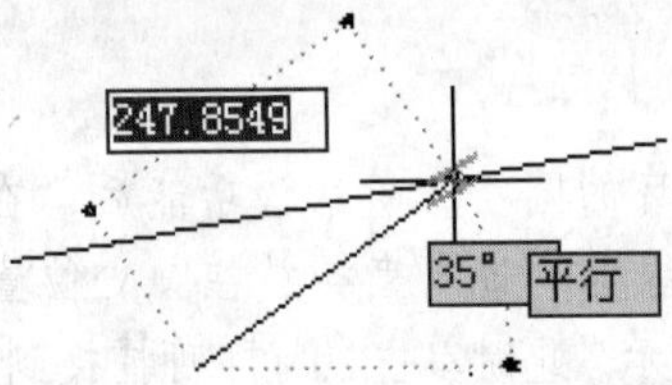

图 2-27　平行标记

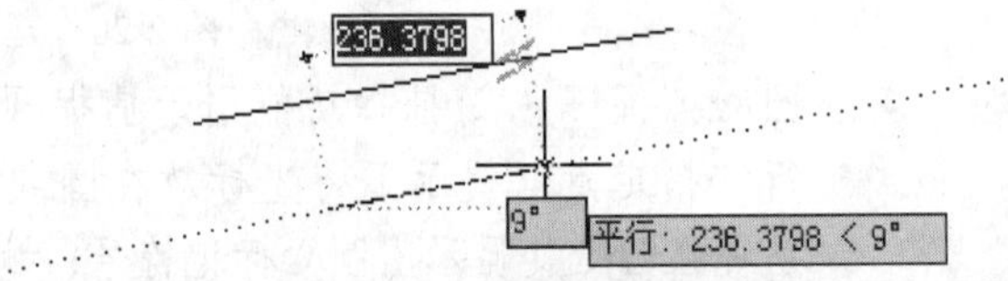

图 2-28　平行追踪线

- 节点捕捉。该捕捉功能用于捕捉使用【点】命令绘制的点对象。使用时需将拾取框放在节点上，系统会显示出节点的标记符号，如图 2-30 所示。单击鼠标即可拾取该点。

图 2-29　绘制的平行线

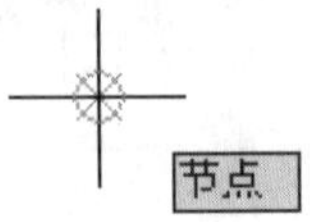

图 2-30　节点标记

- 插入点捕捉。该捕捉方式用来捕捉块、文字、属性或属性定义等的插入点，如图 2-31 所示。
- 最近点捕捉。该捕捉方式用来捕捉光标距离对象最近的点，如图 2-32 所示。

图 2-31　插入点捕捉

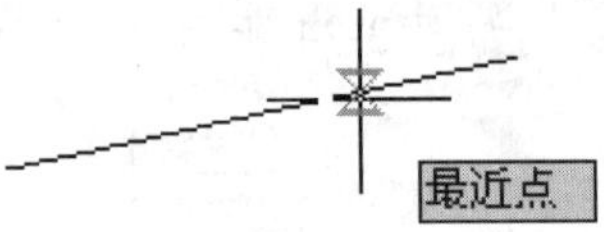

图 2-32　最近点捕捉

2.4.3 精确追踪

使用【对象捕捉】功能只能捕捉对象上的特征点，如果需要捕捉特征点之外的目标点，则可以使用 AutoCAD 的追踪功能。常用的追踪功能有【正交追踪】、【极轴追踪】、【对象追踪】和【捕捉自】4 种。

1．正交追踪

【正交追踪】功能是用于将光标强行的控制在水平或垂直方向上，以绘制水平和垂直的线段。【正交追踪】功能主要有以下几种启动方式。

- 状态栏：单击状态栏中的按钮或正交按钮（或在此按钮上右击鼠标，在弹出的快捷菜单中选择【启用】命令）。
- 功能键：按F8键。
- 命令行：在命令行中输入 Ortho。

【正交追踪】追踪功能可以控制 4 个角度方向，向右引导光标，系统则定位 0° 方向，如图 2-33 所示；向上引导光标，系统则定位 90° 方向，如图 2-34 所示；向左引导引导光标，系统则定位 180° 方向，如图 2-35 所示；向下引导光标，系统则定位 270° 方向，如图 2-36 所示。

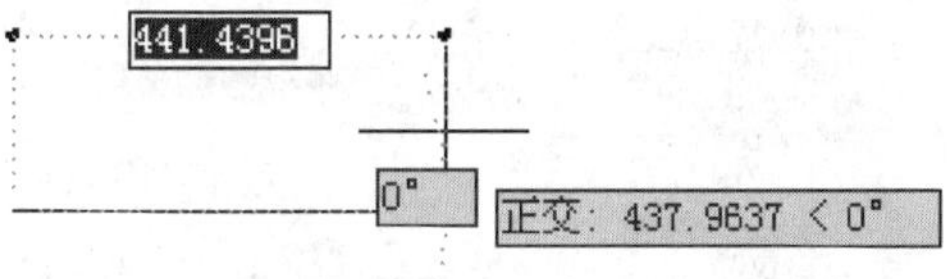

图 2-33　0° 方向追踪

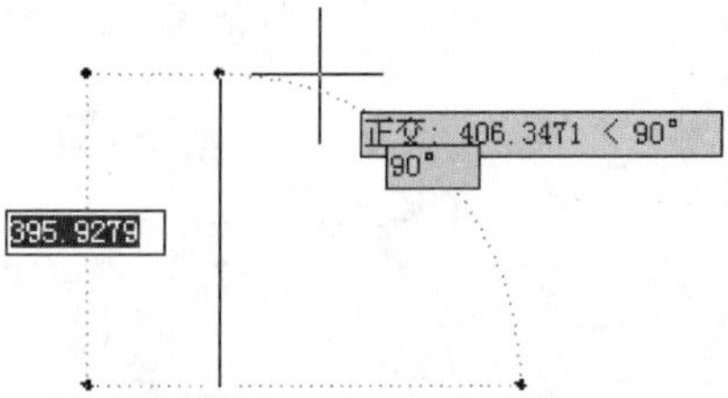

图 2-34　90° 方向追踪

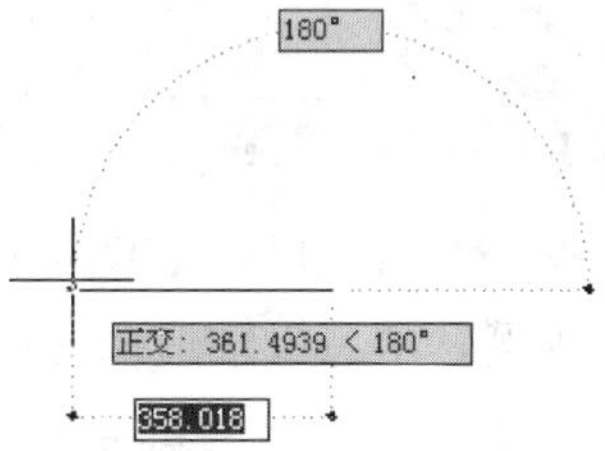

图 2-35　180° 方向追踪

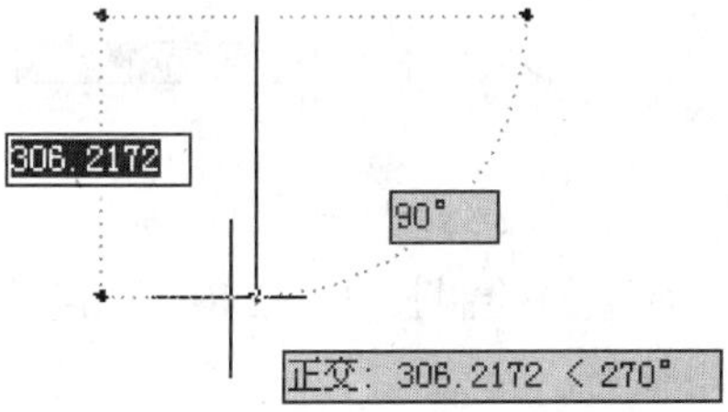

图 2-36　270° 方向追踪

下面通过绘制如图 2-37 所示的简单图形，学习正交追踪功能使用方法和技巧。

❶新建文件，并按F8键，激活【正交】功能。

❷单击菜单栏上的【绘图】|【直线】命令，配合【正交】功能精确绘图。命令行操作如下：

命令: _line
指定第一点:　　//在绘图区拾取一点作为起点
指定下一点或 [放弃(U)]:　　//向右引导光标，输入 500 Enter
指定下一点或 [放弃(U)]:　　//向上引导光标，输入 400 Enter
指定下一点或 [闭合(C)/放弃(U)]:　　//向左引导光标，输入 200 Enter
指定下一点或 [闭合(C)/放弃(U)]:　　//向下引导光标，输入 200 Enter
指定下一点或 [闭合(C)/放弃(U)]:　　//向左引导光标，输入 300 Enter
指定下一点或 [闭合(C)/放弃(U)]:　　// c Enter，闭合图形

❸绘制结果如图 2-37 所示。

2．极轴追踪

所谓“极轴追踪”，指的就是根据当前设置的追踪角度，引出相应的极轴追踪虚线，进行追踪定位目标点，如图 2-38 所示。【极轴追踪】功能有以下几种启动方式。

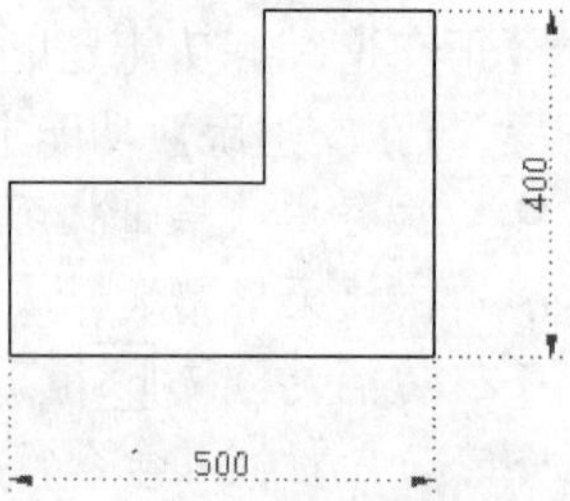

图 2-37　绘制效果

- 状态栏：单击状态栏中的按钮或极轴按钮（或在此按钮上右击鼠标，在弹出的快捷菜单中选择【启用】命令）。
- 功能键：按 F10 键。
- 菜单栏：单击菜单栏上的【工具】|【草图设置】命令，在打开的对话框中展开【极轴追踪】选项卡，然后勾选【启用极轴追踪】复选框，如图 2-39 所示。

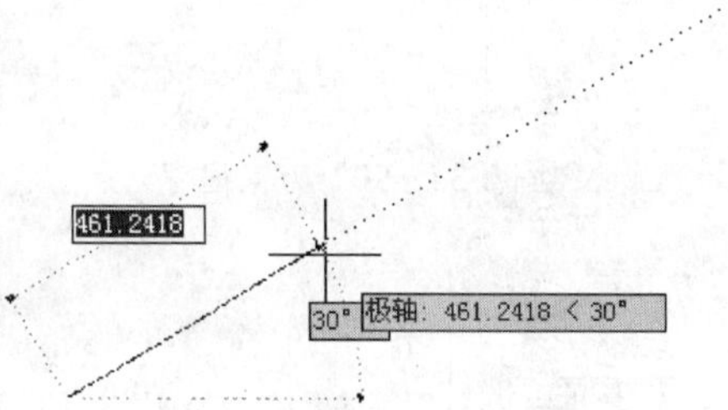

图 2-38　极轴追踪示例

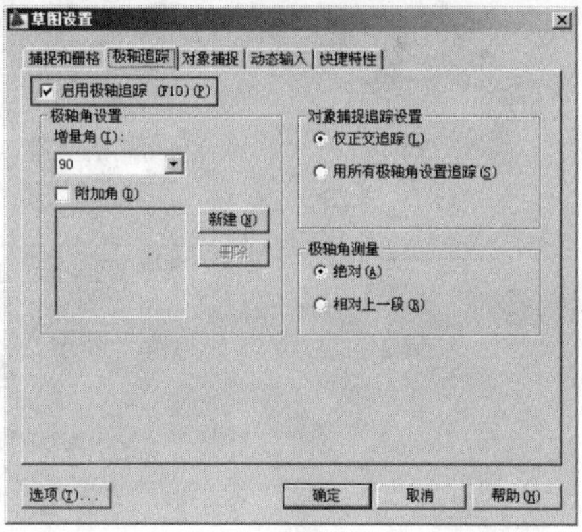

图 2-39　勾选【启用极轴追踪】复选框

下面通过绘制长度为 240、角度为 45°的倾斜线段为例，学习极轴追踪的参数设置以及使用技巧。

❶新建空白文件。

❷在状态栏上右击极轴按钮，在弹出的快捷菜单中选择【设置】命令，打开如图 2-39 所示的对话框。

❸勾选对话框中的【启用极轴追踪】复选框，打开【极轴追踪】功能。

❹单击【增量角】下拉列表框，在展开的下拉列表框中选择 45，如图 2-40 所示，将当前的追踪角设置为 45°。

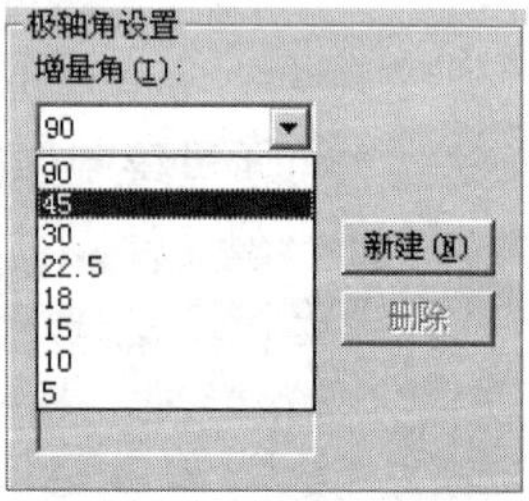

图 2-40　设置追踪角

技巧

在【极轴角设置】选项组中的【增量角】下拉列表框内，系统提供了多种增量角，如 90°、45°、30°、22.5°、18°、15°、10°、5°，用户可以从中选择一个角度值作为增量角。

❺单击 确定 按钮关闭对话框，完成角度跟踪设置。

❻单击菜单栏上的【绘图】|【直线】命令，配合【极轴追踪】功能绘制长度斜线段。

命令行操作如下：

```
命令: _line
    指定第一点:                    //在绘图区拾取一点作为起点
    指定下一点或 [放弃(U)]:        //向右上方移动光标,在 45° 方向上引出如图 2-41 所示的
                                     极轴追踪虚线，然后输入 240 Enter
    指定下一点或 [放弃(U)]:        // Enter，结束命令，绘制结果如图 2-42 所示
```

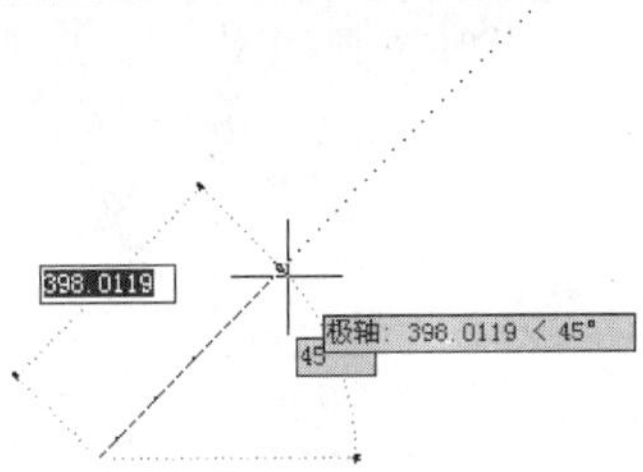

图 2-41　45° 极轴追踪虚线

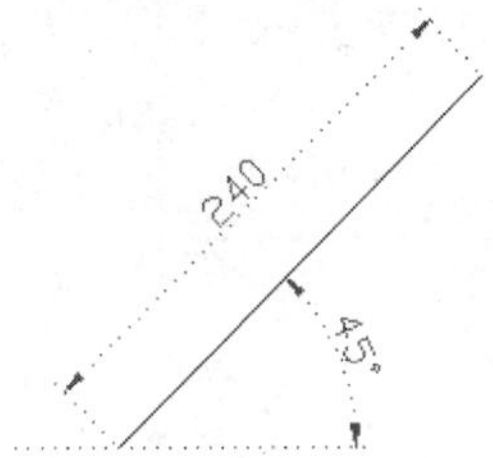

图 2-42　绘制结果

技巧

AutoCAD 不但可以在增量角方向上出现极轴追踪虚线，还可以在增量角的倍数方向上出现极轴追踪虚线。

如果要选择预设值以外的角度增量值，需事先勾选【附加角】复选框并在其下的列表框中输入所需的角度值，然后单击 新建(N) 按钮，创建一个附加角，如图 2-43 所示。系统就会以所设置的附加角进行追踪。另外，如果要删除一个角度值，在选取该角度值后单击 删除 按钮即可。另外，只能删除用户自定义的附加角，系统预设的增量角则不能被删除。

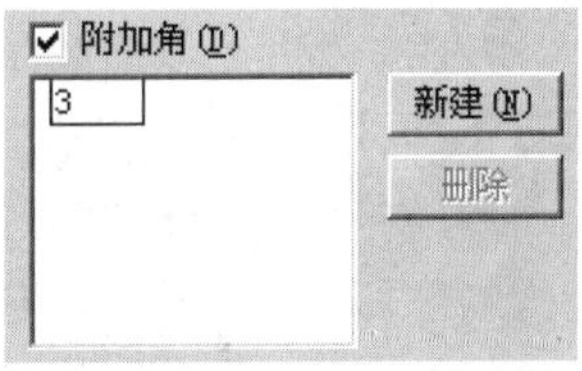

图 2-43　创建 3° 的附加角

技巧

【正交追踪】与【极轴追踪】功能不能同时打开，因为前者是使光标限制在水平或垂直轴上追踪，而后者则可以追踪任意方向矢量。

3．对象追踪

所谓“对象追踪”，指的是以对象上的某些特征点作为追踪点，引出向两端无限延伸的对象追踪虚线，如图 2-44 所示，在此追踪虚线上拾取点或输入距离值，即可精确定位到目标点。

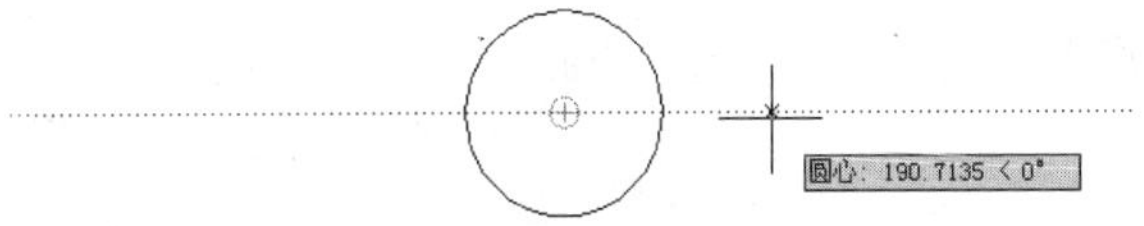

图 2-44　对象追踪虚线

【对象追踪】功能的启动主要有以下几种方式。

- 状态栏：单击状态栏中的∠按钮或对象追踪按钮（或在此按钮上右击鼠标，在弹出的快捷菜单中选择【启用】命令）。
- 功能键：按F11键。
- 菜单栏：单击菜单栏上的【工具】|【草图设置】命令，在打开的对话框中展开【对象捕捉】选项卡，然后勾选【启用对象捕捉追踪】复选框，如图2-45所示。

【对象追踪】功能只有在【对象捕捉】和【对象追踪】同时打开的情况下才可使用，而且只能追踪对象捕捉类型里设置的自动对象捕捉点。下面通过绘制如图2-46所示的图形，学习【对象捕捉追踪】功能的参数设置和具体的使用技巧。

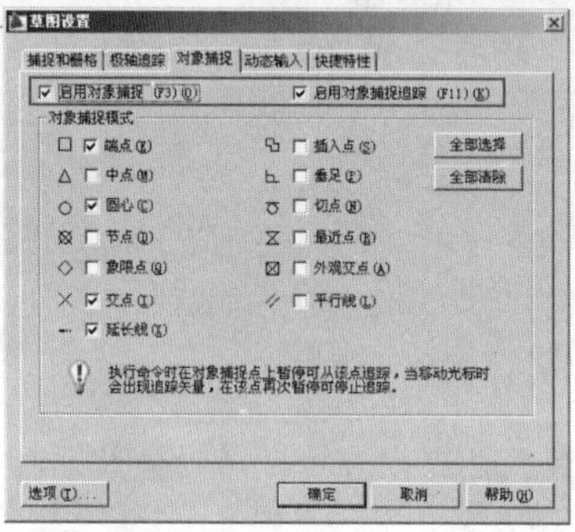

图2-45 勾选【启用对象捕捉追踪】复选框

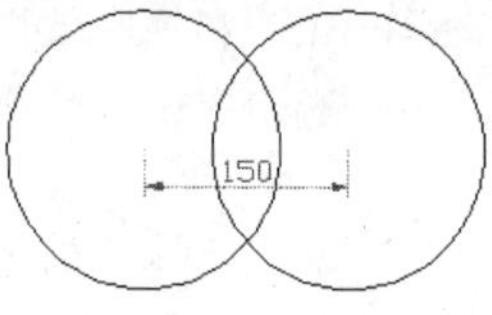

图2-46 绘制效果

❶新建空白文件。

❷在状态栏上右击对象追踪按钮，在弹出的快捷菜单中选择【设置】命令，打开【草图设置】对话框。

❸在对话框中分别勾选【启用对象捕捉】和【启用对象捕捉追踪】复选框。

❹在【对象捕捉模式】选项组中勾选所需要的对象捕捉模式，如圆心捕捉。

❺单击 确定 按钮完成参数的设置。

❻单击菜单栏上的【绘图】|【圆】|【圆心,半径】命令，配合圆心捕捉和捕捉追踪功能，绘制相交圆。命令行操作如下：

命令: _circle

指定圆的圆心或 [三点(3P)/两点(2P)/相切、相切、半径(T)]:

//在绘图区拾取一点作为圆心

指定圆的半径或 [直径(D)] <100.0000>: //100 Enter，绘制半径为100的圆

命令: c //Enter，重复画圆命令

CIRCLE 指定圆的圆心或 [三点(3P)/两点(2P)/相切、相切、半径(T)]:

//将光标放在圆心处，系统自动拾取圆心作为对象追踪点，然后水平向右引出如图2-47所示的对象追踪虚线，输入150 Enter，定位下一个圆的圆心

指定圆的半径或 [直径(D)] <100.0000>:

//Enter，结束命令，绘制结果如图2-48所示

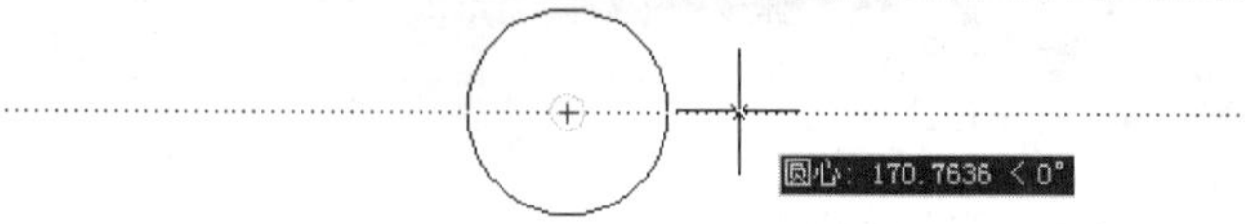

图2-47 圆心追踪

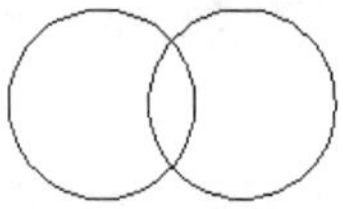

图2-48 绘制效果

在默认设置下，系统仅以水平或垂直的方向进行追踪点，如果用户需要按照某一角度进行追踪点，可以在【极轴追踪】选项卡中设置追踪的样式，如图 2-49 所示。

在【对象捕捉追踪设置】选项组中，【仅正交追踪】单选项与当前极轴角无关，它仅水平或垂直的追踪对象，即在水平或垂直方向在出现向两方无限延伸的对象追踪虚线；而【用所有极轴角设置追踪】单选项是根据当前所设置的极轴角及极轴角的倍数出现对象追踪虚线，用户可以根据需要进行取舍。

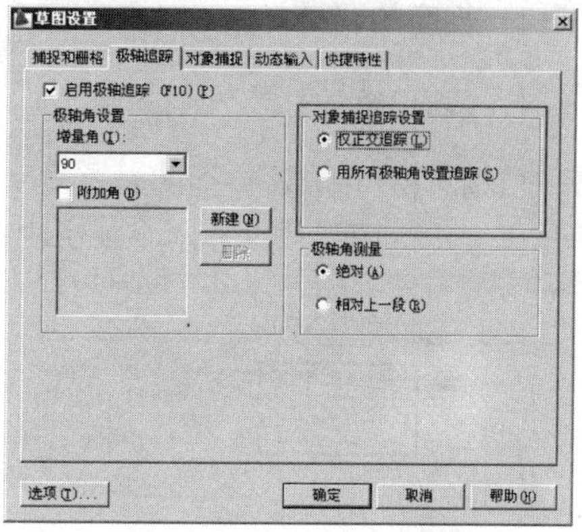

图 2-49　设置对象追踪样式

4．**捕捉自**

【捕捉自】功能是借助捕捉和相对坐标定义窗口中相对于某一捕捉点的另外一点。使用【捕捉自】功能时需要先捕捉对象特征点作为目标点的偏移基点，然后再输入目标点的坐标值。

【捕捉自】功能的启动主要有以下几种方式。

- 工具栏：单击【对象捕捉】工具栏中的按钮。
- 命令行：在命令行输入_from。
- 临时捕捉菜单：按住 Ctrl 或 Shift 键右击鼠标，在弹出的快捷菜单中选择【自】命令。

2.5 视窗的实时调整

AutoCAD 为用户提供了众多的视窗调整功能，这些功能菜单如图 2-50 所示，其工具栏如图 2-51 所示。使用这些视图调整工具，用户可以随意调整图形在当前视窗的显示，以方便用户观察、编辑视窗内的图形细节或图形全貌。

图 2-50　视窗调整功能菜单

图 2-51　视窗调整功能工具栏

2.5.1 视窗的调整

1.【窗口缩放】

所谓“窗口缩放”，指的是在需要缩放显示的区域内拖出一个矩形框，如图 2-52 所示，将位于框内的图形放大显示在视窗内，如图 2-53 所示。

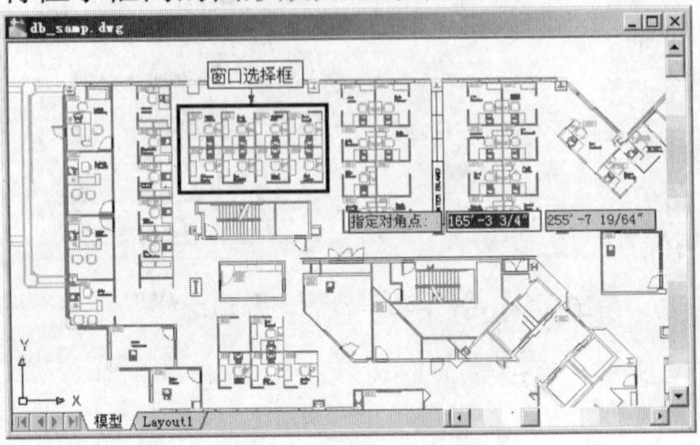

图 2-52　窗口选择框

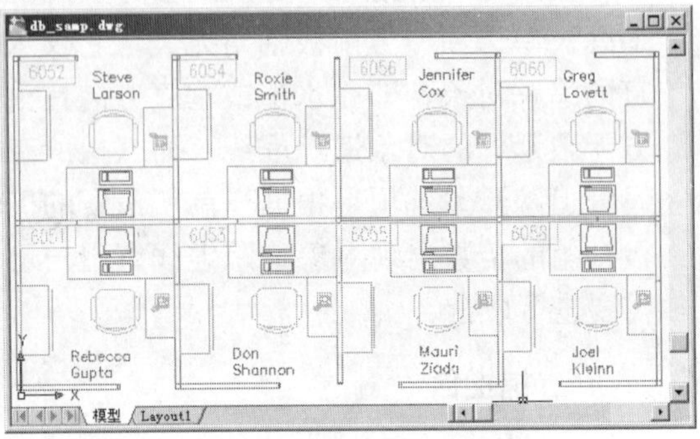

图 2-53　窗口缩放结果

技巧

当选择框的宽高比与绘图区的宽高比不同时，AutoCAD 将使用选择框宽与高中相对当前视图放大倍数的较小者，以确保所选区域都能显示在视图中。

2.【动态缩放】

所谓“动态缩放”，指的就是动态地浏览和缩放视窗，此功能常用于观察和缩放比例比较大的图形。激活该功能后，屏幕将临时切换到虚拟显示屏状态，此时屏幕上显示 3 个视图框，如图 2-54 所示。

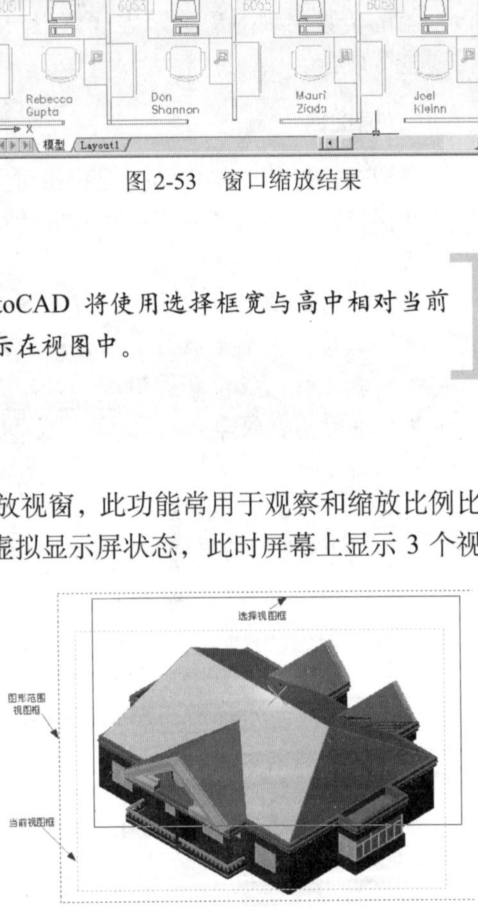

图 2-54　动态缩放工具的视图框

- “图形范围视图框”是一个蓝色的虚线方框，该框显示图形界限和图形范围中较大的一个。
- “当前视图框”是一个绿色的线框，该框中的区域就是在使用这一选项之前的视图区域。
- 以实线显示的矩形框为“选择视图框”，该视图框有两种状态，一种是平移视图框，其大小不能改变，只可任意移动；一种是缩放视图框，它不能平移，但可调节大小。可以单击鼠标在两种视图框之间切换。

技巧

如果当前视图与图形界限或视图范围相同，蓝色虚线框便与绿色虚线框重合。平移视图框中有一个“×”符号，它表示下一视图的中心点位置。

3. **【比例缩放】**

所谓“比例缩放”，指的是按照输入的比例参数进行调整视图，视图被比例调整后，中心点保持不变。在输入比例参数时，有以下 3 种情况：

- 第一种情况就是直接在命令行内输入数字，表示相对于图形界限的倍数；
- 第二种情况就是在输入的数字后加字母 X，表示相对于当前视图的缩放倍数；
- 第三种情况是在输入的数字后加字母 XP，表示系统将根据图纸空间单位确定缩放比例。

通常情况下，相对于视图的缩放倍数比较直观，较为常用。

4. **【中心缩放】**

所谓“中心缩放”，指的是根据所确定的中心点进行调整视图。当激活该功能后，用户可直接用鼠标在屏幕上选择一个点作为新的视图中心点。确定中心点后，AutoCAD 要求用户输入放大系数或新视图的高度，具体有两种情况：

- 直接在命令行输入一个数值，系统将以此数值作为新视图的高度，进行调整视图。
- 如果在输入的数值后加一个 X，则系统将其看作视图的缩放倍数。

5. **【缩放对象】**

所谓“缩放对象”，指的是最大限度地显示当前视图内选择的图形，如图 2-55 和图 2-56 所示。使用此功能可以缩放单个对象，也可以缩放多个对象。

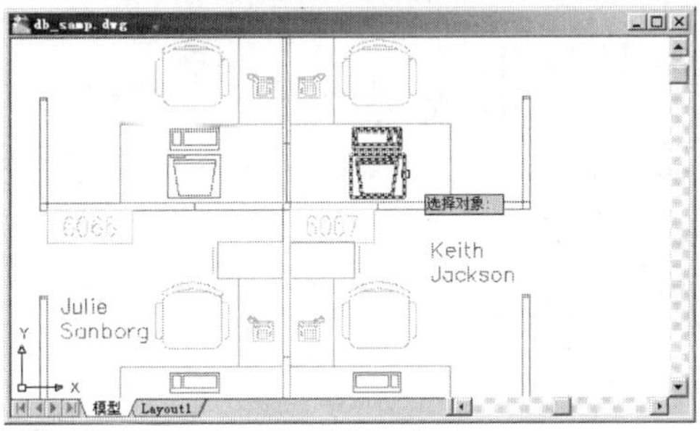

图 2-55　选择需要放大显示的图形

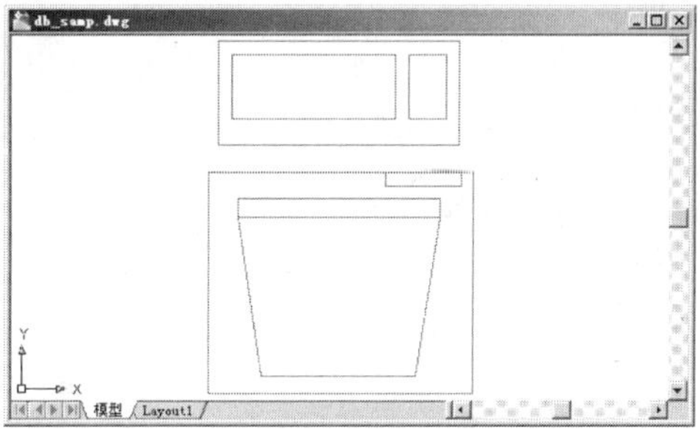

图 2-56　缩放结果

6. **【放大】和【缩小】**

前一功能用于将视窗放大一倍显示，后者用于将视窗缩小一倍显示。连续单击按钮，可以成倍地放大或缩小视窗。

7. **【全部缩放】**

所谓“全部缩放”，指的是按照图形界限或图形范围的尺寸，在绘图区域内显示图形。图形界限与图形范围中哪个尺寸大，便由哪个决定图形显示的尺寸，如图 2-57 所示。

8. **【范围缩放】**

所谓“范围缩放”，指的是将所有图形全部显示在屏幕上，并最大限度地充满整个屏幕，如图 2-58 所示。该选择方式与图形界限无关。

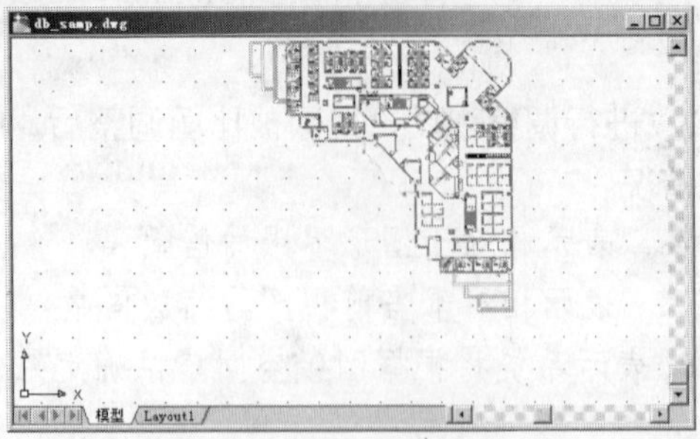

图 2-57　全部缩放结果

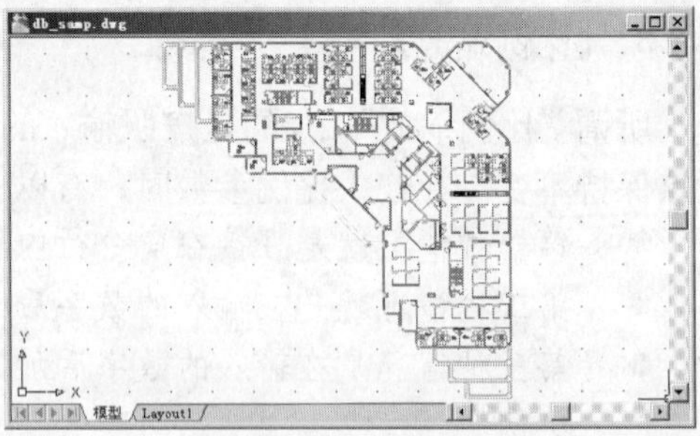

图 2-58　范围缩放结果

2.5.2　视窗的恢复

当用户在对视窗进行调整之后，以前视窗的显示状态会被 AutoCAD 自动保存起来，使用软件中的【缩放上一个】功能可以恢复上一个视窗的显示状态，如果用户连续单击该工具按钮，系统将连续地恢复视窗，直至退回到前 10 个视图。

2.6　综合练习——使用点的定位功能精确绘图

本节通过绘制双扇玻璃橱柜立面图为例，对本章所讲知识进行综合练习和巩固。本例效果如图 2-59 所示。

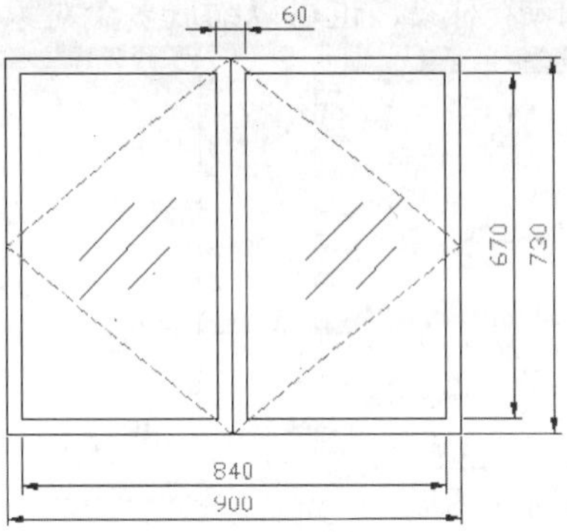

图 2-59　双扇玻璃橱柜立面图

❶单击菜单栏上的【文件】|【新建】命令，创建公制单位的空白文件。

❷单击菜单栏上的【格式】|【图形界限】命令，设置图形的作图区域为 1500×1200。命令行操作如下：

```
命令: '_limits
    重新设置模型空间界限:
    指定左下角点或 [开(ON)/关(OFF)] <0.0000,0.0000>:  // Enter
    指定右上角点 <420.0000,297.0000>:                //1500,1200 Enter
```

❸单击菜单栏上的【视图】|【缩放】|【全部】命令，将图形界限全部显示。

❹单击菜单栏上的【工具】|【草图设置】命令，在打开的对话框中启用并设置捕捉和追踪模式，如图 2-60 所示。

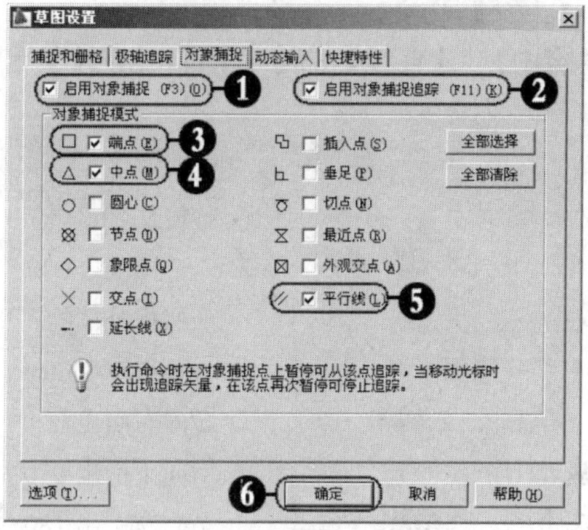

图 2-60　设置捕捉追踪参数

❺展开【极轴追踪】选项卡，然后启用【极轴追踪】功能。

❻单击菜单栏上的【绘图】|【直线】命令，配合【极轴追踪】功能绘制玻璃橱柜的外框轮廓线。命令行操作如下：

```
命令: _line
    指定第一点:                          //在左下侧拾取一点作为起点
    指定下一点或 [放弃(U)]:              //水平向右引出如图 2-61 所示的极轴追踪虚线，然
                                          后输入 900 Enter，定位第二点
    指定下一点或 [放弃(U)]:              //垂直向上引出如图 2-62 所示的极轴追踪虚线，然
                                          后输入 730 Enter，定位第三点
    指定下一点或 [闭合(C)/放弃(U)]:      //水平向左引出如图 2-63 所示的极轴追踪虚线，然
                                          后输入 900 Enter，定位第四点
    指定下一点或 [闭合(C)/放弃(U)]:      //c Enter，闭合图形，结果如图 2-64 所示
```

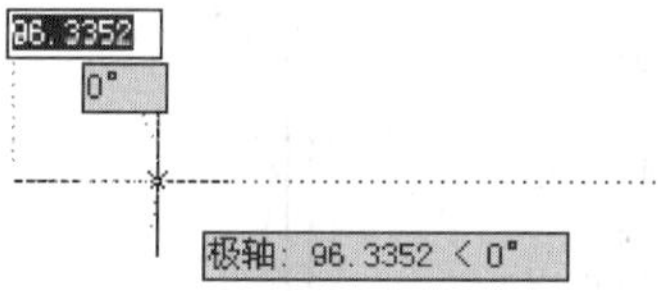

图 2-61　引出 0° 极轴矢量

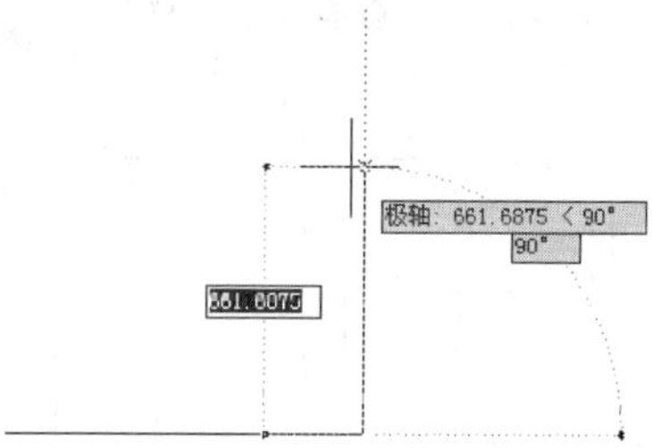

图 2-62　引出 90° 极轴矢量

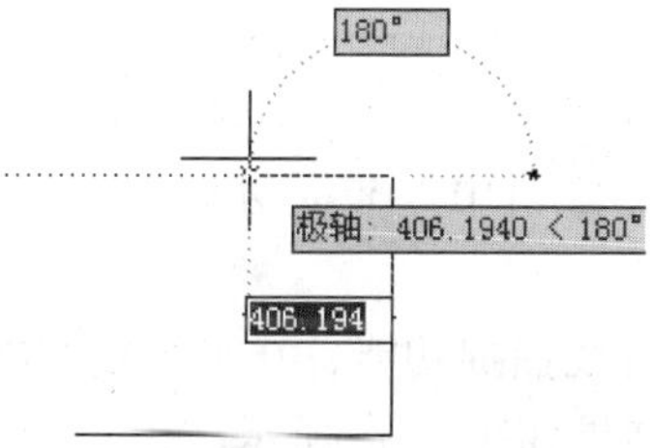

图 2-63　引出 180° 极轴矢量

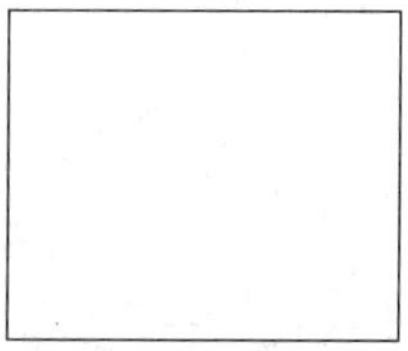

图 2-64　绘制的外框轮廓线

⑦按下F8键，打开【正交】功能。

⑧单击菜单栏上的【绘图】|【直线】命令，配合【正交】和【对象捕捉】等功能绘制内框轮廓。命令行操作如下：

命令: _line	
指定第一点:	//按住Shift键右击鼠标，在弹出的快捷菜单中选择【自】命令
_from 基点:	//捕捉外框的左下角点作为偏移基点
<偏移>:	//@30,30 Enter
指定下一点或 [放弃(U)]:	//向右引出 0° 的方向矢量，输入 390 Enter
指定下一点或 [放弃(U)]:	//向下引出 270° 方向矢量，输入 670 Enter
指定下一点或 [闭合(C)/放弃(U)]:	//向左引出 180°方向矢量，输入 390 Enter
指定下一点或 [闭合(C)/放弃(U)]:	//c Enter，闭合图形
命令:l	// Enter，重复执行命令
LINE 指定第一点:	//激活【捕捉自】功能
_from 基点:	//捕捉外框的右下角点
<偏移>:	//@-30,30 Enter
指定下一点或 [放弃(U)]:	//向左引出 180°方向矢量，输入 390 Enter
指定下一点或 [放弃(U)]:	//向上引出 90°方向矢量，输入 670 Enter
指定下一点或 [闭合(C)/放弃(U)]:	//向右引出 0°方向矢量，输入 390 Enter
指定下一点或 [闭合(C)/放弃(U)]:	//c Enter，绘制结果如图 2-65 所示

⑨重复执行【直线】命令，配合中点捕捉功能绘制两扇橱柜的对齐线。命令行操作如下：

命令:	// Enter，重复执行画线命令
LINE 指定第一点:	//捕捉外框上侧水平边中点
指定下一点或 [放弃(U)]:	//捕捉外框下侧水平边中点
指定下一点或 [放弃(U)]:	// Enter，绘制结果如图 2-66 所示

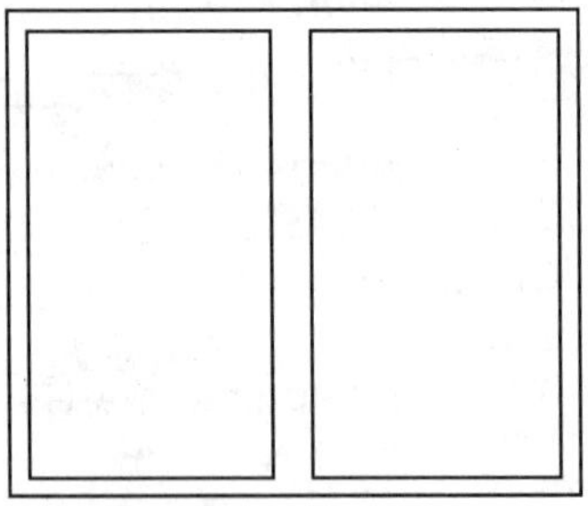

图 2-65　绘制的内框轮廓线

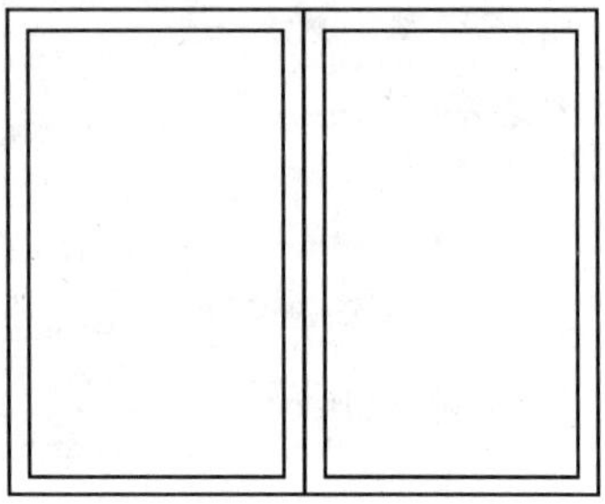

图 2-66　绘制的对齐线

⑩绘制开启方向。使用快捷键 L 激活【直线】命令，配合中点捕捉功能，绘制如图 2-67 所示的 4 条直线段作为橱柜开启方向线。

⑪绘制玻璃示意线。使用【直线】命令，配合平行线捕捉功能，在平行线方向上捕捉点，绘制 3 条倾斜相互平行的直线作为玻璃示意线，结果如图 2-68 所示。

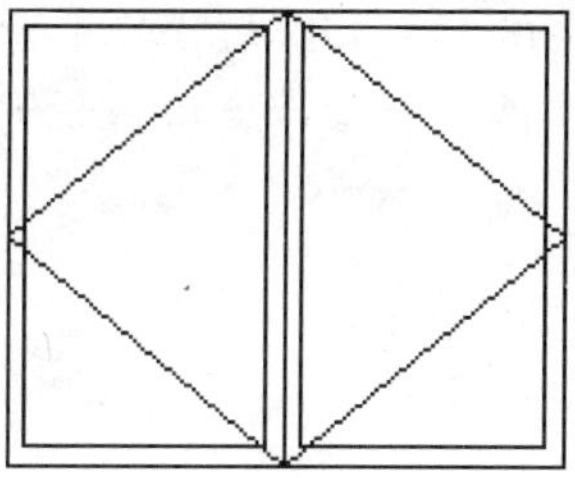

图 2-67　绘制的开启方向线

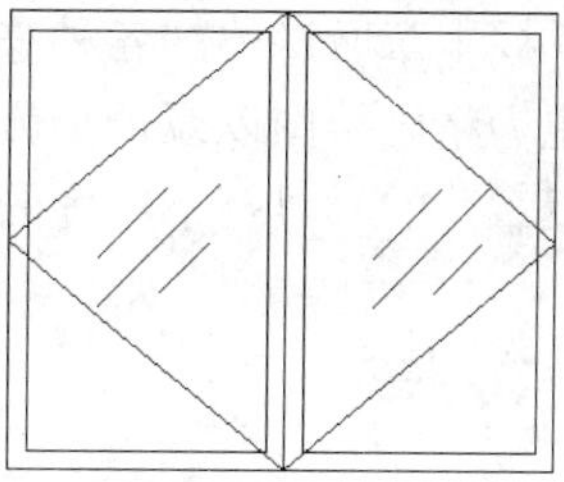

图 2-68　绘制的玻璃示意线

⑫在【特性】工具栏上单击“线型控制”下拉列表框，从展开的下拉列表中选择【其他】选项，如图 2-69 所示。

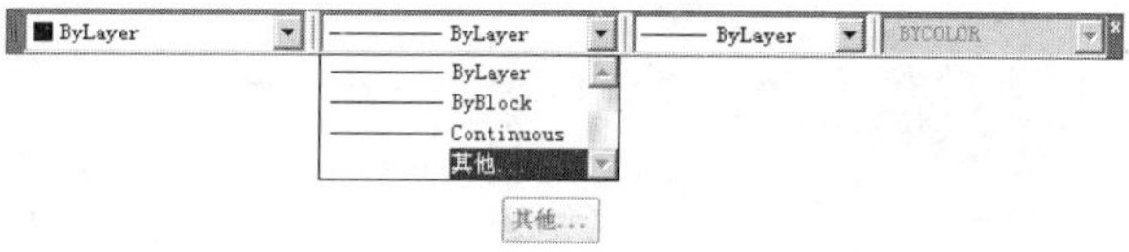

图 2-69　“线型控制”下拉列表框

⑬此时系统打开【线型管理器】对话框，使用对话框中的加载线型功能，加载一个名为 Dashed 的线型，并修改线型比例为 2，如图 2-70 所示。

⑭在无命令执行的前提下选择橱柜开启方向线，分别展开“颜色控制”和“线型控制”下拉列表，修改线的颜色为“红色”、线型为 Dashed，最终结果图 2-71 所示。

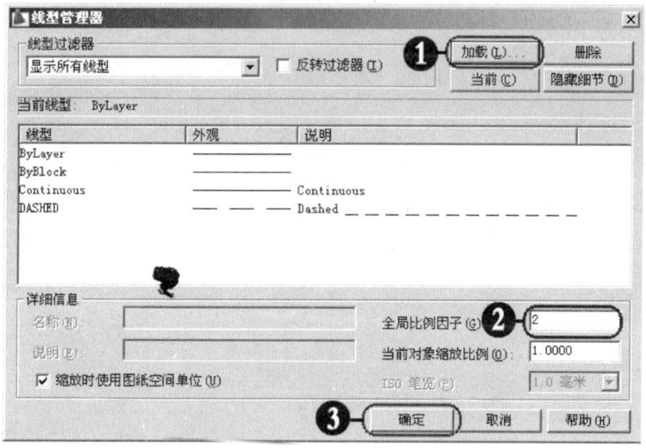

图 2-70　加载 Dashed 线型

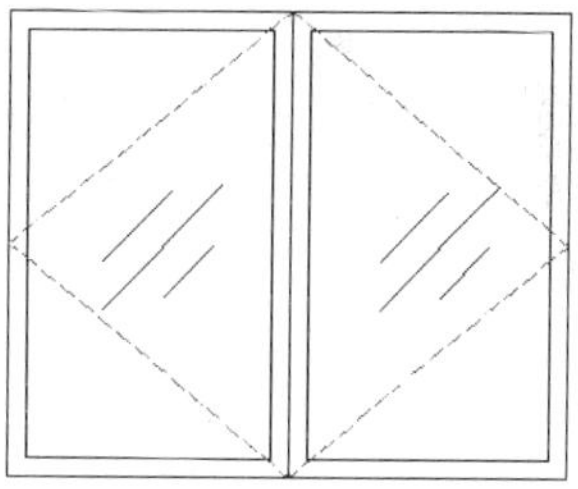

图 2-71　修改开启方向线的属性

⑮最后单击菜单栏上的【文件】|【保存】命令，将图形存储为“玻璃橱柜.dwg”文件。

2.7　本章小结

本章主要学习了 AutoCAD 软件的一些基本操作技能，具体内容有命令的启动、图形的选择、点的坐标输入、点的捕捉追踪以及视窗的实时调整与控制等。

运用图形的选择功能，可以方便快速地选择各种情形下的对象，以进行修改编辑；运用点的捕捉追踪功能，能使用户精确捕捉到需要的目标点，这是精确绘图的关键；运用 CAD 视窗的调整工具，能使用户更加方便地根据作图的需要，进行调整图形在当前视图中的显示状态，以更好地辅助绘图。

熟练掌握本章所讲述的各种操作技能，不仅能为图形的绘制和编辑操作奠定良好的基础，同时也为精确绘图以及简捷方便地管理图形提供了条件，希望读者认真学习、熟练掌握，为后叙章节的学习打下牢固的基础。

2.8 练习题

分别使用【坐标输入】、【步长捕捉】、【正交追踪】和【极轴追踪】4 种方式，绘制某台阶的截面轮廓图，台阶的截面效果图如图 2-72 所示。

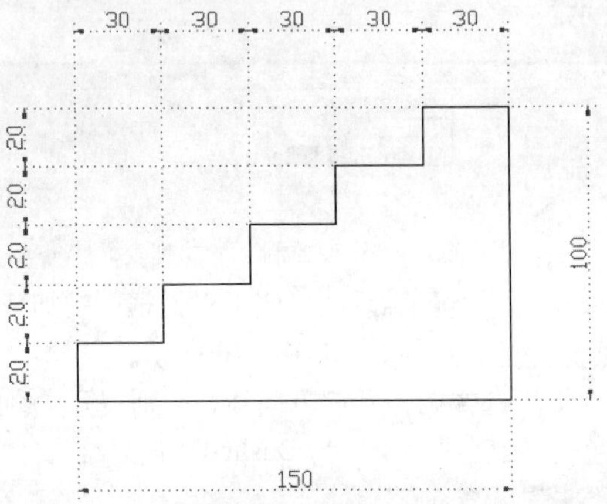

图 2-72　练习题

第3章

几何图元的绘制功能

任何一个复杂的图形，都是由各种点、线、圆、弧等基本图元进行组合而成的，因此，要学好 CAD 绘图软件，就必须首先要学习和掌握这些基本图元的绘制方法和操作技巧，为以后更加方便灵活地组合复杂图形作好准备。

3.1 点

本节将讲述【单点】、【多点】、【定数等分】和【定距等分】等几个命令。

3.1.1 绘制单点

【单点】是最简单的一个绘图命令，使用此命令一次可以绘制一个点对象。执行【单点】命令主要有以下几种方法。

- 菜单栏：单击菜单栏上的【绘图】|【点】|【单点】命令。
- 命令行：在命令行输入 Point 或 PO。

当激活该命令绘制完单个点后，系统自动结束此命令，所绘制的点以一个小点的方式进行显示，如图 3-1 所示。

图 3-1 单点示例

更改点的样式及尺寸

默认设置下，点图形是以一个小点显示，如果用户需要在某图形轮廓线上绘制点，那么用户就会很难看到所绘制的点。为此，AutoCAD 为用户提供了多种点的样式，用户可以根据需要实际进行设置当前点的显示样式。

点样式及点尺寸的设置步骤如下：

❶单击菜单栏上的【格式】|【点样式】命令，或者在命令行输入 Ddptype 并按 Enter 键，打开如图 3-2 所示的对话框。

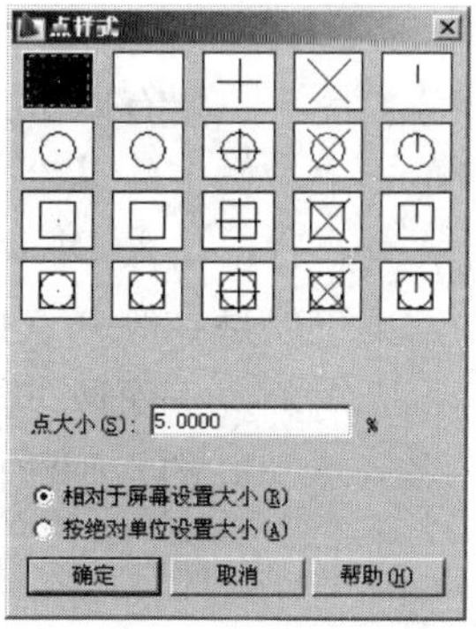

图 3-2 【点样式】对话框

❷从对话框中可以看出，AutoCAD 共为

用户提供了 20 种点样式，在所需样式上单击鼠标，即可将此样式设置为当前样式。在此设置⊠为当前点样式。

❸在【点大小】文本框内输入点的大小尺寸。其中，【相对于屏幕设置尺寸】选项表示按照屏幕尺寸的百分比进行显示点；【用绝对单位设置尺寸】选项表示按照点的实际尺寸来显示点。

❹单击 确定 按钮，结果绘图区的点被更新，如图 3-3 所示。

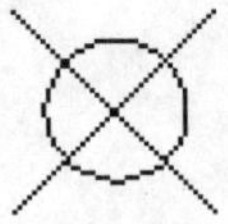

图 3-3　更改点样式

3.1.2　绘制多点

【多点】命令可以连续地绘制多个点对象，至到按下 Esc 键结束命令为止，如图 3-4 所示。

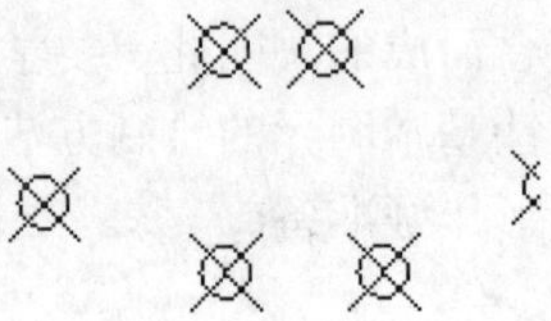

图 3-4　绘制多点

执行【多点】命令主要有以下几种方法。

- 菜单栏：单击菜单栏上的【绘图】|【点】|【多点】命令。
- 工具栏：单击【绘图】工具栏中的 · 按钮。

执行【多点】命令后 AutoCAD 系统提示如下：

```
命令：Point
当前点模式:  PDMODE=0  PDSIZE=0.0000  （Current point modes:  PDMODE=0  PDSIZE=0.0000）
指定点：            //在绘图区给定点的位置
指定点：            //在绘图区给定点的位置
指定点：            //在绘图区给定点的位置
……
指定点：            //继续绘制点或按 Esc 键结束命令
```

3.1.3　绘制等分点

AutoCAD 为用户提供了两种等分点的工具，即【定数等分】和【定距等分】，其中【定数等分】命令用于按照指定的等分数目进行等分对象；【定距等分】命令是按照指定的等分距离进行等分对象。

1．定数等分

执行【定数等分】命令主要有以下几种方法。

- 菜单栏：单击菜单栏上的【绘图】|【点】|【定数等分】命令。
- 命令行：在命令行中输入 Divide 或 DVI。

对象被等分的结果仅仅是在等分点处放置了点的标记符号（或者是内部图块），而源对象并没有被等分为多个对象。下面通过具体实例，学习等分点的创建过程。

❶首先绘制一条长度 200 的水平线段，如图 3-5 所示。

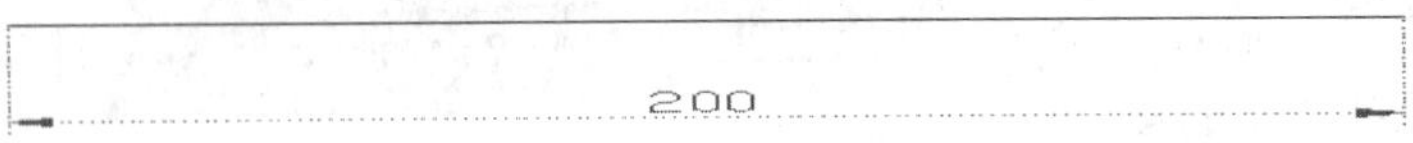

图 3-5　绘制的水平线段

❷单击菜单栏上的【格式】|【点样式】命令，将当前点样式设置为⊠。

❸单击菜单栏上的【绘图】|【点】|【定数等分】命令，然后根据 AutoCAD 命令行提示进行定数等分线段，命令行操作如下：

```
命令: _divide
    选择要定数等分的对象:            //选择刚绘制的水平线段
    输入线段数目或 [块(B)]:          //5 Enter，设置等分数目，同时结束命令
```

❹等分结果如图 3-6 所示。

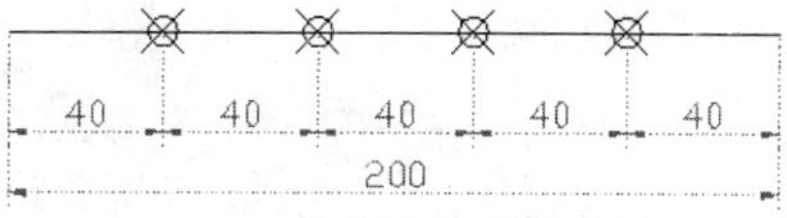

图 3-6　定数等分的结果

技巧

使用【块】选项，可以在等分点处放置内部图块，在执行此选项时，必须确保当前文件中存在所需使用的内部图块。如图 3-7 所示的图形，就是使用了点的等分工具，将圆弧进行等分，并在等分点处放置了会议椅内部块。

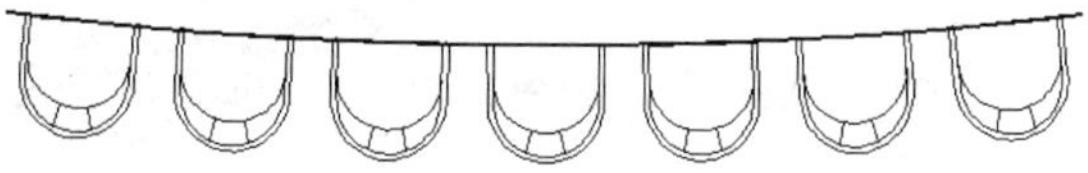

图 3-7　在等分点处放置块

2. **定距等分**

执行【定距等分】命令主要有以下几种方法。

- 菜单栏：单击菜单栏上的【绘图】|【点】|定距等分】命令。
- 命令行：在命令行输入 Measure 或 ME。

下面通过将某线段每隔 45 个单位的距离放置点标记，学习【定距等分】命令的使用方法和技巧。

❶首先绘制长度为 200 的水平线段。

❷使用【点样式】命令，设置点的显示样式为⊠。

❸单击菜单栏上的【绘图】|【点】|【定距等分】命令，对线段进行定距等分。命令行操作如下：

```
命令: _measure
    选择要定距等分的对象:            //选择刚绘制的线段
    指定线段长度或 [块(B)]:          //45 Enter，设置等分距离
```

❹定距等分的结果如图 3-8 所示。

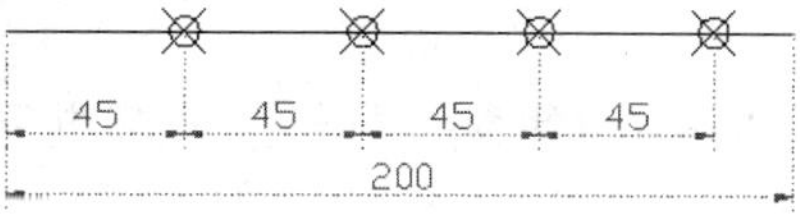

图 3-8　定距等分的结果

3.2 线

本节将讲述【多线】、【多段线】、【样条曲线】、【构造线】、【射线】等绘图命令。

3.2.1 绘制多线

多线是由两条或两条以上的平行元素构成的复合线对象，并且每平行线元素的线型、颜色以及间距都是可以设置的，如图 3-9 所示。执行【多线】命令主要有以下几种方法。

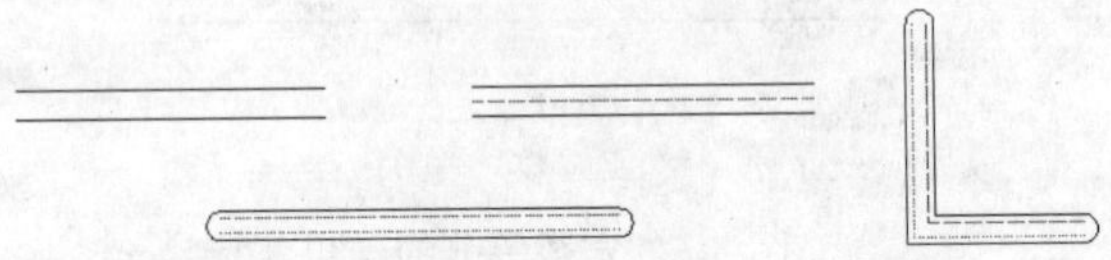

图 3-9 多线示例

- 菜单栏：单击菜单栏上的【绘图】|【多线】命令。
- 命令行：在命令行输入 Mline 或 ML。

在默认设置下，所绘制的多线是由两条平行元素构成的，【多线】命令常被用于绘制墙线、阳台线以及道路和管道线。下面通过绘制闭合的多线，学习使用【多线】命令。

❶首先新建空白文件。

❷单击菜单栏上的【绘图】|【多线】命令，配合点的坐标输入功能绘制多线。命令行操作如下：

```
命令: _mline
    当前设置: 对正 = 上，比例 = 20.00，样式 = STANDARD
    指定起点或 [对正(J)/比例(S)/样式(ST)]:        //s Enter，激活【比例】选项
```

技巧

巧妙使用【比例】选项，可以绘制不同宽度的多线。默认比例为 20 个单位。另外，如果用户输入的比例值为负值，这多条平行线的顺序会产生反转。

```
    输入多线比例 <20.00>:                        //120 Enter，设置多线比例
    当前设置: 对正 = 上，比例 = 120.00，样式 = STANDARD
    指定起点或 [对正(J)/比例(S)/样式(ST)]:        //在绘图区拾取一点
    指定下一点:                                  //@0,1800 Enter
    指定下一点或 [放弃(U)]:                      //@3000,0 Enter
    指定下一点或 [闭合(C)/放弃(U)]:              //@0,-1800 Enter
    指定下一点或 [闭合(C)/放弃(U)]:              //c Enter，结束命令
```

技巧

巧用【样式】选项可以随意更改当前样式；【闭合】选项用于绘制闭合的多线。

❸使用视图调整工具调整图形的显示，绘制效果如图 3-10 所示。

【对正】选项用于设置多线的对正方式，AutoCAD 共提供了 3 种对正方式，即上对正、下对正和中心对正，如图 3-11 所示。如果当前多线的对正方式不符合用户要求的话，可在命令行中输入 J 后按 Enter 键，激活该选项，系统出现如下提示：

"输入对正类型 [上（T）/无（Z）/下（B）]<上>：" 系统提示用户输入多线的对正方式。

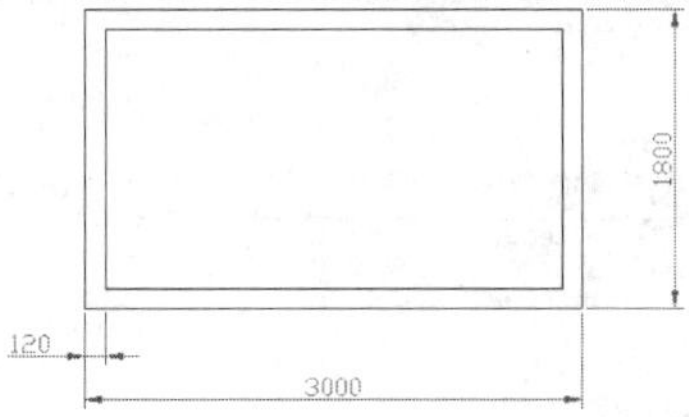

图 3-10 绘制的闭合多线

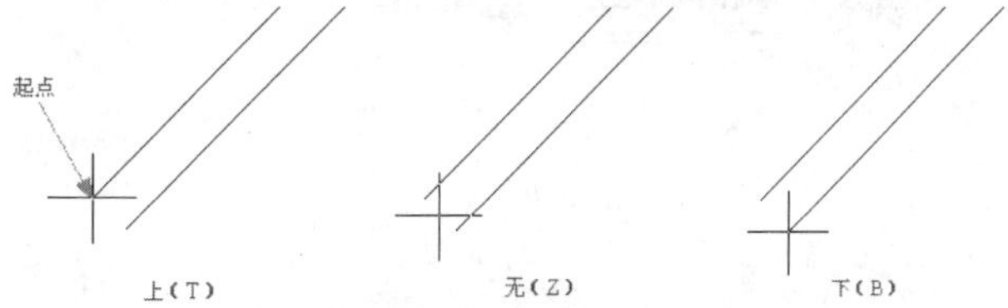

图 3-11 3 种对正方式

设置多线样式

使用系统默认的多线样式，只能绘制由两条平行元素构成的多线，如果用户需要绘制其他样式的多线时，需要使用【多线样式】命令进行设置。具体操作如下：

❶单击菜单栏上的【格式】|【多线样式】命令，或在命令行输入 Mlstyle 并按 Enter 键，打开【多线样式】对话框。

❷单击对话框中的 新建(N)... 按钮，在弹出的【创建新的多线样式】对话框中输入新样式的名称，如图 3-12 所示。

❸单击 继续 按钮，打开如图 3-13 所示的【新建多线样式】对话框。

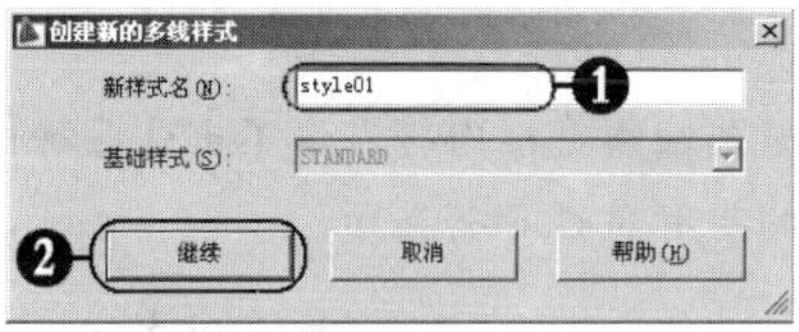

图 3-12 设置新样式的名称

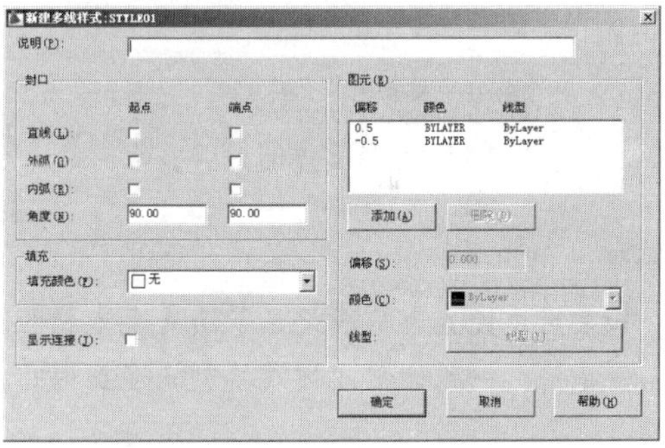

图 3-13 【新建多线样式】对话框

❹单击 添加(A) 按钮，添加一个 0 号元素，并设置元素颜色为红色，如图 3-14 所示。

❺单击 线型(Y)... 按钮，在弹出的【选择线型】对话框中单击按钮 加载(L) 按钮，打开【加载或重载线型】对话框选择要加载的线型，如图 3-15 所示。

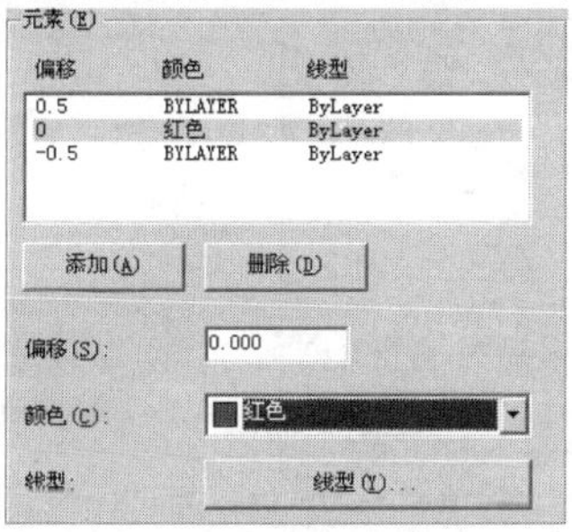

图 3-14 添加多线元素

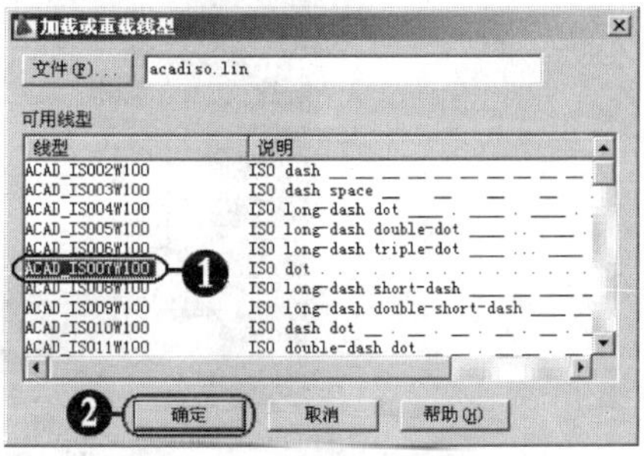

图 3-15 选择要加载的线型

⑥单击 确定 按钮，线型被加载到【选择线型】对话框内，如图 3-16 所示。

⑦选择加载的线型，单击 确定 按钮，将此线型赋给刚添加的多线元素，结果如图 3-17 所示。

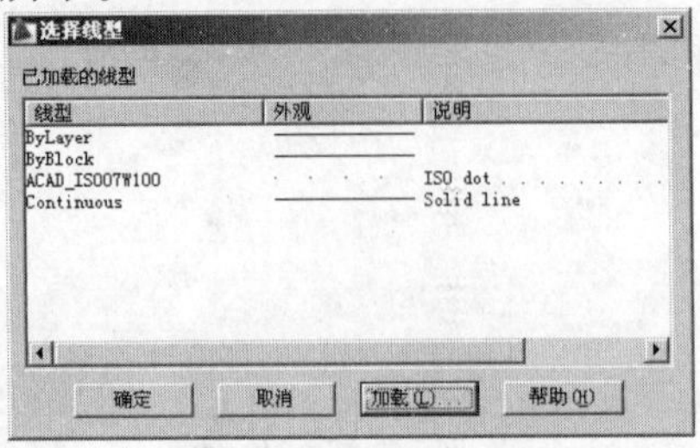

图 3-16　加载的线型

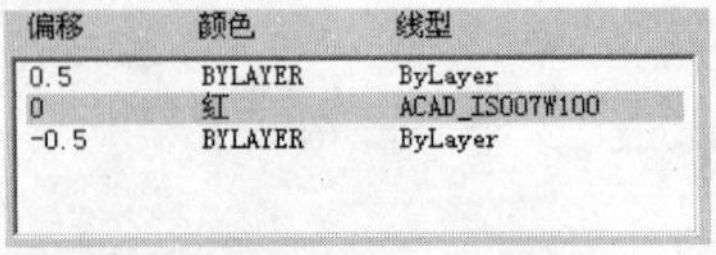

图 3-17　将线型赋给多线元素

⑧在左侧【封口】选项组中，设置多线两端的封口形式，如图 3-18 所示。

⑨单击 确定 按钮返回【多线样式】对话框，新线样式将出现在【预览】框中，如图 3-19 所示。

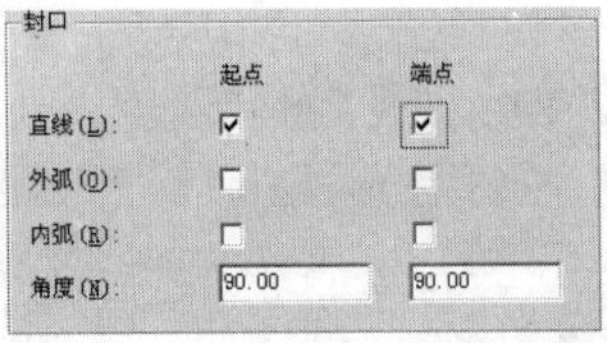

图 3-18　设置多线的封口形式

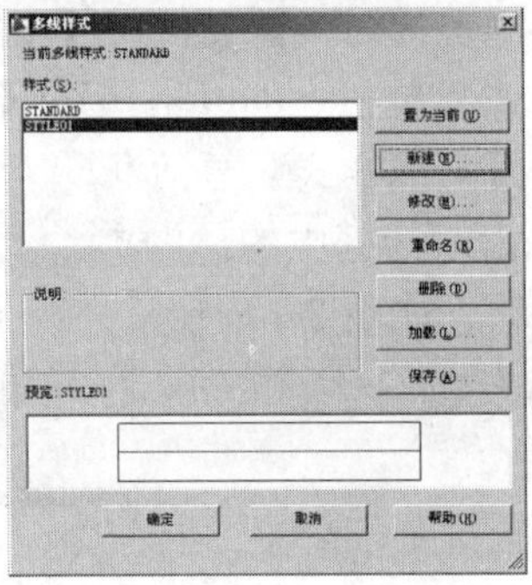

图 3-19　【预览】框中的样式

技巧

如果用户设置为多线设置了填充色或线型等参数，那么在预览框内将显示不出这些特性，但是用户一旦使用此样式绘制出多线时，多线样式的所有特性都将显示。

⑩单击 保存(A)... 按钮，在弹出的【保存多线样式】对话框中设置文件名如图 3-20 所示，将新式以*.mln 的格式进行保存，以方便在其他文件中进行重复使用。

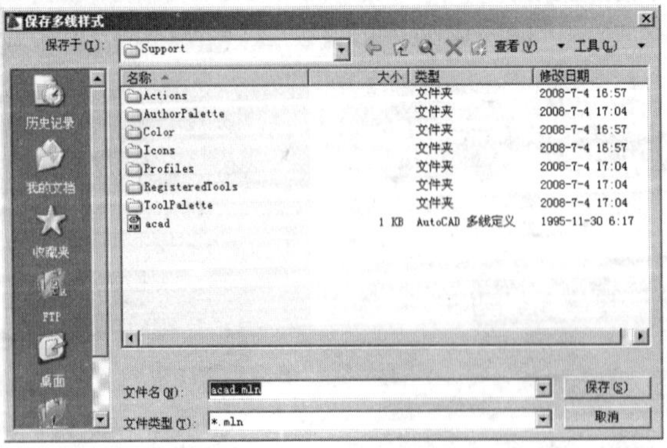

图 3-20　保存多线的样式

⑪返回【多线样式】对话框单击 确定 按钮，结束命令。

⑫执行【多线】命令，使用刚设置的新样式绘制一段多线，效果如图 3-21 所示。

图 3-21 用新样式绘制的多线

3.2.2 绘制多段线

所谓“多段线”，指的是由一系列直线段或弧线段连接而成的一种特殊折线，如图 3-22 所示。执行【多段线】命令主要有以下几种方法。

图 3-22 多段线示例

- 菜单栏：单击菜单栏上的【绘图】|【多段线】命令。
- 工具栏：单击【绘图】工具栏中的按钮。
- 命令行：在命令行输入 Pline 或 PL。

1. 绘制闭合多段线

使用【多段线】命令不但可以绘制一条单独的直线段或圆弧，还可以绘制具有一定宽度的闭合或不闭合直线段和弧线序列，无论绘制的多段线包含有多少条直线或圆弧，AutoCAD 都把它们作为一个单独的对象。

下面以绘制如图 3-23 所示的闭合多段线为例，学习使用【多段线】命令。

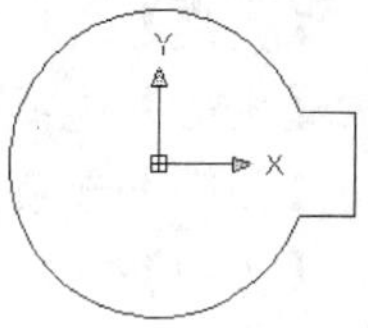

图 3-23 绘制的闭合多段线

❶新建空白文件，并关闭【动态输入】功能。

❷单击【绘图】工具栏中的按钮，激活【多段线】命令，配合绝对坐标的输入功能绘制多段线。命令行操作如下：

```
命令: _pline
    指定起点:                                              //9.8,0 Enter，定位起点
    当前线宽为 0.0000
    指定下一个点或 [圆弧(A)/半宽(H)/长度(L)/放弃(U)/宽度(W)]:    //9.8,2.5 Enter
```

技巧

【长度】选项用于定义下一段多段线的长度，AutoCAD 按照上一线段的方向绘制这一段多段线。若上一段是圆弧，AutoCAD 绘制的直线段与圆弧相切。

```
    指定下一点或 [圆弧(A)/闭合(C)/半宽(H)/长度(L)/放弃(U)/宽度(W)]: //@-2.73,0 Enter
    指定下一点或 [圆弧(A)/闭合(C)/半宽(H)/长度(L)/放弃(U)/宽度(W)]:
                                                         // a Enter，转入画弧模式
```

技巧

【半宽】选项用于设置多段线的半宽，【宽度】选项用于设置多段线的起始宽度，起始点的宽度可以相同也可不同。在绘制宽度多段线时，变量 Fillmode 控制着多段线是否被填充，变量值为 1 时，宽度多段线将被填充；为 0 时，将不会填充。

指定圆弧的端点或[角度(A)/圆心(CE)/闭合(CL)/方向(D)/半宽(H)/直线(L)/半径(R)/第二个点(S)/放弃(U)/宽度(W)]: //ce Enter ，激活【圆心】选项

指定圆弧的圆心: //0,0 Enter

指定圆弧的端点或 [角度(A)/长度(L)]: //7.07,-2.5 Enter

指定圆弧的端点或[角度(A)/圆心(CE)/闭合(CL)/方向(D)/半宽(H)/直线(L)/半径(R)/第二个点(S)/放弃(U)/宽度(W)]: //l Enter，转入画线模式

指定下一点或 [圆弧(A)/闭合(C)/半宽(H)/长度(L)/放弃(U)/宽度(W)]: //9.8,-2.5 Enter

指定下一点或 [圆弧(A)/闭合(C)/半宽(H)/长度(L)/放弃(U)/宽度(W)]: //c Enter，闭合图形

2．画弧选项功能

【圆弧】选项用于绘制由弧线组合而成的多段线。激活此选项后系统自动切换到画弧状态，并且命令行出现如下提示：

"指定圆弧的端点或 [角度（A）/圆心（CE）/闭合（CL）/方向（D）/半宽（H）/直线（L）/半径（R）/第二个点（S）/放弃（U）/ 宽度（W）]"

各选项功能如下：

- 【角度】选项用于指定要绘制的圆弧的圆心角。
- 【圆心】选项用于指定圆弧的圆心。
- 【闭合】选项用于用弧线封闭多段线。
- 【方向】选项用于取消直线与圆弧的相切关系，改变圆弧的起始方向。
- 【半宽】选项用于指定圆弧的半宽值。激活此选项功能后，AutoCAD 将提示用户输入多段线的起点半宽值和终点半宽值。
- 【直线】选项用于切换直线模式。
- 【半径】选项用于指定圆弧的半径。
- 【第二个点】选项用于选择三点画弧方式中的第二个点。
- 【宽度】选项用于设置弧线的宽度值。

3.2.3 绘制样条曲线

所谓"样条曲线"，指的是由某些数据点（控制点）拟合生成的光滑曲线，如图 3-24所示。执行【样条曲线】命令主要有以下几种方法。

- 菜单栏：单击菜单栏上的【绘图】|【样条曲线】命令。
- 工具栏：单击【绘图】工具栏中的～按钮。
- 命令行：在命令行输入 Spline 或 SPL。

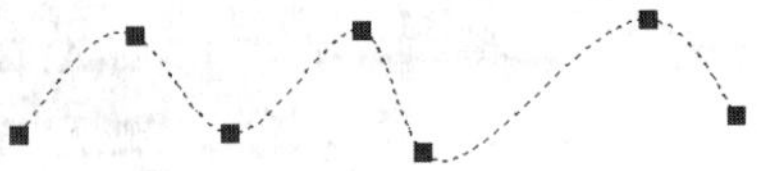

图 3-24 样条曲线示例

下面通过典型实例，学习【样条曲线】命令的使用方法和技巧。

❶继续上例操作。

❷单击菜单栏上的【绘图】|【样条曲线】命令，配合绝对极坐标，绘制样条曲线。命令行操作如下：

```
命令: _spline
    指定第一个点或 [对象(O)]:                                   //22.6,0 Enter
```

技巧

【对象】选项用于把样条曲线拟合的多段线转变为样条曲线。激活该选项后，如果用户选择的是没有经过【编辑多段线】拟合的多段线，系统无法转换选定的对象。

```
    指定下一点:                                                  //23.2<13 Enter
    指定下一点或 [闭合(C)/拟合公差(F)] <起点切向>:                //23.2<-278 Enter
    指定下一点或 [闭合(C)/拟合公差(F)] <起点切向>:                //21.5<-258 Enter
    指定下一点或 [闭合(C)/拟合公差(F)] <起点切向>:                //16.4<-238 Enter
    指定下一点或 [闭合(C)/拟合公差(F)] <起点切向>:                //14.6<-214 Enter
    指定下一点或 [闭合(C)/拟合公差(F)] <起点切向>:                //14.8<-199 Enter
    指定下一点或 [闭合(C)/拟合公差(F)] <起点切向>:                //15.2<-169 Enter
    指定下一点或 [闭合(C)/拟合公差(F)] <起点切向>:                //16.4<-139 Enter
    指定下一点或 [闭合(C)/拟合公差(F)] <起点切向>:                //18.1<-109 Enter
    指定下一点或 [闭合(C)/拟合公差(F)] <起点切向>:                //21.1<-49 Enter
    指定下一点或 [闭合(C)/拟合公差(F)] <起点切向>:                //22.1<-10 Enter
    指定下一点或 [闭合(C)/拟合公差(F)] <起点切向>:                //c Enter，闭合图形
    指定切向:                          //在如图 3-25 所示位置单击鼠标，确定切向
```

技巧

【闭合】选项用于绘制闭合的样条曲线。激活该选项后，AutoCAD 将使样条曲线的起点和终点重合，并且共享相同的顶点和切向，此时系统只提示一次让用户给定切向点。

❸最终绘制效果如图 3-26 所示。

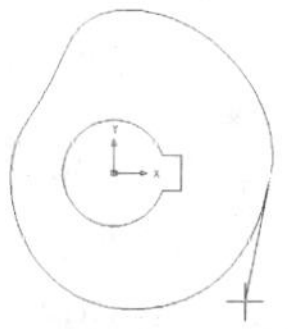

图 3-25　确定切向

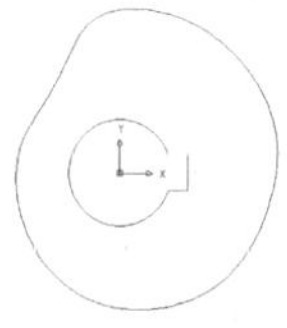

图 3-26　绘制的最终效果

曲线拟合

【拟合公差】选项主要用来控制样条曲线对数据点的接近程度。拟合公差的大小直接影响到当前图形，公差越小，样条曲线越接近数据点。如果公差为 0，则样条曲线通过拟合点；输入大于 0 的公差将使样条曲线在指定的公差范围内通过拟合点，如图 3-27 所示。

图 3-27　拟合公差示例

3.2.4 绘制作图辅助线

AutoCAD 为用户提供了两种绘制辅助线的命令，即【构造线】和【射线】。其中【构造线】命令用于绘制向两端无限延伸的直线；【射线】命令用于绘制向一端无限延伸的作图辅助线，如图 3-28 所示。

执行【构造线】命令主要有以下几种方法。

- 菜单栏：单击菜单栏上的【绘图】|【构造线】命令。
- 工具栏：单击【绘图】工具栏中的按钮。
- 命令行：在命令行输入 Xline 或 XL。

图 3-28　绘制的辅助线

1. 绘制向两端延伸的辅助线

使用【构造线】命令可以绘制向两端延伸的作图辅助线，此辅助线可以是水平的、垂直的，还可以是倾斜的。

❶单击【绘图】工具栏中的按钮，激活【构造线】命令，绘制水平构造线。命令行操作如下：

```
命令:_xline
    指定点或 [水平(H)/垂直(V)/角度(A)/二等分(B)/偏移(O)]: //hEnter，激活【水平】选项
    指定通过点:                                          //在绘图区拾取一点
    指定通过点:                                          //继续在绘图区拾取点
    指定通过点:                                          //Enter，结束命令，绘制结果如图 3-29 所示
```

图 3-29　绘制的水平辅助线

❷重复执行【构造线】命令，绘制垂直的构造线。命令行操作如下：

```
命令:_xline
    指定点或 [水平(H)/垂直(V)/角度(A)/二等分(B)/偏移(O)]: //vEnter，激活【垂直】选项
    指定通过点:                                          //在绘图区拾取点
    指定通过点:                                          //继续在绘图区拾取点
    指定通过点:                                          //Enter，结束命令，绘制结果如图 3-30 所示
```

❸重复【构造线】命令后，绘制倾斜构造线。命令行操作如下：

```
命令:_xline
    指定点或 [水平(H)/垂直(V)/角度(A)/二等分(B)/偏移(O)]: //aEnter，激活【角度】选项
    输入构造线的角度 (0) 或 [参照(R)]:                    //30 Enter，设置倾斜角度
    指定通过点:                                          //拾取通过点
    指定通过点:                                          //Enter，结束命令绘制结果如图 3-31 所示
```

图 3-30 绘制的垂直辅助线

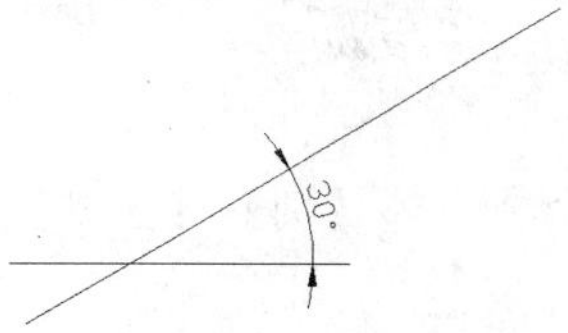

图 3-31 绘制的倾斜辅助线

2．绘制角的等分线

使用【构造线】命令中的【二等分】选项功能，可以绘制任意角度的角平分线。

❶首先绘制图 3-32 所示的图线。

❷执行【构造线】命令后，绘制角的等分线。命令行操作如下：

```
命令:_xline
    指定点或 [水平(H)/垂直(V)/角度(A)/二等分(B)/偏移(O)]: //b Enter，激活【二等分】选项
    指定角的顶点:                    //捕捉两条图线的交点
    指定角的起点:                    //捕捉水平线段的右端点
    指定角的端点:                    //捕捉倾斜线段的上侧端点
    指定角的端点:                    // Enter，结束命令
```

❸绘制结果如图 3-33 所示。

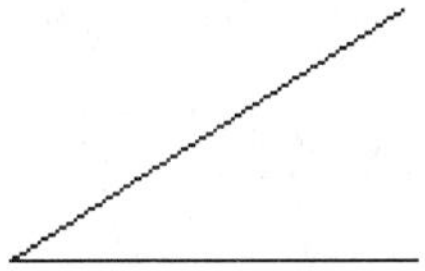

图 3-32 绘制的相交图线

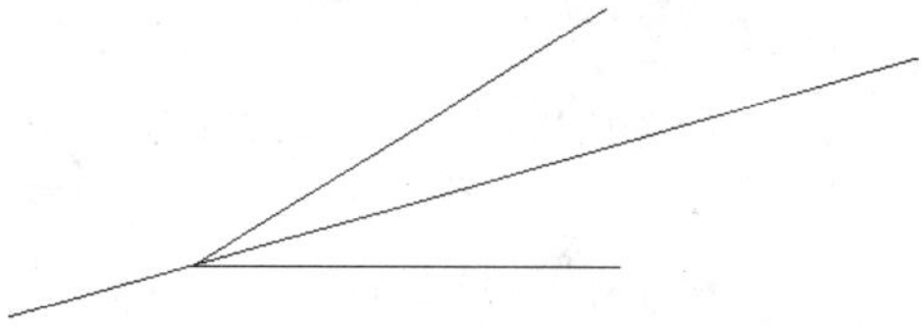

图 3-33 绘制角的等分线

3．绘制向一端延伸的辅助线

射线也是一种常用的作图辅助线，使用【射线】命令可以绘制向一端无限延伸的作图辅助线，如图 3-34 所示。

单击菜单栏上的【绘图】|【射线】命令，或在命令行输入 Ray 并按 Enter 键，激活【射线】命令，根据 AutoCAD 命令行的步骤提示，绘制射线。

```
命令: _ray
    指定起点:              //在绘图区拾取一点作为起点
    指定通过点:            //在绘图区拾取一点作为通过点
    指定通过点:            //在绘图区拾取一点作为通过点
    指定通过点:            //在绘图区拾取一点作为通过点
    指定通过点:            // Enter，绘制结果如图 3-34 所示
```

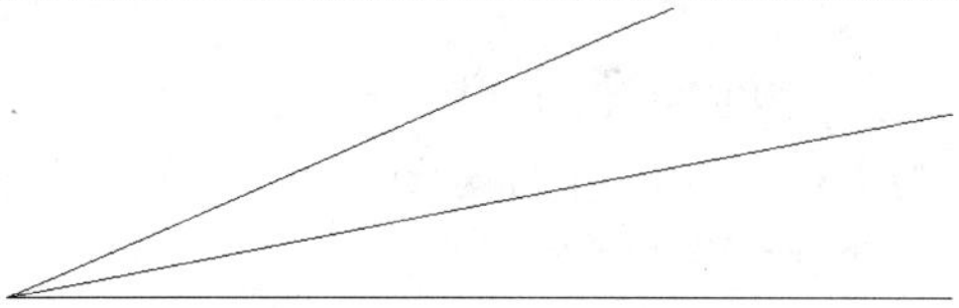

图 3-34 绘制射线辅助线

3.3 圆与弧

本节将讲述【圆】、【圆弧】、【椭圆】、【椭圆弧】和【修订云线】等绘图命令。

3.3.1 绘制圆

"圆"是一种闭合的基本图形元素，AutoCAD 共为用户提供了 6 种画圆方式，如图 3-35 所示。执行【圆】命令主要有以下几种方法。

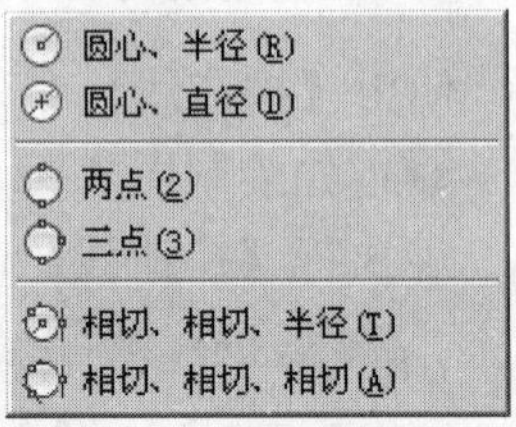

图 3-35 6 种画圆方式

- 菜单栏：单击菜单栏上的【绘图】|【圆】子菜单中的各命令。
- 工具栏：单击【绘图】工具栏中的按钮。
- 命令行：在命令行输入 Circle 或 C。

1．半径画圆和直径画圆

"半径画圆"和"直径画圆"是两种基本的画圆方式，默认方式为"半径画圆"。当用户定位出圆的圆心之后，只需输入圆的半径为直径，即可精确画圆。

❶单击【绘图】工具栏中的按钮，激活【圆】命令。

❷根据 AutoCAD 命令行的提示精确画圆。命令行操作如下：

```
命令: _circle
    指定圆的圆心或 [三点(3P)/两点(2P)/相切、相切、半径(T)]:
                                    //在绘图区拾取一点作为圆的圆心
    指定圆的半径或 [直径(D)]:         //150 Enter，给定圆的圆心
```

技巧

激活【直径】选项，即可进行直径方式画圆。

❸绘制了一个半径为 150 的圆图形，如图 3-36 所示。

2．两点画圆和三点画圆

"两点画圆"和"三点画圆"指的是定位出两点或三点，即可精确画圆。所给定的两点被看作圆直径的两个端点，所给定的三点都位于圆周上。

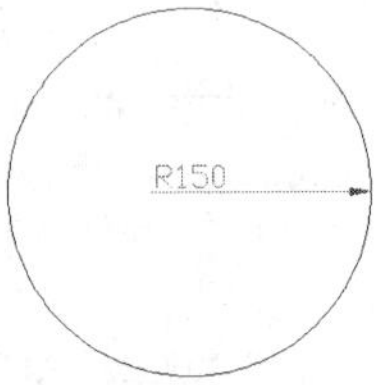

图 3-36 "半径画圆"示例

❶单击菜单栏上的【绘图】|【圆】|【两点】命令，激活画圆命令。

❷根据 AutoCAD 命令行的提示进行两点画圆。命令行操作如下：

```
命令: _circle
    指定圆的圆心或 [三点(3P)/两点(2P)/相切、相切、半径(T) ]: _2p
                        //指定圆直径的第一个端点，取一点 A 作为直径的第一个端点
    指定圆直径的第二个端点:
                        //拾取另一点 B 作为直径的第二个端点，绘制结果如图 3-37 所示
```

技巧

另外，也可以通过输入两点的坐标值，或使用对象的捕捉追踪功能定位两点，以精确画圆。

❸重复【圆】命令，然后根据 AutoCAD 命令行的提示进行三点画圆。命令行操作如下：

```
命令: _circle
    指定圆的圆心或 [三点(3P)/两点(2P)/相切、相切、半径(T)]: //3p Enter，激活【三点】选项
    指定圆上的第一个点:                    //拾取第一点 1
    指定圆上的第二个点:                    //拾取第二点 2
    指定圆上的第三个点:                    //拾取第三点 3，绘制结果如图 3-38 所示
```

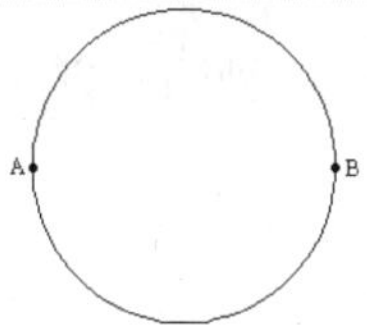

图 3-37　两点画圆

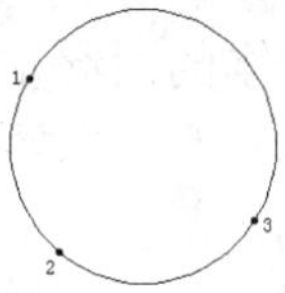

图 3-38　三点画圆

3．**画相切圆**

AutoCAD 为用户提供了两种画相切圆的方式，即“相切、相切、半径”和“相切、相切、相切”。前一种相切方式是分别拾取两个相切对象后，再输入相切圆的半径，后一种相切方式是直接拾取 3 个相切对象，系统自动定位相切圆的位置和大小。

❶首先绘制如图 3-39 所示的圆和直线。

❷命令行单击【绘图】工具栏中的按钮，根据命令行提示绘制与直线和已知圆都相切的圆。操作如下：

```
命令: _circle
    指定圆的圆心或 [三点(3P)/两点(2P)/相切、相切、半径(T)]:
    // T Enter，激活【相切、相切、半径】选项
    指定对象与圆的第一个切点:        //在直线下端单击鼠标，拾取第一个相切对象
    指定对象与圆的第二个切点:        //在圆下侧边缘上单击鼠标，拾取第二个相切对象
    指定圆的半径 <56.0000>:          //100 Enter，给定相切圆半径，结果如图 3-40 所示
```

技巧

在拾取相切对象时，系统会自动在距离光标最近的对象上显示一个相切符号，此时单击鼠标即可拾取该对象作为相切对象。另外光标拾取的位置不同，所绘制的相切圆位置也不同。

❸单击菜单栏上的【绘图】|【圆】|【相切、相切、半径】命令，绘制与 3 个已知对象都相切的圆。命令行操作如下：

```
命令: _circle
    指定圆的圆心或 [三点(3P)/两点(2P)/相切、相切、半径(T)]: _3p
    指定圆上的第一个点: _tan 到                  //拾取直线作为第一相切对象
```

```
指定圆上的第二个点: _tan 到        //拾取小圆作为第二相切对象
指定圆上的第三个点: _tan 到        //拾取大圆作为第三相切对象，绘制结果如图 3-41 所示
```

图 3-39　绘制的圆和直线

图 3-40　绘制与两个对象相切的圆

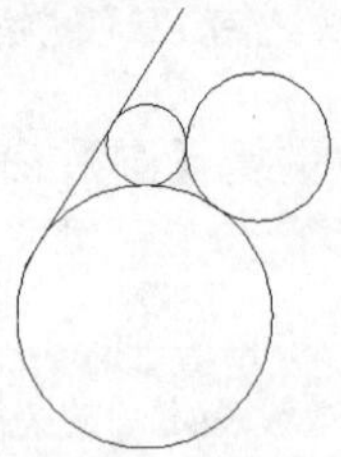

图 3-41　绘制与 3 个对象相切的圆

3.3.2　绘制圆弧

圆弧也是基本的图形元素之一，AutoCAD 为用户提供了 11 种画弧方式，如图 3-42 所示。执行【圆弧】命令主要有以下几种方法。

- 菜单栏：单击菜单栏上的【绘图】|【圆弧】子菜单中的各命令。
- 工具栏：单击【绘图】工具栏中的按钮。
- 命令行：在命令行输入 Arc 或 A。

图 3-42　画弧菜单

1．“三点”方式画弧

所谓“三点画弧”，指的是直接拾取 3 个点即可定位出圆弧，所拾取的第一点和第三个点被作为弧的起点和端点。

❶单击【绘图】工具栏中的按钮，激活【圆弧】命令。

❷根据 AutoCAD 命令行的步骤提示进行三点画弧，命令行操作如下：

```
命令: _arc
    指定圆弧的起点或 [圆心(C)]:                    //拾取一点作为圆弧的起点
    指定圆弧的第二个点或 [圆心(C)/端点(E)]:        //在适当位置拾取圆弧上的第二点
    指定圆弧的端点:                                //在适当位置拾取第三点作为圆弧的端点
```

❸绘制结果如图 3-43 所示。

图 3-43　“三点画弧”示例

2．“起点圆心”方式画弧

此种画弧方式又分为“起点、圆心、端点”、“起点、圆心、角度”和“起点、圆心、长度”3 种方式。当用户确定出圆弧的起点和圆心，只需要再给出圆弧的端点，或角度、弧长等参数，即可精确画弧。

❶单击【绘图】工具栏中的按钮，激活【圆弧】命令。

❷激活【圆弧】命令后，根据 AutoCAD 命令行的提示进行画弧。命令行操作如下：

```
命令: _arc
    指定圆弧的起点或 [圆心(C)]:                    //在绘图区拾取一点作为圆弧的起点
    指定圆弧的第二个点或 [圆心(C)/端点(E)]:        //c Enter，激活【圆心】选项
```

```
指定圆弧的圆心:                                //在适当位置拾取一点作为圆弧的圆心
指定圆弧的端点或 [角度(A)/弦长(L)]:              //拾取一点作为圆弧的端点
```

❸绘制结果如图 3-44 所示。

技巧

当用户指定了圆弧的起点和圆心后，直接输入圆弧的包含角或圆弧的弦长，也可精确绘制圆弧，如图 3-45 所示。

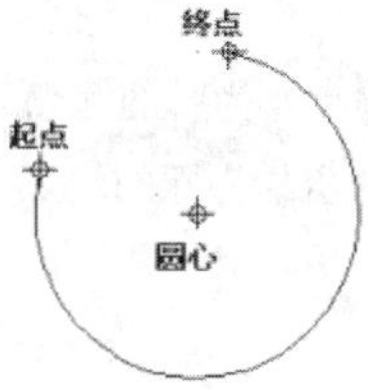

图 3-44 “起点、圆心、端点”画弧

图 3-45 另外两种“起点圆心”画弧方式画弧

2. “起点端点”方式画弧

该画弧方式又可分为“起点、端点、角度”、“起点、端点、方向”和“起点、端点、半径”3 种方式。当用户定位出弧的起点和端点后，只需再确定弧的角度、半径或方向，即可精确画弧。

下面通过实例学习“起点端点”方式画弧。

❶单击菜单栏上的【绘图】|【圆】|【起点、端点、角度】命令，激活画弧命令。

❷根据 AutoCAD 命令行的步骤提示精确画弧。命令行操作如下：

```
命令: _arc
    指定圆弧的起点或 [圆心(C)]:                          //定位弧的起点
    指定圆弧的第二个点或 [圆心(C)/端点(E)]: _e
    指定圆弧的端点:                                      //定位弧的端点
    指定圆弧的圆心或 [角度(A)/方向(D)/半径(R)]: _a 指定包含角:
                                                        //输入 190 Enter，定位弧的角度
```

❸绘制结果如图 3-46 所示。

技巧

如果用户输入的角度为正值，系统将按逆时针方向绘制圆弧；反之将按顺时针方向绘制圆弧。另外，当用户指定了圆弧的起点和端点后，也可直接输入圆弧的半径或起点切向精确绘制圆弧，如图 3-47 所示。

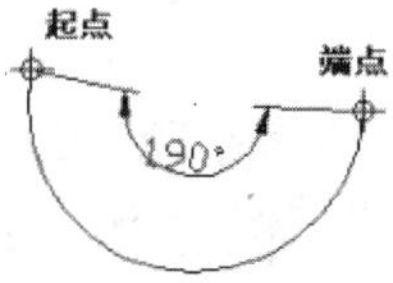

图 3-46 “起点、端点、角度”画弧

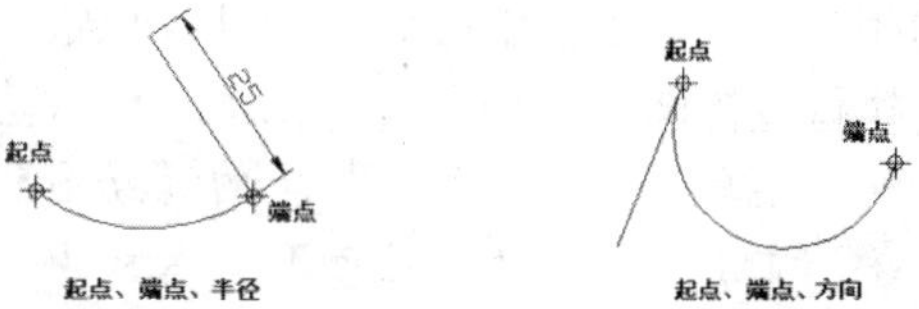

图 3-47 另外两种“起点端点”画弧方式画弧

4．“圆心起点”方式画弧

此种画弧方式分为 “圆心、起点、端点”、“圆心、起点、角度”和“圆心、起点、长度”3 种。当用户确定了圆弧的圆心和起点后，只需再给出圆弧的端点，或角度、弧长等参数，即可精确绘制圆弧。

❶单击菜单栏上的【绘图】|【圆】|【圆心、起点、端点】命令，激活画弧命令。

❷根据 AutoCAD 命令行的提示精确画弧。命令行操作如下：

```
命令: _arc
    指定圆弧的起点或 [圆心(C)]: _c 指定圆弧的圆心:      //拾取一点作为弧的圆心
    指定圆弧的起点:                                    //拾取一点作为弧的起点
    指定圆弧的端点或 [角度(A)/弦长(L)]:                 //拾取一点作为弧的端点
```

❸绘制结果如图 3-48 所示。

> **技巧**
>
> 当用户给定了圆弧的圆心和起点后，可以输入圆弧的圆心角或弦长精确绘制圆弧，如图 3-49 所示。在配合【长度】绘制圆弧时，如果输入的弦长为正值，系统将绘制小于 180° 的劣弧；如果输入的为负值将绘制大于 180° 的优弧。

图 3-48 “圆心、起点、端点”画弧

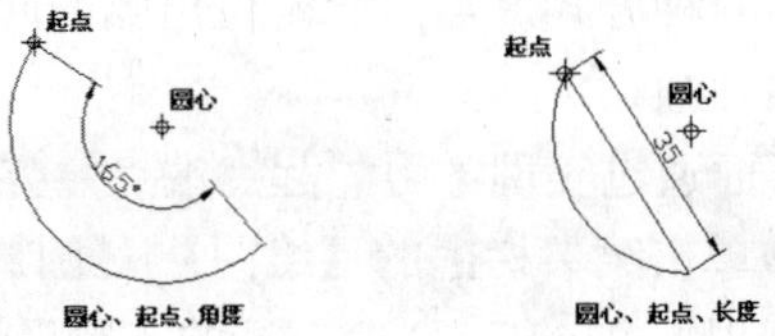

图 3-49 另外两种“圆心起点”方式画弧

5．“连续”圆弧

单击菜单栏上的【绘图】|【圆弧】|【继续】命令，即可进入连续画弧状态，所绘制的圆弧与上一个弧自动相切。另外在结束画弧命令后，连续两次按 Enter 键也可进入“相切圆弧”绘制模式，所绘制的圆弧与前一个圆弧的终点连接并与之相切，如图 3-50 所示。

图 3-50 连续画弧示例

3.3.3 绘制椭圆

“椭圆”也是一种闭合的曲线，是一种基本构图元素，它是由两条不等的椭圆轴所控制的闭合曲线，包含中心点、长轴和短轴等几何特征，如图 3-51 所示。

执行【椭圆】命令主要有以下几种方法。

- 菜单栏：单击菜单栏上的【绘图】|【椭圆】子菜单中各命令，如图 3-52 所示。
- 工具栏：单击【绘图】工具栏中的按钮。
- 命令行：在命令行输入 Ellipse 或 EL。

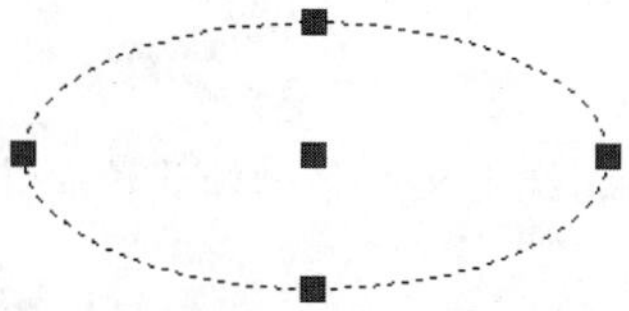

图 3-51 椭圆示例

图 3-52 椭圆子菜单

1. “轴端点”方式画椭圆

所谓“轴端点”方式是用于指定一条轴的两个端点和另一条轴的半长，即可精确画椭圆。此方式是系统默认的绘制方式。

❶单击【绘图】工具栏中的按钮，激活【椭圆】命令。

❷根据 AutoCAD 命令行的提示绘制椭圆。命令行操作如下：

```
命令: _ellipse
    指定椭圆轴的端点或 [圆弧(A)/中心点(C)]:        //拾取一点，定位椭圆轴的一个端点
    指定轴的另一个端点:                              //@200,0 Enter
    指定另一条半轴长度或 [旋转(R)]:                  //40 Enter
```

技巧

如果在轴测图模式下启动了【椭圆】命令，那么在此操作步骤中将增加【等轴测圆】选项，用于绘制轴测圆，如图 3-53 所示。

❸结果绘制出长轴为 200、短轴为 80 的椭圆，如图 3-54 所示。

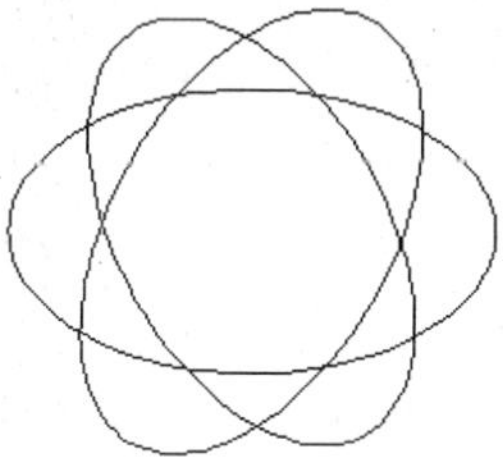

图 3-53 等轴测圆示例

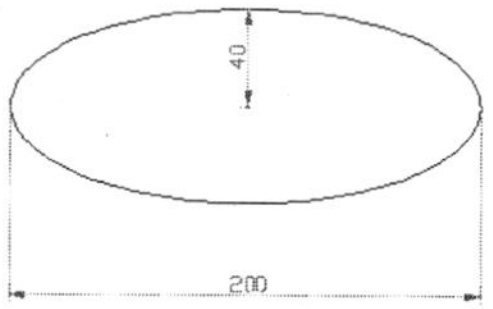

图 3-54 “轴端点”方式画椭圆

2. “中心点”方式画椭圆

“中心点”方式画椭圆需要首先确定出椭圆的中心点，然后再确定椭圆轴的一个端点和椭圆另一半轴的长度。下面以绘制同心椭圆为例，学习“中心点”方式。

❶继续上例操作。

❷单击菜单栏上的【绘图】|【椭圆】|【中心点】命令，使用“中心点”方式绘制椭圆。命令行操作如下：

```
命令: _ellipse
    指定椭圆的轴端点或 [圆弧(A)/中心点(C)]: _c
    指定椭圆的中心点:                 //捕捉刚绘制的椭圆的中心点
    指定轴的端点:                     //@0,60 Enter
    指定另一条半轴长度或 [旋转(R)]:   //35 Enter，输入另一条轴的半长
```

技巧

【旋转】选项是以椭圆的短轴和长轴的比值，把一个圆，绕定义的第一轴旋转成椭圆。

❸绘制结果如图 3-55 所示。

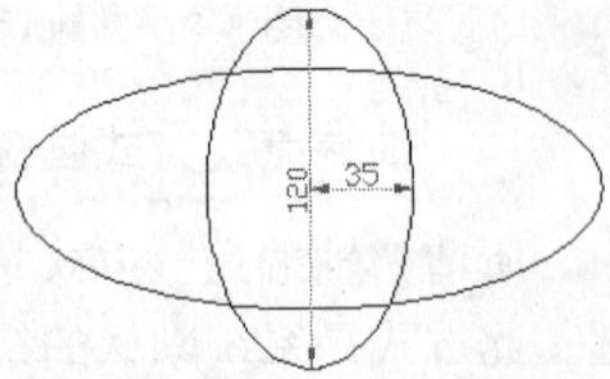

图 3-55 “中心点”方式画椭圆

3.3.4 绘制椭圆弧

椭圆弧也是一种基本的构图元素，它除了包含中心点、长轴和短轴等几何特征外，还具有角度特征。执行【椭圆弧】命令主要有以下几种方法。

- 菜单栏：单击菜单栏上的【绘图】|【椭圆弧】命令。
- 工具栏：单击【绘图】工具栏中的按钮。

下面以绘制长轴为 120、短轴为 60、角度为 90 的椭圆弧，学习使用【椭圆弧】命令。

❶单击【绘图】工具栏中的按钮，激活【椭圆弧】命令。

❷根据 AutoCAD 命令行的操作提示进行绘制椭圆弧。命令行操作如下：

```
命令: _ellipse
    指定椭圆的轴端点或 [圆弧(A)/中心点(C)]:        //A Enter，激活【圆弧】功能
    指定椭圆弧的轴端点或 [中心点(C)]:              //拾取一点，定位弧端点
    指定轴的另一个端点:                            //@120,0 Enter，定位长轴
    指定另一条半轴长度或 [旋转(R)]:                //30 Enter，定位短轴
    指定起始角度或 [参数(P)]:                      //90 Enter，定位起始角度
    指定终止角度或 [参数(P)/包含角度(I)]:          //180 Enter，定位终止角度
```

❸绘制结果如图 3-56 所示。

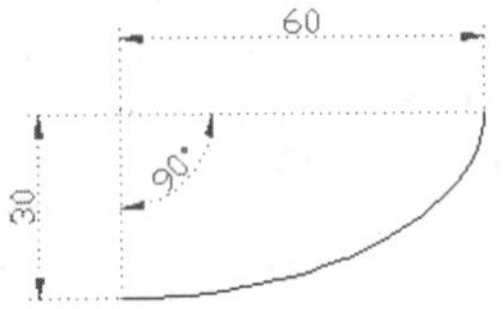

图 3-56 椭圆弧示例

技巧

椭圆弧的角度就是终止角和起始角度的差值。另外，用户也可以使用【包含角度】选项功能，直接输入椭圆弧的角度。

3.3.5 绘制修订云线

【修订云线】命令用于绘制由连续圆弧构成的图线，所绘制的图线被看作是一条多段线，此种图线可以是闭合的，也可以是断开的，如图 3-57 所示。执行【修订云线】命令主要有以下几种方法。

- 菜单栏：单击菜单栏上的【绘图】|【修订云线】命令。
- 工具栏：单击【绘图】工具栏中的按钮。
- 命令行：在命令行输入 Revcloud。

图 3-57　修订云线示例

1．绘制闭合修订云线

下面以绘制图 3-58 所示的修订云线为例，学习使用【修订云线】命令。

❶单击【绘图】工具栏中的按钮，激活【修订云线】命令。

❷根据 AutoCAD 命令行的提示进行设置弧长和绘制云线，命令行操作如下：

```
命令: _revcloud
    最小弧长: 15    最大弧长: 15    样式: 普通
    指定起点或 [弧长(A)/对象(O)/样式(S)] <对象>:     //a Enter，激活【弧长】选项
    指定最小弧长 <15>:                             //30 Enter，设置最小弧长
    指定最大弧长 <30>:                             //60 Enter，设置最大弧长
```

技巧

在设置弧长时需要注意，最大弧长不能超过最小弧长的 3 倍。

```
    指定起点或 [弧长(A)/对象(O)/样式(S)] <对象>://在绘图区拾取一点
    沿云线路径引导十字光标...               //按住鼠标左键不放，沿着所需闭合路径引导
                                             光标，即可绘制闭合的云线修订云线完成
```

技巧

在绘制闭合云线时，移动光标将端点放在起点处，系统会自动闭合云线。

❸绘制结果如图 3-58 所示。

图 3-58　绘制的闭合修订云线

2．将对象转化为云线

使用【修订云线】命令还可以将直线、圆弧、矩形、圆以及正多边形等，转化为云线图形，如图 3-59 所示。

❶首先使用画圆命令绘制一个圆图形。

❷单击【绘图】工具栏中的按钮，根据 AutoCAD 命令行提示，将圆进行转化。命令行操作如下：

```
命令: _revcloud
    最小弧长: 30    最大弧长: 60    样式: 普通
    指定起点或 [弧长(A)/对象(O)/样式(S)] <对象>:     //oEnter，激活【对象】选项
    选择对象:                                      //选择刚绘制的圆
    反转方向 [是(Y)/否(N)] <否>:                   // Enter，结束命令，修订云线完成
```

❸结果该圆图形被转化圆形闭合云线，如图 3-59（右上）所示。

技巧

如果在最后一步操作中设置了云线的反转方向，则会生成如图 3-59（右下）所示的云线。

【样式】选项用于设置修订云线的样式。AutoCAD 共为用户提供了“普通”和“手绘”两种样式，默认情况下为“普通”样式。如图 3-60 所示的云线就是在“手绘”样式下绘制的。

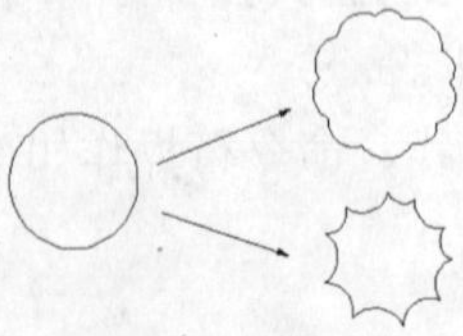
图 3-59　将圆转化为云线

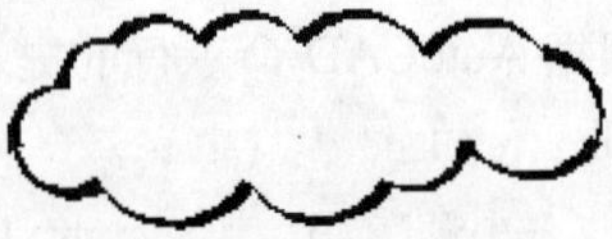
图 3-60　手绘样式

3.4 闭合折线

本节将讲述【矩形】、【正多边形】、【面域】、【边界】等命令。

3.4.1　绘制矩形

“矩形”是由 4 条直线元素组合而成的闭合对象，AutoCAD 将其看作是一条闭合的多段线。执行【矩形】命令主要有以下几种方法。

- 菜单栏：单击菜单栏上的【绘图】|【矩形】命令。
- 工具栏：单击【绘图】工具栏中的□按钮。
- 命令行：在命令行输入 Rectang 或 REC。

1. 绘制标准矩形

默认设置下，绘制矩形的方式为“对角点”方式，下面使用该方式绘制长度为 200、宽度为 100 的矩形。

❶单击【绘图】工具栏中的□按钮，激活【矩形】命令。

❷根据命令行的提示，使用默认对角点方式绘制矩形，命令行操作如下 ：

```
命令: _rectang
    指定第一个角点或 [倒角(C)/标高(E)/圆角(F)/厚度(T)/宽度(W)]:
                                            //在适当位置拾取一点作为矩形角点
    指定另一个角点或 [面积(A)/尺寸(D)/旋转(R)]:    //@200,100 Enter ，指定对角点
```

❸绘制结果如图 3-61 所示。

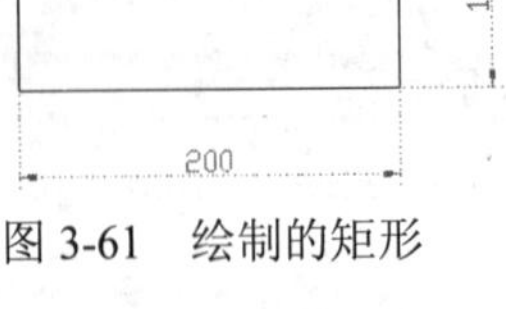

图 3-61　绘制的矩形

技巧

由于矩形被看作一条多段线，当用户编辑某一条边，需要事先使用【分解】命令将其分解。

2．绘制倒角矩形

使用【矩形】命令中的【倒角】选项，可以绘制具有一定倒角的特征矩形，如图 3-62 所示。

❶单击【绘图】工具栏中的□按钮，激活【矩形】命令。

❷根据 AutoCAD 命令行的提示，使用“尺寸”方式绘制倒角矩形，命令行操作如下 ：

```
命令: _rectang
    指定第一个角点或 [倒角(C)/标高(E)/圆角(F)/厚度(T)/宽度(W)]:
                                                  //c Enter，激活【倒角】命令
    指定矩形的第一个倒角距离 <0.0000>:            //25 Enter，设置第一倒角距离
    指定矩形的第二个倒角距离 <25.0000>:           //10 Enter，设置第二倒角距离
    指定第一个角点或 [倒角(C)/标高(E)/圆角(F)/厚度(T)/宽度(W)]:  //拾取一点
    指定另一个角点或 [面积(A)/尺寸(D)/旋转(R)]:   //d Enter，激活【尺寸】选项
    指定矩形的长度 <10.0000>:                     //200 Enter
    指定矩形的宽度 <10.0000>:                     //100 Enter
    指定另一个角点或 [面积(A)/尺寸(D)/旋转(R)]:   //在绘图区拾取一点
```

技巧

此步操作仅仅是用来确定矩形的位置，具体就是确定另一个顶点相对于第一顶点的位置。如果在第一顶点的左侧拾取点，结果另一个对象点位于第一个顶点的左侧，反之位于右侧。

❸倒角矩形的绘制效果如图 3-62 所示。

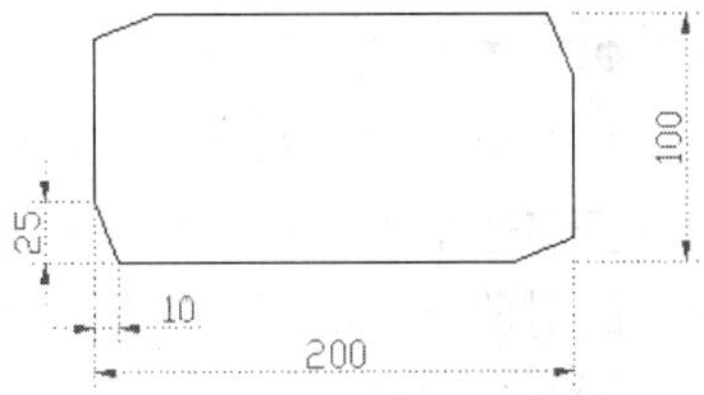

图 3-62　绘制的倒角矩形

3．绘制圆角矩形

使用【矩形】命令中的【圆角】选项，可以绘制具有一定圆角的特征矩形，如图 3-63 所示。

❶单击【绘图】工具栏中的□按钮，激活【矩形】命令。

❷根据 AutoCAD 命令行的提示，使用“面积”方式绘制圆角矩形，命令行操作如下 ：

```
命令: _rectang
    指定第一个角点或 [倒角(C)/标高(E)/圆角(F)/厚度(T)/宽度(W)]:
                                                  //f Enter，激活【圆角】选项
    指定矩形的圆角半径 <0.0000>:                  //20 Enter，设置圆角半径
    指定第一个角点或 [倒角(C)/标高(E)/圆角(F)/厚度(T)/宽度(W)]:  //拾取一点作为起点
    指定另一个角点或 [面积(A)/尺寸(D)/旋转(R)]:   //a Enter，激活【面积】选项
```

输入以当前单位计算的矩形面积 <100.0000>: //20000 Enter，指定矩形面积
计算矩形标注时依据 [长度(L)/宽度(W)] <长度>: //l Enter，激活【长度】选项
输入矩形长度 <200.0000>: // Enter，结束命令

❸圆角矩形的绘制效果如图 3-63 所示。

【标高】选项用于设置矩形在三维空间内的基面高度，即距离当前坐标系的 XOY 坐标平面的高度；【厚度】和【宽度】选项分别用于设置矩形各边的厚度和宽度，以绘制具有一定厚度和宽度的矩形，如图 3-64 和图 3-65 所示。矩形的厚度指的是 Z 轴方向的高度。矩形的厚度和宽度也可以由【特性】命令进行修改和设置。

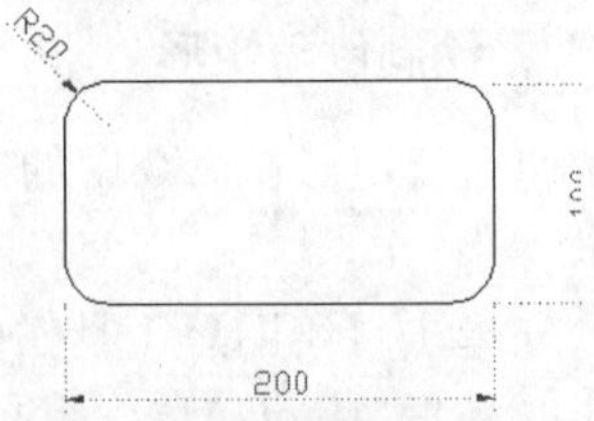

图 3-63　绘制的圆角矩形

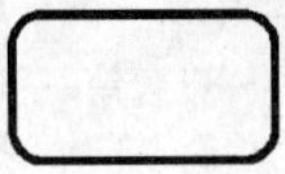
图 3-64　宽度矩形

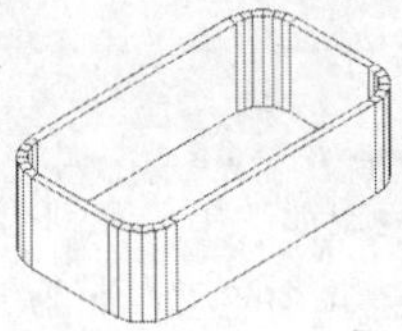
图 3-65　厚度矩形

技巧

如果用户绘制一定厚度和标高的矩形时，要把当前视图转变为等轴测视图，才能显示出矩形的厚度和标高，否则在俯视图中看不出什么变化来。

3.4.2　绘制正多边形

所谓“正多边形”，指的是由相等的边角组成的闭合图形，如图 3-66 所示。执行【正多边形】命令主要有以下几种方法。

- 菜单栏：单击菜单栏上的【绘图】|【正多边形】命令。
- 工具栏：单击【绘图】工具栏中的⬠按钮。
- 命令行：在命令行输入 Polygon 或 POL。

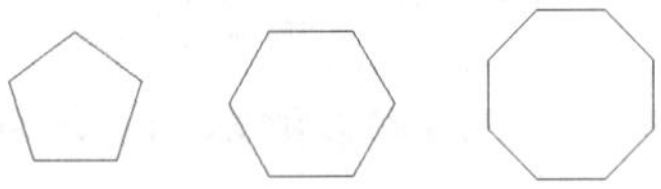
图 3-66　正多边形示例

正多边形也是一个复合对象，不管内部包含有多少直线元素，系统都将其看作是一个单一的对象。下面将学习 3 种绘制正多边形的方法。

1.“内接于圆”方式绘制多边形

此种方式为系统默认方式，在指定了正多边形的边数和中心点后，直接输入正多边形外接圆的半径，即可精确绘制正多边形，如图 3-67 所示。

❶单击【绘图】工具栏中的⬠按钮，激活【正多边形】命令。

❷根据 AutoCAD 命令行的提示，使用“内接于圆”方式绘制正五边形，命令行操作如下：

命令: _polygon
输入边的数目 <4>: //5 Enter，设置正多边形的边数
指定正多边形的中心点或 [边(E)]: //在绘图区拾取一点作为中心点

```
输入选项 [内接于圆(I)/外切于圆(C)] <I>:          //i Enter，激活【内接于圆】选项
指定圆的半径:                                    //120 Enter，输入外接圆半径
```

❸绘制结果如图 3-67 所示。

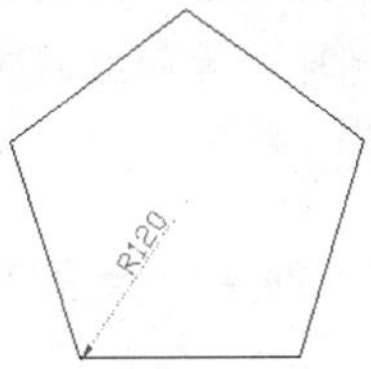

图 3-67 “内接于圆”方式示例

2．“外切于圆”方式绘制多边形

当确定了正多边形的边数和中心点之后，使用此种方式输入正多边形内切圆的半径，就可精确绘制出正多边形，如图 3-68 所示。

❶单击【绘图】工具栏中的按钮，激活【正多边形】命令。

❷根据 AutoCAD 命令行的提示，使用“外切于圆”方式精确绘制正五边形，命令行操作如下：

```
命令: _polygon
    输入边的数目 <4>:                              //5 Enter，设置正多边形的边数
    指定正多边形的中心点或 [边(E)]:                //在绘图区拾取一点定位中心点
    输入选项 [内接于圆(I)/外切于圆(C)] <C>:        //c Enter，激活【外切于圆】选项
    指定圆的半径:                                  //120 Enter，输入内切圆的半径
```

❸绘制结果如图 3-68 所示。

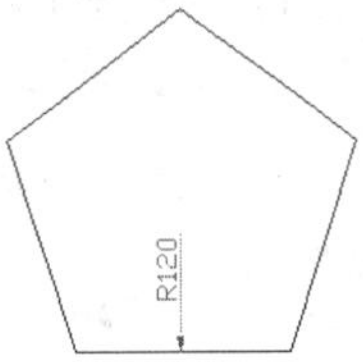

图 3-68 “外切于圆”方式示例

3．“边”方式绘制多边形

通过输入多边形一条边的边长，来精确绘制正多边形。在具体定位边长时，需要分别定位出边的两个端点。

❶单击【绘图】工具栏中的按钮，激活【正多边形】命令。

❷根据 AutoCAD 命令行的提示，按照“边”方式绘制边长为 100 的正六边形。命令行操作如下：

```
命令: _polygon
    输入边的数目 <4>:                              //6 Enter，设置正多边形的边数
    指定正多边形的中心点或 [边(E)]:                //e Enter，激活【边】选项
    指定边的第一个端点:                            //拾取一点作为边的一个端点
    指定边的第二个端点:                            //@100,0 Enter ，定位第二个端点
```

❸绘制结果如图 3-69 所示。

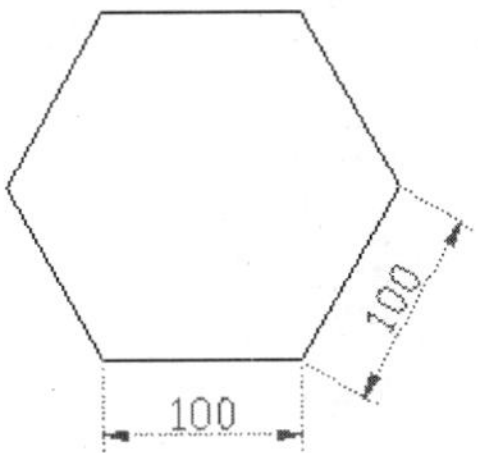

图 3-69 “边”方式示例

技巧

使用按“边”方式绘制正多边形，在指定边的两个端点 A、B 时，系统按从 A 至 B 顺序以逆时针方向绘制正多边形。

3.4.3 创建闭合面域

所谓“面域”，其实就是实体的表面，它是一个没有厚度的二维实心区域，它具备实体模型的一切特性，它不但含有边的信息，还有边界内的信息，可以利用这些信息计算工程属性，如面积、重心和惯性矩等。执行【面域】命令主要有以下几种方法。

- 菜单栏：单击菜单栏上的【绘图】|【面域】命令。
- 工具栏：单击【绘图】工具栏中的按钮。
- 命令行：在命令行输入 Region 或 REN。

面域不能直接被创建，而是通过其他闭合图形进行转化。在激活【面域】命令后，只需选择封闭的图形对象即可将其转化为面域，如圆、矩形、正多边形，等等。封闭对象在没有转化为面域之前，仅是一种线框模型，没有什么属性信息；而这些封闭图形一旦被创建为面域之后，它就转变为一种实体对象，它包含实体对象所具有的一切属性。

当闭合对象被转化为面域后，看上去并没有什么变化，对其进行着色后就可以区分开，如图 3-70 所示。

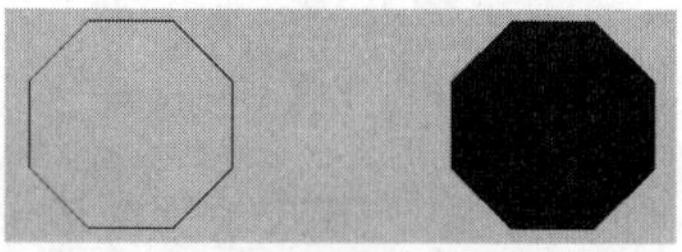

图 3-70　几何线框与几何面域

3.4.4 创建闭合边界

所谓“边界”，指的是一条闭合的多段线，创建边界就是从多个相交对象中提取一条或多条闭合多段线，也可以提取一个或多个面域，如图 3-71 所示。执行【边界】命令主要有以下几种方法。

- 菜单栏：单击菜单栏上的【绘图】|【边界】命令。
- 命令行：在命令行输入 Boundary 或 BO。

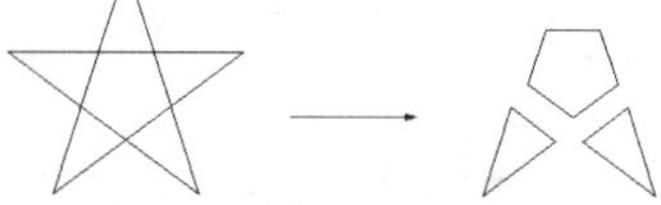

图 3-71　闭合边界示例

下面将从一个五角形图案中提取 3 个闭合的多段线边界，学习使用【边界】命令。

①打开随书光盘“源文件\五角星图案.dwg”，如图 3-71（左）所示。

②单击菜单栏上的【绘图】|【边界】命令，打开如图 3-72 所示的【边界创建】对话框。

③单击【拾取点】按钮，返回绘图区在命令行“拾取内部点：”提示下，分别在五角星图案的中心区域内单击鼠标拾取一点，系统自动分析出一个虚线边界，如图 3-73 所示。

④继续在命令行“拾取内部点：”提示下，在下侧的两个三角区域内单击鼠标，创建另两个边界，如图 3-74 所示。

技巧

【对象类型】列表框用于确定导出的是边界还是面域，默认为多段线。

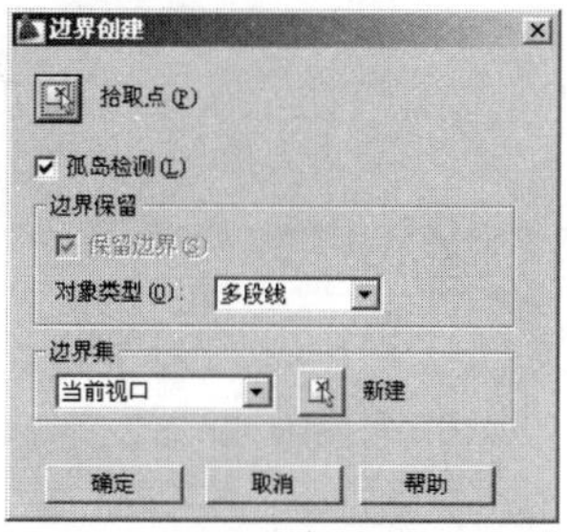

图 3-72 【边界创建】对话框

图 3-73 创建边界

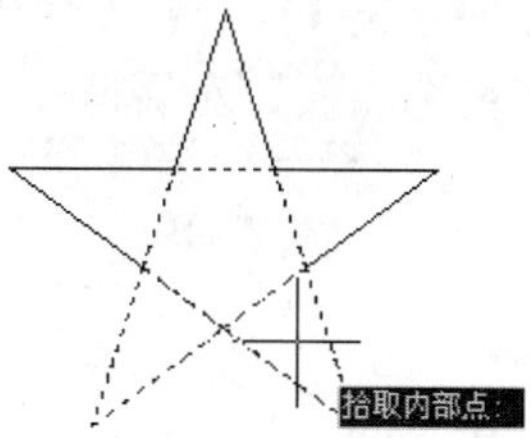

图 3-74 创建另两个边界

❺继续在命令行 “拾取内部点:”提示下按 Enter 键结束命令，结果创建了 3 条闭合的多段线边界。

技巧

在执行【边界】命令后，创建的闭合边界或面域与原图形对象的轮廓边是重合的。

❻使用快捷键 M 激活【移动】命令，将创建的 3 个闭合边界从原图形中移出，结果如上图 3-71（右）所示。

【边界集】选项组

此选项组用于定义从指定点定义边界时 AutoCAD 导出来的对象集合，共有“当前视口”和“现有集合”两种类型，其中前者用于从当前视口中可见的所有对象中定义边界集，后者是从选择的所有对象中定义边界集。

单击【新建】按钮，在绘图区选择对象后，系统返回【边界创建】对话框，在【边界集】组合框中显示【现有集合】类型，用户可以从选择的现有对象集合中定义边界集。

3.5 图案填充

所谓“图案”，指的就是使用各种图线进行不同的排列组合而构成的图形元素，此类图形元素作为一个独立的整体，被填充到各种封闭的图形区域内，以表达各自的图形信息，如图 3-75 所示。

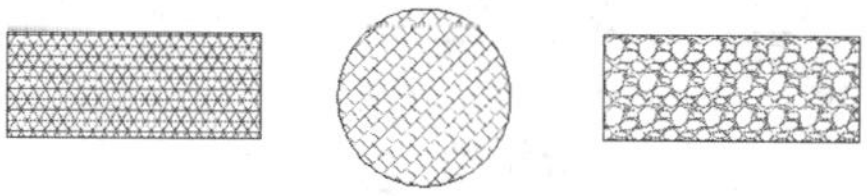

图 3-75 图案填充示例

执行【图案填充】命令主要有以下几种方法。

- 菜单栏：单击菜单栏上的【绘图】|【图案填充】命令。
- 工具栏：单击【绘图】工具栏中的按钮。
- 命令行：在命令行输入 Bhatch 或 H 或 BH。

下面通过为某矩形和圆形填充系统预置的预定义图案和用户定义图案，学习【图案填充】命令的使用方法和技巧。

❶首先绘制矩形和圆形，作为填充边界。

❷单击菜单栏上的【绘图】|【图案填充】命令，打开如图 3-76 所示的【图案填充和渐

变色】对话框。

❸单击【样列】文本框中的图案，或单击【图案】下拉列表框右侧的按钮…，打开【填充图案选项板】对话框，选择需要填充的图案，如图 3-77 所示。

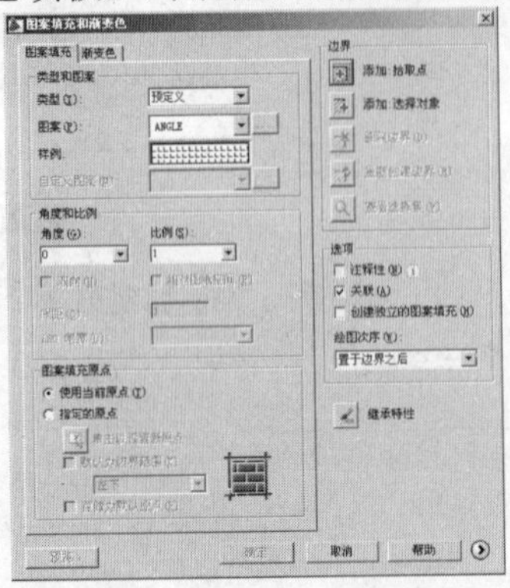

图 3-76 【图案填充和渐变色】对话框

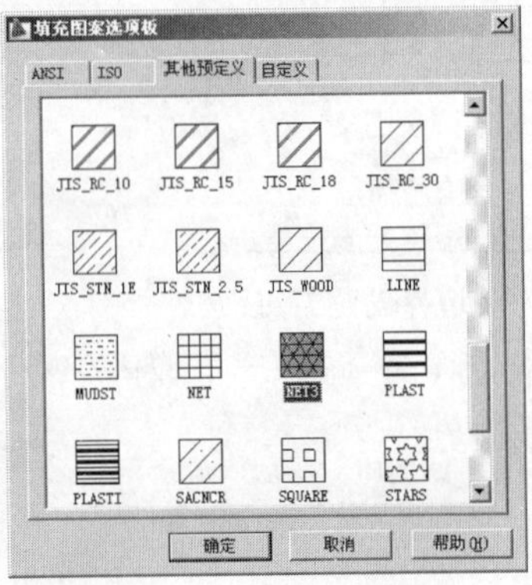

图 3-77 选择填充图案

❹返回【图案填充和渐变色】对话框设置填充比例为 5，然后单击【添加:选择对象】按钮，选择矩形作为填充边界，填充结果如图 3-78 所示。

❺重复【图案填充】命令，设置填充的图案以及填充参数如图 3-79 所示，然后单击【添加:拾取点】按钮，返回绘图区，在圆图形内单击鼠标，指定填充边界。

❻按 Enter 键返回【图案填充和渐变色】对话框，单击 确定 按钮结束命令，填充结果如图 3-80 所示。

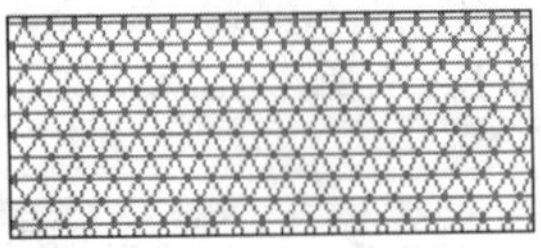

图 3-78 填充结果

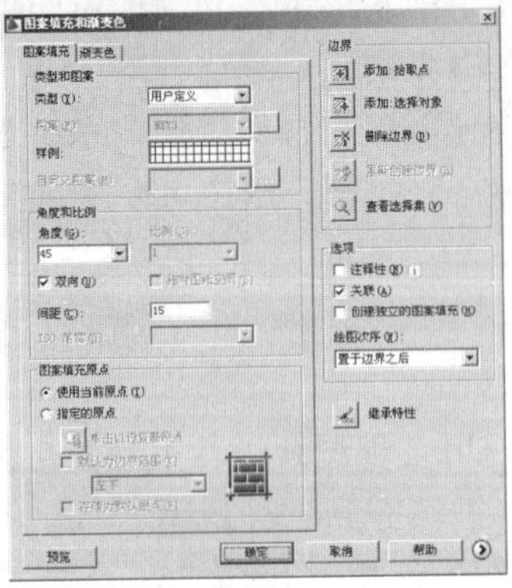

图 3-79 设置填充图案和填充参数

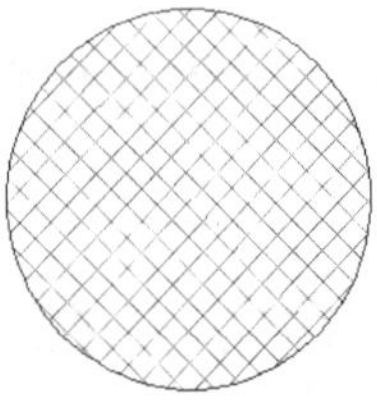

图 3-80 填充结果

1.【图案填充】选项卡

【图案填充】选项卡用于设置填充图案的类型、样式、填充角度及填充比例等，各常用选项如下：

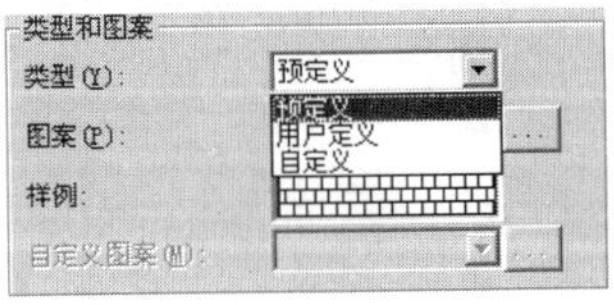

图 3-81 【类型】下拉列表框

- 【类型】下拉列表框内包含“预定义”、“用户定义”、“自定义”3 种图样类型，如图 3-81 所示。

技巧

“预定义”图样只适用于封闭的填充边界；“用户定义”图样可以使用图形的当前线型创建填充图样；“自定义”图样就是使用自定义的 PAT 文件中的图样进行填充。

- 【图案】下拉列表框用于显示预定义类型的填充图案名称。用户可从下拉列表中选择所需的图案，也可单击…按钮，在弹出【填充图案选项板】对话框中选择所需的填充图案。
- 【样例】文本框用于显示图案的预览图像；【角度】下拉列表框用于设置图案的倾斜角度；【比例】下拉列表框用于设置图案的填充比例。

技巧

AutoCAD 提供的各图案都有默认的比例，如果此比例不合适（太稀或太密），可以输入数值设置新比例。

- 【相对于图纸空间】复选框仅用于布局选项卡，它是相对图纸空间单位进行图案的填充。运用该选项，可以根据适合于布局的比例显示填充图案。
- 【间距】文本框可设置用户定义填充图案的直线间距。

技巧

只有激活了【类型】下拉列表框中的【用户自定义】选项，【间距】选项才可用。

- 【双向】复选框仅适用于用户定义图案，勾选该复选框，将增加一组与原图线垂直的线。
- 【ISO 笔宽】下拉列表框决定运用 ISO 剖面线图案的线与线之间的间隔，它只在选择 ISO 线型图案时才可用。
- 【添加:拾取点】按钮用于在填充区域内部拾取任意一点，AutoCAD 将自动搜索到包含该内点的区域边界，并以虚线显示边界。

技巧

用户可以连续拾取多个要填充的目标区域，如果选择了不需要的区域，此时可右击鼠标，从弹出的快捷菜单中选择【放弃上次选择/拾取 】或【全部清除】命令。

- 【添加:选择对象】按钮，单击该按钮，系统将自动返回绘图区，选择需要填充图案的闭合图形，作为填充边界。
- 【删除边界】按钮用于删除位于选定填充区内但不填充的区域。
- 【查看选择集】按钮用于查看所确定的边界。
- 【继承特性】按钮用于在当前图形中选择一个已填充的图案，系统将继承该图案类型的一切属性并将其设置为当前图案。
- 【关联】复选框与【创建独立的图案填充】复选框用于确定填充图形与边界的关系，分别用于创建关联和不关联的填充图案。

2. 【渐变色】选项卡

在【图案填充和渐变色】对话框中单击渐变色标签，打开如图 3-82 所示的【渐变色】选项卡，用于为指定的边界填充渐变色。

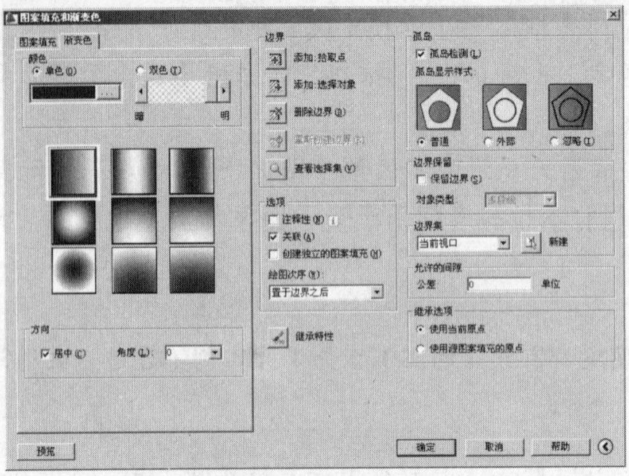

图 3-82 【渐变色】选项卡

技巧

用户单击对话框右下角的【更多选项】扩展按钮，即可展开右侧的【孤岛】等选项组。

- 【单色】单选项使用一种渐变颜色进行渐变填充；填充颜色显示框用于显示当前使用的填充颜色，双击该颜色框或单击其右侧的按钮，可以弹出如图 3-83 所示的【选择颜色】对话框，用户可根据需要选择所需的颜色。
- 【暗—明】滚动条，拖动滑动块可以调整填充颜色的明暗度，如果用户激活【双色】选项，此滑动条自动转换为颜色显示框。
- 【双色】单选项用于以两种颜色的渐变色作为填充色。
- 【角度】文本框用于设置渐变填充的倾斜角度。
- 【孤岛显示样式】选项区提供了【普通】、【外部】和【忽略】3 种方式，如图 3-84 所示，其中【普通】方式是从最外层的外边界向内边界填充，第一层填充，第二层不填充，如此交替进行；【外部】方式只填充从最外边界向内第一边界之间的区域；【忽略】方式忽略最外层边界以内的其他任何边界，以最外层边界向内填充全部图形。

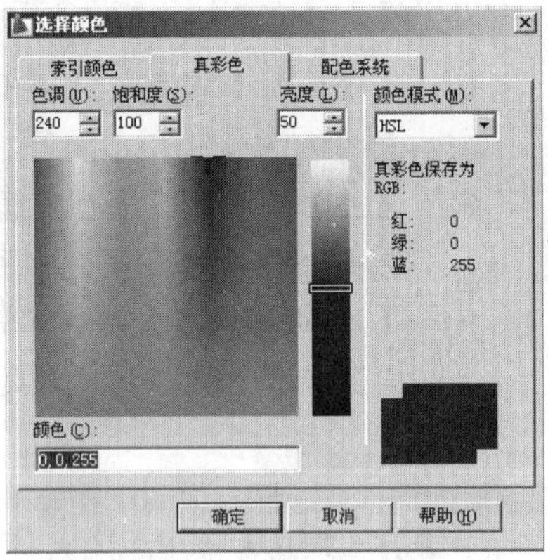

图 3-83 【选择颜色】对话框

图 3-84 孤岛填充样式

技巧

孤岛是指在一个边界包围的区域内又定义了另外一个边界，它可以实现对两个边界之间的区域进行填充，而内边界包围的内区域不填充。

- 【边界保留】选项组用于设置是否保留图形的填充边界。系统默认设置为不保留填充边界。

3.6 综合实例——曲线、折线与图案填充综合绘图

下面以绘制如图 3-85 所示的装饰墙立面图为例，对本章所学知识进行综合练习和巩固。

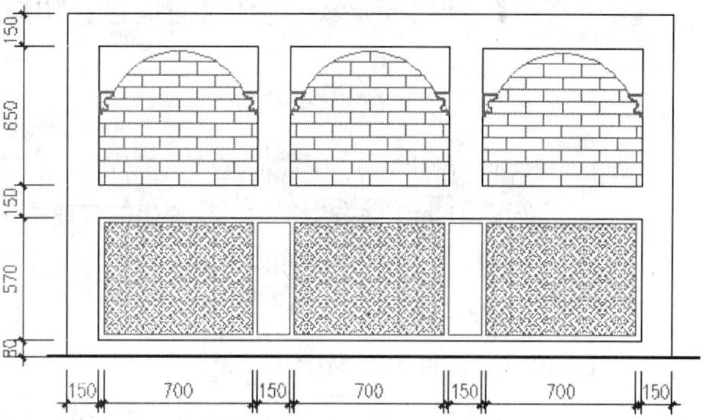

图 3-85 装饰墙立面图

❶首先新建公制单位空白文件。

❷单击菜单栏上的【视图】|【缩放】|【中心点】命令，将当前视图的高度调整为 3000 个绘图单位，命令行操作如下：

命令: '_zoom

指定窗口的角点，输入比例因子 (nX 或 nXP)，或者[全部(A)/中心(C)/动态(D)/范围(E)/上一个(P)/比例(S)/窗口(W)/对象(O)] <实时>: _c

指定中心点: //在绘图区拾取一点作为新视图的中心点

输入比例或高度 <602.6>: //3000 Enter，输入新视图的高度

❸绘制长度为 3000 的水平直线，并展开【线宽控制】下拉列表，修改其线宽为 0.35mm，同时打开线宽的显示功能，结果如图 3-86 所示。

图 3-86 修改线宽效果

❹使用快捷键 L 激活【直线】命令，配合最近点捕捉和点的坐标输入功能，绘制外侧轮廓线。命令行操作如下：

命令: l //Enter

LINE 指定第一点: //按住 Shift 键右击鼠标，从弹出的菜单中选择【最近点】命令

_nea 到 //在如图 3-87 所示的位置捕捉最近点

指定下一点或 [放弃(U)]: //@0,1600 Enter

指定下一点或 [放弃(U)]: //@2850<0 Enter

指定下一点或 [闭合(C)/放弃(U)]. //@1600<270 Entcr

指定下一点或 [闭合(C)/放弃(U)]: // Enter，绘制结果如图 3-88 所示

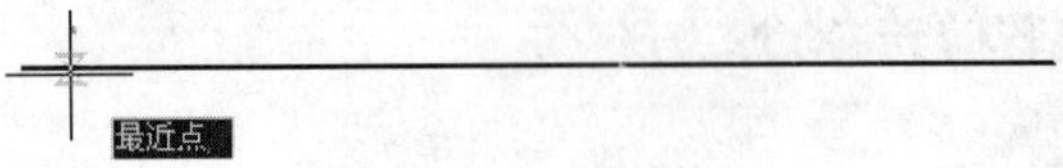

图 3-87 捕捉最近点

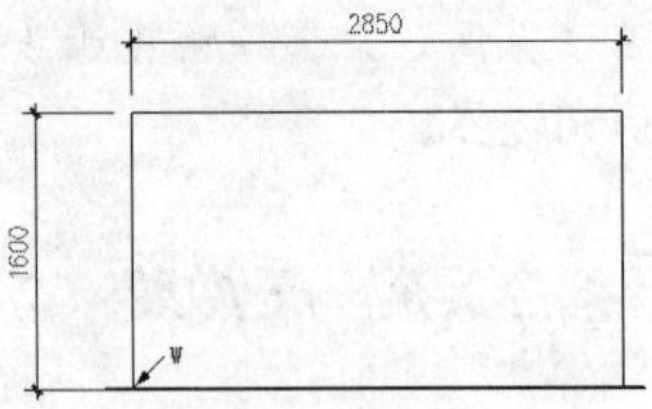

图 3-88 绘制的外侧轮廓线

❺单击菜单栏上的【绘图】|【矩形】命令，配合【捕捉自】功能绘制下侧的矩形轮廓线，命令行操作如下：

命令: _rectang

指定第一个角点或 [倒角(C)/标高(E)/圆角(F)/厚度(T)/宽度(W)]:

//按住 Shift 键右击鼠标，在弹出的快捷菜单中选择【自】命令

_from 基点: //捕捉图 3-88 所示的端点 W

<偏移>: //@150,80 Enter

指定另一个角点或 [面积(A)/尺寸(D)/旋转(R)]:

//@2550,570 Enter，绘制结果如图 3-89 所示

❻单击菜单栏上的【格式】|【颜色】命令，在弹出的【选择颜色】对话框中设置当前颜色为 142 号色，如图 3-90 所示。

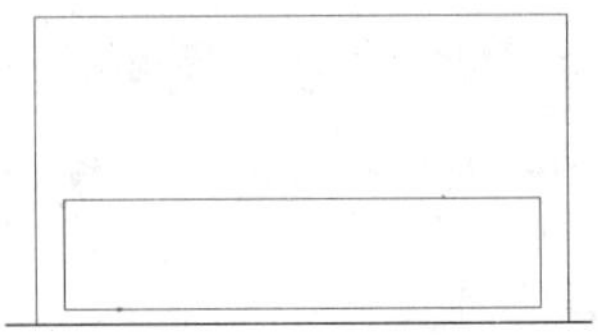

图 3-89 绘制下侧矩形轮廓线

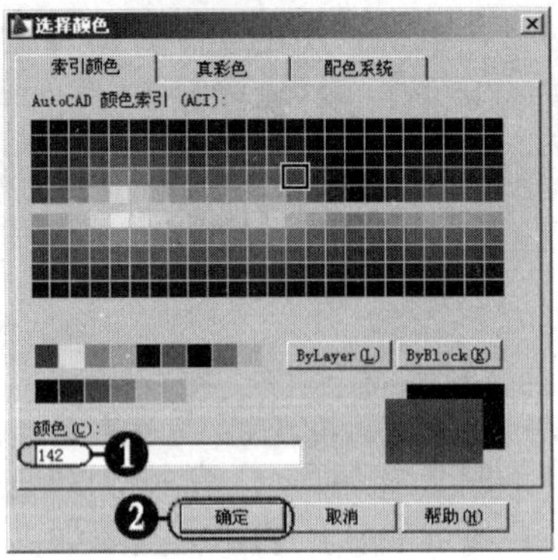

图 3-90 【选择颜色】对话框

❼单击菜单栏上的【绘图】|【矩形】命令，配合【捕捉自】功能和点的坐标输入功能，绘制内侧的矩形轮廓线。命令行操作如下：

命令: _rectang

指定第一个角点或 [倒角(C)/标高(E)/圆角(F)/厚度(T)/宽度(W)]: //激活【捕捉自】功能

_from 基点: //捕捉刚绘制的矩形的左下角点

<偏移>: //@25,25 Enter

指定另一个角点或 [面积(A)/尺寸(D)/旋转(R)]: //@700,520 Enter

命令: // Enter，重复执行命令

RECTANG 指定第一个角点或 [倒角(C)/标高(E)/圆角(F)/厚度(T)/宽度(W)]:

//激活【捕捉自】功能

_from 基点: //捕捉刚绘制的矩形的右下角点

<偏移>: //@25,0 Enter

```
指定另一个角点或 [面积(A)/尺寸(D)/旋转(R)]: //@150,520 Enter
命令:                                        // Enter，重复执行命令
RECTANG 指定第一个角点或 [倒角(C)/标高(E)/圆角(F)/厚度(T)/宽度(W)]:
                                             //激活【捕捉自】功能
_from 基点:                                  //捕捉刚绘制的矩形的右下角点
<偏移>:                                      //@25,0 Enter
指定另一个角点或 [面积(A)/尺寸(D)/旋转(R)]: //@700,520 Enter
命令:                                        // Enter，重复执行命令
RECTANG 指定第一个角点或 [倒角(C)/标高(E)/圆角(F)/厚度(T)/宽度(W)]:
                                             //激活【捕捉自】功能
_from 基点:                                  //捕捉刚绘制的矩形的左下角点
<偏移>:                                      //@25,0 Enter
指定另一个角点或 [面积(A)/尺寸(D)/旋转(R)]: //@150,520 Enter
命令: rectang                                // Enter，重复执行命令
指定第一个角点或 [倒角(C)/标高(E)/圆角(F)/厚度(T)/宽度(W)]: //激活【捕捉自】功能
_from 基点:                                  //捕捉刚绘制的矩形的左下角点
<偏移>:                                      //@25,0 Enter
指定另一个角点或 [面积(A)/尺寸(D)/旋转(R)]: //@700,520 Enter，绘制结果如图 3-91 所示
```

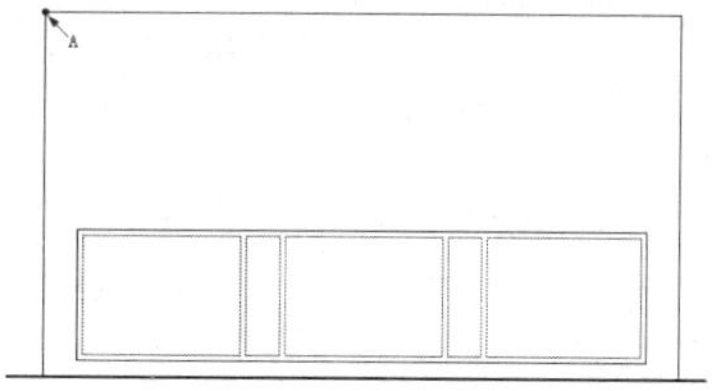

图 3-91　绘制内侧矩形轮廓线

❽重复执行【矩形】命令，配合【捕捉自】功能绘制上侧的矩形轮廓线。命令行操作如下：

```
命令: _rectang                               // Enter，重复执行命令
指定第一个角点或 [倒角(C)/标高(E)/圆角(F)/厚度(T)/宽度(W)]:
                                             //激活【捕捉自】功能
_from 基点:                                  //捕捉图 3-91 所示的端点 A
<偏移>:                                      //@150,-150 Enter
指定另一个角点或 [面积(A)/尺寸(D)/旋转(R)]: //@750,-650 Enter
命令:                                        // Enter，重复执行命令
RECTANG 指定第一个角点或 [倒角(C)/标高(E)/圆角(F)/厚度(T)/宽度(W)]:
                                             //激活【捕捉自】功能
_from 基点:                                  //捕捉刚绘制的矩形的右下角点
<偏移>:                                      //@150,0 Enter
指定另一个角点或 [面积(A)/尺寸(D)/旋转(R)]: //@750,650 Enter
命令: re                                     // Enter，重复执行命令
```

```
RECTANG 指定第一个角点或 [倒角(C)/标高(E)/圆角(F)/厚度(T)/宽度(W)]:
                                        //激活【捕捉自】功能
_from 基点:                              //捕捉刚绘制的矩形的右下角点
<偏移>:                                  //@150,0 Enter
指定另一个角点或 [面积(A)/尺寸(D)/旋转(R)]:
                                        //@750,650 Enter，绘制结果如图 3-92 所示
```

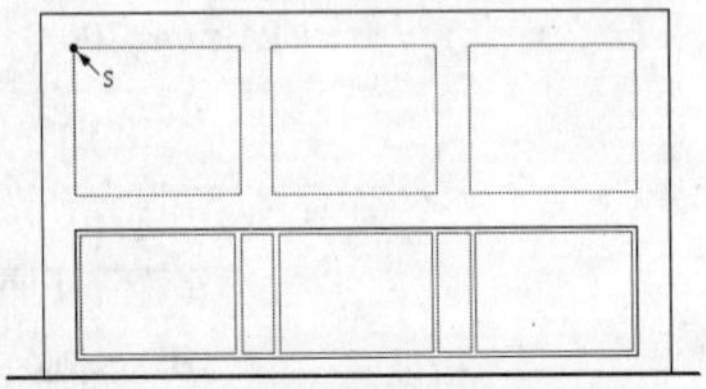

图 3-92　绘制上侧矩形轮廓线

⑨选择刚绘制的 3 个矩形，修改其颜色为“随层”。

⑩单击菜单栏上的【绘图】|【多段线】命令，配合捕捉与坐标输入功能，绘制闭合的装饰图案。命令行操作如下：

```
命令: _pline
指定起点:                                  //激活捕捉自功能
_from 基点:                                //捕捉图 3-92 所示的端点 S
<偏移>:                                    //@70,-215 Enter
当前线宽为 0.0
指定下一个点或 [圆弧(A)/半宽(H)/长度(L)/放弃(U)/宽度(W)]:        //@-70,0 Enter
指定下一点或 [圆弧(A)/闭合(C)/半宽(H)/长度(L)/放弃(U)/宽度(W)]: //@0,-100 Enter
指定下一点或 [圆弧(A)/闭合(C)/半宽(H)/长度(L)/放弃(U)/宽度(W)]: //@15,0 Enter
指定下一点或 [圆弧(A)/闭合(C)/半宽(H)/长度(L)/放弃(U)/宽度(W)]: //a Enter，激活【圆弧】
                                                                  选项
指定圆弧的端点或[角度(A)/圆心(CE)/闭合(CL)/方向(D)/半宽(H)/直线(L)/半径(R)/第二个点
(S)/放弃(U)/宽度(W)]:                      //a Enter，激活【角度】选项
指定包含角:                                //-180 Enter
指定圆弧的端点或 [圆心(CE)/半径(R)]:       //@11,17 Enter
指定圆弧的端点或[角度(A)/圆心(CE)/闭合(CL)/方向(D)/半宽(H)/直线(L)/半径(R)/第二个点
(S)/放弃(U)/宽度(W)]:                      //@12,20 Enter
指定圆弧的端点或[角度(A)/圆心(CE)/闭合(CL)/方向(D)/半宽(H)/直线 (L)/半径(R)/第二个点
(S)/放弃(U)/宽度(W)]:                      //@7,38 Enter
指定圆弧的端点或[角度(A)/圆心(CE)/闭合(CL)/方向(D)/半宽(H)/直线(L)/半径(R)/第二个点
(S)/放弃(U)/宽度(W)]:                      //cl Enter，闭合图形，绘制结果如图 3-93 所示
```

⑪单击菜单栏上的【修改】|【偏移】命令，将刚绘制的闭合多段线向内偏移 3 个单位，创建出内部的轮廓线，如图 3-94 所示。命令行操作如下：

```
命令: _offset
当前设置: 删除源=否　图层=源　OFFSETGAPTYPE=0
```

```
    指定偏移距离或 [通过(T)/删除(E)/图层(L)] <通过>:          //3 Enter，设置偏移距离
    选择要偏移的对象，或 [退出(E)/放弃(U)] <退出>:            //单击刚绘制的闭合多段线
    指定要偏移的那一侧上的点，或 [退出(E)/多个(M)/放弃(U)] <退出>:
                                                              //在多段线内部拾取一点
    选择要偏移的对象，或 [退出(E)/放弃(U)] <退出>:            // Enter，结束命令
```

图 3-93 绘制闭合装饰图案

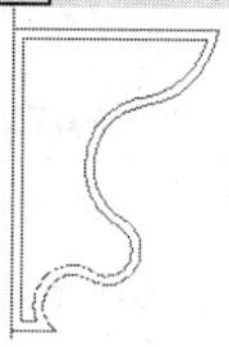

图 3-94 创建内部轮廓线

⑫综合【多段线】和【偏移】等命令，绘制其他位置的装饰图案，结果如图 3-95 所示。

⑬单击菜单栏上的【绘图】|【圆弧】|【三点】命令，配合对象捕捉和捕捉自等功能，绘制内部的弧形轮廓线。命令行操作如下：

```
命令: _arc
    指定圆弧的起点或 [圆心(C)]:                         //捕捉如图 3-96 所示的端点 1
    指定圆弧的第二个点或 [圆心(C)/端点(E)]:             //激活【捕捉自】功能
    _from 基点:                                          //捕捉中点 2
    <偏移>:                                              //@0,-25 Enter
    指定圆弧的端点:                                      //捕捉端点 3，结果如图 3-96 所示
```

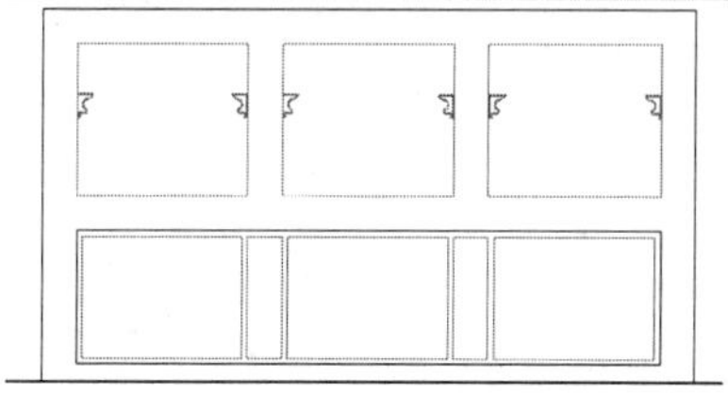

图 3-95 绘制其他装饰图案

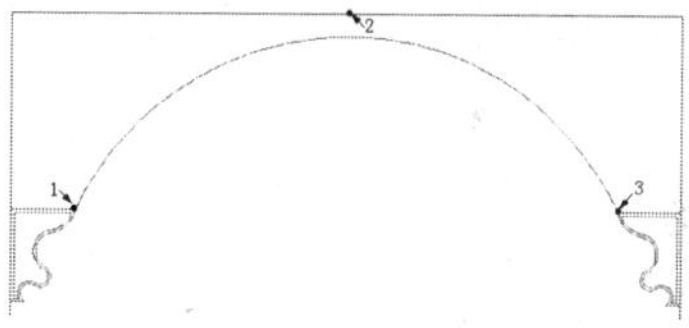

图 3-96 绘制弧形轮廓线

⑭重复【画弧】命令，绘制其他位置的弧形轮廓线，结果如图 3-97 所示。

⑮单击菜单栏上的【绘图】|【图案填充】命令，设置填充图案为 AR-BRSTD，填充比例为 0.9，填充如图 3-98 所示的图案。

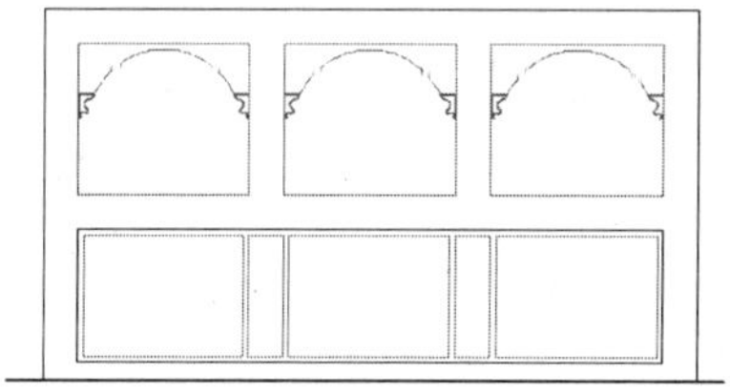

图 3-97 绘制其他弧形轮廓

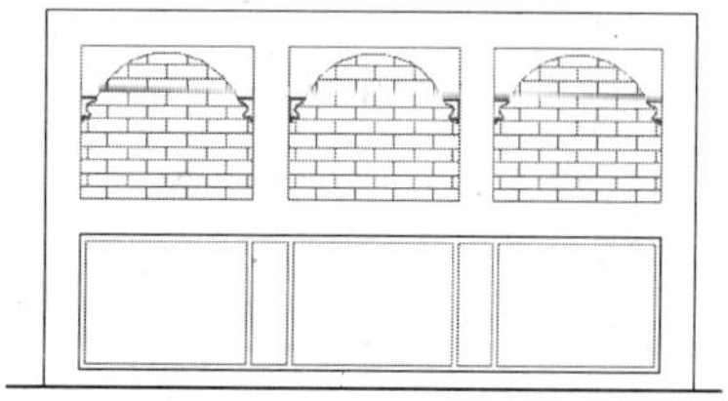

图 3-98 填充 AR-BRSTD 图案

⑯单击菜单栏上的【格式】|【线型】命令，在弹出的【线型管理器】对话框中加载如图 3-99 所示的线型，同时设置线型的全局比例为 100。

⑰单击菜单栏上的【绘图】|【图案填充】命令，在打开的对话框中设置填充图案为 HOUND，填充角度为 45、填充比例为 3，为下侧 3 个矩形填充图案，填充结果如图 3-100 所示。

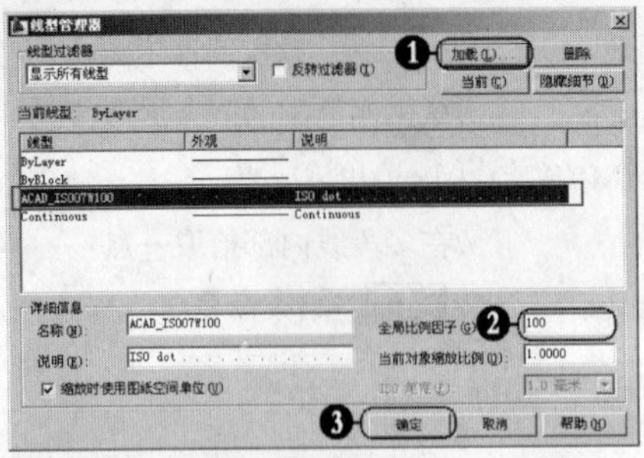

图 3-99 设置【线型管理器】对话框

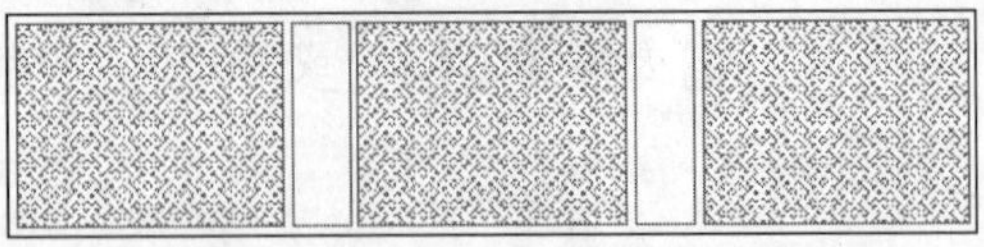

图 3-100 填充下侧矩形的结果

⑱最后执行【保存】命令，将图形命名存储为“装饰墙立面图.dwg”文件。

3.7 本章小结

本章主要学习了 AutoCAD 常用绘图工具的使用方法和操作技巧，具体有点、线、圆、弧、闭合边界以及图案填充等。在讲述点命令时，需要掌握点样式、点尺寸的设置方法、掌握单点与多点的绘制以及定数等分和定距等分工具的操作方法和操作技巧；在讲述线命令时，需要掌握直线、多段线、平行线、作图辅助线以及样条曲线等绘制方法和技巧，具备基本的图元绘制技能。

除了各种线元素之外，本章还向读者简单介绍了一些闭合图元的绘制方法和技巧，如矩形、边界、圆、弧以及多边形等。

3.8 练习题

练习 1

综合本章相关知识，绘制如图 3-101 所示的地面填充图案。

练习 2

综合本章相关知识，绘制如图 3-102 所示的浴盆。

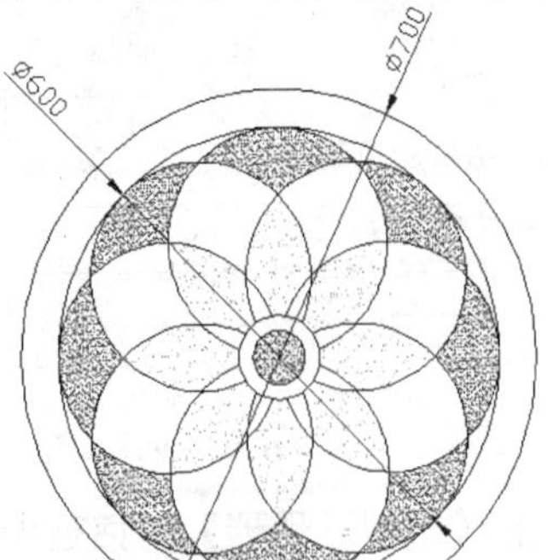

图 3-101 练习 1

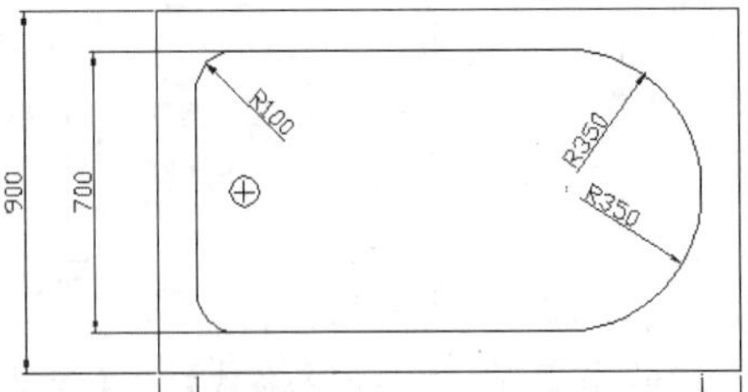

图 3-102 练习 2

第4章

几何图元的编辑功能

第 3 章学习了各种构图元素的绘制方法和绘制技巧，本章将集中讲解 AutoCAD 的图形修改功能，以方便用户对其进行编辑和完善，将有限的基本几何元素，编辑组合为千变万化的复杂图形，以满足设计的需要。

4.1 对象的修剪与延伸

4.1.1 修剪对象

“修剪对象”指的是修剪掉对象上指定的部分，不过在修剪时，需要事先指定一个边界，如图 4-1 所示。执行【修剪】命令主要有以下几种方法。

- 菜单栏：单击菜单栏上的【修改】|【修剪】命令。
- 工具栏：单击【修改】工具栏中的 按钮。
- 命令行：在命令行输入 Trim 或 TR。

1. 默认模式下的修剪

在修剪对象时，边界的选择是关键，而边界必须要与修剪对象相交，或与其延长线相交，才能成功修剪对象。因此，系统为用户设定了两种修剪模式，即“修剪模式”和“不修剪模式”，默认模式为“不修剪模式”。

❶首先使用画线命令绘制图 4-1（左）所示的两条图线。

❷单击【修改】工具栏中的 按钮，激活【修剪】命令，对水平直线进行修剪，命令行操作如下：

```
命令: _trim
    当前设置:投影=UCS，边=无
    选择剪切边...
    选择对象或 <全部选择>:                //选择倾斜直线作为边界
    选择对象:                            // Enter，结束边界的选择
    选择要修剪的对象，或按住 Shift 键选择要延伸的对象，或[栏选(F)/
窗交(C)/投影式(P)/边(E)/删除(R)/放弃(U)]:
                                        //在水平直线的右端单击鼠标，定
                                         位需要删除的部分
```

选择要修剪的对象，或按住 Shift 键选择要延伸的对象，或[栏选(F)/窗交(C)/投影(P)/边(E)/删除(R)/放弃(U)]: // Enter，结束命令

❸修剪结果如图 4-1（右）所示。

图 4-1　默认方式修剪示例

技巧

当需要修剪多个对象时，可以使用【栏选】和【窗交】两种选项功能，而【栏选】方式需要绘制一条或多条栅栏线，所有与栅栏线相交的对象都会被选择，如图 4-2 所示。图 4-3 所示的为【窗交】选择功能示例。

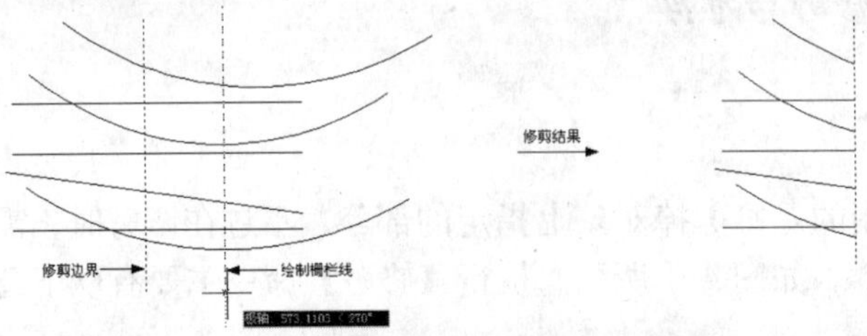

图 4-2　【栏选】修剪示例

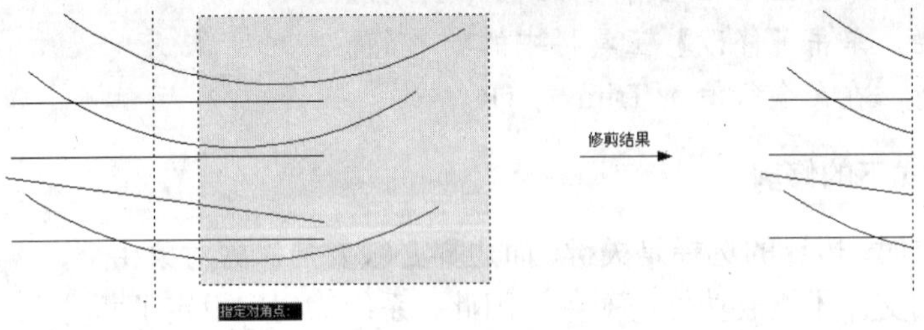

图 4-3　【窗交】修剪示例

2. “隐含交点”下的修剪

所谓“隐含交点”，指的是边界与对象没有实际的交点，而是边界被延长后与对象存在一个隐含交点。

对“隐含交点”下的图线进行修剪时，需要更改默认的修剪模式，即将默认模式更改为“修剪模式”。

❶首先绘制图 4-4 所示的两条图线。

❷单击【修改】工具栏中的 按钮，执行【修剪】命令，对水平图线进行修剪，命令行操作如下：

命令: _trim
　当前设置:投影=UCS，边=无
　选择剪切边...
　选择对象或 <全部选择>: // Enter，选择刚绘制的倾斜图线

选择对象:

选择要修剪的对象，或按住 Shift 键选择要延伸的对象，或[栏选(F)/窗交(C)/投影(P)/边(E)/删除(R)/放弃(U)]: //e Enter，激活【边】选项功能

输入隐含边延伸模式 [延伸(E)/不延伸(N)] <不延伸>:

//e Enter，设置修剪模式为【延伸】模式

选择要修剪的对象，或按住 Shift 键选择要延伸的对象，或[栏选(F)/窗交(C)/投影(P)/边(E)/删除(R)/放弃(U)]: //在水平图线的右端单击鼠标

选择要修剪的对象，或按住 Shift 键选择要延伸的对象，或[栏选(F)/窗交(C)/投影(P)/边(E)/删除(R)/放弃(U)]: // Enter，结束修剪命令

❸修剪图线的结果如图 4-5 所示。

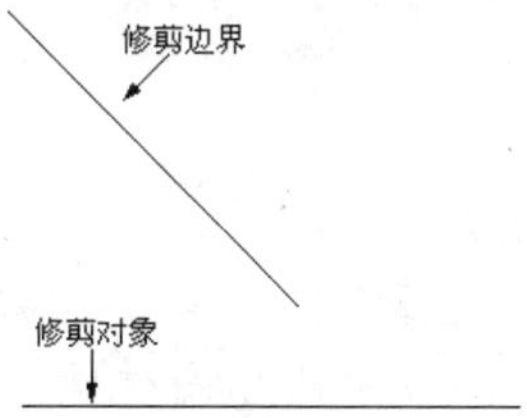

图 4-4 绘制的图线

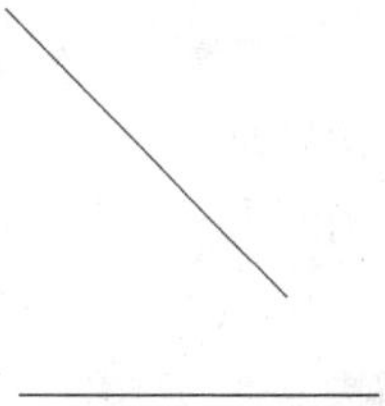

图 4-5 “隐含交点”修剪结果

技巧

【边】选项用于确定修剪边的隐含延伸模式，其中【延伸】选项表示剪切边界可以无限延长，边界与被剪实体不必相交；【不延伸】选项指剪切边界只有与被剪实体相交时才有效。

3. 【投影】选项

【投影】选项用于设置三维空间剪切实体的不同投影方法，选择该选项后，AutoCAD 出现“输入投影选项[无（N）/UCS（U）/视图（V）]<无>：”的操作提示，其中：

- 【无】选项表示不考虑投影方式，按实际三维空间的相互关系修剪；
- 【UCS】选项指在当前 UCS 的 XOY 平面上修剪；
- 【视图】选项表示在当前视图平面上修剪。

技巧

当系统提示“选择剪切边”时，直接按 Enter 键即可选择待修剪的对象，系统在修剪对象时将使用最靠近的候选对象作为剪切边。

4.1.2 延伸对象

“延伸对象”指的是延长对象至指定的边界上，如图 4-6 所示。用于延伸的对象有直线、圆弧、椭圆弧、非闭合的二维多段线和三维多段线以及射线等。

执行【延伸】命令主要有以下几种方法。

- 菜单栏：单击菜单栏上的【修改】|【延伸】命令。
- 工具栏：单击【修改】工具栏中的 按钮。
- 命令行：在命令行输入 Extend 或 EX。

1. **默认模式下的延伸**

与【修剪】命令一样，在延伸对象时，也需要为对象指定边界。在指定边界时，有两种情况，一种是对象被延长后与边界存在一个实际的交点，另一种就是与边界的延长线相交于一点。

为此，AutoCAD 为用户提供了两种模式，即“延伸模式”和“不延伸模式”，系统默认模式为“不延伸模式”，下面通过具体实例，学习该模式的修剪过程。

❶首先绘制图 4-6（左）所示的两条图线。

❷单击菜单栏上的【修改】|【延伸】命令，对垂直图线进行延伸，使之与水平图线垂直相交。命令行操作如下：

```
命令: _extend
    当前设置:投影=UCS，边=无
    选择边界的边...
    选择对象或 <全部选择>:            //选择水平图线作为边界
    选择对象:                         // Enter，结束边界的选择
    选择要延伸的对象，或按住 Shift 键选择要修剪的对象，或[栏选(F)/窗交(C)/投影(P)/边(E)/放弃(U)]:                  //在垂直图线的下端单击鼠标
    选择要延伸的对象，或按住 Shift 键选择要修剪的对象，或[栏选(F)/窗交(C)/投影(P)/边(E)/放弃(U)]:                  // Enter，结束命令
```

❸结果垂直图线的下端被延伸，与边界相交于一点，如图 4-6（右）所示。

图 4-6　默认模式延伸示例

技巧

在选择延伸对象时，要在靠近延伸边界的一端选择需要延伸的对象，否则对象将不被延伸。

2. **“隐含交点”下的延伸**

所谓“隐含交点”，指的是边界与对象延长线没有实际的交点，而是边界被延长后，与对象延长线存在一个隐含交点，如图 4-7 所示。

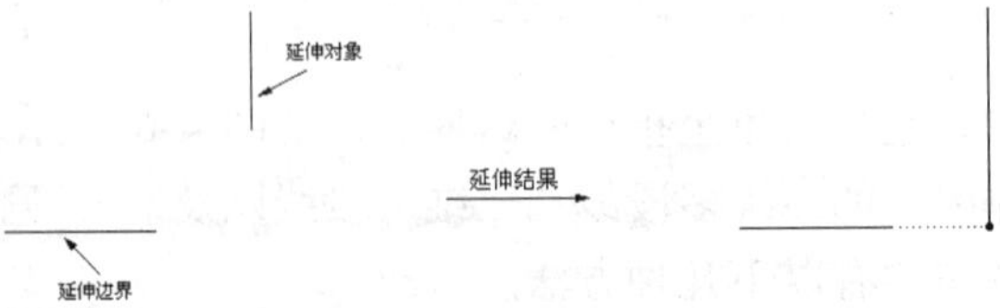

图 4-7　“隐含交点”模式延伸示例

对“隐含交点”下的图线进行延伸时，需要更改默认的延伸模式，即将默认模式更改为“延伸模式”。

❶首先绘制图 4-7（左）所示的两条图线。

❷执行【修剪】命令，将垂直图线的下端延长，使之与水平图线的延长线相交。命令行操作如下：

命令: _extend
当前设置:投影=UCS，边=无
选择边界的边...
选择对象: //选择水平的图线作为延伸边界
选择对象: // Enter，结束选择
选择要延伸的对象，或按住 Shift 键选择要修剪的对象，或[栏选(F)/窗交(C)/投影(P)/边(E)/放弃(U)]: //e Enter，激活【边】选项
输入隐含边延伸模式 [延伸(E)/不延伸(N)] <不延伸>: //e Enter，设置延伸模式
选择要延伸的对象，或按住 Shift 键选择要修剪的对象，或[栏选(F)/窗交(C)/投影(P)/边(E)/放弃(U)]: //在垂直图线的下端单击鼠标
选择要延伸的对象，或按住 Shift 键选择要修剪的对象，或[栏选(F)/窗交(C)/投影(P)/边(E)/放弃(U)]: // Enter，结束命令

技巧

【边】选项用来确定延伸边的方式。【延伸】选项将使用隐含的延伸边界来延伸对象；【不延伸】选项确定边界不延伸，而只有边界与延伸对象真正相交后才能完成延伸操作。

❸最终的延伸效果如图 4-7（右）所示。

4.2 对象的拉伸与拉长

4.2.1 拉伸对象

所谓“拉伸对象”，指的就是将对象进行不等比缩放，进而改变对象的尺寸或形状，如图 4-8 所示。执行【拉伸】命令主要有以下几种方法。

- 菜单栏：单击菜单栏上的【修改】|【拉伸】命令。
- 工具栏：单击【修改】工具栏中的按钮。
- 命令行：在命令行输入 Stretch 或 S。

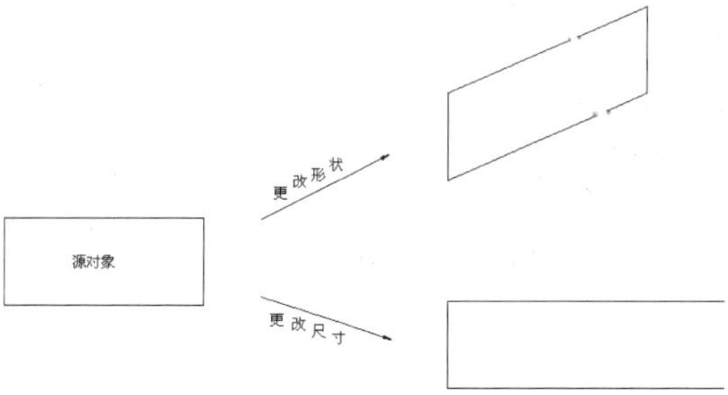

图 4-8 拉伸示例

常用于拉伸的对象有直线、圆弧、椭圆弧、多段线、样条曲线等。下面通过将某矩形的短边尺寸拉伸为原来的两倍，而长边尺寸拉伸为 1.5 倍，学习使用【拉伸】命令。

❶首先使用【矩形】命令绘制一个矩形。

❷单击【修改】工具栏中的按钮，激活【拉伸】命令，对矩形的水平边进行拉长。命令行操作如下：

```
命令: _stretch
    以交叉窗口或交叉多边形选择要拉伸的对象...
    选择对象:                              //拉出如图 4-9 所示的窗交选择框
    选择对象:                              // Enter，结束对象的选择
    指定基点或 [位移(D)] <位移>:            //捕捉矩形的左下角点，作为拉伸的基点
    指定第二个点或 <使用第一个点作为位移>:
                        //捕捉矩形下侧边中点作为拉伸目标点，拉伸结果如图 4-10 所示
```

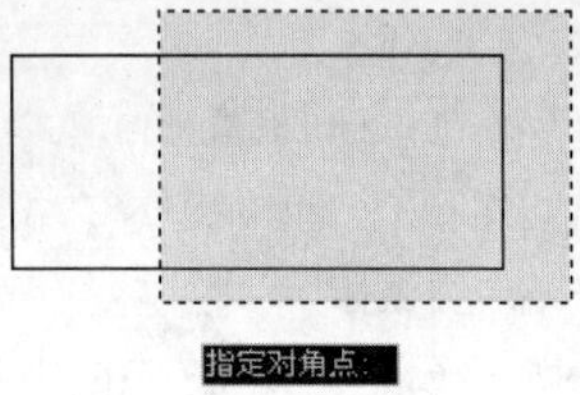

图 4-9　窗交选择

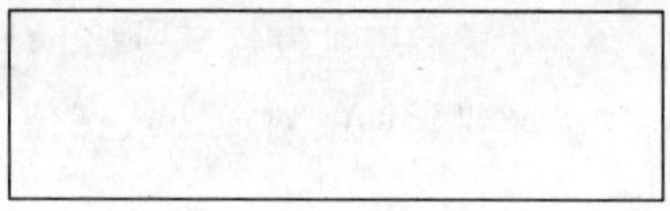

图 4-10　水平拉伸结果

技巧

如果所选择的图形对象完全处于选择框内时，那么拉伸的结果只能是图形对象相对于原位置上的平移。

❸按 Enter 键，重复【拉伸】命令，将图 4-10 所示矩形的宽度拉伸 1.5 倍。命令行操作如下：

```
命令:STRETCH
    以交叉窗口或交叉多边形选择要拉伸的对象...
    选择对象:                              //拉出如图 4-11 所示的窗交选择框
    选择对象:                              // Enter，结束对象的选择
    指定基点或 [位移(D)] <位移>:            //捕捉矩形的左下角点，作为拉伸的基点
    指定第二个点或 <使用第一个点作为位移>:
                        //捕捉矩形左上角点作为拉伸目标点，拉伸结果如图 4-12 所示
```

图 4-11　窗交选择

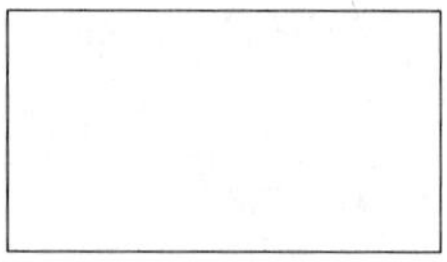

图 4-12　垂直拉伸结果

4.2.2　拉长对象

所谓"拉长对象"，指的是将对象进行拉长或缩短，在拉长的过程中，不仅可以改变线对象的长度，还可以更改弧对象的角度，如图 4-13 所示。执行【拉长】命令的主要有以下几种方法。

- 菜单栏：单击菜单栏上的【修改】|【拉长】命令。
- 命令行：在命令行输入 Lengthen 或 LEN。

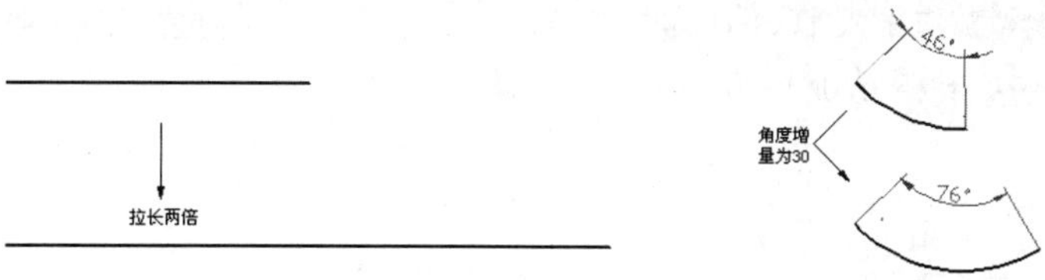

图 4-13 拉长示例

使用此命令可以改变圆弧和椭圆弧的角度，也可以改变圆弧、椭圆弧、直线和非闭合的多段线和样条曲线的长度，但闭合的图形对象不能被拉长或缩短。

1．**“增量”拉长**

所谓“增量”拉长，指的是按照事先指定的长度增量或角度增量，进行拉长或缩短对象。

❶首先绘制长度为 200 的水平直线。

❷单击菜单栏上的【修改】|【拉长】命令，将水平直线水平向右拉长 50 个单位。命令行操作如下：

```
命令: _lengthen
    选择对象或 [增量(DE)/百分数(P)/全部(T)/动态(DY)]:     //de Enter，激活【增量】选项
    输入长度增量或 [角度(A)] <0.0000>:                  //50 Enter，设置长度增量
    选择要修改的对象或 [放弃(U)]:                       //在直线的右端单击鼠标
    选择要修改的对象或 [放弃(U)]:                       // Enter，退出命令
```

❸拉长结果如图 4-14（下）所示。

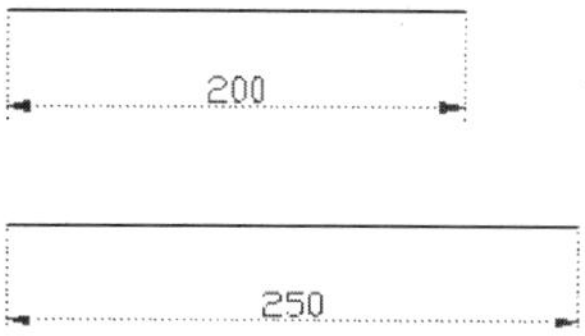

图 4-14 增量拉长示例

技巧

如果把增量值设置为正值，系统将拉长对象；反之则缩短对象。

2．**“百分数”拉长**

所谓“百分数”拉长，指的是以总长的百分比值进行拉长或缩短对象，长度的百分数值必须为正且非零。

❶绘制任意长度的水平图线，如图 4-15（上）所示。

❷单击菜单栏上的【修改】|【拉长】命令，将水平图线拉长 200%。命令行操作如下：

```
命令: _lengthen
    选择对象或 [增量(DE)/百分数(P)/全部(T)/动态(DY)]:     //p Enter，激活【百分数】选项
```

```
输入长度百分数 <100.0000>:                     //200 Enter，设置拉长的百分比值
选择要修改的对象或 [放弃(U)]:                  //在线段的一端单击鼠标
选择要修改的对象或 [放弃(U)]:                  // Enter，结束命令
```

❸拉长结果如图 4-15（下）所示。

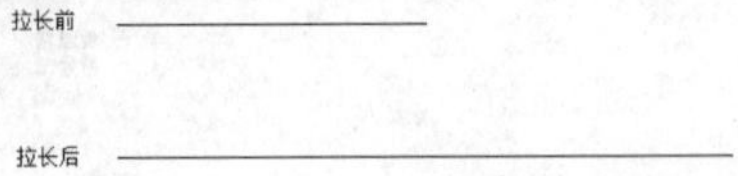

图 4-15　百分数拉长示例

技巧

当长度百分比值小于 100 时，将缩短对象；输入长度的百分比值大于 100 时，将拉伸对象。

3．“全部”拉长

所谓“全部”拉长，指的是根据指定一个总长度或者总角度进行拉长或缩短对象。

❶绘制任意长度的水平线。

❷单击菜单栏上的【修改】|【拉长】命令，将水平图线拉长为 500 个单位。命令行操作如下：

```
命令: _lengthen
    选择对象或 [增量(DE)/百分数(P)/全部(T)/动态(DY)]:    //t Enter，激活【全部】选项
    指定总长度或 [角度(A)] <1.0000)>:                   //500 Enter，设置总长度
    选择要修改的对象或 [放弃(U)]:                       //在线段的一端单击鼠标
    选择要修改的对象或 [放弃(U)]:                       // Enter，退出命令
```

❸结果源对象的长度被拉长为 500，如图 4-16 所示。

图 4-16　全部拉长示例

技巧

如果原对象的总长度或总角度大于所指定的总长度或总角度，结果原对象将被缩短；反之，将被拉长。

4．“动态”拉长

所谓“动态”拉长，指的是根据图形对象的端点位置动态改变其长度。激活【动态】选项功能之后，AutoCAD 将端点移动到所需的长度或角度，另一端保持固定，如图 4-17 所示。

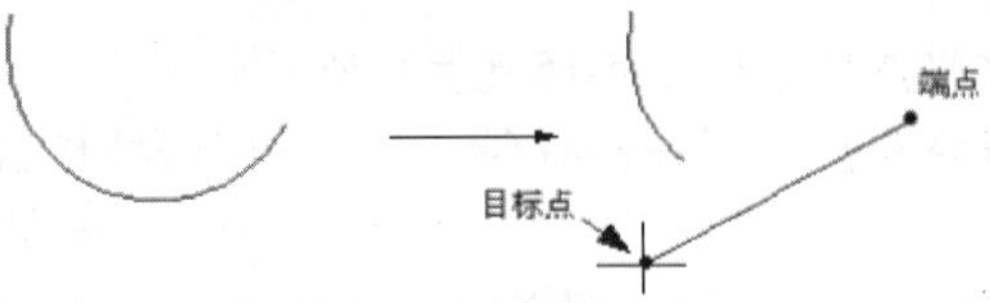

图 4-17　动态拉长

技巧

【动态】选项功能不能对样条曲线、多段线进行操作。

4.3 对象的打断与合并

4.3.1 打断对象

所谓“打断对象”，指的是将对象打断为相连的两部分，或打断并删除图形对象上的一部分。执行【打断】命令主要有以下几种方法。

- 菜单栏：单击菜单栏上的【修改】|【打断】命令。
- 工具栏：单击【修改】工具栏中的按钮。
- 命令行：在命令行输入 Break 或 BR。

打断对象与修剪对象都可以删除图形对象上的一部分，但是两者有着本质的区别，修剪对象必须有修剪边界的限制，而打断对象可以删除对象上任意两点之间的部分。

❶首先绘制长度为 500 的图线。

❷单击【修改】工具栏中的按钮，配合点的捕捉和输入功能，将在水平图线上删除 40 个单位的距离。命令行操作如下：

```
命令: _break
    选择对象:                              //选择刚绘制的线段
    指定第二个打断点或[第一点(F)]:          //f Enter，激活【第一点】选项
    指定第一个打断点:                       //捕捉线段的中点作为第一断点
    指定第二个打断点:                       //@150,0 Enter，定位第二断点
```

技巧

【第一点】选项用于重新确定第一断点。由于在选择对象时不可能拾取到准确的第一点，所以需要激活该选项，以重新定位第一断点。

❸打断结果如图 4-18（下）所示。

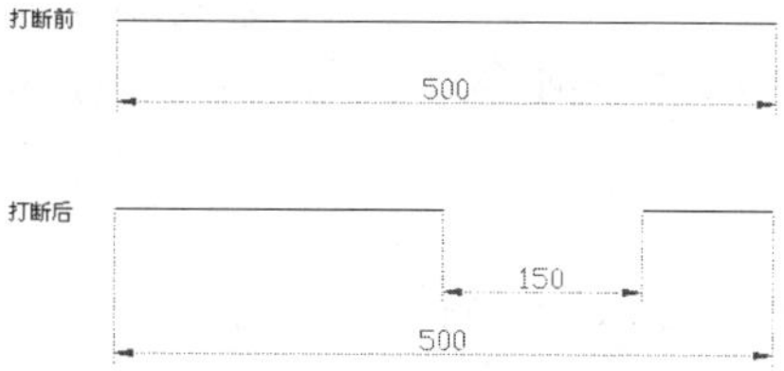

图 4-18　打断示例

技巧

要将一个对象拆分为二而不删除其中的任何部分，可以在指定第二断点时输入相对坐标符号@，也可以直接单击【修改】工具栏中的按钮。

4.3.2 合并对象

所谓“合并对象”，指的是将同角度的两条或多条线段合并为一条线段，还可以将圆弧或椭圆弧合并为一个整圆和椭圆，如图 4-19 所示。执行【合并】命令主要有以下几种方法。

- 菜单栏：单击菜单栏上的【修改】|【合并】命令。
- 工具栏：单击【修改】工具栏中的 ++ 按钮。
- 命令行：在命令行输入 Join 或 J。

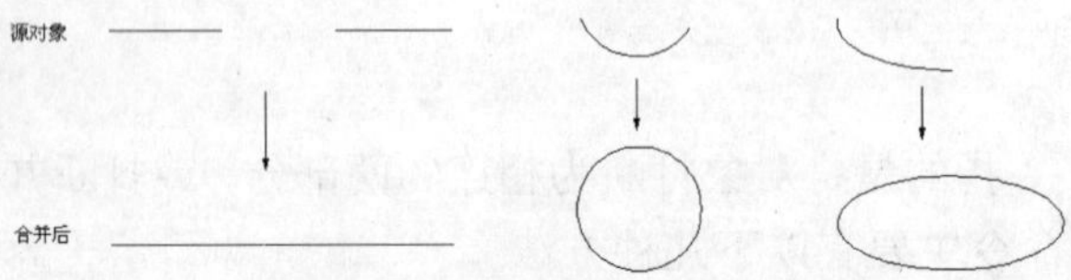

图 4-19　合并对象示例

下面通过将两线段合并为一条线段、将圆弧合并为一个整圆、将椭圆弧合并为一个椭圆，学习使用【合并】命令。

❶首先绘制图 4-19（上）所示的两条线段、圆弧和椭圆弧。

❷单击菜单栏上的【修改】|【合并】命令，将两条线段合并为一条线段。命令行操作如下：

命令: _join
　　选择源对象:　　　　　　　　　　//选择左侧的线段作为源对象
　　选择要合并到源的直线:　　　　　//选择右侧线段
　　选择要合并到源的直线:　　　　　// Enter，合并结果如图 4-20 所示
　　已将直线合并到源

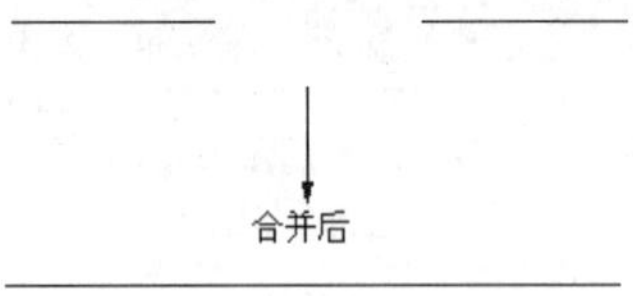

图 4-20　合并线段

❸按 Enter 键重复执行【合并】命令，将圆弧合并为一个整圆，命令行操作如下：

命令:JOIN
　　选择源对象:　　　　　　　　　　//选择下侧圆弧作为源对象
　　选择圆弧，以合并到源或进行 [闭合(L)]:　　//l Enter，激活【闭合】选项，合并结果如图 4-21 所示
　　已将圆弧转换为圆

❹按 Enter 键重复执行【合并】命令，将椭圆弧合并为一个整椭圆，命令行操作如下：

命令:JOIN
　　选择源对象:　　　　　　　　　　//选择下侧椭圆弧作为源对象
　　选择椭圆弧，以合并到源或进行 [闭合(L)]:　　//l Enter，激活【闭合】选项，合并结果如图 4-22 所示
　　已成功地闭合椭圆

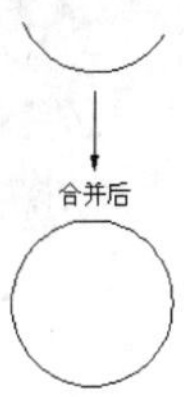

图 4-21 合并圆弧

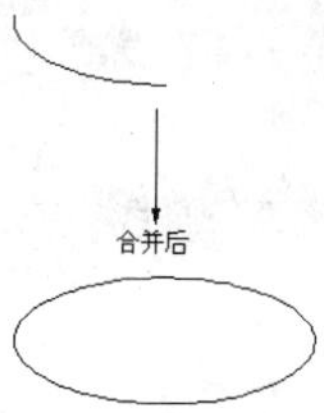

图 4-22 合并椭圆弧

4.4 对象的边角细化

4.4.1 倒角对象

所谓“倒角对象”，指的就是使用一条线段连接两个非平行的图线，如图 4-23 所示。执行【倒角】命令主要有以下几种方法。

- 菜单栏：单击菜单栏上的【修改】|【倒角】命令。
- 工具栏：单击【修改】工具栏中的按钮。
- 命令行：在命令行输入 Chamfer 或 CHA。

用于倒角的图形一般有直线、多段线、矩形、多边形等，不能倒角的图形有圆、圆弧、椭圆和椭圆弧等。下面将学习几种常用的倒角功能。

1. 距离倒角

所谓“距离倒角”，指的就是直接输入两条图线上的倒角距离，进行倒角图线，如图 4-23 所示。

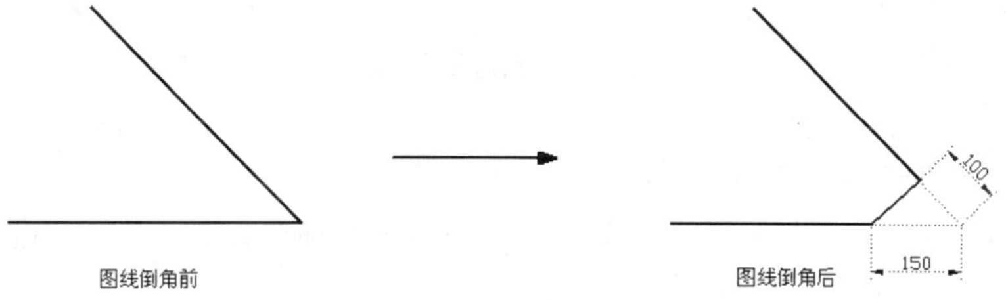

图 4-23 距离倒角实例

距离倒角过程如下。

❶首先绘制图 4-23（左）所示的两条图线。

❷单击【修改】工具栏中的按钮，激活【倒角】命令，对两条图线进行距离倒角。命令行操作如下：

```
命令: _chamfer
    (“修剪”模式) 当前倒角距离 1 = 0.0000，距离 2 = 0.0000
    选择第一条直线或 [放弃(U)/多段线(P)/距离(D)/角度(A)/修剪(T)/方式(E)/多个(M)]:
                                              // d Enter，激活【距离】选项
    指定第一个倒角距离 <0.0000>:                 //150 Enter，设置第一倒角长度
    指定第二个倒角距离 <25.0000>:                //100 Enter，设置第二倒角长度
```

选择第一条直线或 [放弃(U)/多段线(P)/距离(D)/角度(A)/修剪(T)/方式(E)/多个(M)]:
//选择水平线段
选择第二条直线，或按住 Shift 键选择要应用角点的直线: //选择倾斜线段

技巧

在此操作提示中，【放弃】选项是用于在不中止命令的前提下，撤销上一步操作；【多个】选项是用于在执行一次命令时，可以对多个图线进行倒角操作。

❸距离倒角的结果如图 4-23（右）所示。

技巧

用于倒角的两个倒角距离值不能为负值，如果将两个倒角距离设置为零，那么倒角的结果就是两条图线被修剪或延长，直至相交于一点。

2．**角度倒角**

所谓“角度倒角”，指的是通过设置一条图线的倒角长度和倒角角度，进行为图线倒角，如图 4-24 所示。使用该方式为图线倒角时，首先需要设置对象的长度尺寸和角度尺寸。

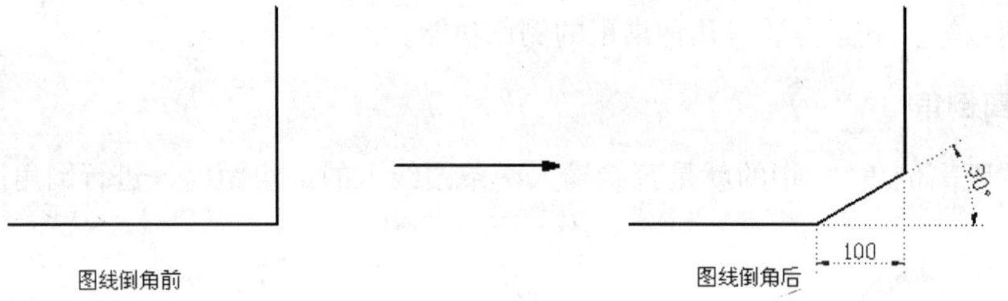

图 4-24　角度倒角示例

角度倒角过程如下。

❶首先使用画线命令绘制图 4-24（左）所示的两条垂直图线。

❷单击【修改】工具栏中的按钮，激活【倒角】命令，对两条图形进行角度倒角。命令行操作如下：

命令: _chamfer
(“修剪”模式) 当前倒角距离 1 = 25.0000，距离 2 = 15.0000
选择第一条直线或 [放弃(U)/多段线(P)/距离(D)/角度(A)/修剪(T)/方式(E)/多个(M)]: //a Enter，激活【角度】选项
指定第一条直线的倒角长度 <0.0000>: //100 Enter，设置倒角长度
指定第一条直线的倒角角度 <0>: //30 Enter，设置倒角角度
选择第一条直线或 [放弃(U)/多段线(P)/距离(D)/角度(A)/修剪(T)/方式(E)/多个(M)]:
//选择水平的线段
选择第二条直线，或按住 Shift 键选择要应用角点的直线:
//选择倾斜线段作为第二倒角对象

❸角度倒角的结果如图 4-24（右）所示。

> **技巧**
>
> 在此操作提示中，【方式】选项用于确定倒角的方式，要求选择“距离倒角”或“角度倒角”。另外，系统变量 Chammode 控制着倒角的方式：当 Chammode=0，系统支持“距离倒角”模式；当 Chammode=1，系统支持“角度倒角”模式。

3．多段线倒角

【多段线】选项是用于为整条多段线的所有相邻元素边进行同时倒角操作，如图 4-25 所示。在为多段线进行倒角操作时，可以使用相同的倒角距离值，也可以使用不同的倒角距离值。

图 4-25　多段线倒角示例

多段线倒角过程如下。

❶首先绘制如图 4-25（左）所示的多段线。

❷单击【修改】工具栏中的按钮，激活【倒角】命令，对多段线进行倒角。命令行操作如下：

```
命令: _chamfer
    ("修剪"模式) 当前倒角距离 1 = 0.0000，距离 2 = 0.0000
    选择第一条直线或 [放弃(U)/多段线(P)/距离(D)/角度(A)/修剪(T)/方式(E)/多个(M)]:
                                            // d Enter，激活【距离】选项
    指定第一个倒角距离 <0.0000>:            //50 Enter，设置第一倒角长度
    指定第二个倒角距离 <50.0000>:           //30 Enter，设置第二倒角长度
    选择第一条直线或 [放弃(U)/多段线(P)/距离(D)/角度(A)/修剪(T)/方式(E)/多个(M)]:
                                            //p Enter，激活【多段线】选项
    选择二维多段线:                          //选择刚绘制的多段线
    6 条直线已被倒角
```

❸多段线倒角的结果如图 4-25（右）所示。

> **技巧**
>
> 如果被倒角的两个对象同时处于一个图层上，那么倒角线将位于该图层。否则，倒角线将位于当前图层上。此规则同样适用于倒角的颜色、线型和线宽等。

4．设置倒角模式

【修剪】选项用于设置倒角的修剪状态。系统提供了两种倒角边的修剪模式，即“修剪”和“不修剪”。当将倒角模式设置为“修剪”时，被倒角的两条直线被修剪到倒角的端点，系统默认的模式为“修剪”模式；当倒角模式设置为“不修剪”时，那么用于倒角的图线将不被修剪，如图 4-26 所示。

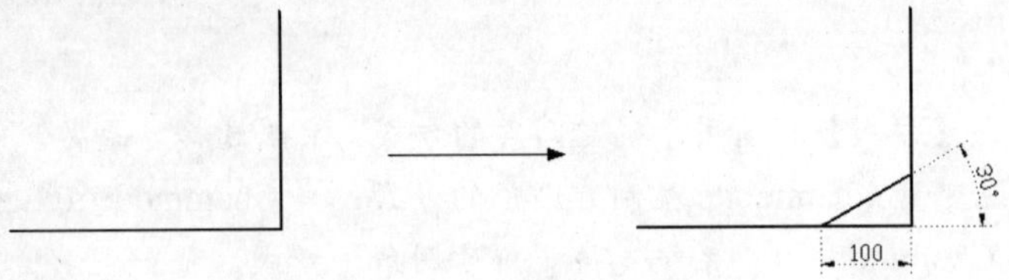

图 4-26　非修剪模式下的倒角

技巧

系统变量 Trimmode 控制倒角的修剪状态。当 Trimmode=0 时，系统保持对象不被修剪；当 Trimmode=1 时，系统支持倒角的修剪模式。

4.4.2　圆角对象

所谓“圆角对象”，指的就是使用一段给定半径的圆弧光滑连接两条图线，如图 4-27 所示。执行【圆角】命令主要有以下几种方法。

- 菜单栏：单击菜单栏上的【修改】|【圆角】命令。
- 工具栏：单击【修改】工具栏中的□按钮。
- 命令行：在命令行输入 Fillet 或 F。

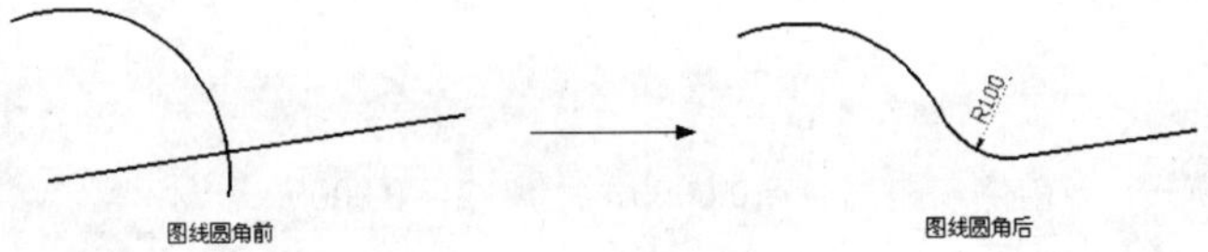

图 4-27　圆角示例

一般情况下，用于圆角的图线有直线、多段线、样条曲线、构造线、射线、圆弧和椭圆弧等。下面通过对直线和圆弧进行圆角，学习使用【圆角】命令。

❶首先使绘制图 4-27（左）所示的直线和圆弧。

❷单击【修改】工具栏中的□按钮，激活【圆角】命令，对直线和圆弧进行圆角。命令行操作如下：

```
命令: _fillet
    当前设置: 模式 = 修剪，半径 = 0.0000
    选择第一个对象或 [放弃(U)/多段线(P)/半径(R)/修剪(T)/多个(M)]:
                                                    //r Enter，激活【半径】选项
    指定圆角半径 <0.0000>:                          //100 Enter
    选择第一个对象或 [放弃(U)/多段线(P)/半径(R)/修剪(T)/多个(M)]: //选择倾斜线段
    选择第二个对象，或按住 Shift 键选择要应用角点的对象:     //选择圆弧
```

技巧

【多个】选项用于为多个对象进行圆角，不需要重复执行命令。如果用于圆角的图线处于同一图层中，那么圆角也处于同一图层上；如果圆角对象不在同一图层中，那么圆角将处于当前图层上。同样，圆角的颜色、线型和线宽也都遵守这一规则。

❸图线的圆角效果如图 4-27（右）所示。

技巧

【多段线】选项用于对多段线每相领元素进行圆角处理，激活此选项后，AutoCAD 将以默认的圆角半径对整条多段线相邻各边进行圆角操作，如图 4-28 所示。

图 4-28　多段线圆角示例

1．**设置圆角模式**

与【倒角】命令一样，【圆角】命令也存在两种圆角模式，即 “修剪”和“不修剪”，以上各例都是在“修剪”模式下进行圆角的，而“不修剪”模式下的圆角效果如图 4-29 所示。

图 4-29　非修剪模式下的圆角示例

技巧

用户也可通过系统变量 Trimmode 设置圆角的修剪模式，当系统变量的值设为 0 时，保持对象不被修剪；当设置为 1 时表示圆角后进行修剪对象。

2．**平行线圆角**

如果用于圆角的图线是相互平行的，那么在执行【圆角】命令后，AutoCAD 将不考虑当前的圆角半径，而是自动使用一条半圆弧连接两条平行图线，半圆弧的直径为两条平行线之间的距离，如图 4-30 所示。

图 4-30　平行线圆角示例

4.5 更改对象位置及形状

4.5.1　移动对象

所谓“移动对象”，就是将目标对象从一个位置移动到另一个位置，源对象的尺寸及形状均不发生变化，改变的仅仅是对象的位置。执行【移动】命令主要有以下几种方法。

- 菜单栏：单击菜单栏上的【修改】|【移动】命令。
- 工具栏：单击【修改】工具栏中的按钮。
- 命令行：在命令行输入 Move 或 M。

在移动对象时，一般需要点的捕捉功能或点的输入功能，进行精确的位移对象，现将图 4-31 左图所示的矩形移动至 4-31 右图所示的位置，学习使用【移动】命令。

❶首先绘制如图 4-31（左）所示的矩形和直线。

❷单击【修改】工具栏中的按钮，激活【移动】命令，对矩形进行位移。命令行操作如下：

```
命令: _move
    选择对象:                                  //选择矩形
    选择对象:                                  // Enter，结束对象的选择
    指定基点或 [位移(D)] <位移>:                //捕捉如图 4-32 所示的端点
    指定第二个点或 <使用第一个点作为位移>:
                                               //捕捉倾斜直线的上端点作为目标的，同时结束命令
```

❸位移结果如上图 4-31（右）所示。

图 4-31　移动对象示例

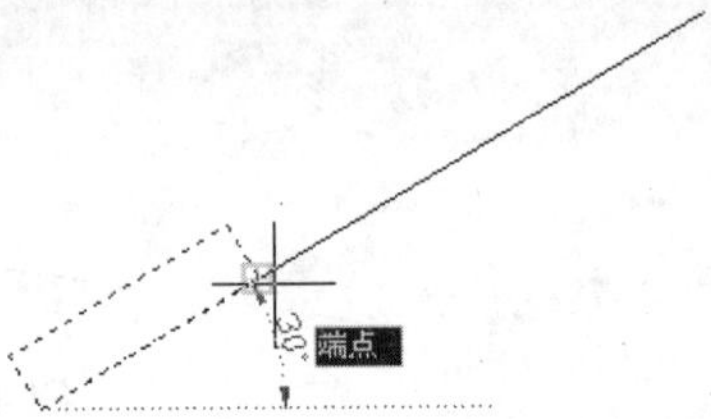

图 4-32　捕捉端点

4.5.2　旋转对象

所谓“旋转对象”，指的就是将对象围绕指定的基点进行旋转一定的角度。执行【旋转】命令主要有以下几种方法。

- 菜单栏：单击菜单栏上的【修改】|【旋转】命令。
- 工具栏：单击【修改】工具栏中的按钮。
- 命令行：在命令行输入 Rotate 或 RO。

1．角度旋转对象

在旋转对象时，输入的角度为正值，系统将按逆时针方向旋转；输入的角度为负值，按顺时针方向旋转。下面通过将某矩形逆时针旋转 30°，学习使用【旋转】命令。

❶首先绘制一个矩形，如图 4-33（左）所示。

❷单击【修改】工具栏中的按钮，激活【旋转】命令，对矩形逆时针旋转。命令行操作如下：

```
命令: _rotate
    UCS 当前的正角方向:  ANGDIR=逆时针   ANGBASE=0
    选择对象:                                  //选择刚绘制的矩形
    选择对象:                                  // Enter，结束选择
    指定基点:                                  //捕捉矩形左下角点作为基点
    指定旋转角度，或 [复制(C)/参照(R)] <0>:      //30 Enter，输入倾斜角度
```

❸旋转结果如图 4-33（右）所示。

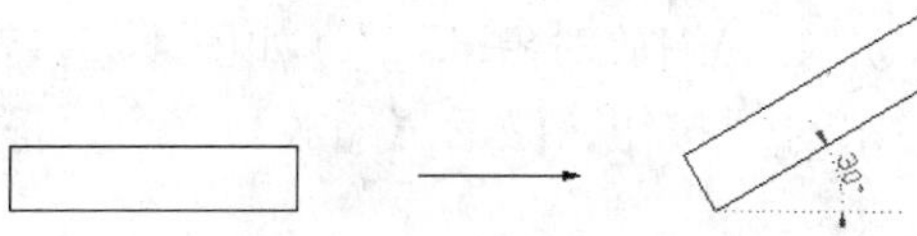

图 4-33 角度旋转示例

技巧

【参照】选项用于将对象进行参照旋转，即指定一个参照角度和新角度，两个角度的差值就是对象的实际旋转角度。

2．**旋转复制对象**

所谓“旋转复制对象”，指的是在旋转图形对象的同时将其复制，而源对象保持不变，如图 4-34 所示。复制旋转的操作步骤如下。

❶绘制如图 4-34（左）所示的矩形。

❷单击【修改】工具栏中的按钮，激活【旋转】命令，对矩形进行旋转复制。命令行操作如下：

```
命令: _rotate
    UCS 当前的正角方向:  ANGDIR=逆时针   ANGBASE=0
    选择对象:                                      //选择矩形
    选择对象:                                      // Enter，结束选择
    指定基点:                                      //捕捉矩形左下角点作为基点
    指定旋转角度，或 [复制(C)/参照(R)] <0>:          //c Enter ，激活【复制】选项
    旋转一组选定对象。
    指定旋转角度，或 [复制(C)/参照(R)] <30>:         //30 Enter，输入倾斜角度
```

❸旋转结果如图 4-34（右）所示。

图 4-34 旋转复制示例

4.5.3 缩放对象

“缩放对象”指的就是将对象进行等比例放大或缩小，使用此命令可以创建形状相同、大小不同的图形结构，如图 4-35 所示。执行【缩放】命令主要有以下几种方法。

- 菜单栏：单击菜单栏上的【修改】|【缩放】命令。
- 工具栏：单击【修改】工具栏中的按钮。
- 命令行：在命令行输入 Scale 或 SC。

1．**等比缩放对象**

在等比例缩放对象时，如果输入的比例因子大小于 1，对象将被放大；如果输入的比例小于 1，对象将被缩小。等比缩放的具体操作步骤如下。

❶打开随书光盘中的“源文件\缩放对象.dwg”，如图 4-35（左）所示。

❷单击【修改】工具栏中的按钮，激活【缩放】命令，将图形等比缩放 0.5 倍。命令行操作如下：

```
命令: _scale
    选择对象:                                        //选择刚打开的图形
    选择对象:                                        // Enter，结束对象的选择
    指定基点:                                        //捕捉花瓶左下角点
    指定比例因子或 [复制(C)/参照(R)] <1.0000>:       //0.5 Enter，输入缩放比例
```

❸缩放结果如图 4-35（右）所示。

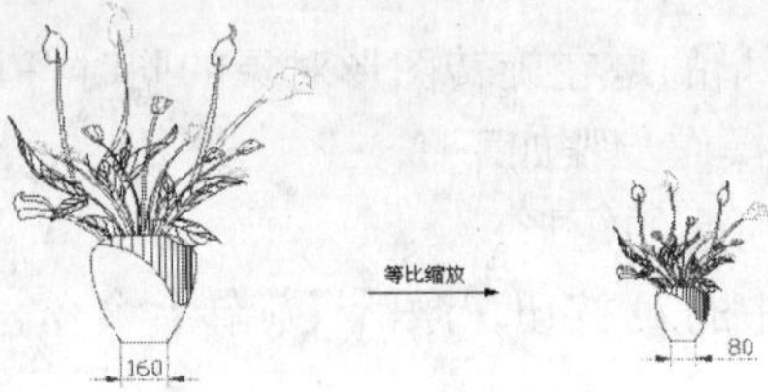

图 4-35　等比缩放示例

技巧

基点一般指定在对象的几何中心或对象的特殊点上，可用目标捕捉的方式来指定。

2．缩放复制对象

所谓“缩放复制对象”，指的就是在等比缩放对象的同时，将其进行复制，如图 4-36 所示。缩放复制的操作步骤如下。

❶打开如图 4-35（左）所示的图形源文件。

❷单击【修改】工具栏中的按钮，激活【缩放】命令，将图缩放复制。命令行操作如下：

```
命令: _scale
    选择对象:                                        //选择刚打开的图形
    选择对象:                                        // Enter，结束对象的选择
    指定基点:                                        //捕捉花瓶左下角点
    指定比例因子或 [复制(C)/参照(R)] <1.0000>:       //c Enter，激活【复制】选项
    缩放一组选定对象。
    指定比例因子或 [复制(C)/参照(R)] <0.6000>:       //1.5 Enter，输入缩放比例
```

❸缩放复制的结果如图 4-36（右）所示。

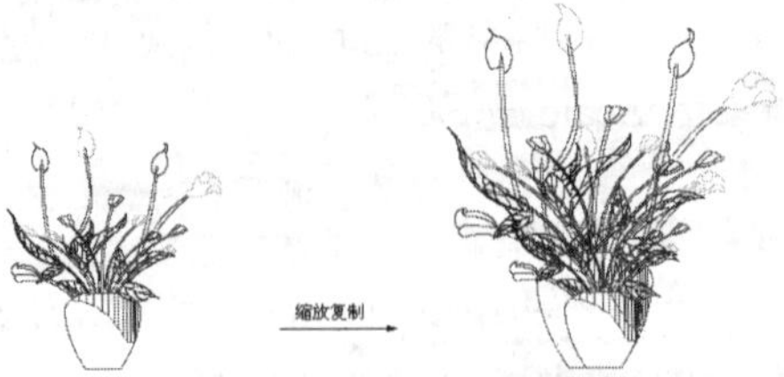

图 4-36　缩放复制示例

技巧

【参照】选项就是使用参考值作为比例因子缩放操作对象。激活该选项后，需要用户分别指定一个参照长度和一个新长度，AutoCAD 将以参考长度和新长度的比值来决定缩放的比例因子。

4.5.4 分解对象

“分解对象”指的是将组合对象分解成各自独立的对象，以方便对分解后的各对象进行编辑。经常用于分解的组合对象有矩形、正多边形、多段线、边界以及一些图块等。比如矩形是由 4 条直线元素组成的单个对象，如果用户需要对其中的一条边进行编辑，则首先将矩形分解还原为 4 条线对象，如图 4-37 所示。

执行【分解】命令主要有以下几种方法。

- 菜单栏：单击菜单栏上的【修改】|【分解】命令。
- 工具栏：单击【修改】工具栏中的按钮。
- 命令行：在命令行输入 Explode 或 X。

图 4-37 分解示例

在激活命令后，只需选择需要分解的对象按 Enter 键即可将对象分解。如果是对具有一定宽度的多段线分解，AutoCAD 将忽略其宽度并沿多段线的中心放置分解多段线，如图 4-38 所示。

图 4-38 分解宽度多段线示例

另外，AutoCAD 一次只能删除一个编组级，如果一个块包含一个多段线或嵌套块，那么对该块的分解就首先分解出该多段线或嵌套块，然后再分别分解该块中的各个对象。

4.6 综合实例——绘制沙发立面图

通过上述各小节的详细讲述，相信读者对各种基本修改工具有了一定的认识和操作能力，下面以绘制如图 4-39 所示的皮质沙发立面轮廓图，对重点功能进行综合练习和巩固。

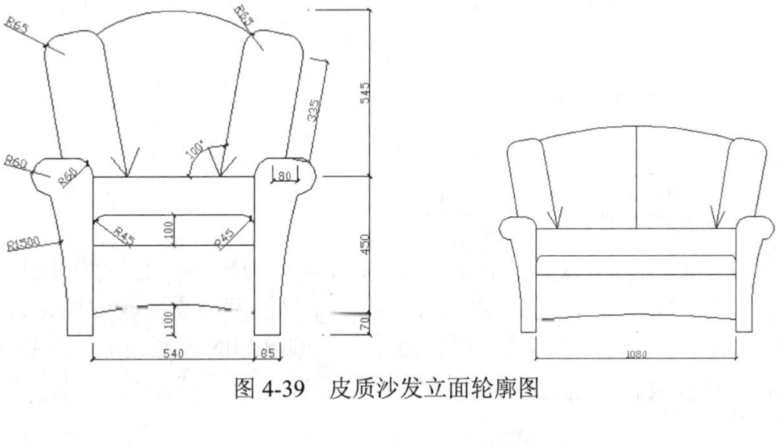

图 4-39 皮质沙发立面轮廓图

❶新建公制单位文件，并设置捕捉模式为端点、中点和象限点。

❷设置图形界限为4200×2970，并将其最大化显示。

绘制扶手。

❸单击菜单栏上的【绘图】|【矩形】命令，绘制长度为80，宽度为120个单位的矩形，如图4-40所示。

❹使用快捷键C激活【圆】命令，分别以矩形左右两侧的边的中点为圆心，绘制两个半径为60个单位的圆，.如图4-41所示。

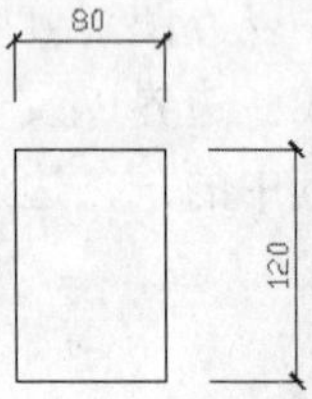

图4-40　绘制矩形

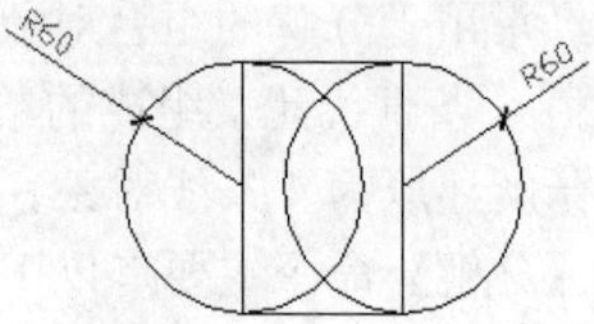

图4-41　绘制两个圆

❺重复执行【矩形】命令，以右侧圆的右象限点为作矩形角点，以（@-85,-520）作为矩形的对角点，绘制如图4-42所示的沙发腿轮廓线。

❻单击菜单栏上的【绘图】|【圆弧】|【起点、端点、半径】命令，绘制半径为1500个单位的圆弧轮廓线。命令行操作如下：

```
命令: _arc
    指定圆弧的起点或 [圆心(C)]:                //捕捉图4-43所示的端点M
    指定圆弧的第二个点或 [圆心(C)/端点(E)]: _e
    指定圆弧的端点:                            //捕捉图4-43所示的端点N
    指定圆弧的圆心或 [角度(A)/方向(D)/半径(R)]: _r 指定圆弧的半径
                                               //1500 Enter，绘制结果如图4-43所示
```

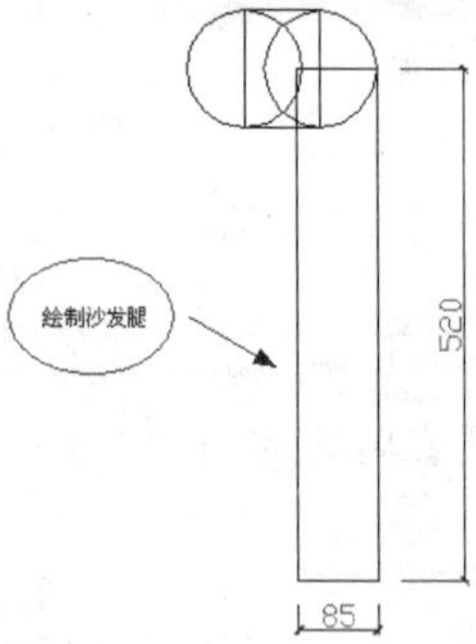

图4-42　绘制沙发腿轮廓线

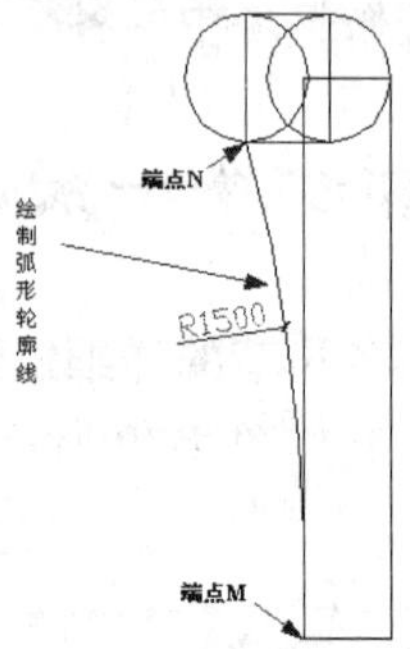

图4-43　绘制圆弧轮廓线

❼单击菜单栏上的【修改】|【修剪】命令，对轮廓线进行修剪，同时删除不需要的图线，结果如图4-44所示。

下面绘制沙发及沙发垫。

❽使用快捷键REC激活【矩形】命令，以端点Q作为矩形左上角点，以点（@540,-450）作为对角点，绘制长度为540，宽度为450的矩形作为沙发的立面轮廓线，如图4-45所示。

❾单击菜单栏上的【修改】|【镜像】命令，以刚绘制的矩形的上下两边的中点作为镜像线上的两点，对沙发扶手进行镜像，结果如图4-46所示。

图 4-44 修剪结果

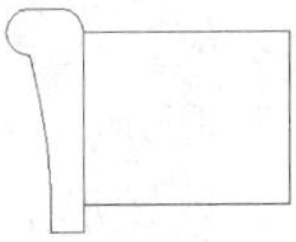

图 4-45 绘制矩形

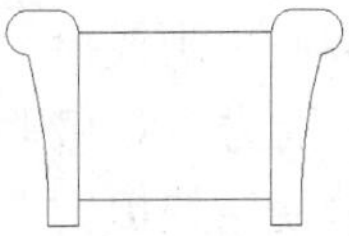

图 4-46 镜像结果

⑩将中间的矩形分解，然后使用【直线】命令绘制内部的水平轮廓线，其中水平线间距为 143 和 100，下部水平边间距为 30，如图 4-47 所示。

⑪单击菜单栏上的【绘图】|【圆弧】|【三点】命令，配合端点和中点捕捉功能，绘制下侧的弧形轮廓线，同时删除不需要的水平线，结果如图 4-48 所示。

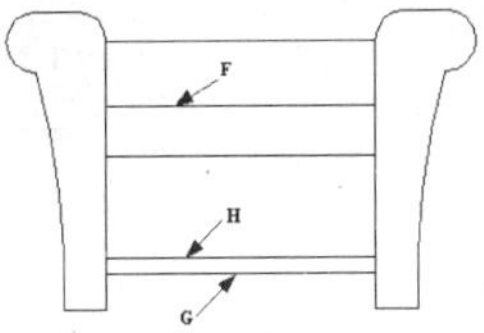

图 4-47 绘制水平线

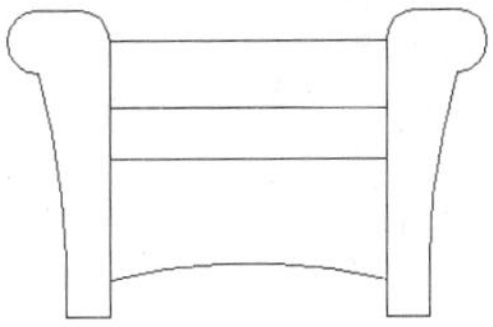

4-48 绘制弧形轮廓线

⑫单击菜单栏上的【修改】|【圆角】命令，将圆角半径设置为 45，将线段 F 和矩形两侧的垂直边进行圆角，命令行操作如下：

```
命令: _fillet
    当前设置: 模式 = 修剪，半径 = 0.0
    选择第一个对象或 [放弃(U)/多段线(P)/半径(R)/修剪(T)/多个(M)]:
                                        //r Enter，激活【半径】选项
    指定圆角半径 <0.0>:                     //45 Enter，设置圆角半径
    选择第一个对象或 [放弃(U)/多段线(P)/半径(R)/修剪(T)/多个(M)]:
                                        //m Enter，激活【多个】选项
    选择第一个对象或 [放弃(U)/多段线(P)/半径(R)/修剪(T)/多个(M)]:
                                        //t Enter，激活【修剪】选项
    输入修剪模式选项 [修剪(T)/不修剪(N)] <修剪>:  //n Enter，设置修剪模式
    选择第一个对象或 [放弃(U)/多段线(P)/半径(R)/修剪(T)/多个(M)]:  //单击水平线 F
    选择第二个对象，或按住 Shift 键选择要应用角点的对象: //单击矩形左侧垂直边
    选择第一个对象或 [放弃(U)/多段线(P)/半径(R)/修剪(T)/多个(M)]:  //单击水平轮廓线 F
    选择第二个对象，或按住 Shift 键选择要应用角点的对象:        //单击矩形右侧垂直边
    选择第一个对象或 [放弃(U)/多段线(P)/半径(R)/修剪(T)/多个(M)]:
                                        // Enter，圆角结果如图 4-49 所示
```

⑬单击菜单栏上的【修改】|【修剪】命令，以圆角后产生的两条圆弧作为边界，对水平轮廓线 F 进行修剪，结果如图 4-50 所示。

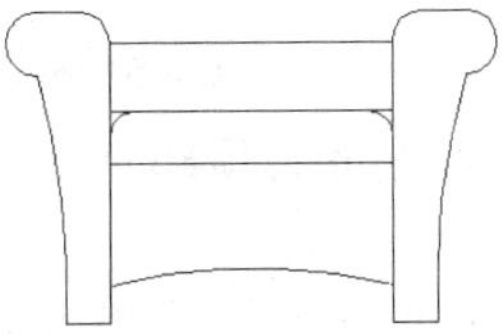

图 4-49 圆角结果

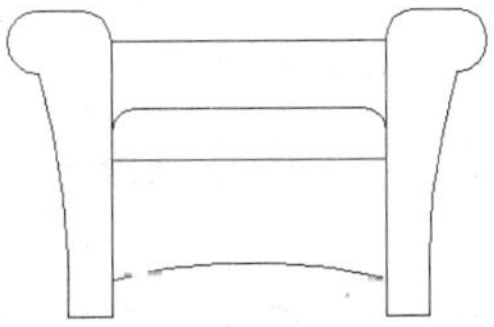

图 4-50 修剪结果

绘制沙发靠背。

⑭使用画线命令，配合捕捉与追踪功能，在上侧绘制两条水平轮廓线，平行线之间的距离分别为 400 和 145 个单位，如图 4-51 所示。

⑮使用快捷键 L 激活【直线】命令，以矩形上部水平边中点作为端点，绘制垂直直线作为辅助线，并在此垂直直线的两端绘制两条平行的垂直辅助线，如图 4-51 所示。

⑯使用快捷键 F 激活【圆角】命令，将当前的修剪模式设置为“不修剪”，圆角半径为 60，分别对水平直线 M 和 3 条垂直直线进行圆角。结果如图 4-52 所示。

⑰使用快捷键 BO 激活【边界】命令，分别在如图 4-53 所示的虚线显示区域内单击鼠标，创建两个多段线边界作为皮质沙发两侧的靠背。

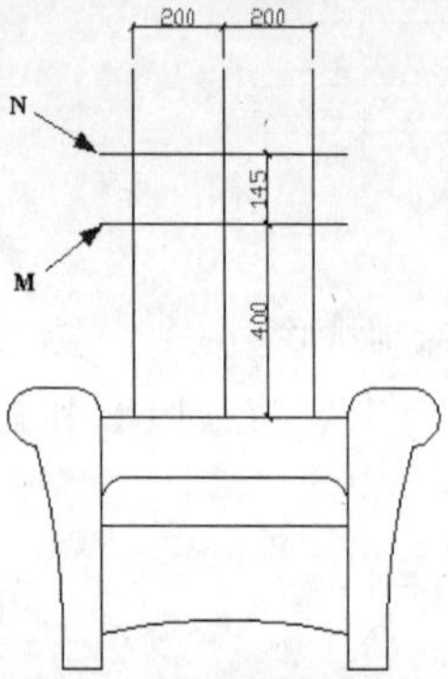

图 4-51　绘制辅助线

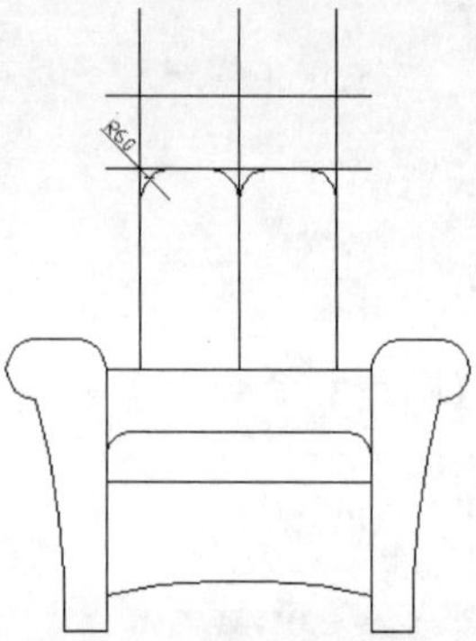

图 4-52　圆角结果

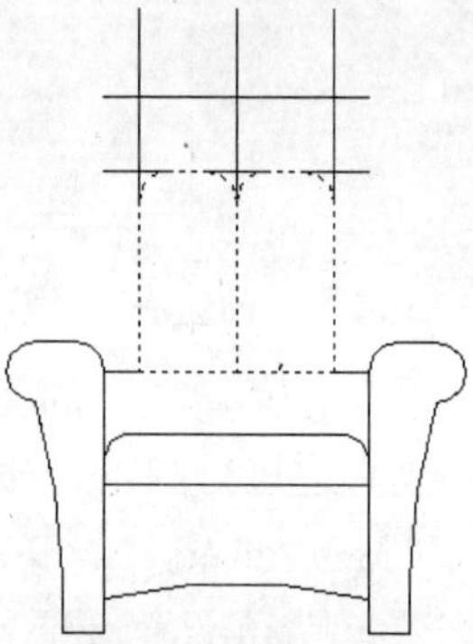

图 4-53　创建多段线边界

⑱单击【修改】工具栏中的按钮，激活【旋转】命令，将左侧的靠背旋转 10°，将右侧的靠背旋转-10°，结果如图 4-54 所示。

⑲将两侧靠背边界进行外移，并将位移后的靠背边界分解，同时删除不需要的图线，结果如图 4-55 所示。

⑳单击菜单栏上的【修改】|【延伸】命令，以直线 E 作为延伸的边界，分别对直线 W 和 Q 进行延伸，结果如图 4-56 所示。

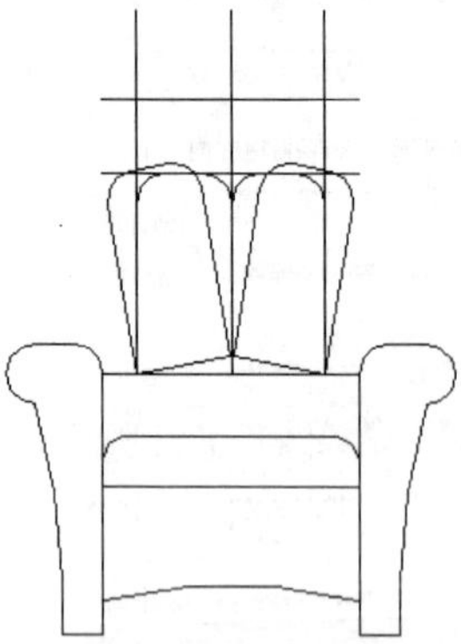

图 4-54　旋转结果

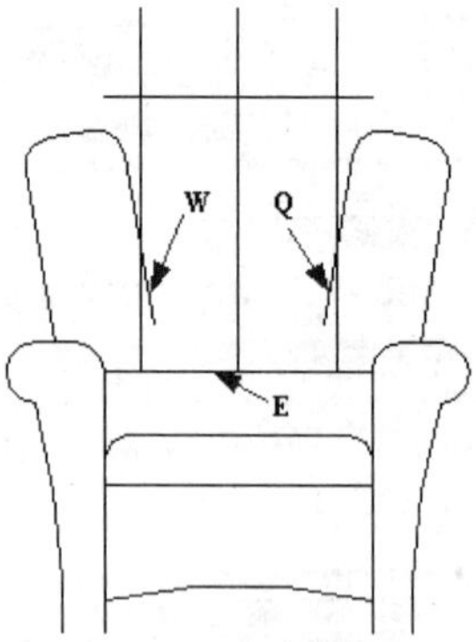

图 4-55　分解靠背边界

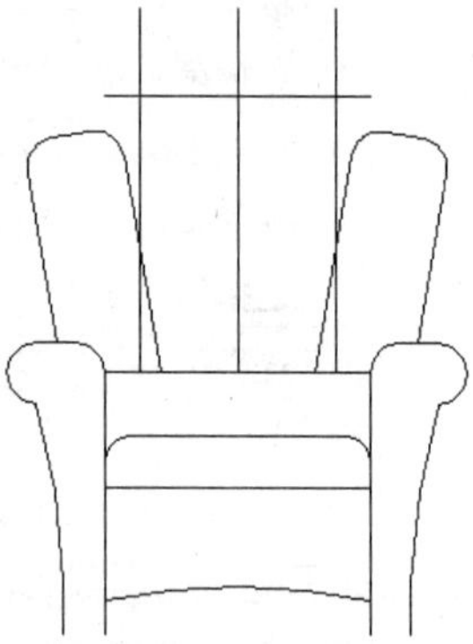

图 4-56　延伸结果

㉑使用快键 A 激活【圆弧】命令，配合中点捕捉功能绘制靠背顶部的弧形轮廓线，如图 4-57 所示。

㉒删除水平和垂直辅助线，并使用画线命令对皮质沙发进行完善，结果如图 4-58 所示。

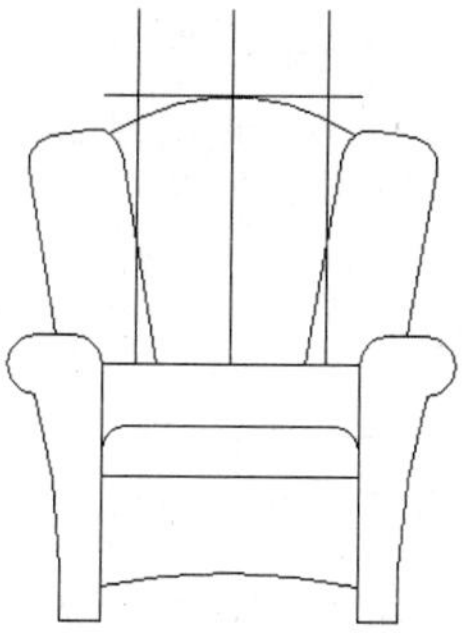

图 4-57 绘制顶部轮廓线

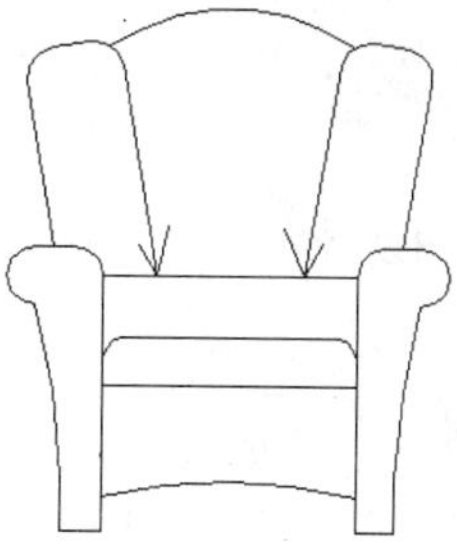

图 4-58 皮质沙发效果

㉓创建双人沙发。单击【修改】工具栏中的按钮，激活【拉伸】命令，将刚创建的单人沙发拉伸为双人沙发。命令行操作如下：

```
命令: _stretch
    以交叉窗口或交叉多边形选择要拉伸的对象...
    选择对象:                                   //使用窗交选择方式选择如图 4-59 所示的对象
    选择对象:                                   // Enter
    指定基点或 [位移(D)] <位移>:                 //捕捉如图 4-59 所示的端点
    指定第二个点或 <使用第一个点作为位移>:
                                                //捕捉图 4-60 所示的端点，结果如图 4-61 所示
```

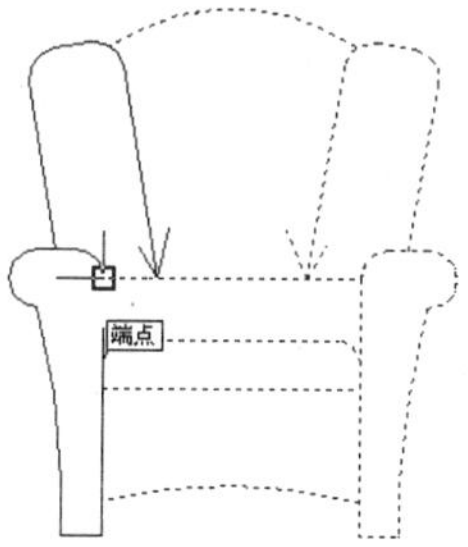

图 4-59 窗交选择对象

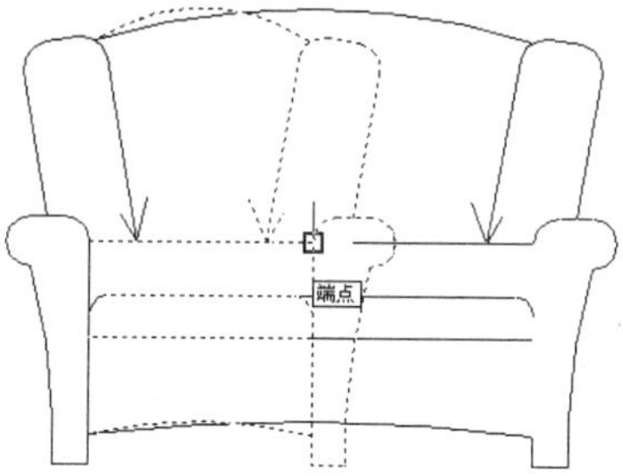

图 4-60 指定基点

图 4-61 拉伸结果

㉔最后使用【保存】命令，将图形命名存储为“皮质沙发立面图.dwg”文件。

4.7 本章小结

本章集中讲解了 AutoCAD 的图形修改功能，如对象的边角编辑功能、边角细化功能、更改对象位置、形状及大小等功能，掌握这些基本的修改功能，可以方便用户对图形进行编辑和修饰完善，将有限的基本几何元素，编辑组合为千变万化的复杂图形，以满足设计的需要。

本章知识点如下：

- 对象的边角编辑，具体包括修剪、延伸、拉伸、拉长、打断和合并。
- 对象的边角细化，具体包括倒角和圆角。
- 更改对象位置及形，具体包括移动、旋转、缩放和分解。

4.8 练习题

练习 1

综合运用所学知识，绘制如图 4-62 所示的茶几立面图。

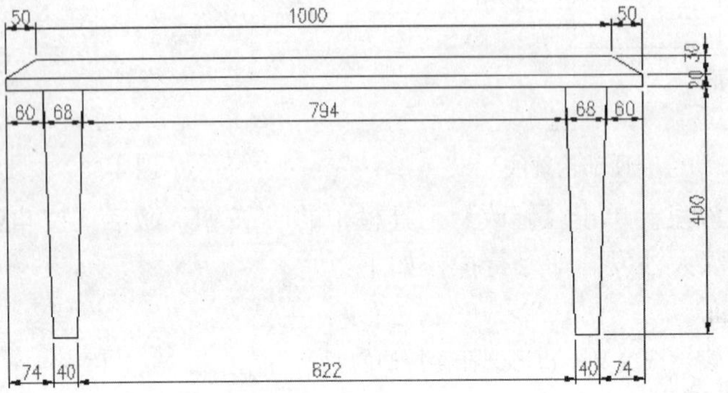

图 4-62 练习 1

练习 2

综合运用所学知识，绘制如图 4-63 所示的电视柜立面图。

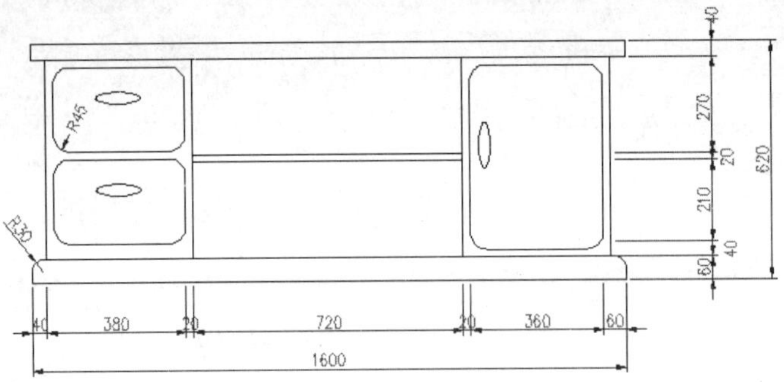

图 4-63 练习 2

第 5 章

复合图元的创建与编辑

第 3~4 章学习了 AutoCAD 的常用绘图工具和图形修改工具，本章则重点学习复杂图形结构的快速创建与组合知识。通过本章的学习，应熟练掌握复合图形的快速创建工具，即复制、偏移、阵列和镜像；理解和掌握图形夹点及夹点编辑功能的操作方法和技巧；掌握多段线、多线等特殊对象的编辑技巧。巧妙运用本章所讲知识，可以方便快速地创建与组合复杂的图形结构。

5.1 创建多重的图形结构

5.1.1 复制对象

【复制】命令用于将选择图形对象进行复制，复制出的图形尺寸、形状等保持不变，唯一发生改变的就是图形的位置。执行【复制】命令主要有以下几种方法。

- 菜单栏：单击菜单栏上的【修改】|【复制】命令。
- 工具栏：单击【修改】工具栏中的按钮。
- 命令行：在命令行输入 Copy 或 CO 或 CP。

一般情况下，通常使用【复制】命令创建结构相同，位置不同的复合结构，下面通过典型的操作实例学习此命令。

❶首先绘制如图 5-1 所示的椭圆和圆。

❷单击【修改】工具栏中的按钮，激活【复制】命令，对圆图形进行多重复制。命令行操作如下：

```
命令: _copy
    选择对象:                                    //选择刚绘制的圆图形
    选择对象:                                    //Enter，结束选择
    当前设置:  复制模式 = 多个
    指定基点或  [位移(D)/模式(O)] <位移>:        //捕捉圆心作为基点
    指定第二个点或 <使用第一个点作为位移>: //捕捉椭圆上象限点
    指定第二个点或 [退出(E)/放弃(U)] <退出>: //捕捉椭圆右象限点
    指定第二个点或 [退出(E)/放弃(U)] <退出>: //捕捉椭圆下象限点
    指定第二个点或 [退出(E)/放弃(U)] <退出>: //Enter，结束命令
```

❸复制结果如图 5-2 所示。

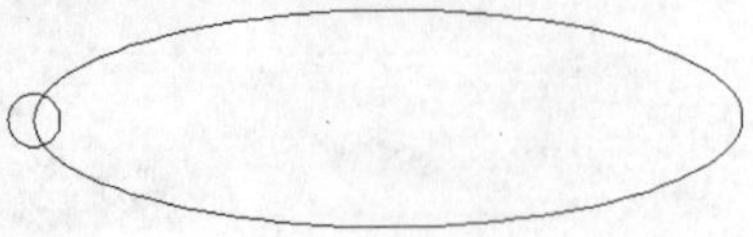

图 5-1　绘制椭圆与圆

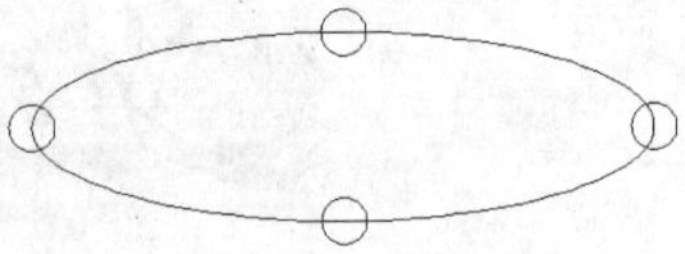

图 5-2　复制圆

技巧

此命令只能在当前文件中复制对象，如果用户需要在多个文件之间复制对象，则必须启动菜单栏上的【编辑】|【复制】命令。

5.1.2　偏移对象

【偏移】命令用于将图线按照一定的距离或指定的点进行偏移。执行【偏移】命令主要有以下几种方法。

- 菜单栏：单击菜单栏上的【修改】|【偏移】命令。
- 工具栏：单击【修改】工具栏中的按钮。
- 命令行：在命令行输入 Offset 或 O。

不同结构的对象，其偏移结果也不同。比如圆、椭圆等对象偏移后，对象的尺寸发生了变化，而直线偏移后，尺寸则保持不变。下面学习使用【偏移】命令。

❶首先绘制如图 5-3 所示的圆、椭圆和直线。

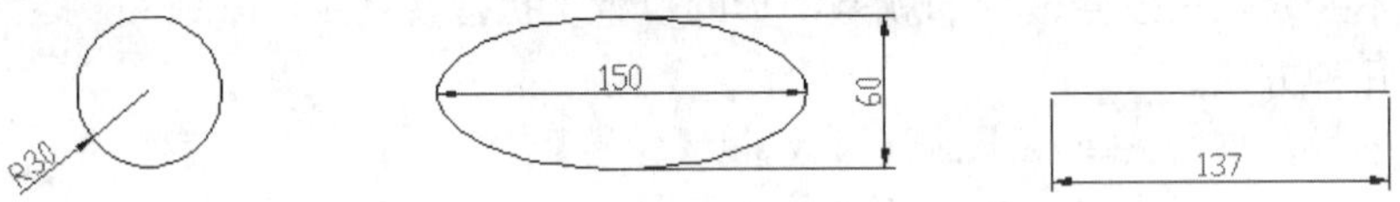

图 5-3　绘制的圆、椭圆和直线

❷距离偏移。单击【修改】工具栏中的按钮，激活【偏移】命令，对各图形进行距离偏移。命令行操作如下：

```
命令: _offset
    当前设置: 删除源=否  图层=源  OFFSETGAPTYPE=0
    指定偏移距离或 [通过(T)/删除(E)/图层(L)] <10.0000>:       //20 Enter，设置偏移距离
    选择要偏移的对象，或 [退出(E)/放弃(U)] <退出>:            //单击圆形作为偏移对象
    指定要偏移的那一侧上的点，或 [退出(E)/多个(M)/放弃(U)] <退出>:
                                                              //在圆的外侧拾取一点
    选择要偏移的对象，或 [退出(E)/放弃(U)] <退出>:            //单击椭圆
    指定要偏移的那一侧上的点，或 [退出(E)/多个(M)/放弃(U)] <退出>:
                                                              //在椭圆外侧拾取一点
    选择要偏移的对象，或 [退出(E)/放弃(U)] <退出>:            //单击直线作为偏移对象
    指定要偏移的那一侧上的点，或 [退出(E)/多个(M)/放弃(U)] <退出>:
                                                              //在直线上侧拾取一点
    选择要偏移的对象，或 [退出(E)/放弃(U)] <退出>:            // Enter，结果如图 5-4 所示
```

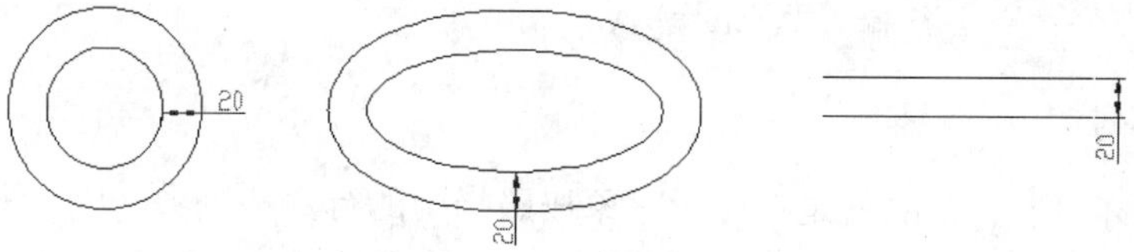

图 5-4 距离偏移结果

技巧

在执行【偏移】命令时，只能以点选的方式选择对象，且每次只能偏移一个对象。

❸定点偏移。重复【偏移】命令，对圆图形继续偏移，使偏移出的圆与大椭圆相切。命令行操作如下：

命令: _offset
当前设置: 删除源=否 图层=源 OFFSETGAPTYPE=0
指定偏移距离或 [通过(T)/删除(E)/图层(L)] <20.0000>: //t Enter，激活【通过】选项
选择要偏移的对象，或 [退出(E)/放弃(U)] <退出>: //单击圆作为偏移对象
指定通过点或 [退出(E)/多个(M)/放弃(U)] <退出>: //捕捉外侧椭圆的左象限点
选择要偏移的对象，或 [退出(E)/放弃(U)] <退出>: //Enter，偏移结果如图 5-5 所示

技巧

【通过】选项用于按照指定的通过点，进行偏移对象，所偏移出的对象将通过事先指定的目标点。

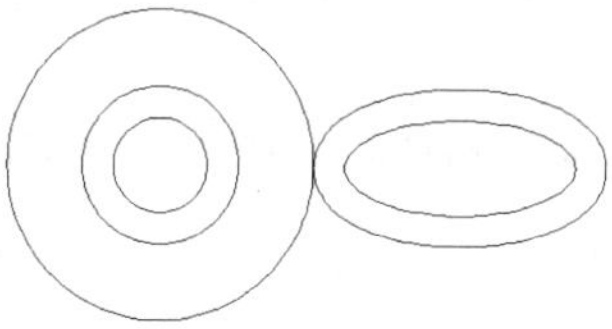

图 5-5 定点偏移结果

技巧

【删除】选项用于将源偏移对象删除；【图层】选项用于设置偏移后的对象所在图层（有关图层的概念将在下一章详细讲述）。

5.2 创建规则的图形结构

5.2.1 矩形阵列

【阵列】是一种用于创建规则图形结构的复合命令，使用此命令可以创建均布结构或聚心结构的复制图形。执行【阵列】命令主要有以下几种方法。

- 菜单栏：单击菜单栏上的【修改】|【阵列】命令。
- 工具栏：单击【修改】工具栏中的▦按钮。

● 命令行：在命令行输入 Array 或 AR。

1．矩形阵列

所谓"矩形阵列"，指的就是将图形对象按照指定的行数和列数，成"矩形"的排列方式进行大规模复制。下面以创建图 5-6 所示的图形结构为例，学习"矩形阵列"功能的操作方法和操作技巧。

❶首先绘制长度为 100、宽度为 50 的矩形。

❷单击【修改】工具栏中的按钮，激活【阵列】命令，打开如图 5-7 所示的【阵列】对话框。

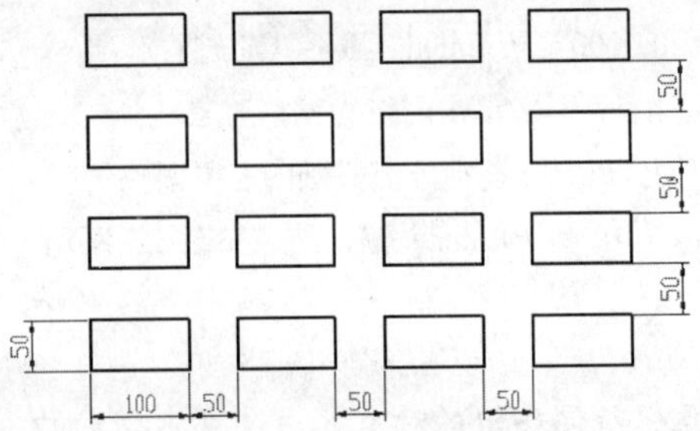

图 5-6 矩形阵列示例

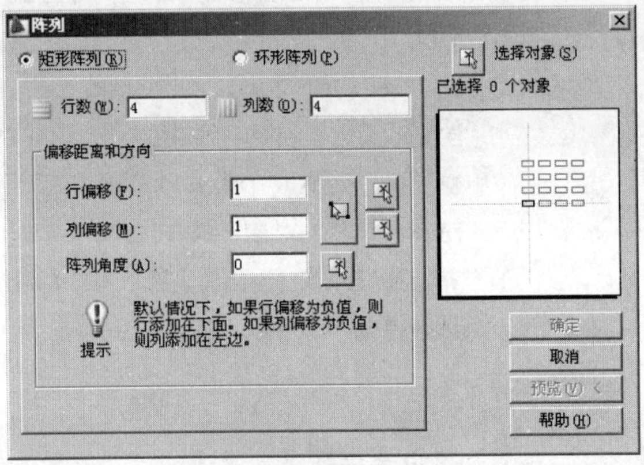

图 5-7 【阵列】对话框

❸设置阵列的行和列。确保【矩形阵列】单选项处于被选定状态，然后设置阵列的行数为 4，列数为 4。

❹设置行偏移和列偏移。在【行偏移】文本框中输入 100，在【列偏移】文本框中输入 150。

技巧

如果设置的"行偏移"为正值，结果将在源对象的上侧阵列，反之向下阵列；如果设置的"列偏移"为正值，结果将在源对象的右侧阵列，反之向左阵列。另外，在设置行偏移和列偏移时，要将源对象的尺寸包括在内。

❺单击【选择对象】按钮，返回绘图区选择刚绘制的矩形，作为阵列对象。

❻按 Enter 键返回【阵列】对话框，然后单击 确定 按钮，即可将矩形阵列成 4 行 4 列的均布结构。

2．设置阵列参数

- 【行数】文本框用于设置矩形阵列的行数。
- 【列数】文本框用于设置矩形阵列的列数。
- 【行偏移】文本框用于设置对象的行偏移距离；【列偏移】文本框用于设置对象的列偏移距离；文本框右侧的按钮，主要用于在绘图区直接使用光标指定行或列的偏移距离。

技巧

如果单击按钮，系统则返回绘图区指定两点，系统以这两个点作为对角点形成一个矩形，矩形的宽为矩形阵列的行间距，矩形的长为矩形阵列的列间距。

- 【阵列的角度】选项用于设置阵列的角度，使阵列后的图形对象沿着某一角度进行倾斜，如图 5-8 所示。

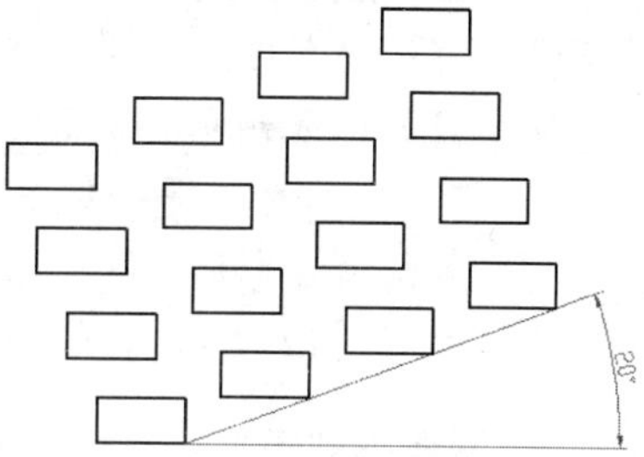

图 5-8　角度阵列示例

3．预览阵列效果

单击 预览(V) < 按钮，可以在不结束命令的前提下，对阵列效果进行提前预览，如果对预览效果不满意，可以按 Esc 键返回【阵列】对话框，重新进行参数调整。

5.2.2　环形阵列

所谓“环形阵列”，指的就是将图形对象按照指定的中心点和阵列数目，呈“圆形”排列，下面以创建图 5-9 所示的图形结构为例，学习“环形阵列”功能的操作方法和技巧。

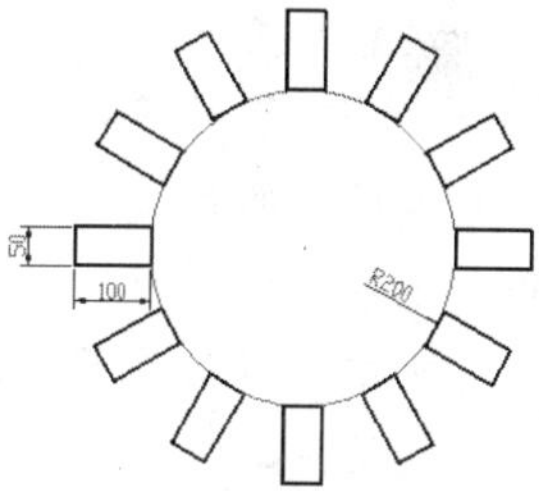

图 5-9　环形阵列示例

❶首先配合象限点捕捉和中点捕捉功能，绘制如图 5-10 所示的圆和矩形。

❷执行【阵列】命令，在打开的对话框中选择【环形阵列】单选项，如图 5-11 所示。

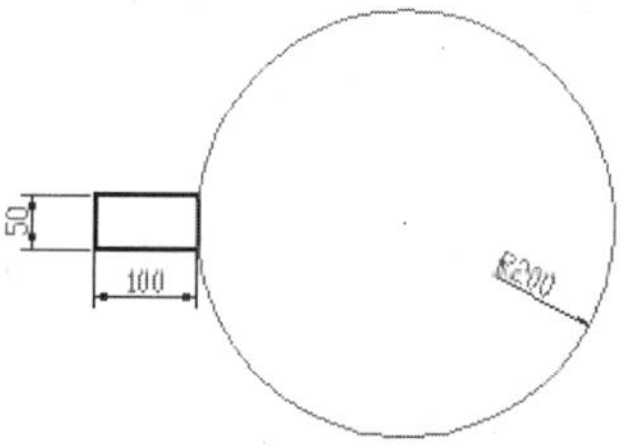

图 5-10　绘制的图形

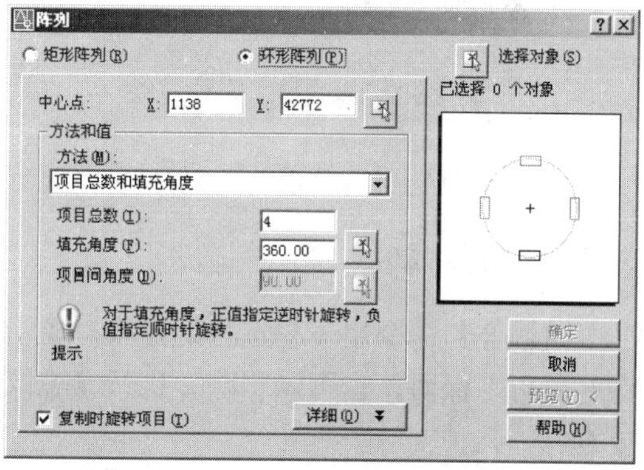

图 5-11　设置环形阵列

❸单击【中心点】右侧的按钮，返回绘图区捕捉圆的圆心，作为阵列的中心点。

❹此时系统自动返回对话框，在【项目总数】文本框中设置阵列数目为 12，其他参数采用默认设置。

❺单击【选择对象】按钮，返回绘图区选择矩形作为阵列对象。

❻按 Enter 键返回【阵列】对话框，单击 确定 按钮后，即可将矩形环形阵列 12 份，如图 5-9 所示。

1. **设置阵列参数**

- 【项目总数】文本框用于设置环形阵列的数量。
- 【填充角度】文本框用于设置环形阵列的角度，正值为逆时针阵列，负值为顺时针阵列。
- 【项目间角度】文本框用于设置阵列对象间的角度。另外，用户也可通过单击右侧按钮，在绘图窗区中直接指定两点来定义角度。
- 【旋转复制项目】复选框用于设置环形阵列对象时，对象本身是否绕其基点旋转。如果设置不旋转复制项目，那么阵列出的对象将不会绕基点旋转，如图 5-12 所示。

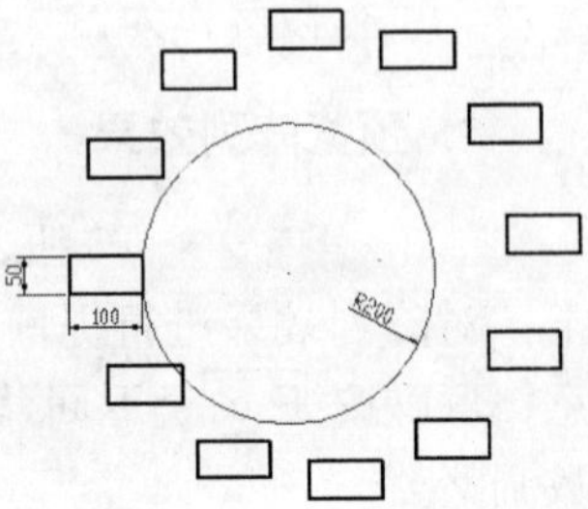

图 5-12　不旋转复制项目示例

2. **设置阵列模式和基点坐标**

- 设置阵列模式。在【方法和值】选项组中单击【方法】下拉列表框，可展开如图 5-13 所示的下拉列表，在此列表框内有 3 种阵列模式，分别是【项目总数和填充角度】、【项目总数和项目间的角度】、【填充角度和项目间的角度】，用户可以根据现有条件进行选择。
- 设置基点坐标。在【阵列】对话框中，单击 详细(O) 按钮，可展开如图 5-14 所示的【对象基点】选项组，用户可以直接输入基点坐标，来确定对象本身的旋转基点。

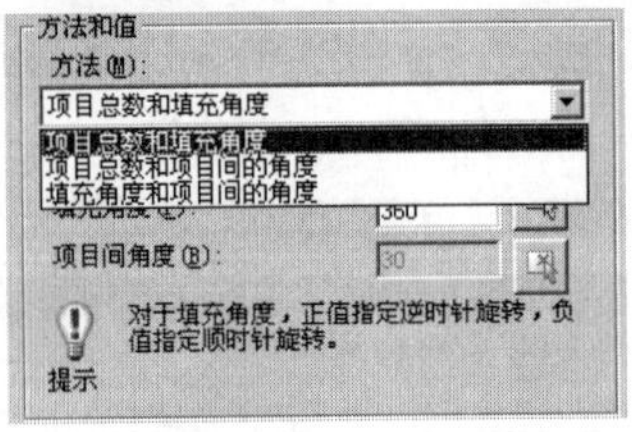

图 5-13　【方法和值】选项组

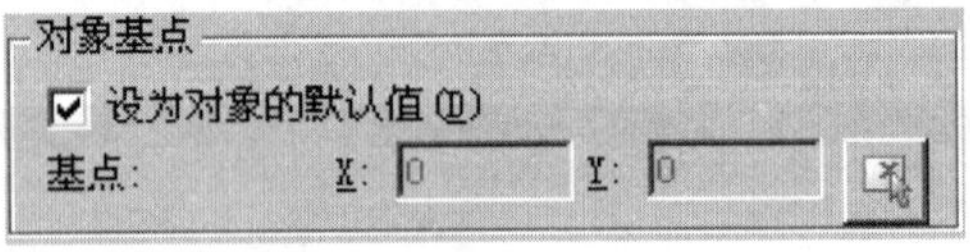

图 5-14　【对象基点】选项组

5.2.3　镜像对象

【镜像】命令用于将选择的图形对象沿着指定的两点进行对称复制。在镜像过程中，源对象可以保留，也可以删除。执行【镜像】命令主要有以下几种方法。

- 菜单栏：单击菜单栏上的【修改】|【镜像】命令。
- 工具栏：单击【修改】工具栏中的按钮。
- 命令行：在命令行输入 Mirror 或 MI。

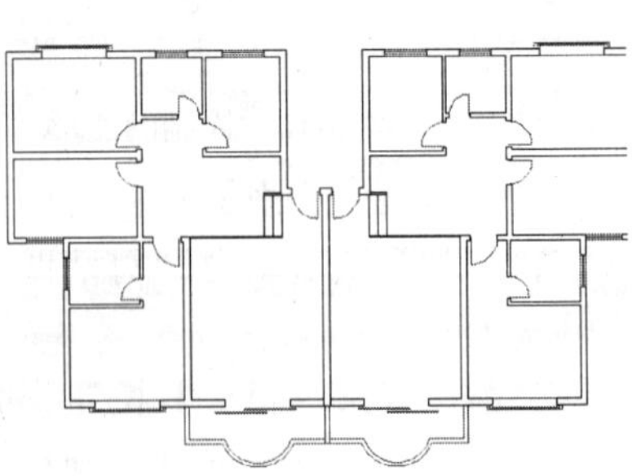

图 5-15　镜像示例

【镜像】命令通过常用于创建一些结构对称的图形，下面通过创建图 5-15 所示的图形结构，学习使用【镜像】命令。

❶首先打开随书光盘“源文件\镜像对象.dwg”，如图 5-16 所示。

❷单击【修改】工具栏中的按钮，激活【镜像】命令，对户型图进行镜像。命令行操作如下：

```
命令: _mirror
    选择对象:                                    //框选 5-16 所示的户型平面图
    选择对象:                                    // Enter，结束对象的选择
    指定镜像线的第一点:                          //捕捉如图 5-17 所示的中点
    指定镜像线的第二点:                          //@0,1 Enter
    要删除源对象吗？[是(Y)/否(N)] <N>:           // Enter，结束命令
```

❸镜像结果如图 5-15 所示。

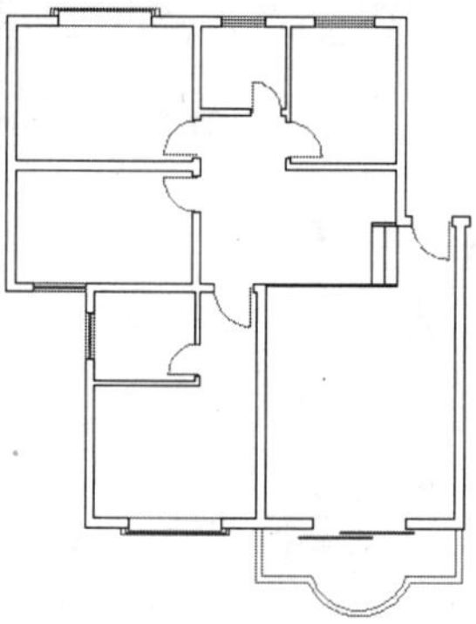

图 5-16 打开源文件

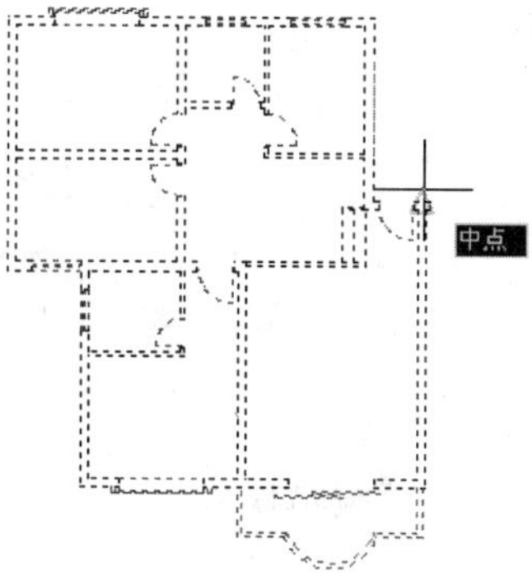

图 5-17 定位镜像点

技巧

如果对文字进行镜像时，其镜像后的文字可读性取决于系统变量 MIRRTEX 的值，当变量值为 1 时，镜像文字不具有可读性；当变量值为 0 时，镜像后的文字具有可读性，如图 5-18 所示。

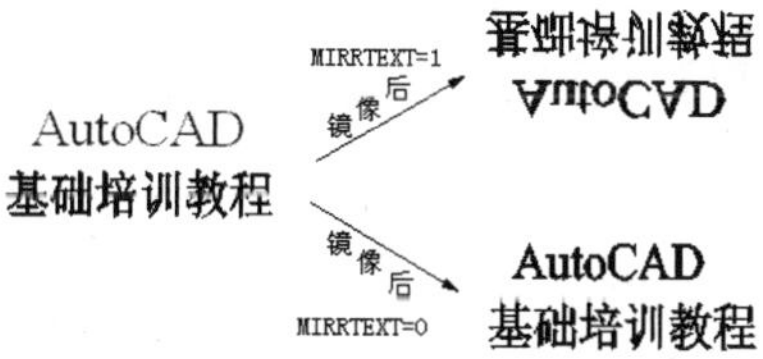

图 5-18 文字镜像示例

5.3 图形的夹点编辑

5.3.1 了解“夹点编辑”

AutoCAD 为用户提供了“夹点编辑”功能，使用此功能，可以非常方便地进行编辑图形。在学习此功能之前，首先了解两个概念，即“夹点”和“夹点编辑”。

在没有命令执行的前提下选择图形，那么这些图形上会显示出一些蓝色实心的小方框，

如图 5-19 所示。而这些蓝色小方框即为图形的夹点，不同的图形结构，其夹点个数及位置也会不同。

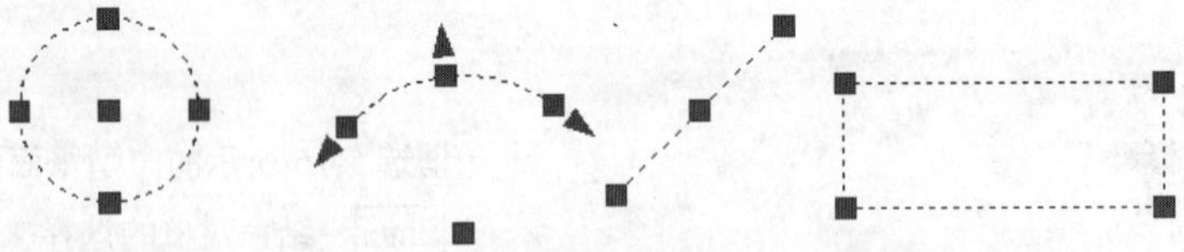

图 5-19　图形的夹点

而所谓的“夹点编辑”功能，就是将多种修改工具组合在一起，通过编辑图形上的这些夹点，来达到快速编辑图形的目的。用户只需单击图形上的任何一个夹点，即可进入夹点编辑模式，此时所单击的夹点以“红色”亮显，称之为“热点”或者是“夹基点”，如图 5-20 所示。

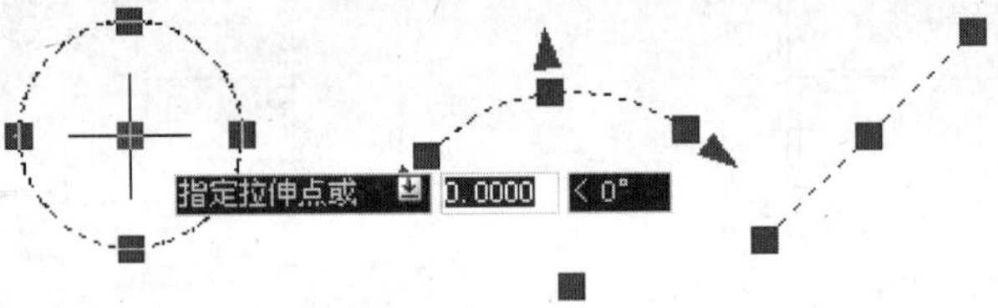

图 5-20　热点

在进入夹点编辑模式后，用户可以通过两种方式启动夹点编辑功能，具体如下：

1．通过菜单启动夹点命令

当用户进入夹点编辑模式后，右击鼠标，即可打开夹点编辑菜单，如图 5-21 所示。在此菜单中共为用户提供了【移动】、【旋转】、【比例】、【镜像】、【拉伸】5 种命令，这些命令是平级的，其操作功能与【修改】工具栏中的各工具相同，用户只需单击相应的菜单项，即可启动相应的夹点编辑工具。

在夹点编辑菜单的下侧，是夹点命令中的一些选项功能，有【基点】、【复制】、【参照】和【放弃】，不过这些选项菜单在一级修改命令的前提下才能使用。

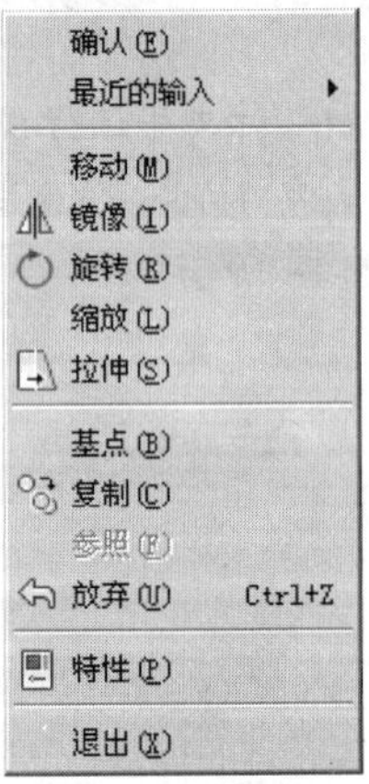

图 5-21　夹点编辑菜单

2．通过命令行启动夹点命令

当进入夹点编辑模式后，通过按 Enter 键，系统即会在【移动】、【旋转】、【比例】、【镜像】、【拉伸】5 种命令中循环切换，用户可以根据命令行的步骤提示选择相应的夹点命令及命令选项。

另外，如果用户在按住 Shift 键的同时单击多个夹点，那么所单击的这些夹点都被看作是“夹基点”；如果用户需要从多个夹基点中选择并集中删除特定对象，也要按住 Shift 键。

5.3.2　应用“夹点编辑”

下面以绘制边长为 100、角度为 40° 的菱形为例，学习夹点编辑工具的操作方法和操作技巧。本例的绘制效果如图 5-22 所示。

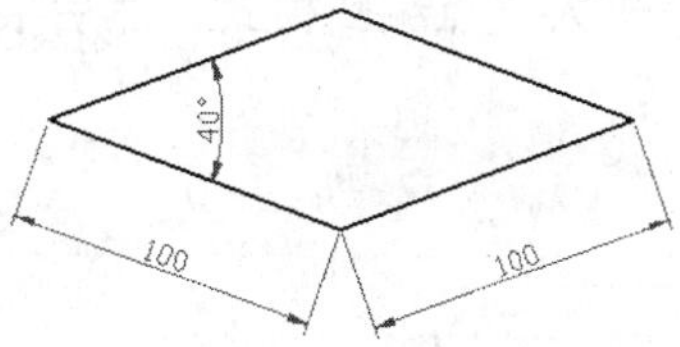

图 5-22　绘制的菱形

❶首先新建空白文件，并绘制一条长度为 100 的直线段，如图 5-23 所示。

❷在无命令执行的前提下选择刚绘制的线段，使其夹点显示，如图 5-24 所示。

图 5-23　绘制线段

图 5-24　夹点显示

❸单击左侧的夹点，使其变为夹基点，进入夹点编辑模式。

❹右击鼠标，从弹出的夹点编辑菜单中选择【旋转】命令，激活夹点旋转功能。

❺再次右击鼠标，从夹点编辑菜单中选择【复制】选项，然后根据命令行的提示进行旋转和复制线段。命令行操作如下：

```
命令:
    ** 拉伸 **
    指定拉伸点或 [基点(B)/复制(C)/放弃(U)/退出(X)]: _rotate
    ** 旋转 **
    指定旋转角度或 [基点(B)/复制(C)/放弃(U)/参照(R)/退出(X)]: _copy
    ** 旋转 (多重) **
    指定旋转角度或 [基点(B)/复制(C)/放弃(U)/参照(R)/退出(X)]:   //20 Enter
    ** 旋转 (多重) **
    指定旋转角度或 [基点(B)/复制(C)/放弃(U)/参照(R)/退出(X)]:   //-20 Enter
    ** 旋转 (多重) **
    指定旋转角度或 [基点(B)/复制(C)/放弃(U)/参照(R)/退出(X)]:
    // Enter，退出夹点编辑模式，编辑结果如图 5-25 所示
```

❻按下 Delete 键，删除夹点显示的水平线段，结果如图 5-26 所示。

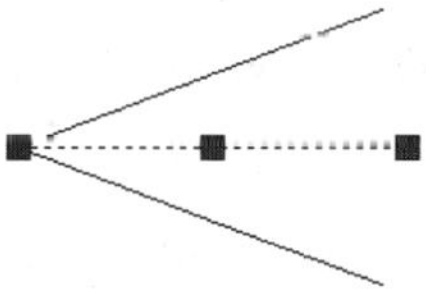

图 5-25　旋转并复制的结果

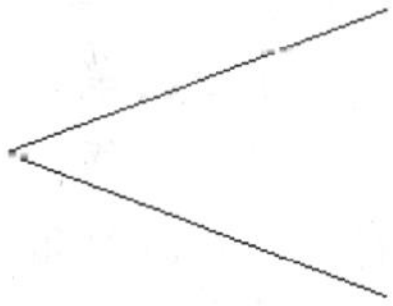

图 5-26　删除水平线段

❼选择夹点编辑出的两条线段，使其呈现夹点显示，如图 5-27 所示。

❽按住 Shift 键，依次单击线段右侧的两个夹点，将其转变为夹基点，如图 5-28 所示。

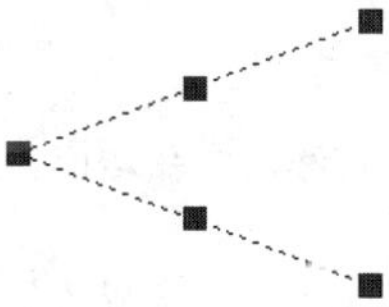

图 5-27　夹点显示线段

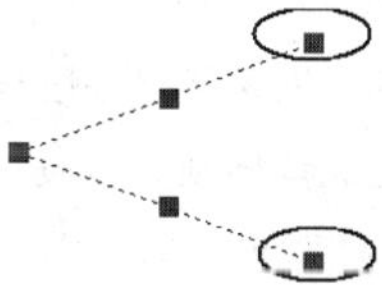

图 5-28　设置夹基点

❾单击其中的一个夹基点，进入夹点编辑模式，然后根据命令行的提示，对夹点图线进行镜像复制。命令行操作如下：

```
命令:
    ** 拉伸 **
    指定拉伸点或 [基点(B)/复制(C)/放弃(U)/退出(X)]:                //Enter
    ** 移动 **
    指定移动点或 [基点(B)/复制(C)/放弃(U)/退出(X)]:                //Enter
    ** 旋转 **
    指定旋转角度或 [基点(B)/复制(C)/放弃(U)/参照(R)/退出(X)]:   //Enter
    ** 比例缩放 **
    指定比例因子或 [基点(B)/复制(C)/放弃(U)/参照(R)/退出(X)]:   //Enter
    ** 镜像 **
    指定第二点或 [基点(B)/复制(C)/放弃(U)/退出(X)]:                //c Enter，激活【复制】选项
    ** 镜像 (多重) **
    指定第二点或 [基点(B)/复制(C)/放弃(U)/退出(X)]:                //@0,1 Enter
    ** 镜像 (多重) **
    指定第二点或 [基点(B)/复制(C)/放弃(U)/退出(X)]:
                                  // Enter，退出夹点编辑模式，编辑结果如图 5-29 所示
```

❿最后按 Esc 键取消对象的夹点显示。

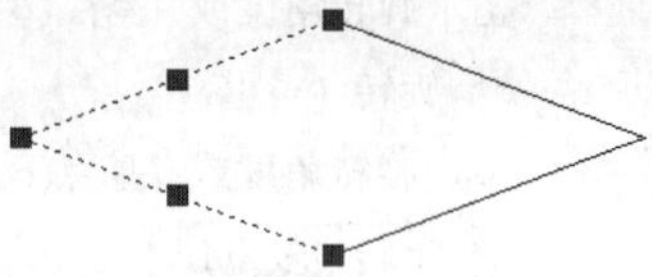

图 5-29 镜像结果

5.4 特殊对象的编辑

5.4.1 编辑多段线

【编辑多段线】命令用于编辑多段线或具有多段线性质的图形，如矩形、正多边形、圆环、三维多段线、三维多边形网格等。使用此命令可以闭合、打断、拉直、拟合多段线，还可以增加、移动、删除多段线顶点等。

执行【多段线】命令主要有以下几种方法。

- 菜单栏：单击菜单栏上的【修改】|【对象】|【多段线】命令。
- 工具栏：单击【修改 II】工具栏中的按钮。
- 命令行：在命令行输入 Pedit 或 PE。

执行【编辑多段线】命令后 AutoCAD 提示如下：

命令：Pedit

选择多段线或 [多条（M）]：系统提示选择需要编辑的多段线。如果用户选择了直线或圆弧，而不是多段线，系统出现如下提示：

选定的对象不是多段线。

是否将其转换为多段线? <Y>：输入“Y”，将选择的对象即直线或圆弧转换为多段线，再进行编辑。如果选择的对象是多段线，系统出现如下提示：

输入选项[闭合(C)/合并(J)/宽度(W)/编辑顶点(E)/拟合(F)/样条曲线(S)/非曲线化(D)/线型生成

(L)/放弃(U)]

1. **选项解析**

- 【闭合】选项用于打开或闭合多段线。如果用户选择的多段线是非闭合的，使用该选项可使之封闭；如果用户选中的多段线是闭合的，该选项替项换成【打开】，使用该选项可打开闭合的多段线。
- 【合并】选项用于将其他的多段线、直线或圆弧连接到正在编辑的多段线上，形成一条新的多段线。要往多段线上连接实体，与原多段线必须有一个共同的端点，即需要连接的对象必须首尾相连。
- 【宽度】选项用于修改多段线的线宽，并将多段线的各段线宽统一变为新输入的线宽值。激活该选项后系统提示输入所有线段的新宽度。
- 【拟合】选项用于对多段线进行曲线拟合，将多段线变成通过每个顶点的光滑连续的圆弧曲线，曲线经过多段线的所有顶点并使用任何指定的切线方向，如图 5-30 所示。

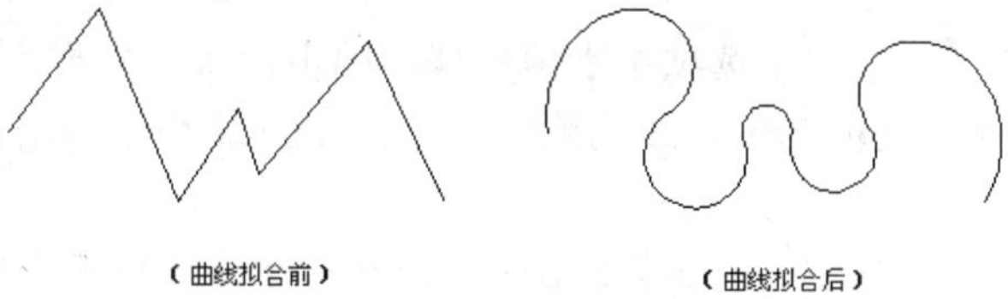

图 5-30　对多段线进行曲线拟合

- 【非曲线化】选项用于还原已被编辑的多段线。取消拟合、样条曲线以及【多段线】命令中【弧】选项所创建的圆弧段，将多段线中各段拉直，同时保留多段线顶点的所有切线信息。
- 【线型生成】选项用于控制多段线为非实线状态时的显示方式，当该项为 ON 状态时，虚线或中心线等非实线线型的多段线在角点处封闭；该项为 OFF 状态时，角点处是否封闭，取决于线型比例的大小。
- 【样条曲线】选项将用 B 样条曲线拟合多段线，生成由多段线顶点控制的样条曲线。变量 Splinesegs 控制样条曲线的精度，值越大，曲线越光滑；变量 Splframe 决定是否显示原多段线，值设为 1 时，样条曲线与原多段线一同显示，值设为 0 时，不显示原多段线；变量 Splinetype 控制样条曲线的类型，值等于 5 时，为二次 B 样条曲线，值为 6 时，为三次 B 样条曲线，如图 5-31 所示。

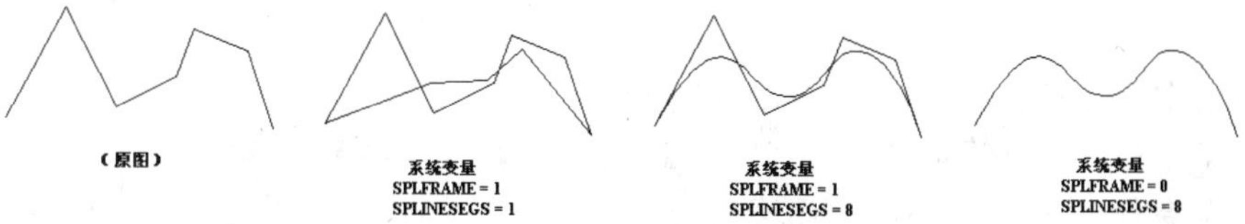

图 5-31　设置样条曲线变量

2．编辑顶点

该选项用于对多段线的顶点进行移动、插入新顶点、改变顶点的线宽及切线方向等。执行该选项后，系统会在多段线的第一个顶点上出现“×”标记，且以该顶点作为当前的修改顶点，AutoCAD 出现如下提示：

输入顶点编辑选项[下一个（N）/上一个（P）/打断（B）/插入（I）/移动（M）/重生成（R）/拉直（S）/切向（T）/宽度（W）/ 退出（X）] <N>：提示用户输入顶点编辑的选项。

部分选项功能如下。

- 【下一个】：用于移动顶点的位置标记。当执行【下一个】选项，此标记移动到多段线的下一个顶点，作为当前的修改顶点。
- 【上一个】：该选项用于将当前的编辑顶点记号移动到上一个顶点，与【下一个】选项相反。
- 【打断】：该选项用于删除多段线上两顶点之间的线段。执行该选项，AutoCAD 把当前的编辑顶点作为第一个断点，并出现如下提示：

“输入选项 [下一个（N）/上一个（P）/执行（G）/退出（X）] <N>”

其中【下一个】与【上一个】选项用于前后移动编辑顶点，以确定第二个断点；【执行】用于执行对位于两个断点之间的多段线的删除操作；【退出】用于退出打断编辑，返回上一级提示。

- 【插入】：用于为多段线增加新的顶点。激活该选项后系统将在多段线的当前顶点的后面增加一个新顶点。
- 【移动】：此选项用于将当前的编辑顶点移动到新的位置。
- 【重生成】：用于重新生成多段线，使其编辑的特性显示出来。
- 【拉直】：用于将多段线两指定点之间的所有线段拉直。
- 【切向】：用于改变当前所编辑顶点的切线方向，可用曲线拟合。执行该选项，系统提示“指定顶点切向”，用于指定顶点的切线方向，可直接输入表示切线方向的角度值，也可以选取一点，该点与多段线上的当前点的连线方向为切线方向。
- 【宽度】：为多段线的不同部分指定宽度，当起始和终止宽度不同时，起始宽度用于当前点，终止宽度用于下一顶点。

5.4.2 编辑多线

“多线”是一种比较特殊的复合图线，AutoCAD 为此类图元提供了专门的编辑工具，如图 5-32 所示。使用该对话框中的各功能，可以控制和编辑多线的交叉点、断开和增加顶点等。

执行【多线编辑】命令主要有以下几种方法。

- 菜单栏：单击菜单栏上的【修改】|【对象】|【多线】命令。
- 命令行：在命令行输入 Mledit。

激活【多线编辑】命令后，可打开如图 5-32 的示的【多线编辑工具】对话框，用户可以根据需要选择一种选项功能进行多线编辑。

【多线编辑工具】对话框共提供了 4 列工具，分别为十字交线、T 形交线、角形交线、切断交线。各选项的具体含义和操作如下。

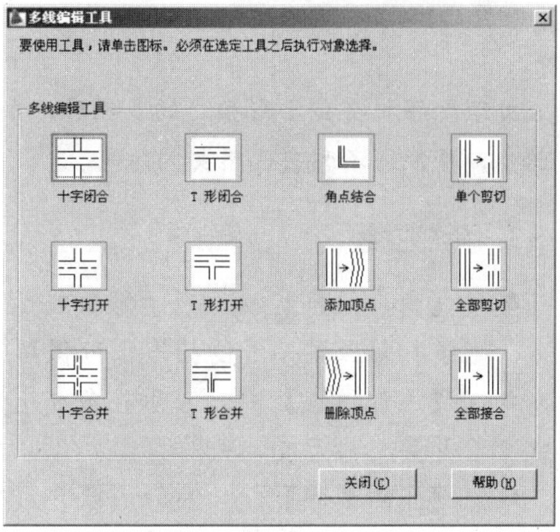

图 5-32　【多线编辑工具】对话框

1．**十字交线**

- 【十字闭合】：表示相交两多线的十字封闭状态，AB 分别代表选择多线的次序，水平多线为 A，垂直多线为 B。
- 【十字打开】：表示相交两多线的十字开放状态，将两线的相交部分全部断开，第一条多线的轴线在相交部分也要断开。
- 【十字合并】：表示相交两多线的十字合并状态，将两线的相交部分全部断开，但两条多线的轴线在相交部分相交。

十字编辑的效果如图 5-33 所示。

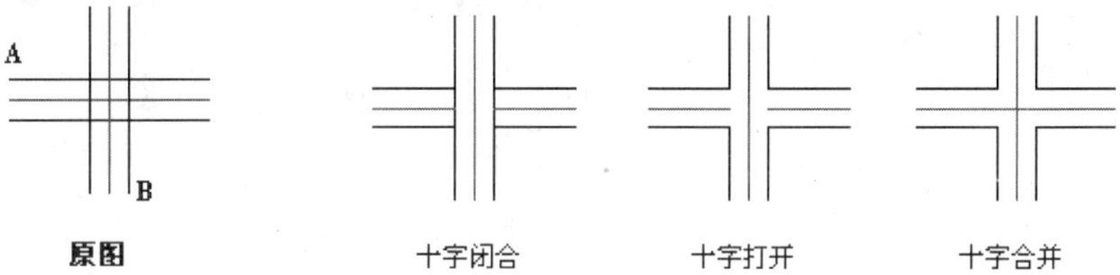

图 5-33　十字编辑

2．T **形交线**

- 【T 形闭合】：表示相交两多线的 T 形封闭状态，将选择的第一条多线与第二条多线相交部分的修剪去掉，而第二条多线保持原样连通。
- 【T 形打开】：表示相交两多线的 T 形开放状态，将两线的相交部分全部断开，但第一条多线的轴线在相交部分也断开。
- 【T 形合并】：表示相交两多线的 T 形合并状态，将两线的相交部分全部断开，但第一条与第二条多线的轴线在相交部分相交。

T 形编辑的效果如图 5-34 所示。

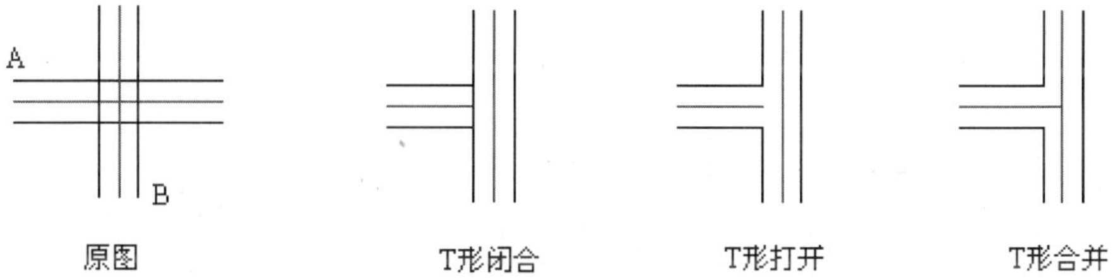

图 5-34　T 形编辑

技巧

在处理十字相交和T形相交的多线时，用户应当注意选择多线时的顺序，如果选择顺序不恰当，可能得不到自己想要的结果。

3．角形交线

- 【角点结合】：表示修剪或延长两条多线直到它们接触形成一相交角，将第一条和第二条多线的拾取部分保留，并将其相交部分全部断开剪去。
- 【添加顶点】：表示在多线上产生一个顶点并显示出来，相当于打开显示连接开关，显示交点一样。
- 【删除顶点】：表示删除多线转折处的交点，使其变为直线形多线。删除某顶点后，系统会将该顶点两边的另外两顶点连接成一条多线线段。

角形编辑的效果如图5-35所示。

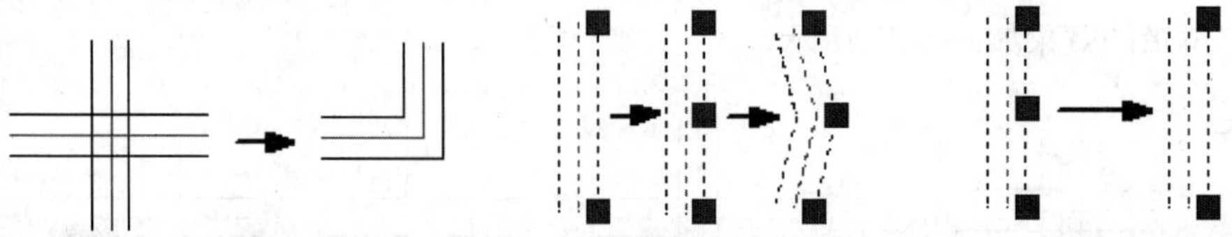

（角点结合）　（增加顶点）　（删除顶点）

图5-35　角形编辑

4．切断交线

- 【单个剪切】：表示在多线中的某条线上拾取两个点从而断开此线。
- 【全部剪切】：表示在多线上拾取两个点从而将此多线全部切断一截。
- 【全部接合】：表示连接多线中的所有可见间断，但不能用来连接两条单独的多线。

多线的剪切与接合效果如图5-36所示。

技巧

用户不能使用【修剪】、【延伸】、【打断】、【拉长】、【倒角】和【圆角】等编辑命令对多线进行编辑，如果非要对多线进行编辑，必须使用【分解】命令将多线分解。

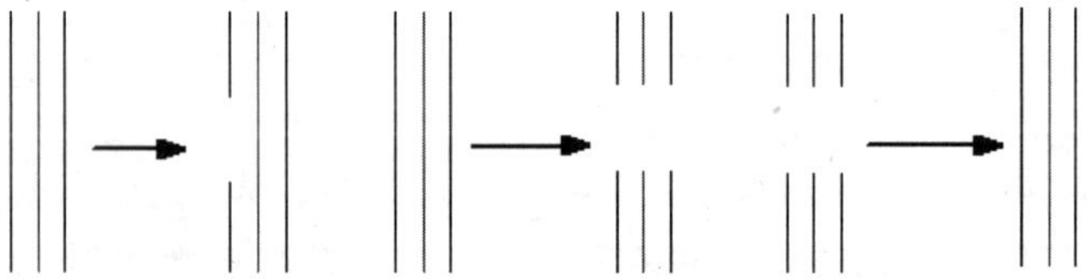

（单个剪切）　（全部剪切）　（全部接合）

图5-36　多线的剪切与接合

5.5 综合实例——绘制餐桌椅平面图

通过上述各节的详细讲述，相信读者对各类复合工具及夹点编辑等工具有了一定的认识和操作能力，下面以绘制如图 5-37 所示的餐桌平面图，对重点知识进行综合练习和巩固。

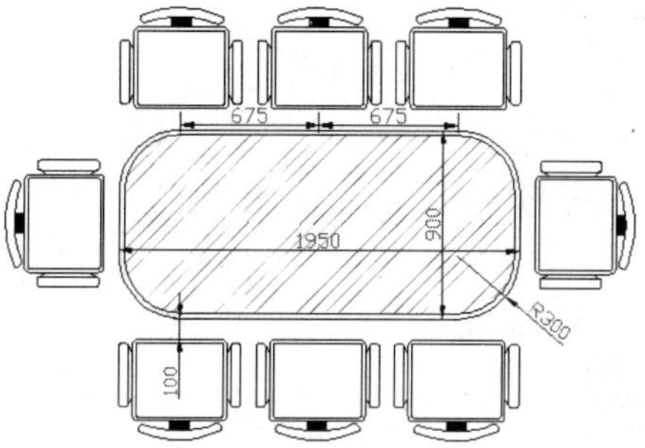

图 5-37 餐桌平面图

❶新建公制单位的空白文件，并设置捕捉模式为中点捕捉和端点捕捉。

❷单击菜单栏上的【格式】|【图形界限】命令，设置图形界限为 4000×3000，并将图形界限最大化显示。

❸单击菜单栏上的【绘图】|【矩形】命令，绘制半径为 300 的圆角矩形。命令行操作如下：

```
命令: _rectang
    指定第一个角点或 [倒角(C)/标高(E)/圆角(F)/厚度(T)/宽度(W)]:
                                        //f Enter，激活【圆角】选项
    指定矩形的圆角半径 <0.0000>:          //300 Enter
    指定第一个角点或 [倒角(C)/标高(E)/圆角(F)/厚度(T)/宽度(W)]:
                                        //在适当位置拾取一点
    指定另一个角点或 [面积(A)/尺寸(D)/旋转(R)]:
                                        //@1950,900 Enter，绘制结果如图 5-38 所示
```

❹单击菜单栏上的【修改】|【偏移】命令，将圆角矩形向内偏移 25 个单位，结果如图 5-39 所示。

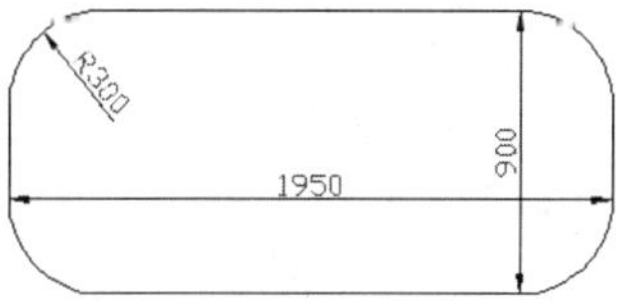

图 5-38 绘制圆角矩形

图 5-39 向内偏移结果

❺单击菜单栏上的【绘图】|【图案填充】命令，为内部的圆角矩形填充 ANSI34 图案，填充比例为 15，填充效果如图 5-40 所示。

❻打开随书光盘“源文件\平面椅.dwg”文件，然后单击菜单栏上的【窗口】|【垂直平铺】命令，将两个文件进直平铺。

❼夹点显示“平面椅”图形，然后按住鼠标右键不放，将其拖动至餐桌图形文件中，如图 5-41 所示。

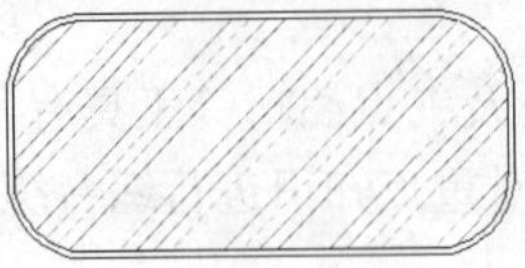

图 5-40　填充图案结果

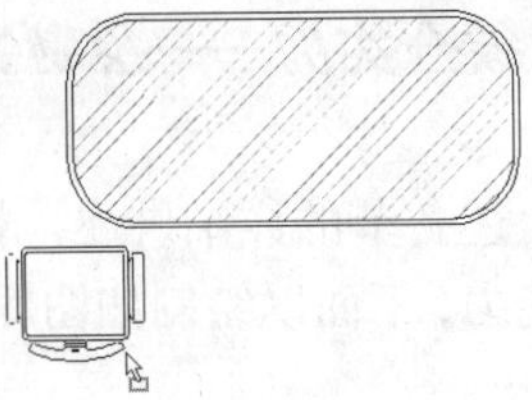

图 5-41　拖动餐桌图形

❽此时松开鼠标右键，在弹出的快捷菜单中选择【粘贴为块】命令，如图 5-42 所示，结果平面椅以“块”的形式共享到餐桌文件中，如图 5-43 所示。

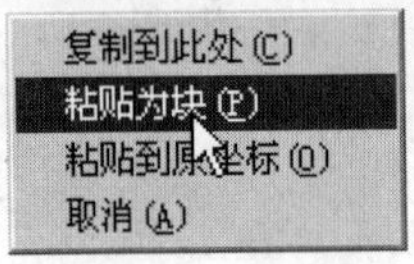

图 5-42　右键菜单

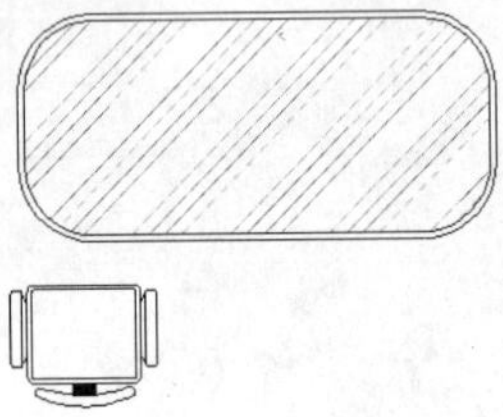

图 5-43　共享结果

❾关闭平面椅文件，将餐桌文件最大化显示，然后使用【偏移】命令，将餐桌最外侧轮廓线向外偏移 100 个单位，作为平面椅定位辅助线，如图 5-44 所示。

❿单击菜单栏上的【修改】|【移动】命令，将平面椅图形进行位移。基点为图 5-45 所示的中点，目标点为 5-46 所示的端点。

⓫单击菜单栏上的【修改】|【阵列】命令，对位移后的平面椅进行阵列，阵列的行数为 1、列数为 3、列偏移为 675 个单位，阵列结果如图 5-47 所示。

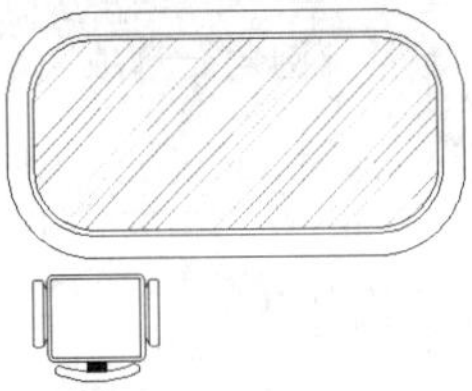

图 5-44　绘制的定位辅助线

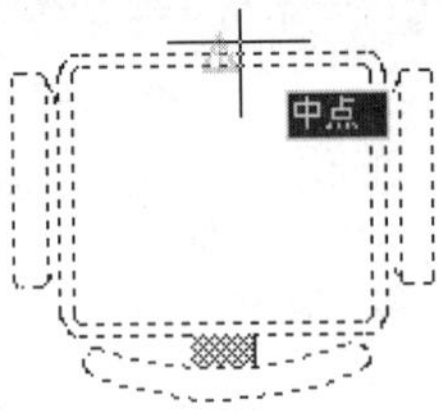

图 5-45　定位基点

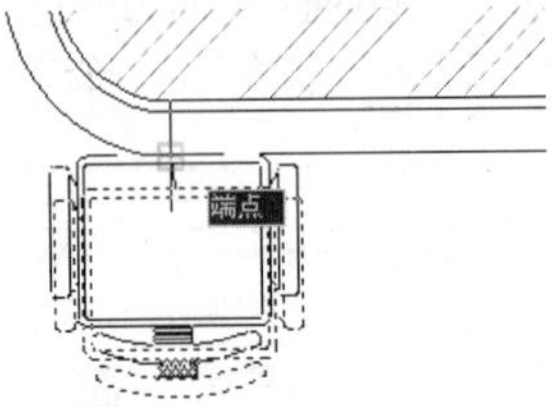

图 5-46　定位目标点

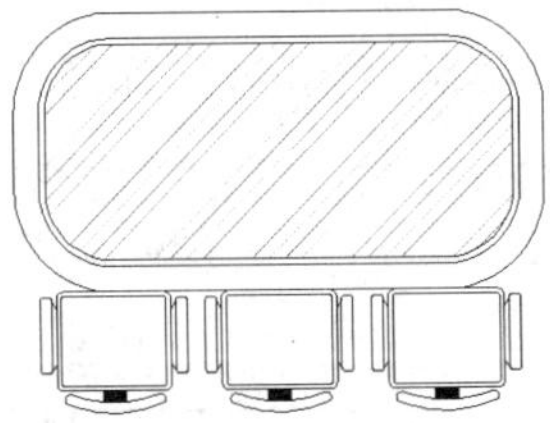

图 5-47　阵列结果

⓬使用夹点移动工具，对其中的一个平面椅图形进行移动和复制。命令行操作如下：

```
命令:                                  //选择其中的一个平面椅图形
  命令:                                //单击夹点，进入夹点编辑模式
  ** 拉伸 **
  指定拉伸点或 [基点(B)/复制(C)/放弃(U)/退出(X)]:      // Enter，激活夹点移动工具
  ** 移动 **
  指定移动点或 [基点(B)/复制(C)/放弃(U)/退出(X)]:      //c Enter，激活【复制】选项
```

** 移动 (多重) **
指定移动点或 [基点(B)/复制(C)/放弃(U)/退出(X)]: //b Enter，激活【基点】选项
指定基点: //捕捉图 5-48 所示的中点
** 移动 (多重) **
指定移动点或 [基点(B)/复制(C)/放弃(U)/退出(X)]: //捕捉图 5-49 所示的中点
** 移动 (多重) **
指定移动点或 [基点(B)/复制(C)/放弃(U)/退出(X)]:
// Enter，退出夹点模式，并取消夹点显示状态

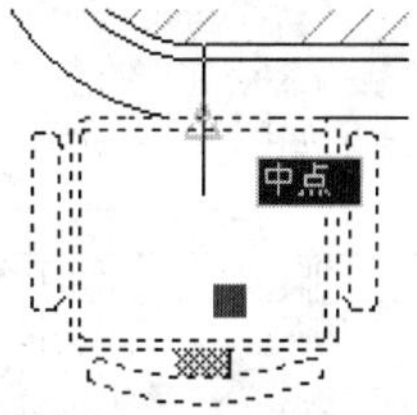

图 5-48　定位基点

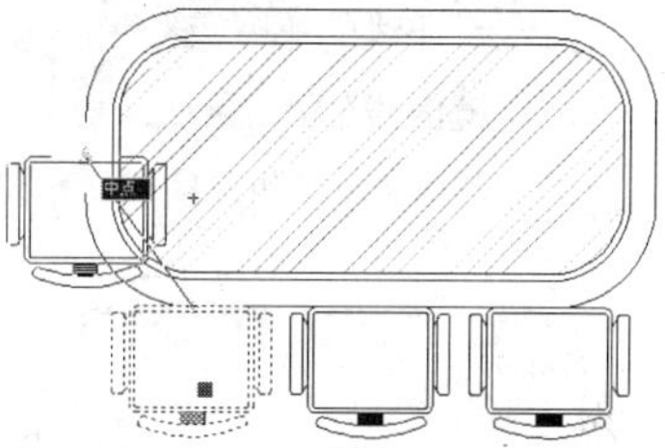

图 5-49　定位目标点

⑬使用夹点旋转工具，将位移后的平面椅图形旋转-90°。命令行操作如下：

命令: //选择位移后的平面椅图形
命令: //单击夹点，进入夹点编辑模式
** 拉伸 **
指定拉伸点或 [基点(B)/复制(C)/放弃(U)/退出(X)]: // Enter，激活夹点移动工具
** 移动 **
指定移动点或 [基点(B)/复制(C)/放弃(U)/退出(X)]: // Enter，激活夹点旋转工具
** 旋转 **
指定旋转角度或 [基点(B)/复制(C)/放弃(U)/参照(R)/退出(X)]: //b Enter，激活【基点】选项
指定基点: //捕捉图 5-49 所示的中点
** 旋转 **
指定旋转角度或 [基点(B)/复制(C)/放弃(U)/参照(R)/退出(X)]:
//-90 Enter，取消夹点状态，结果如图 5-50 所示

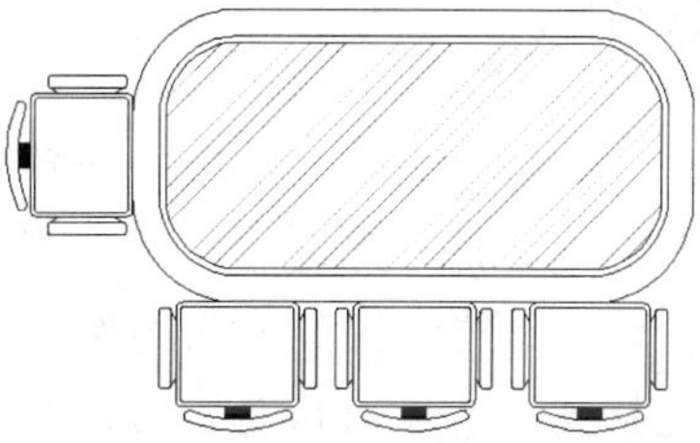
图 5-50　旋转结果

⑭单击菜单栏上的【修改】|【镜像】命令，对各位置的平面椅图形进行镜像复制。命令行操作如下：

```
命令: _mirror
    选择对象:                              //选择旋转后的平面椅图形
    选择对象:                              // Enter，结束对象的选择
    指定镜像线的第一点:                    //捕捉如图 5-51 所示的中点
    指定镜像线的第二点:                    //@0,1 Enter
    要删除源对象吗？[是(Y)/否(N)] <N>:     // Enter，结束命令
    命令:                                  // Enter，重复执行命令
    MIRROR 选择对象:                       //拖出如图 5-52 所示的窗交选择框
    选择对象:                              // Enter，结束对象的选择
    指定镜像线的第一点:                    //捕捉如图 5-53 所示的中点
    指定镜像线的第二点:                    //@1,0 Enter
    要删除源对象吗？[是(Y)/否(N)] <N>:     // Enter，镜像结果如图 5-54 所示
```

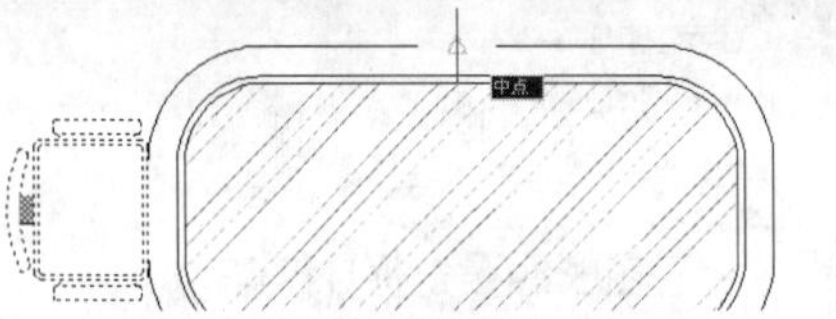

图 5-51　捕捉中点

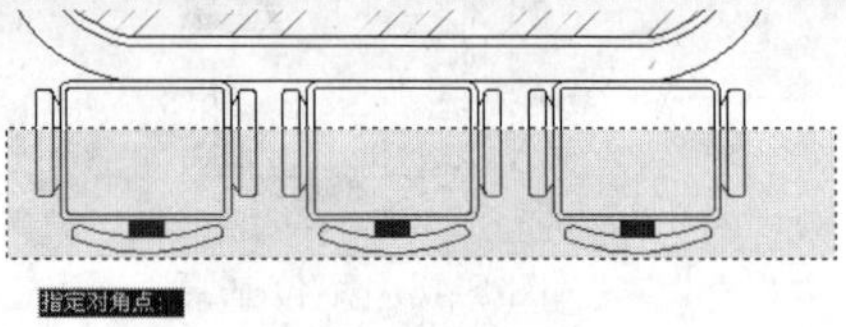

图 5-52　窗交选择

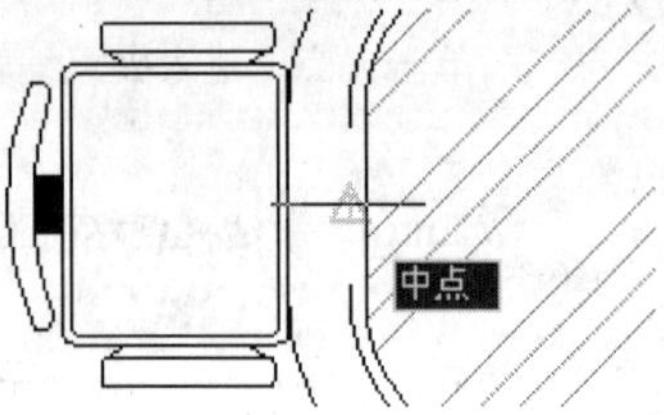

图 5-53　捕捉中点

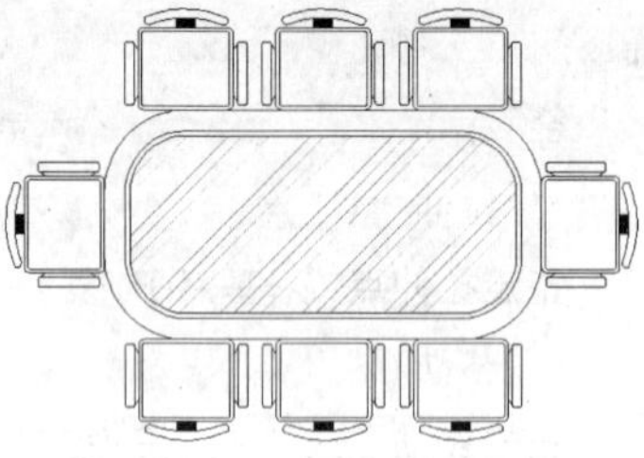
图 5-54　镜像结果

⑮最后删除辅助矩形，并将图形命名存储为“餐桌平面图.dwg”文件。

5.6 本章小结

本章主要学习了规则和不规则复合图形结构的快速创建功能和快速组合功能，另外，还学习了图形的夹点编辑功能和特殊对象的编辑细化功能。巧妙运用本章所讲知识，可以方便快速地创建与组合复杂的图形结构。

本章具体知识点如下：

- 多重图形结构的创建功能，包括基点复制、距离偏移和定点偏移；
- 规则图形结构的创建功能，包括矩形阵列、环形阵列和镜像复制，使用这些功能可以快速创建均布结构、聚心结构和对称结构的图形；
- 图形的夹点编辑功能，包括夹点功能的概念、启用和快速的编辑技能等，以快速地创建与组合复杂的对象；
- 特殊对象的编辑功能，包括编辑多段线和编辑多线，以对多段线和多线等对象进行编辑细化。

5.7 练习题

练习 1

综合所学知识，绘制如图 5-55 所示的地面拼花。

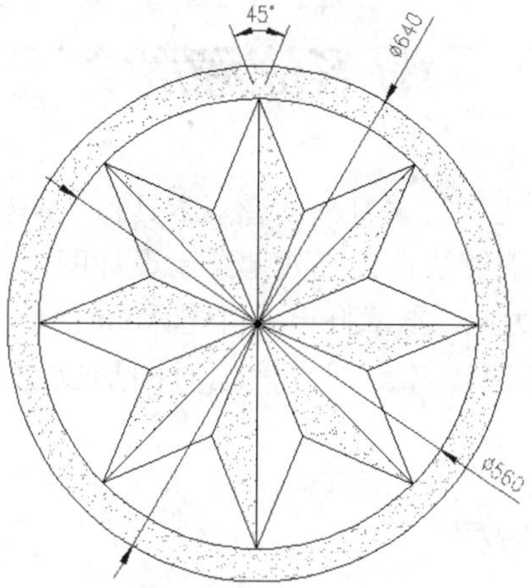

图 5-55 练习 1

练习 2

综合所学知识，绘制图 5-56 所示的会议椅平面图与图 5-57 所示的会议桌平面图。

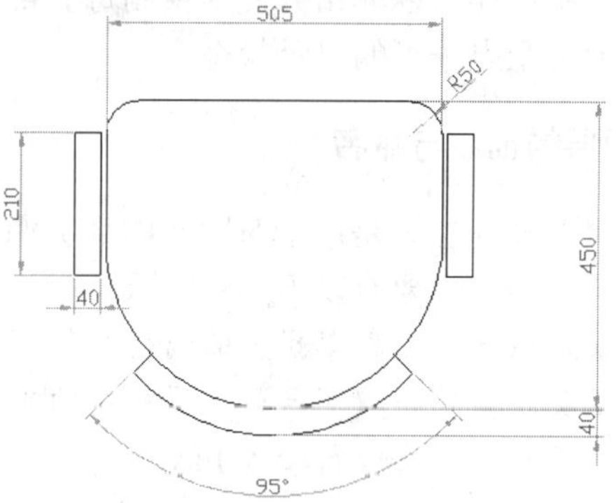

图 5-56 会议椅平面图

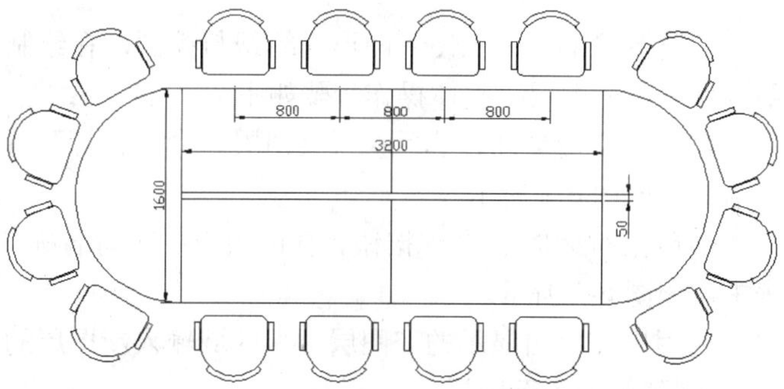

图 5-57 会议桌平面图

第 6 章

图形资源的管理与共享

通过前几章的学习，读者基本具备了图样的设计能力和绘图能力，为了方便读者能够快速、高效地绘制设计图样，还需要了解和掌握一些高级制图工具。为此，本章将集中讲述 AutoCAD 的高级制图工具，灵活掌握这些工具，能使读者更加方便地对图形资源进行综合组织、管理、共享和完善。

6.1 图层

“图层”的概念比较抽象，读者可以将其理解为透明的电子纸，在每张透明电子纸上可以绘制不同线型、线宽、颜色等特性的图形，最后将这些透明电子纸叠加起来，即可得到完整的图样。

另外，用户还可以非常方便地控制每张电子纸的线型、颜色等特性，还可以控制每张电子纸的显示状态。

6.1.1 图层的创建与命名

【图层】命令主要是用于对图形内部资源进行组织、规划和控制等。执行【图层】命令主要有以下几种方法。

- 菜单栏：单击菜单栏上的【格式】|【图层】命令。
- 工具栏：单击【图层】工具栏中的按钮。
- 命令行：在命令行输入 Layer 或 LA。

设置新图层

一般情况下，为了便于图形的组织与控制，在绘制复杂图形之前，需要设置不同的图层，具体操作步骤如下：

①新建空白文件，然后执行【图层】命令，打开【图层特性管理器】对话框，如图 6-1 所示。

②单击对话框中的按钮，新图层将以临时名称“图层 1”显示在列表中，如图 6-2 所示。

③用户在反白显示的“图层 1”区域输入新图层的名称，例如“点划线”，创建第一个新图层。

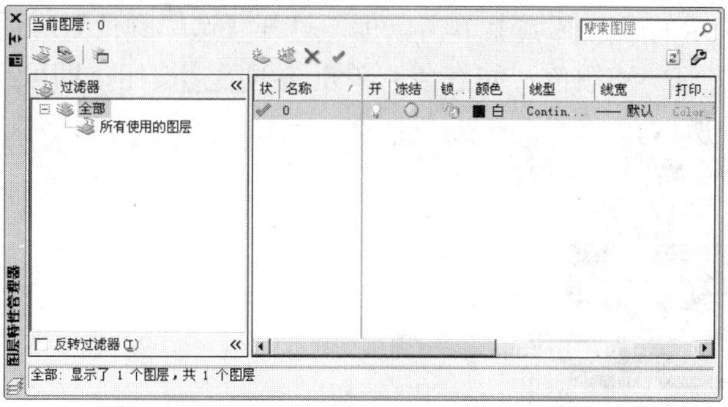

图 6-1 【图层特性管理器】对话框

图 6-2 新建的“图层 1”

技巧

图层名最长可达 255 个字符，可以是数字、字母或其他字符；图层名中不允许含有大于号（>）、小于号（<）、斜杠（/）、反斜杠（\）以及标点等符号；另外，为图层命名时，必须确保图层名称的唯一性。

❹按下 Alt+N 键，或再次单击按钮，连续创建另外两个图层，即“实线层”和“双点划线”，结果如图 6-3 所示。

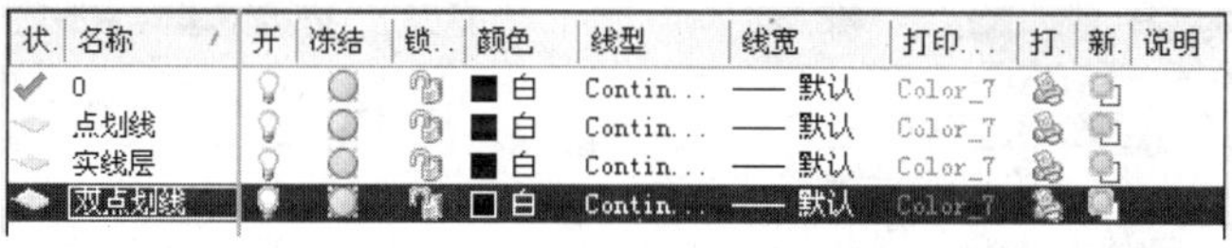

状.	名称	开	冻结	锁..	颜色	线型	线宽	打印...	打.	新.	说明
	0				白	Contin...	—— 默认	Color_7			
	点划线				白	Contin...	—— 默认	Color_7			
	实线层				白	Contin...	—— 默认	Color_7			
	双点划线				白	Contin...	—— 默认	Color_7			

图 6-3 设置另外两个图层

技巧

如果在创建新图层时选择了一个现有图层，或为新建图层指定了图层特性，那么以下创建的新图层将继承先前图层的一切特性（如颜色、线型等）。

6.1.2 图层颜色的设置

在创建多个图层之后，一般还需要为其设置各种特性，如颜色、线型和线宽等，设置颜色特性的操作步骤如下：

❶继续以上操作。

❷在【图层特性管理器】对话框中单击“点划线”图层，使其处于激活状态，此时被选择的图层反白显示，如图 6-4 所示。

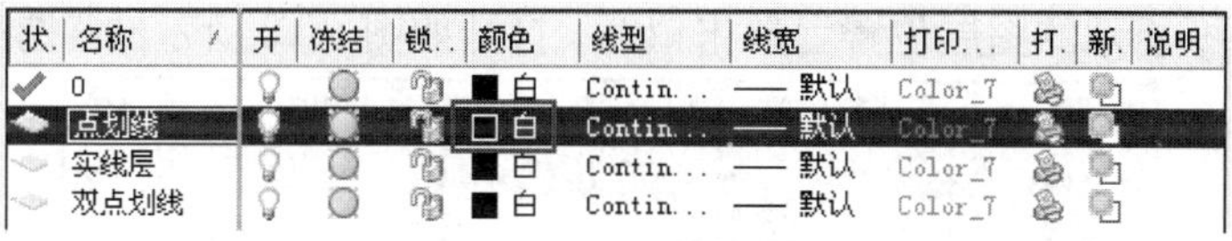

状.	名称	开	冻结	锁..	颜色	线型	线宽	打印...	打.	新.	说明
	0				白	Contin...	—— 默认	Color_7			
	点划线				白	Contin...	—— 默认	Color_7			
	实线层				白	Contin...	—— 默认	Color_7			
	双点划线				白	Contin...	—— 默认	Color_7			

图 6-4 选择要修改的图层

❸在如图 6-4 所示的颜色区域上单击鼠标，打开【选择颜色】对话框，如图 6-5 所示。

❹在对话框内选择一种颜色，如红色，单击 确定 按钮，即可将图层的颜色设置为红色，结果如图 6-6 所示。

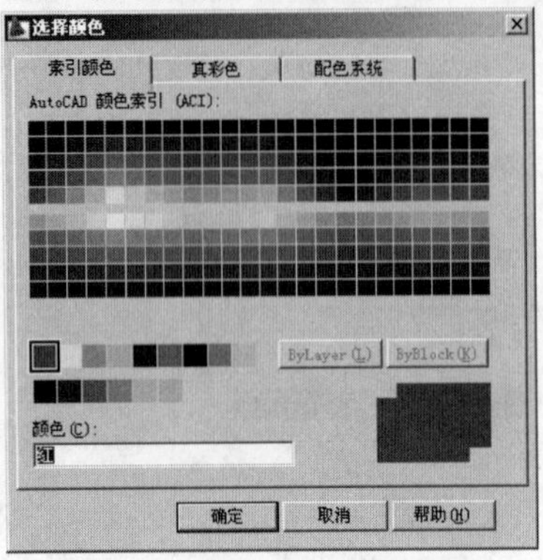

图 6-5 【选择颜色】对话框

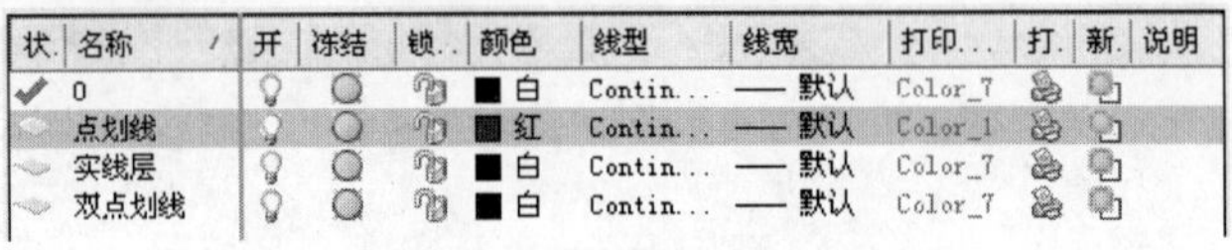

图 6-6 设置颜色后的图层

技巧

用户也可以展开对话框中的【真彩色】和【配色系统】两个选项卡，如图 6-7 和图 6-8 所示，并定义需要的色彩。

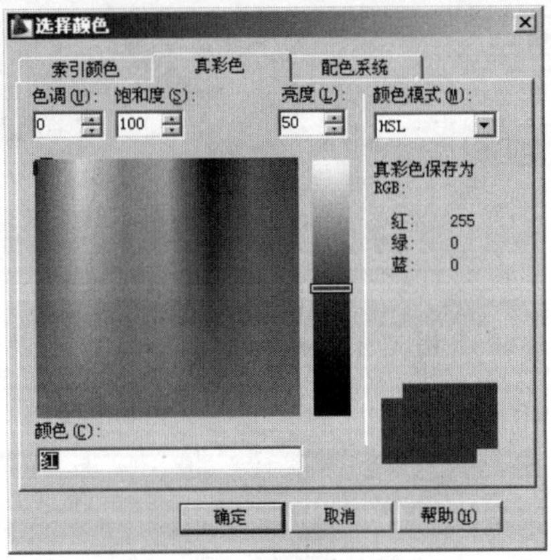

图 6-7 【真彩色】选项卡

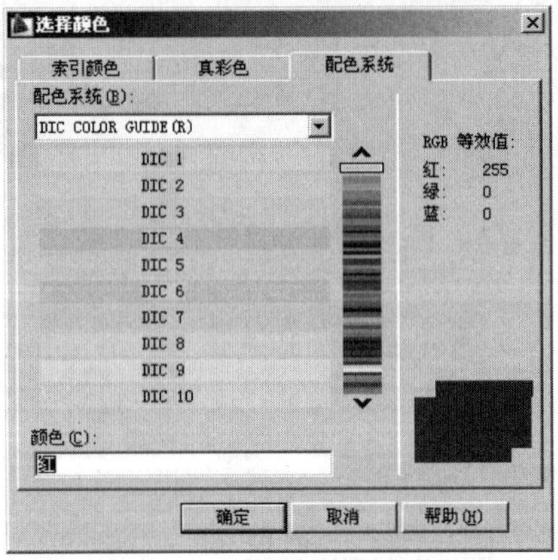

图 6-8 【配色系统】选项卡

6.1.3 图层线型的设置

下面通过为“点划线”图层设置“点划线”线型，学习线型的加载与图层线型的设置功能。

❶继续以上操作。

❷在如图 6-9 所示的图层位置上单击鼠标，打开如图 6-10 所示的【选择线型】对话框。

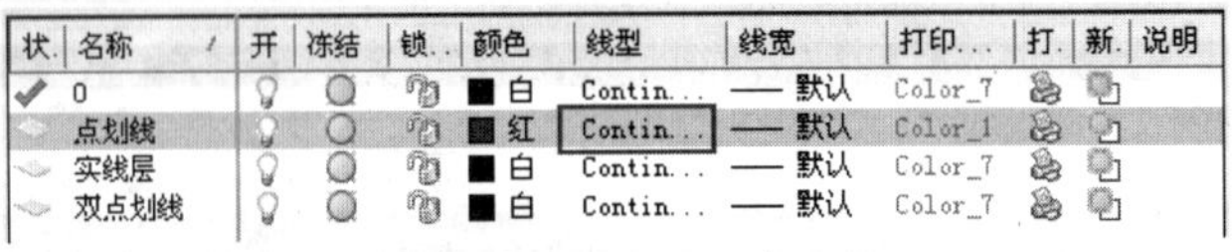

图 6-9 修改图层线型

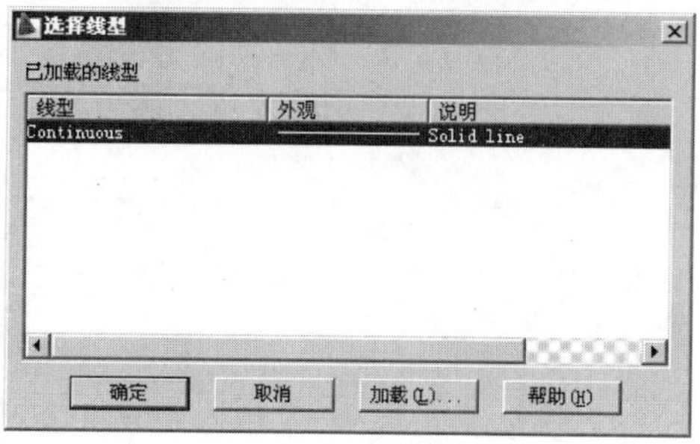

图 6-10 【选择线型】对话框

❸单击 加载(L)... 按钮，打开【加载或重载线型】对话框，选择 ACAD_ISO04W100 线型，如图 6-11 所示。

❹在【加载或重载线型】对话框中单击 确定 按钮，结果选择的线型被加载到【选择线型】对话框内，如图 6-12 所示。

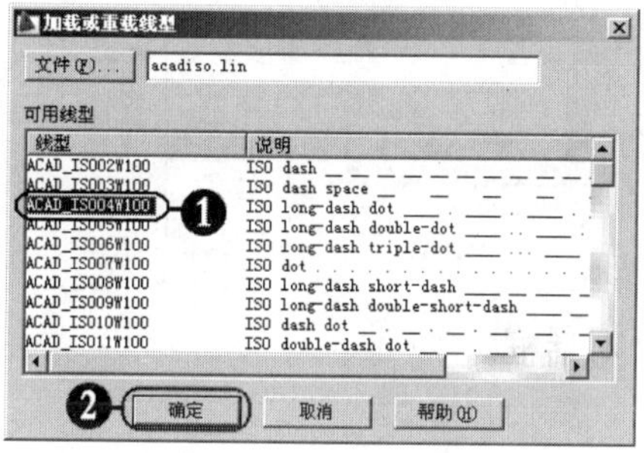

图 6-11 选择线型

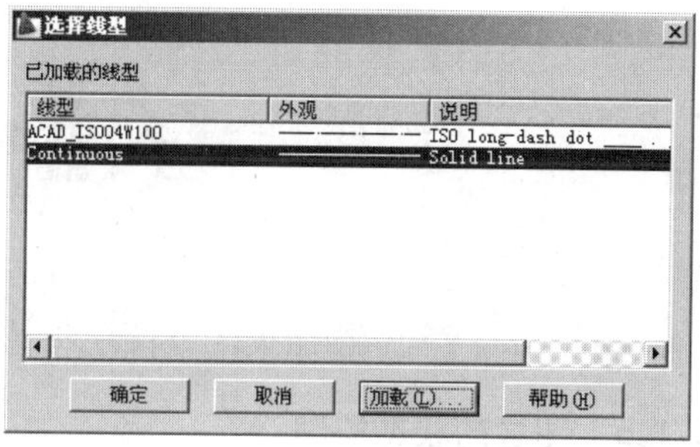

图 6-12 加载的线型

技巧

在默认设置时，系统将为用户提供一种 Continuous 线型，用户如果需要使用其他的线型，必须进行加载。

❺选择刚加载的线型单击 确定 按钮，即将此线型附加到当前被选择的图层，结果如图 6-13 所示。

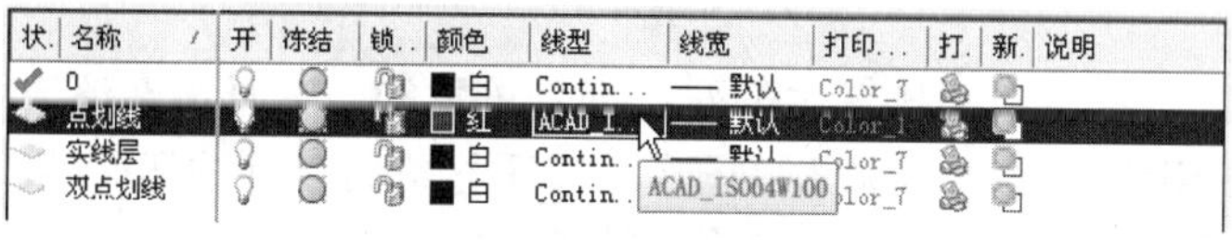

图 6-13 加载的线型

6.1.4 图层线宽的设置

接下来通过为“实线层”设置线宽，学习图层线宽的设置功能。具体操作步骤如下：

❶继续以上操作。

❷在【图层特性管理器】对话框中选择“实线层”图层，然后在如图 6-14 所示的线宽位置上单击鼠标。

❸此时系统打开【线宽】对话框，然后在对话框中选择“0.50 毫米”线宽，如图 6-15 所示。

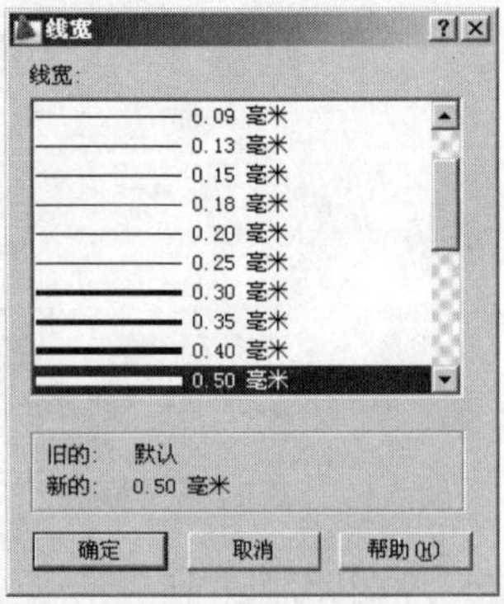

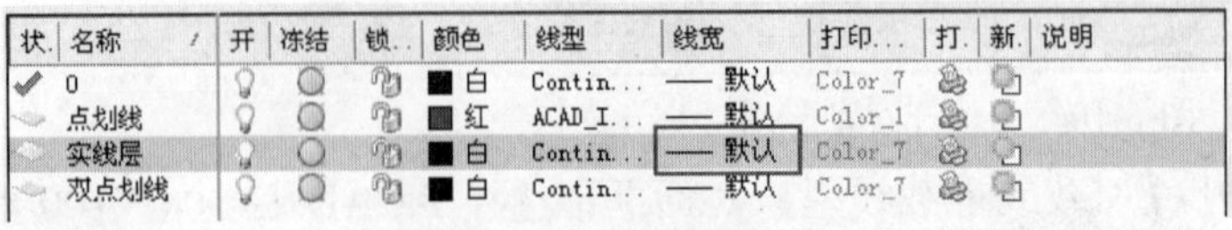

图 6-14　修改层的线宽

图 6-15　选择线宽

❹单击 确定 按钮返回【图层特性管理器】对话框，结果“实线层”的线宽被设置为 0.5mm，如图 6-16 所示。

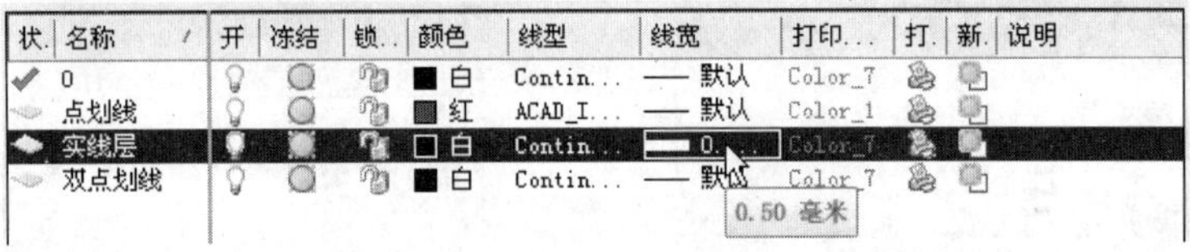

图 6-16　设置的线宽

❺单击 确定 按钮关闭【图层特性管理器】对话框。

6.1.5　图层的状态控制

除了需要掌握图层及图层特性的设置功能之外，还需要掌握图层的状态控制功能，以方便对复杂图形进行规划管理和状态控制。有关图层状态控制功能主要有开关、冻结与解冻、锁定与解锁等，如图 6-17 所示。

图 6-17　状态控制图标

1．开关控制功能

按钮用于控制图层的开关状态。默认状态下的图层都是打开的图层，按钮显示为（开）。

当按钮显示为时，位于图层上的对象都是可见的，并且可在该层上进行绘图和修改操作；在按钮上单击鼠标，即可关闭该图层，按钮显示为（按钮变暗），此时图层上的所有图形对象被隐藏，该层上的图形也不能被打印或由绘图仪输出，但重新生成图形时，图层上的实体仍将重新生成。

2．冻结与解冻

按钮用于在所有视图窗口中冻结或解冻图层。默认状态下图层是被解冻的，按钮显示为；在该按钮上单击鼠标，按钮显示为，位于该层上的内容不能在屏幕上显示或由绘图仪输出，不能进行重生成、消隐、渲染和打印等操作。

关闭与冻结的图层都是不可见和不可以输出的。但被冻结图层不参加运算处理，可以加快视窗缩放、视窗平移和许多其他操作的处理速度，增强对象选择的性能并减少复杂图形的重生成时间。建议冻结长时间不用的图层。

> **技巧**
>
> 另外，按钮的功能与上一个相同，用于冻结或解冻当前视口中的图形对象，不过它在模型空间内是不可用的，只能在图纸空间内使用此功能。

3．锁定与解锁

/按钮用于锁定图层或解锁图层。默认状态下图层是解锁的，按钮显示为，在此按钮上单击鼠标，图层被锁定，按钮显示为，用户只能观察该层上的图形，不能对其编辑和修改，但该层上的图形仍可以显示和输出。

另外，当前图层不能被冻结，但可以被关闭和锁定。

4．各功能的启用方式

- 在展开【图层控制】列表，然后单击各图层左端的状态控制按钮；
- 使用【图层】命令，在打开的【图层特性管理器】对话框中选择要操作的图层，然后单击相应控制按钮。

6.1.6 图层工具的应用

本节将学习几个比较实用的图层工具，这些工具是 AutoCAD 2009 版本新增的功能，其按钮位于如图 6-18 所示的【图层Ⅱ】工具栏上。

图 6-18 【图层Ⅱ】工具栏

1．图层匹配

【图层匹配】命令用于将选定对象的图层更改到目标图层上。执行此命令主要有以下几种方法。

- 菜单栏：单击菜单栏上的【格式】|【图层工具】|【图层匹配】命令。
- 工具栏：单击【图层Ⅱ】工具栏中的按钮。
- 命令行：在命令行输入 Laymch。

下面通过实例，学习【图层匹配】命令的使用方法。

❶继续上例操作。

❷在“0 图层”上绘制一个矩形，如图 6-19 所示。

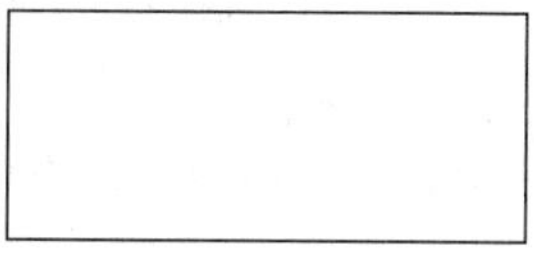

图 6-19 绘制矩形

❸执行【图层匹配】命令，将矩形所在层更改为“点划线”。

命令行操作如下：

```
命令: _laymch
    选择要更改的对象:                       //选择矩形
    选择对象:                               // Enter，结束选择
    选择目标图层上的对象或 [名称(N)]:       //n Enter，打开如图 6-20 所示的【更改到图层】对
                                             话框，然后双击“点划线”
    一个对象已更改到图层“点划线”上
```

④图层更改后的显示效果如图 6-21 所示。

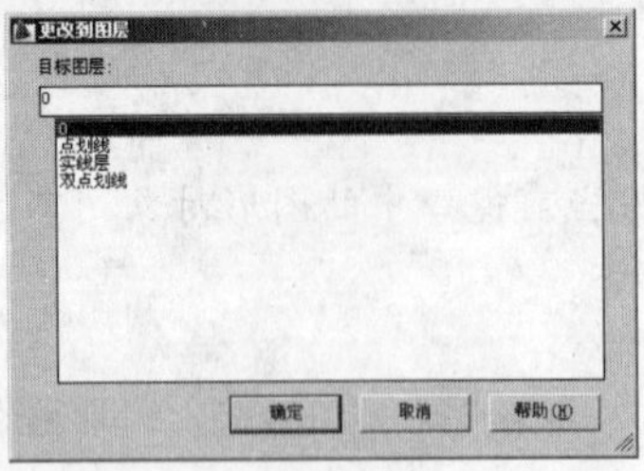

图 6-20 【更改到图层】对话框

图 6-21 图层更改后的效果

技巧

如果单击【更改为当前图层】按钮，可以将选定对象的图层更改为当前图层；如果单击【将对象复制到新图层】按钮，可以将选定的对象复制到其他图层。

2. 图层隔离

【图层隔离】命令用于将选定对象的图层之外的所有图层都锁定，如图 6-22 所示。执行此命令主要有以下几种方法。

- 菜单栏：单击菜单栏上的【格式】|【图层工具】|【图层隔离】命令。
- 工具栏：单击【图层 II】工具栏中的按钮。
- 命令行：在命令行输入 Layiso。

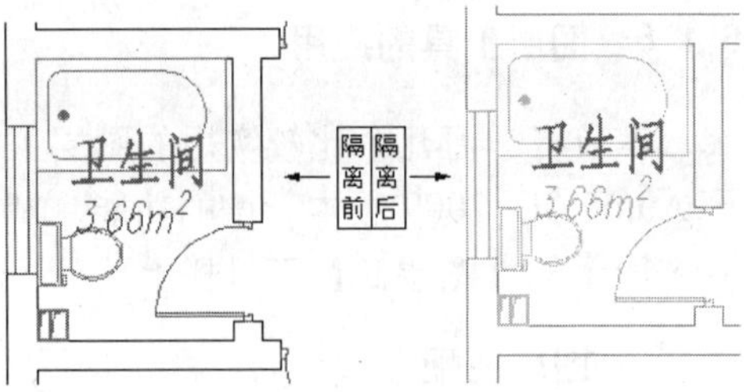

图 6-22 图层隔离示例

激活【图层隔离】命令后，其命令行操作如下：

```
命令: _layiso
    当前设置: 锁定图层, Fade=50
    选择要隔离的图层上的对象或 [设置(S)]:
                                        //选择图 6-22（左）所示的"卫生间"文字对象
    选择要隔离的图层上的对象或 [设置(S)]: //Enter，结果除所选文字所在图层之外的所有图层
                                          均被锁定，如图 6-22（右）所示
    已隔离图层 文本层
```

技巧

单击【取消图层隔离】按钮，或在命令行输入 Layuniso，都可以取消图层的隔离，将被锁定的图层解锁。

3. 图层漫游

【图层漫游】命令用于将选定对象的图层之外的所有图层都关闭。执行此命令主要有以下几种方法。

- 菜单栏：单击菜单栏上的【格式】|【图层工具】|【图层漫游】命令。
- 工具栏：单击【图层 II】工具栏中的按钮。
- 命令行：在命令行输入 Laywalk。

下面通过漫游“墙线层”上的所有对象，学习【图层漫游】命令的使用方法和技巧。

❶打开光盘“效果文件\第 7 章\填写房间功能与面积.dwg”，如图 6-23 所示。

❷单击【图层 II】工具栏中的按钮，打开如图 6-24 所示的【图层漫游】对话框。

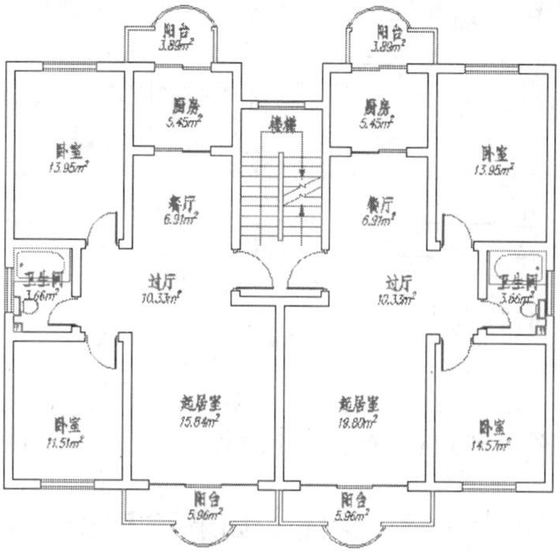

图 6-23　打开的图形

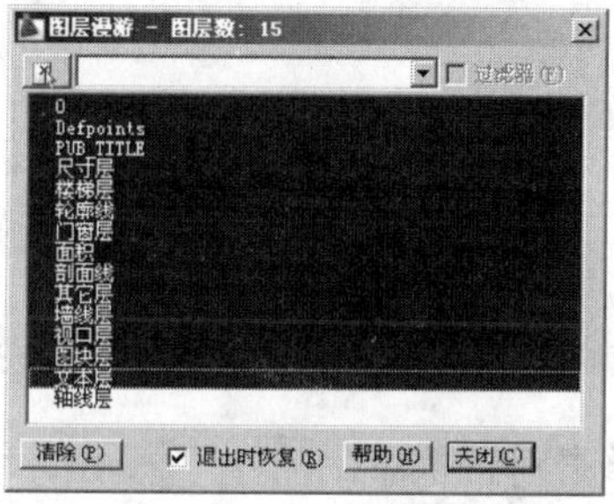

图 6-24　【图层漫游】对话框

技巧

对话框的列表框中正常显示的图层，表示当前被关闭图层；反白显示的图层，则表示当前被打开的图层。

❸在对话框列表中单击“墙线层”，结果除“墙线层”外的所有图层都被关闭，如图 6-25 所示。

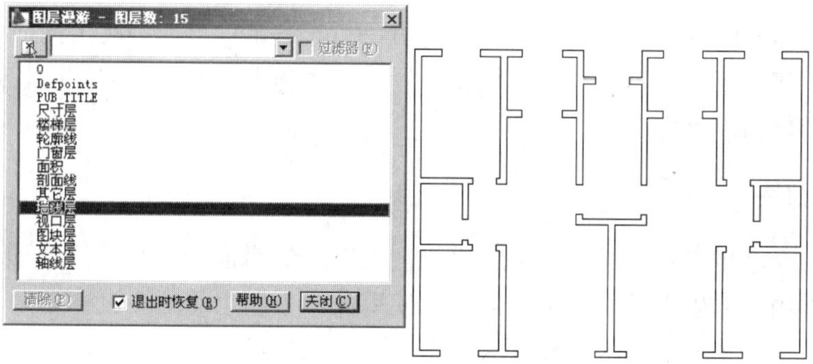

图 6-25　墙线层的预览效果

技巧

在对话框列表中的图层上双击鼠标后，图层即被视为“总图层”，左图层前端将自动添加一个星号。

❹如果在“墙线层”上双击鼠标，然后再单击“门窗层”，结果除这两个图层之外的所有图层都被关闭，如图 6-26 所示。

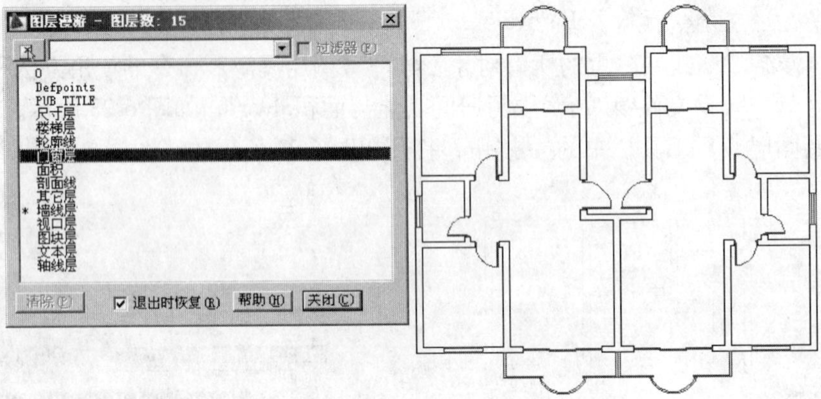

图 6-26　墙线层和门窗层的预览效果

技巧

在对话框的图层列表中右击鼠标，从弹出的快捷菜单中可以进行更多的操作。

❺单击对话框中的关闭(C)按钮，结果图形将恢复原来的显示状态；如果将【退出时恢复】复选框的勾选取消，那么图形将显示漫游时的显示状态。

4. 其他常用工具

在【图层Ⅱ】工具栏中单击【图层冻结】按钮，则可以快速冻结选定对象所在的图层；单击【图层关闭】按钮，则可以快速关闭选定对象所在的图层；单击【图层锁定】按钮，则可以快速锁定选定对象所在的图层。

6.2 块与属性

“图块”是多个图形对象的集合，是一个单一图元，用户可以多次灵活应用该单一图元。当图块被重复引用后，不仅在很大程度上提高绘图速度、节省存储空间，还可以使绘制的图形更标准化和规范化。

6.2.1 创建内部块

【创建块】命令用于将选定的单个或多个图形对象集合成为一个整体图形单元，保存于当前图形文件内，以供当前文件重复使用，使用此命令创建的图块被称之为“内部块”。执行【创建块】命令主要有以下几种方式。

- 菜单栏：单击菜单栏上的【绘图】|【块】|【创建】命令。
- 工具栏：单击【绘图】工具栏中的按钮。
- 命令行：在命令行输入 Block 或 Bmake 或 B。

下面通过创建“平面椅”内部图层，学习【创建块】命令的使用方法和技巧。图形被创建为块前后的显示效果如图 6-27 所示。

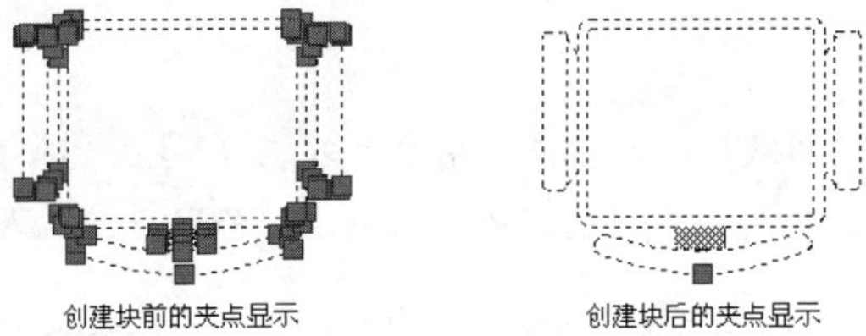

图 6-27 创建内部块前后的显示效果

❶打开随书光盘“源文件\平面椅.dwg”，如图 6-28 所示。

❷单击【绘图】工具栏中的按钮，激活【创建块】命令，打开如图 6-29 所示的【块定义】对话框。

图 6-28 平面椅图形

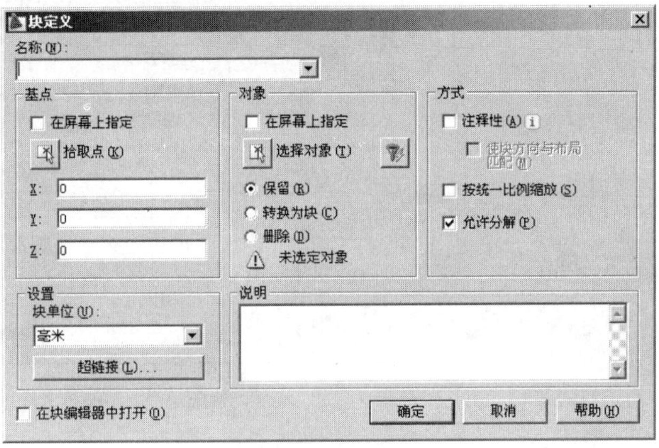

图 6-29 【块定义】对话框

❸在【名称】下拉列表框内输入“平面椅”作为块的名称，在【对象】选项组中选择【保留】单选项，其他参数采用默认设置。

技巧

【名称】下拉列表框有两个功能。第一，用于为新块赋名，图块名是一个不超过 255 个字符的字符串，可以包含字母、数字、“$”、“-”及“_”等符号；第二，用于存放当前文件中所有的内部块。

❹在【基点】组合框中，单击【拾取点】按钮，返回绘图区捕捉如图 6-30 所示的中点作为块的基点。

❺单击【选择对象】按钮，返回绘图区，使用窗口选择方式选平面椅图形，如图 6-31 所示。

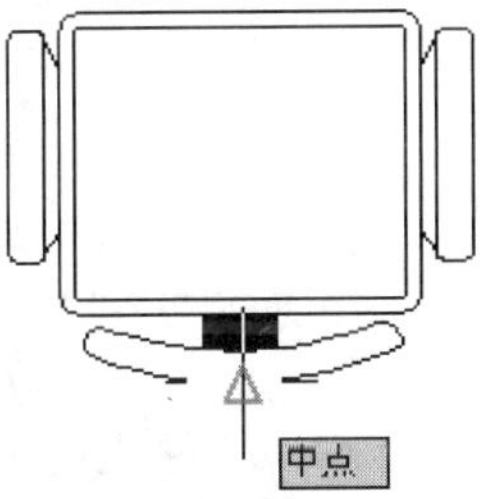

图 6-30 捕捉中点

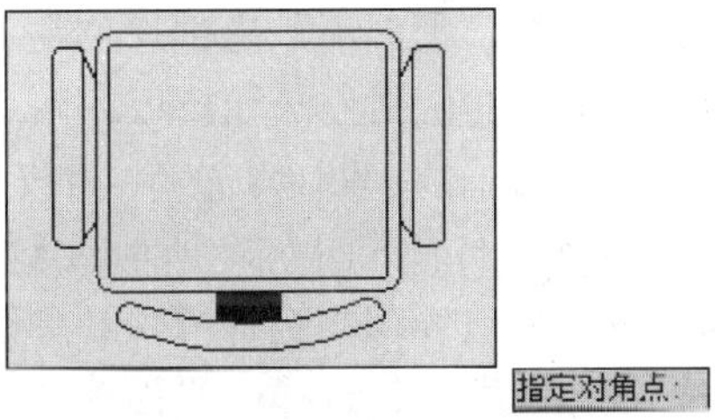

图 6-31 窗口选择

技巧

【基点】选项组用于确定图块的插入基点。用户可以在【X】、【Y】、【Z】文本框中输入基点坐标值，也可以在绘图区直接捕捉图形上的点。默认基点为原点。

❻按 Enter 键返回到【块定义】对话框，则在此对话框内出现图块的预览图标，如图 6-32 所示。

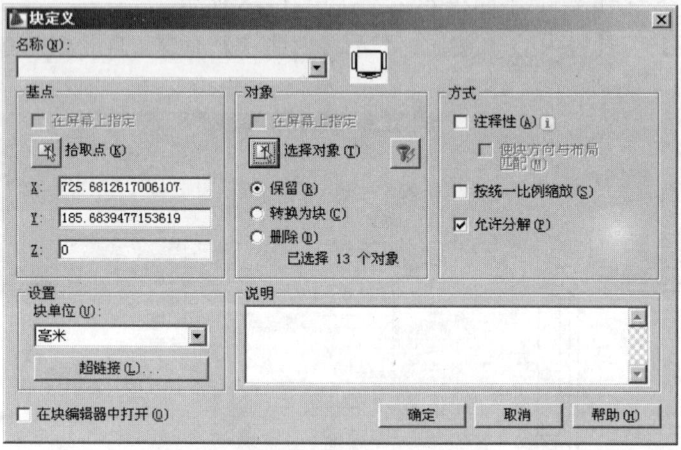

图 6-32　参数设置

技巧

单击【快速选择】按钮，将弹出【快速选择】对话框，用户可以按照一定的条件定义一个选择集；【转换为块】选项用于将创建块的源图形转化为图块；【删除】选项用于将组成图块的图形对象从当前绘图区中删除。

❼单击 确定 按钮关闭【块定义】对话框，结果所创建的内部块存在于文件内部，它将会与文件一起进行保存。

6.2.2　创建外部块

由于“内部块”仅供当前文件所引用，为了弥补内部块给绘图过程带来了不便，AutoCAD 提供了【写块】命令，使用此命令创建的图块，不但可以被当前文件所使用，还可以供其他文件进行重复引用。

下面通过将“平面椅”内部块创建为外部块，学习【写块】命令的使用方法和技巧。

❶在命令行输入 Wblock 或 W 后按 Enter 键，激活【写块】命令，打开如图 6-33 所示的【写块】对话框。

❷在【源】选项组内选择【块】单选项，然后展开【块】下拉列表框，选择“平面椅”内部块，如图 6-34 所示。

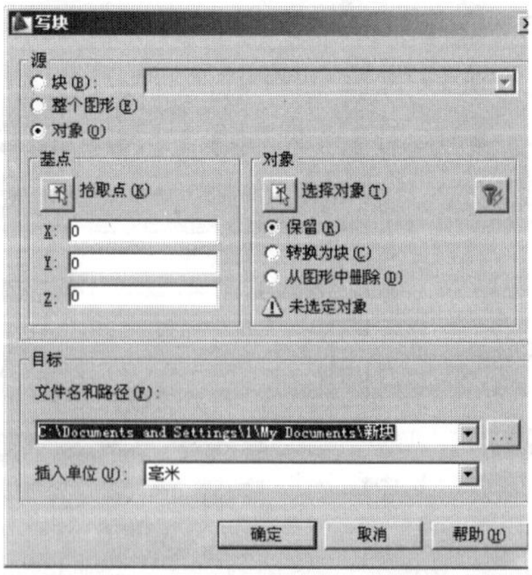

图 6-33　【写块】对话框

技巧

【块】单选项用于将当前文件中的内部图块转换为外部块，进行存盘。当选择该选项时，其右侧的下拉文框被激活，可从中选择需要被写入块文件的内部图块。

❸在【文件名或路径】选项区内，可以设置外部块的存盘路径、名称和单位，如图 6-35 所示。

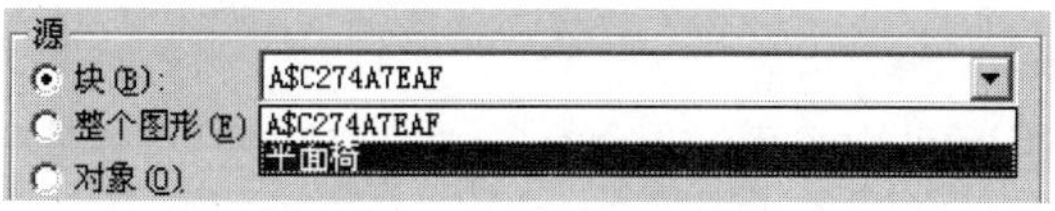

图 6-34　选择内部块

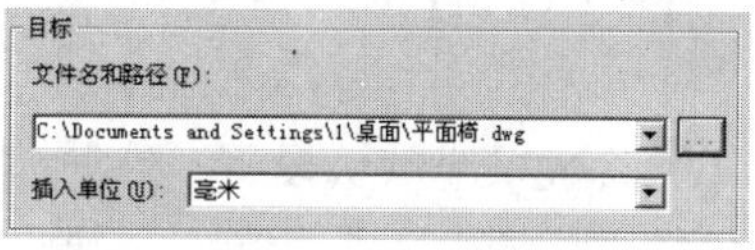

图 6-35　创建外部块

技巧

在默认状态下，系统将继续使用源内部块的名称作为外部图块的新名称进行存盘。

❹单击 确定 按钮，结果“平面椅”内部块被转化为外部图块，以独立文件形式存盘。

技巧

【整个图形】单选项用于将当前文件中的所有图形对象，创建为一个整体图块进行存盘；【对象】单选项是系统默认选项，用于有选择性的，将当前文件中的部分图形或全部图形创建为一个独立的外部图块。具体操作与创建内部块相同。

6.2.3　图块的插入

将多个图形集合成块的最大目的，就是为了进行反复的引用，以节省绘图时间，提高绘图效率。引用图块的工具为【插入块】，此命令可以将内部块、外部块以及一些存盘的文件，以不同的比例及角度插入到当前图形中。

执行【插入块】命令主要有以下几种方法。

- 菜单栏：单击菜单栏上的【插入】|【块】命令。
- 工具栏：单击【绘图】工具栏中的按钮。
- 命令行：在命令行输入 Insert 或 I。

下面通过将“平面椅”图块，以 0.5 倍的缩放比例进行插入，学习【插入块】命令的使用方法和技巧。

❶单击【绘图】工具栏中的按钮，打开【插入】对话框。

❷单击【名称】下拉列表框，在展开的下拉文本框中选择“平面椅”内部块。

技巧

【名称】下拉文本框用于设置需要插入的内部图块。单击此下拉文本框使其展开所有的内部图块都显示在此列表内，用户可以根据需要进行选择。

❸在【比例】选项组中勾选下侧的【统一比例】复选框，同时设置图块的缩放比例，如图 6-36 所示。

技巧

【插入点】选项组用于确定图块插入点的坐标。用户可以勾选【在屏幕上指定】选项，直接在屏幕绘图区拾取一点，也可以在【X】、【Y】、【Z】3 个文本框中输入插入点的坐标值；【缩放比例】选项组是用于确定图块的插入比例。

❹其他参数采用默认设置，单击 确定 按钮返回绘图区，在命令行“指定插入点或[基点(B)/比例(S)/旋转(R)]:”提示下，拾取一点作为块的插入点，结果如图 6-37 所示。

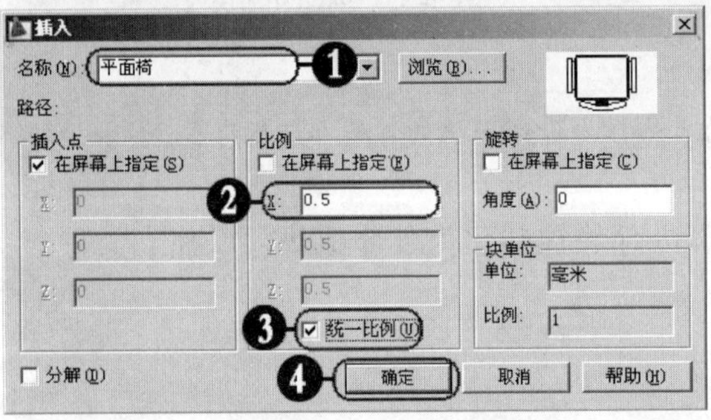

图 6-36 设置插入参数

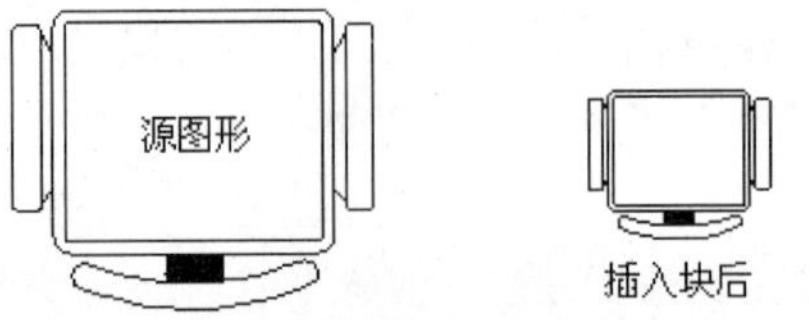

图 6-37 插入结果

技巧

【旋转】选项组用于确定图块插入时的旋转角度。用户可以勾选【在屏幕上指定】复选框，直接在绘图区指定旋转的角度，也可以在【角度】文本框中输入图块的旋转角度；【分解】选项用于分解图块。激活此功能，插入的图块不是一个独立的对象，而是被还原成一个个单独的图形对象。

块的注意事项

- 如果用户插入的不是当前图形文件中的内部图块，而是已存盘的 DWG 格式的图形文件，那么在插入图块后，系统将自动在当前图形中生成相应的同名内部块，并在下拉列表框中列出该图块的名称。
- 如果插入的图块是由多个位于不同图层上的对象组成的，那么当冻结某一个对象所在的图层后，此图层上属于图块的对象就会不可见，其余对象仍然显示；但是当冻结插入图块的当前图层时，不管图块中各对象处于哪一个图层，整个图块中的所有对象都是不可见的。
- 如果需要插入外部块，则需要单击 浏览(B)... 按钮，从弹出的【选择图形文件】对话框中打开所需文件，将其以图块的形式插入到当前图形文件中。

6.2.4 定义块属性

“属性”实际上就是一种“块的文字信息”，属性不能独立存在，它是附属于图块的一种非图形信息，用于对图块进行文字说明。执行【定义属性】命令主要有以下几种方法。

- 菜单栏：单击菜单栏上的【绘图】|【块】|【定义属性】命令。
- 命令行：在命令行输入 Attdef 或 ATT。

下面以创建“轴标号”属性块为例，学习【定义属性】命令的使用方法和技巧。

❶新建文件，并绘制直径为 8 的圆。

❷单击菜单栏上的【绘图】|【块】|【定义属性】命令，打开【属性定义】对话框。

❸在【属性定义】对话框中进行设置属性的标记名、提示说明、默认值、对正方式以及属性高度等参数，如图 6-38 所示。

技巧

当用户需要重复定义对象的属性时，可以勾选【在上一个属性定义下对齐】复选框，系统将自动沿用上次设置的各属性的文字样式、对正方式以及高度等参数的设置。

❹单击 确定 按钮返回绘图区，在命令行“指定起点:”提示下，捕捉圆心作为属性插入点，结果如图 6-39 所示。

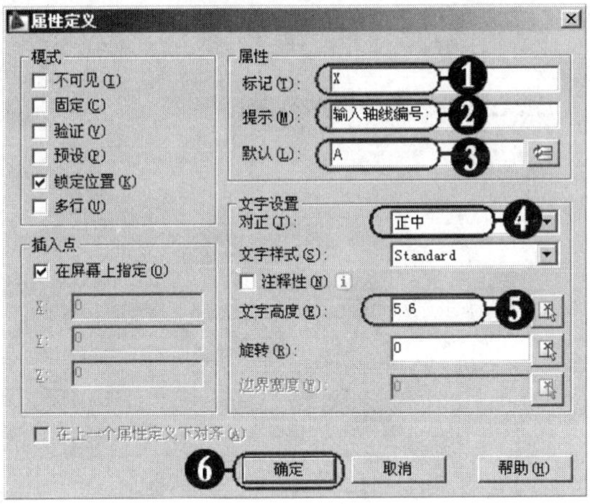

图 6-38　定义属性参数

图 6-39　定义的属性

技巧

当用户为几何图形定义了文字属性后，所定义的文字属性暂时以属性标记名显示。

属性的模式

【模式】选项组主要用于控制属性的显示模式，具体功能如下：

- 【不可见】复选框用于设置插入属性块后是否显示属性值。
- 【固定】复选框用于设置属性是否为固定值。
- 【验证】复选框用于设置在插入块时提示确认属性值是否正确。
- 【预置】复选框用于将属性值定为默认值。
- 【锁定位置】复选框用于将属性位置进行固定。
- 【多行】复选框用于设置多行的属性文本。

技巧

用户可以运用系统变量 Attdisp 直接在命令行进行设置或修改属性的显示状态。

6.2.5 编辑块属性

当为几何图形定义了属性之后，并没有真正起到“属性”的作用，下一步还需要将定义的文字属性和几何图形，一起创建为“属性块”，然后在应用“属性块”时，才可体现出“属性”的作用。

当用户插入了带有属性的图块后，可以使用【编辑属性】命令，对属性值以及属性的文字特性等内容进行修改。执行【编辑属性】命令主要有以下几种方法。

- 菜单栏：单击菜单栏上的【修改】|【对象】|【属性】|【单个】命令。
- 工具栏：单击【修改 II】工具栏中的按钮。
- 命令行：在命令行输入 Eattedit。

下面学习属性块的创建、应用以及属性块的修改编辑等操作。

①执行【创建块】命令，将轴标号及属性一起创建为属性块，参数设置如图 6-40 所示。

②单击 确定 按钮，打开如图 6-41 所示的【编辑属性】对话框，在此对话框中即可定义正确的文字属性值。

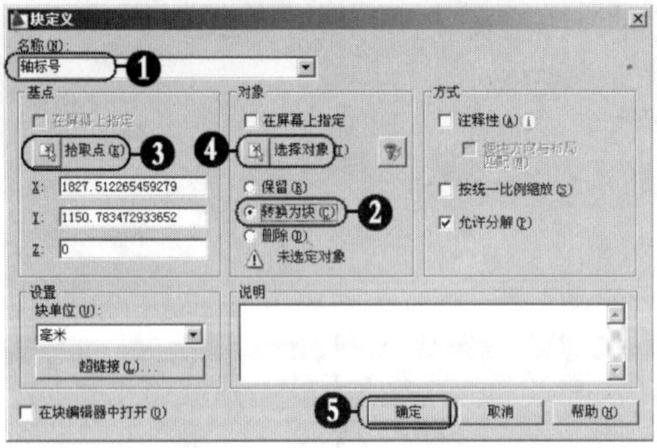

图 6-40 设置块参数

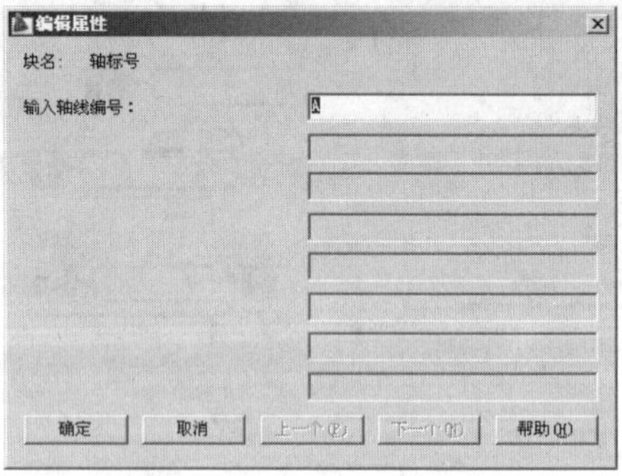

图 6-41 【编辑属性】对话框

③在此设置属性值为 C，单击 确定 按钮，结果创建了一个属性值为 C 的轴标号，如图 6-42 所示。

④单击菜单栏上的【修改】|【对象】|【属性】|【单个】命令，在命令行“选择块：”提示下，选择属性块，打开如图 6-43 所示的【增强属性编辑器】对话框。

⑤在【属性】选项卡中的【值】文本框内，修改属性值为 2，结果属性值被更改，如图 6-44 所示。

图 6-42 定义的属性

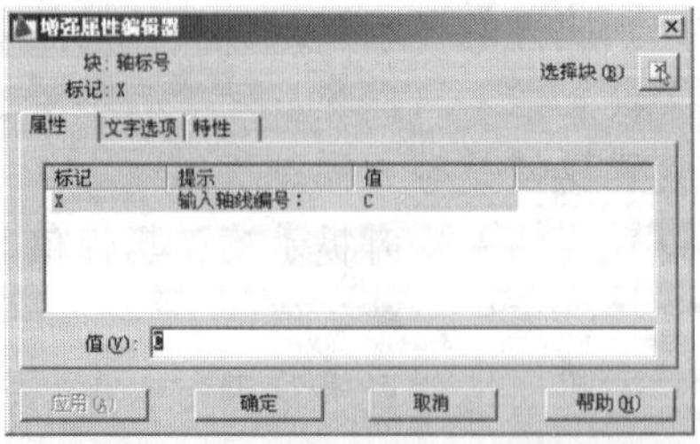

图 6-43 【增强属性编辑器】对话框

图 6-44 修改后的块属性

技巧

【属性】选项卡用于显示当前图形文件中的所有属性块的属性标记、提示和默认值，还可以修改属性块的属性值。当选择了需要修改的属性，在【值】文本框内输入新的属性值后单击 应用(A) 按钮，就可以改变原来的属性值。然后再通过单击右上角的【选择块】按钮，对当前图形中的其他属性块进行修改。

⑥在【增强属性编辑器】对话框中展开【文字选项】选项卡，然后修改属性的高度和宽度比例如图 6-45 所示，属性块的显示效果如图 6-46 所示。

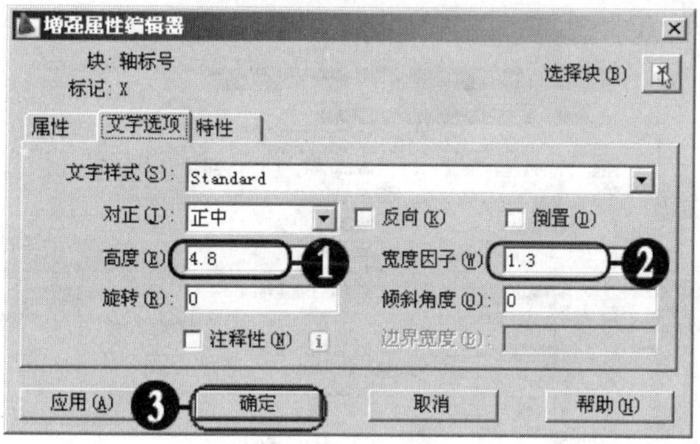

图 6-45 修改属性值

图 6-46 修改属性值的结果

⑦单击 确定 按钮关闭【增强属性编辑器】对话框。

技巧

在图 6-47 所示的【特性】选项卡中，可以修改属性所在的图层、线型、颜色和线宽的特性。

图 6-47 【特性】选项卡

6.3 外部参照

"外部参照"指的是将一幅图形以参照的形式引用到另一个图形中，但是此图形并没有成为另一图形中的一部分，它仅仅起到一种参照作用，并且外部参照的每次改动后的结果都会及时地反映在最后一次被参照的图形中。

当用户打开一个含有外部参照的文件时，系统仅会按照记录的路径去搜索外部参照文件，而不会将外部参照作为图形文件的内部资源进行存储。外部参照主要有 DWG 参照、DWF 参考底图、DGN 参考底图等几种，下面将学习【DWG 参照】命令。

执行【DWG 参照】命令主要有以下几种方法。

- 菜单栏：单击菜单栏上的【插入】|【DWG 参照】命令。
- 工具栏：单击【参照】工具栏中的按钮。
- 命令行：在命令行输入 Xattach 或 XA。

激活【DWG 参照】命令后，可打开如图 6-48 所示的【选择参照文件】对话框，然后选择需要附着的图形文件，单击 打开(O) 按钮，即可打开如图 6-49 所示的【外部参照】对话框，进行为当前图形文件附着参照。

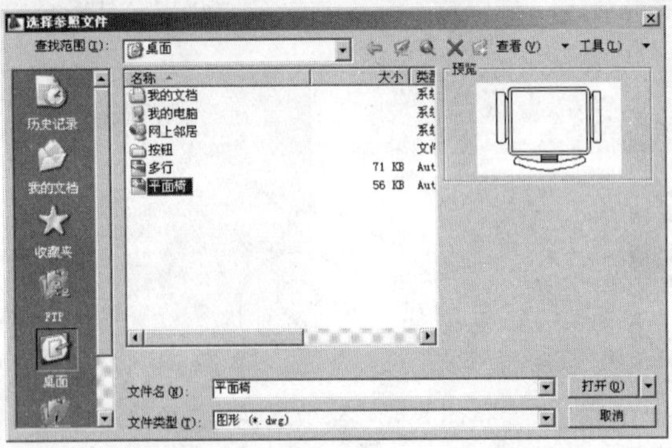

图 6-48 【选择参照文件】对话框

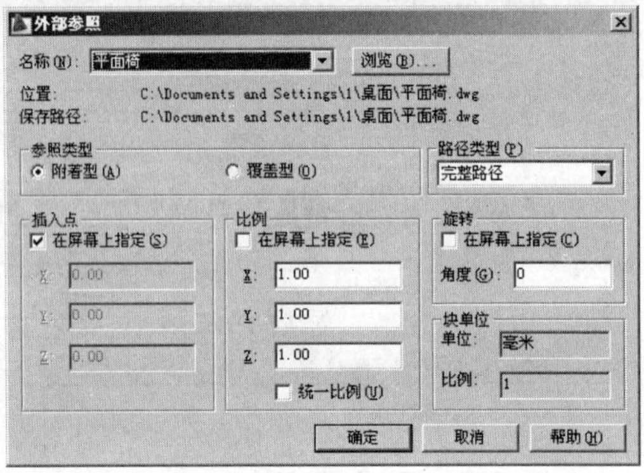

图 6-49 【外部参照】对话框

1.【名称】下拉列表框

当用户附着了外部参照后，该外部参照的名称将出现在此文本框内，并且此外部参照文件所在的位置及路径都显示在文本框的下部。如果在当前图形文件中含有多个参照时，这些参照的文件名都排列在此下拉列表框中。

单击【名称】下拉列表框右侧的 浏览(B)... 按钮，可以打开【选择参照文件】对话框，用户可以从中为当前图形选择新的外部参照。

2.【参照类型】选项组

【参照类型】选项组用于指定外部参照图形文件的引用类型。引用的类型主要影响嵌套参照图形的显示。系统提供了【附着型】和【覆盖型】两种参照类型，具体如下。

- 附着型：如果在一个图形文件中以“附着型”的方式引用了外部参照图形，当这个图形文件又被参照在另一个图形文件中时，AutoCAD 仍显示这个图形文件中的嵌套的参照图形；
- 覆盖型：如果在一个图形文件中以“覆盖型”的方式引用了外部参照图形，当这个图形文件又被参照在另一个图形文件中时，AutoCAD 将不再显示这个图形文件中的嵌套的参照图形。

当 A 图形以外部参照的形式被引用到 B 图形，而 B 图形又以外部参照的形式被引用到 C 图形，则相对 C 图形来说，A 图形就是一个嵌套参照图形，它在 C 图形中的显示与否，取决于它被引用到 B 图形时的参照类型。

如图 6-50（左）所示的图形中，所有平面门图形都是以“附着型”的方式参照在图形文件中，所有家具图形都是以“覆盖型”的方式参照在图形文件中，当含有这两种参照类型的图形作为外部参照被引用到其他的图形文件中时，“附着型”的平面门嵌套参照图形仍然被显示，而“覆盖型”的家具嵌套参照图形不被显示，如图 6-50（右）所示。

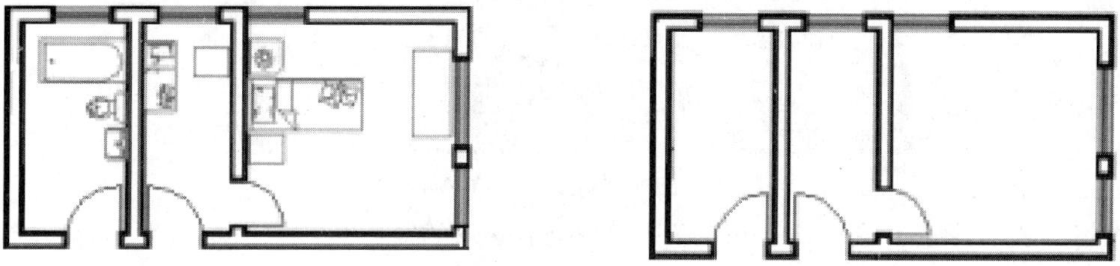

图 6-50 参照类型示例

3.【路径类型】下拉列表框

【路径类型】下拉列表框用于指定外部参照的保存路径的，AutoCAD 提供了【完整路径】、【相对路径】和【无路径】3 种路径类型。将路径类型设置为【相对路径】之前，必须保存当前图形。

对于嵌套的外部参照，相对路径通常是指其直接宿主的位置，而不一定是当前打开的图形的位置。如果参照的图形位于另一个本地磁盘驱动器或网络服务器上，则【相对路径】选项不可用。

技巧

外部参照与图块有着实质的区别，用户一旦插入了图块，该图块就永久性地被插入到当前图形中，并不随原始图形的改变而更新，而外部参照文件的信息并不是直接将图形信息加入到当前图形文件中，而只是记录引用的关系和路径，与当前图形文件建立一种参照关系。

6.4 设计中心

6.4.1 设计中心概述

【设计中心】是 AutoCAD 软件的一个高级制图工具，它主要用于 CAD 图形资源的管理、查看与共享等。与 Windows 的资源管理器界面功能相似，它是一个直观、高效的制图工具。执行【设计中心】命令主要有以下几种方法。

- 菜单栏：单击菜单栏上的【工具】|【选项板】|【设计中心】命令。
- 工具栏：单击【标准】工具栏中的▦按钮。
- 命令行：在命令行输入 Adcenter 或 ADC。
- 组合键：按 Ctrl+2 键。

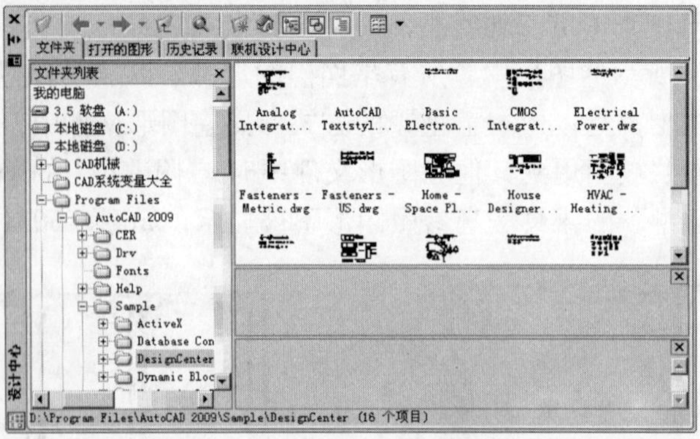

图 6-51　【设计中心】窗口

执行【设计中心】命令后，可打开如图 6-51 所示的窗口，该窗口有【文件夹】、【打开的图形】、【历史记录】和【联机设计中心】4 个选项卡，分别用于显示计算机和网络驱动器上的文件与文件夹的层次结构、打开图形的列表、自定义内容以及上次访问过的位置的历史记录等，具体如下：

- 【文件夹】选项卡的左侧为“树状管理视窗”，用于显示计算机或网络驱动器中文件和文件夹的层次关系；右侧窗口为“控制面板”，用于显示在左侧树状视窗中选定文件的内容。
- 【打开的图形】选项卡用于显示 AutoCAD 任务中当前所有打开的图形，包括最小化的图形。
- 【历史记录】选项卡用于显示最近在设计中心打开的文件的列表。它可以显示【浏览 Web】对话框最近连接过的 20 条地址的记录。
- 【联机设计中心】选项卡用于访问联机设计中心网页。当建立网络连接时，左边面板中将显示包含符号库、制造商站点和其他内容库的文件夹。当选定某个符号时，它会显示在右侧面板中，可以下载到用户的图形中。

部分按钮解析

- 【加载】按钮：单击该按钮，将弹出【加载】对话框，以方便浏览本地和网络驱动器或 Web 上的文件，然后选择内容加载到内容区域。
- 【上一级】按钮：单击该按钮，将显示活动容器的上一级容器的内容。容器可以是文件夹也可以是一个图形文件。
- 【搜索】按钮：此按钮用于搜索图形、填充图案和块等内容的。单击该按钮，可弹出【搜索】对话框，在对话框中指定搜索条件，查找图形、块以及图形中的非图形对象，如线型、图层等，还可以将搜索到的对象添加到当前图形文件中，为当前图形文件所使用。
- 【收藏夹】按钮：单击该按钮，系统将在设计中心右侧的控制面板中将显示 Autodesk Favorites 文件夹内容，在设计中心左侧的树状管理视窗中将在桌面视图中呈高亮显示该文件夹。
- 【默认】按钮：单击此按钮，系统将设计中心返回到默认文件夹。安装时，默认文件夹被设置为“...\Sample\DesignCenter”。

- 【树状图切换】按钮：单击该按钮，设计中心左侧将显示或隐藏树状管理视窗。
- 【预览】按钮：用于显示或隐藏图像的预览框。当预览框被打开时，在上部的面板中选择一个项目，则在预览框内将显示出该项目的预览图像。如果选定项目没有保存的预览图像，则该预览框为空。
- 【说明】按钮：用于显示和隐藏选定项目的文字信息。

6.4.2 设计资源的查看功能

通过【设计中心】窗口，不但可以方便查看本机或网络机上的 AutoCAD 资源，而且还可以单独将选择的 CAD 文件进行打开。下面将学习设计中心的这两种功能。

❶执行【设计中心】命令，打开【设计中心】窗口。

❷查看文件资源。在左侧的树状窗口中定位需要查看的文件夹，如 Sample 文件夹，那么在右侧窗口中，即可查看该文件夹中的所有图形资源，如图 6-52 所示。

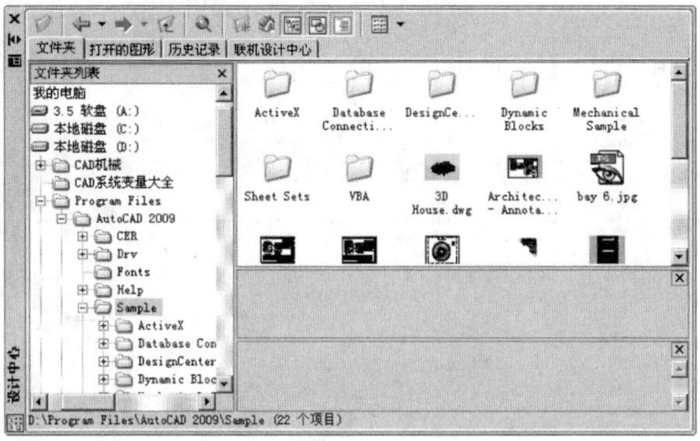

图 6-52　查看文件夹中的资源

技巧

默认设置下，所有 CAD 文件都以图标的形式进行显示。

❸如果用户需要查看 CAD 文件内部的图形资源，可以在左侧的树状窗口中定位需要查看的 CAD 文件，则可以在右侧窗口中显示出此文件内部的所有资源，如图 6-53 所示。

图 6-53　查看文件内部所有资源

❹如果用户需要进一步查看某一类内部资源，如文件内部的所有图块，可以在右侧窗

口中双击块的图标，即可显示出所有的图块，如图 6-54 所示。

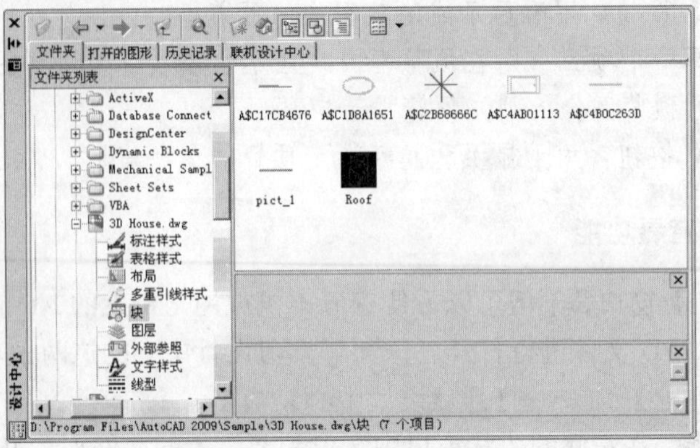

图 6-54　查看块资源

❺打开 CAD 文件。如果用户需要打开某 CAD 文件，可以在该文件图标上右击鼠标，然后在弹出的快捷菜单中选择【在应用程序窗口中打开】命令，即可打开此文件，如图 6-55 所示。

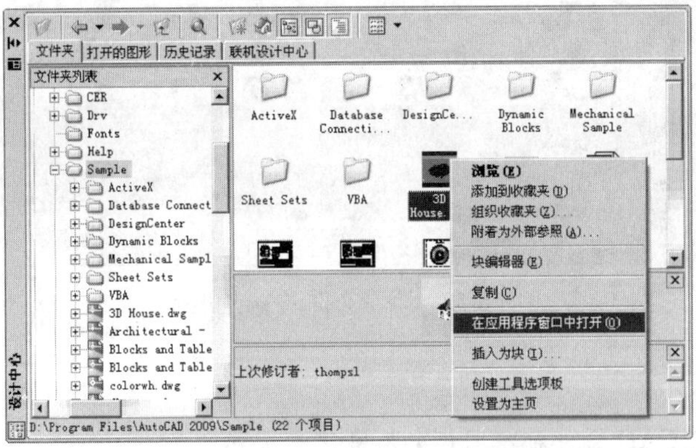

图 6-55　图标快捷菜单

另外，用户还可以通过以下两种方式，进行打开所需文件：1.在窗口中按住 Ctrl 键定位文件，将其拖动到绘图区域，即可打开此图形文件；2.将图形图标从设计中心直接拖动到应用程序窗口，或绘图区域以外的任何位置，即可打开此图形文件。

6.4.3　设计资源的共享功能

用户不但可以随意查看本机上的所有设计资源，还可以将有用的图形资源以及图形的一些内部资源应用到正在绘制的图纸中。下面通过具体的实例，学习设计中心的资源共享功能。

❶执行【设计中心】命令，打开设计中心窗口。

❷共享文件资源。在左侧树状窗口中查找并定位所需文件的上一级文件夹，然后在右侧窗口中定位所需文件。

❸此时在此文件图标上右击鼠标，从弹出的快捷菜单中选择【插入为块】命令，如图 6-56 所示。

❹此时系统弹出如图 6-57 所示的【插入】对话框，在此对话框中设置所需参数，然后单击 确定 按钮，即可将选择的图形共享到当前文件中。

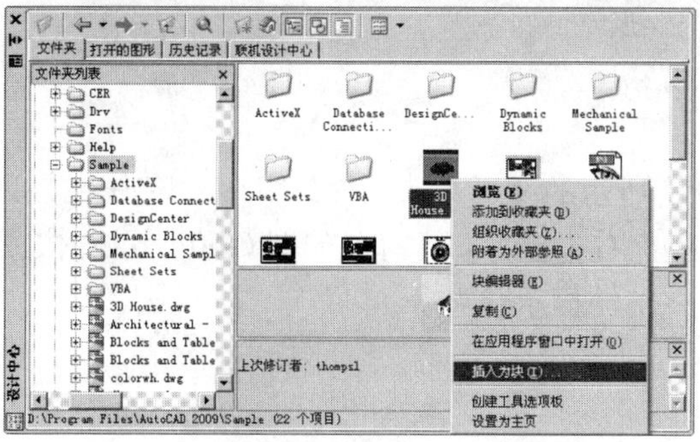

图 6-56　将文件插入为块

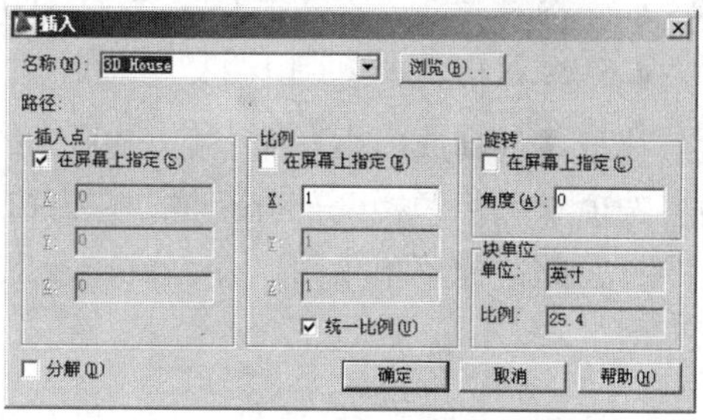

图 6-57　【插入】对话框

技巧

另外，用户也可以在图 6-56 所示的快捷菜单上选择【复制】命令，然后将复制的图形直接粘贴到当前图形文件中。

❺共享文件内部资源。首先定位并打开所需内部资源，如图 6-58 所示。

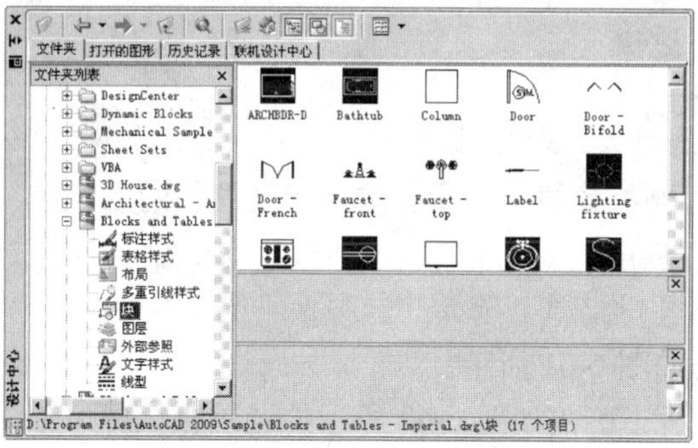

图 6-58　定位并打开所需资源

❻在设计中心右侧窗口中选择某一图块，右击鼠标，从弹出的快捷菜单中的选择【插入块】命令，就可以将此图块插入到当前图形文件中。

技巧

另外，用户可以共享图形文件内部的文字样式、尺寸样式、图层以及线型等资源。

6.5 工具选项板

6.5.1 选项板概述

【工具选项板】主要有组织、共享图形资源和高效执行命令的功能，其窗口则包含一系列选项板，这些选项板以选项卡的形式分布在【工具选项板】窗口中，如图 6-59 所示。

执行【工具选项板】命令主要有以下几种方法。

- 菜单栏：单击菜单栏上的【工具】|【选项板】|【工具选项板】命令。
- 工具栏：单击【标准】工具栏中的按钮。
- 命令行：在命令行输入 Toolpalettes。
- 组合键：按 Ctrl+3 键.

执行【工具选项板】命令后，可打开图 6-59 所示的【工具选项板】窗口，该窗口主要由各选项卡和标题栏两部分组成，在窗口标题栏上右击鼠标，可打开如图 6-60 所示的快捷菜单，在此快捷菜单中用于控制窗口及工具选项卡的显示状态等。

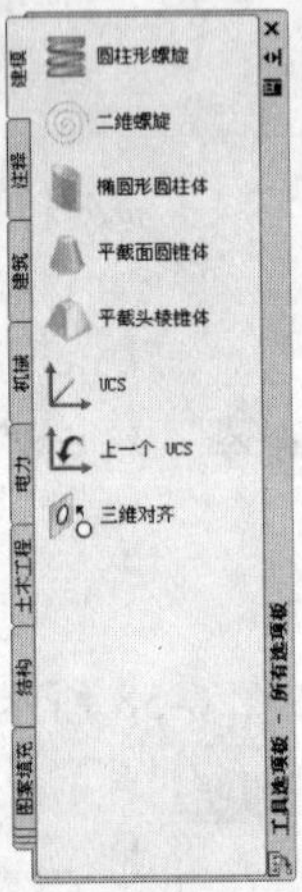

图 6-59 【工具选项板】窗口

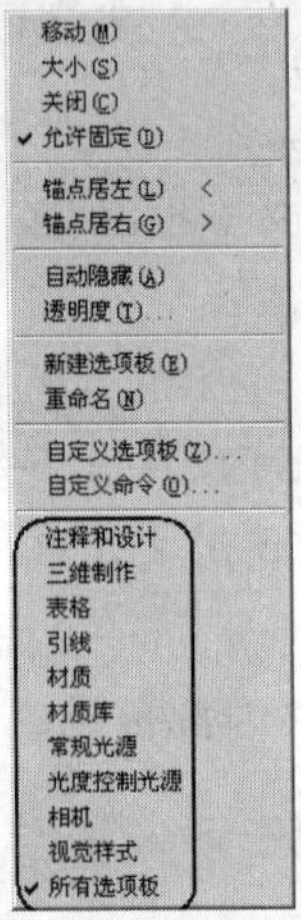

图 6-60 标题栏快捷菜单

在图 6-60 所示的标题栏快捷菜单中，被矩形框圈住的区域选项，是用于控制窗口选项板显示状态的工具，有些用户激活【工具选项板】命令后，打开的选项卡窗口可能会有所不同，这是因为在此标题栏菜单上选择的选项板不同，比如，如果选择了【引线】选项，选项板窗口的显示状态如图 6-61 所示。

在选项板中右击鼠标，弹出如图 6-62 所示的选项板快捷菜单，通过此快捷菜单，也可以控制工具面板的显示状态、透明度，还可以很方便地创建、删除和重命名工具面板。

图 6-61 【引线】选项板

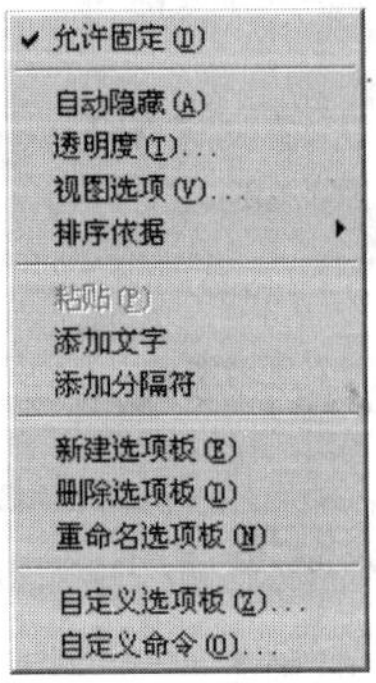

图 6-62 选项板快捷菜单

6.5.2 选项板的定义与管理

用户可以根据作图习惯，自定义选项板中的内容以及创建新的工具选项板，下面将通过具体实例，学习此功能。

❶定义选项板内容。首先打开【设计中心】窗口和【工具选项板】窗口。

❷在设计中心的内容区域，定位需要添加到当前工具选项板中的图形、图块或图案填充等内容，然后将选择的内容直接拖动到工具选项板中，即可添加这些项目，如图 6-63 所示，添加结果如图 6-64 所示。

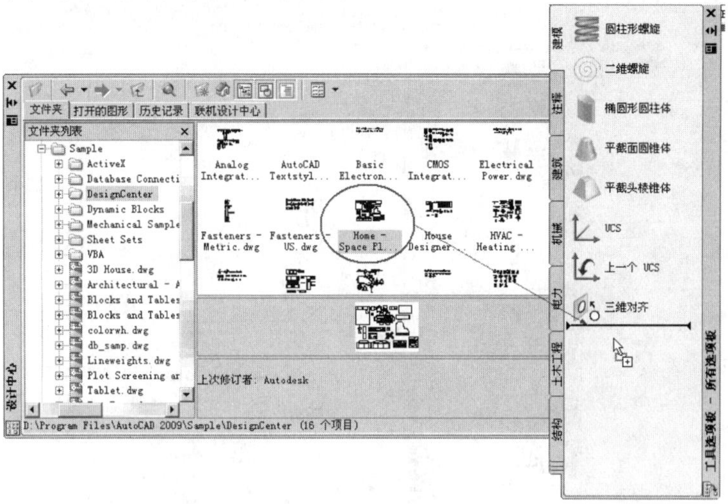

图 6-63 向工具选项板中添加内容

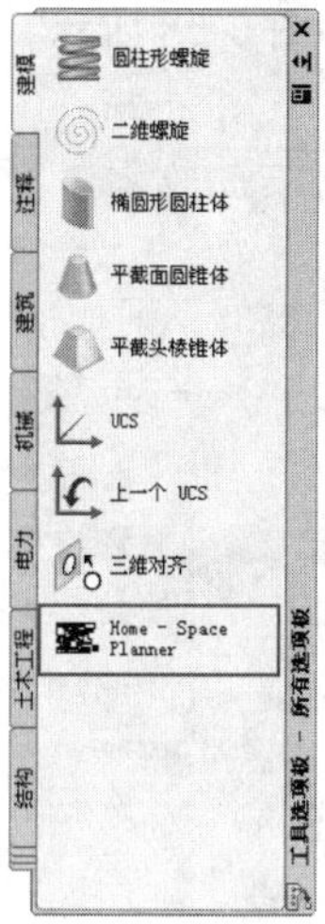

图 6-64 添加结果

❸定义新的选项板。在【设计中心】窗口左侧的树状图中，选择需要创建为工具选项板的文件夹，然后右击鼠标，从弹出的快捷菜单中选择【创建块的工具选项板】命令，如图 6-65 所示。

❹系统将此文件夹中的所有图形文件创建为新的工具选项板，选项板名称为文件的名称，如图 6-66 所示。

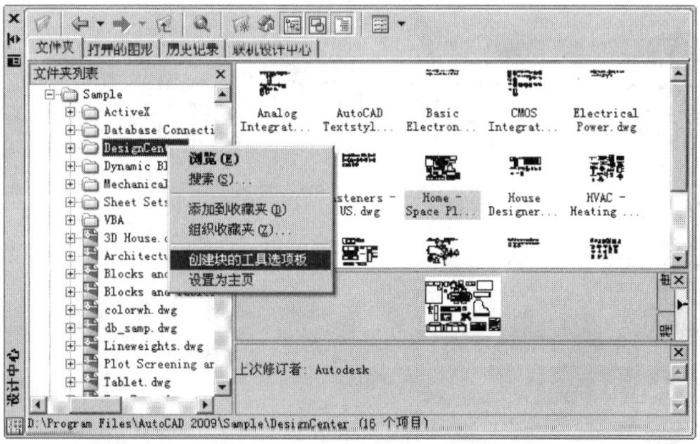

图 6-65 定义新的选项板

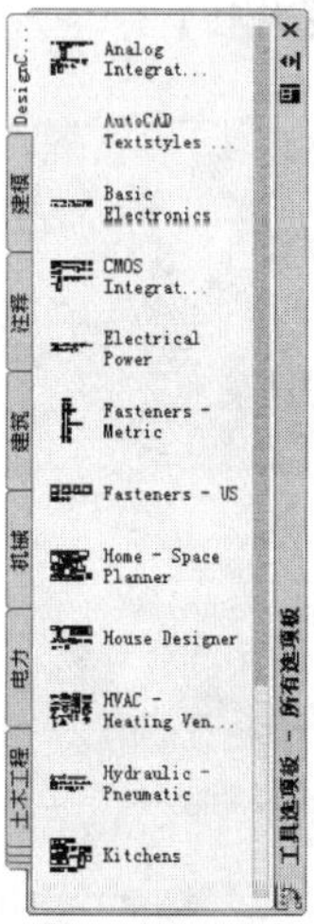

图 6-66 定义的选项板

6.5.3 选项板的典型应用

下面通过向图形文件中插入图块及填充图案为例，学习【工具选项板】命令的使用方法和技巧。

❶首先新建空白文件。

❷执行【工具选项板】命令，在打开的窗口中展开【建筑】选项板，如图 6-67 所示。

❸在【建筑】选项板中单击【车辆-公制】图标，然后在命令行“指定插入点或 [基点(B)/比例(S)/X/Y/Z/旋转(R)]:”提示下，在绘图区拾取一点，将此图例插入到当前文件内，结果如图 6-68 所示。

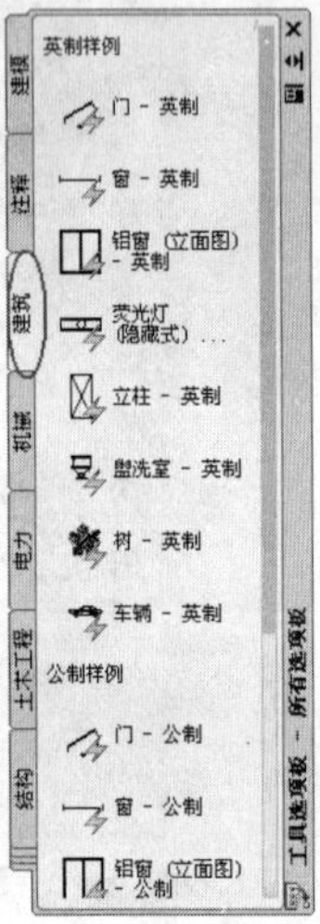

图 6-67 【建筑】选项卡

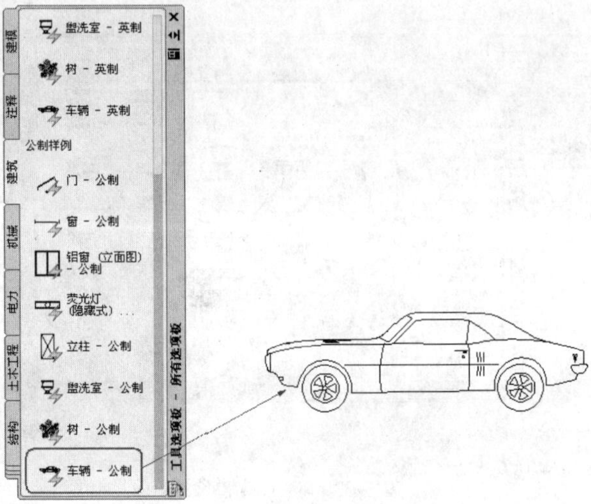

图 6-68 插入结果

❹另外，用户也可以将光标定位到【车辆-公制】图标上，然后将其拖入到当前图形中。

技巧

如果需要改变图案或图块的比例、角度或图层特性时，可以从图案或图块的右键快捷菜单中选择【特性】命令，打开图 6-69 所示的【工具特性】对话框，进行各特性参数的修改与设置。

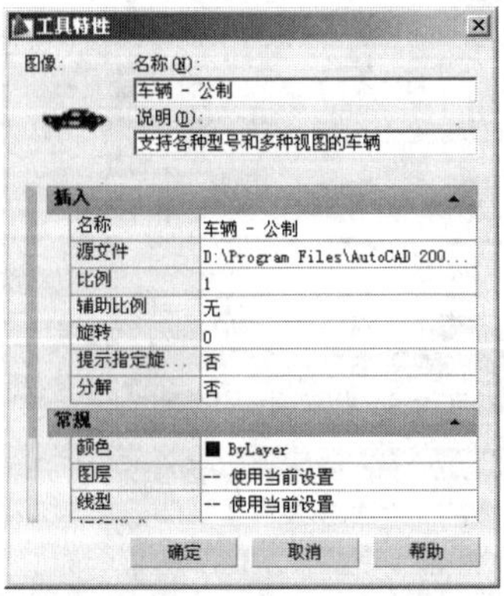

图 6-69 【工具特性】对话框

6.6 对象特性

6.6.1 特性窗口

如图 6-70 所示的窗口为 AutoCAD 图形对象的特性窗口，在此窗口中可以显示出每一种 CAD 图元的基本特性、几何特性以及其他特性等，用户可以通过此窗口，进行查看和修改图形对象的内部特性。

执行【特性】命令主要有以下几种方法。

- 菜单栏：单击菜单栏上的【工具】|【选项板】|【特性】命令。
- 菜单栏：单击菜单栏上的【修改】|【特性】命令。
- 工具栏：单击【标准】工具栏中的按钮。
- 命令行：在命令行输入 Properties 或 PR。
- 组合键：按 Ctrl+1 键。

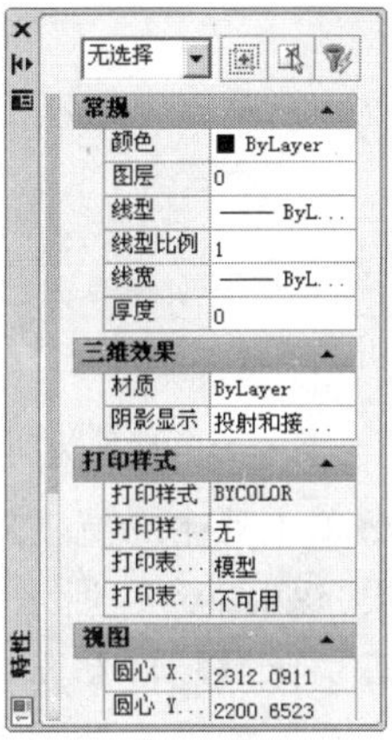

图 6-70 【特性】窗口

执行【特性】命令后，如图 6-70 所示的【特性】窗口，可以分为标题栏、工具栏、特性窗口 3 部分，其中，

- 标题栏位于特性窗口的一侧，用于对特性窗口进行控制。标题栏中的按钮用于控制特性窗口的显示与隐藏状态；单击标题栏底端的按钮，可弹出一个按钮菜单，用于改变特性窗口的尺寸大小、位置以及窗口的显示与否等。

技巧

在标题栏上可以将特性窗口拖动至绘图区的任意位置；双击鼠标，可以将此窗口固定在绘图区的一端。

- 无选择 为特性窗口工具栏，主要用于显示当前被选择的图形名称，以及用于构建新的选择集。无选择 下拉列表框用于显示当前绘图窗口中所有被选择的图形名称；按钮用于切换系统变量 PICKADD 的参数值；【快速选择】按钮用于快速构造选择集；【选择对象】按钮用于在绘图区选择一个或多个对象，按 Enter 键，选择的图形对象名称及所包含的实体特性都显示在特性窗口内，以便对其进行编辑。
- 特性窗口。系统默认的特性窗口共包括【常规】、【三维效果】、【打印样式】、【视图】和【其他】5 个组合框，分别用于控制和修改所选对象的各种特性。

下面通过修改矩形的厚和和宽度特性，学习【特性】命令的使用方法和技巧。

❶首先新建空白文件，并绘制长度为 200、宽度为 100 的矩形。

❷单击菜单栏上的【视图】|【三维视图】|【西南等轴测】命令，将当前视图切换为西南视图，如图 6-71 所示。

❸在无命令执行的前提下，选择矩形，然后执行【特性】命令，打开【特性】窗口。

❹单击【厚度】选项，此时该选项以输入框形式显示，然后输入厚度值为 50，如图 6-72 所示。

❺按 Enter 键，结果矩形的厚度被修改变为 50，如图 6-73 所示。

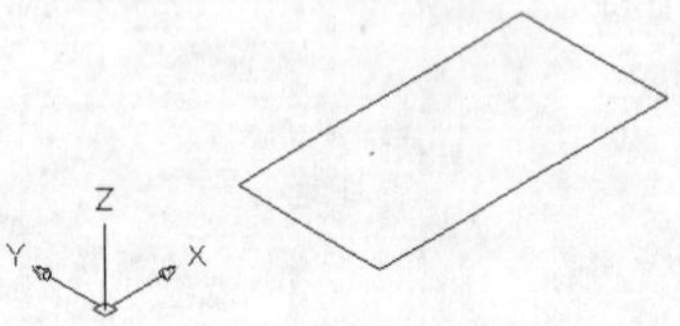

图 6-71 切换为西南视图

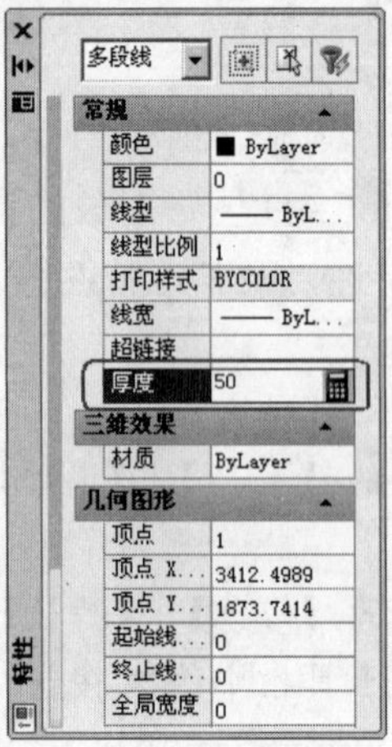

图 6-72 修改厚度特性

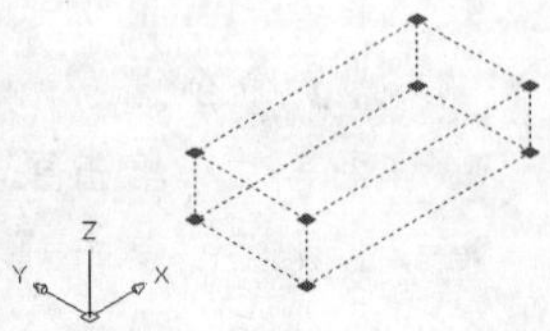

图 6-73 修改后的效果

❻单击【全局宽度】文本框，输入数值 15，修改边的宽度参数，参数设置及图形的显示效果，如图 6-74 所示。

❼关闭【特性】窗口，然后单击菜单栏上的【视图】|【消隐】命令，对当前视图消隐显示，结果如图 6-75 所示。

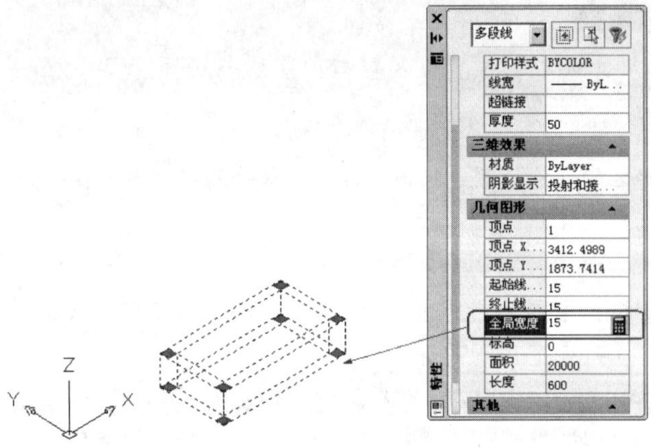

图 6-74 修改全局宽度特性

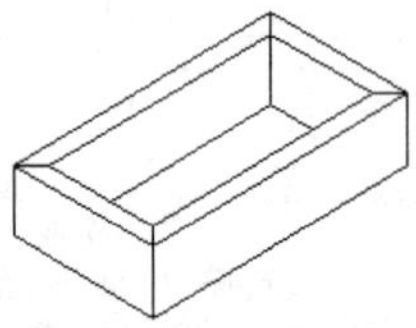

图 6-75 消隐后的效果

6.6.2 特性匹配

【特性匹配】命令用于将一个图形的多种特性复制给另外一个图形，使这些图形对象拥有相同的特性。执行【特性匹配】命令主要有以下几种方法。

- 菜单栏：单击菜单栏上的【修改】|【特性匹配】命令。
- 工具栏：单击【标准】工具栏中的按钮。
- 命令行：在命令行输入 Matchprop 或 Painter 或 MA。

一般情况下，用于匹配的图形特性有线型、线宽、线型比例、颜色、图层、标高、尺寸和文本等。下面通过简单的实例，学习使用【特性匹配】命令。

❶继续上例操作。

❷使用【正多边形】命令绘制一个边长为 100 的正六边形，如图 6-76 所示。

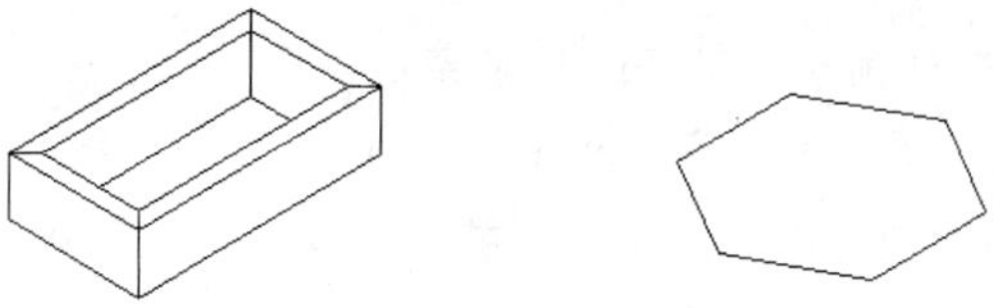

图 6-76　绘制的正六边形

❸单击【标准】工具栏中的按钮，激活【特性匹配】命令，进行匹配矩形的宽度和厚度特性。命令行操作如下：

命令: '_matchprop

选择源对象:　　　　　　　　　　//选择左侧的矩形

当前活动设置: 颜色 图层 线型 线型比例 线宽 厚度 打印样式 标注 文字 填充图案 多段线 视口 表格材质 阴影显示 多重引线

选择目标对象或 [设置(S)]:　　　　//选择右侧的正六边形

选择目标对象或 [设置(S)]:　　　　//Enter，结果矩形的宽度和厚度特性复制给正六边形，如图 6-77 所示

❹单击菜单栏上的【视图】|【消隐】命令，图形的显示效果如图 6-78 所示。

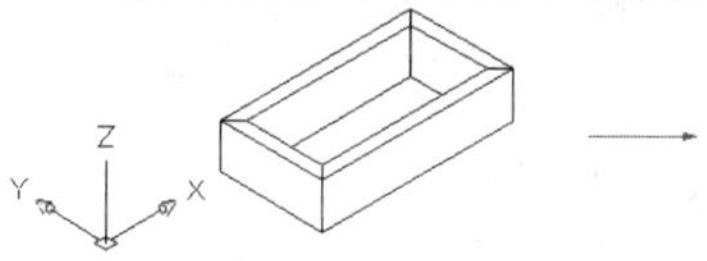

图 6-77　特性匹配结果

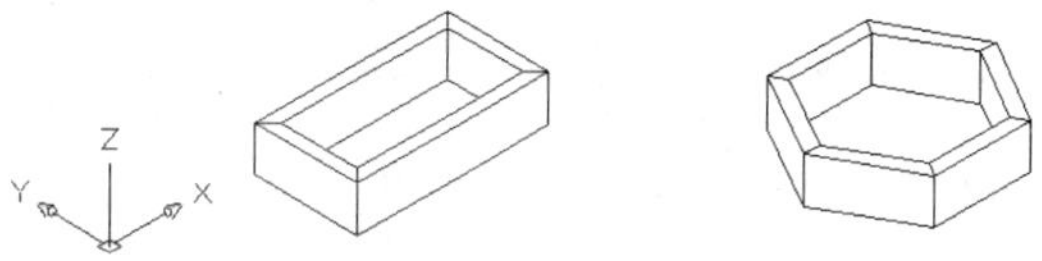

图 6-78　消隐显示的效果

【设置】选项主要用于设置需要匹配的对象特性。在命令行“选择目标对象或 [设置(S)]:”提示下，输入 S 并按 Enter 键，可打开如图 6-79 所示的【特性设置】对话框，用户可以根据自己的需要选择需要匹配的基本特性和特殊特性。

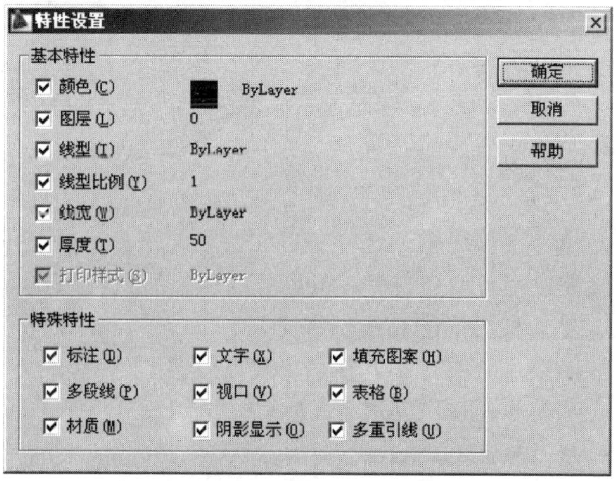

图 6-79　【特性设置】对话框

在默认设置下，AutoCAD 将匹配此对话框中的所有特性，如果用户需要有选择性地进行匹配某些特性，可以在此对话框内进行设置。

技巧

【颜色】和【图层】选项适用于除了 OLE（对象链接嵌入）对象之外的所有对象；【线型】选项适用于除了属性、图案填充、多行文字、OLE 对象、点和视口之外的所有对象；【线型比例】选项适用于除了属性、图案填充、多行文字、OLE 对象、点和视口之外的所有对象。

6.6.3 快捷特性

【快捷特性】命令是 AutoCAD 2009 新增的一个工具，使用此工具，可以方便查看和修改对象的内部特性。在此功能开启的前提下，用户只需选择一个对象，它的内部特性便会以面板的形式显示出来供查看和编辑，如图 6-80 所示。

用户只需单击状态栏中的▣按钮，或按 Shift+Ctrl+P 键，就可以激活【快捷特性】命令。选择了图形对象之后，便会打开【快捷特性】面板。

用户如果需要在【快捷特性】面板中查看和修改对象更多的特性，可以通过【CUI】命令，在【自定义用户界面】面板内重新定义。另外，在【草图设置】对话框中的【快捷特性】选项卡中，可以设置快速特性进行额外的控制，如图 6-81 所示。

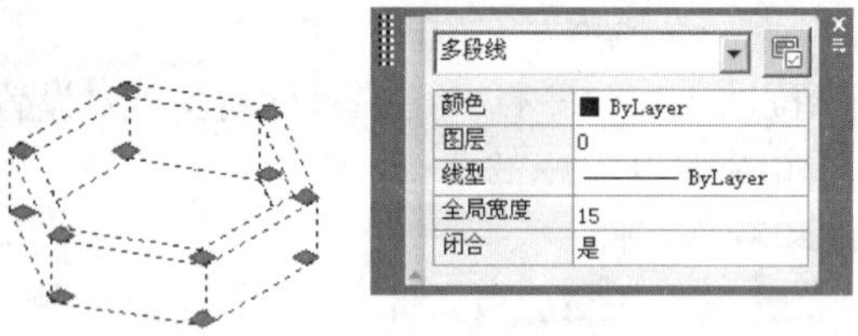

图 6-80 【快捷特性】面板

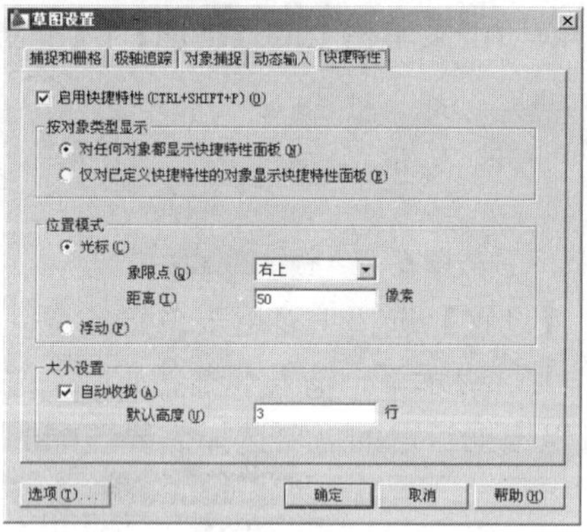

图 6-81 【快捷特性】选项卡

6.7 快速选择

【快速选择】命令是一个快速构造选择集的工具，此工具可以根据图形的类型、图层、颜色、线型、线宽等属性设定过滤条件，AutoCAD 将自动进行筛选，最终过滤出符合设定条件的所有图形对象，是一种图形的高级选择工具。

执行【快速选择】命令主要有以下几种方法。

- 菜单栏：单击菜单栏上的【工具】|【快速选择】命令。
- 命令行：在命令行输入 Qselect。
- 快捷菜单：在绘图区右击鼠标，在弹出的快捷菜单中选择【快速选择】命令。

下面通过典型的实例，学习【快速选择】命令的使用方法和技巧。

❶使用【打开】命令，打开随书光盘中的“源文件\布置图.dwg”图形，如图 6-82 所示。

❷执行【快速选择】命令，可以在打开【快速选择】对话框。在此对话框中，【应用到】下拉列表框属一级过滤功能，用于指定选择范围，在此使用默认设置；【对象类型】下拉列表框属二级过滤功能，用于指定目标对象的类型，在此使用默认设置。

❸在【特性】文本框属于三级过滤功能，用于按照目标对象的内部特性设定过滤参数，在此选择【图层】选项。

❹单击【值】下拉列表框，在展开的下拉列表中选择“剖面线”选项，其他参数使用默认设置，如图 6-83 所示。

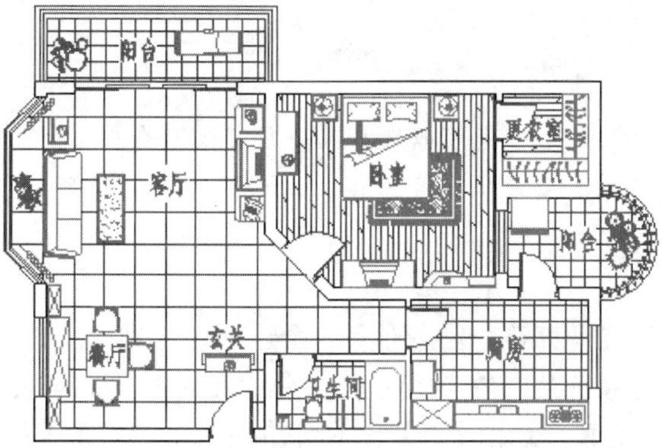

图 6-82　打开的布置图

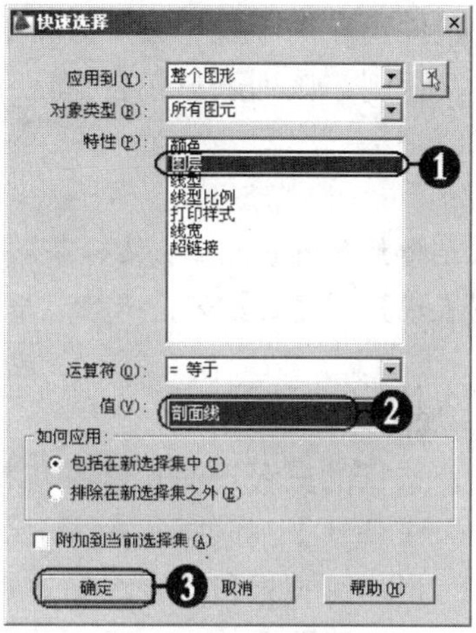

图 6-83　设置【快速选择】对话框

❺单击 确定 按钮，结果所有附合过滤条件的图形对象都被选择，如图 6-84 所示。

❻按 Delete 键，将选择的对象删除，结果如图 6-85 所示。

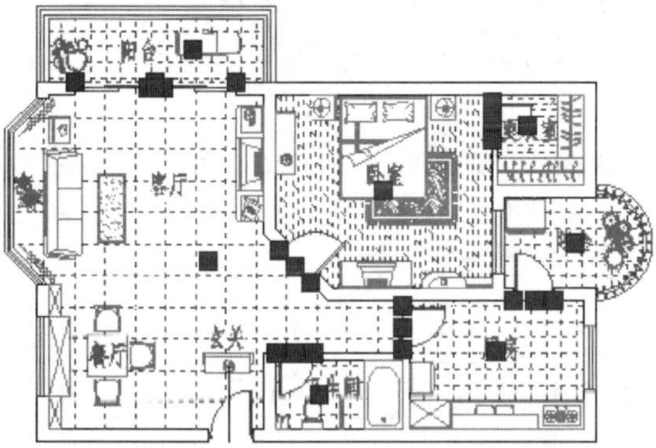

图 6-84　选择符合条件的对象

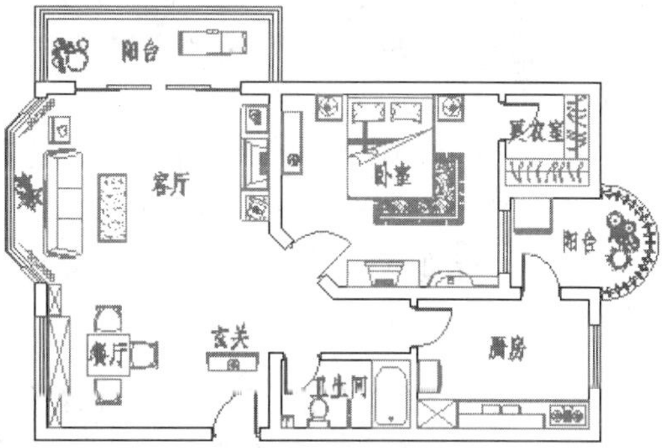

图 6-85　删除对象后的结果

选项解析

1. 【应用到】下拉列表框

该选项属于一级过滤功能，用于指定是否将过滤条件应用到整个图形或当前选择集(如果存在的话)，此时使用【选择对象】按钮完成对象选择后，按 Enter 键重新显示该对话框。AutoCAD 将【应用到】设置为【当前选择】。对当前已有的选择集进行过滤，只有当前选择集中符合过滤条件的对象才能被选择。

技巧

如果已勾选对话框下方的【附加到当前选择集】复选框，那么 AutoCAD 将该过滤条件应用到整个图形，并将符合过滤条件的对象添加到当前选择集中。

2.【对象类型】下拉列表框

该选项属于快速选择的二级过滤功能，用于指定要包含在过滤条件中的对象类型。如果过滤条件正应用于整个图形，那么【对象类型】下拉列表框包含全部的对象类型，包括自定义；否则，该列表只包含选定对象的对象类型。

技巧

默认是指整个图形或当前选择集的【所有图元】、用户也可以选择某一特定的对象类型，如【直线】或【圆】等，系统将根据选择的对象类型来确定选择集。

3. 三级过滤功能

快速选择的三级过滤功能共包括【特性】、【运算符】和【值】3 个选项，分别如下：

- 【特性】列表框用于指定过滤器的对象特性。在此文本框内包括选定对象类型的所有可搜索特性，选定的特性确定【运算符】和【值】中的可用选项。例如在【对象类型】下拉文本框中选择【圆】选项，【特性】窗口的列表框中就列出了圆的所有特性，从中选择一种用户需要的对象的共同特性。
- 【运算符】下拉列表框用于控制过滤器值的范围。根据选定的对象属性，其过滤的值的范围分别是【=等于】、【<>不等于】、【>大于】、【<小于】和【*通配符匹配】。对于某些特性“>大于”和“<小于”选项不可用。“*通配符匹配”只能用于可编辑的文字字段。
- 【值】下拉列表框用于指定过滤器的特性值。如果选定对象的已知值可用，那么【值】成为一个下拉列表，可以从中选择一个值；如果选定对象的已知值不存在或者没有达到绘图的要求，就可以在【值】文本框中输入一个值。

技巧

例如，在【对象类型】下拉列表中选择【圆】、在【特性】列表框中选择【半径】、在【运算符】下拉列表框中选择【>大于】、在【值】文本框中输入 10，整个图形或当前选择集内所有半径大于 10 的圆被选择。可以称特性、运算符和值为三级过滤。

4.【如何应用】选项组

- 【如何应用】选项组用于指定是否将符合过滤条件的对象包括在新选择集内或是排除在新选择集之外。
- 【附加到当前选择集】复选框用于指定创建的选择集是替换当前选择集还是附加到当前选择集。

6.8 综合实例——资源组织与共享实例

本例通过为住宅单元平面图布置各种室内家具图例及绿化图例，对本章所学知识进行综合练习和巩固。本例效果如图 6-86 所示。

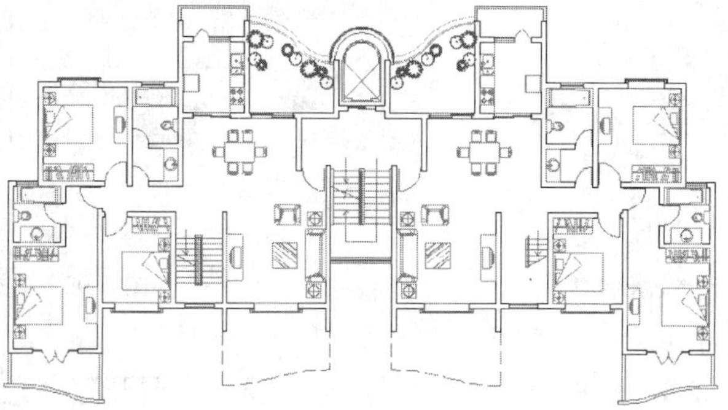

图 6-86　住宅单元平面布置图

❶使用【打开】命令，打开随书光盘中的“源文件\某高层住宅单元平面图.dwg”，如图 6-87 所示。

❷单击菜单栏上的【格式】|【图层】命令，在打开【图层特性管理器】对话框中双击“图块层”，将其设置为当前操作层。

使用块功能共享资源。

❸单击菜单栏上的【插入】|【块】命令，在打开的【插入】对话框中插入随书光盘中的“图块文件\双人床.dwg”，其参数设置如图 6-88 所示。

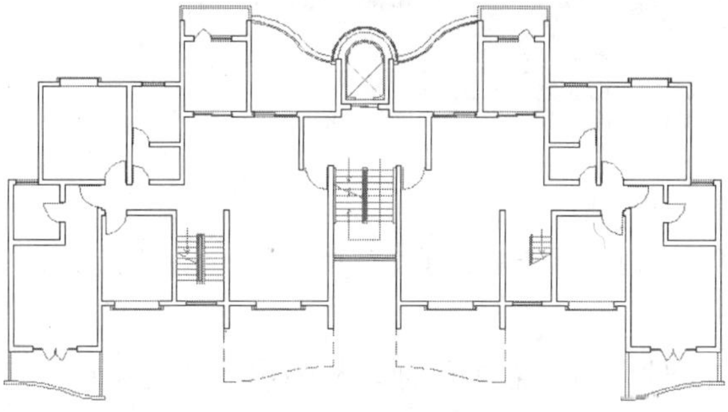

图 6-87　打开的平面图

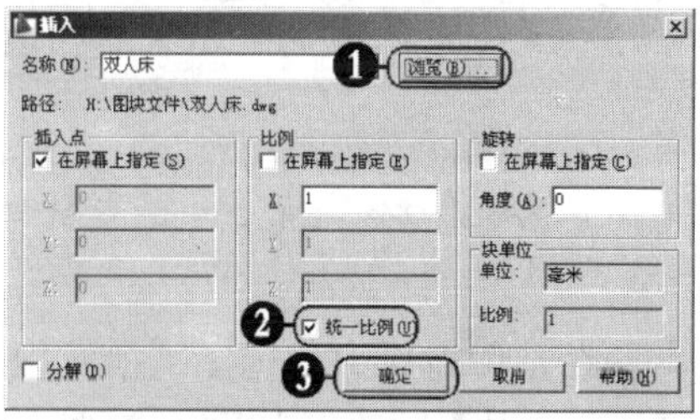

图 6-88　设置【插入】对话框的参数

❹单击 确定 按钮，在命令行“指定插入点或 [基点(B)/比例(S)/旋转(R)]：”提示下，配合对象追踪和中点捕捉功能，在如图 6-89 所示的位置拾取点作为插入点，插入结果如图 6-90 所示。

图 6-89　定位插入点

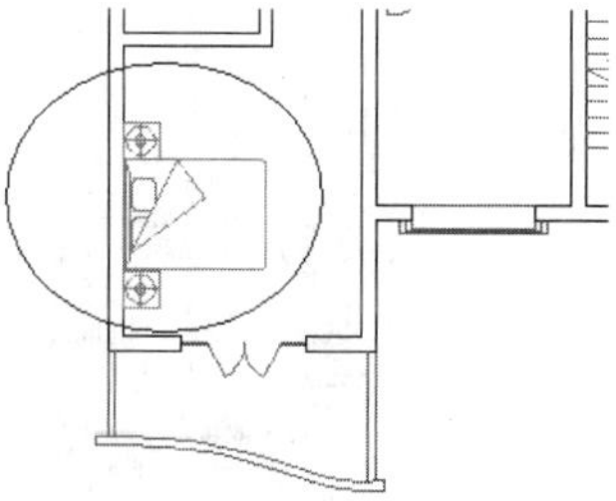

图 6-90　插入结果

❺重复【插入块】命令，插入随书光盘中的“图块文件\衣柜.dwg”，设置缩放比例参数如图 6-91 所示，插入点如图 6-92 所示。

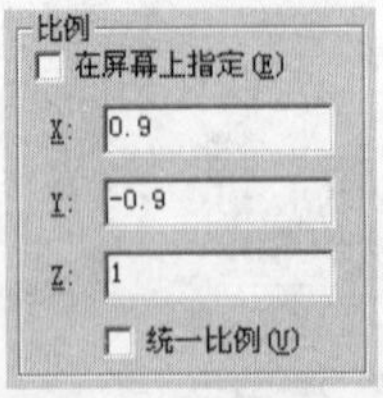

图 6-91　设置比例参数

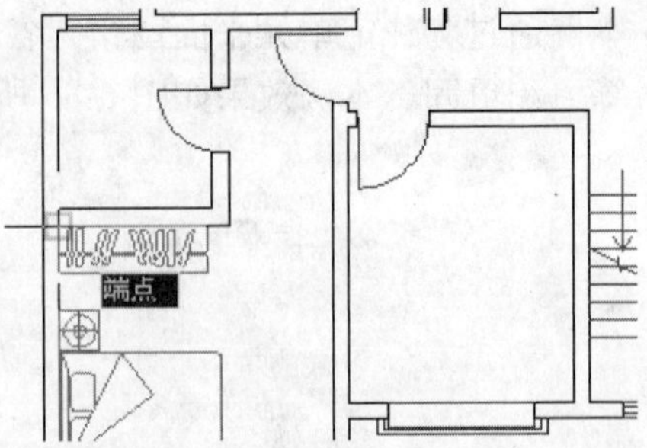

图 6-92　定位插入点

使用【设计中心】命令共享资源。

❻执行【设计中心】命令，打开【设计中心】窗口，展开随书光盘中的【图块文件】文件夹，如图 6-93 所示。

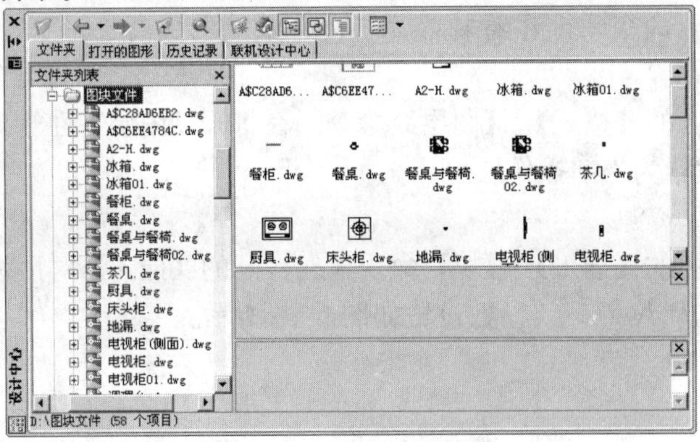

图 6-93　展开文件夹

> **技巧**
>
> 用户需要事先将随书光盘中的素材拷贝至用户机上，然后通过【设计中心】命令进行定位。

❼在右侧窗口中，选择“沙发组.dwg”文件，然后右击鼠标，从弹出的快捷菜单中选择【插入为块】命令，如图 6-94 所示，将此图形以块的形式共享到平面图中。

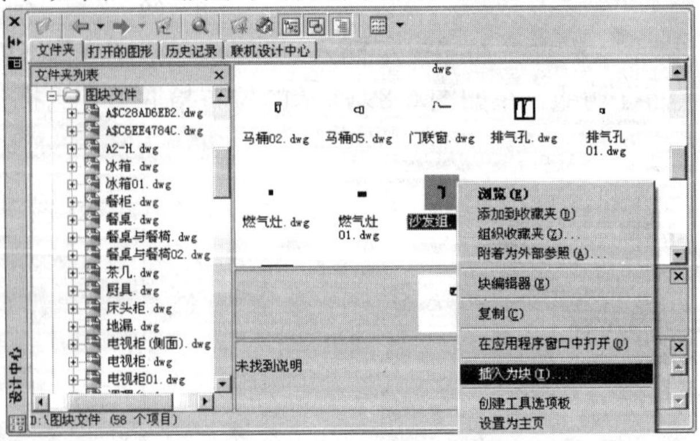

图 6-94　选择共享文件

❽在弹出【插入】对话框中单击 确定 按钮，配合最近点捕捉功能，将双人床图例插入到平面图中，插入结果为图 6-95 所示。

❾在【设计中心】右侧窗口中找到“茶几.dwg”文件并选择，然后将其拖动至平面图中，此时所选择的组合沙发图形暂时以虚拟的形式显示，如图 6-96 所示。

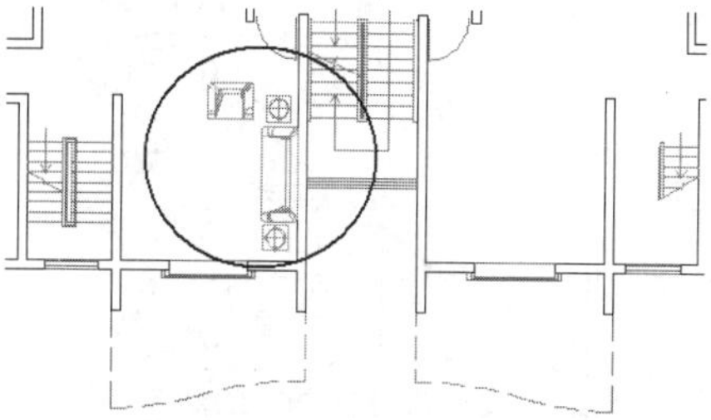

图 6-95 插入结果

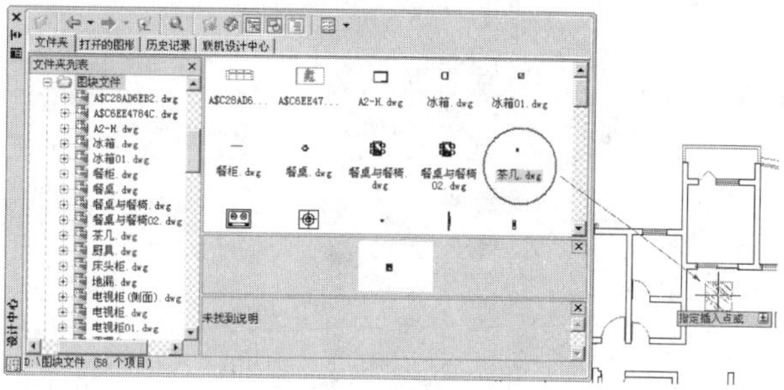

图 6-96 图形的虚拟显示

❿此时根据命令行的提示，在客厅适当位置上拾取一点，将茶几插入到平面图中。命令行操作如下：

```
命令: _-INSERT
    输入块名或 [?] <双人床>: "D:\图块文件\茶几.dwg"
    单位: 毫米    转换:        1.0
    指定插入点或 [基点(B)/比例(S)/X/Y/Z/旋转(R)]:                //在适当位置拾取点
    输入 X 比例因子，指定对角点，或 [角点(C)/XYZ(XYZ)] <1>:      //Enter
    输入 Y 比例因子或 <使用 X 比例因子>:                        //Enter
    指定旋转角度 <0.00>:                                        //Enter，插入结果如图
                                                                  6-97 所示
```

使用【工具选项板】命令共享资源。

⓫在【设计中心】左侧树状栏中展开“图块文件”文件夹。

⓬右击鼠标，从弹出的快捷菜单中选择【创建块的工具选项板】命令，如图 6-98 所示，以创建块的工具选项板。

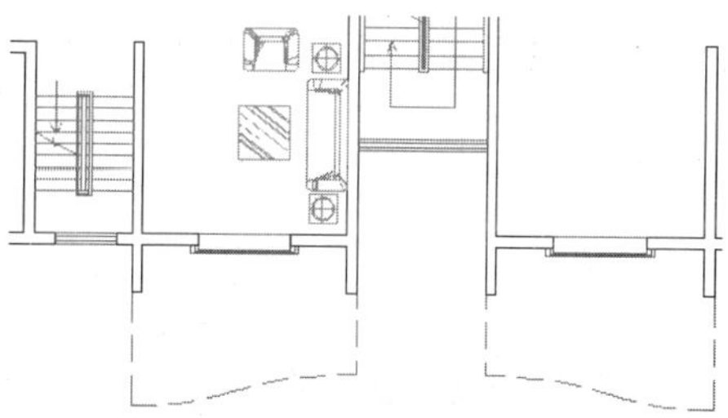

图 6-97 插入结果

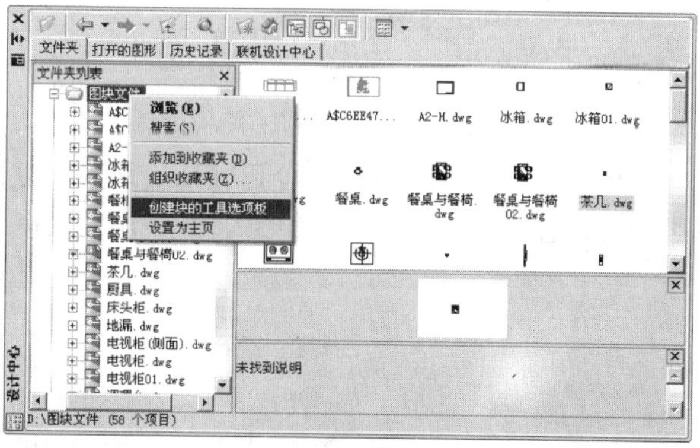

图 6-98 创建新的选项板

⓭此时系统自动将此文件夹创建为块的工具选项板，同时自动打开所创建的块的工具选项板，如图 6-99 所示。

⓮关闭【设计中心】窗口，然后在【工具选项板】窗口中单击“电视柜”图块，将光

标拖动到绘图区，此时绘图区出现“电视柜”图形，如图 6-100 所示。

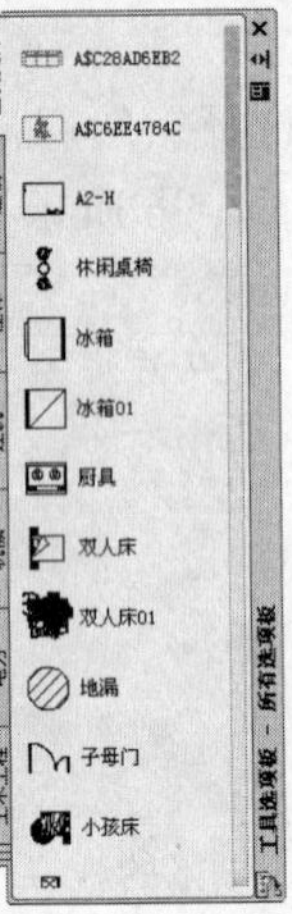

图 6-99　创建的选项板

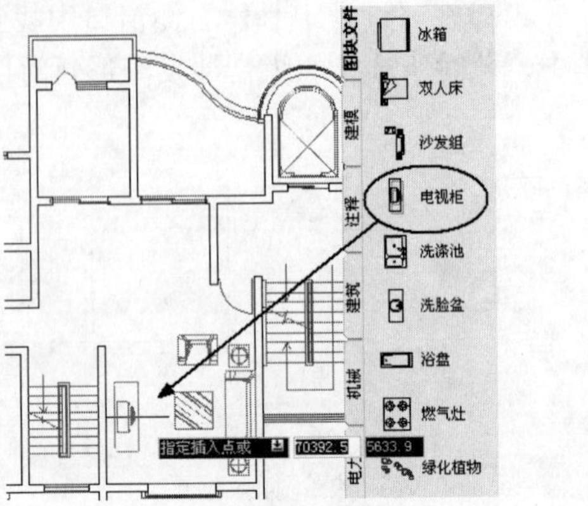

图 6-100　拖动图块到绘图区

⑮配合中点捕捉功能，将该图块插入到平面图中。命令行操作如下：

命令: 忽略块 尺寸箭头 的重复定义。
忽略块 电视柜 的重复定义。
指定插入点或 [基点(B)/比例(S)/X/Y/Z/旋转(R)]:　　//r Enter，激活【旋转】选项
指定旋转角度 <0.00>:　　//180 Enter，设置旋转比例
指定插入点或 [基点(B)/比例(S)/X/Y/Z/旋转(R)]:
//捕捉图 6-101 所示的中点作为插入点

⑯把光标放到选项板中的“绿化植物”图块上，并将图块拖动至如图 6-102 所示的位置，将此图例插入到平面图内。

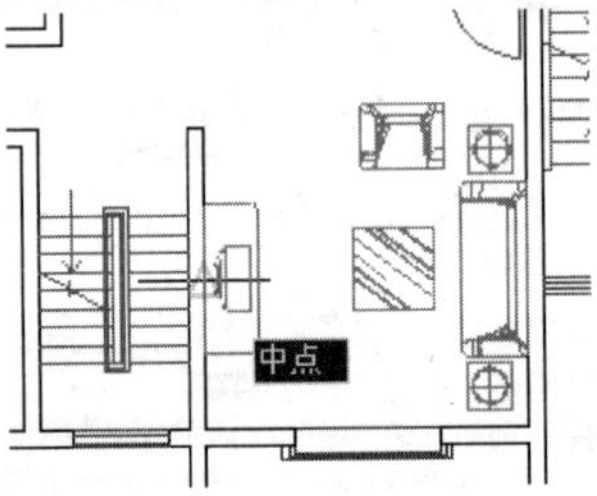

图 6-101　定位插入点

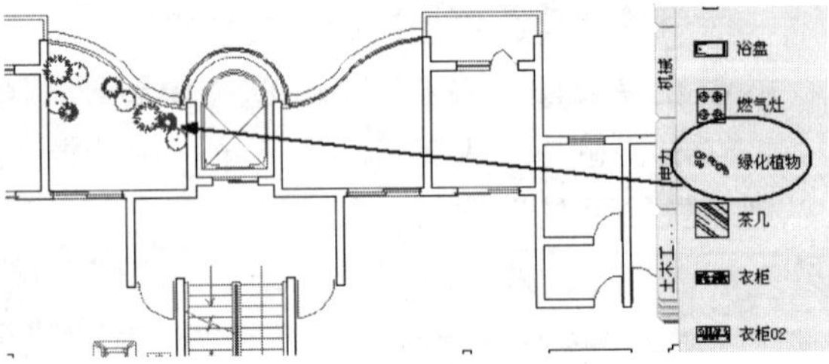

图 6-102　插入绿化植物图块

⑰参照上述 3 种方式，使用【插入块】、【设计中心】或【工具选项板】命令，分别为平面图布置其他用具图例，结果如图 6-103 所示。

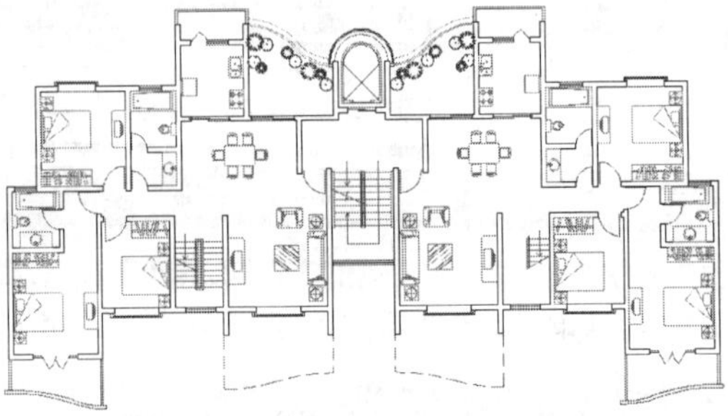

图 6-103　布置其他用具图例

⑱单击菜单栏上的【绘图】|【直线】命令，配合捕捉功能绘制图 6-104 所示的轮廓线。

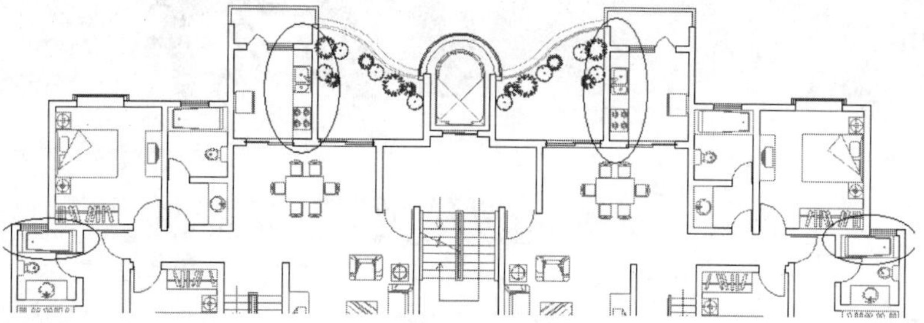

图 6-104　绘制的轮廓线

⑲最后全部显示图形，并将当前图形另存为“户型图的室内布置.dwg”文件。

6.9 本章小结

为了方便读者能快速组合、管理和应用 AutoCAD 图形资源，本章集中讲述几个 CAD 资源的综合组织和高级管理工具，具体有【图层】、【图块】、【特性】、【设计中心】、【工具选项板】等。这些命令都是 AutoCAD 的高级制图工具，灵活掌握这些工具，能使读者更加方便地对 AutoCAD 资源进行综合管理、共享和修改编辑等。

下一章将详细学习 AutoCAD 的尺寸标注工具以及各工具的使用技巧。

6.10 练习题

综合本章知识，为某建筑平面图布置室内用具，最终效果如图 6-105 所示（本例所需源文件为光盘“源文件\建筑平面图.dwg”）。

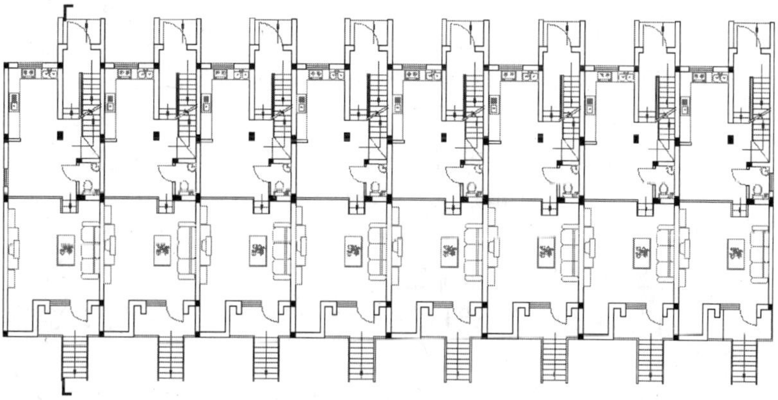

图 6-105　练习题

第7章

创建文字与表格

前几章都是通过各种基本几何图元的相互组合，来表达作者的设计思想和设计意图的，但是有些图形信息是不能仅仅通过几何图元就能完整表达出来的。为此，本章将讲述 AutoCAD 的文字创建功能和图形信息的查询功能，以详细地向读者表达图形无法传递的一些图纸信息，使图纸更直观，更容易交流。

7.1 创建文字

7.1.1 文字样式

【文字样式】命令是一个控制文字外观效果的工具，如文字的字体、字号、倾斜角度、旋转角度以及其他的特殊效果等。相同内容的文字，使用不同的文字样式其外观效果也不同，如图 7-1 所示。

青 科 苑	青 科 苑	青 科 苑
技术培训基地	技术培训基地	技术培训基地

图 7-1 文字样式示例

执行【文字样式】命令主要有以下几种方法。

- 菜单栏：单击菜单栏上的【格式】|【文字样式】命令。
- 工具栏：单击【样式】或【文字】工具栏中的 A 按钮。
- 命令行：在命令行输入 Style 或 ST。

设置文字样式的步骤如下。

❶执行【文字样式】命令，打开如图 7-2 所示的【文字样式】对话框。

❷单击 新建(N)... 按钮，在弹出的【新建文字样式】对话框中为新样式赋名，如图 7-3 所示。

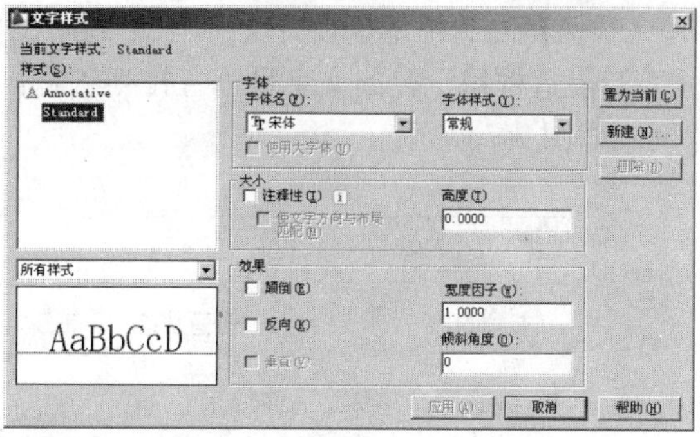

图 7-2 【文字样式】对话框

❸单击 确定 按钮，即可创建名称为“样式 1”的文字样式。

❹在【字体】选项组中展开【字体名】下拉列表框，选择所需的字体，如图 7-4 所示。

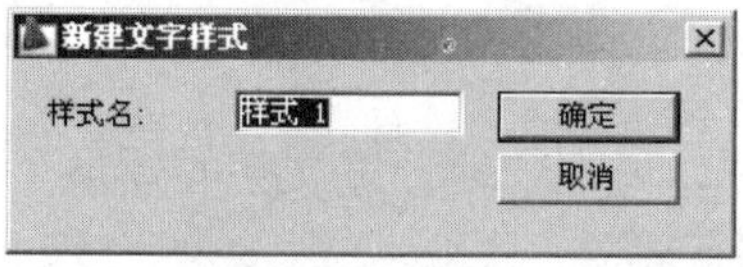

图 7-3 【新建文字样式】对话框

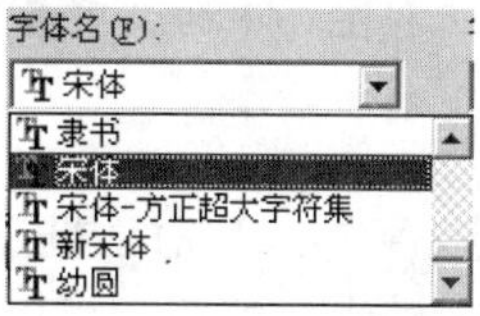

图 7-4 【字体名】下拉列表框

技巧

默认设置下，系统以“样式 1”作为新样式名。

❺在【字体】选项组中取消【使用大字体】复选框的勾选，结果所有 AutoCAD 编译型（.SHX）字体和已注册的 TrueType 字体都显示在此列表框内，用户可以选择某种字体作为当前样式的字体。

技巧

若选择 TrueType 字体，那么可在右侧【字体样式】下拉列表框中设置当前字体样式，如图 7-5 所示；若选择了编译型（.SHX）字体，且勾选了【使用大字体】复选框后，则右端的列表框变为如图 7-6 所示的状态，此时用于选择所需的大字体。

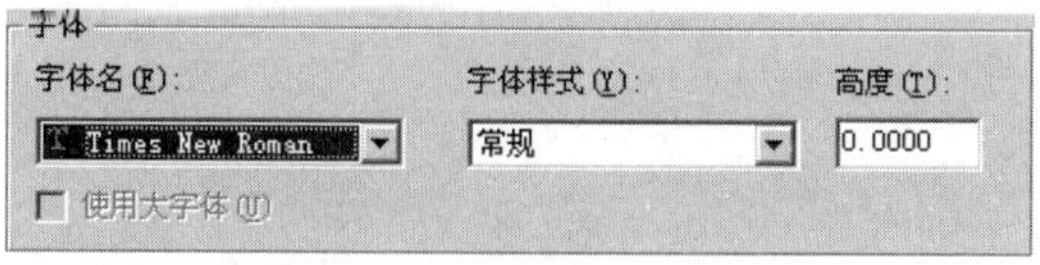

图 7-5 选择 TrueType 字体

图 7-6 选择编译型（.SHX）字体

❻在【高度】文本框中设置文字的高度。

技巧

如果设置了高度后，那么当创建文字时，命令行就不会再提示输入文字的高度。建议在此不设置字体的高度。

❼设置文字的效果。【颠倒】复选框用于设置文字为倒置状态；【反向】复选框用于设置文字为反向状态；【垂直】复选框用于控制文字呈垂直排列状态；在【倾斜角度】文本框用于控制文字的倾斜角度，如图 7-7 所示。

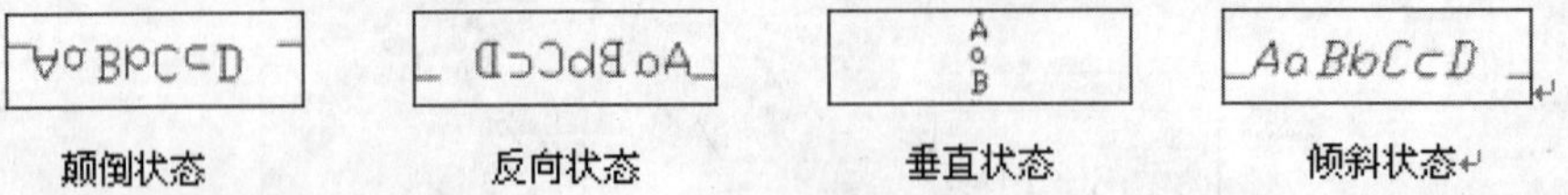

图 7-7　设置字体效果

❽设置宽度比例。在【宽度比例】文本框内设置字体的宽高比。

技巧

国标规定工程图样中的汉字应采用长仿宋体，宽高比为 0.7。当此比值大于 1 时，文字宽度放大，否则将缩小。

❾在【文字样式】对话框左下侧的“预览”框中，可直观地预览文字的效果。

❿单击 删除(D) 按钮，可以将多余的文字样式进行删除。

技巧

默认的 Standard 样式、当前文字样式以及在当前文件中已使用过的文字样式，都不能被删除。

⓫单击 应用(A) 按钮，结果最后设置的文字样式被看作当前样式。

7.1.2　单行文字

【单行文字】命令主要通过命令行提示，创建单行或多行的文字对象，所创建的每一行文字都被看作是一个独立的对象，如图 7-8 所示。

执行【单行文字】命令主要有以下几种方法。

- 菜单栏：单击菜单栏上的【绘图】|【文字】|【单行文字】命令。
- 工具栏：单击【文字】工具栏中的 A 按钮。
- 命令行：在命令行输入 Dtext 或 DT。

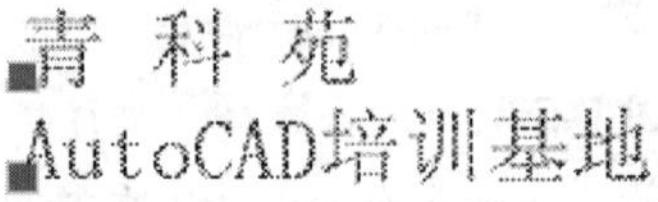

图 7-8　单行文字示例

下面学习单行文字的创建方法与技巧。

❶新建文件，然后执行【单行文字】命令，在命令行“指定文字的起点或 [对正(J)/样式(S)]:”提示下，在绘图区拾取一点作为文字的插入点。

技巧

【样式】选项用于设置当前使用的文字样式；【对正】选项用于设置文字的对正方式，详细介绍请参见下文。

❷在命令行“指定高度 <2.5000>:”提示下输入 10 并按 Enter 键，为文字设置高度。

❸在“指定文字的旋转角度 <0>：”提示下按 Enter 键，采用当前设置。

技巧

如果在文字样式中定义了字体高度，那么步骤 2 在此就不会出现“指定高度<2.5000>：”提示，AutoCAD 会按照定义的字高来创建文字。

❹此时绘图区出现如图 7-9 所示的单行文字输入框，然后在命令行输入“青科苑”，如图 7-10 所示。

❺按 Enter 键换行，然后输入“AutoCAD 培训基地”。

❻连续两次按 Enter 键，结束【单行文字】命令，结果如图 7-11 所示。

图 7-9　单行文字输入框

图 7-10　输入文字

图 7-11　创建的文字

对正文字

所谓“对正文字”，指的就是文字的哪一位置与插入点对齐，文字的各种对正方式是基于如图 7-12 所示的 4 条参考线而言的，这 4 条参考线分别为顶线、中线、基线、底线。另外，文字的各种对正方式可参见图 7-13 所示。

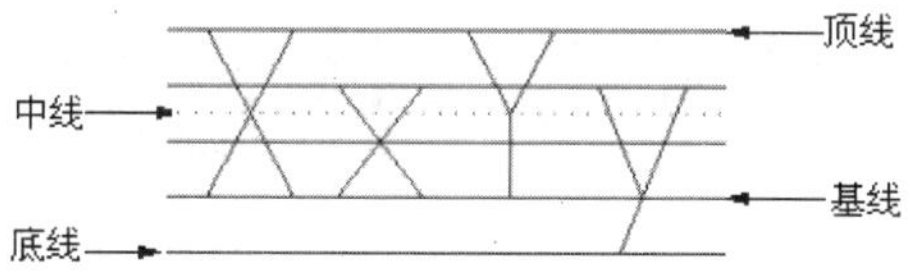

图 7-12　文字对正参考线

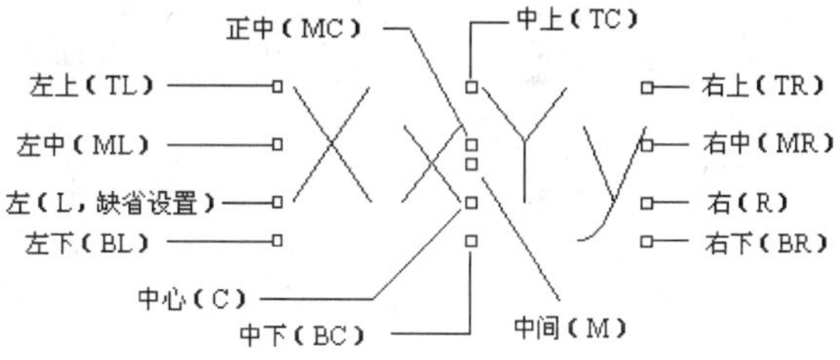

图 7-13　文字的对正方式

技巧

这里的中线是大写字符高度的水平中心线（即顶线至基线的中间），不是小写字符高度的水平中心线。

执行【单行文字】命令后，在命令行“指定文字的起点或 [对正(J)/样式(S)]:”提示下激活【对正】选项，命令行将显示如下操作提示：

“输入选项[对齐(A)/布满(F)/居中(C)/中间(M)/右对齐(R)/左上(TL)/中上(TC)/右上(TR)/左中(ML)/正中(MC)/右中(MR)/左下(BL)/中下(BC)/右下(BR)]:”

同时在绘图区域打开如图 7-14 所示的菜单，用户可以进行设置所需的对正方式。

- 【对齐】：拾取文字基线的起点和终点，系统会根据起点和终点的距离自动调整字高。
- 【布满】：拾取文字基线的起点和终点，系统会以拾取的两点之间的距离自动调整宽度系数，但不改变字高。

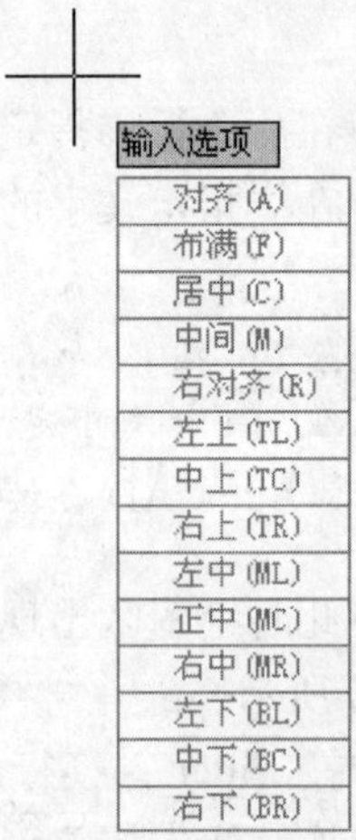

图 7-14　对正方式菜单

- 【居中】：拾取文字的中心点，此中心点就是文字串基线的中点，即以基线的中点对齐文字。
- 【中间】：拾取文字的中间点，此中间点就是文字串基线的垂直中线和文字串高度的水平中线的交点。
- 【右对齐】：拾取一点作为文字串基线的右端点，以基线的右端点对齐文字。
- 【左上】：拾取文字串的左上点，此左上点就是文字串顶线的左端点，即以顶线的左端点对齐文字。
- 【中上】：拾取文字串的中上点，此中上点就是文字串顶线的中点，即以顶线的中点对齐文字。
- 【右上】：拾取文字串的右上点，此右上点就是文字串顶线的右端点，即以顶线的右端点对齐文字。
- 【左中】：拾取文字串的左中点，此左中点就是文字串中线的左端点，即以中线的左端点对齐文字。
- 【正中】：拾取文字串的中间点，此中间点就是文字串中线的中点，即以中线的中点对齐文字。
- 【右中】：拾取文字串的右中点，此右中点就是文字串中线的右端点，即以中线的右端点对齐文字。
- 【左下】：拾取文字串的左下点，此左下点就是文字串底线的左端点，即以底线的左端点对齐文字。
- 【中下】：拾取文字串的中下点，此中下点就是文字串底线的中点，即以底线的中点对齐文字。
- 【右下】：拾取文字串的右下点，此右下点就是文字串底线的右端点，即以底线的右端点对齐文字。

技巧

虽然【正中】和【中间】两种对正方式拾取的都是中间点，但这两个中间点的位置并不一定完全重合，只有输入的字符为大写或汉字时，此两点才重合。

7.1.3　多行文字

【多行文字】命令是另外一种较为常用的文字创建工具，它尤其适合于创建较为复杂的文字，比如单行文字、多行文字以及段落性文字。无论创建的文字包含多少行、多少段，AutoCAD 都将其作为一个独立的对象，当选择该对象后，对象的四角会显示出 4 个夹点，如图 7-15 所示。

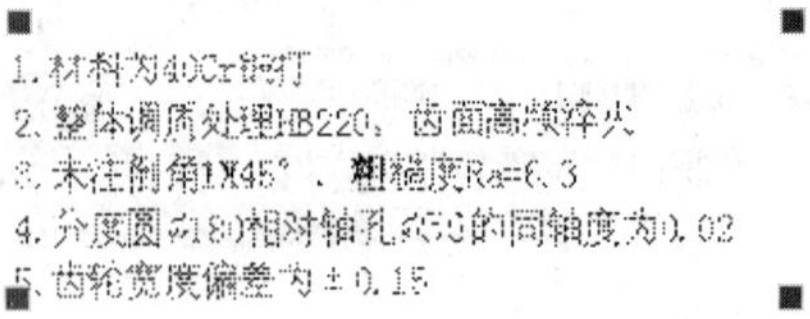

图 7-15　多行文字示例

执行【多行文字】命令主要有以下几种方法。

- 菜单栏：单击菜单栏上的【绘图】|【文字】|【多行文字】命令。

- 工具栏：单击【绘图】工具栏中的 A 按钮。
- 命令行：在命令行输入 Mtext 或 T。

下面学习【多行文字】的使用方法和技巧。

❶新建文件，并激活【多行文字】命令，在命令行“指定第一角点:”提示下，在绘图区拾取一点。

❷在“指定对角点或 [高度(H)/对正(J)/行距(L)/旋转(R)/样式(S)/宽度(W)/栏(C)]:”提示下，在绘图区拾取对角点，打开如图 7-16 所示的【文字格式】编辑器。

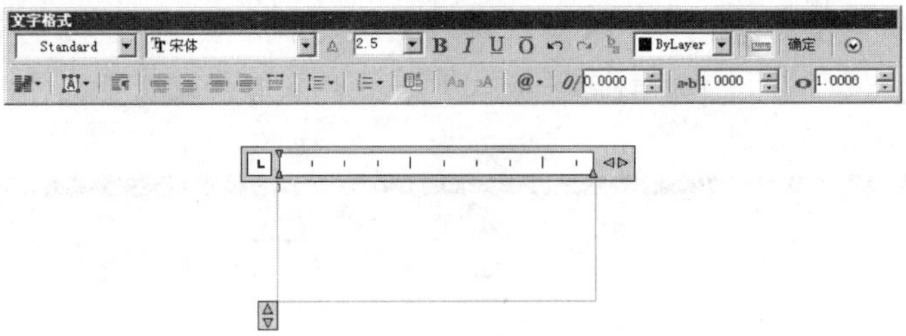

图 7-16　【文字格式】编辑器

❸在“文字高度”下拉列表框内设置文字高度为 7.5，其他参数不变。

❹在下侧文字输入框内单击鼠标，指定文字的输入位置，然后输入如图 7-17 所示文字。

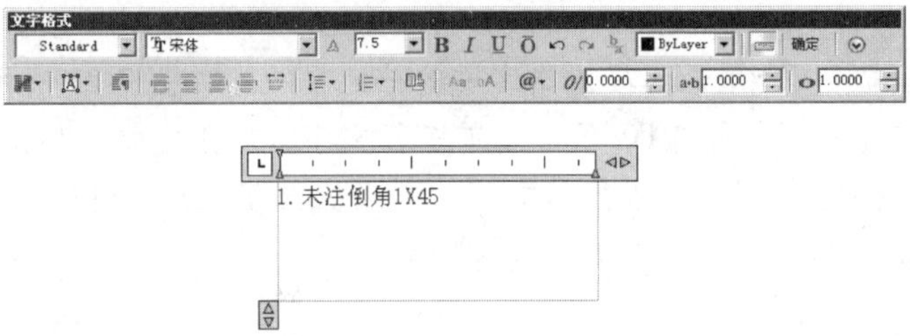

图 7-17　输入文字

❺按 Enter 键，再输入其他两行文字对象，如图 7-18 所示。

❻单击 确定 按钮，关闭【文字格式】编辑器，文字的创建结果如图 7-19 所示。

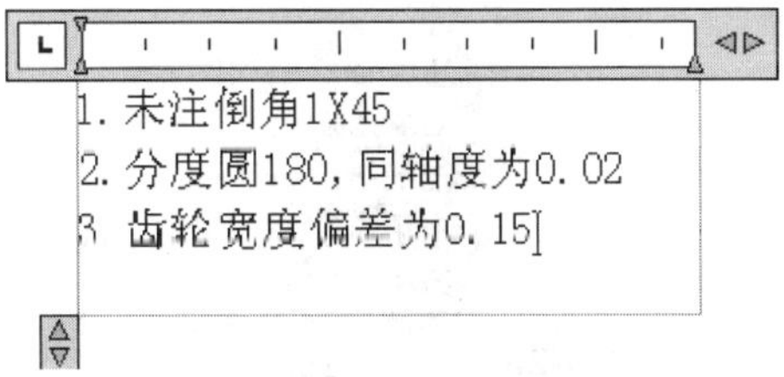

图 7-18　输入其他行文字

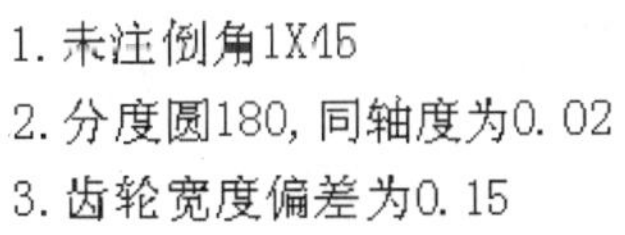

图 7-19　创建多行文字

如图 7-16 所示的【文字格式】编辑器，是由工具栏、顶部带标尺的文本输入框两部分组成的，各组成部分重要功能如下。

1. 工具栏

工具栏主要用于控制多行文字对象的文字样式和选定文字的各种字符格式、对正方式、项目编号等，其中：

- “样式”下拉列表框 Standard 用于设置当前的文字样式。

- “字体”下拉列表框 宋体 用于设置或修改文字的字体。
- “文字高度”下拉列表框 2.5 用于设置新字符高度或更改选定文字的高度。
- “颜色”下拉列表框 ByLayer 用于为文字指定颜色或修改选定文字的颜色。
- “粗体”按钮 B 用于为输入的文字对象或所选定文字对象设置粗体格式。“斜体”按钮 I 用于为新输入文字对象或所选定文字对象设置斜体格式。这两个选项仅适用于使用 TrueType 字体的字符。
- “下划线”按钮 U 用于为文字或所选定的文字对象设置下划线格式。
- “上划线”按钮 Ō 用于为文字或所选定的文字对象设置上划线格式。
- “标尺”按钮 用于控制文字输入框顶端标心的开关状态，标尺关闭后的显示效果如图 7-20 所示。

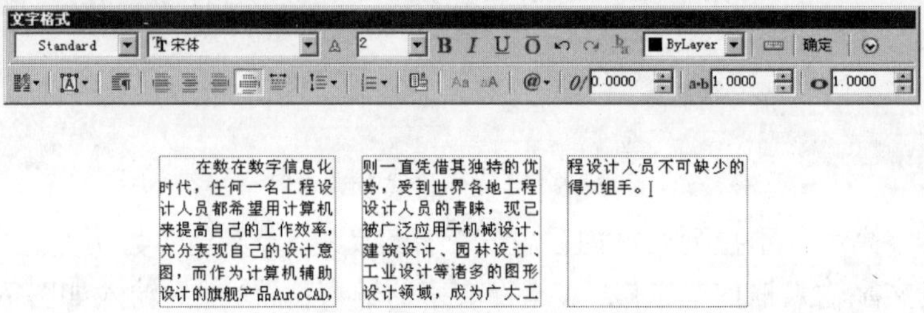

图 7-20　关闭标尺后的效果

- “栏数”按钮 用于为段落文字进行分栏排版，如图 7-21 所示。
- “多行文字对正”按钮 用于设置多行文字的对正方式，如图 7-22 所示。
- “段落”按钮 用于设置段落文字的制表位、缩进量、对齐、间距等。
- “左对齐”按钮 用于设置段落文字为左对齐方式，如图 7-21 所示。

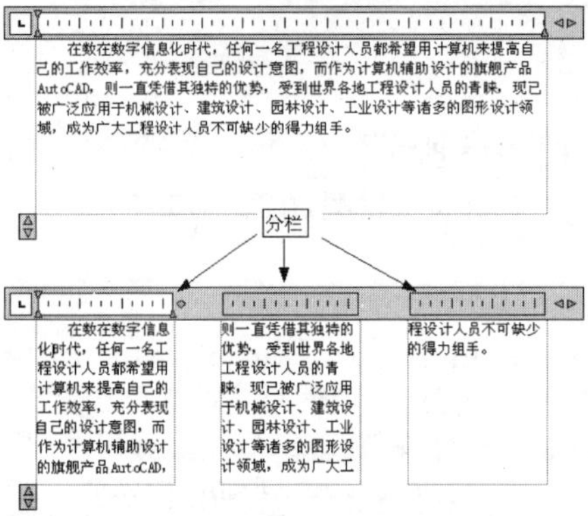

图 7-21　分栏排版示例

图 7-22　多行文字对正方式

- “居中”按钮 用于设置段落文字为居中对齐方式，如图 7-23 所示。

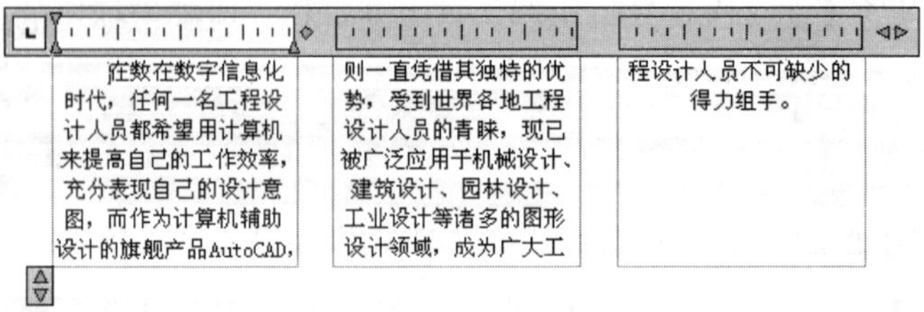

图 7-23　居中示例

- “右对齐”按钮用于设置段落文字为右对齐方式，如图 7-24 所示。

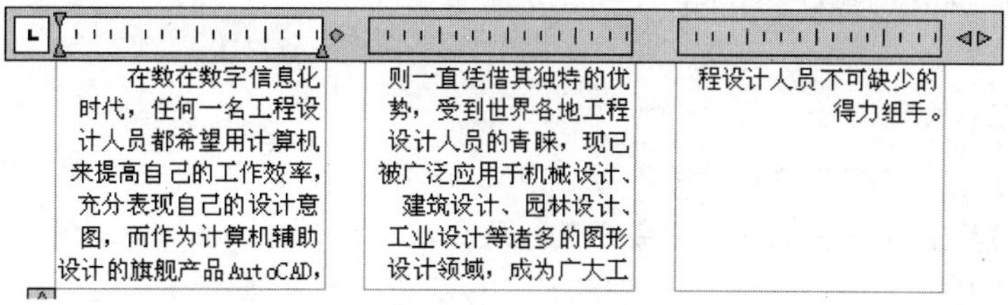

图 7-24　右对齐示例

- “对正”按钮用于设置段落文字为对正方式，如图 7-25 所示。

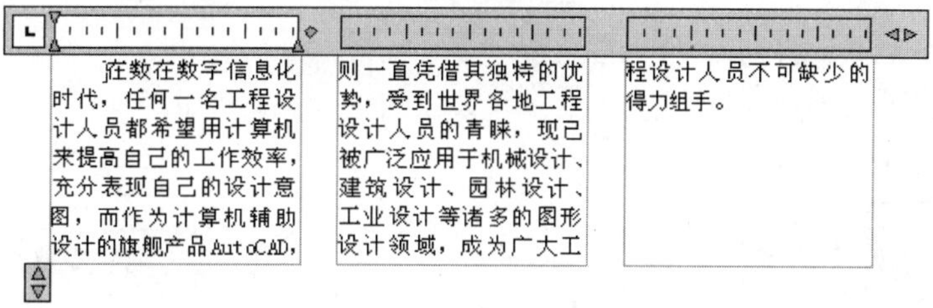

图 7-25　对正示例

- “分布”按钮用于设置段落文字为分布排列方式，如图 7-26 所示。

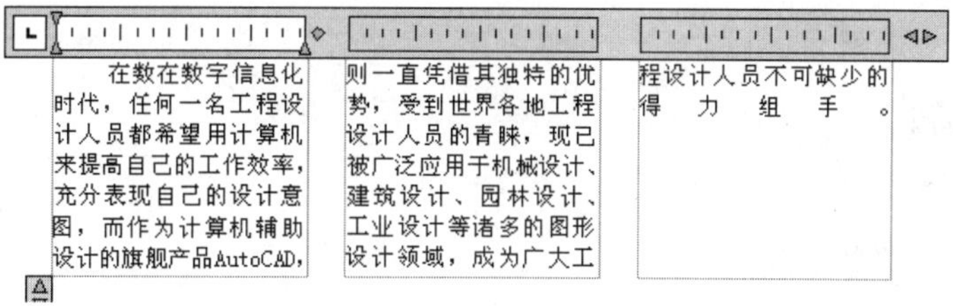

图 7-26　分布排列示例

- “符号”按钮用于添加一些特殊符号，如图 7-27 所示。
- “倾斜角度”微调按钮用于修改文字的倾斜角度，如图 7-28 所示。

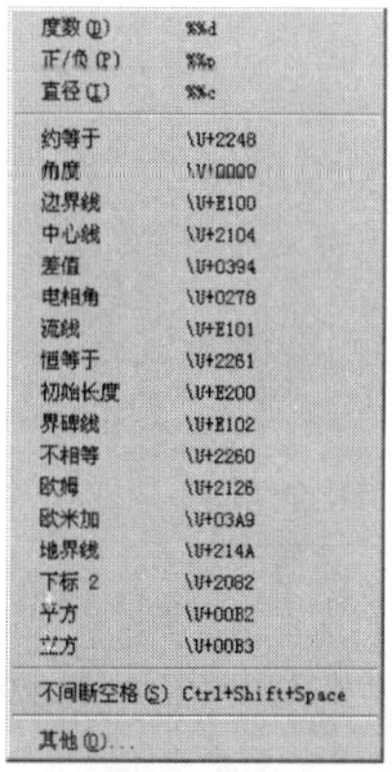

图 7-27　符号按钮菜单

图 7-28　修改文字倾斜角度

- “行距”按钮用于设置段落文字的行间距。
- “编号”按钮用于为段落文字进行编号。

- “插入字段“按钮用于为段落文字插入一些特殊字段。
- “全部大写”按钮用于修改英文字符为大写。

技巧

要使文字堆叠，文字中必须包含插入符（^）、正向斜杠（/）或磅符号（#），堆叠字符左侧的文字将堆叠在字符右侧的文字之上。默认情况下，包含插入符（^）的文字转换为左对正的公差值；包含正斜杠（/）的文字转换为置中对正的分数值，斜杠被转换为一条同较长的字符串长度相同的水平线；包含磅符号（#）的文字转换为被斜线（高度与两个字符串高度相同）分开的分数。

- “全部小写”按钮用于修改英文字符为小写。
- “追踪”微调按钮用于修改文字间的距离，如图 7-29 所示。
- “宽度因子”微调按钮用于修改文字的宽度比例，如图 7-30 所示。

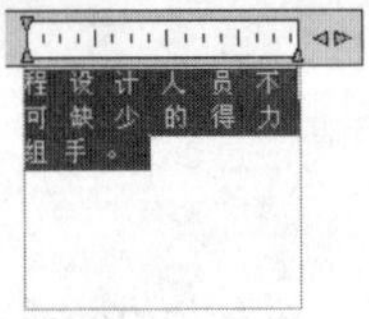

图 7-29　修改字符间距

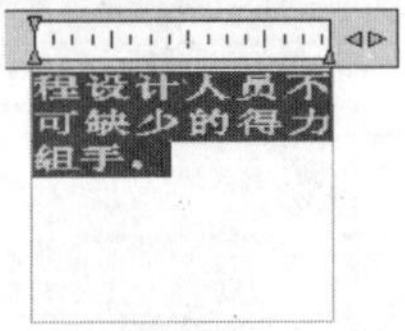

图 7-30　修改字符宽度

- “堆叠”按钮用于为输入的文字或选定的文字设置堆叠格式。

2．**文字输入框**

如图 7-31 所示的文本输入框，位于工具栏下侧，主要用于输入和编辑文字对象，它是由标尺和文本框两部分组成的。

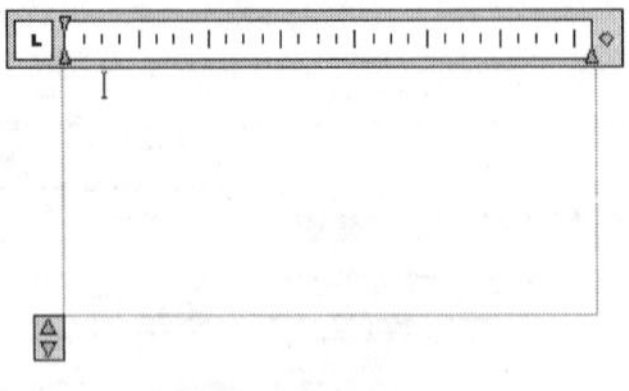

图 7-31　文字输入框

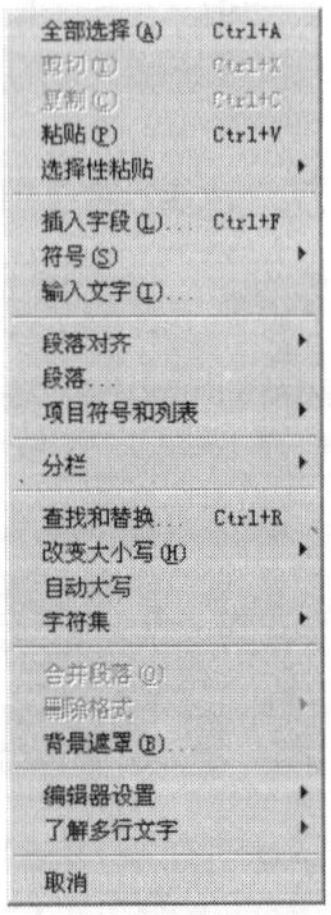

图 7-32　文字输入快捷菜单

在文本输入框内右击鼠标，可弹出如图 7-32 所示的快捷菜单，其大多数选项功能与工具栏上的各按钮功能相对应，个别选项功能详解如下：

- 【全部选择】选项用于选择多行文字编辑框中的所有文字。
- 【改变大小写】选项用于改变选定文字对象的大小写。

- 【查找和替换】选项用于搜索指定的文字串并使用新的文字将其替换。
- 【自动大写】选项用于将新输入的文字或当前选择的文字转换成大写。
- 【删除格式】选项用于删除选定文字的粗体、斜体或下划线等格式。
- 【合并段落】用于将选定的段落合并为一段并用空格替换每段的回车。
- 【符号】选项用于在光标所在的位置插入一些特殊符号或不间断空格。
- 【输入文字】选项用于向多行文本编辑器中插入 TXT 格式的文本、样板等文件或插入 RTF 格式的文件。

7.1.4 创建特殊字符

使用【多行文字】命令中的字符功能，可以非常方便地创建一些特殊符号，如度数、直径符号、正负号、平方、立方等。

下面通过创建如图 7-33 所示的度数、正负号、直径符号等特殊字符，学习特殊字符的创建技巧。

1. 未注倒角1X45°
2. 分度圆⌀180, 同轴度为0.02
3. 齿轮宽度偏差为±0.15

图 7-33 创建的字符

❶继续上例操作。在段落文字对象上双击鼠标，打开【文字格式】编辑器。

❷将光标定位到“1×45”后，然后单击【符号】按钮@▾，在打开的符号菜单中选择【度数】选项，如图 7-34 所示。

❸结果度数的代码选项被自动转化为度数符号，如图 7-35 所示。

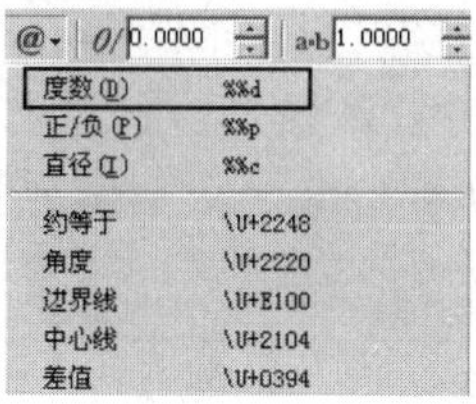

图 7-34 符号按钮菜单

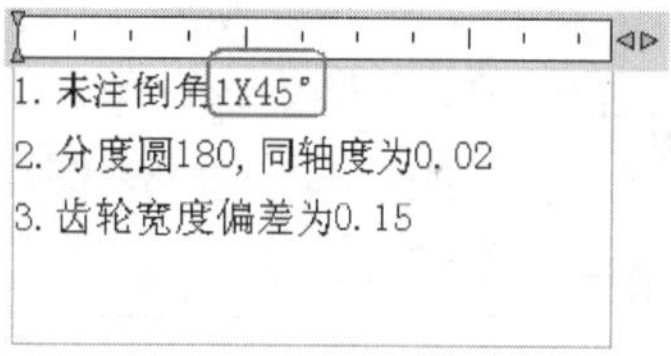

图 7-35 添加度数符号

技巧

> 用户如果需要插入其他特殊符号，可以单击【其他】选项，在弹出的【字符映射表】对话框中选择所需字符。

❹将光标定位到“0.15”前，然后单击【符号】按钮@▾打开符号菜单，选择【正/负】选项，为其添加正负号，添加结果如图 7-36 所示。

❺将光标定位到“180”前，然后单击【符号】按钮@▾打开符号菜单，选择【直径】选项，在“180”的前面添加直径符号，如图 7-37 所示。

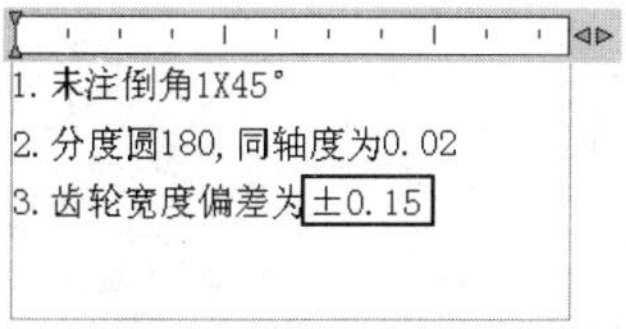

图 7-36 添加正负号

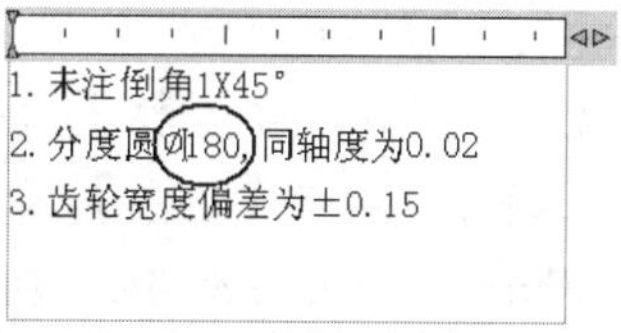

图 7-37 添加直径符号

❻单击 确定 按钮关闭【文字格式】编辑器，完成特殊符号的添加过程。

7.2 编辑文字

【编辑文字】命令主要用于修改编辑现有的文字对象内容，或者为文字对象添加前缀或后缀等内容。执行【编辑文字】命令主要有以下几种方法。

- 菜单栏：单击菜单栏上的【修改】|【对象】|【文字】|【编辑】命令。
- 工具栏：单击【文字】工具栏中的按钮。
- 命令行：在命令行输入 Ddedit 或 ED。

7.2.1 编辑单行文字

如果需要编辑的文字是使用【单行文字】命令创建的，那么在执行【编辑文字】命令后，命令行会出现“选择注释对象或 [放弃（U）]”的操作提示，此时用户只需要单击需要编辑的单行文字，系统即可弹出如图 7-38 所示的单行文字编辑框，在此编辑框中输入正确的文字内容即可。

图 7-38 单行文字编辑框

7.2.2 编辑多行文字

如果编辑的文字是使用【多行文字】命令创建的，那么在执行【编辑文字】命令后，命令行出现“选择注释对象或 [放弃（U）]”的操作提示，此时用户单击需要编辑的文字对象，将会打开如图 7-39 所示的【文字格式】编辑器，在此编辑器内不但可以修改文字的内容，而且还可以修改文字的样式、字体、字高以及对正方式等特性。

图 7-39 【文字格式】编辑器

7.3 表格与表格样式

AutoCAD 为用户提供了表格的创建与填充功能，使用【表格】命令，不但可以创建表格填充表格内容，而且还可以将表格链接至 Microsoft Excel 电子表格中的数据。执行【表格】命令主要有以下几种方法。

- 菜单栏：单击菜单栏上的【绘图】|【表格】命令。
- 工具栏：单击【绘图】工具栏中的按钮。
- 命令行：在命令行输入 Table 或 TB。

下面通过创建如图 7-40 所示的简单表格，学习使用【表格】命令的操作方法和技巧。

标题		
表头	表头	表头

图 7-40 创建的表格

❶首先执行【表格】命令，打开如图 7-41 所示的【插入表格】对话框。

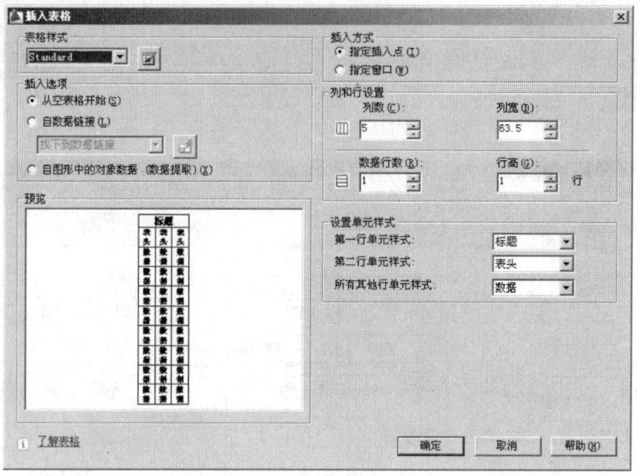

图 7-41 【插入表格】对话框

❷在【列】文本列表框中输入 3，设置表格列数为 3；在【列宽】文本列表框中输入 20，设置列宽为 20。

❸在【数据行】文本列表框中输入 3，设置表格行数为 3，其他参数不变，然后单击 确定 按钮返回绘图区，在命令行“指定插入点:”提示下，拾取一点作为插入点。

❹此时系统打开如图 7-42 所示的【文字格式】编辑器，用于填写表格内容。

❺在反白显示的表格框内输入“标题”二字，如图 7-43 所示。

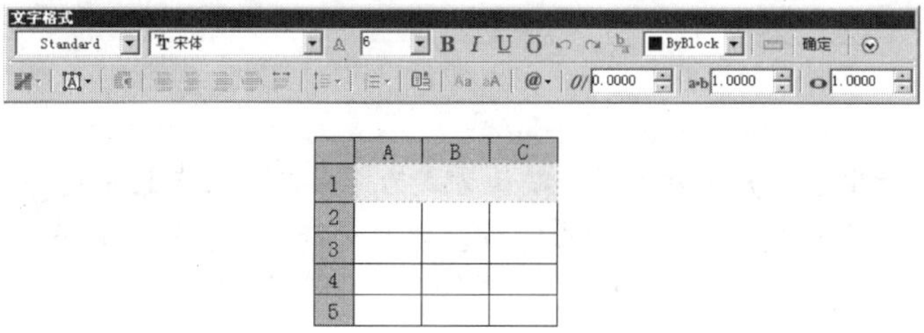

图 7-42 【文字格式】编辑器

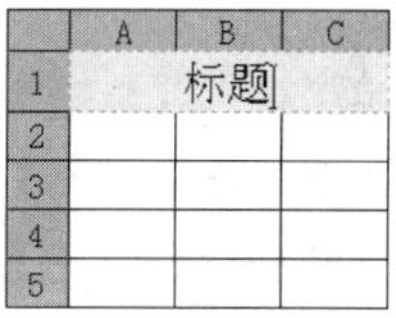

图 7-43 输入标题文字

❻按键盘上的右方向键，或按 Tab 键，此时光标跳至左下侧的列标题栏中，如图 7-44 所示。

❼此时在反白显示的列标题栏中输入文字，如图 7-45 所示。

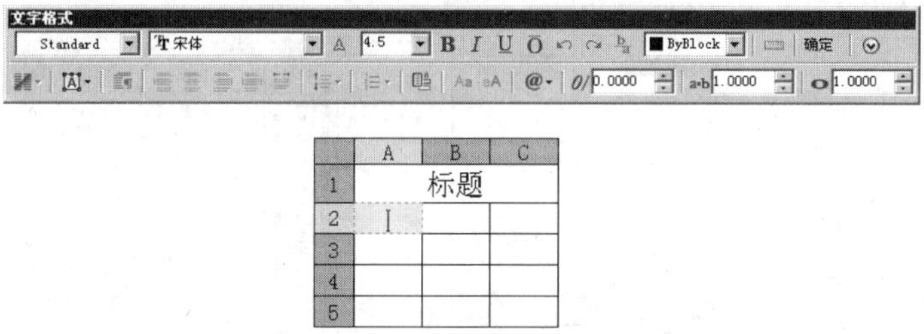

图 7-44 定位光标

图 7-45 输入文字

❽继续按右方向键，或者按 Tab 键，分别在其他列标题栏中输入表格文字，如图 7-46 所示。

❾单击 确定 按钮，关闭【文字格式】编辑器。

技巧

默认状态下创建的表格，不仅包含有标题行，还包含有表头行、数据行，用户可以根据实际情况进行取舍。

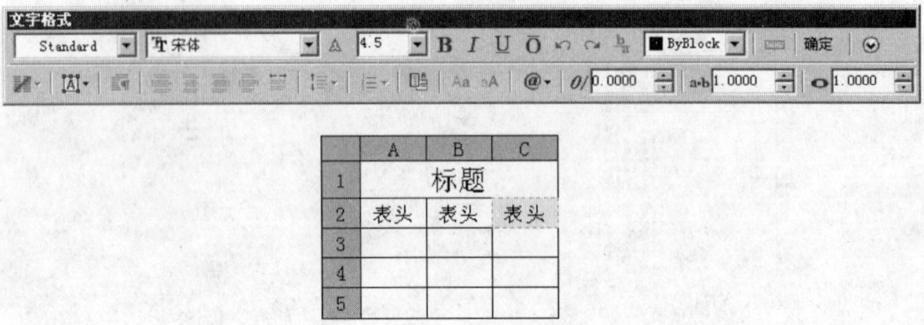

图 7-46　输入其他文字

选项解析

- 在【插入表格】对话框中，【表格样式设置】选项组不仅可以设置、新建或修改当前表格样式，还可以对表格样式进行预览。
- 【插入选项】选项组用于设置表格的填充方式，具体有【从空表格开始】、【自数据链接】和【自图形中的对象数据】3 种。
- 【插入方式】选项组用于设置表格的插入方式。即激活此方式后，系统将按照当前的行参数和列参数创建表格。

技巧

系统共提供了【指定插入点】和【指定窗口】两种方式，默认方式为【指定插入点】方式，如果使用【指定窗口】方式。系统将表格的行数设为自动，即按照指定的窗口区域自动生成表格的数据行，而表格的其他参数仍使用当前的设置。

- 【列和行设置】选项组用于设置表格的列参数、行参数以及列宽和行宽参数。系统默认的列参数为 5、行参数为 1。
- 【设置单元数据】选项组用于设置第一行、第二行或其他行的单元样式。
- 单击“表格样式名称”下拉列表框 Standard 右侧的按钮，可打开如图 7-47 所示的【表格样式】对话框，在此对话框内设置新的表格样式、修改已有表格样式或设置当前样式等。

另外，打开【表格样式】对话框，还有以下几种方法。

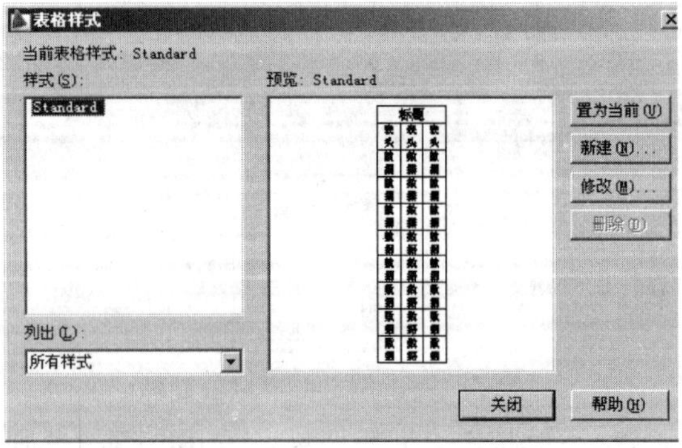

图 7-47　【表格样式】对话框

● 菜单栏：单击菜单栏上的【格式】|【表格样式】命令。
● 工具栏：单击【样式】工具栏中的按钮。
● 命令行：在命令行输入 Tablestyle 或 TS。

7.4 信息查询

7.4.1 查询距离

使用 AutoCAD 提供的【距离】命令，不但可以查询任意两点之间的距离，还可以查询两点的连线与 X 轴或 XY 平面的夹角等参数信息。执行【距离】命令主要有以下几种方法。

● 菜单栏：单击菜单栏上的【工具】|【查询】|【距离】命令。
● 工具栏：单击【查询】工具栏中的按钮。
● 命令行：在命令行输入 Dist 或 DI。

下面学习使用【查询】命令。

❶使用画线命令，配合【极轴】功能绘制长度为 200、角度为 30 的倾斜线段，如图 7-48 所示。

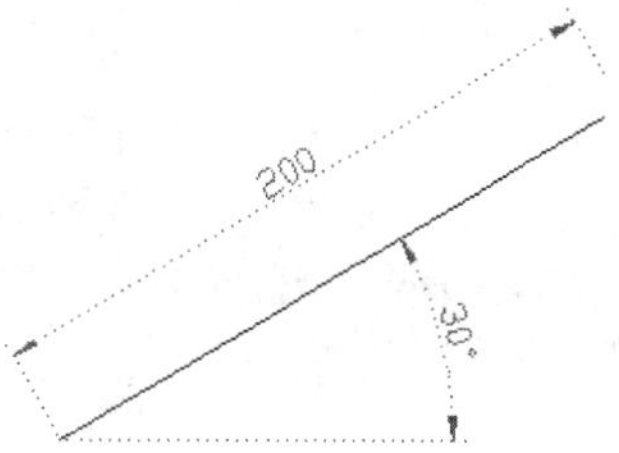

图 7-48　绘制的倾斜线段

❷单击菜单栏上的【工具】|【查询】|【距离】命令，在命令行“指定第一点：”提示下，捕捉线段的下端点。

❸在“指定第二点：”提示下捕捉线段上端点，此时系统自动查询出这两点之间的信息，具体如下：

```
距离 =200.0000
    XY 平面中的倾角 =30
    与 XY 平面的夹角 =0
    X 增量 =173.2051,
    Y 增量 =100.0000
    Z 增量 =0.0000
```

其中：

● “距离”表示所拾取的两点之间的实际长度；
● “XY 平面中的倾角”表示所拾取的两点边线 X 轴正方向的夹角；
● “与 XY 平面的夹角”表示所拾取的两点边线与当前坐标系 XY 平面的夹角；
● “X 增量”表示所拾取的两点在 X 轴方向上的坐标差；
● “Y 增量”表示所拾取的两点在 Y 轴方向上的坐标差；
● “Z 增量”表示所拾取的两点在 Z 轴方向上的坐标差。

7.4.2 查询面积

使用【面积】命令，不但可以查询单个封闭对象或由若干点围成的区域的面积以及周长，而且还可以对面积进行加减运算。执行【面积】命令主要有以下几种方法。

● 菜单栏：单击菜单栏上的【工具】|【查询】|【面积】命令。

- 工具栏：单击【查询】工具栏中的按钮。
- 命令行：在命令行输入 Area。

下面查询正六边形面积和周长，操作步骤如下：

❶首先绘制边长为 150 的正六边形。

❷单击【查询】工具栏中的按钮，激活【面积】命令，查询正六边形的面积和周长。命令行操作如下：

```
命令: _area
    指定第一个角点或 [对象(O)/加(A)/减(S)]:          //捕捉正六边形左上角点
    指定下一个角点或按 ENTER 键全选:                 //捕捉正六边形左角点
    指定第一个角点或 [对象(O)/加(A)/减(S)]:          //捕捉正六边形左下角点
    指定下一个角点或按 ENTER 键全选:                 //捕捉正六边形右下角点
    指定下一个角点或按 ENTER 键全选:                 //捕捉正六边形右角点
    指定下一个角点或按 ENTER 键全选:                 //捕捉正六边形右上角点
    指定下一个角点或按 ENTER 键全选:                 // Enter，退出命令
```

❸结果系统将查询并列出正六边形的面积以及周长：

```
    面积 = 58456.7148，周长 = 900.0000
```

选项解析

- 【对象】选项用于查询单个闭合图形的面积和周长，如圆、椭圆、矩形、多边形、面域等。另外，使用此选项也可以查询由多段线或样条曲线所围成的区域的面积和周长。

技巧

对于线宽大于零的多段线或样条曲线，AutoCAD 将按其中心线来计算面积和周长；对于非封闭的多段线或样条曲线，AutoCAD 将假想已有一条直线连接多段线或样条曲线的首尾，然后计算该封闭框架的面积，但是周长并不包括那条假想的连线，即周长是多段线的实际长度。

- 【加】选项主要用于将新选图形实体的面积加入总面积中，此功能属于"面积的加法运算"。另外，如果用户需要执行面积的加法运算，必须先要将当前的操作模式转换为加法运算模式。
- 【减】选项用于将所选实体的面积从总面积中减去，此功能属于"面积的减法运算"。另外，如果用户需要执行面积的减法运算，必须先要将当前的操作模式转换为减法运算模式。

7.4.3 查询坐标

【点坐标】命令用于查询点的 X 轴向坐标值和 Y 轴向坐标值，所查询出的坐标值为点的绝对坐标值。执行【点坐标】命令主要有以下几种方法。

- 菜单栏：单击菜单栏上的【工具】|【查询】|【点坐标】命令。

- 工具栏：单击【查询】工具栏中的按钮。
- 命令行：在命令行输入 Id。

【点坐标】命令的命令行操作提示如下：

```
命令：'_Id
    指定点：                              //捕捉需要查询的坐标点
```

AutoCAD 报告如下信息：

```
X = <X 坐标值>    Y =<Y 坐标值>    Z = <Z 坐标值>
```

7.4.4 列表查询

使用 AutoCAD 提供的【列表】命令，可以快速地查询图形所包含的众多的内部信息，例如图层、面积、点坐标以及其他的空间等特性参数。执行【列表】命令主要有以下几种方式。

- 菜单栏：单击菜单栏上的【工具】|【查询】|【列表】命令。
- 工具栏：单击【查询】工具栏中的按钮。
- 命令行：在命令行输入 List 或 LI 或 LS。

列表查询的操作步骤如下：

❶新建文件，并绘制边长为 100 的正五边形。

❷单击【查询】工具栏中的按钮，激活【列表】命令。

❸在命令行"选择对象："提示下，选择刚绘制的正五边形。

❹继续在命令行"选择对象："提示下，按 Enter 键，系统将以文本窗口的形式直观显示所查询出的信息，如图 7-49 所示。

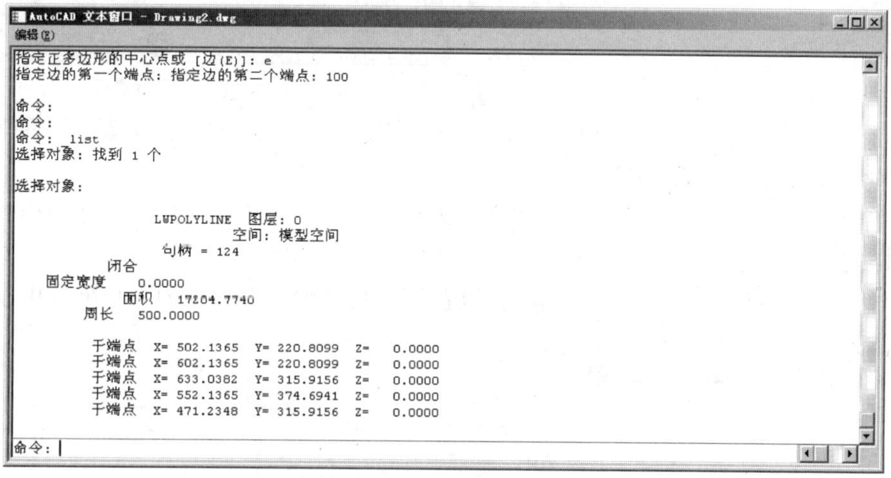

图 7-49　列表查询结果

技巧

当执行【列表】命令后，选择需要查询信息的图形对象，AutoCAD 会自动切换到文本窗口，并滚动显示所有选择对象的有关特性参数。

7.5 综合实例——填写户型图功能与面积

通过上述各节的详细讲述，相信读者对各种文字的创建、编辑以及图形信息的查询等工具有了一定的认识和操作能力，下面以标注某户型图的房间功能和使用面积为例，对本章知识进行综合练习和巩固。本例效果如图 7-50 所示。

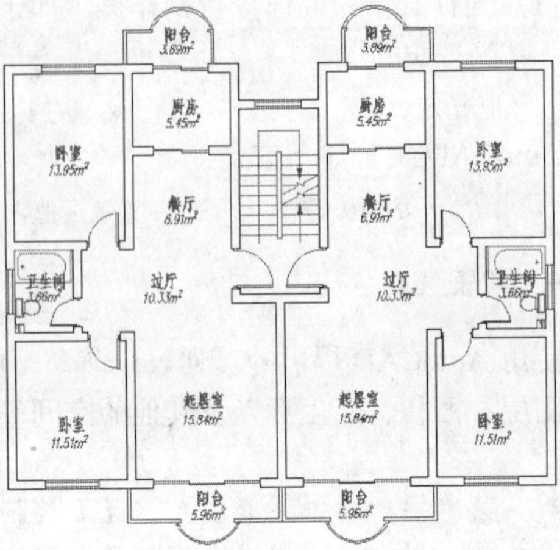

图 7-50　户型平面标注图

❶执行【打开】命令，打开随书光盘“源文件\户型图.dwg”，如图 7-51 所示。

❷单击【样式】工具栏中的 A 按钮，打开【文字样式】对话框，创建名为 SIMPLEX 的文字样式，其参数设置如图 7-52 所示。

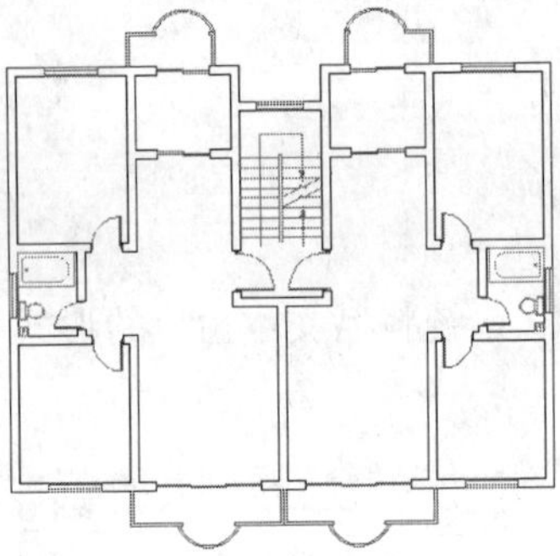

图 7-51　打开的户型图

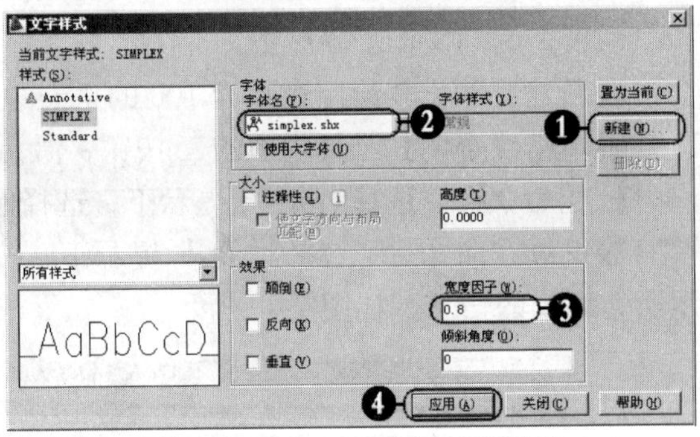

图 7-52　新建 SIMPLEX 文字样式

❸单击 应用(A) 按钮，将新样式保存，然后在【文字样式】对话框中新建一种名为“仿宋体”的新样式，新样式的参数设置如图 7-53 所示。

❹单击 应用(A) 按钮后，关闭【文字样式】对话框，系统将以最后创建的样式作为当前文字样式。

❺单击【图层】工具栏中的【图层控制】下拉列表框，在展开的下拉列表中设置“文字层”作为当前图层，如图 7-54 所示。

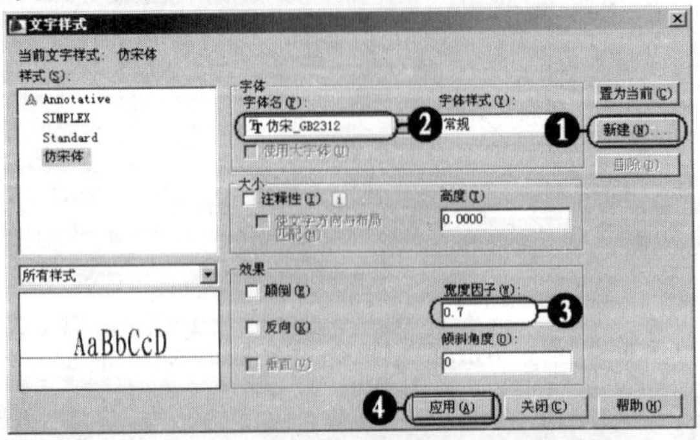

图 7-53　新建“仿宋体”文字样式

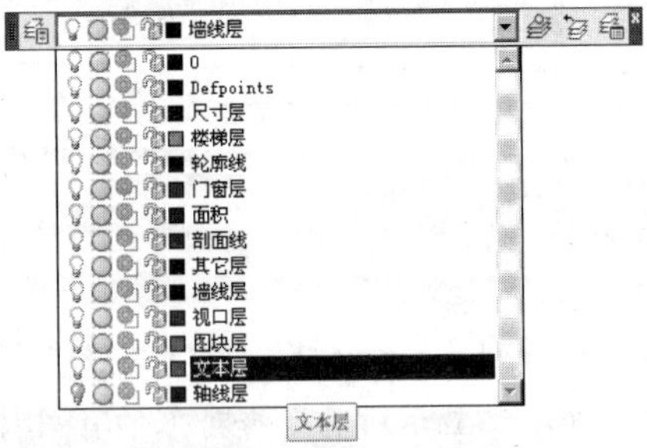

图 7-54　设置当前图层

❻单击菜单栏上的【绘图】|【文字】|【单行文字】命令，为户型图标注房间功能。命令行操作如下：

```
命令: _dtext
    当前文字样式:  仿宋体   当前文字高度:   2.500
    指定文字的起点或 [对正(J)/样式(S)]:            //平面图左下侧房间内拾取一点
    指定高度 <2.500>:                              //350 Enter，设置文字高度
    指定文字的旋转角度 <0.000>:                    // Enter，设置文字的旋转角度
```

❼此时系统显示出如图 7-55 所示的单行文字输入框，然后输入如图 7-56 所示的文字注释。

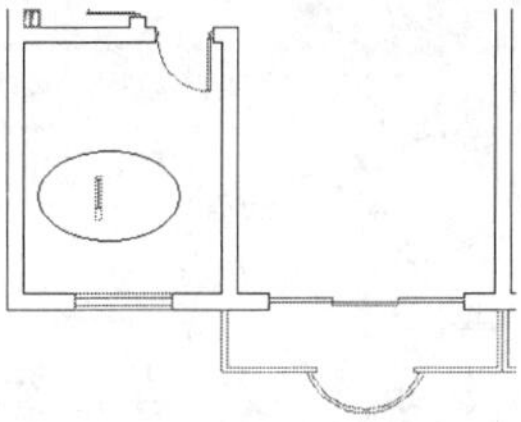

图 7-55　单行文字输入框

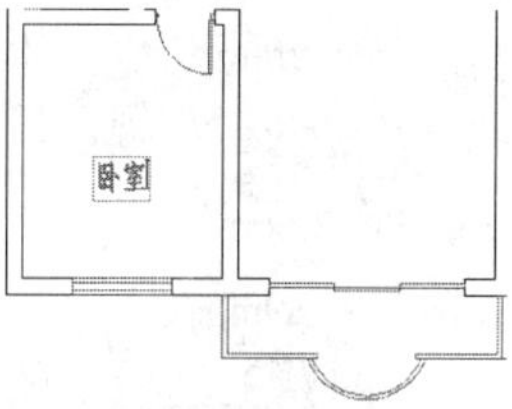

图 7-56　标注房间功能

❽接下来分别在每个房间内部拾取文字插入点，标注各房间的功能性文字注释，最后连续两次按 Enter 键结束命令，标注结果如图 7-57 所示。

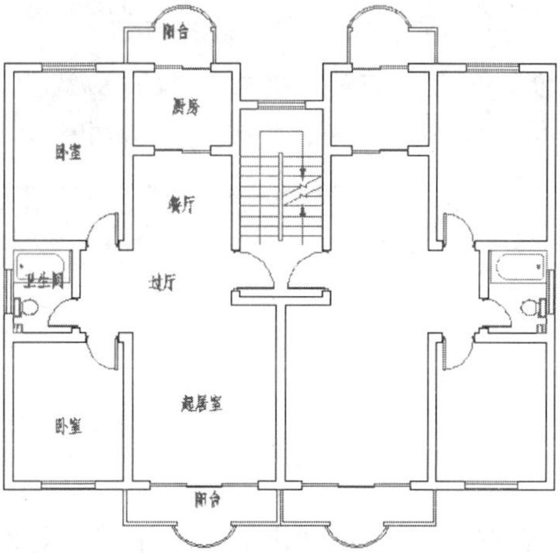

图 7-57　标注其他房间功能

❾将“面积层”设置为当前图层，然后单击菜单栏上的【工具】|【查询】|【面积】命令，查询卧室房间的使用面积。命令行操作如下：

```
命令: _area
    指定第一个角点或 [对象(O)/加(A)/减(S)]:   //捕捉图 7-58 所示的端点 1
    指定下一个角点或按 ENTER 键全选:          //捕捉端点 2
    指定下一个角点或按 ENTER 键全选:          //捕捉端点 3
    指定下一个角点或按 ENTER 键全选:          //捕捉端点 4
    指定下一个角点或按 ENTER 键全选:          // Enter，结束命令
```

查询结果如下：

```
    面积 = 11505600，周长 = 13640
```

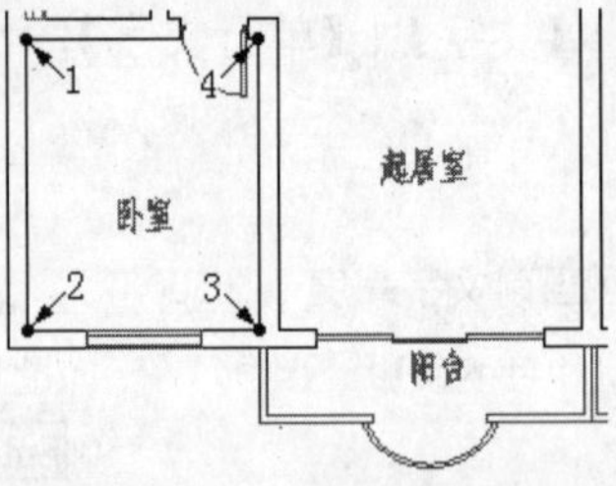

图 7-58　捕捉端点

⑩重复执行【面积】命令，配合对象捕捉和追踪功能，分别查询其他房间的使用面积，查询结果如下：

南阳台=5.96m^2	过厅=10.33m^2
起居室=15.84m^2	餐厅=6.91m^2
卫生间= 3.66m^2	厨房=5.45m^2
北阳台=3.89m^2	北卧室=13.95m^2

⑪单击【绘图】工具栏中的A按钮，激活【多行文字】命令，为户型图标注房间的使用面积。命令行操作如下：

命令: _mtext

当前文字样式:"仿宋体"　当前文字高度:4.5

指定第一角点:　//在图 7-59 所示的点 A 处单击鼠标

指定对角点或 [高度(H)/对正(J)/行距(L)/旋转(R)/样式(S)/宽度(W)/栏(C)]:

//在点 B 处单击鼠标，此时系统打开如图 7-60 所示的【文字格式】编辑器

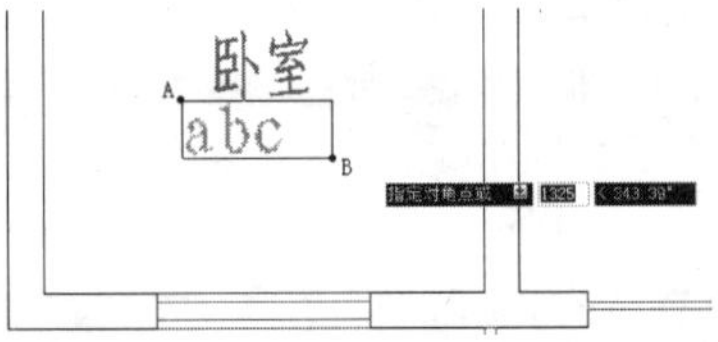

图 7-59　定位角点

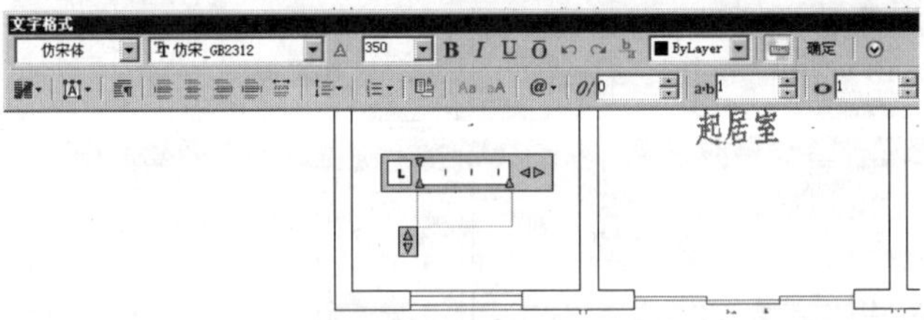

图 7-60　【文字格式】编辑器

⑫单击【多行文字对正】按钮，从弹出的下拉菜单中对正选择对正方式为“正中”，如图 7-61 所示。

⑬在【文字格式】对话框中设置当前的文字样式、字体高度以及倾斜角度等参数，如图 7-62 所示。

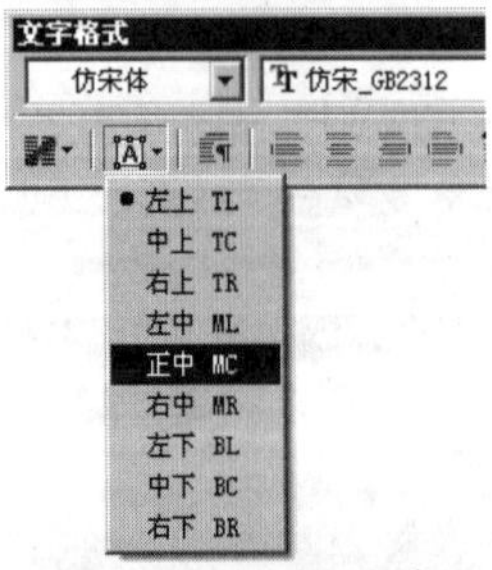

图 7-61　对正方式菜单

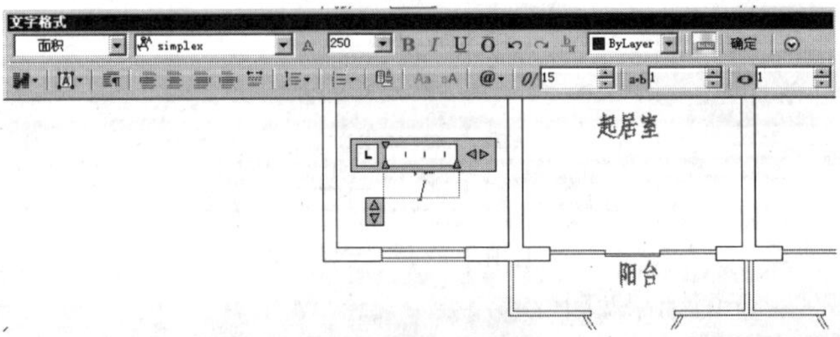

图 7-62　设置文字样式参数

⓮在下侧的文字输入框内输入“11.51m2^”，如图 7-63 所示。

技巧

符号“^”是按 Shift+6 键输入的。

⓯在文字输入框内选择“2^”后，使其呈现反白显示，如图 7-64 所示。

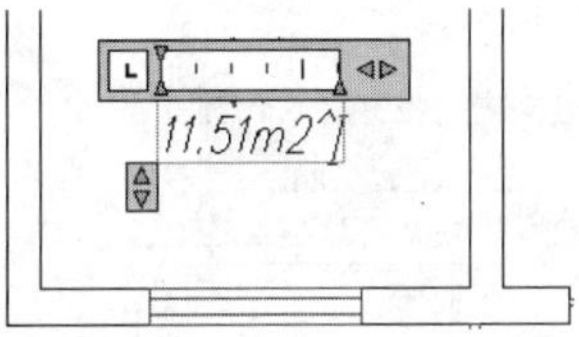

图 7-63　输入文字

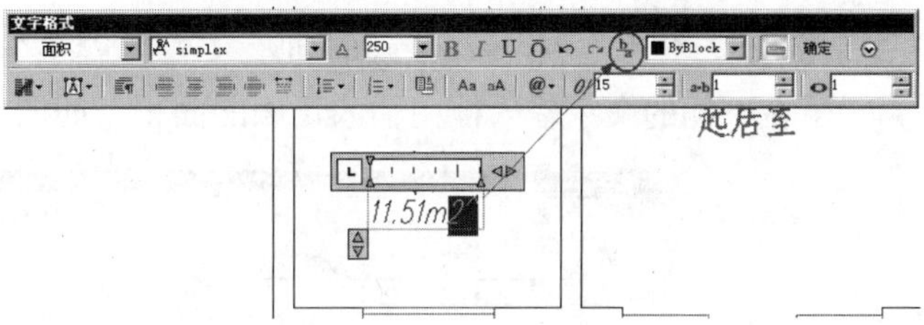

图 7-64　选择文字

⓰单击工具栏中的按钮，对数字 2 进行堆叠，结果如图 7-65 所示。

⓱单击 确定 按钮，结束【多行文字】命令，标注结果如图 7-66 所示。

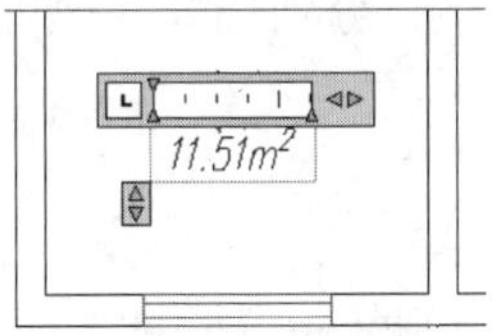

图 7-65　堆叠结果

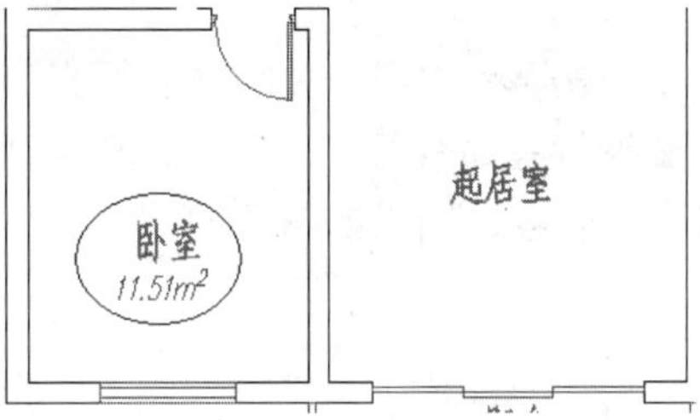

图 7-66　标注结果

⓲单击菜单栏上的【修改】|【复制】命令，将刚标注的面积分别复制到其他房间内，结果如图 7-67 所示。

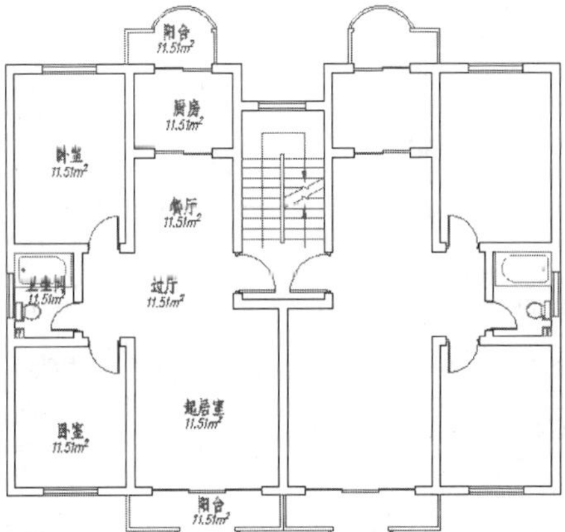

图 7-67　复制结果

⓳单击菜单栏上的【修改】|【对象】|【文字】|【编辑】命令，在命令行“选择注释对象或 [放弃(U)]:”提示下，选择复制出的面积对象，打开如图 7-68 所示的【文字格式】编辑器。

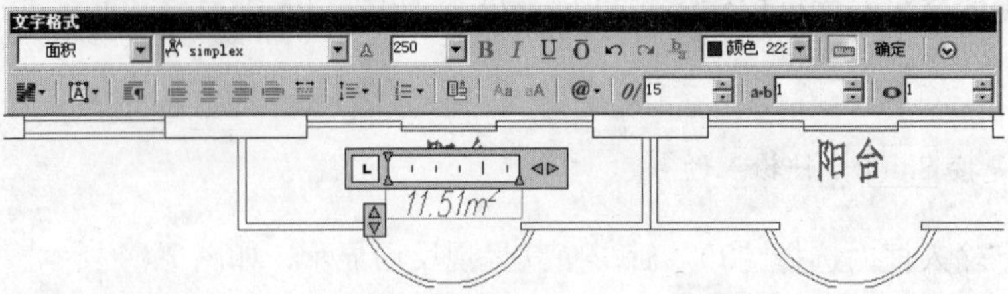

图 7-68 【文字格式】编辑器

⑳在下侧的文字输入框内输入正确的面积，如图 7-69 所示。

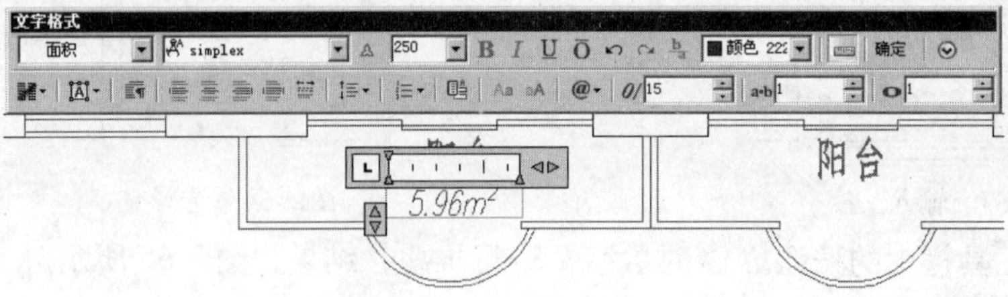

图 7-69 修改文字内容

㉑单击 确定 按钮，关闭【多行文字】编辑器，修改结果如图 7-70 所示。

㉒继续在命令行“选择注释对象或 [放弃(U)]:”提示下，分别选择其他位置的面积对象修改其内容，结果如图 7-71 所示。

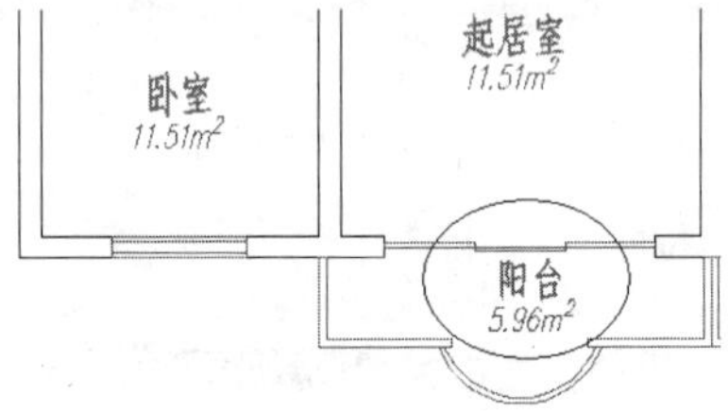

图 7-70 修改结果

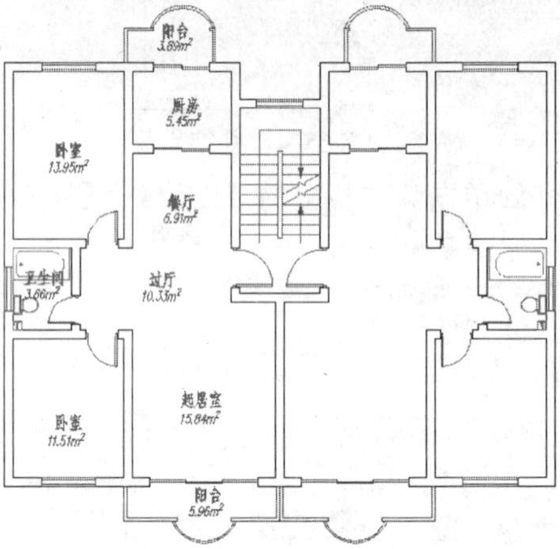

图 7-71 修改其他文字内容

㉓单击菜单栏上的【修改】|【镜像】命令，配合中点捕捉功能，将间功能和面积对象，进行镜像，命令行操作如下：

```
命令: _mirror
    选择对象:                    //选择所有的文字对象，如图 7-72 所示
    选择对象:                    // Enter，结束对象的选择
    指定镜像线的第一点:          //捕捉如图 7-73 所示的中点
    指定镜像线的第二点:          //@0,1 Enter，定位第二镜像点
    要删除源对象吗？[是(Y)/否(N)] <N>:]
                                 // Enter，结束命令，镜像结果如上图 7-50 所示
```

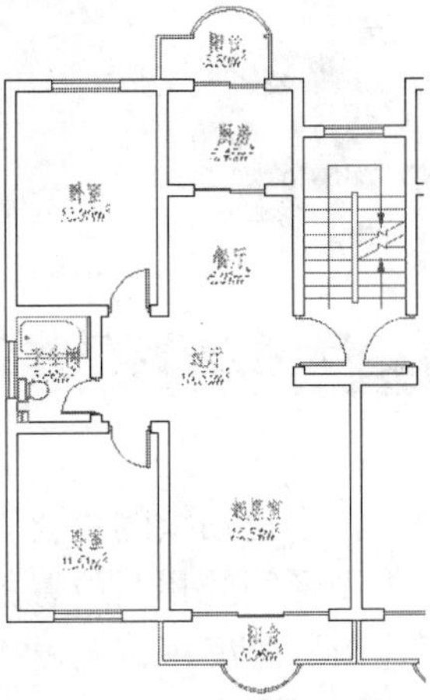

图 7-72 选择镜像文字

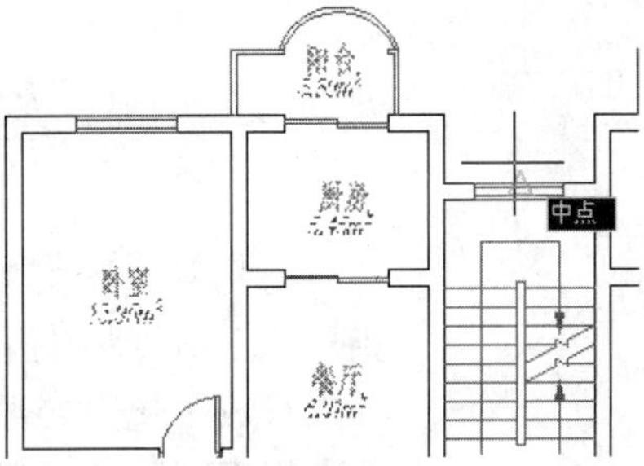

图 7-73 定位第一镜像点

㉔最后使用【另存为】命令，将户型图另存为“填写房间功能与面积.dwg”文件。

7.6 本章小结

本章主要集中讲述了 AutoCAD 的文字、表格、字符等的创建功能和图形信息的查询功能，以表达图形无法传递的一些图纸信息，使图纸更直观，更容易识读。通过本章的学习，应了解和掌握单行文字与多行文字的区别、创建方式及修改技巧；掌握文字样式的设置及特殊字符的输入技巧；除此之外，还需要熟练掌握表格的设置、创建、填充以及一些图形信息的查询功能。

7.7 练习题

综合本章所讲知识，为某高层住宅单元图标注房间功能及使用面积，效果如图 7-74 所示（本例所需源文件为随书光盘“源文件\某高层住宅单元平面图.dwg”文件）。

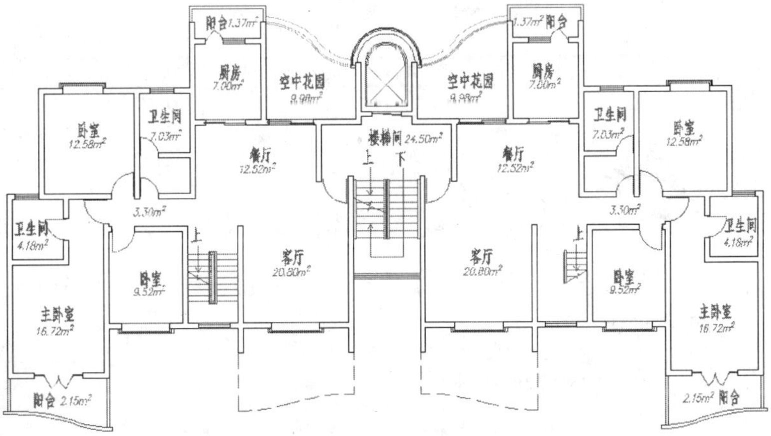

图 7-74 练习题

第8章

图形尺寸的标注与编辑

与几何图形、文字注释一样，尺寸标注也是图纸的重要组成部分，是指导施工员现场施工的重要依据，它能将图形间的相互位置关系以及形状等进行数字化、参数化，以更直观地表达图形的尺寸。

根据不同的图形结构，AutoCAD 为用户提供了不同的尺寸标注工具，这些尺寸标注工具都被组织在图 8-1 所示的菜单栏和图 8-2 所示的工具栏上，本章重点介绍 AutoCAD 庞大的尺寸标注功能和尺寸编辑功能。

图 8-1　标注菜单栏

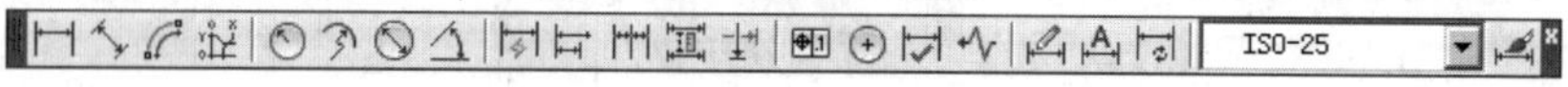

8-2　标注工具栏

8.1 标注直线尺寸

本节学习【线性】、【对齐】、【角度】、【坐标】4 个标注命令的操作方法和操作技巧。

8.1.1　标注线性尺寸

【线性】命令主要用于标注两点之间的水平尺寸或垂直尺寸，是一种比较常用的的标注工具。执行【线性】命令主要有以下几种方法。

- 菜单栏：单击菜单栏上的【标注】|【线性】命令。
- 工具栏：单击【标注】工具栏中的按钮。
- 命令行：在命令行输入 Dimlinear 或 Dimlin。

下面通过为矩形标注长、宽尺寸，学习使用【线性】命令。

❶首先绘制长度为 200、宽度为 100 的矩形。

❷执行【线性】命令，配合端点捕捉功能标注矩形的长度尺寸。命令行操作如下：

```
命令: _dimlinear
    指定第一条延伸线原点或 <选择对象>:          //捕捉矩形左下角点
    指定第二条延伸线原点:                      //捕捉矩形右下角点
    指定尺寸线位置或[多行文字(M)/文字(T)/角度(A)/水平(H)/垂直(V)/旋转(R)]:
                                               //向下移动光标，在适当位置拾取一点，以定
                                                 位尺寸线的位置，标注结果如图 8-3 所示
    标注文字 =200
```

❸重复【线性】命令，配合端点捕捉功能标注矩形的宽度尺寸。命令行操作如下：

```
命令: dimlinear                               // Enter，重复执行【线性】命令
    指定第一条延伸线原点或 <选择对象>:         // Enter
    选择标注对象:                             //单击矩形右侧的垂直边
    指定尺寸线位置或[多行文字(M)/文字(T)/角度(A)/水平(H)/垂直(V)/旋转(R)]:
                                              //水平向右移动光标，然后在适当位置指定尺
                                                寸线位置，标注结果如图 8-4 所示
    标注文字 =100
```

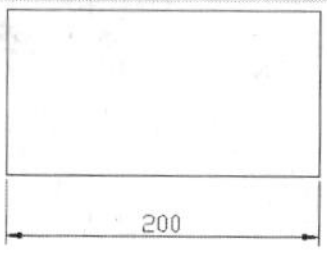

图 8-3 标注长度尺寸

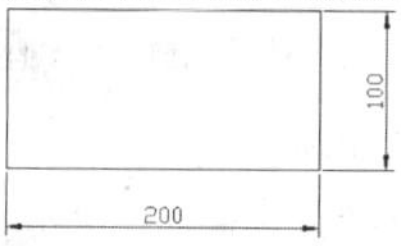

图 8-4 标注宽度尺寸

选项解析

- 【多行文字】选项主要是在如图 8-5 所示的【文字格式】编辑器内，输入尺寸的文字内容，或者为尺寸文字添加前后缀等。

图 8-5 【文字格式】编辑器

- 【文字】选项主要是通过命令行，手动输入尺寸文字的内容。
- 【角度】选项用于设置尺寸文字的旋转角度，如图 8-6 所示。激活该选项后，命令行出现“指定标注文字的角度：”的提示，用户可根据此提示，输入标注角度值来放置尺寸文本。
- 【水平】选项主要用于标注两点之间的水平尺寸，当激活该选项后，无论如何移

动光标，所标注的始终是对象的水平尺寸。

- 【垂直】选项主要用于标注两点之间的垂直尺寸，当激活该选项后，无论如何移动光标，所标注的始终是对象的垂直尺寸。
- 【旋转】选项用于设置尺寸线的旋转角度的，如图 8-7 所示。当激活该选项后，命令行出现“指定尺寸线位置：”的提示，用户可以输入角度值即可创建旋转型尺寸。

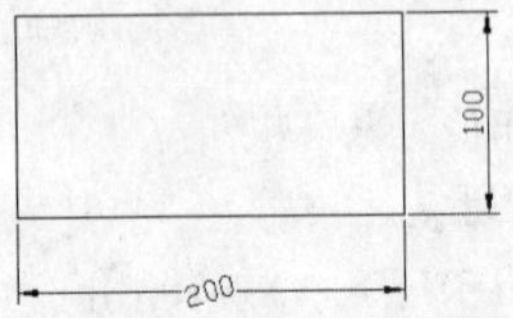

图 8-6　设置尺寸文字角度

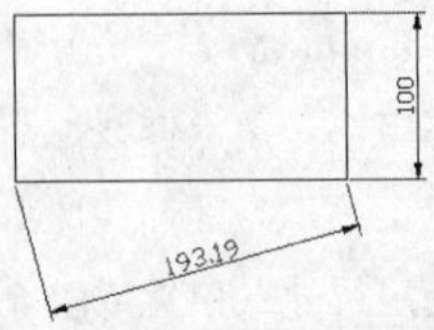

图 8-7　设置尺寸线旋转

8.1.2　标注对齐尺寸

【对齐】命令主要用于标注平行于所选对象或平行于两延伸线原点连线的直线型尺寸，此命令比较适合于标注倾斜图线的尺寸。执行【对齐】命令主要有以下几种方法。

- 菜单栏：单击菜单栏上的【标注】|【对齐】命令。
- 工具栏：单击【标注】工具栏中的按钮。
- 命令行：在命令行输入 Dimaligned 或 Dimali。

下面通过标注某矩形对角线的长度为例，学习使用【对齐】命令。

❶继续上例操作。

❷使用画线命令，连接矩形两个对角点，绘制对角线，如图 8-8 所示。

❸执行【对齐】命令，配合端点捕捉功能标注矩形对角线尺寸。命令行操作如下：

```
命令: _dimaligned
    指定第一条延伸线原点或 <选择对象>://捕捉矩形的左上角点
    指定第二条延伸线原点:                //捕捉矩形的右下角点
    指定尺寸线位置或[多行文字(M)/文字(T)/角度(A)]:
                                        //在适当位置指定尺寸线位置，结果如图 8-9 所示
    标注文字 =223.613
```

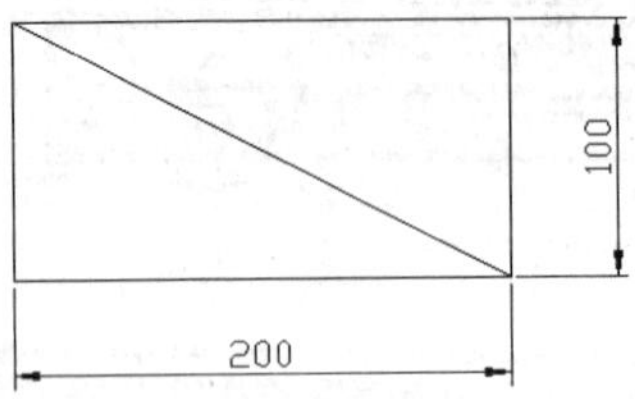

图 8-8　绘制对角线

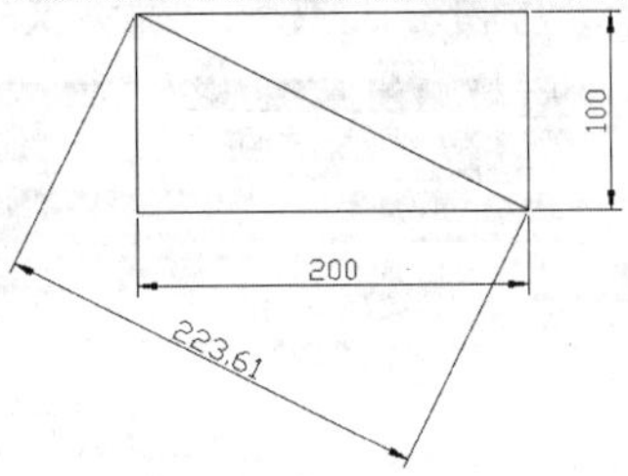

图 8-9　标注对角线尺寸

技巧

【对齐】命令中的多行文字、文字以及角度等选项功能与【线性】命令相同，故不再讲述。

8.1.3 标注角度尺寸

【角度】命令主要用于标注图线间的角度尺寸或者是圆弧的圆心角等，执行【角度】命令主要有以下几种方法。

- 菜单栏：单击菜单栏上的【标注】|【角度】命令。
- 工具栏：单击【标注】工具栏中的按钮。
- 命令行：在命令行输入 Dimangular 或 Angular。

下面通过标注矩形对角线与水平边的角度尺寸为例，学习使用【角度】命令。

❶继续上例操作。

❷执行【角度】命令，配合端点捕捉功能标注角度尺寸。命令行操作如下：

```
命令: _dimangular
    选择圆弧、圆、直线或 <指定顶点>:                //单击矩形的对角线
    选择第二条直线:                                //单击矩形的下侧水平边
    指定标注弧线位置或 [多行文字(M)/文字(T)/角度(A) /象限点(Q)]:
                                                   //在适当位置拾取一点，定位尺寸线位置
    标注文字 = 27
```

❸标注结果如图 8-10 所示。

在标注角度尺寸时，如果选择的是圆弧，系统将自动以圆弧的圆心作为顶点，圆弧端点作为延伸线的原点，标注圆弧的角度，如图 8-11 所示。

如果选择的对象为圆时，系统将以选择的点作为第一条延伸线的原点，以圆心作为顶点，第二条延伸线的原点可以位于圆上，也可以在圆外或圆内，如图 8-12 所示。

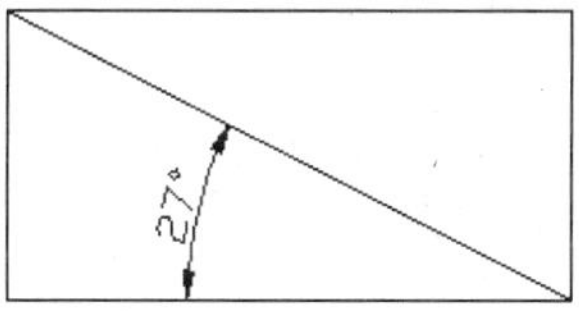

图 8-10　标注角度尺寸

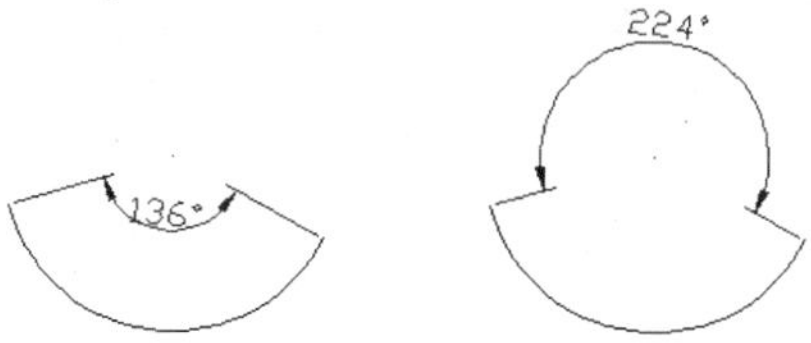

图 8-11　圆弧角度标注示例

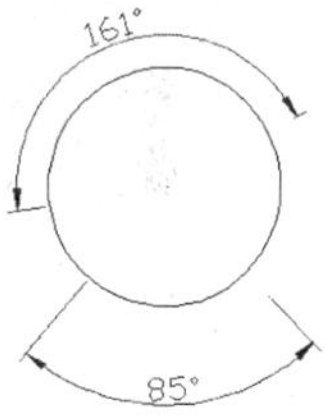

图 8-12　圆标注示例

8.1.4 标注点的坐标

【坐标】命令用于标注点的 X 坐标值和 Y 坐标值，所标注的坐标为点的绝对坐标，如图 8-13 所示。执行【坐标】命令主要有以下几种方法。

- 菜单栏：单击菜单栏上的【标注】|【坐标】命令。
- 工具栏：单击【标注】工具栏中的按钮。
- 命令行：在命令行输入 Dimordinate 或 Dimord。

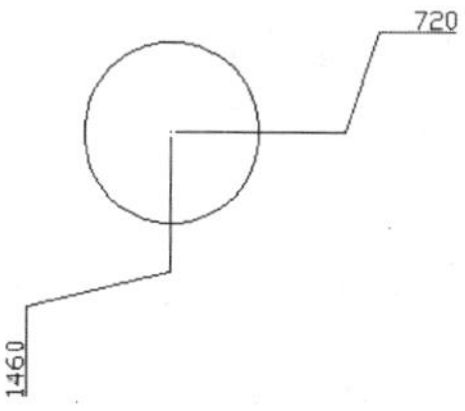

图 8-13　点坐标标注示例

激活【坐标】命令后，命令行出现如下操作提示：

```
命令: _dimordinate
    指定点坐标:                    //捕捉点
```

```
指定引线端点或 [X 基准(X)/Y 基准(Y)/多行文字(M)/文字(T)/角度(A)]:
                                            //定位引线端点
```

上下移动光标，则可以标注点的 X 坐标值；左右移动光标，则可以标注点的 Y 坐标值。另外，使用【X 基准】选项，可以强制性地标注点的 X 坐标，不受光标引导方向的限制；使用【Y 基准】选项可以标注点的 Y 坐标。

8.2 标注曲线尺寸

本节学习【半径】、【直径】、【弧长】、【折弯】等命令的操作方法和操作技巧。

8.2.1 标注半径尺寸

【半径】命令用于标注圆、圆弧的半径尺寸，所标注的半径尺寸是由一条指向圆或圆弧的带箭头的半径尺寸线组成，当用户采用系统的实际测量值标注文字时，系统会在测量数值前自动添加“R”，如图 8-14 所示。

执行【半径】命令主要有以下几种方法。

- 菜单栏：单击菜单栏上的【标注】|【半径】命令。
- 工具栏：单击【标注】工具栏中的按钮。
- 命令行：在命令行输入 Dimradius 或 Dimrad。

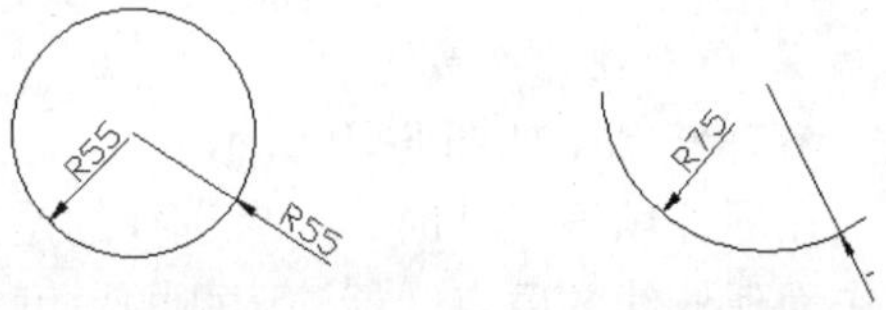

图 8-14 半径尺寸标注示例

激活【半径】命令后，AutoCAD 命令行会出现如下操作提示：

```
命令: _dimradius
    选择圆弧或圆:                                  //选择需要标注的圆或弧对象
    标注文字 = 55
    指定尺寸线位置或 [多行文字(M)/文字(T)/角度(A)]:  //指定尺寸的位置
```

8.2.2 标注直径尺寸

【直径】命令用于标注圆或圆弧的直径尺寸，如图 8-15 所示。当用户采用系统的实际测量值标注文字时，系统会在测量数值前自动添加“Ø”。

执行【直径】命令主要有以下几种方法。

- 菜单栏：单击菜单栏上的【标注】|【直径】命令。
- 工具栏：单击【标注】工具栏中的按钮。
- 命令行：在命令行输入 Dimdiameter 或 Dimdia。

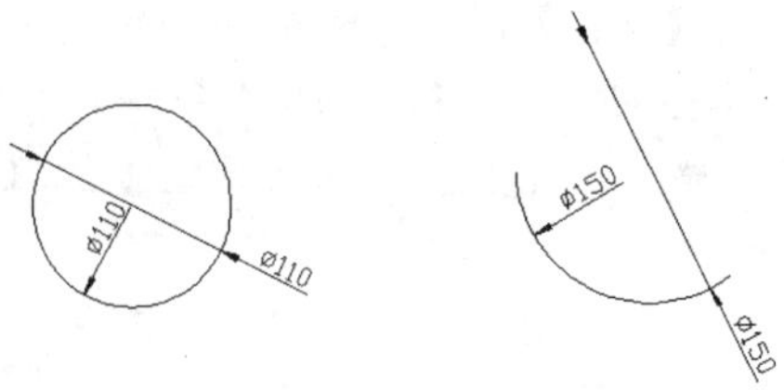

图 8-15 直径尺寸标注示例

激活【直径】命令后，AutoCAD 命令行会出现如下操作提示：

```
命令: _dimdiameter
    选择圆弧或圆:                                                  //选择需要标注的圆或圆弧
    标注文字 = 110
    指定尺寸线位置或 [多行文字(M)/文字(T)/角度(A)]:                 //指定尺寸的位置
```

8.2.3　标注弧长尺寸

【弧长】命令主要用于标注圆弧或多段线弧的长度尺寸，默认设置下，会在尺寸数字的一端添加弧长符号，如图 8-16 所示。

执行【弧长】命令主要有以下几种方法。

- 菜单栏：单击菜单栏上的【标注】|【弧长】命令。
- 工具栏：单击【标注】工具栏中的按钮。
- 命令行：在命令行输入 Dimarc。

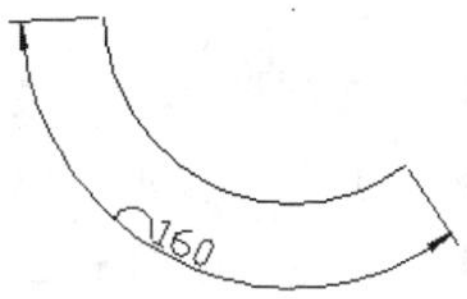

图 8-16　弧长尺寸标注示例

激活【弧长】命令后，AutoCAD 命令行会出现如下操作提示：

```
命令: _dimarc
    选择弧线段或多段线弧线段:                         //选择需要标注的弧线段
    指定弧长标注位置或 [多行文字(M)/文字(T)/角度(A)/部分(P)/引线(L)]:
                                                     //指定弧长尺寸的位置
    标注文字 = 160
```

1．**标注部分弧长**

使用命令中的【部分】选项功能，可以标注圆弧或多段线弧上的部分弧长，下面通过具体的实例，学习这种标注功能。

❶首先绘制一段圆弧，如图 8-17 所示。

❷执行【弧长】命令，根据命令行提示标注弧的部分弧长。命令行操作如下：

```
命令: _dimarc
    选择弧线段或多段线弧线段:          //选择需要标注的弧线段
    指定弧长标注位置或 [多行文字(M)/文字(T)/角度(A)/部分(P)/引线(L)]:
                                      // p Enter，激活【部分】选项
    指定圆弧长度标注的第一个点:        //捕捉圆弧的中点
    指定圆弧长度标注的第二个点:        //捕捉圆弧端点
    指定弧长标注位置或 [多行文字(M)/文字(T)/角度(A)/部分(P)/]:
                                      //在弧的上侧拾取一点，以指定尺寸位置
```

❸标注结果如图 8-18 所示。

图 8-17　绘制圆弧

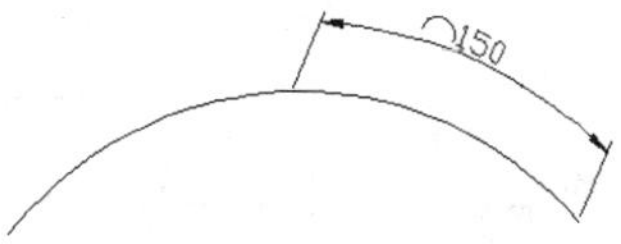

图 8-18　标注结果

2.【引线】选项

【引线】选项用于为圆弧的弧长尺寸添加指示线，如图 8-19 所示。指示线的一端指向所选择的圆弧对象，另一端连接弧长尺寸。

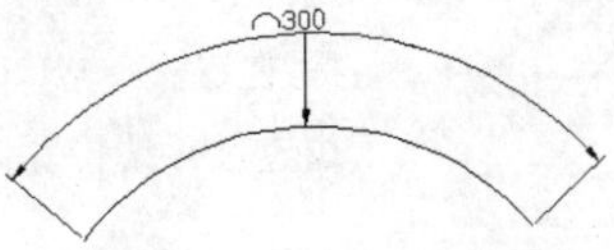

图 8-19　引线选项示例

8.2.4　标注折弯尺寸

【折弯】命令主要用于标注含有折弯的半径尺寸，其中引线的折弯角度可以根据需要进行设置，如图 8-20 所示。执行【折弯】命令主要有以下几种方法。

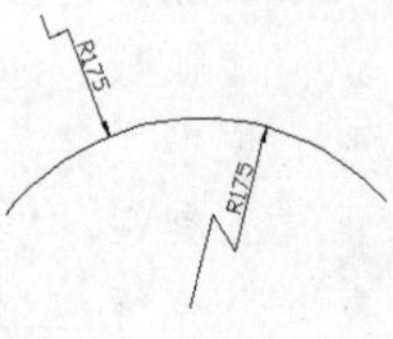

图 8-20　折弯尺寸示例

- 菜单栏：单击菜单栏上的【标注】|【弧长】命令。
- 工具栏：单击【标注】工具栏中的按钮。
- 命令行：在命令行输入 Dimjogged。

激活【折弯】命令后，AutoCAD 命令行有如下操作提示：

```
命令: _dimjogged
    选择圆弧或圆:                                          //选择弧或圆作为标注对象
    指定图示中心位置:                                      //指定中心线位置
    标注文字 = 175
    指定尺寸线位置或 [多行文字(M)/文字(T)/角度(A)]:        //指定尺寸线位置
    指定折弯位置:                                          //定位折弯位置
```

8.3　标注复合尺寸

本节将学习【基线】、【连续】、【引线】、【快速标注】等命令的操作方法和操作技巧。

8.3.1　标注基线尺寸

【基线】命令属于一个复合尺寸工具，此工具需要在现有尺寸的基础上，以所选择的尺寸界限作为基线尺寸的尺寸界限进行创建基线尺寸，如图 8-21 所示。

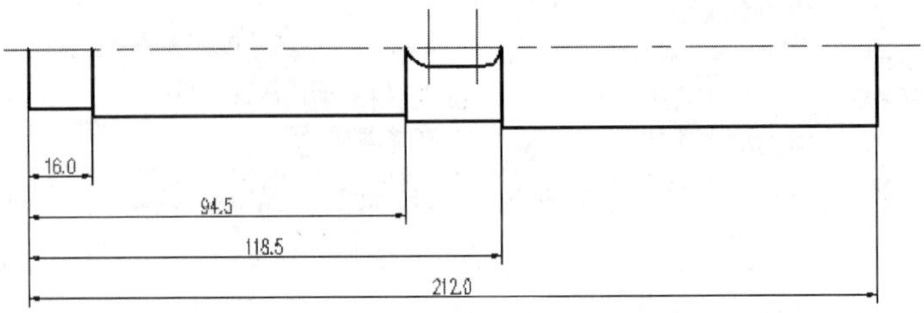

图 8-21　标注基线尺寸示例

执行【基线】命令主要有以下几种方法。

- 菜单栏：单击菜单栏上的【标注】|【基线】命令。
- 工具栏：单击【标注】工具栏中的按钮。
- 命令行：在命令行输入 Dimbaseline 或 Dimbase。

下面学习【基线】命令的使用方法和技巧。

❶打开随书光盘“素材\源文件\复合标注.dwg”，如图 8-22 所示。

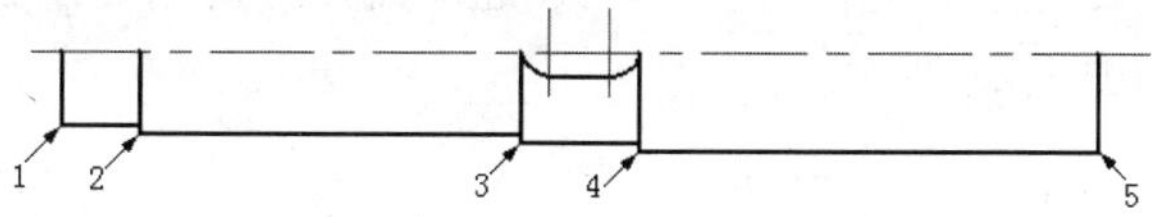

图 8-22 打开的图形

❷执行【线性】命令，配合端点捕捉功能，标注如图 8-23 所示的线性尺寸作为基准尺寸。具体操作过程如下：

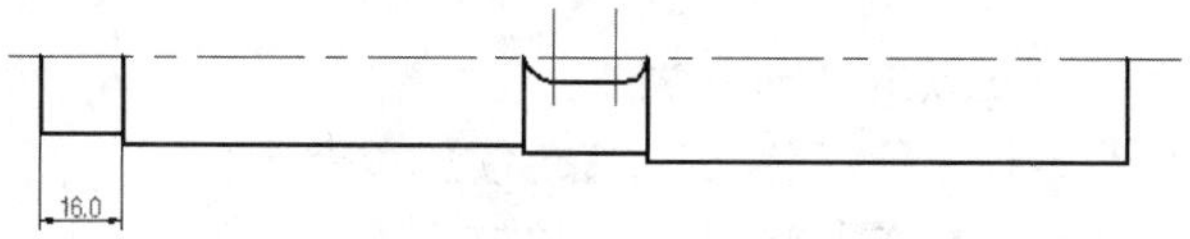

图 8-23 标注结果

❸单击【标注】工具栏中的按钮，激活【基线】命令，配合端点捕捉功能标注基线尺寸。命令行操作如下：

```
命令: _dimbaseline
    指定第二条延伸线原点或 [放弃(U)/选择(S)] <选择>:
        //系统自动进入如图 8-24 所示的基线标注状态，此时捕捉图 8-22 所示的端点 3
```

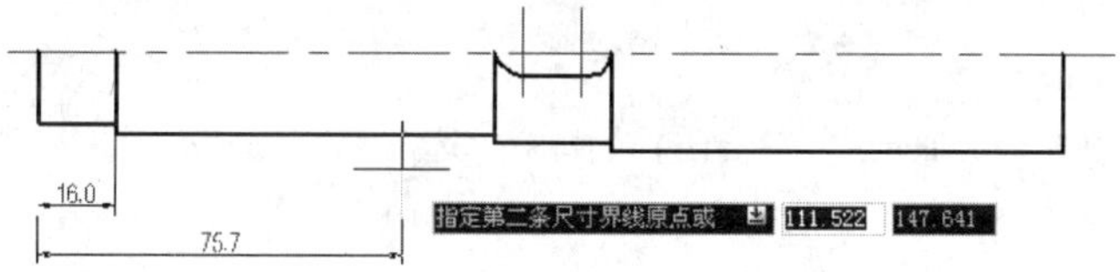

图 8-24 基线标注状态

技巧

当激活【基线】命令后，AutoCAD 会自动以刚创建的线性尺寸作为基准尺寸，进入基线尺寸的标注状态。

```
    标注文字 = 94.5
    指定第二条延伸线原点或 [放弃(U)/选择(S)] <选择>:        //捕捉端点 4
    标注文字 = 118.5
    指定第二条延伸线原点或 [放弃(U)/选择(S)] <选择>:        //捕捉端点 5
    标注文字 = 212.0
    指定第二条延伸线原点或 [放弃(U)/选择(S)] <选择>:        // Enter，退出基线标注状态
    选择基准标注:                                            // Enter，退出命令
```

❹标注结果如图 8-21 所示。

技巧

命令中的【选择】选项用于提示选择一个线性、坐标或角度标注作为基线标注的基准，【放弃】选项用于放弃所标注的最后一个基线标注。

8.3.2 标注连续尺寸

【连续】命令也需要在现有的尺寸基础创建连续的尺寸对象，所创建的连续尺寸位于同一个方向矢量上，如图 8-25 所示。

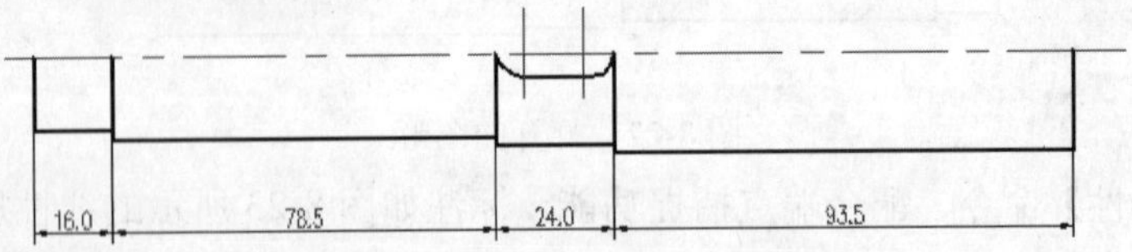

图 8-25　连续尺寸标注示例

执行【连续】命令主要有以下几种方法。

- 菜单栏：单击菜单栏上的【标注】|【连续】命令。
- 工具栏：单击【标注】工具栏中的按钮。
- 命令行：在命令行输入 Dimcontinue 或 Dimcont。

下面学习【连续】命令的使用方法和操作技巧。

❶打开图 8-22 所示的图形。

❷使用【线性】命令标注图 8-23 所示的线性尺寸。

❸单击菜单栏上的【标注】|【连续】命令，根据命令行的提示标注连续尺寸。命令行操作如下：

```
命令: _dimcontinue
    指定第二条延伸线原点或 [放弃(U)/选择(S)] <选择>:        //捕捉图 8-22 所示的端点 3
    标注文字 = 80.5
    指定第二条延伸线原点或 [放弃(U)/选择(S)] <选择>:        //捕捉端点 4
    标注文字 = 24.0
    指定第二条延伸线原点或 [放弃(U)/选择(S)] <选择>:        //捕捉端点 5
    标注文字 = 93.5
    指定第二条延伸线原点或 [放弃(U)/选择(S)] <选择>:        // Enter，退出连续尺寸状态
    选择连续标注:                                          // Enter，退出命令
```

❹标注结果如图 8-25 所示。

8.3.3 标注引线尺寸

【快速引线】命令主要用于创建一端带有箭头、另一端带有文字注释的引线尺寸，其中，引线可以为直线段，也可以为平滑的样条曲线，如图 8-26 所示。

图 8-26　引线尺寸示例

在命令行输入 Qleader 或 LE 后按 Enter 键，即可激活【快速引线】命令，命令行操作如下：

```
命令: _qleader
    指定第一个引线点或 [设置(S)] <设置>:          //在适当位置定位第一个引线点
    指定下一点:                                  //在适当位置定位第二个引线点
```

指定下一点: //在适当位置定位第三个引线点
指定文字宽度 <0>: //Enter，采用当前参数设置
输入注释文字的第一行 <多行文字(M)>: //1×45%%D Enter，输入引线文字
输入注释文字的下一行: //Enter，标注结果如图 8-26（左）所示

激活命令中的【设置】选项后，可打开如图 8-27 所示的【引线设置】对话框。以修改和设置引线点数、注释类型以及注释文字的附着位置等。

1. **【注释】选项卡**

【注释】选项卡主要用于设置引线文字的注释类型及其相关的一些选项功能，如图 8-27 所示。

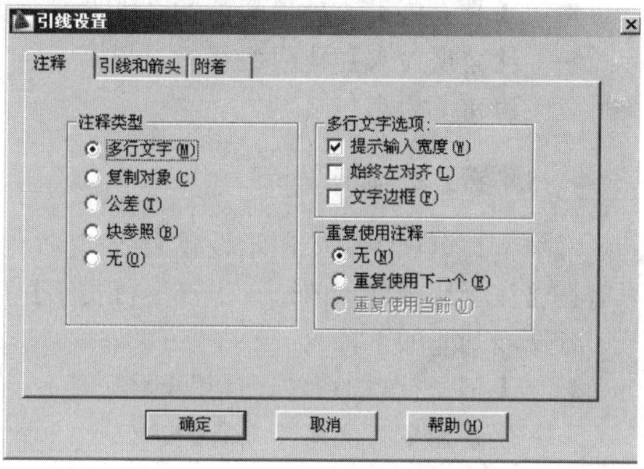

图 8-27 【注释】选项卡

- 【注释类型】单选项组
  - 【多行文字】单选项用于在引线末端创建多行文字注释。
  - 【复制对象】单选项用于复制已有的引线注释作为需要创建的引线注释。
  - 【公差】单选项用于在引线末端创建公差注释。
  - 【块参照】单选项用于以内部块作为注释对象；而【无】选项表示创建无注释的引线。
- 【多行文字选项】选项组
  - 【提示输入宽度】复选框用于提示用户，指定多行文字注释的宽度。
  - 【始终左对齐】复选框用于自动设置多行文字使用左对齐方式。
  - 【文字边框】复选框主要用于为引线注释添加边框。
- 【重复使用注释】选项组
  - 【无】单选项表示不对当前所设置的引线注释进行重复使用。
  - 【重复使用下一个】单选项用于重复使用下一个引线注释。
  - 【重复使用当前】单选项用于重复使用当前的引线注释。

2. **【引线和箭头】选项卡**

【引线和箭头】选项卡主要用于设置引线的类型、点数、箭头以及引线段的角度约束等参数，如图 8-28 所示。

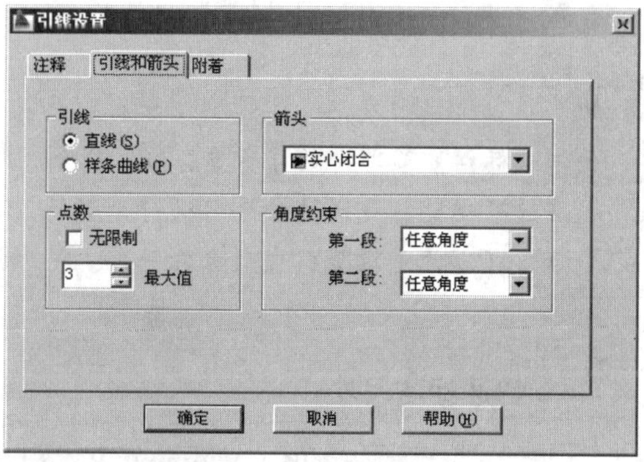

图 8-28 【引线和箭头】选项卡

各选项功能如下：

- 【直线】单选项用于在指定的引线点之间创建直线段。
- 【样条曲线】单选项用于在引线点之间创建样条曲线，即引线为样条曲线。
- 【箭头】选项组用于设置引线箭头的形式。单击 实心闭合 下拉列表框，在下拉式列表中选择一种箭头形式，如图 8-29 所示。
- 【无限制】复选框表示系统不限制引线点的数量，用户可以通过按 Enter 键，手动结束引线点的设置过程。
- 【最大值】选项用于设置引线点数的最多数量。
- 【角度约束】选项组用于设置第一条引线与第二条引线的角度约束。

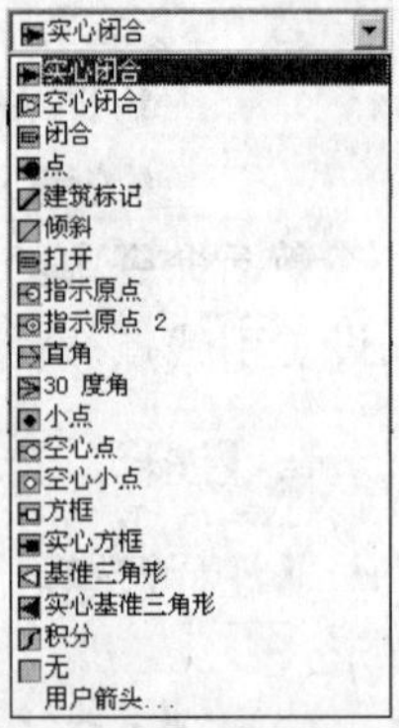

图 8-29　箭头下拉列表框

3.【附着】选项卡

【附着】选项卡主要用于设置引线和多行文字注释之间的附着位置，如图 8-30 所示。只有在【注释】选项卡内选择了【多行文字】单选项时，此选项卡才可用。

各选项功能如下：

- 【第一行顶部】单选项用于将引线放置在多行文字第一行的顶部。
- 【第一行中间】单选项用于将引线放置在多行文字第一行的中间。
- 【多行文字中间】单选项用于将引线放置在多行文字的中部。
- 【最后一行中间】单选项用于将引线放置在多行文字最后一行的中间。
- 【最后一行底部】单选项用于将引线放置在多行文字最后一行的底部。

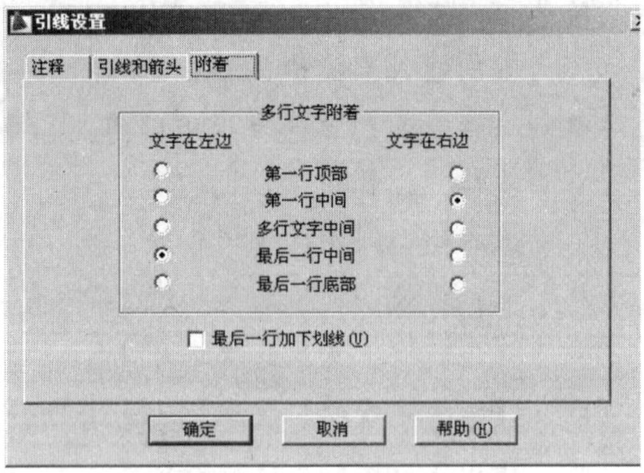

图 8-30　【附着】选项卡

- 【最后一行加下划线】复选框用于为最后一行文字添加下划线。

技巧

使用【标注】菜单中的【多重引线】命令，也可以创建具有多个选项的引线对象，只不过这些选项功能都是通过命令行进行设置的，没有对话框更为直观。另外，使用【多重引线】命令，可以优先放置引线对象的头部、尾部或内容。

8.3.4　快速标注尺寸

【快速标注】命令用于一次标注多个对象间的水平尺寸或垂直尺寸，如图 8-31 所示。执行【快速标注】命令主要有以下几种方法。

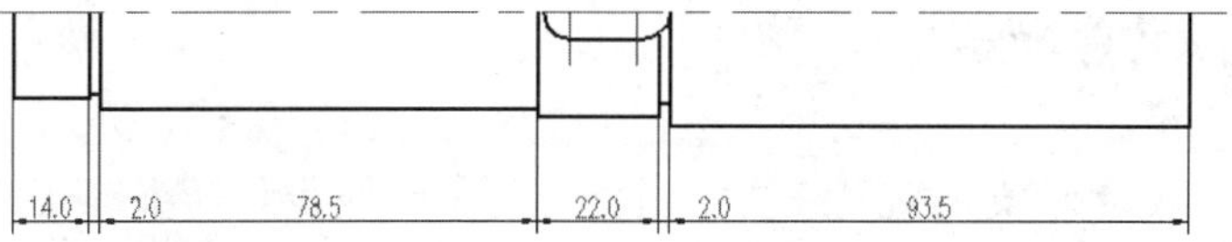

图 8-31　快速标注示例

- 菜单栏：单击菜单栏上的【标注】|【快速标注】命令。
- 工具栏：单击【标注】工具栏中的按钮。
- 命令行：在命令行输入 Qdim。

下面学习【快速标注】命令的使用方法和操作技巧。

❶首先打开图 8-22 所示的图形。

❷激活【快速标注】命令后，根据命令行的提示快速标注对象间的水平尺寸。命令行操作如下：

命令: _qdim

选择要标注的几何图形:　　　　//拉出图 8-32 所示的窗交选择框

选择要标注的几何图形:　　　　//Enter，结束选择，此时出现图 8-33 所示的快速标注状态

指定尺寸线位置或 [连续(C)/并列(S)/基线(B)/坐标(O)/半径(R)/直径(D)/基准点(P)/编辑(E)/设置(T)] <连续>:　　　　//向下引导光标，在适当位置指定尺寸线位置

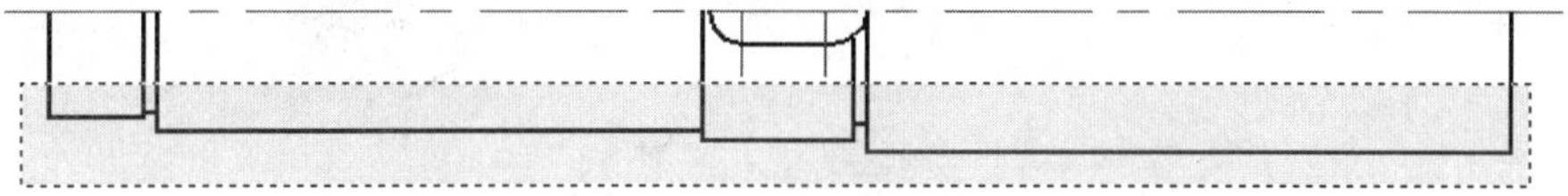

图 8-32　窗交选择框

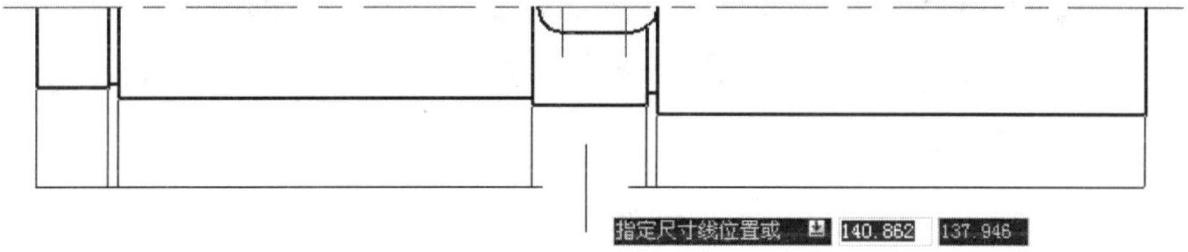

图 8-33　快速标注状态

❸标注结果如图 8-31 所示。

选项解析

- 【连续】选项用于创建一系列连续标注；
- 【并列】选项用于快速生成并列的尺寸标注；
- 【基线】选项用于对选择的各个对象以基线标注的形式快速标注；
- 【坐标】选项用于对选择的多个对象快速生成坐标标注；
- 【半径】选项用于对选择的多个对象快速生成半径标注；
- 【直径】选项用于对选择的多个对象快速生成直径标注；
- 【基准点】选项用于为基线标注和连续标注确定一个新的基准点；
- 【编辑】选项用于对快速标注的选择集进行修改；
- 【设置】选项用于设置关联标注的优先级，即为指定的延伸线原点设置默认对象捕捉。

8.4 尺寸样式管理器

一般情况下，尺寸对象包括尺寸文字、尺寸线、延伸线和箭头等元素，在这些尺寸元素内包含了众多的尺寸变量，不同的尺寸变量，决定了不同的尺寸外观形态，而所有尺寸变量的设置与调整，都是通过【标注样式】命令来实现的。执行【标注样式】命令主要有以下几种方法。

- 菜单栏：单击菜单栏上的【标注】|【标注样式】命令。
- 工具栏：单击【标注】或【样式】工具栏中的按钮。
- 命令行：在命令行输入 Dimstyle 或 D。

激活【标注样式】命令后，系统可打开【标注样式管理器】对话框，如图 8-34 所示。在此对话框中，用户不仅可以设置尺寸的样式，还可以修改、替代和比较尺寸的样式。

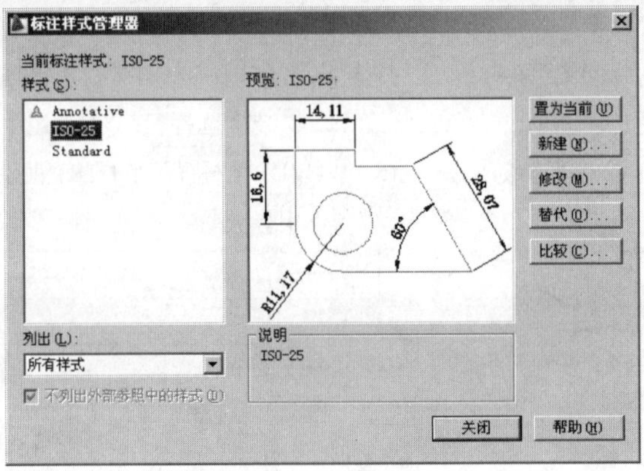

图 8-34 【标注样式管理器】对话框

选项解析

- 【样式】文本框用于显示当前文件中的所有尺寸样式，并且当前样式被亮显。选择一种样式右击鼠标，在弹出的快捷菜单中可以设置当前样式、重命名样式和删除样式。

技巧

当前标注样式和当前文件中已使用的样式不能被删除，默认样式为 ISO-25。

- 【列出】下拉列表框中提供了两个显示标注样式的选项。即【所有样式】和【正在使用的样式】。前一个选项用于显示当前图形中的所有标注样式；后一个选项仅用于显示被当前图形中的标注引用过样式。
- 【预览】区域主要显示【样式】区中选定的尺寸样式的标注效果。
- 置为当前(U) 按钮用于把选定的标注样式设置为当前标注样式。
- 修改(M)... 按钮用于修改当前选择的标注样式。当用户修改了标注样式后，当前图形中的所有尺寸标注都会自动改变为所修改的尺寸样式。
- 替代(O)... 按钮用于设置当前使用的标注样式的临时替代值。当用户创建了替代样式后，当前标注样式将被应用到以后所有尺寸标注中，直到用户删除替代样式为止，且不会改变替代样式之前的标注样式。

- 比较(C)... 按钮用于比较两种标注样式的特性或浏览一种标注样式的全部特性，并将比较结果输出到 Windows 剪贴板上，然后再粘贴到其他 Windows 应用程序中。
- 新建(N)... 按钮用于设置新的尺寸样式。单击此按钮后，系统将弹出如图 8-35 所示的【创建新标注样式】对话框，其中【新样式名】文本框用以为新样式赋名；【基础样式】下拉列表框用于设置新样式的基础样式；【注释性】复选框用于为新样式添加注释；【用于】下拉列表框用于创建一种仅适用于特定标注类型的样式。

在【创建新标注样式】对话框中单击 继续 按钮，打开如图 8-36 所示的【新建标注样式：副本 ISO-25】对话框。此对话框包括【线】、【符号和箭头】、【文字】、【调整】、【主单位】、【换算单位】和【公差】7 个选项卡，具体内容如下。

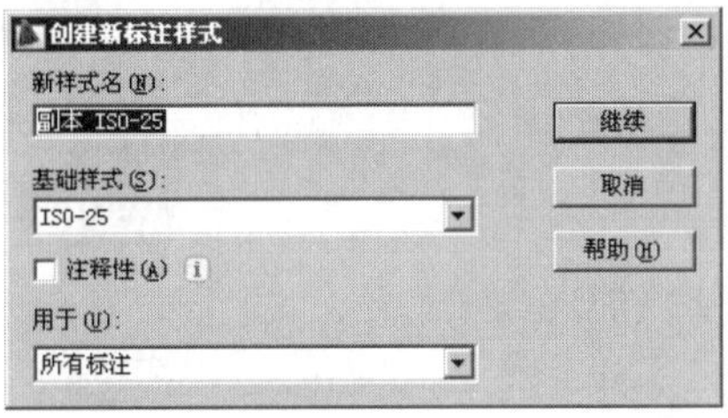

图 8-35 【创建新标注样式】对话框

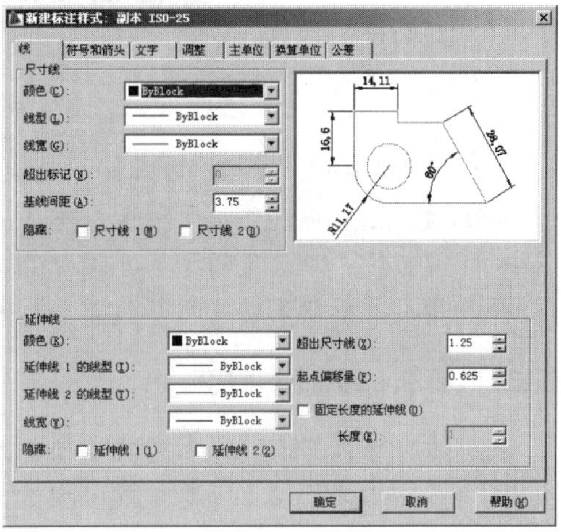

图 8-36 【新建标注样式：副本 ISO-25】对话框

8.4.1 【线】选项卡

如图 8-36 所示【线】选项卡，主要用于设置尺寸线、延伸线的格式和特性等变量。

1.【尺寸线】选项组

- 【颜色】下拉列表框用于设置尺寸线的颜色。
- 【线宽】下拉列表框用于设置尺寸线的线宽。
- 【超出标记】微调按钮用于设置尺寸线超出尺寸界限的长度。在默认状态下，该选项处于不可用状态，当用户只有在选择建筑标记箭头时，此微调按钮才处于可用状态。
- 【基线间距】微调按钮用于设置在基线标注时两条尺寸线之间的距离。

2.【延伸线】选项组

- 【颜色】下拉列表框用于设置延伸线的颜色。
- 【线宽】下拉列表框用于设置延伸线的线宽。
- 【超出尺寸线】微调按钮用于设置延伸线超出尺寸线的长度。
- 【起点偏移量】微调按钮用于设置延伸线起点与被标注对象间的距离。

8.4.2 【符号和箭头】选项卡

如图 8-37 所示的【符号和箭头】选项卡，主要用于设置箭头、圆心标记、弧长符号和半径标注等参数。

1.【箭头】选项组

- 【第一个】/【第二个】下拉列表框用于设置箭头的形状。
- 【引线】下拉列表框用于设置引线箭头的形状。
- 【箭头大小】微调按钮用于设置箭头的大小。

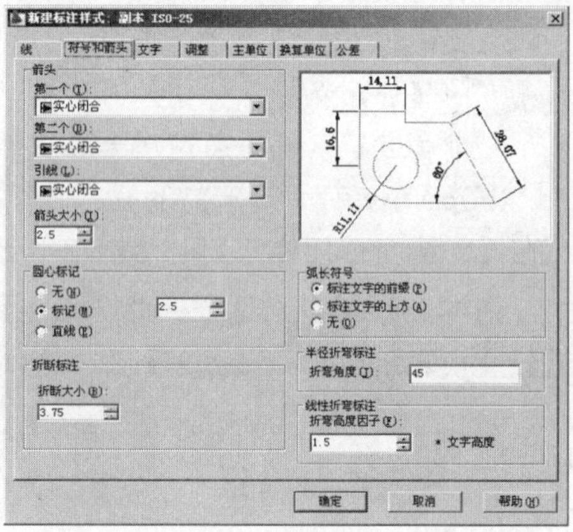

图 8-37 【符号和箭头】选项卡

2.【圆心标记】选项组

- 【无】单选项表示不添加圆心标记。
- 【标记】单选项用于为圆添加十字形标记。
- 【直线】单选项用于为圆添加直线型标记。
- 2.5 微调按钮用于设置圆心标记的大小。

3.【弧长符号】选项组

- 【标注文字的前缀】单选项用于为弧长标注添加前缀。
- 【标注文字的上方】单选项用于设置标注文字的位置。
- 【无】单选项若表示在弧长标注上不出现弧长符号。

4.【半径折弯标注】选项组

该选项组用于设置半径折弯的角度。

5.【线性折弯标注】选项组

该选项组用于设置线性折弯的高度因子。

8.4.3 【文字】选项卡

如图 8-38 所示的【文字】选项卡，主要用于设置尺寸文字的样式、颜色、位置及对齐方式等变量。

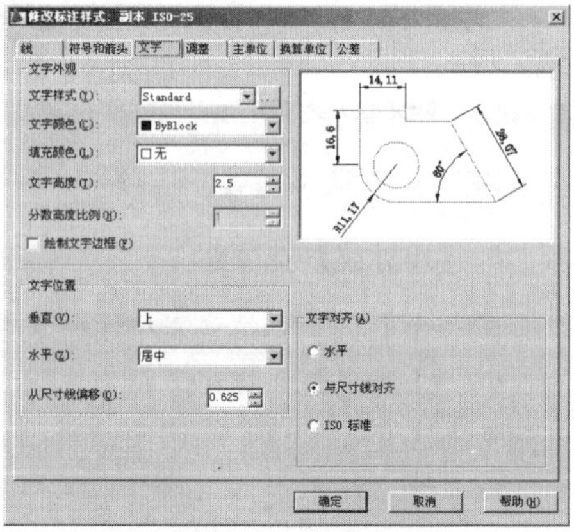

图 8-38 【文字】选项卡

1.【文字外观】选项组

- 【文字样式】下拉列表框用于设置尺寸文字的样式。单击列表框右端的 ... 按钮，将弹出【文字样式】对话框，用于新建或修改文字样式。
- 【文字颜色】下拉列表框用于设置标注文字的颜色。

- 【填充颜色】下拉列表框用于设置尺寸文本的背景色。
- 【文字高度】微调按钮用于设置标注文字的高度。
- 【分数高度比例】微调按钮用于设置标注分数的高度比例。只有在选择分数标注单位时，此选项才可用。
- 【绘制文字边框】复选框用于设置是否为标注文字加上边框。

2.【文字位置】选项组

- 【垂直】列表框用于设置尺寸文字相对于尺寸线垂直方向的放置位置。
- 【水平】列表框用于设置标注文字相对于尺寸线水平方向的放置位置。
- 【从尺寸线偏移】微调按钮，用于设置标注文字与尺寸线之间的距离。

3.【文字对齐】选项组

- 【水平】单选按钮用于设置标注文字以水平方向放置。
- 【与尺寸线对齐】单选按钮用于设置标注文字与尺寸线平行的方向放置。
- 【ISO 标准】单选按钮用于根据 ISO 标准设置标注文字。它是【水平】与【与尺寸线对齐】两者的综合。当标注文字在延伸线中时，就会采用【与尺寸线对齐】对齐方式；当标注文字在延伸线外时，就会采用【水平】对齐方式。

8.4.4 【调整】选项卡

如图 8-39 所示的【调整】选项卡，主要用于设置尺寸文字与尺寸线、延伸线等之间的位置。

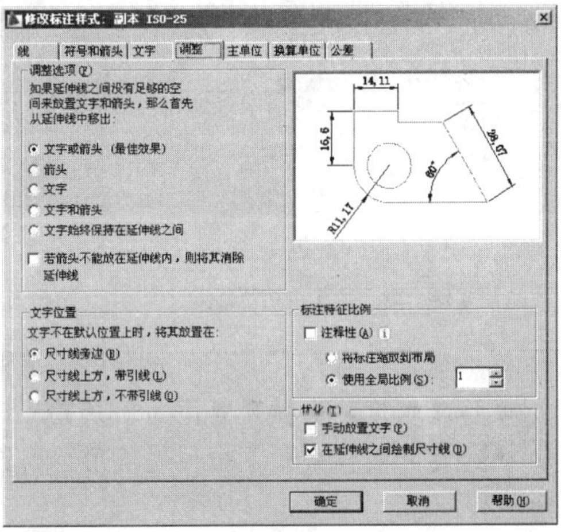

图 8-39　【调整】选项卡

1.【调整选项】选项组

- 【文字或箭头（最佳效果）】单选项用于自动调整文字与箭头的位置，使二者达到最佳效果。
- 【箭头】单选项用于将箭头移到延伸线外。
- 【文字】单选项用于将文字移到延伸线外。
- 【文字和箭头】单选项用于将文字与箭头都移到延伸线外。
- 【文字始终保持在延伸线之间】单选项用于将文字始终放置在延伸线之间。

2.【文字位置】选项组

- 【尺寸线旁边】单选项用于将文字放置在尺寸线旁边。
- 【尺寸线上方，带引线】单选项用于将文字放置在尺寸线上方，并加引线。
- 【尺寸线上方，不带引线】单选项用于将文字放置在尺寸线上方，但不加引线引导。

3.【标注注释比例】选项组

- 【注释性】复选框用于设置标注为注释性标注。
- 【使用全局比例】单选项用于设置标注的比例因子。
- 【将标注缩放到布局】单选项用于根据当前模型空间的视口与布局空间的大小来确定比例因子。

4.【优化】选项组

- 【手动放置文字】复选框用于手动放置标注文字。
- 【在延伸线之间绘制尺寸线】复选框用于在标注圆弧或圆时，设置尺寸线始终在延伸线之间。

8.4.5 【主单位】选项卡

如图 8-40 所示的为【主单位】选项卡，主要用于设置线性标注和角度标注的单位格式以及精确度等参数变量。

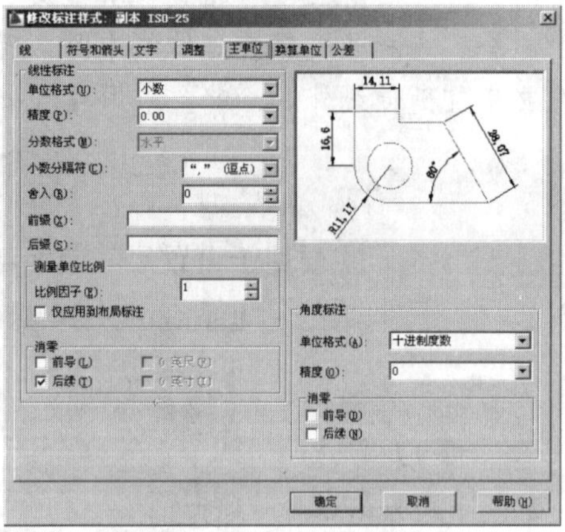

图 8-40 【主单位】选项卡

1.【线性标注】选项组

- 【单位格式】下拉列表框用于设置线性标注的单位格式，缺省值为【小数】。
- 【精度】下拉列表框用于设置尺寸的精度。
- 【分数格式】下拉列表框用于设置分数的格式。

技巧

只有当【单位格式】为【分数】时，【分数格式】下位列表框才能激活。

- 【小数分隔符】下拉列表框用于设置小数的分隔符号。
- 【舍入】微调按钮用于设置除了角度之外的标注测量值的四舍五入规则。
- 【前缀】文本框用于设置尺寸文字的前缀，可以为数字、文字、符号。
- 【后缀】文本框用于设置尺寸文字的后缀，可以为数字、文字、符号。
- 【比例因子】微调按钮用于设置除了角度之外的标注比例因子。
- 【仅应用到布局标注】复选框仅对在布局里创建的标注应用线性比例值。

- 【前导】复选框用于消除小数点前面的零。当尺寸文字小于 1 时，比如为“0.5”，勾选此复选框后，此“0.5”将变为“.5”，前面的零已消除。
- 【后续】复选框用于消除小数点后面的零。
- 【0 英尺】复选框用于消除零英尺前的零。如：“0′ -1/2″ ”表示为“1/2″ ”。

技巧

只有当【单位格式】设为【工程】或【建筑】时，【0 英尺】复选框才可被激活。

- 【0 英寸】复选框用于消除英寸后的零。如：“2′ -1.400″ ”表示为“2′ -1.4″ ”。

2.【角度标注】选项组

- 【单位格式】下拉列表框用于设置角度标注的单位格式。
- 【精度】下拉列表框用于设置角度的小数位数。
- 【前导】复选框消除角度标注前面的零。
- 【后续】复选框消除角度标注后面的零。

8.4.6 【换算单位】选项卡

如图 8-41 所示的【换算单位】选项卡，主要用于显示和设置尺寸文字的换算单位、精度等变量。只有勾选了【显示换算单位】复选框，才可激活【换算单位】选项卡中所有的选项。

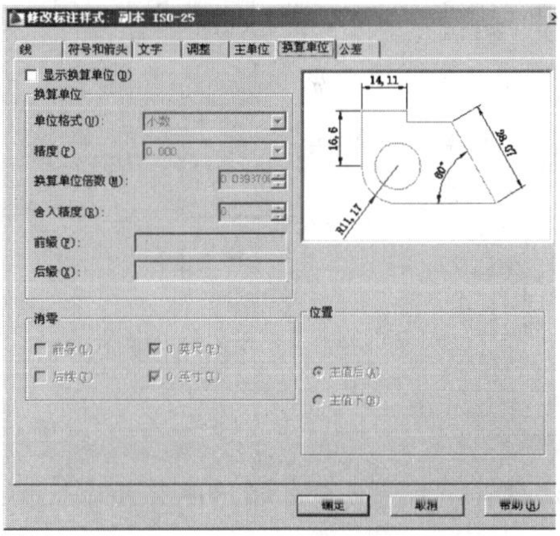

图 8-41 【换算单位】选项卡

1.【换算单位】选项组

- 【单位格式】下拉列表框用于设置换算单位格式。
- 【精度】下拉列表框用于设置换算单位的小数位数。
- 【换算单位倍数】微调按钮用于设置主单位与换算单位间的换算因子的倍数。
- 【舍入精度】微调按钮用于设置换算单位的四舍五入规则。
- 【前缀】文本框输入的值将显示在换算单位的前面。
- 【后缀】文本框输入的值将显示在换算单位的后面。

2.【消零】选项组

用于消除换算单位的前导和后继零以及英尺、英寸前后的零。其作用与【主单位】选项卡中的【消零】选项组相同。

3.【位置】选项组

- 【主值后】单选项将换算单位放在主单位之后。
- 【主值下】单选项将换算单位放在主单位之下。

8.5 尺寸的编辑与更新

本节主要学习几个尺寸的编辑命令，主要有【标注间距】、【标注打断】、【编辑标注】、【标注更新】和【编辑标注文字】。

8.5.1 标注间距

【标注间距】命令用于自动调整平行的线性标注和角度标注之间的间距，或根据指定的间距值进行调整。执行【等距标注】命令主要有以下几种方法。

- 菜单栏：单击菜单栏上的【标注】|【标注间距】命令。
- 工具栏：单击【标注】工具栏中的按钮。
- 命令行：在命令行输入 Dimspace。

下面通过实例学习使用【标注间距】命令的操作方法和技巧。

❶首先调用随书光盘“实例源文件\等距标注.dwg”，如图 8-42 所示。

❷执行【等距标注】命令，将各尺寸线间的距离调整为 10 个单位，命令行操作如下 ：

```
命令: _DIMSPACE
    选择基准标注:                          //选择尺寸文字为 16.0 的尺寸对象
    选择要产生间距的标注:                  //选择其他 3 个尺寸对象
    选择要产生间距的标注:                  // Enter，结束对象的选择
    输入值或 [自动(A)] <自动>:             // 10Enter
```

❸调整结果如图 8-43 所示。

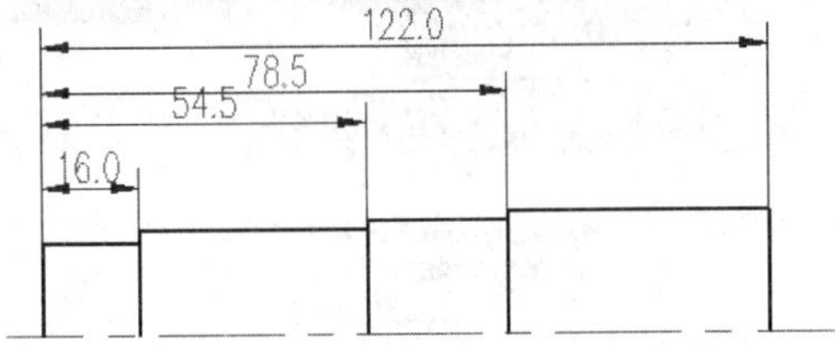

图 8-42　打开的标注图形

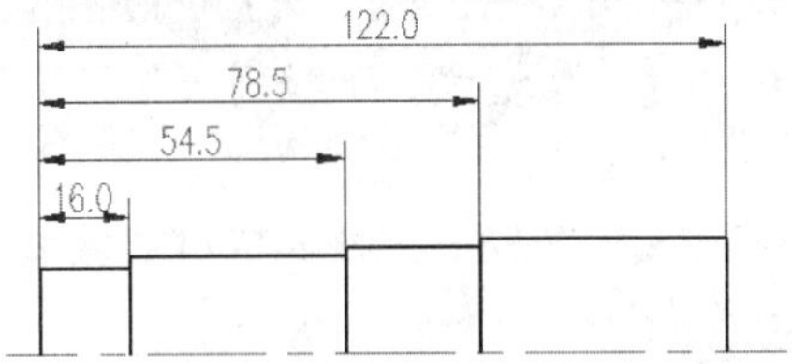

图 8-43　调整后的结果

技巧

【自动】选项用于根据现有尺寸位置，自动调整各尺寸对象的位置，使之间隔相等。

8.5.2 标注打断

【标注打断】命令可以在尺寸线、延伸线与几何对象或其他标注相交的位置将其打断。执行【标注打断】命令主要有以下几种方法。

- 菜单栏：单击菜单栏上的【标注】|【标注打断】命令。
- 工具栏：单击【标注】工具栏中的按钮。
- 命令行：在命令行输入 Dimbreak。

下面通过实例学习使用【标注打断】命令的操作方法和技巧。

❶首先调用随书光盘“实例源文件\标注打断.dwg”，如图 8-44 所示。

❷执行【标注打断】命令，根据命令行提示，对尺寸对象进行打断。命令行操作如下：

命令: _DIMBREAK
选择要添加/删除折断的标注或 [多个(M)]: //选择尺寸对象
选择要折断标注的对象或 [自动(A)/手动(M)/删除(R)] <自动>: //选择矩形
选择要折断标注的对象: // Enter，结束命令
1 个对象已修改

❸打断结果如图 8-45 所示。

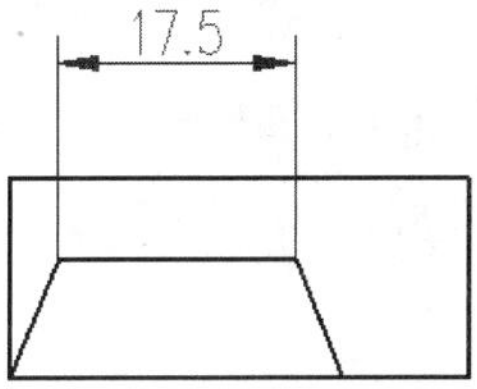

图 8-44 打开标注图形

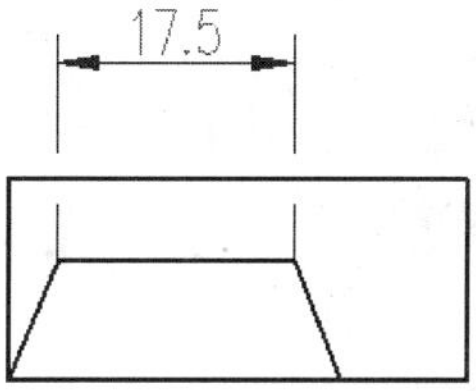

图 8-45 打断后的结果

技巧

【手动】选项用于手动定位打断位置；【删除】选项用于恢复被打断的尺寸对象。

8.5.3 编辑标注

【编辑标注】命令用于修改尺寸文字的内容、旋转角度以及延伸线的倾斜角度等。执行【编辑标注】命令主要有以下几种方法。

- 菜单栏：单击菜单栏上的【标注】|【倾斜】命令。
- 工具栏：单击【标注】工具栏中的按钮。
- 命令行：在命令行输入 Dimedit。

下面通过编辑某尺寸标注的标注文字、尺寸界限等内容，学习【编辑标注】命令的操作方法和操作技巧。

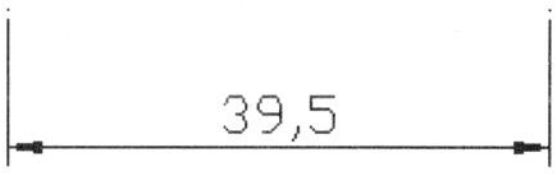

图 8-46 创建线性尺寸

❶随意标注一个尺寸对象，如图 8-46 所示。

❷单击【标注】工具栏中的按钮，激活【编辑标注】命令，根据命令行提示，进行编辑标注。命令行操作如下：

命令: _dimedit
输入标注编辑类型 [默认(H)/新建(N)/旋转(R)/倾斜(O)] <默认>:
//n Enter，打开【文字格式】编辑器，修改尺寸文字，如图 8-47 所示，并关闭此编辑器
选择对象: //选择刚标注的尺寸
选择对象: // Enter，标注结果如图 8-48 所示
命令: // Enter，重复执行命令
DIMEDIT 输入标注编辑类型 [默认(H)/新建(N)/旋转(R)/倾斜(O)] <默认>:
//r Enter，激活【旋转】选项

图 8-47　修改尺寸文字

技巧

当旋转角度输入值为 0 时，系统将把标注文字按默认方向放置。

指定标注文字的角度:	//15 Enter，设置文字的旋转角度
选择对象:	//选择图 8-48 所示的尺寸
选择对象:	// Enter，结果如图 8-49 所示

技巧

【倾斜】选项用于对延伸线进行倾斜的。激活该选项后，系统将按指定的角度调整标注延伸线的倾斜角度，如图 8-50 所示。

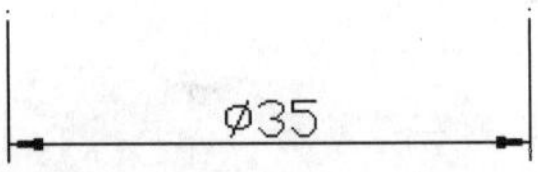

图 8-48　选择修改内容

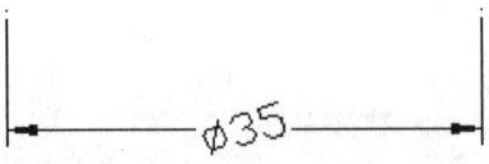

图 8-49　旋转尺寸文字

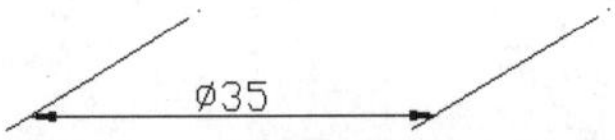

图 8-50　倾斜延伸线

8.5.4　标注更新

【标注更新】命令用于将尺寸对象的标注样式更新为当前尺寸标注样式，还可以将当前的标注样式保存起来，以供随时调用。执行【标注更新】命令主要有以下几种方法。

- 菜单栏：单击菜单栏上的【标注】|【更新】命令。
- 工具栏：单击【标注】工具栏中的按钮。
- 命令行：在命令行输入-Dimstyle。

激活该命令后，仅选择需要更新的尺寸对象即可，命令行操作如下：

命令: _-dimstyle

当前标注样式:NEWSTYLE 注释性: 否

输入标注样式选项[注释性(AN)/保存(S)/恢复(R)/状态(ST)/变量(V)/应用(A)/?] <恢复>:

选择对象:	//选择需要更新的尺寸
选择对象:	//Enter，结束命令

选项解析

- 【状态】选项用于以文本窗口的形式显示当前标注样式的各设置数据。
- 【应用】选项将选择的标注对象自动更换为当前标注样式。
- 【保存】选项用于将当前标注样式存储为用户定义的样式。
- 【恢复】选项。选择该项后，用户在系统提示后输入已定义过的标注样式名称，即可用此标注样式更换当前的标注样式。

- 【变量】选项。选择该项后，命令行提示用户选择一个标注样式，选定后，系统打开文本窗口，并在窗口中显示所选样式的设置数据。

8.5.5 编辑尺寸文字

【编辑标注文字】命令主要用于编辑尺寸文字的放置位置及旋转角度。执行【编辑标注文字】命令主要有以下几种方法。

- 菜单栏：单击菜单栏上的【标注】|【对齐文字】子菜单中的各命令。
- 工具栏：单击【标注】工具栏中的按钮。
- 命令行：在命令行输入 Dimtedit。

下面通过更改某尺寸标注文字的位置及角度，学习【编辑标注文字】命令的使用方法和技巧。

❶首先任意标注一个线性尺寸，如图 8-51 所示。

❷执行【编辑标注文字】命令，根据命令行提示进行编辑尺寸文字。命令行操作如下：

```
命令: _dimtedit
    为标注文字指定新位置或 [左对齐(L)/右对齐(R)/居中(C)/默认(H)/角度(A)]:
    选择标注:                              //选择刚标注的尺寸对象
    为标注文字指定新位置或 [左对齐(L)/右对齐(R)/居中(C)/默认(H)/角度(A)]:
                                           //a Enter，激活【角度】选项
    指定标注文字的角度:                    //15 Enter，结果如图 8-52 所示
```

❸重复【编辑标注文字】命令，修改尺寸文字的位置。命令行操作如下：

```
命令: _dimtedit
    选择标注:                              //选择 8-52 所示的尺寸
    为标注文字指定新位置或 [左对齐(L)/右对齐(R)/居中(C)/默认(H)/角度(A)]:
                                           //1 Enter，修改结果如图 8-53 所示
```

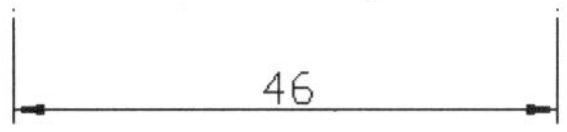

图 8-51 标注尺寸

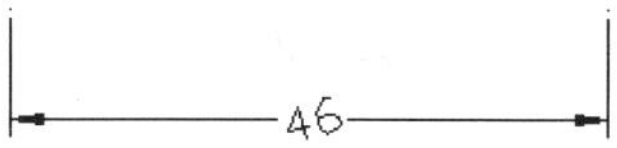

图 8-52 更改尺寸文字的角度

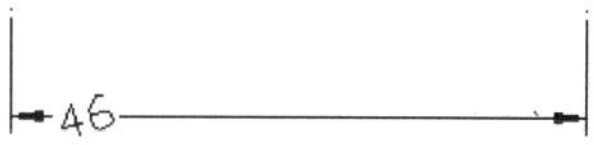

图 8-53 修改尺寸文字位置

选项解析

- 【左对齐】选项用于沿尺寸线左端放置标注文字。
- 【右对齐】选项用于沿尺寸线右端放置标注文字。
- 【居中】选项用于把标注文字放在尺寸线的中心。
- 【默认】选项用于将标注文字移回默认位置。
- 【角度】选项用于按照输入的角度放置标注文字。

8.6 综合实例——标注户型图尺寸

通过上述各节的详细讲述，相信读者对各尺寸标注工具和编辑工具有了一定的了解和操作能力，下面以标注某户型图尺寸为例，对本章知识进行综合练习和巩固。

❶打开光盘“效果文件\第 7 章\填写房间功能和面积.dwg”。

❷使用快捷键 LA 激活【图层】命令，打开“轴线层”，并将“尺寸层”设置当前图层。

❸单击菜单栏上的【工具】|【选项板】|【设计中心】命令，定位光盘“绘图样式\标注样式.dwg”文件，向当前文件中添加“建筑标注”样式。

❹单击菜单栏上的【绘图】|【构造线】命令，在户型图下侧绘制如图 8-54 所示的水平构造线作为定位辅助线。

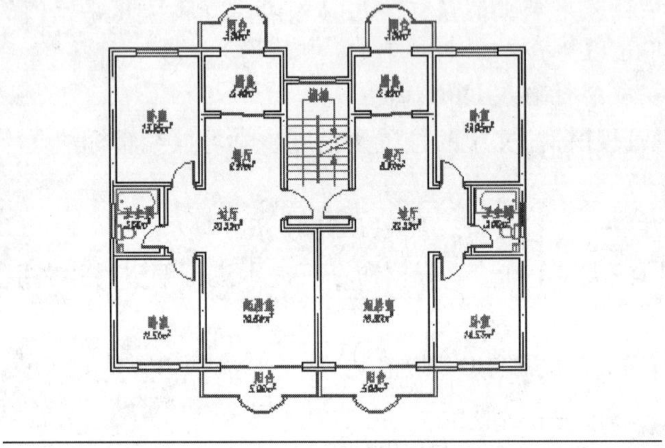

图 8-54　打开的图形

❺将“建筑标注”设置为当前样式，然后执行【线性】命令，配合捕捉与追踪功能标注细部尺寸的第一个尺寸对象。命令行操作如下：

```
命令: _dimlinear
    指定第一条延伸线原点或 <选择对象>:  //捕捉如图 8-55 所示的交点
              指定第二条延伸线原点:
                                  //配合捕捉追踪功能，捕捉如图 8-56 所示的交点
    指定尺寸线位置或[多行文字(M)/文字(T)/角度(A)/水平(H)/垂直(V)/旋转(R)]:
                                  //垂直向下引导光标，在 Y 轴负方向 1150 个单位的
                                    位置拾取一点，结果如图 8-57 所示
    标注文字 =900
```

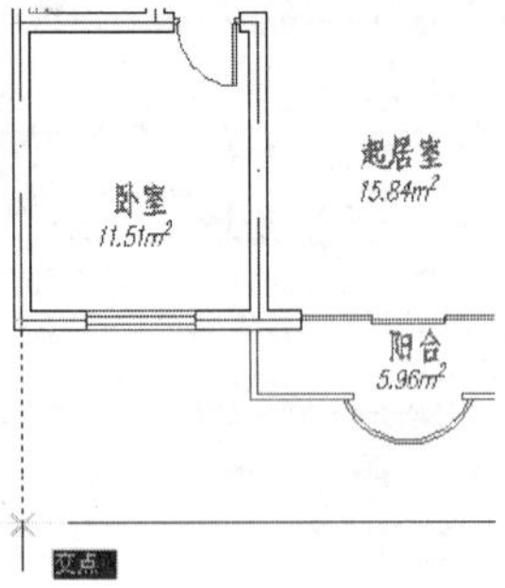

图 8-55　定位第一尺寸原点

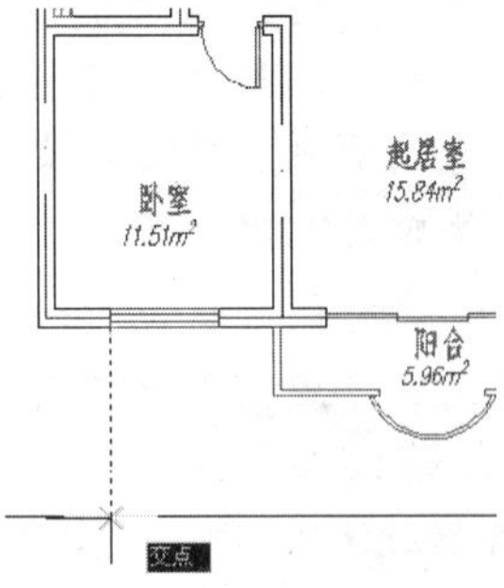

图 8-56　定位第二尺寸原点

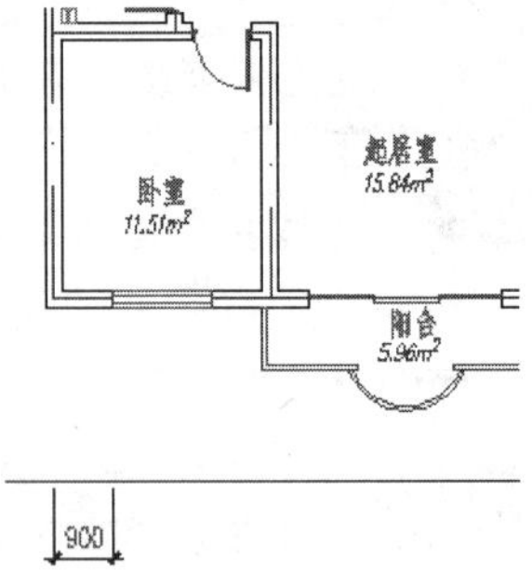

图 8-57　标注结果

❻单击菜单栏上的【标注】|【连续】命令，根据命令行提示，配合端点捕捉功能标注如图 8-58 所示的细部尺寸。

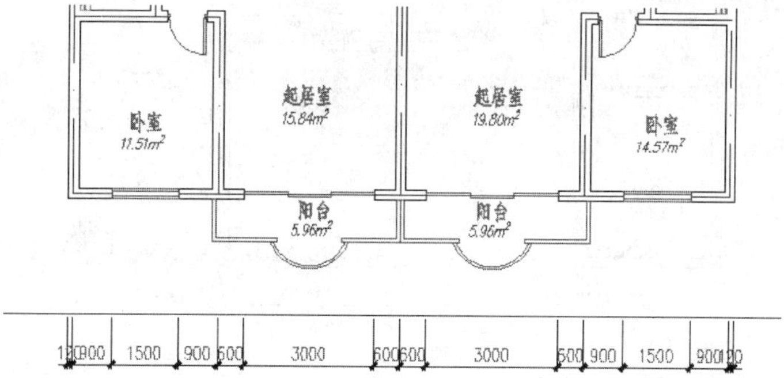

图 8-58　标注连续尺寸

❼使用图层的状态控制功能，暂时关闭与尺寸无关的对象，如图 8-59 所示。

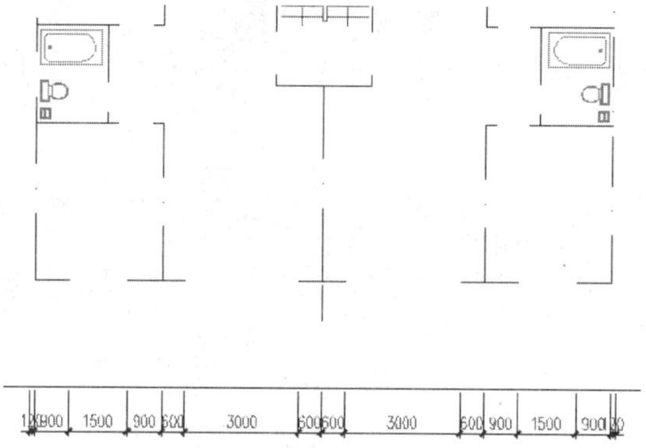

图 8-59　关闭图层后的显示结果

❽单击菜单栏上的【标注】|【快速标注】命令，为户型图标注轴线尺寸。命令行操作如下：

命令: _qdim

关联标注优先级 = 端点

选择要标注的几何图形:　　　　　　//选择如图 8-60 所示的 7 条垂直轴线

选择要标注的几何图形:　　　　　　// Enter，退出对象的选择状态

指定尺寸线位置或 [连续(C)/并列(S)/基线(B)/坐标(O)/半径(R)/直径(D)/基准点(P)/编辑(E)/设置(T)] <连续>:　　　　　　//向下移动光标，在距离细部尺寸 850 单位的位置上，定位轴线尺寸，结果如图 8-61 所示

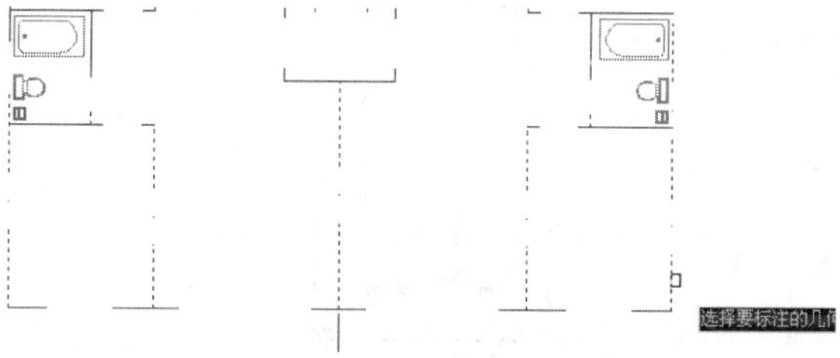

图 8-60　选择垂直轴线

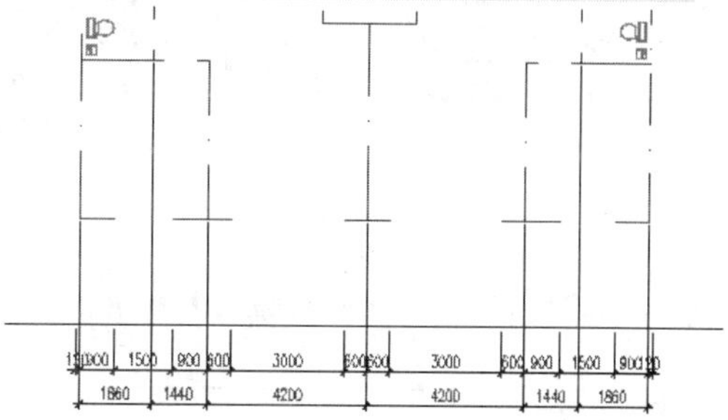

图 8-61　轴线尺寸标注效果

❾打开被关闭的图层，然后使用夹点拉伸功能，将各尺寸界限原点拉伸到尺寸定位辅助线上，结果如图 8-62 所示。

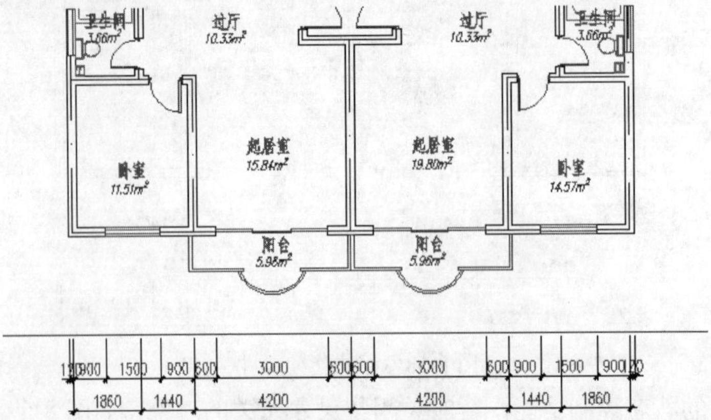

图 8-62　夹点拉伸

⑩单击菜单栏上的【标注】|【线性】命令，配合捕捉和追踪功能标注总尺寸，结果如图 8-63 所示。

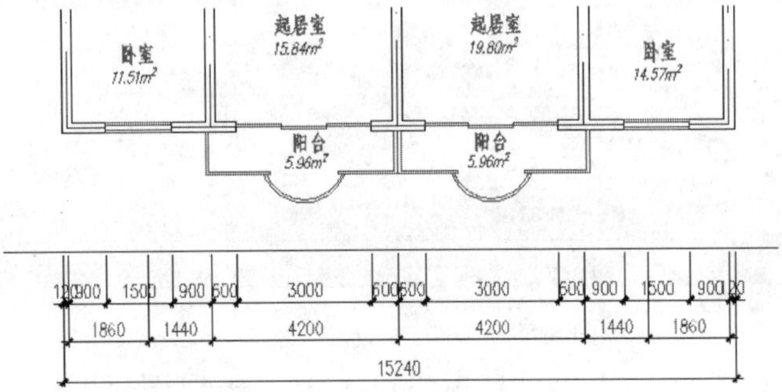

图 8-63　标注总尺寸

⑪单击【标注】工具栏中的按钮，激活【编辑标注文字】命令，对重叠的尺寸文字进行编辑。命令行操作如下：

命令: _dimtedit

选择标注://选择左侧尺寸文字为 120 的细部尺寸

为标注文字指定新位置或 [左对齐(L)/右对齐(R)/居中(C)/默认(H)/角度(A)]:

//在如图 8-64 所示的位置拾取一点，重新指定尺寸文字的位置，结果如图 8-65 所示

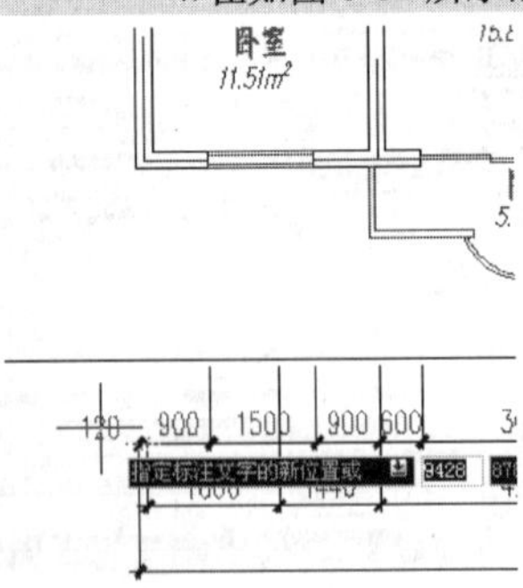

图 8-64　重新指定尺寸文字的位置

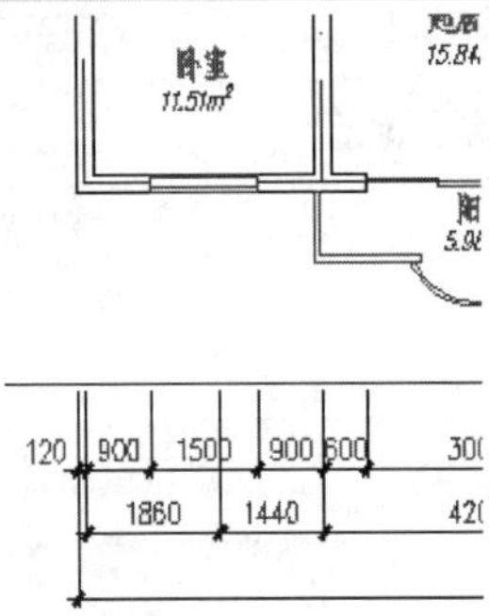

图 8-65　文字指定位置后的结果

⑫重复【编辑标注文字】命令，将右侧重叠尺寸的文字进行调整，结果如图 8-66 所示。

⑬参照上述操作，分别标注户型图其他侧的尺寸，标注效果如图 8-67 所示。

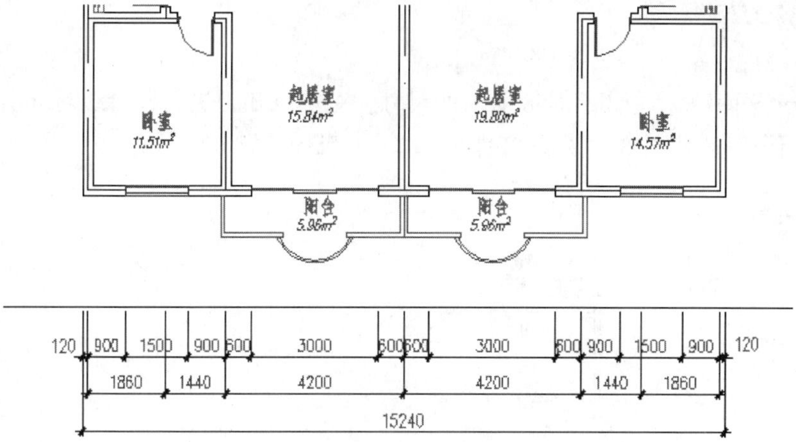

图 8-66 调整右侧尺寸

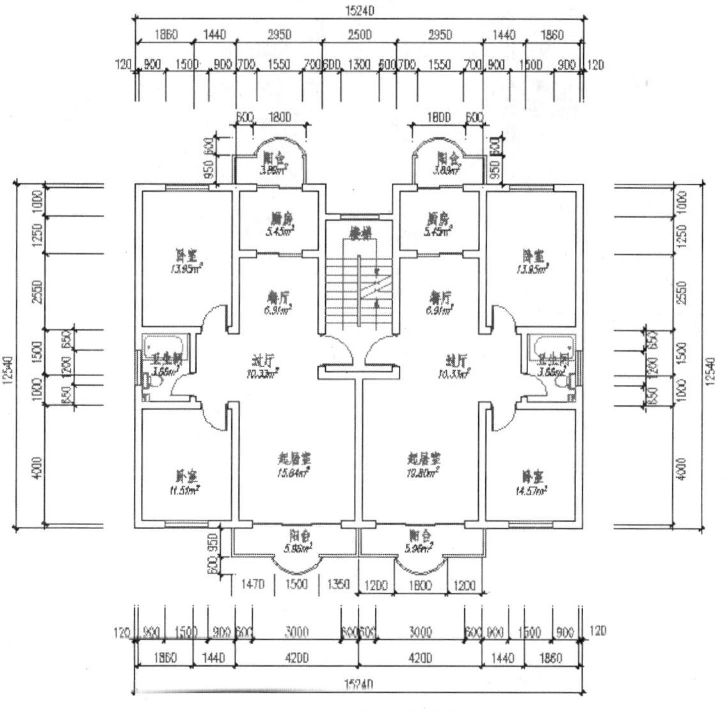

图 8-67 标注其他侧尺寸

⑭最后将图形另存为“标注户型图尺寸.dwg”文件。

8.7 本章小结

尺寸是施工图参数化的最直接表现，是施工人员现场施工的主要依据，也是绘制施工图一个重要的操作环节。本章集中讲述了直线型尺寸、曲线型尺寸、复合型尺寸等各类常用尺寸的具体标注方法和技巧，同时还学习了尺寸样式的设置与协调、尺寸标注的修改与完善等工具，最后通过为某单元户型图标注施工尺寸，对所讲知识进行了综合巩固和应用。

8.8 练习题

为某单元平面图标注如图 8-68 所示的尺寸，对本章知识进行综合练习和巩固（本例所需源文件位于随书光盘中的“效果文件\第 8 章\上机操作题.dwg”）。

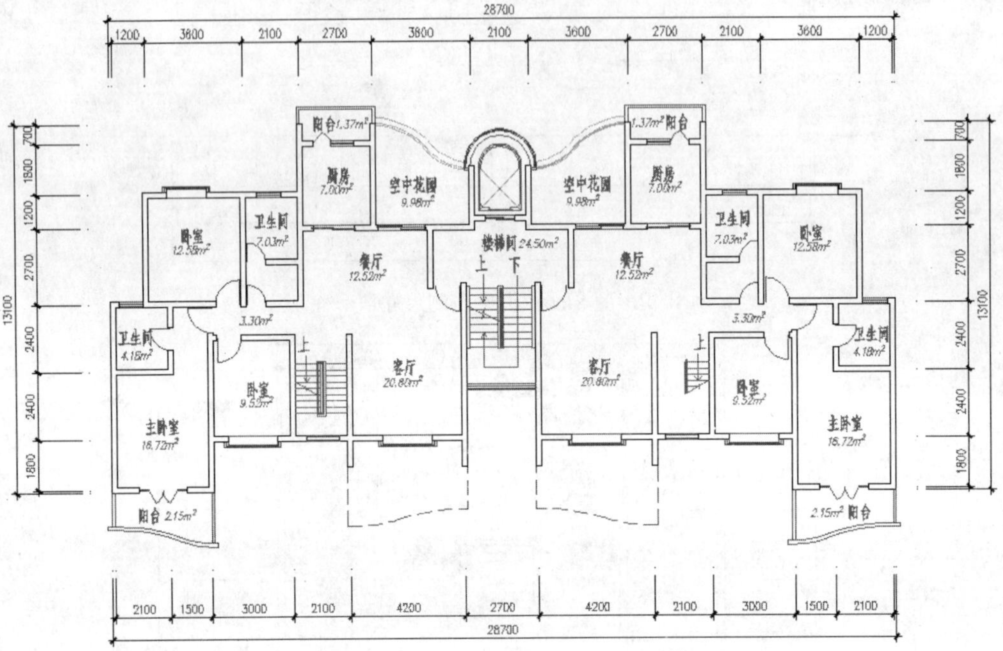

图 8-68 练习题

第9章

三维辅助功能

前面各章主要系统讲解了 AutoCAD 的二维绘图知识，但是，从二维着手进行工程设计的传统方法在许多情况下已不能适应生产的需要，越来越多的设计人员正在从三维入手进行工程设计，因为这更符合人们的视觉和思维习惯。三维图形不仅具有较强的真实感效果，还可以从任意角度对物体对象进行观察，进而获得不同的视觉效果，它包含的信息更多、更完整，也更利于与计算机辅助工程、制造等系统相结合。除此之外，还能从三维模型中得到想要的二维图形，从而大大节省绘图时间。

在了解了三维模型的功能特点后，下面开始学习 AutoCAD 的三维辅助制图功能。

9.1 三维图形的观察功能

本节将学习三维图的几个观察功能，主要有【视点】、【视图】、【视口】、【动态观察】、【导航立方体】和【控制盘】等。

9.1.1 设置视点

在 AutoCAD 设计空间中，用户可以在不同的位置进行观察图形，这些位置就称为视点。视点的设置主要有两种方式。

1. 使用【视点】命令设置视点

【视点】命令用于直接输入观察点的坐标或角度来确定视点。执行此命令主要有以下几种方法。

- 菜单栏：单击菜单栏上的【视图】|【三维视图】|【视点】命令。
- 命令行：在命令行输入 Vpoint。

启动【视点】命令后，命令行会出现如下提示：

```
命令：Vpoint
    当前视图方向: VIEWDIR=0.0000,0.0000,1.0000
    指定视点或 [旋转(R)] <显示坐标球和三轴架>:
```

用户可以在此操作提示下，直接输入观察点的坐标来确定视点。另外，如果用户没有输入视点坐标，而是直接按 Enter 键，那么绘图区会显示如图 9-1 所示的罗盘和三角轴架。其中三脚轴架代表 X、Y、Z 轴的方向，当用户相对于罗盘移动十字线时，三角轴架会自动进行调整，以显示 X、Y、Z 轴对应的方向。

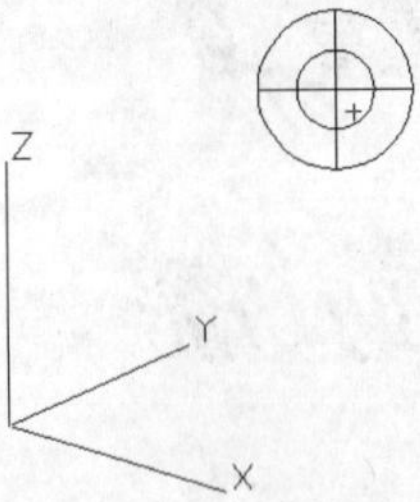

图 9-1　罗盘和三角轴架

技巧

【旋转】选项主要用于通过指定与 X 轴的夹角以及与 XY 平面的夹角来确定视点。

2. 通过【视点预置】设置视点

【视点预置】命令是通过对话框的形式进行设置视点的，如图 9-2 所示。执行此命令主要有以下几种方法。

- 菜单栏：单击菜单栏上的【视图】|【三维视图】|【视点预置】命令。
- 命令行：在命令行输入 DDVpoint。

启动【视点预置】命令后，AutoCAD 将弹出【视点预置】对话框，在此对话框中可以进行如下设置：

- 设置视点、原点的连线与 XY 平面的夹角。具体操作是在右侧半圆图形上选择相应的点，或直接在【XY 平面】文本框内输入角度值。
- 设置视点、原点的连线在 XOY 面上的投影与 X 轴的夹角。具体操作就是在左侧图形上选择相应的点，或在【X 轴】文本框内输入角度值。

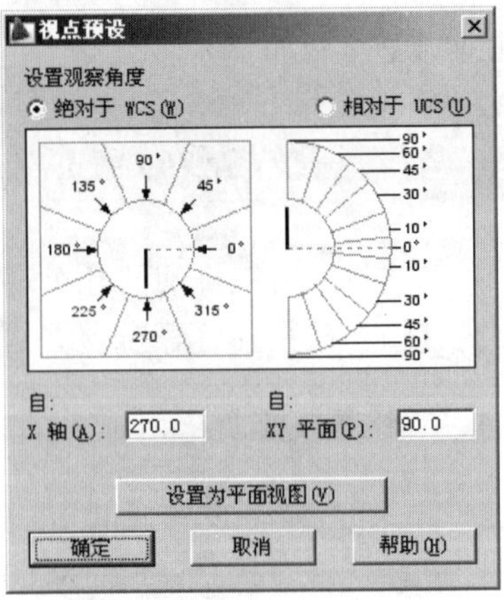

图 9-2　【视点预置】对话框

- 设置观察角度。系统将设置的角度值默认为是相对于当前 WCS，即默认选择的是【绝对于 WCS】单选项，如果选择了【相对于 UCS】单选项，则所设置的角度值就是相对于 UCS 的。
- 设置为平面视图。单击 设置为平面视图(V) 按钮，系统将重新设置为平面视图。平面视图的观察方向是与 X 轴的夹角为 270°，与 XY 平面的夹角是 90°。

9.1.2　切换视图

为了便于观察和编辑三维模型，AutoCAD 为用户提供了一些标准视图，具体有 6 个正交视图和 4 个等轴测图，如图 9-3 所示。其工具按钮都排列在如图 9-4 所示的【视图】工具栏上。用户可以通过单击【视图】菜单栏中的这些标准视图命令，或单击【视图】工具栏上的相应视图按钮，即可在这些标准视图中进行切换。

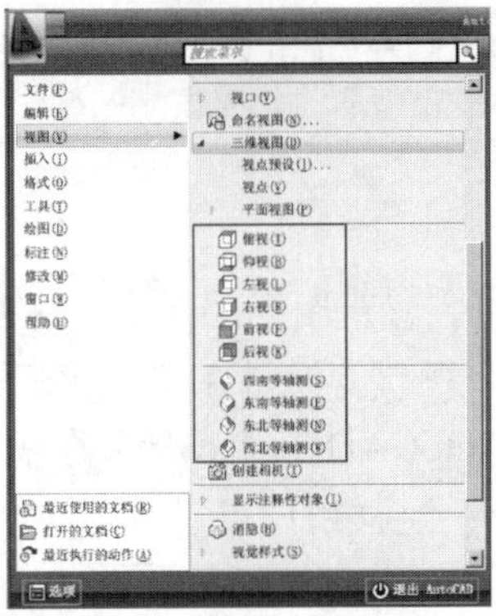

图 9-3 标准视图菜单

图 9-4 【视图】工具栏

上述 6 个正交视图和 4 个等轴测视图是用于显示三维模型的主要特征视图，其中每种视图的视点、与 X 轴夹角和与 XY 平面夹角等内容如表 9-1 所示。

表 9-1 基本视图及其参数设置

视 图	菜单选项	方向矢量	与 X 轴夹角	与 XY 平面夹角
俯视	Tom	（0，0，1）	90°	90°
仰视	Bottom	（0，0，-1）	270°	90°
左视	Left	（-1，0，0）	180°	0°
右视	Right	（1，0，0）	0°	0°
前视	Front	（0，-1，0）	270°	0°
后视	Back	（0，1，0）	90°	0°
西南轴测视	SW Isometric	（-1，-1，1）	225°	45°
东南轴测视	SE Isometric	（1，-1，1）	315°	45°
东北轴测视	NE Isometric	（1，1，1）	45°	45°
西北轴测视	NW Isometric	（-1，1，1）	135°	45°

除了上述 10 个标准视图之外，AutoCAD 还为用户提供了一个【平面视图】工具，使用此命令，可以将当前 UCS、命名保存的 UCS 或 WCS 切换为各坐标系的平面视图，以方便观察和操作，如图 9-5 所示。

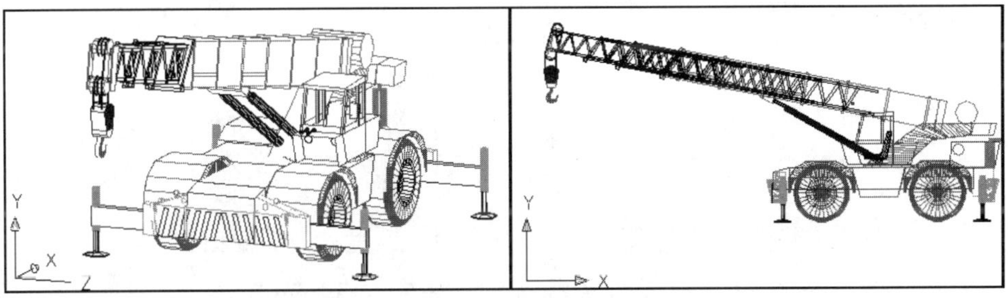

图 9-5 平面视图切换示例

执行【平面视图】命令主要有以下方法。

- 菜单栏：单击菜单栏上的【视图】|【三维视图】|【平面视图】命令。
- 命令行：在命令行输入 Plan。

9.1.3 分割视口

视口实际上就是用于绘制图形、显示图形的区域。在默认情况下，AutoCAD 将整个绘图区作为一个视口，即仅显示一个视口。但是在实际建模过程中，有时需要从各个不同视点上观察模型的不同部分，为此 AutoCAD 为用户提供了视口的分割功能，将默认的一个视口分割成多个视口，如图 9-6 所示。这样用户可以从不同的方向观察三维模型的不同部分。

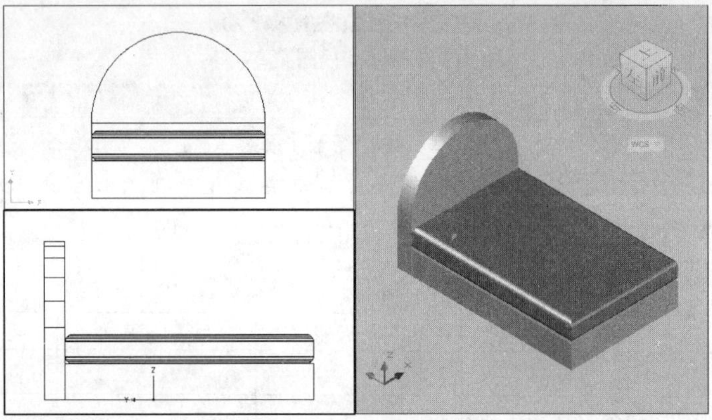

图 9-6 分割视口示例

视口的分割与合并可以通过菜单栏和对话框两种形式进行，具体如下：

- 通过菜单分割视口。用户只需单击菜单栏上的【视图】|【视口】级联菜单中的相关命令，即可以将当前视口分割为两个或多个视口。
- 通过对话框分割视口。单击菜单栏上的【视图】|【视口】|【新建视口】命令，或直接在命令行输入 Vports 后按 Enter 键，打开如图 9-7 所示的【视口】对话框。在此对话框中，用户可以对分割视口进行提前预览效果，使用户能够方便直接地分割视口。

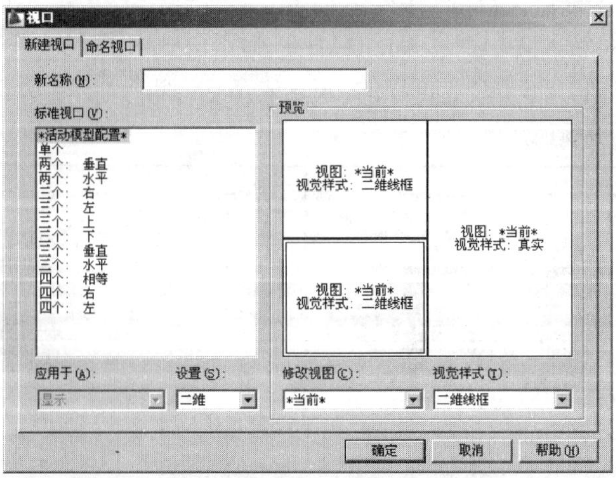

图 9-7 【视口】对话框

9.1.4　动态观察

AutoCAD 为用户提供了 3 种动态观察功能，如图 9-8 所示。使用这些功能，用户可以观察三维物体的任意部分，比较方便快捷。具体内容如下：

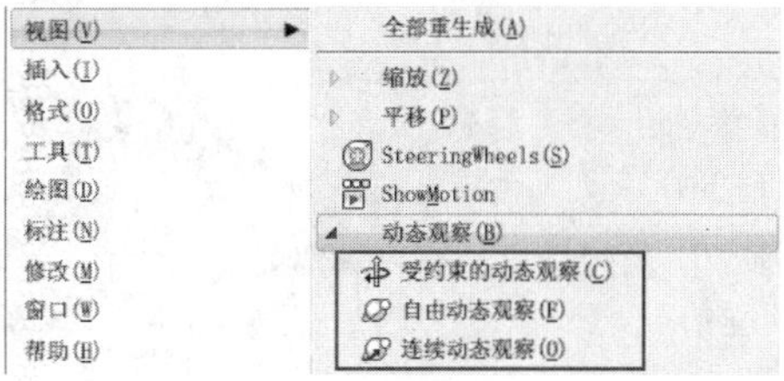

图 9-8　动态观察菜单选项

1．受约束的动态观察

此种动态观察功能，需要按住鼠标中键拖动鼠标，手动设置观察点，以观察模型的不同侧面，如图 9-9 所示。单击菜单栏上的【视图】|【动态观察】|【受约束的动态观察】命令，或单击【动态观察】工具栏中的按钮，都可以激活该功能。

图 9-9　受约束的动态观察界面

2．自由动态观察

自由动态观察功能使用起来较为方便。当激活此功能后，绘图区会出现中图 9-10 所示的圆形辅助框架，用户可以从多个方向进行自由地观察三维物体。

单击菜单栏上的【视图】|【动态观察】|【自由动态观察】命令，或单击【动态观察】工具栏中的按钮，都可以激活该功能。

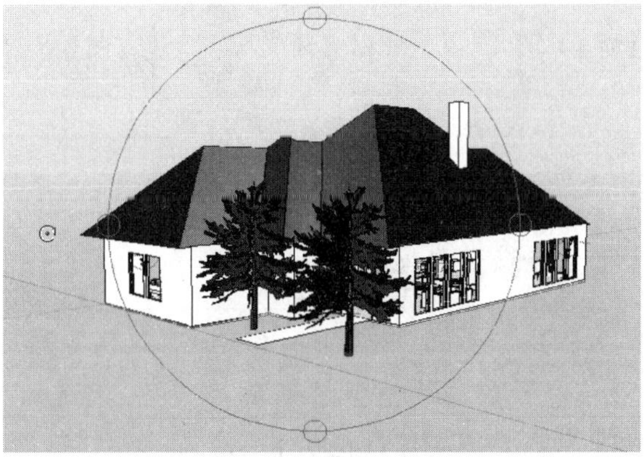

图 9-10　自由动态观察界面

3．连续动态观察

当激活此功能后，用户可以连续地动态观察三维物体的不同侧面，而不需要进行手动设置视点，此时光标变为如图 9-11 所示的状态。

图 9-11　连续动态观察界面

单击菜单栏上的【视图】|【动态观察】|【连续动态观察】命令，或单击【动态观察】工具栏中的按钮，都可以激活该功能。

9.1.5　导航立方体——ViewCube

如图 9-12 所示的 3D 导航立方体显示图（即 ViewCube），是 AutoCAD 2009 新增的一项功能。使用此功能，不但可以快速帮助用户调整模型的视点，还可以更改模型的视图投影、定义和恢复模型的主视图，以及恢复随模型一起保存的已命名 UCS。

- 视图投影：当查看模型时，在平行模式、透视模式和带平行视图面的透视模式之间进行切换。
- 主视图：指的是定义和恢复模型的主视图。主视图是用户在模型中定义的视图，用于返回熟悉的模型视图。
- 恢复已命名 UCS：通过单击 ViewCube 显示图下方的 UCS 菜单，可以恢复已命名的 UCS。显示 UCS 菜单后，可以从菜单中选择一个已命名 UCS 来将其恢复为当前 UCS。

技巧

在 UCS 菜单中单击【新 UCS】选项，可以重新定义 UCS。

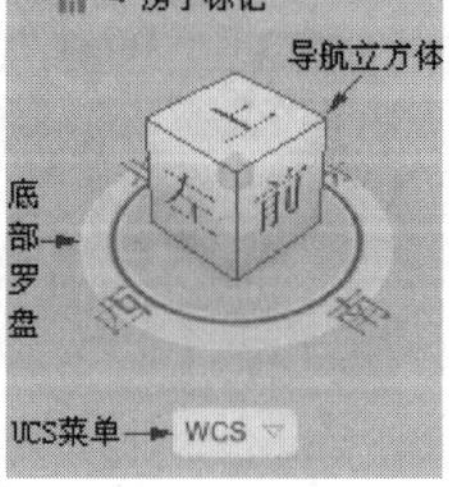

图 9-12　ViewCube 显示图

技巧

将当前视觉样式设置为 3D 显示样式后，导航立方体显示图才可以显示出来。在命令行输入 Cube 后按 Enter 键，可以控制导航立方体图的显示和关闭状态。

如图 9-12 所示的 3D 导航立方体，主要由顶部的房子标记、中间的导航立方体、底部罗盘和最下侧的 UCS 菜单 4 部分组成。当沿着立方体拖动鼠标时，分布在导航立体棱、边、面等位置上的热点会亮显。单击一个热点，就可以切换到相关的视图。

另外，用户也可以使用底部的罗盘在视图之间进行切换，在罗盘上的东、西、南、北 4 个位置上单击鼠标，则可以在右视、左视、前视、后视 4 个视图之间进行切换；当选择并拖动罗盘上任一字母时，则可以在同一个平面上旋转当前视图。

单击最上部的房子标记，则可以快速地返回到初始视图。初始视图可以通过快捷菜单设置，在立方体显示图上单击右击鼠标，可以打开如图 9-13 所示的快捷菜单。当选择快捷菜单上的【ViewCube 设置】选项后，则可以打开如图 9-14 所示的【ViewCube 设置】对话框。在此对话框中，可以控制导航立方体显示图上的许多内容。

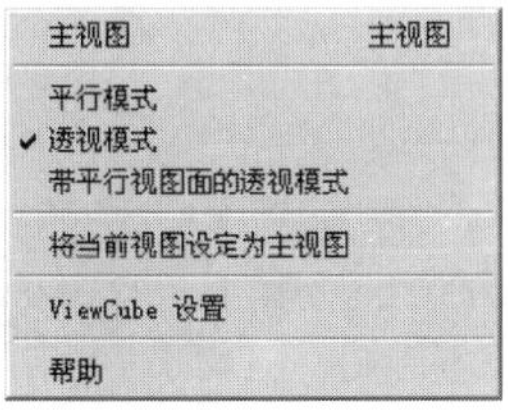

图 9-13　快捷菜单

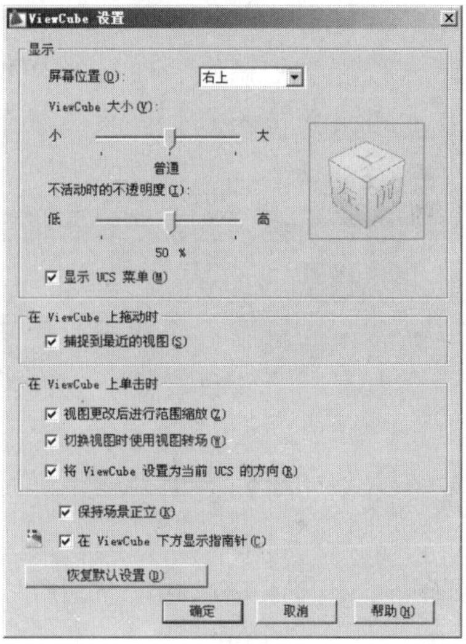

图 9-14　【ViewCube 设置】对话框

9.1.6　使用控制盘——SteeringWheel

如图 9-15 所示的 SteeringWheel 控制盘，是用于追踪悬停在绘图窗口上的光标的菜单，通过这些菜单可以从单一界面中访问二维和三维导航工具。单击状态栏上的◎按钮，即可打开此控制盘。在控制盘上右击鼠标，可打开如图 9-16 所示的控制盘快捷菜单。

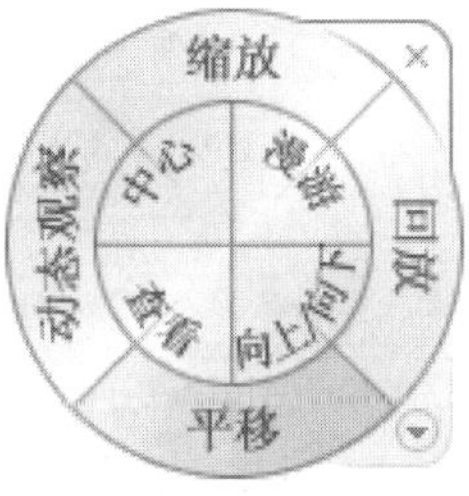

图 9-15　SteeringWheel 控制盘

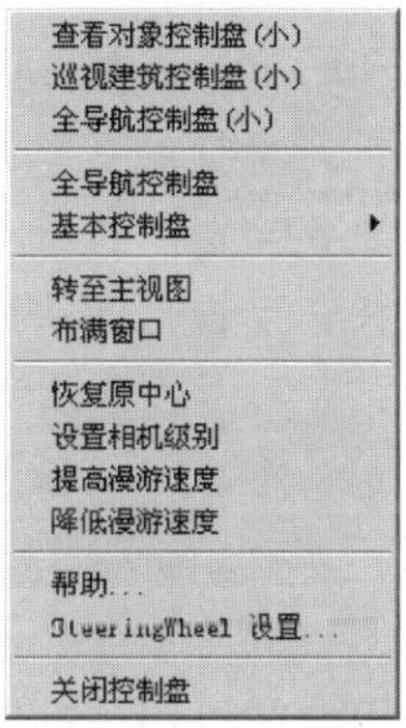

图 9-16　控制盘快捷菜单

SteeringWheel 控制盘分为若干个按钮，每个按钮包含一个导航工具。可以通过单击按钮或拖动悬停在按钮上的光标来启动各种导航工具。使用控制盘上的工具导航模型时，先前的视图将保存到模型的导航历史中，要从导航历史恢复视图，可以使用回放工具。单击控制盘上的【回放】按钮或拖动【回放】按钮，即可以显示回放历史，如图 9-17 所示，从中可以浏览导航历史以恢复先前的某个视图。

图 9-17　回放历史

在 SteeringWheel 控制盘中，共有 4 个不同的控制盘可供使用，每个控制盘均拥有其独有的导航方式，具体如下：

- 二维导航控制盘。通过平移和缩放导航模型。
- 查看对象控制盘。将模型置于中心位置，并定义轴心点以使用【动态观察】工具缩放和动态观察模型。
- 巡视建筑控制盘。通过将模型视图移近或移远、环视以及更改模型视图的标高来导航模型。
- 全导航控制盘。将模型置于中心位置并定义轴心点以使用【动态观察】工具、漫游和环视、更改视图标高、动态观察、平移和缩放模型。

9.2 UCS 与动态 UCS

本节将学习与坐标系相关的几个命令，主要有【新建 UCS】、【动态 UCS】和【管理 UCS】。

9.2.1 新建 UCS

为了更好地辅助绘图，AutoCAD 为用户提供了一种非常灵活的坐标系——用户坐标系（UCS），此坐标系弥补了世界坐标系（WCS）的不足，用户还可以随意定制符合作图需要的 UCS，在三维绘图中至关重要。

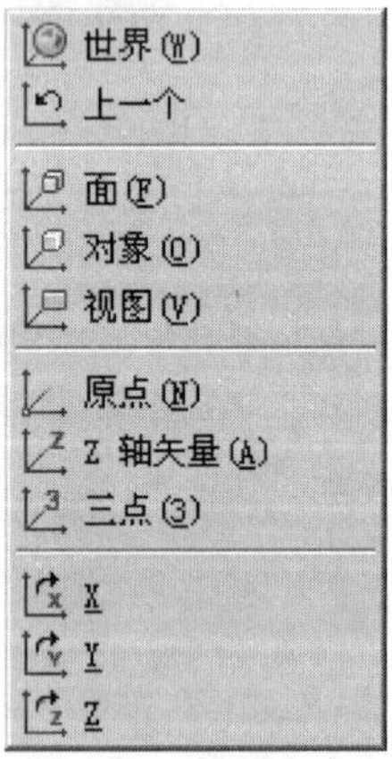

图 9-18　【UCS】菜单栏

执行【UCS】命令主要有以下几种方法。

- 菜单栏：单击菜单栏上的【工具】|【新建 UCS】子菜单中的各命令，如图 9-18 所示。
- 工具栏：单击【UCS】工具栏中的各按钮，如图 9-19 所示。
- 命令行：在命令行输入 UCS。

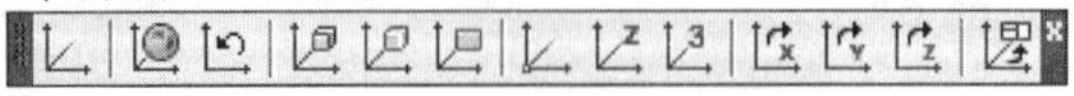

图 9-19　【UCS】工具栏

在命令行中激活【UCS】命令后，系统将出现如下操作提示：

命令: ucs
当前 UCS 名称: *世界*
指定 UCS 的原点或 [面(F)/命名(NA)/对象(OB)/上一个(P)/视图(V)/世界(W)/X/Y/Z/Z 轴(ZA)] <世界>:

各选项功能如下：

- 【指定 UCS 的原点】选项用于指定 3 点，以分别定位出新坐标系的原点、X 轴正方向和 Y 轴正方向。
- 【面】选项用于选择一个实体的平面作为新坐标系的 XOY 面。用户必须使用点选法选择实体。坐标系原点为离选择点最近的实体平面顶点，X 轴正向由此顶点指向离选择点最近的实体平面边界线的另一端点。用户选择的面必须为实体面域。
- 【命名】选项主要用于恢复其他坐标系为当前坐标系、为当前坐标系命名保存以及删除不需要的坐标系。
- 【对象】选项表示通过选择定的对象创建 UCS 坐标系。用户只能使用点选法来选择对象，否则无法执行此命令。
- 【上一个】选项用于将当前坐标系恢复到前一次所设置的坐标系位置，直到将坐标系恢复为 WCS 坐标系。
- 【视图】选项表示将新建用户坐标系的 X、Y 轴所在的面设置成与屏幕平行，其原点保持不变，Z 轴与 XY 平面正交。
- 【世界】选项用于选择世界坐标系作为当前坐标系，用户可以从任何一种 UCS 坐标系下返回到世界坐标系。
- 【X】/【Y】/【Z】选项用于使原坐标系坐标平面分别绕 X、Y、Z 轴旋转而形成新的用户坐标系。

技巧

如果是在已定义的 UCS 坐标系中进行旋转，那么新的 UCS 系统是以前面的 UCS 系统旋转而成。

- 【Z 轴】选项用于指定 Z 轴方向以确定新的 UCS 坐标系。

9.2.2 动态 UCS

使用状态栏上的【动态 UCS】功能，用户可以非常方便地在三维实体的平整面上创建对象，而无须手动更改 UCS 方向。在执行命令的过程中，当将光标移动到面上方时，动态 UCS 会临时将 UCS 的 XY 平面与三维实体的平整面对齐。

单击状态栏上的DUCS按钮，或状态栏上的图标，或按F6功能键，都可以激活【动态 UCS】功能。

9.2.3 管理 UCS

【命名 UCS】命令主要用于对命名 UCS 以及正交 UCS 进行管理和操作，比如，用户可以使用该命令删除、重命名或恢复已命名的 UCS 坐标系，也可以选择 AutoCAD 预设的标准 UCS 坐标系以及控制 UCS 图标的显示等。

执行【命名 UCS】命令主要有以下几种方法。

- 菜单栏：单击菜单栏上的【工具】|【命名 UCS】命令。
- 工具栏：单击【UCS Ⅱ】工具栏中的按钮。
- 命令行：在命令行输入 Ucsman。

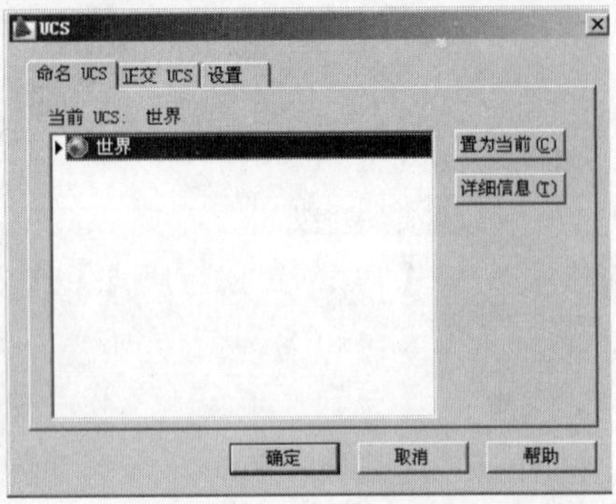

图 9-20 【UCS】对话框

执行【命名 UCS】后可弹出如图 9-20 所示的【UCS】对话框，通过此对话框，可以很方便地对自己定义的坐标系统进行存储、删除、应用等操作。

在对话框中共包括【命名 UCS】、【正交 UCS】和【设置】3 个选项卡。

- 【命名 UCS】选项卡用于显示当前文件中的所有坐标系，还可以设置当前坐标系，如图 9-20 所示；
- 【正交 UCS】选项卡用于显示和设置 AutoCAD 的预设标准坐标系作为当前坐标系，如图 9-21 所示；
- 【设置】选项卡用于设置 UCS 图标的显示及其他的一些操作设置，如图 9-22 所示。

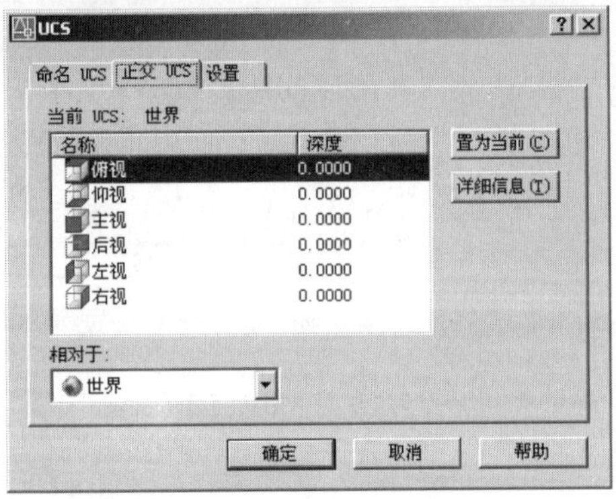

图 9-21 【正交 UCS】选项卡

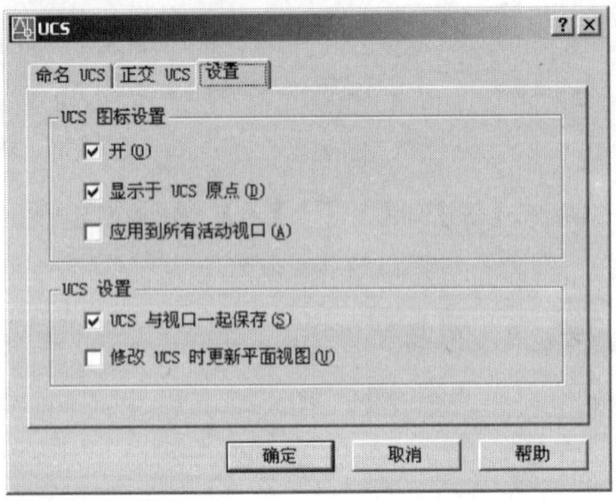

图 9-22 【设置】选项卡

9.3 三维图形的显示功能

使用 AutoCAD 为用户提供的多种视觉样式的着色工具，用户可以方便地控制图形外观显示效果，能快速显示出三维物体的逼真形态，对三维模型的效果显示有很大帮助，这些着色工具位于如图 9-23 所示的菜单栏和图 9-24 所示的工具栏中。

图 9-23 【视觉样式】菜单栏

图 9-24 【视觉样式】工具栏

9.3.1 二维线框

【二维线框】命令是用直线和曲线显示对象的边缘，此对象的线型和线宽都是可见的，如图9-25所示。执行该命令主要有以下几种方法。

- 菜单栏：单击菜单栏上的【视图】|【视觉样式】|【二维线框】命令。
- 工具栏：单击【视觉样式】工具栏中的按钮。
- 快捷键：使用快捷键VS。

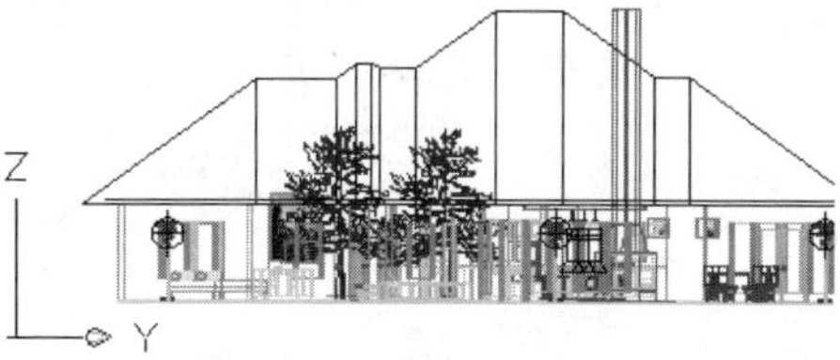

图9-25 二维线框着色效果

9.3.2 三维线框

【三维线框】命令也是用直线和曲线显示对象的边缘轮廓，如图9-26所示。与二维线框显示方式不同的是，表示坐标系的按钮会显示成三维着色形式，并且对象的线型及线宽都是不可见的。执行该命令主要有以下几种方法。

- 菜单栏：单击菜单栏上的【视图】|【视觉样式】|【三维线框】命令。
- 工具栏：单击【视觉样式】工具栏中的按钮。
- 快捷键：使用快捷键VS。

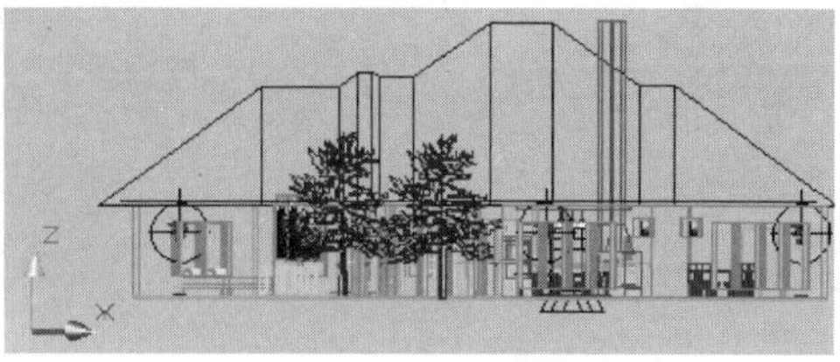

图9-26 三维线框着色效果

技巧

如果将COMPASS系统变量的值设置为1，那么在三维线框着色方式下，系统将以坐标球的形式显示。

9.3.3 三维隐藏

【三维隐藏】命令用于将二维对象中观察不到的线隐藏起来，而只显示那些位于前面无遮挡的对象，如图9-27所示。执行该命令主要有以下几种方法。

- 菜单栏：单击菜单栏上的【视图】|【视觉样式】|【三维隐藏】命令。
- 工具栏：单击【视觉样式】工具栏中的按钮。
- 快捷键：使用快捷键VS。

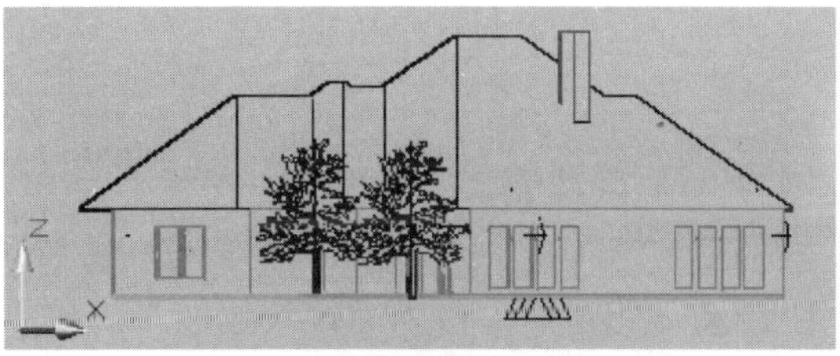

图9-27 三维隐藏效果

9.3.4 真实着色

【真实】着色命令可使对象实现平面着色，它只对各多边形的面着色，不对面边界作光滑处理，如图 9-28 所示。执行此命令主要有以下几种方法。

- 菜单栏：单击菜单栏上的【视图】|【视觉样式】|【真实】命令。
- 工具栏：单击【视觉样式】工具栏中的按钮。
- 快捷键：使用快捷键 VS。

图 9-28 真实着色效果

9.3.5 概念着色

【真实】着色命令也可使对象实现平面着色，它不仅可以对各多边形的面着色，还可以对面边界作光滑处理，如图 9-29 所示。执行此命令主要有以下几种方法。

- 菜单栏：单击菜单栏上的【视图】|【视觉样式】|【概念】命令。
- 工具栏：单击【视觉样式】工具栏中的按钮。
- 快捷键：使用快捷键 VS。

图 9-29 概念着色效果

9.3.6 管理视觉样式

【管理视觉样式】命令主要用于控制视口中模型的外观显示效果。可以在视觉样式管理器窗口中创建视觉样式，或更改视觉样式的设置来更改视觉样式，如图 9-30 所示。其中，面设置选项用于控制面上颜色和着色的外观；环境设置用于打开和关闭阴影和背景；边设置指定显示哪些边以及是否应用边修改器。

执行【管理视觉样式】命令主要有以下几种方法。

- 菜单栏：单击菜单栏上的【视图】|【视觉样式】|【视觉样式管理器】命令。
- 工具栏：单击【视觉样式】工具栏中的按钮。
- 命令行：在命令行输入 Visualstyles。

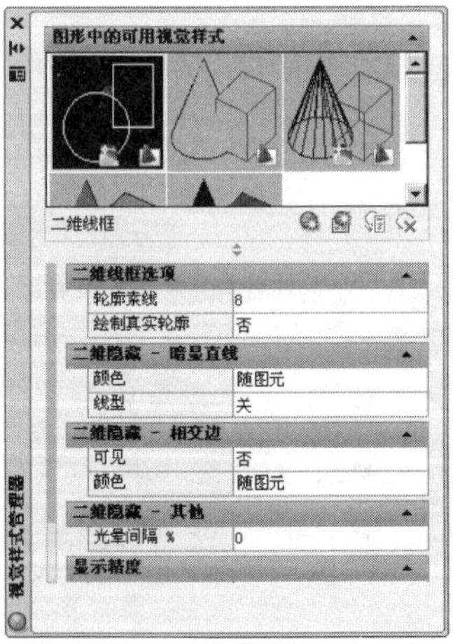

图 9-30 【管理视觉样式】窗口

9.4 模型的简单渲染

9.4.1 附着材质

AutoCAD 为用户提供了材质库功能，如果用户在安装 AutoCAD 2009 应用程序的过程中，勾选了“材质库”功能，那么这些材质会出现在【工具选项板】窗口内，然后用户通过此窗口，可以简捷快速地为模型附着材质。

❶使用菜单栏上的【绘图】|【建模】|【长方体】命令，在西南等轴测视图内创建长、

宽、高分别为400、20、100的长方体，如图9-31所示。

❷按Ctrl+3键，打开【工具选项板】窗口。

❸在选项板窗口中的标题栏上右击鼠标，从弹出的快捷菜单中选择【材质】命令，如图9-32所示。

❹此时，AutoCAD 的所有材质库都以选项板的形式出现在工具选项板窗口中，如图9-33所示。

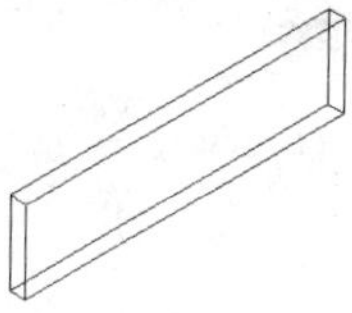

图9-31 创建长方体模型

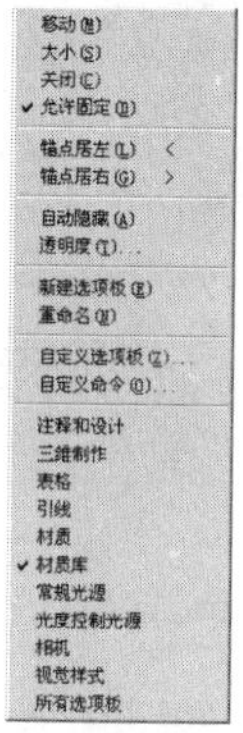

图9-32 标题栏快捷菜单

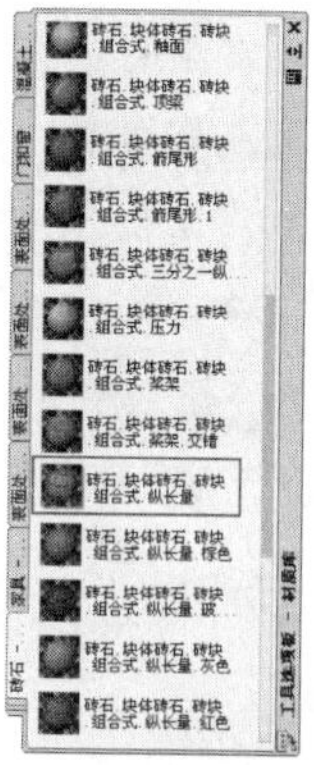

图9-33 材质选项板

❺在展开的【砖石－砖块－材质库】选项卡中，选择需要附着的材质，如图9-33所示。将其直接拖动到方体模型上，即可为其附上材质。

❻单击菜单栏上的【视图】|【视觉样式】|【真实】命令，即可观察到附着材质后的效果，如图9-34所示。

图9-34 材质的附着效果

9.4.2 渲染模型

AutoCAD为用户提供了简单的渲染功能，单击菜单栏上的【视图】|【渲染】|【渲染】命令，或单击【渲染】工具栏中的按钮，即可激活此命令。AutoCAD将安默认设置，对当前视口内的模型，以独立的窗口进行渲染，如图9-35所示。

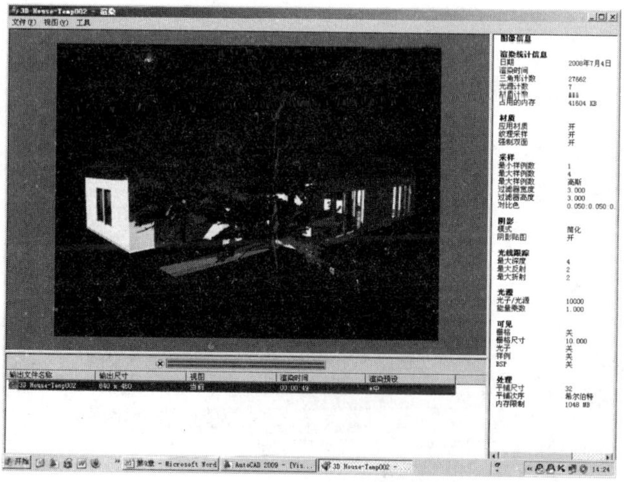

图9-35 渲染窗口

9.5 本章小结

本章主要简单讲述了 AutoCAD 的三维辅助功能，具体包括视点的设置、视图的切换、视口的分割、坐标系的设置管理以及三维对象的视觉显示等辅助功能。通过本章的学习，应理解和掌握以下知识：

- 三维观察功能，具体有视点、视点预置和动态观察器、导航立方体、控制盘等；
- 理解世界坐标系和用户坐标系的概念及功能，掌握用户坐标系的各种设置方式以及坐标系的管理、切换和应用等重要操作知识；
- 三维显示功能，具体有视觉样式、管理视觉样式和渲染；
- 视图与视口中，具体包括 6 种正交视图、4 种等轴测视图、平面视图以及视口的创建与合并。

9.6 练习题

将图 9-36 所示的三维模型图编辑为图 9-37 所示的状态（本例素材为随书光盘中的“源文件\CRANE.dwg”）。

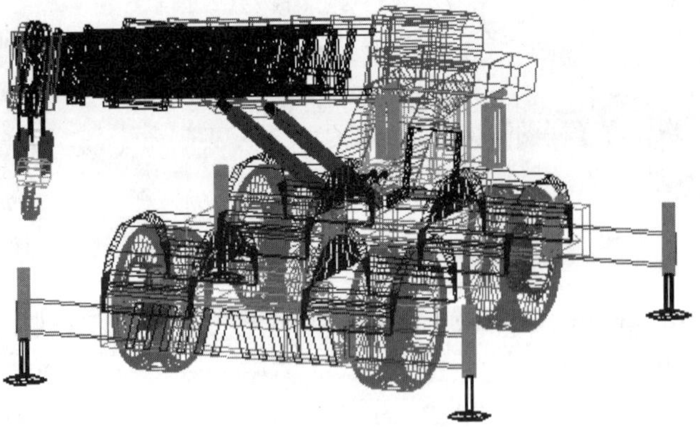

图 9-36 素材文件

图 9-37 本例效果

第10章

网格建模与实体建模

AutoCAD 为用户提供了“实体模型”和“网格模型”两类。其中，“网格模型”是由一系列有连接顺序的棱边围成的表面，再由表面的集合来定义三维物体，但是该模型仅包含面边信息；而“实体模型”则是实实在在的物体，它除了包含表面模型的所有特点，还具备体积、质心等实物的一切特性，能够完整地表达出实物的几何信息，是三维造型技术中比较完善且非常常用的一种形式。本章将重点学习三维实体、网格等的建模功能和编辑功能。

10.1 了解几个变量

下面总结了几个与实体显示相关的系统变量，巧妙设置这些变量的值，可以使实体的面更光滑。

ISOLINES：此系统变量用于设置实体表面网格线的数量，其值越大，网格线就越密，如图 10-1 所示。

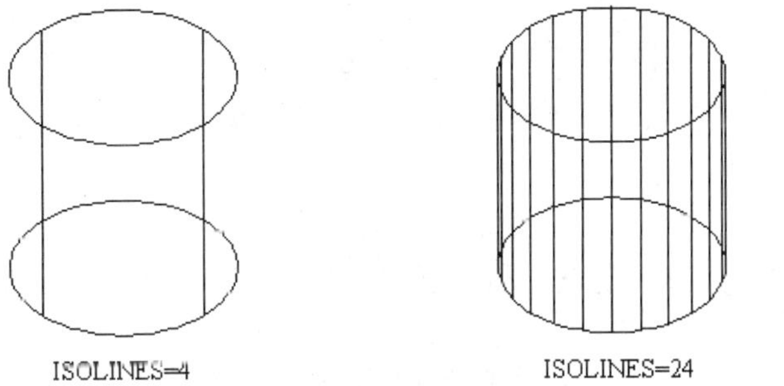

图 10-1　ISOLINES 变量

FACETRES：此系统变量用于设置实体消隐或渲染后的表面网格密度，变量取值范围为 0.01~10.0，值越大网格就越密，消隐或渲染后表面也就越光滑，如图 10-2 所示。

DISPSILH：此系统变量用于控制视图消隐时，是否显示出实体表面的网格线。当变量值为 0 时，则显示网格线；为 1 时，不显示网格线，如图 10-3 所示。

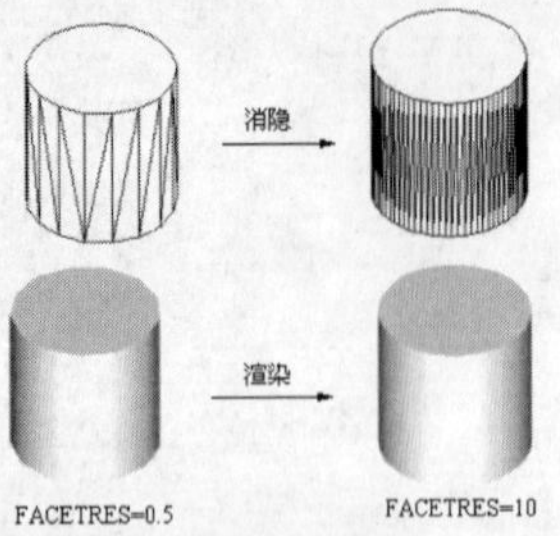

图 10-2　FACETRES 变量

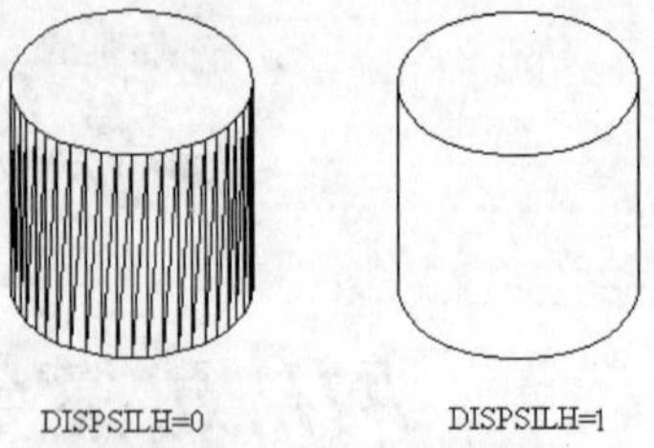

图 10-3　DISPSILH 变量

10.2　实体建模

本节学习 AutoCAD 的基本几何体建模工具，其菜单命令都位于如图 10-4 所示的菜单上，工具按钮位于如图 10-5 所示的【建模】工具栏上。

图 10-4　建模工具菜

图 10-5　【建模】工具栏

10.2.1　创建多段体

【多段体】命令用于创建具有一定宽度和高度的三维多段体，执行【多段体】命令主要有以下几种方法。

- 菜单栏：单击菜单栏上的【绘图】|【建模】|【多段体】命令。
- 工具栏：单击【建模】工具栏中的按钮。
- 命令行：在命令行输入 Polysolid。

执行【多段体】命令，根据命令行提示进行创建多段体。命令行操作如下：

命令: _Polysolid 高度 = 80.0000, 宽度 = 5.0000, 对正 = 居中
　　指定起点或 [对象(O)/高度(H)/宽度(W)/对正(J)] <对象>:　　//h Enter，激活【高度】选项
　　指定高度 <80.0000>:　　//100 Enter
　　高度 = 100.0000, 宽度 = 5.0000, 对正 = 居中
　　指定起点或 [对象(O)/高度(H)/宽度(W)/对正(J)] <对象>:　　//w Enter，激活【宽度】选项

指定宽度 <5.0000>: //10 Enter

高度 = 100.0000, 宽度 = 10.0000, 对正 = 居中

指定起点或 [对象(O)/高度(H)/宽度(W)/对正(J)] <对象>: //拾取点 1 作为起点

指定下一个点或 [圆弧(A)/放弃(U)]: //拾取点 2

指定下一个点或 [圆弧(A)/闭合(C)/放弃(U)]: //拾取点 3

指定下一个点或 [圆弧(A)/闭合(C)/放弃(U)]: //拾取点 4

指定下一个点或 [圆弧(A)/闭合(C)/放弃(U)]: //a Enter，激活【圆弧】选项

指定圆弧的端点或 [闭合(C)/方向(D)/直线(L)/第二个点(S)/放弃(U)]: //拾取点 5

指定下一个点或 [圆弧(A)/闭合(C)/放弃(U)]: 指定圆弧的端点或 [闭合(C)/方向(D)/直线(L)/第二个点(S)/放弃(U)]: // Enter，结束命令

执行菜单栏上的【视图】|【消隐】命令，对多段体消隐显示，效果如图 10-6 所示。

技巧

巧妙使用【对象】选项，可以将现有的直线、圆弧、矩形以及圆等二维对象，直接转化为具有一定宽度和高度的三维实心体，如图 10-7 所示。

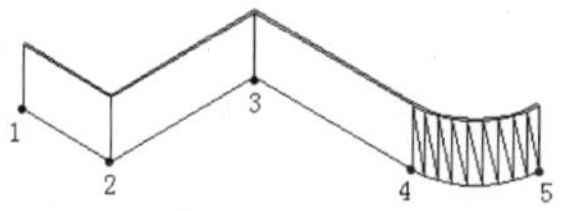

图 10-6 绘制的多段体

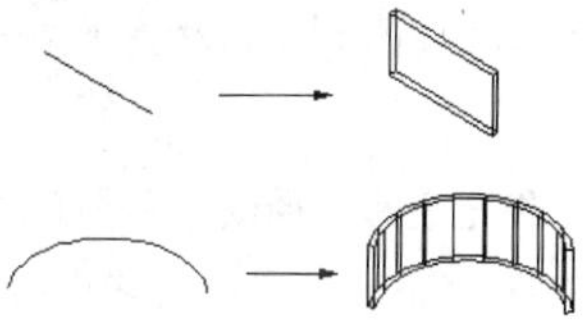

图 10-7 转化为三维实心体

10.2.2 创建长方体

【长方体】命令用于创建长方体模型或者正立方体模型。执行此命令主要有以下几种方法。

- 菜单栏：单击菜单栏上的【绘图】|【建模】|【长方体】命令。
- 工具栏：单击【建模】工具栏中的按钮。
- 命令行：在命令行输入 Box。

执行【长方体】命令，根据命令行提示进行创建长方体。命令行操作如下：

命令: _box

指定第一个角点或 [中心(C)]: //在绘图区拾取一点

指定其他角点或 [立方体(C)/长度(L)]: //@200,150 Enter

指定高度或 [两点(2P)]: //100 Enter，结果如图 10-8 所示

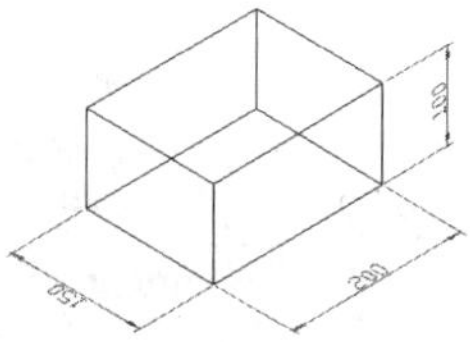

图 10-8 创建的长方体

选项解析

- 【立方体】选项用于创建长宽高都相等的正立方体。
- 【中心】选项主要用于根据长方体的正中心点位置进行创建长方体，即首先定位长方体的中心点位置。
- 【长度】选项用于直接输入长方体的长度、宽度和高度等参数，生成相应尺寸的方体模型。

10.2.3 创建圆柱体

【圆柱体】命令主要用于创建圆柱实心体或椭圆柱实心体模型。执行【圆柱体】命令主要有以下几种方法。

- 菜单栏：单击菜单栏上的【绘图】|【建模】|【圆柱体】命令。
- 工具栏：单击【建模】工具栏中的按钮。
- 命令行：在命令行输入 Cylinder。

执行【圆柱体】命令，根据命令行提示进行创建柱体模型。命令行操作如下：

```
命令: _cylinder
    指定底面的中心点或 [三点(3P)/两点(2P)/相切、相切、半径(T)/椭圆(E)]
                                    //在绘图区拾取一点
    指定底面半径或 [直径(D)]>:  //120 Enter，输入底面半径
    指定高度或 [两点(2P)/轴端点(A)] <150.0000>:
                                    //240 Enter，结果如图 10-9 所示，消隐效果如图 10-10 所示
```

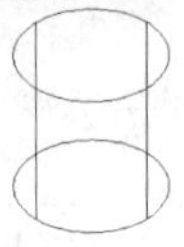

图 10-9　创建的圆柱体

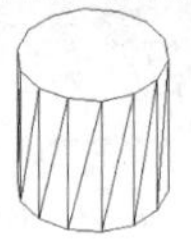

图 10-10　消隐后的效果

使用【椭圆】选项可以创建椭圆柱体，命令行操作如下：

```
命令: _cylinder
    指定底面的中心点或 [三点(3P)/两点(2P)/相切、相切、半径(T)/椭圆(E)]:
                                            //e Enter，激活【椭圆】选项
    指定第一个轴的端点或 [中心(C)]:          //拾取一点
    指定第一个轴的其他端点:                  //@100,0 Enter
    指定第二个轴的端点:                      //@0,30 Enter
    指定高度或 [两点(2P)/轴端点(A)] :
                                    //100 Enter，结果如图 10-11 所示，消隐效果如图 10-12 所示
```

图 10-11　创建的椭圆柱体

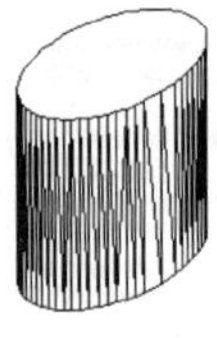

图 10-12　消隐后的效果

10.2.4 创建圆锥体

【圆锥体】命令用于创建圆锥体或椭圆锥体模型。执行【圆柱体】命令主要有以下几种方法。

- 菜单栏：单击菜单栏上的【绘图】|【建模】|【圆锥体】命令。
- 工具栏：单击【建模】工具栏中的按钮。
- 命令行：在命令行输入 Cone。

执行【圆锥体】命令，根据命令行提示进行创建锥体。命令行操作如下：

```
命令: _cone
    指定底面的中心点或 [三点(3P)/两点(2P)/相切、相切、半径(T)/椭圆(E)]:
                                            //拾取一点作为底面中心点
    指定底面半径或 [直径(D)] <261.0244>:      //75 Enter，输入底面半径
    指定高度或 [两点(2P)/轴端点(A)/顶面半径(T)] <120.0000>:
                        //180 Enter，创建结果如图 10-13 所示，消隐效果如图 10-14 所示
```

使用命令中的【椭圆】选项，可以创建椭圆锥体。命令行操作如下：

```
命令: _cone
    指定底面的中心点或 [三点(3P)/两点(2P)/相切、相切、半径(T)/椭圆(E)]:
                                                //e Enter，激活【椭圆】选项
    指定第一个轴的端点或 [中心(C)]:               //拾取一点
    指定第一个轴的其他端点:                       //@150,0 Enter
    指定第二个轴的端点:                           //@0,50 Enter
    指定高度或 [两点(2P)/轴端点(A)/顶面半径(T)] <-100.0000>:
                                                //@0,100 Enter，消隐效果如图 10-15 所示
```

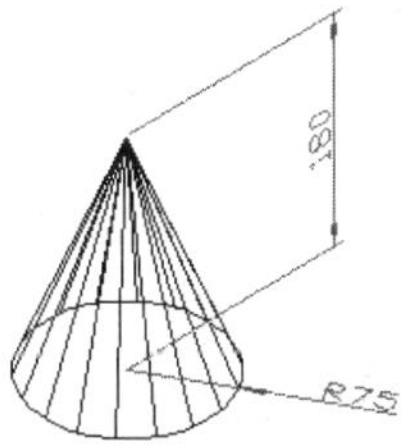

图 10-13 创建的圆锥体

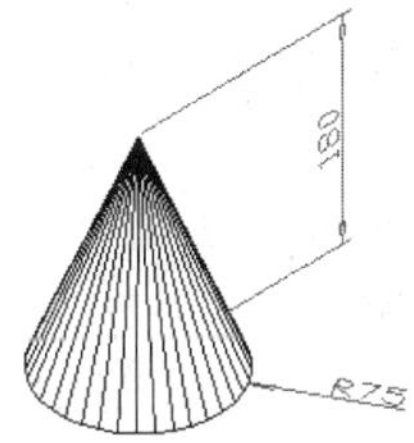

图 10-14 圆锥体的消隐效果

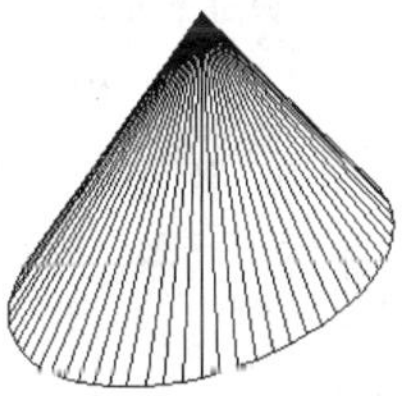
图 10-15 椭圆锥体的消隐效果

10.2.5 创建棱锥体

【棱锥面】命令用于创建三维实体棱锥，如底面为四边形、五边形、六边形等的多面棱锥，如图 10-16 所示。

执行【棱锥体】命令主要有以下几种方法。

- 菜单栏：单击菜单栏上的【绘图】|【建模】|【棱锥体】命令。
- 工具栏：单击【建模】工具栏中的按钮。
- 命令行：在命令行输入 Pyramid。

执行【棱锥体】命令，根据命令行提示创建六面棱锥体，命令行操作如下：

命令: _pyramid

4 个侧面　外切

指定底面的中心点或 [边(E)/侧面(S)]:　　　　　//s Enter，激活【侧面】选项

输入侧面数 <4>:　　　　　//6 Enter，设置侧面数

指定底面的中心点或 [边(E)/侧面(S)]:　　　　　//在绘图区拾取一点

指定底面半径或 [内接(I)] <72.0000>:　　　　　//100 Enter，设置内切圆半径

指定高度或 [两点(2P)/轴端点(A)/顶面半径(T)] <180.0000>:

//250 Enter，创建结果如图 10-17 所示

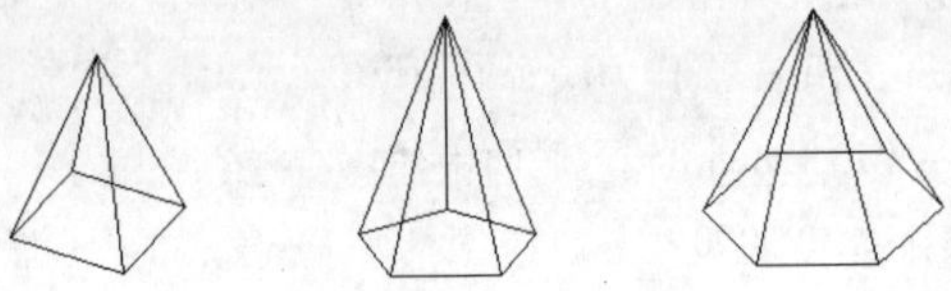

图 10-16　棱锥体

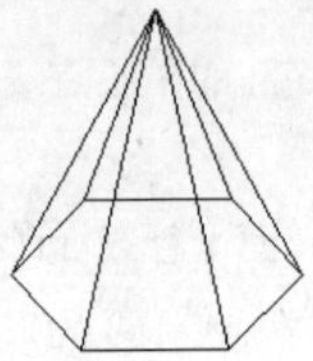

图 10-17　创建的六面棱锥

10.2.6　创建圆环体

【圆环体】命令主要用于创建圆环实心体模型。执行【圆环体】命令主要有以下几种方法。

- 菜单栏：单击菜单栏上的【绘图】|【建模】|【圆环体】命令。
- 工具栏：单击【建模】工具栏中的◎按钮。
- 命令行：在命令行输入 Torus。

执行【圆环体】命令，根据命令行提示创建圆环体。命令行操作如下：

命令: _torus

指定中心点或 [三点(3P)/两点(2P)/相切、相切、半径(T)]:

//拾取一点定位环体的中心点

指定半径或 [直径(D)] <100.0000>:　　　　　//180 Enter，输入圆环体的半径

指定圆管半径或 [两点(2P)/直径(D)]:

//20 Enter，结果如图 10-18 所示，概念着色效果如图 10-19 所示

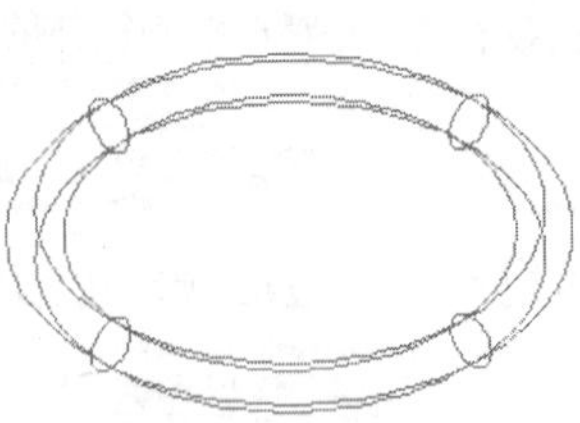

图 10-18　创建圆环体

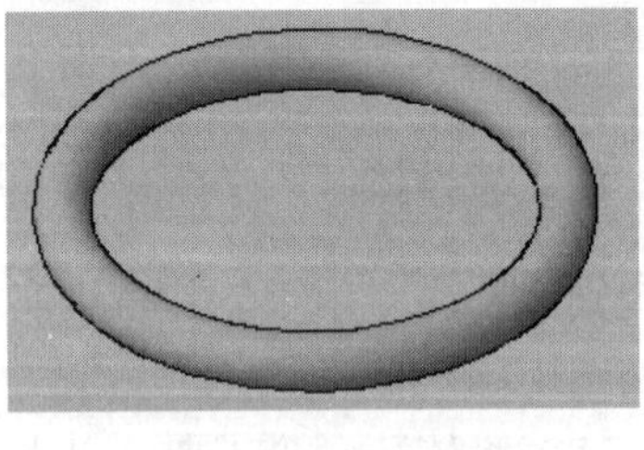

图 10-19　概念着色效果

10.2.7　创建球体

【球体】命令主要用于创建三维球体模型。执行【球体】命令主要有以下几种方法。

- 菜单栏：单击菜单栏上的【绘图】|【实体】|【球体】命令。

- 工具栏：单击【建模】工具栏中的按钮。
- 命令行：在命令行输入 Sphere。

执行 【球体】命令，根据命令行提示创建球体模型。命令行操作如下：

```
命令: _sphere
    指定中心点或 [三点(3P)/两点(2P)/相切、相切、半径(T)]: //拾取球体的中心点
    指定半径或 [直径(D)] <111.3876>:
                        //120 Enter，结果如图 10-20 所示，概念着色效果如图 10-21 所示
```

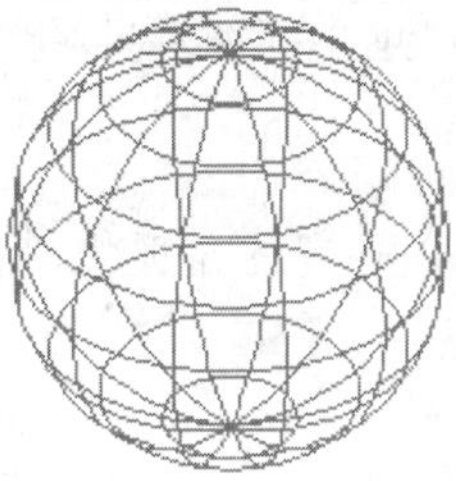

图 10-20 创建球体

图 10-21 概念着色效果

10.2.8 创建楔体

【楔体】命令主要用于创建三维楔体模型。执行【楔体】命令主要有以下几种方法。

- 菜单栏：单击菜单栏上的【绘图】|【建模】|【楔体】命令。
- 工具栏：单击【建模】工具栏中的按钮。
- 命令行：在命令行输入 Wedge。

执行【楔体】命令，根据命令行提示创建楔体。命令行操作如下：

```
命令: _wedge
    指定第一个角点或 [中心(C)]:            //在绘图区拾取一点
    指定其他角点或 [立方体(C)/长度(L)]:    //@120,25 Enter
    指定高度或 [两点(2P)] <112.5802>:      //150 Enter，创建结果如图 10-22 所示
```

选项解析

- 【中心】选项用于定位楔体的中心点，其中心点为斜面正中心点。
- 【立方体】选项用于创建长、宽、高都相等的楔体。

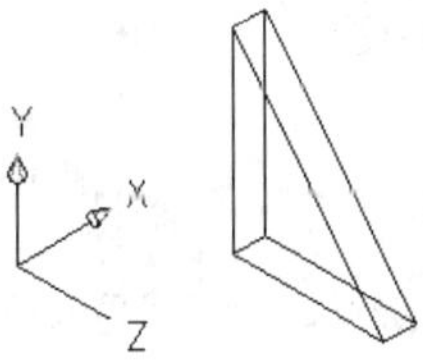

图 10-22 创建楔体

10.2.9 创建拉伸实体

【拉伸】命令用于将闭合边界或面域，按照指定的高度拉伸成三维实心体模型，或将非闭的二维图形拉伸为网格曲面。执行【拉伸】命令主要有以下几种方法。

- 菜单栏：单击菜单栏上的【绘图】|【建模】|【拉伸】）命令。
- 工具栏：单击【建模】工具栏中的按钮。
- 命令行：在命令行输入 Extrude 或 EXT。

执行【拉伸】命令，命令行操作如下：

命令: _extrude
当前线框密度: ISOLINES=4
选择要拉伸的对象: //选择矩形
选择要拉伸的对象: //Enter
指定拉伸的高度或 [方向(D)/路径(P)/倾斜角(T)] <30.0000>: //t Enter，激活【倾斜角】选项
指定拉伸的倾斜角度 <15>: //10 Enter
指定拉伸的高度或 [方向(D)/路径(P)/倾斜角(T)] <30.0000>:
//100 Enter，拉伸结果如图 10-23 所示

选项解析

- 【倾斜角】选项用于在拉伸实体的过程中，将实体以一定的角度倾斜，如图 10-24 所示。

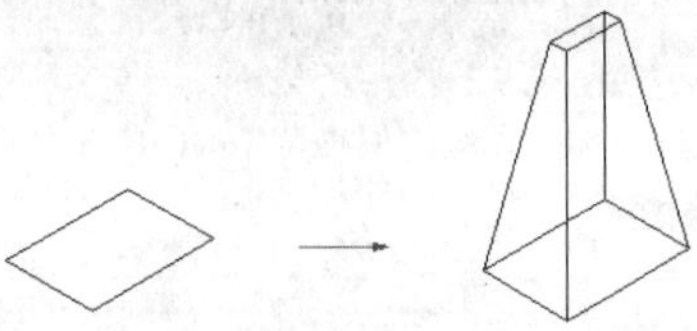

图 10-23 创建拉伸实体

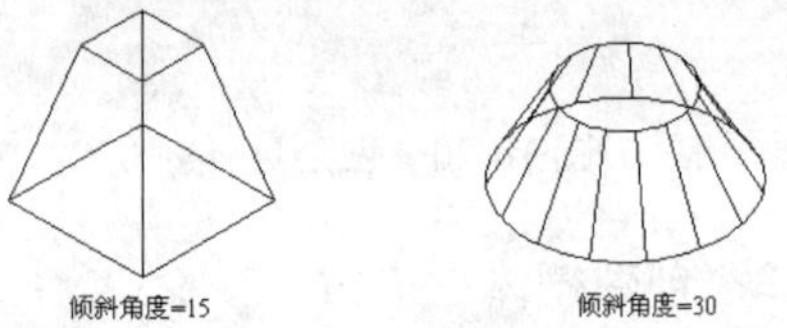

图 10-24 设置倾斜角度

- 【路径】选项用于以将闭合二维边界或面域，按照指定的直线或曲线路径进行拉伸，如图 10-25 所示。

另外，使用【拉伸】命令，还可以将非闭合的线段、圆弧、样条曲线等二维图形，拉伸为网格面，如图 10-26 所示。

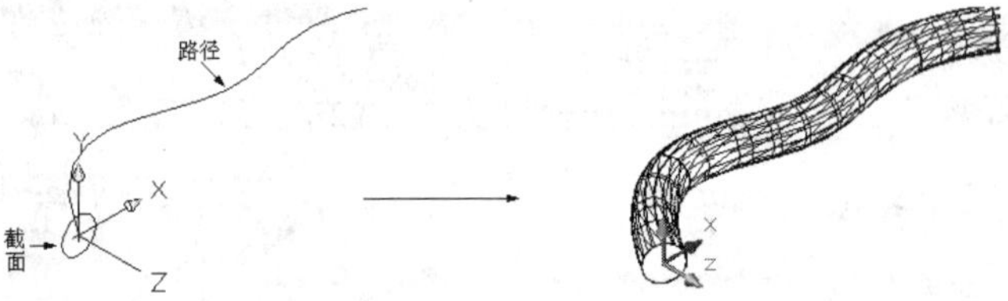

图 10-25 路径拉伸示例

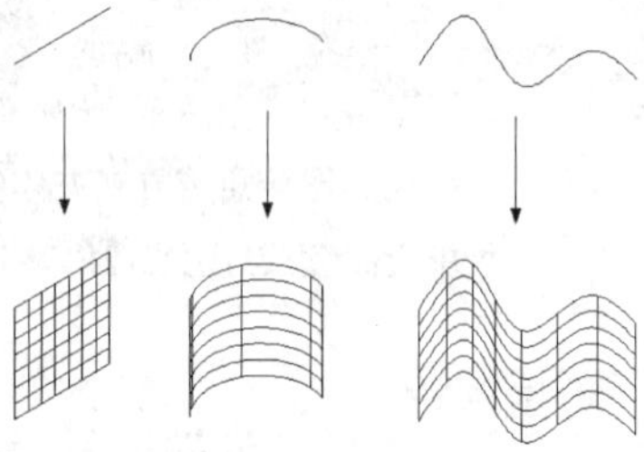

图 10-26 拉伸非闭合图形

10.2.10 创建回转实体

【旋转】命令用于将闭合的二维图形对象，绕坐标轴或选择的对象，旋转为三维实心体，此命令经常用于创建一些回转体结构的模型。执行【旋转】命令主要有以下几种方法。

- 菜单栏：单击菜单栏上的【绘图】|【建模】|【旋转】命令。
- 工具栏：单击【建模】工具栏中的按钮。
- 命令行：在命令行输入 Revolve。

单击【旋转】命令，根据命令行创建回转实体。命令行操作如下：

命令: _revolve
当前线框密度: ISOLINES=15

选择要旋转的对象: //选择左侧的闭合的边界
选择要旋转的对象: //Enter
指定轴起点或根据以下选项之一定义轴 [对象(O)/X/Y/Z] <对象>: //捕捉端点 1
指定轴端点: //捕捉端点 2
指定旋转角度或 [起点角度(ST)] <360>: // Enter，旋转结果如图 10-27 所示

选项解析

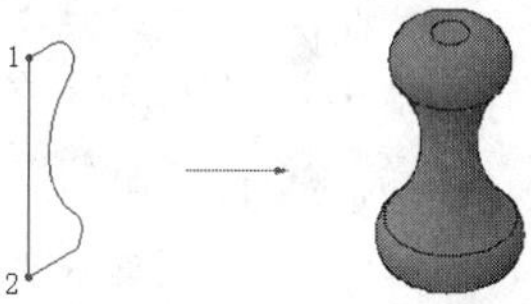

图 10-27 创建回转实体

- 【对象】选项用于选择现有的直线或多段线等作为旋转轴，轴的正方向是从这条直线上的最近端点指向最远端点。
- 【X】选项主要使用当前坐标系的 x 轴正方向作为旋转轴的正方向。
- 【Y】选项使用当前坐标系的 y 轴正方向作为旋转轴的正方向。
- 【Z】选项使用当前坐标系的 z 轴正方向作为旋转轴的正方向。

10.3 网格建模

本节将学习【三维面】、【平移网格】、【旋转网格】、【直纹网格】、【边界网格】命令。

10.3.1 创建三维面

【三维面】命令主要用于在三维空间的任意位置创建三侧面或四侧面，还可将这些表面连接在一起形成一个多边的表面，如图 10-28 所示。

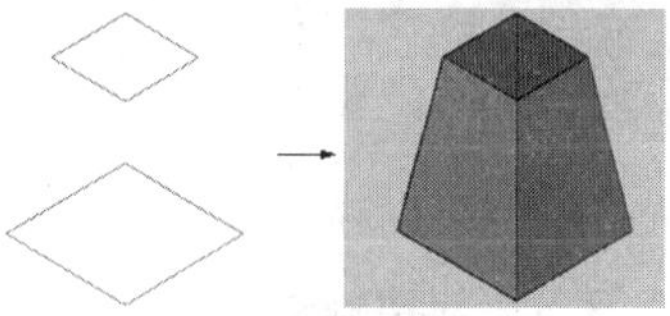

图 10-28 创建三维面

执行【三维面】命令主要有以下几种方法。

- 菜单栏：单击菜单栏中的【绘图】|【建模】|【网格】|【三维面】命令。
- 命令行：在命令行输入 3DFace。

技巧

在第一次定位完 4 个点后，AutoCAD 会自动将最后两个点作为下一个三维平面的第 、二个顶点，这样才会继续出现提示符，要求用户输入下一个三维平面第三、四个顶点的坐标值。

10.3.2 创建平移网格

【平移网格】命令用于将轨迹线沿着指定的方向矢量进行平移延伸，从而生成三维网格。其中，轨迹线可以是直线、圆（圆弧）、椭圆（椭圆弧）、样条曲线、二维或三维多段线；方向矢量用来指明拉伸的方向和长度，可以是直线或非封闭的多段线，不能使用圆或圆弧来指定位伸的方向。

执行【平移网格】命令主要有以下几种方法。

● 菜单栏：单击菜单栏上的【绘图】|【建模】|【网格】|【平移网格】命令。
● 命令行：在命令行输入 Tabsurf。

创建平移网格的操作步骤如下：

❶将当前视图切换为主视图，并绘制闭合多段线边界，如图 10-29 所示。
❷将当前视图切换为东南视图，绘制如图 10-30 所示的直线。
❸使用系统变量 SURFTAB1 设置直纹曲面表面的线框密度为 24。
❹执行【平移网格】命令，根据命令行提示作图，命令行操作如下：

```
命令: _tabsurf
    当前线框密度: SURFTAB1=24
    选择用作轮廓曲线的对象:                    //选择多段线边界
    选择用作方向矢量的对象:                    //选择直线，结果如图 10-31 所示
```

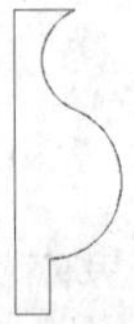
图 10-29　绘制边界

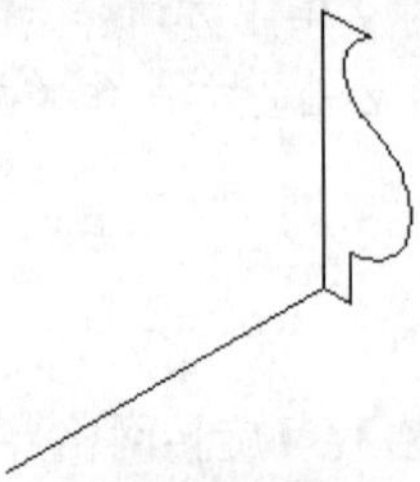
图 10-30　绘制直线

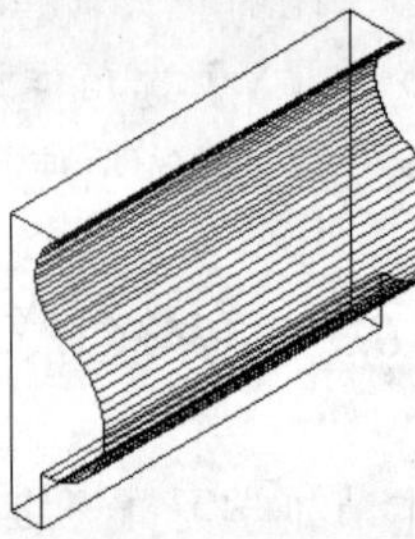
图 10-31　创建的平移网格

技巧

在创建面移网格时，用于拉伸的轨迹线和方向矢量不能位于同一平面内，在指定位伸的方向矢量时，选择点的位置不同，结果也不同。

10.3.3 创建旋转网格

【旋转网格】命令用于将轨迹线绕指定的轴进行空间旋转，从而生成回转体空间网格，如图 10-32 所示。此命令常用于创建具有回转体特征的空间形体，如酒杯、茶壶、花瓶、灯罩、轮、环等三维模型。

用于旋转的轨迹线可以是直线、圆、圆弧、样条曲线、二维或三维多段线，旋转轴则可以是直线或非封闭的多段线。执行【旋转曲面】命令主要有以下方法。

● 菜单栏：单击菜单栏上的【绘图】|【建模】|【网格】|【旋转网格】命令。
● 命令行：在命令行输入 Revsurf。

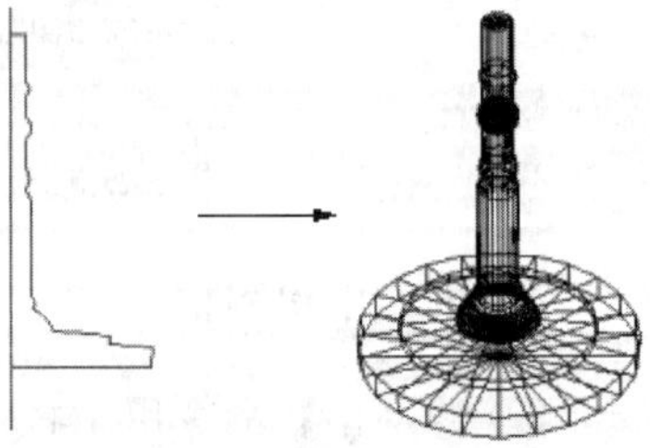
图 10-32　创建旋转网格

创建旋转网格的操作步骤如下：

❶在主视图内绘制如图 10-33 所示的多段线边界和垂直直线。

❷将当前视图切换为西南视图，并将变量 SURFTAB1 和 SURFTAB2 的值都设置为 24。

❸执行【旋转网格】命令，根据命令行提示进行旋转，命令行操作如下：

```
命令: _revsurf
    当前线框密度: SURFTAB1=24    SURFTAB2=24
    选择要旋转的对象:                        //选择多段线边界
    选择定义旋转轴的对象:                    //选择垂直直线
    指定起点角度 <0>:                        //Enter，采用当前设置
    指定包含角 (+=逆时针，-=顺时针) <360>:
                                             //Enter，采用默认设置，创建结果如图 10-34 所示
```

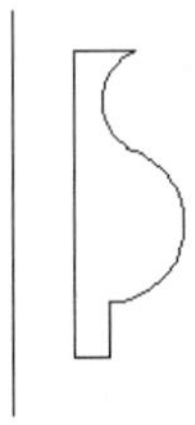

图 10-33　绘制边界和直线

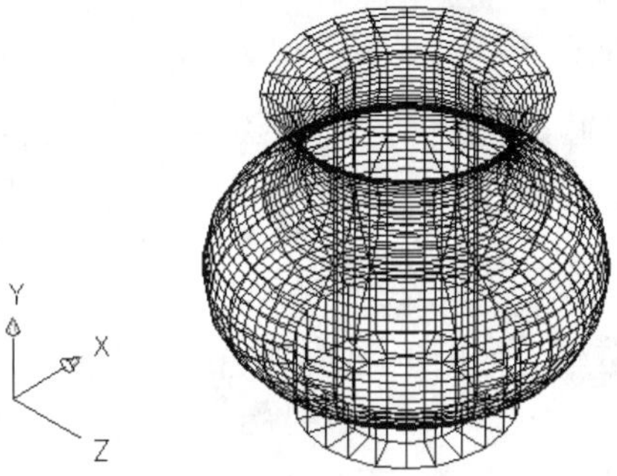

图 10-34　旋转结果

技巧

起始角为轨迹线开始旋转时的角度，旋转角表示轨迹线旋转的角度，如果输入的角度为正，则按逆时针方向旋转构造旋转曲面，否则按顺时针方向构造旋转曲面。

❹单击菜单栏上的【视图】|【消隐】命令，效果如图 10-35 所示。

❺使用【渲染】命令对模型简单渲染，效果如图 10-36 所示。

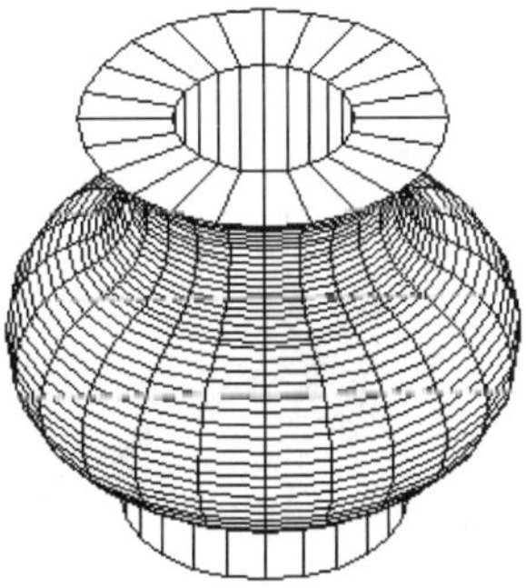

图 10-35　消隐效果

图 10-36　渲染效果

10.3.4　创建直纹网格

【直纹网格】命令主要用于在指定的两个对象之间生成的一个直纹曲面，所指定的两条边界可以是直线、样条曲线、多段线等，如果一条边界闭合的，那么另一条边界也必须是闭合的。执行【直纹网格】命令主要有以下几种方法。

- 菜单栏：单击菜单栏上的【绘图】|【建模】|【网格】|【直纹网格】命令。
- 命令行：在命令行输入 Rulesurf。

创建直纹网格的操作步骤如下：

❶将当前视图切换为西南视图，然后绘制如图 10-37 所示的两条样条曲线。

❷设置系统变量 SURFTAB1 值为 36。然后执行【直纹网格】命令，创建直纹网格。命令行操作如下：

```
命令: _rulesurf
    当前线框密度: SURFTAB1=36
    选择第一条定义曲线:                    //在左侧样条曲线的下端单击鼠标
    选择第二条定义曲线:                    //在右侧样条曲线的下端单击鼠标
```

技巧

在选择对象时，需要选择的对象必须同时闭合或同时打开。如果一个对象为点，那么另一个对象可以是闭合的，也可以是打开的。另外，当边界曲线不是封闭时，选择点的位置不同，生成的图形也不同。

❸生成如图 10-38 所示直纹网格，其渲染效果如图 10-39 所示。

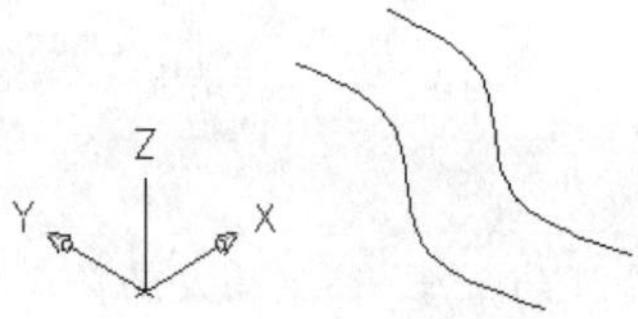

图 10-37　绘制样条曲线

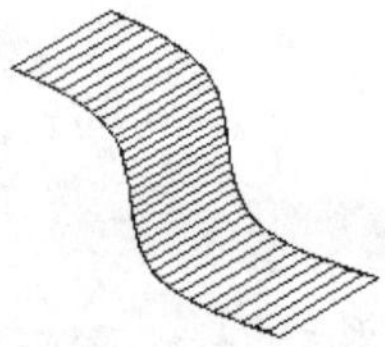
图 10-38　创建直纹曲面

技巧

用户在选择第二条定义曲线时，如果单击的位置与第一条曲线位置相反，结果会生成如图 10-40 所示的曲面。所以单击的位置不同，有时生成的曲面也不同。

图 10-39　渲染效果

图 10-40　创建的曲面

10.3.5　创建边界网格

【边界网格】命令用于将 4 条首尾相连的空间直线或曲线作为边界，创建成的空间曲面模型。另外，4 条边界必须首尾相连形成一个封闭图形。执行【边界网格】命令主要有以下几种方法。

- 菜单栏：单击菜单栏上的【绘图】|【建模】|【网格】|【边界网格】命令。
- 工具栏：在命令行输入 Edgesurf。

创建边界网格的操作步骤如下：

❶将当前视图切换为西南视图，然后绘制如图 10-41 所示的线框图形。

❷设置变量 SURFTAB1 和 SURFTAB2 值为 15，然后执行【边界网格】命令，根据命令行提示创建边界网格。命令行操作如下：

```
命令: _edgesurf
    当前线框密度: SURFTAB1=15    SURFTAB2=15
    选择用作曲面边界的对象 1:                    //单击图 10-41 所示的轮廓线 1
    选择用作曲面边界的对象 2:                    //单击轮廓线 2
    选择用作曲面边界的对象 3:                    //单击轮廓线 3
    选择用作曲面边界的对象 4:                    //单击轮廓线 4，结果如图 10-42 所示
```

❸单击菜单栏上的【工具】|【绘图顺序】|【后置】命令，将刚创建的边界网格后置。

❹重复执行【边界网格】命令，继续创建下一个边界网格。命令行操作如下：

```
命令:  EDGESURF
    当前线框密度: SURFTAB1=15    SURFTAB2=15
    选择用作曲面边界的对象 1:                //单击图 10-41 所示的轮廓线 3
    选择用作曲面边界的对象 2:                //单击轮廓线 5
    选择用作曲面边界的对象 3:                //单击轮廓线 6
    选择用作曲面边界的对象 4:                //单击轮廓线 7，创建结果如图 10-43 所示
```

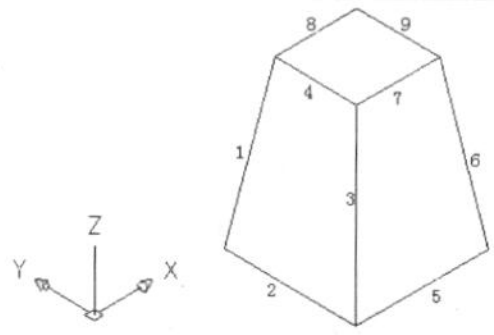

图 10-41　绘制的线框图形

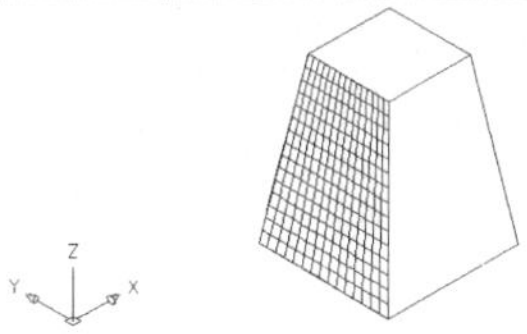
图 10-42　创建边界网格

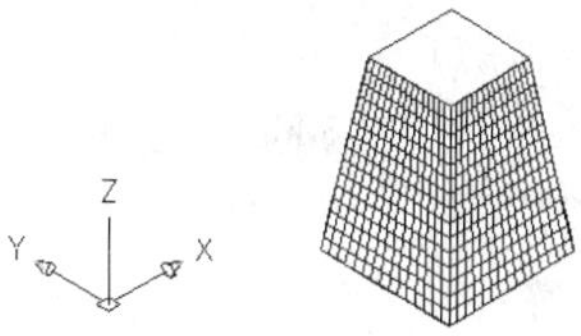

图 10-43　创建另一边界网格

❺将刚创建的边界网格进行后置，然后重复【边界网格】命令，继续创建下一个边界网格。命令行操作如下：

```
命令:  EDGESURF
    当前线框密度: SURFTAB1=15    SURFTAB2=15
    选择用作曲面边界的对象 1:                //单击图 10-41 所示的轮廓线 4
    选择用作曲面边界的对象 2:                //单击轮廓线 7
    选择用作曲面边界的对象 3:                //单击轮廓线 8
    选择用作曲面边界的对象 4:                //单击轮廓线 9，结果如图 10-44 所示，真实着
                                              色效果如图 10-45 所示
```

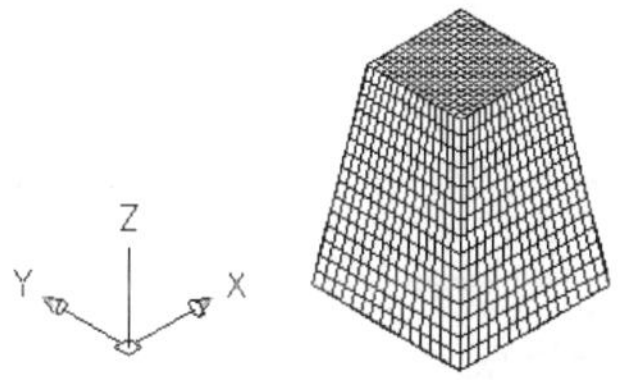

图 10-44　创建其他边界网格

图 10-45　真实着色效果

技巧

每条边选择的顺序不同，生成的曲面形状也不一样。用户选择的第一条边确定曲面网格的M方向，第二条边确定网格的N方向。

10.4 三维操作与编辑

本节主要学习【三维移动】、【三维对齐】、【三维旋转】、【三维镜像】、【三维阵列】、【三维圆角】、【三维倒角】以及布尔运算功能。

10.4.1 三维移动

【三维移动】命令主要用于将选择的对象在三维操作空间内进行位移，位移的结果是相对源对象位置上的改变，而对象结构尺寸等保持不变。执行【三维移动】命令主要有以下几种方法。

- 菜单栏：单击菜单栏上的【修改】|【三维操作】|【三维移动】命令。
- 工具栏：单击【建模】工具栏中的按钮。
- 命令行：在命令行输入 3dmove 或 3m。

执行【三维移动】命令后，命令行操作如下：

```
命令: _3dmove
    选择对象:                                          //选择对象
    选择对象:                                          //结束选择
    指定基点或 [位移(D)] <位移>:                        //定位基点
    指定第二个点或 <使用第一个点作为位移>:              //定位目标点
```

10.4.2 三维对齐

【三维对齐】命令主要以定位源平面和目标平面的形式，将两个三维对象在三维操作空间中进行对齐。执行【三维对齐】命令主要有以下几种方法。

- 菜单栏：单击菜单栏上的【修改】|【三维操作】|【三维对齐】命令。
- 工具栏：单击【建模】工具栏中的按钮。
- 命令行：在命令行输入 3dalign。

执行【三维对齐】命令后，命令行操作如下：

```
命令: _3dalign
    选择对象:                                //选择对象
    选择对象:                                //结束选择
    指定源平面和方向 ...
    指定基点或 [复制(C)]:                    //定位第一源点
    指定第二个点或 [继续(C)] <C>:            //定位第二源点
    指定第三个点或 [继续(C)] <C>:            //定位第三源点
```

```
指定目标平面和方向 ...
指定第一个目标点:                          //定位第一目标点
指定第二个目标点或 [退出(X)] <X>:          //定位第二目标点
指定第三个目标点或 [退出(X)] <X>:          //定位第三目标点
```

10.4.3 三维旋转

【三维旋转】命令用于在三维视图中显示旋转夹点工具并围绕基点，进行旋转三维对象。执行【三维旋转】命令主要有以下几种方法。

- 菜单栏：单击菜单栏上的【修改】|【三维操作】|【三维旋转】命令。
- 工具栏：单击【建模】工具栏中的按钮。
- 命令行：在命令行输入 3drotate。

执行【三维旋转】命令，将某长方体旋转 90°。命令行操作如下：

```
命令: _3drotate
    UCS 当前的正角方向:  ANGDIR=逆时针   ANGBASE=0
    选择对象:                        //选择如图 10-46 所示的长方体
    选择对象:                        //Enter，结束选择
    指定基点:                        //捕捉如图 10-46 所示的中点
    拾取旋转轴:                      //在如图 10-47 所示方向上单击鼠标，定位旋转轴
    指定角的起点或键入角度:          //90 Enter，结束命令，旋转结果如图 10-48 所示
```

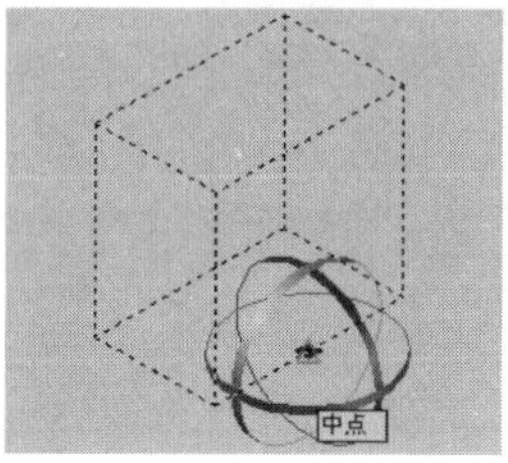

图 10-46 定位基点

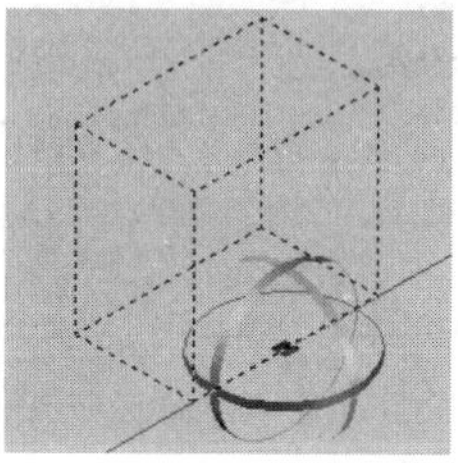
图 10-47 定位旋转轴

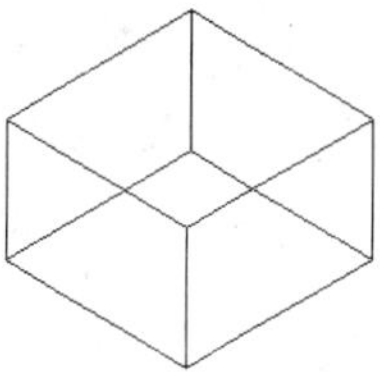
图 10-48 旋转结果

10.4.4 三维镜像

【三维镜像】命令用于将选择的三维模型，在三维空间中按照指定的对称面进行镜像复制。执行【三维镜像】命令主要有以下几种方法。

- 菜单栏：单击菜单栏上的【修改】|【三维操作】|【三维镜像】命令。
- 命令行：在命令行输入 Mirror3D。

执行【三维镜像】命令后，命令行操作如下：

```
命令: _mirror3d
    选择对象:                                  //选择对象
    选择对象:                                  //结束选择
    指定镜像平面 (三点) 的第一个点或 [对象(O)/最近的(L)/Z 轴(Z)/视图(V)/XY 平面
(XY)/YZ 平面(YZ)/ZX 平面(ZX)/三点(3)] <三点>:   //指定镜像点或面
```

选项解析

- 【对象】选项主要用于选定某一对象所在的平面作为镜像平面，该对象可以是圆弧或二维多段线。
- 【最近的】选项用于以上次镜像使用的镜像平面作为当前镜像平面。
- 【Z 轴】选项用于在镜像平面及镜像平面的 Z 轴法线指定位点。
- 【视图】选项用于在视图平面上指定点，进行空间镜像。
- 【XY 平面】选项用于以当前坐标系的 XY 平面作为镜像平面。
- 【YZ 平面】选项用于以当前坐标系的 YZ 平面作为镜像平面。
- 【ZX 平面】选项用于以当前坐标系的 ZX 平面作为镜像平面。
- 【三点】选项用于指定 3 个点，以定位镜像平面。

10.4.5 三维阵列

【三维阵列】命令用于将三维物体按照环形或矩形的方式，在三维空间中进行规则的多重复制。执行【三维阵列】命令有以下几种方法。

- 菜单栏：单击菜单栏上的【修改】|【三维操作】|【三维阵列】命令。
- 工具栏：单击【建模】工具栏中的按钮。
- 命令行：在命令行输入 3Darray。

执行【三维阵列】命令后，命令行操作如下：

```
命令: _3darray
    正在初始化...  已加载 3DARRAY。
    选择对象:                                   //选择圆柱体
    选择对象:                                   // Enter，结束选择
    输入阵列类型 [矩形(R)/环形(P)] <矩形>:        // Enter，激活【矩形】选项
    输入行数 (---) <1>:                         //2 Enter
    输入列数 (|||) <1>:                         //2 Enter
    输入层数 (...) <1>:                         //2 Enter
    指定行间距 (---):                           //-29 Enter
    指定列间距 (|||):                           //13 Enter
    指定层间距 (...):                           //-5.9 Enter，阵列结果如图 10-49 所示
```

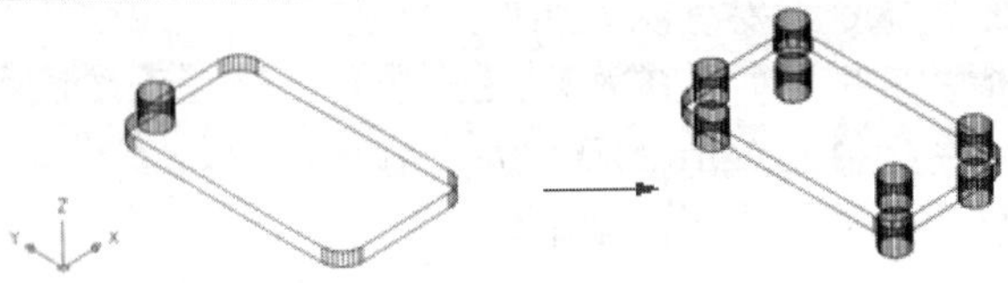

图 10-49　矩形阵列结果

10.4.6 三维圆角

使用菜单栏上的【编辑】|【圆角】命令，不仅可以对二维图形进行圆角，还可以对三维实体的边棱进行磨合细化，如图 10-50 所示。

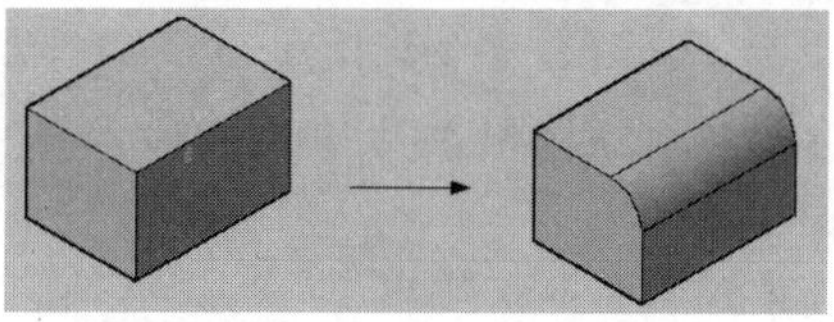

图 10-50 实体的三维圆角

执行【三维圆角】命令后，的命令行操作如下：

命令: FILLET
当前设置: 模式 = 修剪，半径 = 15.0000
选择第一个对象或 [放弃(U)/多段线(P)/半径(R)/修剪(T)/多个(M)]: //r Enter，激活【半径】选项
指定圆角半径 <15.0000>: //10 Enter
选择第一个对象或 [放弃(U)/多段线(P)/半径(R)/修剪(T)/多个(M)]: //选择长方体
选择第一个对象或 [放弃(U)/多段线(P)/半径(R)/修剪(T)/多个(M)]: // Enter，结束选择
输入圆角半径 <10.0000>: // Enter
选择边或 [链(C)/半径(R)]: //选择需要圆角的边棱
已选定 1 个边用于圆角

选项解析

- 【选择边】选项：可以连续地选择实体的圆角边，进行多边圆角。
- 【链】选项：如果各棱边是相切的关系，则选择其中的一个边，所有棱边都将被选中，同时进行圆角。
- 【半径】选项：用于为随后选择的棱边重新设定圆角半径。

技巧

使用【圆角】命令对三维实体进行圆角时，用户不仅可以对实体的多条棱边同时进行圆角，还可以以不同的圆角半径进行圆角实体的棱边。

10.4.7 三维倒角

使用菜单栏上的【编辑】|【倒角】命令，不仅适用于二维图形倒角，也可以对三维实体进行倒角。实体倒角过程如下：

❶创建长、宽、度分别为 200、120 和 150 的长方体，如图 10-51 所示。

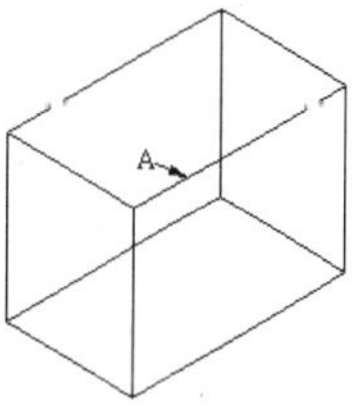

图 10-51 创建长方体

❷执行【倒角】命令，对长方体进行倒角。命令行操作如下：

命令: _chamfer
（“修剪”模式）当前倒角距离 1 = 12.0000，距离 2 = 12.0000
选择第一条直线或 [放弃(U)/多段线(P)/距离(D)/角度(A)/修剪(T)/方式(E)/多个(M)]:
//选择图 10-51 所示的棱边 A，此时方体的整个右侧面被选择，如图 10-52 所示基面选择...
输入曲面选择选项 [下一个(N)/当前(OK)] <当前>:

//n Enter，激活【下一个】选项，然后选择另一个面，作为倒角基面，如图 10-53 所示
输入曲面选择选项 [下一个(N)/当前(OK)] <当前>: // Enter
指定基面的倒角距离 <12.0000>: //15 Enter
指定其他曲面的倒角距离 <12.0000>: //15 Enter
选择边或 [环(L)]: //l Enter，激活【环】选项
选择边环或 [边(E)]: //选择图 10-51 所示的棱边 A
选择边环或 [边(E)]:
// Enter，结果基面内所有棱边同时被倒角，如图 10-54 所示，消隐效果如图 10-55 所示

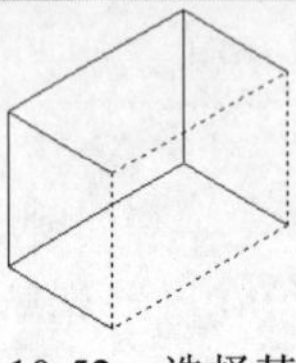

图 10-52 选择基面

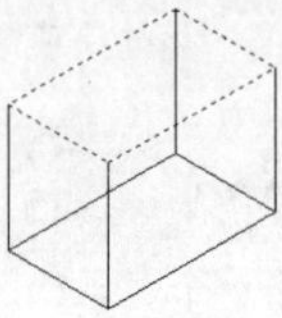

图 10-53 选择另一基面

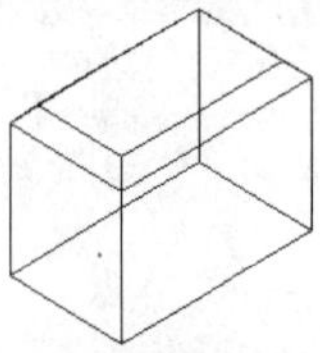

图 10-54 倒角结果

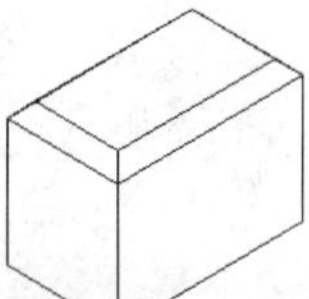

图 10-55 消隐着色效果

技巧

实体的棱边是两个面的交线，当第一次选择棱边时，AutoCAD 会高亮显示其中一个面，这个面代表倒角基面，用户也可以通过【下一个】选项，将倒角基面切换为另一平面。

选项解析

- 【下一个】选项：用于切换另一个平面作为倒角基面。
- 【选择边】选项：默认选项，用于对基面上选择的边进行倒角。
- 【环】选项：用于一次选中倒角基面内的所有棱边。

10.4.8 并集运算

【并集】命令用于将两个或两个以上的三维实体（或面域），组合成一个新的对象。用于并集的两个对象可以相交，也可以不相交。执行【并集】命令主要有以下几种方法。

- 菜单栏：单击菜单栏上的【修改】|【实体编辑】|【并集】命令。
- 工具栏：单击【实体编辑】或【建模】工具栏中的按钮。
- 命令行：在命令行输入 Union 或 UNI。

激活【并集】命令，对两个几何体进行并集。命令行操作如下：

命令: _union
选择对象: //选择长方体

```
选择对象:            //选择圆柱体
选择对象:            // Enter，结束命令，并集结果如图 10-56 所示
```

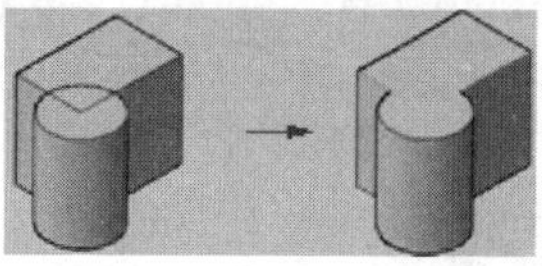
图 10-56　并集结果

10.4.9　差集运算

【差集】命令主要用于从一个实体（或面域）中移去与其相交的实体（或面域），从而生成新的组合实体。执行【差集】命令主要有以下几种方法。

- 菜单栏：单击菜单栏上的【修改】|【实体编辑】|【差集】命令。
- 工具栏：单击【实体编辑】或【建模】工具栏中的按钮。
- 命令行：在命令行输入 Subtract 或 SU。

执行【差集】命令，对两个几何实体进行差集编辑。命令行操作如下：

```
命令: _subtract
    选择要从中减去的实体或面域...
    选择对象:                  //选择长方体
    选择对象:                  // Enter，结束选择
    选择要减去的实体或面域 ..
    选择对象:                  //选择圆柱体
    选择对象:                  // Enter，结束命令，差集结果如图 10-57 所示
```

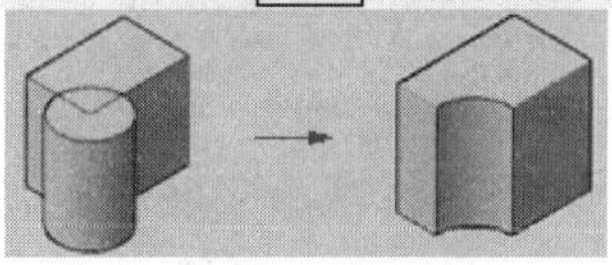
图 10-57　差集结果

技巧

在执行【差集】命令时，当选择完被减对象后一定要按 Enter 键，然后再选择需要减去的对象。

10.4.10　交集运算

【交集】命令用于将两个或两个以上的实体公有部分，提取出来形成一个新的实体，同时删除公共部分以外的部分。执行【交集】命令主要有以下几种方法。

- 菜单栏：单击菜单栏上的【修改】|【实体编辑】|【交集】命令。
- 工具栏：单击【实体编辑】或【建模】工具栏中的按钮。
- 命令行：在命令行输入 Intersect 或 IN。

执行【交集】命令，对两个几何实体进行交集。命令行操作如下：

```
命令: _intersect
    选择对象:            //选择长方体
    选择对象:            //选择圆柱体
    选择对象:            // Enter，结束命令，交集结果如图 10-58 所示
```

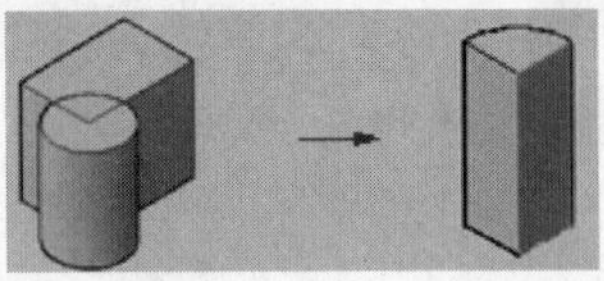

图 10-58 交集结果

10.5 综合实例——制作电视柜三维造型

本例通过制作如图 10-59 所示的电视柜三维造型，对本章所讲的知识进行综合练习和巩固。

❶新建文件，并在西南视图内绘制长为 2100、宽为 500 的矩形，如图 10-60 所示。

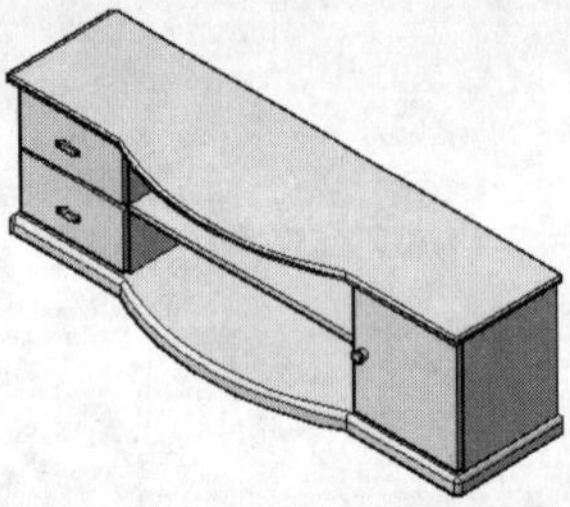

图 10-59 电视柜三维造型

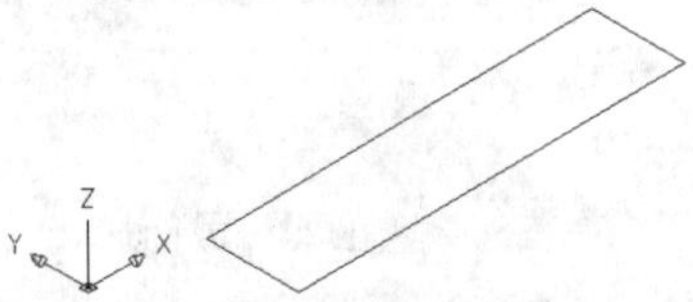

图 10-60 绘制矩形

❷使用【圆弧】命令，配合【对象追踪】功能绘制圆弧，命令行操作如下：

```
命令: _arc
    指定圆弧的起点或 [圆心(C)]:                  //向右引出如图 10-61 所示的矢量，输入 520 Enter
    指定圆弧的第二个点或 [圆心(C)/端点(E)]:
                                                //引出如图 10-62 所示的矢量，输入 120 Enter
    指定圆弧的端点:                              //引出如图 10-63 所示的矢量，输入 520 Enter，绘制
                                                  结果如图 10-64 所示
```

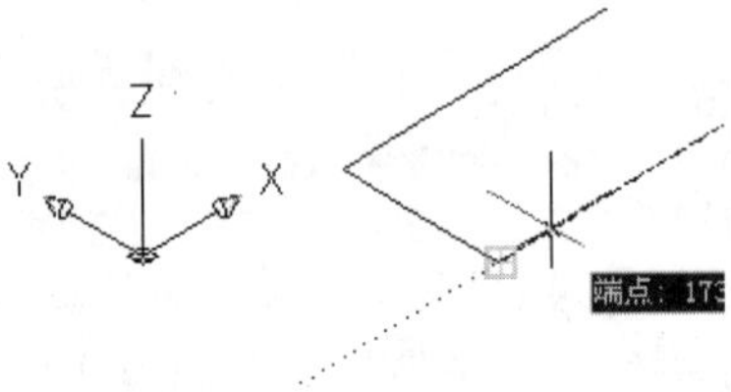

图 10-61 定位起点

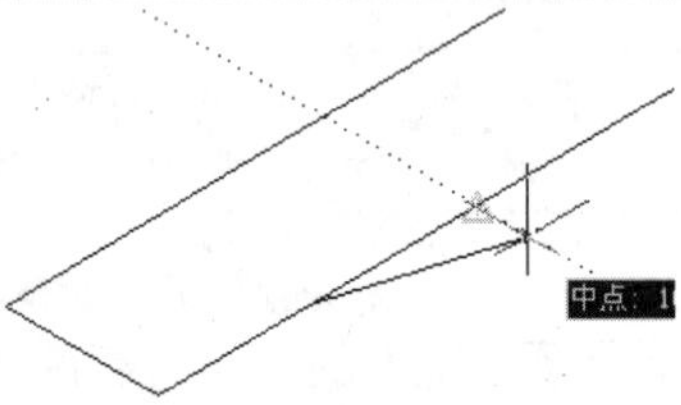

图 10-62 定位弧中点

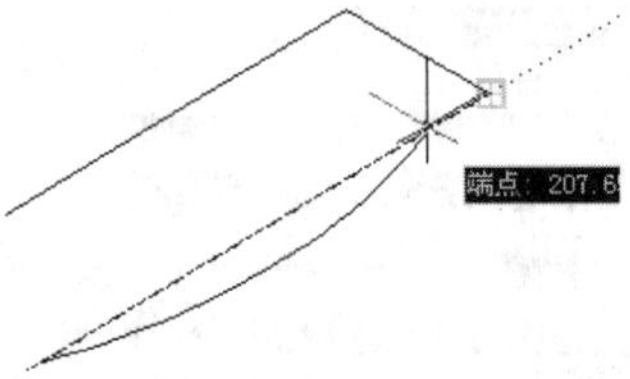

图 10-63 定位弧端点

❸单击【修改】工具栏中的按钮，对图形进行修剪，结果如图 10-65 所示。

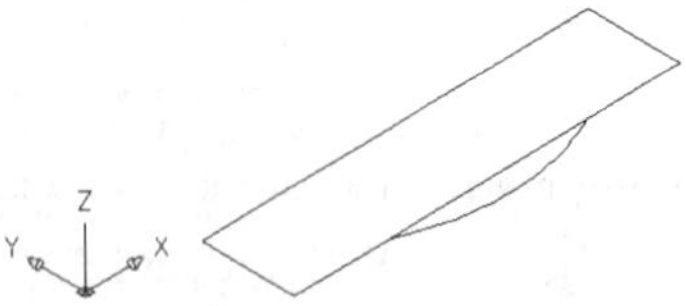

图 10-64 绘制的圆弧

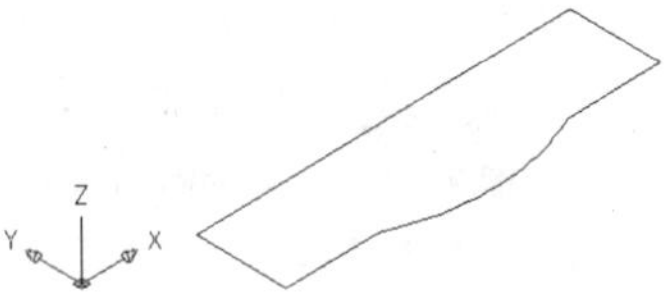

图 10-65 修剪结果

❹将修剪后的图形创建为面域，然后使用【复制】命令，将面域沿 Z 轴正方向复制 525 个单位。命令行操作如下：

```
命令: _copy
    选择对象:                                              //选择刚创建的面域
    选择对象:                                              // Enter
    当前设置:  复制模式 = 多个
    指定基点或 [位移(D)/模式(O)] <位移>:                    //拾取任一点
    指定第二个点或 <使用第一个点作为位移>:                   //@0,0,525 Enter
    指定第二个点或 [退出(E)/放弃(U)] <退出>:                 // Enter，结果如图 10-66 所示
```

❺单击菜单栏上的【绘图】|【建模】|【长方体】命令，配合【捕捉自】功能创建 500×450×525 的长方体，命令行操作如下：

```
命令: _box
    指定长方体的角点或 [中心点(CE)] <0,0,0>:        //激活【捕捉自】功能
    _from 基点:                                    //捕捉图 10-67 所示的端点
    <偏移>:                                        // @20,0,0 Enter
    指定角点或 [立方体(C)/长度(L)]:                 // @500,-450,525 Enter，结果如图 10-68 所示
```

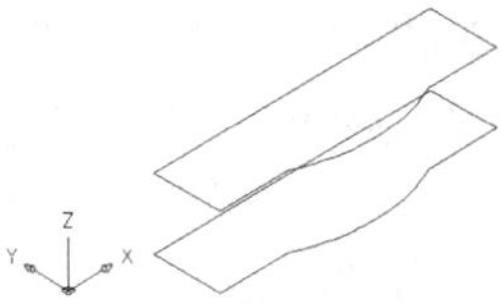

图 10-66 复制结果

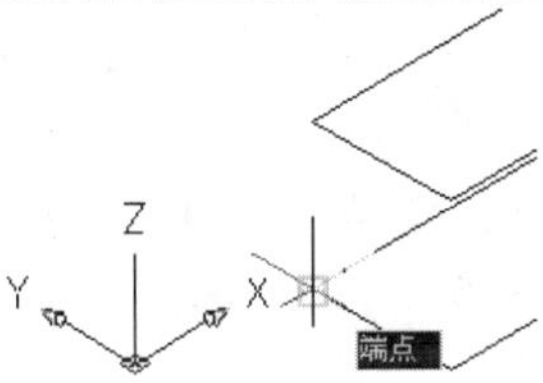

图 10-67 捕捉端点

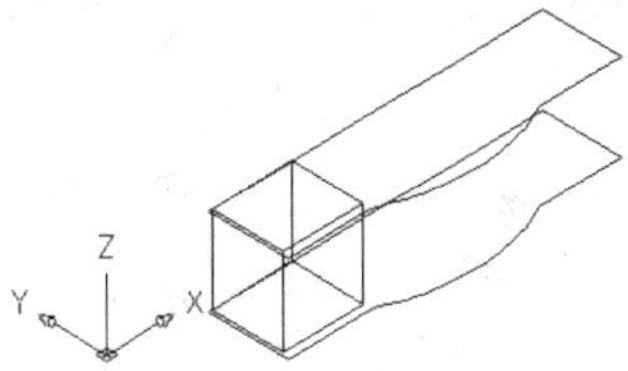

图 10-68 创建的立方体

❻重复【长方体】命令，配合【捕捉自】功能，创建尺寸为 480×20×240 的长方体，命令行操作如下：

```
命令: _box
    指定长方体的角点或 [中心点(CE)] <0,0,0>:        //激活【捕捉自】功能
              _from 基点:                          //捕捉图 10-69 所示的端点
              <偏移>:                              // @10,0,15 Enter
    指定角点或 [立方体(C)/长度(L)]:                 // @480,-20,240 Enter，结果如图 10-70 所示
```

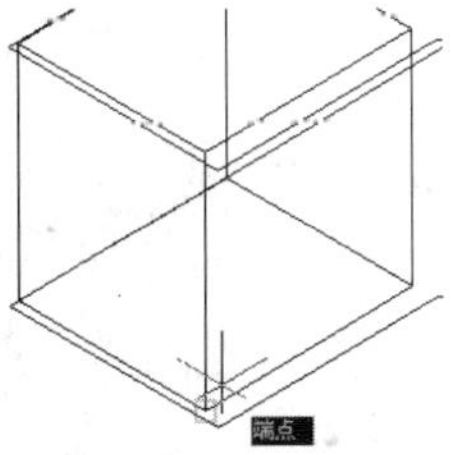

图 10-69 捕捉端点

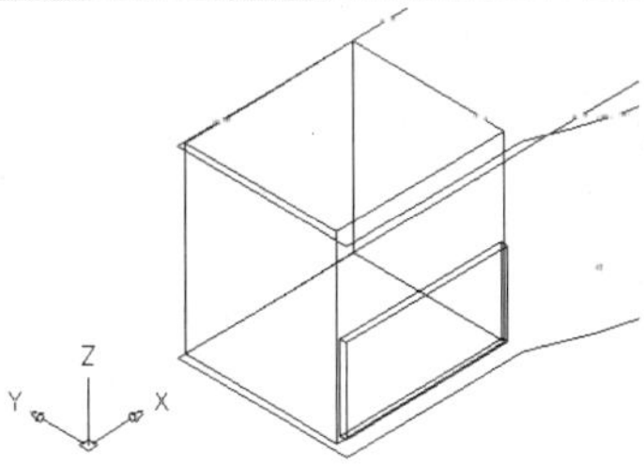

图 10-70 创建抽屉

❼将坐标系沿 X 轴旋转 90°，然后单击【实体】工具栏中的△按钮，配合【捕捉自】功能创建圆锥体拉手，命令行操作如下：

```
命令: _cone
    指定底面的中心点或 [三点(3P)/两点(2P)/相切、相切、半径(T)/椭圆(E)]:
                                                        //e Enter，激活【椭圆】选项
```

指定第一个轴的端点或 [中心(C)]:	//c Enter，激活【中心】选项
指定中心点:	//激活【捕捉自】功能
_from 基点:	//捕捉如图 10-71 所示的追踪虚线交点
<偏移>:	//@0,0,30 Enter
指定到第一个轴的距离 <113.7307>:	//@60,0,0 Enter
指定第二个轴的端点:	//@0,15 Enter
指定高度或 [两点(2P)/轴端点(A)/顶面半径(T)] <-30.0000>:	
	//-40 Enter，结果如图 10-72 所示

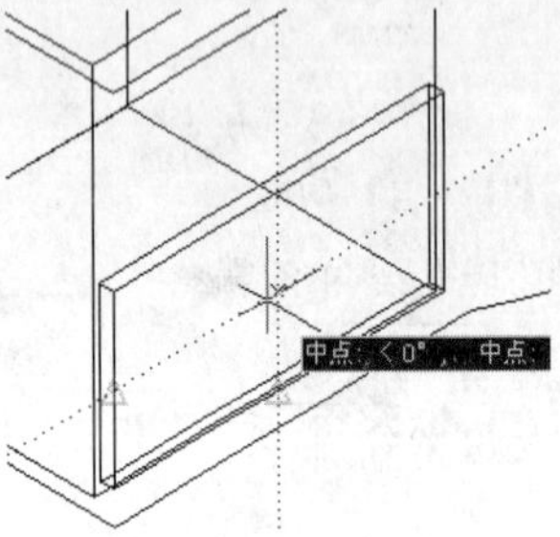

图 10-71 定位中心点

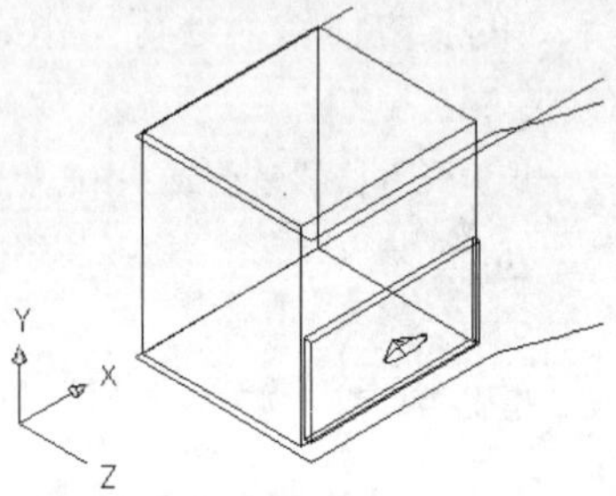

图 10-72 创建圆锥体拉手

❽设置变量 ISOLINES 值为 15，然后使用【圆角】命令对拉手进行圆角，圆角半径为 5，结果如图 10-73 所示，概念着色效果如图 10-74 所示。

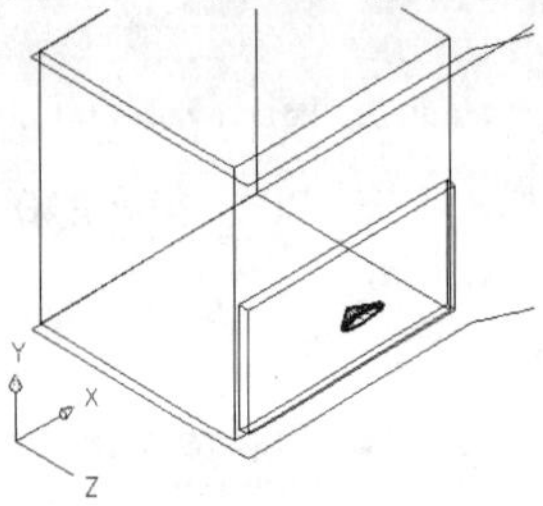

图 10-73 圆角后的交果

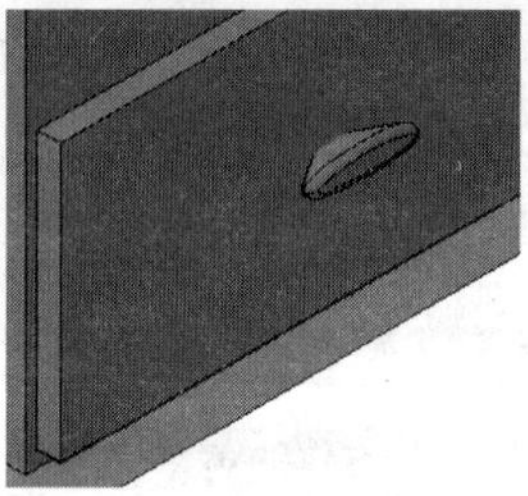
图 10-74 概念着色效果

❾将抽屉前面板及锥形拉手沿 Y 轴正方向复制 260 个单位，结果如图 10-75 所示，概念着色效果如图 10-76 所示。

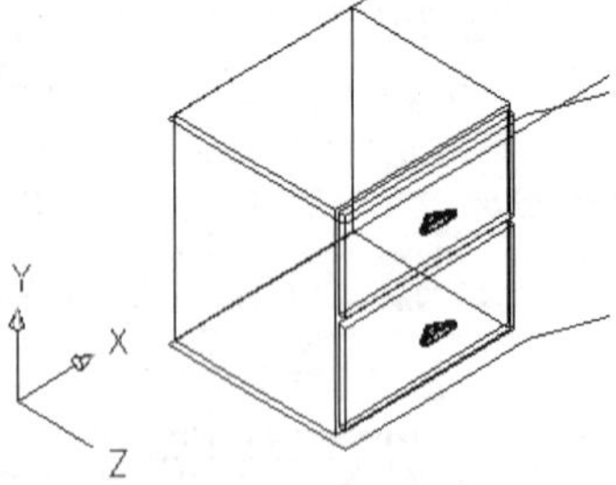

图 10-75 复制结果

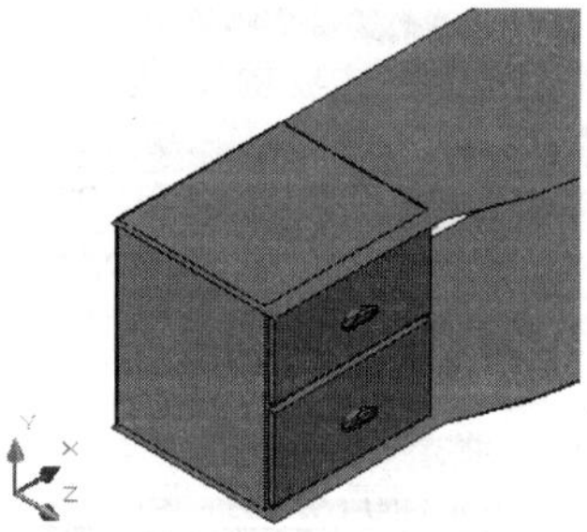
图 10-76 着色效果

❿单击菜单栏上的【修改】|【三维操作】|【三维镜像】命令，以 YZ 平面为镜像平面，以圆弧的中点为镜像平面上的点，将内部大长方体进行镜像，命令行操作如下：

命令: _mirror3d	
选择对象: 找到 1 个	//选择如图 10-77 所示的长方体

选择对象: //Enter

指定镜像平面 (三点) 的第一个点或[对象(O)/最近的(L)/Z 轴(Z)/视图(V)/XY 平面(XY)/YZ 平面(YZ)/ZX 平面(ZX)/三点(3)] <三点>:

//yz Enter，激活【YZ 平面】选项

指定 YZ 平面上的点 <0,0,0>: //选择圆弧的中点

是否删除源对象？[是(Y)/否(N)] <否>: // Enter，结果如图 10-78 所示

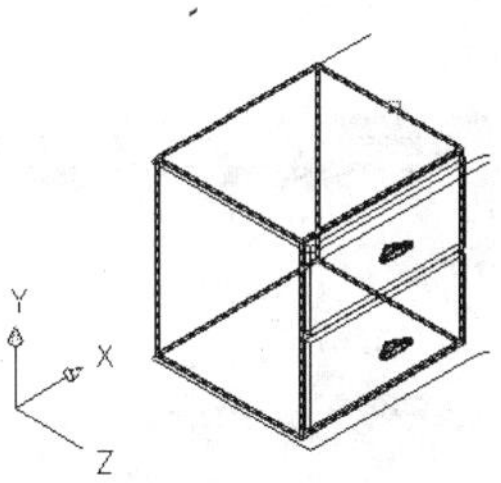

图 10-77 选择长方体

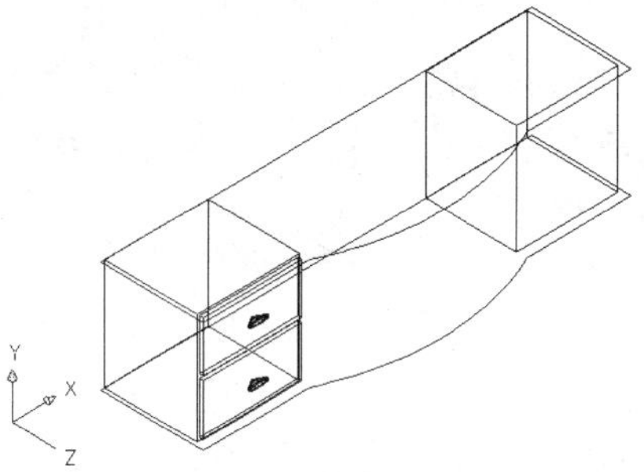

图 10-78 镜像结果

⑪在命令行中输入 BOX，配合【捕捉自】功能，创建尺寸为 480×500×20 的长方体，命令行操作如下：

命令: _box

指定长方体的角点或 [中心点(CE)] <0,0,0>: //激活【捕捉自】功能

_from 基点: //捕捉图 10-79 所示的端点

<偏移>: // @10,10,0 Enter

指定角点或 [立方体(C)/长度(L)]: // @480,500,20 Enter，结果如图 10-80 所示

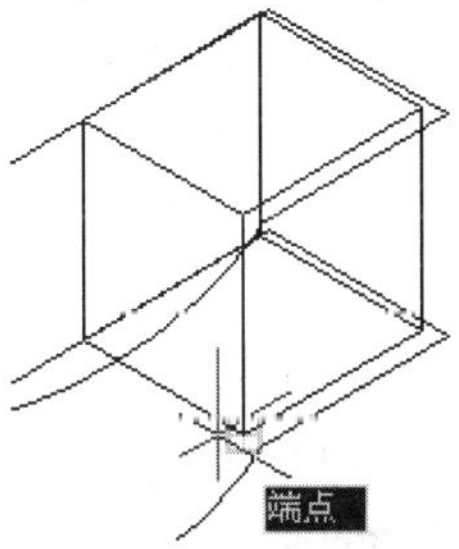

图 10-79 捕捉端点

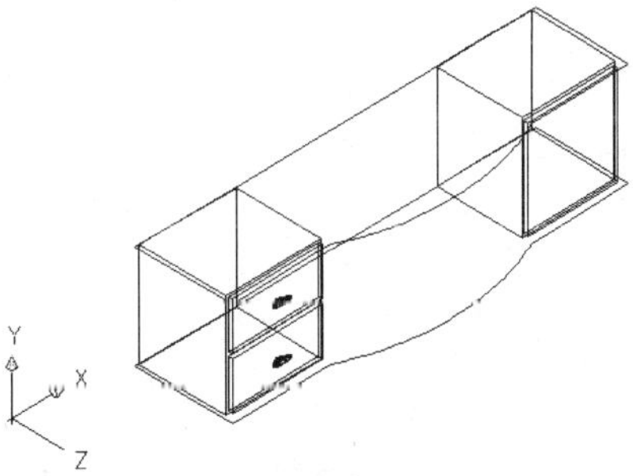

图 10-80 创建长方体

⑫执行【圆柱体】命令，配合【捕捉自】功能创建圆柱体，命令行操作如下：

命令: _cylinder

指定底面的中心点或 [三点(3P)/两点(2P)/相切、相切、半径(T)/椭圆(E)]:

//激活【捕捉自】功能

_from 基点: //捕捉如图 10-81 所示的中点

<偏移>: //@50,0,0 Enter

指定底面半径或 [直径(D)] <113.7307>: //15 Enter

指定高度或 [两点(2P)/轴端点(A)] <640.0000>: //15 Enter，结果如图 10-82 所示

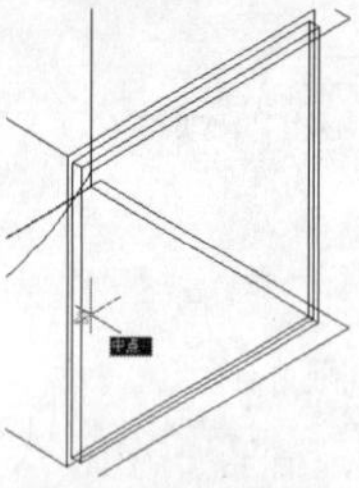

图 10-81 捕捉中点

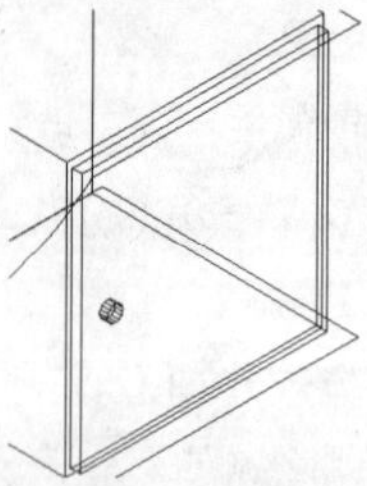

图 10-82 创建圆柱体

⑬重复【圆柱体】命令，以柱体的外表面圆心为中心点，创建半径为 20、高度为 10 的圆柱体，结果如图 10-83 所示，着色效果如图 10-84 所示。

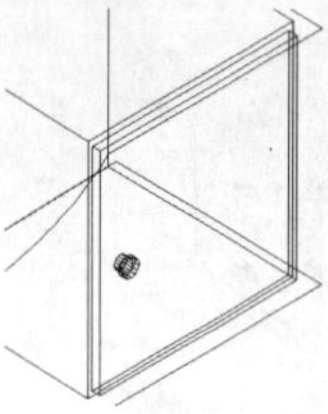

图 10-83 创建柜门拉手

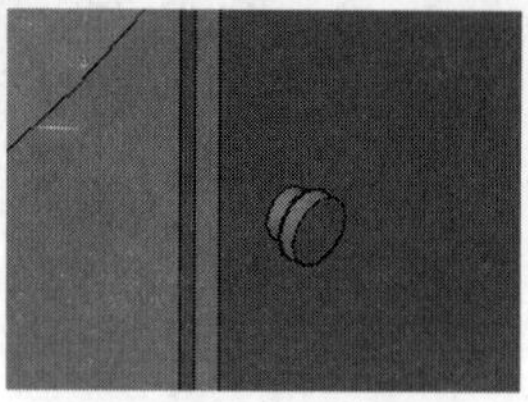

图 10-84 着色效果

⑭执行【圆角】命令，设置圆角半径为 5，选择圆柱体的内、外表面的边棱进行圆角，选择结果如图 10-85 所示，圆角效果如图 10-86 所示，着色效果如图 10-87 所示。

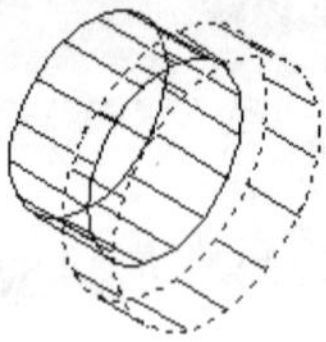

图 10-85 选择圆角边棱

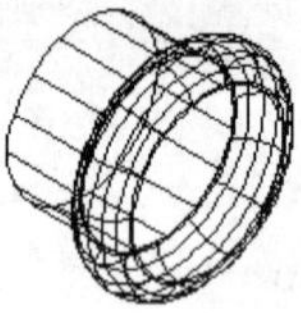

图 10-86 圆角结果

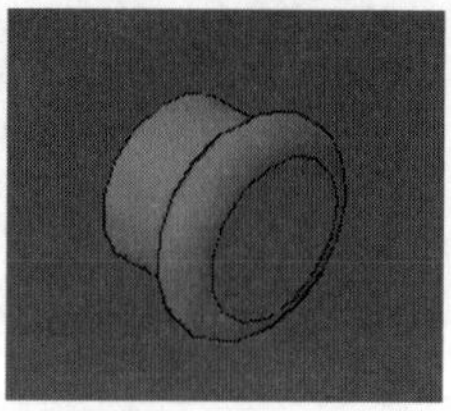

图 10-87 着色效果

⑮在命令行中输入 BOX 后按 Enter 键，配合【捕捉自】功能创建，命令行操作如下：

```
命令: _box
    指定长方体的角点或 [中心点(CE)] <0,0,0>:    //激活【捕捉自】功能
    _from 基点:                                  //捕捉图 10-88 所示的中点
    <偏移>:                                      // @-10,12.5,-20 Enter
    指定角点或 [立方体(C)/长度(L)]:              //@-1060,-25,-450 Enter，结果如图 10-89 所示
```

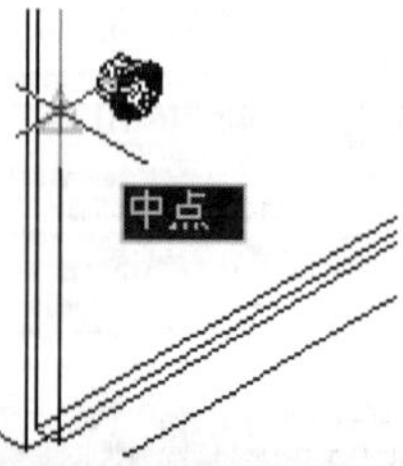

图 10-88 捕捉中点

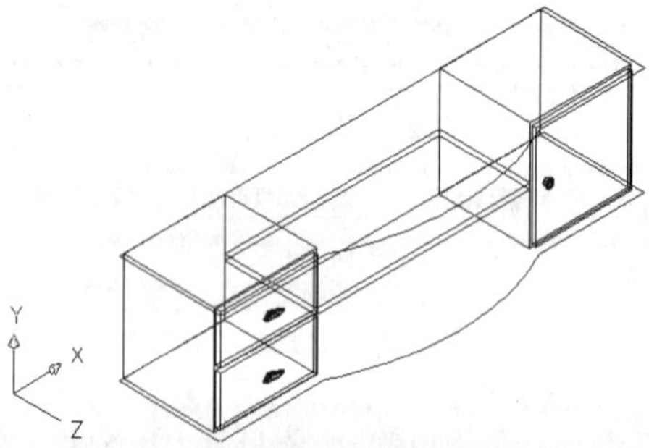

图 10-89 创建长方体

⑯单击【建模】工具栏中的按钮，将上侧的面域向上拉伸 20 个单位、将下侧的面域向下拉伸 60 个单位，结果如图 10-90 所示，其概念着色效果如图 10-91 所示。

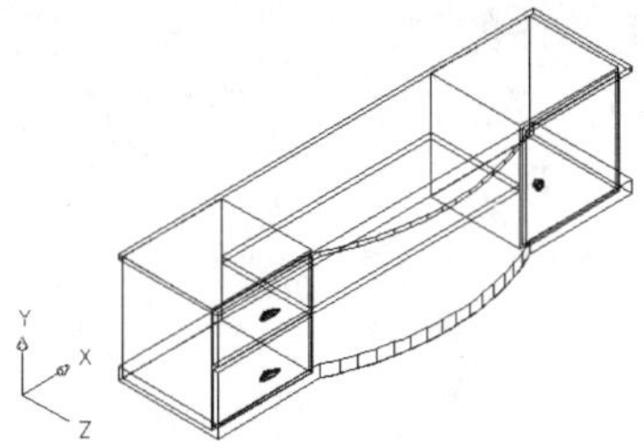

图 10-90 拉伸结果

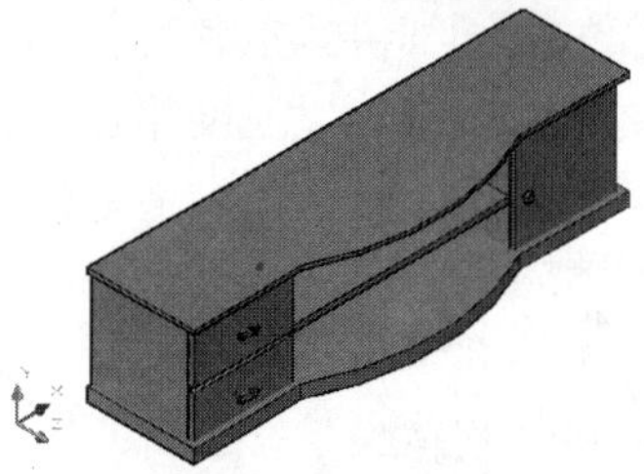
图 10-91 着色效果

⑰使用【圆角】命令，对下侧拉伸实体的上表面棱进行圆角，圆角棱边的选择结果如图 10-92 所示，圆角半径为 20，圆角结果如图 10-93 所示。

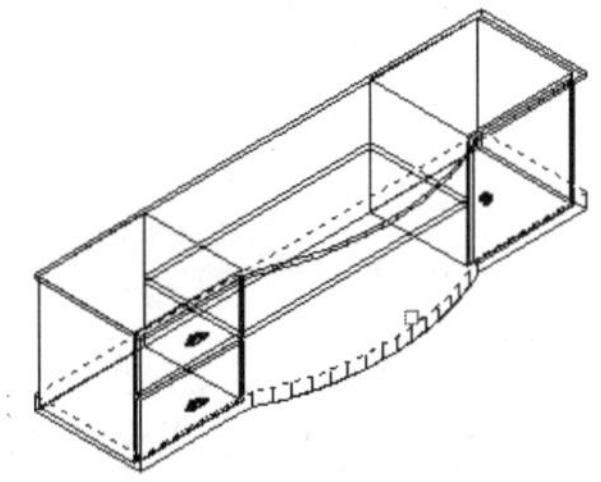
图 10-92 选择圆角表面棱

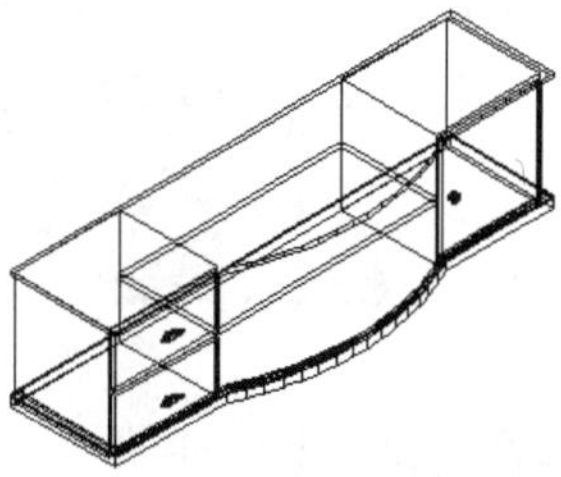
图 10-93 圆角结果

⑱重复【圆角】命令，对上侧拉伸实体的上下表面棱进行圆角，棱边的选择结果如图 10-94 所示，圆角半径为 10，圆角结果如图 10-95 所示。

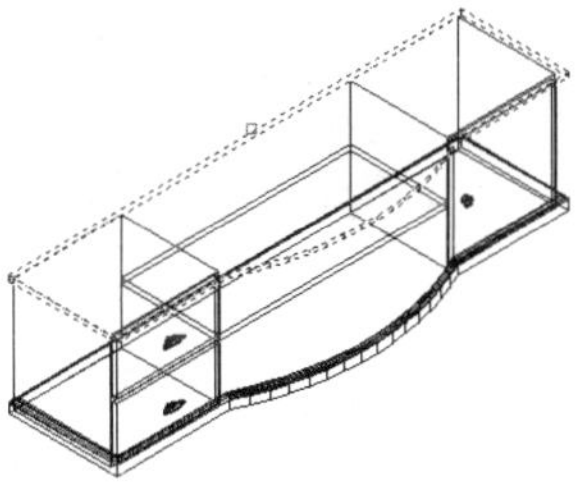
图 10-94 选择上下表面棱

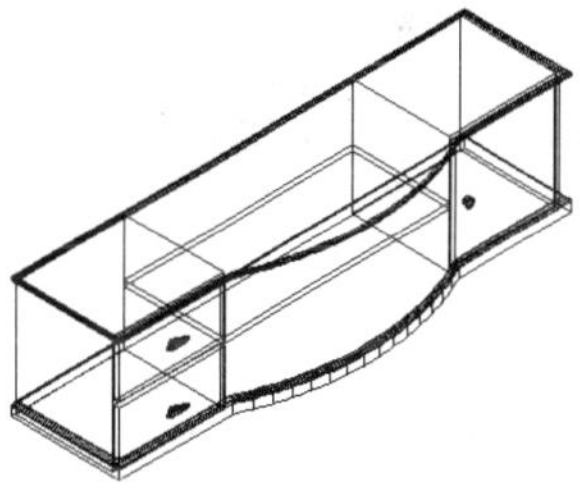
图 10-95 圆角结果

⑲将视图切换为东南视图，修改模型颜色为 9 号色，然后对模型进行概念着色，结果如图 10-96 所示。

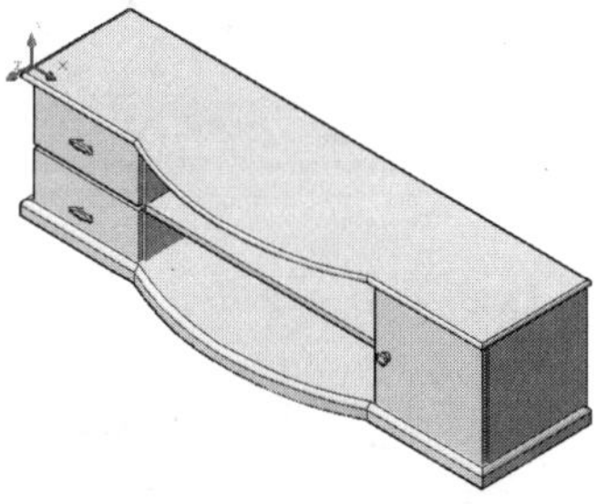
图 10-96 概念着色效果

⑳最后将图形保存为“电视柜造型.dwg”文件。

10.6 本章小结

本章主要详细讲述了各种基本几何实体和复杂几何实体的创建方法和编辑技巧，除此之外还讲述了三维面以及网格面的创建方法和技巧。相信读者在学完本章的内容后，就可以灵活运用各类工具快速构造零件的立体模型，以形象直观地表达物体的三维特征。

通过本章的学习，应熟练掌握如下知识：

- 基本几何体。具体包括多段体、长方体、圆柱体、圆锥体、棱锥面、圆环体、球体和楔体；
- 复杂几何体。具体包括拉伸实体、回转实体；
- 组合实体。具体包括并集实体、差集实体和交集实体；
- 三维面。了解和掌握三维面和网格曲面的区别以及创建方法和技巧；
- 复杂网格。具体包括平移网格、旋转网格、直纹网格和边界网格，掌握各种网格的特点、线框密度的设置及各自的创建方法。

10.7 练习题

参照本章所讲知识，请读者动手制作如图 10-97 所示的拼花会议桌三维造型，对本章知识进行综合练习和巩固。

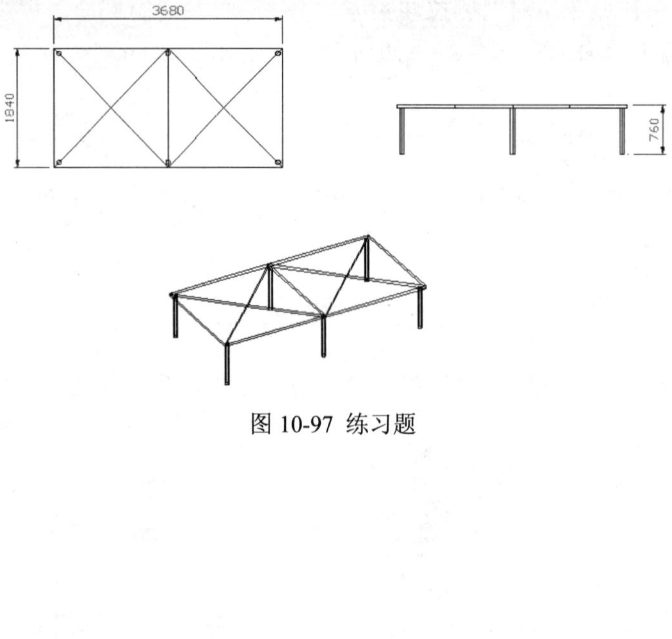

图 10-97 练习题

第11章

技能提高

实例1 绘制客厅沙发组合平面图

本例通过绘制图 11-1 所示的客厅沙发组合平面图例，主要对【拉伸】、【旋转】、【复制】、【镜像】、【修剪】等命令进行强化练习和综合运用。

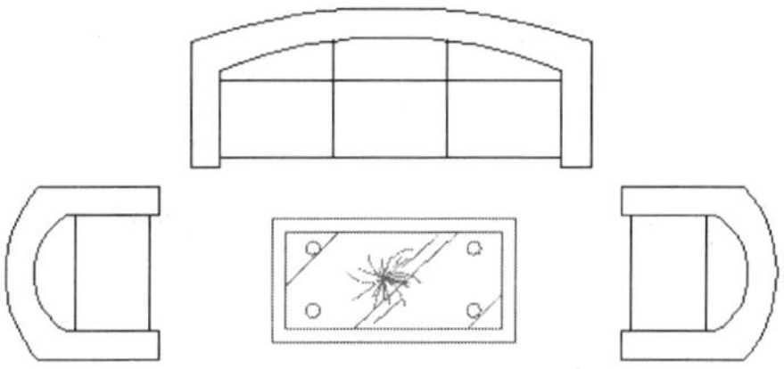

图 11-1 客厅沙发组合平面图

绘制思路

- 首先使用【打开】命令打开图形的源文件。
- 使用【复制】将双人沙发进行基点复制。
- 使用【拉伸】命令分别创建单人和多人沙发。
- 使用【移动】、【镜像】和【旋转】等命令组合沙发。
- 使用多文档间的数据共享功能和【复制】命令创建附属图例。
- 最后使用【另存为】命令将图形另命名存盘。

操作步骤

❶打开随书光盘中的“图块文件\双人沙发.dwg”文件，如图 11-2 所示。

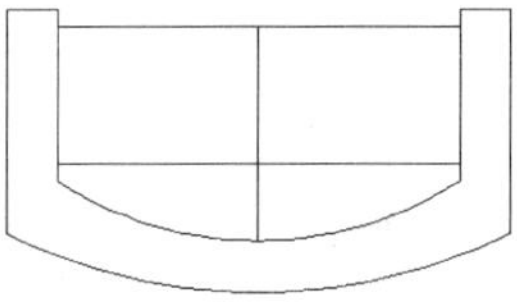

图 11-2 打开的双人沙发图形

❷单击【修改】工具栏中的 按钮，激活【复制】命令，并选择打开的沙发图形复制一份。

❸单击【修改】工具栏中的按钮，激活【拉伸】命令，将双人沙发拉伸为三人沙发。命令行操作过程如下：

```
命令: _stretch
    以交叉窗口或交叉多边形选择要拉伸的对象...
    选择对象:                                   //拉出如图 11-3 所示的选择框
    选择对象:                                   // Enter，结束选择
    指定基点或位移:                             //捕捉点 A
    指定位移的第二个点或 <用第一个点作位移>:    //捕捉点 B，拉伸结果如图 11-4 所示
```

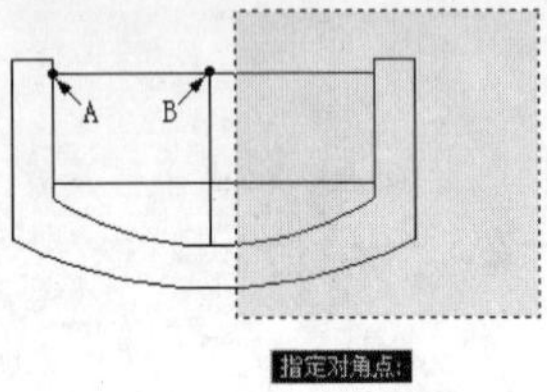

图 11-3　窗交选择

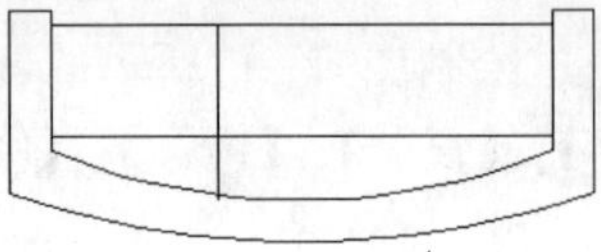
图 11-4　拉伸结果

技巧

在对复杂图形拉伸时，需要拉伸的图线与选择框相交，平移的图线圈要在选择框内。

❹单击菜单栏上的【修改】|【复制】命令，将内部的垂直分界线水平向右复制 600 个单位，结果如图 11-5 所示。

❺使用快捷键 TR 激活【修剪】命令，以内侧的弧形轮廓线作为剪切边界，修剪掉位于其下侧的部分图线，结果如图 11-6 所示。

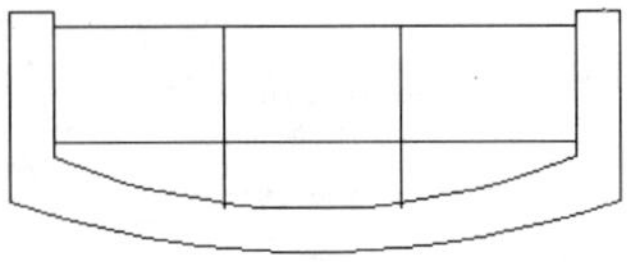
图 11-5　复制垂直分界线

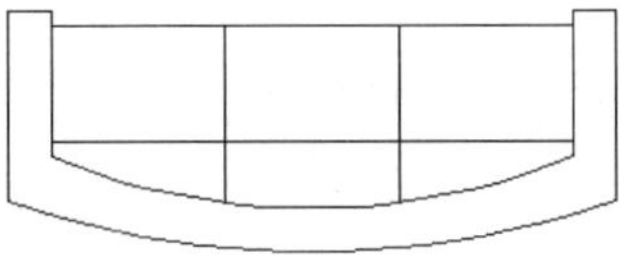
图 11-6　修剪结果

❻单击菜单栏上的【修改】|【拉伸】命令，将复制出的双人沙发拉伸为单人沙发，结果如图 11-7 所示。

❼使用快捷键 E 激活【删除】命令，删除右侧的垂直图线，结果如图 11-8 所示。

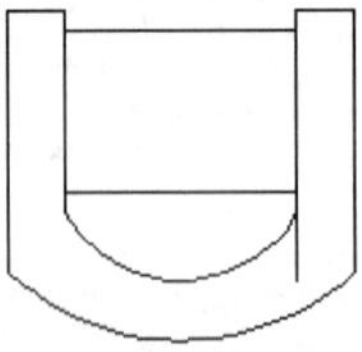
图 11-7　拉伸结果

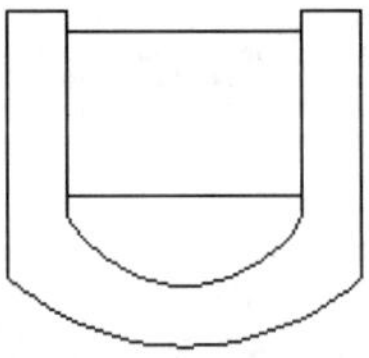
图 11-8　删除结果

技巧

在无命令执行的前提下，选择需要删除的对象，然后按下 Delete 键，也可将该对象删除。

❽单击菜单栏上的【修改】|【镜像】命令，将三人沙发进行水平镜像，并将源对象删除，结果如图 11-9 所示。

❾单击【修改】工具栏中的按钮，激活【旋转】命令，将单人沙发顺时针旋转 90º。命令行操作如下：

```
命令: _rotate
    UCS 当前的正角方向:  ANGDIR=逆时针    ANGBASE=0.00
    选择对象:                          //窗口选择单人沙发，如图 11-10 所示
    选择对象:                          //Enter
    指定基点:                          //捕捉扶手的端点
    指定旋转角度或 [参照(R)]:            //-90 Enter，结果如图 11-11 所示
```

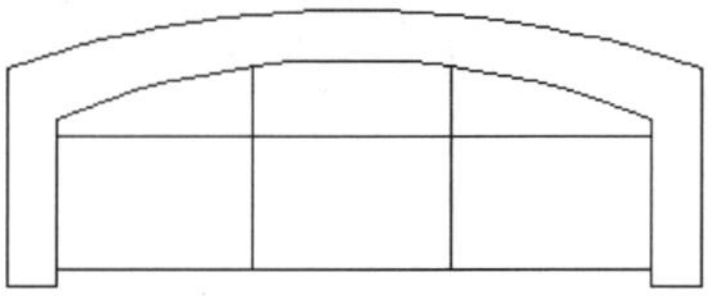

图 11-9　镜像结果

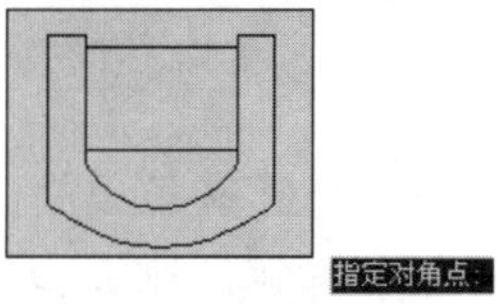

图 11-10　窗口选择

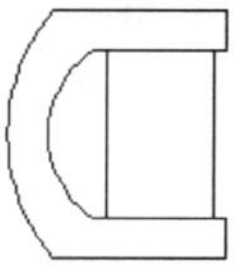

图 11-11　旋转结果

❿使用快捷键 M 激活【移动】命令，选择旋转后的单人沙发进行位移。命令行操作如下：

```
命令: m                                          //MOVE
    选择对象:                                     //框选旋转后的单人沙发
    选择对象:                                     //Enter
    指定基点或 [位移(D)] <位移>:                    //捕捉单人沙发右上角点
    指定第二个点或 <使用第一个点作为位移>:            //激活【捕捉自】功能
    _from 基点:                                   //捕捉三人沙发左侧扶手的左下端点
    <偏移>:                                       //@-165,-100Enter，结果如图 11-12 所示
```

⓫单击【修改】工具栏中的按钮，配合中点捕捉功能，对单人沙发进行对称复制，结果如图 11-13 所示。

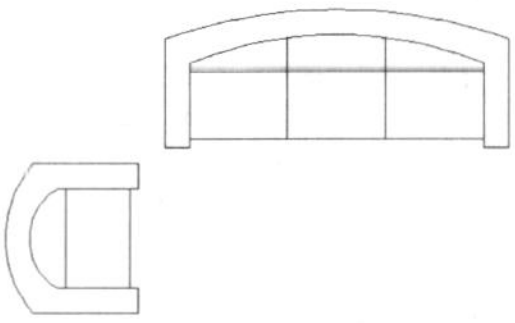

图 11-12　移动结果

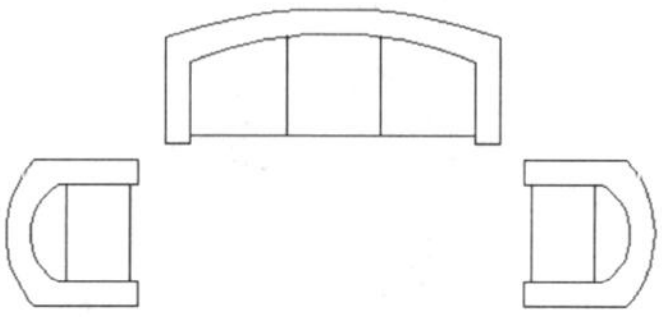

图 11-13　镜像结果

⓬使用快捷键 I 激活【插入块】命令，插入随书光盘中的“图块文件\方形茶几.dwg”，最终结果如图 11-1 所示。

⓭最后使用【另存为】命令，将图形另存为“沙发组.dwg”文件。

实例 2　绘制立面窗

本例通过绘制如图 11-14 的立面窗，主要对【多线】、【多线编辑工具】、【矩形】、【复制】、【偏移】、【阵列】等命令进行强化练习和综合运用。

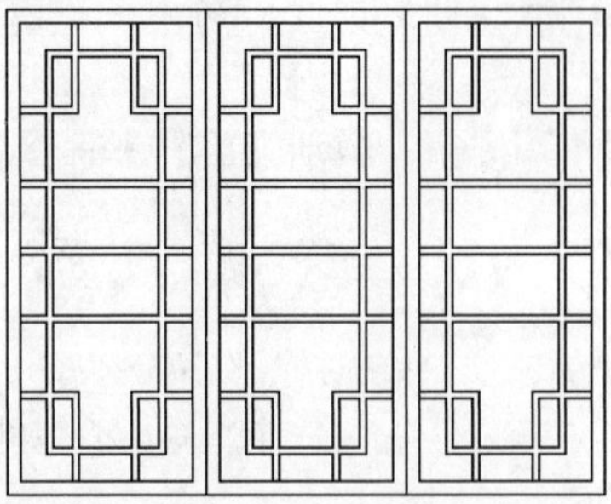

图 11-14 立面窗

绘制思路

- 新建文件，并设置绘图环境。
- 使用【矩形】、【偏移】命令绘制窗扇边框。
- 使用【多线】、【复制】命令绘制内边框和支撑。
- 使用【多线编辑工具】命令编辑支撑。
- 使用【阵列】命令创建右侧的窗扇。
- 最后使用【保存】命令将图形命名存盘。

操作步骤

❶新建文件，然后将图形界限设为2500×3000，并最大化显示。

❷使用快捷键 REC 激活【矩形】命令，绘制长度为 750、宽度为 1800 的矩形，作为左侧窗扇的外边框。

❸将矩形向内偏移 50 个单位，然后在命令行输入 ML 激活【多线】命令，配合【捕捉自】功能绘制内边框，命令行操作如下：

```
命令: ml                                          // Enter
    MLINE 当前设置: 对正 = 上，比例 = 20.00，样式 = STANDARD
    指定起点或 [对正(J)/比例(S)/样式(ST)]:           //s Enter，激活【比例】选项
    输入多线比例 <20.00>:                           //25 Enter
    当前设置: 对正 = 上，比例 = 25.00，样式 = STANDARD
    指定起点或 [对正(J)/比例(S)/样式(ST)]:           //激活【捕捉自】功能
    _from 基点:                                     //捕捉内矩形的左下角点
    <偏移>:                                         //@100,100 Enter
    指定下一点:    <正交 开>                        //@0,1500 Enter
    指定下一点或 [放弃(U)]:                          //@450,0 Enter
    指定下一点或 [闭合(C)/放弃(U)]:                   //@0,-1500 Enter
    指定下一点或 [闭合(C)/放弃(U)]:                   //c Enter，结果如图 11-15 所示
```

❹重复【多线】命令，配合【捕捉自】功能绘制宽度为 25 的垂直多线作为纵向支撑，如图 11-16 所示。

❺重复执行【多线】命令，设置对正方式为“无”，分别连接窗扇内边框左、右边的中点，绘制中间的横向支撑，结果如图 11-17 所示。

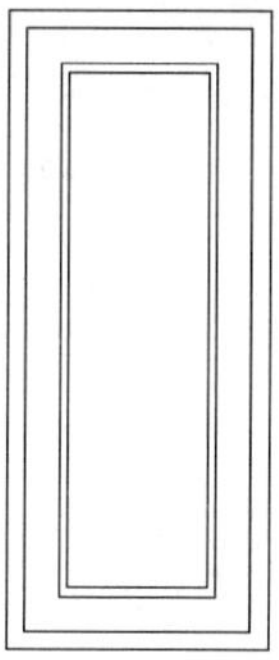
图 11-15　绘制内边框

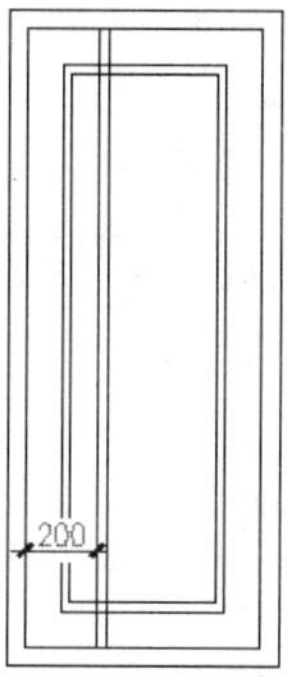

图 11-16　绘制垂直多线

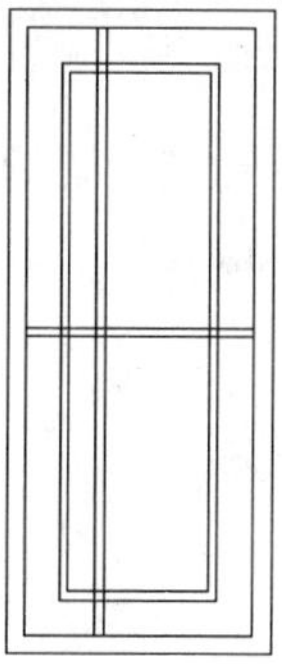
图 11-17　绘制水平多线

❻单击【修改】工具栏中的按钮，将中间的横向支撑进行对象复制，命令行操作如下：

```
命令: _copy
    选择对象: 找到 1 个                                  //选择中间的横向支撑
    选择对象:                                            //Enter
    当前设置:  复制模式 = 多个
    指定基点或 [位移(D)/模式(O)] <位移>:                  //选择下侧端点
    指定第二个点或 <使用第一个点作为位移>:                //@0,250 Enter
    指定第二个点或 [退出(E)/放弃(U)] <退出>:              //@0,530 Enter
    指定第二个点或 <使用第一个点作为位移>:                //@0,-250 Enter
    指定第二个点或 [退出(E)/放弃(U)] <退出>:              //@0,-530 Enter
    指定第二个点或 [退出(E)/放弃(U)] <退出>:              //Enter，绘制结果如图 11-18 所示
```

❼重复【复制】命令，将垂直支撑向右复制 225 个单位，如图 11-19 所示。

❽单击菜单栏上的【修改】|【对象】|【多线】命令，使用“十字打开”功能对支撑的相交部分进行编辑，结果如图 11-20 所示。

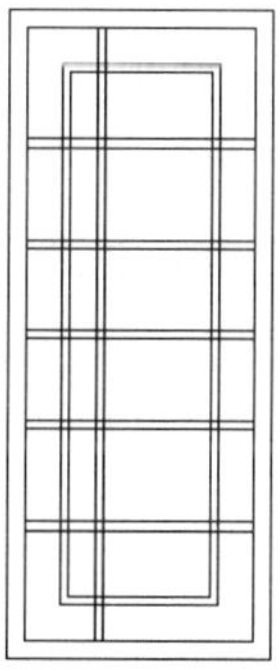
图 11-18　复制横向支撑

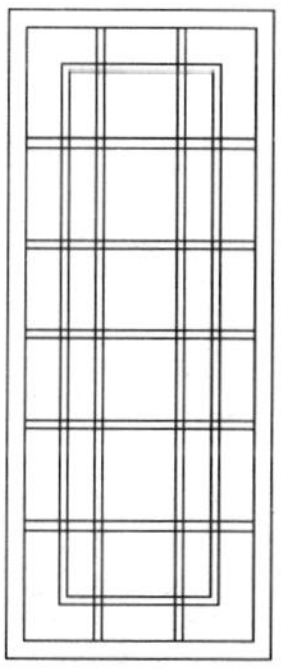
图 11-19　复制垂直支撑

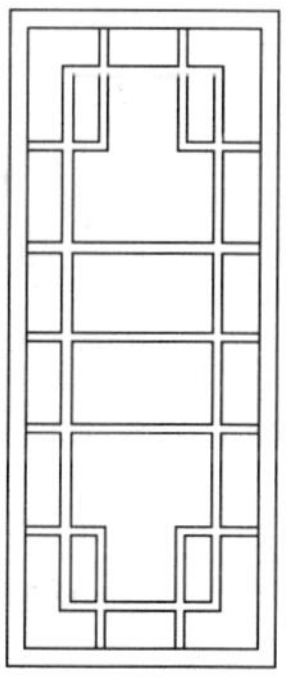
图 11-20　编辑结果

❾单击菜单栏上的【修改】|【阵列】命令，设置阵列行数为 1、列数为 3、列偏移为 750 个单位，对图 11-20 所示的窗子进行阵列，阵列结果如图 11-14 所示。

❿最后使用【保存】命令，将图形命名并存储为“立面窗.dwg”文件。

实例3 绘制资料柜立面图

本例通过绘制如图 11-21 的资料柜立面图，主要对【矩形】、【镜像】、【移动】、【直线】、【构造线】、【阵列】和【圆】等命令进行强化练习和综合运用。

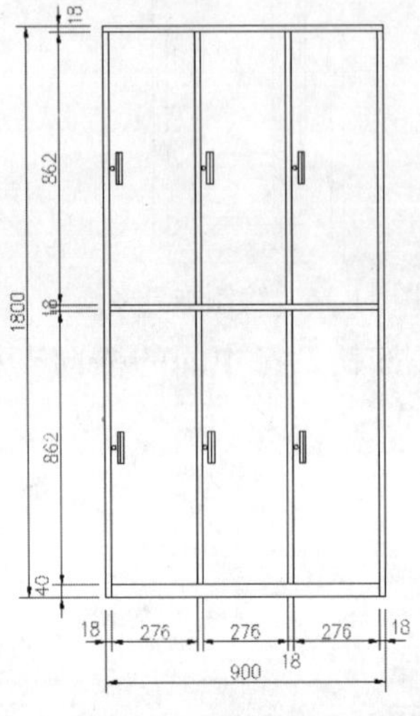

图 11-21 资料柜立面图

绘制思路

- 新建公制单位文件，并设置绘图环境。
- 使用【矩形】、【镜像】命令配合【捕捉自】功能绘制柜子框架。
- 使用【构造线】、【矩形】、【阵列】等命令绘制隔板和柜门。
- 使用【矩形】、【直线】、【圆】等命令绘制附件。
- 最后将图形命名存盘。

操作步骤

❶以“无样板打开－公制”方式创建文件，并开启对象捕捉和追踪功能。

❷单击菜单栏上的【格式】|【图形界限】命令，设置绘图区域为 3200×2800，并将其最大化显示。

❸单击菜单栏上的【绘图】|【矩形】命令，绘制长度为 18、宽度为 1782 的矩形，作为资料柜一侧的侧板。

❹重复【矩形】命令，配合【端点捕捉】功能绘制长度为 864、宽度为 40 的底板，如图 11-22 所示。

❺单击菜单栏上的【修改】|【镜像】命令，配合中点捕捉对资料柜侧板进行垂直镜像，结果如图 11-23 所示。

❻单击菜单栏上的【绘图】|【矩形】命令，配合端点捕捉功能绘制如图 11-24 所示的制资料柜顶板，其中顶板长为 900、宽为 18。

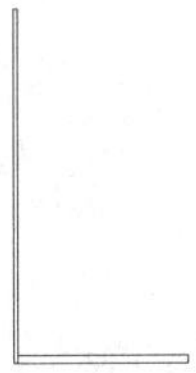

图 11-22　绘制侧板和底板

图 11-23　镜像侧板

图 11-24　绘制顶板

❼单击菜单栏上的【绘图】|【构造线】命令，配合【两点之间的中点】捕捉功能，绘制水平构造线作为辅助线。命令行操作如下：

```
命令: _xline
    指定点或 [水平(H)/垂直(V)/角度(A)/二等分(B)/偏移(O)]:
                                         //激活【两点之间的中点】功能
    _m2p 中点的第一点:                     //捕捉如图 11-25 所示的端点
    中点的第二点:                          //捕捉如图 11-26 所示的端点
    指定通过点:                            //@1,0 Enter
    指定通过点:                            // Enter，绘制结果如图 11-27 所示
```

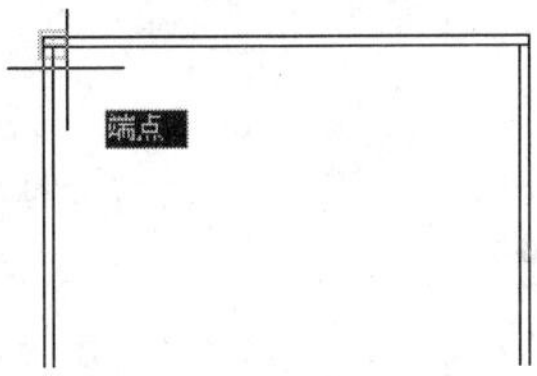

图 11-25　捕捉上侧端点

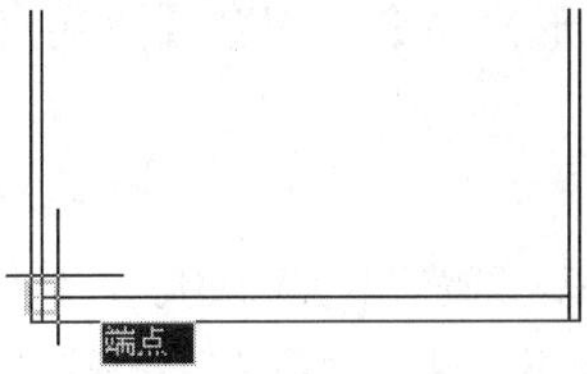

图 11-26　捕捉下侧端点

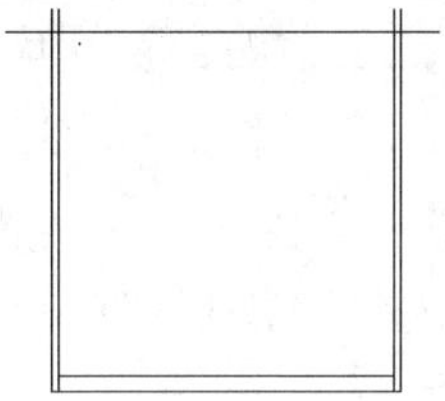

图 11-27　绘制水平辅助线

❽将水平的构造线垂直下移 9 个单位，然后使用【矩形】命令，绘制如图 11-28 所示的资料柜横板，长度为 864、宽度为 18。

❾将水平构造线删除，然后使用【矩形】命令，配合【捕捉自】功能绘制隔板。命令行操作如下：

```
命令: _rectang
    指定第一个角点或 [倒角(C)/标高(E)/圆角(F)/厚度(T)/宽度(W)]: //激活【捕捉自】功能
    _from 基点:                            //捕捉如图 11-29 所示的端点
    <偏移>:                                //@276,0 Enter
    指定另一个角点或 [面积(A)/尺寸(D)/旋转(R)]:
                                           //@18,862 Enter，绘制结果如图 11-30 所示
```

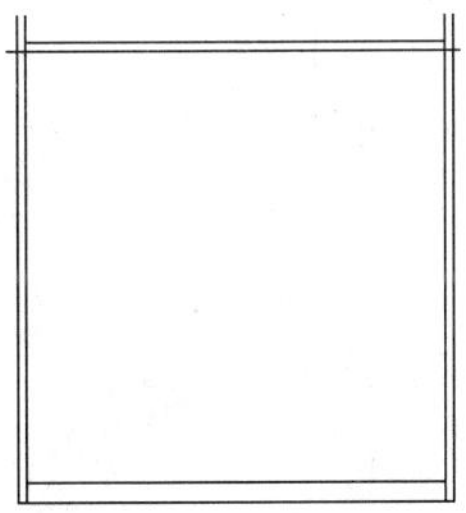

图 11-28　绘制横板

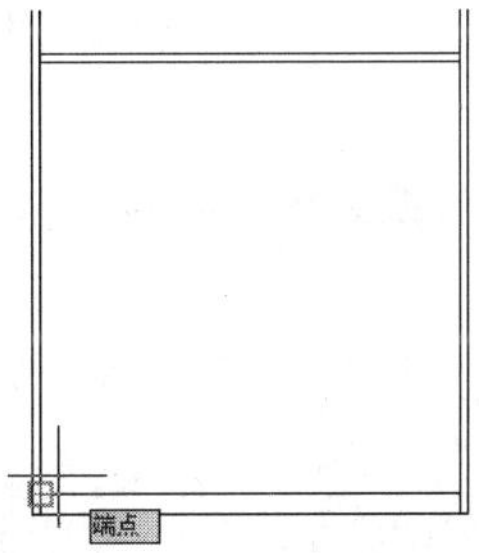

图 11-29　捕捉下侧端点

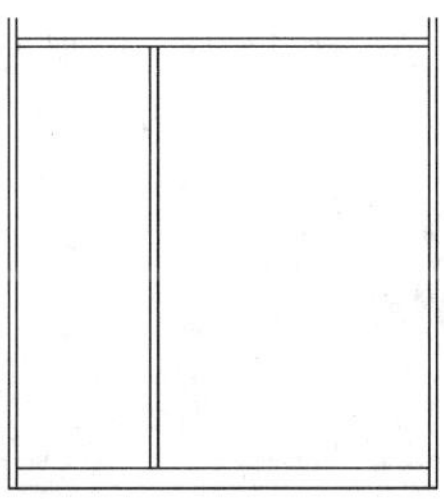

图 11-30　绘制隔板

⑩单击菜单栏上的【绘图】|【矩形】命令，配合端点捕捉功能绘制柜门。命令行操作如下：

```
命令: _rectang
    指定第一个角点或 [倒角(C)/标高(E)/圆角(F)/厚度(T)/宽度(W)]:
                                              //捕捉如图 11-31 所示的端点
    指定另一个角点或 [面积(A)/尺寸(D)/旋转(R)]:    //捕捉如图 11-32 所示的端点
```

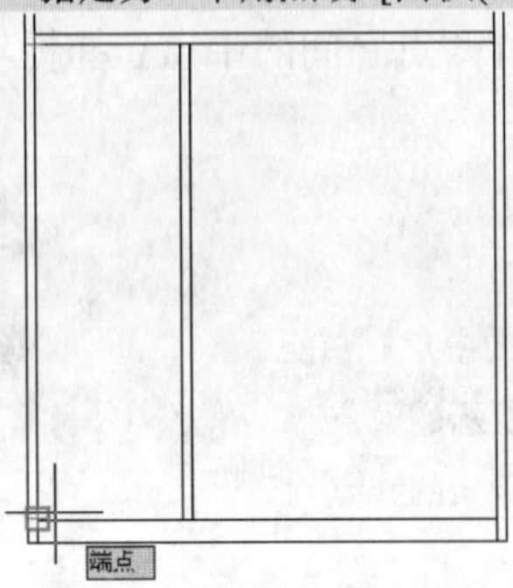

图 11-31　捕捉柜门左下端点

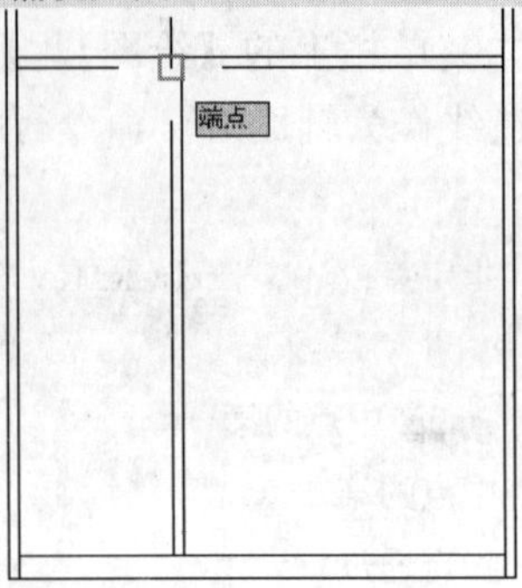

图 11-32　捕捉柜门右上端点

⑪使用快捷键 REC 激活【矩形】命令，配合【捕捉自】功能绘制矩形把手。命令行操作如下：

```
命令: rec                              // Enter
    RECTANG 指定第一个角点或 [倒角(C)/标高(E)/圆角(F)/厚度(T)/宽度(W)]:
                                       //激活【捕捉自】功能
    _from 基点:                         //捕捉如图 11-33 所示的端点
    <偏移>:                             //@22,381 Enter
    指定另一个角点或 [面积(A)/尺寸(D)/旋转(R)]:
                                       //@18.8,100Enter，结果如图 11-34 所示
```

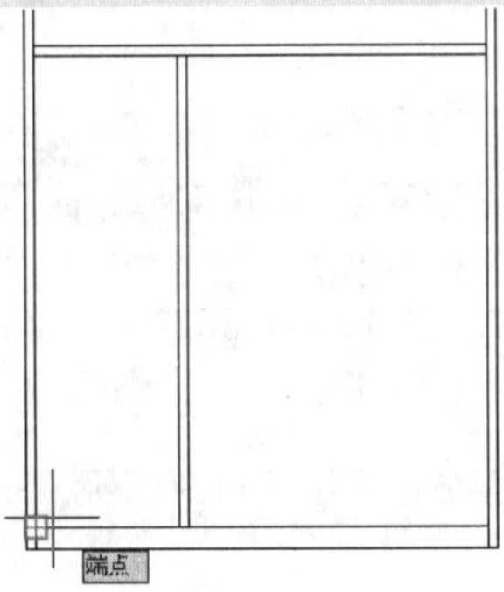

图 11-33　捕捉柜门左下端点

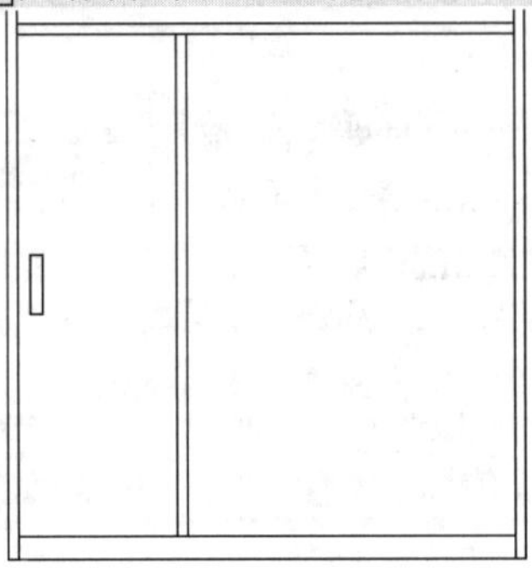
图 11-34　绘制的矩形把手

⑫单击菜单栏上的【绘图】|【直线】命令，配合中点捕捉功能，绘制把手示意线。命令行操作如下：

```
命令: _line
    指定第一点:                      //捕捉如图 11-35 所示的中点
    指定下一点或 [放弃(U)]:          //捕捉如图 11-36 所示的中点
    指定下一点或 [放弃(U)]:          // Enter，绘制结果如图 11-37 所示
```

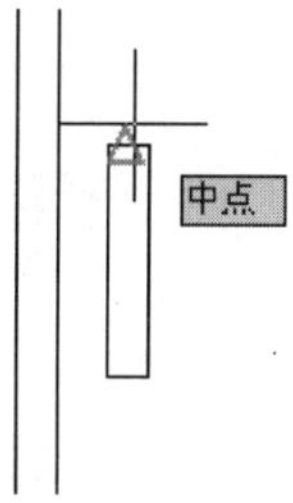

图 11-35　捕捉上侧中点

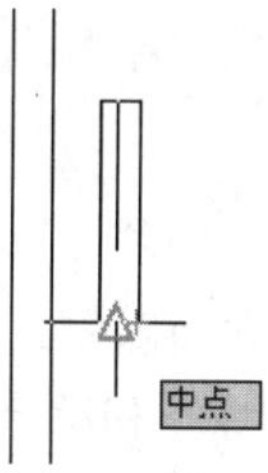

图 11-36　捕捉下侧中点

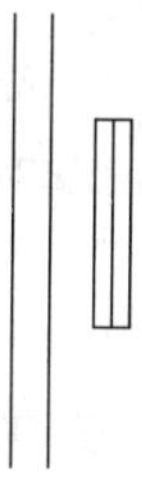

图 11-37　绘制的示意线

⑬单击菜单栏上的【绘图】|【圆】|【圆心、直径】命令，配合【捕捉自】功能，绘制锁示意轮廓图。命令行操作如下：

```
命令: _circle
    指定圆的圆心或 [三点(3P)/两点(2P)/相切、相切、半径(T)]:
                                    //激活【捕捉自】功能
    _from 基点:                     //捕捉如图 11-38 所示的端点
    <偏移>:                         //@-12,50 Enter
    指定圆的半径或 [直径(D)]: _d 指定圆的直径:
                                    //13 Enter，绘制结果如图 11-39 的示
```

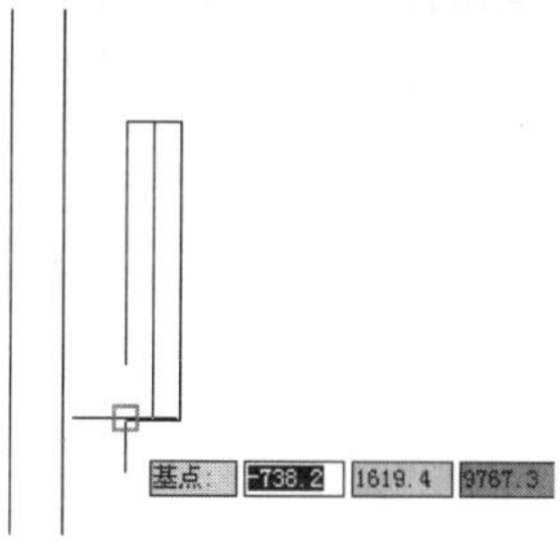

图 11-38　捕捉端点

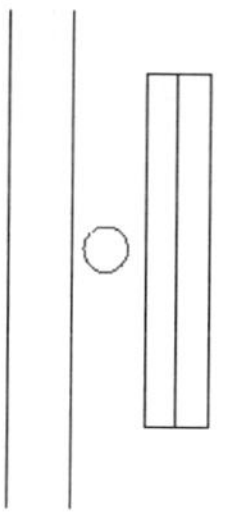

图 11-39　绘制结果

⑭单击菜单栏上的【修改】|【阵列】命令，设置阵列行数为 2、列数为 3、行偏移为 880、列偏移为 294，然后框选如图 11-40 所示的图形进行阵列，阵列结果如图 11-41 所示。

⑮夹点显示如图 11-42 所示的两个多余矩形，将其删除。

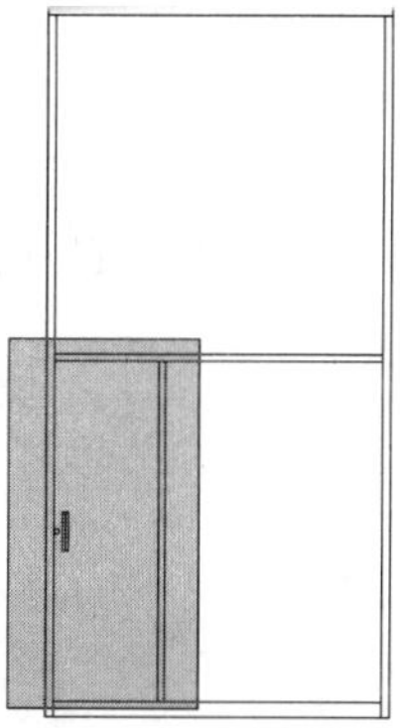

图 11-40　窗口选择

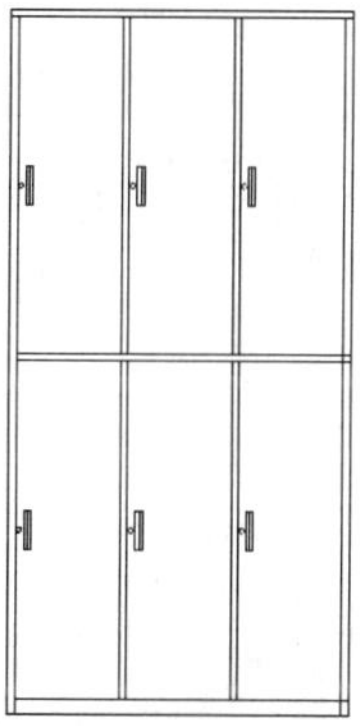

图 11-41　阵列结果

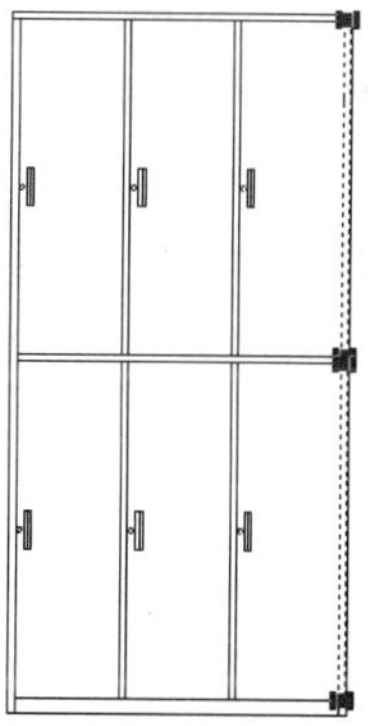

图 11-42　夹点显示

⑯最后使用【保存】命令，将图形命名并存储为“资料柜.dwg”文件。

实例4 绘制床立面图

本例通过绘制如图 11-43 所示的床立面图例，主要对【直线】、【多线】、【多段线】、【样条曲线】、【图案填充】等命令进行强化练习和综合运用。

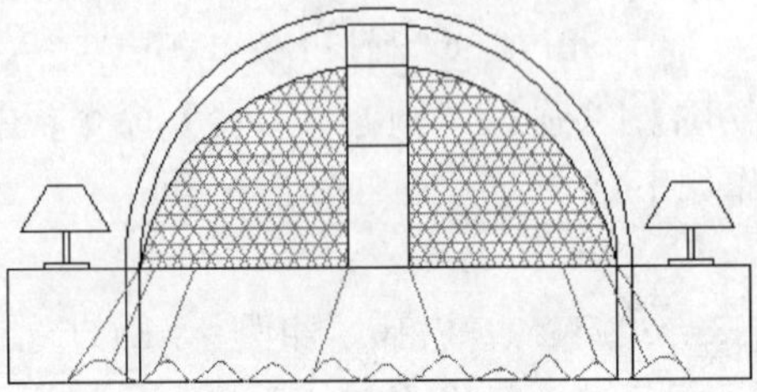

图 11-43 床立面图

绘制思路

- 创建空白文件，并设置绘图环境。
- 使用【多线样式】、【多线】、【圆弧】等命令绘制床柜组合轮廓线。
- 使用【图案填充】、【样条曲线】和【多段线】命令绘制附属轮廓线。
- 使用【插入块】命令引用外部资源块。
- 最后使用【保存】命令将图形存盘。

操作步骤

❶新建公制单位空白文件。

❷单击菜单栏上的【格式】|【多线样式】命令，分别设置 style-01 和 style-02 两种多线样式，如图 11-44 和图 11-45 所示。

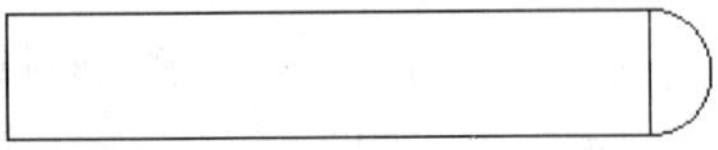

图 11-44 设置 style-01 样式

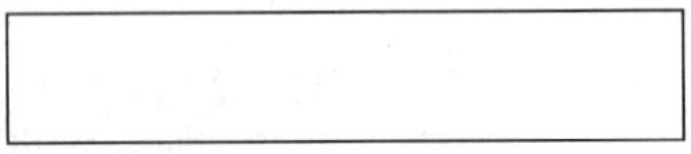

图 11-45 设置 style-02 样式

❸将 style-01 设置为当前样式，然后单击菜单栏上的【绘图】|【多线】命令，设置多线比例为 1600、绘制高度为 370 的多线作为床和半圆形靠背，如图 11-46 所示。

❹复复执行【多线】命令，配合【捕捉自】功能绘制宽度为 1700 的外轮廓线。命令行操作如下：

```
命令: _mline
    当前设置: 对正 = 上，比例 = 1600.00，样式 = STYLE-01
    指定起点或 [对正(J)/比例(S)/样式(ST)]:          //s Enter，激活【比例】选项
    输入多线比例 <1600.00>:                         //1700 Enter
    当前设置: 对正 = 上，比例 = 1700.00，样式 = STYLE-01
    指定起点或 [对正(J)/比例(S)/样式(ST)]:          //激活捕捉自功能
    _from 基点:                                     //捕捉如图 11-46 所示的角点 A
```

<偏移>: //@-50,0 Enter

指定下一点: //@0,370 Enter

指定下一点或 [放弃(U)]: // Enter，绘制结果如图 11-47 所示

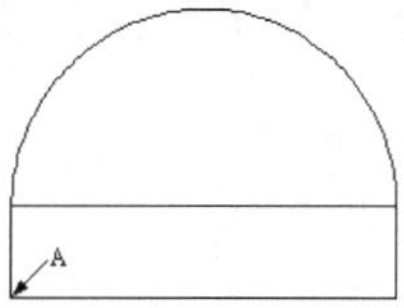

图 11-46 绘制内轮廓

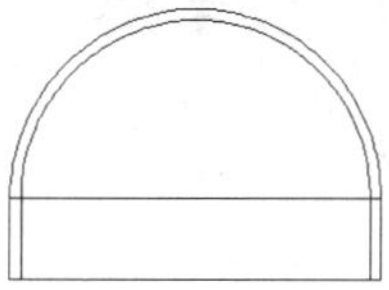

图 11-47 绘制外轮廓

❺使用【直线】命令，配合捕捉和追踪功能绘制靠背内部轮廓线。命令行操作如下：

命令: _line

指定第一点: //向左引出如图 11-48 所示的对象追踪虚线，输入 100 Enter

指定下一点或 [放弃(U)]: //向上引出如图 11-49 所示的极轴追踪虚线，然后捕捉虚线与内弧的交点

指定下一点或 [放弃(U)]: // Enter，绘制结果如图 11-50 所示

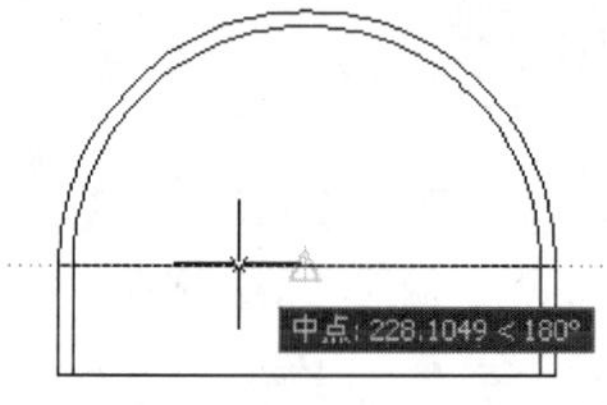

图 11-48 对象追踪

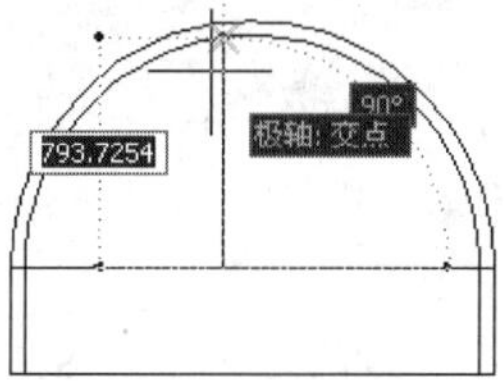

图 11-49 极轴追踪

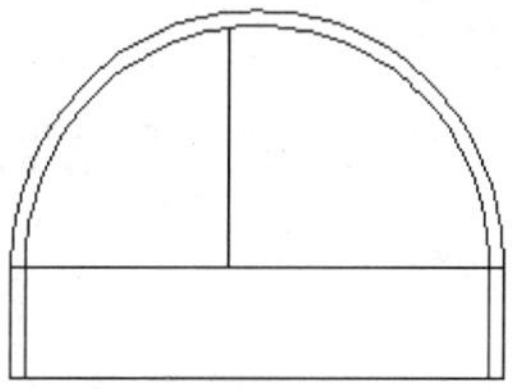

图 11-50 绘制的内部轮廓线

❻重复【直线】命令，并配合捕捉和追踪功能，绘制其他轮廓线，如图 11-51 所示。

❼单击菜单栏上的【绘图】|【构造线】命令，配合端点捕捉和对象追踪功能绘制如图 11-52 所示的水平定位辅助线。

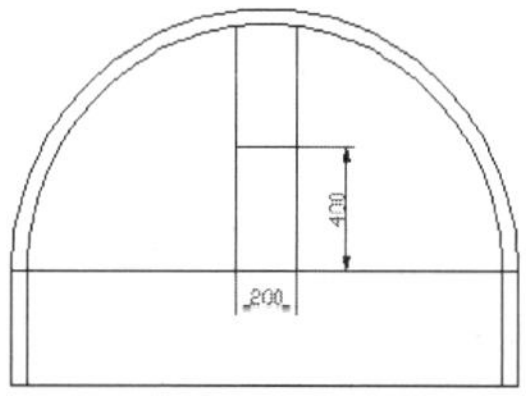

图 11-51 绘制其他轮廓线

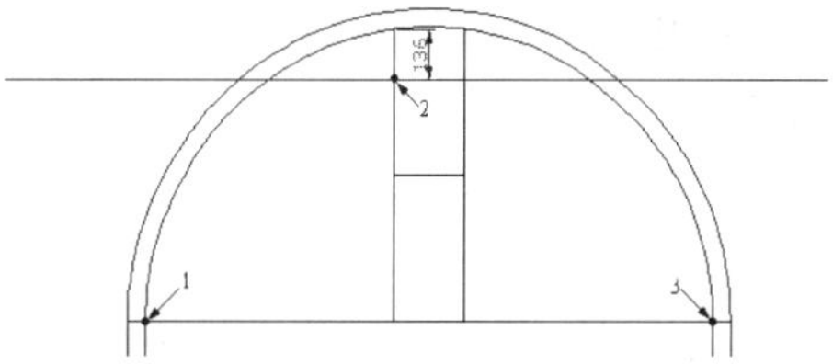

图 11-52 绘制水平辅助线

❽单击菜单栏上的【绘图】|【多段线】命令，配合端点或交点捕捉功能绘制弧形轮廓线。命令行操作如下：

命令: _pline

指定起点: //捕捉如图 11-52 所示的端点 1

当前线宽为 0.0000

指定下一个点或 [圆弧(A)/半宽(H)/长度(L)/放弃(U)/宽度(W)]: //a Enter，激活【圆弧】选项

指定圆弧的端点或[角度(A)/圆心(CE)/方向(D)/半宽(H)/直线(L)/半径(R)/第二个点(S)/放弃(U)/宽度(W)]: //s Enter，激活【第二个点】选项

指定圆弧上的第二个点: //捕捉交点 2

指定圆弧的端点:指定圆弧的端点或[角度(A)/圆心(CE)/闭合(CL)/方向(D)/半宽(H)/直线(L)/半

```
径(R)/第二个点(S)/放弃(U)/宽度(W)]:                    //捕捉端点 3，结果如图 11-53 所示
```

❾删除水平辅助线，然后单击菜单栏上的【绘图】|【图案填充】命令，设置填充图案为 NET3、填充比例为 15，为靠背填充图案，结果如图 11-54 所示。

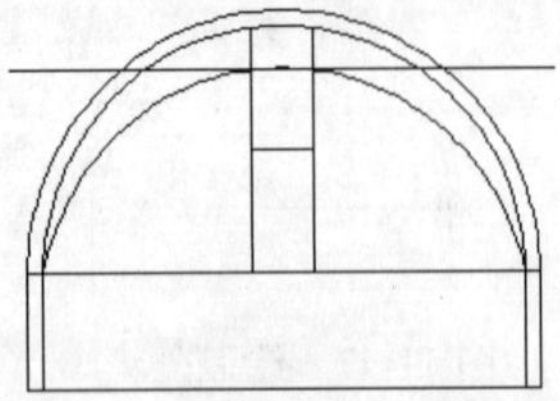

图 11-53　绘制弧形轮廓线

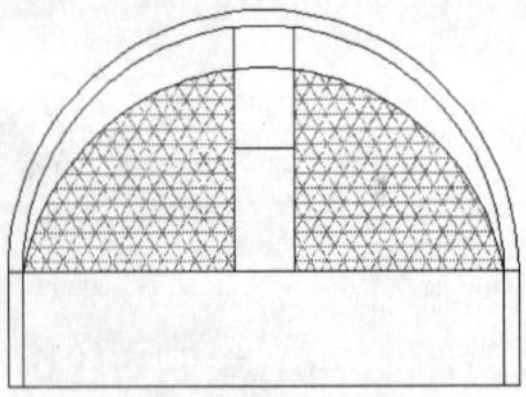

图 11-54　填充图案结果

❿将 style-02 设置为当前样式，然后使用【多线】命令绘制床头柜轮廓线。命令行操作如下：

```
命令: _mline
    当前设置: 对正 = 上，比例 = 1700.00，样式 = STYLE-02
    指定起点或 [对正(J)/比例(S)/样式(ST)]:               //s Enter，激活【比例】选项
    输入多线比例 <1700.00>:                              //400 Enter
    当前设置: 对正 = 上，比例 = 400.00，样式 = STYLE-02
    指定起点或 [对正(J)/比例(S)/样式(ST)]:               //j Enter ，激活【对正】选项
    输入对正类型 [上(T)/无(Z)/下(B)] <上>:               //b Enter ，激活【下】选项
    当前设置: 对正 = 下，比例 = 400.00，样式 = STYLE-02
    指定起点或 [对正(J)/比例(S)/样式(ST)]:               //捕捉床外轮廓线的左下角点
    指定下一点:                                          //@0,370 Enter
    指定下一点或 [放弃(U)]:                              // Enter，绘制结果如图 11-55 所示
```

⓫重复使用【多线】命令，将对正方式设置为"上对正"，配合捕捉功能绘制右侧的床头柜，结果如图 11-56 所示。

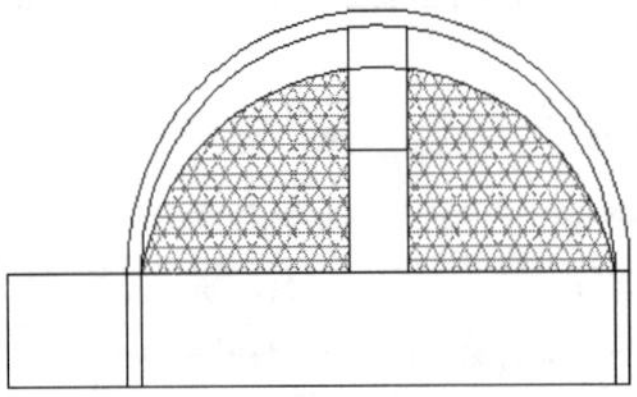

图 11-55　绘制左侧床头柜

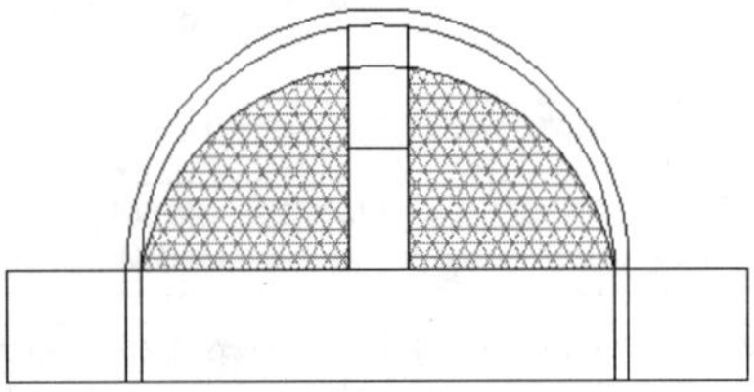

图 11-56 绘制右侧床头柜

⓬使用【多线】命令，配合中点捕捉功能，绘制宽度为 150 的台灯底座和台灯柱轮廓线。命令行操作过程如下：

```
命令: _mline
    当前设置: 对正 = 上，比例 = 400.00，样式 = STYLE-02
    指定起点或 [对正(J)/比例(S)/样式(ST)]:               //s Enter，激活【比例】功能
    输入多线比例 <400.00>:                               //150 Enter，设置多线比例
    当前设置: 对正 = 上，比例 = 150.00，样式 = STYLE-02
    指定起点或 [对正(J)/比例(S)/样式(ST)]:               //j Enter，激活【对正】选项
    输入对正类型 [上(T)/无(Z)/下(B)] <上>:               //z Enter，设置对正方式
```

```
当前设置: 对正 = 无，比例 = 150.00，样式 = STYLE-02
指定起点或 [对正(J)/比例(S)/样式(ST)]:              //捕捉如图 11-57 所示的中点
指定下一点:                                          //@0,20 Enter
指定下一点或 [放弃(U)]:                              // Enter，退出命令
命令:                                                // Enter，重复执行命令
MLINE 当前设置: 对正 = 无，比例 = 150.00，样式 = STYLE-02
指定起点或 [对正(J)/比例(S)/样式(ST)]:              //s Enter，激活【比例】选项
输入多线比例 <150.00>:                               //20 Enter，设置多线比例
当前设置: 对正 = 无，比例 = 20.00，样式 = STYLE-02
指定起点或 [对正(J)/比例(S)/样式(ST)]:              //捕捉如图 11-58 所示的中点
指定下一点:                                          //@0,105 Enter
指定下一点或 [放弃(U)]:                              // Enter，绘制结果如图 11-59 所示
```

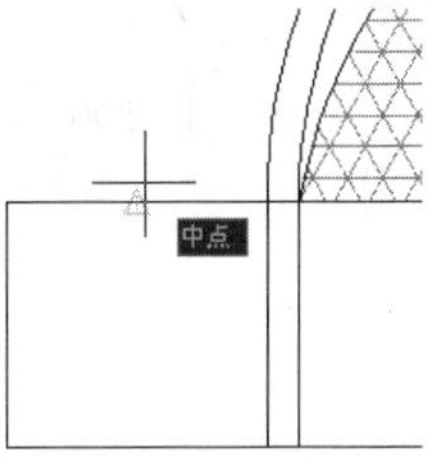

图 11-57　捕捉床头柜中点

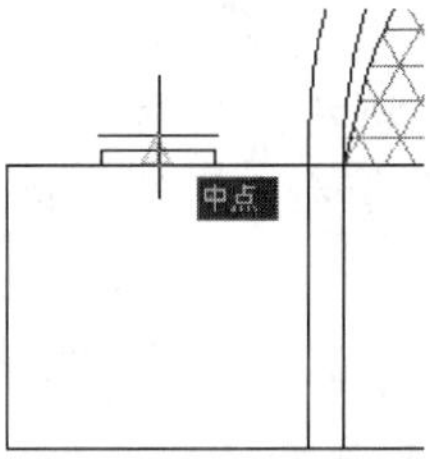

图 11-58　捕捉台灯底座中点

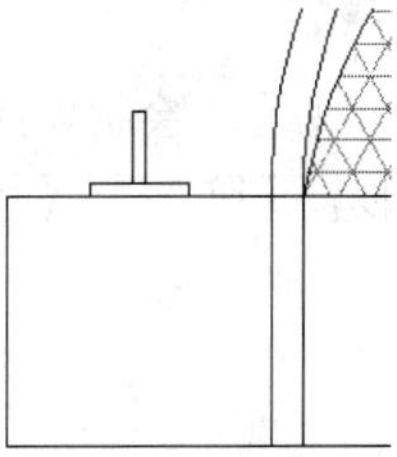

图 11-59　绘制的灯柱

⑬单击菜单栏上的【绘图】|【多段线】命令，配合中点捕捉和点的坐标输入功能，绘制台灯轮廓线。命令行操作如下：

```
命令: _pline
    指定起点:                                                      //捕捉如图 11-60 所示的中点
    当前线宽为 0.0000
    指定下一个点或 [圆弧(A)/半宽(H)/长度(L)/放弃(U)/宽度(W)]:              //@-150,0 Enter
    指定下一点或 [圆弧(A)/闭合(C)/半宽(H)/长度(L)/放弃(U)/宽度(W)]:        //@90,150 Enter
    指定下一点或 [圆弧(A)/闭合(C)/半宽(H)/长度(L)/放弃(U)/宽度(W)]:        //@120,0 Enter
    指定下一点或 [圆弧(A)/闭合(C)/半宽(H)/长度(L)/放弃(U)/宽度(W)]:        //@90,-150 Enter
    指定下一点或 [圆弧(A)/闭合(C)/半宽(H)/长度(L)/放弃(U)/宽度(W)]:
                                                      //c Enter，绘制结果如图 11-61 所示
```

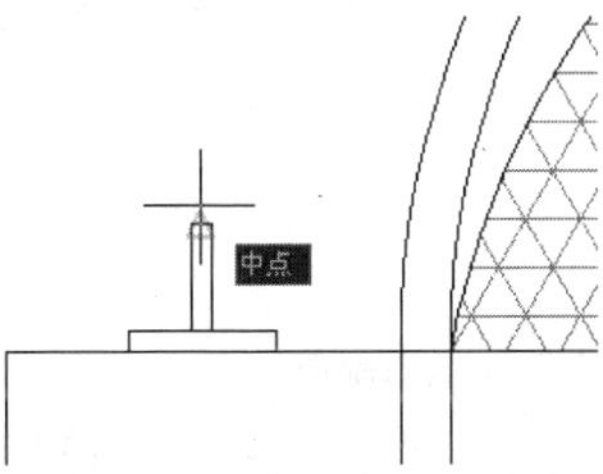

图 11-60　捕捉灯柱中点

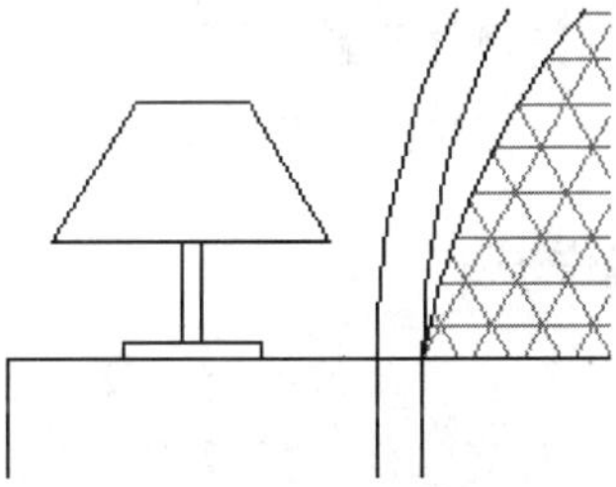

图 11-61　绘制的台灯

⑭参照第 13、14 操作步骤，绘制右侧的台灯座、台灯柱和台灯轮廓线。

⑮单击菜单栏上的【绘图】|【样条曲线】命令，绘制如图 11-62 所示的样条曲线作为

床单褶皱示意线。

⑯使用【直线】命令，配合最近点捕捉功能，再绘制其他位置的示意线，如图 11-63 所示。

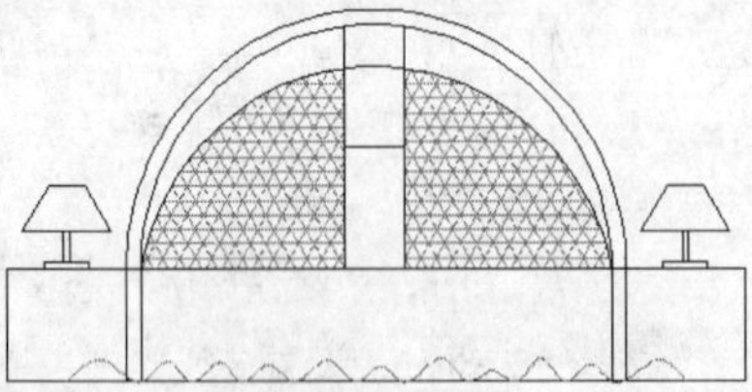

图 11-62　绘制床单褶皱示意线

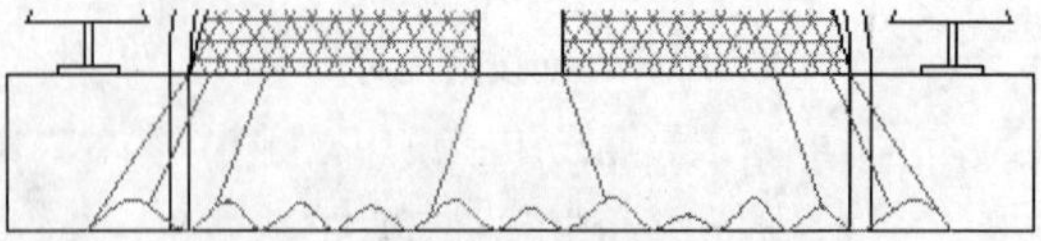

图 11-63　绘制其他位置示意线

⑰最后使用【保存】命令，将图形命名并存储为“立面床.dwg”文件。

实例 5　绘制班台平面图

本例通过绘制如图 11-64 所示的班台平面图例，主要对【直线】、【偏移】、【圆弧】、【圆】、【矩形】、【阵列】、【特性】、【复制】等命令进行强化练习和综合运用。

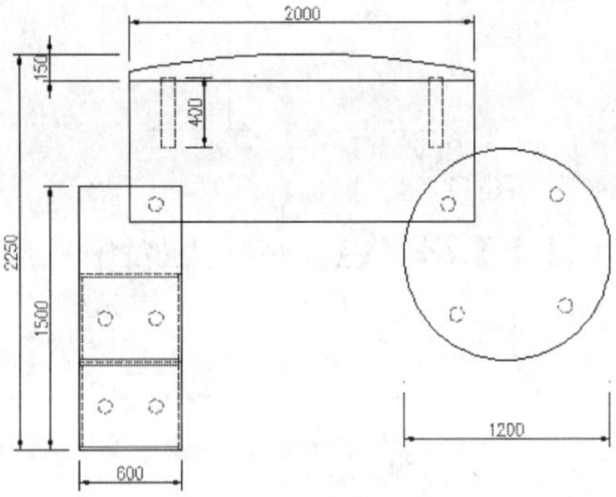

图 11-64　班台平面图

绘制思路

- 首先新建文件，并设置捕捉与追踪功能。
- 使用【直线】、【圆弧】、【矩形】、【圆】等命令绘制主桌。
- 使用【矩形】、【复制】、【圆】、【线型】等命令绘制侧柜。
- 使用【圆】、【阵列】等命令绘制侧桌。
- 最后使用【保存】命令将图形存盘。

操作步骤

❶新建公制单位的空白文件，并启用对象捕捉和对象追踪功能。

❷单击菜单栏上的【视图】|【缩放】|【中心点】命令，将当前视图高度调整为 3000 个单位。

❸单击菜单栏上的【绘图】|【直线】命令，配合相对坐标输入功能，绘制主桌轮廓线。

命令行操作如下：

```
命令: _line
    指定第一点:                          //在绘图区拾取一点
    指定下一点或 [放弃(U)]:              //@0,-850 Enter
    指定下一点或 [放弃(U)]:              //@2000,0 Enter
    指定下一点或 [闭合(C)/放弃(U)]:      //@0,850 Enter
    指定下一点或 [闭合(C)/放弃(U)]:      // Enter，绘制结果如图 11-65 所示
```

❹单击菜单栏上的【修改】|【偏移】命令，将刚绘制的水平图线向上偏移 800 和 950 个单位，如图 11-66 所示。

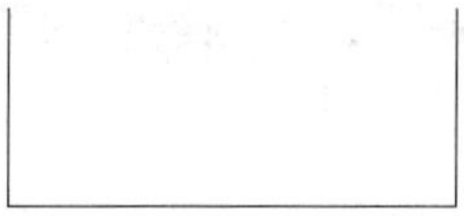

图 11-65　绘制主桌轮廓线

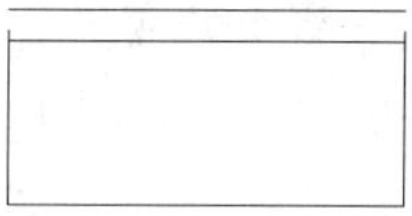

图 11-66　偏移结果

❺单击菜单栏上的【绘图】|【圆弧】|【三点】命令，配合端点捕捉和中点捕捉功能，绘制如图 11-67 所示的圆弧。

❻将最上侧的水平图线删除，然后单击菜单栏上的【绘图】|【边界】命令，分别在如图 11-68 所示的 A、B 两个闭合区域内单击鼠标，创建两个闭合的多段线边界。

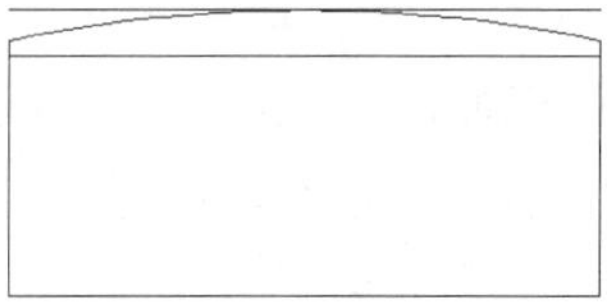

图 11-67　绘制圆弧

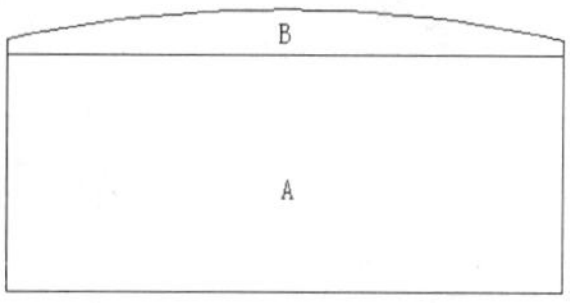

图 11-68　创建闭合多段线边界

❼将刚创建的两条多段线边界进行外移，并删除原来的图线。

❽单击菜单栏上的【绘图】|【矩形】命令，绘制长度为 80、宽度为 400 的桌腿。命令行操作如下：

```
命令: _rectang
    指定第一个角点或 [倒角(C)/标高(E)/圆角(F)/厚度(T)/宽度(W)]:
                                  //激活【捕捉自】功能
    _from 基点:                   //捕捉主桌左下角端点
    <偏移>:                       //@180,420 Enter
    指定另一个角点或 [面积(A)/尺寸(D)/旋转(R)]:
                                  //@80,400 Enter，绘制结果如图 11-69 所示
```

❾单击菜单栏上的【修改】|【镜像】命令，对矩形桌腿进行垂直镜像，结果如图 11-70 所示。

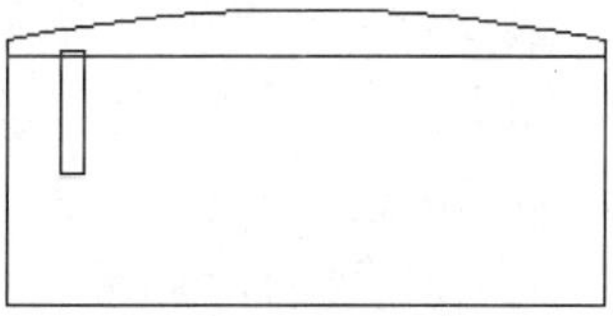

图 11-69　绘制的桌腿

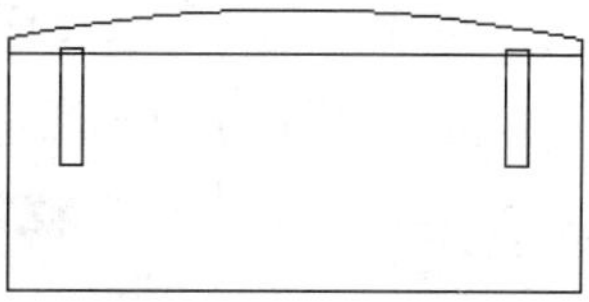

图 11-70　桌腿镜像结果

⑩单击菜单栏上的【绘图】|【矩形】命令，配合【捕捉自】功能，绘制长度为 600、宽度为 1500 的矩形。命令行操作如下：

```
命令: _rectang
    指定第一个角点或 [倒角(C)/标高(E)/圆角(F)/厚度(T)/宽度(W)]:
                                        //激活【捕捉自】功能
    _from 基点:                          //捕捉主桌左下角端点
    <偏移>:                              //@300,200 Enter
    指定另一个角点或 [面积(A)/尺寸(D)/旋转(R)]:
                                        //@-600,-1500 Enter，结果如图 11-71 所示
```

⑪单击菜单栏上的【工具】|【新建 UCS】|【原点】命令，以刚绘制的侧柜左下角点作为新坐标系的原点，如图 11-72 所示。

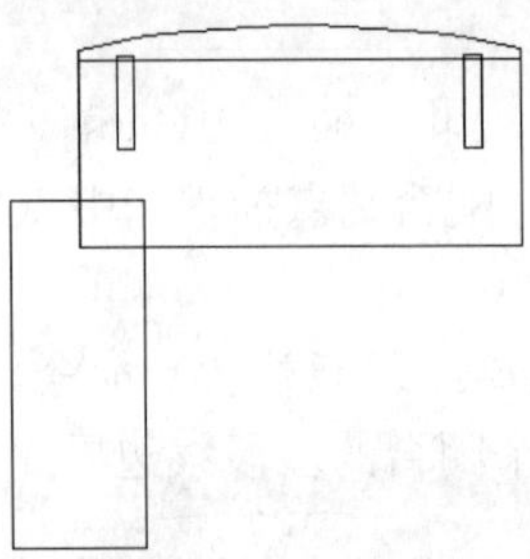

图 11-71　绘制的矩形

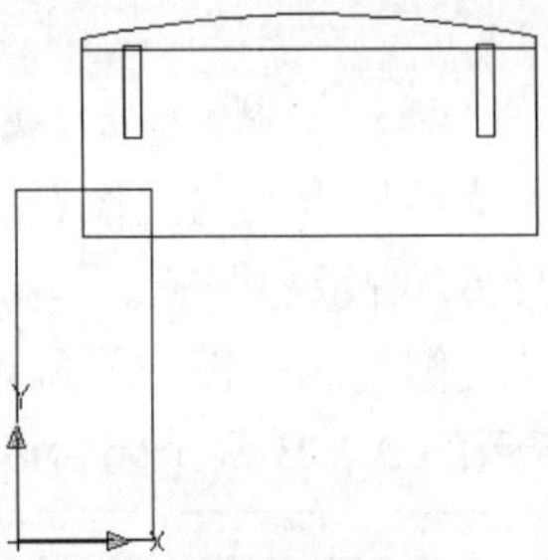

图 11-72　移动 UCS

⑫单击菜单栏上的【绘图】|【矩形】命令，配合端点捕捉功能绘制内部的轮廓线。命令行操作如下：

```
命令: _rectang
    指定第一个角点或 [倒角(C)/标高(E)/圆角(F)/厚度(T)/宽度(W)]://0,0 Enter
    指定另一个角点或 [面积(A)/尺寸(D)/旋转(R)]:          //@582,18 Enter
      命令:                                            // Enter
    RECTANG 指定第一个角点或 [倒角(C)/标高(E)/圆角(F)/厚度(T)/宽度(W)]:
                                                      //捕捉刚绘制的矩形左上角点
    指定另一个角点或 [面积(A)/尺寸(D)/旋转(R)]://@18,464 Enter
      命令:                                            // Enter
    RECTANG 指定第一个角点或 [倒角(C)/标高(E)/圆角(F)/厚度(T)/宽度(W)]:
                                                      //捕捉刚绘制的矩形左上角点
    指定另一个角点或 [面积(A)/尺寸(D)/旋转(R)]://@582,18 Enter
      命令:                                            // Enter
    RECTANG 指定第一个角点或 [倒角(C)/标高(E)/圆角(F)/厚度(T)/宽度(W)]:
                                                      //捕捉刚绘制的矩形右上角点
    指定另一个角点或 [面积(A)/尺寸(D)/旋转(R)]:
                                                      //@18,-500 Enter，绘制结果如
                                                      图 11-73 所示
```

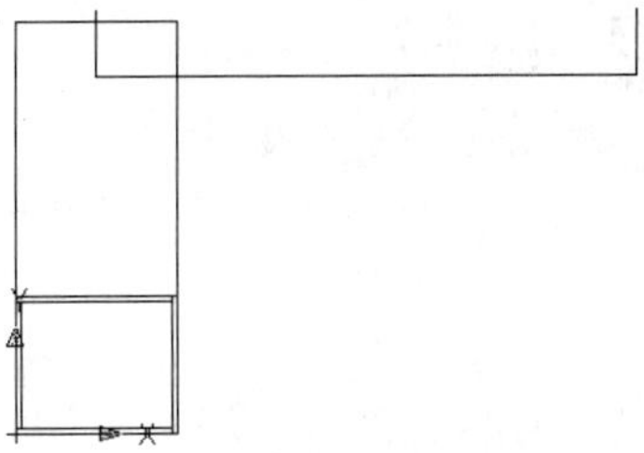

图 11-73　绘制内部轮廓线

⓭重复执行【矩形】命令，配合点的坐标输入功能，绘制抽屉挡板轮廓线。命令行操作如下:

```
命令: _rectang
    指定第一个角点或 [倒角(C)/标高(E)/圆角(F)/厚度(T)/宽度(W)]:
    //18,18 Enter，定位左下角点
    指定另一个角点或 [面积(A)/尺寸(D)/旋转(R)]:
    //@564,464 Enter，结束命令
```

⓮单击菜单栏上的【绘图】|【圆】|【圆心、半径】命令，绘制半径为 40 的圆。命令行操作如下：

```
命令: _circle
    指定圆的圆心或 [三点(3P)/两点(2P)/相切、相切、半径(T)]: //150,250 Enter
    指定圆的半径或 [直径(D)]:                    //40 Enter
    命令:                                       // Enter
    CIRCLE
    指定圆的圆心或 [三点(3P)/两点(2P)/相切、相切、半径(T)]: //450,250 Enter
    指定圆的半径或 [直径(D)] <40.0000>:          /40 Enter，绘制结果如图 11-74 所示
```

⓯重复执行【圆】命令，配合点的坐标输入功能，继续绘制半径为 40 的圆，作为桌腿轮廓线。命令行操作如下：

```
命令: _circle
    指定圆的圆心或 [三点(3P)/两点(2P)/相切、相切、半径(T)]: //450,1400 Enter
    指定圆的半径或 [直径(D)] <40.0000>:          // Enter
    命令: CIRCLE                                // Enter
    指定圆的圆心或 [三点(3P)/两点(2P)/相切、相切、半径(T)]: //2150,1400 Enter
    指定圆的半径或 [直径(D)] <40.0000>:          // Enter，绘制结果如图 11-75 所示
```

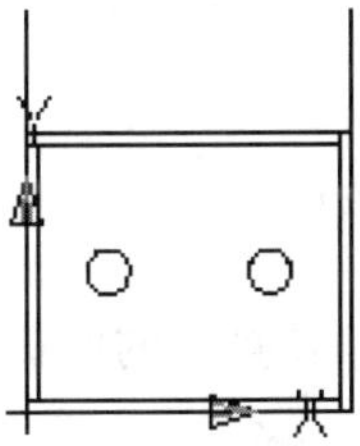

图 11-74　绘制的图

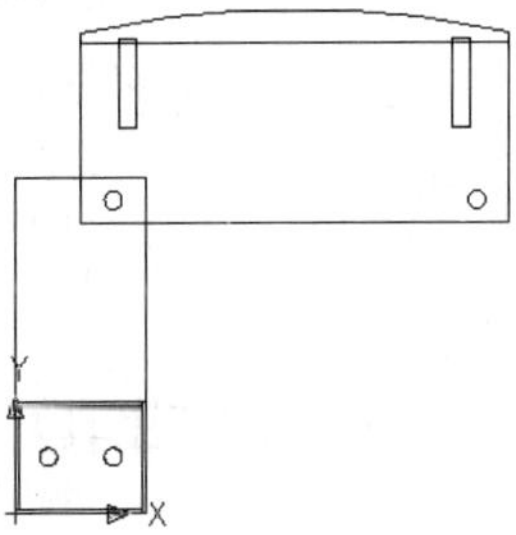

图 11-75　绘制其他位置的图

⑯单击菜单栏上的【修改】|【复制】命令，对侧柜进行复制。命令行操作如下：

```
命令: _copy
    选择对象:                                      //拉出如图 11-76 所示的窗口选择框
    选择对象:                                      // Enter
    当前设置:  复制模式 = 多个
    指定基点或 [位移(D)/模式(O)] <位移>:             //拾取任一点
    指定第二个点或 <使用第一个点作为位移>:            //@0,500 Enter
    指定第二个点或 [退出(E)/放弃(U)] <退出>:          // Enter，复制结果如图 11-77 所示
```

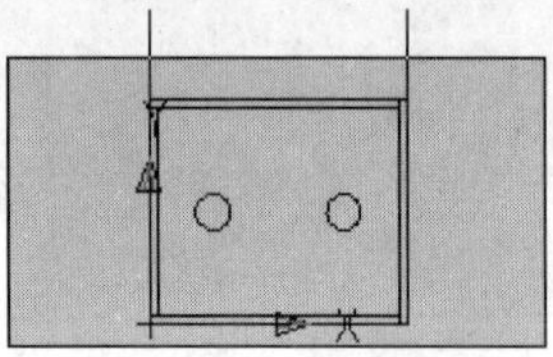

图 11-76　窗口选择

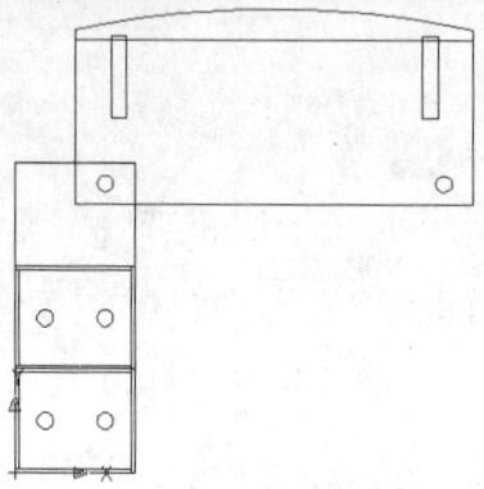

图 11-77　复制结果

⑰使用快捷键 C 激活【圆】命令，配合【捕捉自】功能绘制直径为 1200 的侧桌轮廓线。命令行操作如下：

```
命令: c                                            // CIRCLE Enter
    指定圆的圆心或 [三点(3P)/两点(2P)/相切、相切、半径(T)]:  //激活【捕捉自】功能
    _from 基点:                                     //捕捉主桌右下角端点
    <偏移>:                                         //@190,-190 Enter
    指定圆的半径或 [直径(D)] <40.0000>:               //d Enter，激活【直径】选项
    指定圆的直径 <80.0000>:                           //1200 Enter，绘制结果如图 11-78 所示
```

⑱单击菜单栏上的【修改】|【阵列】命令，对右侧的圆形桌腿轮廓线进行环形阵列，阵列中心点为大圆的圆心，阵列结果如图 11-79 所示。

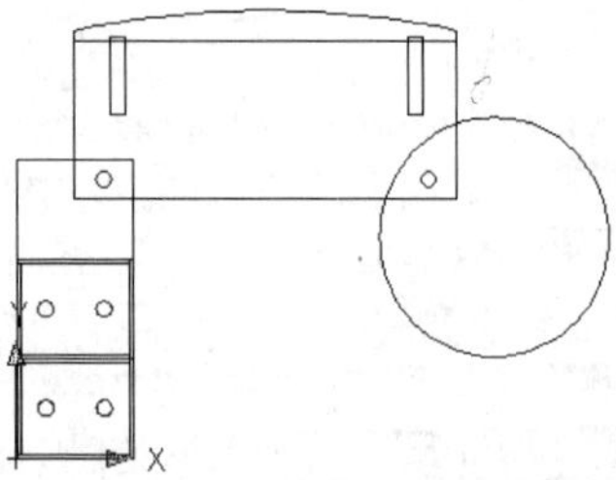

图 11-78　绘制侧桌轮廓线

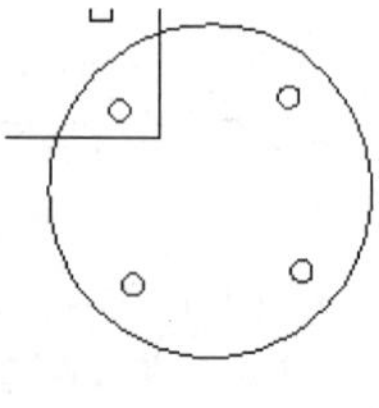

图 11-79　阵列结果

⑲单击菜单栏上的【格式】|【线型】命令，加载一种名为 HIDDEN2 的线型，并设置线型比例为 10。

⑳在无命令执行的前提下，选择需要更改线型的所有对象，使其夹点显示，如图 11-80 所示。

㉑单击菜单栏上的【工具】|【选项板】|【特性】命令，在打开的面板中更改线型为 HIDDEN2。

㉒展开【特性】工具栏中的【颜色控制】下拉列表，修改对象的颜色为 222 号色。

㉓取消夹点显示，最终效果如图 11-81 所示。

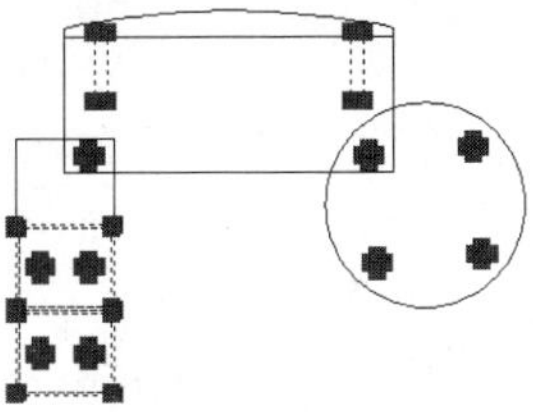

图 11-80 夹点显示

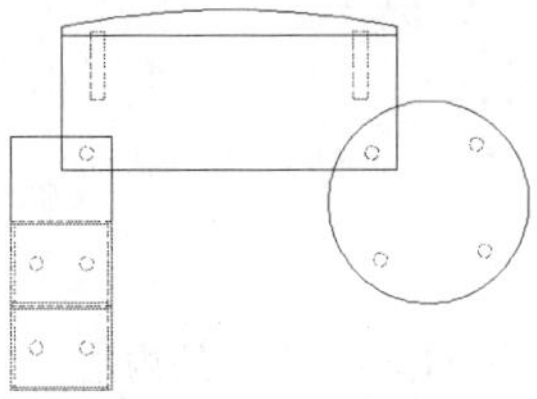

图 11-81 最终效果

㉔最后使用【保存】命令，将图形命名并存储为“班台.dwg”文件。

实例 6 绘制衣柜立面图

本例通过绘制如图 11-82 所示的衣柜立面图例，主要对【矩形】、【多段线】、【边界】、【镜像】和【阵列】等命令进行强化练习和综合运用。

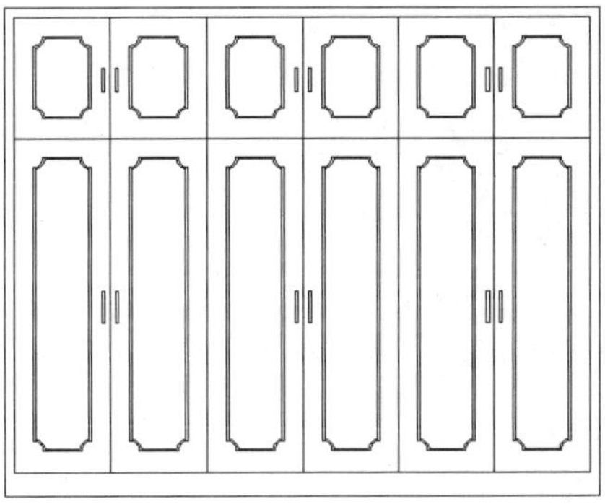

图 11-82 衣柜立面图

绘制思路

- 新建文件，并设置绘图环境。
- 使用【矩形】、【分解】、【偏移】、【阵列】等命令绘制外框和柜门。
- 使用【矩形】、【圆】、【边界】、【偏移】等命令绘制柜门装饰图案。
- 使用【矩形】、【镜像】、【阵列】等命令绘制衣柜把手。
- 最后使用【保存】命令将图形命名存储。

操作步骤

❶新建公制单位空白文件，设置图形界限为 4000×3000，并最大化显示。

❷单击菜单栏上的【绘图】|【矩形】命令，绘制长度为 3100、宽度为 2500 的矩形。

❸重复【矩形】命令，配合【捕捉自】功能绘制长度为 3000、宽度为 2330 的内边框，如图 11-83 所示。

❹将两个矩形分解，然后使用【偏移】命令，将内侧矩形的上侧水平边向下偏移 620 个单位，如图 11-84 所示。

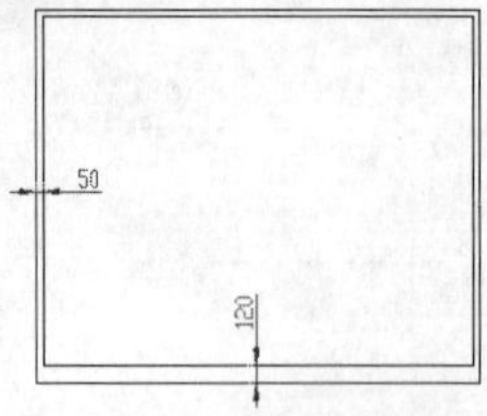

图 11-83　绘制的内边框

图 11-84　偏移结果

❺使用快捷键 AR 激活【阵列】命令，设置阵列行数为 1、列数为 6、列偏移为 500 个单位，将内矩形的左侧垂直边向右阵列，结果如图 11-85 所示。

❻使用快捷键 REC 激活【矩形】命令，配合【捕捉自】功能绘制长度为 300、宽度为 1500 的内框，如图 11-86 所示。

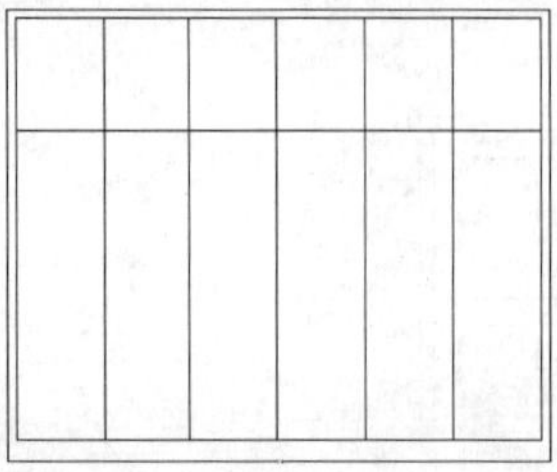

图 11-85　阵列结果

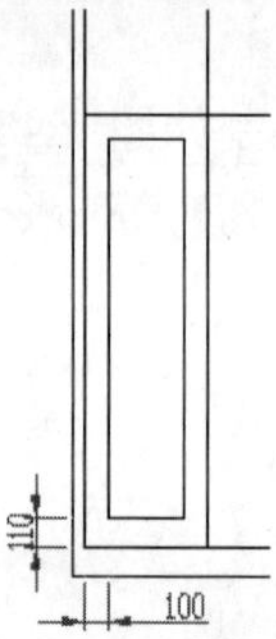

图 11-86　绘制的内框

❼以刚绘制的矩形 4 个角点为圆心，绘制半径为 50 的圆，如图 11-87 所示。

❽单击菜单栏上的【绘图】|【边界】命令，在内框区域内拾取一点，创建一条闭合的多段线边界，如图 11-88 所示。

❾将创建的边界向内偏移 10 个单位，然后将 4 个圆和矩形删除，结果如图 11-89 所示。

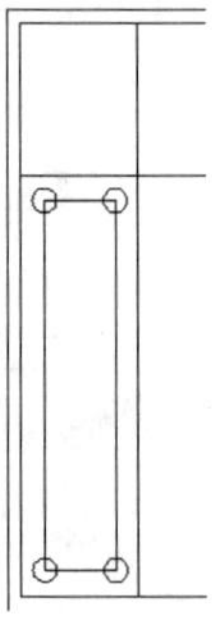

图 11-87　绘制的圆

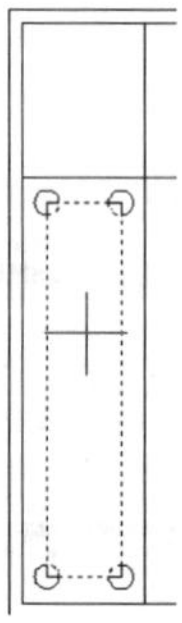

图 11-88　创建边界

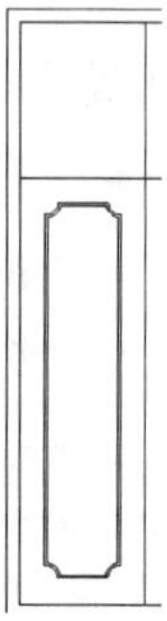

图 11-89　删除结果

❿参照 6~9 操作步骤，绘制上侧的内框，如图 11-90 所示。

⓫使用【矩形】命令，以图 11-90 所示的端点 A 作为参照点，以（@-25,-260）的点作为右下角点，配合【捕捉自】功能绘制长度为长度为 20、宽度为 120 的矩形作为把手，如图 11-91 所示。

⓬重复使用【矩形】命令，以图 11-91 所示的端点 B 作为参照点，以（@-25,-765）的点作为右下角点，配合【捕捉自】功能绘制长度为 20、宽度为 160 的矩形，作为把手，如图 11-92 所示。

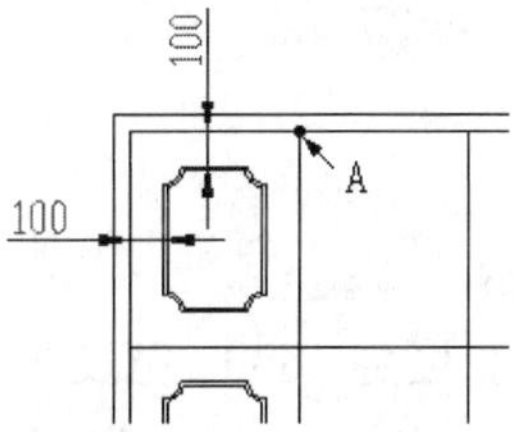

图 11-90 绘制上侧内框

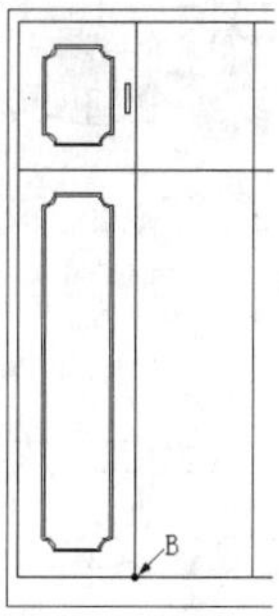

图 11-91 绘制上侧把手

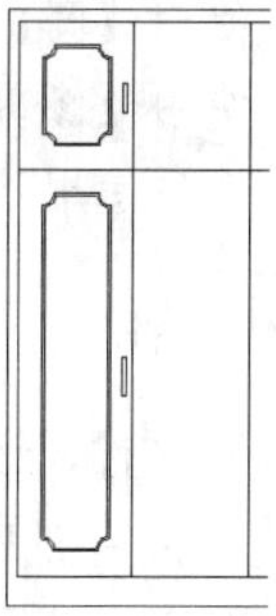

图 11-92 绘制下侧把手

⑬使用快捷键 MI 激活【镜像】命令，对内框及把手进行镜像，结果如图 11-93 所示。

⑭使用快捷键 AR 激活【阵列】命令，设置阵列行数为 1、列数为 3、列偏移为 1000 个单位，然后框选如图 11-94 所示的图形进行阵列，阵列结果如图 11-82 所示。

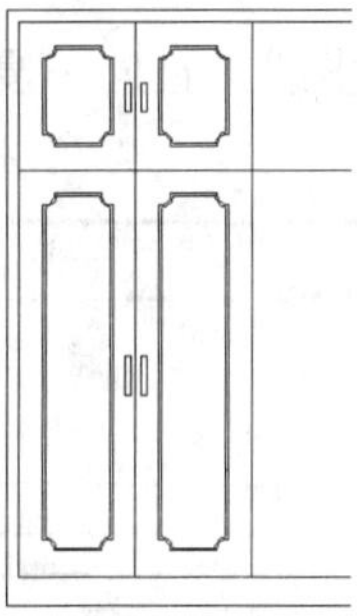

图 11-93 镜像结果

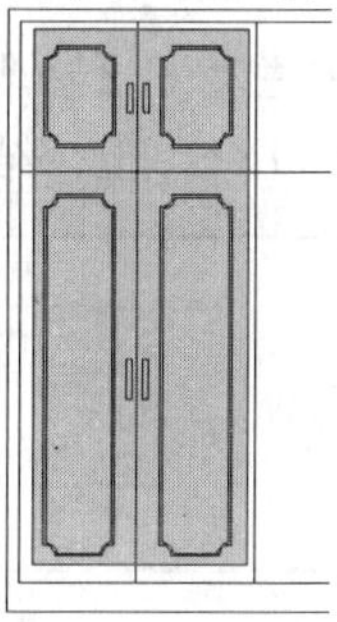

图 11-94 窗口选择

⑮最后使用【保存】命令，将图形命名并存储为“衣柜.dwg”文件。

实例 7 绘制栏杆立面图

本例通过绘制如图 11-95 所示的栏杆立面图，主要对【矩形】、【圆】、【多线】、【修剪】、【偏移】、【镜像】等命令进行强化练习和综合运用。

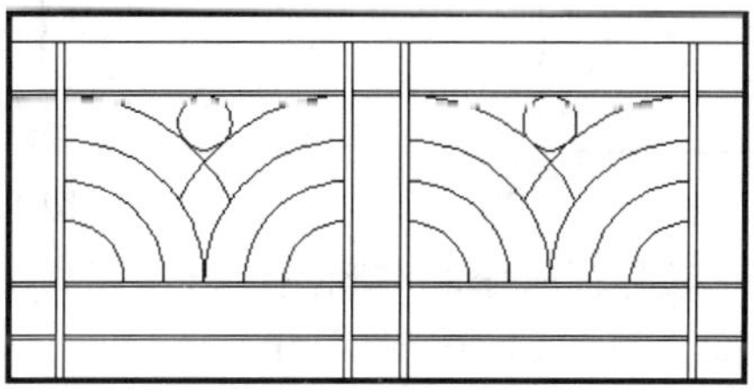

图 11-95 栏杆立面图

绘制思路

- 新建文件，并设置绘图环境。
- 使用【矩形】命令绘制栏杆的边框。
- 使用【多线】、【复制】命令绘制栏杆支撑。

- 使用【圆】命令绘制栏杆的弧形部分。
- 使用【修剪】、【偏移】和【多线编辑工具】命令进行综合编辑。
- 最后使用【保存】将图形存盘。

操作步骤

❶新建文件，设置图形界限为3000×1500，并将其最大化显示。

❷使用快捷键REC激活【矩形】命令，设置线宽为10，绘制长度为1840、宽度为900的宽度矩形作为外框。

❸单击菜单栏上的【绘图】|【直线】命令，配合【捕捉自】功能，以矩形左上角点作为参照点，以（@0,-70）作为起点，绘制长度为1840的直线。

❹单击菜单栏上的【绘图】|【多线】命令，设置多线比例为10，绘制长度为1840的多线，如图11-96所示。

❺单击菜单栏上的【修改】|【复制】命令，将刚绘制的多线垂直向下复制两份，距离分别为470和600个单位，结果如图11-97所示。

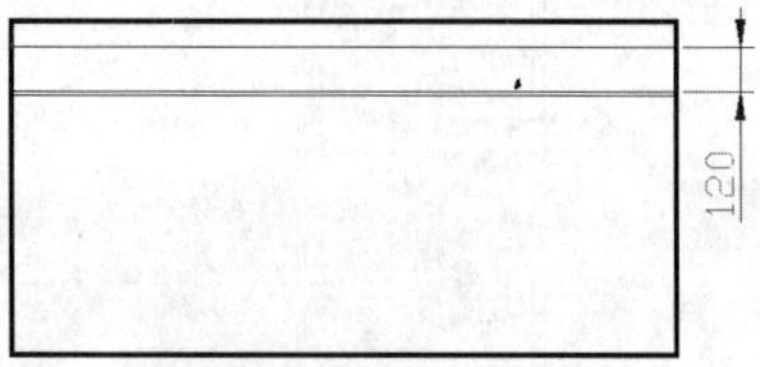

图11-96　绘制的多线

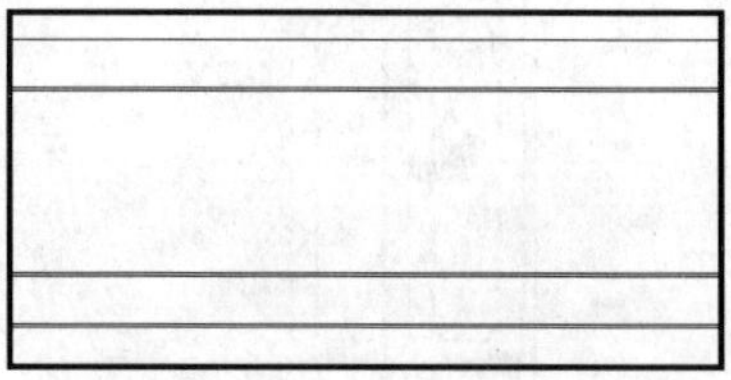

图11-97　复制结果

❻重复使用【多线】命令，配合【捕捉自】功能，设置多线比例为20，绘制长度为830的垂直多线，结果如图11-98所示。

❼将垂直多线向右复制720个单位，然后以交点B为圆心，绘制半径为350的圆，如图11-99所示。

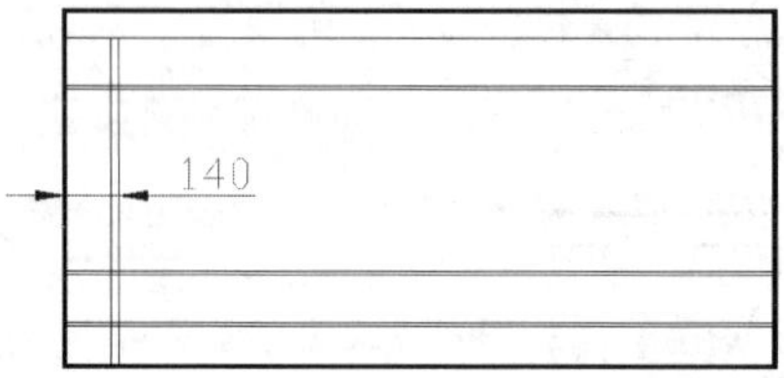

图11-98　绘制的垂直多线

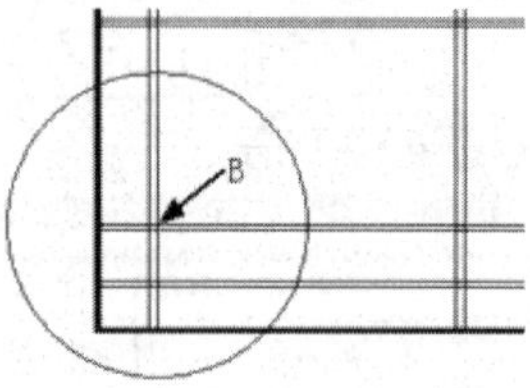

图11-99　绘制的圆

❽使用快捷键TR激活【修剪】命令，对圆图形进行修剪，结果如图11-100所示。

❾将修剪后产生的圆弧向内侧偏移100和200个单位，向外偏移110个单位，结果如图11-101所示。

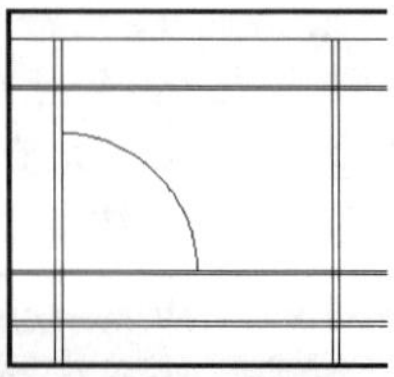

图11-100　修剪结果

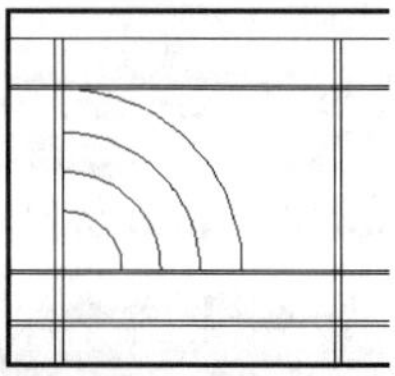

图11-101　偏移结果

⑩使用快捷键 MI 激活【镜像】命令，将 4 条圆弧进行镜像，结果如图 11-102 所示。

⑪单击菜单栏上的【绘图】|【圆】|【相切、相切、相切】命令，绘制如图 11-103 所示的相切圆。

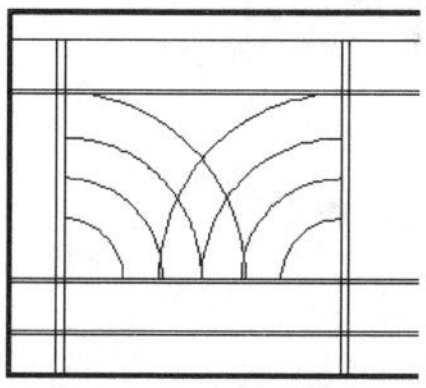

图 11-102 镜像结果

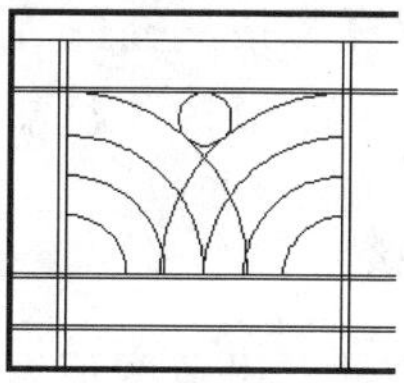

图 11-103 绘制相切圆

⑫使用快捷键 TR 激活【修剪】命令，对圆弧进行修剪，结果如图 11-104 所示。

⑬使用快捷键 MI 激活【镜像】命令，将内部的图形结构进行镜像，结果如图 11-105 所示。

⑭单击菜单栏上的【修改】|【对象】|【多线】命令，使用命令中的“十字闭合”选项功能，对十字相交的多线进行编辑，最终效果如图 11-95 所示。

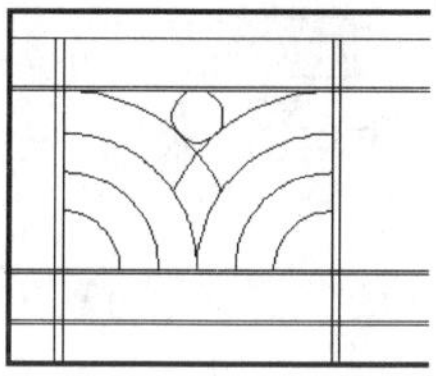

图 11-104 修剪结果

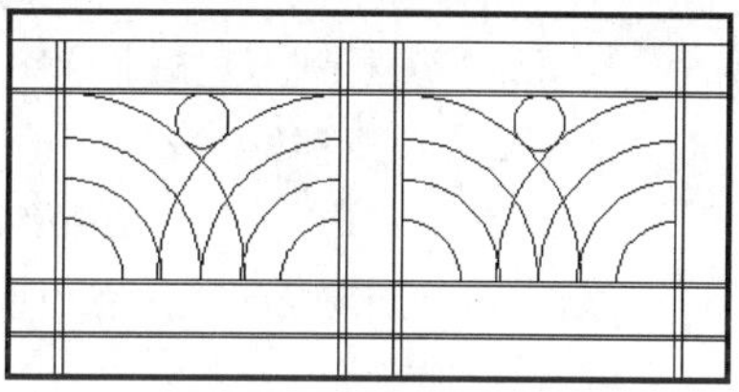

图 11-105 镜像结果

⑮使用【保存】命令，将图形命名存储为“栏杆.dwg”文件。

实例 8 绘制推拉门立面图

本例通过绘制如图 11-106 所示的推拉门立面图例，主要对【多线】、【多段线】、【复制】、【图案填充】、【阵列】、【偏移】和【修剪】等命令进行综合练习和巩固。

图 11-106 推拉门立面图

绘制思路

- 新建文件，并启用对象捕捉与追踪功能。
- 设置图形界限并将其最大化显示。

- 使用【多线】命令绘制推拉门外框。
- 使用【复制】、【多线编辑工具】命令对图形进行编辑。
- 使用【多段线】命令绘制推拉门的拉手。
- 使用【图案填充】、【阵列】、【修剪】等命令进行修饰完善。
- 最后使用【保存】命令将图形命名存盘。

操作步骤

❶新建文件，设置图形界限为3000×3000，并将其最大化显示。

❷单击菜单栏上的【绘图】|【多线】命令，设置多线比例为12，绘制推拉门外边框，其中外框高度为2100、宽度为2600，绘制结果如图11-107所示。

❸重复执行【多线】命令，配合【捕捉自】功能，绘制门套的内边框，命令行操作如下：

```
命令: MLINE
    当前设置: 对正 = 上，比例 = 12.00，样式 = STANDARD
    指定起点或 [对正(J)/比例(S)/样式(ST)]:            //j Enter，激活【对正】选项
    输入对正类型 [上(T)/无(Z)/下(B)] <上>:             //b Enter，激活【下】选项
    当前设置: 对正 = 下，比例 = 12.00，样式 = STANDARD
    指定起点或 [对正(J)/比例(S)/样式(ST)]:            //激活【捕捉自】功能
    _from 基点:                                       //捕捉外边框的左下侧的外角点
    <偏移>:                                           //@100,0 Enter
    指定下一点:                                       //@0,2000 Enter
    指定下一点或 [放弃(U)]:                           //@2400,0 Enter
    指定下一点或 [闭合(C)/放弃(U)]:                   //@0,-2000 Enter
    指定下一点或 [闭合(C)/放弃(U)]:                   // Enter，绘制结果如图 11-108 所示
```

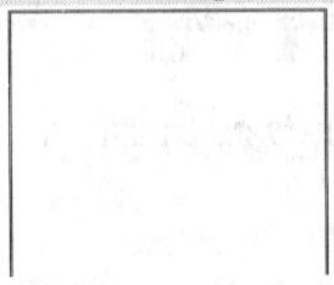

图11-107 绘制外框

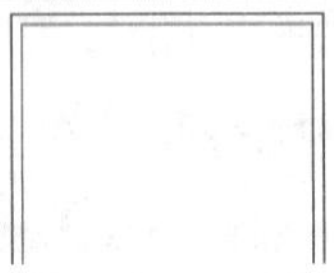

图11-108 绘制内框

❹再次执行【多线】命令，参照上述方法，绘制门扇下部边框，命令行操作如下：

```
命令: MLINE 当前设置: 对正 = 下，比例 = 12.00，样式 = STANDARD
    指定起点或 [对正(J)/比例(S)/样式(ST)]:            //j Enter，激活【对正】选项
    输入对正类型 [上(T)/无(Z)/下(B)] <下>:             //t Enter，激活【上】选项
    当前设置: 对正 = 上，比例 = 12.00，样式 = STANDARD
    指定起点或 [对正(J)/比例(S)/样式(ST)]:            //s Enter，激活【比例】选项
    输入多线比例 <12.00>:                             //20 Enter
    当前设置: 对正 = 上，比例 = 20.00，样式 = STANDARD
    指定起点或 [对正(J)/比例(S)/样式(ST)]:            //激活【捕捉自】功能
    _from 基点:                                       //捕捉内边框的内侧下角点
```

<偏移>: //@100,120 Enter
指定下一点: //@0,500 Enter
指定下一点或 [放弃(U)]: //@600,0 Enter
指定下一点或 [闭合(C)/放弃(U)]: //@0,-500 Enter
指定下一点或 [闭合(C)/放弃(U)]: //c Enter，结果如图 11-109 所示

❺重复【多线】命令，配合【捕捉自】和【端点捕捉】功能，根据图示尺寸，绘制如图 11-110 所示的闭合多线。

❻分别使用【多线】和【直线】命令，配合【中点捕捉】功能，绘制如图 11-111 所示的中线，其中多线宽度为 10。

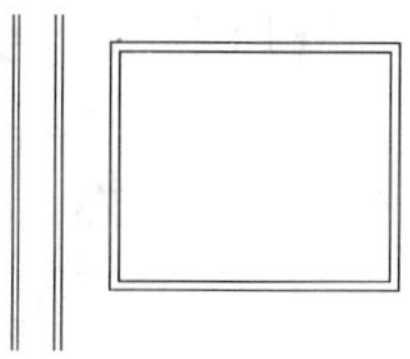

图 11-109 绘制下部边框

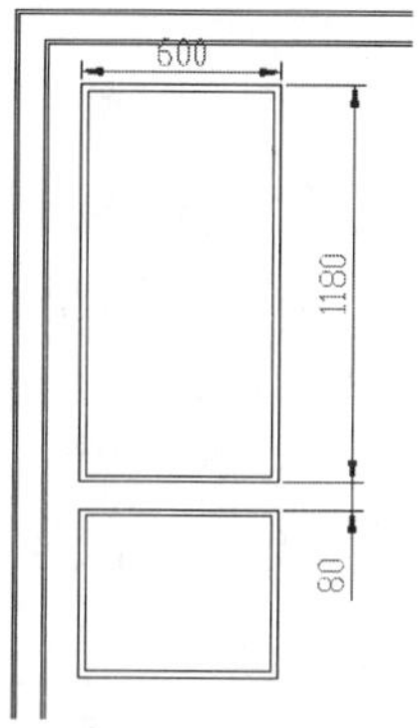

图 11-110 绘制结果

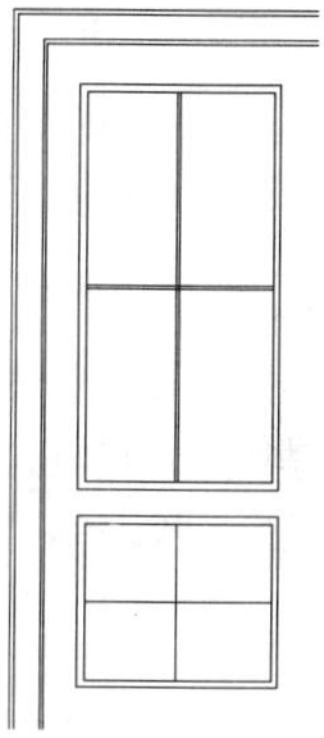

图 11-111 绘制的中线

❼选中多线横向支撑，将其沿垂直方向对象复制 180 个单位，结果如图 11-112 所示。

❽使用【直线】命令绘制内框对角线作为辅助线，然后使用【缩放】命令，将内框缩放复制。命令行操作如下：

命令: _scale
选择对象: //选择如图 11-113 所示的外框
选择对象: // Enter
指定基点: //捕捉对角线的中点
指定比例因子或 [复制(C)/参照(R)] <1.0000>: //c Enter ，激活【复制】选项
缩放一组选定对象。
指定比例因子或 [复制(C)/参照(R)] <1.0000>: //0.5Enter，结果如图 11-114 所示

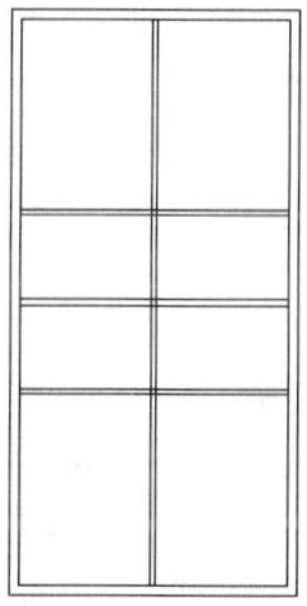

图 11-112 复制结果

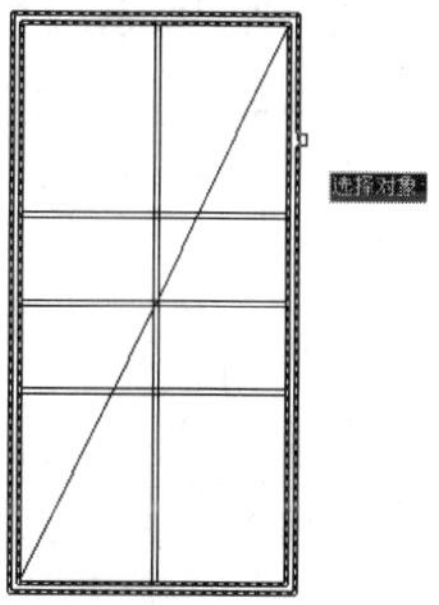

图 11-113 选择外框

❾删除对角线，然后以缩放复制出的多线边框作为修剪边界，对内部的多线进行修剪，

结果如图 11-115 所示。在修剪过程中，从弹出的菜单上选择【闭合】选项。

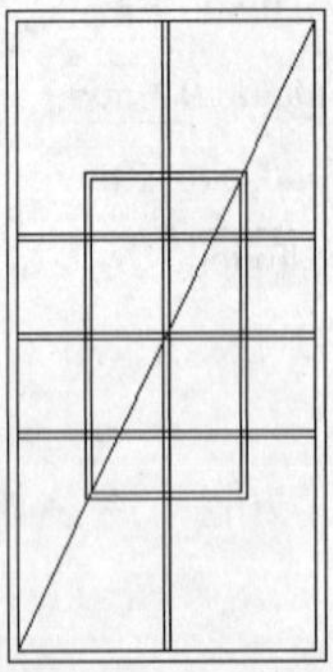

图 11-114　缩放结果

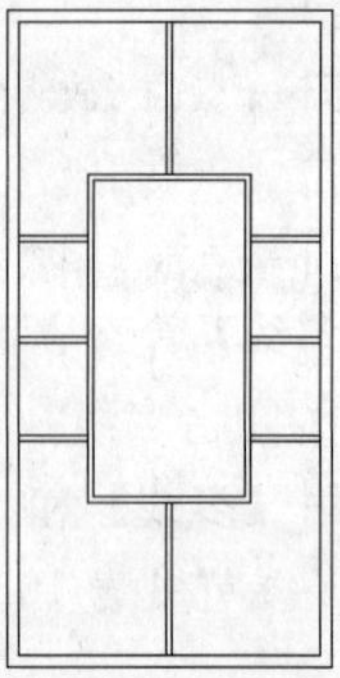

图 11-115　修剪结果

⑩使用【多线】命令，配合【捕捉自】能绘制如图 11-116 所示的把手轮廓线，其中多线的宽度为 5，把手外框的长度为 30、宽度为 120。

⑪单击菜单栏上的【绘图】|【图案填充】命令，设置填充图案为 STEEL，填充比例为 30，填充如图 11-117 所示的图案。

⑫单击菜单栏上的【修改】|【镜像】命令，对填充图案进行镜像，结果如图 11-118 所示。

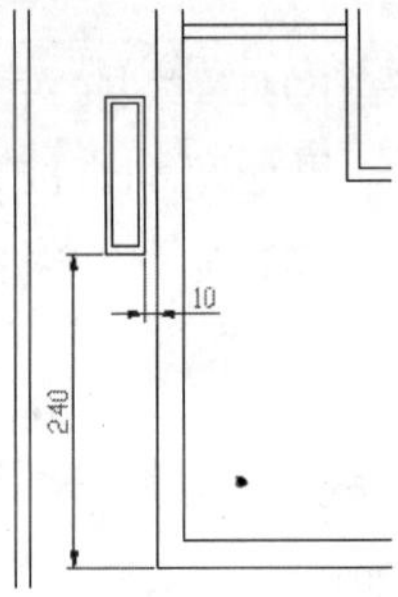

图 11-116　绘制把手轮廓线

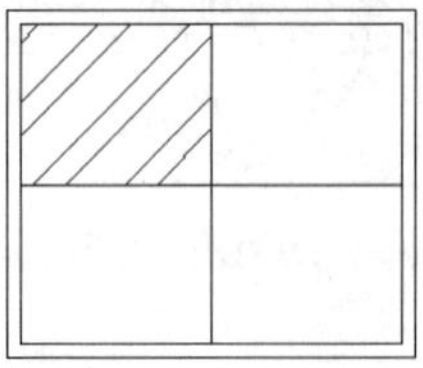

图 11-117　填充图案

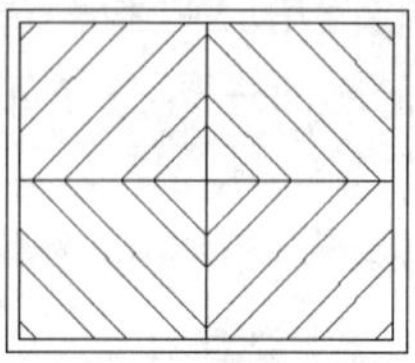

图 11-118　镜像结果

⑬单击菜单栏上的【绘图】|【多线】命令，配合【捕捉自】功能绘制垂直的多线，其中多线宽度为 20，绘制结果如图 11-119 所示。

⑭使用快捷键 AR 激活【阵列】命令，设置列数为 3 列，列偏移为 800 个单位，将左侧门扇进行阵列，结果如图 11-120 所示。

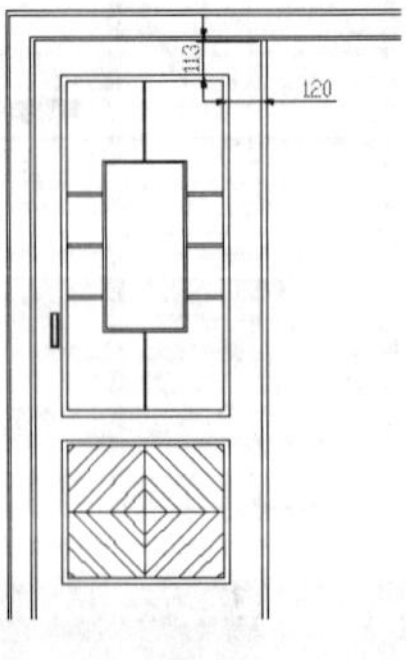

图 11-119　绘制垂直多线

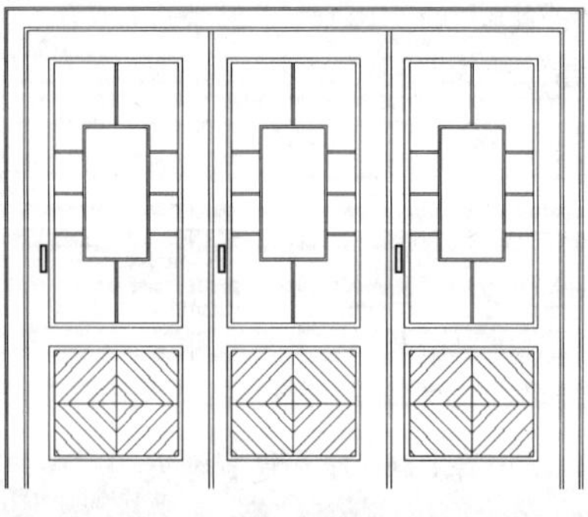

图 11-120　阵列结果

⑮使用【多段线】命令，设置宽度为 15，绘制如图 11-121 所示的多段线作为地平示意线。

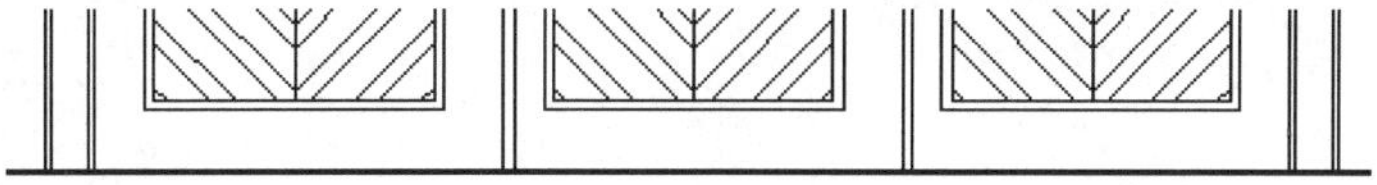

图 11-121　绘制地平示意线

⑯最后使用【保存】命令，将图形命名存储为“推拉门.dwg”文件。

实例 9　制作资料柜立体造型

本例通过制作如图 11-122 所示的资料柜立体造型，主要对【拉伸】、【长方体】、【圆柱体】、【三维视图】、【三维隐藏】、【概念视觉样式】、【三维阵列】、【差集】等命令进行强化练习和综合运用。

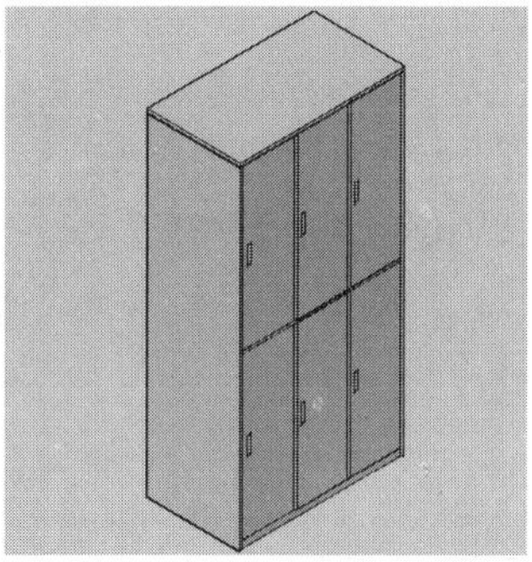

图 11-122　资料柜立体造型

绘制思路

- 调用资料柜文件，并对其进行拷贝调整。
- 使用【拉伸】、【西南等轴测】、【概念】等命令制作衣柜外框。
- 使用【拉伸】、【三维隐藏】、【概念】等命令制作内部隔板。
- 使用【拉伸】、【三维隐藏】、【概念】等命令制作柜门造型。
- 使用【圆柱体】、【三维阵列】、【差集】等命令制作把手。
- 最后使用【保存】命令将图形存盘。

操作步骤

❶打开上例绘制的“资料柜.dwg”文件，然后按 Ctrl+C 键，将资料柜图形复制，并关闭该文件。

❷快速新建空白文件，并把当前视图切换为前视图。

❸单击菜单栏上的【编辑】|【粘贴】命令，将资料柜主视图粘贴到空白文件中，并适当调整视图。

❹单击【建模】工具栏中的按钮，分别选择衣柜侧板、顶板和底板等外框，将其沿 Z 轴负方向拉伸 500 个单位。

❺单击菜单栏上的【视图】|【三维视图】|【西南等轴测】命令，将视图切换为西南视图，结果如图 11-123 所示，概念着色效果如图 11-124 所示。

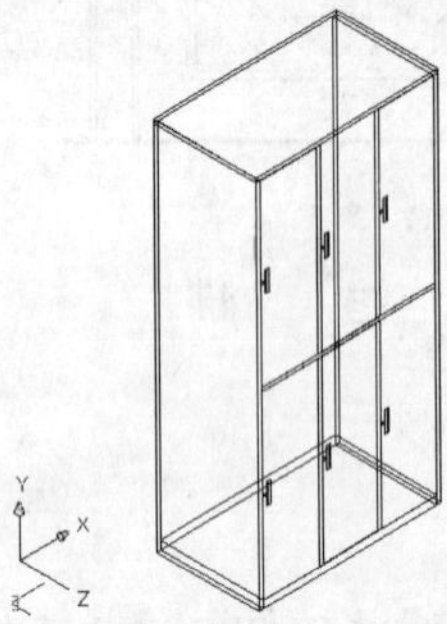

图 11-123　切换视图

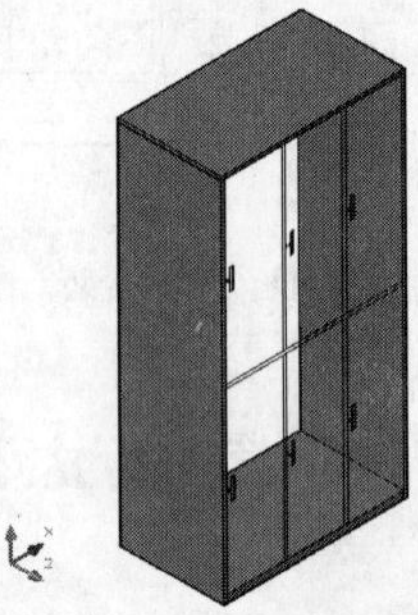

图 11-124　概念着色效果

❻单击菜单栏上的【绘图】|【建模】|【长方体】命令，配合端点捕捉功能制作资料柜后侧挡板。命令行操作如下：

命令: _box
指定第一个角点或 [中心(C)]:　　//捕捉如图 11-125 所示的端点
指定其他角点或 [立方体(C)/长度(L)]:　　//捕捉如图 11-126 所示的端点
指定高度或 [两点(2P)] <-500.0000>:　　//沿 Z 轴正方向输入 18 Enter，结果如图 11-127 所示，其概念着色效果如图 11-128 所示

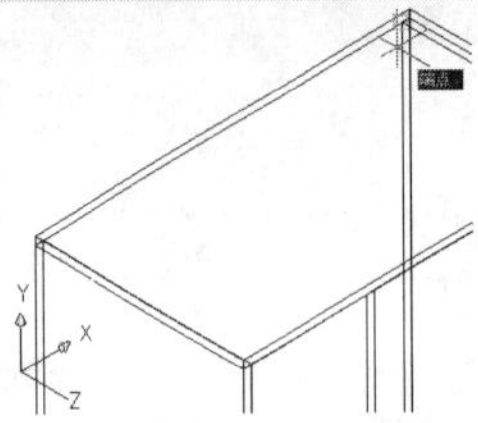

图 11-125　捕捉上侧端点

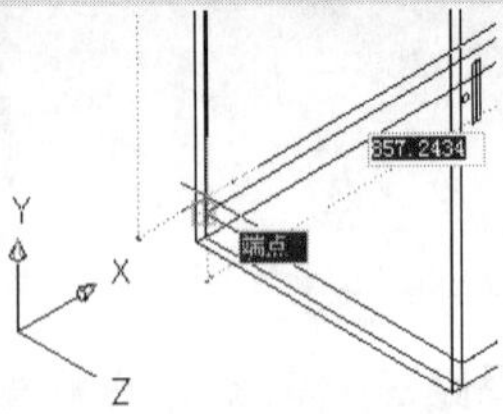

图 11-126　捕捉下侧端点

❼单击菜单栏上的【视图】|【视觉样式】|【三维隐藏】命令，对模型进行消隐，结果如图 11-129 所示。

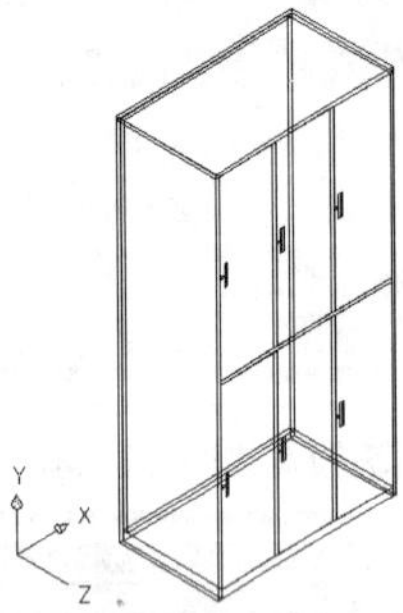

图 11-127　创建柜台侧挡板

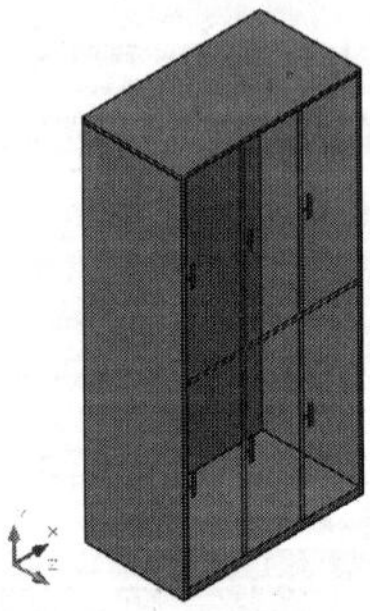

图 11-128　概念着色效果

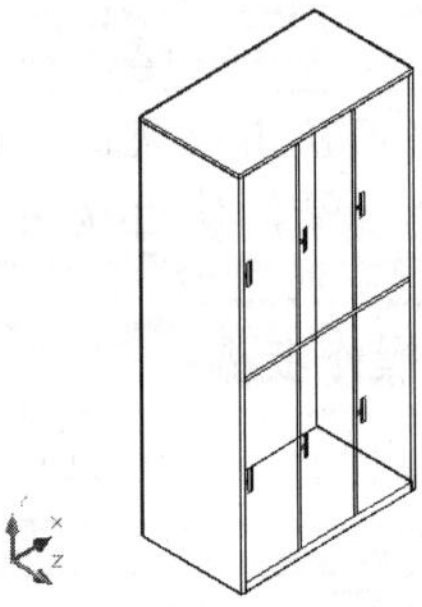

图 11-129　消隐结果

❽单击【建模】工具栏中的按钮，创建资料柜内部隔板模型。命令行操作如下：

命令: _extrude
当前线框密度: ISOLINES=4
选择要拉伸的对象:　　//选择如图 11-130 所示的矩形

选择要拉伸的对象: //选择如图 11-131 所示的矩形
选择要拉伸的对象: //选择如图 11-132 所示的矩形

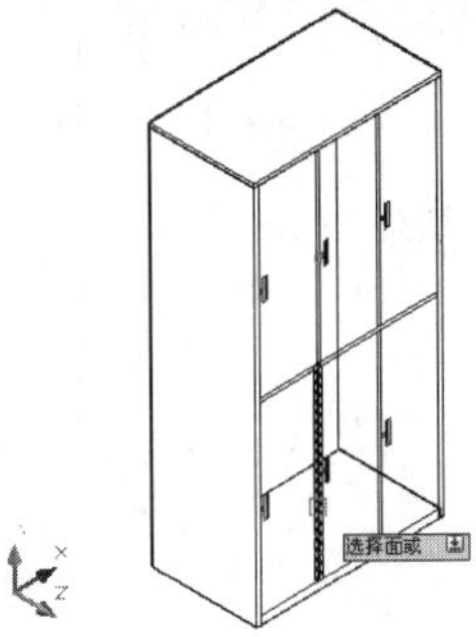

图 11-130 选择矩形 1

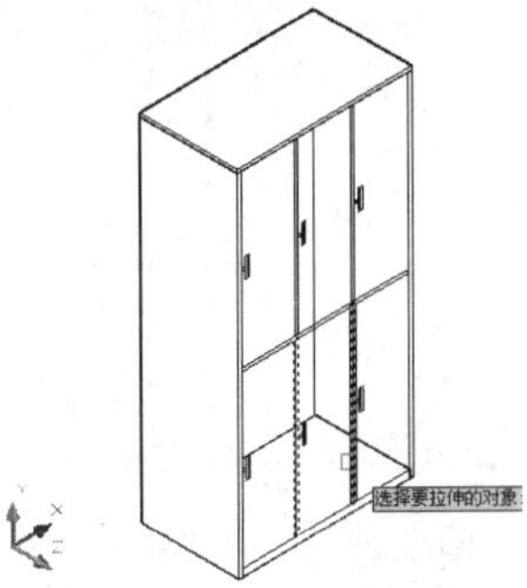

图 11-131 选择矩形 2

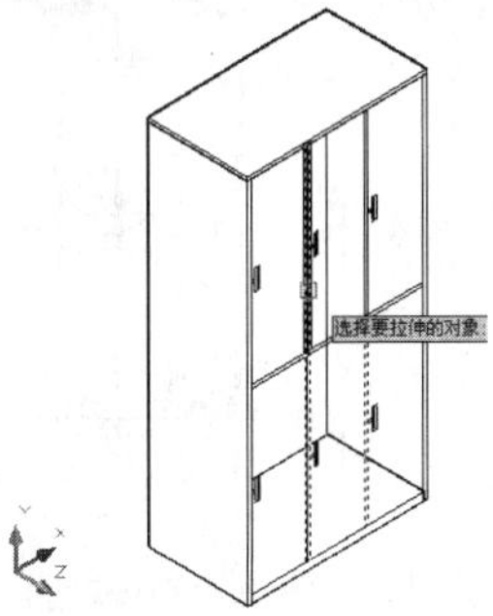

图 11-132 选择矩形 3

选择要拉伸的对象: //选择如图 11-133 所示的矩形
选择要拉伸的对象: //选择如图 11-134 所示的矩形

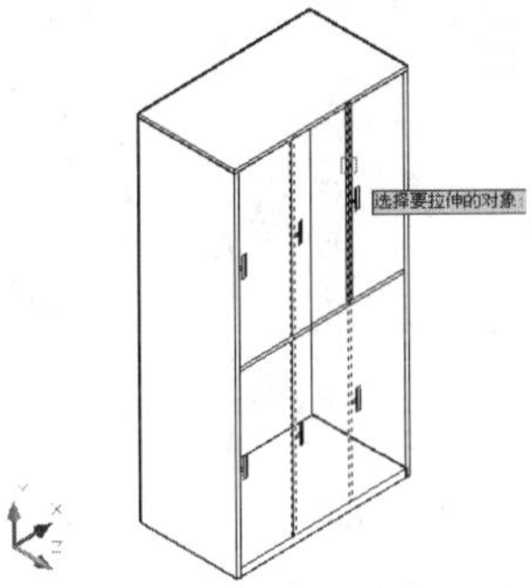

图 11-133 选择矩形 4

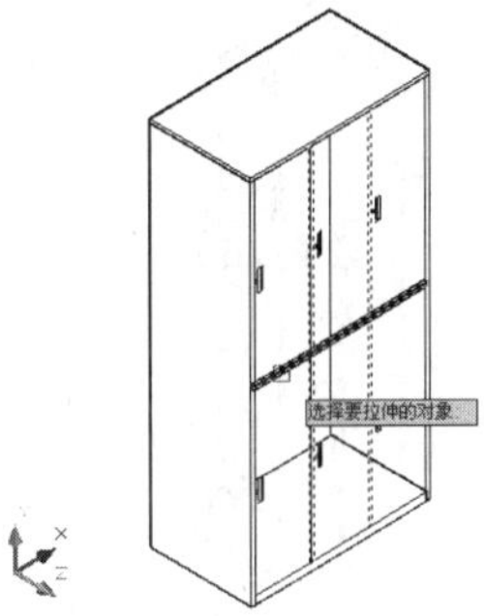

图 11-134 选择矩形 5

选择要拉伸的对象: // Enter，结束选择
指定拉伸的高度或 [方向(D)/路径(P)/倾斜角(T)] <18.0000>:
//-482 Enter，拉伸结果如图 11-135 所示，其概念着色效果如图 11-136 所示

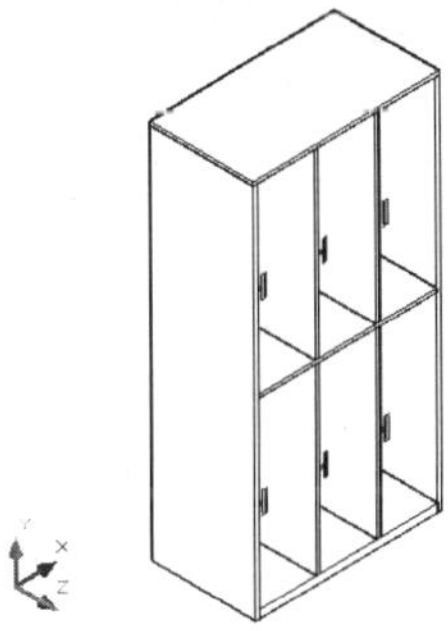

图 11-135 拉伸结果

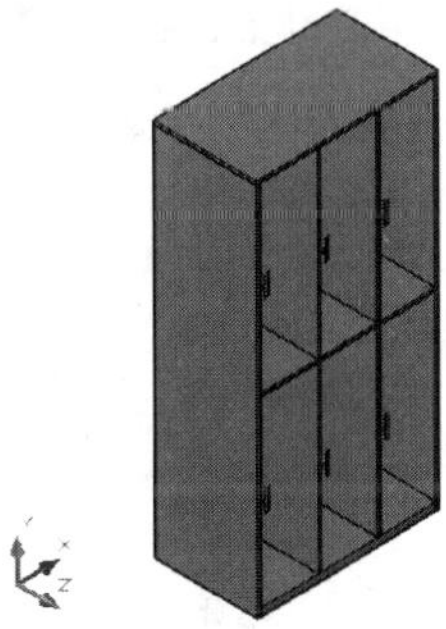

图 11-136 概念着色效果

⑨重复执行【拉伸】命令，创建资料柜各位置的门模型。命令行操作如下：

命令: _extrude
当前线框密度: ISOLINES=4
选择要拉伸的对象: //选择如图 11-137 所示的矩形
选择要拉伸的对象: //选择如图 11-138 所示的矩形

选择要拉伸的对象:　　　　　　　　//选择如图 11-139 所示的矩形

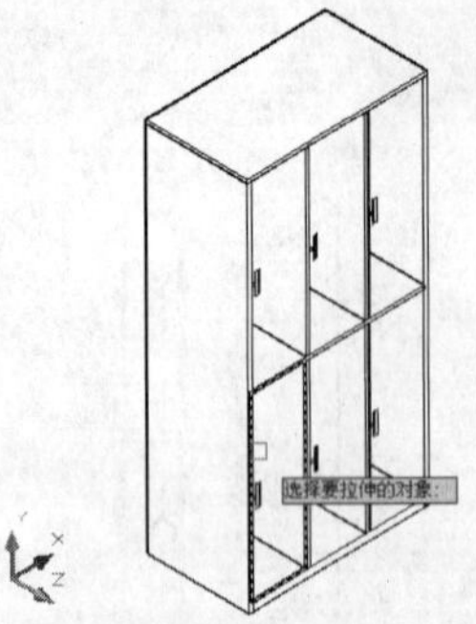

图 11-137　选择矩形 1

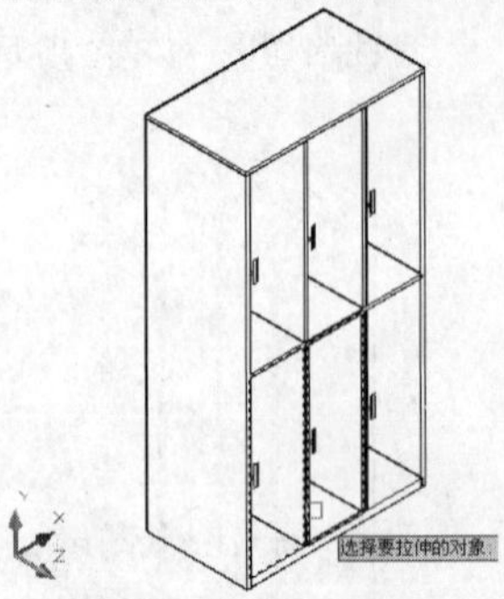

图 11-138　选择矩形 2

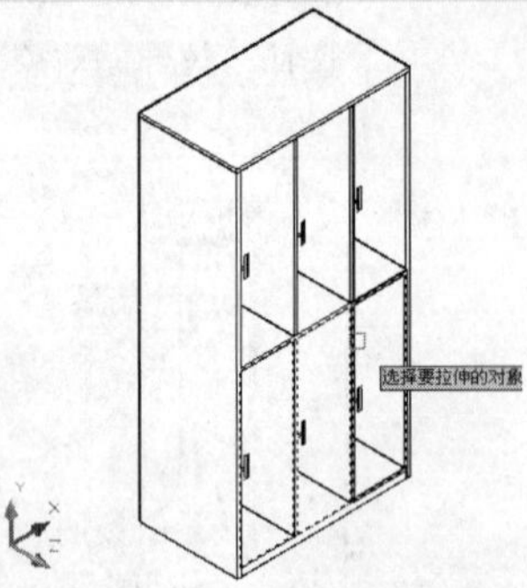

图 11-139　选择矩形 3

选择要拉伸的对象:　　　　　　　　//选择如图 11-140 所示的矩形
选择要拉伸的对象:　　　　　　　　//选择如图 11-141 所示的矩形
选择要拉伸的对象:　　　　　　　　//选择如图 11-142 所示的矩形

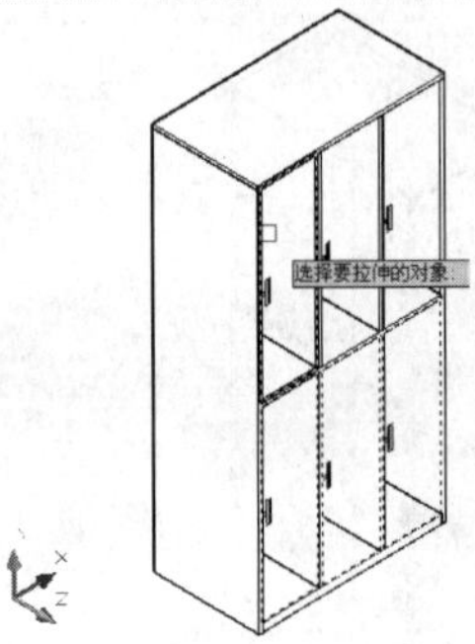

图 11-140　选择矩形 4

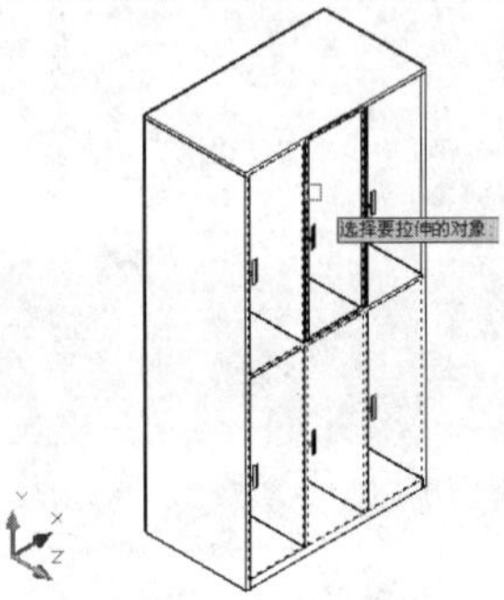

图 11-141　选择矩形 5

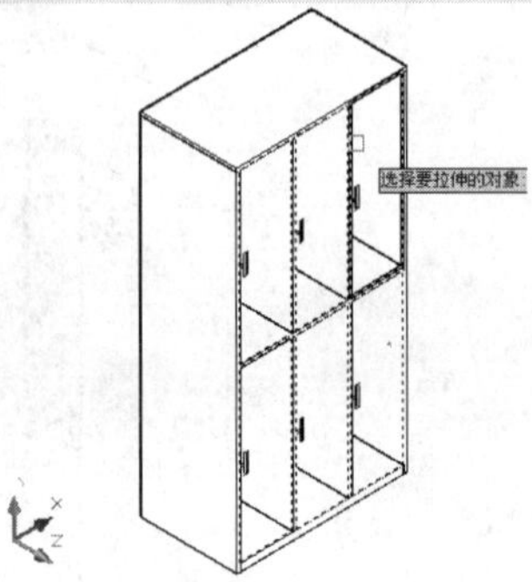

图 11-142　选择矩形 6

选择要拉伸的对象: // Enter，结束选择
指定拉伸的高度或 [方向(D)/路径(P)/倾斜角(T)] <-482.0000>:
//-18 Enter，拉伸结果如图 11-143 所示，其概念着色效果如图 11-144 所示

⑩单击菜单栏上的【工具】|【新建 UCS】|【世界】命令，将当前坐标系恢复为世界坐标系，如图 11-145 所示。

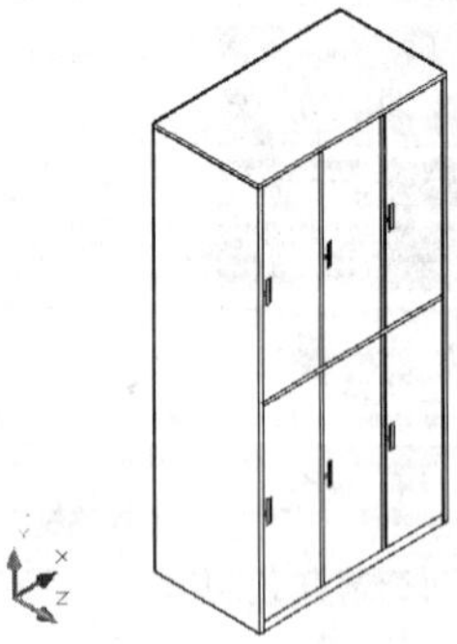

图 11-143　拉伸结果

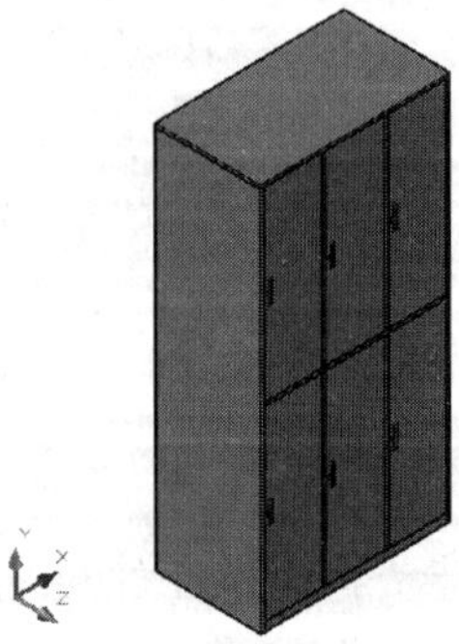

图 11-144　概念着色效果

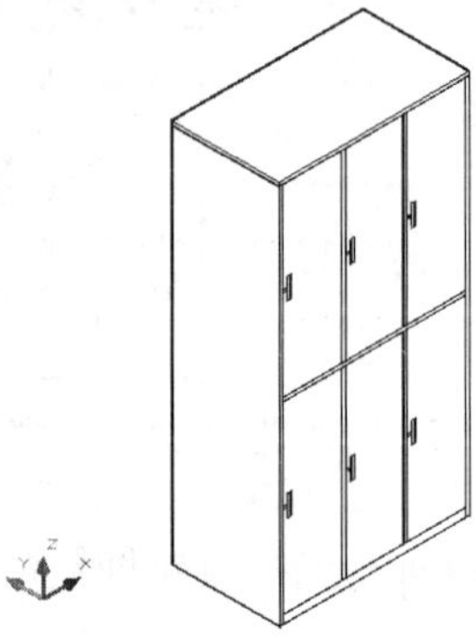

图 11-145　切换世界坐标系

⑪单击菜单栏上的【绘图】|【建模】|【圆柱体】命令，配合端点捕捉功能创建圆柱体。命令行操作如下：

```
命令: _cylinder
    指定底面的中心点或 [三点(3P)/两点(2P)/相切、相切、半径(T)/椭圆(E)]:
                                                    //捕捉如图 11-146 所示的端点
    指定底面半径或 [直径(D)]:                         //捕捉如图 11-147 所示的端点
    指定高度或 [两点(2P)/轴端点(A)] <-18.0000>:        //捕捉如图 11-148 所示的端点
```

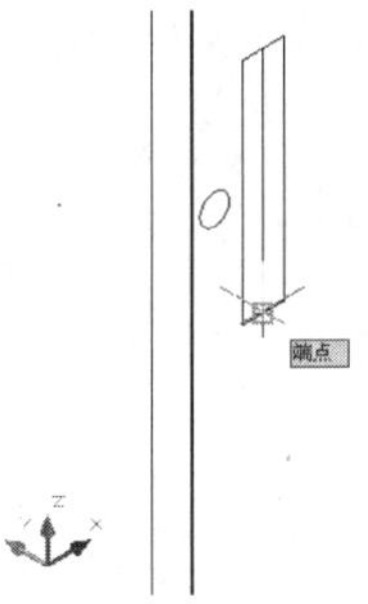

图 11-146　定位圆心

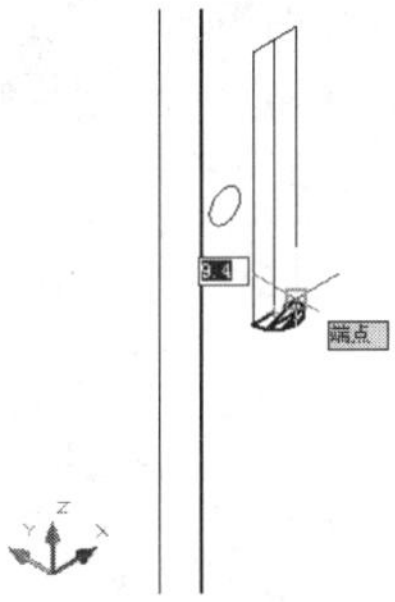

图 11-147　定位半径

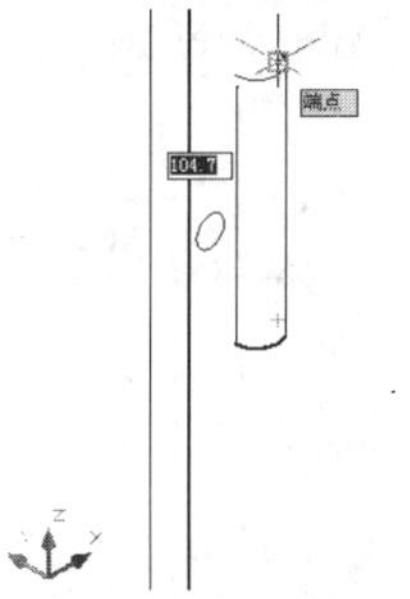

图 11-148　定位高度

⑫单击菜单栏上的【修改】|【三维操作】|【三维阵列】命令，对刚创建的圆柱体进行三维阵列。命令行操作如下：

```
命令: _3darray
    选择对象:                        //选择如图 11-149 所示的圆柱体
    选择对象:                        // Enter，结束选择
    输入阵列类型 [矩形(R)/环形(P)] <矩形>:  //r Enter，激活【矩形】选项
    输入行数 (---) <1>:              // Enter
    输入列数 (|||) <1>:              //3 Enter
    输入层数 (...) <1>:              //2 Enter
    指定列间距 (|||):                //294 Enter
    指定层间距 (...):                //880 Enter，结果如图 11-150 所示，其概念效果如图 11-151 所示
```

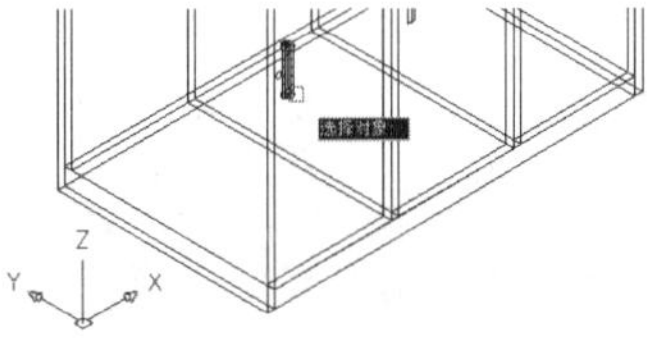

图 11-149　选择圆柱体

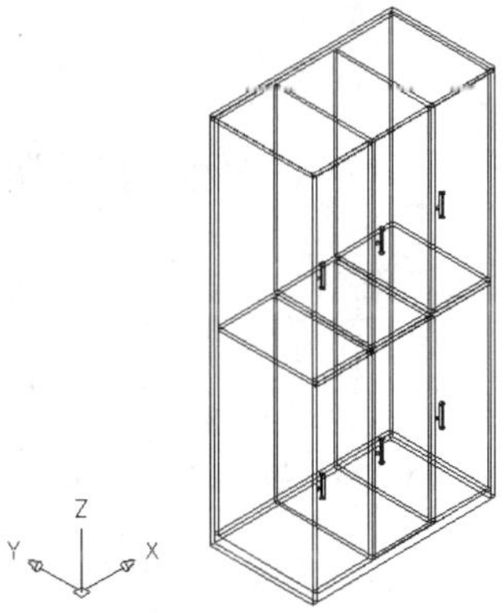

图 11-150　阵列结果

图 11-151　概念着色

⑬单击菜单栏上的【修改】|【实体编辑】|【差集】命令，对资料柜门拉伸实体和圆柱体进行差集运算。命令行操作如下：

```
命令: _subtract
    选择要从中减去的实体或面域...
    选择对象:                    //选择如图 11-152 所示的 6 个柜门拉伸实体
    选择对象:                    // Enter，结束选择
    选择要减去的实体或面域 ..
    选择对象:                    //选择如图 11-153 所示的 6 个圆柱体
    选择对象:                    // Enter，结束命令
```

⑭单击菜单栏上的【视图】|【消隐】命令，结果如图 11-154 所示。

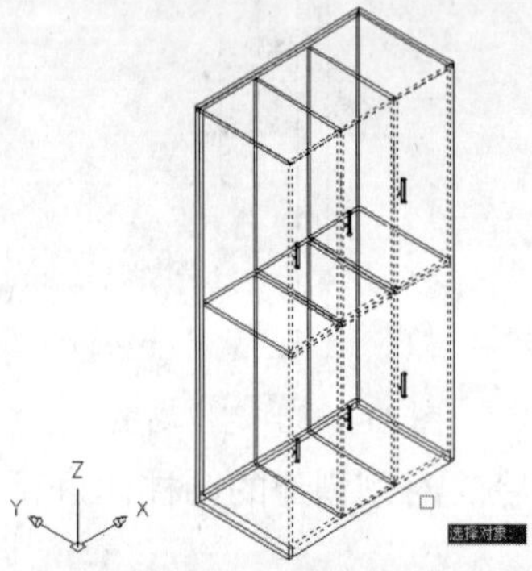

图 11-152　选择柜门

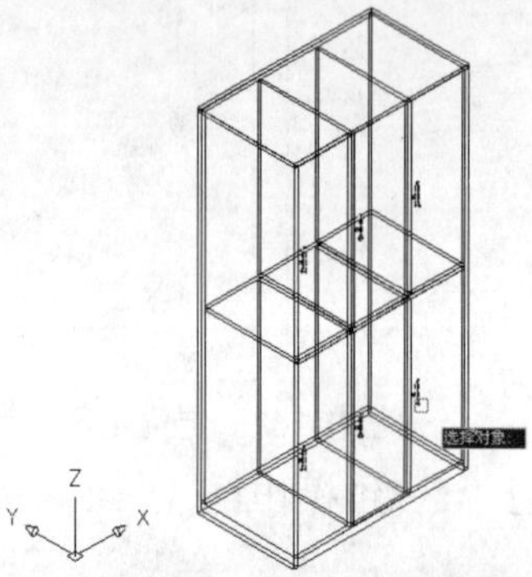

图 11-153　选择圆柱体

图 11-154　消隐效果

⑮修改模型颜色为 253 号色，然后单击菜单栏上的【视图】|【视觉样式】|【概念】命令，最终效果如图 11-122 所示。

⑯最后使用【保存】命令，将图形存储为"资料柜立体造型.dwg"文件。

实例 10　制作班台立体造型

本例通过制作如图 11-155 所示的大班台立体造型，主要对【拉伸】、【复制】、【镜像】、【移动】、【长方体】等命令进行强化练习和综合运用。

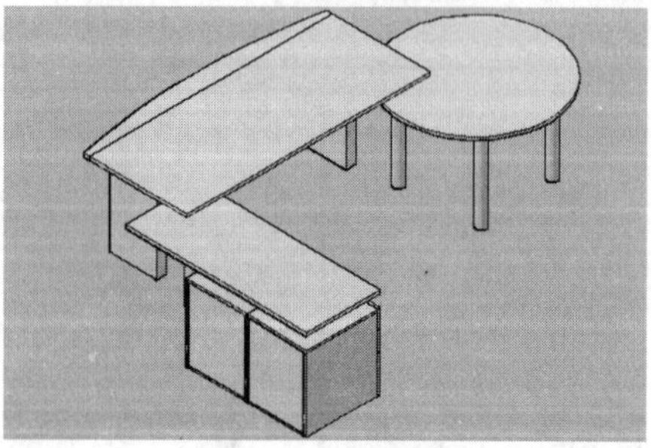
图 11-155　班台立体造型

绘制思路

- 首先调用资料柜平面图文件。
- 使用【拉伸】、【移动】、【西南等轴测】命令创建班台主桌造型。
- 使用【复制】、【镜像】、【拉伸】、【移动】、【长方体】等命令创建侧柜造型。

- 使用【移动】、【拉伸】等命令创建侧桌造型。
- 最后对模型进行着色和存盘。

操作步骤

❶打开上例保存的“班台.dwg”文件。

❷单击【建模】工具栏中的按钮，将桌面板轮廓线拉伸为三维实体，命令行操作如下：

```
命令: _extrude
    当前线框密度:  ISOLINES=4
    选择要拉伸的对象:                                  //选择如图 11-156 所示的轮廓线
    选择要拉伸的对象:                                  //选择如图 11-157 所示的矩形
    选择要拉伸的对象:                                  // Enter
    指定拉伸的高度或 [方向(D)/路径(P)/倾斜角(T)]:       //-25 Enter，指定拉伸高度
```

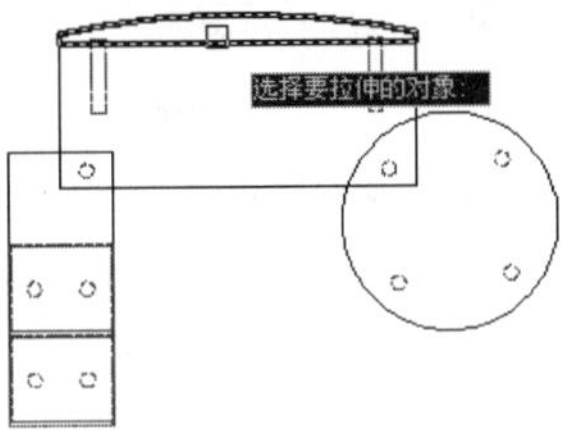

图 11-156　选择轮廓线

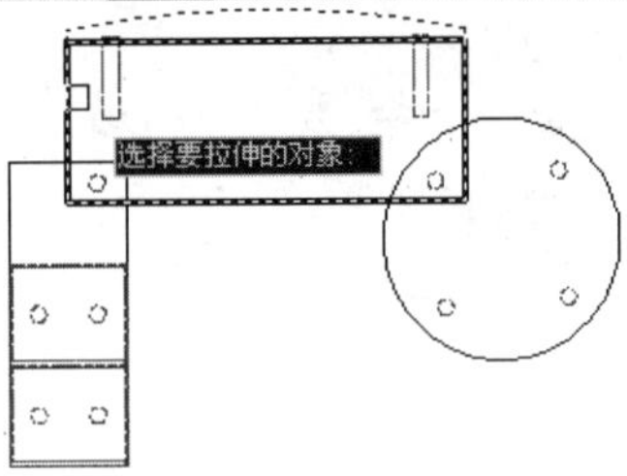

图 11-157　选择矩形

❸重复执行【拉伸】命令，将桌腿轮廓线拉伸为三维实体。命令行操作过程如下：

```
命令: _extrude
    当前线框密度:  ISOLINES=4
    选择要拉伸的对象:                                  //选择如图 11-158 所示的轮廓线
    选择要拉伸的对象:                                  //选择如图 11-159 所示的矩形
    选择要拉伸的对象:                                  // Enter
    指定拉伸的高度或 [方向(D)/路径(P)/倾斜角(T)] <-25.0000>: //-735 Enter，指定拉伸高度
```

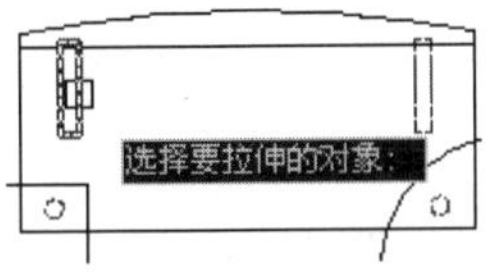

图 11-158　选择轮廓线

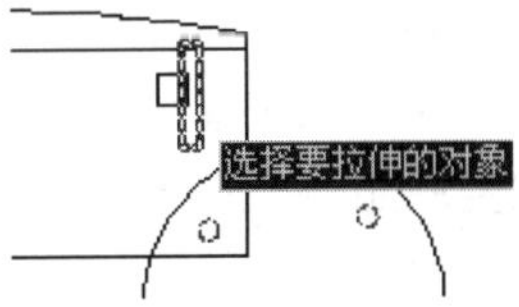

图 11-159　选择矩形

❹单击菜单栏上的【修改】|【移动】命令，将桌腿拉伸实体进行位移。命令行操作如下：

```
命令: _move
    选择对象:                                          //选择两个桌腿拉伸实体
    选择对象:                                          // Enter
    指定基点或 [位移(D)] <位移>:                       // Enter，拾取任一点
    指定第二个点或 <使用第一个点作为位移>:             //@0,0,-25 Enter，结束命令
```

❺单击菜单栏上的【视图】|【三维视图】|【西南等轴测】命令，将当前视图切换为西南视图，结果如图 11-160 所示。

❻重复【移动】命令，将侧柜俯视图轮廓线沿 Z 轴负方向移动 760 个单位，结果如图 11-161 所示。

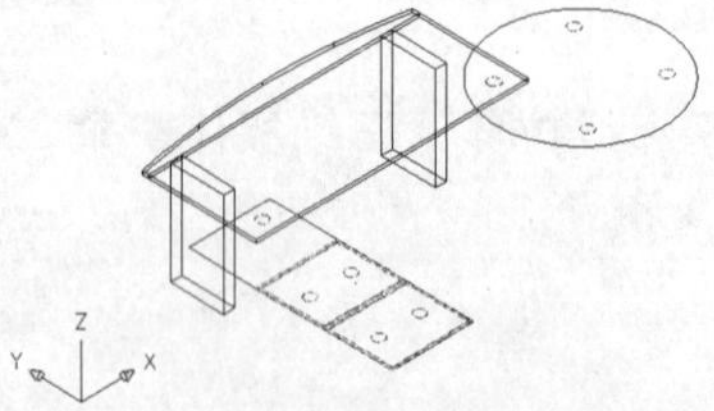

图 11-160　切换西南视图

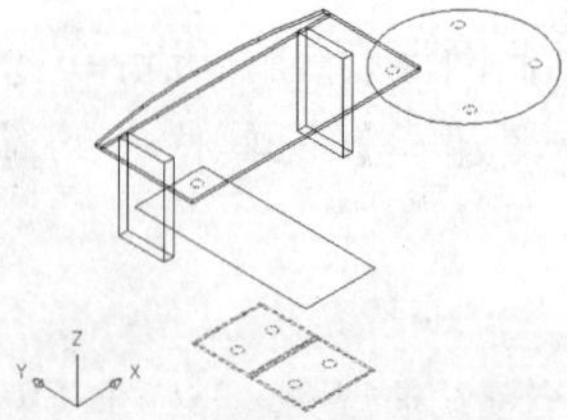

图 11-161　移动结果

❼单击【建模】工具栏中的按钮，激活【长方体】命令，配合端点捕捉功能创建底板造型。命令行操作如下：

```
命令: _box
    指定第一个角点或 [中心(C)]:                    捕捉如图 11-162 所示的端点
    指定其他角点或 [立方体(C)/长度(L)]:            //捕捉如图 11-163 所示的端点
    指定高度或 [两点(2P)] <592.0000>:              //18 Enter，创建结果如图 11-164 所示
```

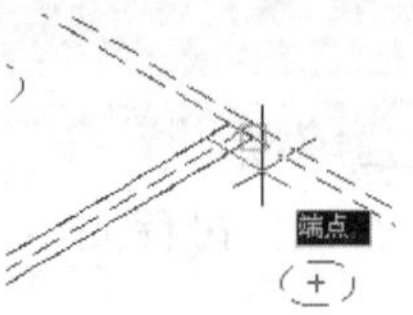

图 11-162　捕捉端点 1

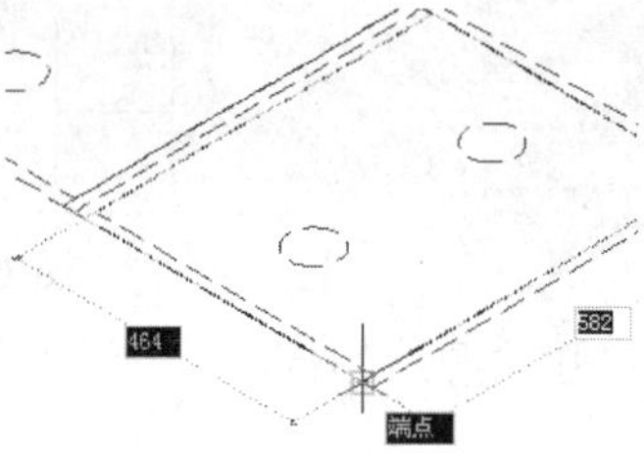

图 11-163　捕捉端点 2

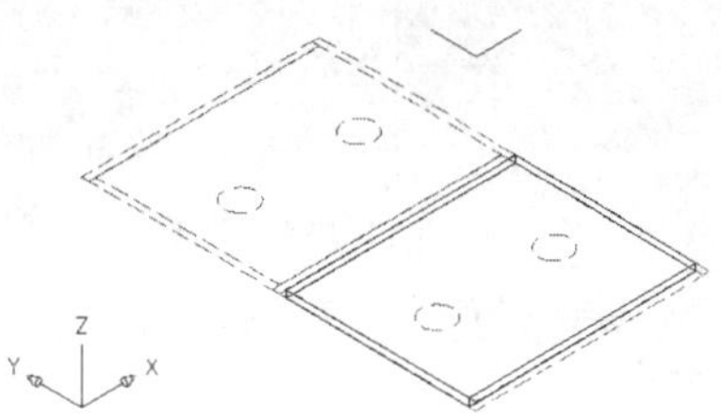

图 11-164　创建长方体

❽选择刚创建的长方体，然后单击菜单栏上的【工具】|【绘图顺序】|【后置】命令，将其后置。

❾单击【建模】工具栏中的按钮，激活【拉伸】命令，创建侧板模型，命令行操作如下：

```
命令: _extrude
    当前线框密度:  ISOLINES=4
    选择要拉伸的对象:                              //选择如图 11-165 所示的矩形
    选择要拉伸的对象:                              //选择如图 11-166 所示的矩形
    选择要拉伸的对象:                              // Enter，结束选择
    指定拉伸的高度或 [方向(D)/路径(P)/倾斜角(T)]:  //592 Enter，拉伸结果如图 11-167 所示
```

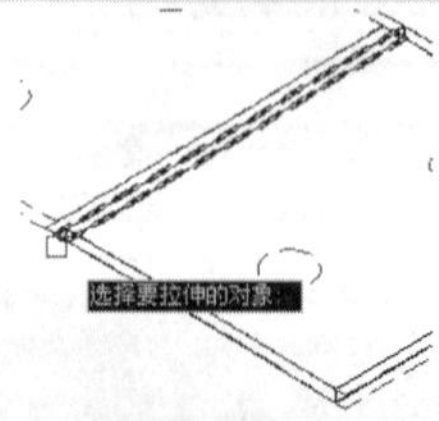

图 11-165　选择矩形 1

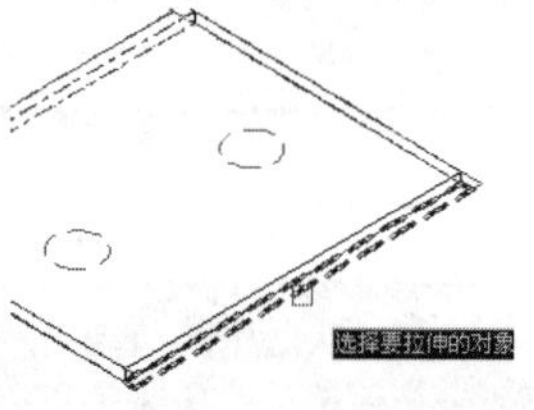

图 11-166　选择矩形 2

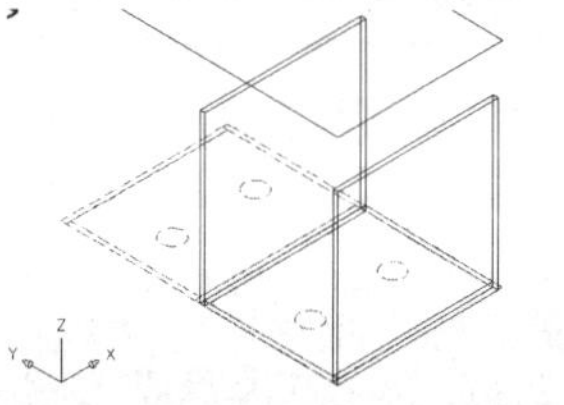

图 11-167　拉伸结果

⑩单击菜单栏上的【修改】|【移动】命令，选择如图 11-168 所示的抽屉横板，将其沿 Z 轴正方向移动 287 个单位，结果如图 11-169 所示。

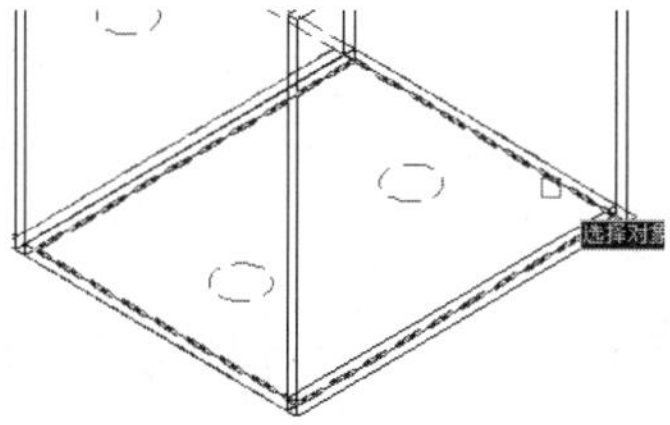

图 11-168 选择矩形

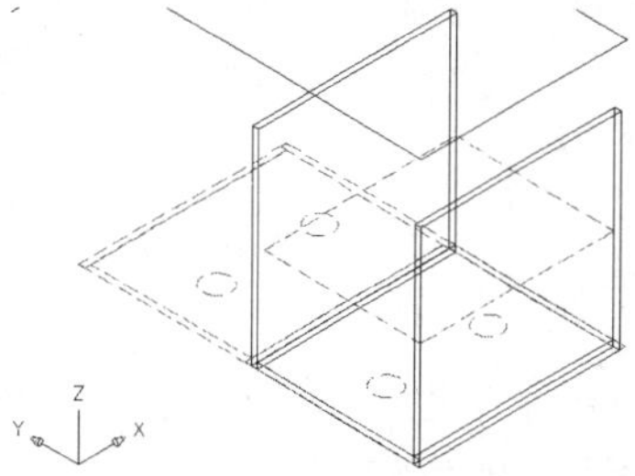

图 11-169 移动结果

⑪单击【建模】工具栏中的按钮，将位移后的矩形拉伸沿 Z 轴负方向 18 个单位，结果如图 11-170 所示。

⑫单击菜单栏上的【修改】|【复制】命令，将拉伸实体沿 Z 轴正方向复制 152.5 个单位，结果如图 11-171 所示。

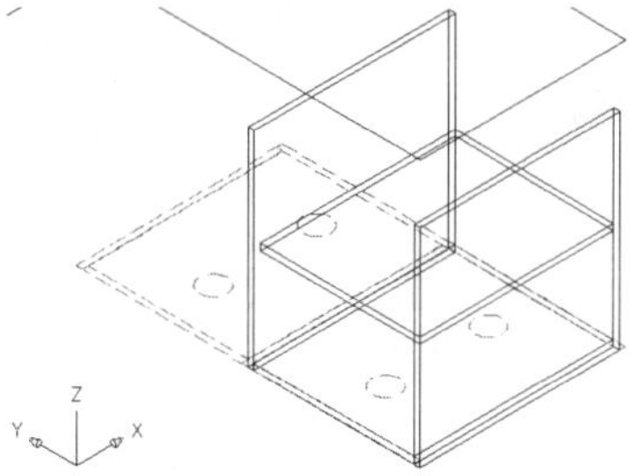

图 11-170 拉伸结果

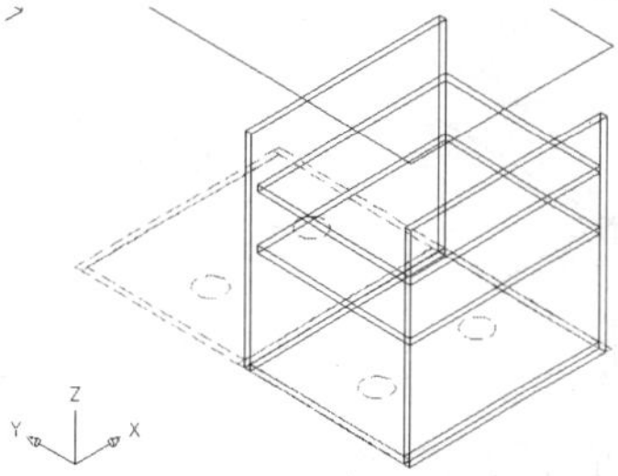

图 11-171 复制结果

⑬单击【建模】工具栏中的按钮，将侧柜后板拉伸 574 个单位，命令行操作如下：

```
命令: _extrude
    当前线框密度:  ISOLINES=4
    选择要拉伸的对象:                              //选择如图 11-172 所示的矩形
    选择要拉伸的对象:                              // Enter，结束选择
    指定拉伸的高度或 [方向(D)/路径(P)/倾斜角(T)] <18.0000>:
                                                   //574 Enter，拉伸结果如图 11-173 所示
```

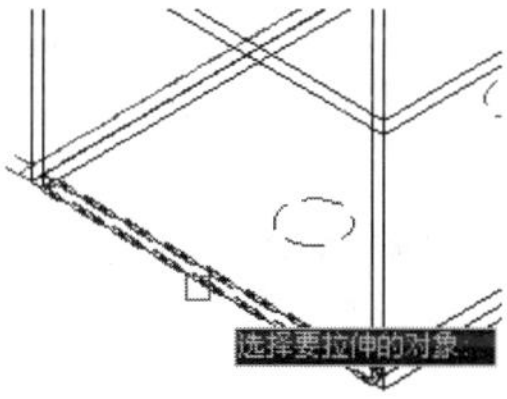

图 11-172 选择矩形

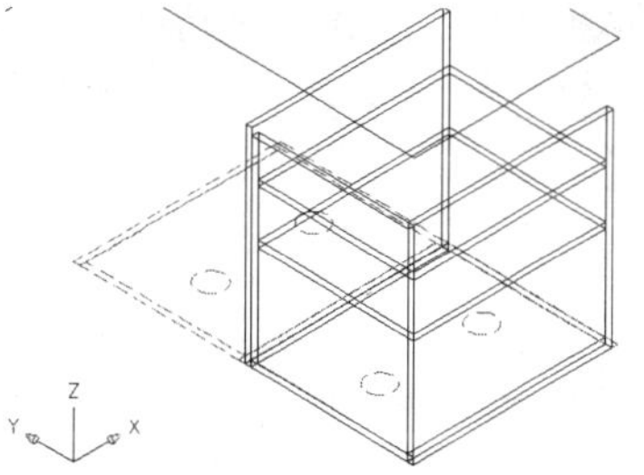

图 11-173 拉伸结果

⑭将刚拉伸的实体沿 Z 轴正方向位移 18 个单位，然后模型进行三维隐藏，结果如图 11-174 所示。

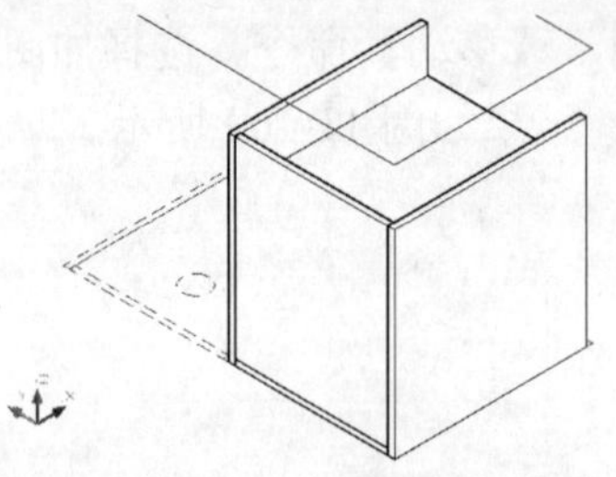

图 11-174　消隐效果

⑮单击菜单栏上的【绘图】|【建模】|【长方体】命令，配合端点捕捉功能，创建顶板模型。命令行操作如下：

命令: _box
　　指定第一个角点或 [中心(C)]:　　　　　　　　//捕捉如图 11-175 所示的端点
　　指定其他角点或 [立方体(C)/长度(L)]:　　　　//捕捉如图 11-176 所示的端点
　　指定高度或 [两点(2P)] <574.0000>:
　　　　　　　　//沿 Z 轴正方向移动光标，输入 18 Enter，结果如图 11-177 所示

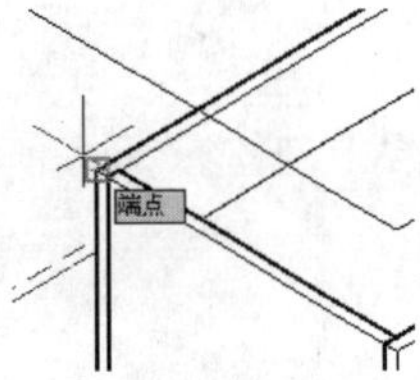

图 11-175　捕捉端点 1

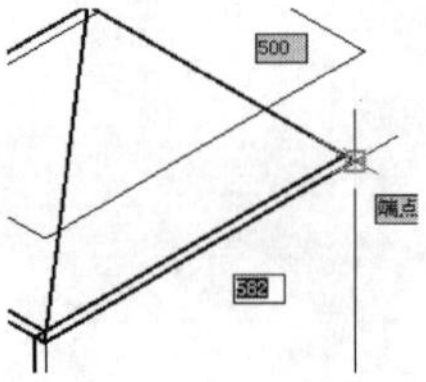

图 11-176　捕捉端点 2

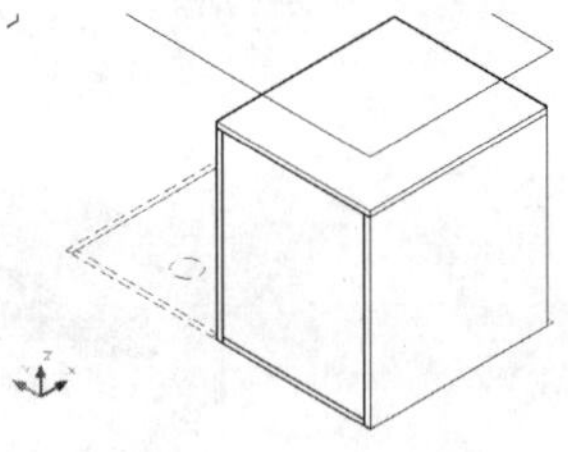

图 11-177　创建顶板模型

⑯将当前视图切换为东南视图，然后将如图 11-178 所示的矩形进行复制。命令行操作如下：

命令: _copy
　　选择对象:　　　　　　　　　　　　　　　　//选择如图 11-178 所示的矩形
　　选择对象:　　　　　　　　　　　　　　　　// Enter
　　当前设置: 复制模式 = 多个
　　指定基点或 [位移(D)/模式(O)] <位移>:　　　//拾取任意一点作为基点
　　指定第二个点或 <使用第一个点作为位移>:　//@0,0,305 Enter
　　指定第二个点或 <使用第一个点作为位移>:　//@0,0,457.5 Enter
　　指定第二个点或 [退出(E)/放弃(U)] <退出>:
　　　　　　　　　　　　　　　　// Enter，复制结果如图 11-179 所示

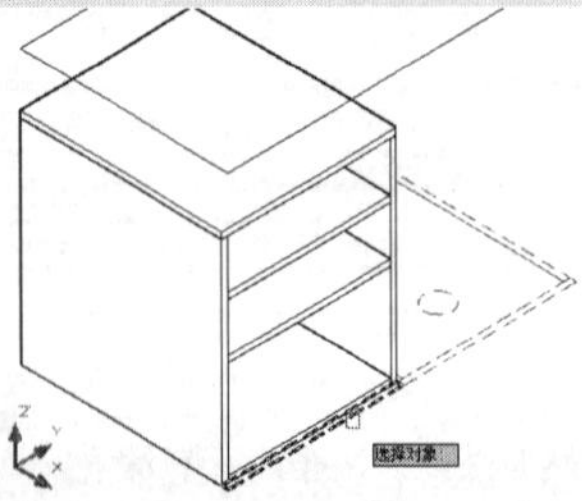

图 11-178　选择矩形

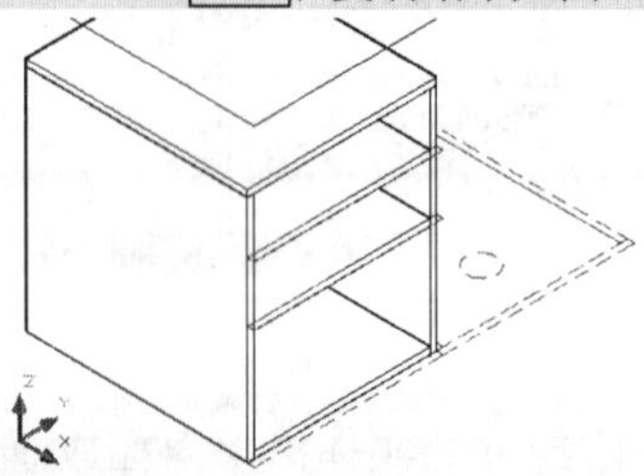

图 11-179　复制结果

⑰单击【建模】工具栏中的按钮，将各矩形拉伸为三维实体。命令行操作如下：

命令: _extrude

当前线框密度: ISOLINES=4

选择要拉伸的对象: //选择如图 11-180 所示的矩形

选择要拉伸的对象: // Enter，结束选择

指定拉伸的高度或 [方向(D)/路径(P)/倾斜角(T)] <18.0000>: //305 Enter

命令: // Enter，重复执行命令

EXTRUDE 当前线框密度: ISOLINES=4

选择要拉伸的对象: //选择如图 11-181 所示的矩形

选择要拉伸的对象: //选择如图 11-182 所示的矩形

选择要拉伸的对象: // Enter，结束选择

指定拉伸的高度或 [方向(D)/路径(P)/倾斜角(T)] <305.0000>:

//152.5 Enter，拉伸结果如图 11-183 所示

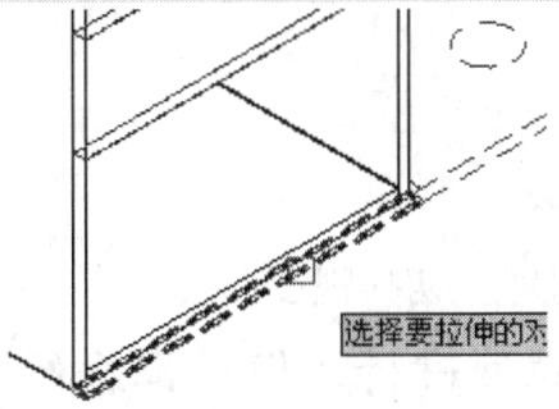

图 11-180　选择矩形 1

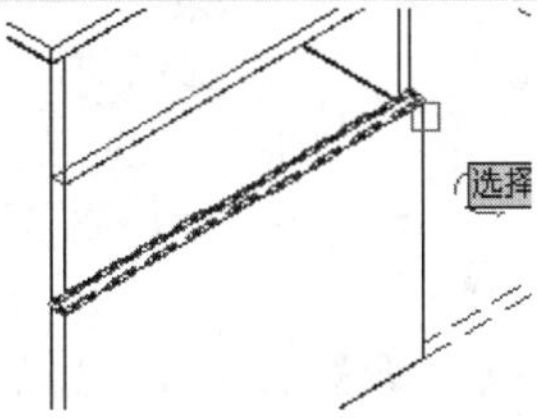

图 11-181　选择矩形 2

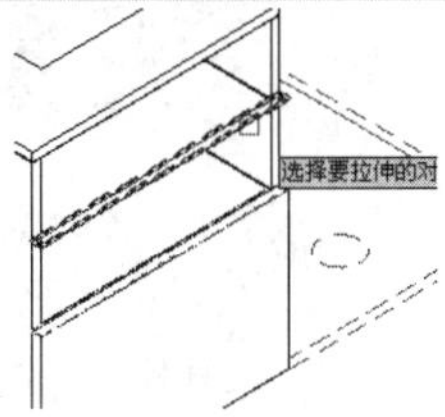

图 11-182　选择矩形 3

⑱单击菜单栏上的【视图】|【视觉样式】|【二维线框】命令，将当前着色样式恢复为二维线框着色，结果如图 11-184 所示

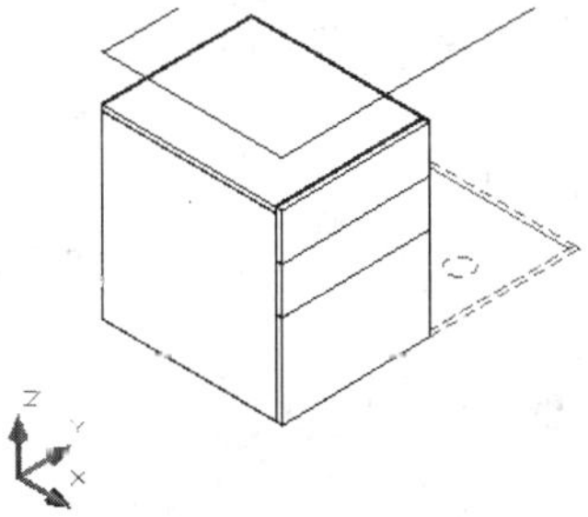

图 11-183　拉伸结果

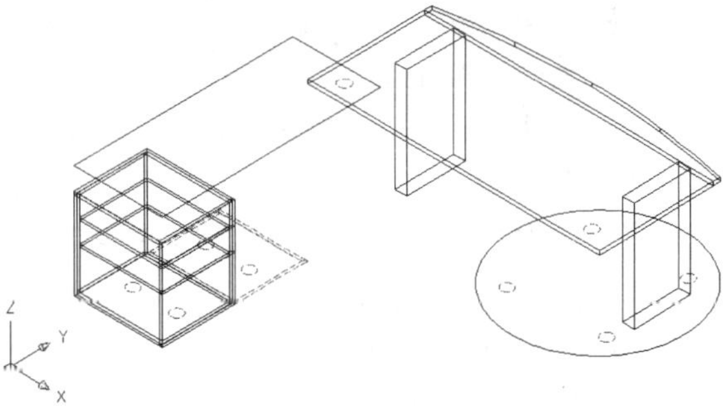

图 11-184　二维线框着色效果

⑲单击【建模】工具栏中的按钮，将圆图形拉伸为三维实体。命令行操作如下：

命令: _extrude

当前线框密度: ISOLINES=4

选择要拉伸的对象: //选择如图 11-185 所示的圆

选择要拉伸的对象: //选择如图 11-186 所示的圆

选择要拉伸的对象: // Enter，结束选择

指定拉伸的高度或 [方向(D)/路径(P)/倾斜角(T)] <152.5.0000>:

//100 Enter，拉伸结果如图 11-187 所示

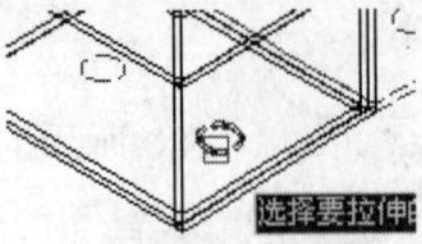

图 11-185　选择圆

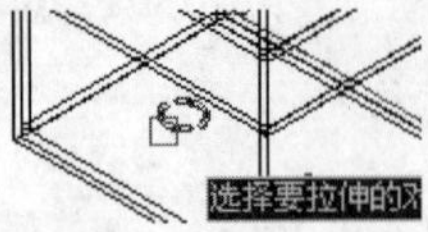

图 11-186　选择另一个圆

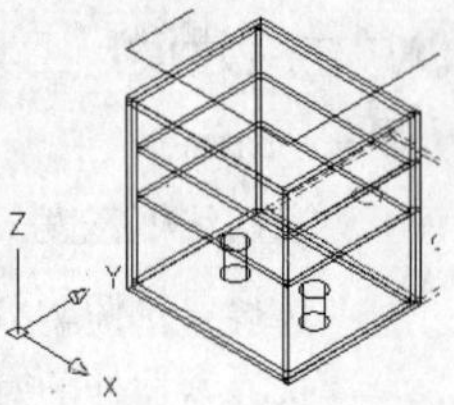

图 11-187　拉伸结果

⑳单击菜单栏上的【修改】|【移动】命令，将刚创建的两个拉伸的实体沿 Z 轴正方向位移 610 个单位，结果如图 11-188 所示。

㉑单击菜单栏上的【视图】|【三维视图】|【右视】命令，将当前视图切换为右视图，结果如图 11-189 所示。

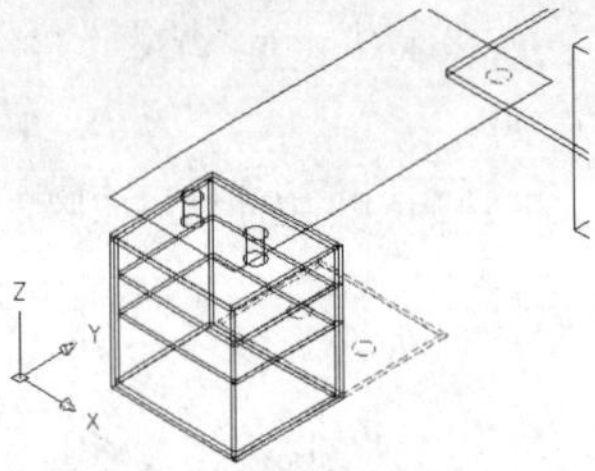

图 11-188　位移结果

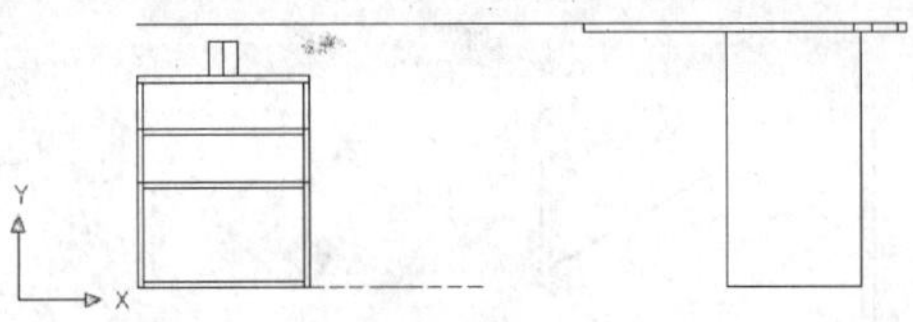

图 11-189　切换视图

㉒单击菜单栏上的【修改】|【镜像】命令，对侧柜立体模型进行镜像。命令行操作如下：

```
命令: _mirror
    选择对象:                              //拉出如图 11-190 所示的窗交选择框
    选择对象:                              // Enter，结束选择
    指定镜像线的第一点:                    //捕捉如图 11-191 所示的端点
    正在检查 703 个交点...
    指定镜像线的第二点:                    //@0,1 Enter
    要删除源对象吗? [是(Y)/否(N)] <N>:     // Enter，镜像结果如图 11-192 所示
```

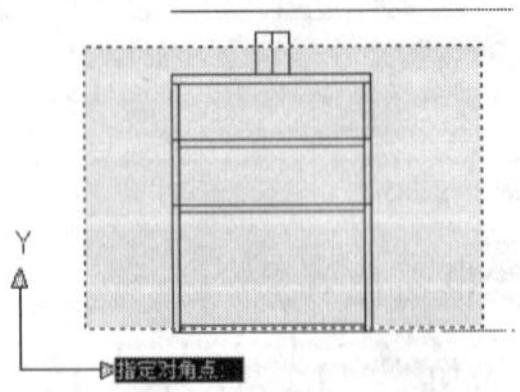

图 11-190　窗交选择

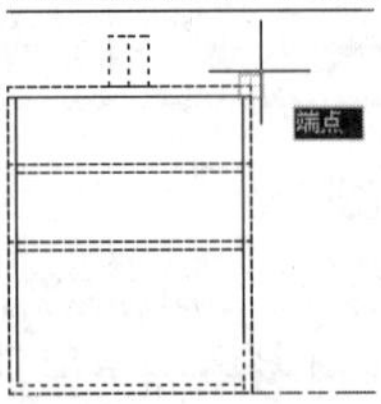

图 11-191　捕捉端点

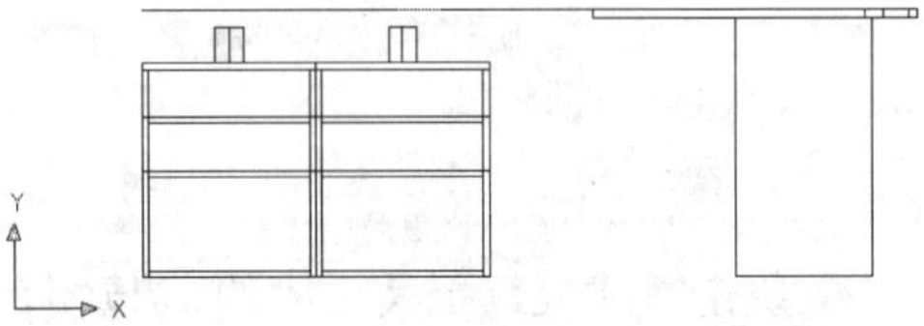

图 11-192　镜像结果

㉓将当前视图切换为东南视图，并将当前坐标系恢复为世界坐标系，并对模型进行消隐，结果如图 11-193 所示。

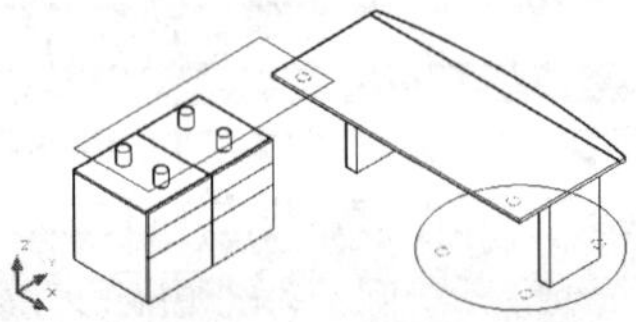

图 11-193　消隐效果

㉔单击【建模】工具栏中的按钮，创建侧柜顶板模型和桌腿模型。命令行操作如下：

```
命令: _extrude
    当前线框密度:  ISOLINES=4
    选择要拉伸的对象:                                              //选择侧柜顶板
    选择要拉伸的对象:                                              // Enter，结束选择
    指定拉伸的高度或 [方向(D)/路径(P)/倾斜角(T)] <18.0000>:        //-25 Enter
    命令: _extrude
    当前线框密度:  ISOLINES=4
    选择要拉伸的对象:                                              //选择如图 11-194 所示的圆
    选择要拉伸的对象:                                              // Enter，结束选择
    指定拉伸的高度或 [方向(D)/路径(P)/倾斜角(T)] <-25.0000>:
                            //沿 Z 轴负方向拖动鼠标，输入 710 Enter，拉伸结果如图 11-195 所示
```

㉕使用快捷键 M 激活【移动】命令，侧柜顶板拉伸实体沿 Z 轴负方向移动 25 个单位，将圆柱形桌腿沿 Z 轴负方向拉伸 50 个单位，结果如图 11-196 所示。

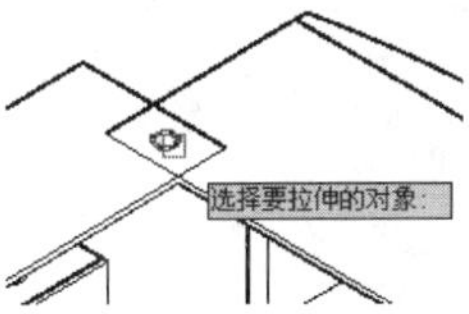

图 11-194　选择圆

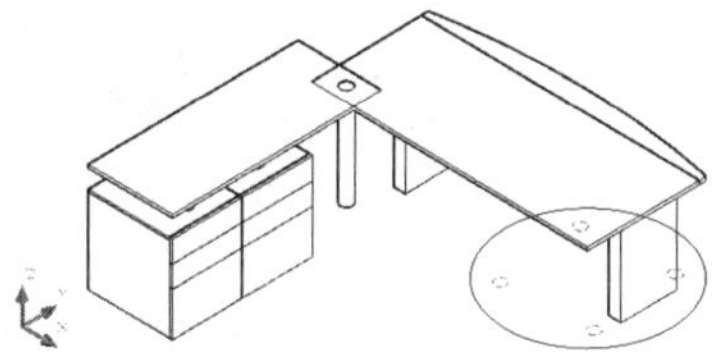
图 11-195　拉伸结果

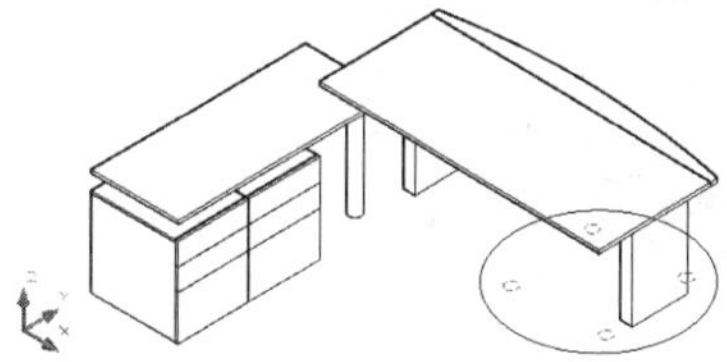
图 11-196　位移结果

㉖重复【移动】命令，将侧桌圆形桌面板沿 Z 轴负方向移动 50 个单位，将圆形桌腿沿 Z 轴负方向移动 760 个单位，结果如图 11-197 所示。

㉗单击【建模】工具栏中的按钮，将位移后的圆形桌腿拉伸 710 个单位、将桌面板拉伸 25 个单位，结果如图 11-198 所示。

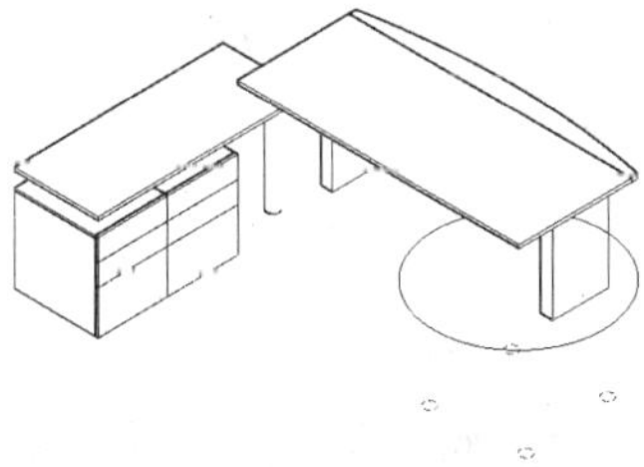
图 11-197　再次位移结果

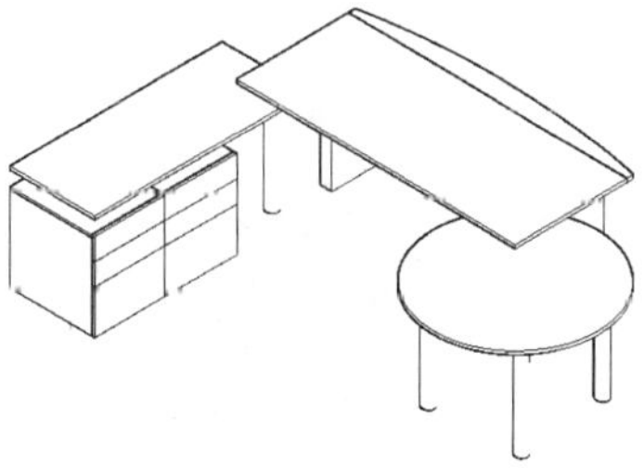
图 11-198　拉伸结果

㉘将当前视图切换为西南视图，修改模型颜色为 252 号色，然后对其概念着色，最终效果如图 11-155 所示。

㉙最后使用【另存为】命令，将图形另存为“班台立体造型.dwg”文件。

第12章

实战练习

练习1 绘制洗涤池平面图

本例通过如图 12-1 的所示的洗涤池平面图例，主要对【圆】、【圆角】、【倒角】、【正多边形】等命令进行综合练习和巩固。

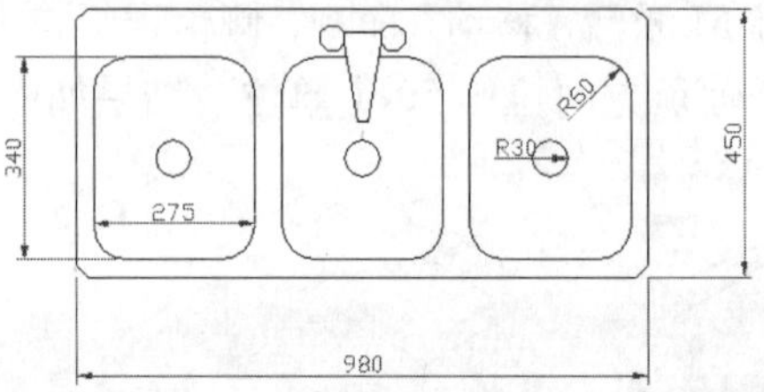

图 12-1　洗涤池平面图

绘制思路

首先新建公制单位文件，并设置绘图环境。

- 使用【矩形】、【圆】和【圆角】命令绘制内外轮廓线。
- 使用【复制】命令创建内部的相同结构。
- 使用画线和【正多边形】、【镜像】等命令绘制开关阀。
- 最后使用【保存】命令将图形存盘。

练习2 绘制双扇门立面图

本例通过绘制如图 12-2 所示的双扇门立面图例，主要对【矩形】、【圆弧】、【镜像】、【图案填充】等命令进行综合练习和巩固。

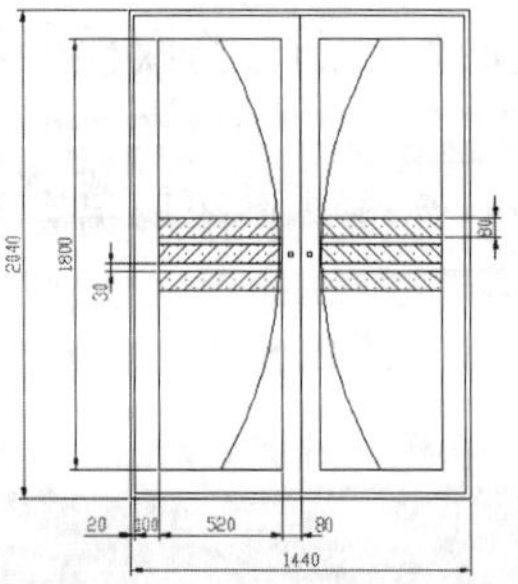

图 12-2　双扇门立面图

绘制思路

- 新建公制单位文件，并设置绘图环境。
- 使用【矩形】、【直线】命令绘制门框。
- 使用【矩形】、【圆弧】、【图案填充】命令绘制单扇门。
- 使用【圆】命令绘制把手。
- 使用【镜像】命令镜像单扇门。
- 最后使用【保存】命令将图形存盘。

练习3 绘制马桶平面图

本例通过绘制如图12-3所示的马桶平面图例，主要对【直线】、【矩形】、【椭圆】、【偏移】等命令进行综合练习和巩固。

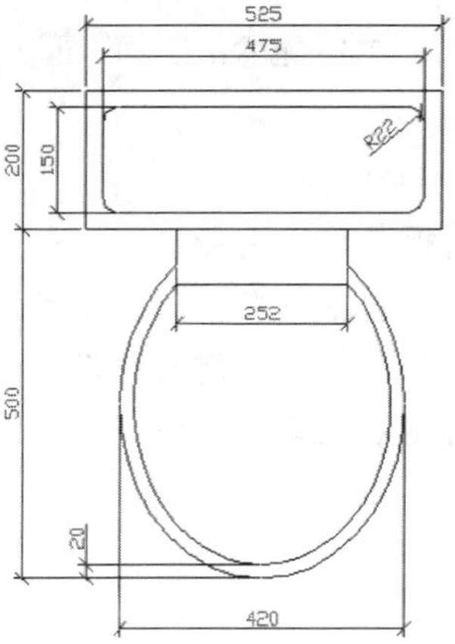

图12-3 马桶平面图

绘制思路

- 首先新建公制单位文件，并设置绘图环境。
- 使用【矩形】命令配合【捕捉自】功能绘制上侧的矩形结构。
- 使用【椭圆】、【直线】、【偏移】命令绘制下侧的椭形结构。
- 使用【修剪】、【删除】命令对图形进行编辑完善。
- 最后使用【保存】命令将图形存盘。

练习4 绘制艺术吊灯平面图

本例通过绘制如图12-4所示的艺术吊灯平面图例，主要对【多线】、【圆】、【阵列】、【修剪】、【旋转】等命令进行综合练习和巩固。

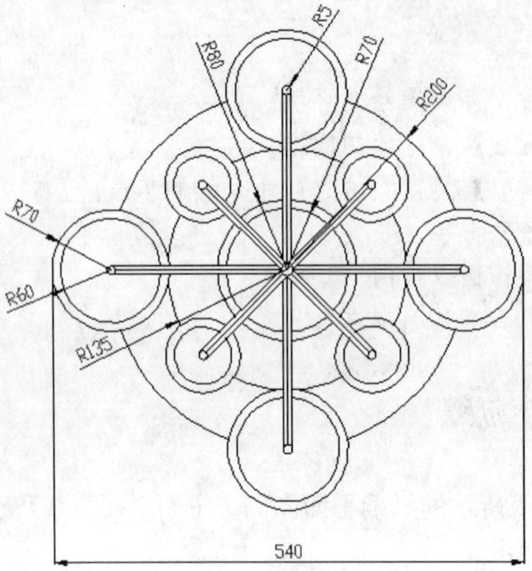

图 12-4　艺术吊灯平面图

绘制思路

- 首先新建文件，并设置捕捉与追踪功能。
- 使用【圆】、【多线】命令绘制主体灯具和灯架。
- 使用【圆】、【阵列】、【旋转】命令创建周边灯具。
- 最后使用【保存】命令将图形存盘。

练习5　绘制地面拼花图

本例通过绘制如图 12-5 所示的地面拼花图例，主要对【圆】、【圆弧】、【偏移】、【阵列】、【图案填充】以及【夹点编辑】等功能进行综合练习和巩固。

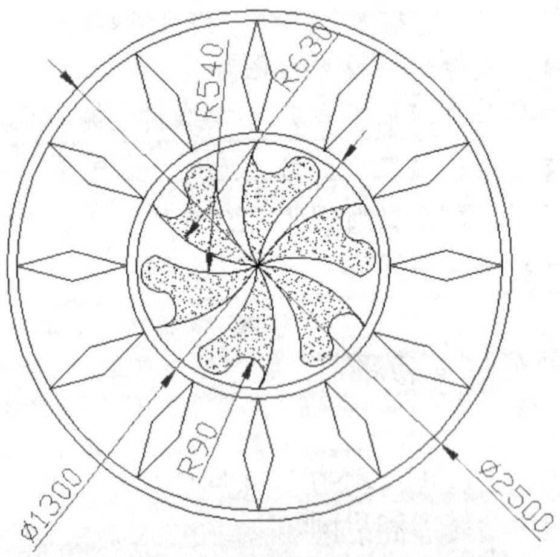

图 12-5　地面拼花图

绘制思路

- 新建公制单位文件，并启用对象捕捉功能。
- 使用【圆】和【偏移】命令绘制内、外同心圆。
- 使用夹点编辑功能绘制菱形图案。
- 使用【阵列】命令阵列菱形图案。
- 使用【圆弧】、【图案填充】、【阵列】命令绘制花瓣图案。
- 最后使用【保存】命令将图形存盘。

练习6 绘制会议桌主视图和俯视图

本例通过绘制如图12-6所示的会议桌主视图和俯视图，主要对【多段线】、【矩形】、【圆弧】、【圆】、【偏移】、【镜像】、【复制】、【分解】、【修剪】等命令进行综合练习和巩固。

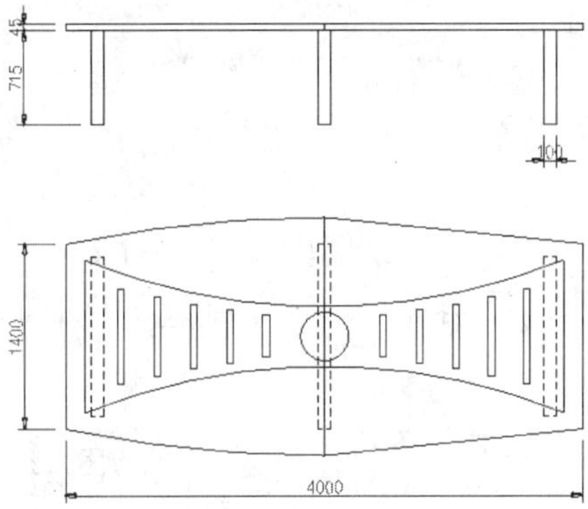

图12-6 会议桌主视图和俯视图

绘制思路

- 首先新建绘图文件，并设置绘图环境。
- 使用【矩形】、【镜像】、【复制】等命令，并配合【捕捉自】和【对象捕捉】功能绘制会议桌主视图。
- 使用【多段线】、【矩形】、【圆弧】、【圆】、【偏移】、【镜像】、【复制】、【分解】等命令绘制会议桌俯视图。
- 制作立体模型。使用【复制】、【拉伸】、【三维移动】、【西南等轴测】、【消隐】、【三维隐藏】等命令制作会议桌立体模型。
- 最后使用【保存】命令将图形存盘。

练习7 绘制会议桌立体造型

本例通过绘制如图12-7所示的会议桌立体造型为例，主要对【拉伸】、【三维移动】、【三维视图】、【消隐】等命令进行练习和巩固。

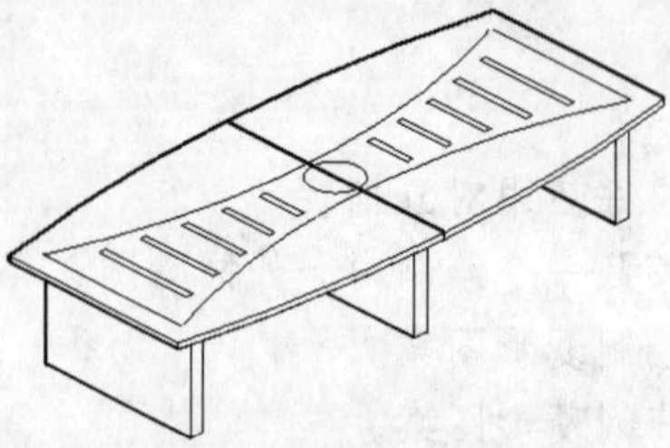

图 12-7　会议桌立体造型

绘制思路

- 调用会议桌平面图，并对其进行编辑完善。
- 使用【实体拉伸】命令，并配合视图的切换功能创建桌面板和桌腿造型。
- 使用【三维移动】命令，配合视图的调整功能进行组合。
- 使用【三维隐藏】命令进行着色显示。
- 最后将图形另名存盘。

练习 8　绘制平面户型图

本例通过绘制如图 12-8 所示的平面户型图，主要对【插入块】、【设计中心】、【移动】、【镜像】、【工具选项板】、【图层】等命令进行综合练习和巩固。

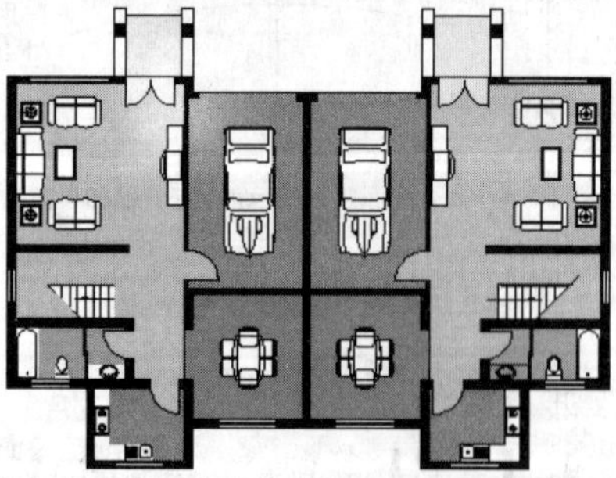

图 12-8　户型平面图

绘制思路

- 打开随书光盘“源文件\平面图 04.dwg”文件。
- 使用【草图设置】命令启用并设置对象捕捉模式。
- 使用【插入块】、【设计中心】等命令快速为户型图布置用具图例。
- 使用【移动】和【镜像】命令，对图例进行协调和复制。
- 使用【工具选项板】命令快速为平面图填充颜色。
- 使用图层的状态控制功能，辅助填充图案。
- 使用【颜色控制】下拉列表框、【删除】等命令完善填充色。
- 最后使用【另存为】命令将图形存储。

练习 9 绘制电视柜立体造型

本例将根据如图 12-9 所示的电视柜三视图，绘制电视柜立体造型，主要对【长方体】、【圆柱体】、【矩形】、【圆弧】、【圆】、【多段线】、【拉伸】、【差集】、【并集】、【复制】、【抽壳】、【偏移】、【面域】、【圆角】、【三维镜像】、【三维阵列】等命令进行综合练习和巩固。电视柜立体造型如图 12-10 所示。

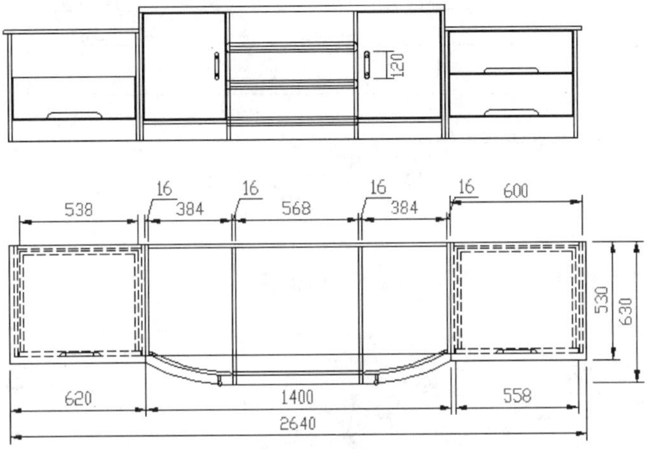

图 12-9 电视柜三视图

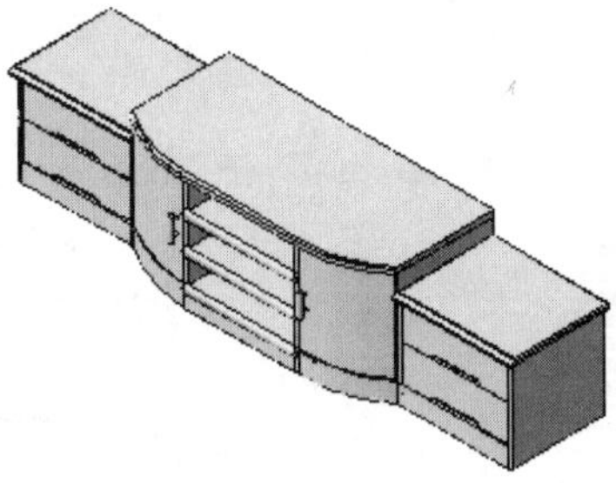

图 12-10 电视柜立体造型

绘制思路

- 新建公制文件，并设置绘图环境。
- 使用【长方体】、【倒角】等命令绘制电视柜左边柜板。
- 使用【长方体】、【抽壳】、【多段线】、【拉伸】、【差集】、【并集】、【复制】等命令绘制左边柜抽屉。
- 使用【矩形】、【圆弧】、【偏移】、【直线】、【面域】、【多段线】、【拉伸】、【圆】、【圆角】等命令绘制中柜。
- 使用【圆】、【拉伸】、【圆角】、【并集】等命令绘制柜门把手。
- 使用【三维镜像】、【三维阵列】、【长方体】、【圆柱体】以及【圆角】等命令绘制电器架。
- 最后将图形命名存盘。

练习 10 绘制整体橱柜立体造型

本例将根据如图 12-11 所示的整体橱柜平面图，绘制整体橱柜立体造型，主要对【矩形】、【长方体】、【圆锥体】、【圆柱体】、【球体】、【三维阵列】、【圆角】、【并集】、【复制】、【拉伸】、【差集】、【抽壳】、【剖切】等命令进行综合练习和巩固。整体橱柜立体造型如图 12-12 所示。

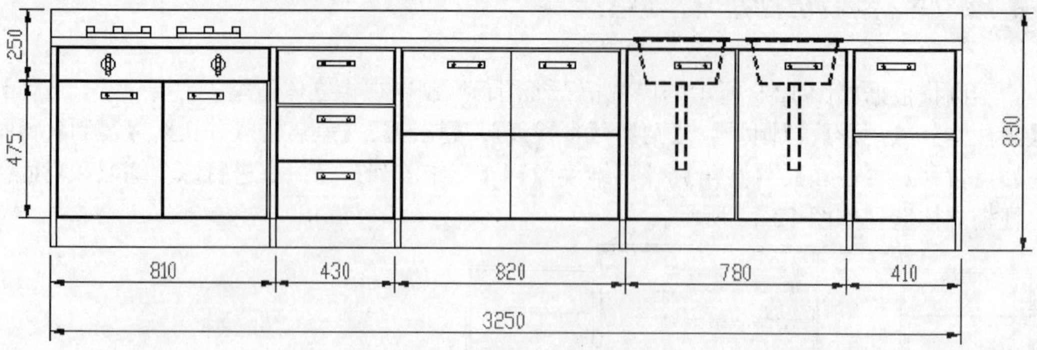

图 12-11　整体橱柜平面图

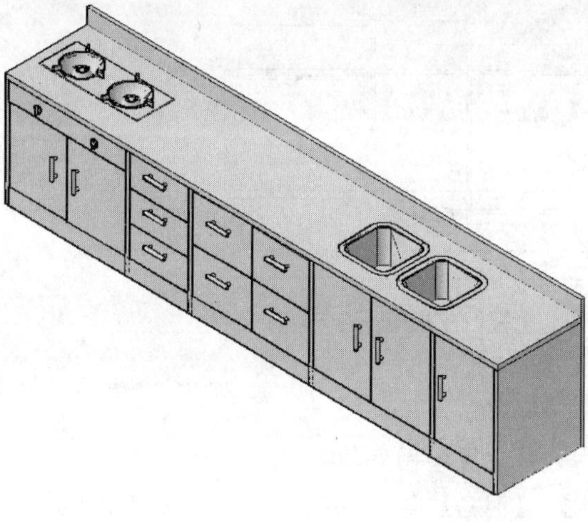

图 12-12　整体橱柜立体造型

绘制思路

- 新建公制文件，并设置绘图环境。
- 使用【矩形】、【拉伸】、【复制】、【长方体】等命令，绘制橱柜的旁板、后板、隔板等实体。
- 使用【长方体】、【抽壳】、【圆柱体】、【三维阵列】绘制柜子抽屉和把手。
- 使用【矩形】、【偏移】、【复制】、【拉伸】、【差集】、【抽壳】、【并集】、【圆柱体】等命令绘制洗菜池。
- 使用【圆柱体】、【长方体】、【圆角】、【并集】、【复制】、【球体】、【差集】、【抽壳】、【剖切】、【圆锥体】、【阵列】等命令绘制点火器开关及燃气灶。
- 最后将图形命名存盘。

第13章

绘图模板

通过本章的学习，引导读者了解和掌握绘图模板的概念、功能以及具体的设置过程和设置技巧。

13.1 概念及功能

所谓“绘图模板”，指的就是包含一定的绘图环境和专业参数的设置，但并未绘制图形对象的空白文件，当将此空白文件保存为*.dwt 格式后就成为绘图模板。

用户在模板文件的基础上绘图，不仅可以避免诸多参数的重复性设置从而大大节省绘图时间，提高绘图效率，而且还可以使绘制的图形更符合规范、标准。

一般情况下，绘图模板包含如下内容：

- 绘图参数及捕捉模数。具体有图形单位、单位精度、图形界限、捕捉模式、追踪模式以及常用系统变量。
- 图层及特性。具体包括图层的规划与设置、图层颜色、线型、线宽、打印等特性的设置。
- 常用绘图模式。具体包括各类文字样式、尺寸样式、箭头样式、多线样式，等等。
- 页面布局。根据图纸的范围进行打印页面的合理布局。
- 图纸边框的合理配置。

13.2 参数及模数

下面开始为绘图模板设置图形界限、图形单位、捕捉追踪以及系统变量等绘图环境。

❶新建文件。单击【标准】工具栏中的□按钮，以 acadISO -Named Plot Styles 作为基础样板，新建空白文件，如图 13-1 所示。

图 13-1 【选择模板】对话框

技巧

acadISO -Named Plot Styles 是一个命令打印样式模板文件，如果用户需要使用"颜色相关打印样式"作为模板文件的打印样式，可以选择 acadISO 基础样式文件。

❷设置绘图单位。单击菜单栏上的【格式】|【单位】命令，在打开的【图形单位】对话框中设置长度、角度等参数，如图 13-2 所示。

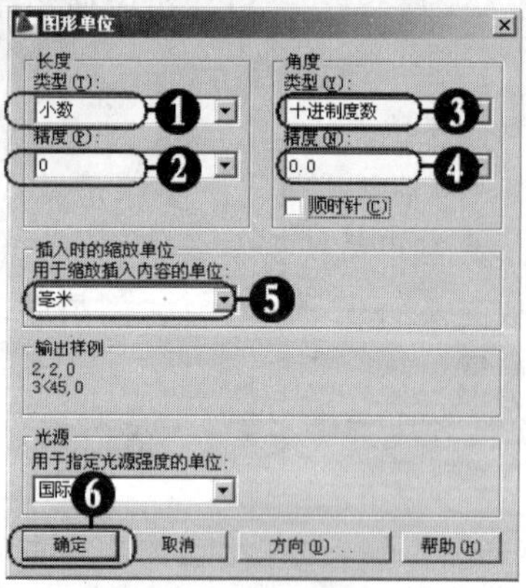

图 13-2 设置图形单位参数

技巧

默认设置下以逆时针作为角的旋转方向，其基准角度为"东"，也就是以坐标系 X 轴正方向作为起始方向。

❸设置图形界限。单击菜单栏上的【格式】|【图形界限】命令，设置作图区域为 59400 × 42000。命令行操作如下：

命令: '_limits

重新设置模型空间界限:

指定左下角点或 [开(ON)/关(OFF)] <0.0,0.0>: // Enter，以原点作为左下角点

指定右上角点 <420.0,297.0>: //59400,42000 Enter，输入右上角点的绝对坐标

❹单击菜单栏上的【视图】|【缩放】|【全部】命令，将设置的图形界限最大化显示。

❺设置捕捉模式。单击菜单栏上的【工具】|【草图设置】命令，在打开的对话框中打开【对象捕捉】选项卡，以启用和设置一些常用的对象捕捉和追踪功能，如图 13-3 所示。

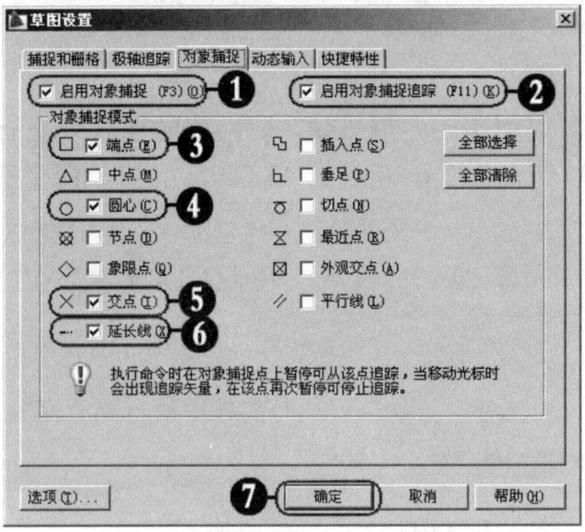

图 13-3　设置对象捕捉参数

技巧

如果用户需要使用极轴或动态输入等功能，可以分别打开【极轴追踪】和【动态输入】选项卡，进行参数的设置。

设置常用变量。

❻在命令行输入系统变量 LTSCALE，进行调整线型的显示比例。命令行操作如下：

```
命令: LTSCALE                              // Enter，激活系统变量
    输入新线型比例因子 <1.0000>:           // 输入线型的比例，如 100 Enter
    正在重生成模型。
```

❼在命令行输入系统变量 DIMSCALE，进行设置和调整尺寸标注样式的比例。命令行操作如下：

```
命令: DIMSCALE                             // Enter，激活系统变量
    输入 DIMSCALE 的新值 <1>:              //100 Enter，将标注比例放大 100 倍
```

技巧

将比例调整为 100，并不是一个绝对的参数值，用户也可根据实际情况进行修改此变量置。

❽在命令行输入系统变量 MIRRTEXT，进行设置镜像文字的可读性。命令行操作如下：

```
命令: MIRRTEXT                             // Enter，激活系统变量
    输入 MIRRTEXT 的新值 <1>:              // 0 Enter ，将变量值设置为 0
```

技巧

当变量 MIRRTEXT 值为 0 时，镜像后的文字具有可读性；当变量为 1 时，镜像后的文字不可读，如图 13-4 所示。

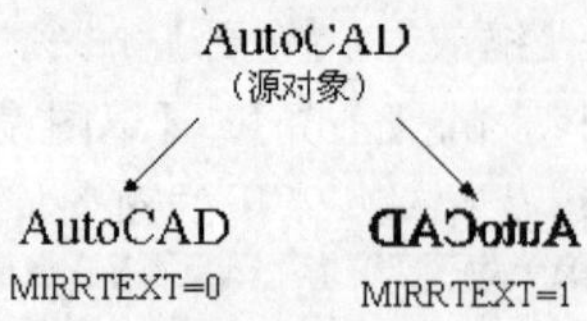

图 13-4 文字镜像示例

❾在绘图过程经常需要引用一些属性块，属性值的输入一般有“对话框”和“命令行”两种方式，而用于控制这两种方式的变量为 ATTDIA 的值。命令行操作如下：

命令: ATTDIA	// Enter，激活系统变量
输入 ATTDIA 的新值 <0>:	//1 Enter ，将此变量值设置为 1

技巧

当变量 ATTDIA=0 时，系统将以“命令行”形式提示输入属性值；当变量 ATTDIA=1 时，以“对话框”形式提示输入属性值。

❿单击菜单栏上的【文件】|【保存】命令，将当前文件命名存储为“参数及模数.dwg”。

13.3 设置层与特性

接下来为绘图模板设置常用的图层及图层特性，以方便用户对复杂工程图进行组织和规划。

❶以上例存储的“参数及模数.dwg”作为当前文件。

设置图层。

❷单击【图层】工具栏中的按钮，在打开的【图层特性管理器】对话框中单击【新建图层】按钮；在如图 13-5 所示的“图层 1”位置上输入“轴线层”，创建一个名为“轴线层”的新图层。

图 13-5 新建图层

❸连续按 Enter 键，分别创建“墙线层”、“门窗层”、“楼梯层”、“文本层”、“尺寸层”、“其他层”等 9 个图层，如图 13-6 所示。

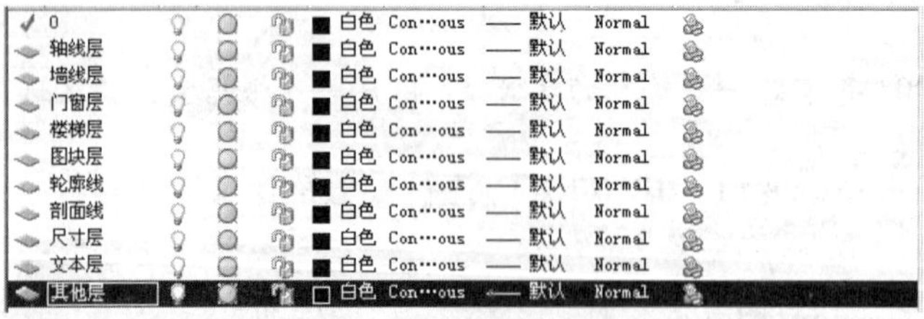

图 13-6 新建其他图层

技巧

在创建新图层时，所创建出的新图层将继承先前图层的一切特性（如颜色、线型等）。

设置颜色特性。

❹选择“轴线层”，在如图 13-7 所示的颜色图标上单击鼠标，打开【选择颜色】对话框。

❺在【选择颜色】对话框中的【颜色】文本框中输入 126，为所选图层设置颜色值，如图 13-8 所示。

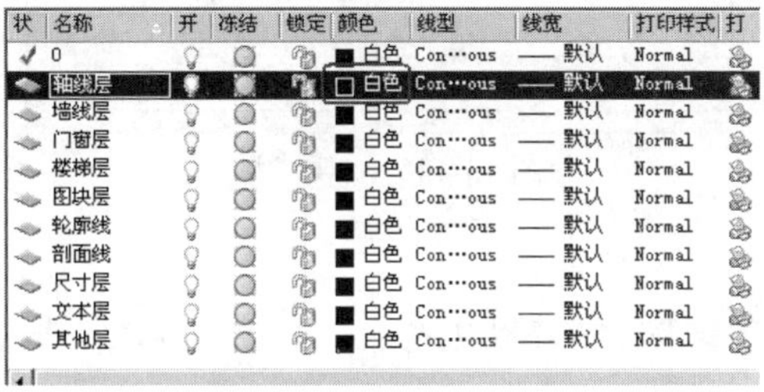

图 13-7　修改图层颜色

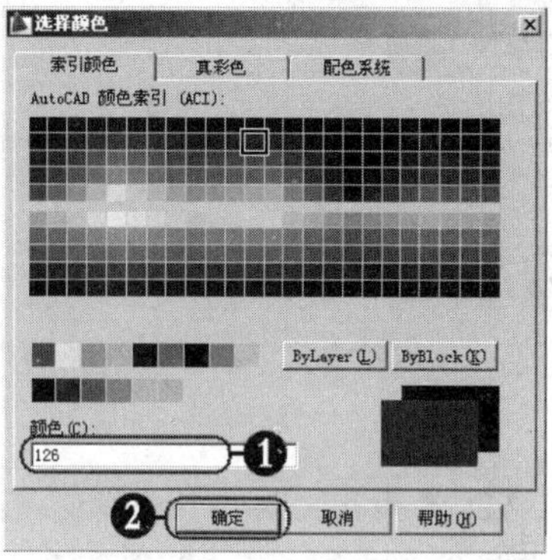

图 13-8　【选择颜色】对话框

❻单击 确定 按钮返回【图层特性管理器】对话框，结果“轴线层”的颜色被设置为 126 号色，如图 13-9 所示。

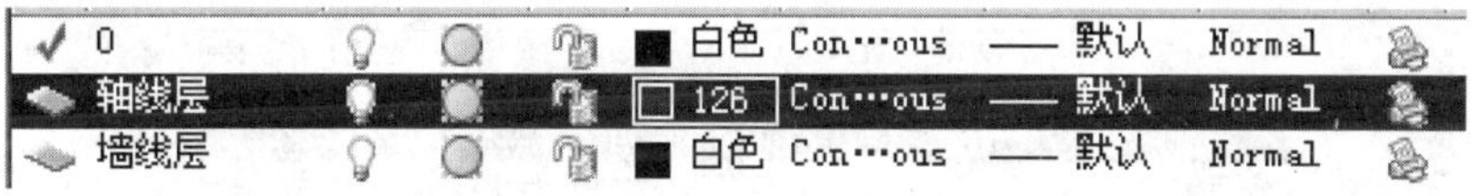

图 13-9　修改结果

❼参照第 4~6 操作步骤，分别为其他图层设置颜色特性，设置结果如图 13-10 所示。

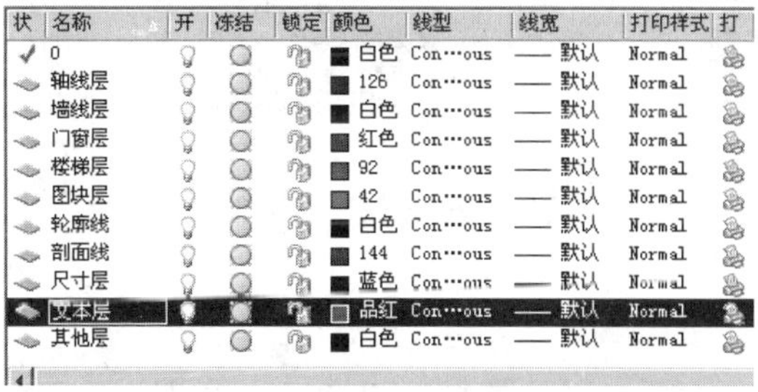

图 13-10　为其他图层设置颜色特性

设置线型特性。

❽选择“轴线层”，在如图 13-11 所示的 Continuous 位置上单击鼠标。

图 13-11　修改图层线型

❾此时系统弹出【选择线型】对话框，单击 加载... 按钮，从打开的【加载或重载线型】对话框中选择如图 13-12 所示的 ACAD_ISO04W100 线型。

⑩单击 确定 按钮，结果选择的线型被加载到【选择线型】对话框中，如图 13-13 所示。

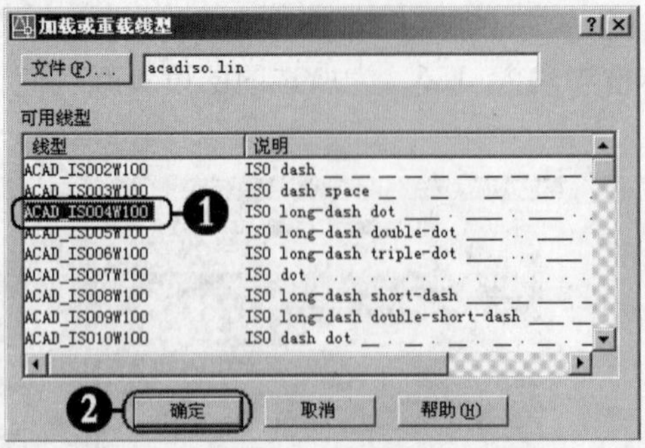

图 13-12 选择线型

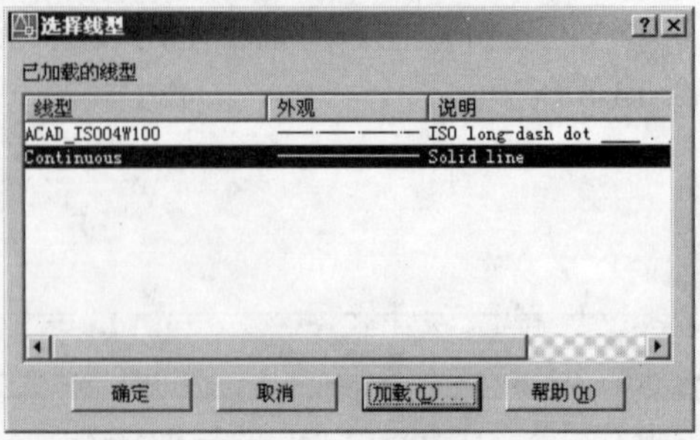

图 13-13 加载线型

技巧

AutoCAD 为用户提供了多种线型，在默认情况下仅显示“连续实线”线型，当用户需要设置其他线型时，必须先加载所需线型。

⑪选择刚加载的线型单击 确定 按钮，将加载的线型附给当前被选择的“轴线层”，结果如图 13-14 所示。

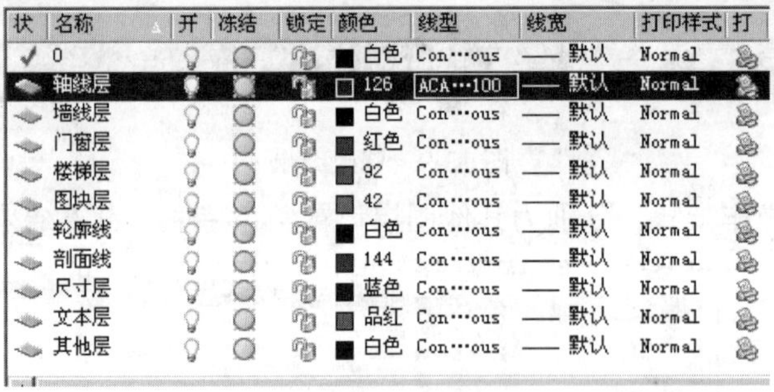

状	名称	开	冻结	锁定	颜色	线型	线宽	打印样式	打
✓	0				白色	Con…ous	—— 默认	Normal	
	轴线层				126	ACA…100	—— 默认	Normal	
	墙线层				白色	Con…ous	—— 默认	Normal	
	门窗层				红色	Con…ous	—— 默认	Normal	
	楼梯层				92	Con…ous	—— 默认	Normal	
	图块层				42	Con…ous	—— 默认	Normal	
	轮廓线				白色	Con…ous	—— 默认	Normal	
	剖面线				144	Con…ous	—— 默认	Normal	
	尺寸层				蓝色	Con…ous	—— 默认	Normal	
	文本层				品红	Con…ous	—— 默认	Normal	
	其他层				白色	Con…ous	—— 默认	Normal	

图 13-14 将线型附给图层

设置线宽。

⑫选择“墙线层”，在如图 13-15 所示的位置上单击鼠标，以对其设置线宽。

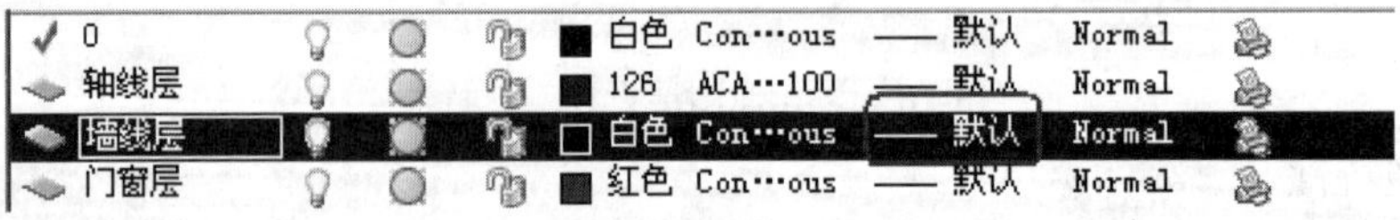

✓	0		白色	Con…ous	—— 默认	Normal	
	轴线层		126	ACA…100	—— 默认	Normal	
	墙线层		白色	Con…ous	—— 默认	Normal	
	门窗层		红色	Con…ous	—— 默认	Normal	

图 13-15 修改图层线宽

⑬此时系统打开【线宽】对话框，然后选择“1.00 毫米”的线宽，如图 13-16 所示。

⑭单击 确定 按钮返回【图层特性管理器】对话框，结果“墙线层”的线宽被设置为 1.00mm，如图 13-17 所示。

⑮在【图层特性管理器】对话框中单击 确定 按钮，关闭对话框。

⑯单击菜单栏上的【文件】|【另存为】命令，将当前文件另存为“设置层与特性.dwg”文件。

图 13-16 选择线宽

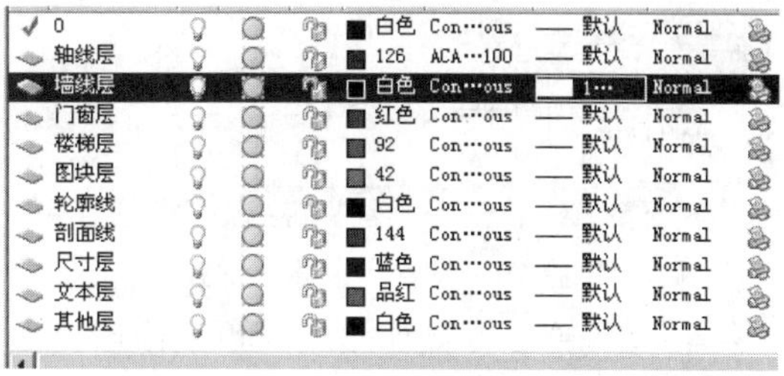

图 13-17 设置后的图层线宽

13.4 设置绘图样式

在绘图过程中经常会使用到一些样式，如文字样式、尺寸样式、墙线样式等。这些样式分别用于控制施工图中的文字、尺寸、墙线等对象的外观显示效果，本节将学习这些样式的设置技巧。

❶以上例存储的“设置层与特性.dwg”作为当前文件。

设置文字样式。

❷单击【样式】工具栏中的按钮，在打开的【文字样式】对话框中单击 新建(N) 按钮，为新样式赋名，如图 13-18 所示。

❸单击 确定 按钮返回【文字样式】对话框，设置新样式的字体、字高以及宽度比例等参数，如图 13-19 所示。

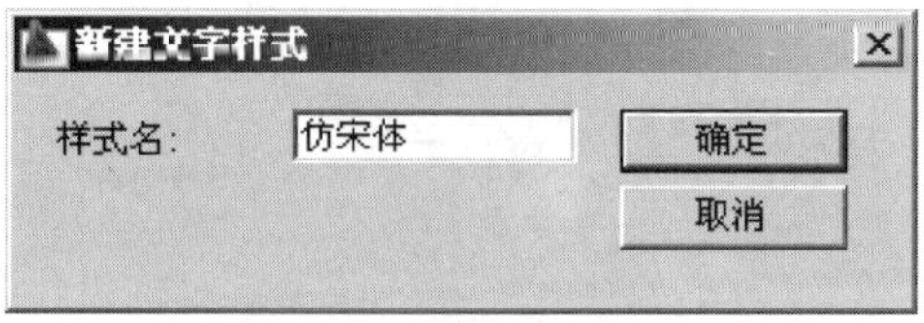

图 13-18 为新样式赋名

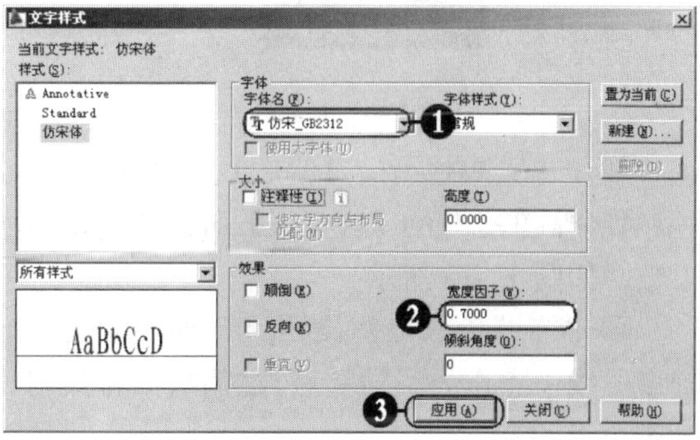

图 13-19 设置“仿宋体”样式

❹单击 应用(A) 按钮，至此创建了一种名为“仿宋体”文字样式。

❺参照第 2~4 操作步骤，重复使用【文字样式】命令，设置一种名为“宋体”的文字样式，其参数设置如图 13-20 所示。

❻参照第 2~4 操作步骤，重复使用【文字样式】命令，设置一种名为 COMPLEX 的文字样式，其参数设置如图 13-21 所示。

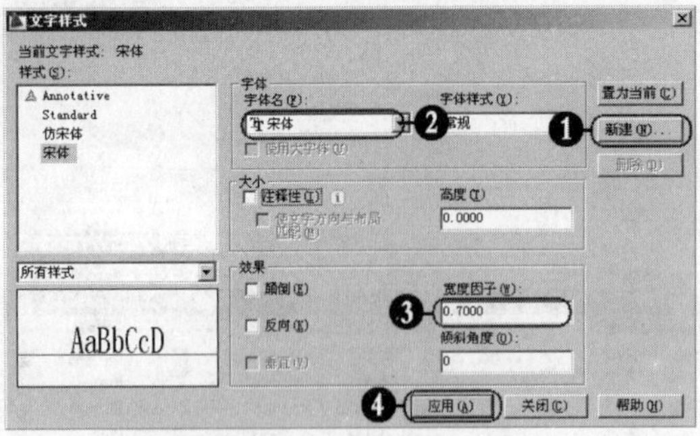

图 13-20　设置“宋体”样式

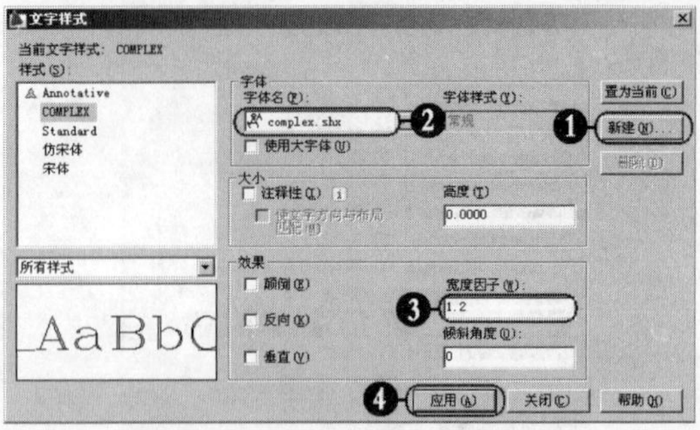

图 13-21　设置 COMPLEX 样式

⑦参照第 2~4 操作步骤，重复使用【文字样式】命令，设置一种名为 SIMPLEX 的文字样式，其参数设置如图 13-22 所示。

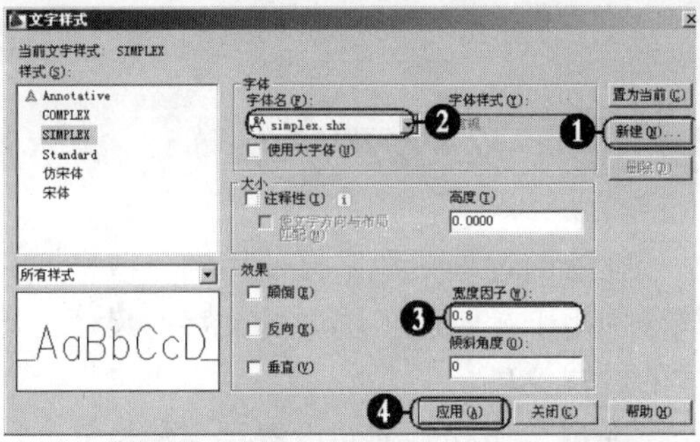

图 13-22　设置 SIMPLEX 样式

⑧单击 关闭 按钮，结束文字样式的设置过程。

设置尺寸箭头。

⑨单击【绘图】工具栏按钮，绘制宽度为 0.5、长度为 2 的多段线，作为尺寸箭头。

⑩使用【直线】命令绘制长度为 3 的水平线段，并使直线段的中点与多段线的中点对齐，如图 13-23 所示。

⑪单击菜单栏上的【修改】|【旋转】命令，将箭头进行旋转 45°，如图 13-24 所示。

图 13-23　绘制细线

图 13-24　旋转结果

⑫单击菜单栏上的【绘图】|【块】|【创建块】命令，在打开的【块定义】对话框中设置块参数，如图 13-25 所示，

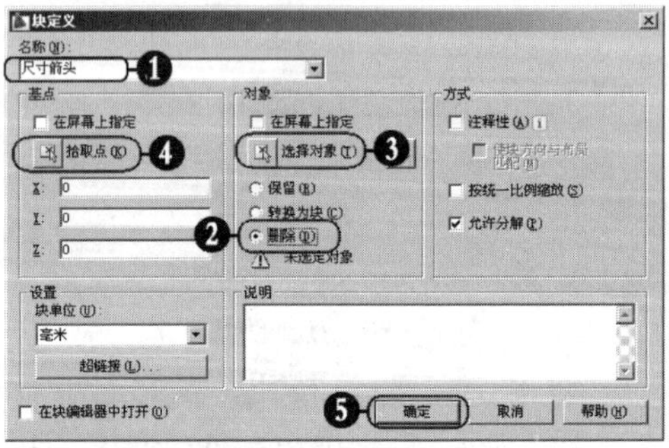

图 13-25　设置块参数

⑬单击【拾取点】按钮，返回绘图区捕捉多段线中点作为块的基点，然后将其将其创建为图块。

设置尺寸样式。

⑭单击【样式】工具栏中的按钮，在打开的【标注样式管理器】对话框中单击 新建(N)... 按钮，为新样式赋名，如图 13-26 所示。

⑮单击 继续 按钮，打开【新建标注样式：建筑标注】对话框，在【线】选项卡中设置尺寸的线性参数，如图 13-27 所示。

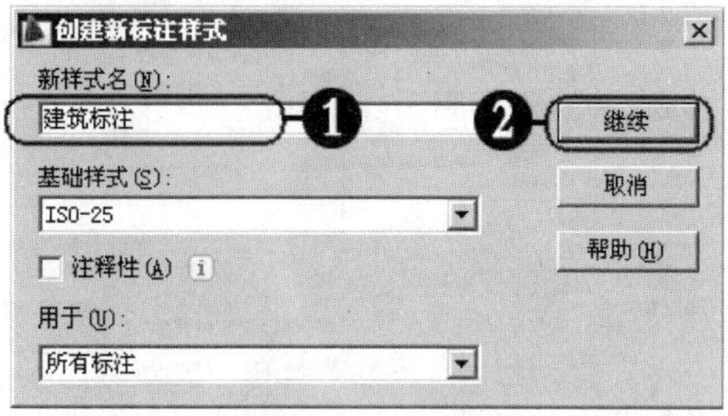

图 13-26 【创建新标注样式】对话框

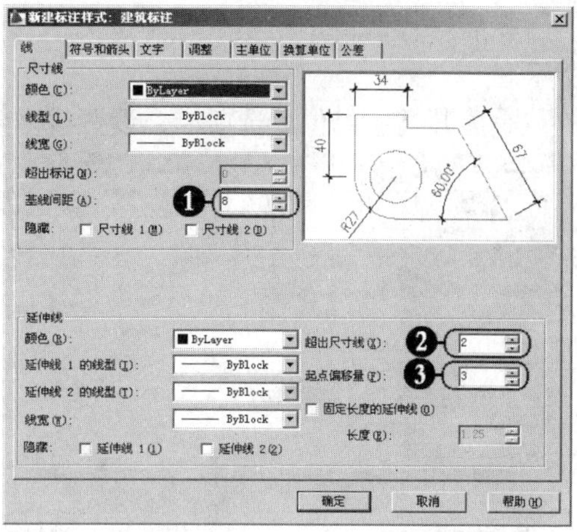

图 13-27 设置“线”参数

⑯展开【符号和箭头】选项卡，单击【箭头】选项组中的【第一个】下拉列表框，选择列表中的【用户箭头】选项，如图 13-28 所示。

⑰此时系统弹出【选择自定义箭头块】对话框，然后选择“尺寸箭头”块作为尺寸箭头，如图 13-29 所示。

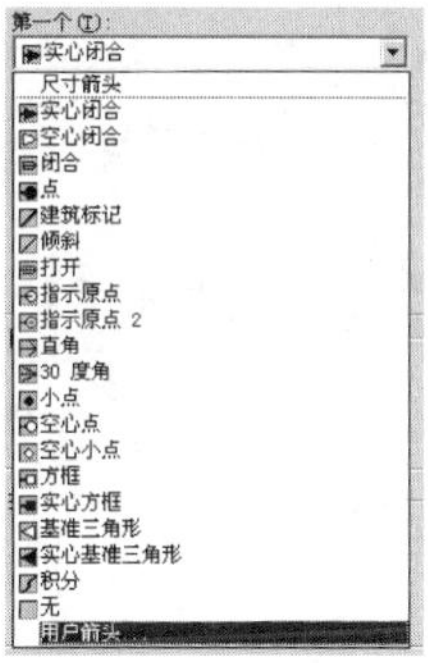

图 13-28 箭头下拉列表框

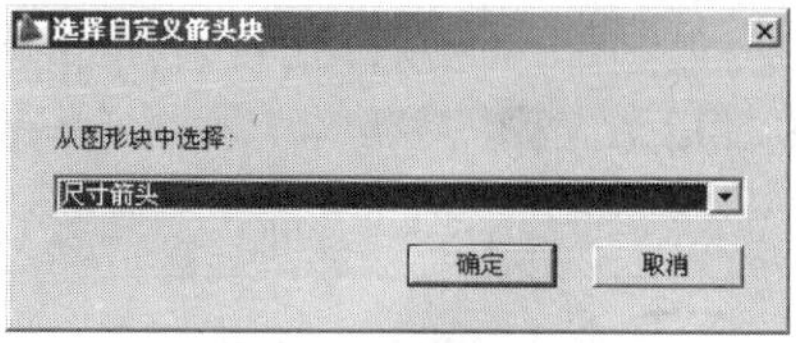

图 13-29 设置尺寸箭头

⑱单击 确定 按钮返回【符号和箭头】选项卡，设置其他参数如图 13-30 所示。

⑲展开【文字】选项卡，设置尺寸字本的样式、颜色、大小等参数，如图 13-31 所示。

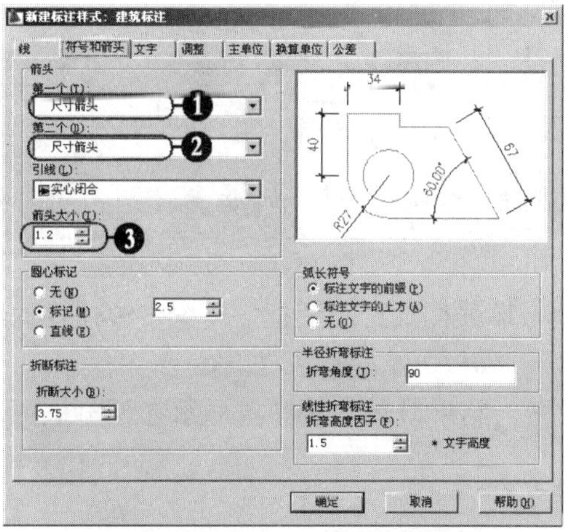

图 13-30 设置符号和箭头参数

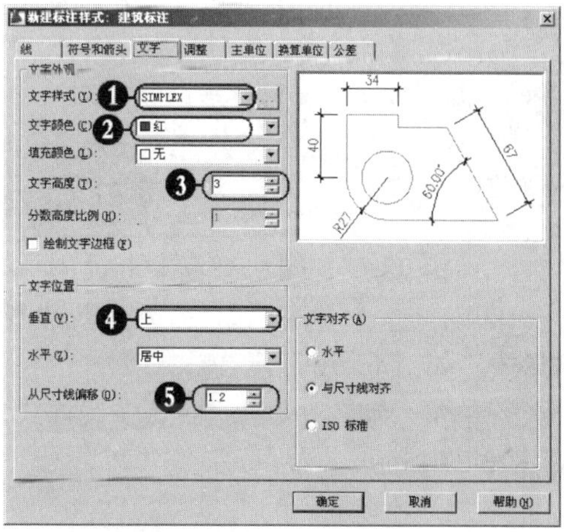

图 13-31 设置文字参数

⑳展开【调整】选项卡，调整文字、箭头与尺寸线和尺寸界线之间的位置如图 13-32 所示。

㉑展开【主单位】选项卡，设置线型参数和角度标注参数如图 13-33 所示。

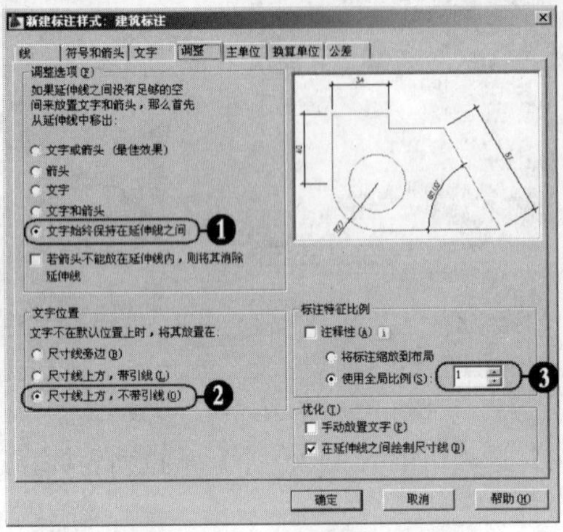

图 13-32　设置调整参数

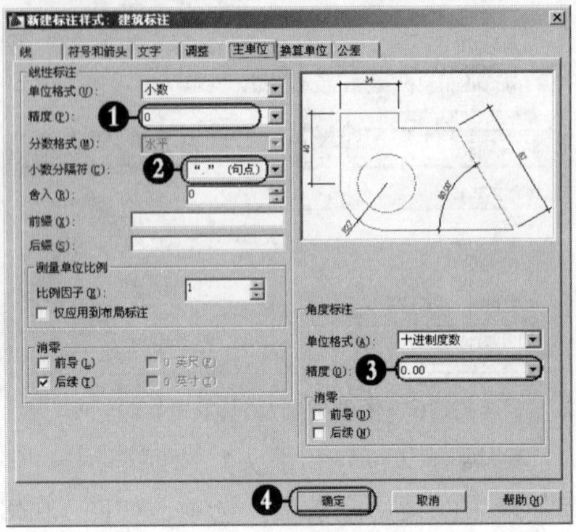

图 13-33　设置主单位参数

㉒单击 确定 按钮返回【标注样式管理器】对话框，结果新设置的尺寸样式出现在此对话框中，如图 13-34 所示。

㉓单击 置为当前(U) 按钮，将"建筑标注"设置为当前样式，同时结束命令。

设置多线样式。

㉔单击菜单栏上的【格式】|【多线样式】命令，在打开的【多线样式】对话框中单击 新建(N)... 按钮，为新样式赋名，如图 13-35 所示。

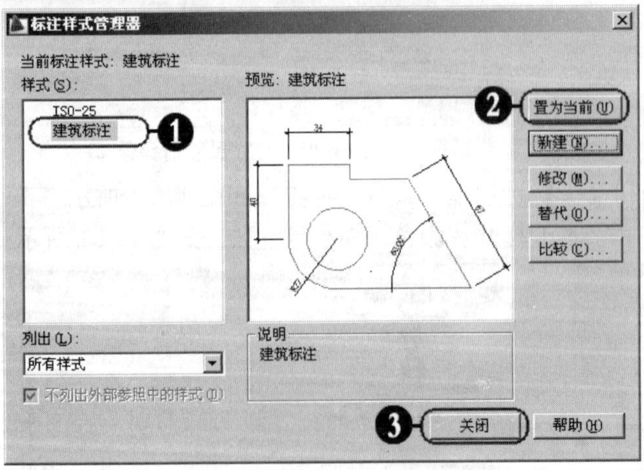

图 13-34　【标注样式管理器】对话框

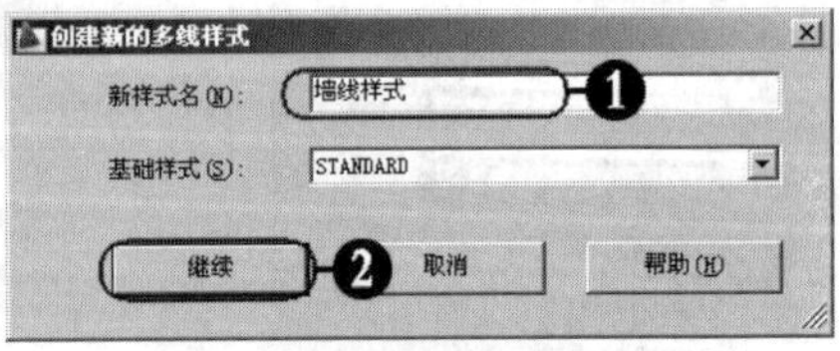

图 13-35　为新样式赋名

㉕单击 继续 按钮，打开【新建多线样式：墙线样式】对话框，设置多线样式的封口形式，如图 13-36 所示。

㉖单击 确定 按钮返回【多线样式】对话框，结果设置的新样式显示在预览框内，如图 13-37 所示。

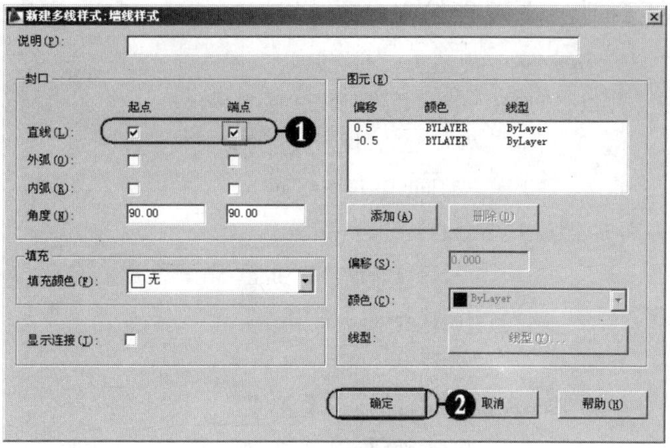

图 13-36　设置封口形式

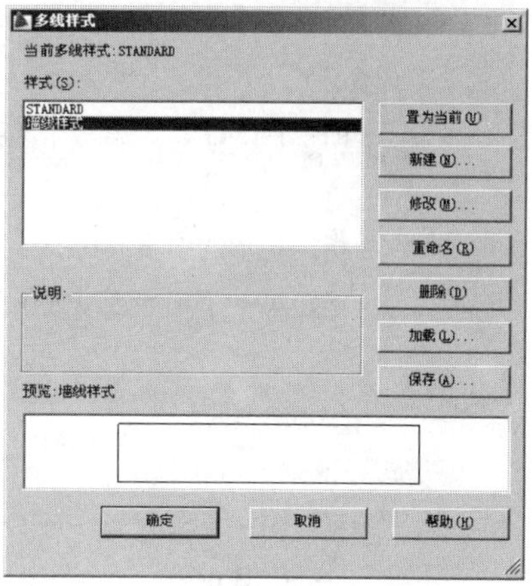

图 13-37　新建的墙线样式

㉗重复使用【多线样式】命令，设置“窗线样式”样式，其参数设置和效果预览分别如图 13-38 和图 13-39 所示。

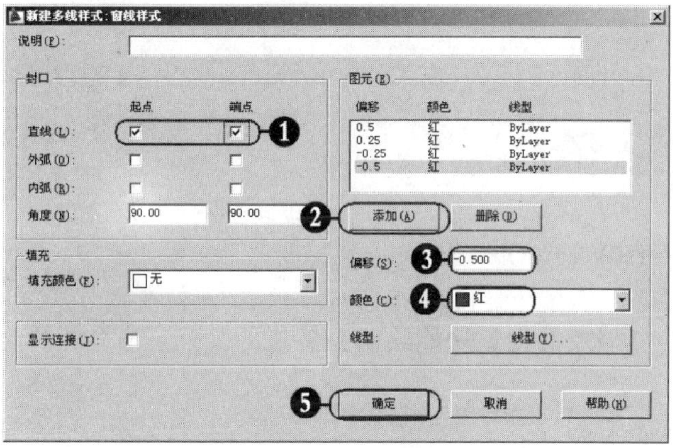

图 13-38　设置样式参数

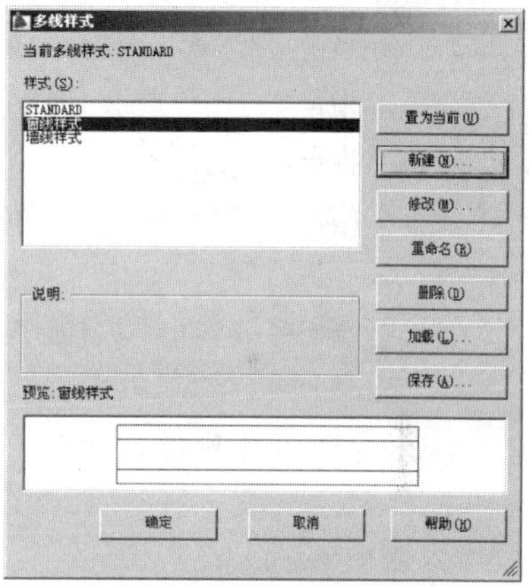

图 13-39　窗线样式预览

㉘选择“墙线样式”单击 置为当前(U) 按钮，将其设置为当前样式，同时结束命令。

㉙最后使用【另存为】命令，将文件另存为“设置绘图样式.dwg”文件。

技巧

如果需要将新设置的样式应用在其他图形文件中，可以单击 保存... 按钮，在弹出的对话框以*.mln 的格式进行保存。在其他文件中使用时，仅需要加载即可。

13.5 制作简易图框

接下来以绘制 2 号图纸边框，学习图纸边框的绘制技巧和填充技巧。

❶以上例保存的“设置绘图样式.dwg”作为当前文件。

❷单击【绘图】工具栏中的□按钮，绘制长度为 594、宽度为 420 的矩形，作为 2 号图纸的外边框。

❸重复执行【矩形】命令，配合【捕捉自】功能绘制内框。

```
命令:                                          //Enter
    RECTANG 指定第一个角点或 [倒角(C)/标高(E)/圆角(F)/厚度(T)/宽度(W)]:
                                               //w Enter，激活【宽度】选项
    指定矩形的线宽 <0>:                          //2 Enter，设置线宽
    指定第一个角点或 [倒角(C)/标高(E)/圆角(F)/厚度(T)/宽度(W)]:
                                               //激活【捕捉自】功能
    _from 基点:                                 //捕捉外框的左下角点
    <偏移>:                                     //@25,10 Enter
    指定另一个角点或 [面积(A)/尺寸(D)/旋转(R)]://激活【捕捉自】功能
    _from 基点:                                 //捕捉外框右上角点
    <偏移>:                                     //@-10,-10 Enter，绘制结果如图 13-40 所示
```

❹重复执行【矩形】命令，配合【端点捕捉】功能绘制标题栏外框。命令行操作如下：

```
命令: _rectang
    当前矩形模式:  宽度=2.0
    指定第一个角点或 [倒角(C)/标高(E)/圆角(F)/厚度(T)/宽度(W)]: // w Enter，激活【宽度】选项
    指定矩形的线宽 <2.0>:                                        //1.5 Enter，设置线宽
    指定第一个角点或 [倒角(C)/标高(E)/圆角(F)/厚度(T)/宽度(W)]:
                                                                 //捕捉内框右下角点
    指定另一个角点或 [面积(A)/尺寸(D)/旋转(R)]:
                                               //@-240,50 Enter，绘制结果如图 13-41 所示
```

❺重复执行【矩形】命令，配合【端点捕捉】功能绘制会签栏的外框。命令行操作如下：

```
命令: _rectang
    当前矩形模式:  宽度=1.5
    指定第一个角点或 [倒角(C)/标高(E)/圆角(F)/厚度(T)/宽度(W)]:
                                               //捕捉内框的左上角点
    指定另一个角点或 [面积(A)/尺寸(D)/旋转(R)]:
                                               //@-20,-100 Enter，绘制结果如图 13-42 所示
```

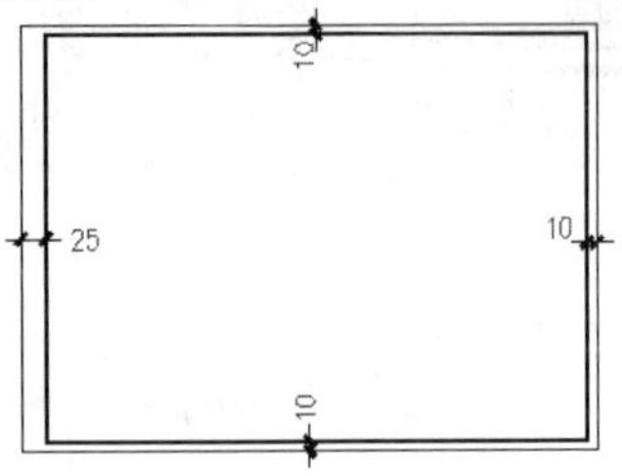

图 13-40　绘制内框

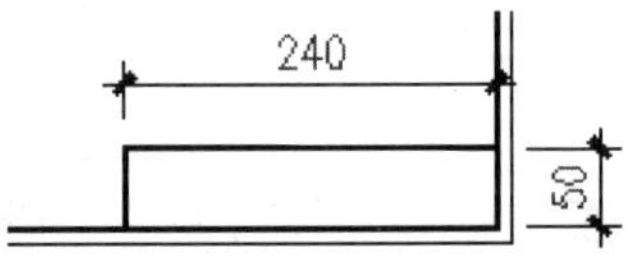

图 13-41　绘制标题栏外框

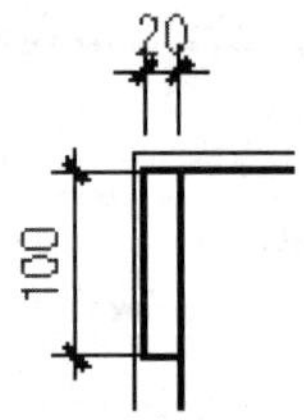

图 13-42　绘制会签栏外框

❻单击菜单栏上的【绘图】|【直线】命令，配合捕捉与追踪功能，参照如图 13-43 和图 13-44 所示尺寸绘制标题栏和会签栏内部的分格线。

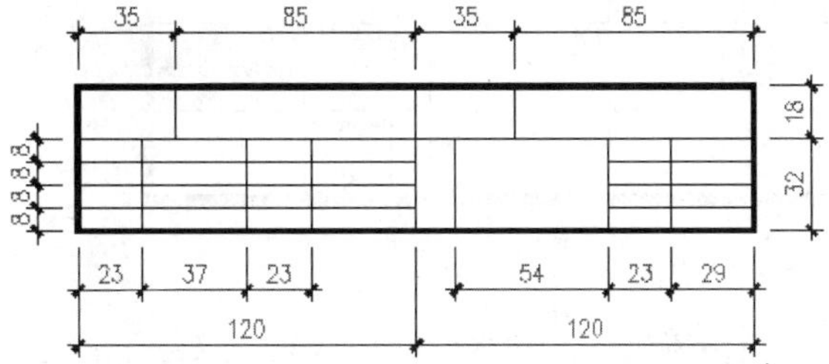

图 13-43　标题栏

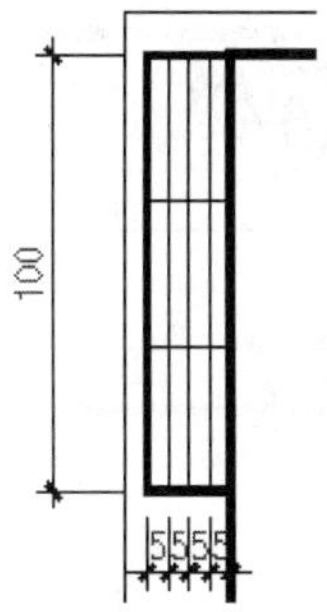

图 13-44　会签栏

❼单击【绘图】工具栏中的 A 按钮，根据命令行的提示，分别捕捉如图 13-45 所示的方格对角点 A 和 B，然后打开【文字格式】编辑器，设置文字的对正方式，如图 13-46 所示。

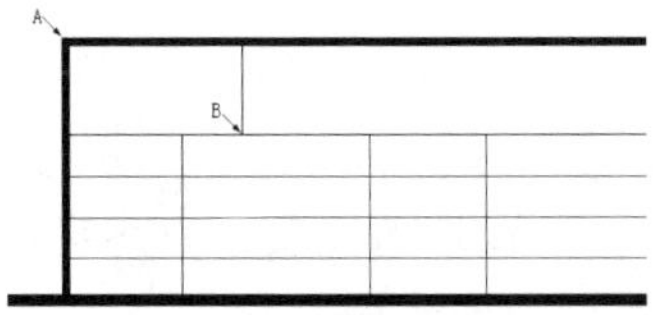

图 13-45　定位捕捉点

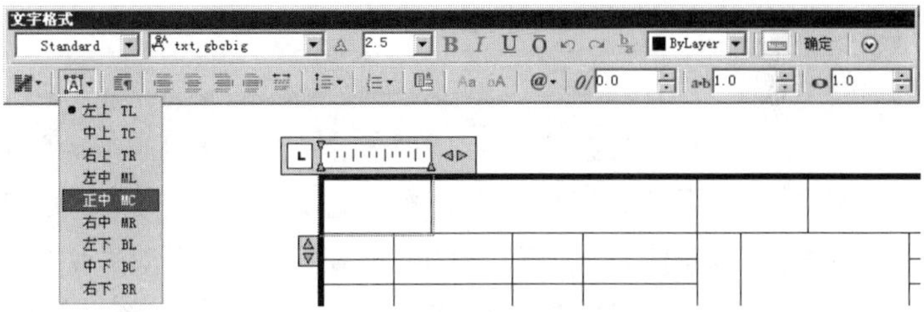

图 13-46　设置对正方式

❽在文字编辑器中设置文字样式为“宋体”、字体高度为 8，然后在时输入框内输入“设计单位”，如图 13-47 所示。

图 13-47　输入文字

❾单击 确定 按钮，关闭【文字格式】编辑器，文字的填充结果如图 13-48 所示。

❿重复使用【多行文字】命令，设置文字样式、高度和对正方式不变，填充如图 13-49 所示的文字。

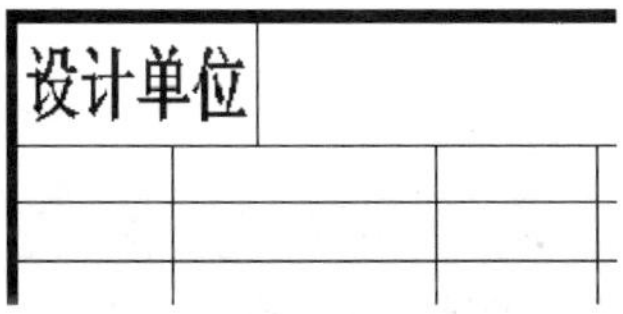

图 13-48　填充结果

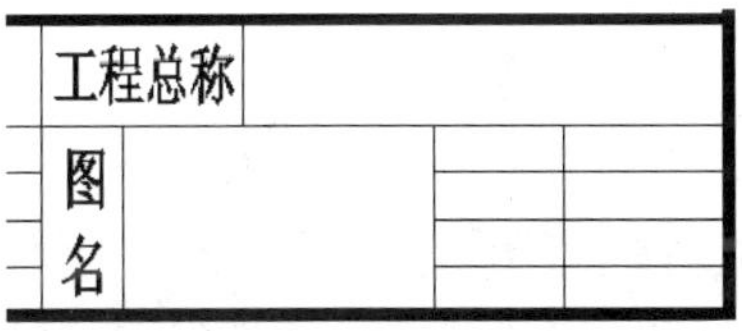

图 13-49　再次输入文字

⓫重复执行【多行文字】命令，设置字体样式为“宋体”、字体高度为 4.6、对正方式为“正中”，填充标题栏其他文字，如图 13-50 所示。

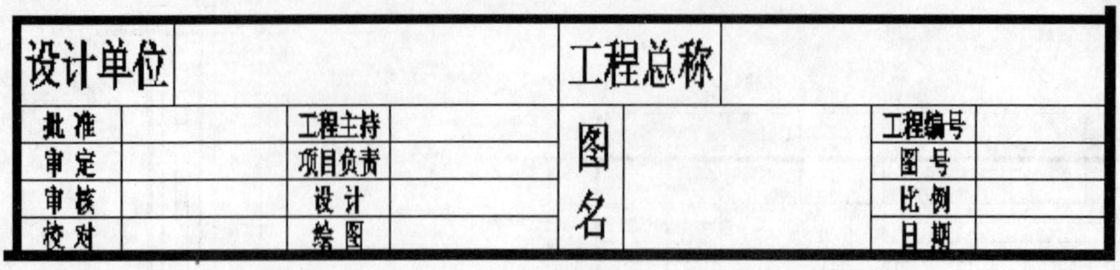

图 13-50　标题栏填充结果

⑫单击【修改】工具栏中的按钮，将会签栏旋转-90°，然后使用【多行文字】命令，设置字体样式为“宋体”、字体高度为 2.5，对正方式为“正中”，为会签栏填充文字，结果如图 13-51 所示。

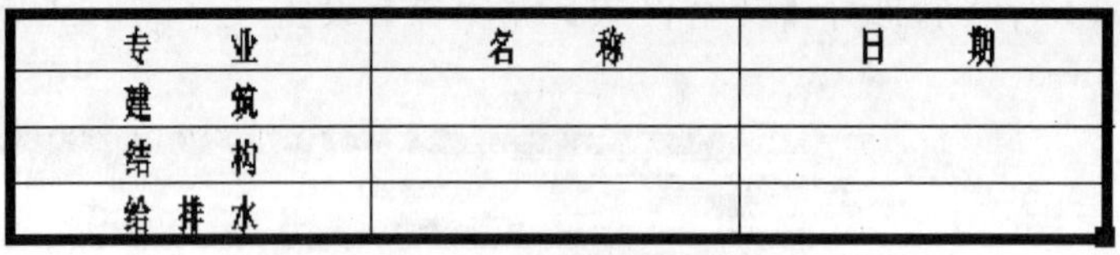

图 13-51　为会签栏填充文字

⑬再次执行【旋转】命令，将会签栏及填充的文字旋转-90°，基点不变。

⑭单击【绘图】工具栏中的按钮，激活【创建块】命令，设置块名为 A2-H，基点为外框左下角点，其他块参数如图 13-52 所示，将图框及填充文字创建为内部块。

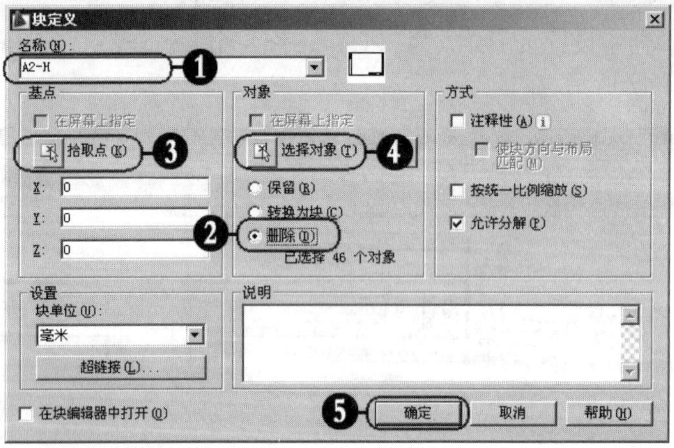

图 13-52　设置块参数

⑮最后使用【另存为】命令，将文件另存为“制作简易图框.dwg”文件。

13.6 页面与图框布局

为了便于图纸的相互交流，一般情况下，还需要将绘制好的施工图打印输出到相应图号的图纸上。因此，本节将学习图纸打印页面的合理布局与图纸边框的配置等操作。

❶以上例保存的“制作简易图框.dwg”作为当前文件。

❷单击绘图区底部的“布局 1”标签，进入到如图 13-53 所示的布局空间。

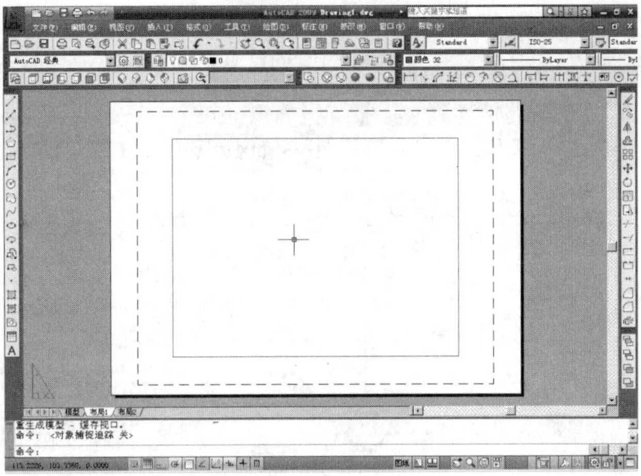

图 13-53 布局空间

❸单击菜单栏中的【文件】|【页面设置管理器】命令，在弹出的对话框中单击 新建(N)... 按钮，为新页面赋名，如图 13-54 所示。

❹单击 确定(O) 按钮进入【页面设置-布局 1】对话框，然后设置打印设备、图纸尺寸、打印样式、打印比例等各页面参数，如图 13-55 所示。

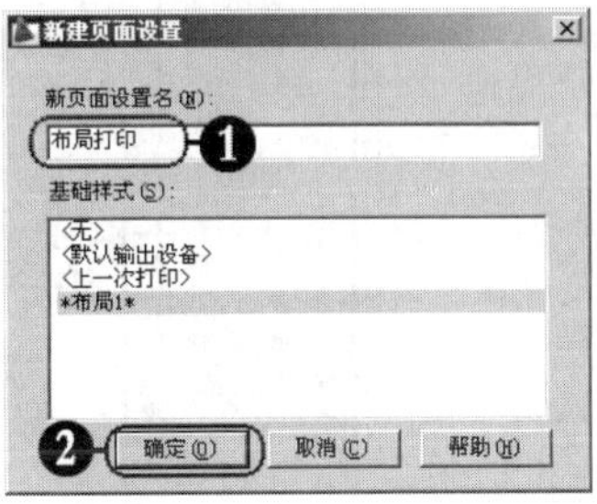

图 13-54 为新页面赋名

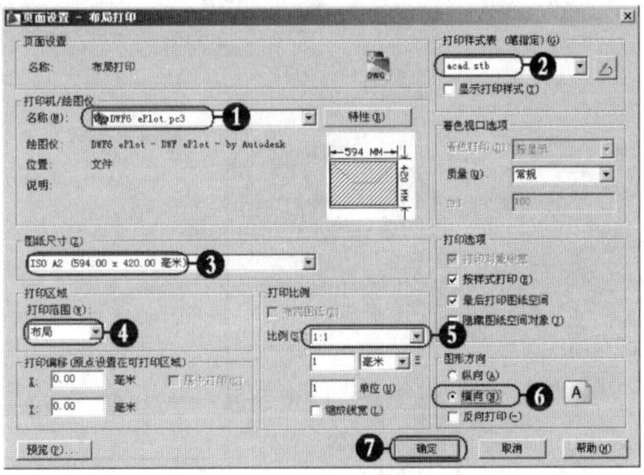

图 13-55 设置页面参数

❺单击 确定(O) 按钮返回【页面设置管理器】话框，将刚设置的新页面设置为当前，如图 13-56 所示。

❻单击的 关闭(C) 按钮结束命令，新布局的页面设置效果如图 13-57 所示。

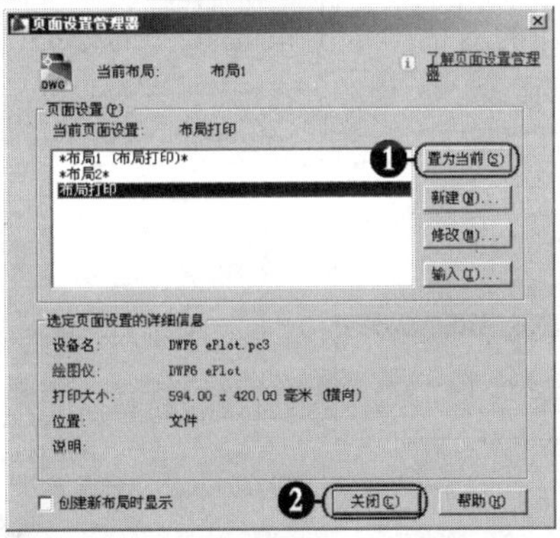

图 13-56 【页面设置管理器】对话框

图 13-57 页面设置效果

⑦使用【删除】命令，选择布局内的矩形视口边框进行删除。

⑧单击【绘图】工具栏中的按钮，打开【插入】话框，设置块参数如图 13-58 所示。

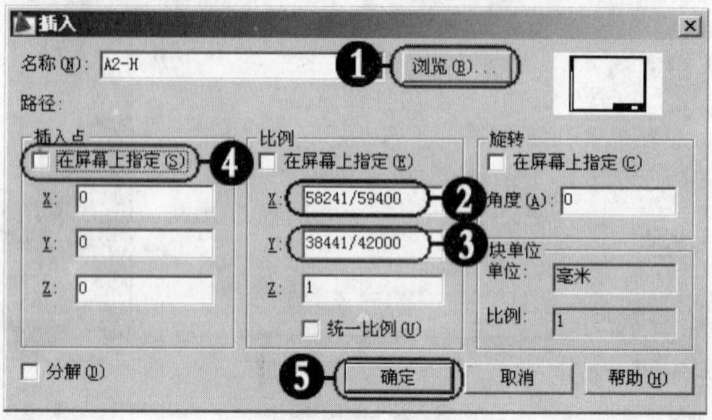

图 13-58 设置块参数

⑨单击 确定(O) 按钮，结果 A2-H 图表框被插入到当前布局中的原点位置，如图 13-59 所示。

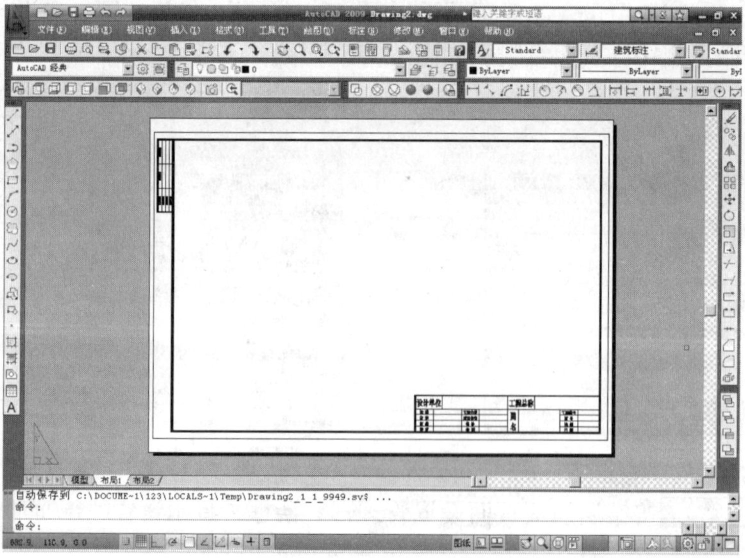

图 13-59 插入块的结果

⑩返回模型空间，执行【另存为】命令，在打开的对话框中的设置文件的存储类型为“AutoCAD 图形模板文件（*dwt)”，如图 13-60 所示。

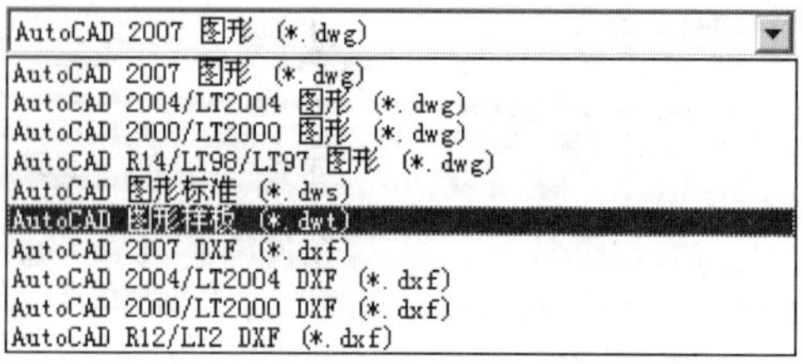

图 13-60 【文件类型】下拉列表

⑪在【文件名】文本框内输入“建筑模板”，如图 13-61 所示。

图 13-61　模板文件的创建

⑫单击 保存... 按钮，打开【样板选项】对话框，在【说明】文本框中输入“A2-H 幅面模板文件”，如图 13-62 所示。

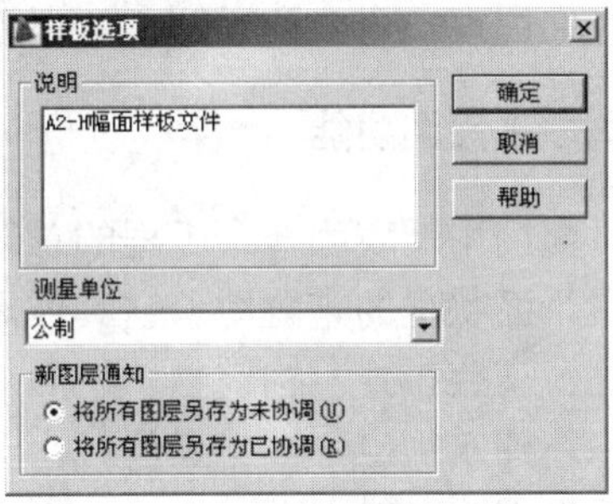

图 13-62　【样板选项】对话框

⑬单击 确定 按钮，系统将文件自动保存于 AutoCAD 安装目录下的 Template 文件夹中。

⑭最后使用【另存为】命令，将当前图形另存为“打印页面的布局.dwg”文件。

13.7　本章小结

本章在了解模板文件概念及功能的前提下，学习了绘图模板文件的具体设置过程和设置技巧，为后叙章节施工图的绘制做好充分的准备。

另外，在模板文件的设置过程中，具体需要掌握绘图参数及捕捉模数的设置，各类图层的设置以及图层颜色、线型、线宽及特性的设置，各种常用样式的设置，打印页面的布局与图纸边框的合理配置等内容。

第14章

总平面图

本章在简单了解建筑平面图形成、功能、图示内容等知识的前提下，主要学习建筑总面图的绘制思路以及具体的绘制过程和技巧。

14.1 建筑总平面图概述

本节将简单介绍建筑总平面图的功能、特点以及图示内容等理论知识，使读者对总平面图有一个大致了解和认识。

14.1.1 建筑总平面图功能

建筑总平面图用于表明一个工程的总体布局，是一个用于表明建筑物建设所在位置平面状况的布置图。它具体需要表示原有建筑物和新建筑物的位置、标高、道路布置、构筑物、地形、地貌以及与周围的建筑环境的关系等，作为新建筑物定位、施工放线、土方施工以及施工总平面布置的依据。在总平面图内一般根据原有建筑物或道路线确定新建筑物的平面位置。

14.1.2 建筑总平面图特点

在绘制总平面时，一般需要注意以下内容：

建筑总平面图中有的会布置一组建筑群，有的仅是几栋建筑物。这些建筑物可以在一个广阔的区域中，也可以在已建成的建筑群之中；有的在城市，有的在乡村；有的在平地，有的在山陵等。因此，总平面图根据具体条件、情况的不同，其布置上也各有差异。

另外，建筑总平面图的绘制，建筑群位置的确定，应由城市规划部门先把用地范围规定下来后，设计部门才能在其规定的区域内布置建筑总平面图。当在城市中布置需建房屋的总平面图时，一般要以城市道路中心线为基准再由此向需建筑房屋的一面定出一条该建筑物或建筑群的界限线，从而确定建筑物的边界位置，然后设计人员再以它为基准，设计布置这群建筑的相对位置，绘制出建筑总平面布置图。

14.1.3 建筑总平面图的内容

一般在总平面图上需要表达出如下内容：

1．图名、比例及有关文字说明

由于总平面图涉及的地理范围较大，所以绘制时都用较小的比例，如1:500、1:1000、1:2000等。总平面图中所画图例必须采用国家标准规定图例，如果使用到其他图例，则必须在图中另外说明。

2．所建筑工程的性质与总体布置

建筑物或构筑物的位置，道路、场地、绿化等布置情况以及建筑物的层次数等。拟建房屋需画平面的外包尺寸。总平面图上的尺寸以米为单位，保留两位小数，不足时以零补齐。

3．新建工程或扩建工程的定位

在总平面图中，建筑工程或扩建工程的定位方法，一般有“根据坐标定位”和“根据原有建筑物或道路定位”两种。

4．等高线

为了表达地面的起伏变化状态，平面图上应绘制等高线，同时也注明各条等高线的高程，这类图称为“地形图”。

5．规划红线

规划红线又称建筑红线，是由当地规划管理部门确定，是建筑沿街建筑和埋设地下管线、确定位置的标志线。

6．标高

总平面图上的标高为绝对标高，以米为单位，取到小数点后两位。而相对标高是指各房间楼地面相对于本建筑物底层地面的相对高度。

7．风向频率玫瑰图和指北针

风向频率玫瑰图和指北针主要用于标明新建房屋、构筑房屋的朝向和该地区的常年风向频率。

14.2 绘制小区建筑总平面图

下面以绘制某小区总平面图为例，了解和学习建筑总面图的绘制方法和详细的绘制过程及绘制技巧。

14.2.1 实例效果及分析

某小区的建筑总平面图的最终绘制效果，如图14-1所示。

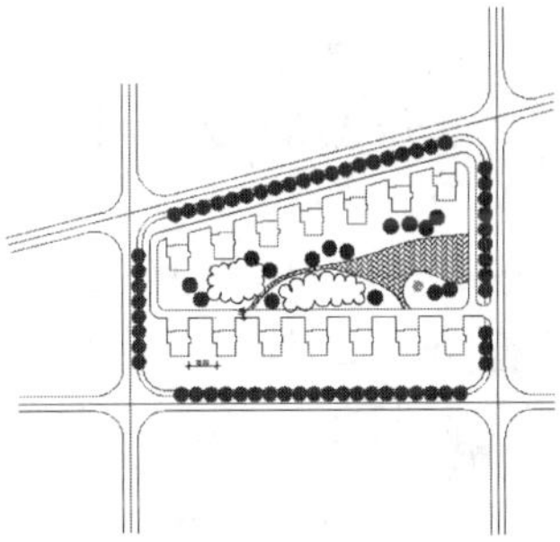

图14-1 建筑总平面图

根据总平面图的功能、特点和主要表达内容，在具体的绘制过程中可以按照如下流程：

- 首先设置绘图环境，包括单位、图形界限、图层等基本元素。

- 使用【直线】、【拉长】等绘制道路中心线。
- 使用【偏移】、【圆角】、【修剪】等命令绘制道路线。
- 使用【插入块】、【复制】、【阵列】等命令绘制建筑物。
- 使用【直线】、【偏移】、【修剪】、【圆角】等命令绘制内部道路网。
- 使用【样条曲线】、【修剪】、【图案填充】等命令绘制庭院道路线。
- 使用【插入块】、【复制】等命令为总平面图布置建筑小品及绿化树。
- 使用【定距等分】、【插入块】等命令布置周边道路的行道树。
- 最后标注总图尺寸。

14.2.2 绘制道路中心线

绘制建筑总平面图时，首先要绘制周边的道路网，只有设计好了道路网，才能明确该地区的空间功能定位。一般来说，总平面图道路的绘制是从道路中心线开始的。下面学习道路中心线的绘制方法和技巧。本例绘制效果如图 14-2 所示。

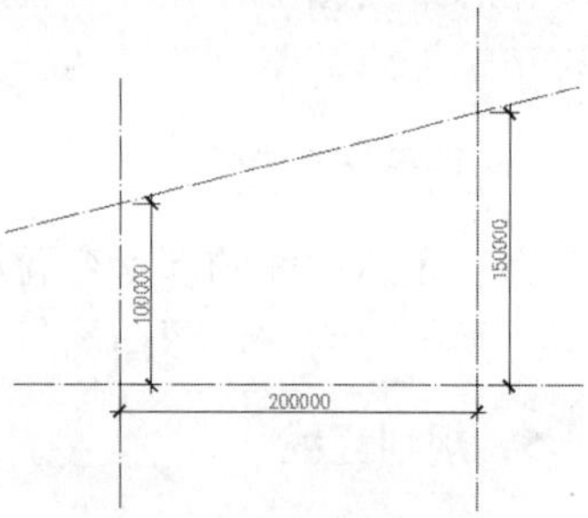

图 14-2　道路中心线效果

操作步骤

❶执行【新建】命令，新建一个公制单位的空白文件。

❷单击菜单栏上的【格式】|【图形界限】命令，设置图形界限为 420000×297000。

❸单击菜单栏上的【视图】|【缩放】|【全部缩放】命令，将图形界限最大化显示。

❹单击【图层】工具栏中的按钮，在打开的【图层特性管理器】对话框中新建 5 个图层，并设置图层的颜色特性和线型特性，如图 14-3 所示的图层。

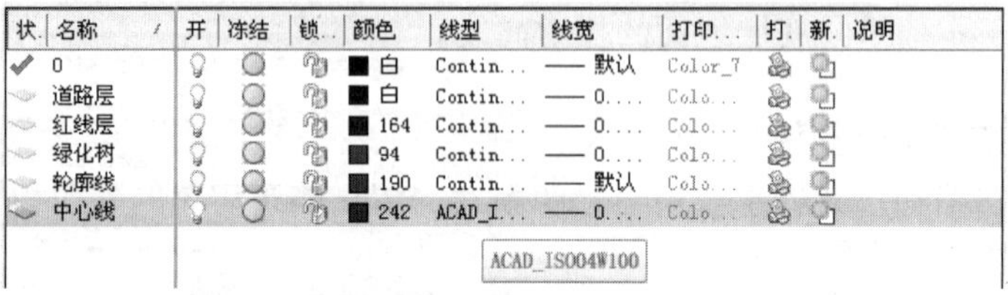

状	名称	开	冻结	锁...	颜色	线型	线宽	打印...	打.	新.	说明
	0				白	Contin...	—— 默认	Color_7			
	道路层				白	Contin...	—— 0....	Colo...			
	红线层				164	Contin...	—— 0....	Colo...			
	绿化树				94	Contin...	—— 0....	Colo...			
	轮廓线				190	Contin...	—— 默认	Colo...			
	中心线				242	ACAD_I...	—— 0....	Colo...			

图 14-3　新建 5 个图层

❺展开【图层】工具栏中的【图层控制】下拉列表框，将“中心线”层设置为当前操作层。

❻单击菜单栏上的【绘图】|【直线】命令，配合点的坐标输入功能绘制道路中心线，命令行操作如下：

```
命令: _line
    指定第一点:
    指定下一点或 [放弃(U)]:             //@0,-100000 Enter
    指定下一点或 [放弃(U)]:             //@200000,0 Enter
    指定下一点或 [闭合(C)/放弃(U)]:     //@0,150000 Enter
```

```
指定下一点或 [闭合(C)/放弃(U)]:    //c Enter，绘制结果如图 14-4 所示
```

❼使用快捷键 LEN 激活【拉长】命令，将各条中心线向两端适当拉伸，结果如图 14-5 所示。

❽使用系统变量 LTSCALE 修改线型的显示比例为 1000，中心线的显示效果如图 14-6 所示。

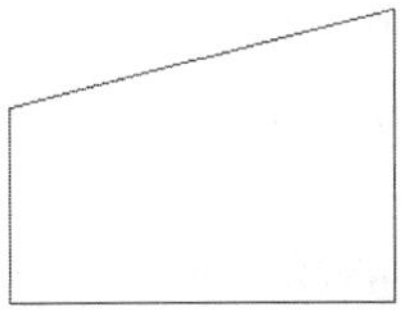
图 14-4　绘制道路中心线

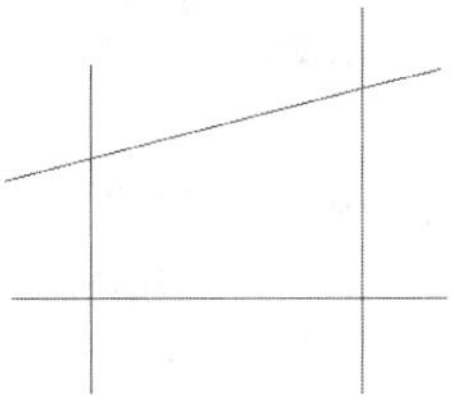
图 14-5　拉长中心线

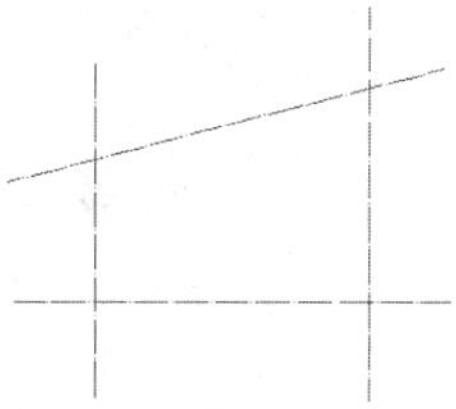
图 14-6　修改线型比例

❾最后使用【保存】命令，将图形存储为“绘制中心线.dwg”文件。

技巧

通常绘制建筑总平面图时，道路中心线交点的坐标值都采用当地城市坐标系的绝对坐标值，这里为作图方便，仍采用假设的相对坐标值。

14.2.3 绘制道路线

接下来根据道路中心线，进行绘制道路线，其中道路车行道宽 8m、人行道宽 3m 为例，绘制效果如图 14-7 所示。

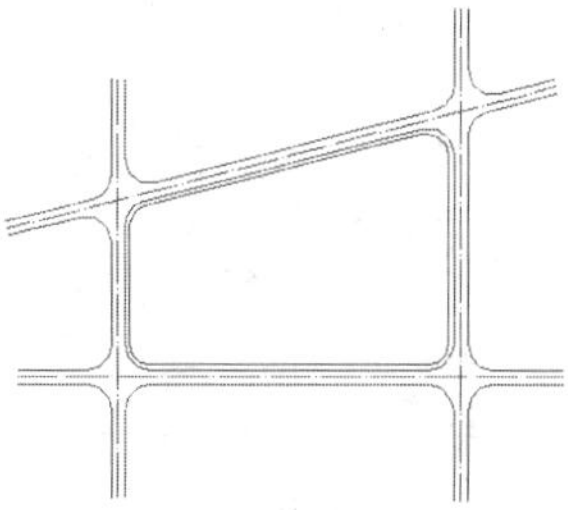
图 14-7　道路线效果

操作步骤

❶继续上节操作，并将“道路层”设置为当前图层。

❷单击菜单栏上的【修改】|【偏移】命令，将 4 条道路中心线向两侧偏移 4000 个绘图单位，命令行操作如下：

```
命令: _offset
    当前设置: 删除源=否   图层=源   OFFSETGAPTYPE=0
    指定偏移距离或 [通过(T)/删除(E)/图层(L)] <通过>:          //l Enter
    输入偏移对象的图层选项 [当前(C)/源(S)] <源>:              //c Enter，激活【当前】选项
    指定偏移距离或 [通过(T)/删除(E)/图层(L)] <通过>:          //4000 Enter
    选择要偏移的对象，或 [退出(E)/放弃(U)] <退出>:            //单击左侧中心线
    指定要偏移的那一侧上的点，或 [退出(E)/多个(M)/放弃(U)] <退出>:
                                                            //在所选中心线左侧拾取一点
    选择要偏移的对象，或 [退出(E)/放弃(U)] <退出>:            //单击左侧中心线
    指定要偏移的那一侧上的点，或 [退出(E)/多个(M)/放弃(U)] <退出>:
                                                            //在所选中心线右侧拾取一点
    选择要偏移的对象，或 [退出(E)/放弃(U)] <退出>:            //单击右侧中心线
    指定要偏移的那一侧上的点，或 [退出(E)/多个(M)/放弃(U)] <退出>:
```

```
                                                    //在所选中心线右侧拾取一点
选择要偏移的对象，或 [退出(E)/放弃(U)] <退出>:        //单击右侧中心线
指定要偏移的那一侧上的点，或 [退出(E)/多个(M)/放弃(U)] <退出>:
                                                    //在所选中心线左侧拾取一点
选择要偏移的对象，或 [退出(E)/放弃(U)] <退出>:        //单击下侧中心线
指定要偏移的那一侧上的点，或 [退出(E)/多个(M)/放弃(U)] <退出>:
                                                    //在所选中心线上侧拾取一点
选择要偏移的对象，或 [退出(E)/放弃(U)] <退出>:        //单击下侧中心线
指定要偏移的那一侧上的点，或 [退出(E)/多个(M)/放弃(U)] <退出>:
                                                    //在所选中心线下侧拾取一点
选择要偏移的对象，或 [退出(E)/放弃(U)] <退出>:        //单击上侧中心线
指定要偏移的那一侧上的点，或 [退出(E)/多个(M)/放弃(U)] <退出>:
                                                    //在所选中心线下侧拾取一点
选择要偏移的对象，或 [退出(E)/放弃(U)] <退出>:        //单击上侧中心线
指定要偏移的那一侧上的点，或 [退出(E)/多个(M)/放弃(U)] <退出>:
                                                    //在所选中心线上侧拾取一点
选择要偏移的对象，或 [退出(E)/放弃(U)] <退出>:
                                                    // Enter，偏移结果如图 14-8 所示
```

❸展开【图层】工具栏中的【图层控制】下拉列表框，将“中心线”层进行冻结，图形的显示结果如图 14-9 所示。

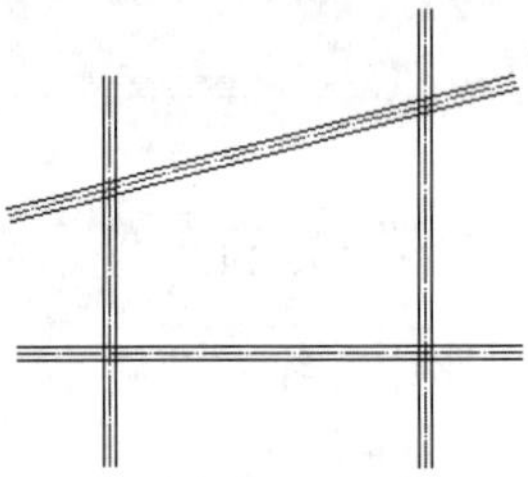

图 14-8　偏移结果

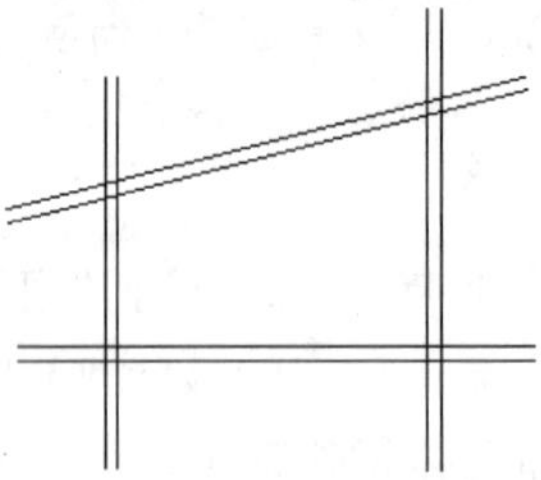

图 14-9　图层冻结后的显示

技巧

当前图层不能被冻结。

❹使用快捷键 TR 激活【修剪】命令，将各道路交叉口处的道路线修剪掉，结果如图 14-10 所示。

❺单击【修改】工具栏中的按钮，激活【圆角】命令，对道路交叉处的轮廓线进行圆角。命令行操作如下：

```
命令: _fillet
    当前设置: 模式 = 修剪，半径 = 0.0000
    选择第一个对象或 [放弃(U)/多段线(P)/半径(R)/修剪(T)/多个(M)]:
                                              //r Enter，激活【半径】选项
    指定圆角半径 <0.0000>:                     //15000 Enter
```

选择第一个对象或 [放弃(U)/多段线(P)/半径(R)/修剪(T)/多个(M)]:
//m Enter，激活【多个】选项
选择第一个对象或 [放弃(U)/多段线(P)/半径(R)/修剪(T)/多个(M)]:
//单击如图 14-11 所示的道路线 1
选择第二个对象，或按住 Shift 键选择要应用角点的对象: //单击道路线 2
选择第一个对象或 [放弃(U)/多段线(P)/半径(R)/修剪(T)/多个(M)]: //单击道路线 3
选择第二个对象，或按住 Shift 键选择要应用角点的对象: //单击道路线 4
选择第一个对象或 [放弃(U)/多段线(P)/半径(R)/修剪(T)/多个(M)]: //单击道路线 5
选择第二个对象，或按住 Shift 键选择要应用角点的对象: //单击道路线 6
选择第一个对象或 [放弃(U)/多段线(P)/半径(R)/修剪(T)/多个(M)]: //单击道路线 7
选择第二个对象，或按住 Shift 键选择要应用角点的对象: //单击道路线 8
选择第一个对象或 [放弃(U)/多段线(P)/半径(R)/修剪(T)/多个(M)]:
//Enter，结束命令，圆角结果如图 14-12 所示

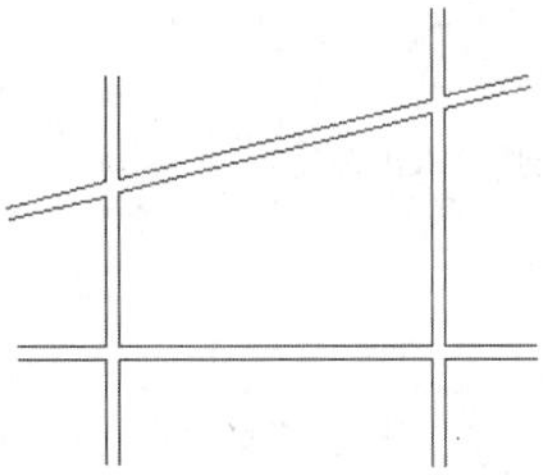

图 14-10 修剪结果

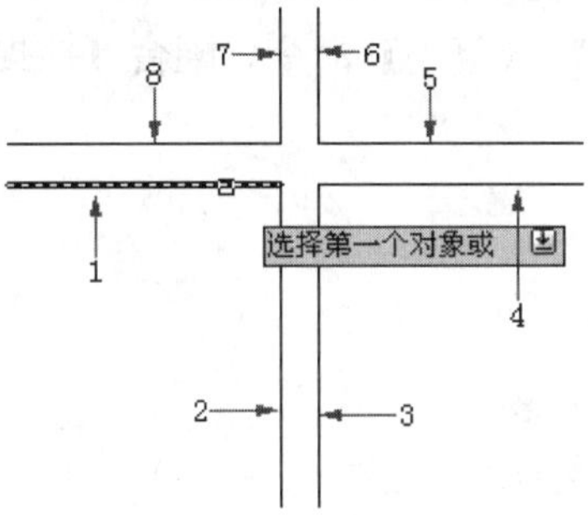

图 14-11 选择圆角对象

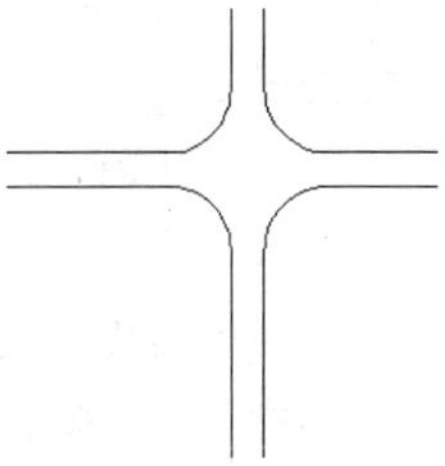

图 14-12 圆角结果

❻重复执行【圆角】命令，设置圆角半径不变，配合命令中的【多个】选项功能，分别对其他位置的道路线进行圆角，结果如图 14-13 所示。

❼单击菜单栏上的【修改】|【偏移】命令，把内侧的道路线向外偏移 3000 个绘图单位，形成 3m 宽的人行道，生成道路红线，如图 14-14 所示。

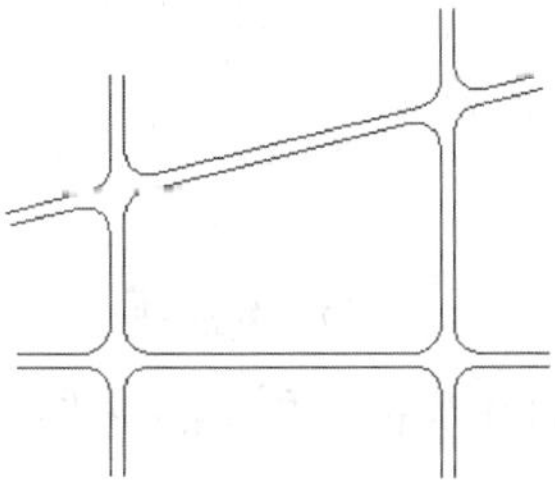

图 14-13 其他道路线圆角结果

图 14-14 偏移结果

❽选择刚偏移出的轮廓线，然后执行【特性】命令，在打开的【特性】窗口中修改图层为“红线层”。

❾使用快捷键 LA 激活【图层】命令，在打开的【图层特性管理器】对话框中，打开冻结的“中心线”层。

❿最后执行【另存为】命令，将图形另存为“绘制道路线.dwg”文件。

14.2.4 布置建筑物

在建筑总平面图中，由于比例较小，只需绘制建筑物的外部轮廓即可，内部细节不需要绘制。下面以绘制如图 14-15 所示的建筑物，学习总平面图中建筑物的绘制技巧。

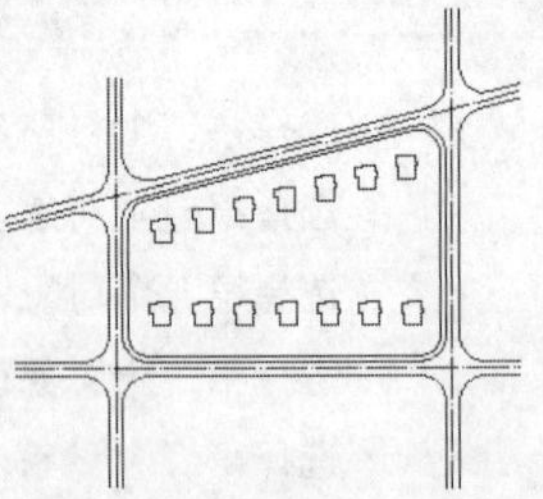

图 14-15 布置的建筑物

操作步骤

❶继续上节操作，并将“轮廓线”设置为当前层。

❷单击【绘图】工具栏中的按钮，激活【插入块】命令，插入随书光盘中的“图块文件\建筑物.dwg”，块参数采用默认设置。

❸在命令行“指定插入点或 [基点(B)/比例(S)/旋转(R)]:”提示下，激活【捕捉自】功能，以左下角道路中心线的交点作为偏移的基点，以相对坐标（@21800,24700）作为插入点，将其插入到平面图中，结果如图 14-16 所示。

❹单击菜单栏上的【修改】|【复制】命令，配合【捕捉自】功能，将建筑物图块进行复制，命令行操作如下：

```
命令: _copy
    选择对象:                                          //选择刚插入的建筑物图块
    选择对象:                                          // Enter
    当前设置:  复制模式 = 多个
    指定基点或 [位移(D)/模式(O)] <位移>:                 //捕捉建筑左下角点
    指定第二个点或 <使用第一个点作为位移>:               //激活【捕捉自】功能
    _from 基点:                                        //捕捉建筑左下角点
    <偏移>:                                            //@1250,48850 Enter
    指定第二个点或 [退出(E)/放弃(U)] <退出>:             //Enter，复制结果如图 14-17 所示
```

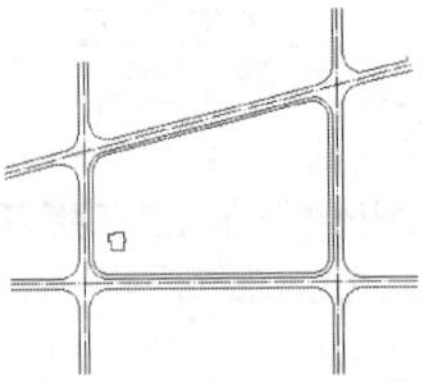

图 14-16 插入结果

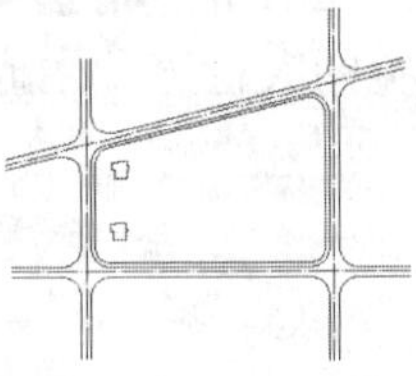

图 14-17 复制结果

❺单击菜单栏上的【修改】|【阵列】命令，将下侧的建筑物阵列 1 行 7 列，列偏移为 25000 个单位，阵列结果如图 14-18 所示。

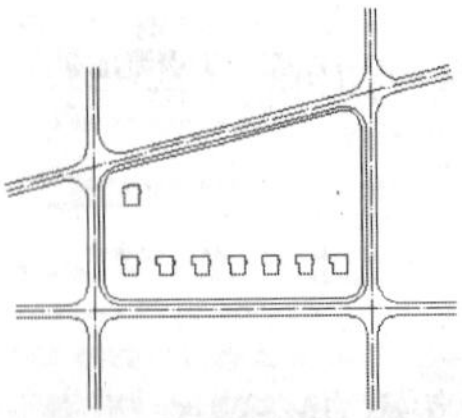

图 14-18 阵列结果

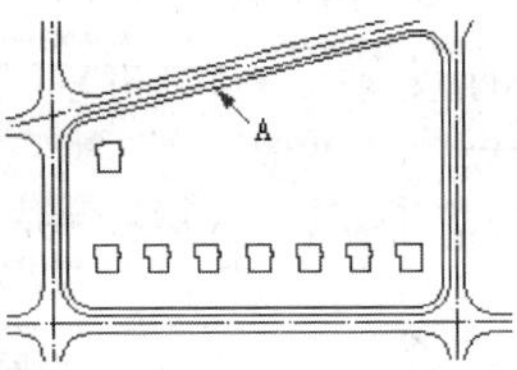

图 14-19 选择对象

沿斜方向布置建筑物时，可以采用有角度的矩形阵列方法布置建筑物：

❻单击菜单栏上的【工具】|【查询】|【列表】命令，在命令行“选择对象：”提示下，选择图 14-19 所示的倾斜道路线 A，进行查询倾斜道路线的几何信息，查询结果以如图 14-20 所示的文本窗口显示。

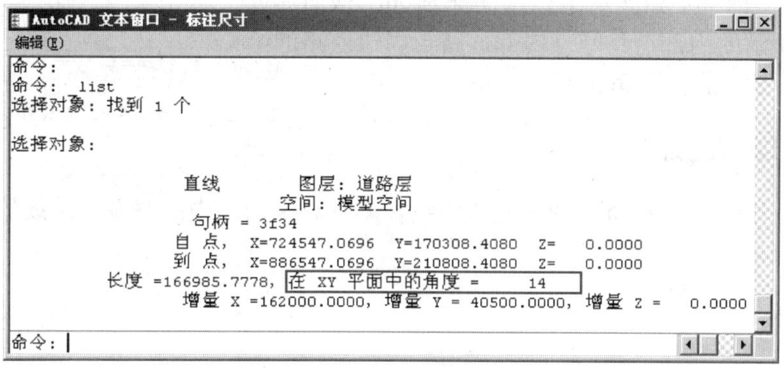

图 14-20　查询信息结果

❼从图 14-20 所示的文本窗口中可以得知，倾斜道路线的倾斜角度为 14°，接下来将根据此角度，进行排列建筑物。

技巧

【列表】命令是用来查询图形对象特性和几何特性的工具，比如，当使用该命令查询一条直线的特性时，AutoCAD 文本窗口将报告该直线所在的图层、线型比例以及该直线的起点坐标、终点坐标、长度和角度等。在此可以通过此命令获取图形对象的各种信息。当然，在【特性】命令中同样可以查询图形对象的各种特性。

❽使用快捷键 AR 激活【阵列】命令，设置阵列参数如图 14-21 所示，将左上侧的建筑物进行矩形阵列，阵列结果如图 14-22 所示。

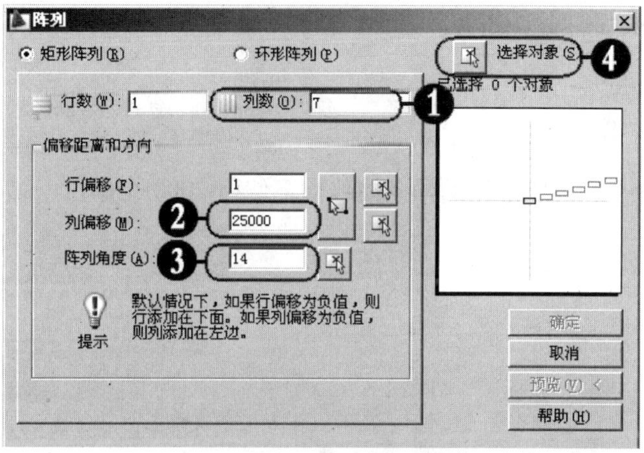

图 14-21　设置阵列参数

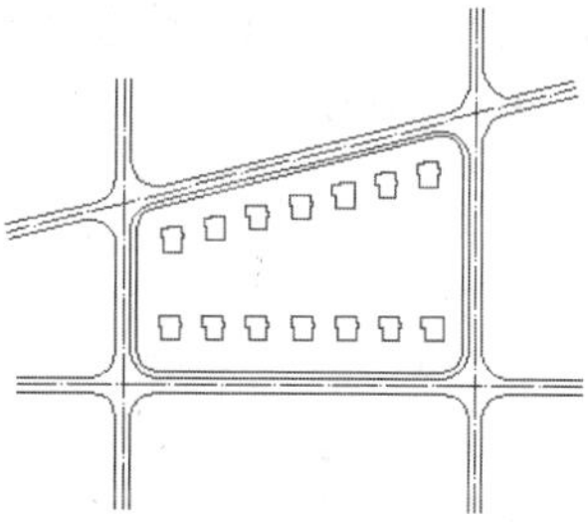

图 14-22　阵列结果

❾最后执行【另存为】命令，将图形另存为“布置建筑物.dwg”文件。

14.2.5 绘制内部道路网

接下来使用【直线】命令和【偏移】命令绘制总平面图中的内部道路，然后用【修剪】及【圆角】命令对内部道路进行编辑，内部道路转弯半径可设置为 6m，最后形成如图 14-23 所示的内部道路网（内部道路与周边道路的绘制方法基本一致，在此不再讲解）。

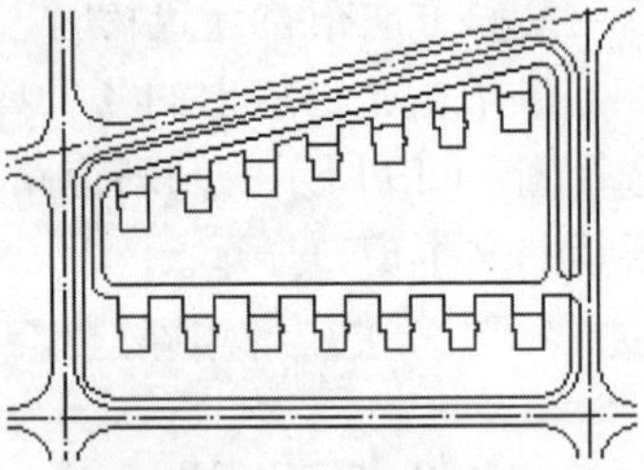

图 14-23 内部道路网效果

14.2.6 绘制庭院道路线

下面绘制如图 14-24 所示的庭院道路线，学习总平面图中的庭院道路线的绘制方法和技巧。

操作步骤

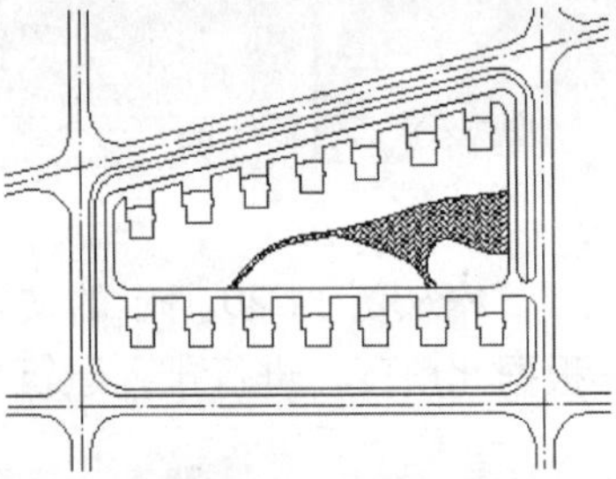

图 14-24 庭院道路线效果

❶继续上节操作，并将“道路层”设置为当前图层。

❷按下 F12 键，暂时关闭状态栏上的【动态输入】功能。

❸单击【绘图】工具栏中的按钮，激活【样条曲线】命令，配合绝对点的坐标输入功能绘制庭院道路曲线。命令行操作如下：

```
命令: _spline
    指定第一个点或 [对象(O)]:                              //137361.29,141071.9 Enter
    指定下一点:                                            //153869.75,158483.74 Enter
    指定下一点或 [闭合(C)/拟合公差(F)] <起点切向>:         //194529.49,168564.28 Enter
    指定下一点或 [闭合(C)/拟合公差(F)] <起点切向>:         //229074.98,178950.29 Enter
    指定下一点或 [闭合(C)/拟合公差(F)] <起点切向>:         //261786.2,182310.46 Enter
    指定下一点或 [闭合(C)/拟合公差(F)] <起点切向>:         // Enter
    指定起点切向:                                          // Enter
    指定端点切向:                                          // Enter，结束命令，绘制结果
                                                            如图 14-25 所示
```

❹使用快捷键 O 激活【偏移】命令，将刚绘制的样条曲线向下偏移 2000 个单位，结果如图 14-26 所示。

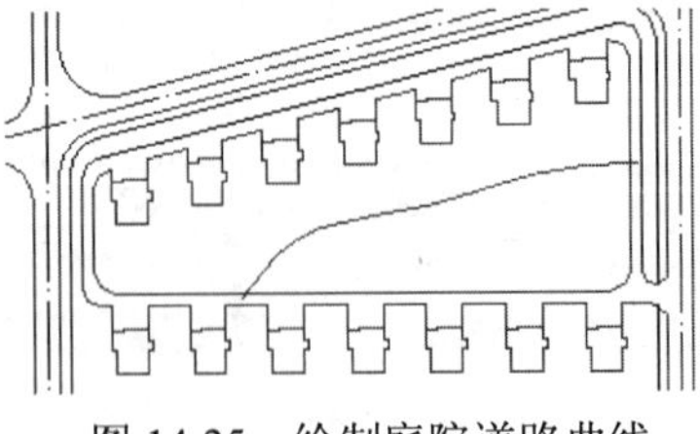

图 14-25 绘制庭院道路曲线

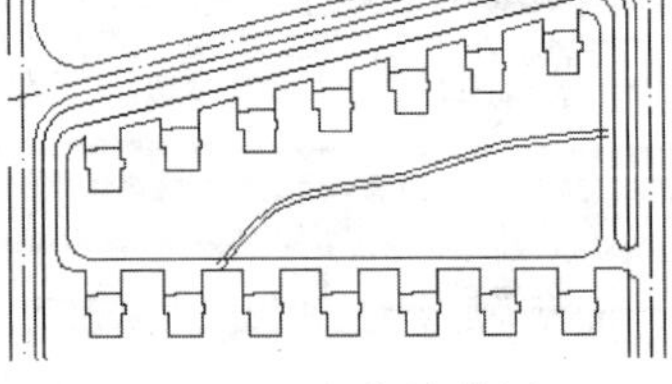

图 14-26 偏移结果

❺重复执行【样条曲线】命令，配合绝对点的坐标输入功能，继续绘制其他位置的曲线。命令行操作如下：

```
命令: _spline
    指定第一个点或 [对象(O)]:                                //181689.57,165204 Enter
    指定下一点:                                              //209815,156956.38 Enter
    指定下一点或 [闭合(C)/拟合公差(F)] <起点切向>:           //221737.88,148403.2 Enter
    指定下一点或 [闭合(C)/拟合公差(F)] <起点切向>:           //224795,141988.3 Enter
    指定下一点或 [闭合(C)/拟合公差(F)] <起点切向>:           // Enter
    指定起点切向:                                            // Enter
    指定端点切向:                                            // Enter
    命令:                                                    // Enter
    SPLINE
    指定第一个点或 [对象(O)]:                                //229074.98,141988.31Enter
    指定下一点:                                              //223877.87,152374.32Enter
    指定下一点或 [闭合(C)/拟合公差(F)] <起点切向>:           //230297.83,162454.86 Enter
    指定下一点或 [闭合(C)/拟合公差(F)] <起点切向>:           //250169.13,157261.85 Enter
    指定下一点或 [闭合(C)/拟合公差(F)] <起点切向>:           //260563.35,157261.85 Enter
    指定下一点或 [闭合(C)/拟合公差(F)] <起点切向>:           // Enter
    指定起点切向:                                            // Enter
    指定端点切向:                              // Enter，结束命令，绘制结果如图 14-27 所示
```

技巧

在绘制样条曲线的过程中，输入 F 可以改变样条曲线的拟合偏差，样条曲线将根据指定的拟合公差重新定义它和已存在控制点的拟合关系。

❻使用快捷键 TR 激活【修剪】命令，将样条曲线突出道路线的部分剪掉，结果如图 14-28 所示。

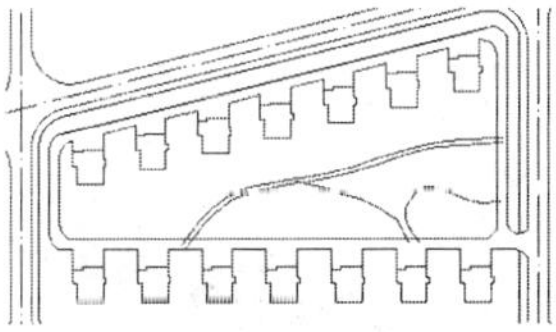

图 14-27　绘制其他位置的曲线

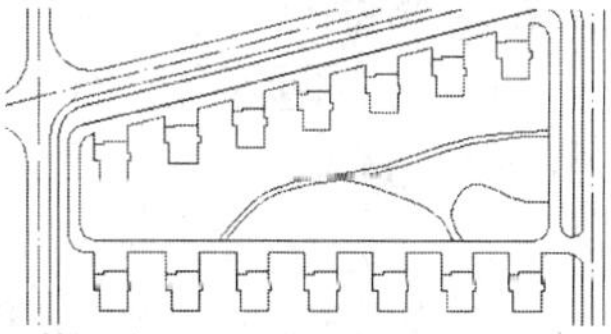

图 14-28　修剪结果

❼使用快捷键 F 激活【圆角】命令，把圆角半径设置为 10000，对两条相交的样条曲线进行圆角，结果如图 14-29 所示。

❽单击【绘图】工具栏中的按钮，激活【图案填充】命令，设置填充图案为 AR-HBONE，填充比例为 20，为庭院道路进行填充，填充结果如图 14-30 所示。

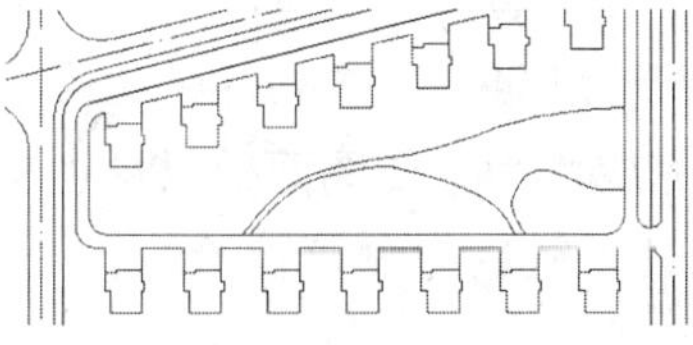

图 14-29　圆角结果

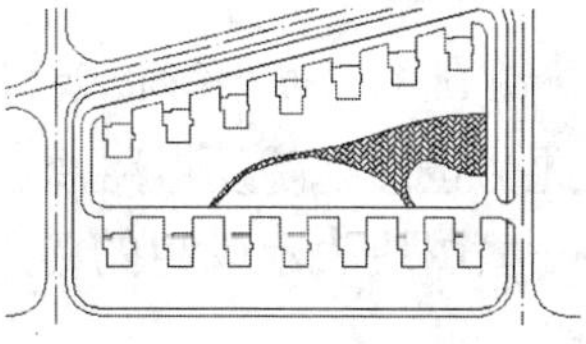

图 14-30　填充结果

❾最后使用【另存为】命令，将图形另存为“绘制庭院道路线.dwg”文件。

14.2.7 建筑小品的布置

接下来可以依据周边道路、庭院路和活动场院地的位置插入建筑小品及绿化块，来布置行道树和庭院周边环境。此操作非常简单，使用【插入块】、【复制】等命令，将随书光盘中的“图块文件”目录下的“六角亭.dwg”和“绿化树.dwg”插入到平面图中，结果如图 14-31 所示。

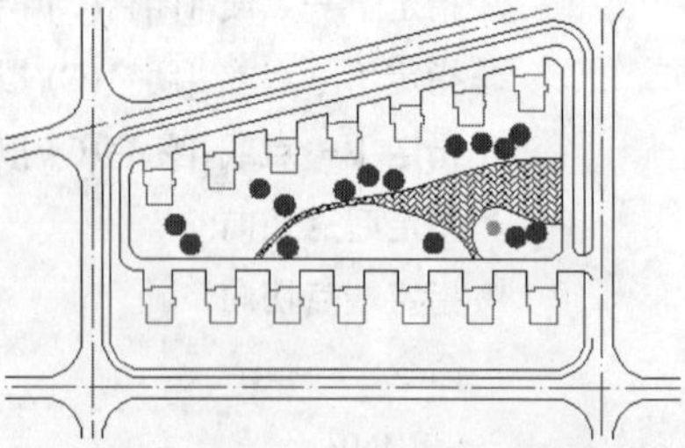

图 14-31 小品布置效果

14.2.8 周边环境的绿化

接下来为总平面图布置周边绿化带，学习周边环境绿化的表现方法和表现技巧。本例效果如图 14-32 所示。

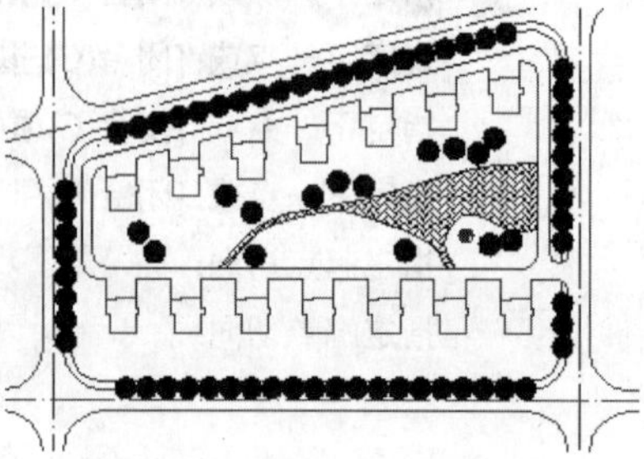

图 14-32 布置周边绿化带效果

操作步骤

❶继续上节操作，并以“绿化树”为当前操作层。

❷单击菜单栏上的【绘图】|【点】|【定距等分】命令，根据命令行的提示，选择总平面图上部倾斜的道路边线作为定距等分的对象，在“指定线段长度或[块(B)]:”提示下输入 B 并按 Enter 键，表示用图块来定距等分。

❸根据命令行的提示，输入要插入的块名“树 2”，在“是否对齐块和对象？[是(Y)/否(N)] <Y>:”提示下输入 Y 并按 Enter 键，表示选择的对象与图块将保持对齐排列。

❹在“指定线段长度：”提示下输入 8000 并按 Enter 键，结束命令后，结果将沿着选择的一段道路边线排列行道树，如图 14-33 所示。

❺重复使用【定距等分】命令，设置等分间距不变，分别为其他道路行边线布置行道树，结果如图 14-34 所示。

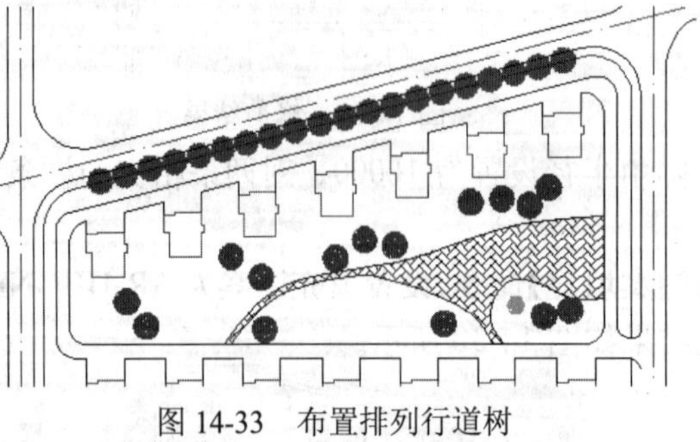

图 14-33 布置排列行道树

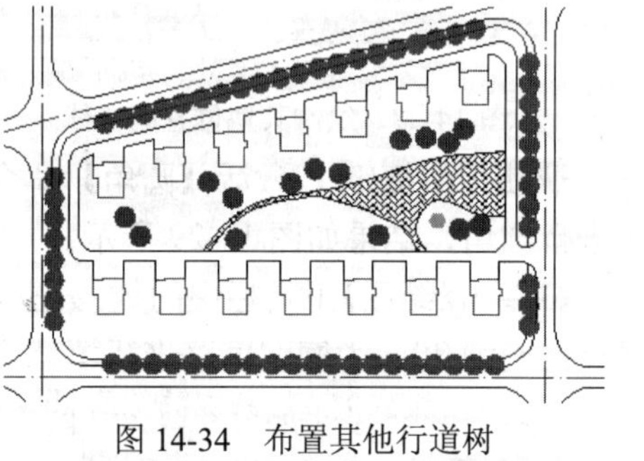

图 14-34 布置其他行道树

❻到此为止，庭院及道路周边环境的布置已基本完成。为了使图面效果更加美观，还可以插入一些图块表示成组的灌木（也可以使用【修订云线】命令进行绘制），结果如图 14-35 所示。

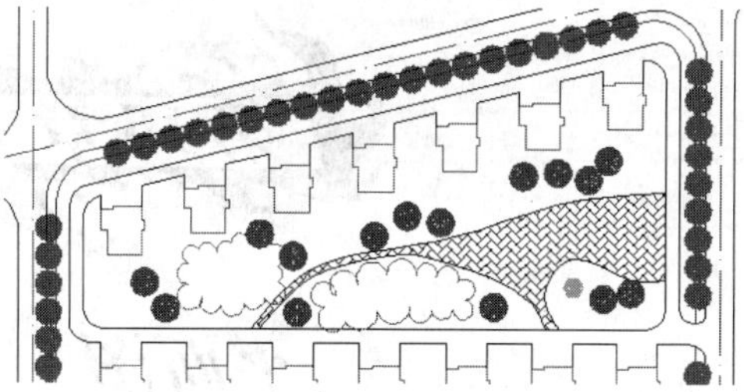

图 14-35 布置灌木

⑦最后使用【另存为】命令，将图形另存为“周边环境的绿化.dwg”文件。

14.2.9 标注图形尺寸

我们在绘制总平面图时，为保持与平面图的单位一致，通常采用以“毫米”为单位进行绘制，但是总平面的标注单位一般采用“米”，因此在标注总平面图尺寸时，有两种标注方法：

（1）使用默认的测量单位及单位比例进行标注，然后只需要修改尺寸的文字即可；

（2）在标注尺寸前，根据总图的标准进行设置尺寸样式，修改测量单位的比例因子为 0.001，如图 14-36 所示。这样标注出的尺寸，就是以“米”为单位，如图 14-37 所示。

图 14-36 设置测量单位比例

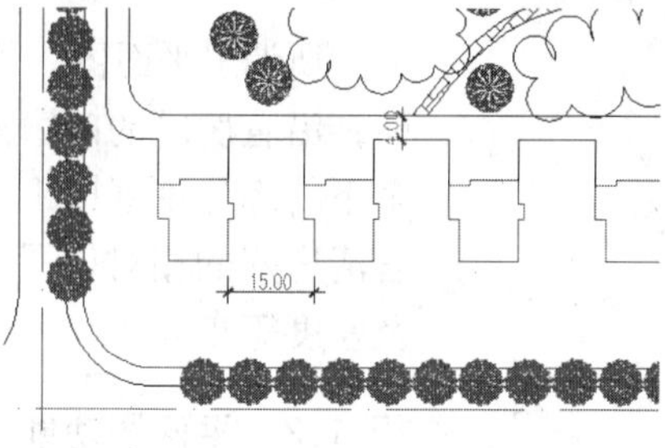

图 14-37 标注的尺寸

14.3 本章小结

本章主要学习了建筑总平面图的表达内容和具体的绘制方法及技巧等。在绘制总平面图的过程中，重点需要注意以下两点：

（1）庭院环境图。庭院道路及活动场地是建筑庭院的重要组成部分，是组成其他环境要素的基本构架。在绘制庭院环境图时，首先要将活动场地的边界和庭院路绘出，再在其他位置布置小品、绿化块等。庭院路一般采用自由曲线的形式表现，如果采用【样条曲线】命令绘制图形对象时，需要指定样条曲线能动的控制点。

（2）总图环境的绿化。建筑总平面图中除了道路、建筑物等组成要素外，还需要在其周边布置绿化块或绿化带及必要的环境设施等，这既是设计的需要，又是图纸表现的需要。环境绿化布置的效果直接影响到设计意图的表达和图纸绘制的效果，因此总平面图中的环境设计是整个设计中非常重要的一个环节。

第15章 平面图

本章在简单了解建筑总平面图形成、功能、图示内容等知识的前提下，主要学习建筑施工平面图的绘制思路以及具体的绘制过程和技巧。

15.1 建筑平面图概述

本节将简单介绍建筑平面图形成、功能及表达内容等理论知识，使读者对平面图有一个大致了解和认识。

15.1.1 平面图形成

所谓“平面图”，实际上就是水平剖面图，它是假想用一水平的剖切平面，沿着房屋的门窗洞口位置将房屋剖开，移去剖切平面以上的部分，将余下的部分用直接正投影法投影到H面上而得到的正投影图，这样就可以看清房间的相对位置以及门窗洞口、楼梯、走道等的布置和各墙体的结构及厚度等布局。

15.1.2 平面图功能

平面图主要用于表达房屋建筑的平面形状、房间布置、内外交通联系，以及墙、柱、门窗构配件的位置、尺寸、材料和做法等，它是建筑施工图的主要图纸之一，是施工过程中房屋的定位放线、砌墙、设备安装、装修以及编制概预算、备料等的重要依据。

无论是绘制建筑施工图还是绘制建筑装修图，都必须从绘制平面图开始，只有明确了平面图的功能，才能以此为基础进行更深一步的空间设计。

15.1.3 平面图图示内容

一般在平面图上需要表达出如下内容：

1. 层次、图名及比例

在平面图中，不仅要注明该平面图表达的建筑的层次，还要标明建筑物的图名和比例，以便查找、计算和施工等。

2．内部结构和朝向

平面图的内部布置和朝向应包括各种房间的分布及结构间的相互关系，入口、走道、楼梯的位置等。一般平面图均注明房间的名称或编号，层平面图还需要表明建筑的朝向。在平面图中应表明各层楼梯的形状、走向和级数。在楼梯段中部，使用带箭头的细实线表示楼梯的走向，并注明“上”或“下”字样。

3．轴线与编号

轴线是用来控制建筑物尺寸和模数的基本手段，是墙体定位的主要依据，它能表达出建筑物纵向和横向墙体的位置关系。纵向定位轴线自下而上用大写拉丁字母 A，B，C…表示（I，O，Z 这 3 个拉丁字母不能使用，避免与数字 1、0、2 相混），横向定位轴线由左向右使用阿拉伯数字 1，2，3…顺序编号，如图 15-1 所示。

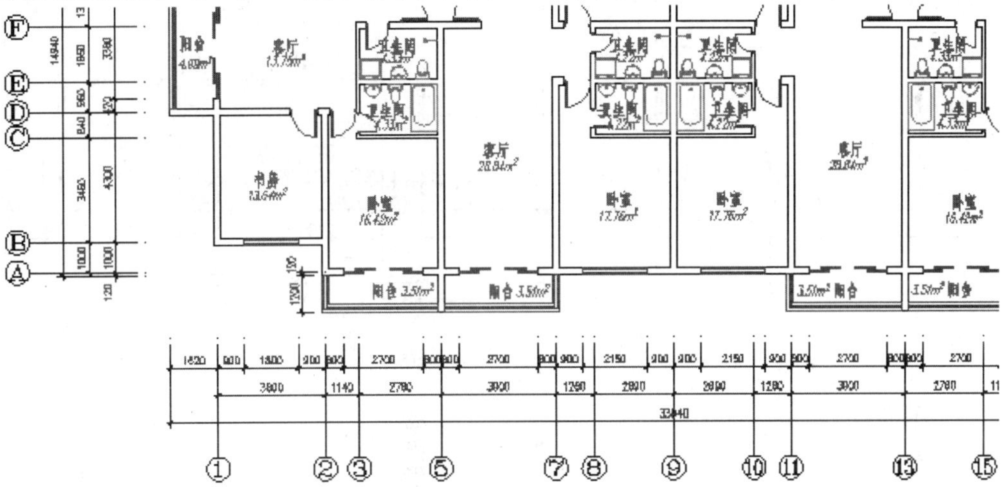

图 15-1 轴线编号示例

4．门窗型号

平面图中的门使用大写字母 M 表示，窗使用大写字母 C 表示，并采用阿拉伯数字编号，如 M1，M2，M3…，C1，C2，C3…。

一般情况下，在本页图纸上或前面图纸上附有一个门窗表，列出门窗表的编号、名称、洞口尺寸及数量等。

5．内部尺寸

建筑尺寸主要用于反映建筑物的长、宽及内部各结构的相互位置关系，是施工的依据。它主要包括外部尺寸和内部尺寸两种，其中，“内部尺寸”就是在施工平面图内部标注的尺寸，主要表现外部尺寸无法表明的内部结构的尺寸，比如门洞及门洞两侧的墙体尺寸等。

6．外部尺寸

“外部尺寸”就是在施工平面图的外围所标注的尺寸，它在水平方向和垂直方向上各有 3 道尺寸，由里向外依次为细部尺寸、轴线尺寸和总体尺寸，如图 15-2 所示，具体如下。

- 细部尺寸：细部尺寸也叫定形尺寸，它表示平面图内的门窗距离、窗间墙、墙体等细部的详细尺寸。
- 轴线尺寸：轴线尺寸表示平面图的开间和进深。一般情况下两横墙之间的距离称为“开间”，两纵墙之间的距离为“进深”。
- 总体尺寸：外包尺寸也叫总尺寸、外包尺寸等，它表示平面图的总宽和总长，通常标在平面图的最外部。

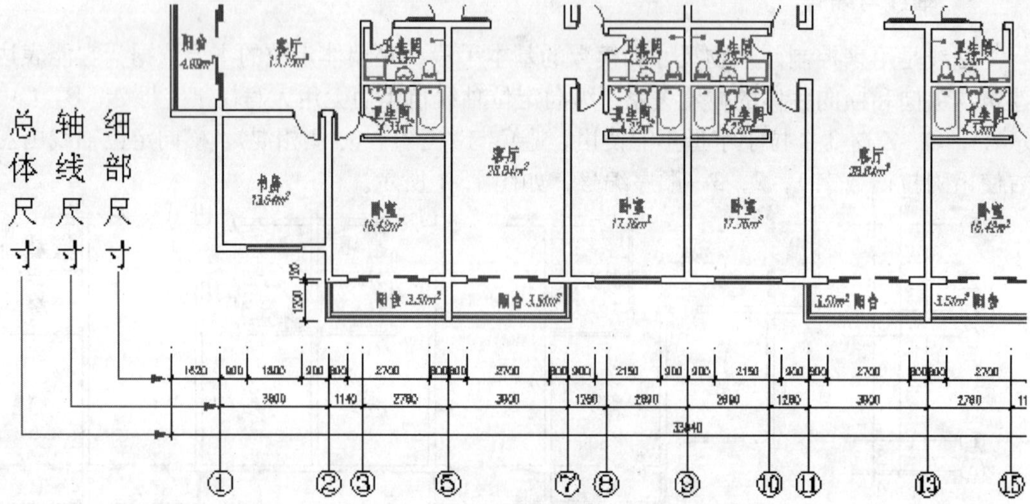

图 15-2　外部尺寸标注示例

7．**文字注释**

在平面图中应注明必要的文字性说明。例如标注出各房间的名称以及各房间的有效使用面积，平面图的名称、比例以及各门窗的编号等文本对象。

8．**建筑标高**

在平面图中应标注不同楼的面标高，表示各层楼地面距离相对标高零点的高差，除此之外还应标注各房间及室外地坪、台阶等的标高。

15.2　绘制某住宅楼标准层平面图

下面以绘制某小区住宅楼的标准层建筑施工平面图为例，了解和学习建筑平面图的绘制方法和详细的绘制过程及绘制技巧。

15.2.1　实例效果及分析

实例效果

某小区住宅楼标准层建筑施工平面图的最终绘制效果如图 15-3 所示。

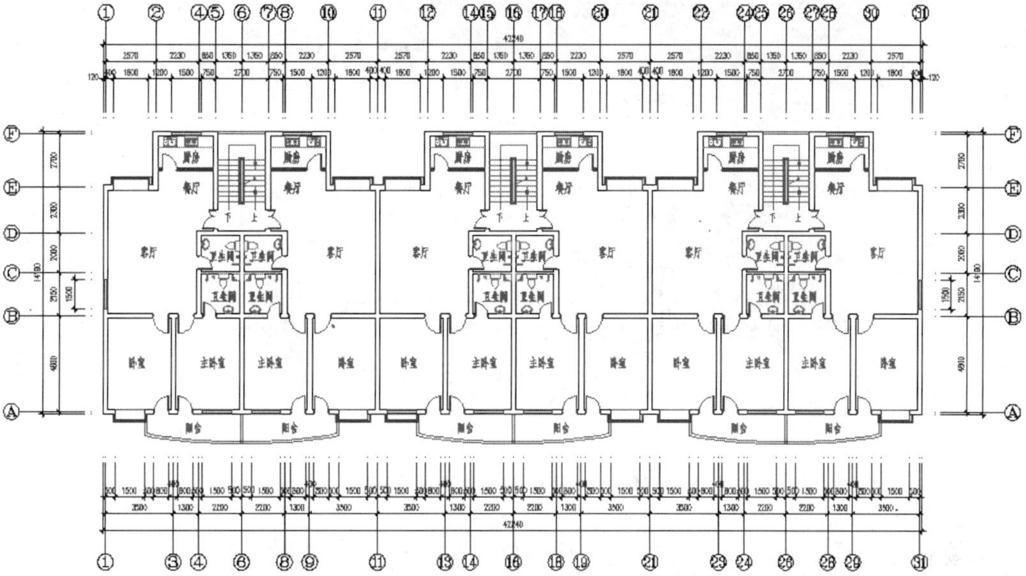

图 15-3　某住宅楼标准层平面图

实例分析

如图 15-3 所示的平面图，表达的是某住宅楼的标准层建筑施工平面图。从此平面图中可以看出，此幢住宅楼包含 3 个结构对称的户型单元，每个单元又包含两个结构对称的户型图，内部墙体纵横交错，结构较为复杂。在绘制此类平面图时，可按照以下操作流程进行绘制：

- 设置绘图环境（可直接调用绘图模板）；
- 绘制纵横定位轴线；
- 创建门、窗、阳台等洞口；
- 绘制纵横墙线；
- 绘制门、窗、楼梯、阳台等建筑构件；
- 标注必要的文字注释；
- 标注施工图尺寸；
- 为墙体编写序号。

15.2.2　绘制定体轴线

轴线是墙体定位的主要依据，下面以绘制如图 15-4 所示的定位轴线，学习定位轴线的绘制方法和技巧。

操作步骤

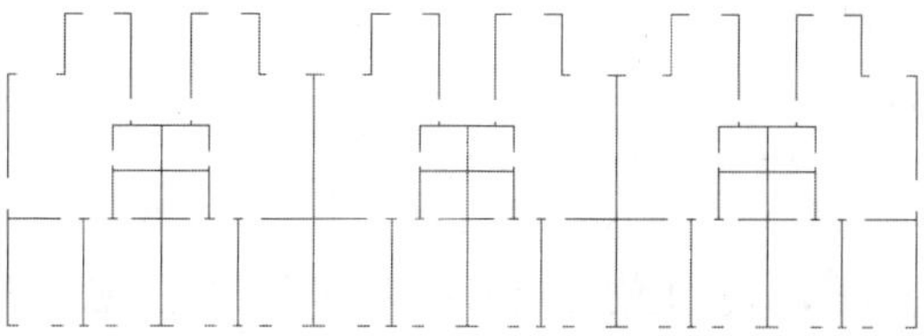

图 15-4　定体轴线

❶调用样板文件。单击菜单栏上的【文件】|【新建】命令，以“建筑模板.dwt”作为基础样板，新建空白文件，如图 15-5 所示。

图 15-5　调用样板文件

技巧

用户也可以直接调用随书光盘中的"绘图模板\建筑模板.dwt"样板文件。

❷在命令行中输入 Ltscale，将线型比例修改为 1，命令行操作如下：

命令: ltscale　　　　　　　　　　　　　　// Enter，激活命令

输入新线型比例因子 <100.0000>:　　　　//1 Enter，修改线型比例

正在重生成模型。

❸单击菜单栏上的【格式】|【图层】命令，在打开的【图层特性管理器】对话框中双击"轴线层"，将此图层设置为当前图层。

❹单击菜单栏上的【绘图】|【矩形】命令，绘制长度为 7000、宽度为 13950 的矩形，作为基准轴线。

❺将矩形分解为 4 条独立的线段，然后执行【偏移】命令，根据图示尺寸，将矩形下侧水平边向上偏移，创建其他水平定位轴线。偏移结果如图 15-6 所示。

❻重复执行【偏移】命令，以左侧垂直边作为首次偏移对象，以偏移出的对象作为下一次需要偏移的对象，创建其他垂直定位轴线，其偏移距离分别为 2570、930、1300 和 850 个单位，偏移结果如图 15-7 所示。

❼在无命令执行的前提下夹点显示 1 号轴线，如图 15-8 所示。

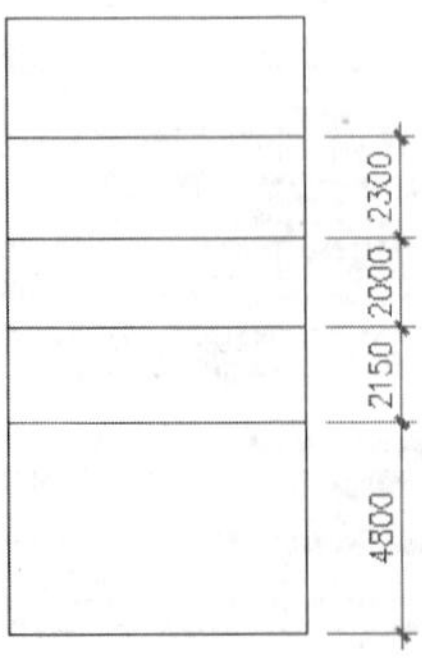

图 15-6　偏移水平边

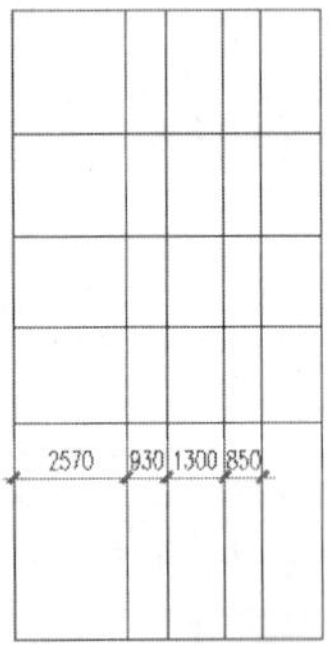

图 15-7　偏移垂直边

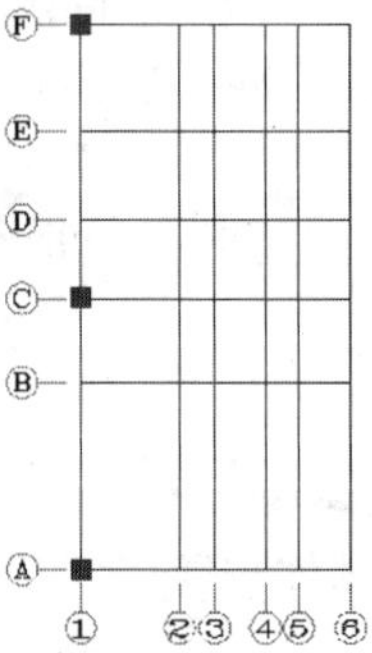

图 15-8　夹点显示

❽单击上端的夹点，使其变为夹基点，然后在命令行"** 拉伸 ** 指定拉伸点或 [基点(B)/复制(C)/放弃(U)/退出(X)]:"提示下，捕捉 1 号轴线与 E 号轴线的交点，作为拉伸的目标点，结果如图 15-9 所示。

❾取消对象的夹点显示，然后重复使用夹点拉伸功能，配合对象捕捉功能，分别对其他纵向定位轴线进行拉伸，结果如图 15-10 所示。

❿在无命令执行的前提下选择 C、D、E、F 号横向轴线，使用夹点拉伸功能，将各横向轴线拉伸到合适的位置，结果如图 15-11 所示。

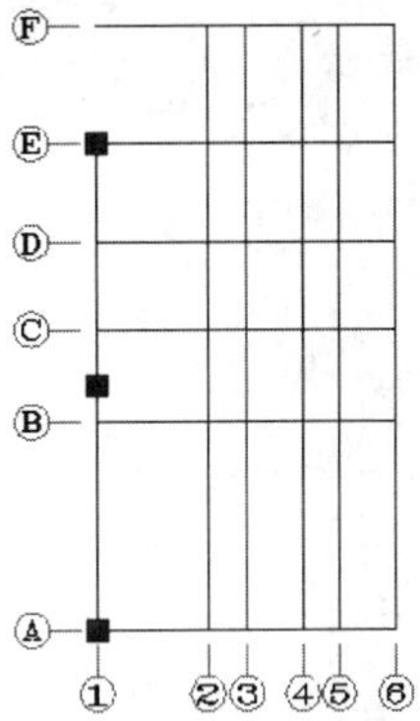

图 15-9　拉伸结果

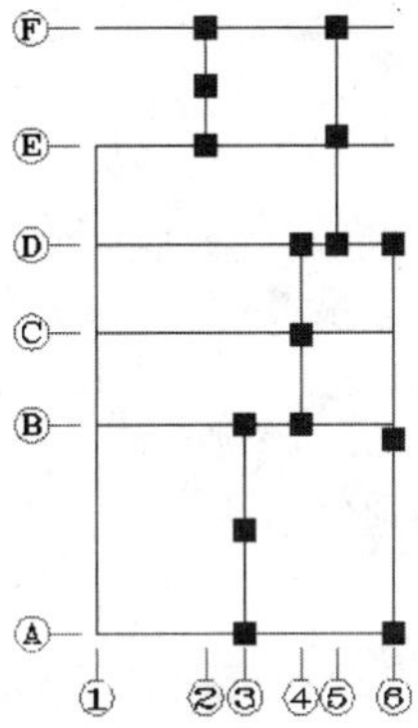

图 15-10　拉伸纵向轴线

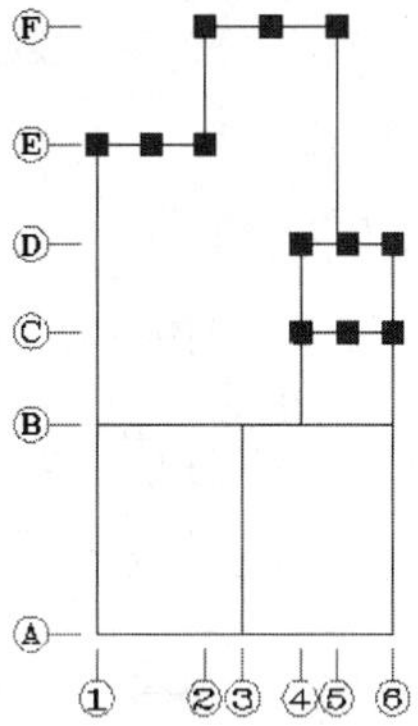

图 15-11　拉伸横向轴线

⓫按 Esc 键取消对象的夹点，然后使用【偏移】命令，将 1 号轴线向右偏移 500 和 2000 个单位，作为定位辅助线，结果如图 15-12 所示。

⓬单击菜单栏上的【修改】|【修剪】命令，以偏移出的两条纵向定位线作为修剪边界，将 1 号轴线位于两条边界之间的部分修剪掉，以创建出宽度为 1500 的窗洞。

⓭使用快捷键 E 激活【删除】命令，将偏移出的纵向定位辅助线删除，结果如图 15-13 所示。

⓮单击菜单栏上的【修改】|【打断】命令，配合对象捕捉功能，在 E 号轴线上创建宽度为 1800 的窗洞。命令行操作如下：

```
命令: _break
    选择对象:
    指定第二个打断点 或 [第一点(F)]:          //f Enter，激活【第一点】选项
    指定第一个打断点:              //捕捉 E 号轴线的左端点
    _from 基点:                    //激活【捕捉自】功能
    <偏移>:                        //@400,0 Enter，定位第一断点
    指定第二个打断点:              //@1800,0 Enter，定位第二断点，打断结果如图 15-14 所示
```

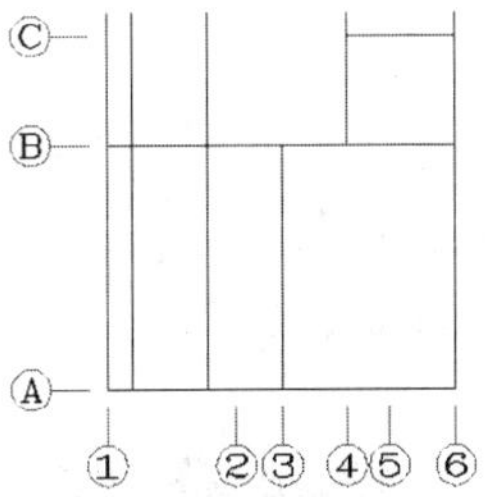

图 15-12　偏移结果

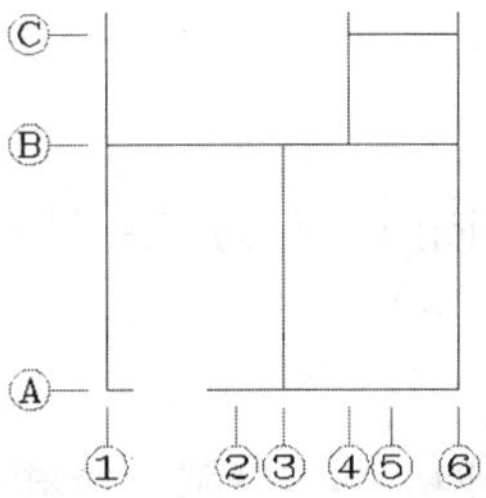

图 15-13　创建窗洞

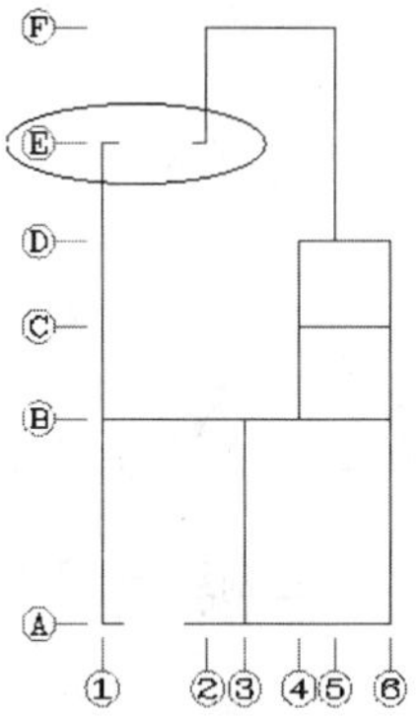

图 15-14　创建另一窗洞

⑮参照上述两种打洞方式，综合使用【打断】、【修剪】等命令，配合捕捉功能分别创建出其他位置的门洞和窗洞，结果如图 15-15 所示。

⑯单击菜单栏上的【修改】|【镜像】命令，对定位轴线网进行对称复制，镜像结果如图 15-16 所示。

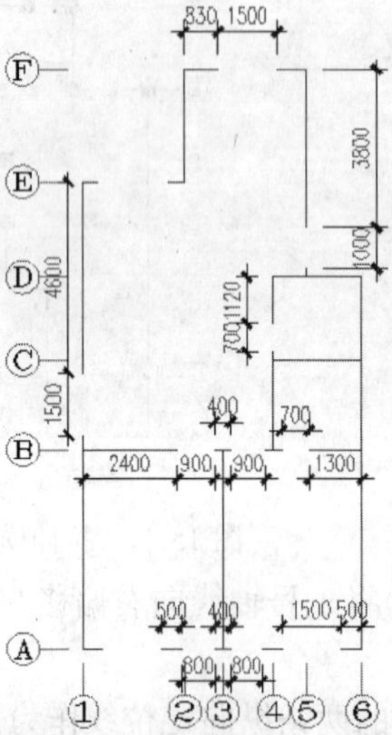

图 15-15 创建其他门窗洞

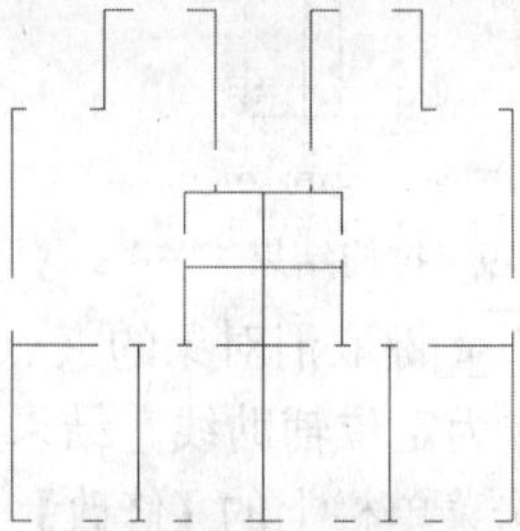

图 15-16 镜像结果

⑰单击菜单栏上的【修改】|【阵列】命令，对镜像后的单元轴线网进行阵列，阵列行数为 1、列数为 3，列偏移为 14000 个单位，阵列结果如图 15-17 所示。

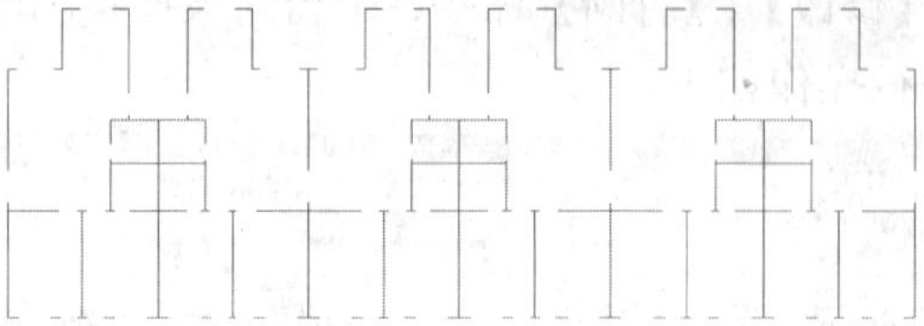

图 15-17 阵列结果

⑱单击菜单栏上的【修改】|【合并】命令，对两单元户之间的纵向定位线进行合并，结果如图 15-18 所示。

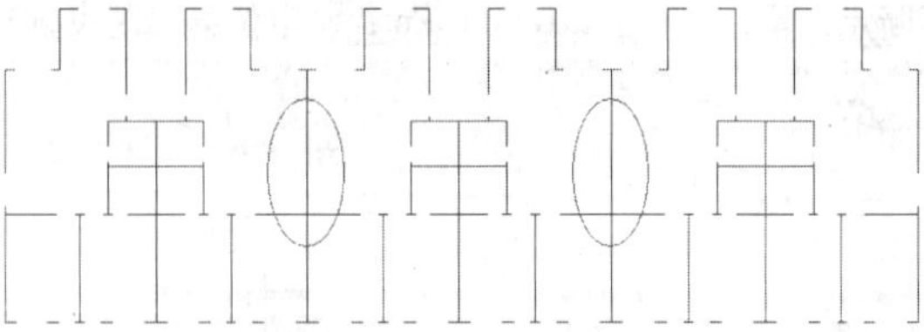

图 15-18 合并结果

⑲最后使用【保存】命令，将图形存储为“绘制定位轴线.dwg”文件。

15.2.3 绘制纵横墙体

下面学习平面图墙线、窗线等轮廓线的绘制方法和绘制技巧。本例绘制效果如图 15-19 所示。

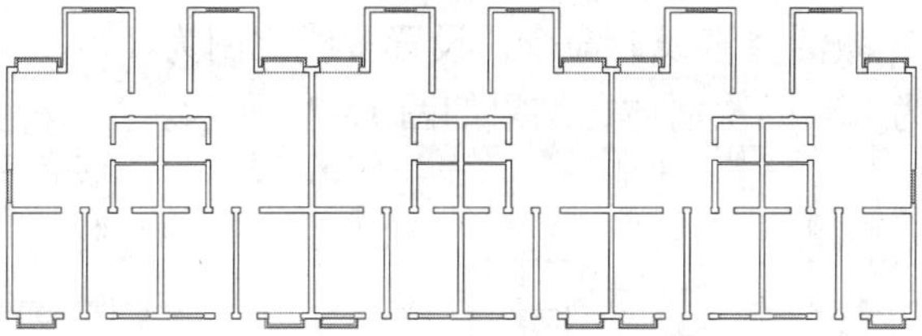

图 15-19　绘制的墙体

操作步骤

❶继续上例操作。单击菜单栏上的【格式】|【多线样式】命令，在打开的对话框中将“墙线样式”设置为当前样式。

技巧

如果在此对话框中没有出现墙线和窗线样式，可以使用对话框中的“加载”功能进行加载，也可以参照上一章的多线样式设置实例进行重新设置。

❷将“墙线层”设置为当前图层，然后单击菜单栏上的【绘图】|【多线】命令，配合捕捉功能绘制墙线。命令行操作如下：

```
命令: _mline
    当前设置: 对正 = 下，比例 = 20.00，样式 = 墙线样式
    指定起点或 [对正(J)/比例(S)/样式(ST)]:          // j Enter，激活【对正】选项
    输入对正类型 [上(T)/无(Z)/下(B)] <下>:         //z Enter，设置对正方式
    当前设置: 对正 = 无，比例 = 20.00，样式 = 墙线样式
    指定起点或 [对正(J)/比例(S)/样式(ST)]:          //s Enter，激活【比例】选项
    输入多线比例 <20.00>:                          //240 Enter，设置多线比例
    当前设置: 对正 = 无，比例 = 240.00，样式 = 墙线样式
    指定起点或 [对正(J)/比例(S)/样式(ST)]:          //捕捉如图 15-20 所示的端点 1
    指定下一点:                                    //捕捉如图 15-20 所示的端点 2
    指定下一点或 [放弃(U)]:                         //捕捉端点 3
    指定下一点或 [闭合(C)/放弃(U)]:                 // Enter，绘制结果如图 15-21 所示
```

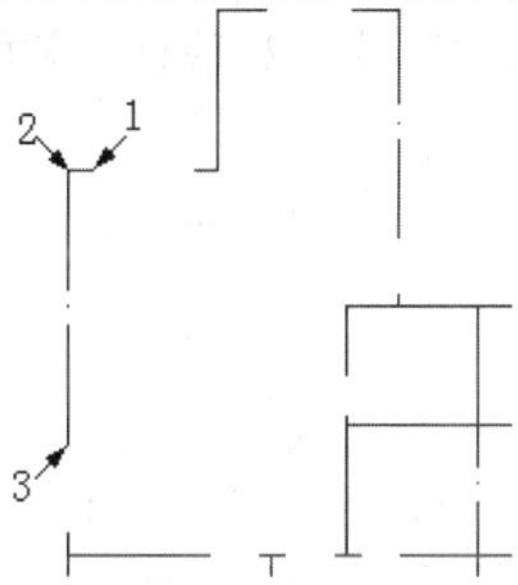

图 15-20　定位目标点

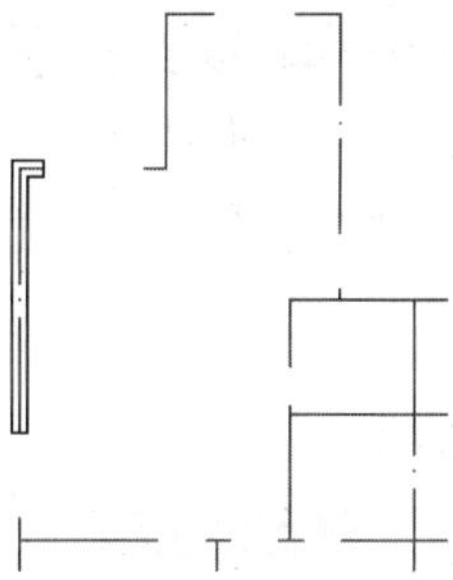

图 15-21　绘制的墙线

❸重复上一操作步骤，设置多线比例和对正方式不变，配合端点捕捉功能绘制其他位置的主墙线，结果如图 15-22 所示。

❹使用快捷键 ML 激活【多线】命令，设置多线比例为 120，其他参数保持不变，配合捕捉功能绘制宽度为 120 的次墙体，结果如图 15-23 所示。

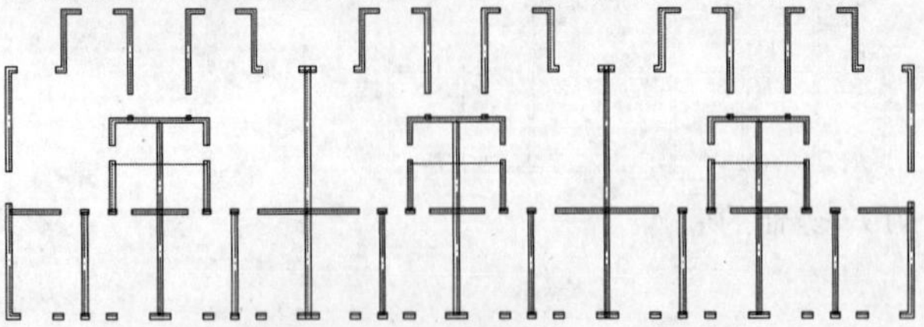

图 15-22　绘制其他位置主墙线

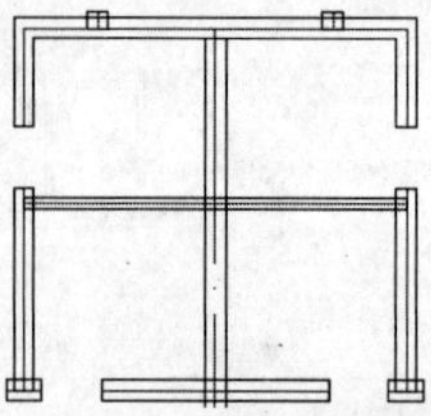

图 15-23　绘制次墙体

❺单击菜单栏上的【修改】|【对象】|【多线】命令，在打开的【多线编辑工具】对话框中单击【T 形合并】按钮，然后在命令行"选择第一条多线:"提示下，选择如图 15-24 所示的墙线。

❻在"选择第二条多线:"提示下，选择如图 15-25 所示的墙线，结果这两条 T 形相交的多线被合并，如图 15-26 所示。

图 15-24　选择第一条多线

图 15-25　选择第二条多线

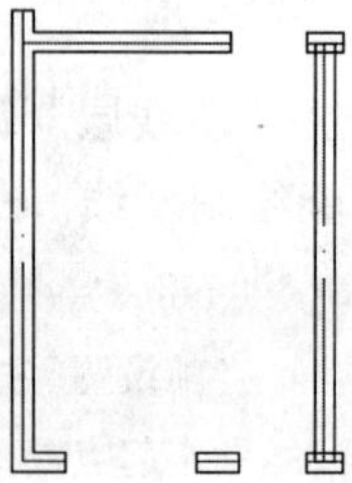

图 15-26　合并结果

❼继续在"选择第一条多线或 [放弃（U）]:"提示下，分别选择其他位置 T 形墙线进行合并，然后关闭"轴线层"，结果如图 15-27 所示。

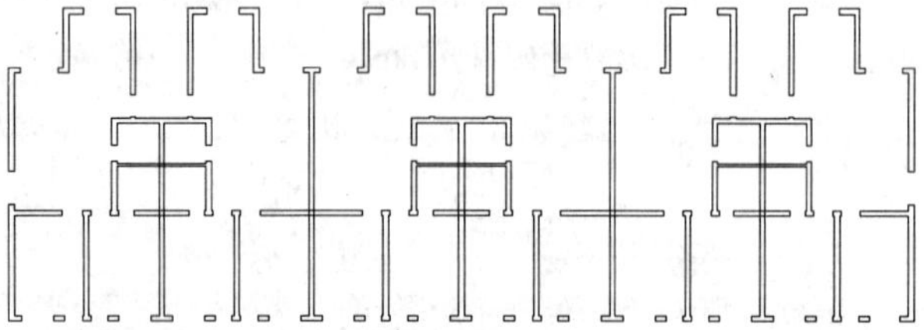

图 15-27　T 形合并结果

❽重复执行【多线编辑】命令，在打开的【多线编辑工具】对话框内单击【十字合并】按钮，然后在命令行"选择第一条多线:"提示下，选择如图 15-28 所示的墙线。

❾在"选择第二条多线:"提示下，选择图 15-29 所示的墙线，对垂直相并的墙线进行合并，结果如图 15-30 所示。

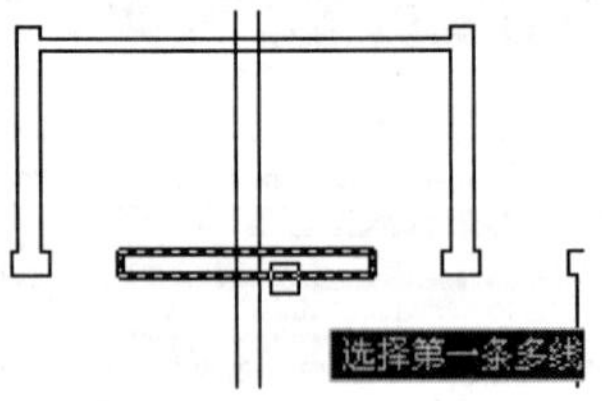

图 15-28　选择第一条多线

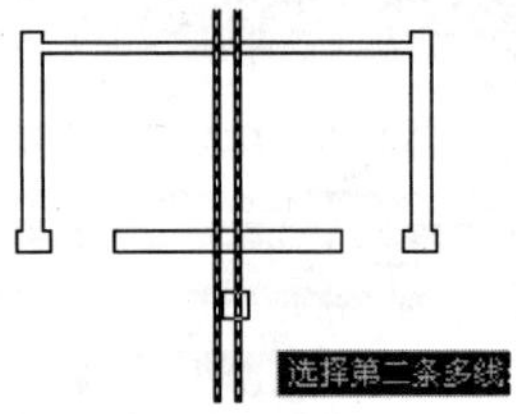

图 15-29　选择第二条多线

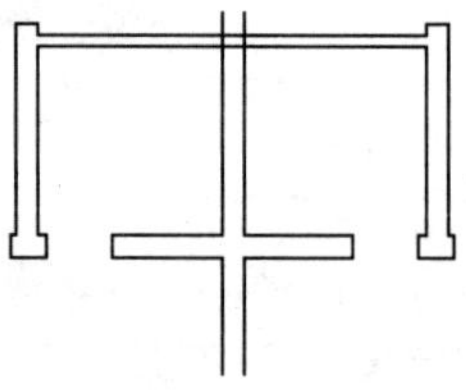

图 15-30　十字合并

❿继续在命令行的操作提示下，选择其他位置的十字型墙线进行合，结果如图 15-31 所示。

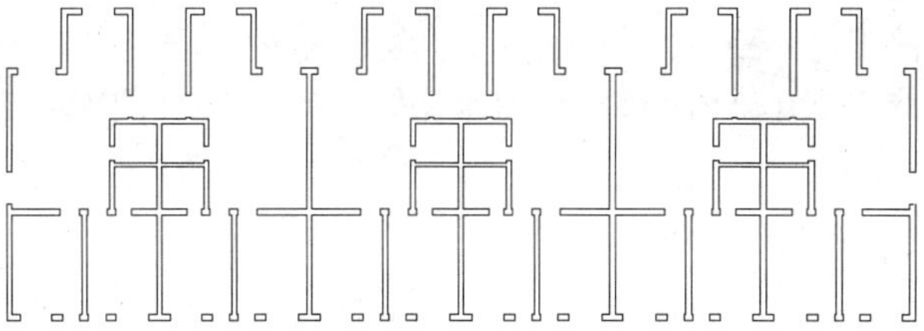

图 15-31 十字合并结果

⑪绘制平面窗。将“门窗层”设置为当前图层，使用【多线】命令配合中点捕捉功能，绘制平面窗轮廓线。命令行操作如下：

命令: ml //Enter，激活多线命令
MLINE
当前设置: 对正 = 无，比例 = 120.00，样式 = 墙线样式
指定起点或 [对正(J)/比例(S)/样式(ST)]: //s Enter，激活【对正】选项
输入多线比例 <120.00>: //240 Enter，设置多线比例
当前设置: 对正 = 无，比例 = 240.00，样式 = 墙线样式
指定起点或 [对正(J)/比例(S)/样式(ST)]: //st Enter，激活【样式】选项
输入多线样式名或 [?]: //窗线样式 Enter，设置当前样式
当前设置: 对正 = 无，比例 = 240.00，样式 = 窗线样式
指定起点或 [对正(J)/比例(S)/样式(ST)]: //捕捉如图 15-32 所示的中点
指定下一点: //捕捉如图 15-33 所示的中点
指定下一点或 [放弃(U)]: // Enter，绘制结果如图 15-34 所示

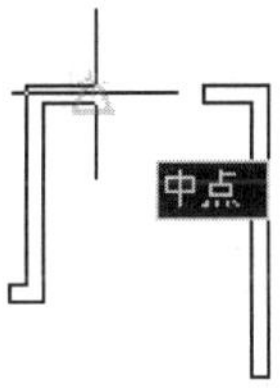

图 15-32 定位起点

图 15-33 定位端点

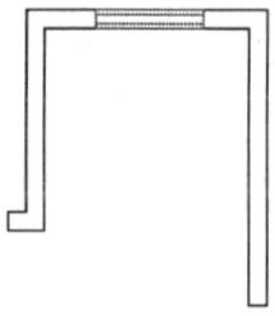

图 15-34 绘制结果

⑫绘制凸窗。单击菜单栏上的【绘图】|【多段线】命令，配合端点捕捉功能绘制凸窗内轮廓线。命令行操作如下：

命令: _pline
指定起点: //捕捉如图 15-35 的所示的端点 1
当前线宽为 0.0
指定下一个点或 [圆弧(A)/半宽(H)/长度(L)/放弃(U)/宽度(W)]: //捕捉端点 2
指定下一点或 [圆弧(A)/闭合(C)/半宽(H)/长度(L)/放弃(U)/宽度(W)]: // Enter
命令: // Enter，重复执行命令
PLINE
指定起点: //捕捉端点 3
当前线宽为 0.0
指定下一个点或 [圆弧(A)/半宽(H)/长度(L)/放弃(U)/宽度(W)]: //@0,-280 Enter
指定下一点或 [圆弧(A)/闭合(C)/半宽(H)/长度(L)/放弃(U)/宽度(W)]: //@1500,0 Enter

指定下一点或 [圆弧(A)/闭合(C)/半宽(H)/长度(L)/放弃(U)/宽度(W)]: //@0,280 Enter

指定下一点或 [圆弧(A)/闭合(C)/半宽(H)/长度(L)/放弃(U)/宽度(W)]:

// Enter，绘制结果如图 15-36 所示

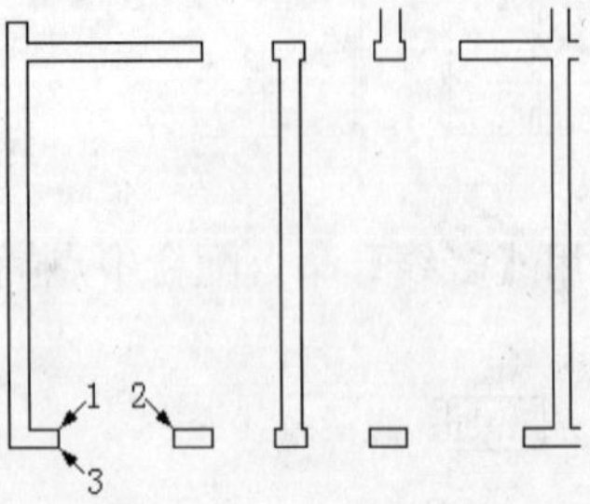

图 15-35 定位捕捉端点

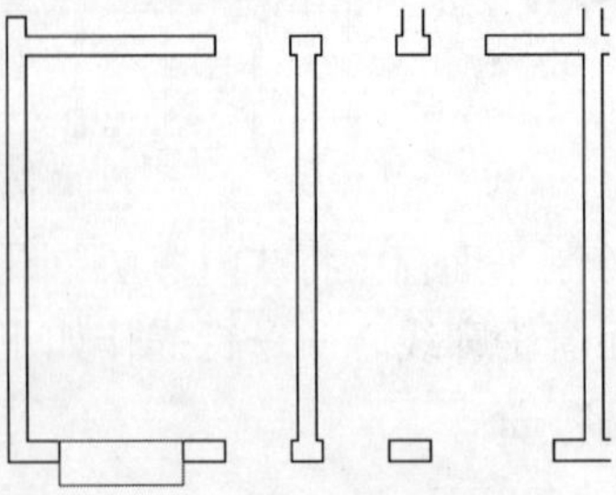

图 15-36 绘制凸窗内轮廓线

⑬单击菜单栏上的【修改】|【偏移】命令，将刚绘制的多段线向下偏移 80 和 140 个单位，创建出凸窗下侧的轮廓线。偏移结果如图 15-37 所示。

⑭综合使用【多段线】和【偏移】命令，创建平面图上侧宽度为 1800 的凸窗轮廓线，结果如图 15-38 所示。

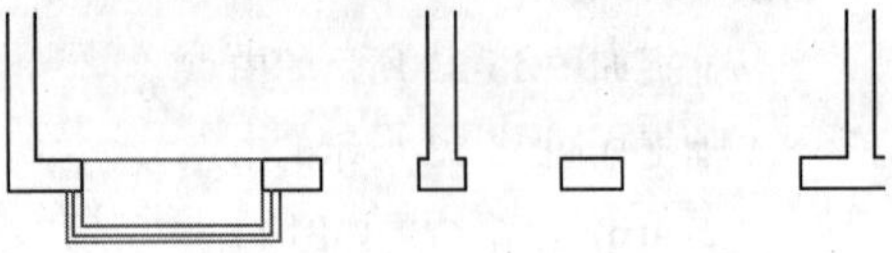

图 15-37 偏移结果

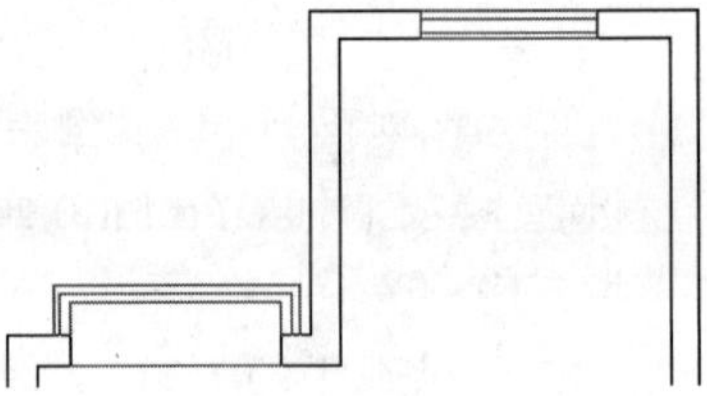

图 15-38 绘制凸窗轮廓线

⑮综合使用【复制】和【旋转】命令，将平面窗和凸窗轮廓线分别复制到其他位置上，并对平面图两侧的平面窗旋转-90°。最终效果如上图 15-19 所示。

⑯最后单击菜单栏上的【文件】|【另存为】命令，将图形另存为“绘制纵横墙体.dwg”文件。

15.2.4 绘制建筑构件

接下来以绘制如图 15-39 所示的平面门、楼梯、阳台以及卫生器具等构件，学习施工图各建筑构件的快速绘制方法和技巧。

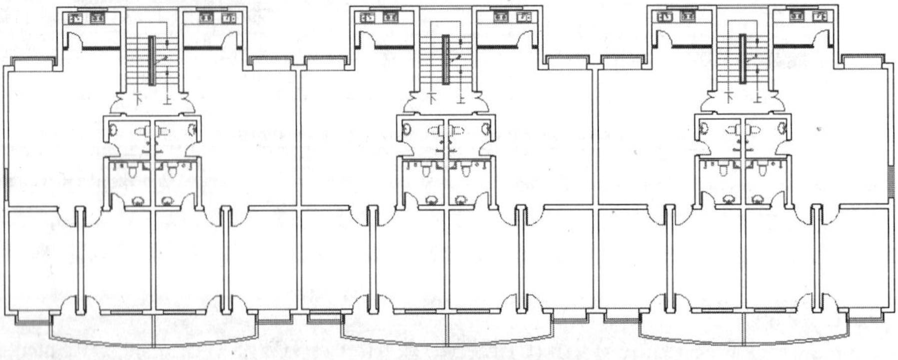

图 15-39 建筑的内部构件

操作步骤

❶继续上例操作。单击菜单栏上的【绘图】|【多段线】命令，配合坐标输入功能绘制阳台外轮廓线。命令行操作如下：

```
命令: _pline
    指定起点:                                        //捕捉如图 15-40 所示的端点 A
    当前线宽为 0
    指定下一个点或 [圆弧(A)/半宽(H)/长度(L)/放弃(U)/宽度(W)]: //@0,-1080 Enter
    指定下一点或 [圆弧(A)/闭合(C)/半宽(H)/长度(L)/放弃(U)/宽度(W)]:
                                                     //a Enter，激活【圆弧】选项
    指定圆弧的端点或[角度(A)/圆心(CE)/闭合(CL)/方向(D)/半宽(H)/直线(L)/半径(R)/第二个点
(S)/放弃(U)/宽度(W)]:                                //s Enter，激活【第二个点】选项
    指定圆弧上的第二个点:                            //@5000,-420 Enter
    指定圆弧的端点:                                  //@5000,420 Enter
    指定圆弧的端点或[角度(A)/圆心(CE)/闭合(CL)/方向(D)/半宽(H)/直线(L)/半径(R)/第二个点
(S)/放弃(U)/宽度(W)]:                                //l Enter，激活【直线】选项
    指定下一点或 [圆弧(A)/闭合(C)/半宽(H)/长度(L)/放弃(U)/宽度(W)]: //@0,1080 Enter
    指定下一点或 [圆弧(A)/闭合(C)/半宽(H)/长度(L)/放弃(U)/宽度(W)]:
                                                     // Enter，绘制结果如图 15-40 所示
```

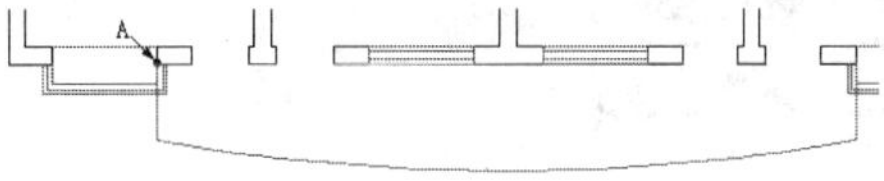

图 15-40　绘制阳台外轮廓线

❷单击菜单栏上的【修改】|【偏移】命令，将阳台外轮廓线向内偏移 120 个单位。

❸使用快捷键 ML 激活【多线】命令，配合捕捉功能绘制宽度为 120 个单位的阳台轮廓线。命令行操作如下：

```
命令: ML                                  // Enter
    MLINE 当前设置: 对正 = 无，比例 = 240.00，样式 = 窗线样式
    指定起点或 [对正(J)/比例(S)/样式(ST)]:          //s Enter，激活【比例】选项
    输入多线比例 <240.00>:                          //120 Enter
    当前设置: 对正 = 无，比例 = 120.00，样式 = 窗线样式
    指定起点或 [对正(J)/比例(S)/样式(ST)]:          //st Enter，激活【样式】选项
    输入多线样式名或 [?]:                           //STANDARD Enter
    当前设置: 对正 = 无，比例 = 120.00，样式 = STANDARD
    指定起点或 [对正(J)/比例(S)/样式(ST)]:          //捕捉 15-41 所示的中点
    指定下一点:                                     //捕捉如图 15-42 所示的中点
    指定下一点或 [放弃(U)]:                         // Enter，结束命令
    命令:                                           // Enter，重复执行命令
    MLINE 当前设置: 对正 = 无，比例 = 120.00，样式 = STANDARD
```

```
指定起点或 [对正(J)/比例(S)/样式(ST)]:          //j Enter，激活【对正】选项
输入对正类型 [上(T)/无(Z)/下(B)] <无>:          //tEnter，设置对正方式
当前设置: 对正 = 上，比例 = 120.00，样式 = STANDARD
指定起点或 [对正(J)/比例(S)/样式(ST)]:          //捕捉如图 15-43 所示端点
指定下一点:                                     //捕捉如图 15-44 所示端点
指定下一点或 [放弃(U)]:                         // Enter，结束命令
```

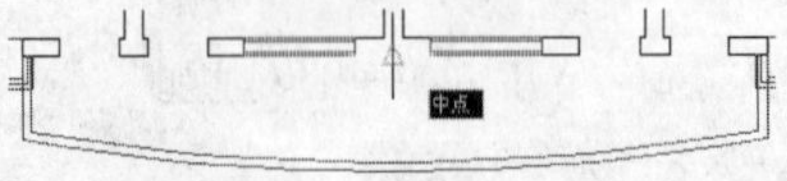

图 15-41　捕捉上侧中点

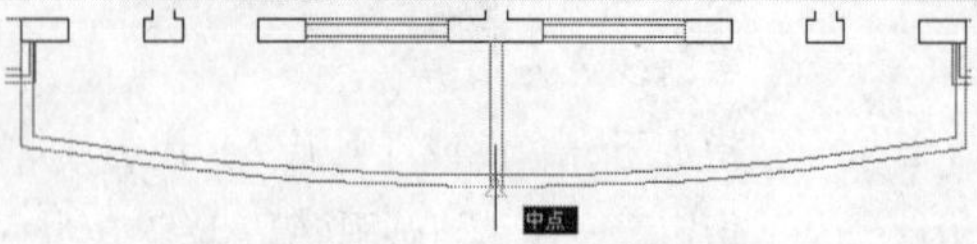

图 15-42　捕捉下侧中点

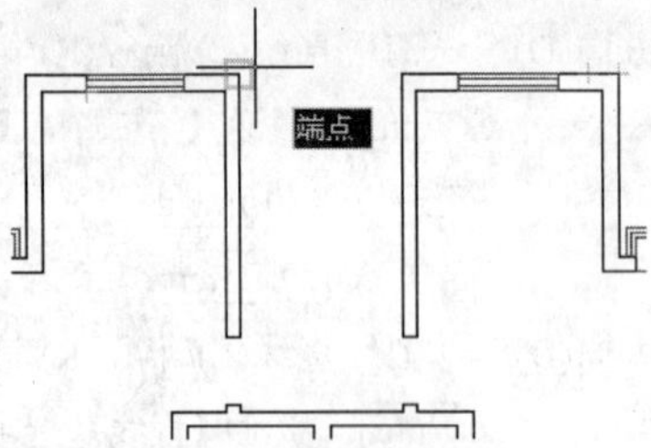

图 15-43　定位起点

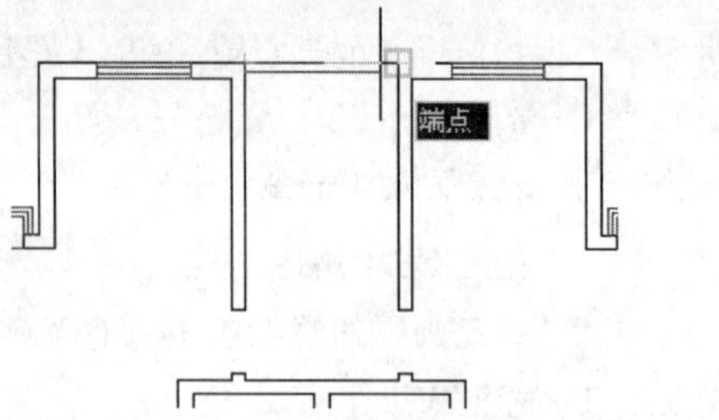

图 15-44　定位目标点

❹单击【绘图】工具栏中的按钮，激活【插入块】命令，插入随书光盘中的“图块文件\单开门.dwg”，其中缩放比例参数设置如图 15-45 所示，插入点为图 15-46 所示的中点。

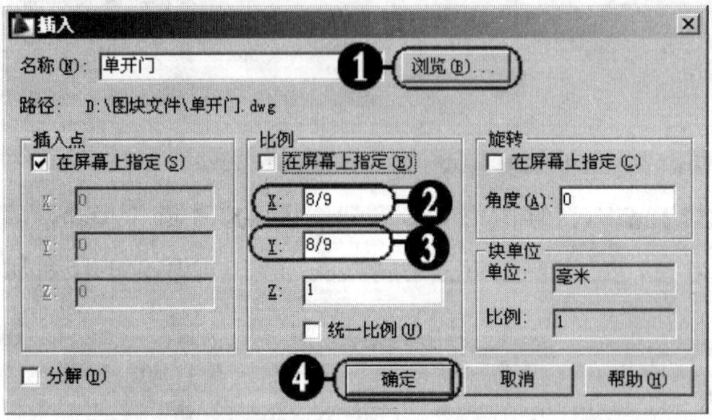

图 15-45　设置块参数

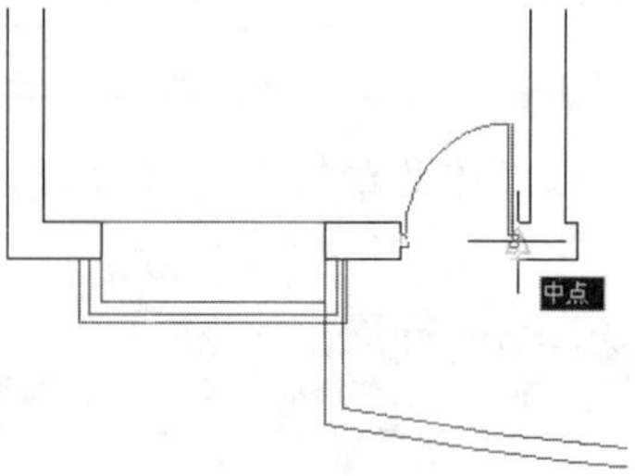

图 15-46　定位插入点

❺重复执行【插入块】命令，设置块参数如图 15-47 所示，以如图 15-48 所示的中点作为插入点插入单开门。

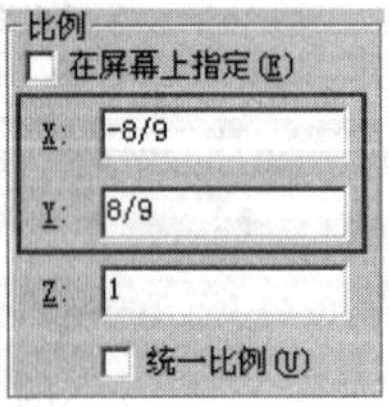

图 15-47　设置块参数

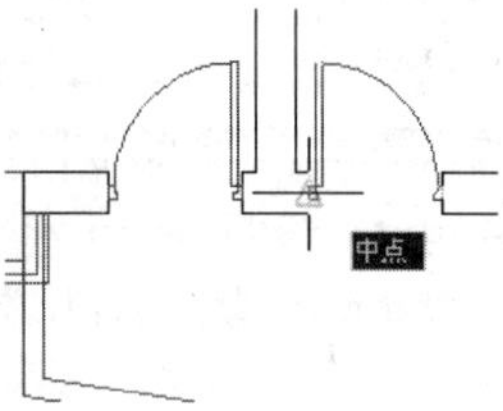

图 15-48　插入结果

❻重复执行【插入块】命令，设置块参数如图 15-49 所示，插入结果如图 15-50 所示。

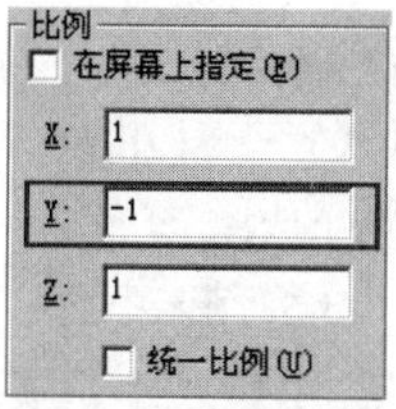

图 15-49 设置块参数

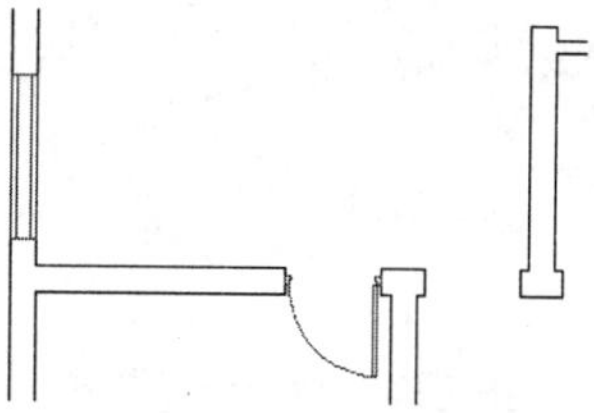

图 15-50 插入结果

❼重复执行【插入块】命令，设置块参数如图 15-51 所示，插入结果如图 15-52 所示。

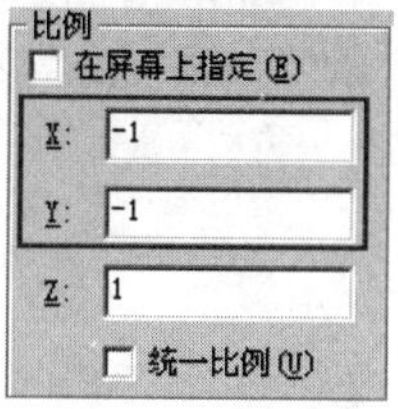

图 15-51 设置块参数

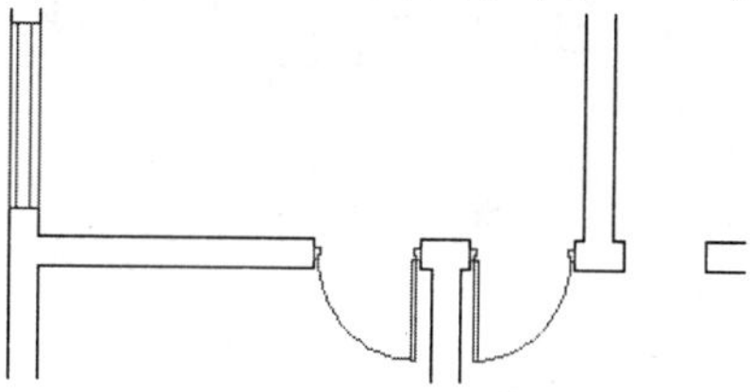

图 15-52 插入结果

❽重复执行【插入块】命令，设置块参数如图 15-53 所示，插入结果如图 15-54 所示。

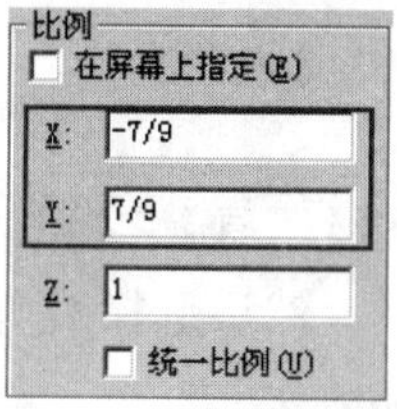

图 15-53 设置块参数

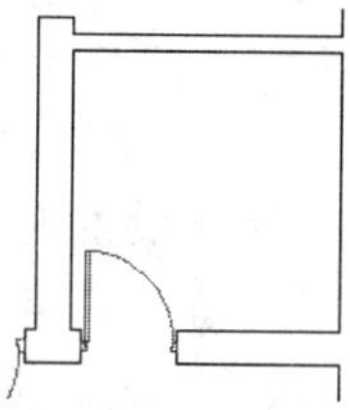

图 15-54 插入结果

❾重复执行【插入块】命令，设置块参数如图 15-55 所示，插入结果如图 15-56 所示。

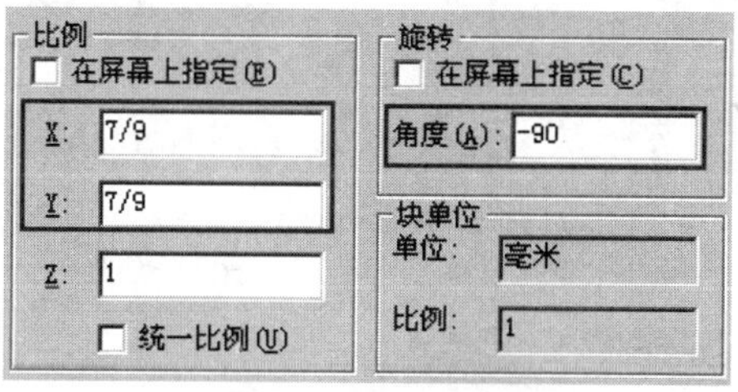

图 15-55 设置块参数

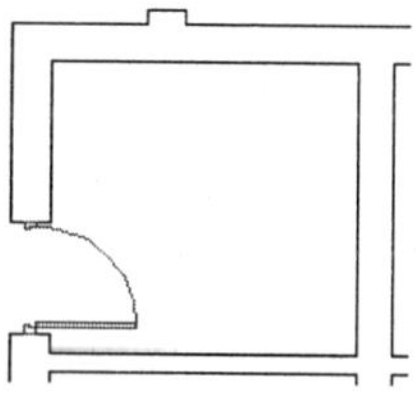

图 15-56 插入结果

❿重复执行【插入块】命令，插入随书光盘中的“图块文件\子母门.dwg”，旋转角度为 90°，其他参数不变，插入结果如图 15-57 所示。

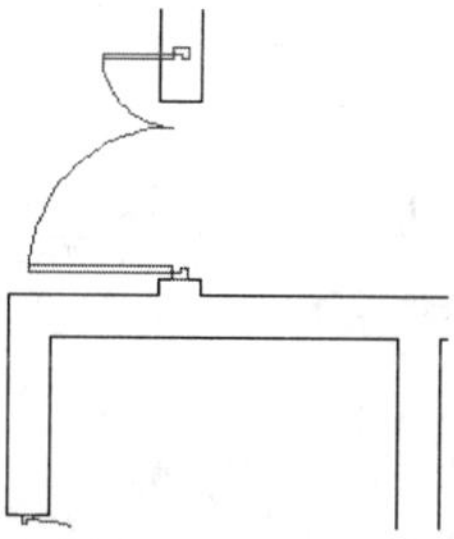

图 15-57 插入子母门

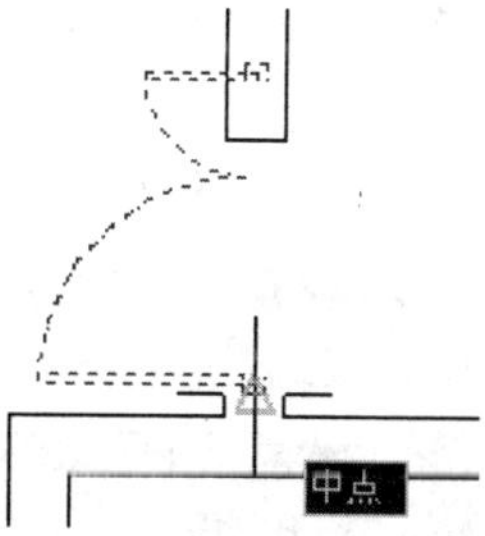

图 15-58 捕捉下侧中点

⓫单击菜单栏上的【修改】|【缩放】命令，调整子母门的尺寸。命令行操作如下：

```
命令: _scale
    选择对象:                                        //选择刚插入的子母门图块
    选择对象:                                        // Enter，结束选择
    指定基点:                                        //捕捉如图 15-58 所示中点
    指定比例因子或 [复制(C)/参照(R)] <1.0>:           //r Enter，激活【参照】选项
    指定参照长度 <1.0>:                               //捕捉如图 15-58 所示中点
    指定第二点:                                      //捕捉如图 15-59 所示中点
    指定新的长度或 [点(P)] <1.0>:                     //捕捉图 15-60 所示中点，结果如图 15-61 所示
```

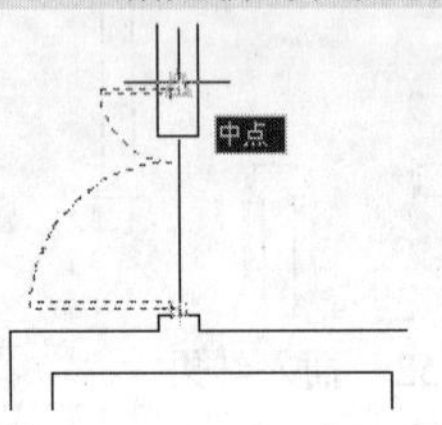

图 15-59　捕捉上侧中点

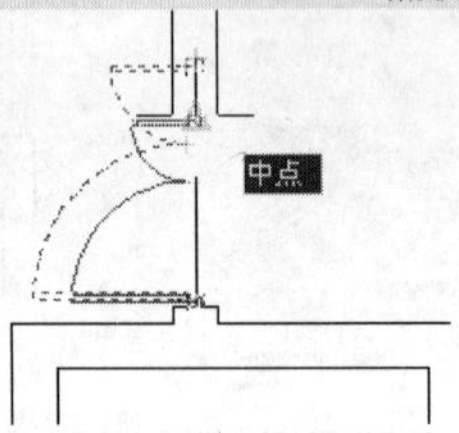

图 15-60　定位目标点

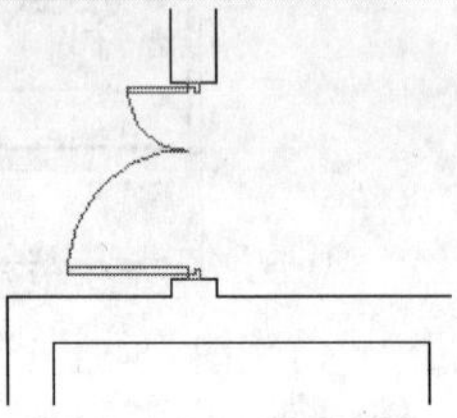

图 15-61　缩放结果

⑫重复执行【插入块】命令，插入光盘中的“图块文件\门联窗.dwg”，使用默认参数将其插入到平面图中，结果如图 15-62 所示。

⑬将“楼梯层”设置为当前图层，然后单击菜单栏上的【工具】|【设计中心】命令，在打开的设计中心窗口中定位光盘中的【图块文件】文件夹，然后选择右侧窗口中的“楼梯.dwg”文件，如图 15-63 所示。

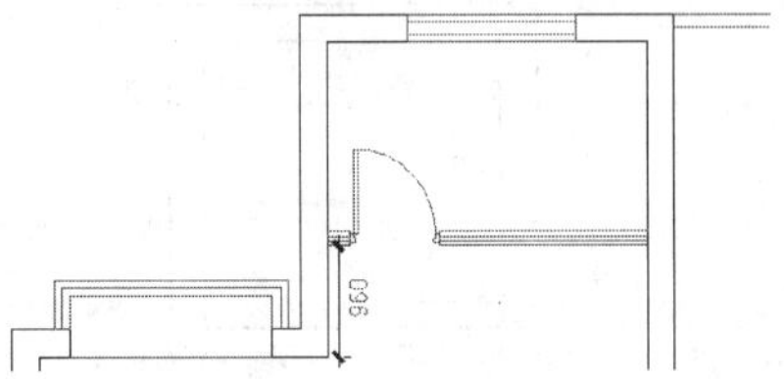

图 15-62　插入门联窗

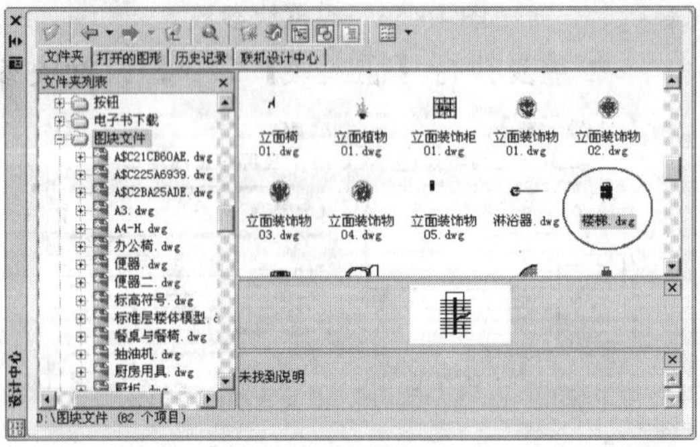

图 15-63　定位“楼梯.dwg”文件

技巧

读者可以直接将此图块文件夹拷贝至硬盘上，以方便使用。

⑭此时将其拖动至绘图区，以块的形式共享到平面图中。命令行操作如下：

```
命令: _-INSERT 输入块名或 [?]: "D:\图块文件\楼梯.dwg"
    单位: 毫米    转换: 1.0000000000E+00
    指定插入点或 [基点(B)/比例(S)/X/Y/Z/旋转(R)]:
    输入 X 比例因子，指定对角点，或 [角点(C)/XYZ(XYZ)] <1>:     //激活【捕捉自】功能
    _from 基点:                                              //捕捉如图 15-64 所示的端点 A
    <偏移>:                                                  //@0,400 Enter
```

输入 X 比例因子，指定对角点，或 [角点(C)/XYZ(XYZ)] <1>:　　//Enter

输入 Y 比例因子或 <使用 X 比例因子>:　　//Enter

指定旋转角度 <0.00>:　　//Enter，插入结果如图 15-64 所示

⑮设置“图块层”作为当前图层，在设计中心右侧窗口中右击“马桶.dwg”文件，在弹出的快捷菜单中选择【插入为块】命令，如图 15-65 所示。

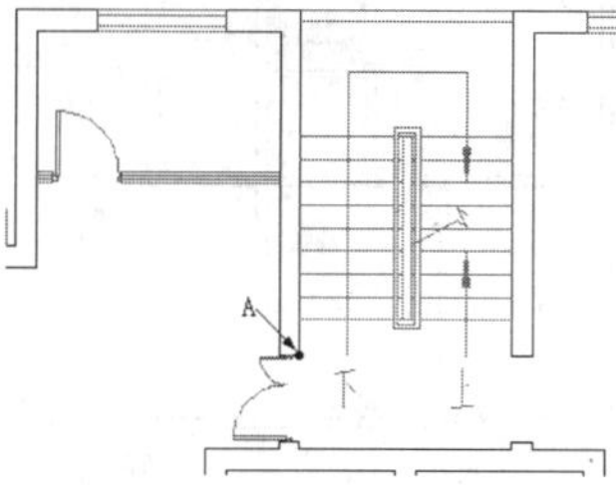

图 15-64　共享结果

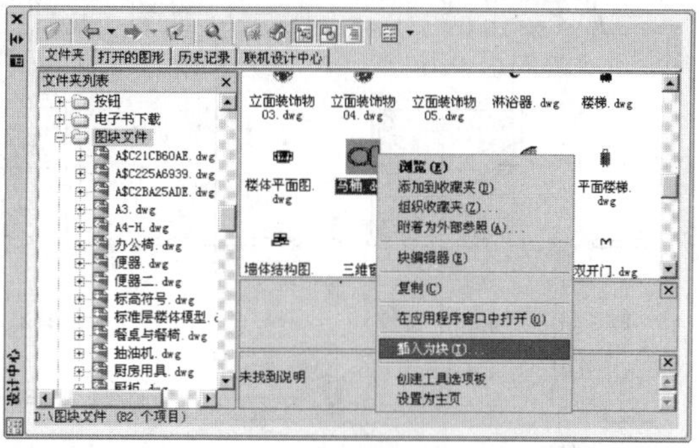

图 15-65　定位“马桶.dwg”文件

⑯在弹出的【插入】对话框中采用默认参数设置，然后在卫生间适当位置定位插入点，插入结果如图 15-66 所示。

⑰参照上述操作步骤，综合使用【设计中心】和画线命令，分别布置卫生间其他用具图例和厨房用具图例，结果如图 15-67 所示。

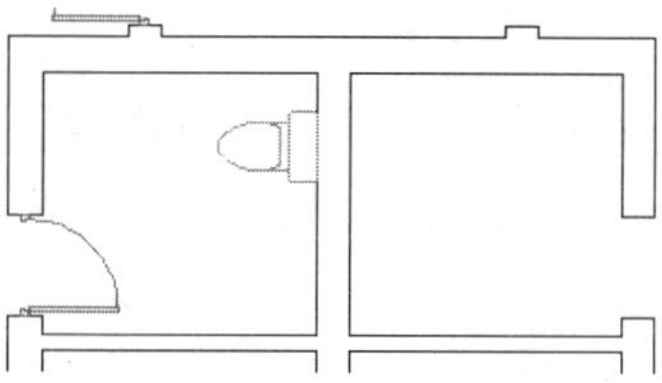

图 15-66　插入结果

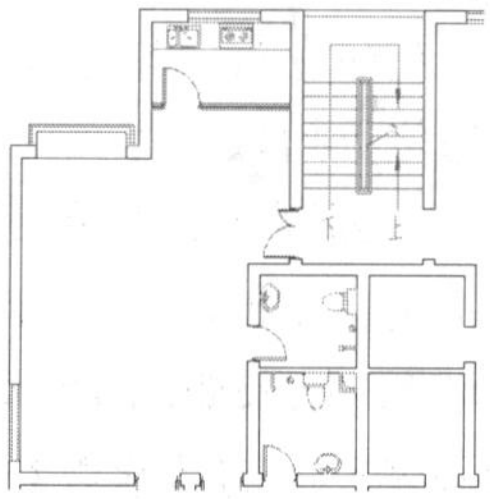

图 15-67　布置其他图例

⑱夹点显示如图 15-68 所示的建筑构件及用具图例，然后单击【修改】工具栏中的按钮，对其进行镜像复制，结果如图 15-69 所示。

⑲夹点显示如图 15-70 所示的各种图例及构件，然后单击菜单栏上的【修改】|【阵列】命令，将夹点对象阵列 1 行 3 列，列偏移为 14000 个单位。

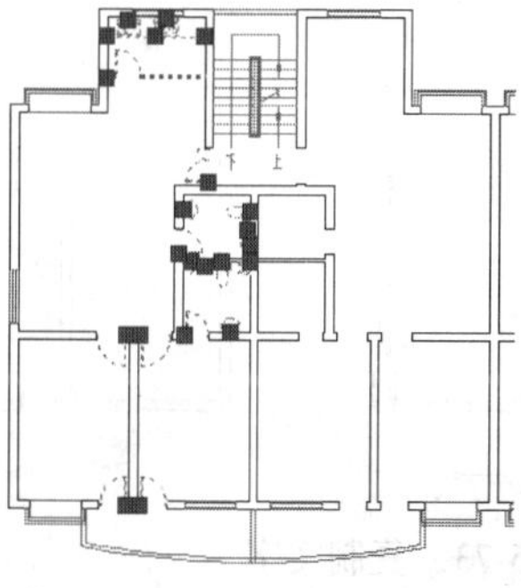

图 15-68　夹点显示对象

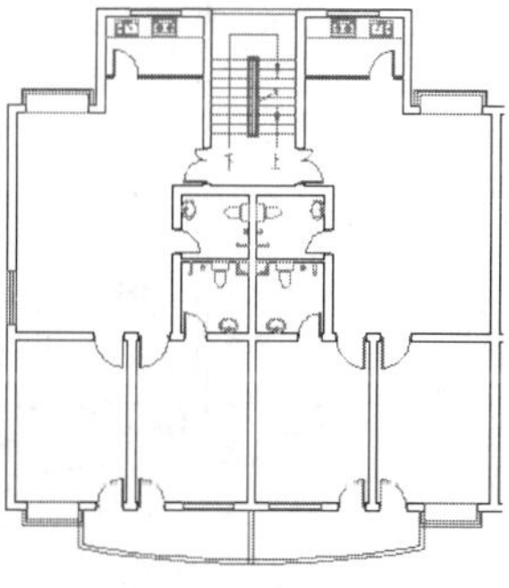

图 15-69　镜像结果

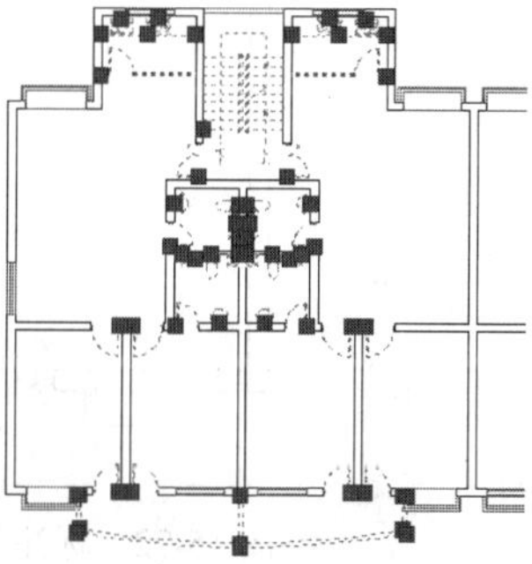

图 15-70　选择对象

⑳最后将图形另存为“绘制建筑构件.dwg”文件。

15.2.5 标注房间功能

接下来为平面图标注如图 15-71 所示的房间功能性文字注释，学习文字的快速标注方法和技巧。

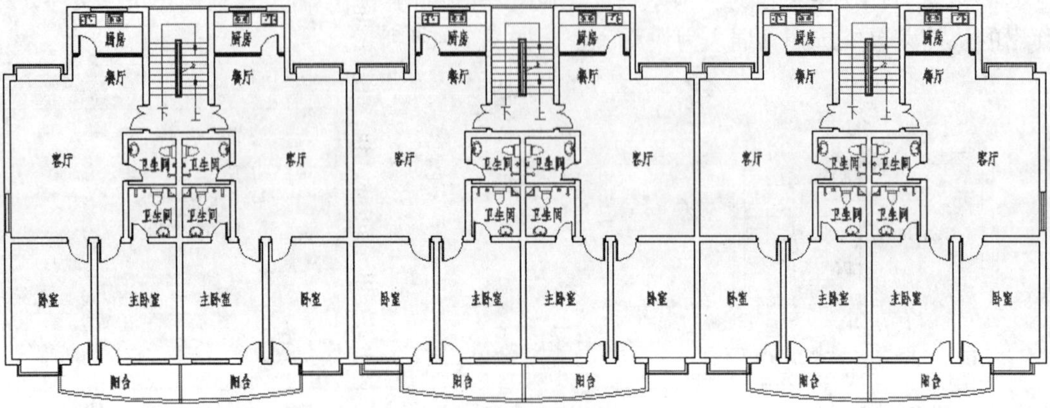

图 15-71 标注房间功能

操作步骤

❶继续上例操作，并将“文本层”设置为当前层。

❷将“仿宋体”设置为当前文字样式，然后单击菜单栏上的【绘图】|【文字】|【单行文字】命令，在命令行“指定文字的起点或 [对正(J)/样式(S)]：”提示下，在平面图左下侧房间内的适当位置拾取一点。

❸在“指定高度 <2.5000>：”提示下输入 450，将文字高度设置为 450 个绘图单位。

❹在“指定文字的旋转角度 <0>：”提示下按 Enter 键，在绘图区输入“卧室”二字后按两次 Enter 键，结果如图 15-72 所示。

❺单击菜单栏上的【修改】|【复制】命令，将刚创建的文字分别复制到其他房间内，如图 15-73 所示。

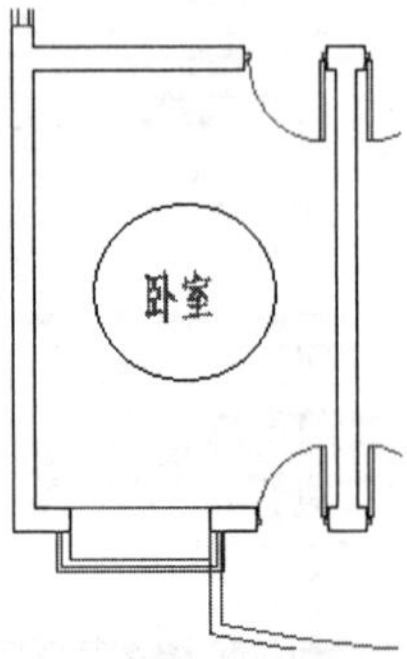

图 15-72 标注结果

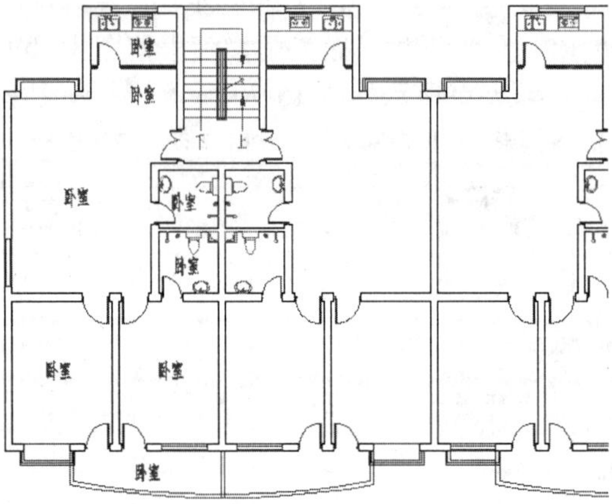

图 15-73 复制文字

❻单击菜单栏上的【修改】|【对象】|【文字】|【编辑】命令，在命令行“选择注释

对象或 [放弃(U)]:”提示下，选择复制出的文字，此时所选择的文字以反白文字框显示，如图 15-74 所示。

❼在此反白文字框中输入正确的文字内容，如“厨房”，如图 15-75 所示是修改后的文字内容。

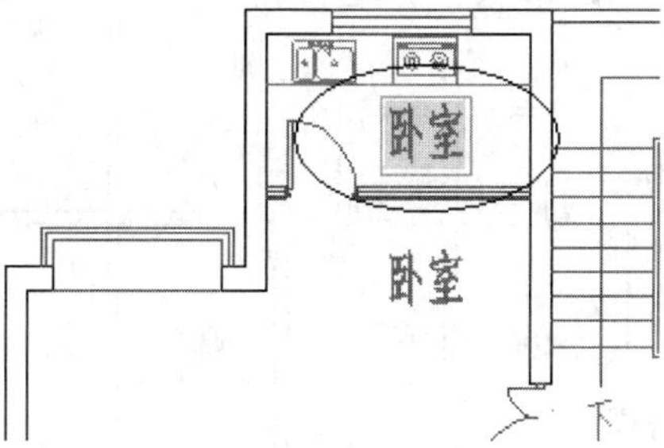

图 15-74 编辑所选择的文字

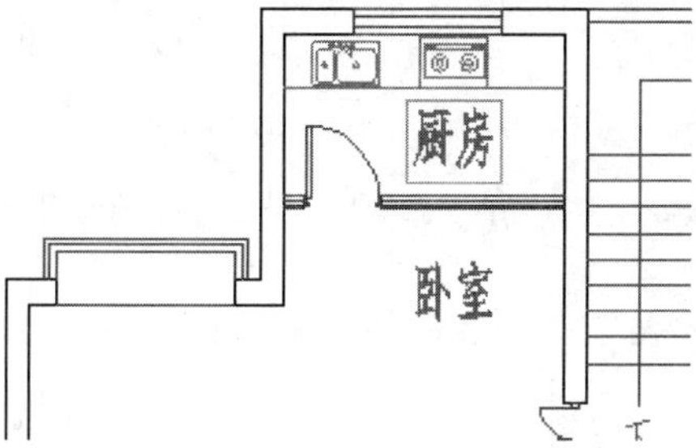

图 15-75 修改文字内容

❽按 Enter 键，继续在命令行“选择注释对象或 [放弃(U)]:”提示下，分别修改其他房间内的文字内容，结果如图 15-76 所示。

❾最后连续两次按 Enter 键，结束【编辑文字】命令。

❿单击菜单栏上的【工具】|【快速选择】命令，选择所有位于“文本层”上的所有对象，如图 15-77 所示。

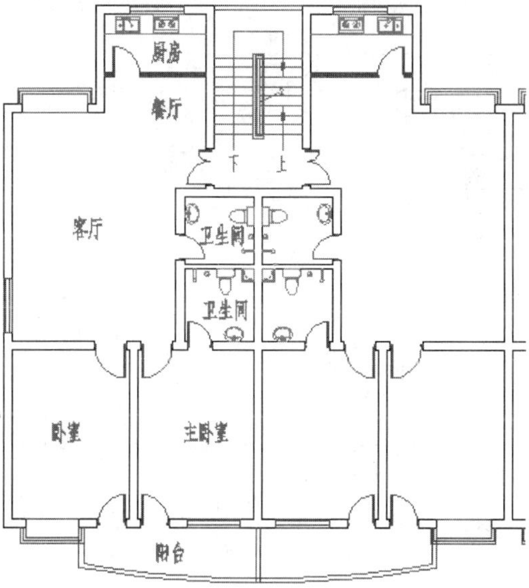

图 15-76 修改其他文字

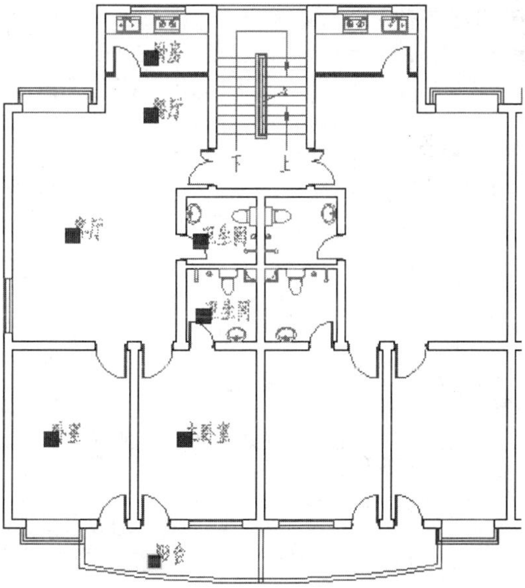

图 15-77 选择文本层的对象

⓫执行【镜像】命令，配合中点捕捉功能对选择的各文字对象进行镜像复制，结果如图 15-78 所示。

⓬再次使用【快速选择】命令，选择所有文字对象，如图 15-79 所示。

⓭单击菜单栏上的【修改】|【阵列】命令，将各文字对象阵列 1 行 3 列，列偏移为 14000 个单位，最终效果如上图 15-71 所示。

⓮最后使用【另存为】命令，将图形另存为“标注房间功能.dwg”文件。

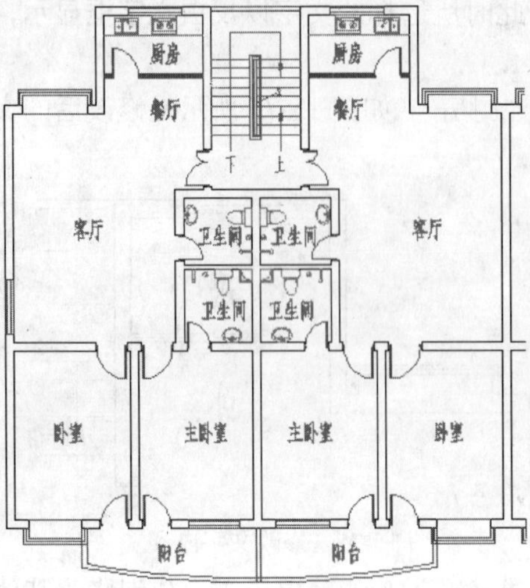

图 15-78　镜像结果

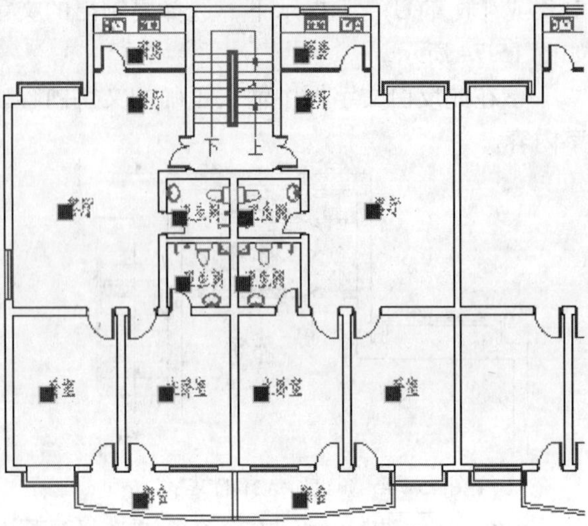

图 15-79　选择所有文字

15.2.6　标注施工尺寸

接下来通过为平面图标注如图 15-80 所示的尺寸，学习建筑平面图尺寸的快速标注方法和标注技巧。

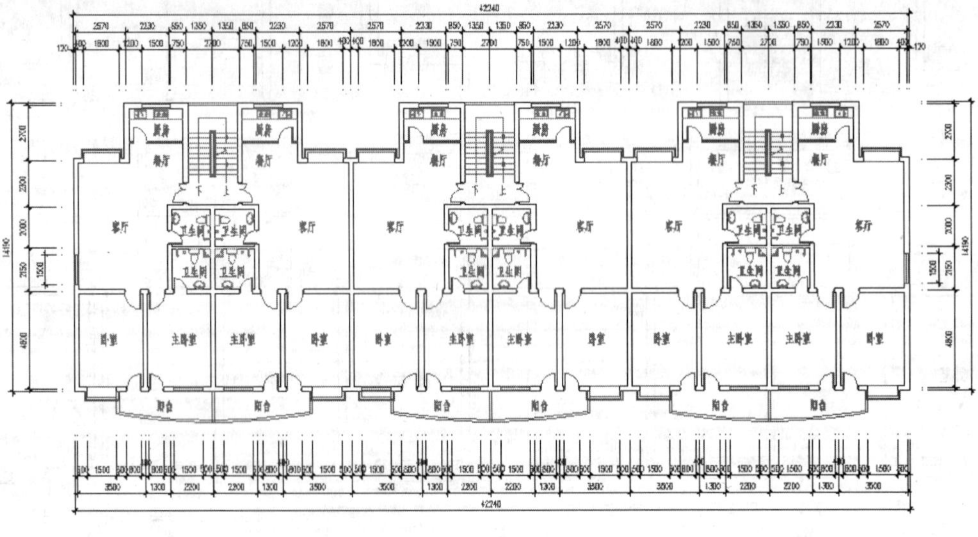

图 15-80　标注施工尺寸

操作步骤

❶继续上例操作，并打开“轴线层”，同时设置“尺寸层”为当前图层。

❷单击菜单栏上的【绘图】|【构造线】命令，分别通过平面图 4 侧最外轮廓线，绘制 4 条构造线作为尺寸定位线，如图 15-81 所示。

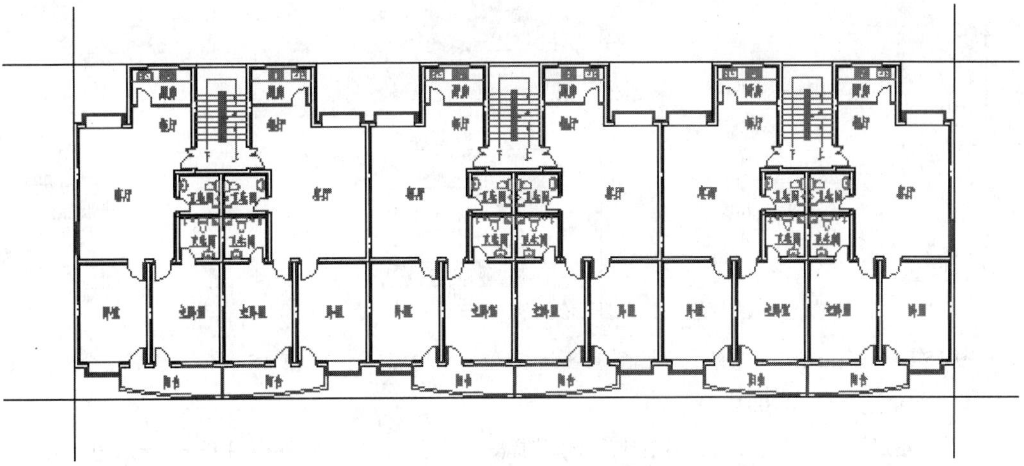

图 15-81　绘制尺寸定位线

❸使用快捷键 O 激活【偏移】命令，设置偏移距离为 650 个单位，将 4 条尺寸定位线向外偏移复制，同时删除用于偏移的源对象，结果如图 15-82 所示。

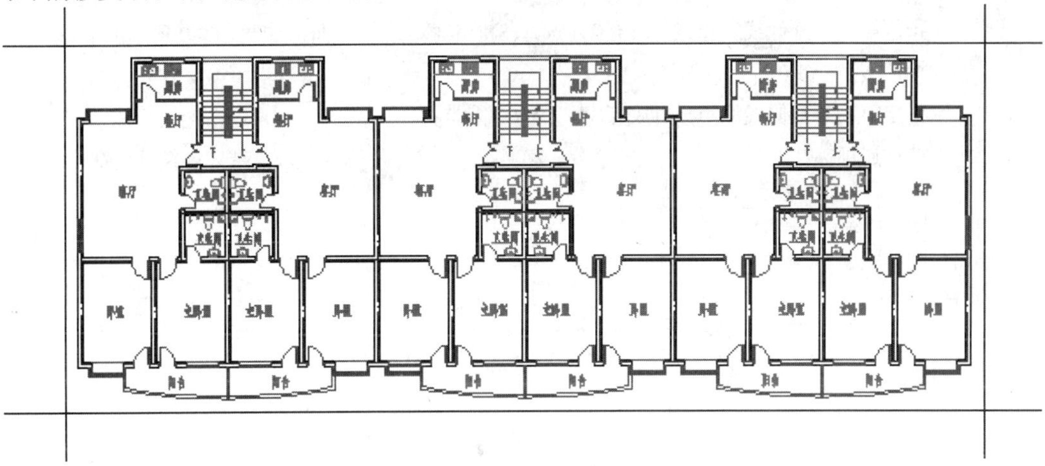

图 15-82　偏移结果

❹单击菜单栏上的【标注】|【标注样式】命令，打开【标注样式管理器】对话框，修改“建筑标注”尺寸样式的比例参数如图 15-83 所示。

❺单击菜单栏上的【标注】|【线性】命令，配合捕捉与追踪功能，标注如图 15-84 所示的尺寸，其中尺寸线距离上侧水平辅助线为 2000 个单位。

❻单击菜单栏上的【标注】|【连续】命令，配合捕捉与追踪等功能，继续标注右侧的细部尺寸。命令行操作如下：

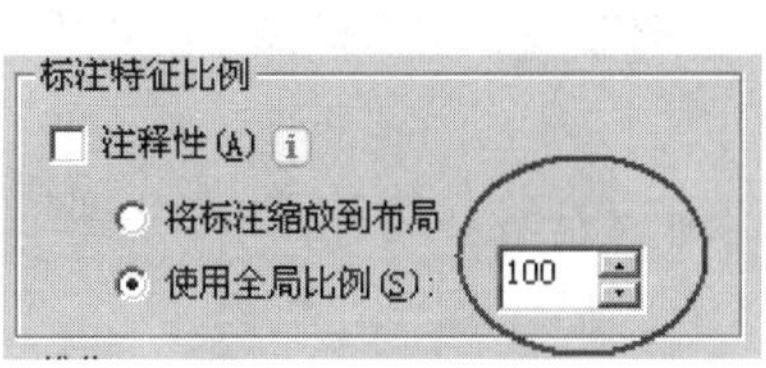

图 15-83 设置尺寸比例

命令: _dimcontinue

指定第二条延伸线原点或 [放弃(U)/选择(S)] <选择>:　　//捕捉如图 15-85 所示的交点

标注文字 =1800

指定第二条延伸线原点或 [放弃(U)/选择(S)] <选择>:　　//捕捉如图 15-86 所示的交点

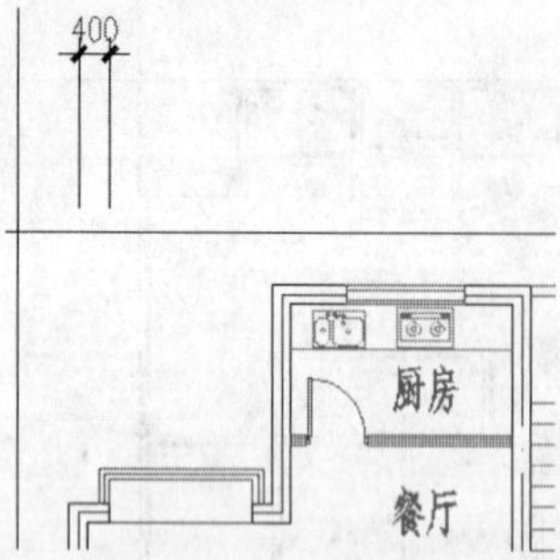

图 15-84　标注结果

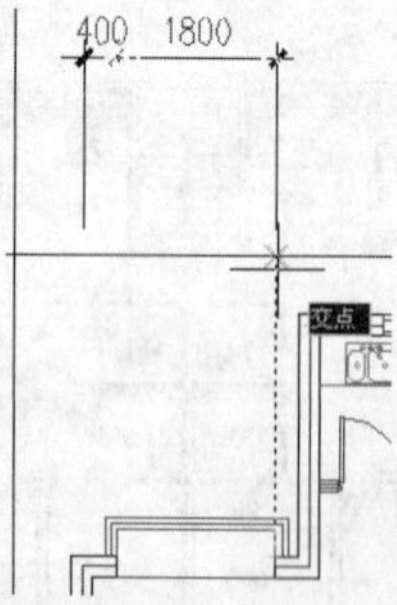

图 15-85　定位界限原点

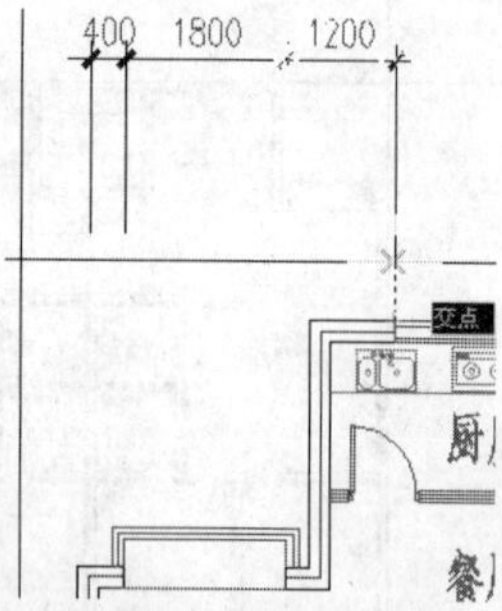

图 15-86　定位另一个界限原点

```
标注文字 = 1200
指定第二条延伸线原点或 [放弃(U)/选择(S)] <选择>:     //捕捉如图 15-87 所示的交点
标注文字 = 1500
指定第二条延伸线原点或 [放弃(U)/选择(S)] <选择>:     //捕捉如图 15-88 所示的交点
标注文字 = 750
指定第二条延伸线原点或 [放弃(U)/选择(S)] <选择>:     //捕捉如图 15-89 所示的交点
标注文字 = 2700
指定第二条延伸线原点或 [放弃(U)/选择(S)] <选择>:     // Enter，退出连续标注状态
选择连续标注:                                        // Enter，结束连续标注命令
```

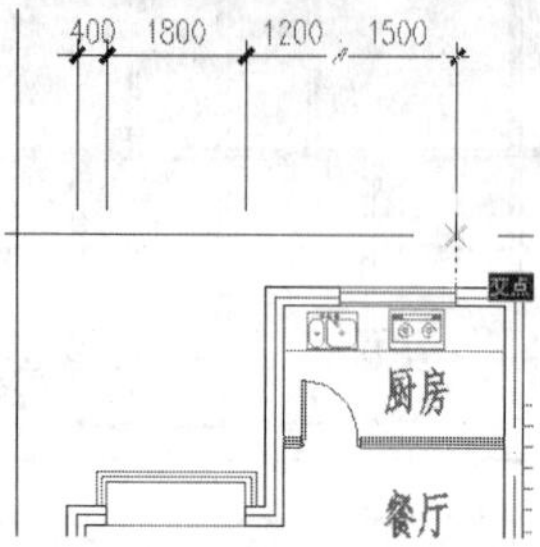

图 15-87　定位第二界限原点

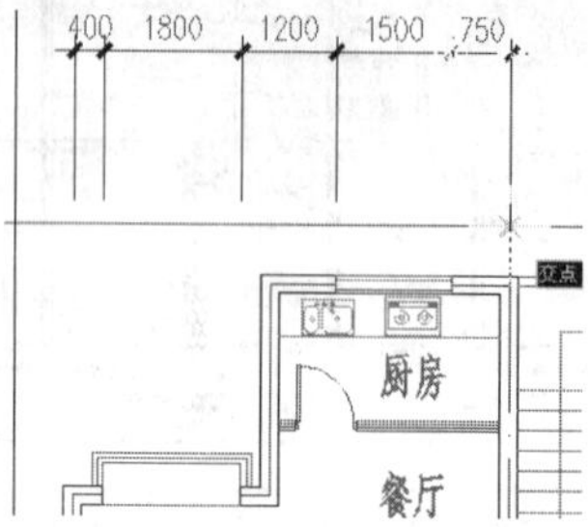

图 15-88　定位另一个第二界限原点

❼展开【图层控制】列表，关闭“图块层”、“墙线层”、“门窗层”和“文本层”，此时平面图的显示结果如图 15-90 所示。

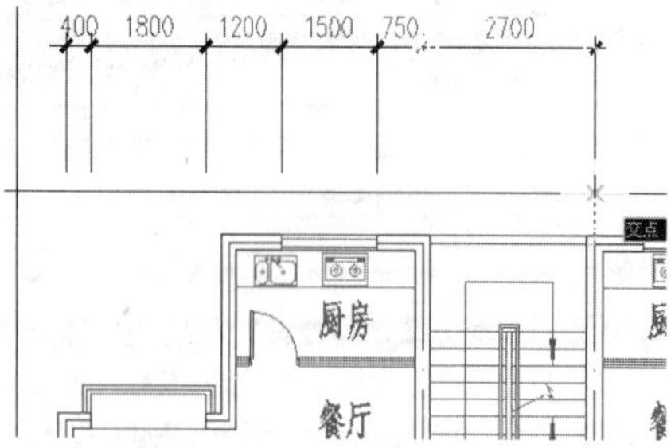

图 15-89　捕捉交点

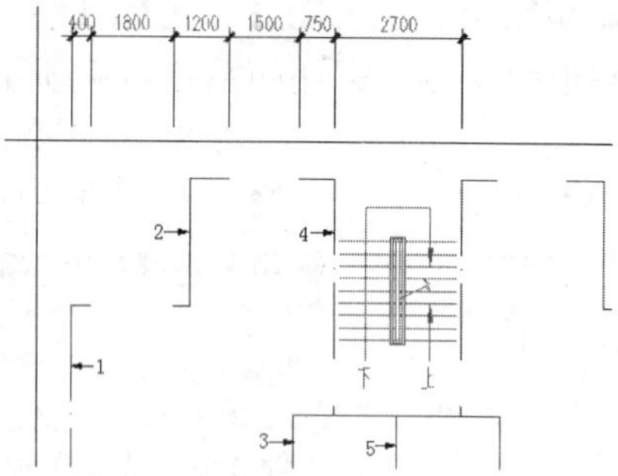

图 15-90　关闭图层后的局部显示

❽单击菜单栏上的【标注】|【快速标注】命令，配合捕捉与追踪功能，标注施工图的第二道尺寸。命令行操作如下：

```
命令: _qdim
    关联标注优先级 = 端点
    选择要标注的几何图形:        //选择如图 15-90 所示的纵向轴线 1
    选择要标注的几何图形:        //选择纵向轴线 2
    选择要标注的几何图形:        //选择纵向轴线 3
    选择要标注的几何图形:        //选择纵向轴线 4
    选择要标注的几何图形:        //选择纵向轴线 5
    选择要标注的几何图形:        // Enter，结束选择
    指定尺寸线位置或 [连续(C)/并列(S)/基线(B)/坐标(O)/半径(R)/直径(D)/基准点(P)/编辑(E)/设
置(T)] <连续>:                   //配合捕捉与追踪功能，在距离第一道尺寸线 850 个单位的高
                                   度定位第二道尺寸，标注结果如图 15-91 所示
```

❾夹点显示刚标注的轴线尺寸，如图 15-92 所示。

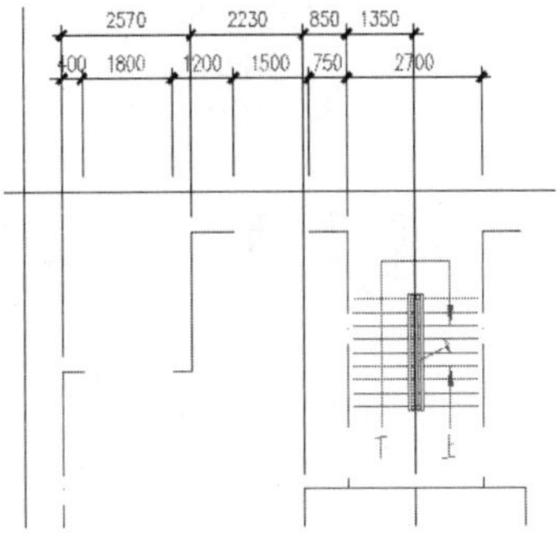

图 15-91 标注结果

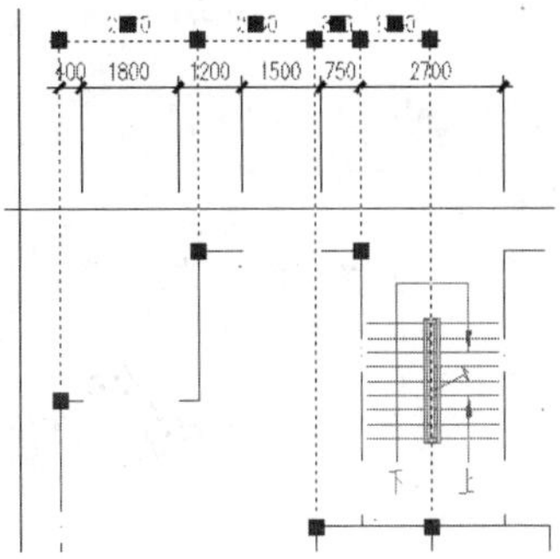

图 15-92 尺寸的夹点显示

❿按住 Shift 键依次单击处在同一水平位置的上夹点，使其变为夹基点，如图 15-93 所示，进入夹点拉伸模式。

⓫单击其中的一个夹基点，在命令行"** 拉伸 ** 指定拉伸点或 [基点(B)/复制(C)/放弃(U)/退出(X)]:"提示下，配合捕捉与追踪功能，捕捉如图 15-94 所示的交点作为拉伸的目标点，拉伸结果如图 15-95 所示。

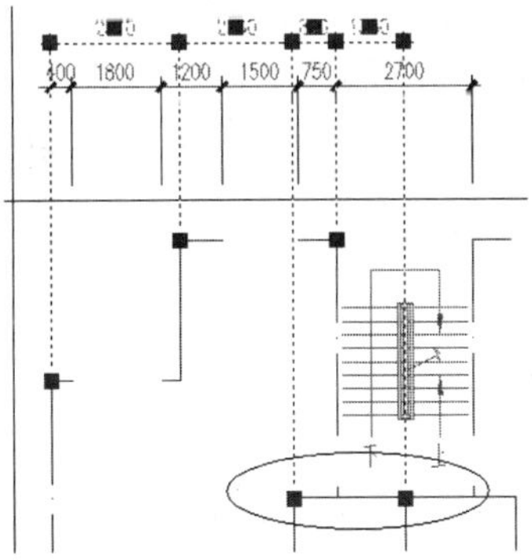

图 15-93 定位夹基点

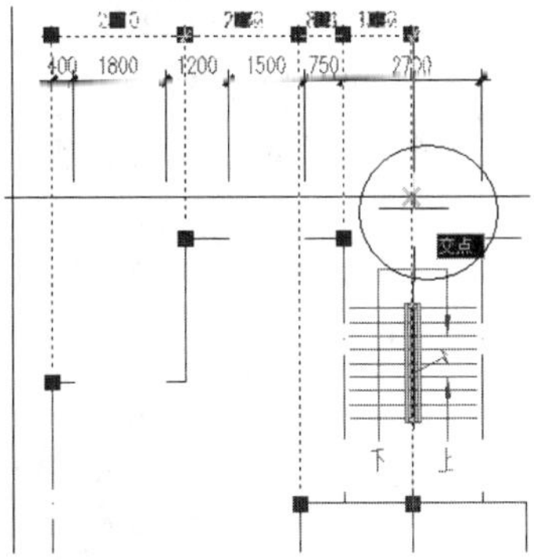

图 15-94 定位拉伸目标点

⓬参照步骤 10 和步骤 11，将其他位置的夹点拉伸到水平的定位辅助线上，使所有的轴线尺寸界限的原点处在同一水平位置上，如图 15-96 所示。

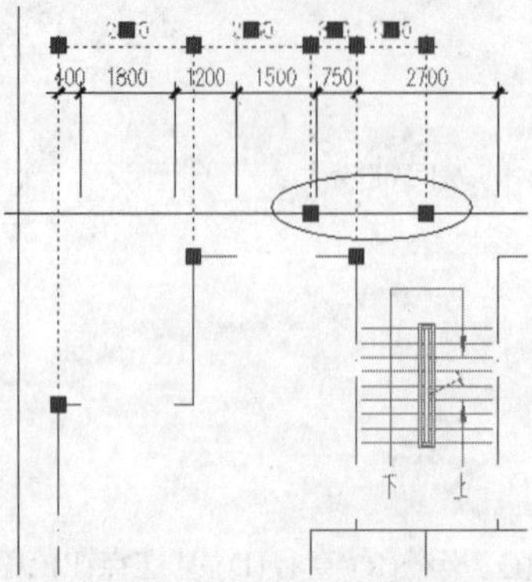

图 15-95　拉伸结果

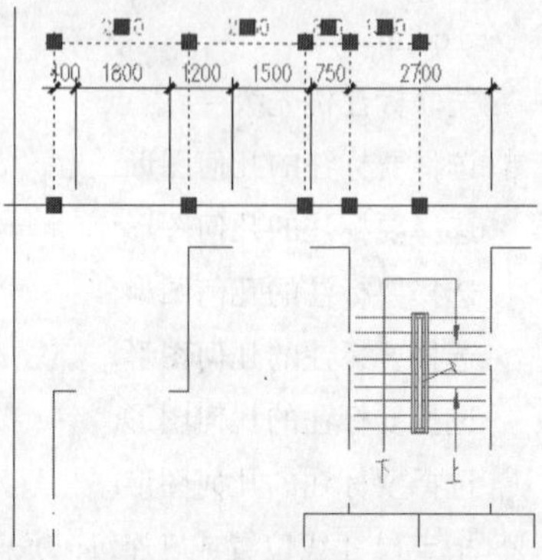

图 15-96　再次拉伸结果

⑬取消尺寸对象的夹点显示，同时打开所有被关闭的图层，结果如图 15-97 所示。

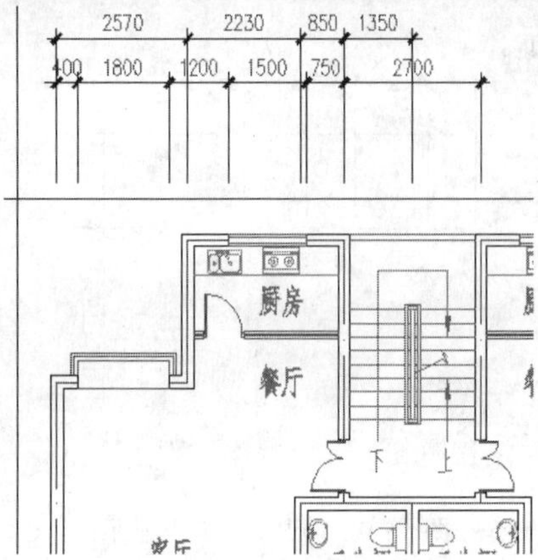

图 15-97　打开被关闭图层

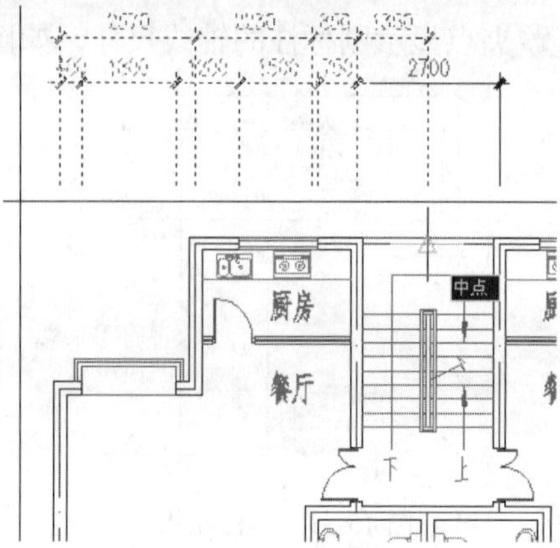

图 15-98　选择镜像尺寸

⑭使用快捷键 MI 激活【镜像】命令，选择图形尺寸进行对称复制。命令行操作如下：

命令: _mirror

选择对象:	//选择如图 15-98 所示的尺寸
选择对象:	// Enter，结束选择
指定镜像线的第一点:	//捕捉如图 15-98 所示的中点
指定镜像线的第二点:	//@0,1 Enter
要删除源对象吗? [是(Y)/否(N)] <N>:	// Enter，镜像结果如图 15-99 所示

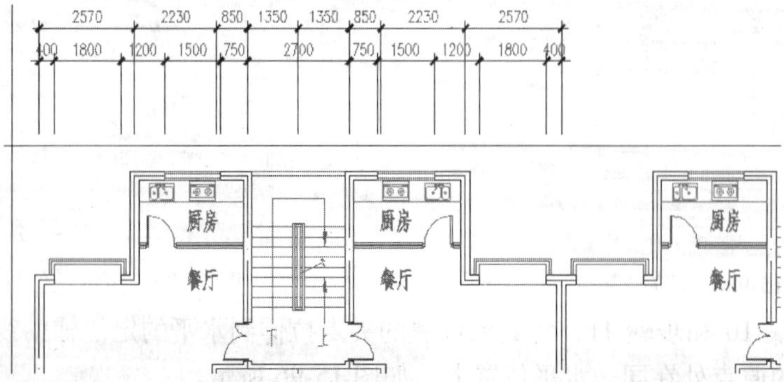

图 15-99　镜像结果

⑮使用快捷键 AR 激活【阵列】命令，选择所有的细部尺寸和轴线尺寸进行阵列复制，其中阵列的行数为 1，列数为 3，列间距为 14000 个单位，阵列的结果如图 15-100 所示。

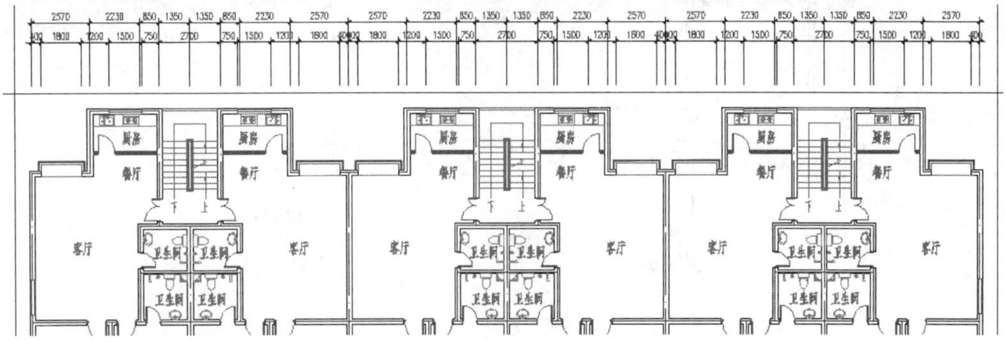

图 15-100　阵列结果

⑯单击菜单栏上的【标注】|【连续】命令，进行标注墙体半宽尺寸。命令行操作如下：

```
命令: _dimcontinue
    选择连续标注:                    //在平面图左侧单击第一个细部尺寸 400
    指定第二条延伸线原点或 [放弃(U)/选择(S)] <选择>:      //捕捉如图 15-101 所示的交点
    标注文字 = 120
    指定第二条延伸线原点或 [放弃(U)/选择(S)] <选择>:      // Enter，退出连续标注状态
    选择连续标注:                    //在平面图右侧单击最后一个细部尺寸 400
    指定第二条延伸线原点或 [放弃(U)/选择(S)] <选择>:      //捕捉如图 15-102 所示的交点
    标注文字 = 120
    指定第二条延伸线原点或 [放弃(U)/选择(S)] <选择>:      // Enter，退出连续标注状态
    选择连续标注:                                          // Enter，退出连续标注命令
```

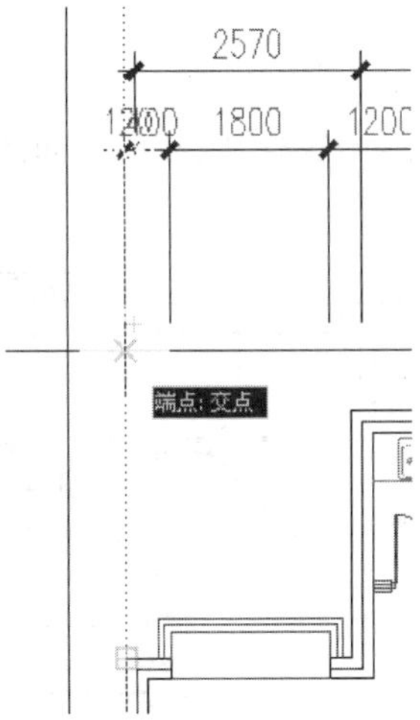

图 15-101　标注左侧墙体尺寸

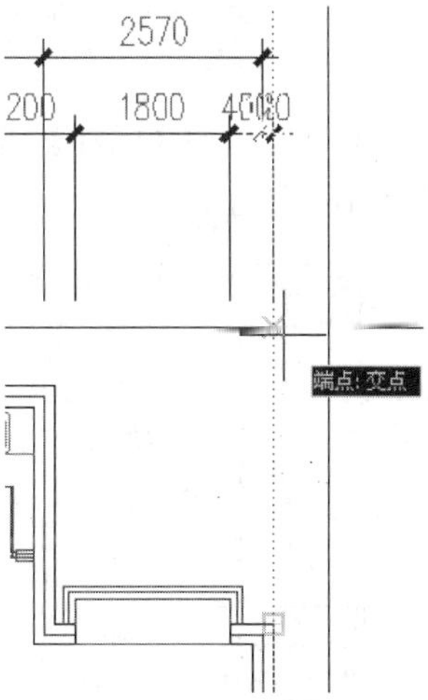

图 15-102　标注右侧墙体尺寸

⑰单击【标注】工具栏中的按钮，激活【编辑标注文字】命令，根据命令行的提示，分别选择刚标注的两个墙体半宽尺寸，将尺寸文字放置在适当的位置，结果如图 15-103 和图 15-104 所示。

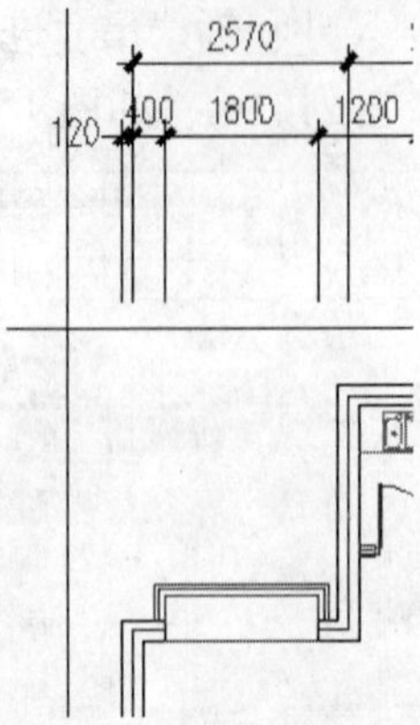

图 15-103　调整左侧尺寸文字

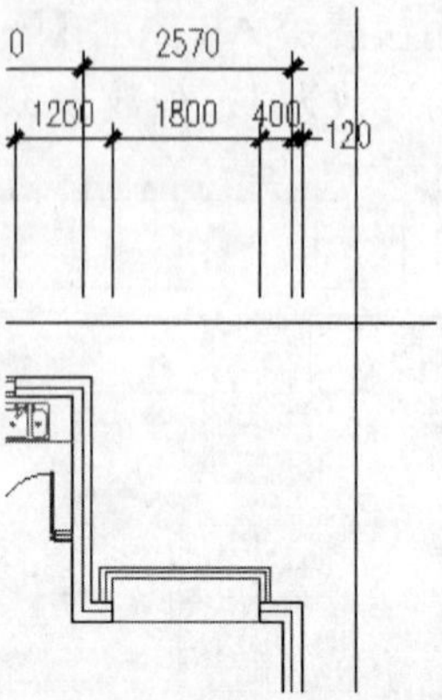

图 15-104　调整右侧尺寸文字

⑱重复执行【编辑标注文字】命令，分别将平面图其他重叠的尺寸文字进行调整，结果如图 15-105 所示。

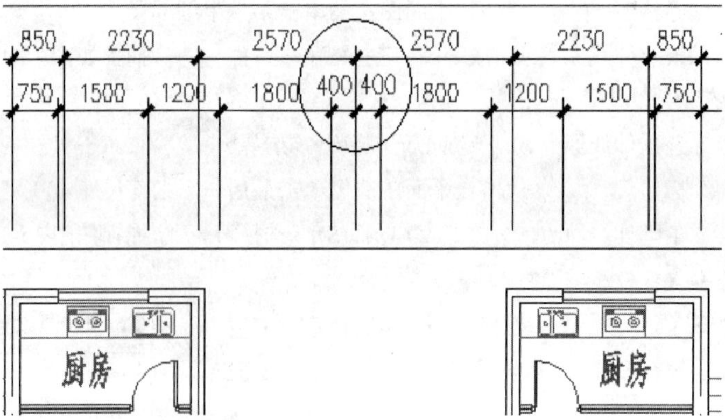

图 15-105　调整尺寸文字结果

⑲单击菜单栏上的【标注】|【线性】命令，配合捕捉与追踪功能标注平面图的总尺寸，结果如图 15-106 所示。

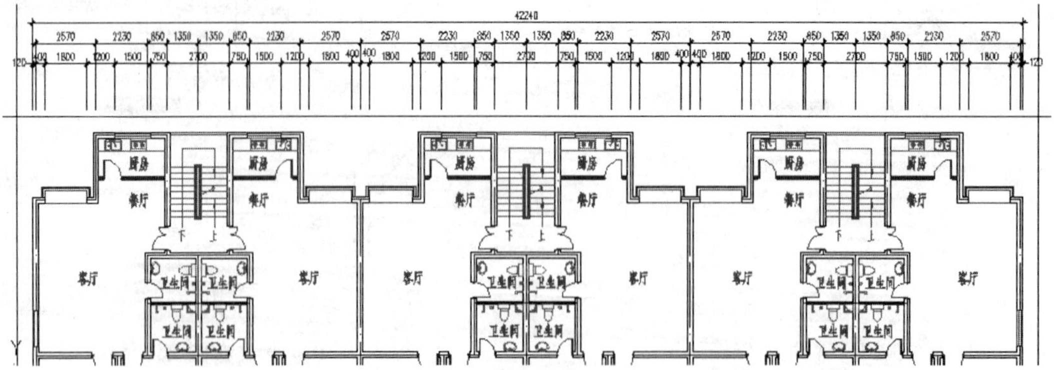

图 15-106　标注总尺寸

⑳参照上述操作步骤，综合【线性】、【连续】、【快速标注】和【编辑标注文字】等命令，分别标注其他 3 侧的尺寸，结果如图 15-107 所示。

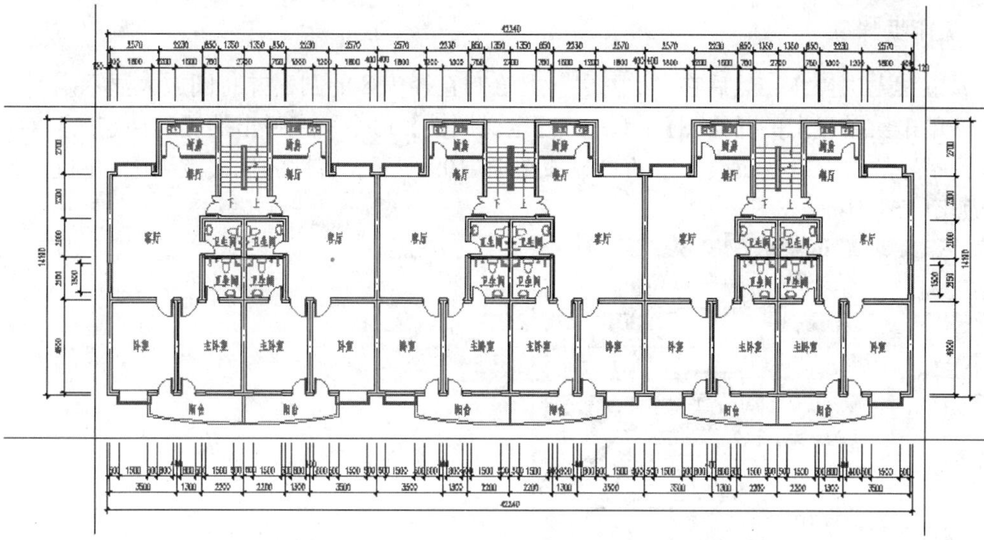

图 15-107　标注其他 3 侧尺寸

技巧

由于平面图比例较大，所以上述两个插图中，只能看出尺寸的整体状态，如果需要查看详细的尺寸，可以从本书的配套光盘中效果文件目录下进行查看。

㉑最后删除辅助线，关闭轴线层，并将图形另存为“标注平面尺寸.dwg”文件。

15.2.7　编写墙体序号

接下来通过为建筑平面图编写轴线序号，学习平面图轴线序号的快速标注方法和标注技巧。本例效果如图 15-108 所示。

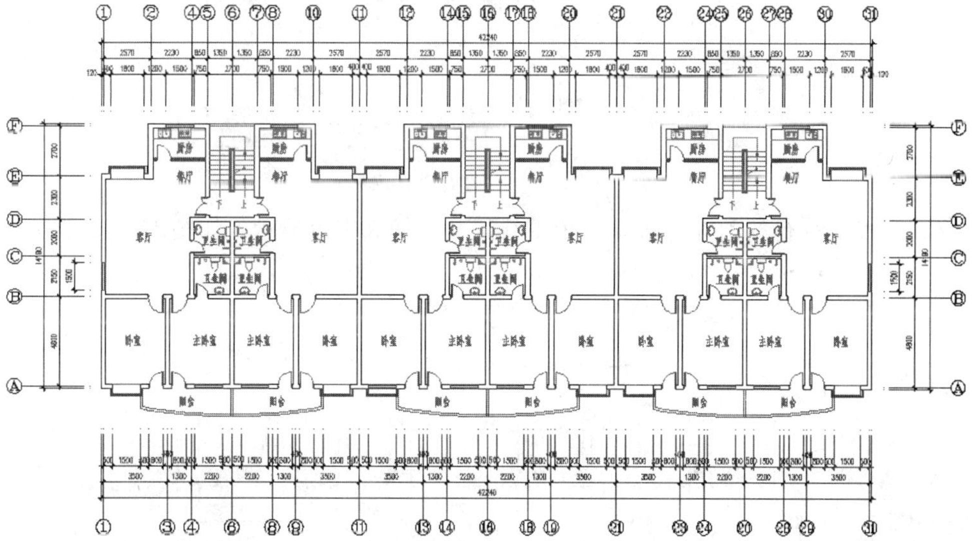

图 15-108　编写墙体序号

操作步骤

❶继续上例操作，然后在“0 图层”上绘制直径为 8 的圆，并将圆放大显示。

❷单击菜单栏上的【绘图】|【块】|【定义属性】命令，在弹出的【属性定义】对话框中设置序号的属性以及属性文字的参数如图 15-109 所示，属性的插入点为圆的圆心，定义结果如图 15-110 所示。

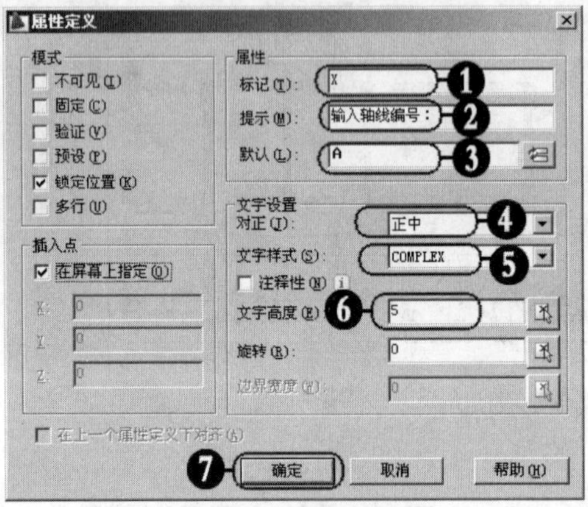

图 15-109 【属性定义】对话框

图 15-110 定义的属性

❸单击【绘图】工具栏中的按钮，在打开的对话框中设置块参数如图 15-111 所示，将刚定义的属性和轴标号一起定义为内部图块，基点为圆心。

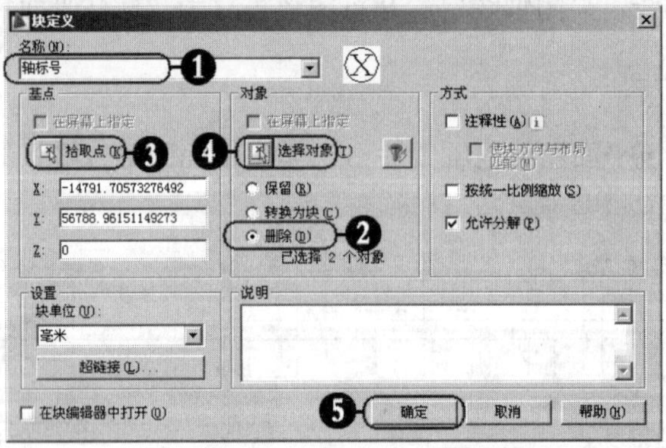

图 15-111 设置图块参数

❹在无命令执行的前提下选择一个轴线尺寸，使其夹点显示，如图 15-112 所示。

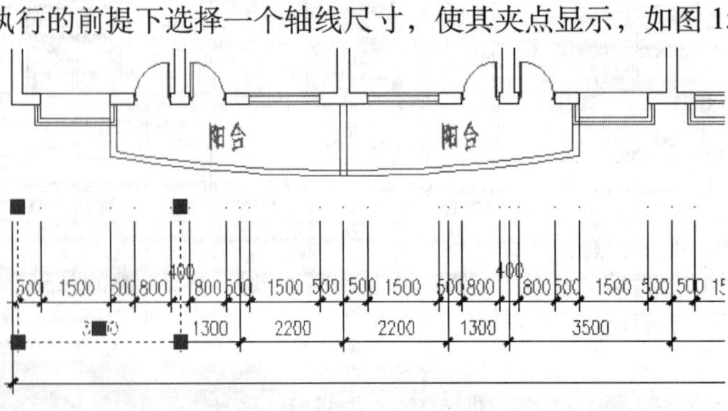

图 15-112 轴线尺寸夹点显示

❺按 Ctrl+1 键打开【特性】窗口，然后修改延伸线超出尺寸线的长度，如图 15-113 所示，修改后的效果如图 15-114 所示。

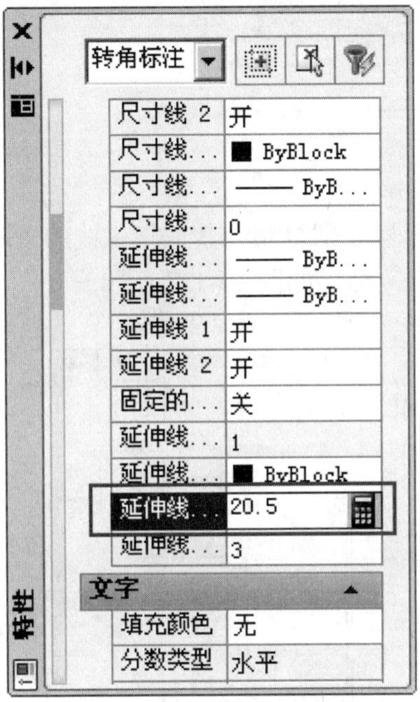

图 15-113 【特性】窗口

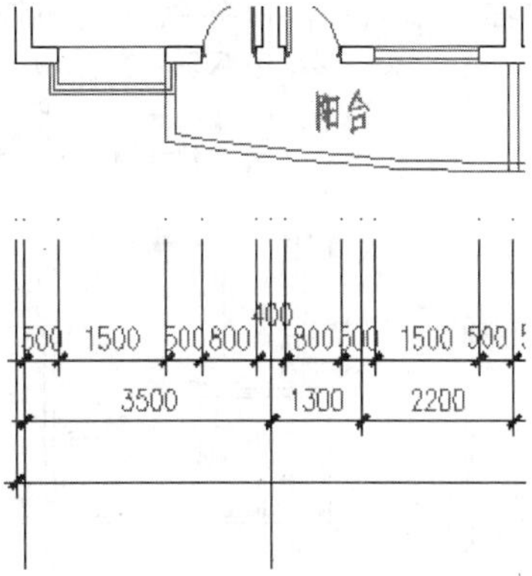

图 15-114 修改尺寸界限长度

❻使用快捷键 M A 激活【特性匹配】命令，以刚延长的轴线尺寸作为匹配的源对象，将其延伸线的长度特性匹配给其他轴线尺寸，结果如图 15-115 所示。

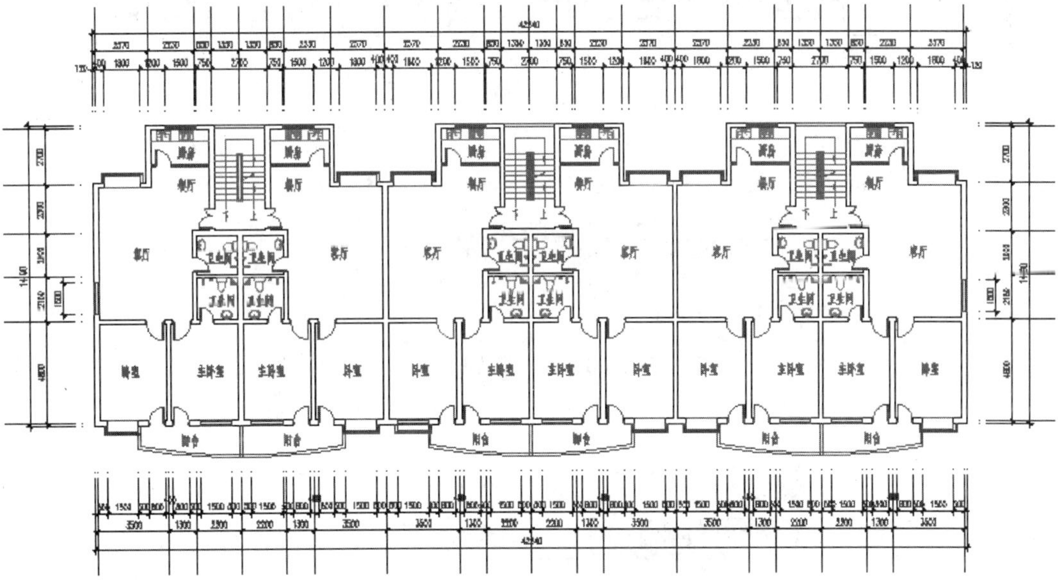

图 15-115 匹配结果

❼设置“其他层”作为当前图层，然后执行【插入块】命令，插入刚定义的“轴标号”内部块，块的比例为 100，插入结果如图 15-116 所示。

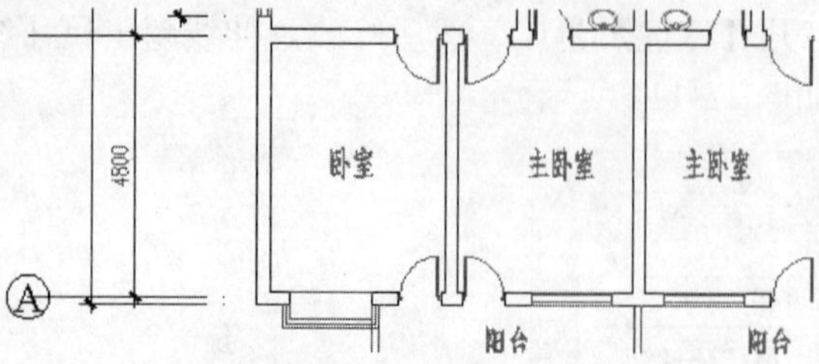

图 15-116　插入轴标号结果

❽使用快捷键 CO 激活【复制】命令，将轴线标号分别复制到其他指示线的末端点，基点为轴标号圆心，目标点分别为各指示线的末端点，结果如图 15-117 所示。

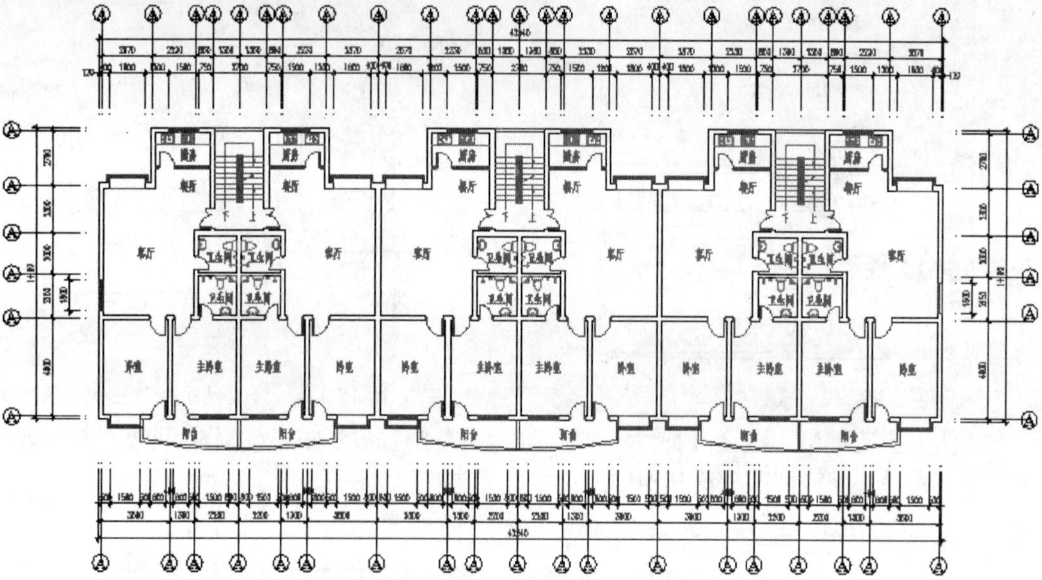

图 15-117　复制结果

❾单击菜单栏上的【修改】|【对象】|【属性】|【单个】命令，选择平面图左侧第二个轴标号（从下向上），在打开的对话框中修改属性值为 B，如图 15-118 所示。

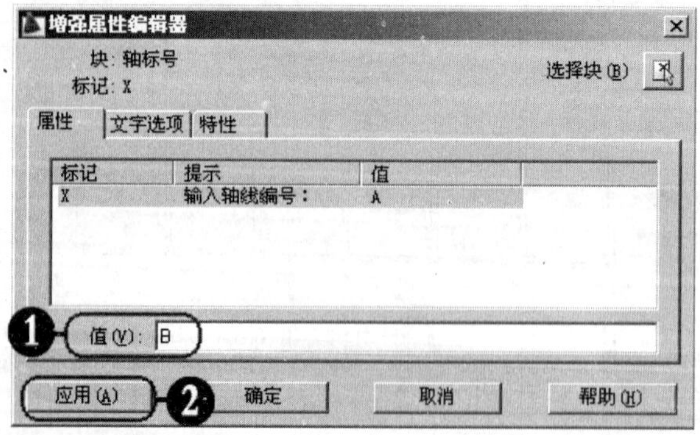

图 15-118　修改属性值

❿单击 应用(A) 按钮，则此位置轴标号的值被修改为 B，如图 15-119 所示。

⓫单击右上角的【选择块】按钮，返回绘图区选择第 3 道横向轴线的轴标号，将其修改为 C，修改结果如图 15-120 所示。

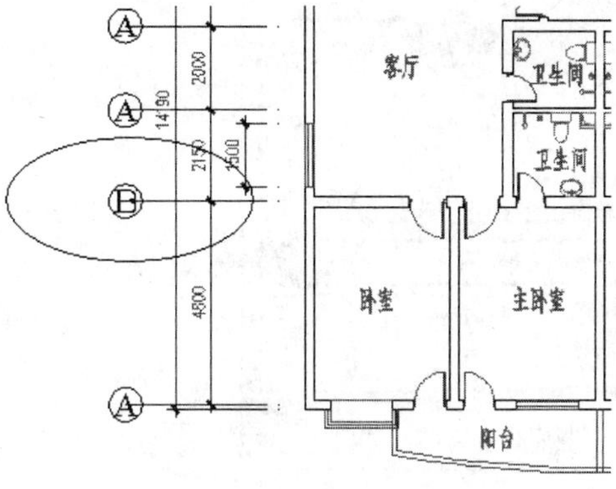

图 15-119　修改后的结果

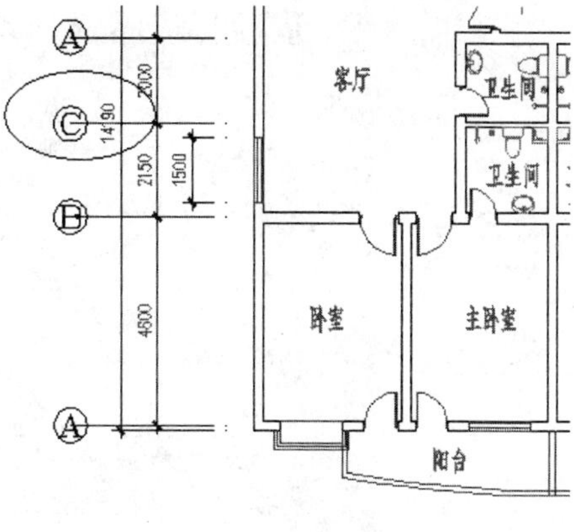

图 15-120　修改属性为 C

⑫重复第 11 步操作，分别修改其他位置的轴编号属性值，修改结果如图 15-121 所示。

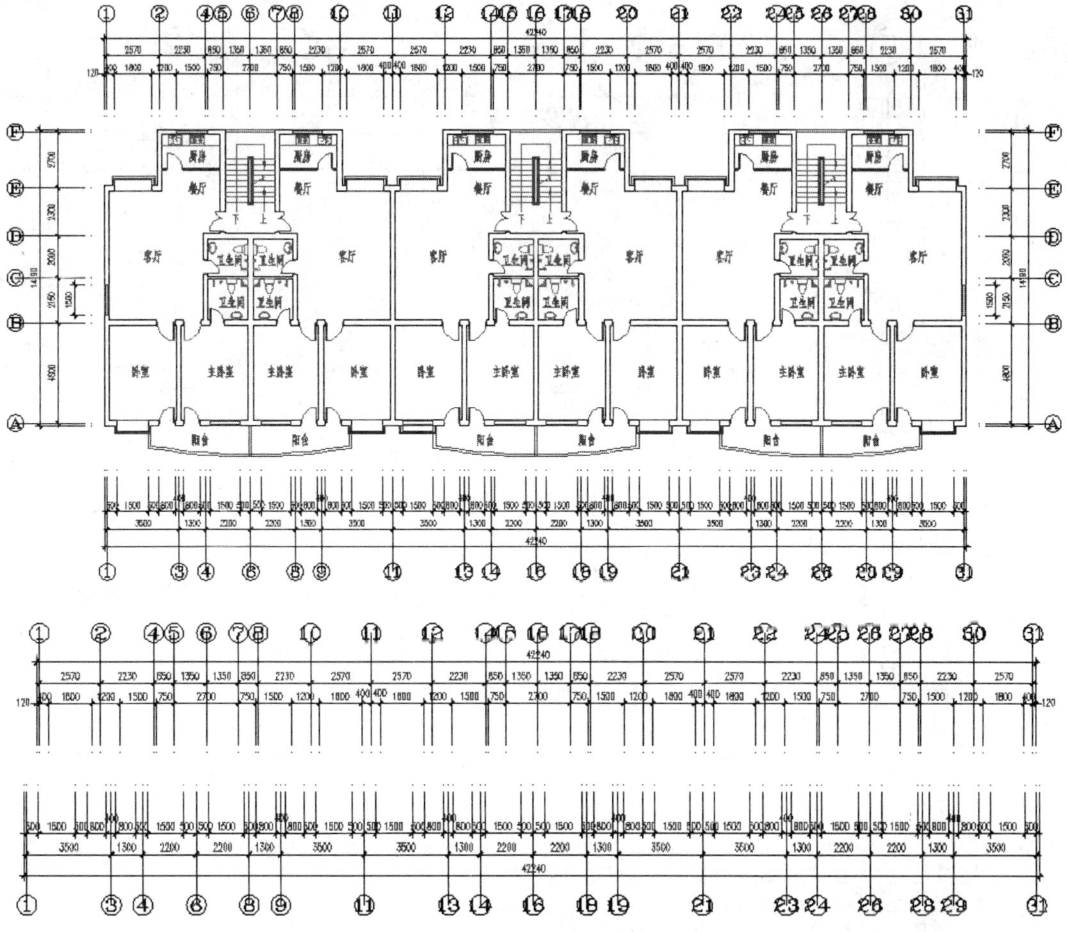

图 15-121　修改结果（全部显示与局部显示）

⑬双击编号为 10 的轴标号，在打开的【增强属性编辑器】对话框中展开【文字选项】选项卡，修改属性的宽度比例如图 15-122 所示。

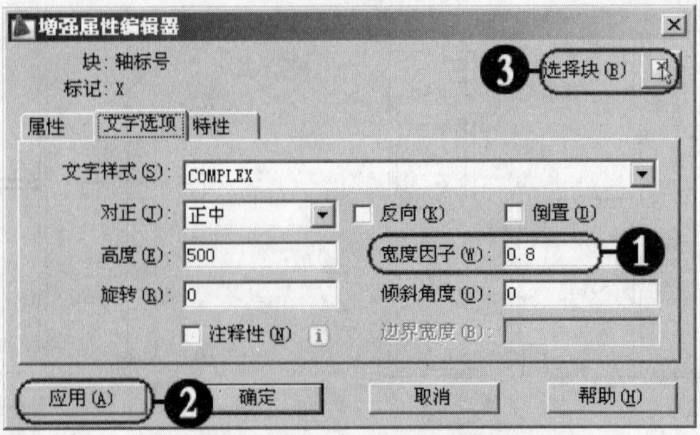

图 15-122　修改宽度比例

⑭单击 应用(A) 按钮，则此轴线的编号的修改结果如图 15-123 所示。

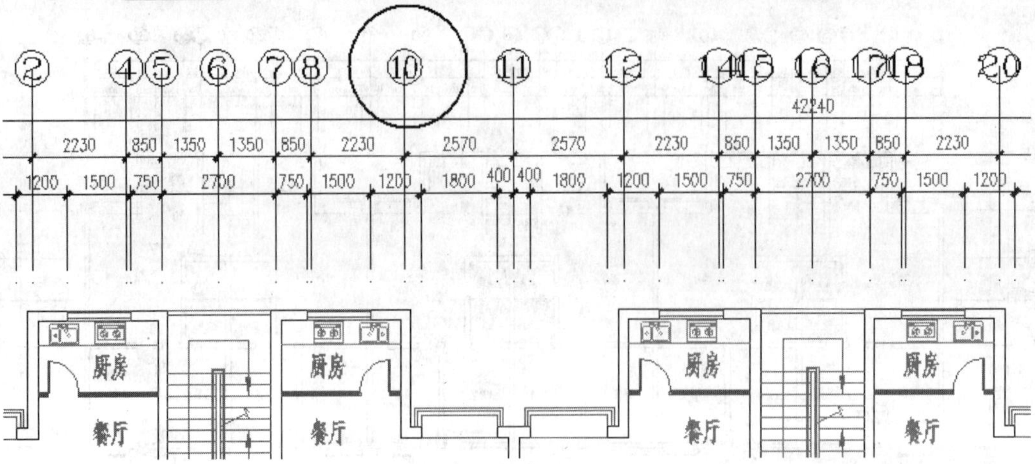

图 15-123　修改宽度比例结果

⑮依次选择所有位置的双位编号，进行修改宽度比例，使双位数字编号完全处于轴标符号内，最终结果如图 15-124 所示。

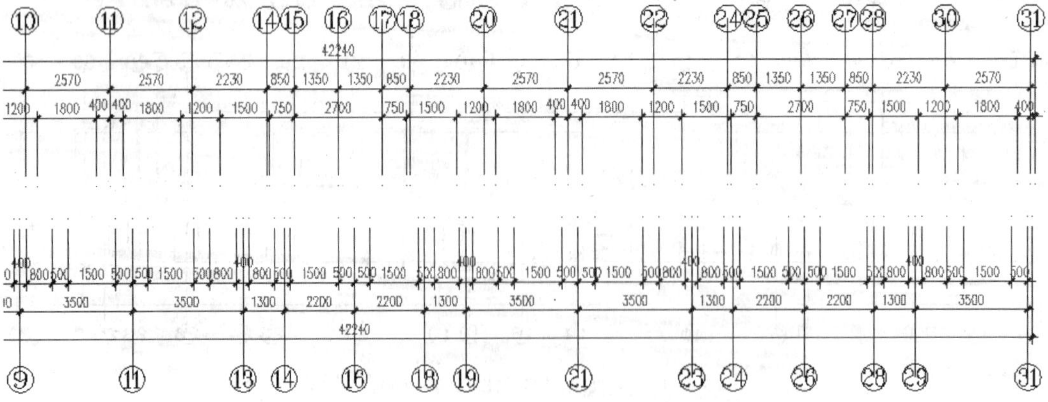

图 15-124　修改双位编号宽度比例结果

⑯使用【移动】命令，分别将平面图 4 侧的轴标号进行外移，基点为轴标号与指示线的交点，目标点为各指示线端点，移动结果如图 15-125 所示。

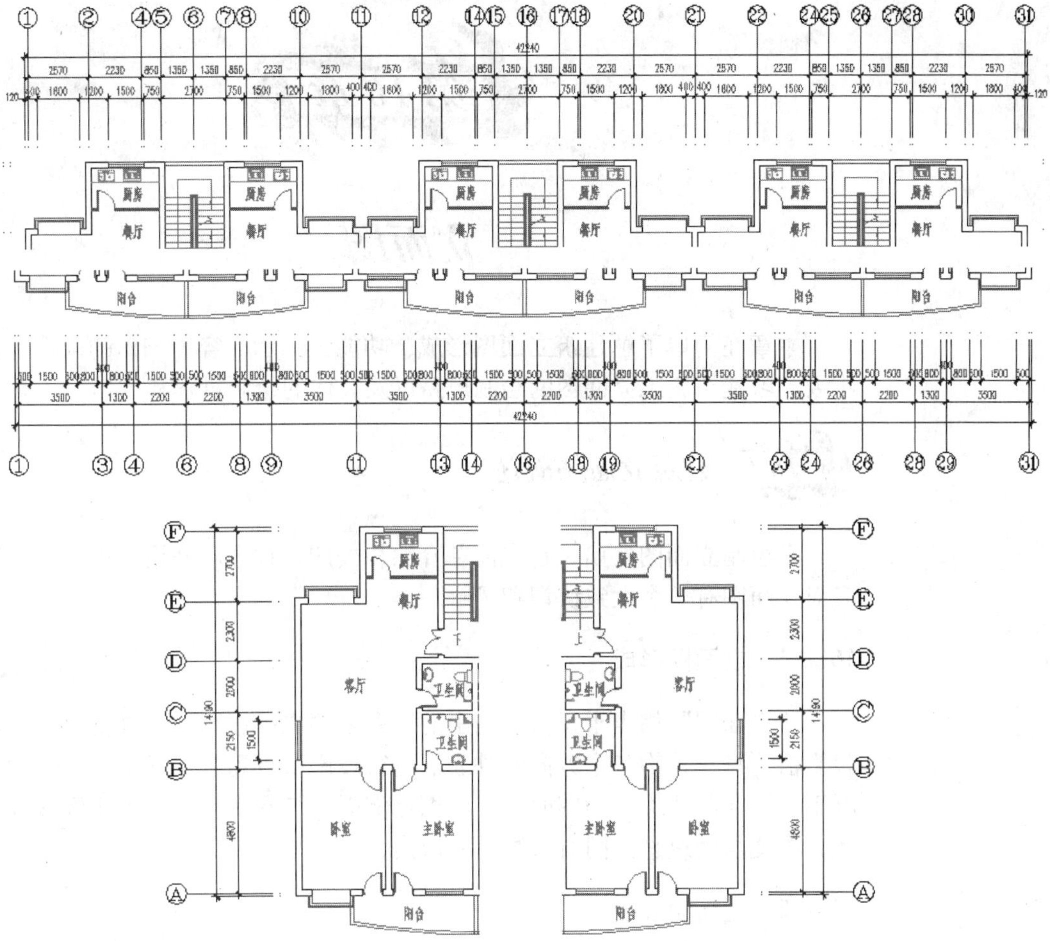

图 15-125 移动结果

⑰最后全部显示平面图，并将图形另存为“编写墙体序号.dwg”文件。

15.3 本章小结

平面图是一种表达房屋建筑的平面形状、房间布置以及内部构造的相互位置等的图样，本章在概述平面图相关设计理念的前提下，以绘制某住宅楼标准层施工平面图为例，通过众多典型实例，配合相关的制图命令和操作技巧，详细讲解了施工平面图的完整绘制过程和绘制技巧。

希望读者通过本章的学习，在理解和掌握建筑施工平面图完整的绘制过程和绘制技巧的前提下，灵活运用 CAD 各制图工具，快速地绘制符合建筑制图标准和施工要求的平面图。

第16章

立面图

本章在简单了解建筑立面图形成、功能、图示内容等知识的前提下，主要学习建筑施工立面图的绘制思路以及具体的绘制过程和技巧。

16.1 建筑立面图概述

在绘制立面图之前，首先简单介绍相关的设计理念及设计内容，使读者对立面图有一个大致认识和了解。

16.1.1 立面图形成

“立面图”相当于正投影图中的正立和侧立投影图，它是使用直接正投影法，将建筑物各个方向的外表面进行投影所得到的正投影图。一般情况下，在绘制此类立面图时，其绘图比例需要与建筑平面图的比例保持一致，以便与建筑平面图对照绘制和识读。

16.1.2 立面图功能

“立面图”也称“建筑立面图”，它是一种用于表达建筑物的体形和外貌，表明建筑物外墙的装修要求的设计图样，是建筑施工图中的基本图纸之一。

一般情况下，在设计立面图时，需要根据建筑物各立面的形状和墙面装修的要求等因素，确定立面图的数量。当建筑物的各个立面造型不一样、墙面装修各异时，就需要画出所有立面的图形；当建筑物各立面造型简单，则仅需画出主要立面图即可。

16.1.3 立面图图示内容

一般在立面图上需要表达出如下内容：

1. 编号

对于有定位轴线的建筑物，只需画出两端的轴线并注出其编号，编号应与建筑平面图该立面两端的轴线编号一致，以便与建筑平面图对照阅读，从而确认立面的方位；对于没有定位轴线的建筑物，可以按照平面图各面的朝向进行绘制。

2．线宽

为了确保建筑立面图的清晰美观，在绘制立面图时需要注意图线的线宽。一般情况下，立面图的外形轮廓线需要使用粗实线表示；室外地坪线需要使用特粗实线表示；门窗、阳台、雨罩等构件的主要轮廓线用中粗实线表示；其他如门窗扇、墙面分格线等均用细实线表示。

3．图例

由于立面图的比例小，因此立面图上的门窗应按图例立面式样表示，并画出开启方向线。开启线应以人站在门窗外侧看，细实线表示外开，细虚线表示内开，线条相交一侧为合页安装边。相同类似的门窗只画出一两个完整图，其余的只画出单线图形即可。

4．定位轴线

立面图的横向定位线表示的是建筑物的层高线及窗台、阳台等立面构件的高度线，纵向轴线代表的是建筑物门、窗、阳台等建筑构件位置的辅助线，因此对于立面图的纵向定位轴线，可以根据建筑施工平面图结合起来，为建筑物各立面构件进行定位，如图16-1所示。

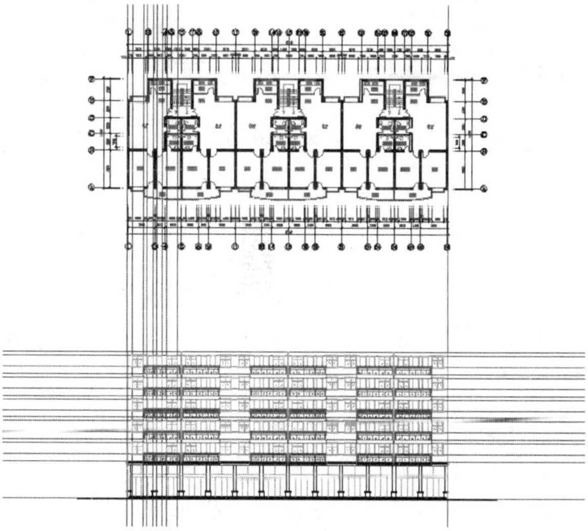

图16-1　立面图纵横定位线`

5．文字

在建筑物立面图上，外墙表面分格线应表示清楚，一般需要使用文字说明各部分所用的材料和色彩。比如表明外墙装饰的做法及分格，表明室外台阶、勒角、窗台、阳台、檐沟、屋顶和雨水管等的立面形状及材料做法等，以方便指导施工。

6．尺寸

与建筑平面图一样，建筑立面图在其高度方向上也需要标注3道尺寸，即细部尺寸、层高尺寸和总高尺寸，如图16-2所示。具体如下：

- 最里面的一道尺寸是“细部尺寸”，它用于表示室内外地面高度差、窗下墙高度、门窗洞口高度、洞口顶面到上一层楼面的高度、女儿墙或挑檐板高度等；
- 中间的一道尺寸称为“层高尺寸”，它用于表明每上下两层楼地面之间的距离；
- 最外面一道尺寸为“总高尺寸”，它用于表明室外地坪至女儿墙压顶功至檐口的距离。

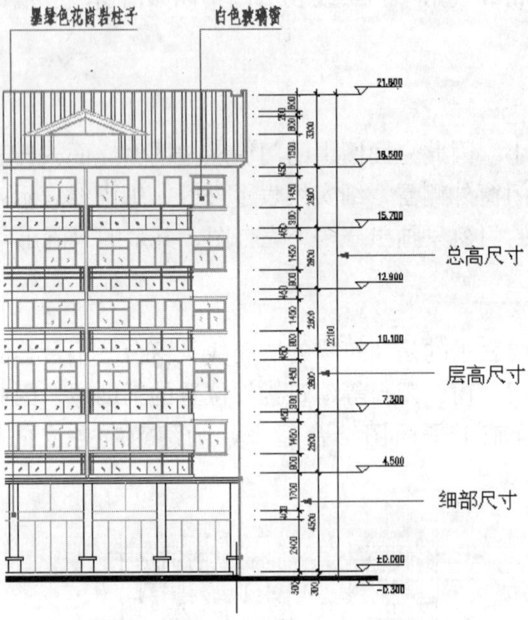

图 16-2　立面图尺寸

7．**图名**

建筑立面图需要标明图名。一般情况下，立面图有 3 种命名，具体如下：

- 第 1 种方式就是按立面图的主次命名，即把建筑物的主要出入口或反映建筑物外貌主要特征的立面图称为正立面图，而其他立面图分别称为背立面图、左立面图和右立面图等。
- 第 2 种命名方式是按照建筑物的朝向命名，根据建筑物立面的朝向可分别称为南立面图、北立面图、东立面图和西立面图。
- 第 3 种命名方式是按照轴线的编号命名，根据建筑物立面两端的轴线编号命名，如①~⑨等。

8．**标高**

在立面图中要标注房屋主要部位的相对标高，如室外地坪、室内地面、各层楼面、檐口、女儿墙压顶，雨罩等；其尺寸标注只需沿立面图的高度方向标注细部尺寸、层高尺寸和总高度。

9．**符号**

对于比较简单的对称式的建筑物，其立面图可以只绘制一半，但必须标出对称符号；对于另画详图的部位，一般需要标注索引符号，以指明查阅详图。

16.2 绘制某住宅楼正立面图

下面以绘制某小区住宅楼正立面图为例，了解和学习建筑立面图的绘制方法和详细的绘制过程及绘制技巧。

16.2.1 实例效果及分析

实例效果

某小区住宅楼正立面图的最终绘制效果如图 16-3 所示。

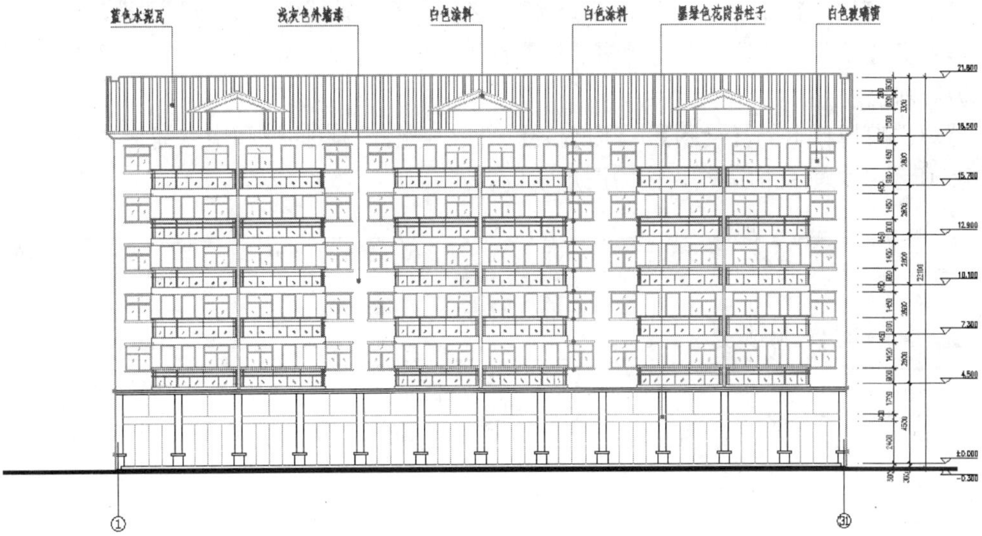

图 16-3　某住宅楼正立面图

实例分析

如图 16-3 所示的建筑施工立面图，表达的是某住宅楼的正立面图，从该立面图中可以看出，这幢住宅楼包含两个结构对称的户型单元，沿高度方向上共分布了 7 层楼体。中间 4 层楼体为建筑物的标准层楼体，其立面结构完全一致，因此，在绘制此类立面图时，只需绘制出一层楼体，然后使用【阵列】命令中的“矩形阵列”功能快速阵列即可。

某住宅楼立面图的绘制流程如下：

- 根据视图间的对正关系，定位出立面图的纵横向定位线。
- 根据立面图的纵横向定位线，绘制出立面图的主体框架和地坪线。
- 根据纵横向定位线，绘制立面图的主体构件轮廓。
- 对立面图内部细节进行填充和完善。比如编辑轮廓线特性、填充图案、绘制墙
- 体、阳台或窗扇等构件方格线等。
- 在立面图上标明必要的文字注释，以表明立面图部件材料及做法等。
- 标注建筑立面的细部尺寸、层高尺寸和总尺寸。
- 标注立面图的标高。
- 最后一个环节就是为立面图标注一些符号，比如索引符号和轴标号等。

16.2.2　绘制底层立面

本节绘制如图 16-4 所示的底层施工立面图，学习建筑物底层立面的的绘制方法和技巧。

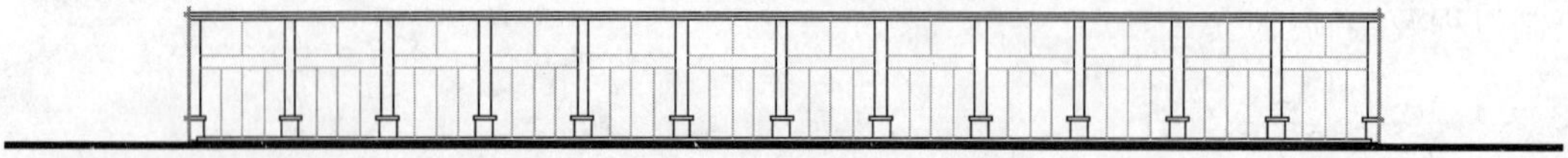

图 16-4　底层施工立面图

操作步骤

❶执行【打开】命令，打开上第 15 章存储的“编写轴线序号.dwg”文件。

❷展开【图层】工具栏上的【图层控制】下拉列表，打开被关闭的“轴线层”，并将其设置为当前层。

❸单击菜单栏上的【绘图】|【构造线】命令，配合端点捕捉和中点捕捉功能，引出如图 16-5 所示 4 条垂直构造线，作为图形定位线。

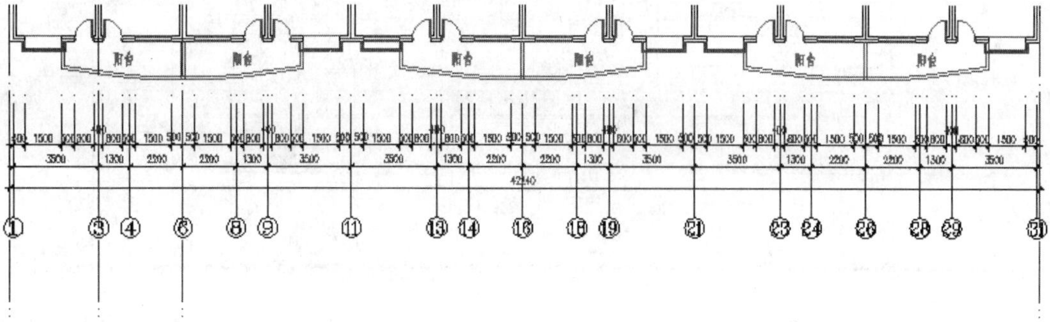

图 16-5　绘制垂直定位线

❹修改变量 LTSCALE 的值为 1，然后执行【构造线】命令，绘制如图 16-6 所示的水平的定位辅助线，两条平行构造线的间距为 4800。

❺将“轮廓线”设为当前层，然后执行【多段线】命令，配合最近点捕捉功能绘制宽度为 150 的多段线，作为地坪线，如图 16-7 所示。

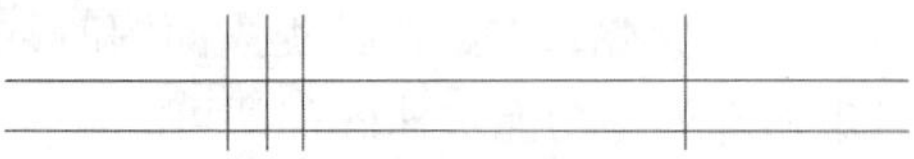

图 16-6　绘制水平构造线

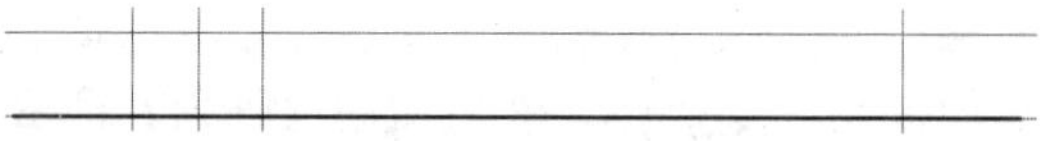

图 16-7　绘制地坪线

❻单击菜单栏上的【修改】|【偏移】命令，对水平构造线进行偏移，创建出内部的水平轮廓线。命令行操作如下：

```
命令: _offset
    当前设置: 删除源=否　图层=源　OFFSETGAPTYPE=0
    指定偏移距离或 [通过(T)/删除(E)/图层(L)] <6500.0>:      //l Enter，激活【图层】选项
    输入偏移对象的图层选项 [当前(C)/源(S)] <源>:            //c Enter，激活【当前】选项
    指定偏移距离或 [通过(T)/删除(E)/图层(L)] <6500.0>:      //150 Enter
    选择要偏移的对象，或 [退出(E)/放弃(U)] <退出>:          //选择最下侧的水平构造线
```

```
指定要偏移的那一侧上的点，或 [退出(E)/多个(M)/放弃(U)] <退出>:
                                                    //在所选构造线上侧拾取一点
选择要偏移的对象，或 [退出(E)/放弃(U)] <退出>:          //选择刚偏移出的水平构造线
指定要偏移的那一侧上的点，或 [退出(E)/多个(M)/放弃(U)] <退出>:
                                                    //在所选构造线上侧拾取一点
选择要偏移的对象，或 [退出(E)/放弃(U)] <退出>:          // Enter，退出命令
命令:                                               // Enter
OFFSET 当前设置: 删除源=否  图层=当前  OFFSETGAPTYPE=0
指定偏移距离或 [通过(T)/删除(E)/图层(L)] <150.0>:      //200 Enter
选择要偏移的对象，或 [退出(E)/放弃(U)] <退出>:          //选择最上侧的水平构造线
指定要偏移的那一侧上的点，或 [退出(E)/多个(M)/放弃(U)] <退出>:
                                                    //在所选构造线的下侧拾取一点
选择要偏移的对象，或 [退出(E)/放弃(U)] <退出>:          // Enter
命令:                                               // Enter
OFFSET 当前设置: 删除源=否  图层=当前  OFFSETGAPTYPE=0
指定偏移距离或 [通过(T)/删除(E)/图层(L)] <200.0>:      //110 Enter
选择要偏移的对象，或 [退出(E)/放弃(U)] <退出>:          //选择刚偏移出的水平构造线
指定要偏移的那一侧上的点，或 [退出(E)/多个(M)/放弃(U)] <退出>:
                                                    //在所选构造线的下侧拾取一点
选择要偏移的对象，或 [退出(E)/放弃(U)] <退出>:          // Enter
命令:                                               // Enter
OFFSET 当前设置: 删除源=否  图层=当前  OFFSETGAPTYPE=0
指定偏移距离或 [通过(T)/删除(E)/图层(L)] <110.0>:      //160 Enter
选择要偏移的对象，或 [退出(E)/放弃(U)] <退出>:          //选择刚偏移出的水平构造线
指定要偏移的那一侧上的点，或 [退出(E)/多个(M)/放弃(U)] <退出>:
                                                    //在所选构造线的下侧拾取一点
选择要偏移的对象，或 [退出(E)/放弃(U)] <退出>:          // Enter，结果如图 16-8 所示
```

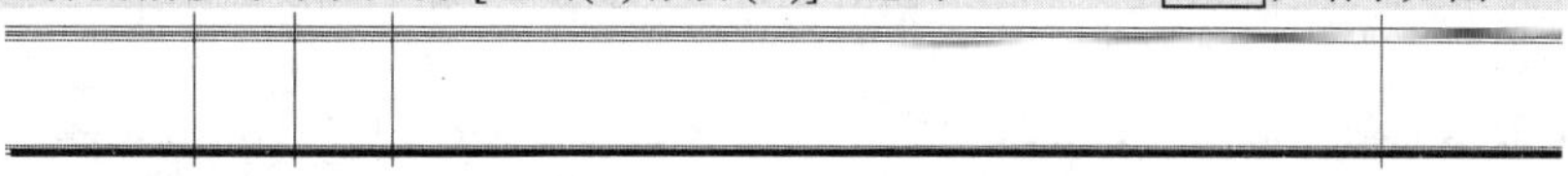

（整体效果）

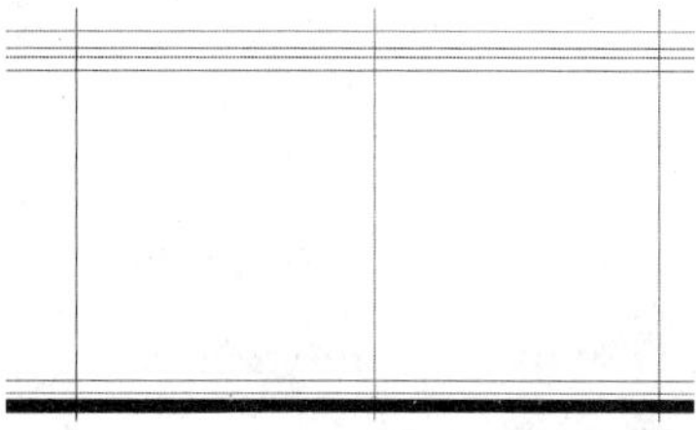

（局部效果）

图 16-8　偏移结果

❼重复执行【偏移】命令，对两侧的垂直定位线进行偏移复制。命令行操作如下：

命令: //Enter，重复执行偏移命令
OFFSET 当前设置: 删除源=否 图层=当前 OFFSETGAPTYPE=0
指定偏移距离或 [通过(T)/删除(E)/图层(L)] <160.0>://100 Enter
选择要偏移的对象，或 [退出(E)/放弃(U)] <退出>: //选择最左侧的垂直定位线
指定要偏移的那一侧上的点，或 [退出(E)/多个(M)/放弃(U)] <退出>:
//在所选定位线的左侧拾取一点
选择要偏移的对象，或 [退出(E)/放弃(U)] <退出>: //选择最右侧的垂直定位线
指定要偏移的那一侧上的点，或 [退出(E)/多个(M)/放弃(U)] <退出>:
//在所选定位线的右侧拾取一点
选择要偏移的对象，或 [退出(E)/放弃(U)] <退出>: // Enter
命令: // Enter，重新执行命令
OFFSET 当前设置: 删除源=否 图层=当前 OFFSETGAPTYPE=0
指定偏移距离或 [通过(T)/删除(E)/图层(L)] <100.0>://400 Enter
选择要偏移的对象，或 [退出(E)/放弃(U)] <退出>:
//选择刚偏移出的最左侧垂直定位线
指定要偏移的那一侧上的点，或 [退出(E)/多个(M)/放弃(U)] <退出>:
//在所选定位线的右侧拾取一点
选择要偏移的对象，或 [退出(E)/放弃(U)] <退出>:
//选择刚偏移出的最右侧垂直定位线
指定要偏移的那一侧上的点，或 [退出(E)/多个(M)/放弃(U)] <退出>:
//在所选定位线的左侧拾取一点
选择要偏移的对象，或 [退出(E)/放弃(U)] <退出>:
// Enter，退出命令，偏移结果如图 16-9 所示

❽单击菜单栏上的【修改】|【修剪】命令，对偏移出的各水平和垂直定位线进行修剪编辑，编辑出内部的轮廓线，结果如图 16-10 所示。

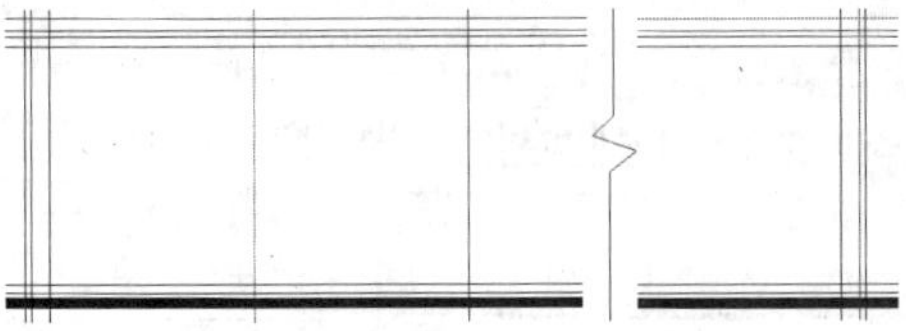
图 16-9 偏移垂直定位线

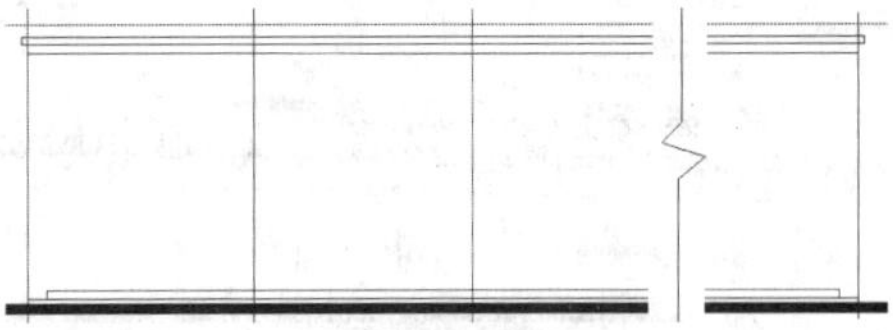
图 16-10 修剪结果

❾修改变量 LTSCALE 的值为 15，然后执行【偏移】命令，对最左侧的垂直构造线和最下侧的水平构造线进行偏移复制，以创建柱子的定位线。命令行操作如下：

命令: _offset
当前设置: 删除源=否 图层=源 OFFSETGAPTYPE=0
指定偏移距离或 [通过(T)/删除(E)/图层(L)] <400.0>: //l Enter，激活【图层】选项
输入偏移对象的图层选项 [当前(C)/源(S)] <源>: //c Enter，激活【当前】选项
选择要偏移的对象，或 [退出(E)/放弃(U)] <退出>: //选择最左侧的垂直构造线
指定要偏移的那一侧上的点，或 [退出(E)/多个(M)/放弃(U)] <退出>:

```
                                                    //在所选构造线右侧拾取一点
选择要偏移的对象，或 [退出(E)/放弃(U)] <退出>:        // Enter，退出命令
命令:                                               // Enter，重复执行命令
OFFSET 当前设置: 删除源=否  图层=当前  OFFSETGAPTYPE=0
指定偏移距离或 [通过(T)/删除(E)/图层(L)] <400.0>:      //100 Enter
选择要偏移的对象，或 [退出(E)/放弃(U)] <退出>:        //选择刚偏移出的垂直构造线
指定要偏移的那一侧上的点，或 [退出(E)/多个(M)/放弃(U)] <退出>:
                                                    //在所选构造线的右侧拾取一点
选择要偏移的对象，或 [退出(E)/放弃(U)] <退出>:        //选择刚偏移出的垂直构造线
指定要偏移的那一侧上的点，或 [退出(E)/多个(M)/放弃(U)] <退出>:
                                                    //在所选构造线的右侧拾取一点
选择要偏移的对象，或 [退出(E)/放弃(U)] <退出>:        //选择最左侧的垂直构造线
指定要偏移的那一侧上的点，或 [退出(E)/多个(M)/放弃(U)] <退出>:
                                                    //在所选构造线的左侧拾取一点
选择要偏移的对象，或 [退出(E)/放弃(U)] <退出>:        // Enter，退出命令
命令:                                               // Enter
OFFSET 当前设置: 删除源=否  图层=当前  OFFSETGAPTYPE=0
指定偏移距离或 [通过(T)/删除(E)/图层(L)] <100.0>:      //900 Enter
选择要偏移的对象，或 [退出(E)/放弃(U)] <退出>:        //选择最下侧的水平构造线
指定要偏移的那一侧上的点，或 [退出(E)/多个(M)/放弃(U)] <退出>:
                                                    //在所选构造线的上侧拾取一点
选择要偏移的对象，或 [退出(E)/放弃(U)] <退出>:        // Enter，退出命令
命令:                                               // Enter
OFFSET 当前设置: 删除源=否  图层=当前  OFFSETGAPTYPE=0
指定偏移距离或 [通过(T)/删除(E)/图层(L)] <900.0>:      //100 Enter
选择要偏移的对象，或 [退出(E)/放弃(U)] <退出>:        //选择刚偏移出的水平构造线
指定要偏移的那一侧上的点，或 [退出(E)/多个(M)/放弃(U)] <退出>:
                                                    //在所选构造线的上侧拾取一点
选择要偏移的对象，或 [退出(E)/放弃(U)] <退出>:        // Enter，结果如图 16-11 所示
```

⑩重复【偏移】命令，将图 16-11 所示的中间位置的垂直构造线进行对称偏移，偏移距离分别为 200、300、400 个单位，结果如图 16-12 所示。

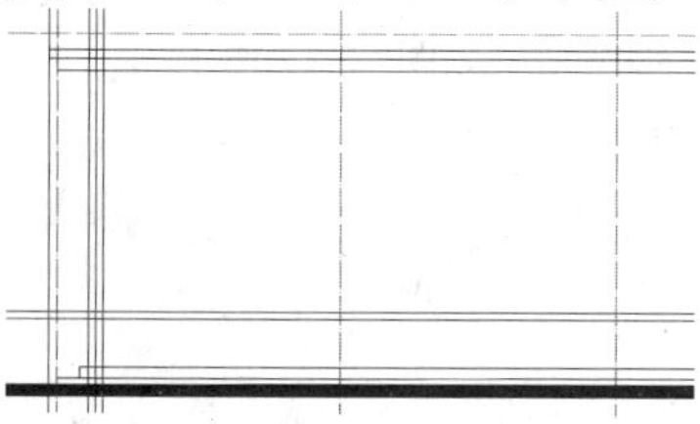

图 16-11　水平构造线偏移复制结果

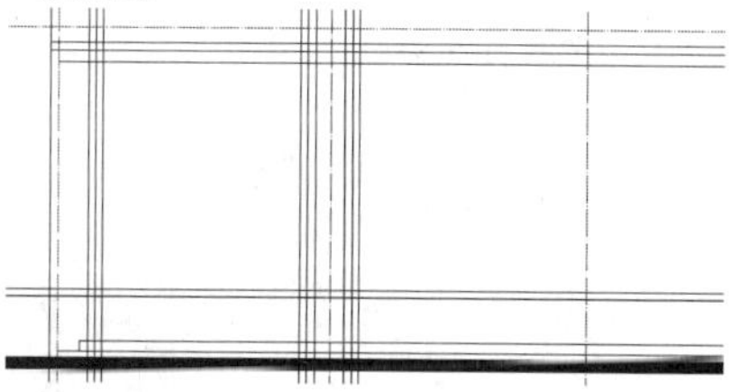

图 16-12　垂直构造线偏移结果

⑪使用快捷键 TR 激活【修剪】命令，分别对偏移出的构造线进行编辑操作，创建出柱子的立面轮廓线，操作结果如图 16-13 所示。

⑫单击菜单栏上的【修改】|【复制】命令，对中间的立面柱进行复制，基点为交点 A，目标点为交点 B，复制结果如图 16-14 所示。

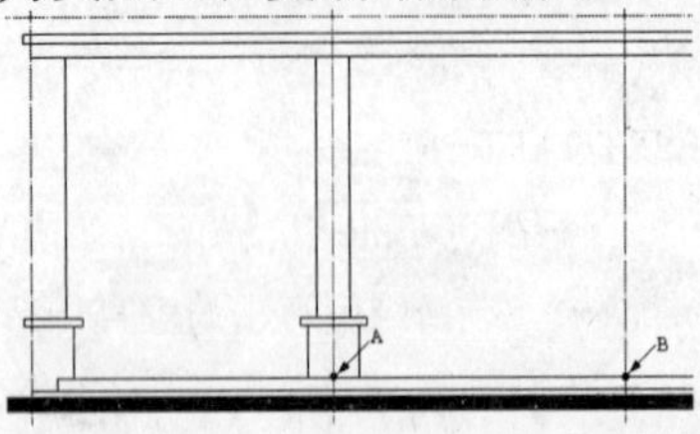

图 16-13　绘制立面轮廓线

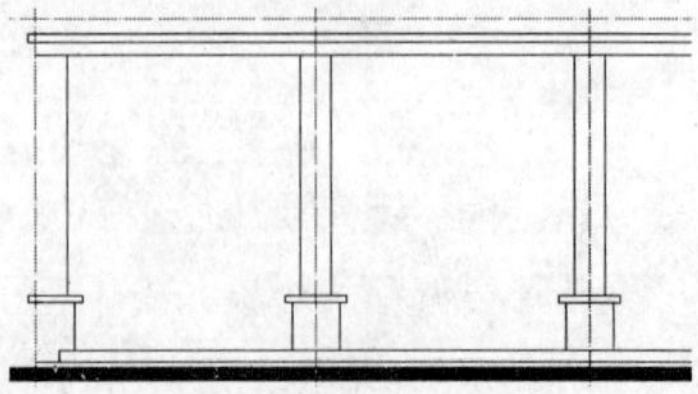

图 16-14　复制结果

⑬将当前颜色设置为 140 号色，然后使用【多段线】命令，配合端点捕捉功能绘制外墙线，其中多段线宽度为 60，结果如图 16-15 所示。

⑭单击菜单栏上的【修改】|【镜像】命令，选择刚绘制外墙线和左侧的立面柱进行镜像，镜像结果如图 16-16 所示。

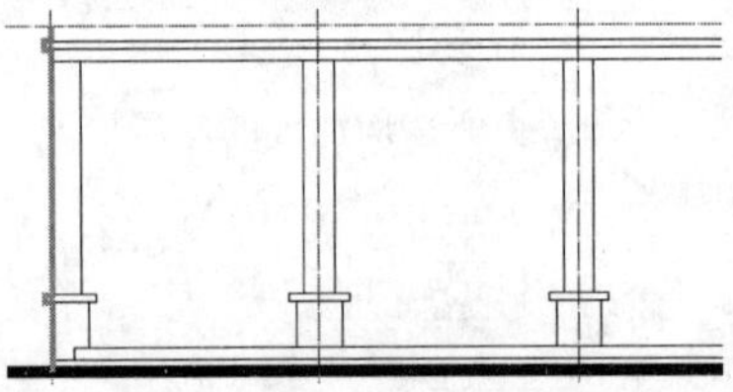

图 16-15　绘制外墙线

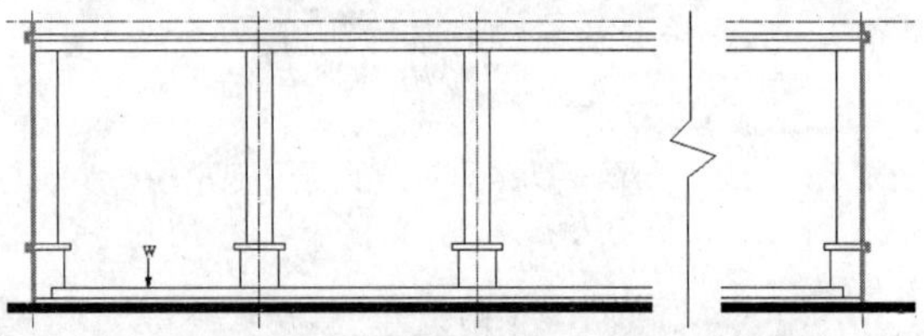

图 16-16　镜像结果

⑮将当前颜色设置为 191 号色，然后执行【构造线】命令，绘制水平的构造线作为定位辅助线。命令行操作如下：

```
命令: _xline
    指定点或 [水平(H)/垂直(V)/角度(A)/二等分(B)/偏移(O)]:        //o Enter，激活【偏移】选项
    指定偏移距离或 [通过(T)] <400.0>:        //2400 Enter
    选择直线对象:                            //选择图 16-16 所示的轮廓线 W
    指定向哪侧偏移:                          //在轮廓线 W 的上侧拾取一点
    选择直线对象:                            // Enter
    命令:                                    // Enter
    XLINE 指定点或 [水平(H)/垂直(V)/角度(A)/二等分(B)/偏移(O)]: //oEnter，激活【偏移】选项
    指定偏移距离或 [通过(T)] <2400.0>:       //400 Enter
    选择直线对象:                            //选择刚绘制的水平构造线
    指定向哪侧偏移:                          //在所选构造线的上侧拾取一点
    选择直线对象:                            // Enter，绘制结果如图 16-17 所示
```

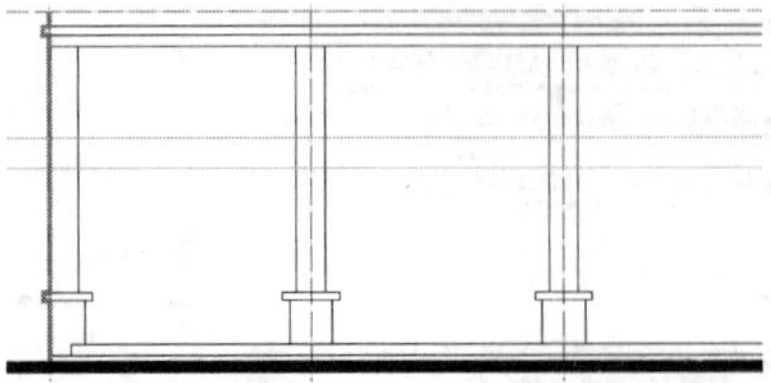

图 16-17　绘制水平定位线

⑯使用快捷键 L 激活【直线】命令，配合端点、垂足点和两点之间的中点捕捉功能，

绘制内部的垂直轮廓线，结果如图 16-18 所示。

⑰使用快捷键 O 激活【偏移】命令，将偏移距离设置为 775，对两条垂直轮廓线进行对称偏移，结果如图 16-19 的示。

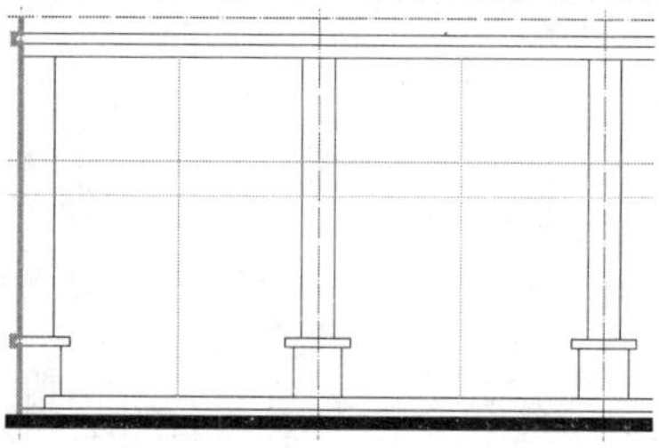

图 16-18 绘制垂直轮廓线

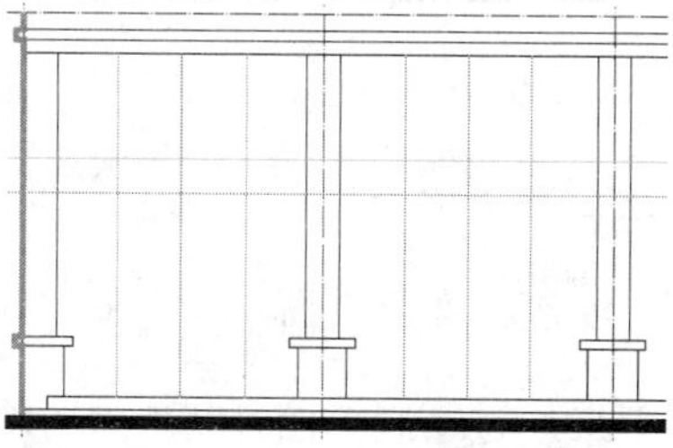

图 16-19 垂直轮廓线偏移结果

⑱执行【修剪】命令，对各图线进行修剪，结果如图 16-20 所示。

⑲单击菜单栏上的【修改】|【镜像】命令，然后框选如图 16-21 所示的图线，配合中点捕捉功能进行镜像复制，并对镜像的图线进行位移和延伸，结果如图 16-22 所示。

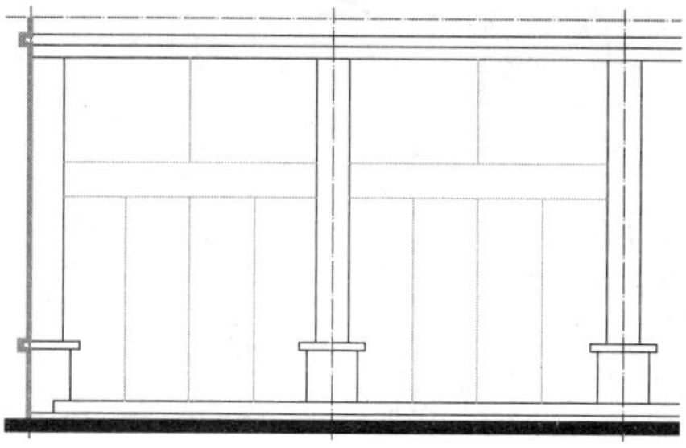

图 16-20 修剪结果

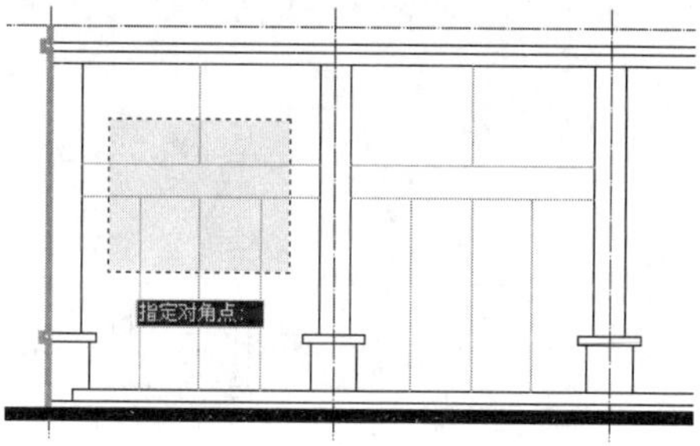

图 16-21 窗交选择

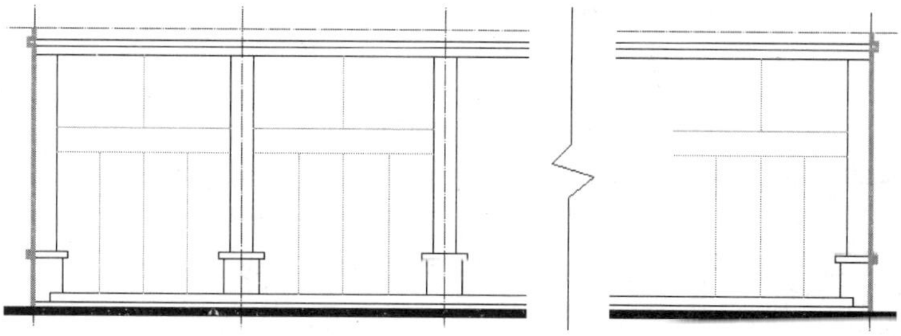

图 16-22 镜像结果

⑳单击菜单栏上的【修改】|【阵列】命令，设置阵列行数为 1、列数为 10、列偏移为 3500 个单位，选择如图 16-23 所示的图线进行阵列，阵列结果如图 16-24 所示。

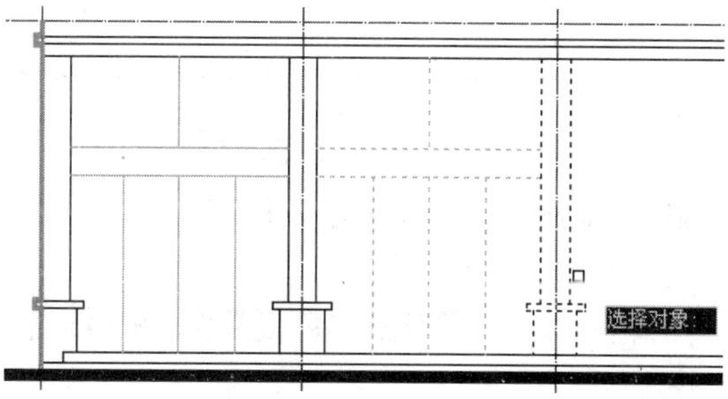

图 16-23 窗交选择

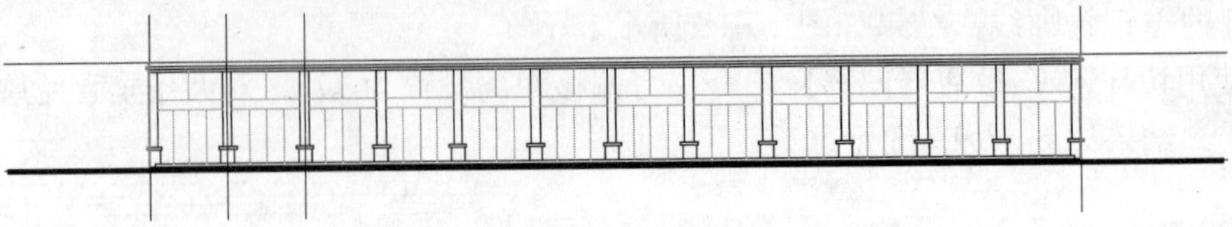

图 16-24 阵列结果

㉑最后将图形另存为“底层立面.dwg”文件。

16.2.3 绘制标准层立面

接下来通过绘制如图 16-25 所示的立面图，主要学习建筑物标准层立面的绘制方法和绘制技巧。

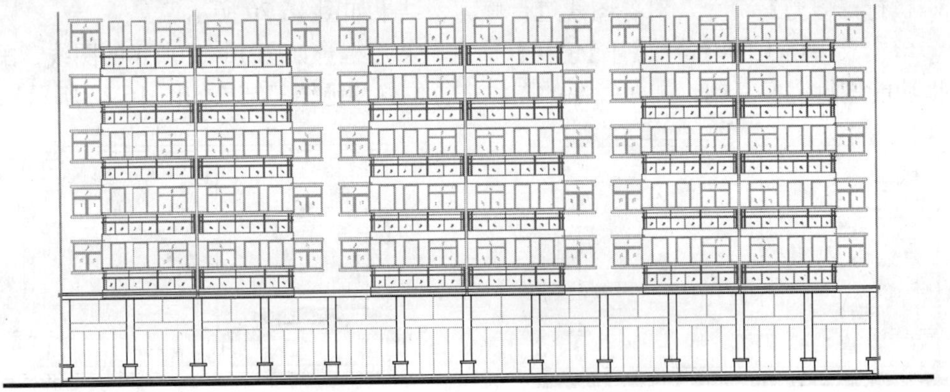

图 16-25 标准立面图

操作步骤

❶继续上节操作，并将“轴线层”设置为当前图层。

❷删除图 16-24 所示的中间两条垂直定位线，然后执行【偏移】命令，设置偏移距离为 900、1450 和 450 个单位，以最上侧水平定位线作为首次偏移对象，以偏移出的对象作为下次偏移对象，创建二层立面图的横向定位线。结果如图 16-26 所示。

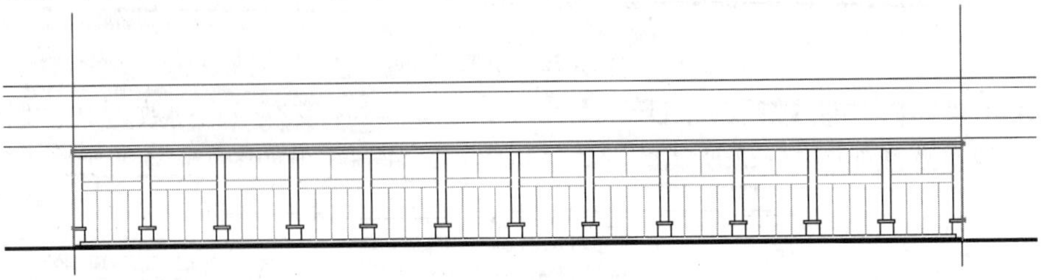

图 16-26 水平定位线偏移结果

❸设置当前颜色为“随层”，然后使用【构造线】命令根据平面图和立面图的对正关系，引出如图 16-27 所示的垂直定位线。

❹将当前图层设置为“轮廓线”，将当前颜色设置为 191 号色，同时使用【窗口缩放】调整视图，结果如图 16-28 所示。

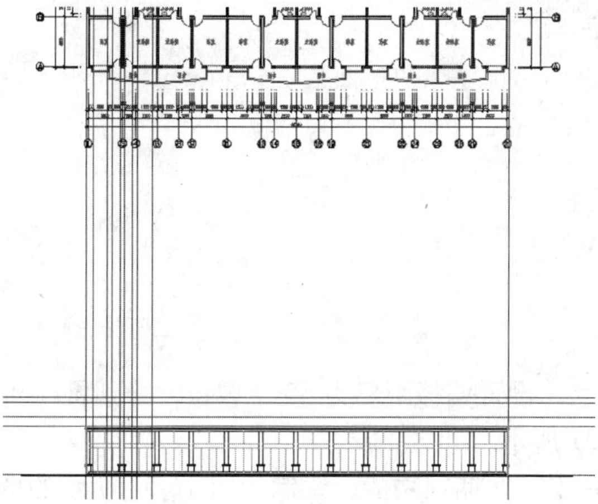

图 16-27 创建垂直定位线

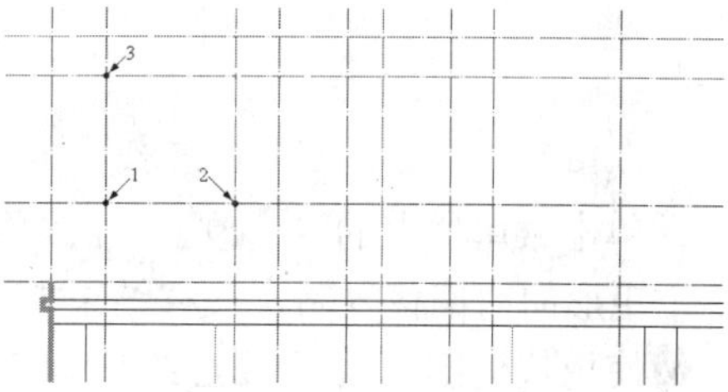

图 16-28 调整后的视图

❺单击菜单栏上的【绘图】|【矩形】命令，绘制立面窗轮廓线。命令行操作如下：

```
命令: _rectang
    指定第一个角点或 [倒角(C)/标高(E)/圆角(F)/厚度(T)/宽度(W)]:
                                              //捕捉如图 16-28 所示的交点 1
    指定另一个角点或 [面积(A)/尺寸(D)/旋转(R)]:  //@750,950 Enter
    命令:                                      // Enter，重复执行命令
    RECTANG 指定第一个角点或 [倒角(C)/标高(E)/圆角(F)/厚度(T)/宽度(W)]:
                                              //捕捉刚绘制的矩形右上角点
    指定另一个角点或 [面积(A)/尺寸(D)/旋转(R)]:  //捕捉图 16-28 所示的交点 2
    命令:                                      // Enter，重复执行命令
    RECTANG 指定第一个角点或 [倒角(C)/标高(E)/圆角(F)/厚度(T)/宽度(W)]:
                                              //捕捉刚绘制的矩形右上角点
    指定另一个角点或 [面积(A)/尺寸(D)/旋转(R)]:
                                              //捕捉交点 3，结果如图 16-29 所示
```

❻重复【矩形】命令，配合【捕捉自】功能绘制上下两侧的矩形轮廓。命令行操作如下：

```
命令:                                         // Enter，重复执行命令
    RECTANG 指定第一个角点或 [倒角(C)/标高(E)/圆角(F)/厚度(T)/宽度(W)]:
                                              //激活【捕捉自】功能
    _from 基点:                                //捕捉左下侧矩形的的左下角点
    <偏移>:                                    //@-100,0 Enter
    指定另一个角点或 [面积(A)/尺寸(D)/旋转(R)]:  //@1700,-100 Enter
    命令:                                      // Enter
    RECTANG 指定第一个角点或 [倒角(C)/标高(E)/圆角(F)/厚度(T)/宽度(W)]:
                                              //再次激活【捕捉自】功能
    _from 基点:                                //捕捉最上侧矩形的左下角点
    <偏移>:                                    //@-100,0 Enter
```

指定另一个角点或 [面积(A)/尺寸(D)/旋转(R)]:

//@1700,100 Enter，结果如图 16-30 所示

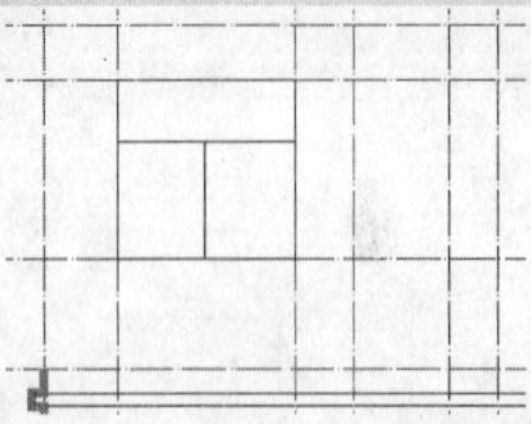

图 16-29　绘制立面窗轮廓线

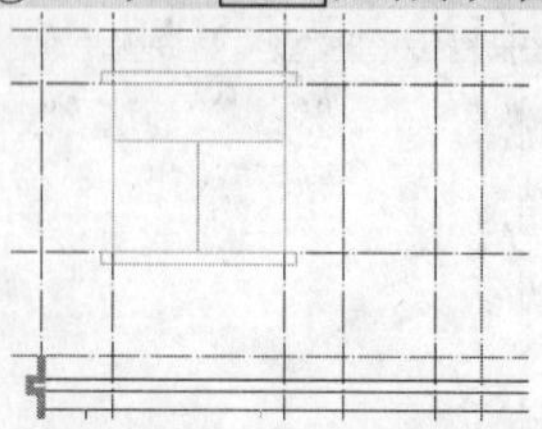

图 16-30　绘制矩形轮廓

❼单击菜单栏上的【修改】|【偏移】命令，设置偏移距离为 50 个单位，分别将中间的 3 个矩形向内偏移复制，偏移结果如图 16-31 所示。

❽使用快捷键 L 激活【直线】命令，配合平行线捕捉功能，绘制如图 16-32 所示的 3 组平行线，作为玻璃示意线。

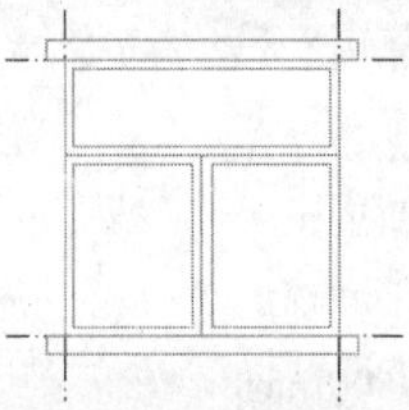

图 16-31　偏移复制结果

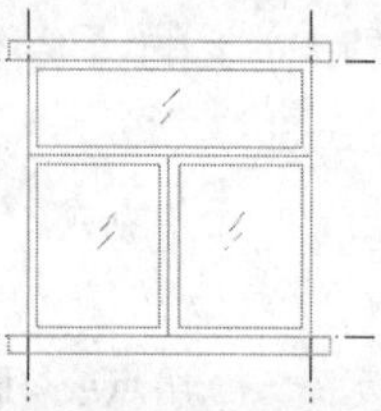

图 16-32　绘制示意线

❾使用快捷键 I 激活【插入块】命令，将刚绘制窗子图形转化为图块，块名为“立面窗”，基点为图 16-33 所示的交点 A。

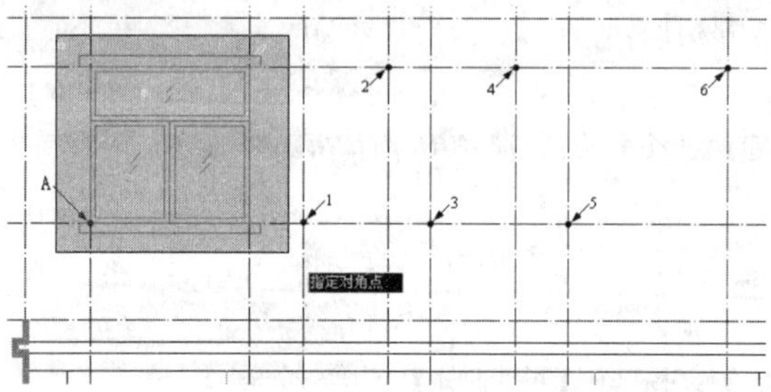

图 16-33　窗口选择对象

❿使用快捷键 REC 激活【矩形】命令，配合交点捕捉功能绘制门和窗的立面轮廓线，命令行操作如下：

命令: _rectang

指定第一个角点或 [倒角(C)/标高(E)/圆角(F)/厚度(T)/宽度(W)]:

//捕捉如图 16-33 所示的交点 1

指定另一个角点或 [面积(A)/尺寸(D)/旋转(R)]:　　//捕捉交点 2

命令:　　// Enter

RECTANG 指定第一个角点或 [倒角(C)/标高(E)/圆角(F)/厚度(T)/宽度(W)]:

//捕捉交点 3

指定另一个角点或 [面积(A)/尺寸(D)/旋转(R)]:　　//捕捉交点 4

命令:　　// Enter

RECTANG 指定第一个角点或 [倒角(C)/标高(E)/圆角(F)/厚度(T)/宽度(W)]:

//捕捉交点 5

指定另一个角点或 [面积(A)/尺寸(D)/旋转(R)]:

//捕捉交点 6，绘制结果如图 16-34 所示

⑪单击菜单栏上的【修改】|【偏移】命令，将刚绘制的 3 个矩形分别向内偏移复制 50 个单位，结果如图 16-35 所示。

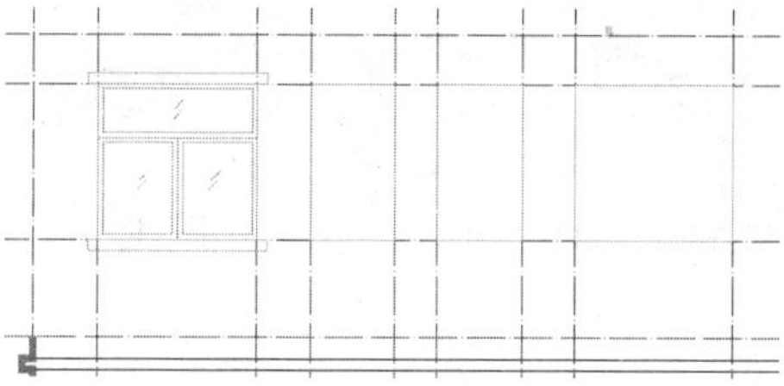

图 16-34　绘制门窗立面轮廓线

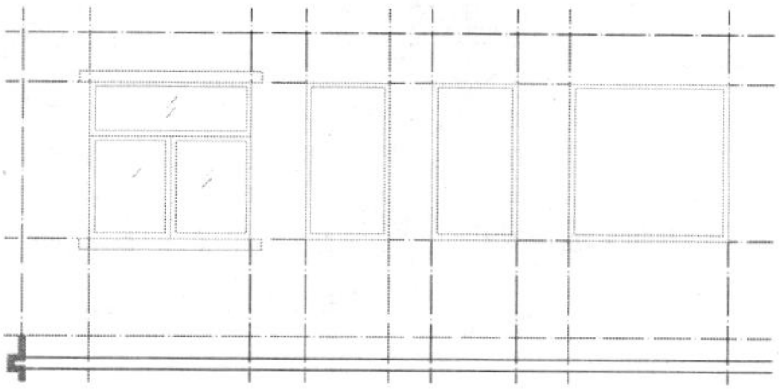

图 16-35　偏移复制结果

⑫将偏移出的大矩形分解，然后执行【偏移】命令，将分解后的矩形上侧水平边向下偏移 375 和 425 个单位，将左侧垂直边向右偏移 675 个单位，将右侧垂直边向左偏移 675 个单位，结果如图 16-36 所示。

⑬使用快捷键 TR【修剪】命令，对刚偏移出的轮廓线进行修剪，结果如图 16-37 所示。

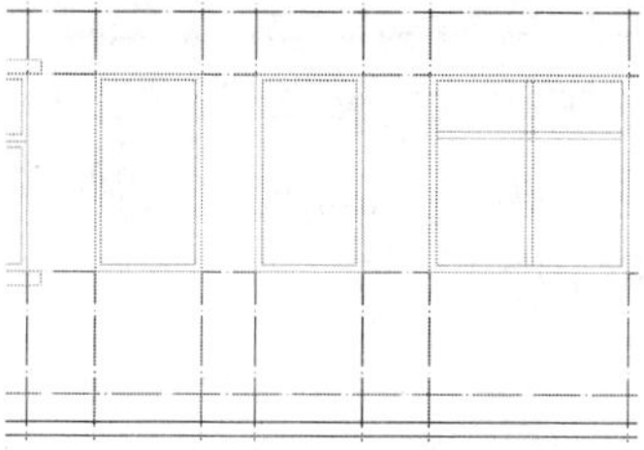

图 16-36　偏移结果

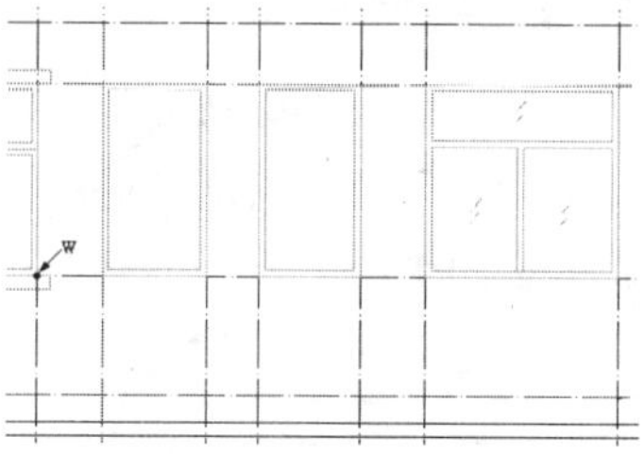

图 16-37　修剪结果

⑭使用画线命令配合平行线捕捉功能，绘制 3 组平行线作为玻璃示意线，结果如图 16-38 所示。

⑮单击菜单栏上的【插入】|【块】命令，采用默认设置，插入随书光盘中的"/图块文件/阳台.dwg"，插入点为上图 16-38 所示的交点 W，插入结果如图 16-39 所示。

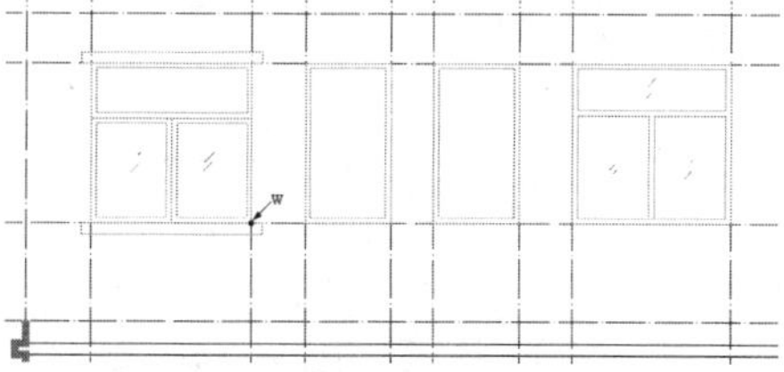

图 16-38　绘制示意线

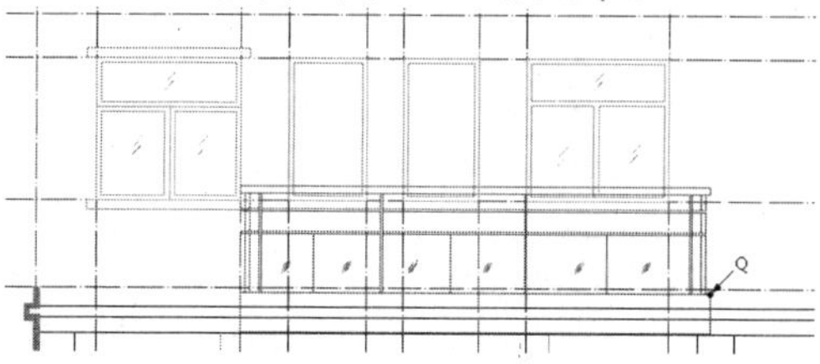

图 16-39　插入块结果

⑯以如图 16-39 所示的端点 Q 作为起点，配合垂足捕捉功能，绘制如图 16-40 所示的垂直轮廓线，并将绘制的垂直轮廓线向右偏移 120 个单位。

⑰使用【修剪】和【删除】命令，将立面门、立面窗等轮廓线进行修剪完善，删除被视线挡住的图线，结果如图 16-41 所示。

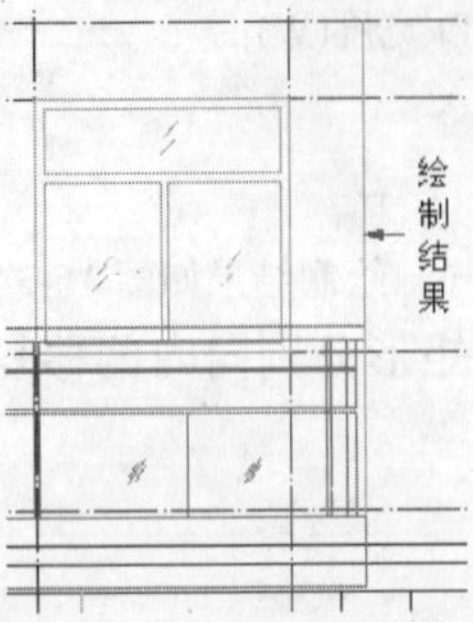

图 16-40　绘制垂直轮廓线

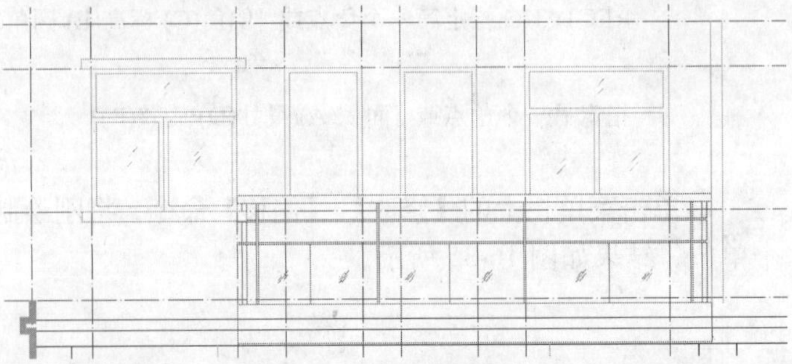

图 16-41　修剪结果

⑱单击菜单栏上的【修改】|【镜像】命令，配合中点捕捉功能，框选如图 16-42 所示的对象进行镜像，镜像结果如图 16-43 所示。

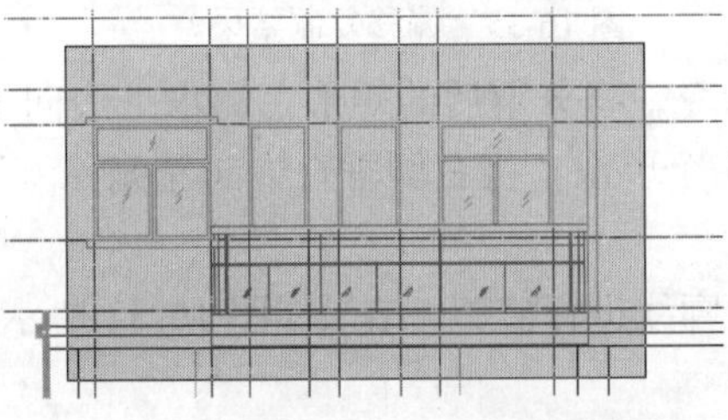

图 16-42　窗口选择

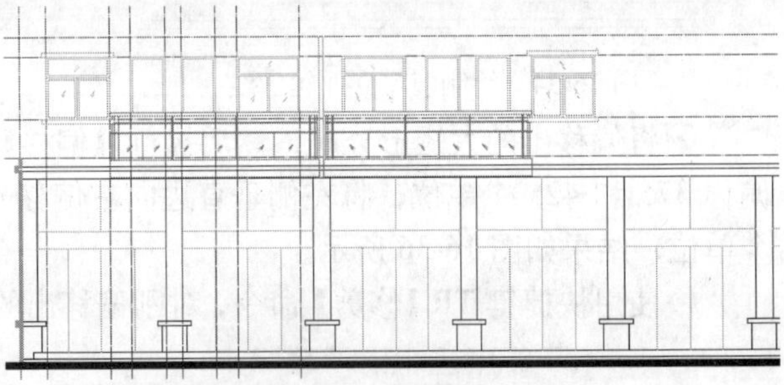

图 16-43　镜像结果

⑲使用快捷键 AR 激活【阵列】命令，设置阵列行数为 1、列数为 3、列偏移为 14000 个单位，框选图 16-44 所示对象进行水平阵列，结果如图 16-45 所示。

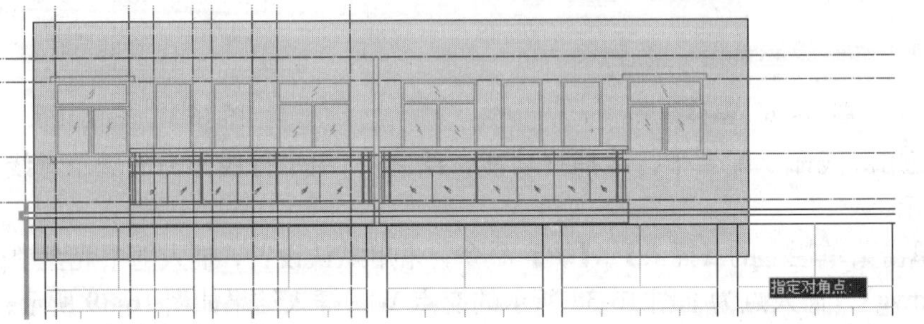

图 16-44　窗口选择

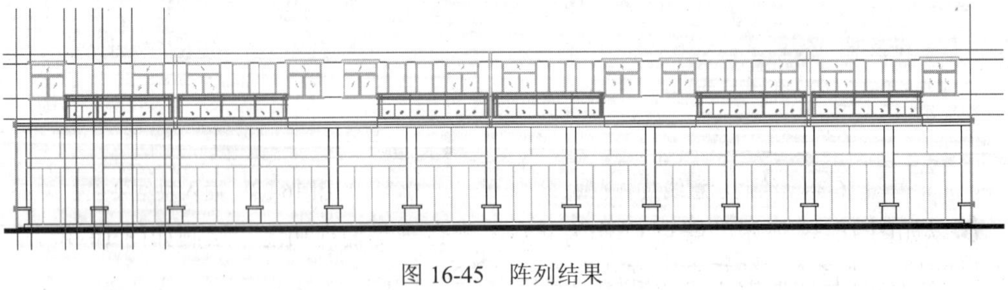

图 16-45　阵列结果

⑳重复执行【阵列】命令，设置阵列行数为 5、列数为 1、行偏移为 2800 个单位，框选择如图 16-46 所示的对象进行垂直阵列，阵列结果如图 16-47 所示。

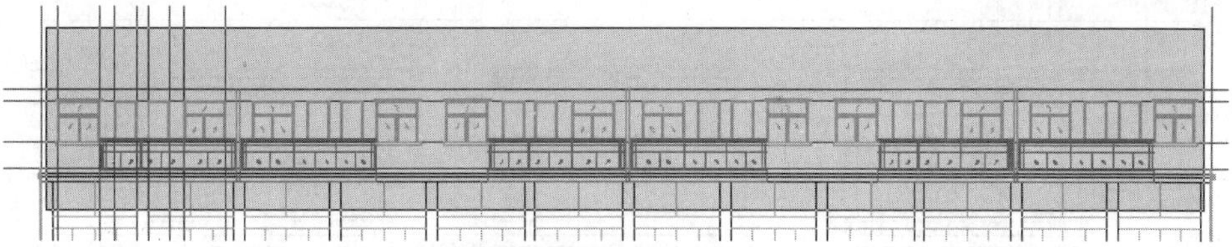

图 16-46 窗口选择

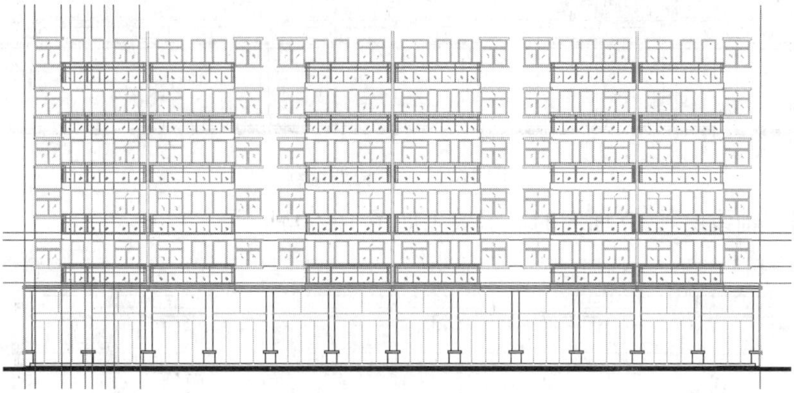

图 16-47 阵列结果

㉑重复执行【阵列】命令，阵列参数不变，对二层立面图横向定位线进行垂直阵列，结果如图 16-48 所示。

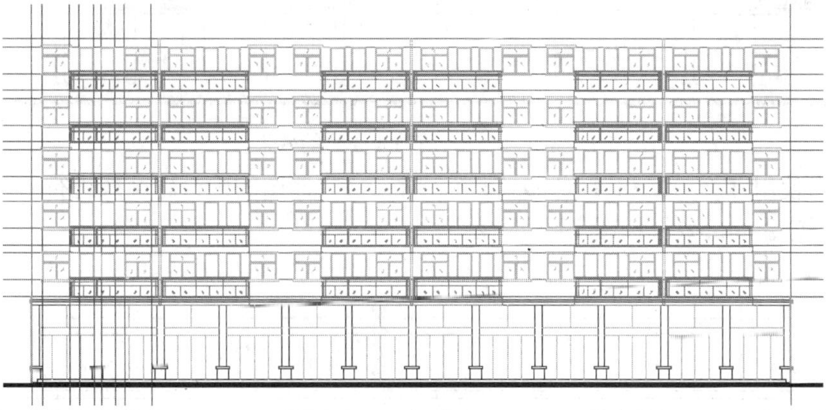

图 16-48 阵列横向定位线

㉒单击菜单栏上的【修改】|【拉长】命令，分别对两层的外墙线进行拉长。命令行操作如下：

```
命令: _lengthen
    选择对象或 [增量(DE)/百分数(P)/全部(T)/动态(DY)]:    //de Enter，激活【增量】选项
    输入长度增量或 [角度(A)] <0.0>:                     //14000 Enter
    选择要修改的对象或 [放弃(U)]:                       //在左侧外墙线上端单击鼠标
    选择要修改的对象或 [放弃(U)]:                       //在右侧外墙线上端单击鼠标
    选择要修改的对象或 [放弃(U)]:                       // Enter，拉长结果如图 16-49 所示
```

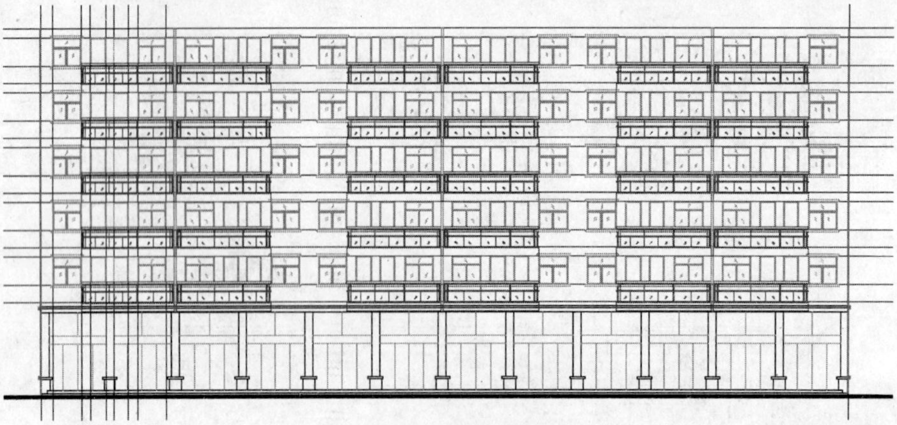

图 16-49　拉长外墙线

㉓关闭“轴线层”，立面图的显示效果如图 16-50 所示。

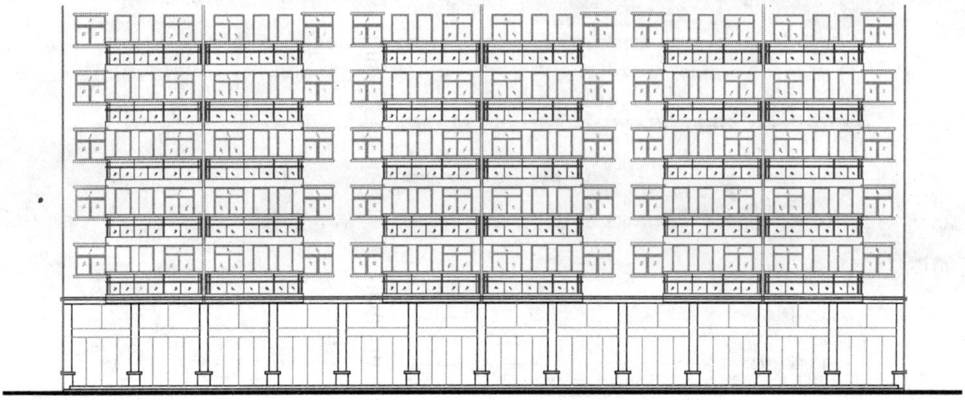

图 16-50　关闭轴线层后的效果

㉔综合使用【修剪】和【删除】命令，对二层立面图的阳台轮廓线进行修整，删除被遮挡住的部分，局部效果如图 16-51 所示。

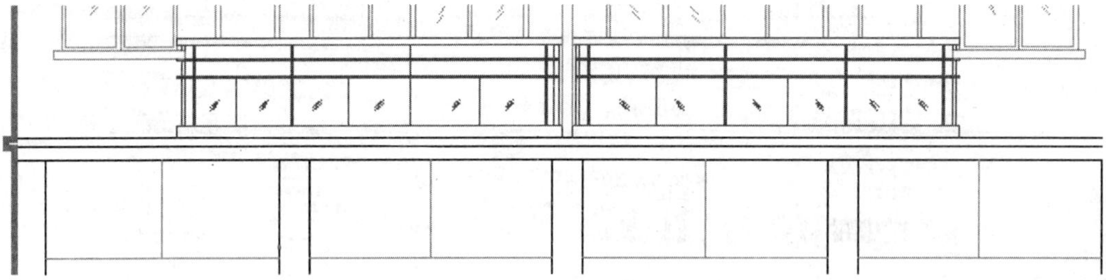

图 16-51　修整的效果

㉕最后使用【另存为】命令，将图形另存为“标准层立面图.dwg”文件。

16.2.4　绘制顶层立面

本节通过绘制如图 16-52 所示的立面图为例，学习建筑物顶层立面图的绘制方法和绘制技巧。

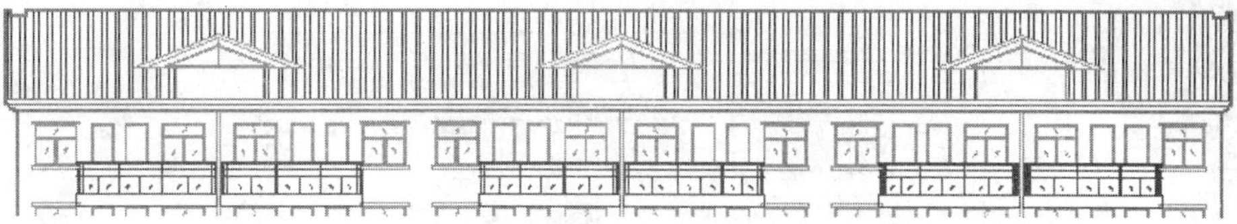

图 16-52 顶层立面图

操作步骤

❶继续上节操作，并打开“轴线层”，删除内部垂直定位辅助线，结果如图 16-53 所示。

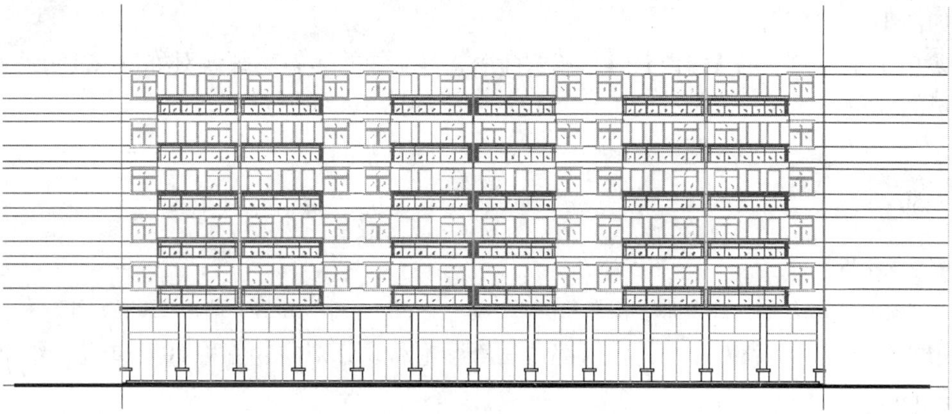

图 16-53 删除垂直辅助线

❷单击菜单栏上的【修改】|【复制】命令，选择最上侧的水平定位线进行多重复制，创建出顶层立面的横向定位线，命令行操作如下：

```
命令: _copy
    选择对象:                                         //选择最上侧的水平定位线
    选择对象:                                         // Enter
    指定基点或 [位移(D)] <位移>:                      //拾取任意一点
    指定第二个点或 <使用第一个点作为位移>:            //@0,1500 Enter
    指定第二个点或 [退出(E)/放弃(U)] <退出>:          //@0,2300 Enter
    指定第二个点或 [退出(E)/放弃(U)] <退出>:          //@0,2500 Enter
    指定第二个点或 [退出(E)/放弃(U)] <退出>:          //@0,3300 Enter
    指定第二个点或 [退出(E)/放弃(U)] <退出>:          // Enter，结果如图 16-54 所示
```

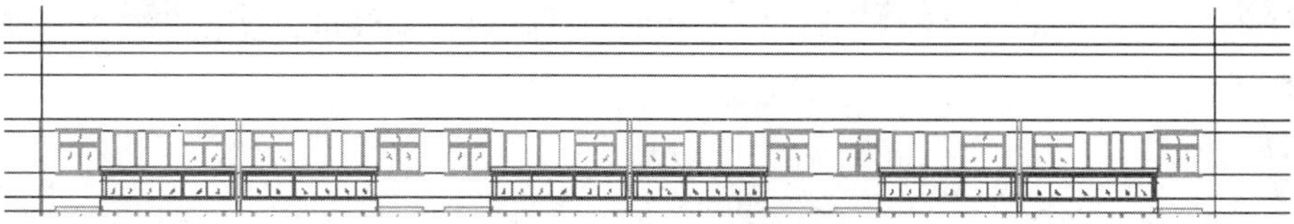

图 16-54 绘制横向定位线

❸使用快捷键 O 激活【偏移】命令，设置偏移间距分别为 7120、1550、1020、5140 个单位，以左侧垂直定位线作为首次偏移对象，以偏移出的对象作为下次偏移对象，创建出如图 16-55 所示的内部纵向定位线。

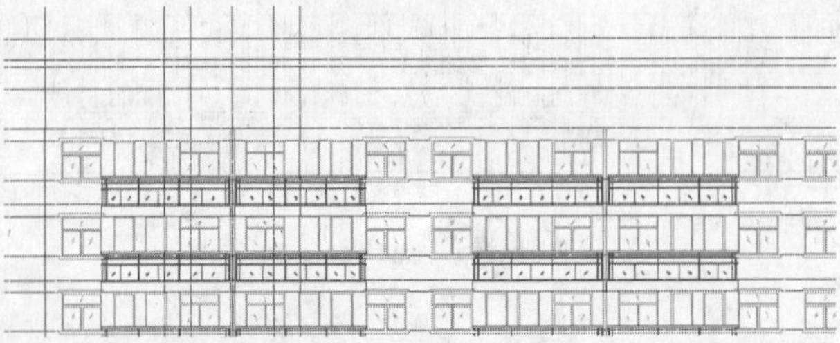

图 16-55　偏移结果

④单击菜单栏上的【绘图】|【直线】命令，配合交点捕捉功能，绘制内部的立面轮廓线，如图 16-56 所示。

⑤单击菜单栏上的【修改】|【偏移】命令，将左侧的倾斜轮廓线对称偏移 150 个单位，将右侧的倾斜轮廓线对称偏移 200 个单位，结果如图 16-57 所示。

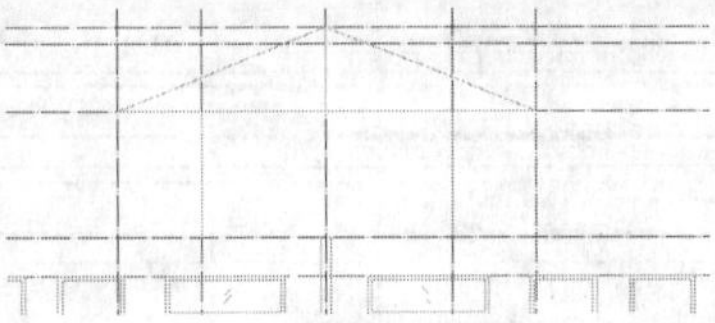

图 16-56　绘制内部立面轮廓线

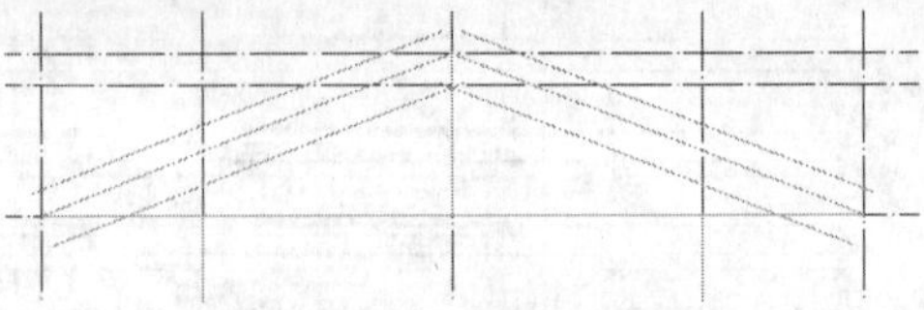

图 16-57　偏移倾斜轮廓线

⑥重复执行【偏移】命令，将内部的三角形轮廓线分别向内偏移 50 个单位，结果如图 16-58 所示。

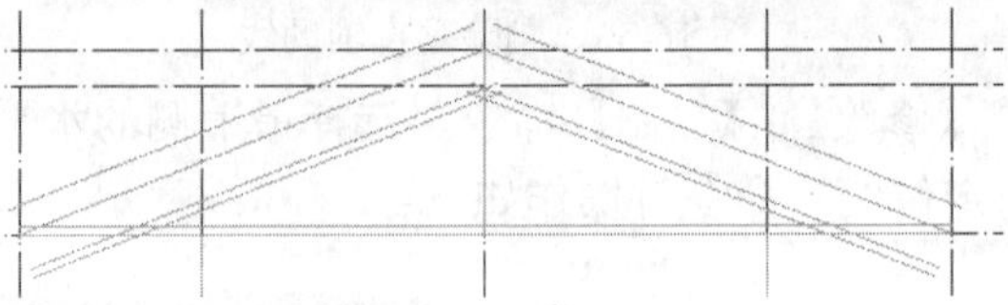

图 16-58　偏移结果

⑦单击菜单栏上的【修改】|【圆角】命令，将圆角半径设置为 0，配合命令中的【多个】功能，对偏移出的各轮廓线进行圆角操作，结果如图 16-59 所示。

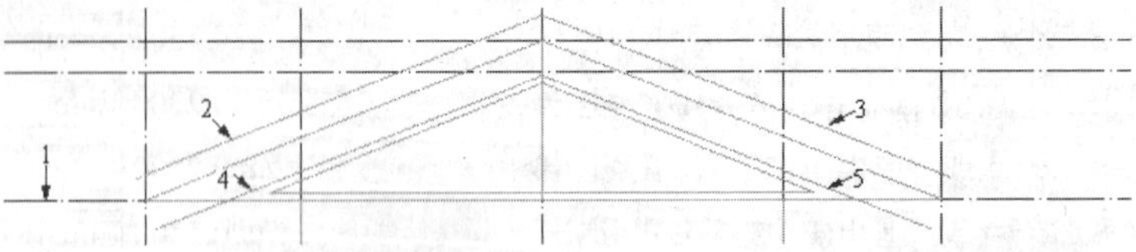

图 16-59　圆角结果

⑧单击菜单栏上的【修改】|【修剪】命令，对倾斜轮廓线进行延长和修剪，操作结果如图 16-60 所示。

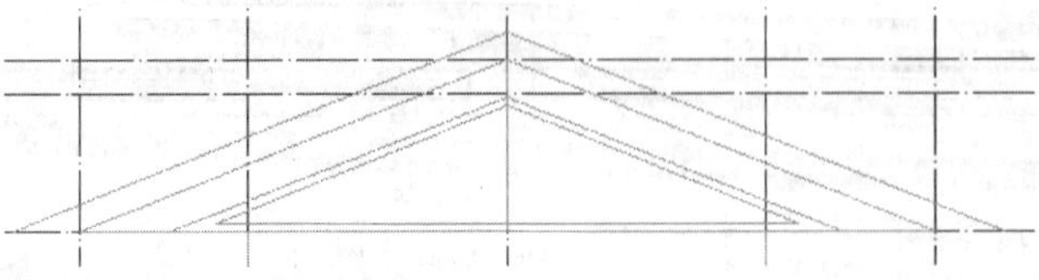

图 16-60　修剪结果

⑨单击菜单栏上的【修改】|【延伸】命令，分别以最外侧的倾斜轮廓线作为边界，对下侧的水平轮廓线进行延伸，结果如图 16-61 所示。

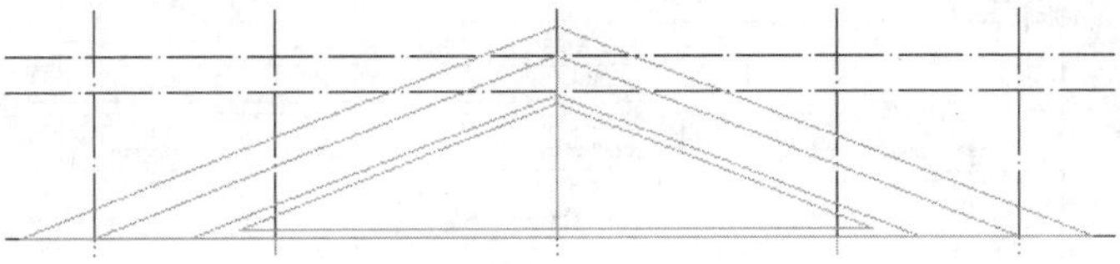

图 16-61 延伸结果

⑩将当前颜色设置为 140 号色，然后执行【多段线】命令，配合端点捕捉和坐标输入功能，绘制左侧的外墙轮廓线。命令行操作如下：

命令: _pline

指定起点: //捕捉图 16-62 所示的端点 W

当前线宽为 60.0

指定下一个点或 [圆弧(A)/半宽(H)/长度(L)/放弃(U)/宽度(W)]: //@-100,0 Enter

指定下一点或 [圆弧(A)/闭合(C)/半宽(H)/长度(L)/放弃(U)/宽度(W)]: //@0,50 Enter

指定下一点或 [圆弧(A)/闭合(C)/半宽(H)/长度(L)/放弃(U)/宽度(W)]: //a Enter，激活【圆弧】选项

指定圆弧的端点或[角度(A)/圆心(CE)/闭合(CL)/方向(D)/半宽(H)/直线(L)/半径(R)/第二个点(S)/放弃(U)/宽度(W)]: //ce Enter，激活【圆心】选项

指定圆弧的圆心: //@0,200 Enter

指定圆弧的端点或 [角度(A)/长度(L)]: //a Enter，激活【角度】选项

指定包含角: //-90 Enter

指定圆弧的端点或[角度(A)/圆心(CE)/闭合(CL)/方向(D)/半宽(H)/直线(L)/半径(R)/第二个点(S)/放弃(U)/宽度(W)]: //l Enter，激活【直线】选项

指定下一点或 [圆弧(A)/闭合(C)/半宽(H)/长度(L)/放弃(U)/宽度(W)]: //@-100,0 Enter

指定下一点或 [圆弧(A)/闭合(C)/半宽(H)/长度(L)/放弃(U)/宽度(W)]: //@0,3200 Enter

指定下一点或 [圆弧(A)/闭合(C)/半宽(H)/长度(L)/放弃(U)/宽度(W)]: //@200,0 Enter

指定下一点或 [圆弧(A)/闭合(C)/半宽(H)/长度(L)/放弃(U)/宽度(W)]: //@0,-200 Enter

指定下一点或 [圆弧(A)/闭合(C)/半宽(H)/长度(L)/放弃(U)/宽度(W)]: //@500,0 Enter

指定下一点或 [圆弧(A)/闭合(C)/半宽(H)/长度(L)/放弃(U)/宽度(W)]: //@0,200 Enter

指定下一点或 [圆弧(A)/闭合(C)/半宽(H)/长度(L)/放弃(U)/宽度(W)]:

// Enter，绘制结果如图 16-62 所示

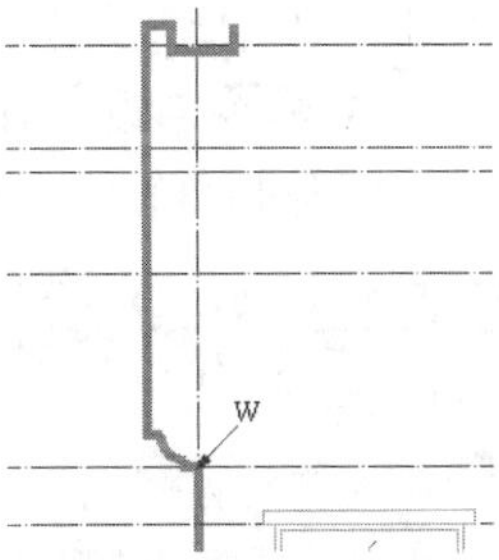

图 16-62 绘制外墙轮廓线

⑪单击菜单栏上的【修改】|【镜像】命令，选择刚绘制的外墙轮廓线进行镜像复制，结果如图 16-63 所示。

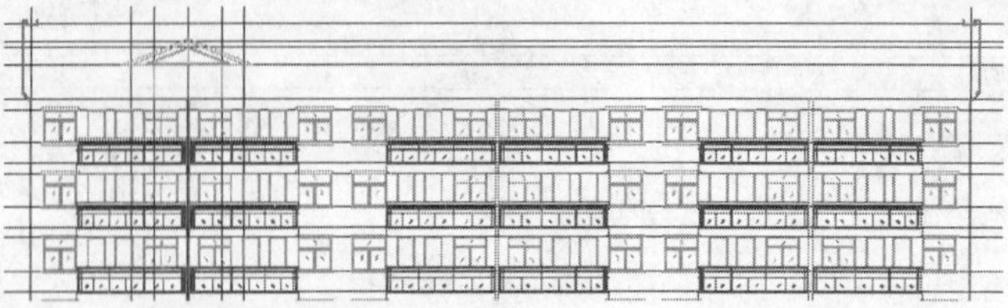

图 16-63　镜像结果

⑫关闭“轴线层”，然后使用【多段线】命令，配合端点捕捉功能绘制顶部的水平轮廓线，结果如图 16-64 所示。

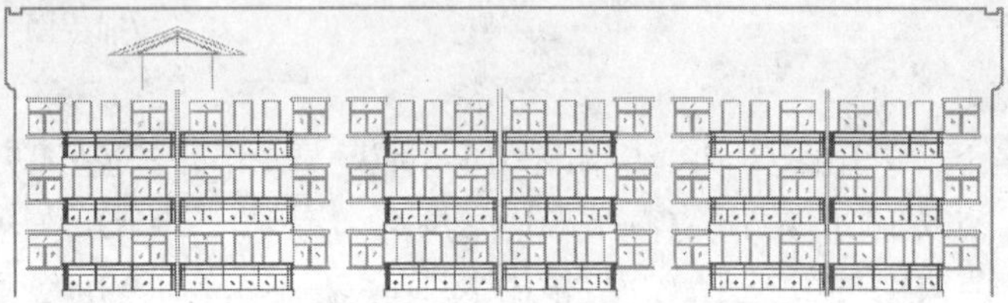

图 16-64　绘制顶部水平轮廓线

⑬使用快捷键 L 激活【直线】命令，配合捕捉和追踪功能，绘制顶层水平轮廓线，结果如图 16-65 所示。

图 16-65　绘制顶层水平轮廓线

⑭单击菜单栏上的【修改】|【修剪】命令，以刚绘制的上侧水平轮廓线作为边界，对垂直轮廓线进行修剪，结果如图 16-66 所示。

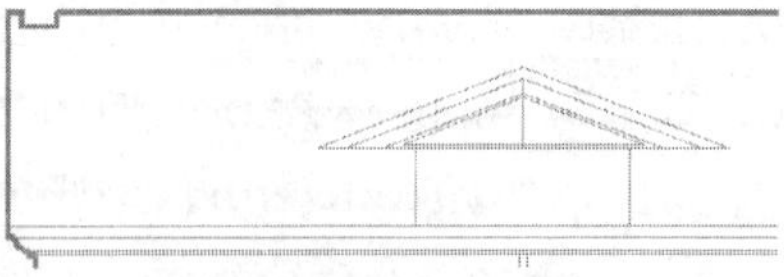

图 16-66　修剪结果

⑮单击菜单栏上的【修改】|【阵列】命令，设置阵列行数为 1、列数为 3、列偏移为 14000 个单位，框选如图 16-67 所示的图形进行阵列，阵列结果如图 16-68 所示。

图 16-67　窗口选择

图 16-68 阵列结果

⑯单击菜单栏上的【绘图】|【图案填充】命令，设置填充图案为 ANSI32、填充角度为 45、填充比例为 50，对顶层立面图进行填充图案，填充结果如图 16-69 所示。

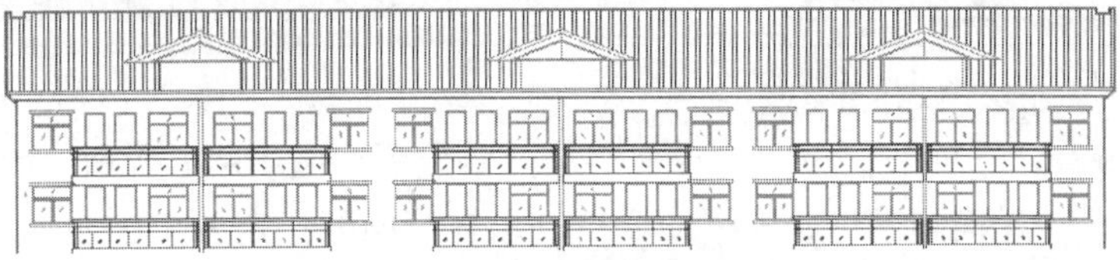

图 16-69 填充结果

⑰最后将图形另存为“顶层立面图.dwg”文件。

16.2.5 标注立面文字

本节为立面图标注如图 16-70 所示的文字注释，学习立面图引线文字的快速标注方法和标注技巧。

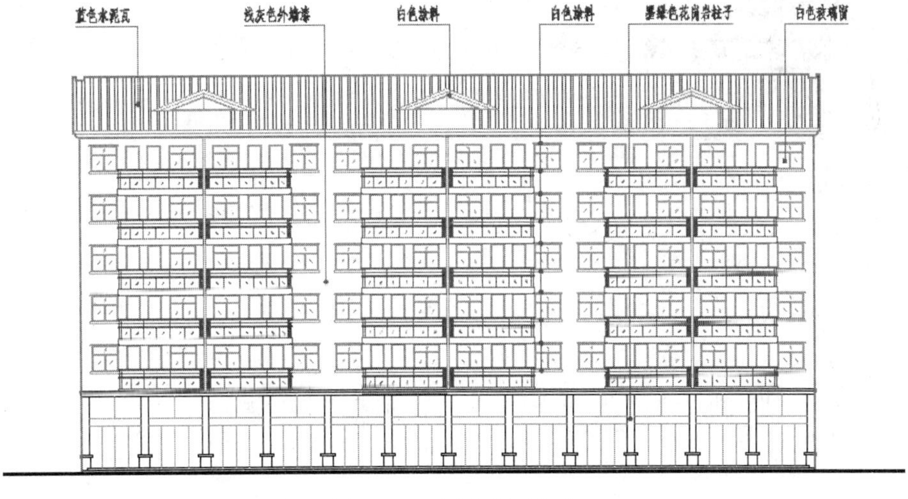

图 16-70 标注立面文字

操作步骤

❶继续上节操作，并将“文本层”设为当前图层。

❷单击菜单栏上的【标注】|【标注样式】命令，对当前“建筑标注”尺寸样式进行替代。其中修改箭头尺寸为 1、尺寸文字样式为“仿宋体”、尺寸比例为 220。

❸使用快捷键 LE 激活【快速引线】命令，在“指定第一个引线点或 [设置(S)] <设置>:”提示下输入 S 并按 Enter 键，设置引线参数如图 16-71 所示。

❹展开【引线和箭头】选项卡，设置引线、点数、箭头等参数如图 16-72 所示。

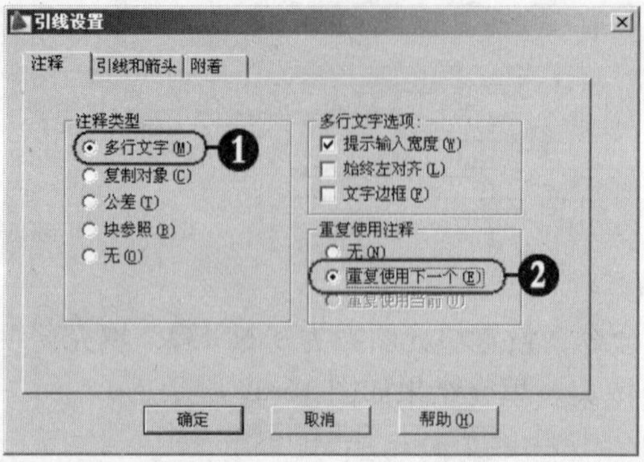

图 16-71　设置注释参数

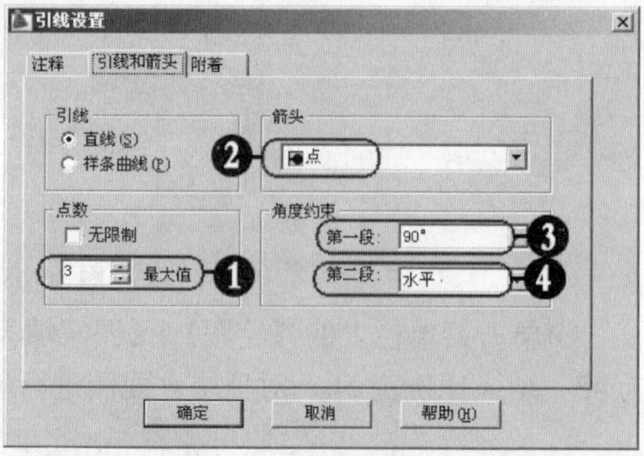

图 16-72　设置引线和箭头参数

⑤展开【附着】选项卡，设置注释文字的附着位置如图 16-73 所示。

⑥单击 确定 返回绘图区，根据命令行提示在绘图区指定两个引线点，然后输入“蓝色水泥瓦”，标注如图 16-74 所示的引线注释。

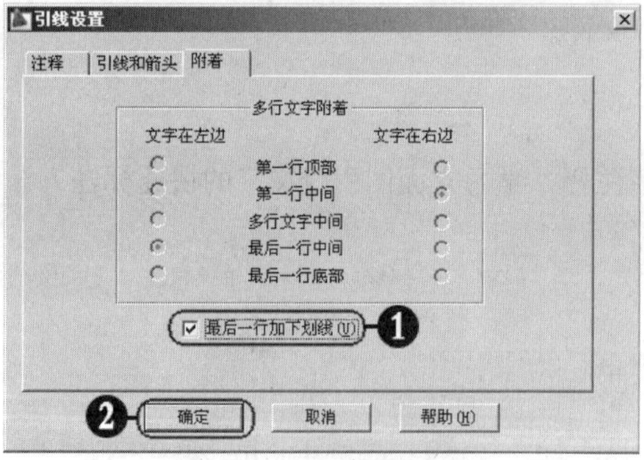

图 16-73　设置附着参数

图 16-74　标注引线文字

⑦重复执行【快速引线】命令，按照上述的参数设置标注其他位置的文字注释，结果如图 16-75 所示。

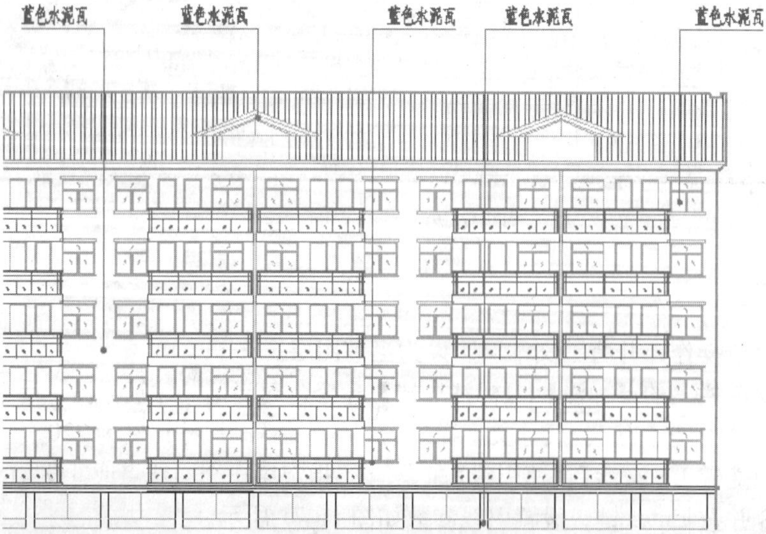

图 16-75　标注文字注释

⑧单击菜单栏上的【修改】|【对象】|【文字】|【编辑】命令，在命令行的提示下，选择最左侧第 2 个引线注释。

⑨在打开的【文字格式】编辑器内输入“浅灰色外墙漆”，然后单击确定按钮，修改结果如图 16-76 的所示。

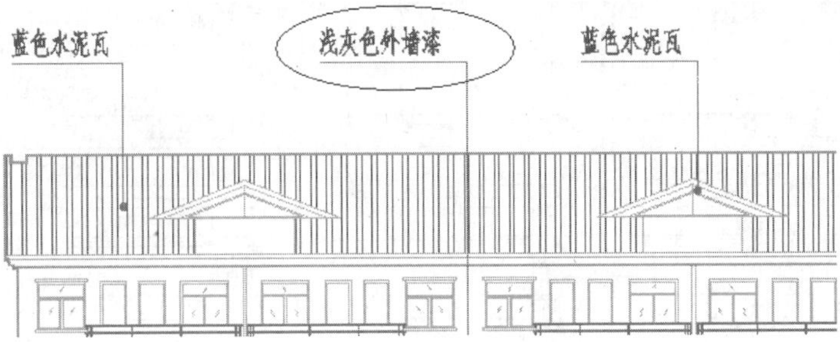

图 16-76　修改注释文字

⑩继续在命令行“选择注释对象或 [放弃(U)]：”的提示下，分别修改其他位置的引线注释，最终结果如图 16-77 所示。

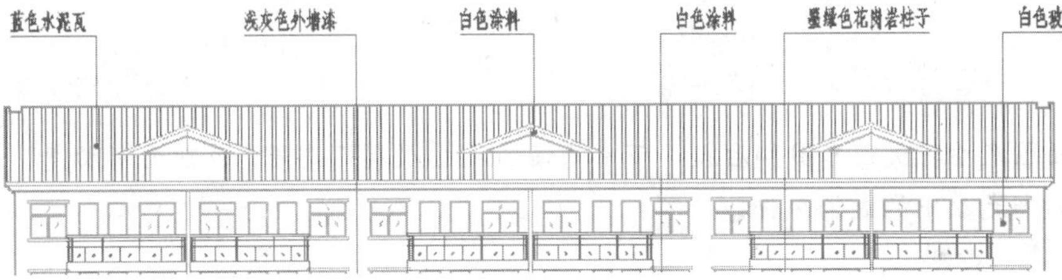

图 16-77　修改其他注释文字

⑪将其中的一个引线分解，然后执行【复制】命令，配合圆心捕捉和最近点捕捉功能，将分解后的引线箭头（即小圆点）进行多重复制，以突出表示引线注释的位置，结果如图 16-78 所示。

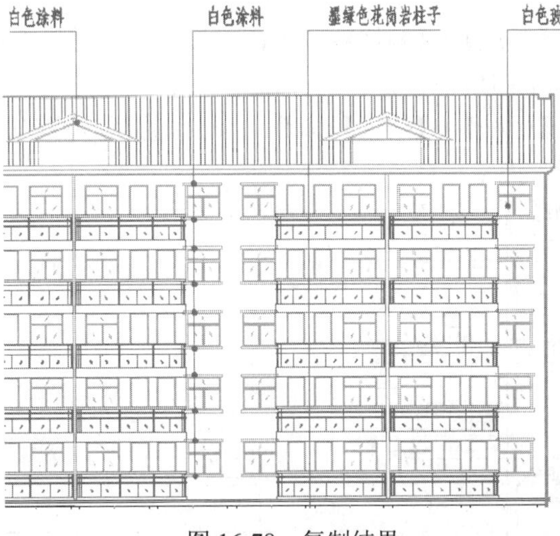

图 16-78　复制结果

⑫最后使用【另存为】命令将图形另存为“标注立面图文字.dwg”文件。

16.2.6 标注立面尺寸

本节为立面图标注如图 16-79 所示的尺寸，以数字的形式表达出立面图沿高度方向的构件位置关系。

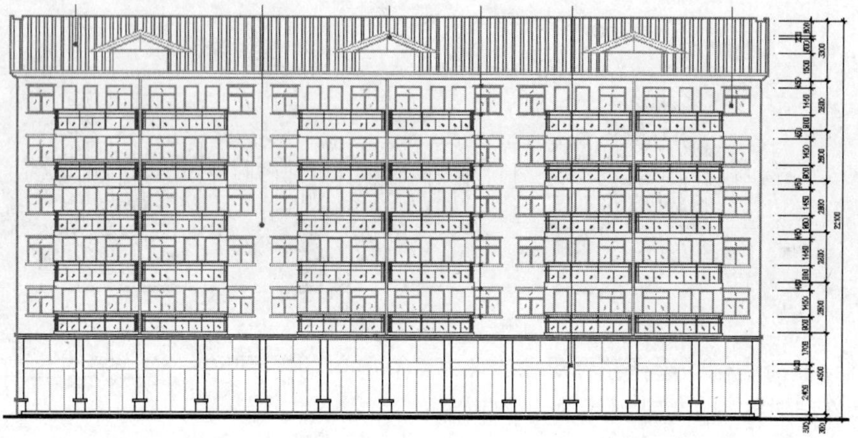

图 16-79 标注立面尺寸

技巧

由于立面图尺寸较大，本图和后叙小节中的插图尺寸以及标高等，可能看不清楚，读者可以观看随书光盘中的效果文件。

操作步骤

❶继续上节操作，并打开“轴线层”，设置“尺寸层”为当前图层。

❷单击菜单栏上的【标注】|【标注样式】命令，在打开的对话框中选择“建筑标注”样式，将其设置为当前样式。

❸单击菜单栏上的【修改】|【偏移】命令，将最右侧的垂直构造线向右偏移 750 个单位，作为尺寸定位线，如图 16-80 所示。

❹单击菜单栏上的【标注】|【线性】命令，配合捕捉和追踪功能，标注如图 16-81 所示的线性尺寸作为基准尺寸。

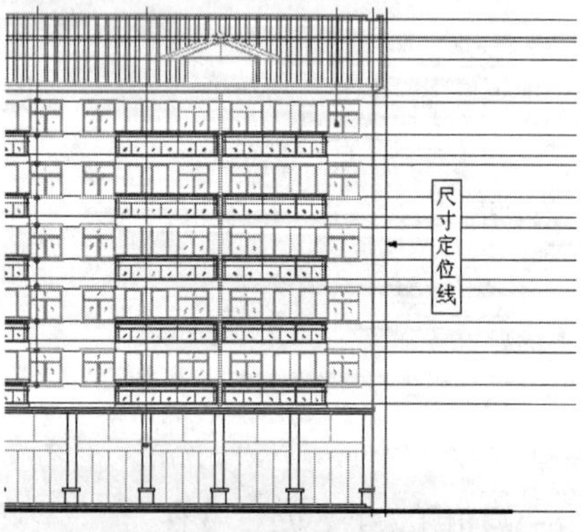

图 16-80 创建尺寸定位线

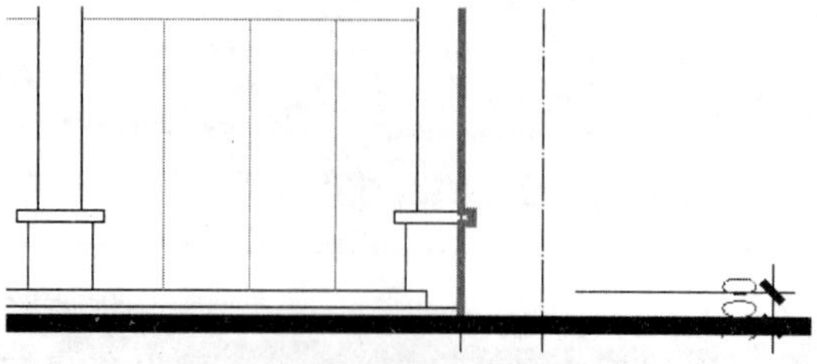

图 16-81 标注线性尺寸

❺单击菜单栏上的【标注】|【连续】命令，以刚标注的线性尺寸作为基准尺寸，标注如图 16-82 所示的连续尺寸作为立面图的细部尺寸。

❻重复执行【线性】命令，配合交点捕捉功能标注如图 16-83 所示的线性尺寸作为层高尺寸的基准尺寸。

图 16-82　标注细部尺寸

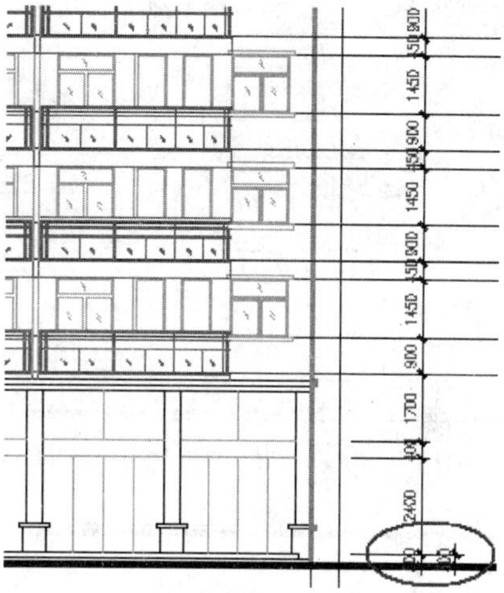

图 16-83　标注基准尺寸

❼执行【连续】命令，以刚标注的线性尺寸作为基准尺寸，配合交点捕捉功能标注立面图层高尺寸，标注结果如图 16-84 所示。

❽执行【线性】命令，配合交点捕捉功能标注立面图的总高尺寸。

❾关闭“轴线层”，然后激活【编辑标注文字】命令，选择尺寸文字重叠的尺寸进行编辑，适当调整尺寸文字的位置，结果如图 16-85 所示。

图 16-84　标注层高尺寸

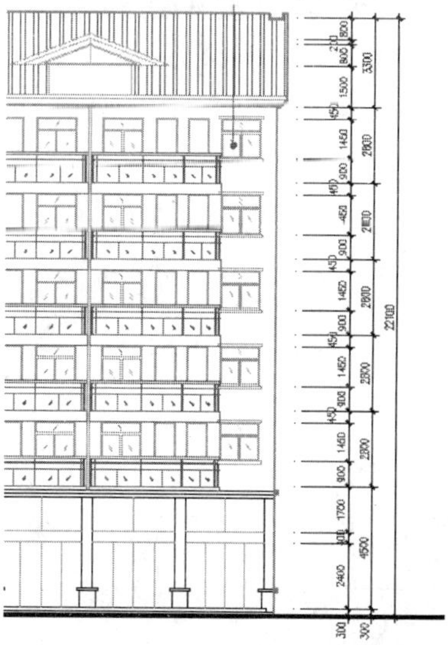

图 16-85　调整尺寸文字位置

❿最后将当前图形另存为“标注立面图尺寸.dwg”文件。

16.2.7 标注立面标高

本节通过为立面图标注如图 16-86 所示的标高尺寸，学习立面图标高的快速标注方法和技巧。

图 16-86 标注立面标高

操作步骤

①继续上节操作，并将“0 图层”设置为当前层。

②使用【多段线】命令，配合极轴追踪功能绘制如图 16-87 所示的标高符号。

③单击菜单栏上的【绘图】|【块】|【定义属性】命令，在打开【属性定义】对话框中设置属性参数如图 16-88 所示。

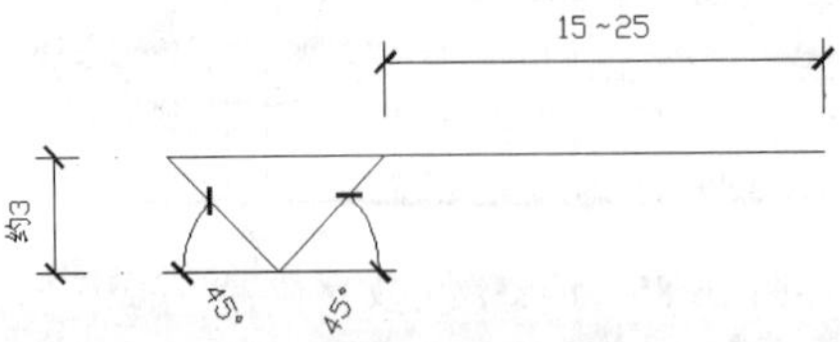

图 16-87 绘制标高符号

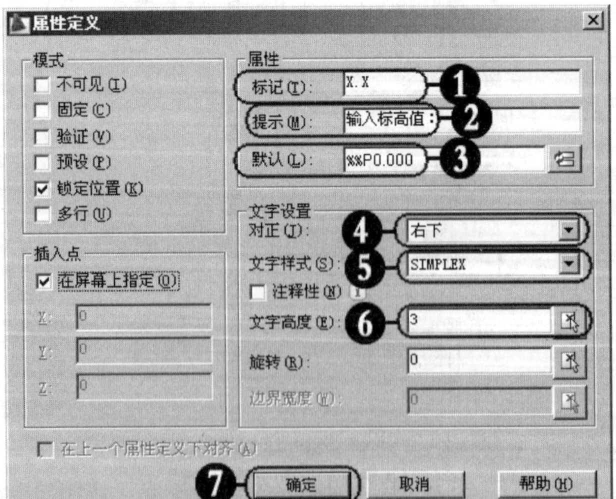

图 16-88 设置块属性参数

❹单击 确定 按钮返回绘区，在命令行“指定起点:”提示下捕捉标高符号右侧端点，为标高符号定义属性，结果如图16-89所示。

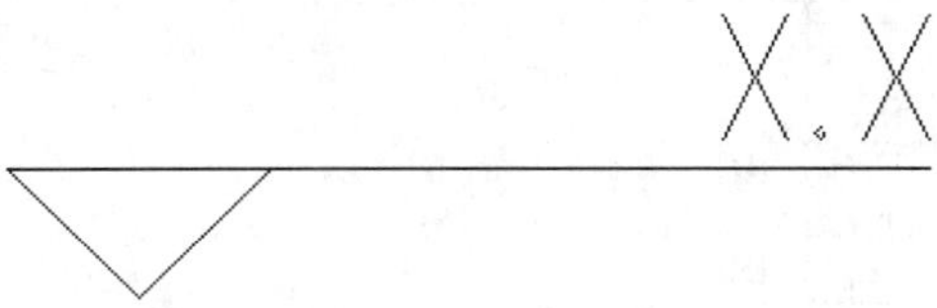

图16-89　定义标高符号属性

❺使用快捷键B激活【创建块】命令，将标高符号和定义的属性，将其一起创建为内部块，图块的基点为标高符号最下侧的端点，块名为“标高符号”。

❻使用快捷键W激活【写块】命令，将“标高符号”内部块转为外部块，以用于其他的图形文件中。

❼在无命令执行的前提下，夹点显示最下侧尺寸文本为300的层高尺寸。

❽按下Ctrl+1键打开【特性】窗口，修改尺寸界线超出尺寸线的长度，如图16-90所示，修改后的结果如图16-91所示。

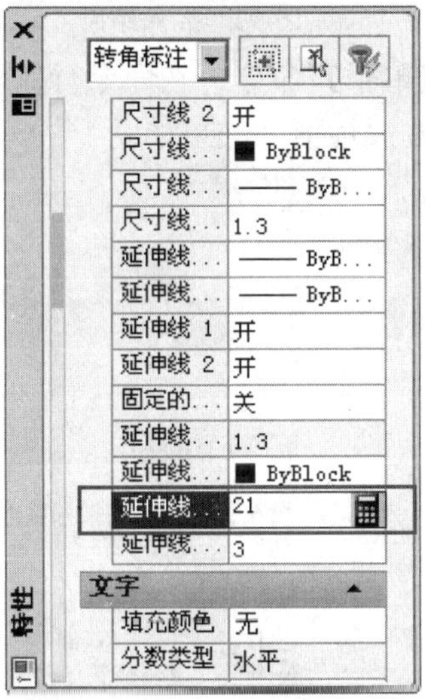

图16-90　设置特性参数

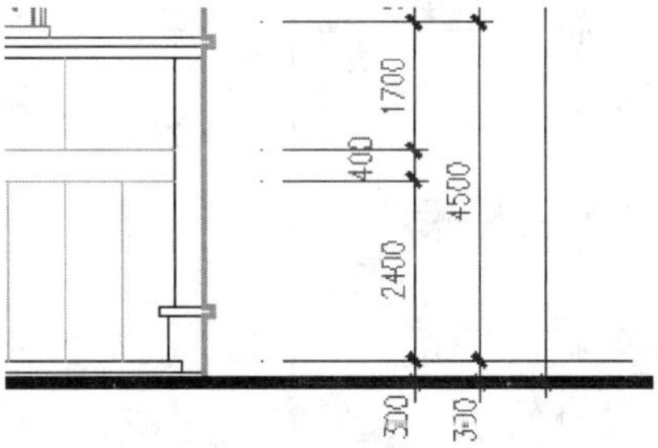

图16-91　修改后的显示效果

❾使用快捷键MA激活【特性匹配】命令，选择被延长的层高尺寸作为源对象，将其尺寸界线的特性复制给其他层高尺寸，结果如图16-92所示。

❿设置“其他层”作为当前图层，然后执行【插入块】命令，插入刚定义的“标高符号”属性块。命令行操作如下：

```
命令: _insert
    指定插入点或 [基点(B)/比例(S)/X/Y/Z/旋转(R)]:      //捕捉最下侧尺寸界限的外端点
    输入属性值
    输入标高属性值: <±0.000>:                          //-0.300 Enter，结果如图16-93所示
```

⓫使用快捷键CO激活【复制】命令，选择刚标注的标高尺寸进行复制，基点为插入点，目标点为各层高尺寸界线的外端点，结果如图16-94所示。

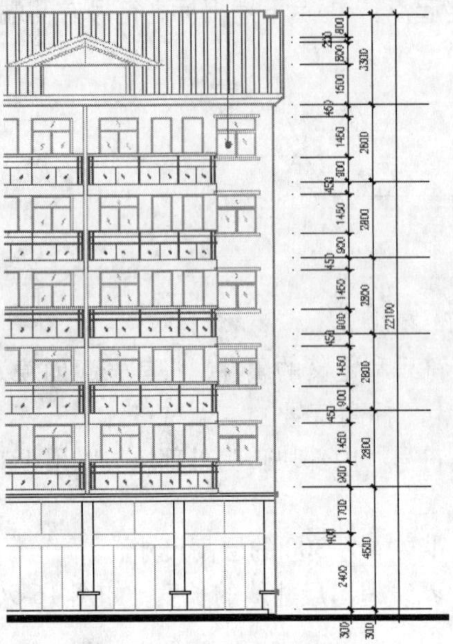

图 16-92　复制尺寸界线特性

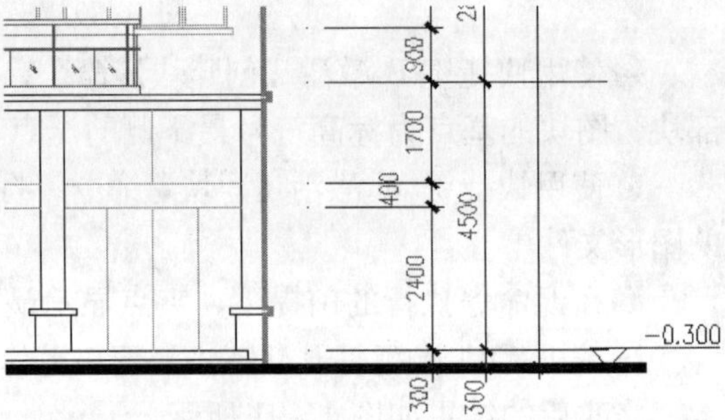

图 16-93　插入结果

⑫单击菜单栏上的【修改】|【对象】|【属性】|【单个】命令，在命令行提示下选择第 2 个标高属性块（从下向上），在弹出的对话框中修改属性值，结果如图 16-95 所示。

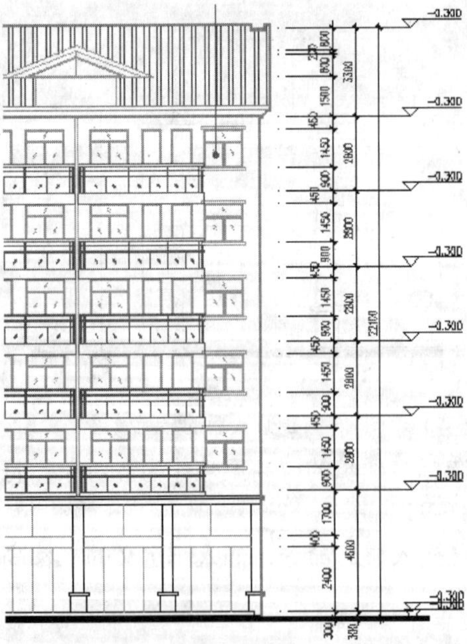

图 16-94　复制结果

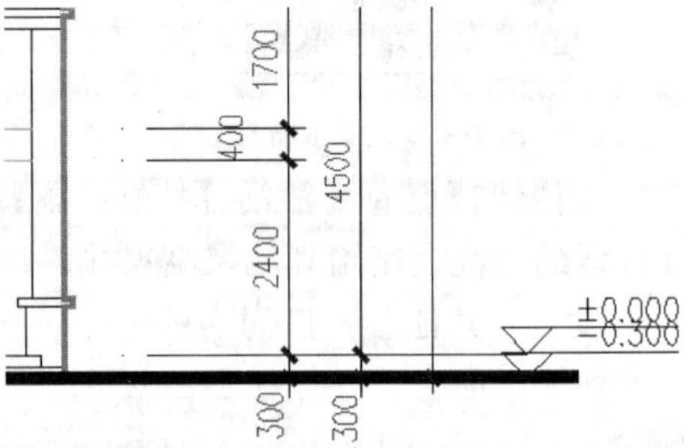

图 16-95　修改标高尺寸属性值

⑬在【增强属性编辑器】对话框中单击【选择块】按钮，返回绘图区从下向上依次拾取其他位置的标高尺寸属性块，修改各位置的标高尺寸，结果如图 16-96 所示。

⑭单击菜单栏上的【修改】|【镜像】命令，对最下侧的“-0.300”标高进行镜像复制，结果如图 16-97 所示。

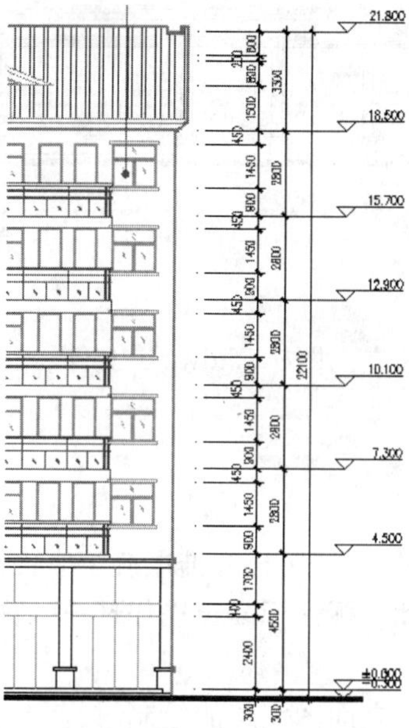

图 16-96 修改其他标高尺寸

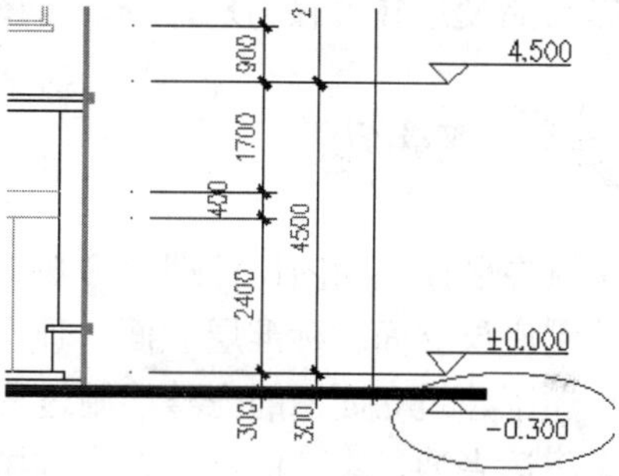

图 16-97 镜像结果

⑮使用画线命令，配合捕捉和追踪功能，绘制如图 16-98 所示的两条垂直线段，作为轴号指示线。

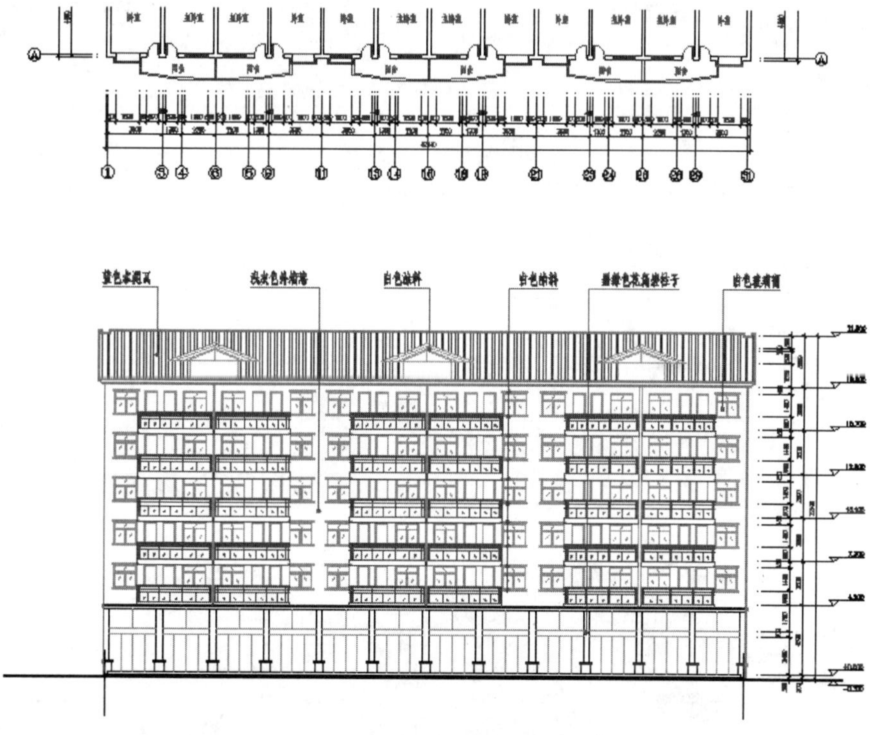

图 16-98 绘制轴号指示线

⑯单击菜单栏上的【修改】|【复制】命令，选择平面图中的编号为 1 和 31 的两侧轴线的编号，将其复制到立面图指示线的下端，结果如图 16-99 所示。

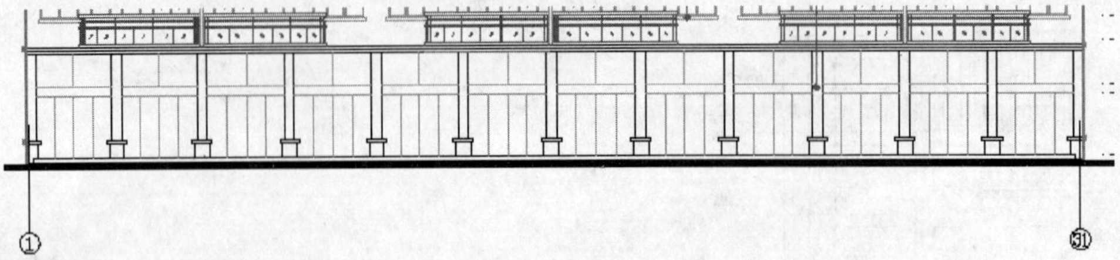

图 16-99　复制结果

⑰最后使用【另存为】命令，将图形另存为“标注立面图标高.dwg”文件。

16.3　本章小结

本章在概述立面图设计理念等知识的前提下，以绘制某居民楼标准层施工立面图为例，通过绘制底层立面、标准层立面、顶层立面、标注尺寸、标注标高等操作环节，详细而系统地讲述了建筑立面图的完整绘制过程和绘制技巧。

希望读者通过本章的学习，在理解和掌握建筑施工立面图完整的绘制过程和绘制技巧的前提下，灵活运用 CAD 各制图工具，快速绘制符合制图标准和施工要求的建筑立面图。

第17章

剖面图

本章在简单了解建筑剖面图形成、功能、图示内容等知识的前提下，主要学习建筑施工剖面图的绘制思路以及具体的绘制过程和技巧。

17.1 建筑剖面图概述

在绘制剖面图之前，首先简单介绍相关的设计理念及设计内容，具体内容如下。

17.1.1 剖面图形成

建筑剖面图实际上是垂直剖面图，它是假想用剖切平面在建筑平面图的横向或纵向沿房屋的主要入口、窗洞口、楼梯等需要剖切的位置上将房屋垂直地剖开，移去靠近观察者视线的部分后所作的正投影图，主要用于表达建筑物的内部构造以及各位置的高度等。

17.1.2 剖面图功能

剖面图主要用于表达建筑物内部垂直方向的高度、楼梯分层、垂直空间的利用以及简要的结构形式和构造方式等情况的因素，例如屋顶形式、屋顶坡度、檐口形式、楼板搁置方式、楼梯的形式及其简要的结构和构造等。

由于剖面图表示的是建筑物内部结构空间在垂直方向的安排和组织，所以只有与平面图、立面图并结合剖视图以及辅以详图，才能清楚地识读建筑物内部配件。

17.1.3 剖面图图示内容

一般在剖面图上需要表达出如下内容：

1. 剖面比例

剖面图的比例常与同一建筑物的平面图、立面图一致，即采用 1/50、1/100、1/200 的比例绘制。当剖面图的比例小于 1/50 时，可以采用简化的材料图例来表示其构配件断面的材料，如钢筋混凝土构件在断面涂黑、砖墙则用斜线表示。

另外要注写剖面图的名称。

2．**剖面图线**

凡是剖到的墙、板、梁等构件用粗实线表示，而没有剖到的其他构件的投影线则用细实线表示。

3．**剖切位置**

剖面图的剖切位置一般应根据图纸的用途或设计深度来决定，通常选择在能表现建筑物内部结构和构造比较复杂、有变化、有代表性的部位，一般应通过门窗洞口、楼梯间及主要出入口等位置。

在剖面图上一般不画基础，基础的上部需要使用折断线断开。

4．**剖切结构**

在剖面图中，具体需要表达出以下剖切到的结构：

- 剖切到的室内外地面（包括台阶、明沟及散水等）、楼地面（包括天棚吊顶）、屋顶层（包括隔热通风层、防水层及天棚吊顶）；
- 剖切到的内外墙及其门、窗（包括过梁、圈梁、防潮层、女儿墙及压顶）；
- 剖切到的各种承重梁和连系梁、楼梯梯段及楼梯平台、雨篷、阳台以及部切到的孔道、水箱等的位置形状及其图例。

由于剖面图也是一种正投影图，所以对于没有部切到的可见结构，也需要在剖面图上体现出来，具体如下：

- 墙面及其凹凸轮廓、梁、柱、阳台、雨篷、门、窗、踢脚、勒脚、台阶（包括平台踏步）、水斗和雨水管。
- 楼梯段和各装饰构件、配件等的工艺做法与施工要求。

5．**尺寸标注**

剖面图的尺寸标注分为外部尺寸和内部尺寸。内部尺寸主要标注剖面图内部各构件间的位置尺寸；外部尺寸主要有水平方向和垂直方向两种方式，其中水平方向常标注剖到的墙、柱及剖面图两端的轴线编号及轴线间距。

垂直方向上主要标注窗、阳台、楼板以及各层的垂直尺寸，具体分为细部尺寸、层高尺寸及总尺寸 3 种：最里面一道尺寸标注细部尺寸，标注墙段及门窗洞口等构件位置的尺寸；中间一道尺寸为剖面图的层高尺寸，用于标注建筑物各层之间的尺寸；最外一道尺寸为建筑总高度尺寸，用于表明建筑物的总高尺寸。

6．**标高**

在建筑剖面图中应标注室内外地坪、室内地面、各层楼面、楼梯平台等位置的建筑标高，屋顶的结构标高等。另外，在剖面图上应标明轴线编号、索引符号等。

7．**坡度**

建筑物倾斜的地方如屋面、散水等，需要使用坡度来表示倾斜的程度。内容如下：

- 如图 17-1（左）所示是坡度较小时的表示方法，箭头指向下坡方向，2%表示坡度的高宽比。
- 图 17-1（中）和图 17-1（右）所示是坡度较大时的表示方法，分别读作 1:2 和 1:2.5。其中直角三角形的斜边应与坡度平行，直角边上的数字表示坡度的高宽比。

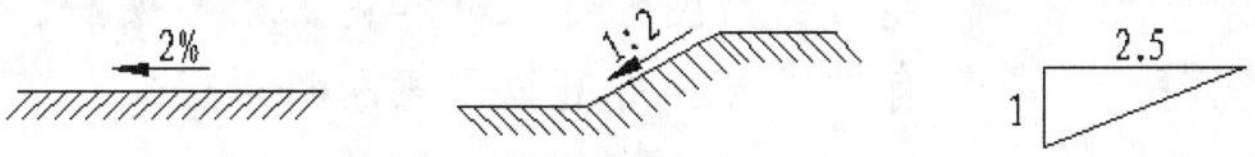

图 17-1 坡度的表示方法

17.2 绘制某住宅楼建筑剖面图

下面以绘制某小区住宅楼的剖面图为例，了解和学习建筑剖面图的绘制方法和详细的绘制过程及绘制技巧。

17.2.1 实例效果及分析

实例效果

某小区住宅楼建筑剖面图的最终绘制效果如图 17-2 所示。

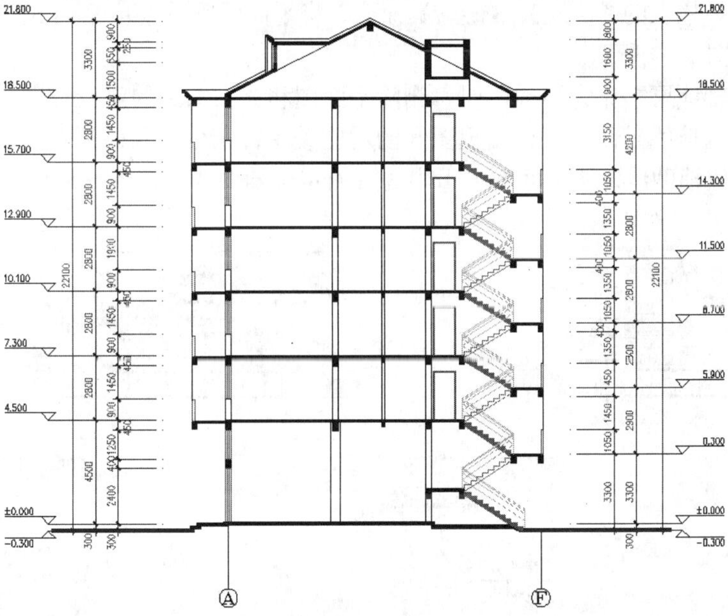

图 17-2 某住宅楼标注剖面图

实例分析

一般情况下，在绘制剖面图之前，就需要了解和清楚剖面图的剖切位置、剖切结构及剖切到的一些建筑构件等。具体绘制过程中可以遵循如下操作流程：

- 根据剖切到的墙体结构及各构件绘制纵横向定位辅助线；
- 绘制地坪线、剖切位置的墙体、楼板等构架轮廓线；
- 绘制门、窗、柱、楼梯、阳台、台阶等细部构件的剖切结构；
- 标注必要的施工说明等；
- 标注必要的施工尺寸，包括剖面图外部尺寸和内部尺寸两种；
- 标注剖面图符号，具体有轴标号、标高以及索引符号等。

17.2.2 绘制底层剖面

下面首先以绘制如图 17-3 所示的底层剖面图为例，学习建筑物底层剖面的绘制方法和绘制技巧。

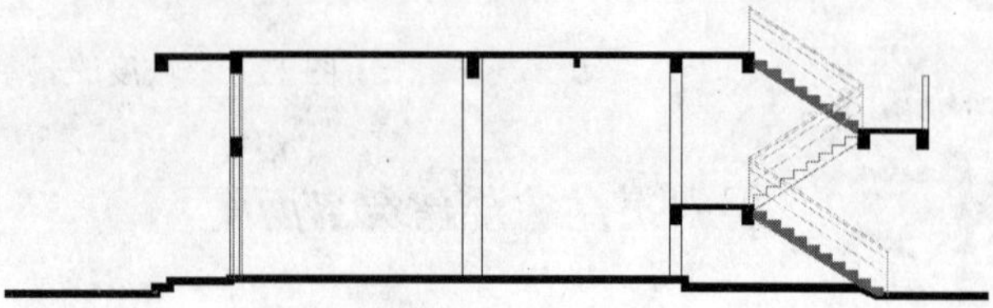

图 17-3 底层剖面图

操作步骤

❶以“建筑模板.dwt”作为基础样板，新建空白文件。

❷修改变量 LTSCALE 值为 1，然后分别打开上两章存储的“编写轴线序号.dwg”和“标注立面图标高.dwg”两个文件。

❸将两个文件进行垂直平铺，然后利用多文档间的数据共享功能，将平面图和立面图以块的方式拖动共享到空白文件中。

❹单击菜单栏上的【修改】|【旋转】命令，将平面图旋转-90°，并适当调整两图形的位置，结果如图 17-4 所示。

❺设置“轴线层”作为当前图层，删除平面图和立面图中的定位辅助线。

❻使用【构造线】命令，根据视图间的对应关系，配合对象捕捉功能分别从立面图中引出水平的定位辅助线，从平面图中引出垂直的定位辅助线，整体效果如图 17-5 所示，局部放大效果如图 17-6 所示。

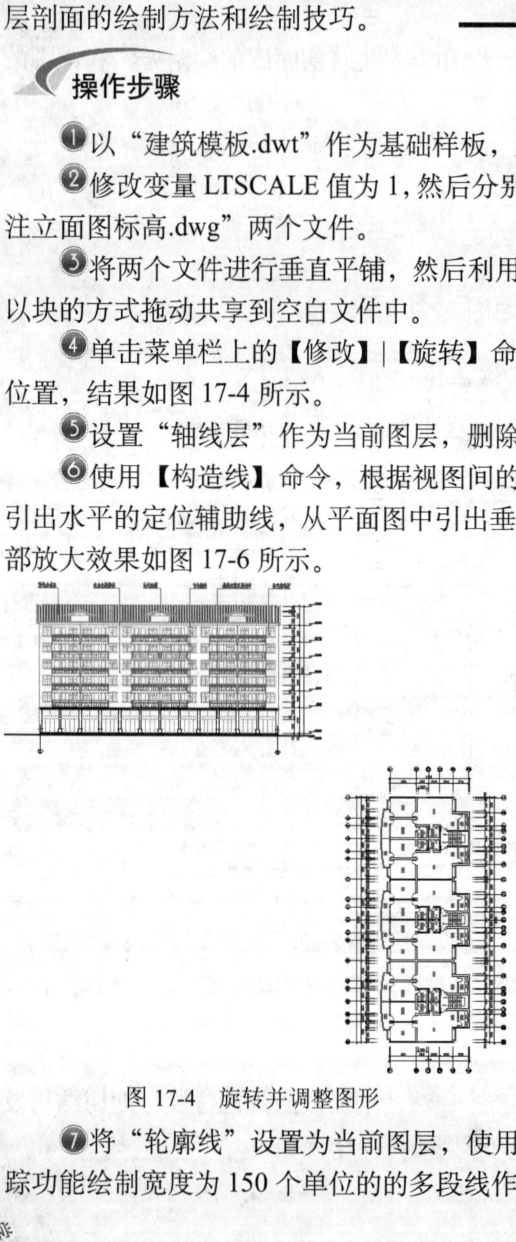

图 17-4 旋转并调整图形

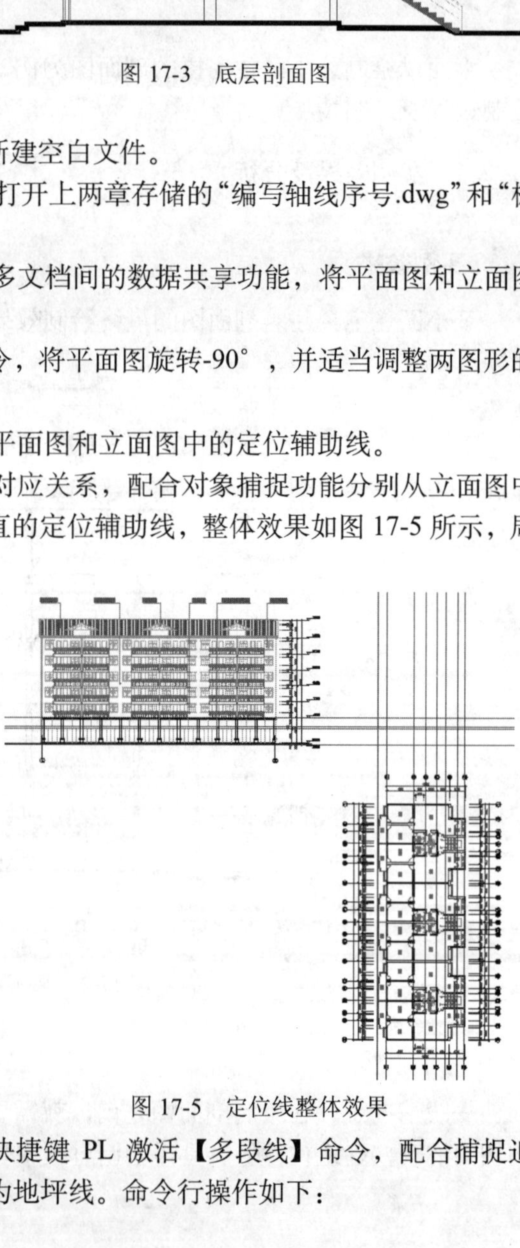

图 17-5 定位线整体效果

❼将“轮廓线”设置为当前图层，使用快捷键 PL 激活【多段线】命令，配合捕捉追踪功能绘制宽度为 150 个单位的的多段线作为地坪线。命令行操作如下：

```
命令: _pline
指定起点: _nea 到                                         //捕捉如图 17-7 所示的最近点作为起点
当前线宽为 0.0
指定下一个点或 [圆弧(A)/半宽(H)/长度(L)/放弃(U)/宽度(W)]://wEnter，激活【宽度】选项
指定起点宽度 <0.0>:                                       //150 Enter
指定端点宽度 <150.0>:                                     // Enter
指定下一个点或 [圆弧(A)/半宽(H)/长度(L)/放弃(U)/宽度(W)]:
                                                          //捕捉图 17-7 所示的交点 W
指定下一点或 [圆弧(A)/闭合(C)/半宽(H)/长度(L)/放弃(U)/宽度(W)]: //@0,125 Enter
指定下一点或 [圆弧(A)/闭合(C)/半宽(H)/长度(L)/放弃(U)/宽度(W)]: //@300,0 Enter
指定下一点或 [圆弧(A)/闭合(C)/半宽(H)/长度(L)/放弃(U)/宽度(W)]: //@0,125 Enter
指定下一点或 [圆弧(A)/闭合(C)/半宽(H)/长度(L)/放弃(U)/宽度(W)]: //@1200,0 Enter
指定下一点或 [圆弧(A)/闭合(C)/半宽(H)/长度(L)/放弃(U)/宽度(W)]: //@0,50 Enter
指定下一点或 [圆弧(A)/闭合(C)/半宽(H)/长度(L)/放弃(U)/宽度(W)]:
                                                          //捕捉如图 17-8 所示的垂足点
指定下一点或 [圆弧(A)/闭合(C)/半宽(H)/长度(L)/放弃(U)/宽度(W)]: //@200,0 Enter
指定下一点或 [圆弧(A)/闭合(C)/半宽(H)/长度(L)/放弃(U)/宽度(W)]: //@0,-150 Enter
指定下一点或 [圆弧(A)/闭合(C)/半宽(H)/长度(L)/放弃(U)/宽度(W)]: //@3560,0 Enter
指定下一点或 [圆弧(A)/闭合(C)/半宽(H)/长度(L)/放弃(U)/宽度(W)]: //@330,-150 Enter
指定下一点或 [圆弧(A)/闭合(C)/半宽(H)/长度(L)/放弃(U)/宽度(W)]: _nea 到
                                                          //捕捉如图 17-9 的示的最近点
指定下一点或 [圆弧(A)/闭合(C)/半宽(H)/长度(L)/放弃(U)/宽度(W)]:
                                                          // Enter，绘制结果如图 17-10 所示
```

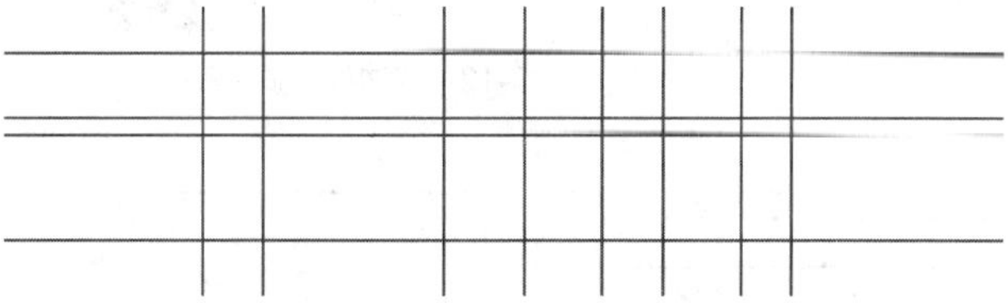

图 17-6　定位线局部效果

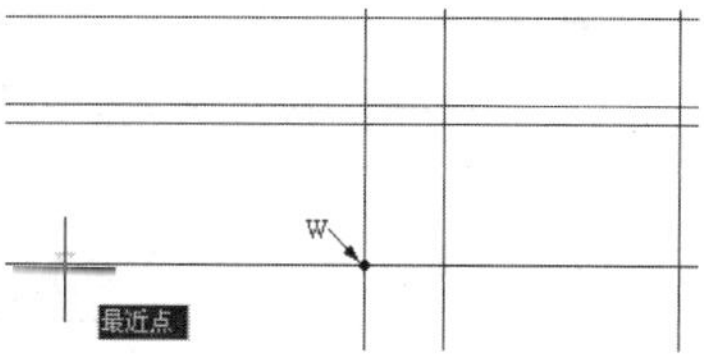

图 17-7　捕捉最近点

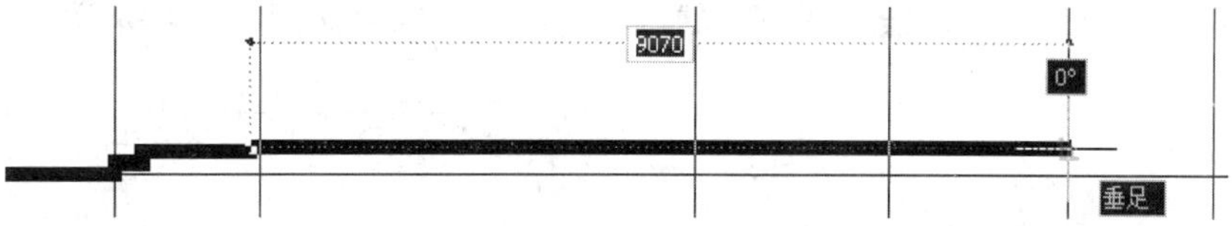

图 17-8　垂足捕捉

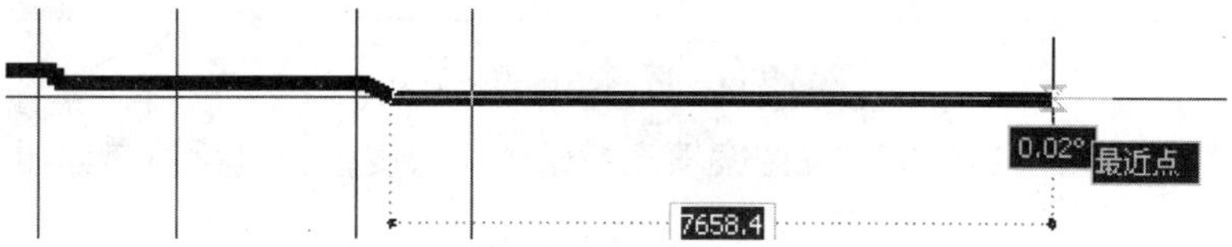

图 17-9　捕捉最近点

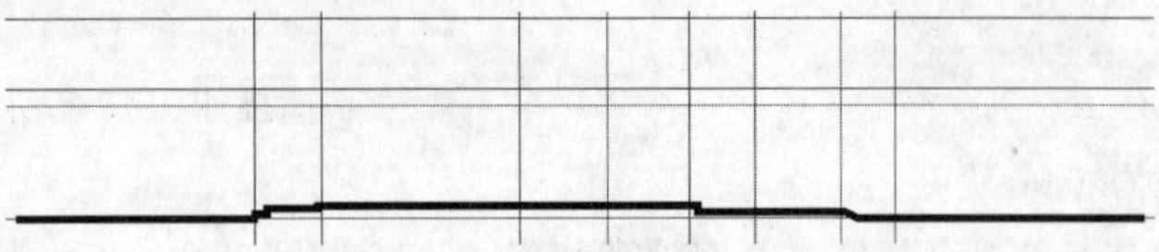

图 17-10　绘制的地坪线

❽单击菜单栏上的【绘图】|【矩形】命令，配合【捕捉自】功能，绘制宽度为 100 的楼板轮廓线。命令行操作如下：

```
命令: _rectang
    指定第一个角点或 [倒角(C)/标高(E)/圆角(F)/厚度(T)/宽度(W)]:
                                                  //捕捉如图 17-11 所示交点 A
    指定另一个角点或 [面积(A)/尺寸(D)/旋转(R)]:   //激活【捕捉自】功能
    _from 基点:                                   //捕捉交点 B
    <偏移>:                                       //@-120,-100 Enter，结果如图 17-11 所示
```

❾重复执行【矩形】命令，配合【捕捉自】功能绘制阳台板轮廓线。命令行操作如下：

```
命令: _rectang
    指定第一个角点或 [倒角(C)/标高(E)/圆角(F)/厚度(T)/宽度(W)]: //激活【捕捉自】功能
    _from 基点:                                   //捕捉如图 17-11 所示的交点 C
    <偏移>:                                       //@0,-50 Enter
    指定另一个角点或 [面积(A)/尺寸(D)/旋转(R)]: //激活【捕捉自】功能
    _from 基点:                                   //捕捉如图 17-12 所示的端点
    <偏移>:                                       //@0,-50 Enter，绘制结果如图 17-13 所示
```

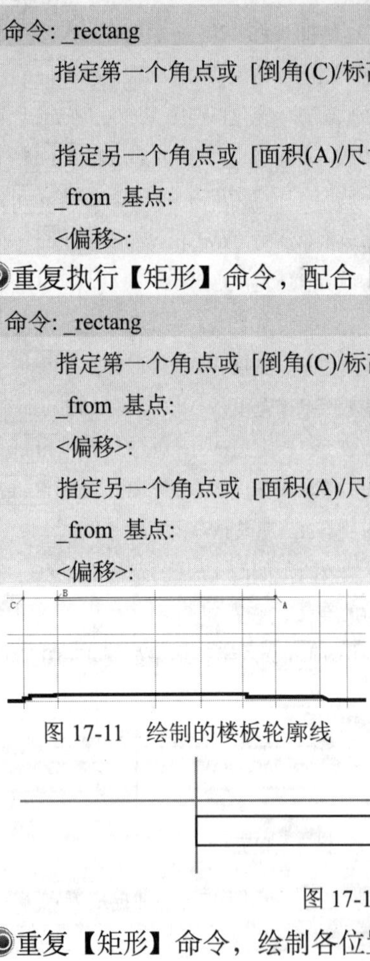

图 17-11　绘制的楼板轮廓线

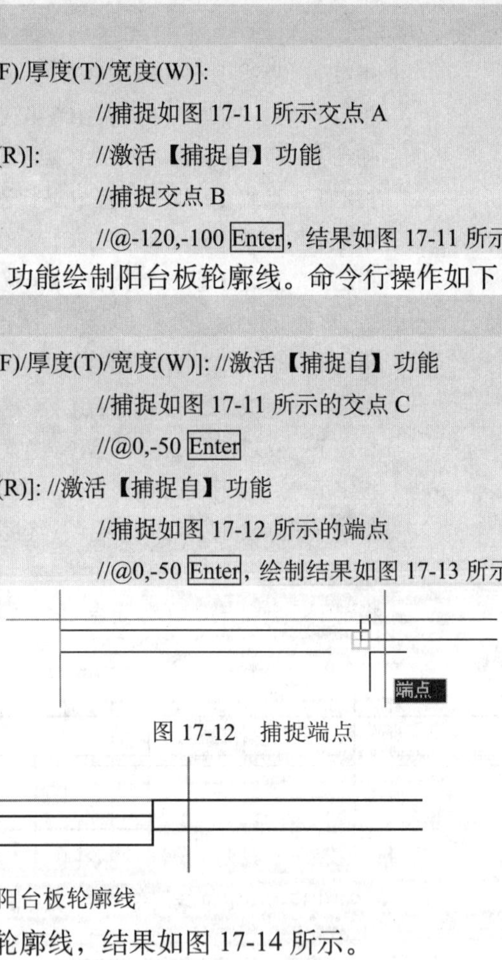

图 17-12　捕捉端点

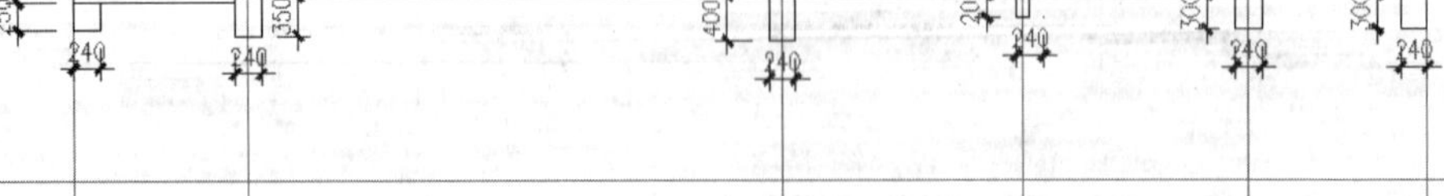

图 17-13　绘制的阳台板轮廓线

❿重复【矩形】命令，绘制各位置的过梁轮廓线，结果如图 17-14 所示。

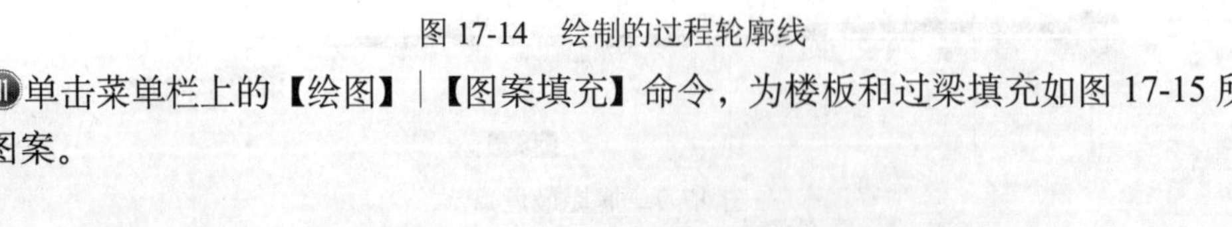

图 17-14　绘制的过程轮廓线

⓫单击菜单栏上的【绘图】|【图案填充】命令，为楼板和过梁填充如图 17-15 所示的实体图案。

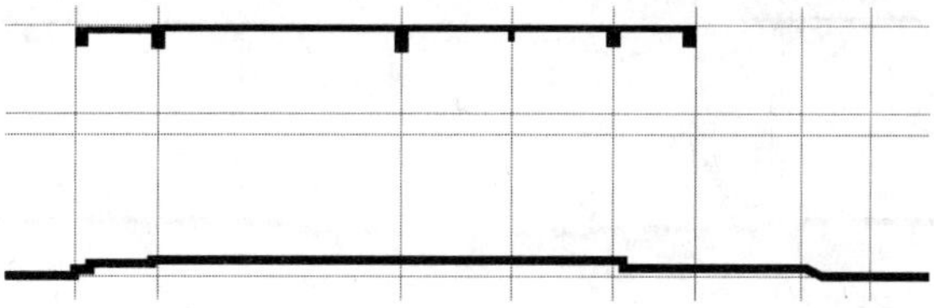

图 17-15　填充结果

⑫单击菜单栏上的【修改】|【复制】命令，对厚度为 400 的过梁进行复制。命令行操作如下：

```
命令: _copy
    选择对象:                                        //框选如图 17-16 所示的过梁对象
    选择对象:                                        // Enter，结束选择
    指定基点或 [位移(D)] <位移>:                     //捕捉如图 17-17 所示的中点
    指定第二个点或 <使用第一个点作为位移>:           //捕捉如图 17-18 所示的交点
    指定第二个点或 [退出(E)/放弃(U)] <退出>:         // Enter，结束命令
```

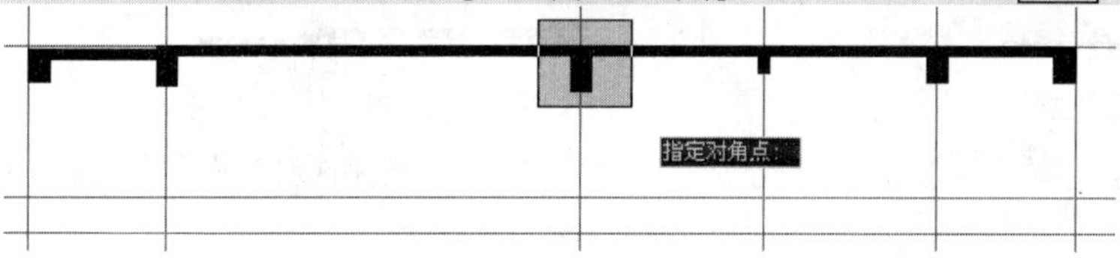

图 17-16　窗口选择

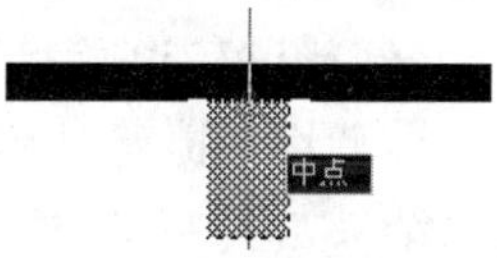

图 17-17　捕捉中点

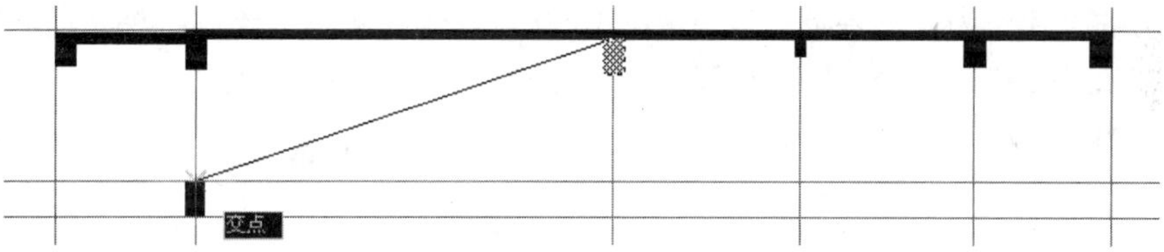

图 17-18　捕捉交点

⑬使用快捷键 E 激活【删除】命令，删除中间的两道水平定位辅助线，结果如图 17-19 所示。

⑭单击菜单栏上的【绘图】|【多线】命令，将对正方式设置为“中心对正”、多线样式为“墙线样式”，分别绘制宽度为 240 和 400 的多线，结果如图 17-20 所示。

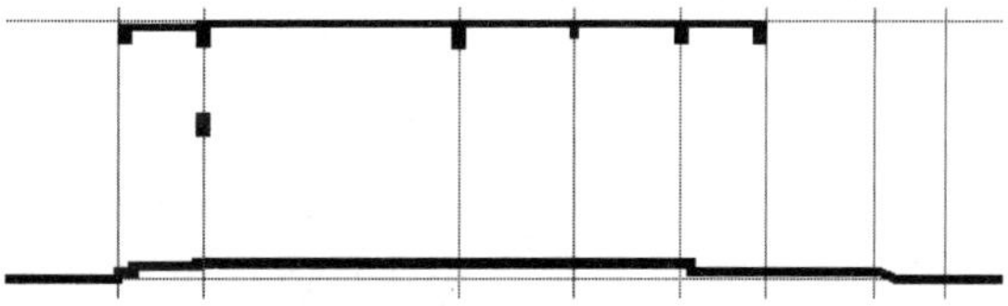

图 17-19　删除结果

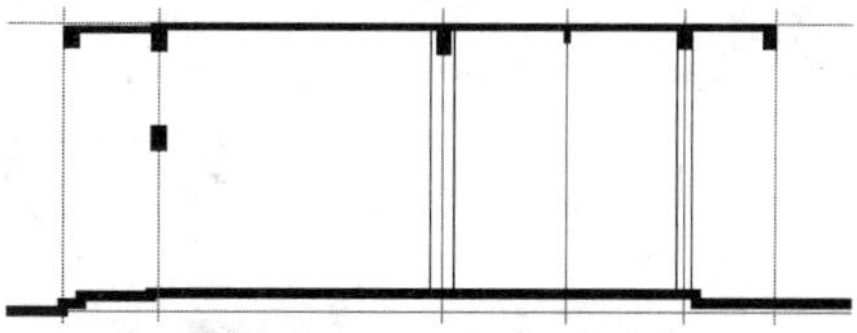

图 17-20　绘制的多线

⑮将“门窗层”设置为当前层，使用【多线】命令绘制如图 17-21 所示的窗线，其中多线比例为 240，样式为“窗线样式”。

⑯单击菜单栏上的【修改】|【偏移】命令，将上侧的水平定位线向下偏移 1500 和 3000 个单位，结果如图 17-22 所示。

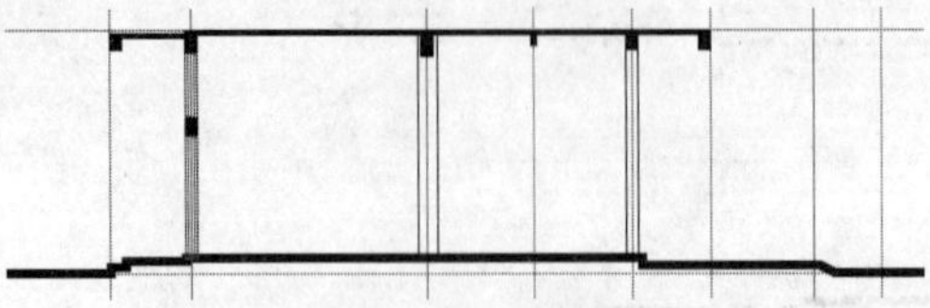

图 17-21　绘制窗线

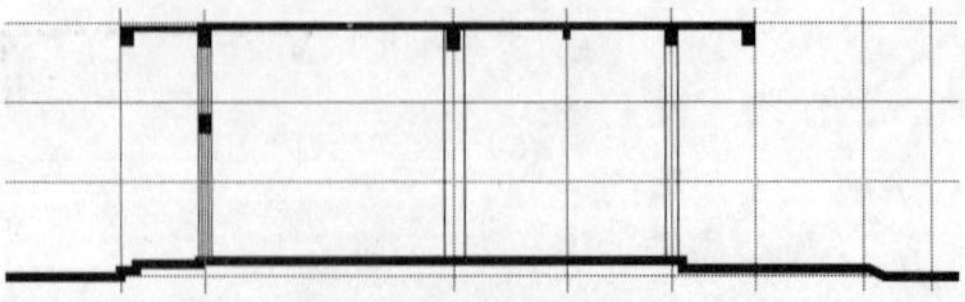

图 17-22　偏移结果

⑰将当前层恢复为“轮廓线”，使用【矩形】命令，配合【捕捉自】功能，绘制厚度为100的平台板轮廓线，结果如图 17-23 所示。

⑱重复【矩形】命令，配合【捕捉自】功能绘制厚度为 300、宽度为 240 的过梁轮廓线，如图 17-24 所示。

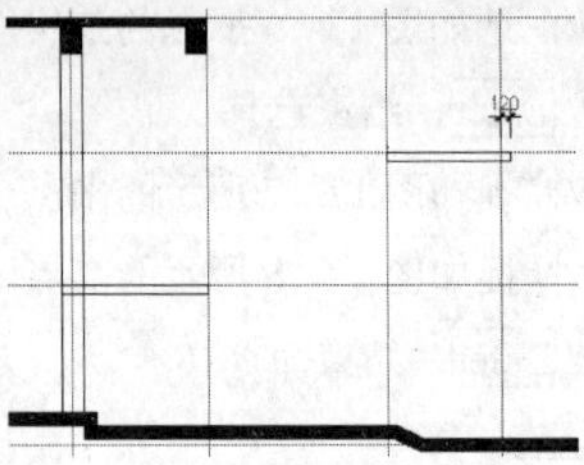

图 17-23　绘制平台板轮廓线

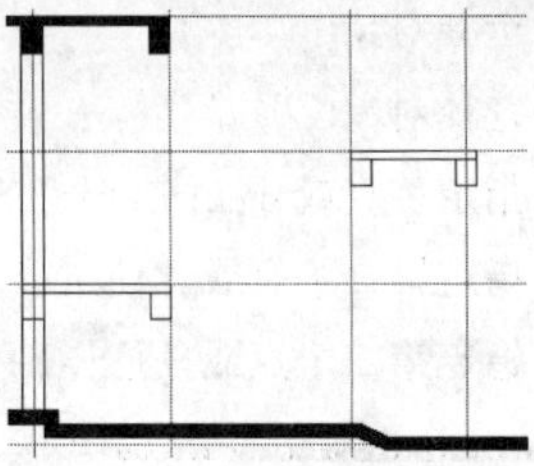

图 17-24　绘制过梁轮廓线

⑲使用快捷键 H 激活【图案填充】命令，分别为刚绘制和平台板和楼梯梁填充实体图案，结果如图 17-25 所示。

⑳将“楼梯层”设置为当前图层，使用【多段线】命令，配合【捕捉自】功能，以图 17-25 所示的点A作为偏移基点，以（@0,-1800/11）作为起点，绘制楼梯台阶轮廓线，其中楼梯踏步高为1800/11，台阶长为2600，绘制结果如图 17-26 所示。

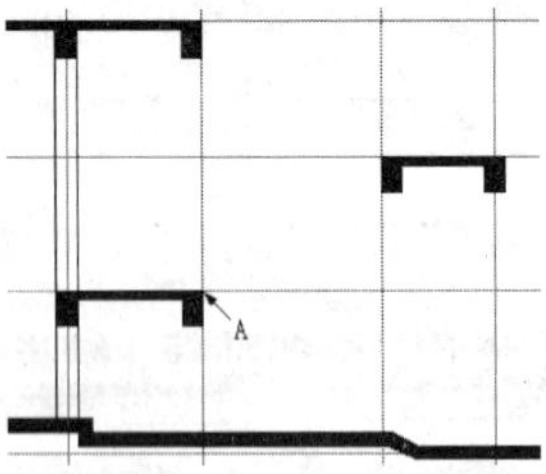

图 17-25　填充结果

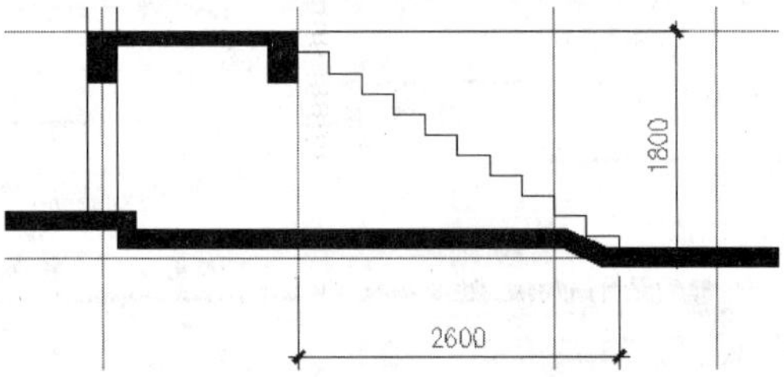

图 17-26　绘制台阶轮廓线

㉑单击菜单栏上的【绘图】|【构造线】命令，配合端点捕捉功能绘制如图 17-27 所示的构造线。

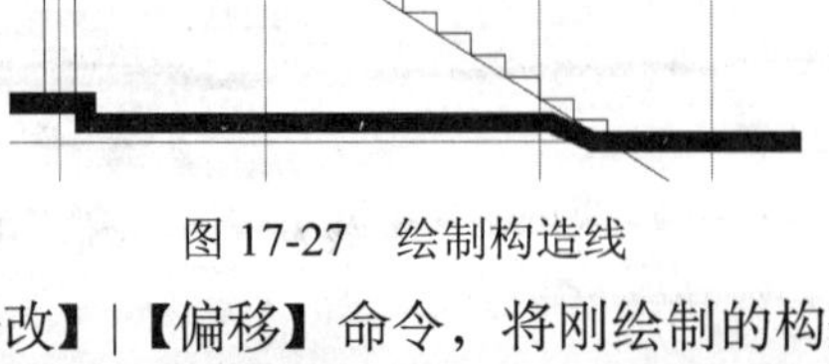

图 17-27　绘制构造线

㉒单击菜单栏上的【修改】|【偏移】命令，将刚绘制的构造线向下偏移 100 个单位，并删除源偏移对象，结果如图 17-28 所示。

㉓单击菜单栏上的【修改】|【修剪】命令，对偏移出的构造线进行修剪，删除多余的部分，结果如图 17-29 所示。

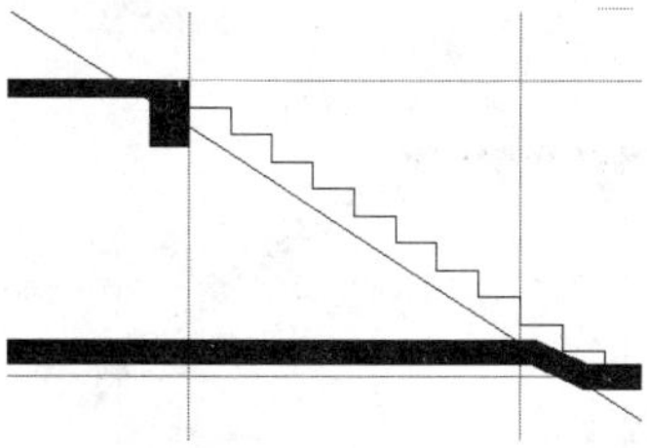

图 17-28　偏移结果

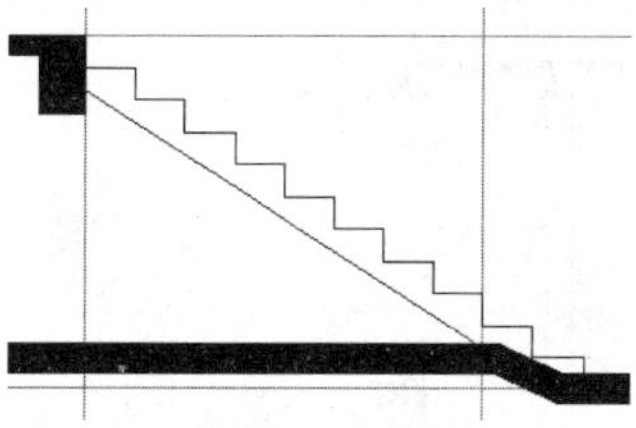

图 17-29　修剪结果

㉔使用快捷键 H 激活【图案填充】命令，对修剪后的楼梯填充实体图案，结果如图 17-30 所示。

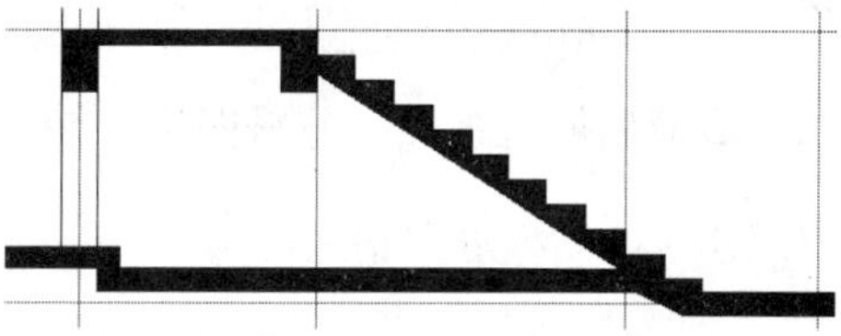

图 17-30　填充结果

㉕关闭“轴线层”，设置当前颜色值为 231 号色，然后使用【直线】命令，绘制长度为 900 的垂直直线作为栏杆轮廓线，如图 17-31 所示。

㉖使用快捷键 XL 激活【构造线】命令，分别通过栏杆上端点，绘制一条倾斜的构造线，如图 17-32 所示。

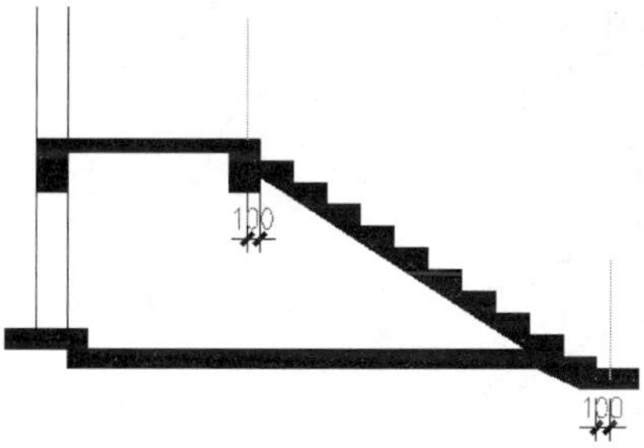

图 17-31　绘制栏杆轮廓线

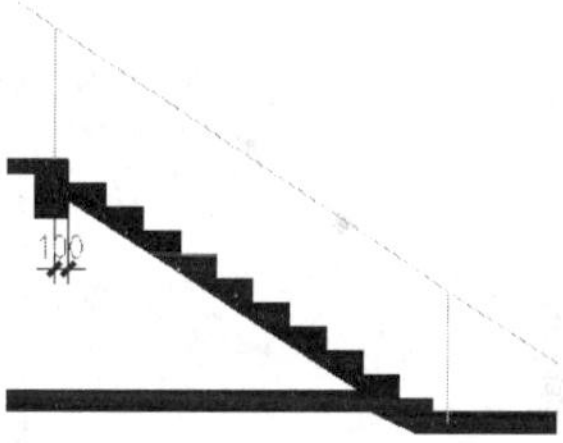

图 17-32　绘制构造线

㉗使用快捷键 O 激活【偏移】命令，设置偏移距离分别为 45、125、250 个单位，以构造线作为首次偏移对象，以偏移出的对象作为下次偏移对象，创建如图 17-33 所示的构造线。

㉘使用快捷键 TR 激活【修剪】命令，以两条栏杆轮廓线作为修剪边界，对各条构造线进行修剪操作，结果如图 17-34 所示。

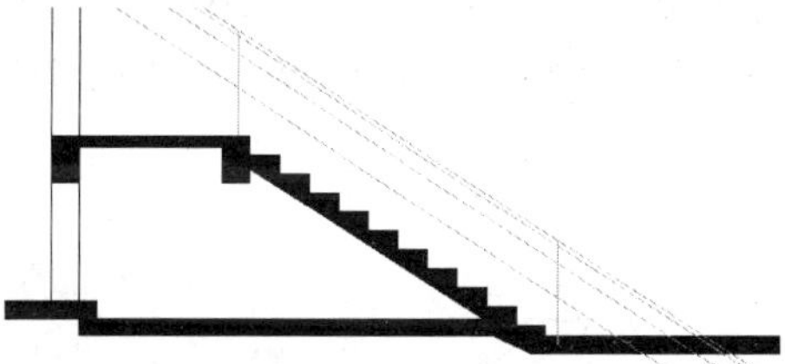

图 17-33　偏移结果

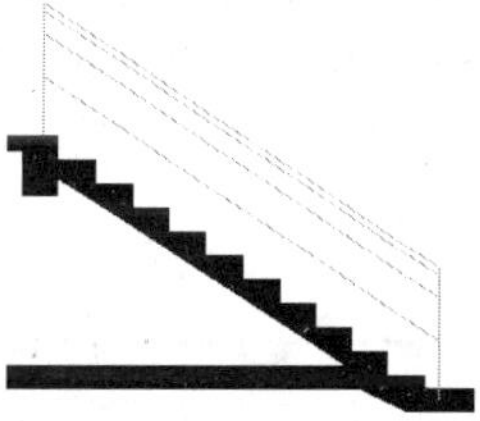

图 17-34　修剪结果

㉙参照上述操作步骤，分别绘制其他位置的楼梯、栏杆和扶手等轮廓线，结果如图 17-35 所示。

㉚将当前层设置为“门窗层”，然后使用【矩形】命令绘制长度为 120、高度为 1050 的阳台轮廓线，如图 17-36 所示。

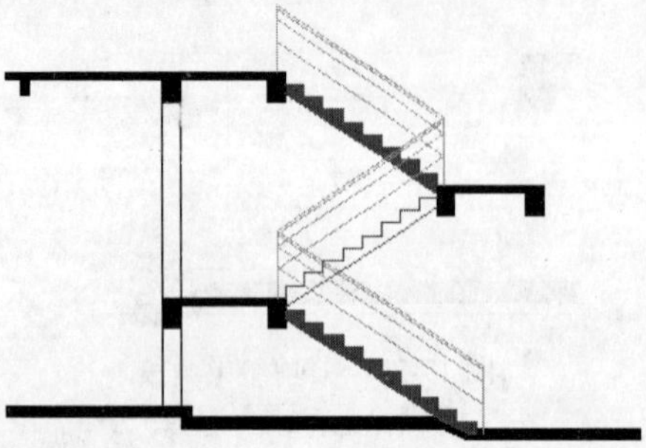

图 17-35　绘制结果

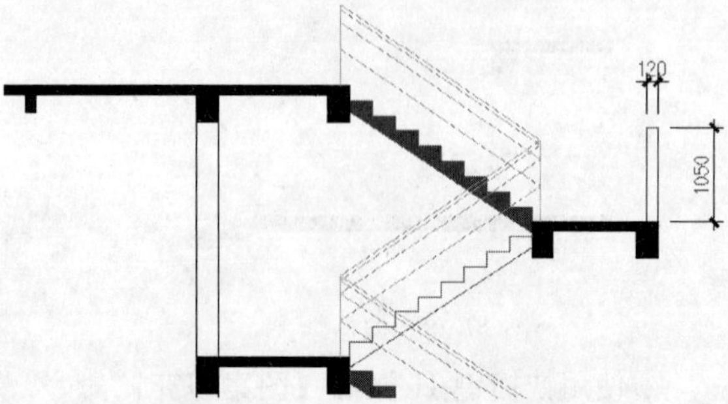

图 17-36　绘制阳台轮廓线

㉛最后调整视图，并将图形存储为“底层剖面图.dwg”文件。

17.2.3　绘制标准层剖面

本节主要学习建筑物准层剖面结构图的绘制方法和绘制技巧。建筑物标准层剖面图的最终绘制效果如图 17-37 所示。

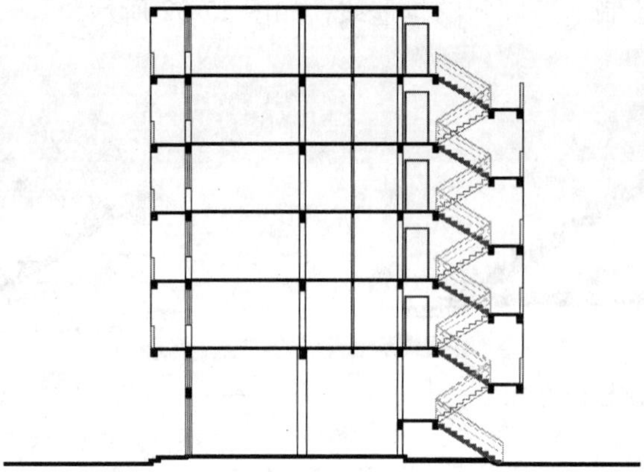

图 17-37　标准层剖面

操作步骤

❶继续上节操作，并打开“轴线层”，图形的显示效果如图 17-38 所示。

❷单击菜单栏上的【修改】|【偏移】命令，将上侧的水平定位线向上偏移，创建出二层定位辅助线，偏移结果如图 17-39 所示，其中定位线的间距分别为 900、1450 和 450 个单位。

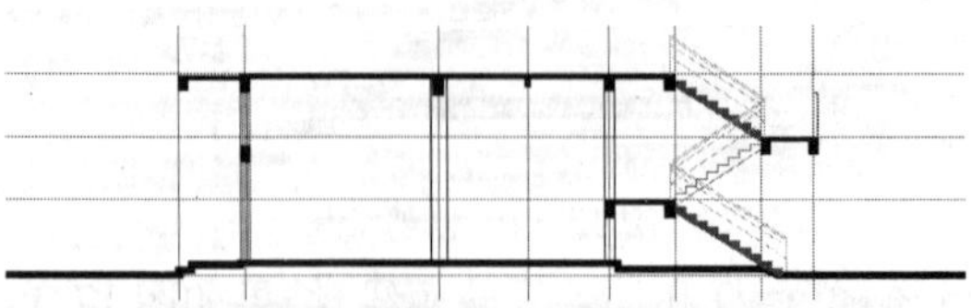

图 17-38　打开“轴线层”后的效果

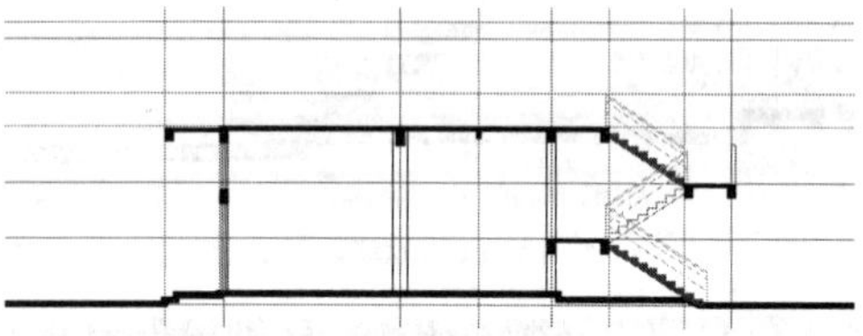

图 17-39　偏移结果

❸单击菜单栏上的【修改】|【复制】命令，将楼板、过梁等对象垂直向上复制 2800 个单位，结果如图 17-40 所示。

❹单击菜单栏上的【绘图】|【多线】命令，配合交点捕捉功能，绘制如图 17-41 所示的窗线和阳台轮廓线，其中阳台墙线的高度为 900、宽度为 120。

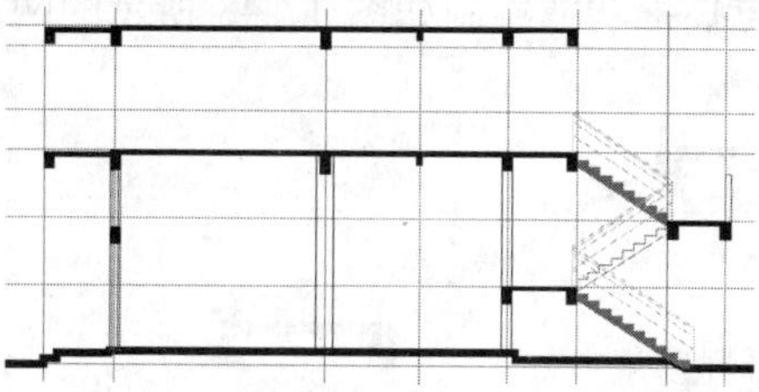

图 17-40 复制结果

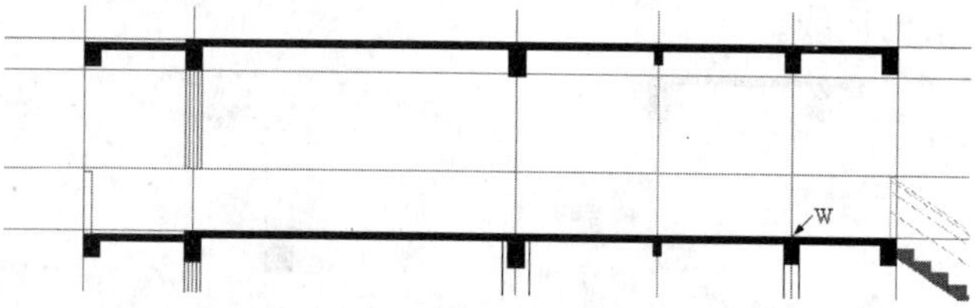

图 17-41 绘制窗线和阳台轮廓线

❺单击菜单栏上的【绘图】|【多段线】命令，配合【捕捉自】功能，以图 17-41 所示的交点 W 作为参照点，以（@200,0）作为起点，绘制宽度为 1000、高度为 2100 的门轮廓线，结果如图 17-42 所示。

❻使用快捷键 O 激活【偏移】命令，将多段线向内偏移 50 个单位，结果如图 17-43 所示。

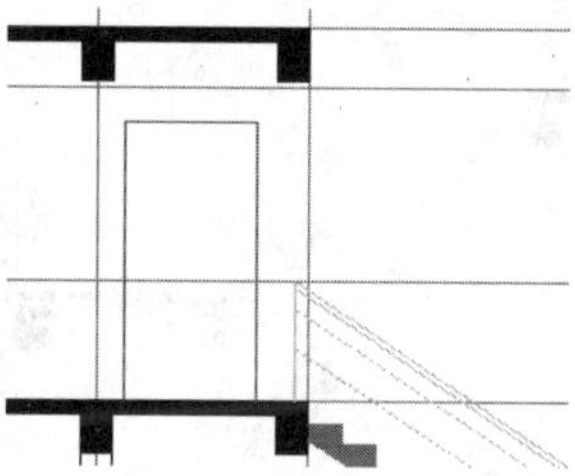

图 17-42 绘制门轮廓线

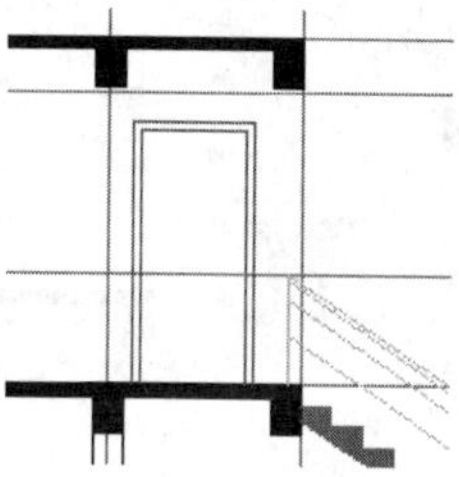

图 17-43 偏移结果

❼设置“轮廓线”为当前图层，然后使用【多线】命令绘制如图 17-44 所示的墙线，其中多线样式为“墙线样式”，对正方式为“中心对正”，宽度为 240 和 120。

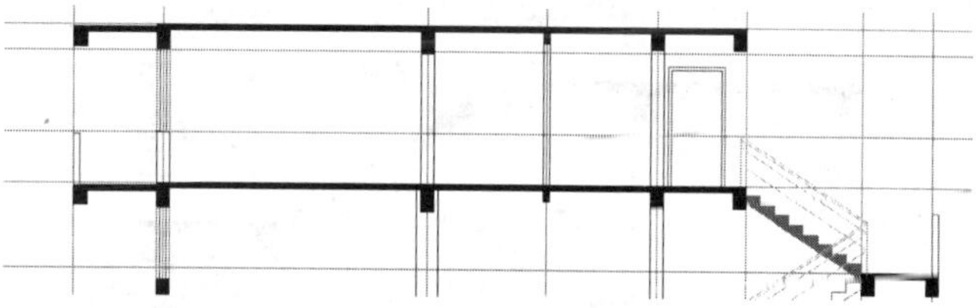

图 17-44 绘制墙线

❽关闭“轴线层”，框选如图 17-45 所示的楼梯平台板和过梁进行复制，基点为任意，目标点为（@0,2900），复制结果如图 17-46 所示。

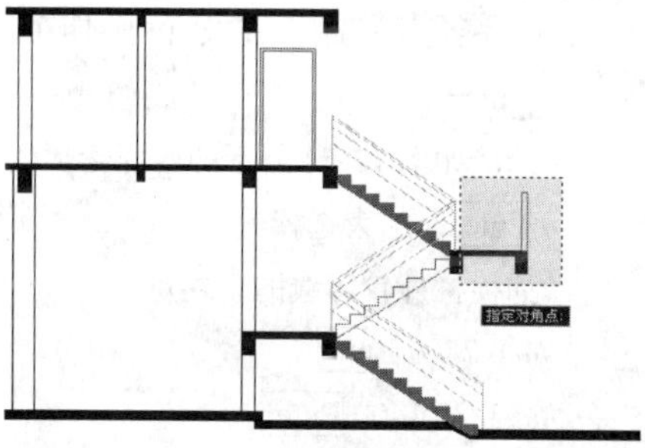

图 17-45 窗交选择

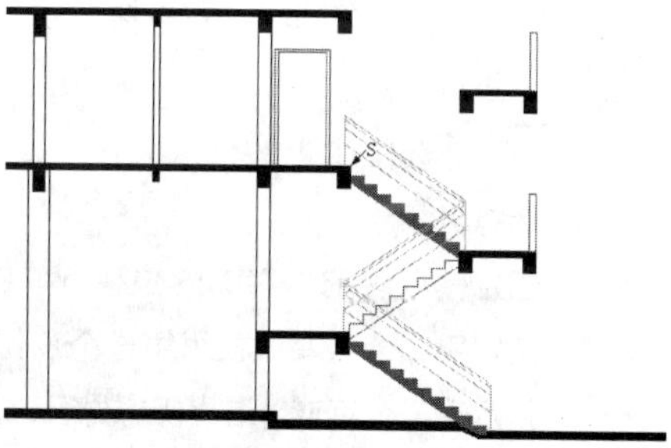

图 17-46 复制结果

⑨将“楼梯层”设置为当前图层，将当前颜色设置为“随层”，然后使用【多段线】命令绘制如图 17-47 所示的楼梯台阶轮廓线，其中台阶宽为 260、踏步高为 1400/9。

⑩使用快捷键 XL 激活【构造线】命令，配合端点捕捉功能绘制如图 17-48 所示的两条构造线。

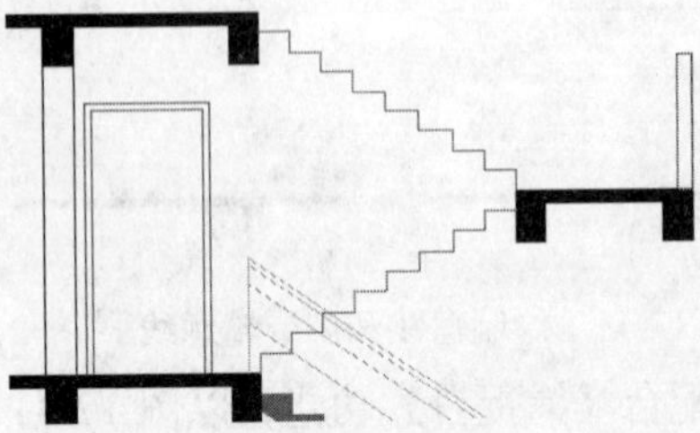
图 17-47　绘制楼梯台阶轮廓线

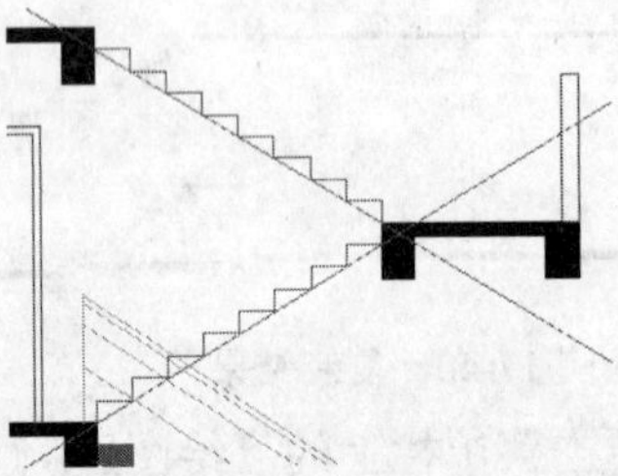
图 17-48　绘制构造线

⑪单击菜单栏上的【修改】|【偏移】命令，将两条构造线向下偏移 100 个单位，在偏移的过程中将源对象删除，结果如图 17-49 所示。

⑫单击菜单栏上的【修改】|【修剪】命令，对偏移出的两条构造线进行修剪，修剪结果如图 17-50 所示。

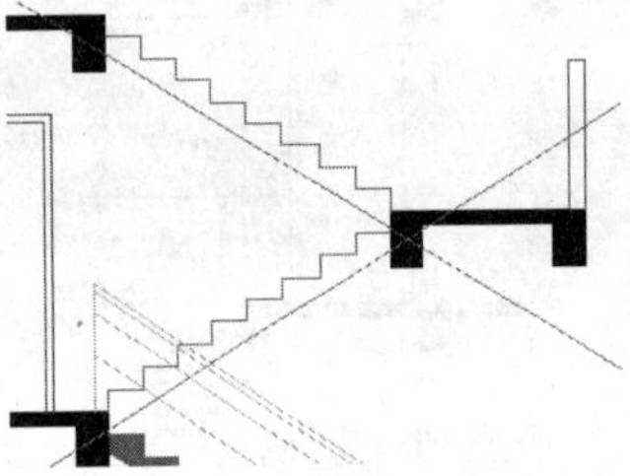
图 17-49　偏移结果

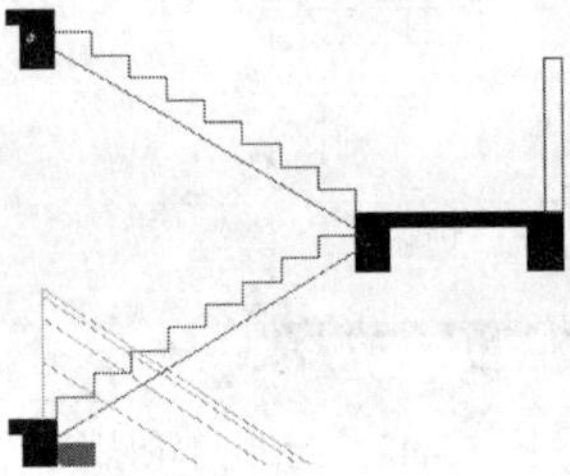
图 17-50　修剪结果

⑬单击菜单栏上的【绘图】|【图案填充】命令，对楼梯填充实体图案，结果如图 17-51 所示。

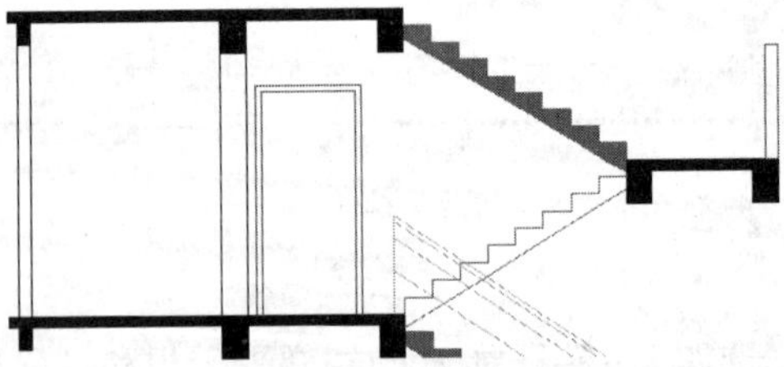
图 17-51　填充结果

⑭使用快捷键 CO 激活【复制】命令，对楼梯栏杆进行多重复制。命令行操作如下：

```
命令: co                                                //Enter
    COPY 选择对象:                                      //选择如图 17-52 所示的栏杆轮廓线
    选择对象:                                           //Enter，结束选择
    指定基点或 [位移(D)] <位移>:                        //捕捉栏杆轮廓线的下端点
    指定第二个点或 <使用第一个点作为位移>:              //@0,2800 Enter
    指定第二个点或 [退出(E)/放弃(U)] <退出>:            //@2280,1400 Enter
    指定第二个点或 [退出(E)/放弃(U)] <退出>:            //Enter，复制结果如图 17-53 所示
```

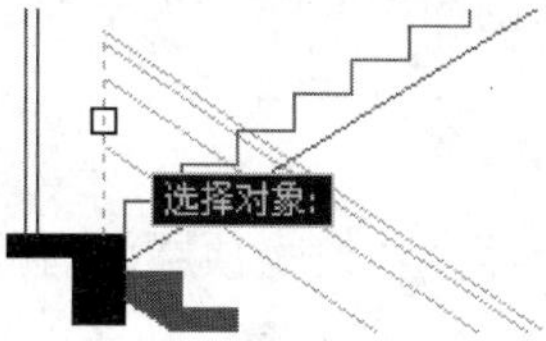

图 17-52 选择栏杆轮廓线

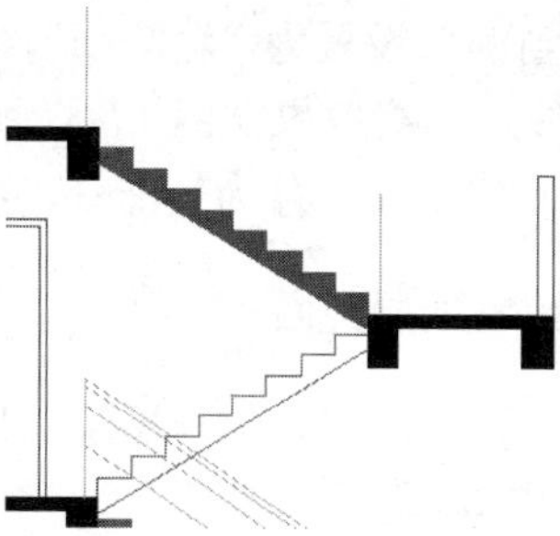
图 17-53 复制结果

⑮将当前颜色设置为 231 号色，使用【构造线】命令配合端点捕捉功能，绘制如图 17-54 所示的构造线，作为栏杆扶手轮廓线。

⑯使用快捷键 O 激活【偏移】命令，分别对两条构造线进行多重偏移，间距分别为 45、125 和 250 个单位，结果如图 17-55 所示。

⑰使用快捷键 TR 激活【修剪】命令，以两侧的栏杆作为修剪边界，对各条构造线进行修剪，修剪结果如图 17-56 所示。

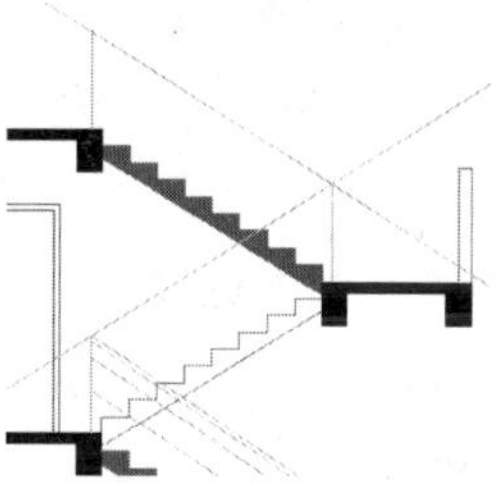
图 17-54 绘制扶手

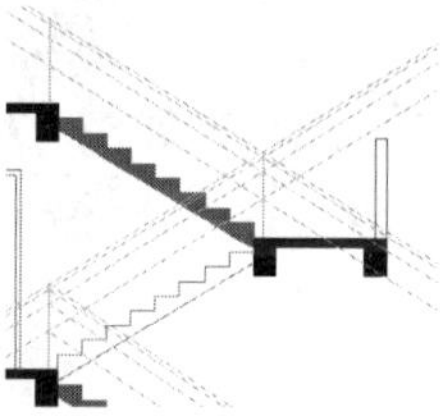
图 17-55 偏移结果

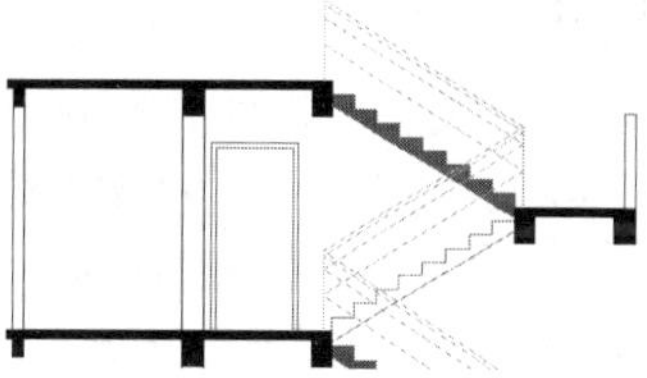
图 17-56 修剪结果

⑱单击菜单栏上的【修改】|【阵列】命令，设置阵列行数为 5、列数为 1、行偏移为 2800 个单位，选择图 17-57 所示的对象进行阵列，阵列结果如图 17-58 所示。

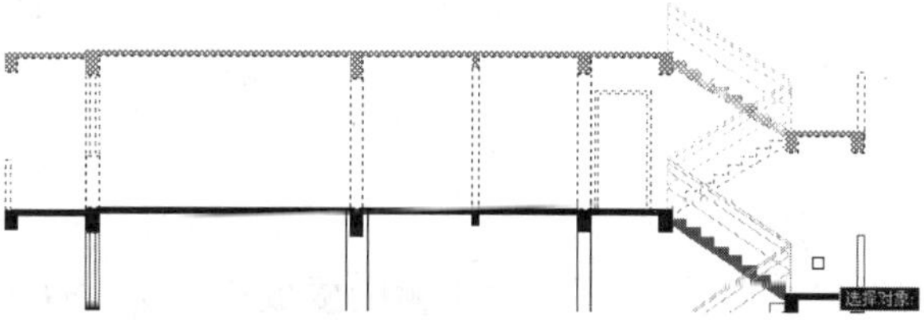

图 17-57 选择对象

⑲使用快捷键 E 激活【删除】命令，删除上侧的多余梯梯及平台构件，结果如图 17-59 所示。

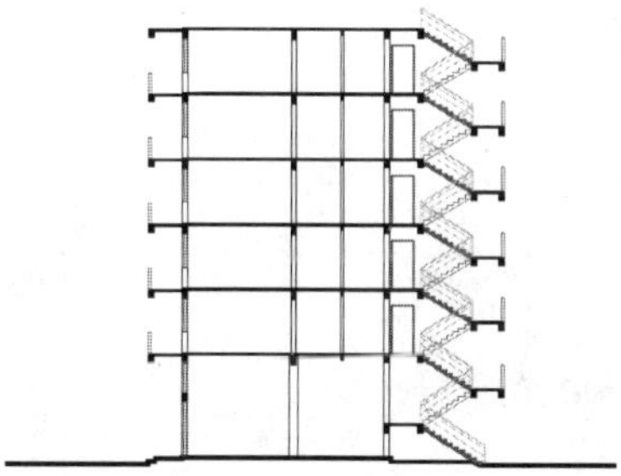
图 17-58 阵列结果

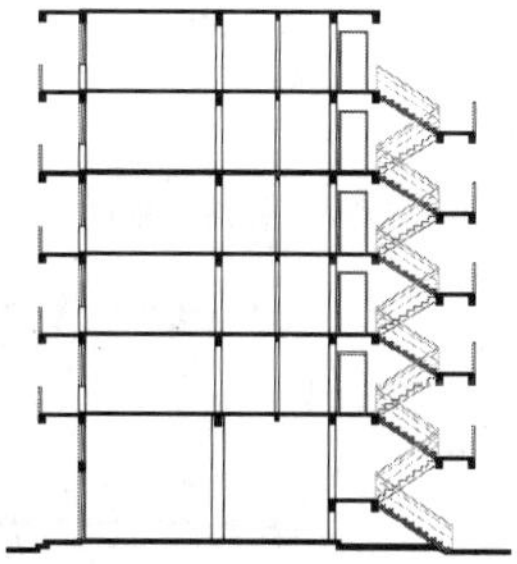
图 17-59 删除结果

⑳将当前层设置为“轮廓线”，然后使用画线命令，配合对象捕捉功能，绘制剖面图两侧的轮廓线，最终效果如图 17-37 所示。

㉑最后使用【另存为】命令，将图形另存为“标准层剖面图.dwg”文件。

17.2.4 绘制顶层剖面

本节主要学习建筑物顶层剖面图的绘制方法和绘制技巧。建筑物顶层剖面的最终绘制效果如图 17-60 所示。

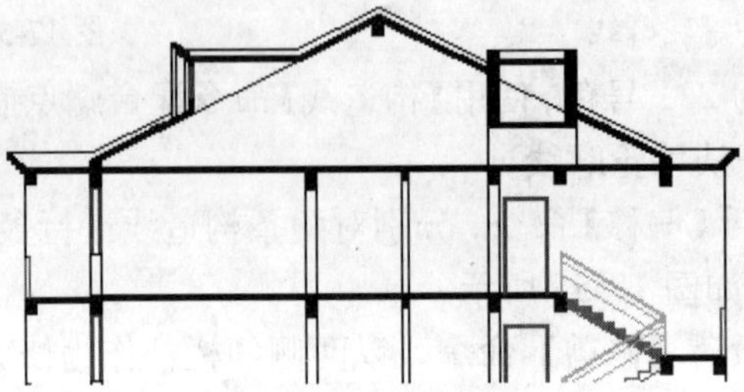

图 17-60 顶层剖面

实例操练

❶继续上节操作，并打开“轴线层”，结果如图 17-61 所示。

❷单击菜单栏上的【修改】|【偏移】命令，将最上侧的水平构造线向上偏移 11200 个单位，结果如图 17-62 所示。

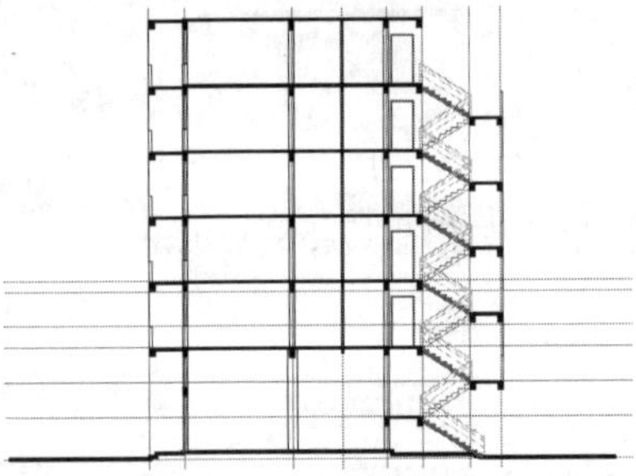

图 17-61 打开轴线层后的效果

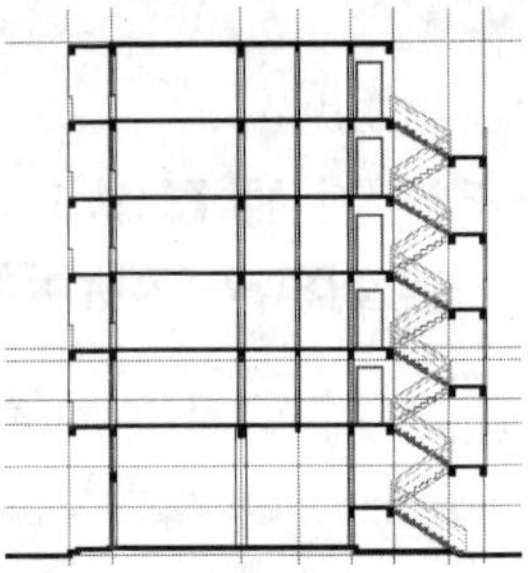

图 17-62 偏移结果

❸在无命令执行的前提下，夹点显示最上侧的楼板轮廓线，如图 17-63 所示。

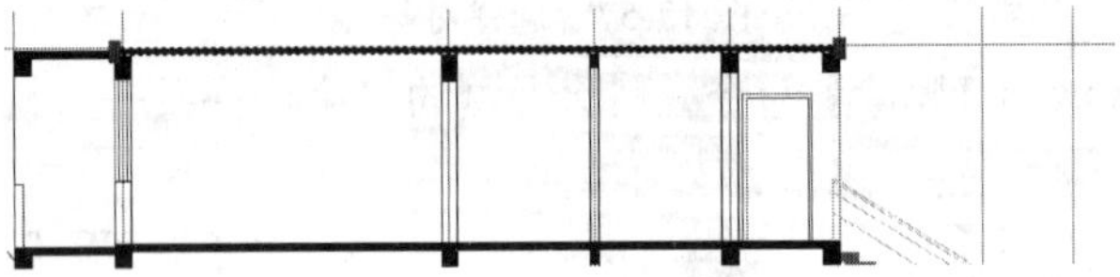

图 17-63 夹点显示

❹使用夹点拉伸功能对其进行拉长，结果如图 17-64 所示。

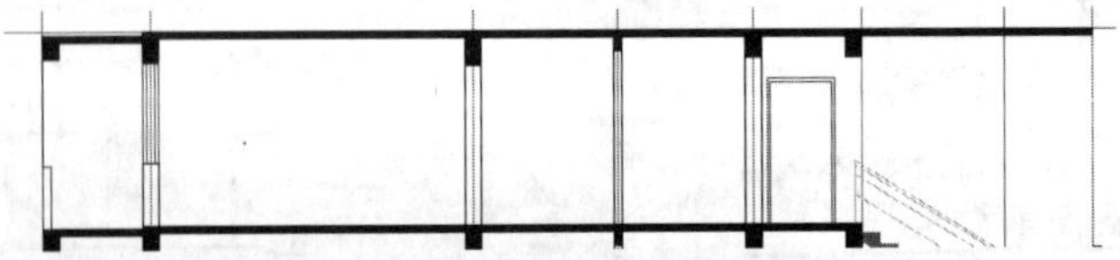

图 17-64 拉伸楼板结果

❺重复夹点拉伸功能，将左侧窗洞上侧的矩形过梁垂直拉伸 250 个单位，结果如图 17-65 所示。

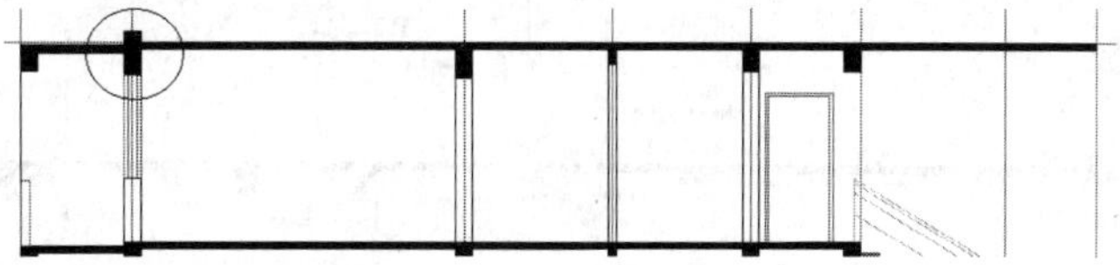

图 17-65　拉伸过梁结果

❻单击菜单栏上的【修改】|【复制】命令，选择矩形过梁进行复制。命令行操作如下：

```
命令: _copy
    选择对象:                                   //选择图 17-65 所示的矩形过梁
    选择对象:                                   // Enter
    指定基点或 [位移(D)] <位移>:                  //捕捉如图 17-66 所示的端点
    指定第二个点或 <使用第一个点作为位移>:          //捕捉图 17-67 所示的交点
    指定第二个点或 [退出(E)/放弃(U)] <退出>:        // Enter，结束命令
```

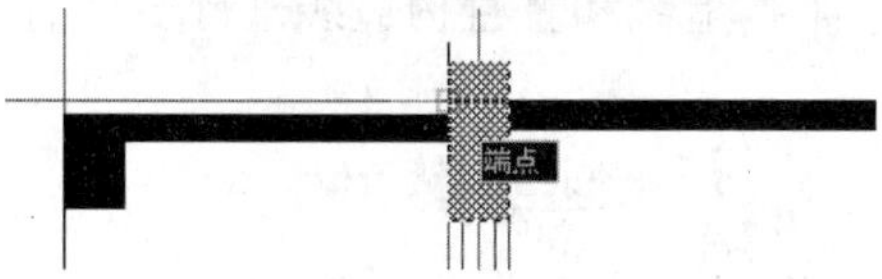

图 17-66　捕捉端点

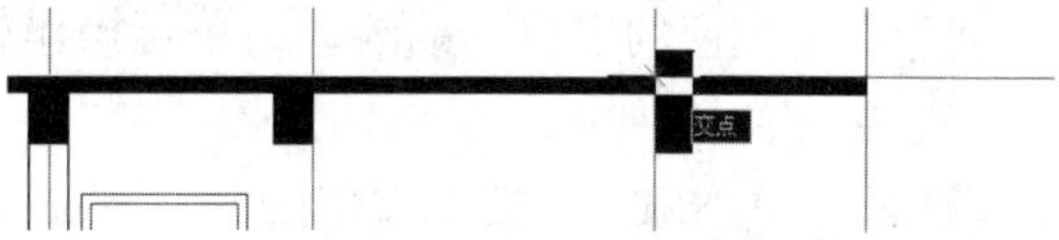

图 17-67　定位目标点

❼单击菜单栏上的【绘图】|【构造线】命令，配合端点捕捉功能，绘制两条倾斜的轮廓线。命令行操作如下：

```
命令: _xline
    指定点或 [水平(H)/垂直(V)/角度(A)/二等分(B)/偏移(O)]: //a Enter，激活【角度】选项
    输入构造线的角度 (0.00) 或 [参照(R)]:                 //25.91 Enter
    指定通过点:                                          //捕捉如图 17-68 所示的端点
    指定通过点:                                          // Enter
    命令:                                                // Enter
    XLINE 指定点或 [水平(H)/垂直(V)/角度(A)/二等分(B)/偏移(O)]:
                                                         //a Enter，激活【角度】选项
    输入构造线的角度 (0.00) 或 [参照(R)]:                 //-25.91 Enter
    指定通过点:                                          //捕捉如图 17-69 所示的端点
    指定通过点:                                          // Enter，结束命令
```

图 17-68　端点捕捉

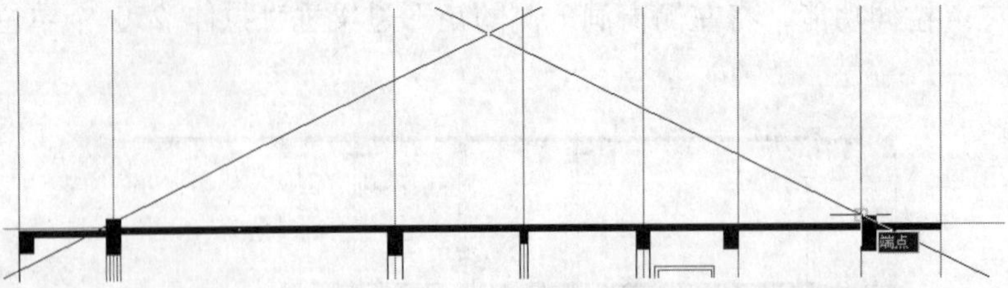

图 17-69 捕捉另一端点

❽单击菜单栏上的【修改】|【偏移】命令，将两条构造线向外偏移复制 100 个单位，并对其进行修剪，结果如图 17-70 所示。

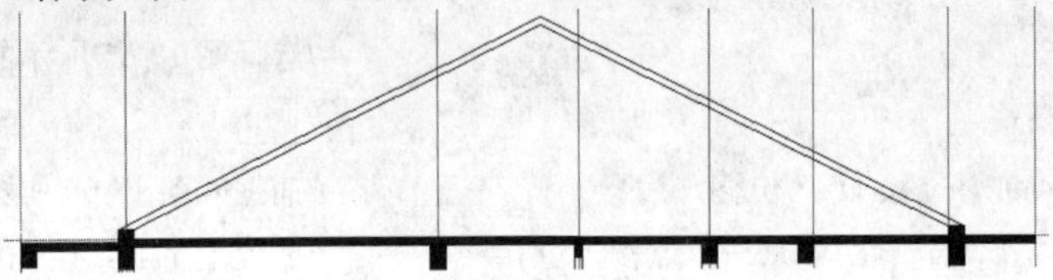

图 17-70 修剪结果

❾使用快捷键 O 激活【偏移】命令，对上侧水平构造线和垂直构造线进行多重偏移，以创建出老虎窗的定位辅助线。命令行操作如下：

```
命令: o                                                    // Enter，激活偏移命令
    OFFSET 当前设置: 删除源=否  图层=源  OFFSETGAPTYPE=0
    指定偏移距离或 [通过(T)/删除(E)/图层(L)] <100.0>:          //2100 Enter
    选择要偏移的对象，或 [退出(E)/放弃(U)] <退出>:             //选择左侧第二条垂直构造线
    指定要偏移的那一侧上的点，或 [退出(E)/多个(M)/放弃(U)] <退出>:
                                                           //在所选构造线的右侧拾取一点
    选择要偏移的对象，或 [退出(E)/放弃(U)] <退出>:             // Enter，结束命令
    命令:                                                  // Enter，重复执行命令
    OFFSET 当前设置: 删除源=否  图层=源  OFFSETGAPTYPE=0
    指定偏移距离或 [通过(T)/删除(E)/图层(L)] <2100.0>:         //100 Enter
    选择要偏移的对象，或 [退出(E)/放弃(U)] <退出>:             //选择刚偏移出的垂直构造线
    指定要偏移的那一侧上的点，或 [退出(E)/多个(M)/放弃(U)] <退出>:
                                                           //在所选构造线的右侧拾取一点
    选择要偏移的对象，或 [退出(E)/放弃(U)] <退出>:             // Enter，结束命令
    命令:                                                  // Enter，重复执行命令
    OFFSET 当前设置: 删除源=否  图层=源  OFFSETGAPTYPE=0
    指定偏移距离或 [通过(T)/删除(E)/图层(L)] <100.0>:          //1500 Enter
    选择要偏移的对象，或 [退出(E)/放弃(U)] <退出>:             //选择最上侧的水平构造线
    指定要偏移的那一侧上的点，或 [退出(E)/多个(M)/放弃(U)] <退出>:
                                                           //在所选构造线的上侧拾取一点
    选择要偏移的对象，或 [退出(E)/放弃(U)] <退出>:             // Enter，结束命令
    命令:                                                  // Enter，重复执行命令
    OFFSET 当前设置: 删除源=否  图层=源  OFFSETGAPTYPE=0
```

```
指定偏移距离或 [通过(T)/删除(E)/图层(L)] <1500.0>:        //650 Enter
选择要偏移的对象，或 [退出(E)/放弃(U)] <退出>:            //选择刚偏移出的水平构造线
指定要偏移的那一侧上的点，或 [退出(E)/多个(M)/放弃(U)] <退出>:
                                                          //在所选构造线的上侧拾取一点
选择要偏移的对象，或 [退出(E)/放弃(U)] <退出>:            // Enter，结束命令
命令:                                                     // Enter，重复执行命令
OFFSET 当前设置: 删除源=否   图层=源   OFFSETGAPTYPE=0
指定偏移距离或 [通过(T)/删除(E)/图层(L)] <650.0>:   250 Enter
选择要偏移的对象，或 [退出(E)/放弃(U)] <退出>:            //选择刚偏移出的水平构造线
指定要偏移的那一侧上的点，或 [退出(E)/多个(M)/放弃(U)] <退出>:
                                                          //在所选构造线的上侧拾取一点
选择要偏移的对象，或 [退出(E)/放弃(U)] <退出>:            // Enter，结束命令
命令:                                                     // Enter，重复执行命令
OFFSET 当前设置: 删除源=否   图层=源   OFFSETGAPTYPE=0
指定偏移距离或 [通过(T)/删除(E)/图层(L)] <250.0>:   100 Enter
选择要偏移的对象，或 [退出(E)/放弃(U)] <退出>://选择刚偏移出的水平构造线
指定要偏移的那一侧上的点，或 [退出(E)/多个(M)/放弃(U)] <退出>:
                                                          //在所选构造线的下侧拾取一点
选择要偏移的对象，或 [退出(E)/放弃(U)] <退出>:
                                    // Enter，结束命令，绘制结果如图 17-71 所示
```

⑩单击菜单栏上的【修改】|【修剪】命令，对偏移出的构造线等对象进行修剪，修剪结果如图 17-72 所示。

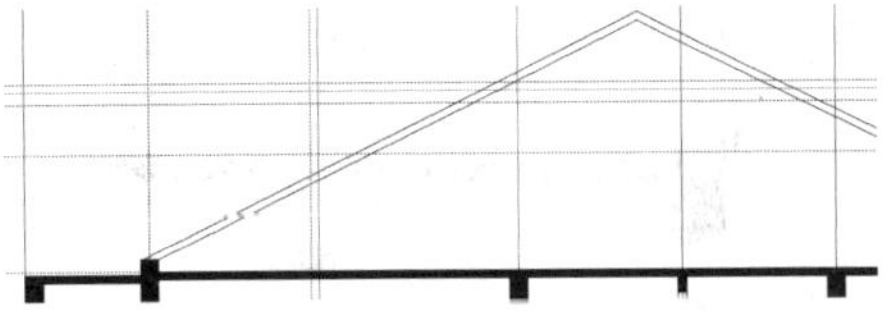

图 17-71　绘制定位辅助线

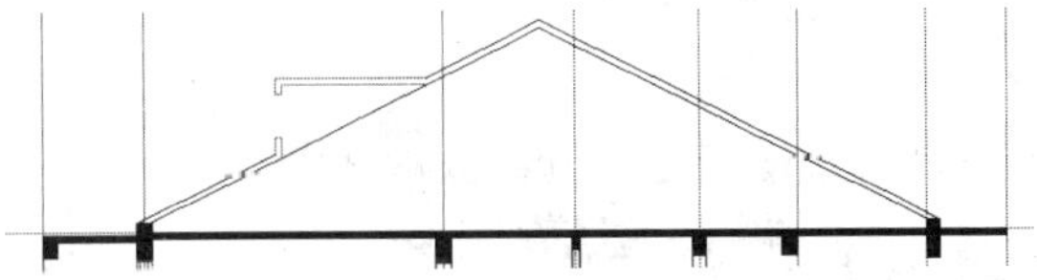

图 17-72　修剪结果

⑪将“门窗层”设置为当前图层，使用【多线】命令绘制宽度为 100、高度为 650 的老虎窗轮廓线，其中多线比例为 100、样式为“窗线样式”，结果如图 17-73 所示。

⑫设置“轮廓线”为当前图层，使用【矩形】命令绘制长度为 250、宽度为 320 的矩形，如图 17-74 所示。

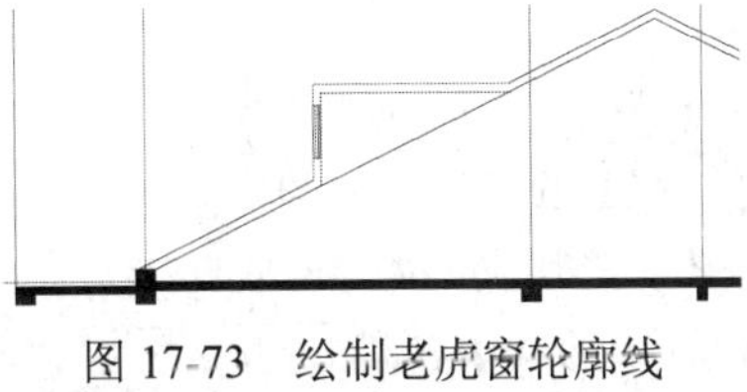

图 17-73　绘制老虎窗轮廓线

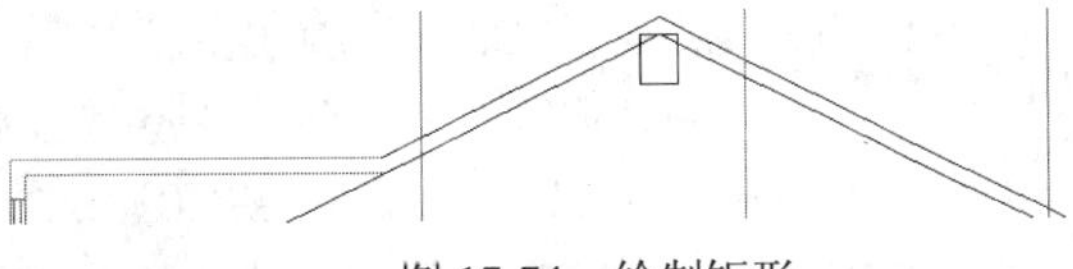

图 17-74　绘制矩形

⑬使用快捷键 TR 激活【修剪】命令，对矩形及两侧的轮廓线进行修剪操作，结果如图 17-75 所示。

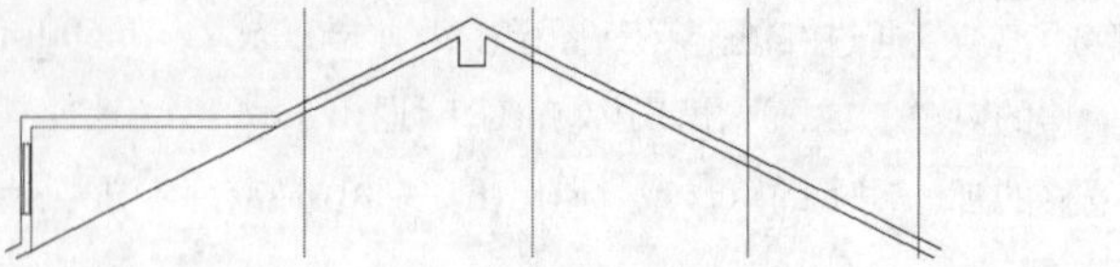

图 17-75　修剪结果

⑭单击菜单栏上的【修改】|【偏移】命令，对最上侧水平构造线和中间的垂直构造线进行偏移，结果如图 17-76 所示。

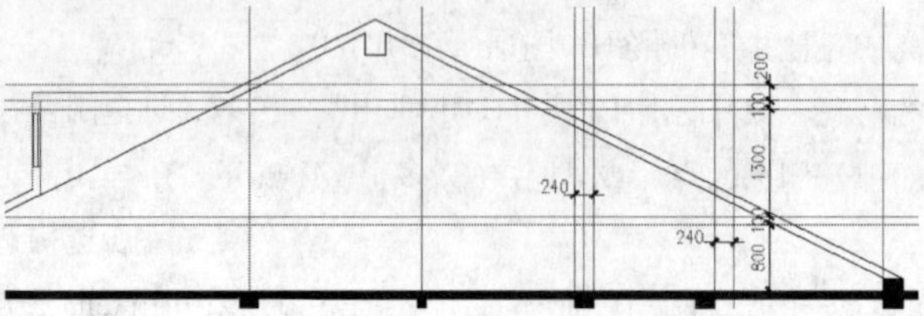

图 17-76　偏移结果

⑮单击菜单栏上的【修改】|【修剪】命令，对各构造线和轮廓线进行修剪操作，删除不需要的部分，结果如图 17-77 所示。

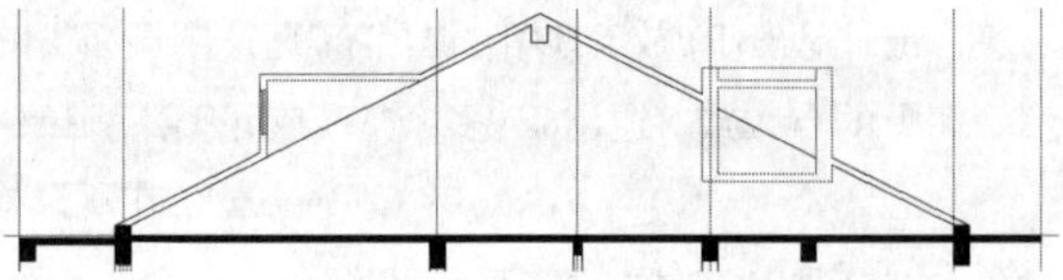

图 17-77　修剪结果

⑯单击菜单栏上的【修改】|【移动】命令，框选图 17-78 所示的楼板及过梁并向上移 50 个单位，结果如图 17-79 所示。

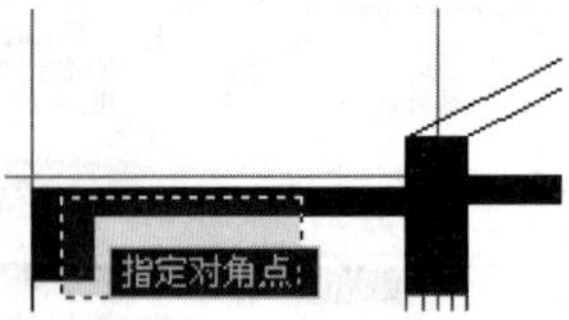

图 17-78　窗交选择

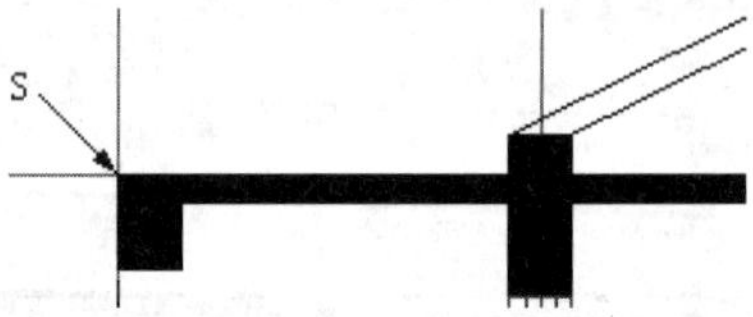

图 17-79　位移结果

⑰单击菜单栏上的【绘图】|【多段线】命令，配合点的坐标输入功能，绘制挑檐轮廓线。命令行操作如下：

命令: _pline

指定起点:　　　　//捕捉上图 17-79 所示的端点 S

当前线宽为 0.0

指定下一个点或 [圆弧(A)/半宽(H)/长度(L)/放弃(U)/宽度(W)]: //@0,-100 Enter

指定下一点或 [圆弧(A)/闭合(C)/半宽(H)/长度(L)/放弃(U)/宽度(W)]: //@-100,0 Enter

指定下一点或 [圆弧(A)/闭合(C)/半宽(H)/长度(L)/放弃(U)/宽度(W)]: //@80<90 Enter

指定下一点或 [圆弧(A)/闭合(C)/半宽(H)/长度(L)/放弃(U)/宽度(W)]: //a Enter，激活【圆弧】选项

指定圆弧的端点或[角度(A)/圆心(CE)/闭合(CL)/方向(D)/半宽(H)/直线(L)/半径(R)/第二个点(S)/放弃(U)/宽度(W)]:　　　　//d Enter，激活【方向】选项

```
    指定圆弧的起点切向:                        //@-200,0 Enter
    指定圆弧的端点:                            //@-200,200 Enter
    指定圆弧的端点或[角度(A)/圆心(CE)/闭合(CL)/方向(D)/半宽(H)/直线(L)/半径(R)/第二个点
(S)/放弃(U)/宽度(W)]:                          //l Enter，激活【直线】选项
    指定下一点或 [圆弧(A)/闭合(C)/半宽(H)/长度(L)/放弃(U)/宽度(W)]: //@100<180 Enter
    指定下一点或 [圆弧(A)/闭合(C)/半宽(H)/长度(L)/放弃(U)/宽度(W)]: //@150<90 Enter
    指定下一点或 [圆弧(A)/闭合(C)/半宽(H)/长度(L)/放弃(U)/宽度(W)]: //@75<0 Enter
    指定下一点或 [圆弧(A)/闭合(C)/半宽(H)/长度(L)/放弃(U)/宽度(W)]:
                                   //c Enter，闭合图形，绘制结果如图 17-80 所示
```

⑱单击菜单栏上的【修改】|【镜像】命令，配合【两点之间的中点】和端点捕捉功能，对刚绘制的挑檐轮廓线进行镜像，结果如图 17-81 所示。

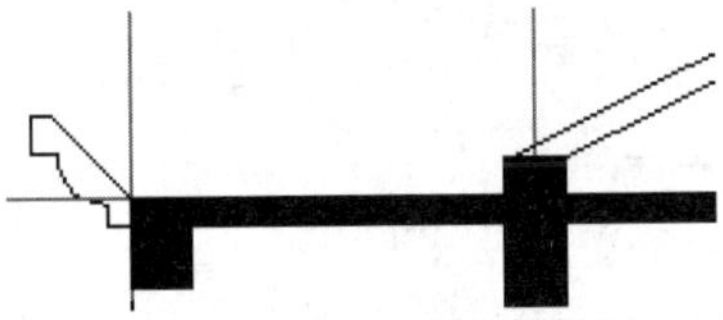

图 17-80　绘制挑檐轮廓线

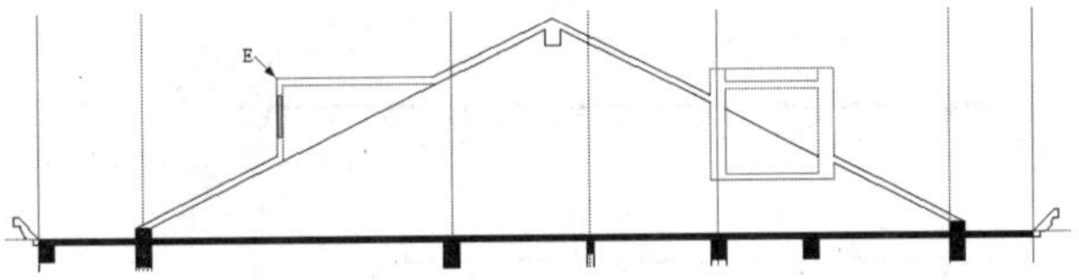

图 17-81　镜像结果

⑲使用【多段线】命令，配合【捕捉自】和极坐标输入功能，绘制老虎窗位置的挑檐轮廓线。命令行操作如下：

```
命令: _pline
    指定起点:                                  //激活【捕捉自】功能
    _from 基点:                                //捕捉上图 17-81 所示的端点 E
    <偏移>:                                    //@120<90 Enter
    当前线宽为 0.0
    指定下一个点或 [圆弧(A)/半宽(H)/长度(L)/放弃(U)/宽度(W)]:        //@220<-90 Enter
    指定下一点或 [圆弧(A)/闭合(C)/半宽(H)/长度(L)/放弃(U)/宽度(W)]: //@100<180 Enter
    指定下一点或 [圆弧(A)/闭合(C)/半宽(II)/长度(L)/放弃(U)/宽度(W)]: //@100<90 Enter
    指定下一点或 [圆弧(A)/闭合(C)/半宽(H)/长度(L)/放弃(U)/宽度(W)]: //a Enter，激活【圆弧】
选项
    指定圆弧的端点或[角度(A)/圆心(CE)/闭合(CL)/方向(D)/半宽(H)/直线(L)/半径(R)/第二个
    点(S)/放弃(U)/宽度(W)]:                    //d Enter，激活【方向】选项
    指定圆弧的起点切向:                        //@-1,0 Enter，定位切向
    指定圆弧的端点:                            //@-200,200 Enter
    指定圆弧的端点或[角度(A)/圆心(CE)/闭合(CL)/方向(D)/半宽(H)/直线(L)/半径(R)/第二个
    点(S)/放弃(U)/宽度(W)]:                    //l Enter，激活【直线】选项
    指定下一点或 [圆弧(A)/闭合(C)/半宽(H)/长度(L)/放弃(U)/宽度(W)]: //@100<180 Enter
    指定下一点或 [圆弧(A)/闭合(C)/半宽(H)/长度(L)/放弃(U)/宽度(W)]: //@120<90 Enter
    指定下一点或 [圆弧(A)/闭合(C)/半宽(H)/长度(L)/放弃(U)/宽度(W)]: //@100<0 Enter
    指定下一点或 [圆弧(A)/闭合(C)/半宽(H)/长度(L)/放弃(U)/宽度(W)]:
                                   //c Enter，闭合图形，绘制结果如图 17-82 所示
```

⑳在无命令执行的前提下选择如图 17-83 所示的对象，更改图层为“轮廓线”层。

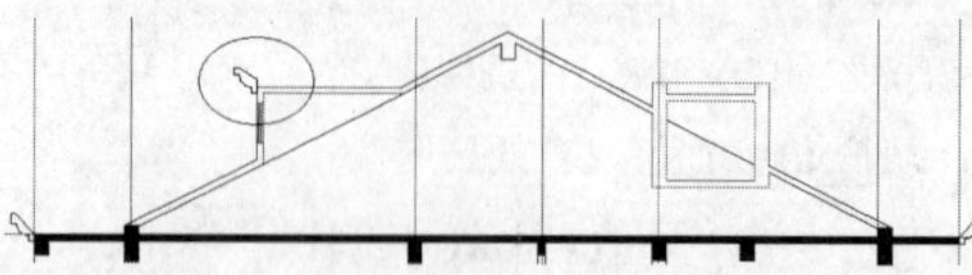

图 17-82　绘制老虎窗上的挑檐轮廓线

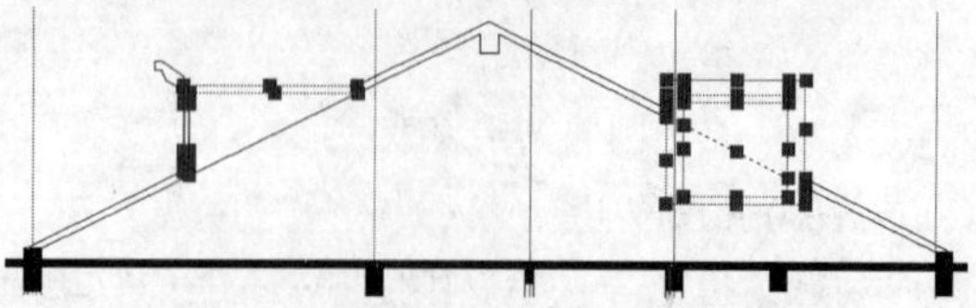

图 17-83　夹点显示对象

㉑关闭“轴线层”，使用画线命令配合对象捕捉功能，绘制老虎窗、挑檐等位置的轮廓线，结果如图 17-84 所示。

㉒使用快捷键 O 激活【偏移】命令，将偏移距离设置为 130 个单位，分别对楼顶外侧的轮廓线向外偏移复制，结果如图 17-85 所示。

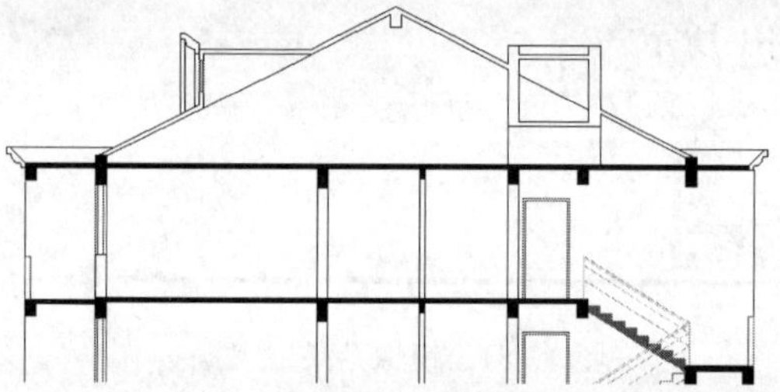

图 17-84　绘制轮廓线

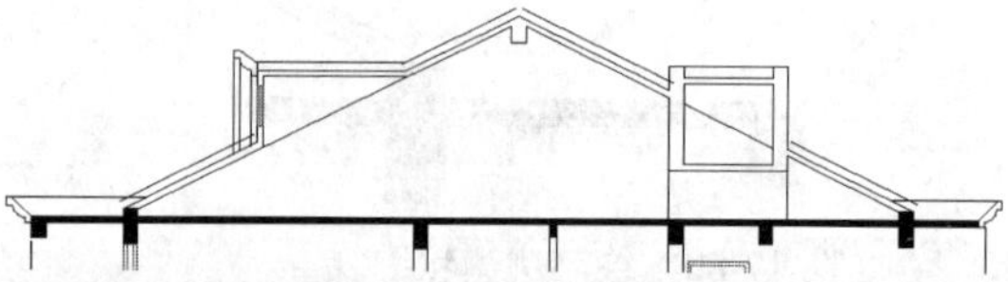

图 17-85　偏移复制结果

㉓单击菜单栏上的【修改】|【圆角】命令，将圆角半径设置为 0，分别对偏移出的轮廓线进行圆角操作，使其两两相交于一点，结果如图 17-86 所示。

㉔使用快捷键 TR 激活【修剪】命令，对部分轮廓线进行修剪或延长，操作结果如图 17-87 所示。

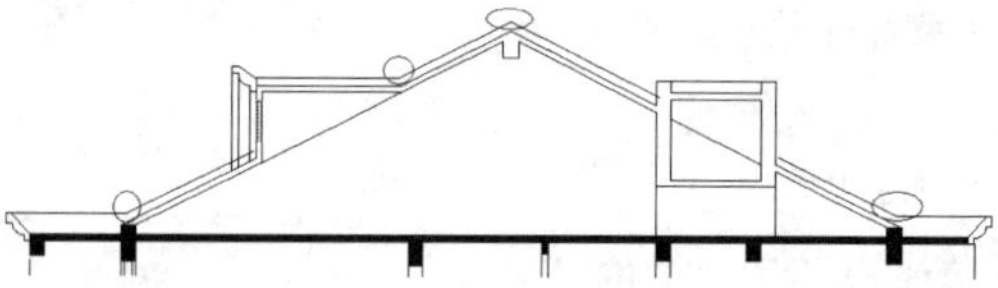

图 17-86　圆角结果

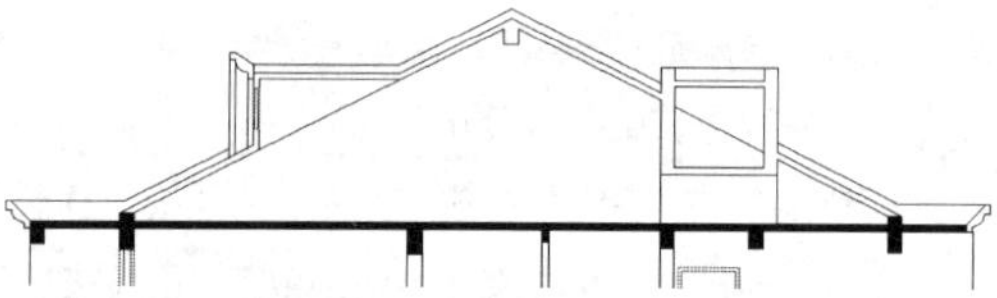

图 17-87　修剪结果

㉕使用快捷键 H 激活【图案填充】命令，对如图 17-88 所示的虚线区域进行填充实体图案，填充结果如图 17-89 所示。

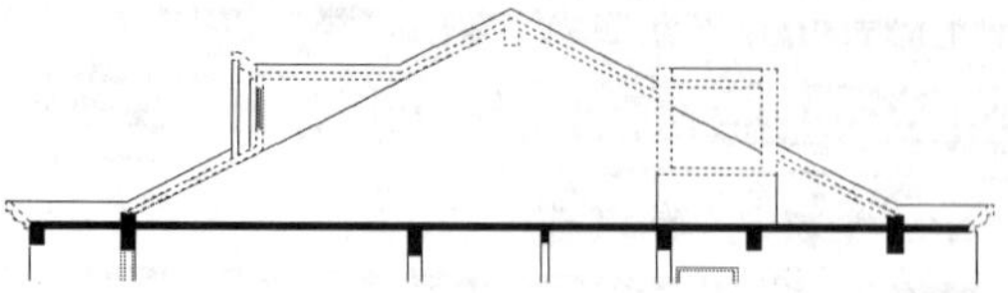

图 17-88　指定填充区域

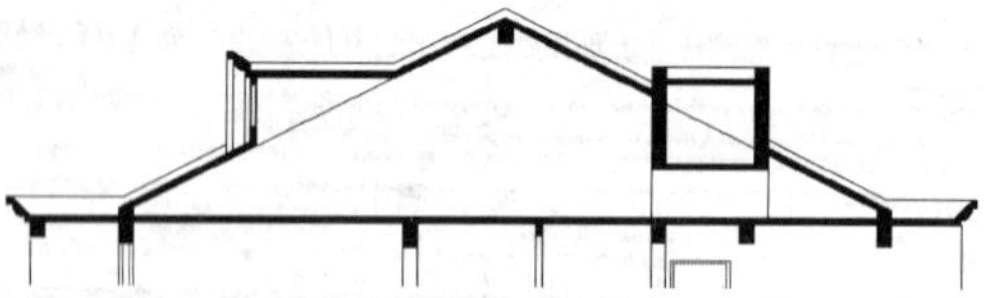

图 17-89　填充结果

㉖最后使用【另存为】命令，将图形另存为“绘制顶层剖面图.dwg ”文件。

17.2.5　标注剖面尺寸

本节为建筑物剖面图标注如图 17-90 所示的施工尺寸。

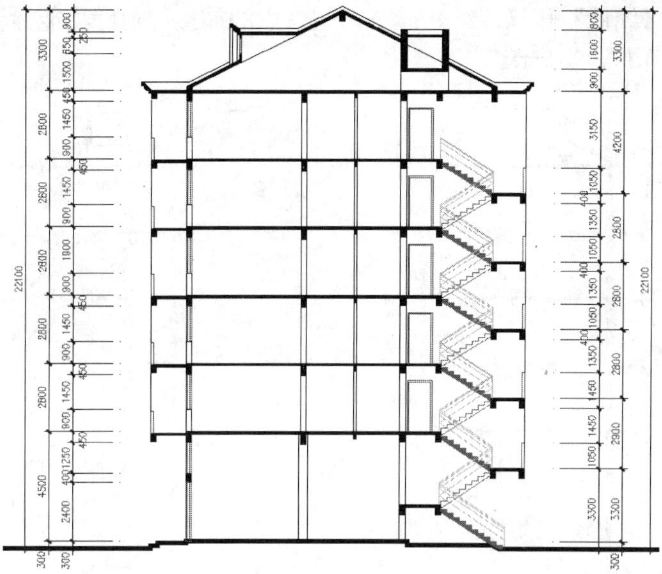

图 17-90　标注剖面尺寸

实例操练

❶继续上节操作，并设置“尺寸层”当前图层。

❷修改变量 DIMSCALE 值为 100，然后使用【构造线】命令，通过剖面图最外侧点绘制两条垂直的构造线，作为尺寸定位辅助线，如图 17-91 所示。

❸单击菜单栏上的【修改】|【偏移】命令，将两条垂直的构造线向外偏移 900 个单位，并删除源对象，结果如图 17-92 所示。

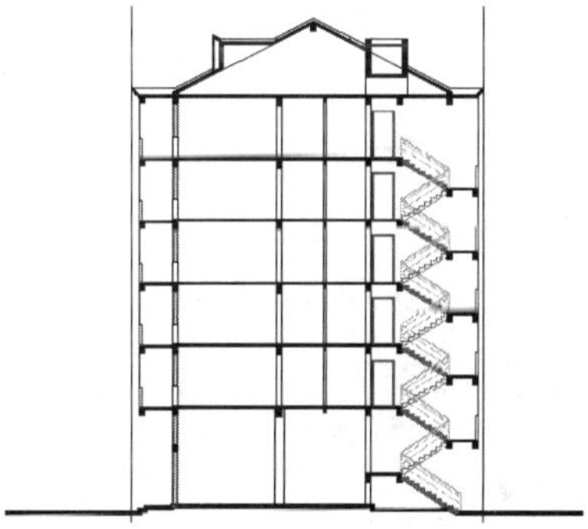

图 17-91　绘制定位线

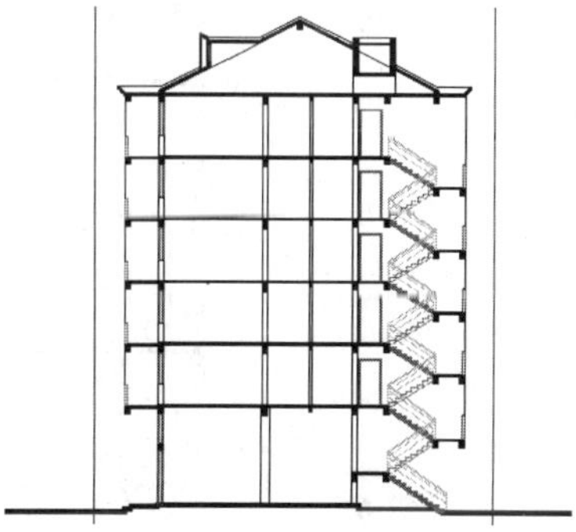

图 17-92　偏移结果

❹单击菜单栏上的【标注】|【线性】命令，配合交点捕捉和对象追踪功能，将尺寸界限原点放在尺寸定位线上，标注如图 17-93 所示的线性尺寸。

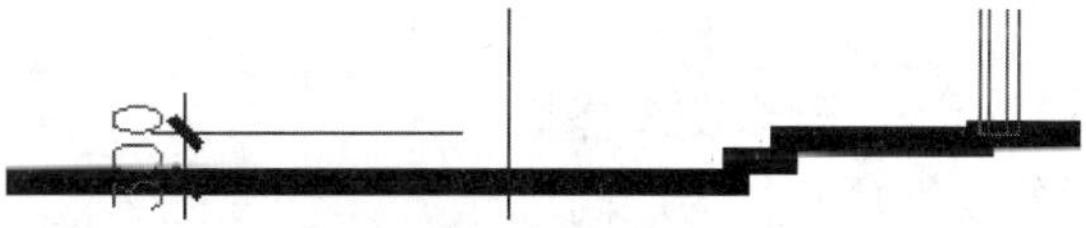

图 17-93　标注线性尺寸

❺单击菜单栏上的【标注】|【连续】命令，配合捕捉追踪功能标注如图 17-94 所示的连续尺寸作为剖面图第一道内部尺寸。

❻综合使用【线性】和【连续】命令，配合点的捕捉与追踪功能标注剖面图右侧的细部尺寸，结果如图 17-95 所示。

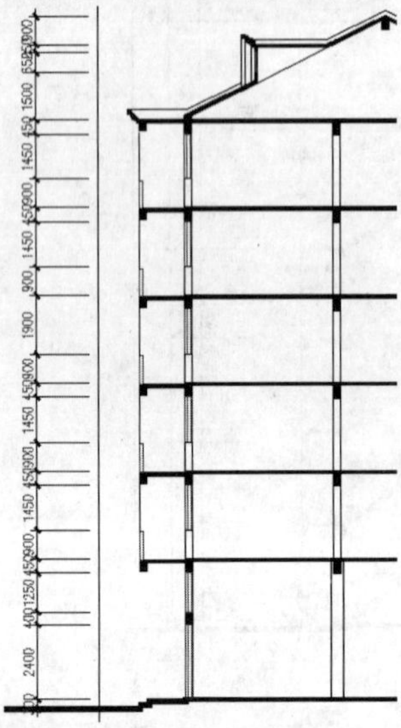

图 17-94　标注连续尺寸

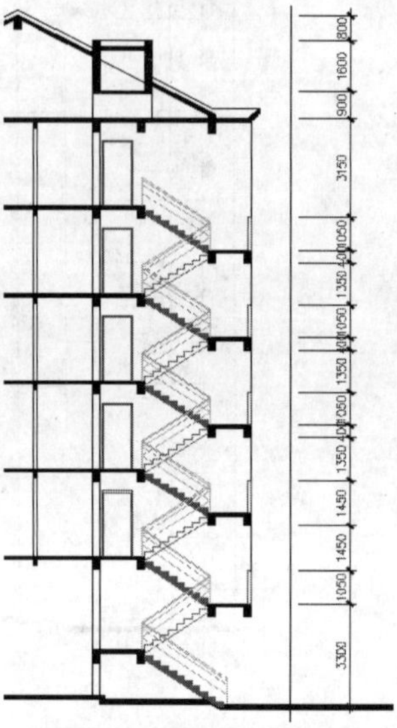

图 17-95　标注右侧尺寸

❼单击【标注】工具栏中的按钮，选择重叠的尺寸进行编辑，适当调整尺寸文字位置，结果如图 17-96 所示。

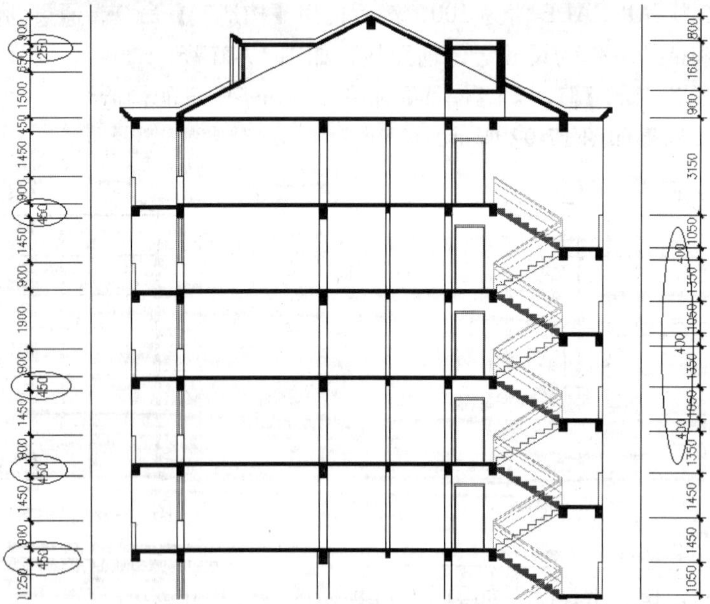

图 17-96　调整尺寸文字位置

❽重复执行【线性】命令，配合交点捕捉功能标注如图 17-97 所示的线性尺寸作为层高尺寸的基准尺寸。

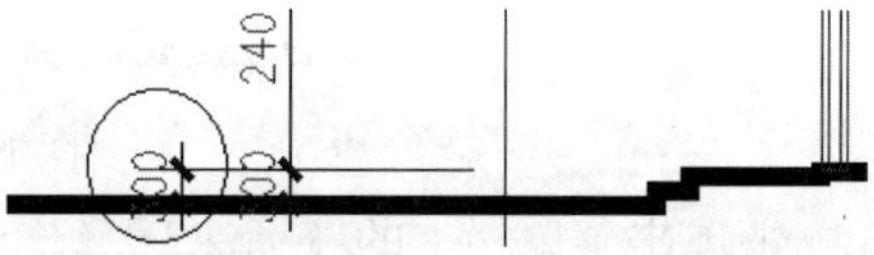

图 17-97　标注结果

❾单击菜单栏上的【标注】|【连续】命令，以刚标注的线性尺寸作为基准尺寸，标注剖面图

的第二道尺寸，结果如图 17-98 所示。

⑩参照上述操作步骤，标注剖面图右侧的尺寸，标注结果如图 17-99 所示。

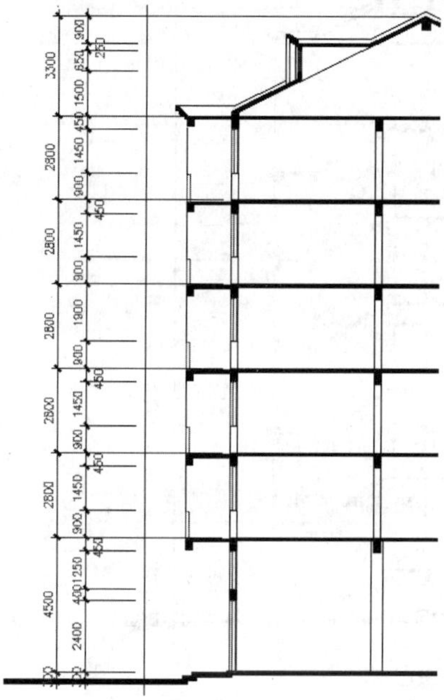

图 17-98　标注左侧尺寸

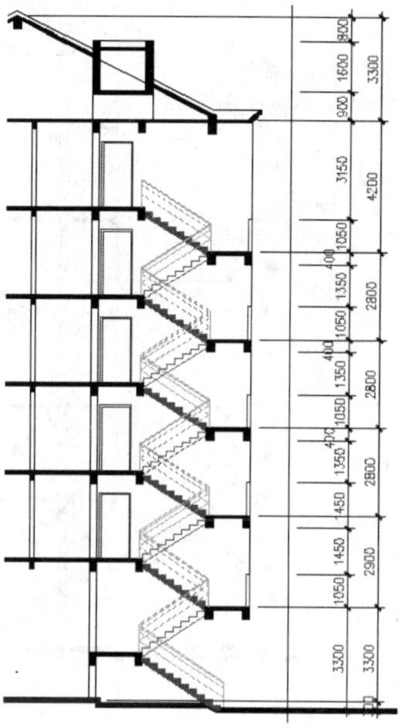

图 17-99　标注右侧尺寸

⑪在无命令执行的前提下，分别选择刚标注的第二道尺寸，使其呈现夹点显示状态，如图 17-100 所示。

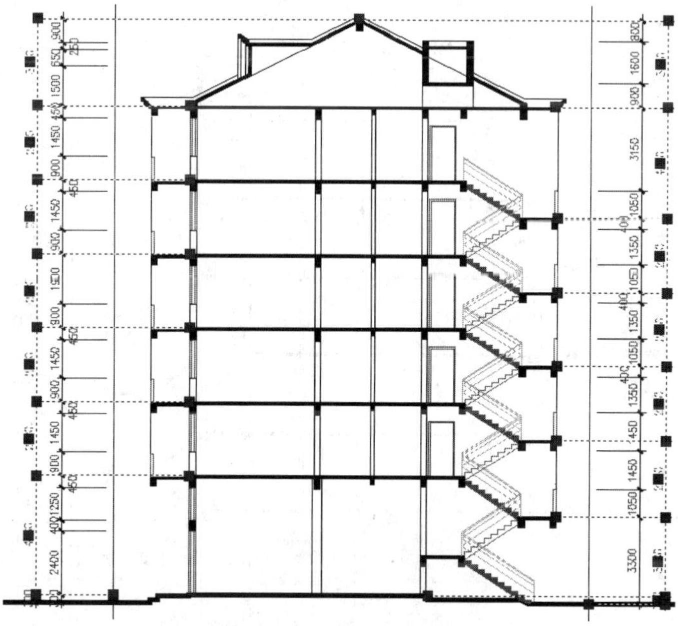

图 17-100　尺寸的夹点显示

⑫按住 Shift 键，然后分别单击处在同一垂直位置上的夹点，使其变为夹基点，如图 17-101 所示。

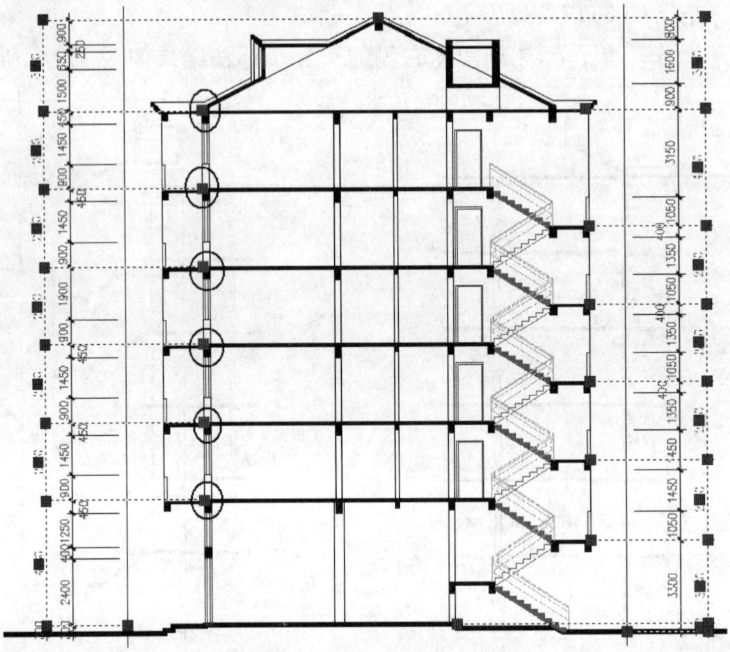

图 17-101　选择夹基点

⑬松开 Shift 键，然后单击其中的一个夹基点，在命令行“** 拉伸 **指定拉伸点或[基点(B)/复制(C)/放弃(U)/退出(X)]:”提示下，将所有夹基点拉伸至尺寸定位线上，如图 17-102 所示。

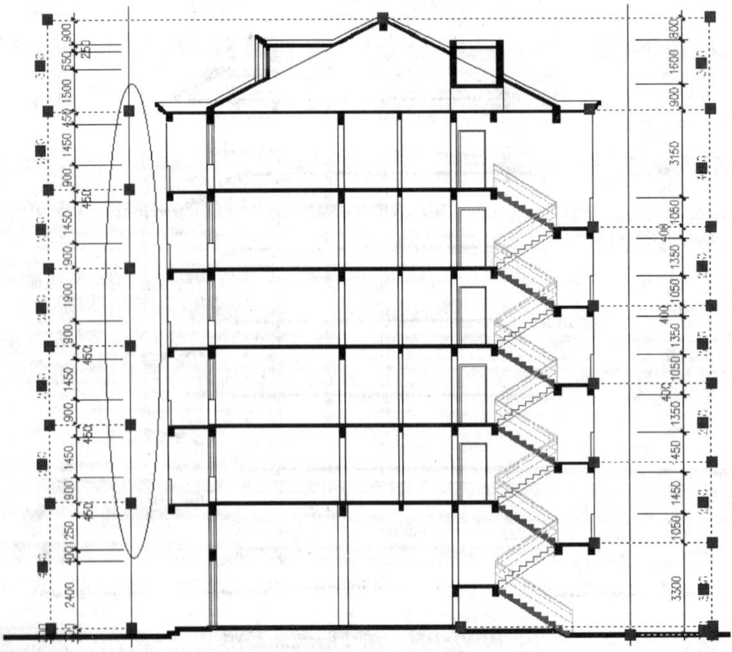

图 17-102　拉伸夹基点

⑭重复使用夹点拉伸功能，分别将其他位置的夹点拉伸至尺寸定位线上，同时取消对象的夹点显示，结果如图 17-103 所示。

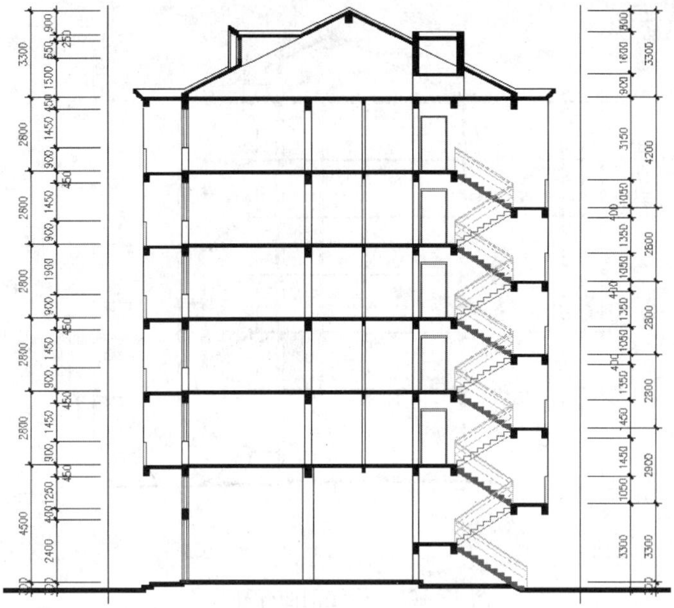

图 17-103　操作结果

⑮单击菜单栏上的【标注】|【线性】命令，配合交点捕捉功能标注剖面图的总高尺寸，结果如图 17-104 所示。

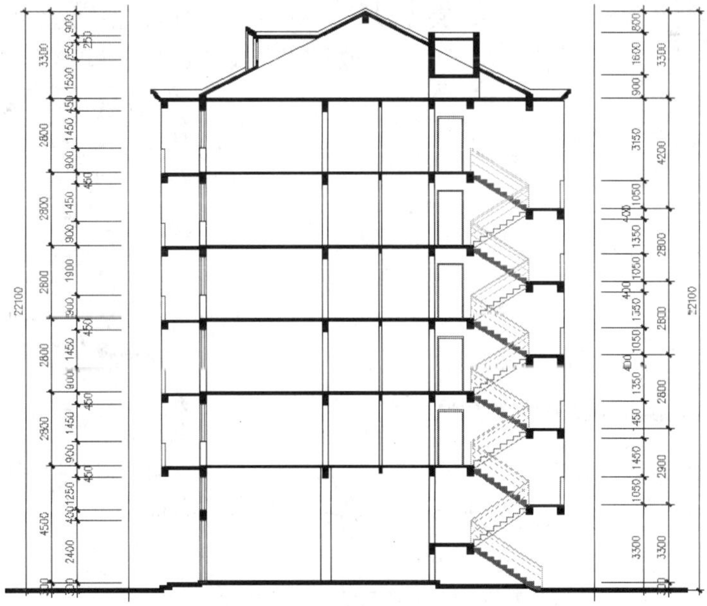

图 17-104　标注总尺寸

⑯删除尺寸定位线，并对剖面图进行完善，最终效果如图 17-90 所示。

⑰最后使用【另存为】命令，将图形另存为“标注剖面图尺寸.dwg”文件。

17.2.6　标注剖面标高

接下来，为部面图标注标高尺寸，标注效果如图 17-105 所示。

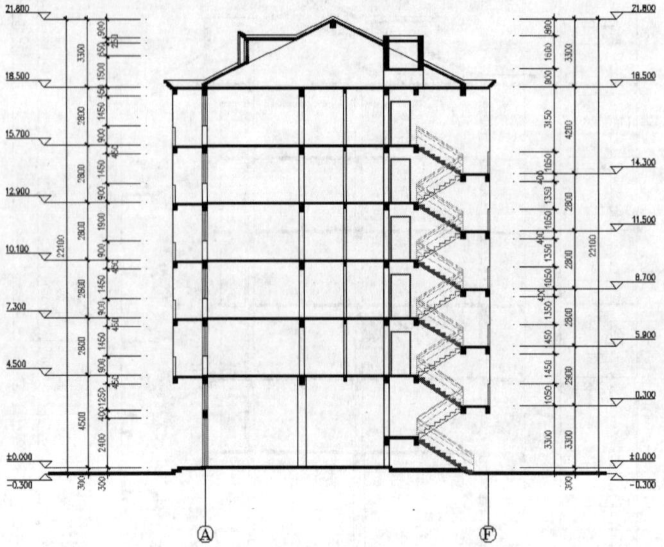

图 17-105　标注剖面标高尺寸

操作步骤

❶继续上节操作，并设置“其他层”为当前图层。

❷在无任何命令执行的前提下，夹点显示如图 17-106 所示的层高尺寸。

❸按下 Ctrl+1 键打开【特性】窗口，修改尺寸界线参数如图 17-107 所示。

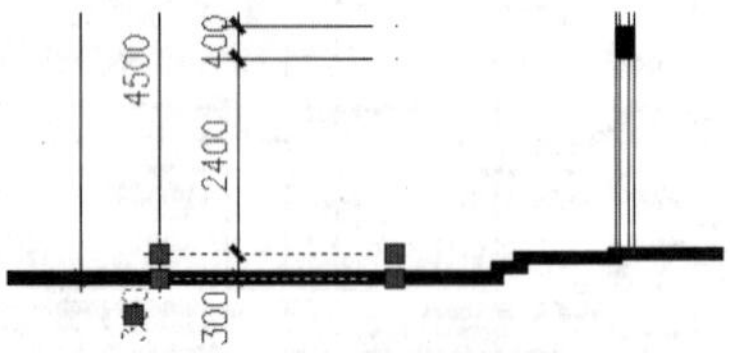

图 17-106　夹点显示层高尺寸

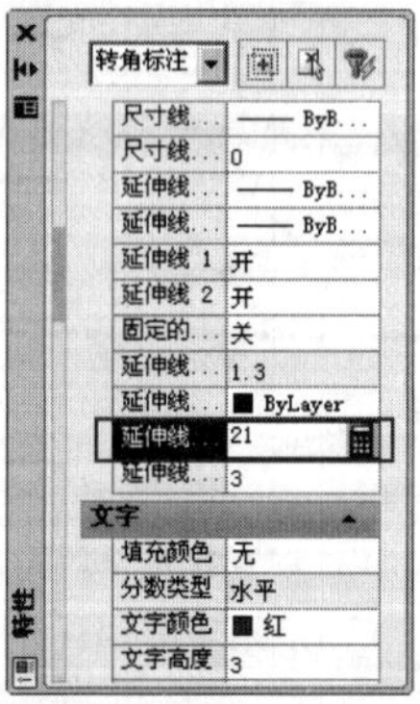

图 17-107　设置特性参数

❹关闭【特性】窗口，并取消尺寸的夹点显示，结果尺寸的尺寸界线被延长，如图 17-108 所示。

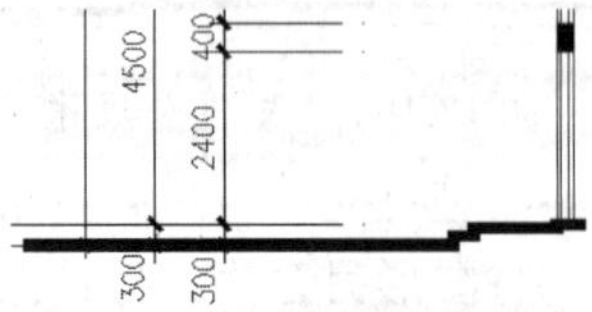

图 17-108　延长结果

❺单击【标准】工具栏中的按钮，激活【特性匹配】命令，选择被延长的尺寸作为源对象，将其尺寸特性匹配给其他层高尺寸，结果如图 17-109 所示。

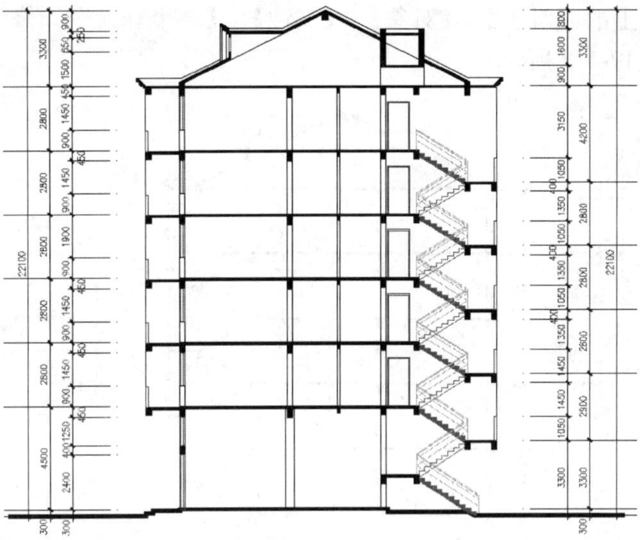

图 17-109　匹配结果

❻单击【绘图】工具栏中的按钮，插入“标高符号”内部块，块的缩放比例为 100，结果如图 17-110 所示。

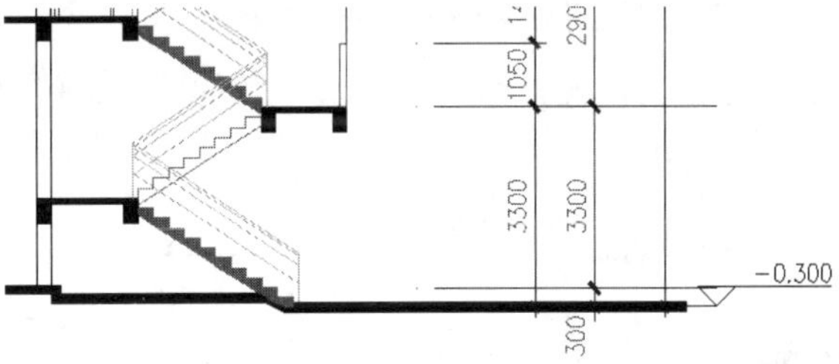

图 17-110　插入标高符号

❼使用【复制】命令，选择刚标注的标高尺寸进行多重复制，基点为插入点，目标点为各层高尺寸界线的外端点，结果如图 17-111 所示。

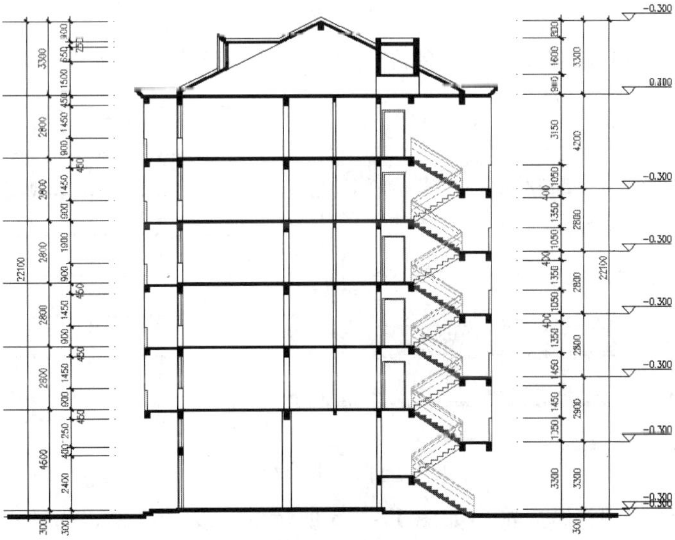

图 17-111　复制结果

❽单击菜单栏上的【修改】|【对象】|【属性】|【单个】命令，修改各位置的标高尺寸属性，结果如图 17-112 所示。

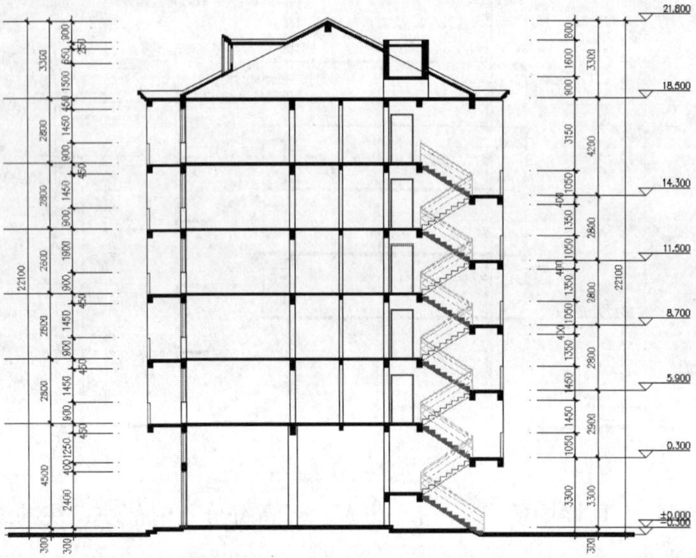

图 17-112　修改标高尺寸属性

❾单击菜单栏上的【修改】|【镜像】命令，对最下侧的“-0.300”标高进行镜像复制，结果如图 17-113 所示。

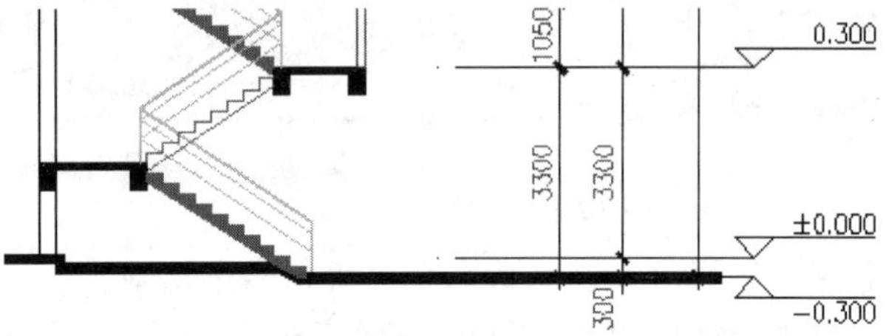

图 17-113　镜像结果

❿使用视图调整工具调整视图，使左侧的立面图完全显示，如图 17-114 所示。

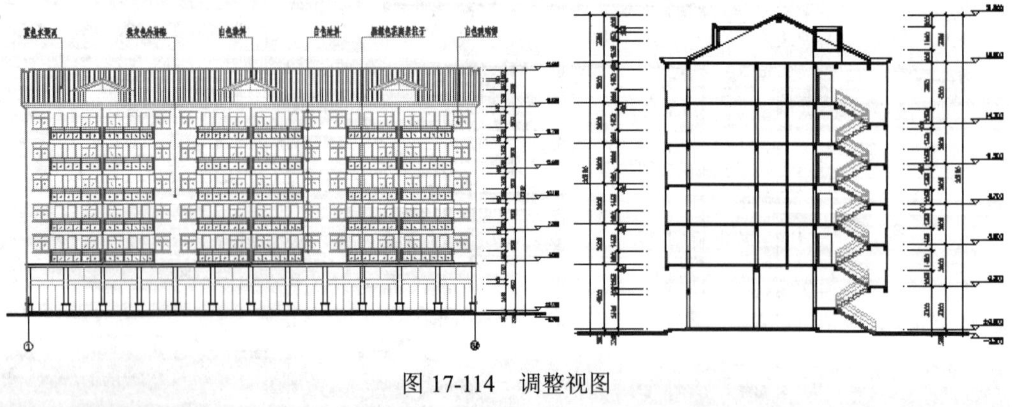

图 17-114　调整视图

⓫将立面图块分解，然后拖出如图 17-115 所示的窗交选择框，选择立面图的标高尺寸并复制到剖面图中，复制结果如图 17-116 所示。

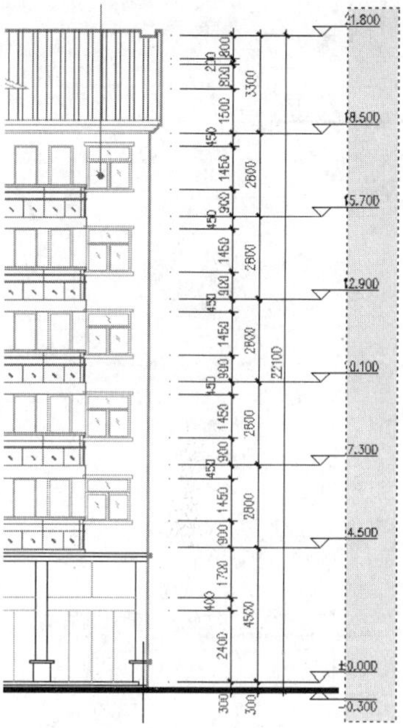

图 17-115　窗交选择

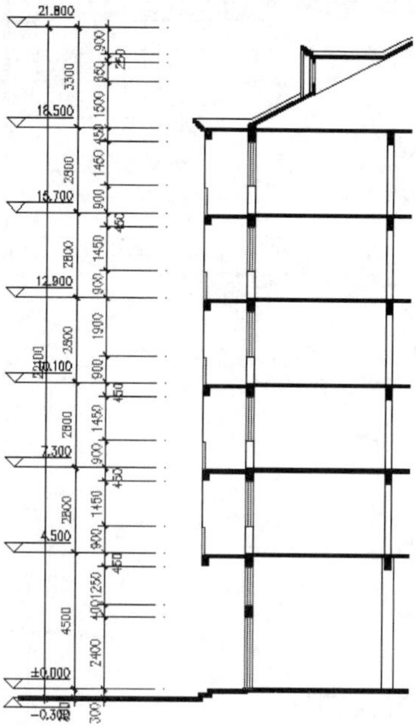

图 17-116　复制结果

⑫单击菜单栏上的【修改】|【镜像】命令，对刚复制出的标高尺寸进行镜像，结果如图 17-117 所示。

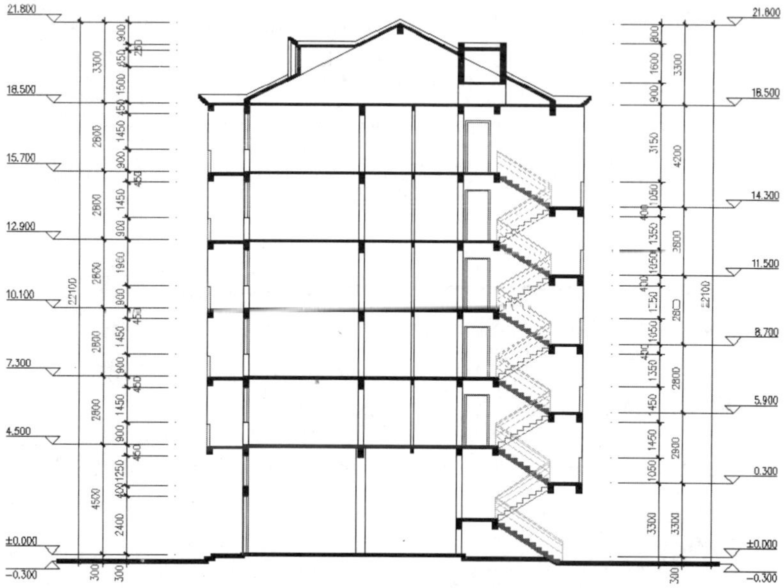

图 17-117　镜像结果

⑬打开“轴线层”，同时调整视图，如图 17-118 所示。

⑭使用画线命令，配合最近点捕捉绘制两条垂直线段作为轴标号指示线。

⑮将下侧的平面图图块进行分解，然后使用【复制】命令，选择平面图中的 A、F 轴标号进行复制到剖面图指示线端点处，结果如图 17-119 所示。

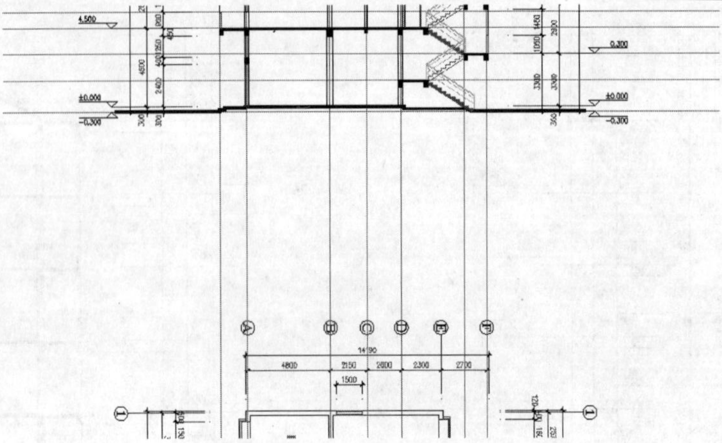

图 17-118　调整结果

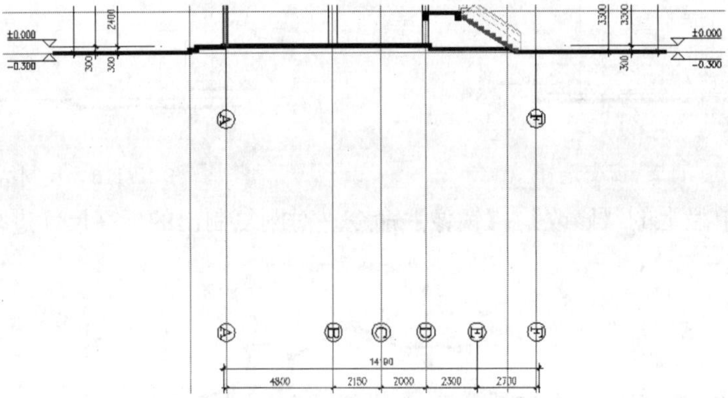

图 17-119　复制轴标号

⑯关闭“轴线层”，然后双击刚复制出的轴标号，在打开的对话框中修改属性文本的旋转角度为 0°，结果如图 17-120 所示。

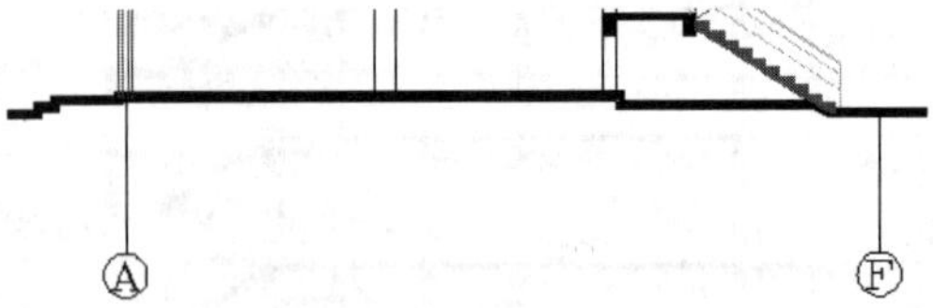

图 17-120　修改结果

⑰最后删除与剖面图不相关的所有图线，并将图形另存为“标注标高.dwg”文件。

17.3　本章小结

本章首先简单介绍了剖面图的形成、功能及图示内容等理论知识，然后通过绘制底层剖面图、标准层剖面图、顶层剖面图、标注剖面图尺寸和标注剖面图标高 5 个操作环节，详细讲述了建筑剖面图的具体绘制过程和绘制技巧。

通过本章的学习，能使读者了解和掌握剖面图的设计流程、设计内容以及具体的绘图技巧等知识，以快速、高效地绘制建筑剖面图。

第18章

室内布置图

本章在了解布置图功能概念、形成特点、图示内容等知识的前提下，主要学习室内装修布置图的绘制思路以及具体的绘制过程和技巧。

18.1 室内布置图概述

本节将简单介绍室内布置图的功能、形成特点和图示内容，具体如下。

18.1.1 布置图功能

平面布置图是装修行业中的一种重要图纸，主要用于表明建筑室内外种种装修布置的平面形状、位置、大小和所用材料，表明这些布置与建筑主体结构之间，以及这些布置与布置之间的相互关系等。

另外，建筑装修平面布置图还控制了纵横两轴的尺寸数据，其他视图又多数是由它引出的，因而平面布置图是绘制和识读建筑装修施工图的重点和基础，是装修施工的首要图纸。

18.1.2 布置图形成

平面布置图是假想用一个水平的剖切平面，在窗台上方位置，将经过室内外装修的房屋整个剖开，移去以上部分向下所作的水平投影图。

要绘制平面布置图，除了要标明楼地面、门窗、楼梯、隔断、装饰柱、护壁板和墙裙等装饰结构的平面形式和位置外，还要标明室内家具、陈设、绿化、室外水池、装饰小品等配套设置体的平面形装和数量及其位置等。

18.1.3 布置图图示内容

住宅室内环境在建筑设计时只提供了最基本的空间条件，如面积大小、平面关系、结构位置等，还需要设计师在这一特定的室内空间中进行再创造，探讨更深、更广的空间内涵。为此，在具体设计时，需要兼顾到以下几点。

1. **功能布局**

住宅室内空间的合理利用，在于不同功能区域的合理分割、巧妙布局，充分发挥居室的使用功能。例如，卧室、书房要求静，可设置在靠里边一些的位置以不被其他室内活动干扰；起居室、客厅是对外接待、交流的场所，可设置靠近入口的位置；卧室、书房与起居室、客厅相连处又可设置过渡空间或共享空间，起间隔调节作用。此外，厨房应紧靠餐厅，卧室与卫生间靠近。

2．空间设计

平面空间设计主要包括区域划分和交通流线两个内容。区域划分是指室内空间的组成，交通流线是指室内各活动区域之间以及室内外环境之间的联系，它包括有形和无形两种，有形的指门厅、走廊、楼梯、户外的道路等；无形的指其他可能供作交通联系的空间。

设计时应尽量减少有形的交通区域，增加无形的交通区域，以达到空间充分利用且产生自由、灵活和缩短距离的效果。

另外，区域划分与交通流线是居室空间整体组合的要素，区域划分是整体空间的合理分配，交通流线寻求的是个别空间的有效连接。唯有两者相互协调作用，才能取得理想的效果。

3．内含物的布置

室内内含物主要包括家具、陈设、灯具、绿化等设计内容，这些室内内含物通常要处于视觉中显著的位置，它可以脱离界面布置于室内空间内，不仅具有实用和观赏的作用，对烘托室内环境气氛，形成室内设计风格等方面也起到举足轻重的作用。

4．整体上的统一

“整体上的统一”指的是将同一空间的许多细部，以一个共同的有机因素统一起来，使它变成一个完整而和谐的视觉系统。设计构思时，就需要根据业主的职业特点、文化层次、个人爱好、家庭成员构成、经济条件等做综合的设计定位。

18.2 绘制某住宅楼户型布置图

下面以绘制某小区住宅楼户型布置图为例，了解和学习居室布置图的绘制方法、绘制过程和具体的绘制技巧。

18.2.1 实例效果及分析

实例效果

某小区住宅楼户型平面布置图的最终绘制效果如图 18-1 所示。

实例分析

从图 18-1 所示的某户型平面布置图中可以看出，该户型图为 3 室 2 厅 2 卫户型，

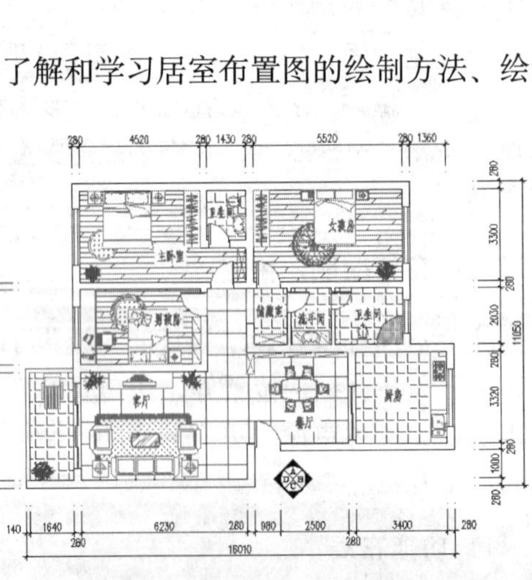

图 18-1　住宅楼平面布置图

此布置图具体表达出了各房间家具及其布置、厨房设施及卫生器具、地面装饰和材料表达等内容，在绘制此类图形时，一般可以遵循如下操作流程：

- 首先绘制墙体结构图（具体绘制过程可以参照建筑平面图墙体绘制技巧）；
- 根据墙体结构图进行室内内含物的合理布置，如家具与陈设的布局以及室内环境的绿化等；
- 对室内地面、柱等进行装饰设计，分别以线条图案和文字注解的形式，表明设计的内容；
- 为布置图标注必要的文字注解，以体现出所选材料及装修要求等内容；
- 最后为布置图标注必要的尺寸及室内投影符号等。

18.2.2 布置室内内含物

本节通过绘制如图 18-2 所示居室平面布置图，学习室内环境的绿化、室内家具及陈设的快速布置等技巧。

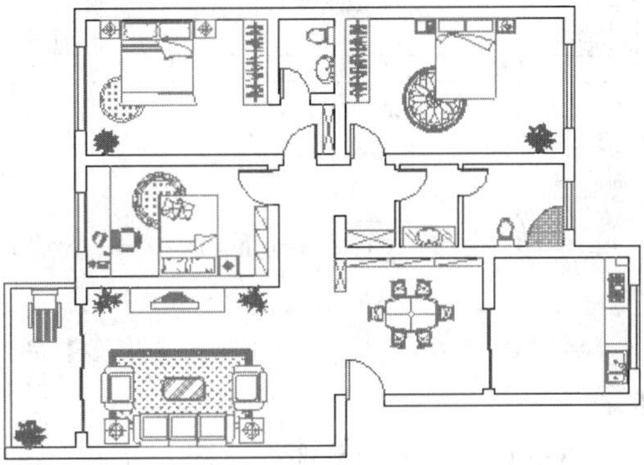

图 18-2 居室平面布置图

操作步骤

❶执行【打开】命令，打开随书光盘中的“源文件\墙体结构图.dwg”，如图 18-3 所示。

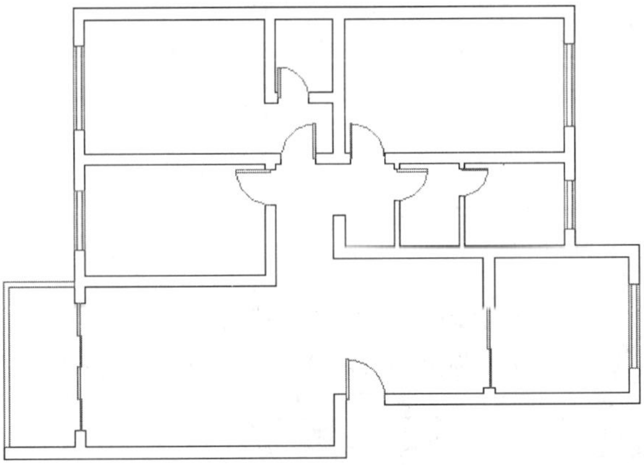

图 18-3 打开墙体结构图

技巧

由于此墙体结构图与上一章平面图墙体图的绘制过程相同，故不再细述。

❷单击菜单栏上的【格式】|【图层】命令，在打开的对话框中双击“图块层”，将此图层设置为当前图层。

❸单击【绘图】工具栏中的按钮，采用默认设置，插入随书光盘中的“图块文件\双人床 1.dwg”，插入点为图 18-4 所示位置的最近点。

❹重复执行【插入块】命令，采用默认设置，插入随书光盘中的“图块文件\床头柜.dwg”文件，结果如图 18-5 所示。

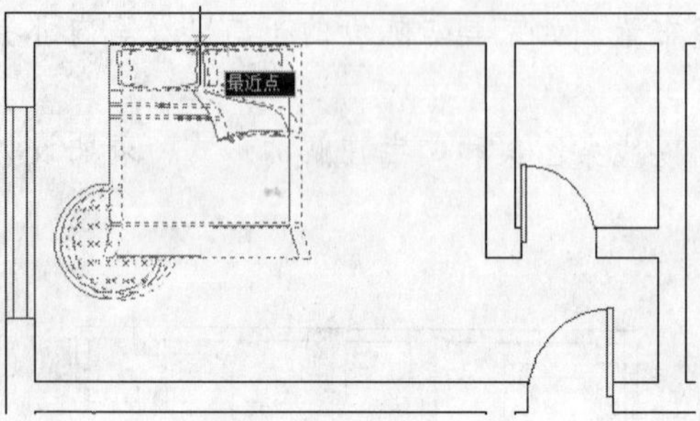

图 18-4　定位插入点

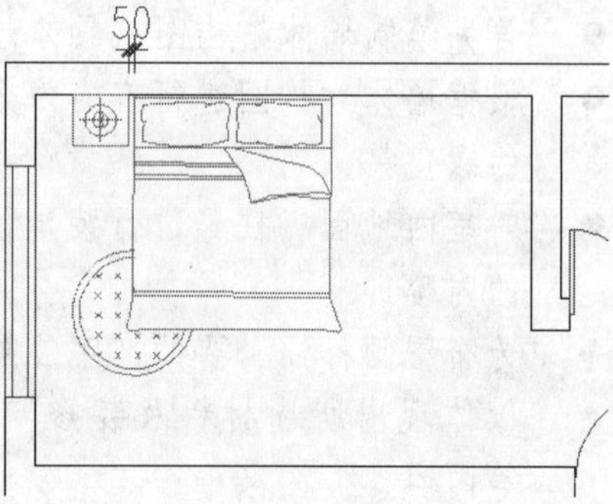

图 18-5　插入双人床

技巧

用户可以按住 Ctrl 键右击鼠标，然后从弹出的快捷菜单上选择【最近点】命令。

❺单击菜单栏上的【修改】|【镜像】命令，将“床头柜”进行镜像复制，结果如图 18-6 所示。

❻重复【插入块】命令，插入随书光盘中的“图块文件\衣柜 1.dwg”，将其以默认参数插入到平面图中，插入点为图 18-6 所示的 A 点，结果如图 18-7 所示。

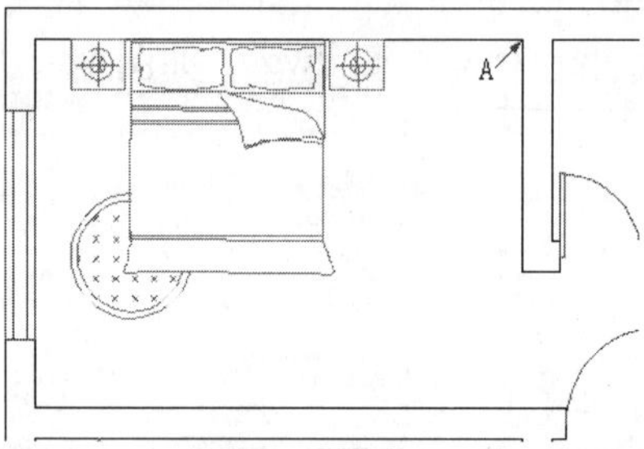

图 18-6　镜像结果

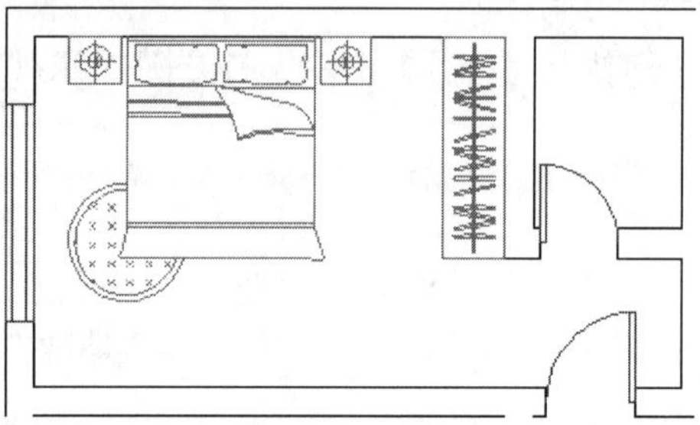

图 18-7　插入衣柜

❼单击【标准】工具栏中的按钮，激活【设计中心】命令，在打开的窗口中定位随书光盘中的【图块文件】文件夹，如图 18-8 所示。

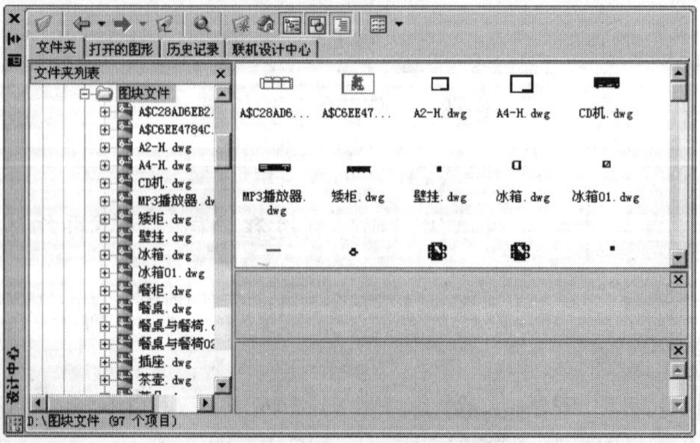

图 18-8　展开目标文件夹

❽在右侧的窗口中选择“电视.dwg”文件，然后右击鼠标，在弹出的快捷菜单中选择【插入为块】命令，如图 18-9 所示，将此图形以块的形式共享到平面图中。

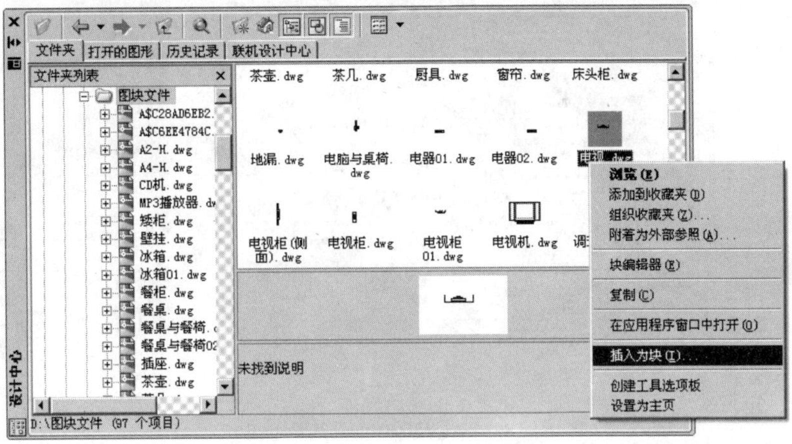

图 18-9　以块的形式共享

❾此时系统弹出【插入】对话框，然后采用默认设置，将电视图例插入到平面图中，插入点为图 18-10 所示的中点。

❿在【设计中心】右侧窗口中向下移动滑块，将“组合沙发 1.dwg”文件拖动至平面图中，然后捕捉如图 18-11 所示最近点，将组合沙发插入到平面图中。

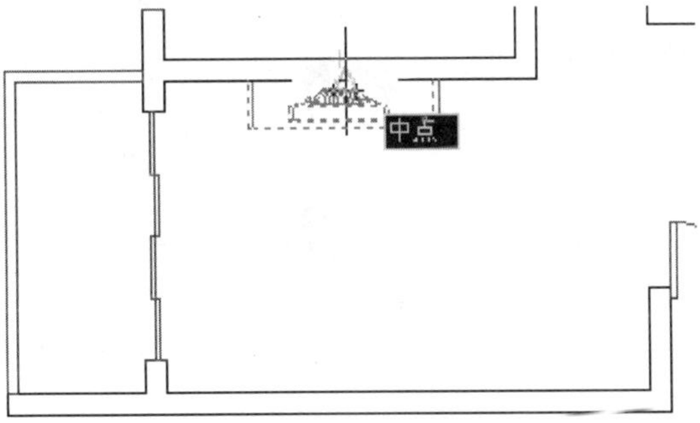

图 18-10　插入电视

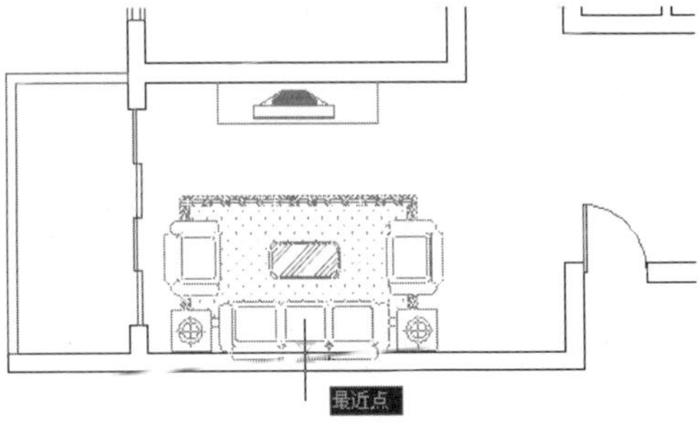

图 18-11　定位插入点

⓫在【设计中心】右侧窗口中选择“植物 4.dwg”文件，然后将其以图块的方式共享到平面图中，结果如图 18-12 所示。

⓬单击菜单栏上的【修改】|【镜像】命令，配合中点捕捉功能，将插入的植物图块进行镜像，结果如图 18-13 所示。

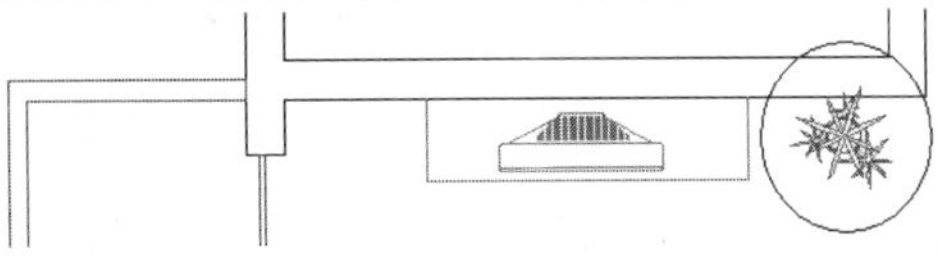

图 18-12　插入植物

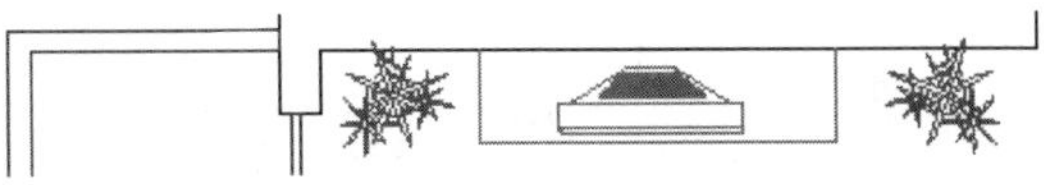

图 18-13　镜像结果

⓭在【设计中心】左侧的树状列表中打开光盘中的【图块文件】文件夹，然后在文件夹上右击鼠标，在弹出的快捷菜单中选择【创建块的工具选项板】命令，将此文件夹创建为选项板，如图 18-14 所示。

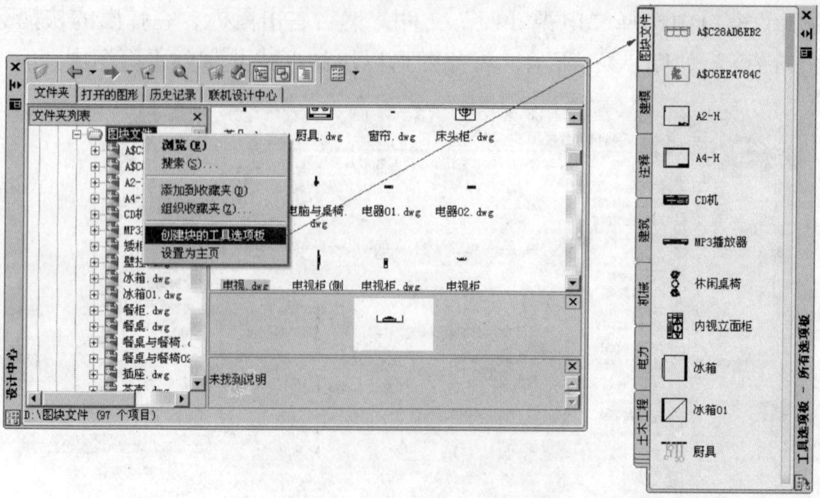

图 18-14　创建块的工具选项板

⑭单击选项板上的【餐桌与餐椅 1】图块，然后在适当区域拾取一点，将图块插入到平面图中，并在平面图右侧绘制如图 18-15 所示的灶台轮廓线及分割线。

⑮将【洗涤池 1】图块拖动至如图 18-16 所示的位置上，将此图例插入到平面图内。

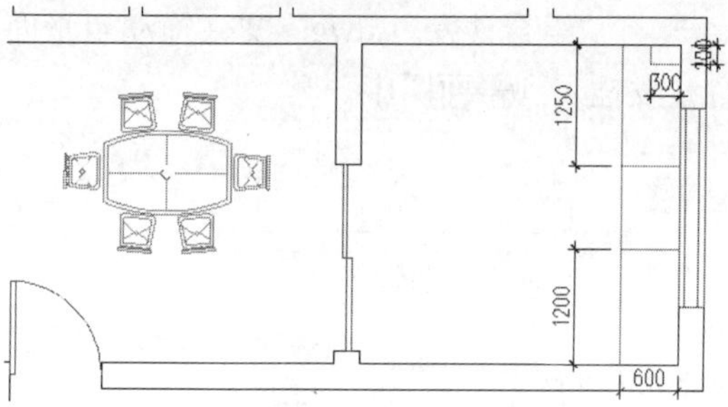

图 18-15　插入餐桌与餐椅

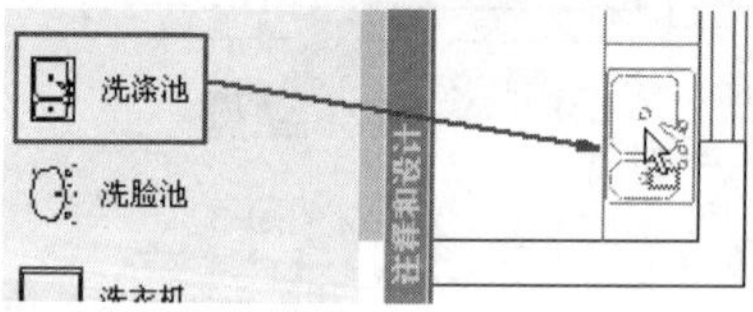

图 18-16　插入洗涤池

⑯参照上述各种方式，分别为平面图布置其他室内用具图例和绿化植物，最终结果如图 18-17 所示。

⑰单击【修改】工具栏中的按钮，设置阵列参数为 3 行 1 列，行偏移为 565 个单位，然后框选如图 18-18 所示的图形进行阵列，阵列结果如图 18-19 所示。

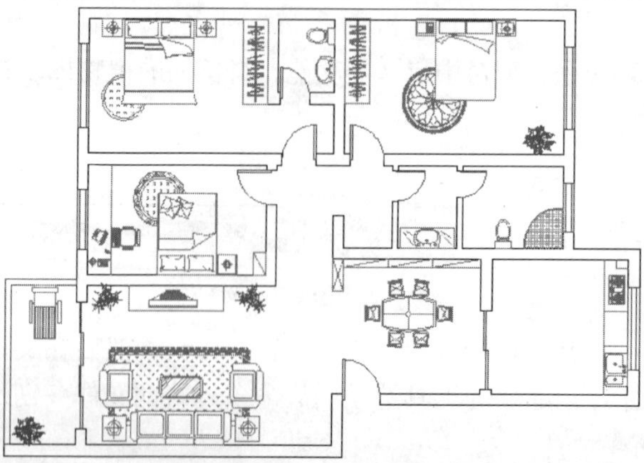

图 18-17　布置结果

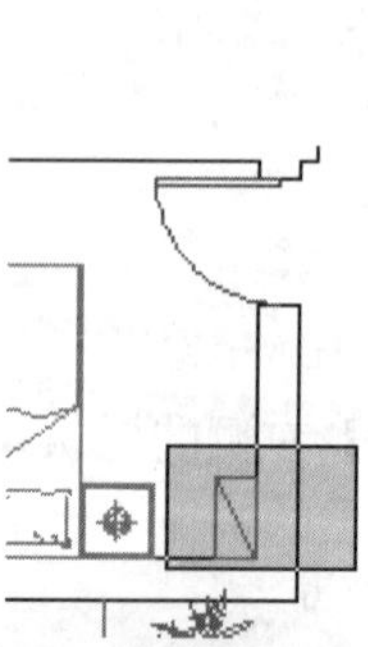

图 18-18　窗口选择

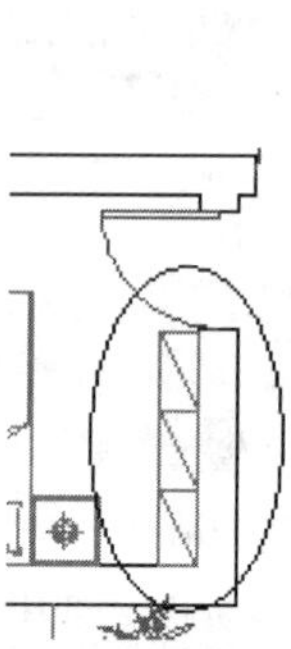

图 18-19　阵列结果

⑱单击菜单栏上的【绘图】|【多段线】命令，配合【捕捉自】功能绘制储藏柜图形。命令行操作如下：

```
命令: _pline
    指定起点:                                   //捕捉如图 18-20 所示位置的端点
    当前线宽为 0.0
    指定下一个点或 [圆弧(A)/半宽(H)/长度(L)/放弃(U)/宽度(W)]: //激活【捕捉自】功能
    _from 基点:                                 //捕捉如图 18-20 所示的端点 S
    <偏移>:                                     //@0,400 Enter
    指定下一点或 [圆弧(A)/闭合(C)/半宽(H)/长度(L)/放弃(U)/宽度(W)]:
                                                //捕捉如图 18-21 所示的交点
    指定下一点或 [圆弧(A)/闭合(C)/半宽(H)/长度(L)/放弃(U)/宽度(W)]:
                                                //捕捉图 18-20 所示的端点 S
    指定下一点或 [圆弧(A)/闭合(C)/半宽(H)/长度(L)/放弃(U)/宽度(W)]:
                                                // Enter，绘制结果如图 18-22 所示
```

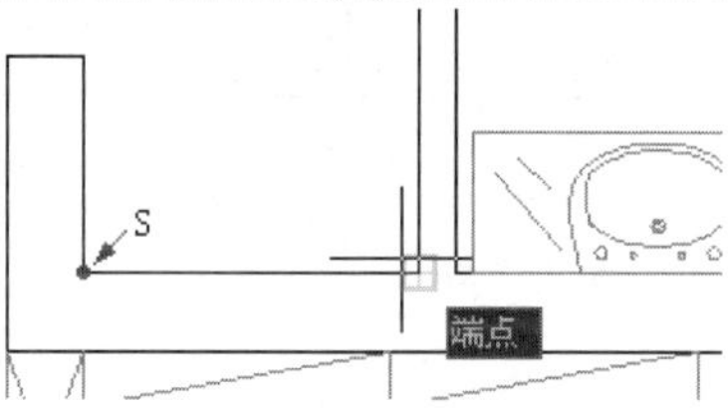

图 18-20　捕捉端点

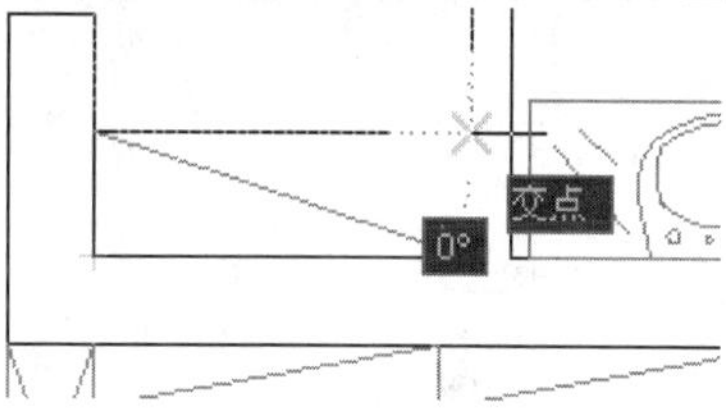

图 18-21　捕捉交点

⑲重复执行【多段线】命令，配合捕捉与追踪功能，绘制上侧的储藏柜轮廓线，结果如图 18-23 所示。

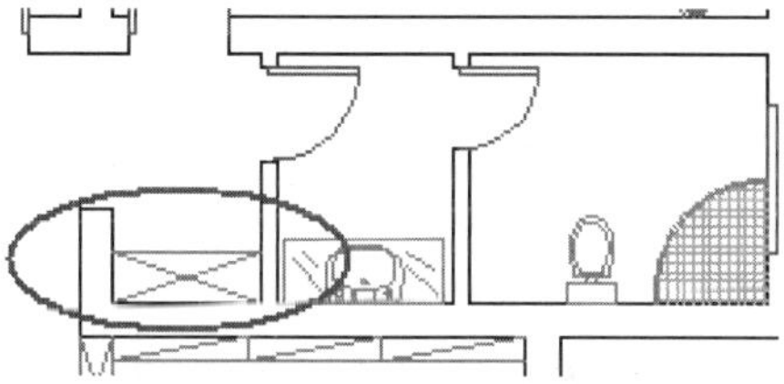

图 18-22　绘制储藏柜图形

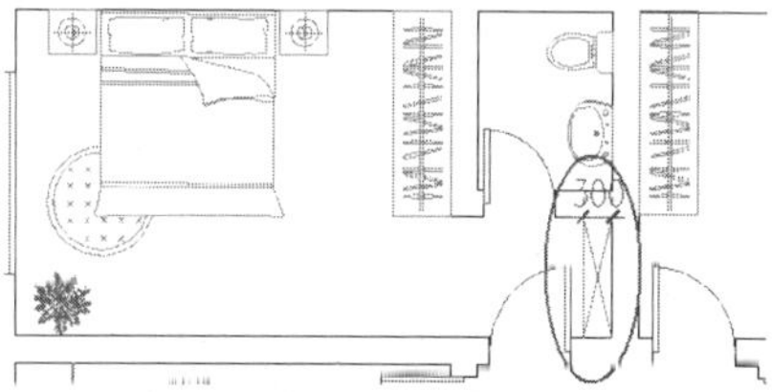

图 18-23　绘制其他储藏柜图形

⑳将全部图形显示出来，然后执行【另存为】命令，将图形另存为“布置内含物.dwg”文件。

18.2.3　填充地面装饰线

接下来通过为平面布置图填充如图 18-24 所示的地面装饰线，学习布置图地面装修材料的快速表达方法和表达技巧。

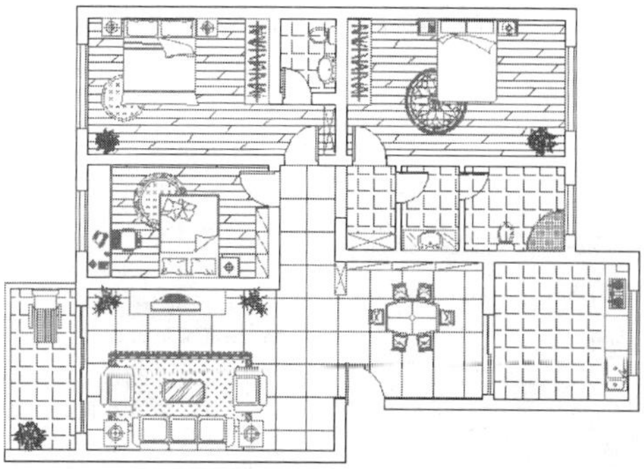

图 18-24　填充地面装饰线

操作步骤

❶继续上节操作，并将“地面层”设置为

当前图层。

❷使用快捷键 L 激活【直线】命令，配合捕捉功能分别将各房间两侧门洞连接起来，以形成封闭区域，如图 18-25 所示。

❸在无命令执行的前提下，分别选择各卫生间和厨房内的平面图形，使其呈现夹点显示，如图 18-26 所示。

❹单击【图层】工具栏中的【图层控制】下拉列表框，在展开的下拉列表中选择“0 图层”，将夹点显示的图形暂时放置在“0 图层”上。

❺取消夹点显示，然后冻结“图块层”，平面图的显示效果如图 18-27 所示。

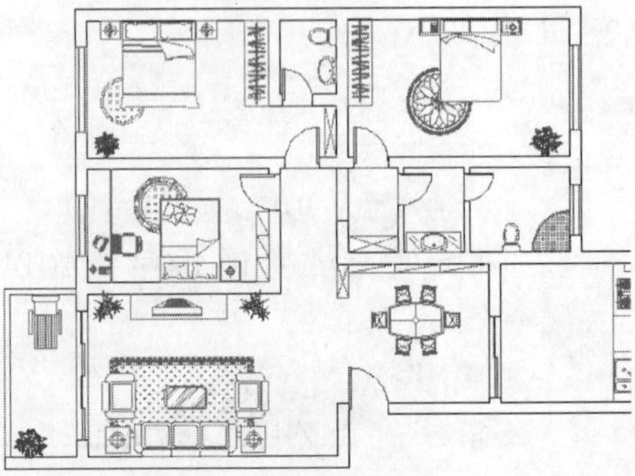

图 18-25 封闭填充区域

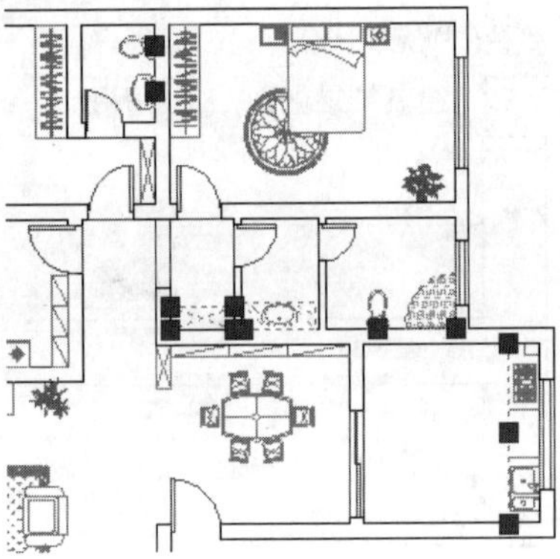

图 18-26 对象的夹点显示

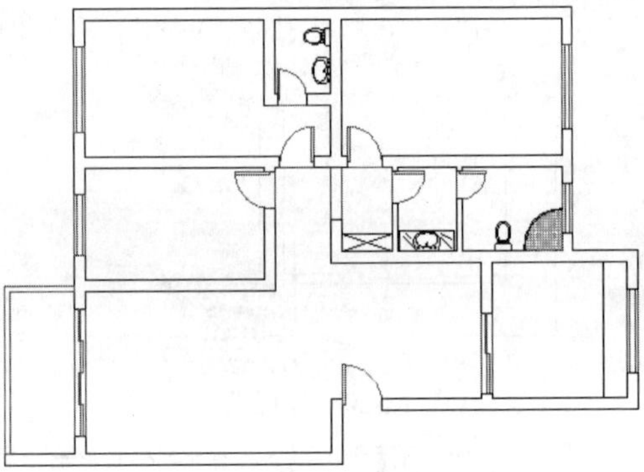

图 18-27 冻结“图块层”的效果

技巧

更改图层及冻结“图块层”层的目的就是为了方便地面图案的填充，如果不关闭图块层，图块太多就会大大影响图案的填充速度。

❻单击【绘图】工具栏中的▧按扭，设置填充图案为 ANGLE，填充比例为 60，然后返回绘图区分别在各卫生间和厨房内部的空白区域拾取点，系统会自动分析出如图 18-28 所示的填充区域，结束命令后，即可为厨房和各卫生间填充大理石装修图案，填充结果如图 18-29 所示。

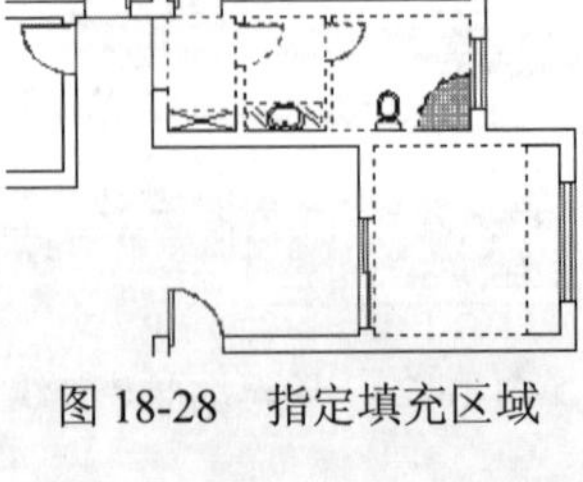

图 18-28 指定填充区域

图 18-29 填充结果

⑦单击菜单栏上的【工具】|【快速选择】命令，选择“0 图层”上的所有对象，如图 18-30 所示，然后更改其图层为“图块层”，并解冻图块层，平面图的显示效果如图 18-31 所示。

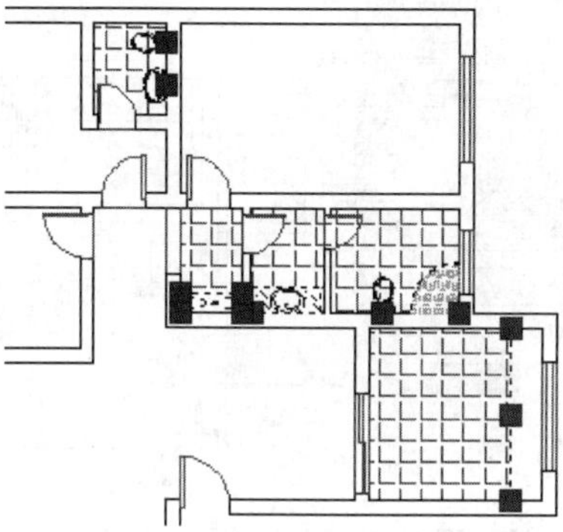

图 18-30　选择结果

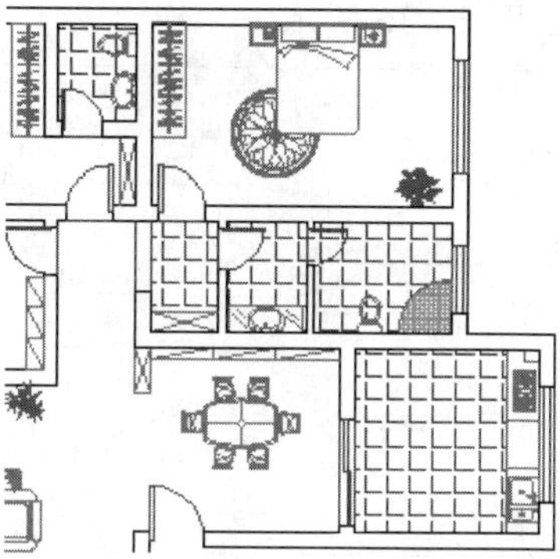

图 18-31　图形的显示结果

⑧重复使用【图案填充】命令，配合图层的状态控制功能，分别为 3 个卧室填充木地板装饰图案，其中设置填充图案为 DOLMIT，填充比例为 30，填充结果如图 18-32 所示。

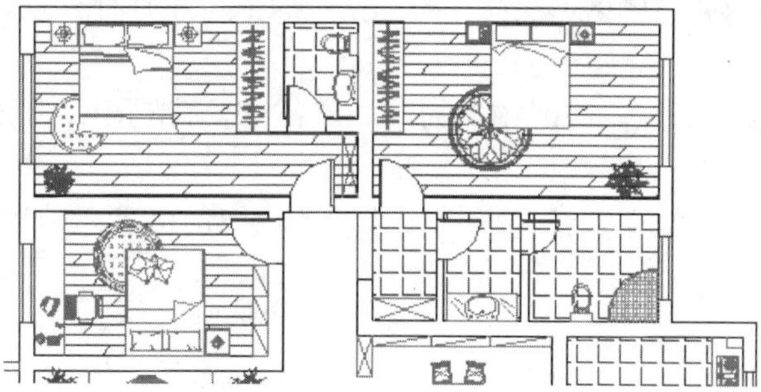

图 18-32　卧室填充结果

⑨综合【多段线】、【圆】以及端点捕捉和最近点捕捉功能，在客厅、餐厅、阳台内，分别沿着各用具图例的外轮廓线绘制闭合的区域，同时冻结“图块层”，结果如图 18-33 所示。

⑩使用快捷键 H 激活【图案填充】命令，设置填充图案和填充参数如图 18-34 所示。

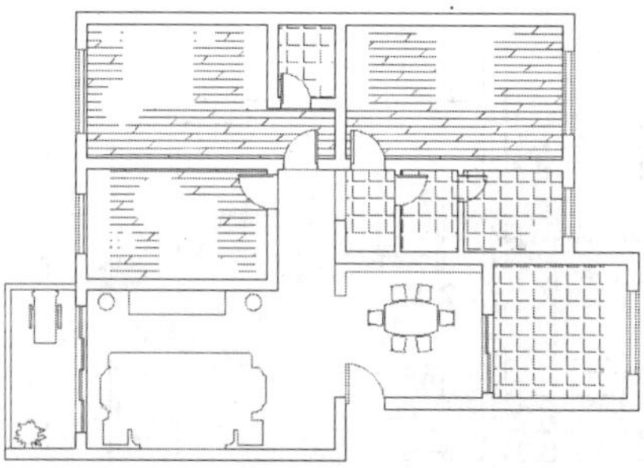

图 18-33　绘制闭合区域

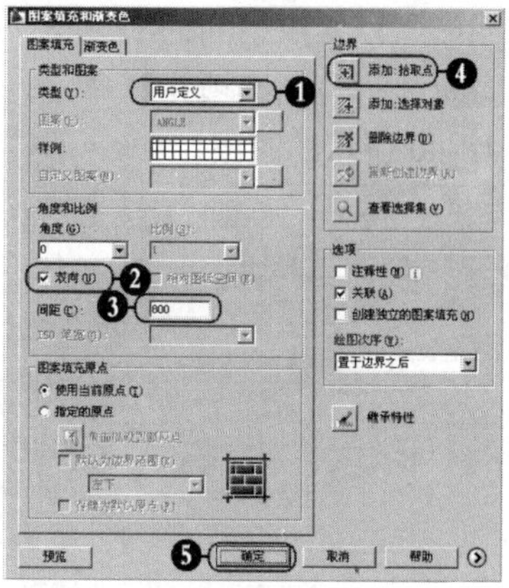

图 18-34　设置图案填充参数

⑪单击【添加：拾取点】按钮，返回绘图区，在客厅内部的空白区域单击鼠标，系统自动分析出填充边界，如图 18-35 所示。

⑫按 Enter 键返回对话框，单击 确定 按钮，即可为客厅填充大理石装修图案，填充结果如图 18-36 所示。

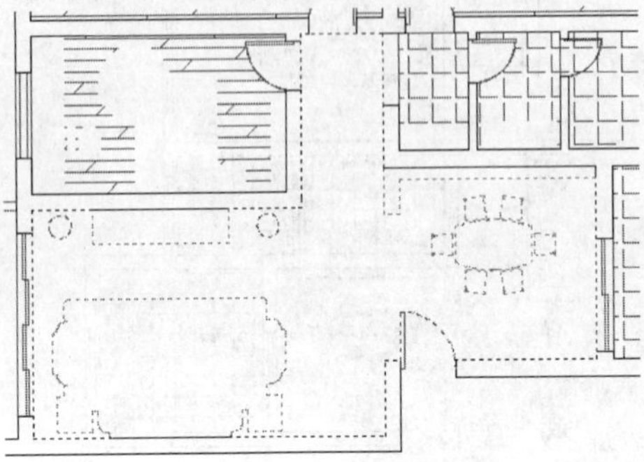

图 18-35　指定填充边界

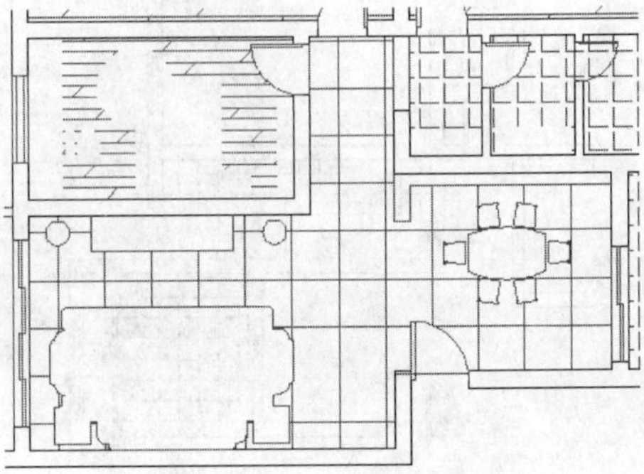

图 18-36　客厅填充结果

⑬在刚填充的图案上双击鼠标，打开【图案填充编辑】对话框，然后单击【图案填充原点】选项组中的【单击以设置新原点】按钮，以重新设置填充原点。

⑭此时系统自动返回绘图区，在命令行“指定原点：”的操作提示下，激活【两点之间的中点】功能。

⑮在命令行：“指定原点:_m2p 中点的第一点：”提示提示下，捕捉如图 18-37 所示位置的端点。

⑯在命令行“中点的第二点：”提示下，捕捉如图 18-38 所示位置的端点。

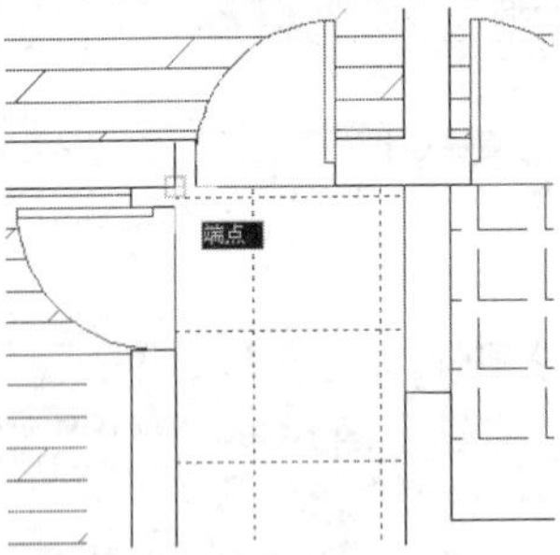

图 18-37　定位第一点

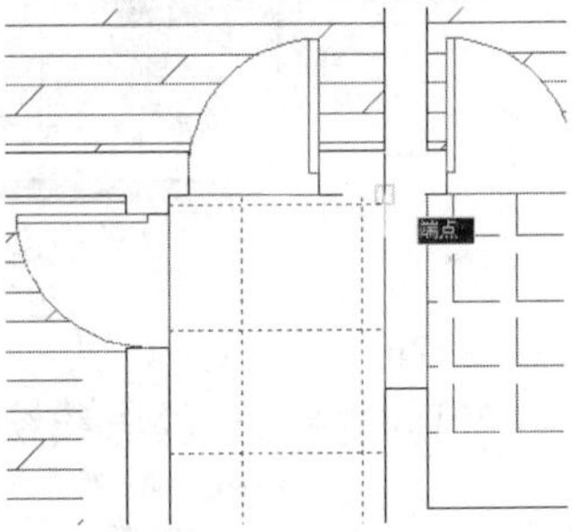

图 18-38　定位第二点

⑰系统将以两点之间的中点作为图案的填充原点，修改结果如图 18-39 所示。

⑱重复执行【图案填充】命令，设置填充图案为 ANGLE，填充比例为 60，为阳台填充如图 18-40 所示的图案。

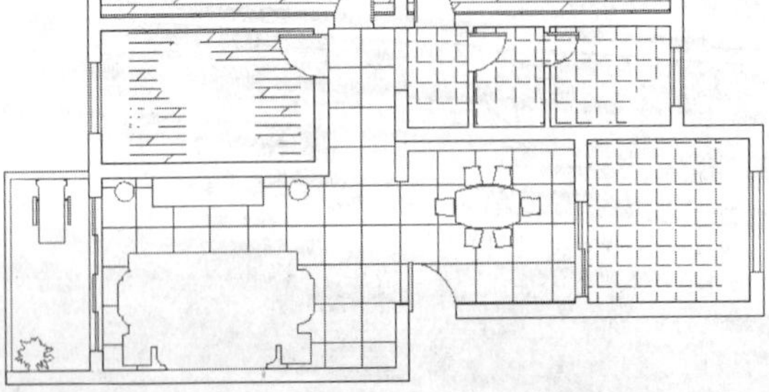

图 18-39　修改图案的填充原点

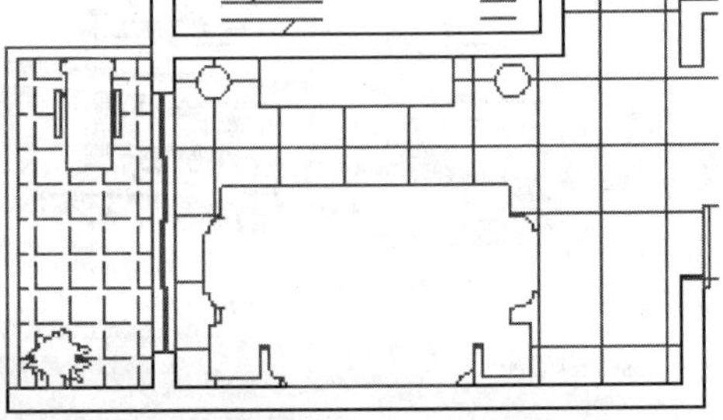

图 18-40　阳台填充结果

⑲删除刚绘制封闭多段线，同时解冻“图块层”，图形的显示结果如图 18-41 所示。

⑳最后使用【另存为】命令，将图形另存为“填充装饰线.dwg”文件。

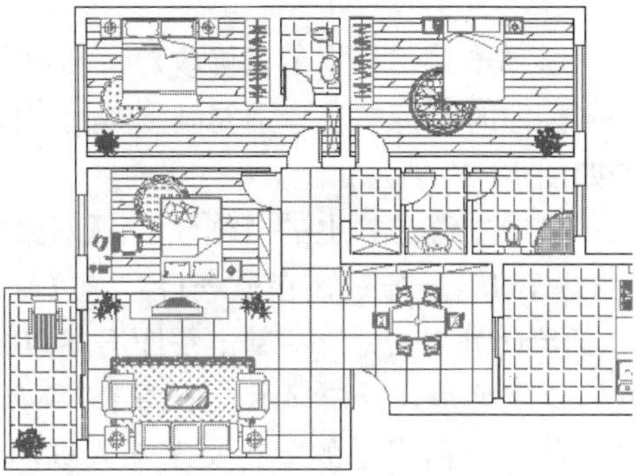

图 18-41　解冻“块图层”的效果

18.2.4　标注文字注解

本节通过为平面布置图标注各房间功能，学习布置图文字的注解方法和技巧。本例效果如图 18-42 所示。

操作步骤

❶继续上例操作，并将“文字层”为当前图层。

❷单击【样式】工具栏中的按钮，设置一种名为“汉字”的文字样板，字体、字高以及其他字体效果参数如图 18-43 所示。

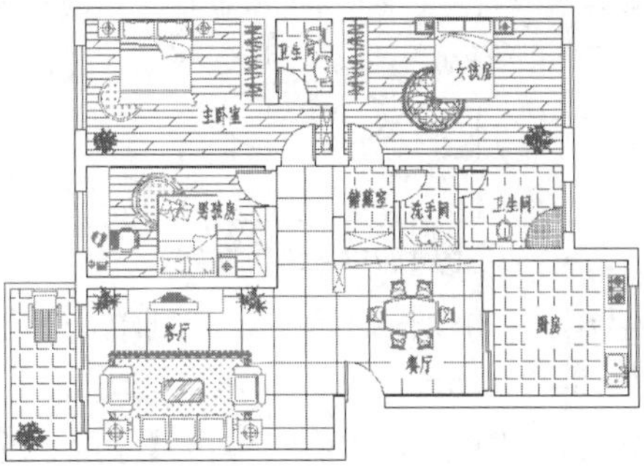

图 18-42　标注文字注解

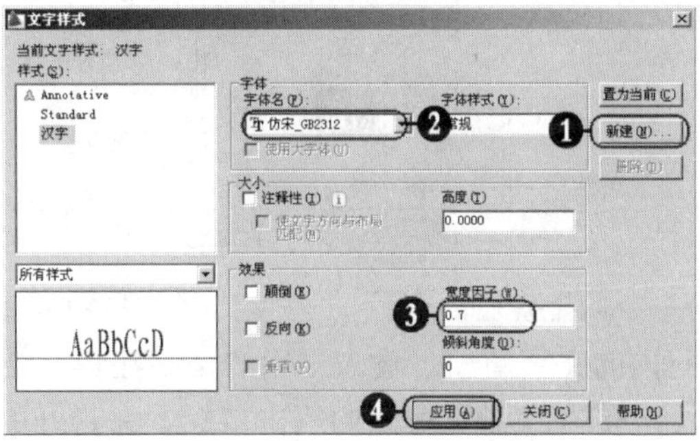

图 18-43　设置文字样式参数

❸单击菜单栏上的【绘图】|【文字】|【单行文字】命令，在“指定文字的起点或 [对正(J)/样式(S)]：”的操作提示下，在客厅内的适当位置上单击鼠标，拾取一点作为文字的起点。

❹在“指定高度 <2.5>：”提示下，输入 350 并按 Enter 键，将当前文字的高度设置为 350 个单位。

❺在“指定文字的旋转角度<0.00>：”提示下按 Enter 键，此时绘图区会出现一个单行文字输入框，如图 18-44 所示。

❻在命令行输入“客厅”文字，此时所输入的文字会出现在单行文字输入框内，如图 18-45 所示。

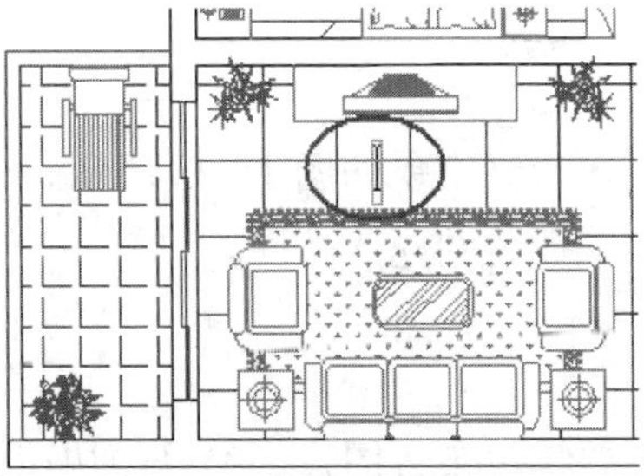

图 18-44　单行文字输入框

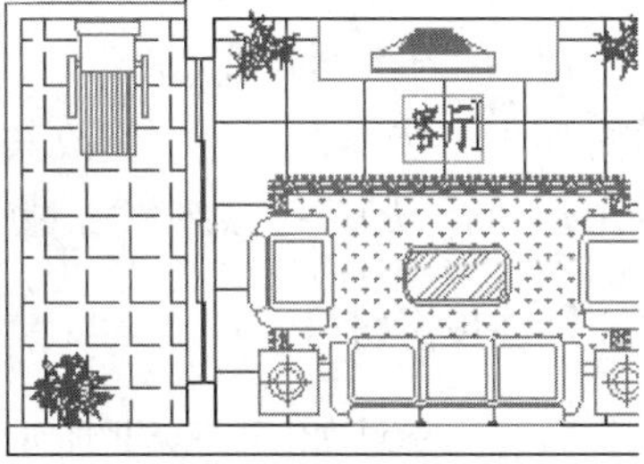

图 18-45　输入文字

⑦连续两次按 Enter 键，结束【单行文字】命令。

⑧单击菜单栏上的【修改】|【复制】命令，将刚标注的单行文字分别复制到其他房间内，结果如图 18-46 所示。

⑨单击菜单栏上的【修改】|【对象】|【文字】|【编辑】命令，在命令行“选择注释对象或[放弃(U)]:”提示下，单击餐厅房间内的文字，此时该文字呈现反白显示，如图 18-47 所示。

⑩在反白显示的单行文字输入框内输入正确的文字注释“餐厅”，然后按 Enter 键，结果文字被更改，如图 18-48 所示。

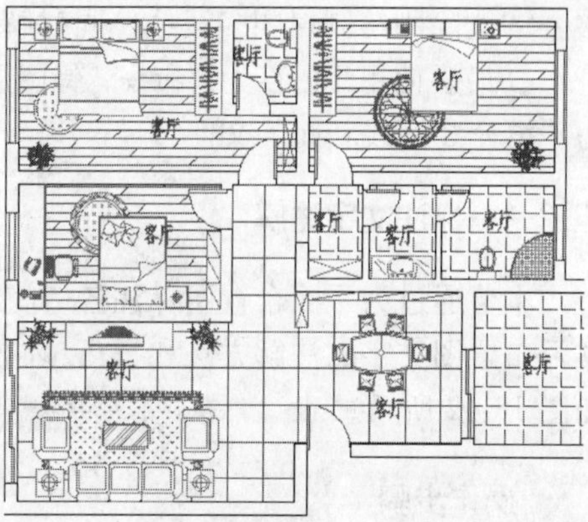

图 18-46　复制文字结果

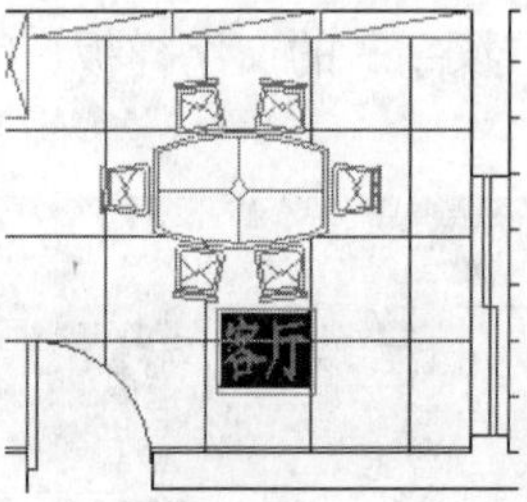

图 18-47　选择文字对象

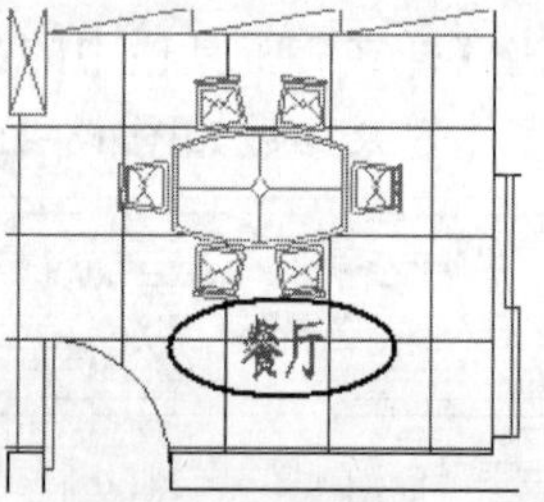

图 18-48　编辑文字

⑪继续在命令行“选择文字注释对象或[放弃(U)]:”的操作提示下，分别单击其他房间内的文字对象，输入正确的文字注释，结果如图 18-49 所示。

⑫在主卧室房间内双击鼠标，在打开的【图案填充编辑】对话框中单击【添加：选择对象】按钮，然后返回绘图区单击“主卧室”文字，以文字的边界作为填充孤岛，操作结果如图 18-50 所示。

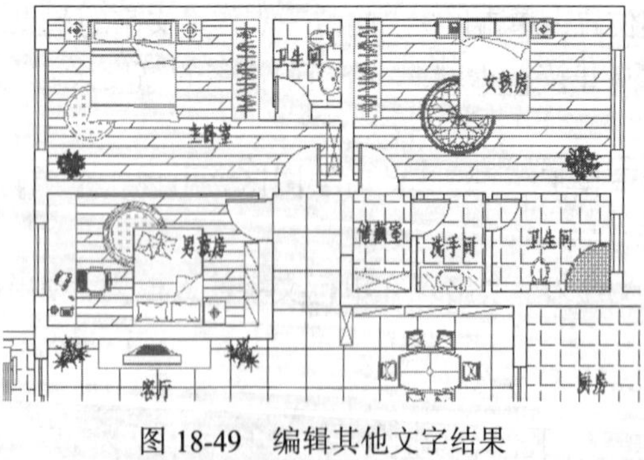

图 18-49　编辑其他文字结果

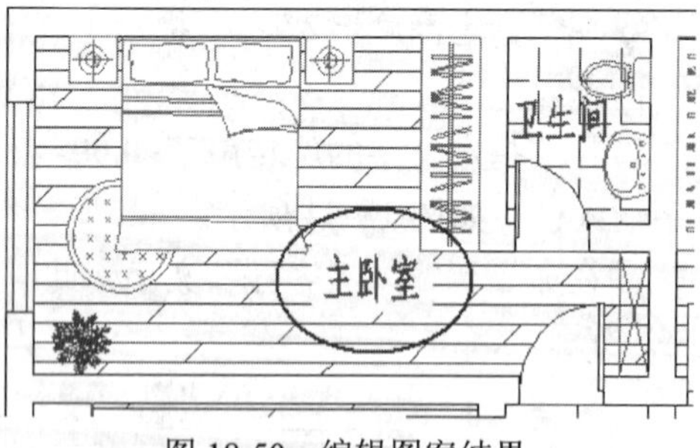

图 18-50　编辑图案结果

⑬参照上一步操作，分别修改其他房间内的图案，最终结果如图 18-42 所示。

⑭最后执行【另存为】命令，将图形另存为“文字注解.dwg”文件。

18.2.5　标注投影符号

本节通过为标注如图 18-51 所示的投影符号，主要学习布置图投影符号的快速标注方法和标注技巧。

操作步骤

❶继续上例操作，并将“0 图层”设置为当前图层。

❷单击【绘图】工具栏中的⬠按钮，绘制边长为 1000 的正四边形。命令行操作如下：

```
命令: _polygon
    输入边的数目 <4>:                              // Enter
    指定正多边形的中心点或 [边(E)]:                 //在适当位置拾取一点
    输入选项 [内接于圆(I)/外切于圆(C)] <C>:         //c Enter ，激活【外切于圆】按钮
    指定圆的半径:                                   //@500<45 Enter，绘制结果如图 18-52 所示
```

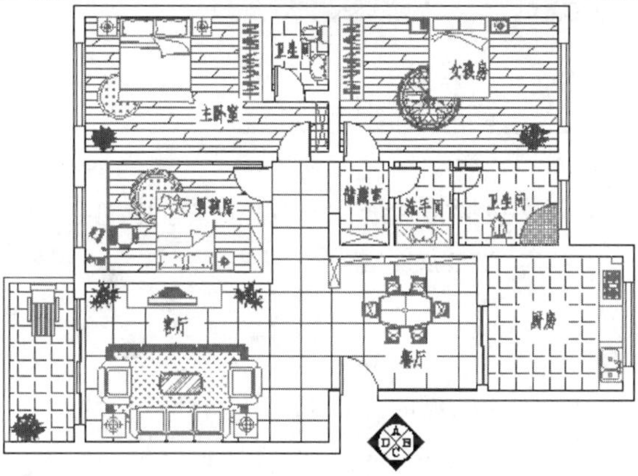

图 18-51 标注投影符号

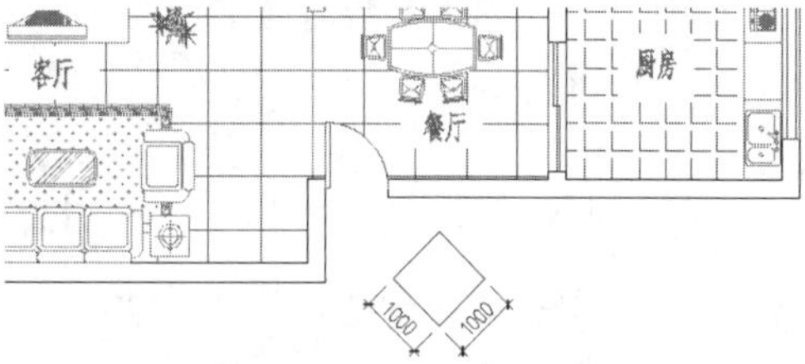

图 18-52 绘制正四边形

❸执行【圆】命令，配合【两点之间的中点】捕捉功能，以正四边形的正中心点作为圆心，绘制半径为 470 的圆图形，结果如图 18-53 所示。

❹单击菜单栏上的【绘图】|【直线】命令，绘制正四边形的两条中线，结果如图 18-54 所示。

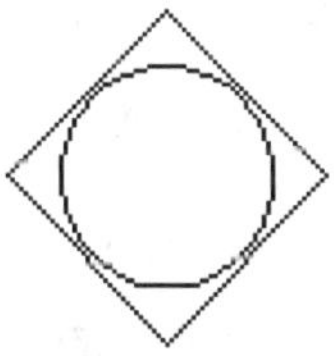

图 18-53 绘制圆图形

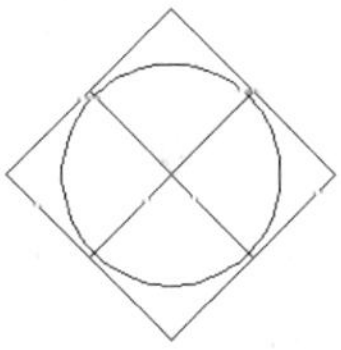

图 18-54 绘制中线

❺单击菜单栏上的【修改】|【修剪】命令，以圆图形作为修剪边界，对两条中线进行修剪，结果如图 18-55 所示，

❻单击菜单栏上的【绘图】|【图案填充】命令，填充如图 18-56 所示的实体图案。

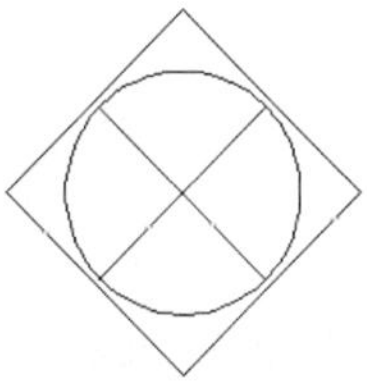

图 18-55 修剪结果

图 18-56 填充结果

❼单击菜单栏上的【格式】|【文字样式】命令，新建一种名为“编号”的文字样式，其参数设置如图 18-57 所示。

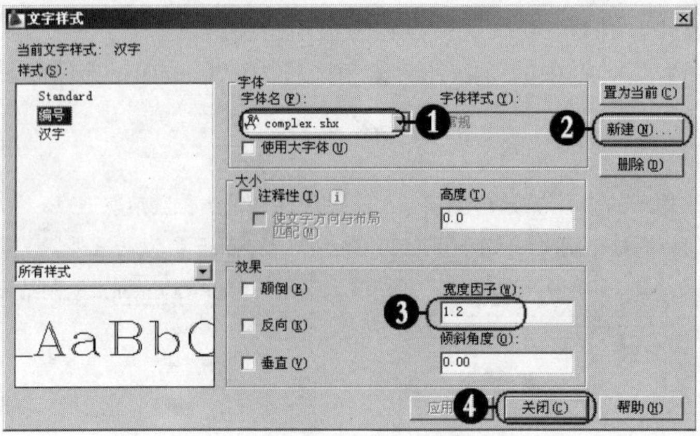

图 18-57 设置文字样式参数

❽使用快捷键 DT 激活【单行文字】命令，为四面投影符号进行编号。命令行操作如下：

```
命令: dt                                   // Enter，激活命令
    TEXT
    当前文字样式:  编号   当前文字高度:  5.0
    指定文字的起点或 [对正(J)/样式(S)]:         //在圆的上侧扇形区区内拾取一点
    指定高度 <5.0>:                            //200 Enter
    指定文字的旋转角度 <0.00>:                  // Enter，采用默认设置
```

❾此时系统显示出如图 18-58 所示的单行文字输入框，在此输入框内输入编号 A，如图 18-59 所示。

图 18-58 单行文字输入框

图 18-59 输入编号

❿重复【单行文字】命令，分别为其他位置填写编号，并调整编号的位置，结果如图 18-60 所示。

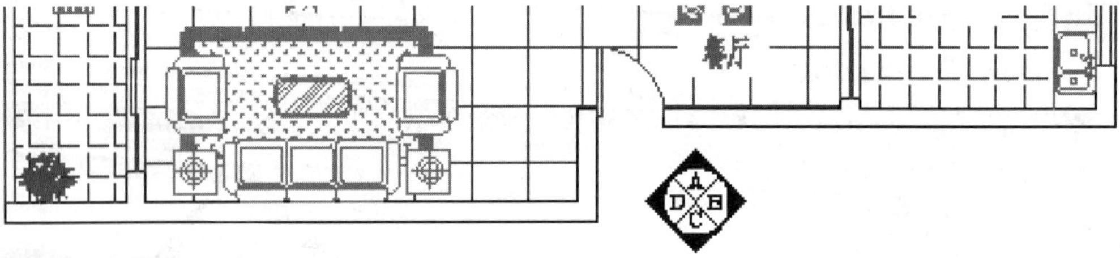

图 18-60 调整编号位置结果

⓫在命令行输入 W 激活【写块】命令，以圆心作为基点，将四面投影符号转化为图块。

⓬最后打开“尺寸层”，并将图形另存为“标注投影.dwg”文件。

18.3 本章小结

本章主要讲述了室内平面布置图的绘制方法和绘制技巧，具体为布置内含物、填充装饰线、文字注解、标注投影 4 个操作环节。其中，内含物的快速布置和地面装饰线的填充是本章的重点和难点，在布置内含物时，使用了插入块、设计中心和工具选项板 3 种方式；在填充地面装饰线时，要注意配合使用图层的开关等状态控制功能。

希望读者通过本章的学习，在理解和掌握平面布置图完整的绘制过程和绘制技巧的前提下，灵活运用 CAD 各制图工具，快速绘制出居室平面布置图。

第19章

室内吊顶图

本章在了解建筑剖面图功能、形成及常用类型等知识的前提下，主要学习室内吊顶图的绘制方法以及具体的绘制过程和技巧。

19.1 室内吊顶图概述

本节将简单介绍室内吊顶图的功能、形成特点和常用类型，具体内容如下。

19.1.1 吊顶图功能

吊顶也称天棚、顶棚以及天花等，它是室内装饰的重要组成部分，也是室内空间装饰中最富有变化、最引人注目的界面，其透视感较强。通过不同的造型处理，再配以合适的灯具造型，能增强空间的感染力，使顶面造型丰富多彩，新颖美观。

吊顶图的作用主要是用来表明吊顶的平面形式、尺寸、材料以及灯具和其他各种室内顶部设施的位置和大小等，它与布置图一样，都是建筑装饰施工放样、制作安装、预算、备料以及绘制室内有关设备施工图的重要依据。

19.1.2 吊顶图形成

吊顶图有两种形成方法：一是假想房屋水平剖开后，移去下面部分向上作直接正投影而成；另一种则是采用镜像投影法，将地面视为镜面，对镜中吊顶的形象作正投影而成。

吊顶图大都采用镜像投影法绘制，它主要是根据室内的结构布局，进行吊顶板的设计和灯具的布置，与室内其他内容构成一个有机联系的整体，让人们从光、色、形体等方面综合地感受室内环境。

一般情况下，吊顶的设计常常要从审美要求、物理功能、建筑照明、设备安装管线敷设、防火安全等多方面进行综合考虑。

19.1.3 吊顶图常用类型

归纳起来，吊顶一般可分为平板吊顶、异型吊顶、局部吊顶、格栅式吊顶、藻井式吊顶 5 大类型，具体如下：

1. **平板吊顶**

此种吊顶一般是以 PVC 板、铝扣板、石膏板、矿棉吸音板、玻璃纤维板、玻璃等作为主要装修材料，照明灯卧于顶部平面之内或吸于顶上。这种类型的吊顶多适用于卫生间、厨房、阳台和玄关等空间。

2. **异型吊顶**

异型吊顶是局部吊顶的一种，使用平板吊顶的形式，把顶部的管线遮挡在吊顶内，顶面可嵌入筒灯或内藏于日光灯内，使装修后的顶面形成两个层次，不会产生压抑感。

异型吊顶采用的云型波浪线或不规则弧线，一般不超过整体顶面面积的 1/3，超过或小于这个比例，就难以达到好的效果。

3. **格栅式吊顶**

此种吊顶需要使用木材作成框架，镶嵌上透光或磨沙玻璃，光源在玻璃的上面。这也属于平板吊顶的一种，但是造型要比平板吊顶生动和活泼，装饰的效果比较好。一般适用于餐厅、门厅、中厅或大厅等大空间，它的优点是光线柔和、轻松自然。

4. **藻井式吊顶**

藻井式吊顶是在房间的四周进行局部吊顶，可设计成一层或两层，装修后的效果有增加空间高度的感觉，还可以改变室内的灯光照明效果。

这类吊顶需要室内空间具有一定的高度，而且房间面积较大。

5. **局部吊顶**

局部吊顶是为了避免室内的顶部有水、暖、气管道，而且空间的高度又不允许进行全部吊顶的情况下，采用的一种局部吊顶方式。

6. **无吊顶装修**

由于城市的住房普遍较低，吊顶后会便人感到压抑和沉闷。随着装修的时尚，无顶装修开始流行起来。所谓无顶装修就是在房间顶面不加修饰的装修。无吊顶装修的方法是，顶面做简单的平面造型处理，采用现代的灯饰灯具，配以精致的角线，给人一种轻松自然的怡人风格。

不同的室内空间选用相应的吊顶，不但可以弥补室内空间的缺陷，还可以给室内增加个性色彩。

19.2 绘制某住宅楼户型吊顶图

下面以绘制某小区住宅楼户型吊顶平面图为例，了解和学习居室吊顶图的绘制方法、绘制过程和具体的绘制技巧。

19.2.1　实例效果及分析

实例效果

某小区住宅楼户型吊顶平面图的最终绘制效果如图 19-1 所示。

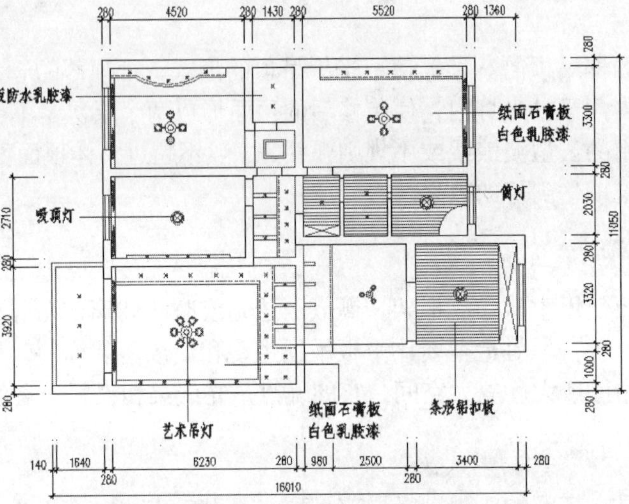

图 19-1 住宅楼户型吊顶平面图

实例分析

从图 19-1 所示的某户型吊顶图中可以看出，该吊顶结构较为简单，主要有条形扣板和纸面石膏板两种类型；吊顶灯具主要有艺术吊灯、吸顶灯和筒灯等；在卧室和客厅吊顶则使用了一些简单的选级吊顶。在绘制此类图形时，一般可以遵循如下操作流程：

- 初步准备墙体平面图；
- 补画吊顶图细部构件，具体有门洞、窗洞、窗帘和窗帘盒等细节构件；
- 为吊顶平面图绘制吊顶轮廓、灯池及灯带等内容；
- 为吊顶平面图布置艺术吊顶、吸顶灯以及筒灯等；
- 为吊顶平面图标注尺寸及必要的文字注释。

19.2.2　绘制吊顶轮廓

本节通过绘制如图 19-2 所示的平面图，学习室内吊顶轮廓图的绘制方法和绘制技巧。

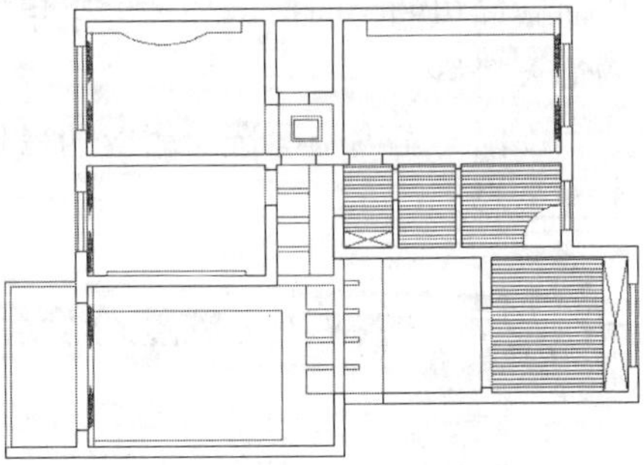

图 19-2　吊顶轮廓平面图

操作步骤

❶使用【打开】命令，打开第 18 章保存的“标注投影.dwg ”文件。

❷使用快捷键 LA 激活【图层】命令，新建名为“吊顶层”的图层，图层颜色为 104

号色，然后关闭“0 图层”、“地面层”、“尺寸层”、“图块层”和“文字层”，并设置“吊顶层”作为当前图层，如图 19-3 所示。

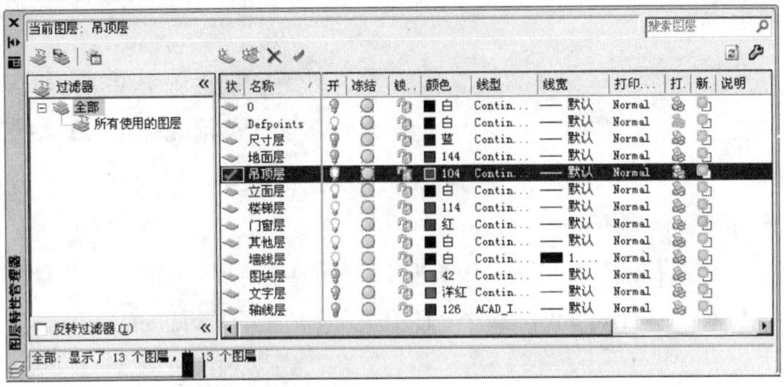

图 19-3 【图层特性管理器】窗口

❸关闭【图层特性管理器】对话框，结果与作图无关的图形对象都被隐藏，如图 19-4 所示。

❹在无命令执行的前提下，夹点显示如图 19-5 所示的平面窗和阳台轮廓线。

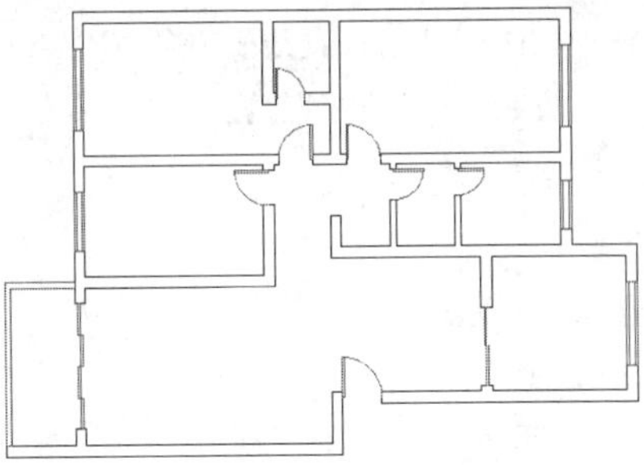

图 19-4 将无关图形对象隐藏

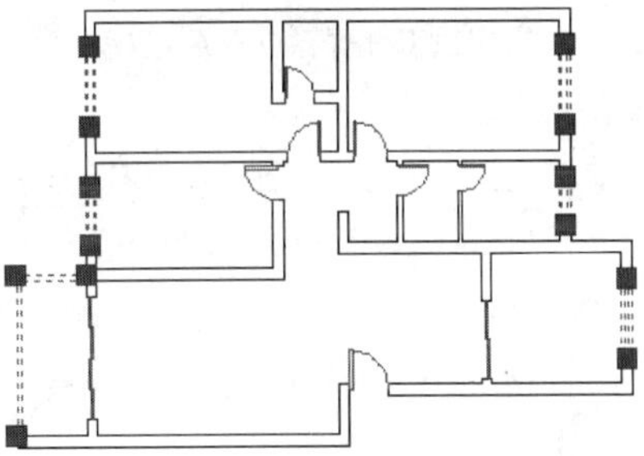

图 19-5 夹点显示对象

❺单击【修改】工具栏中的按钮，激活【复制】命令，对夹点显示的对象进行原位置复制。

❻使用“点选”的方式依次单击复制出的各对象，然后展开【图层控制】下拉列表，修改其图层为“吊顶层”，结果如图 19-6 所示。

❼关闭“门窗层”，然后使用【直线】命令，分别连接各门洞两侧的端点，绘制过梁底面的轮廓线，结果如图 19-7 所示。

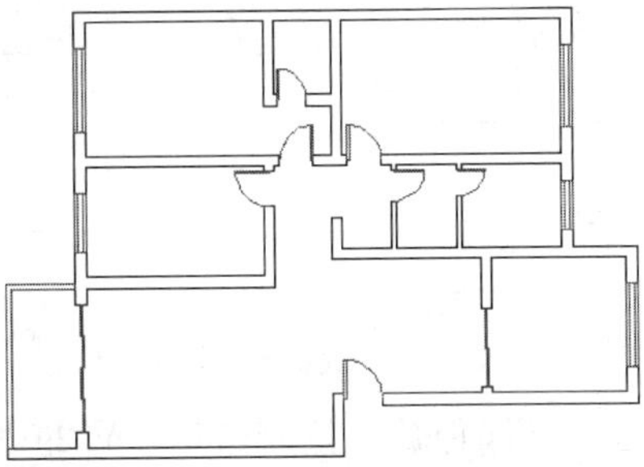

图 19-6 更改对象图层

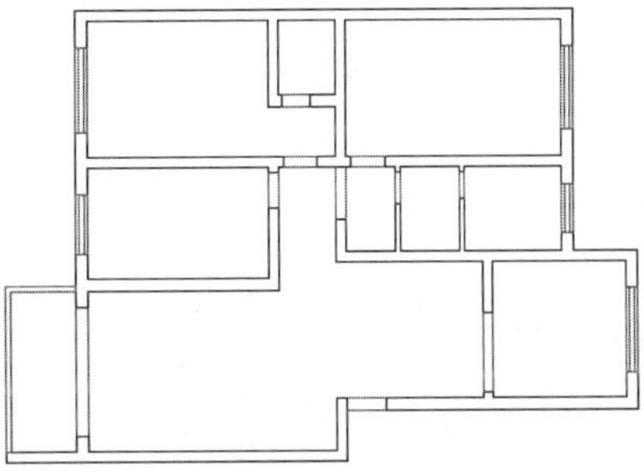

图 19-7 绘制过梁底面轮廓线

技巧

由于最后创建的对象位于最上面，所以只需要在复制出的对象上单击鼠标，即可将其选中。

❽使用快捷键 PL 激活【多段线】命令，绘制主卧室吊顶轮廓线。命令行操作如下：

命令: pl //Enter
PLINE
指定起点: //捕捉图 19-8 所示的点 D
_from 基点: //激活【捕捉自】功能
<偏移>: //@0,-300 Enter
当前线宽为 0.0
指定下一个点或 [圆弧(A)/半宽(H)/长度(L)/放弃(U)/宽度(W)]: //@850,0 Enter
指定下一点或 [圆弧(A)/闭合(C)/半宽(H)/长度(L)/放弃(U)/宽度(W)]:
//a Enter 激活【圆弧】选项
指定圆弧的端点或[角度(A)/圆心(CE)/闭合(CL)/方向(D)/半宽(H)/直线(L)/半径(R)/第二个点(S)/放弃(U)/宽度(W)]: //s Enter 激活【第二个点】选项
指定圆弧上的第二个点: //@1110,-300 Enter
指定圆弧的端点: //@1110,300 Enter
指定圆弧的端点或[角度(A)/圆心(CE)/闭合(CL)/方向(D)/半宽(H)/直线(L)/半径(R)/第二个点(S)/放弃(U)/宽度(W)]: //l Enter 激活【直线】选项
指定下一点或 [圆弧(A)/闭合(C)/半宽(H)/长度(L)/放弃(U)/宽度(W)]:
//水平向右引出 0° 追踪矢量，然后输入 850 Enter
指定下一点或 [圆弧(A)/闭合(C)/半宽(H)/长度(L)/放弃(U)/宽度(W)]: //@0,300 Enter
指定下一点或 [圆弧(A)/闭合(C)/半宽(H)/长度(L)/放弃(U)/宽度(W)]:
// Enter，绘制结果如图 19-8 所示

❾重复【多段线】命令，配合捕捉和极轴追踪功能，绘制其他房间内的吊顶轮廓线，结果如图 19-9 所示。

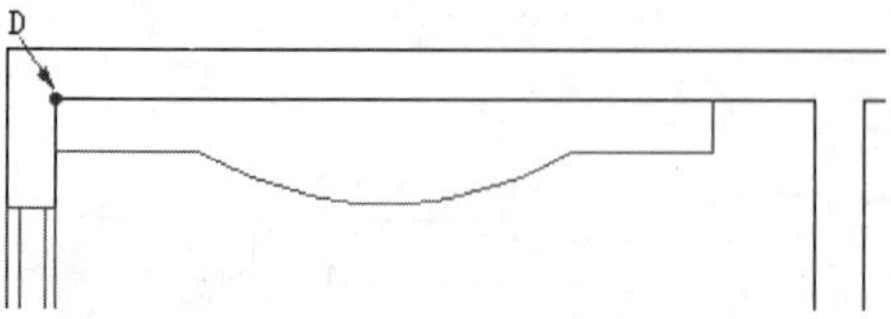

图 19-8 绘制吊顶轮廓线

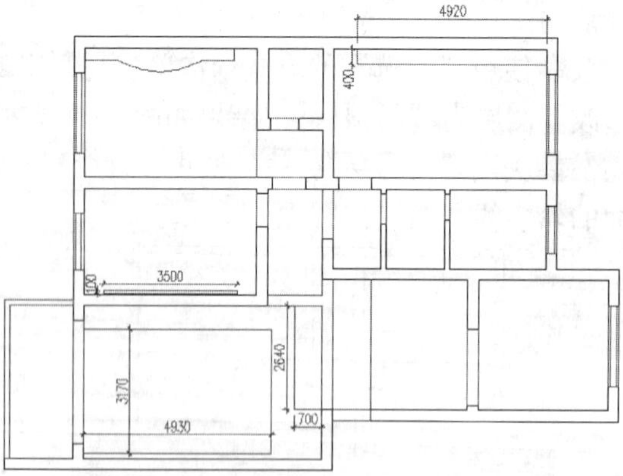

图 19-9 绘制其他吊顶轮廓线

❿单击菜单栏上的【绘图】|【矩形】命令，配合端点捕捉功能绘制过道位置的吊顶轮廓线。命令行操作如下：

命令: _rectang
指定第一个角点或 [倒角(C)/标高(E)/圆角(F)/厚度(T)/宽度(W)]:
//捕捉图 19-10 所示的 A 点

```
指定另一个角点或 [面积(A)/尺寸(D)/旋转(R)]:
                              //捕捉如图 19-10 所示的 B 点，绘制结果如图 19-11 所示
```

⑪单击【修改】工具栏中的按钮，激活【偏移】命令，将刚绘制的矩形进行向内偏移 300 和 375 个单位，结果如图 19-12 所示。

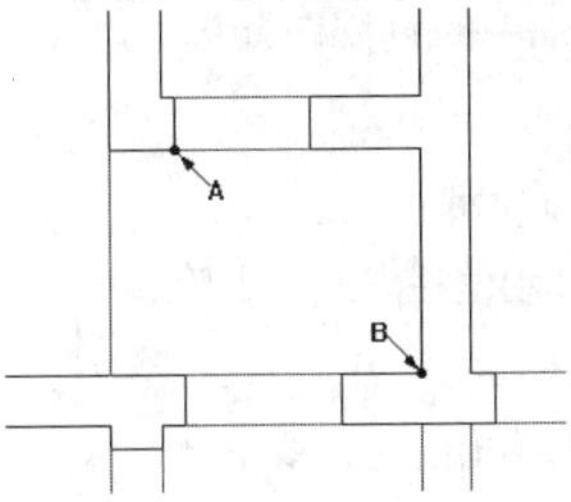

图 19-10　定位角点

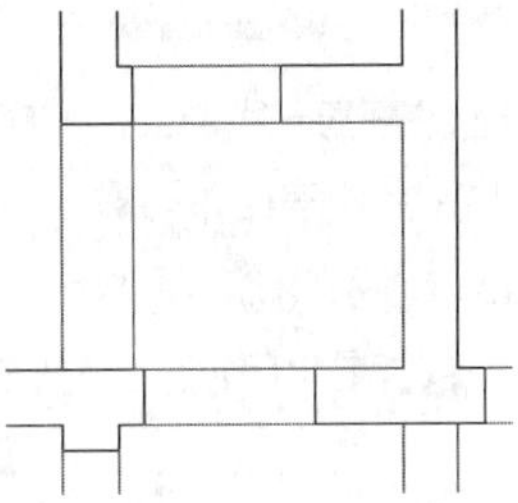

图 19-11　绘制结果

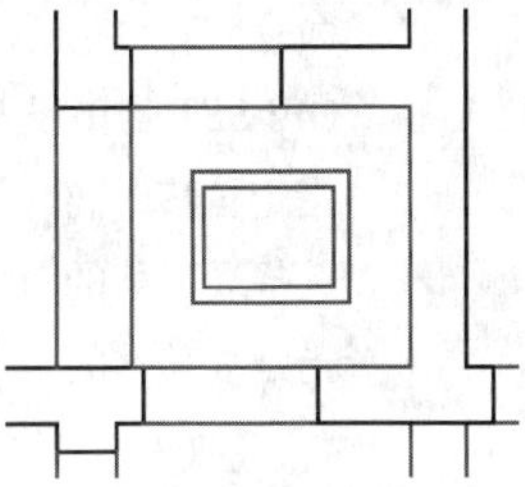

图 19-12　偏移结果

⑫使用快捷键 L 激活【直线】命令，配合捕捉和极轴追踪功能绘制如图 19-13 所示的轮廓线。

⑬使用快捷键 O 激活【偏移】命令，选择刚绘制的水平轮廓线进行偏移复制。命令行操作如下：

```
命令: o                                                   //Enter，激活命令
    当前设置: 删除源=否   图层=源   OFFSETGAPTYPE=0
    指定偏移距离或 [通过(T)/删除(E)/图层(L)] <75.0>:          //120 Enter
    选择要偏移的对象，或 [退出(E)/放弃(U)] <退出>:            //选择刚绘制的水平轮廓线
    指定要偏移的那一侧上的点，或 [退出(E)/多个(M)/放弃(U)] <退出>:
                                                          //在轮廓线的下部拾取一点
    选择要偏移的对象，或 [退出(E)/放弃(U)] <退出>:            // Enter，结束命令
    命令:                                                 // Enter，重复执行命令
    OFFSET 当前设置: 删除源=否   图层=源   OFFSETGAPTYPE=0
    指定偏移距离或 [通过(T)/删除(E)/图层(L)] <120.0>:         //587 Enter
    选择要偏移的对象，或 [退出(E)/放弃(U)] <退出>:            //选择刚偏移出的水平轮廓线
    指定要偏移的那一侧上的点，或 [退出(E)/多个(M)/放弃(U)] <退出>:
                                                          //在偏移出的轮廓线下部拾取一点
    选择要偏移的对象，或 [退出(E)/放弃(U)] <退出>:            // Enter，结束命令
    命令:                                                 // Enter，重复执行命令
    OFFSET 当前设置: 删除源=否   图层=源   OFFSETGAPTYPE=0
    指定偏移距离或 [通过(T)/删除(E)/图层(L)] <587.0>:         //120 Enter
    选择要偏移的对象，或 [退出(E)/放弃(U)] <退出>:            //选择刚偏移出的水平轮廓线
    指定要偏移的那一侧上 的点，或 [退出(E)/多个(M)/放弃(U)] <退出>:
                                                          //在偏移出的轮廓线下部拾取一点
    选择要偏移的对象，或 [退出(E)/放弃(U)] <退出>:            // Enter，结束命令
    命令:                                                 // Enter，重复执行命令
    OFFSET 当前设置: 删除源=否   图层=源   OFFSETGAPTYPE=0
    指定偏移距离或 [通过(T)/删除(E)/图层(L)] <120.0>:         //587 Enter
```

```
选择要偏移的对象，或 [退出(E)/放弃(U)] <退出>:          //选择刚偏移出的水平轮廓线
指定要偏移的那一侧上的点，或 [退出(E)/多个(M)/放弃(U)] <退出>:
                                                        //在偏移出的轮廓线下部拾取一点
选择要偏移的对象，或 [退出(E)/放弃(U)] <退出>:          // Enter，结束命令
命令:                                                   // Enter，重复执行命令
OFFSET 当前设置: 删除源=否    图层=源    OFFSETGAPTYPE=0
指定偏移距离或 [通过(T)/删除(E)/图层(L)] <587.0>:       //120 Enter
选择要偏移的对象，或 [退出(E)/放弃(U)] <退出>:          //选择刚偏移出的水平轮廓线
指定要偏移的那一侧上的点，或 [退出(E)/多个(M)/放弃(U)] <退出>:
                                                        //在偏移出的轮廓线下部拾取一点
选择要偏移的对象，或 [退出(E)/放弃(U)] <退出>:
                                                        //Enter，偏移结果如图 19-14 所示
```

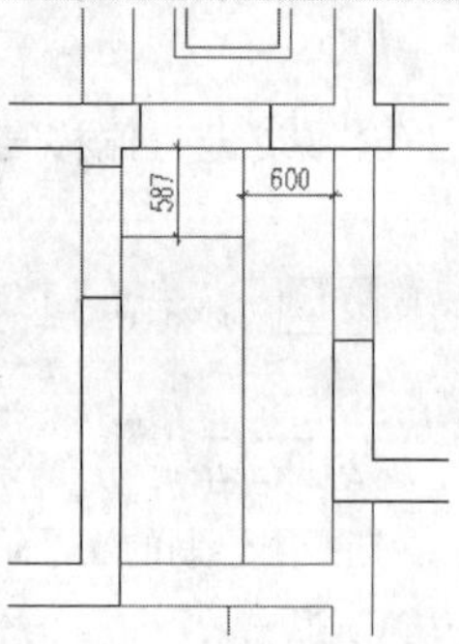

图 19-13　绘制的轮廓线

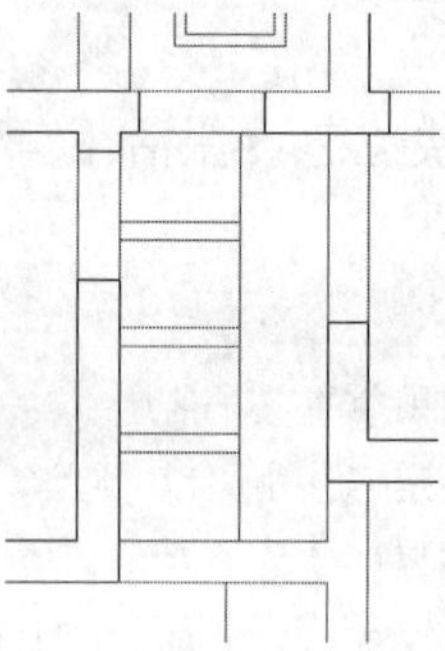

图 19-14　偏移结果

⑭参照第 12、13 操作步骤，使用【直线】命令并配合捕捉追踪功能，绘制下侧的轮廓线，绘制结果如图 19-15 所示。

⑮单击菜单栏上的【修改】|【修剪】命令，以刚绘制的水平轮廓线作为修剪边界，对左侧的垂直轮廓线进行修剪，修剪结果如图 19-16 所示。

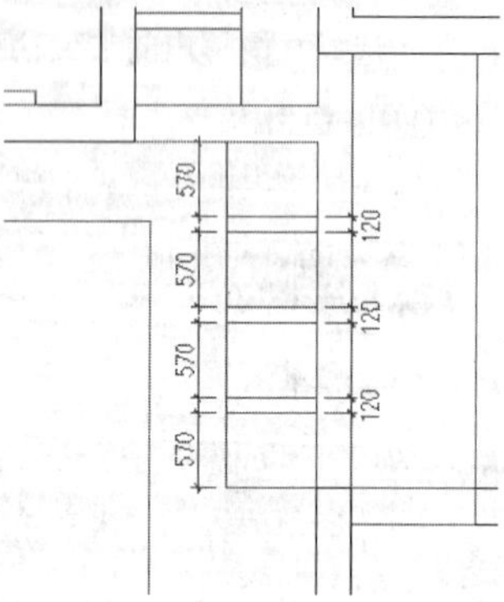

图 19-15　绘制下侧的轮廓线

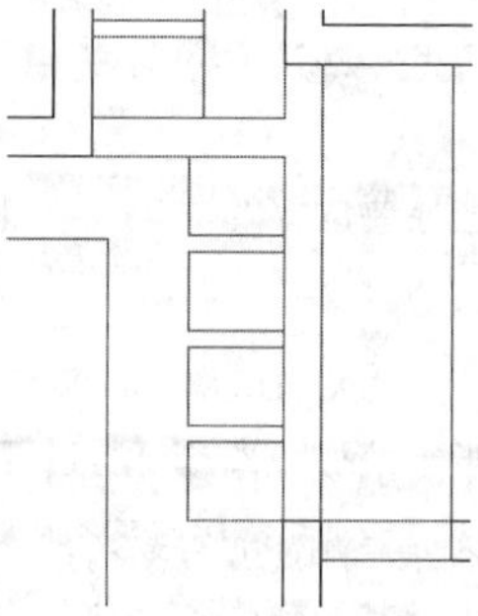

图 19-16　修剪结果

⑯执行【矩形】命令，以如图 19-17 所示的端点作为追踪点，以水平追踪虚线和垂直轮廓线的交点作为第一角点，绘制长度为 380、宽度为 120 的矩形，如图 19-18 所示。

⑰单击菜单栏上的【修改】|【阵列】命令，设置阵列行数为 4、列数为 1、行偏移为 690 个单位，对刚绘制的矩形进行阵列，阵列结果如图 19-19 所示。

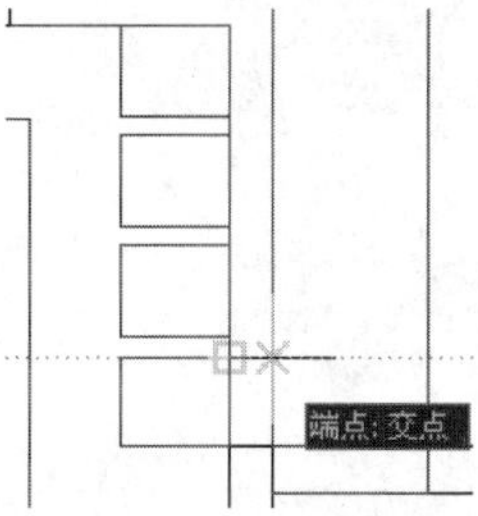

图 19-17 捕捉交点

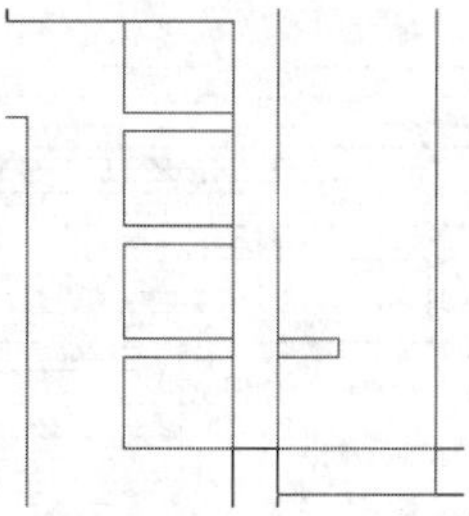
图 19-18 绘制矩形

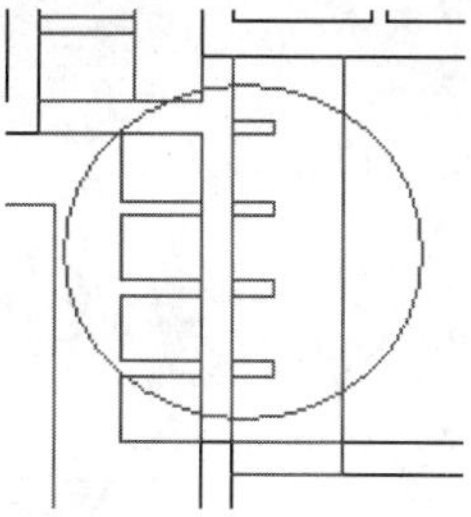
图 19-19 阵列结果

⑱打开“图块层”，平面图的显示结果如图 19-20 所示。

⑲综合使用【直线】和【圆弧】命令，分别沿着厨房操作台、卫生间浴室以及储藏室柜等对象的外轮廓，绘制与其重合的结构轮廓线，同时关闭“图块层”，结果如图 19-21 所示。

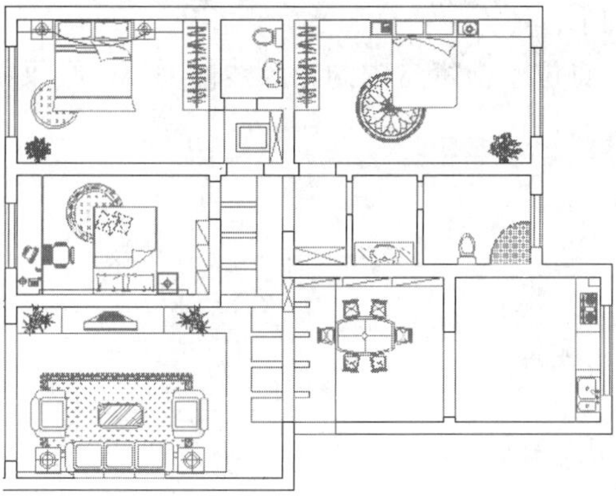
图 19-20 打开“图块层”效果

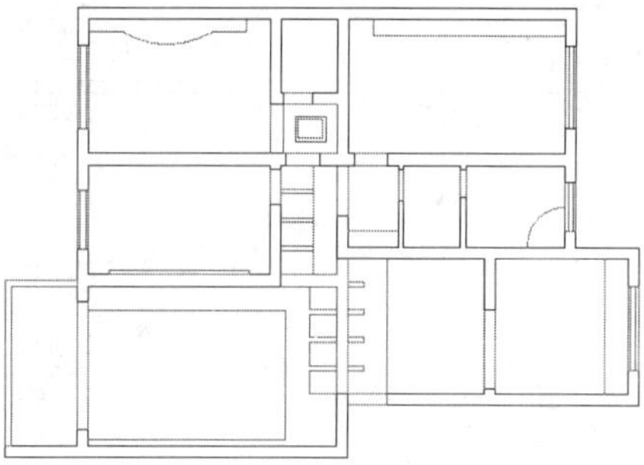
图 19-21 绘制重合的轮廓线

⑳重复【直线】命令，配合端点捕捉功能，分别绘制储物柜以及厨柜等对角线，结果如图 19-22 所示。

㉑单击菜单栏上的【绘图】|【图案填充】命令，设置填充图案和填充参数如图 19-23 所示，为卫生间、洗手间以及厨房等填充吊顶图案，填充结果如图 19-24 所示。

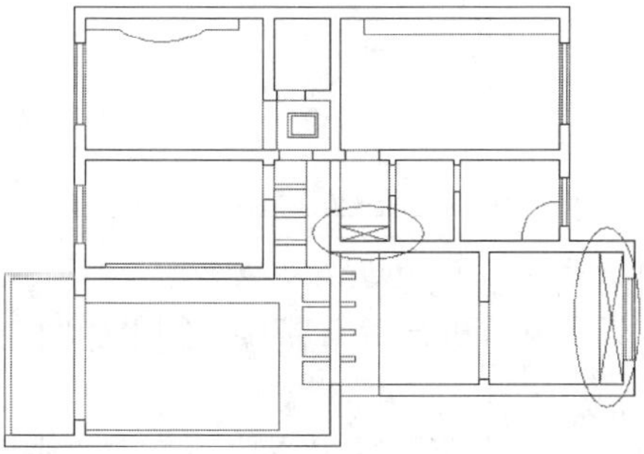
图 19-22 绘制对角线

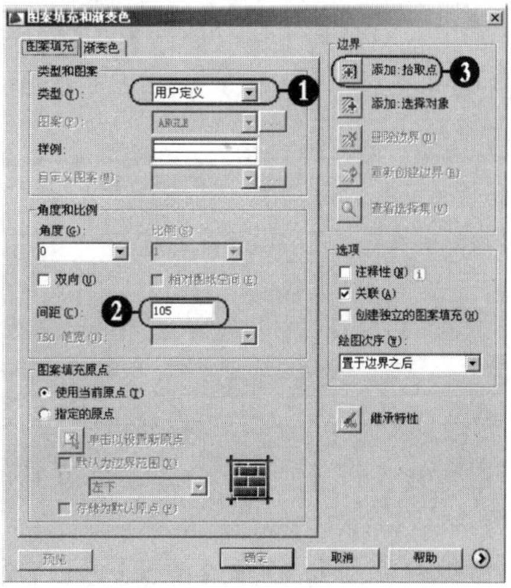

图 19-23 设置图案填充参数

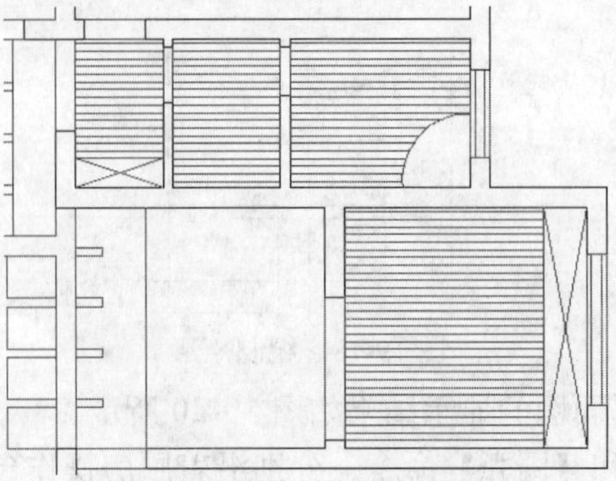

图 19-24　填充结果

㉒使用快捷键 L 激活【直线】命令，配合捕捉与追踪功能，分别在卧室和客厅内绘制一条垂直的线段作为窗帘盒轮廓线，如图 19-25 所示。

㉓单击菜单栏上的【修改】|【修剪】命令，将位于窗帘盒内的轮廓线修剪掉，结果如图 19-26 所示。

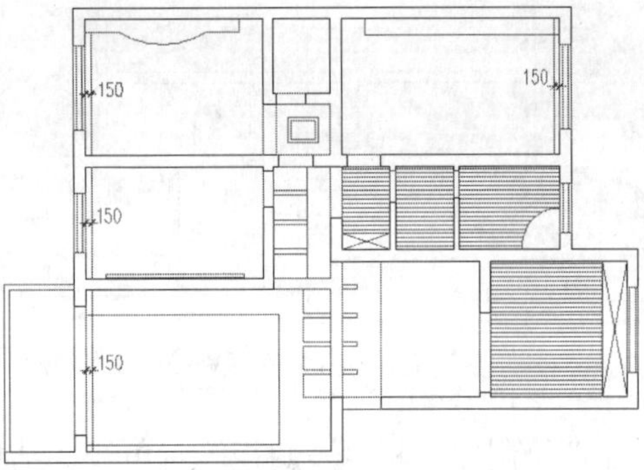

图 19-25　绘制窗帘盒

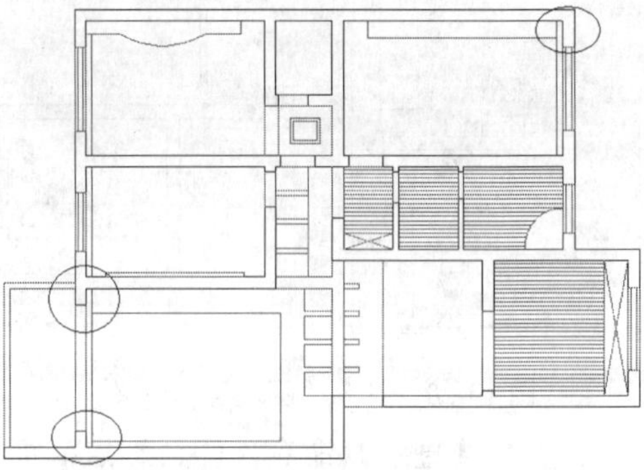

图 19-26　修剪结果

㉔使用快捷键 I 激活【插入块】命令，插入随书光盘中的“图块文件\窗帘.dwg”，块的旋转角度为 90°，插入结果如图 19-27 所示。

㉕单击菜单栏上的【修改】|【镜像】命令，对刚插入的窗帘进行镜像复制，结果如图 19-28 所示。

图 19-27　插入窗帘

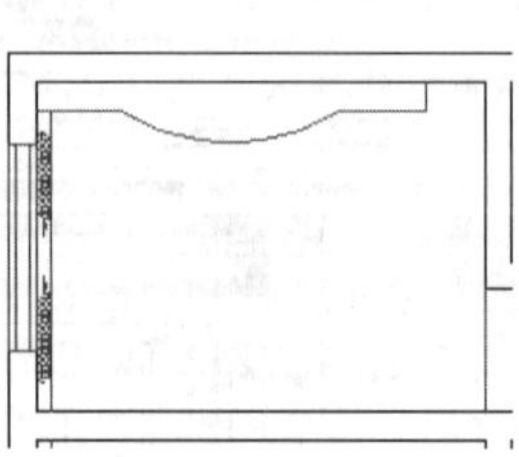

图 19-28　镜像结果

㉖重复执行【镜像】命令，对图 19-28 所示的两个窗帘进行垂直镜像，结果如图 19-29 所示。

㉗综合使用【插入】、【镜像】命令，分别为其他窗帘盒内布置窗帘图块，结果如图 19-30 所示。

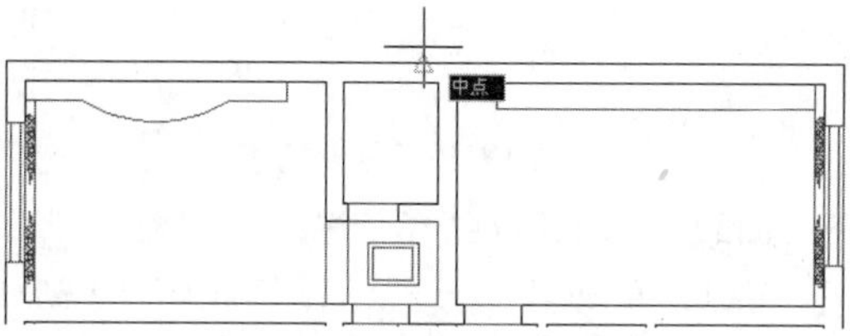

图 19-29 垂直镜像结果

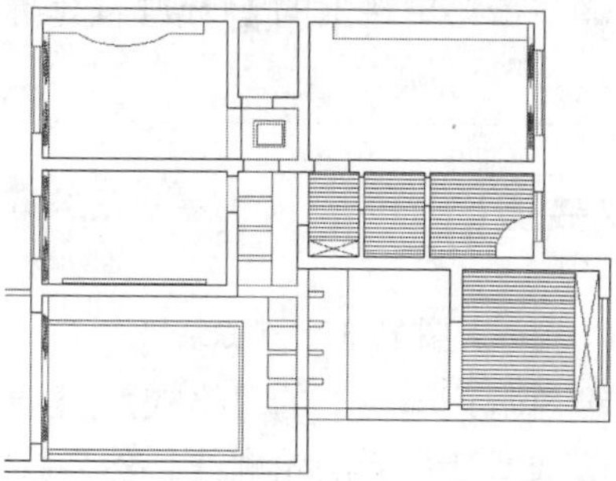

图 19-30 插入其他窗帘

㉘最后执行【另存为】命令，将图形另存为“吊顶轮廓.dwg”文件。

19.2.3 布置灯具灯带

接下来，为吊顶轮廓图布置各种灯具和灯带，学习吊顶灯具和灯带的快速绘制方法和绘制技巧。本例效果如图 19-31 所示。

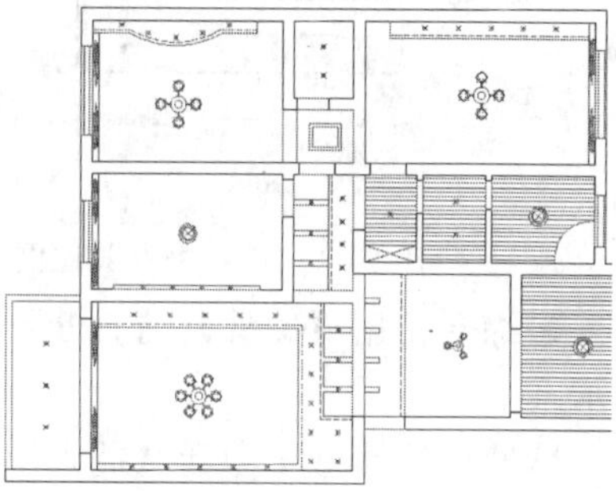

图 19-31 布置灯具灯带

操作步骤

❶继续上节操作，然后单击菜单栏上的【修改】|【偏移】命令，将图 19-32 所示的轮廓线向内偏移 80 个单位，结果如图 19-33 所示。

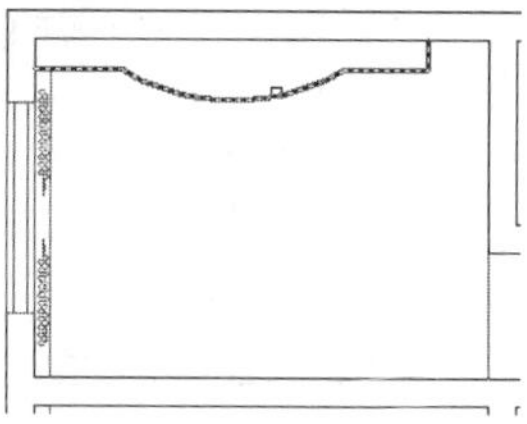

图 19-32 选择对象

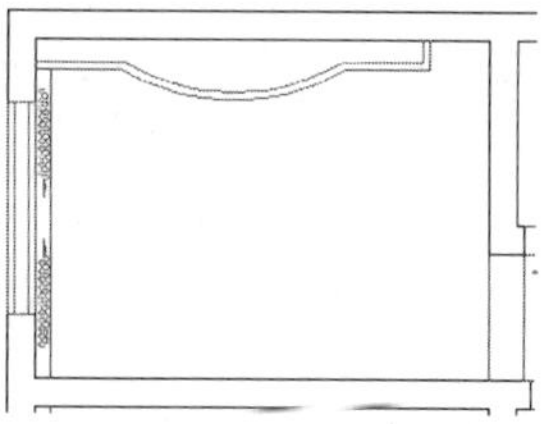

图 19-33 偏移结果

❷单击【修改】工具栏中的□按钮，选择偏移出的轮廓线，将其打断为两个独立的对象。命令行操作如下：

```
命令: _break
    选择对象:                                    //单击刚偏移出的对象
    指定第二个打断点 或 [第一点(F)]: _f
    指定第一个打断点:                            //捕捉如图 19-34 所示位置的端点
    指定第二个打断点: @
```

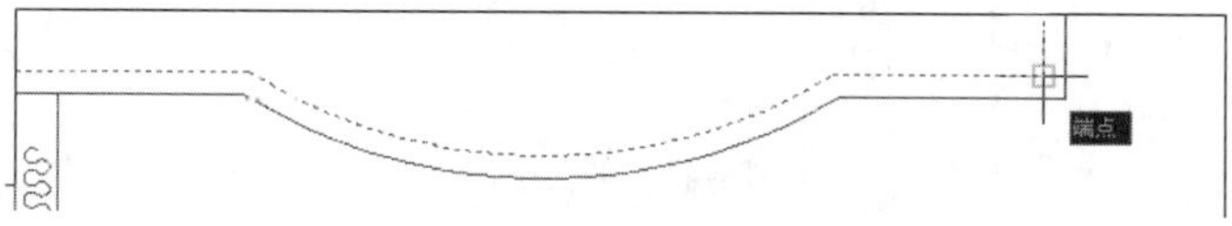

图 19-34 指定断点

❸使用快捷键 E 激活【删除】命令，删除打断后的垂直线段，结果如图 19-35 所示。

❹单击菜单栏上的【修改】|【延伸】命令，对另一条打断对象进行延伸，结果如图 19-36 所示。

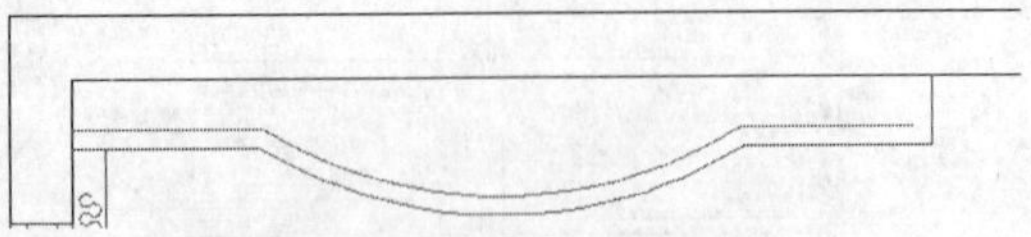

图 19-35　删除结果

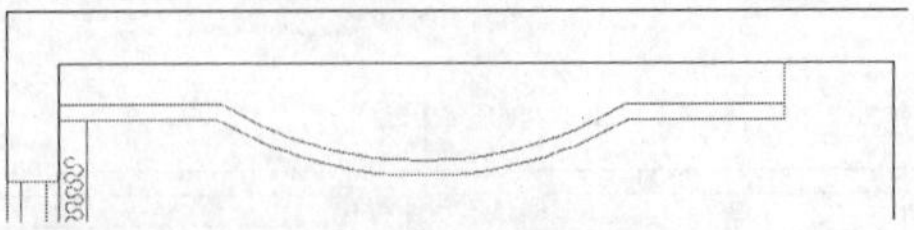

图 19-36　延伸结果

❺单击菜单栏上的【格式】|【线型】命令，加载 DASHED 线型。

❻选择延伸后的轮廓线，然后打开【特性】窗口，更改线型及线型比例如图 19-37 所示，轮廓线的显示结果如图 19-38 所示。

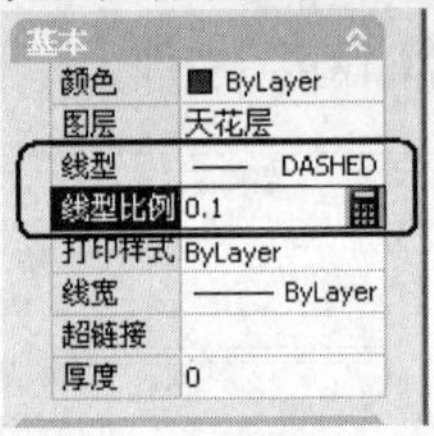

图 19-37　更改线型及其比例

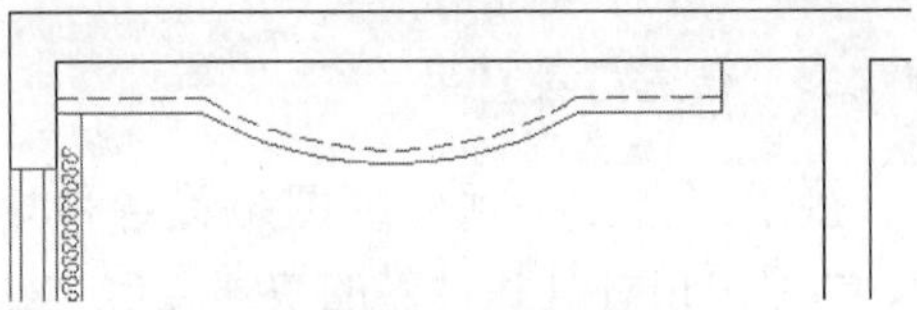

图 19-38　对象的显示

❼综合使用【偏移】、【打断】、【特性】等命令，分别创建其他灯带，结果如图 19-39 所示。

❽使用快捷键 I 激活【插入块】命令，配合中点捕捉和对象追踪等功能，采用默认设置并插入随书光盘中的“图块文件\艺术吊灯.dwg”，结果如图 19-40 所示。

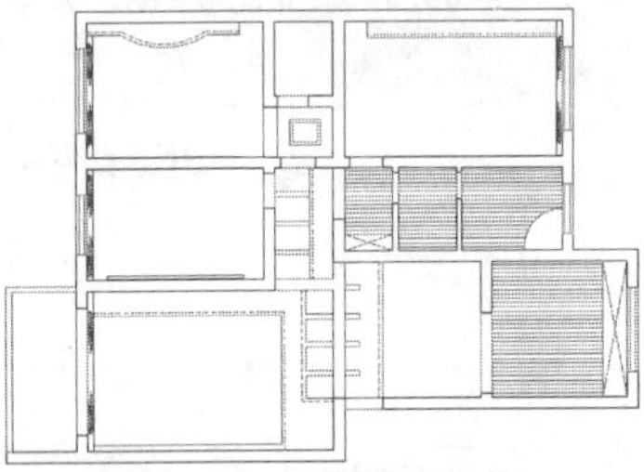

图 19-39　创建其他灯带

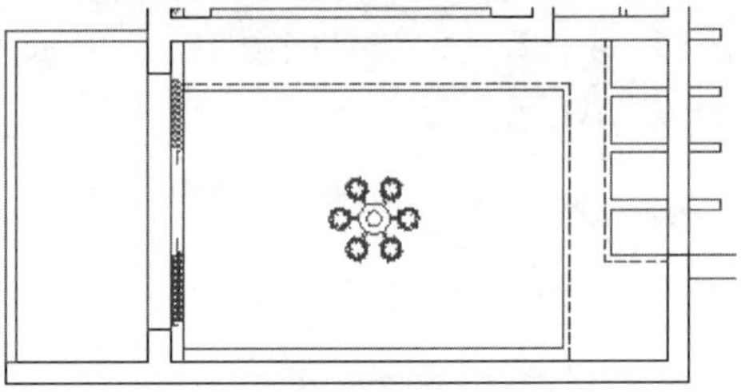

图 19-40　插入艺术吊灯

❾单击菜单栏上的【修改】|【复制】命令，将插入的吊灯复制到餐厅和主卧室内，如图 19-41 所示。

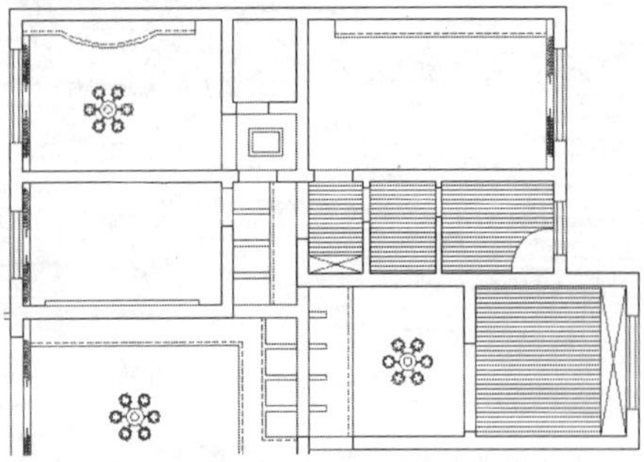

图 19-41　复制结果

❿将复制出的吊灯分解，然后使用【删除】命令，对分解后的两个吊灯进行删除操作，结果如图 19-42 和图 19-43 所示。

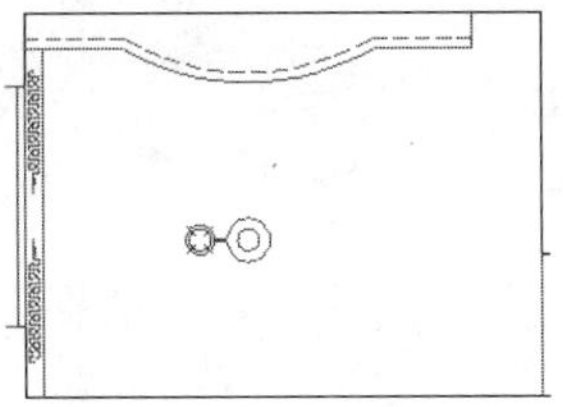

图 19-42 卧室吊灯

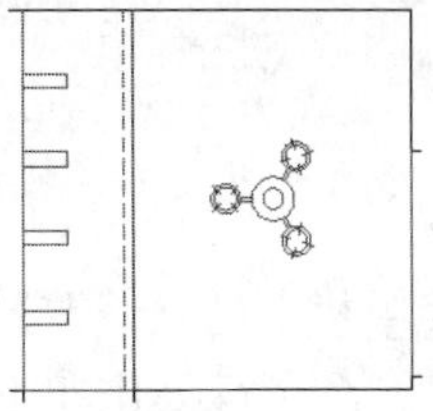

图 19-43 餐厅吊灯

⑪使用快捷键 AR 激活【阵列】命令，将主卧室吊灯进行环形阵列 4 份，结果如图 19-44 所示。

⑫使用快捷键 SC 激活【缩放】命令，将餐厅吊灯进行比例缩放为 0.6 倍，操作结果如图 19-45 所示。

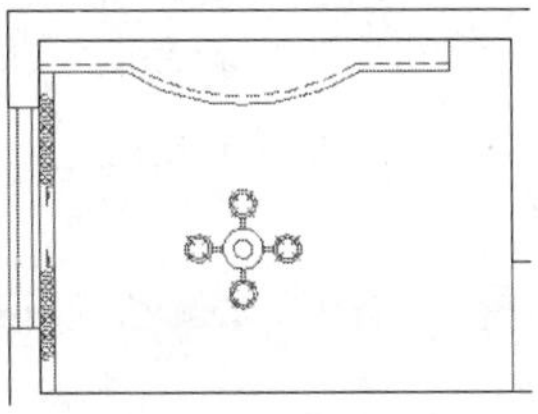

图 19-44 阵列结果

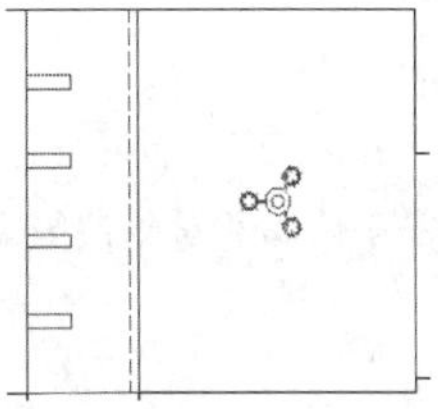

图 19-45 缩放结果

⑬单击菜单栏上的【修改】|【复制】命令，将阵列后的主卧室吊灯复制到儿童房内，如图 19-46 所示。

⑭使用快捷键 I 激活【插入块】命令，采用默认设置，插入随书光盘“图块文件\吸顶灯.dwg”，结果如图 19-47 所示。

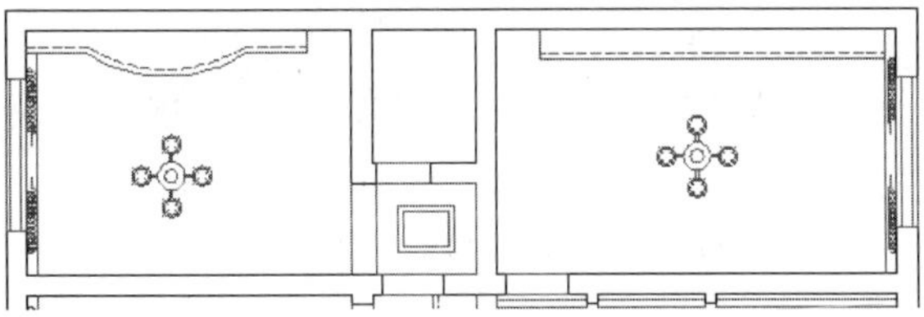

图 19-46 复制结果

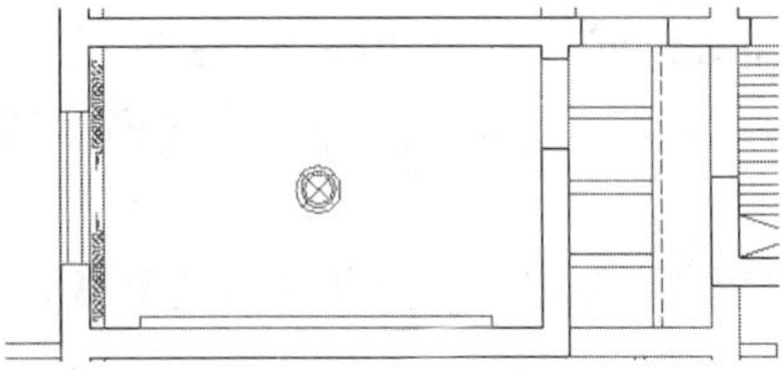

图 19-47 插入吸顶灯

⑮使用快捷键 CO 激活【复制】命令，将插入的筒灯复制到厨房和卫生间内，如图 19-48 所示。

⑯单击菜单栏上的【修改】|【修剪】命令，将筒灯内部的图案修剪掉，结果如图 19-49 所示。

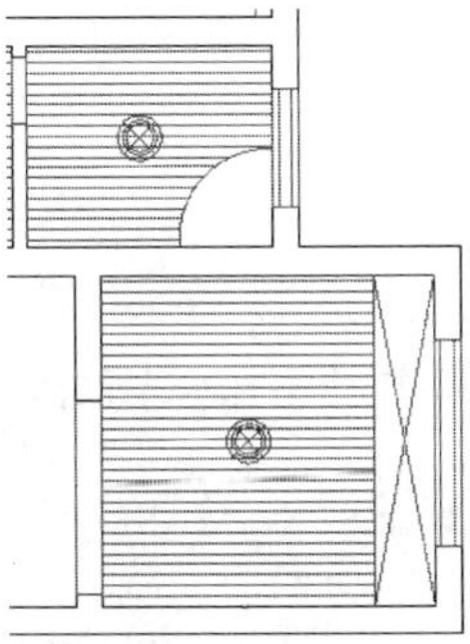

图 19-48 复制结果

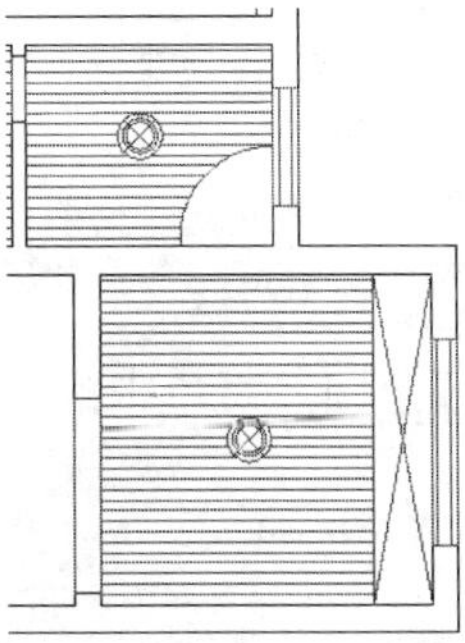

图 19-49 修剪结果

技巧

如果图块内的填充图案不能被修剪掉，可以先将图案填充分解，然后再修剪。

⑰单击菜单栏上的【修改】|【偏移】命令，配合【两点之间的中点】捕捉功能创建筒灯定位辅助线。命令行操作如下：

```
命令: _offset
    当前设置: 删除源=否   图层=源   OFFSETGAPTYPE=0
    指定偏移距离或 [通过(T)/删除(E)/图层(L)] <55.0>:        //t Enter ，激活【通过】命令
    选择要偏移的对象，或 [退出(E)/放弃(U)] <退出>:          //单击卧室灯带轮廓线
    指定通过点或 [退出(E)/多个(M)/放弃(U)] <退出>:          //激活【两点之间的中点】功能
    _m2p 中点的第一点:                                      //捕捉如图 19-50 所示的端点
    中点的第二点:                                           //捕捉如图 19-51 所示的端点
    选择要偏移的对象，或 [退出(E)/放弃(U)] <退出>:
                                  // Enter，结束命令，偏移结果如图 19-52 所示
```

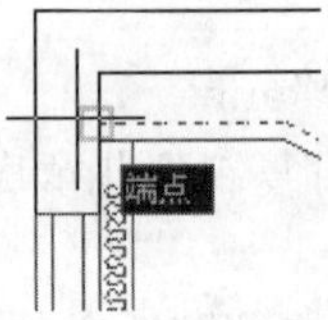

19-50　定位第一点

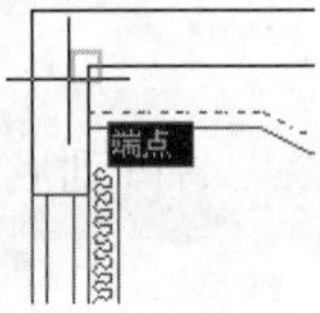

图 19-51　定位第二点

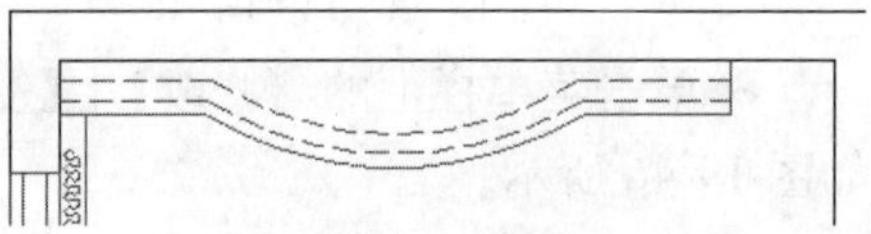
图 19-52　偏移结果

⑱重复使用【偏移】命令，配合【两点之间的中点】捕捉功能，创建其他位置的灯具定位辅助线，结果如图 19-53 所示。

⑲使用【直线】命令，配合对象捕捉功能绘制如图 19-54 所示的直线作为筒灯定位辅助线。

⑳单击菜单栏上的【格式】|【点样式】命令，设置当前点的样式和点的大小如图 19-55 所示。

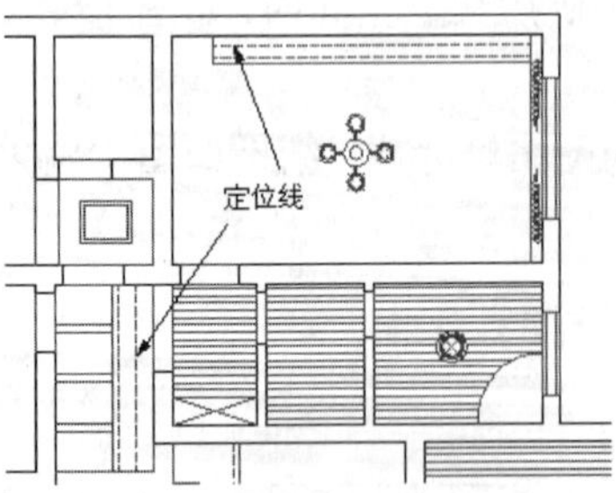

图 19-53　创建定位线

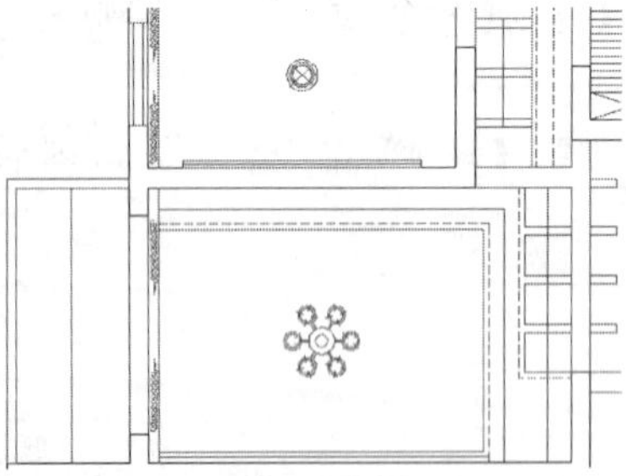
图 19-54　绘制辅助线

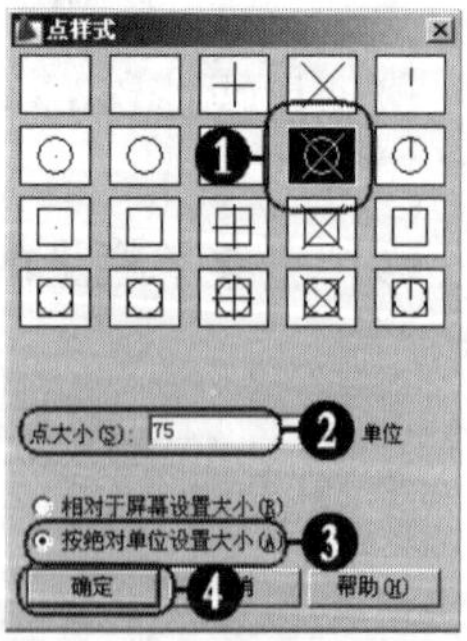

图 19-55　设置点样式参数

㉑单击【绘图】菜单中的【点】|【定数等分】命令，为主卧室布置筒灯，命令行操作如下：

```
命令: _divide
    选择要定数等分的对象:              //选择如图 19-56 所示的定位辅助线
```

输入线段数目或 [块(B)]:　　　　　//6 Enter，等分结果如图 19-57 所示

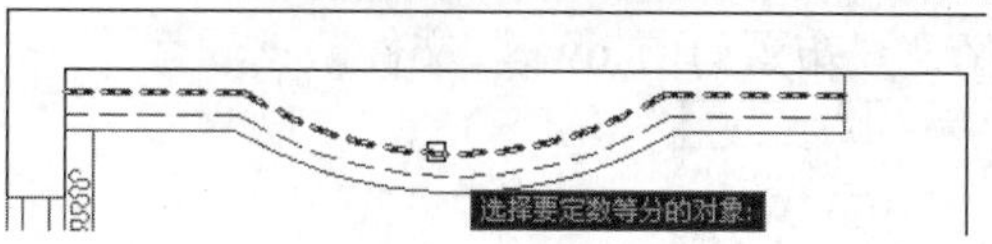

图 19-56　选择等分对象

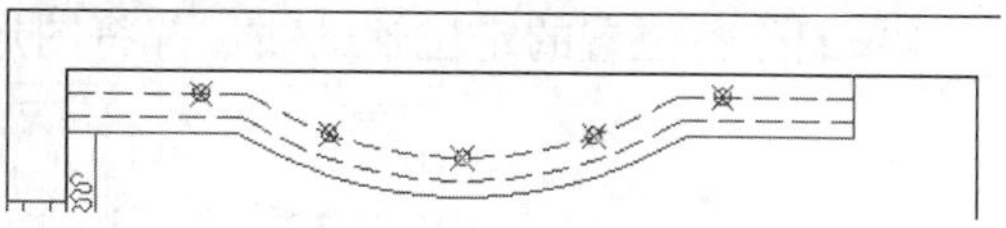

图 19-57　等分结果

㉒重复执行【定数等分】命令，将定位辅助线 1、2、3 等分 6 份；将定位辅助线 5、6 等分 5 份；将定位辅助线 7 等分 4 份，结果如图 19-58 所示。

㉓单击菜单栏上的【绘图】|【点】|【定距等分】命令，选择垂直辅助线进行定距等分。命令行操作如下：

命令: _measure
　　选择要定距等分的对象:　　　　　//在如图 19-59 所示辅助线上端单击鼠标
　　指定线段长度或 [块(B)]:　　　　//680 Enter，等分结果如图 19-60 所示

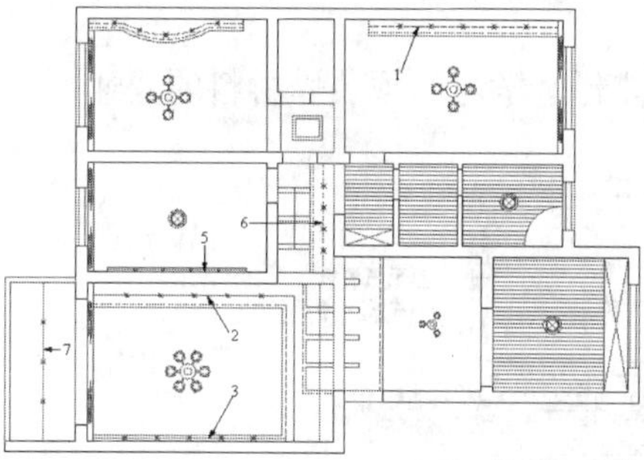

图 19-58　等分其他定位辅助线

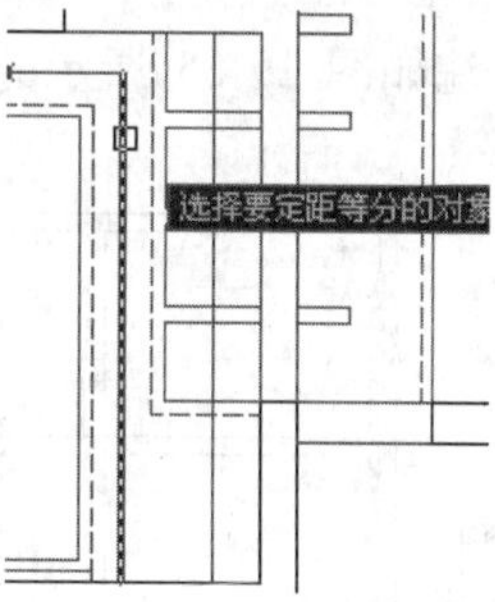

图 19-59　选择等分对象

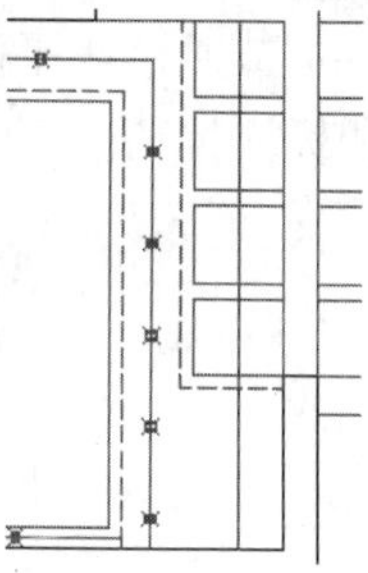

图 19-60　定距等分结果

㉔单击菜单栏上的【修改】|【复制】命令，选择下侧的两个筒灯进行复制。命令行操作如下：

命令: _copy
　　选择对象:　　　　　　　　　　　　//窗口选择如图 19-61 所示的点
　　选择对象:　　　　　　　　　　　　// Enter
　　指定基点或 [位移(D)] <位移>:　　　　//捕捉如图 19-62 所示的端点
　　指定第二个点或 <使用第一个点作为位移>:　//捕捉如图 19-63 所示的端点
　　指定第二个点或 [退出(E)/放弃(U)] <退出>:　// Enter，结束命令

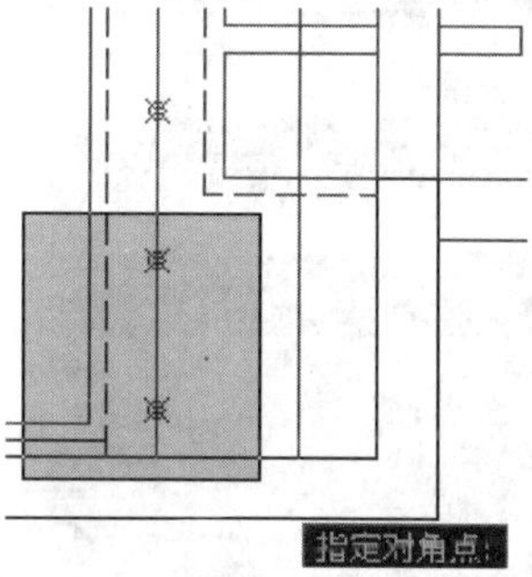

图 19-61　框选对象

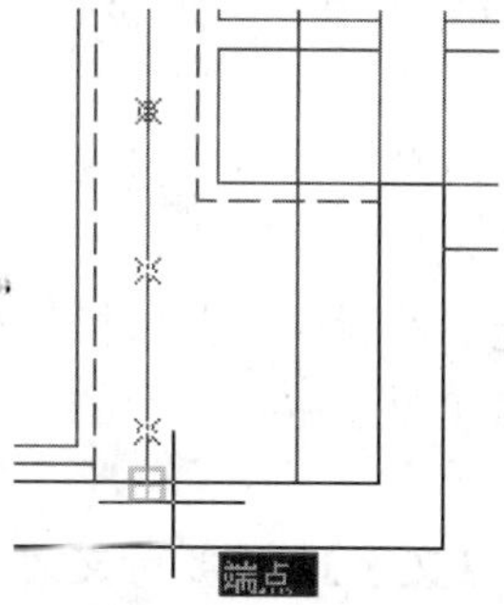

图 19-62　定位基点

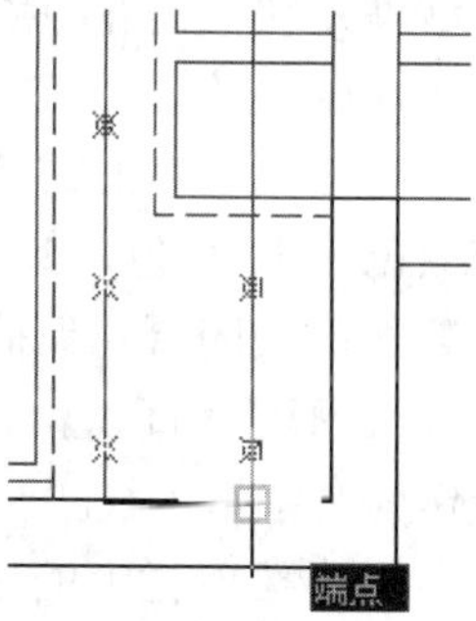

图 19-63　定位目标点

㉕单击菜单栏上的【绘图】|【点】|【多点】命令，配合捕捉功能绘制如图 19-64 所

示的点作为筒灯。

㉖删除各位置的定位辅助线，并将图形另存为“布置灯具.dwg”文件。

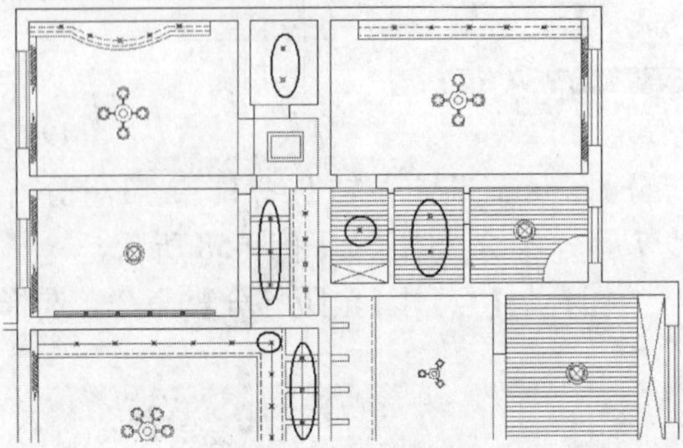

图 19-64　绘制筒灯

19.2.4　标注材质注解

本节通过为平面图标注如图 19-65 所示的文字注释，学习吊顶装修材料的快速标注方法和标注技巧。

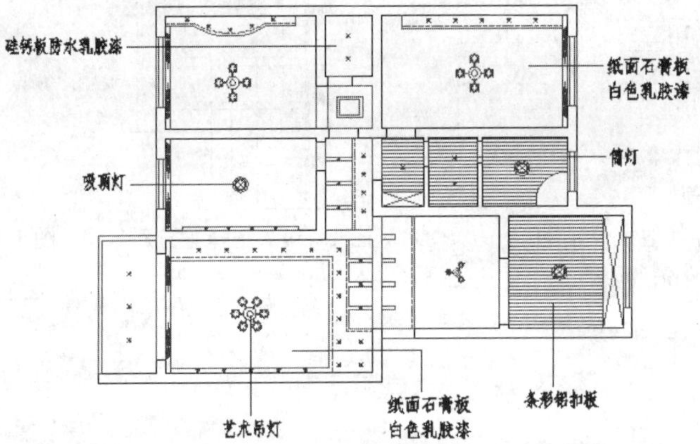

图 19-65　标注材质注解

操作步骤

❶继续上节操作。

❷使用快捷键 ST 激活【文字样式】命令，将“汉字”样式设置当前文字样式。

❸单击菜单栏上的【格式】|【颜色】命令，设置当前颜色为 12 号色，如图 19-66 所示。

❹暂时关闭【对象捕捉】功能，然后单击菜单栏上的【绘图】|【直线】命令，绘制如图 19-67 所示的直线作为文字指示线。

❺单击菜单栏上的【绘图】|【文字】|【多行文字】命令，根据命令行的提示拉出如图 19-68 所示的矩形框，打开【文字格式】编辑器。

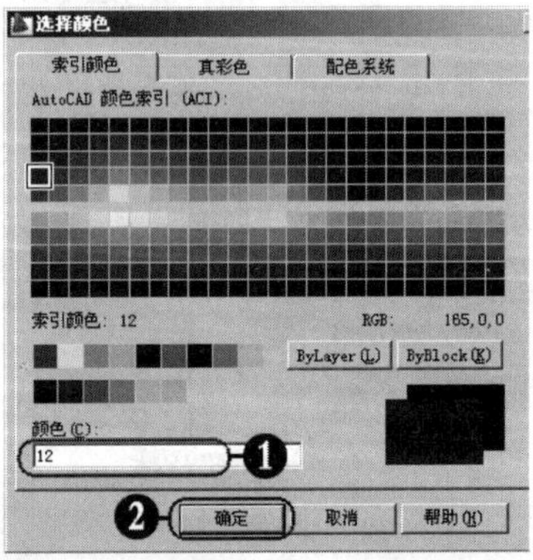

图 19-66　设置当前颜色

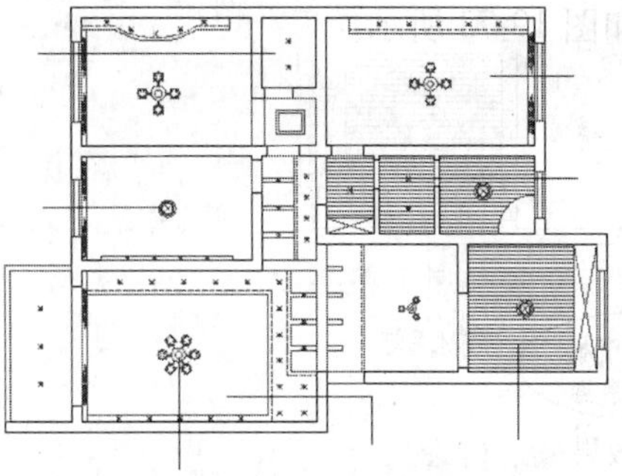

图 19-67　绘制指示线

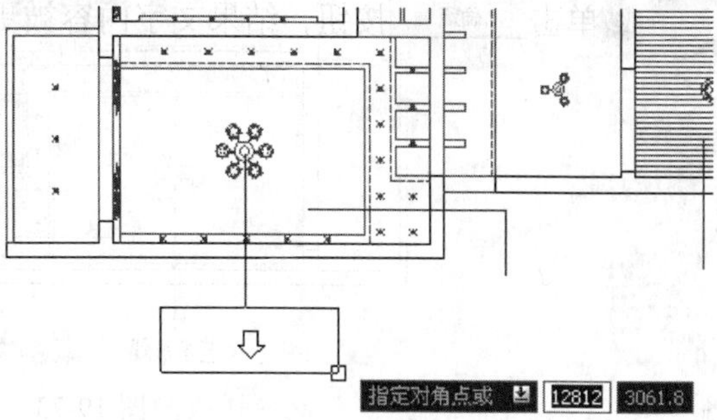

图 19-68　拉出矩形框

❻在【文字格式】编辑器中设置字体高度为 400，然后输入“艺术吊灯”字样，结果如图 19-69 所示。

❼单击菜单栏上的【修改】|【复制】命令，选择刚创建的文字对象，将其复制到其他指示线的末端，结果如图 19-70 所示。

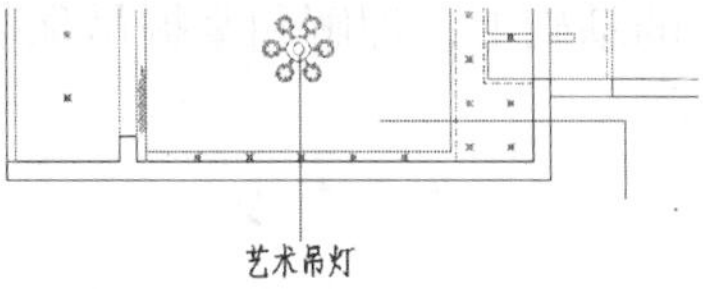

图 19-69　标注文字

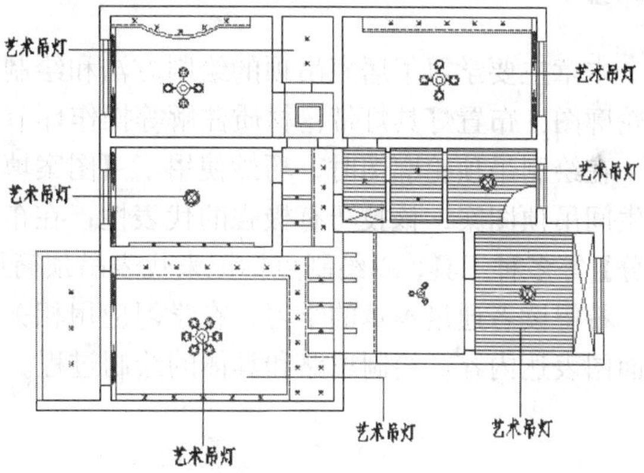

图 19-70　复制文字对象

❽单击菜单栏上的【修改】|【文字】|【编辑】命令，在“选择注释对象或[放弃（U）]:”提示下选择复制出的文字，打开如图 19-71 所示的对话框。

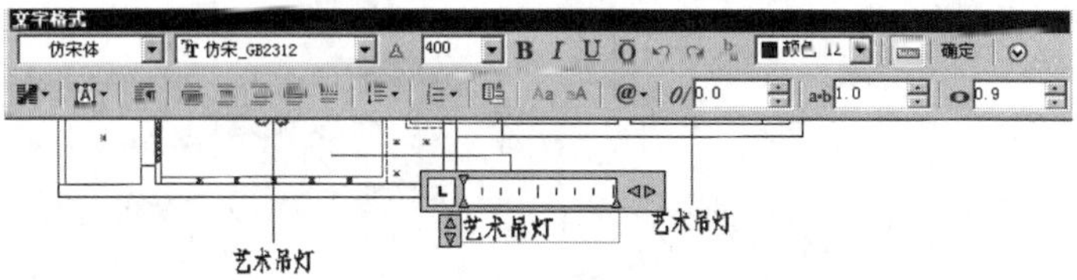

图 19-71　编辑文字

❾此时在文字输入框内输入正确的文字，如图 19-72 所示。

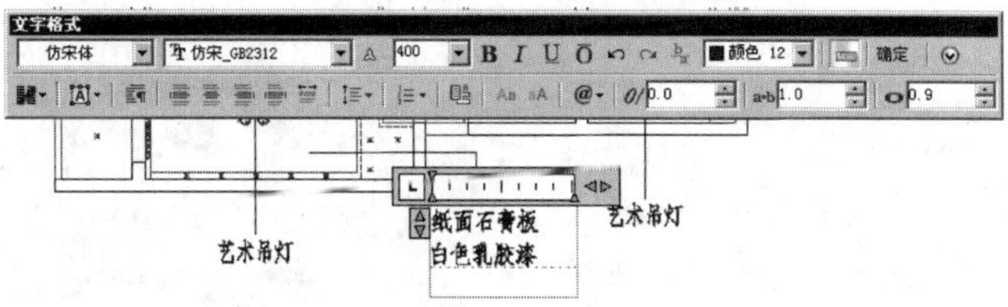

图 19-72　输入正确文字

⑩单击 确定 按钮，结果文字内容被更改，如图 19-73 所示。

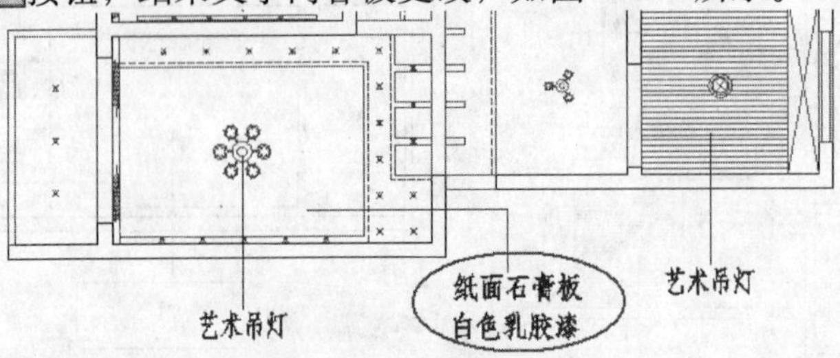

图 19-73　更改后效果

⑪继续在命令行“选择注释对象或[放弃（U）]:”提示下，分别选择其他位置的文字对象，最终结果如图 19-65 所示。

⑫打开并调整尺寸的位置，然后将图形另存为“材质注解.dwg”文件。

19.3　本章小结

本章主要学习了居室吊顶的绘制方法和绘制技巧。在具体的绘制过程中，主要分为吊顶轮廓图、布置灯具灯带、材质注解等操作环节。

在绘制吊顶轮廓图时，巧妙使用了【图案填充】工具中的用户定义图案，快速创建出卫生间吊顶图案，该技巧有极强的代表性；在布置灯具时，则综合使用了【插入块】、【点等分】等多种工具，以绘制点标记来代表吊顶筒灯，这种操作技法简单直接而且巧妙方便。

希望读者通过本章的学习，在学习应用相关命令工具的基础上，理解和掌握吊顶装饰平面图表达内容、绘制思路和具体的绘制过程。

第20章 室内立面图

本章在了解室内立面图功能、形成、表达内容等知识的前提下，主要学习室内装修立面图的绘制方法和绘制技巧。

20.1 室内立面图概述

本小节将简单介绍室内装饰立面图的主要功能、图示内容、形成特点以及常规的绘图思路。

20.1.1 功能及图示内容

室内立面图主要用于表明建筑内部某一装修空间的立面形式、尺寸及室内配套布置等内容，其图示内容主要是以下几个方面：

- 在装饰立面图中，具体需要表现出室内立面上各种装饰品，如壁画、壁挂、金属等的式样、位置和大小尺寸。
- 在装饰立面图上还需要体现出门窗、花格、装修隔断等构件的高度尺寸和安装尺寸，还有家具和室内配套产品的安放位置和尺寸等内容。
- 如果采用剖面图形表示的装饰立面图，还要表明顶棚的选级变化以及相关的尺寸。
- 最后有必要时需配合文字说明其饰面材料的品名、规格、色彩和工艺要求等。

20.1.2 立面图形成特点

室内立面装饰图的形成，规纳起来主要有以下 3 种：

- 假想将室内空间垂直剖开，移去剖切平面前的部分，对余下的部分作正投影而成。这种立面图实质上是带有立面图示的剖面图。它所示图像的进深感比较强，并能同时反映顶棚的选级变化。但此种形式的缺点是剖切位置不明确（在平面布置上没有剖切符号，仅用投影符号表明视向），其剖面图示安排较难与平面布置图和顶棚平面图应。
- 假想将室内各墙面沿面与面相交处拆开，移去暂时不予图示的墙面，将剩下的墙面及其装饰布置，向铅直投影面作投影而成。

这种立面图不出现剖面图像，只出现相邻墙面及其上装饰构件与该墙面的表面交线。

- 设想将室内各墙面沿某轴阴角拆开，依次展开，直至都平等于同一铅直投影面，形成立面展开图。这种立面图能将室内各墙面的装饰效果连贯地展示在人们眼前，以便人们研究各墙面之间的统一与反差及相互衔接关系，对室内装饰设计与施工有着重要作用。

20.1.3 立面图绘图思路

在绘制室内装饰立面详图时，具体可以遵循如下思路：

- 绘制立面主体轮廓线；
- 绘制立面内部构件定位线；
- 布置各种装饰图块；
- 填充立面装饰图案；
- 标注文本注释；
- 标注装饰尺寸和各构件的安装尺寸。

20.2 室内立面图绘图过程

下面以绘制客厅立面图、卧室立面图和厨房立面图为例，主要学习室内立面图的具体绘制过程和技巧。

20.2.1 绘制客厅立面图

本小节绘制如图 20-1 所示的某客厅正立面图装修图。

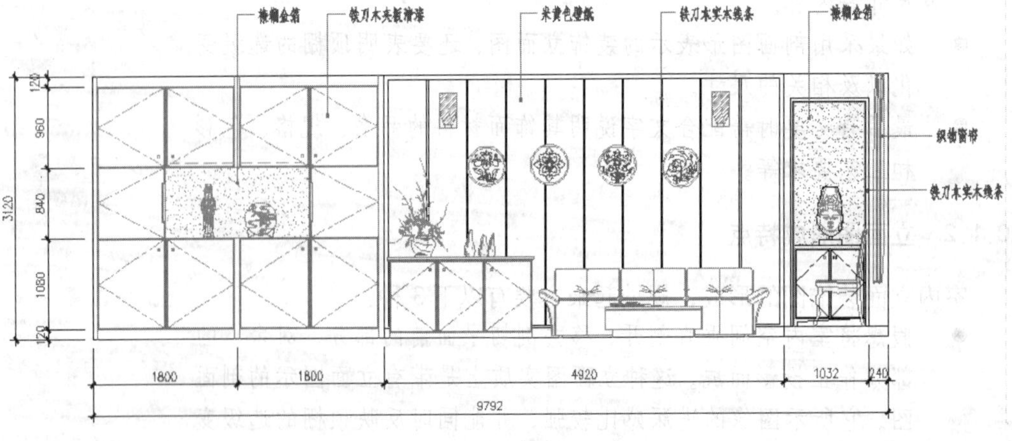

图 20-1 客厅正立面图

操作步骤

❶单击菜单栏上的【文件】|【新建】命令，以“建筑模板.dwt”作为基础样板，创建空白文件。

❷设置“轮廓线”为当前图层，然后单击菜单栏上的【绘图】|【矩形】命令，绘制长为 9792、宽为 3120 的矩形作为主体轮廓线。

❸将矩形分解，然后单击菜单栏上的【修改】|【偏移】命令，将矩形左侧的垂直边向右偏移 3600 和 8520 个单位，结果如图 20-2 所示。

❹重复【偏移】命令，将上侧的水平边向下偏移 60 个单位，将下侧的水平边向上偏移 120 和 144 个单位，将内部的两条垂直边向内偏移 60 个单位，结果如图 20-3 所示。

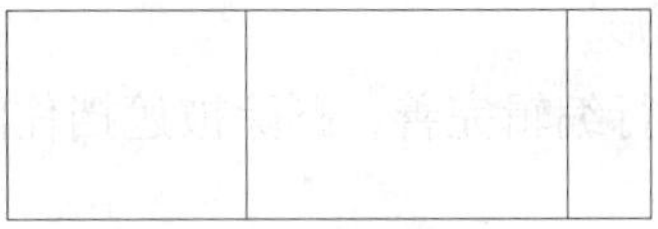

图 20-2　绘制主体轮廓线

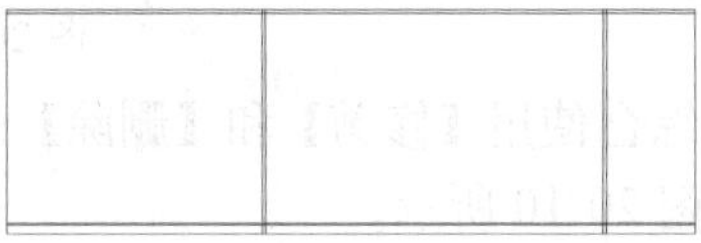

图 20-3　偏移结果

❺单击菜单栏上的【修改】|【修剪】命令，将各条图线进行修剪编辑，结果如图 20-4 所示。

❻使用快捷键 O 激活【偏移】命令，将垂直图线 L 分别向右偏移 468 和 492 个单位，如图 20-5 所示。

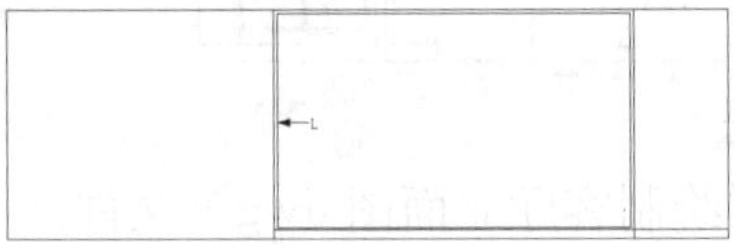

图 20-4　修剪结果

图 20-5　偏移结果

❼单击菜单栏上的【修改】|【阵列】命令，设置阵列行数为 1、列数为 9、列偏移为 480 个单位，将刚偏移出的两条图线进行阵列，结果如图 20-6 所示。

❽将“图块层”设置为当前层，然后使用快捷键 I 激活【插入块】命令，采用默认设置，插入随书光盘中的“图块文件\立面装饰柜 01.dwg”，插入结果如图 20-7 所示，其中装饰柜距离左侧轮廓线为 60 个单位。

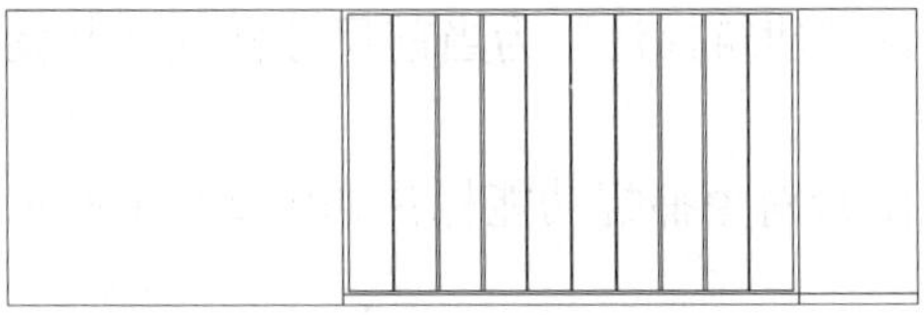

图 20-6　阵列结果

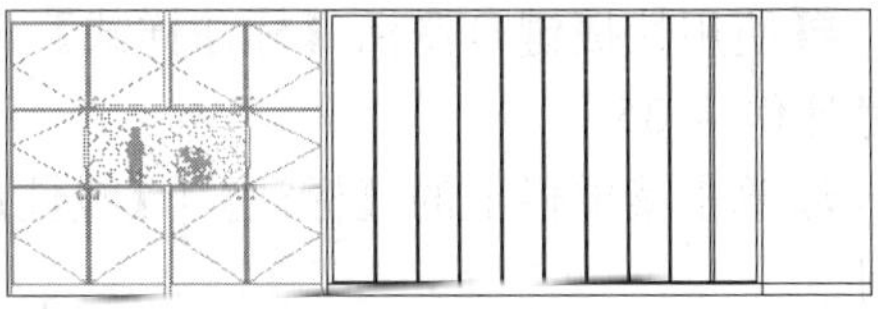

图 20-7　插入立面装饰柜

❾重复【插入块】命令，分别插入【图块文件】目录下的“立面柜 01.dwg”、“多人沙发 01.dwg”、“立面植物 01.dwg”和“立面椅 01.dwg”图块，插入结果如图 20-8 所示。

❿重复【插入块】命令，配合捕捉和追踪功能，插入【图块文件】目录下的“装饰灯 01.dwg”、“立面窗帘.dwg”、立面装饰物 01~05 的图块，插入如图 20-9 所示。

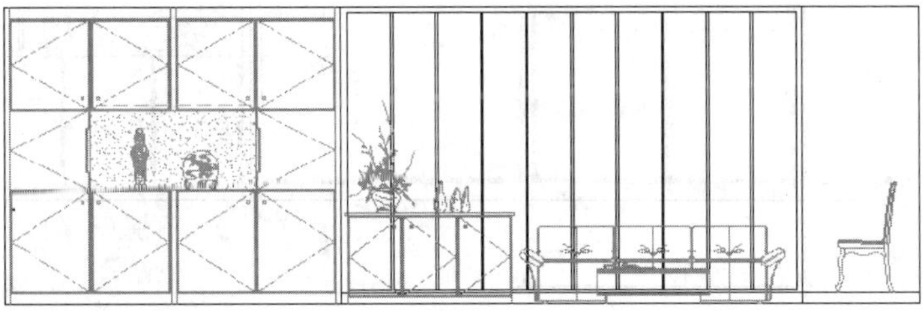

图 20-8　插入其他块图形

图 20-9　插入其他装饰图形

⑪综合使用【修剪】和【删除】命令，对立面图进行编辑完善，删除被遮挡住的图线，结果如图 20-10 所示。

图 20-10　删除结果

⑫最后使用【保存】命令，将图形命名存储为“绘制客厅立面图.dwg”文件。

20.2.2　标注客厅立面图

接下来为客厅立面图标注尺寸和引线文字。

操作步骤

❶继续上例操作，并设置“尺寸层”为当前图层。

❷使用快捷键D激活【标注样式】命令，设置“建筑标注”为当前尺寸样式，并调整尺寸比例为 35。

❸单击菜单栏上的【标注】|【线性】命令，配合对象捕捉功能标注如图 20-11 所示的尺寸。

❹综合使用【线性】和【连续】命令，配合对象捕捉和追踪功能，为客厅立面图其他细部尺寸和总尺寸，标注结果如图 20-12 所示。

❺将“文本层”设置为当前图层。

❻执行【标注样式】命令，使用命令中的替代功能，对当前尺寸样式进行替代，其中，修改尺寸文字样式为“仿宋体”、尺寸比例为 45。

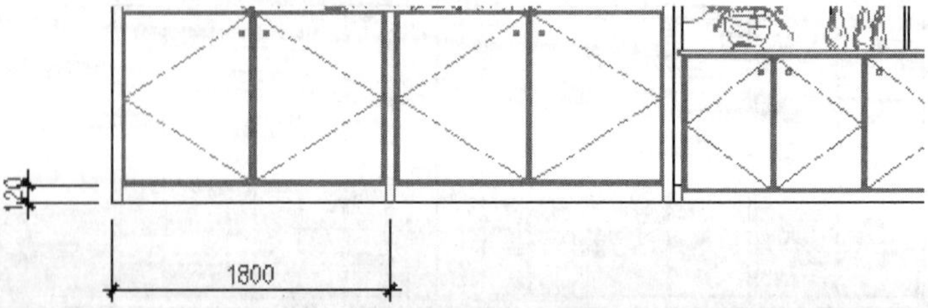

图 20-11　标注线性尺寸

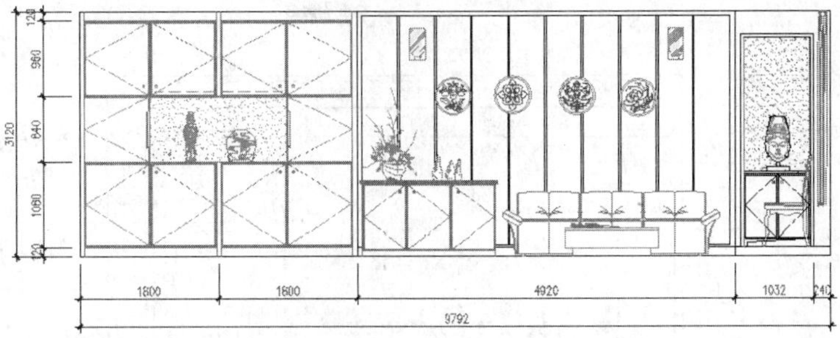

图 20-12 标注其他细部尺寸和总尺寸

❼使用快捷键 LE 激活【快速引线】命令，设置引线参数如图 20-13 所示，为立面图标注文本注释，标注结果如图 20-14 所示。

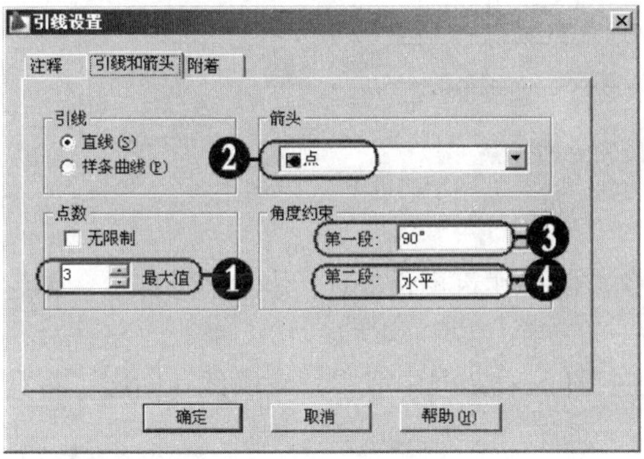

图 20-13 设置引线和箭头参数

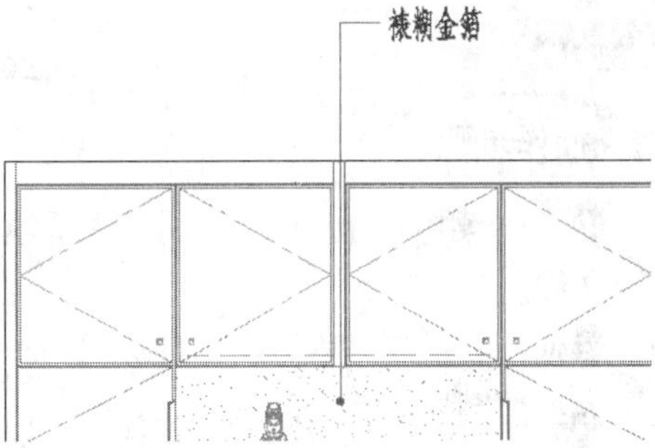

图 20-14 标注结果

❽重复执行【快速引线】命令，设置引线参数不变，分别标注其他位置的文字注释，结果如图 20-15 所示。

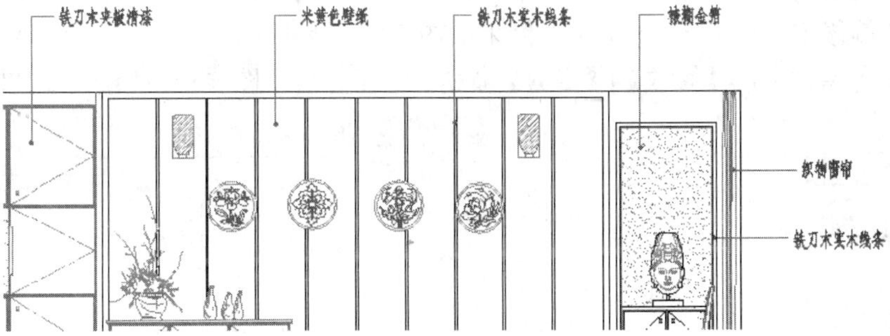

图 20-15 标注其他文字

❾调整视图，将图形全部显示，最终效果如上图 20-1 所示。

❿最后使用【另存为】命令，将图形另存为“标注客厅立面图.dwg”文件。

20.2.3 绘制卧室立面图

本小节绘制如图 20-16 所示的某卧室立面图装修图。

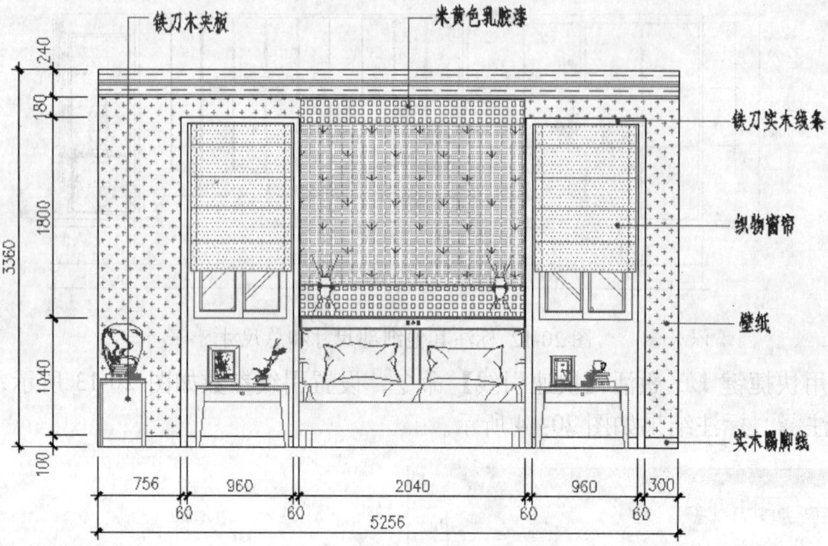

图 20-16 卧室立面图

操作步骤

❶单击菜单栏上的【文件】|【新建】命令，以“建筑模板.dwt”作为基础样板，创建空白文件。

❷使用快捷键 LA 激活【图层】命令，在打开的对话框中双击“轮廓线”图层，将其设置为当前图层。

❸单击菜单栏上的【绘图】|【矩形】命令，绘制长度为 5256、宽度为 3360 的矩形作为主体轮廓线。

❹将矩形分解，然后执行【偏移】命令，将下侧的水平边向上偏移 100 个单位将上侧的水平图线向下偏移 240 和 420 个单位，将左侧垂直边向右偏移 756 和 1836 个单位将右侧垂直边向左偏移 300 和 1380 个单位，结果如图 20-17 所示。

❺单击菜单栏上的【修改】|【修剪】命令，对偏移后的图线进行修剪，结果如图 20-18 所示。

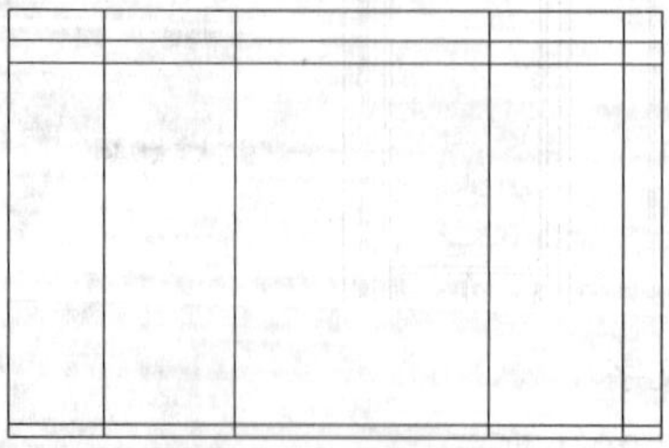

图 20-17 偏移结果

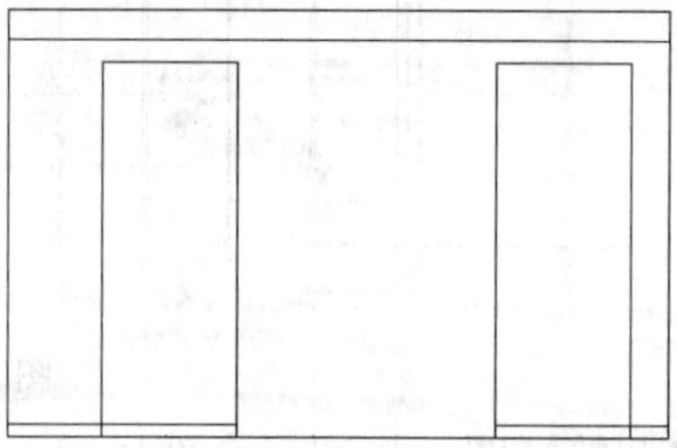

图 20-18 修剪结果

❻使用快捷键 O 激活【偏移】命令，将内部的图线分别向内偏移 60 个单位，如图 20-19 所示。

❼综合使用【修剪】和【圆角】命令，对偏移出的图线以及下侧的水平图线进行修剪，并删除多余图线，结果如图 20-20 所示。

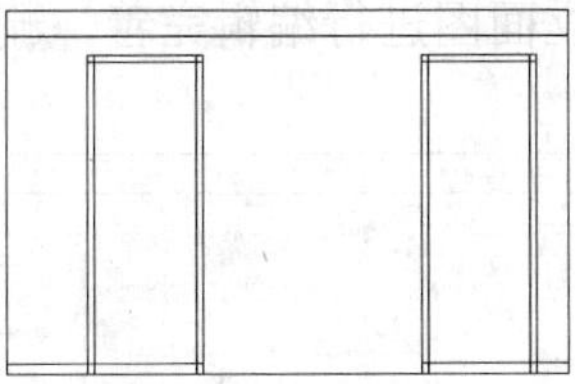
图 20-19 偏移结果

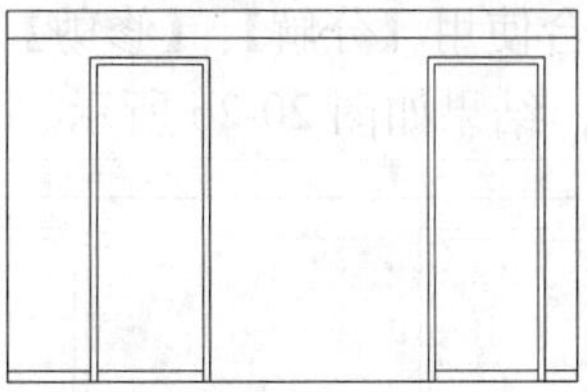
图 20-20 操作结果

技巧

在编辑图线时，可以使用命令中的“半径”选项，将圆角半径设置为 0，也可以使用【倒角】命令，将两个倒角距离设置为 0。

❽将“剖面线”设置为当前图层，然后激活【直线】命令，配合捕捉和追踪功能绘制如图 20-21 所示的两条垂直图线，以封闭区域。

❾单击菜单栏上的【绘图】|【图案填充】命令，设置填充图案为 CROSS、填充比例为 10，为立面图填充如图 20-22 所示的图案。

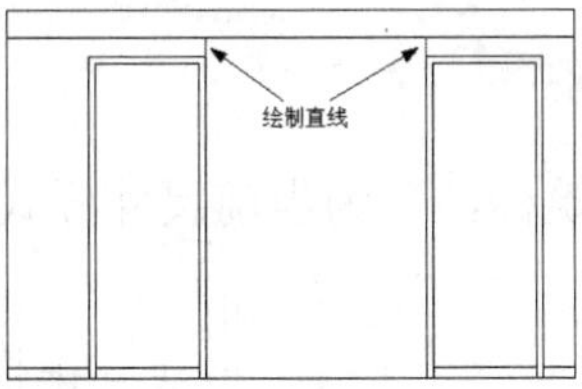

图 20-21 绘制垂直图线

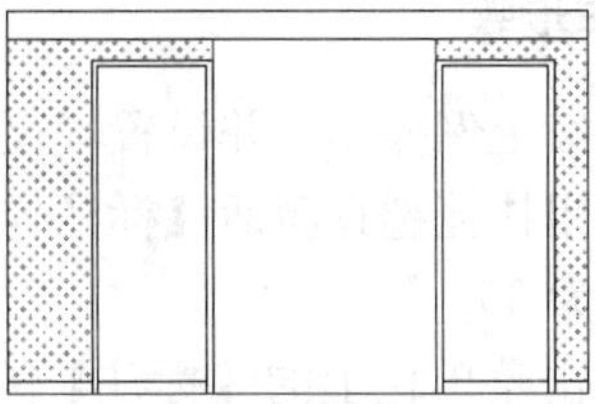
图 20-22 填充 CROSS 图案的结果

❿重复执行【图案填充】命令，设置填充图案为 CLAY，填充比例为 28，为立面图填充如图 20-23 所示的图案。

⓫设置“图块层”为当前图层，然后使用快捷键 I 激活【插入块】命令，采用默认设置，插入随书光盘中的“图块文件\立面床.dwg”，插入结果如图 20-24 所示，其中装饰柜距离左侧轮廓线为 60 个单位。

⓬重复【插入块】命令，插入【图块文件】下的“物品柜.dwg”、“立面窗及窗帘.dwg”、“床头柜 01.dwg”、“床头柜 03.dwg”，结果如图 20-25 所示。

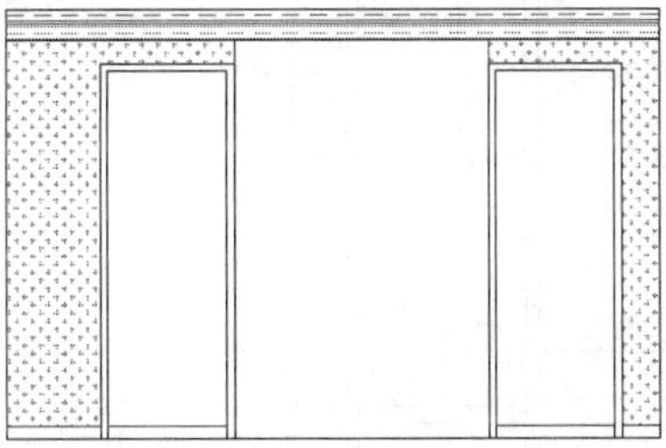
图 20-23 填充 CLAV 图案的结果

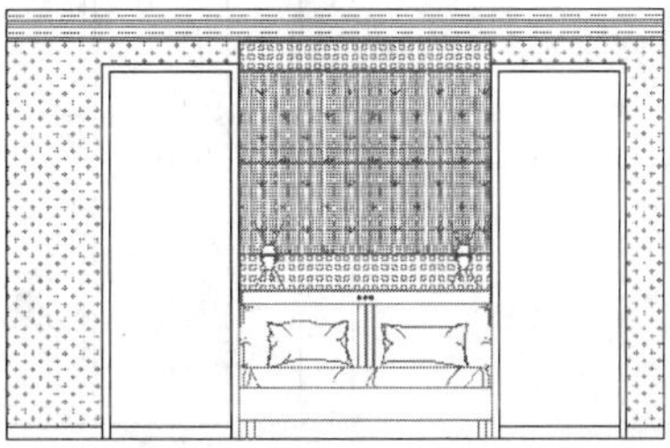
图 20-24 插入立面床

技巧

巧妙使用【编辑图案填充】命令中的“单击以设置新原点”功能，可以为图案重新定义填充原点。

⑬综合使用【分解】、【修剪】和【删除】命令，对立面图进行编辑完善，删除被遮挡住的图线，结果如图 20-26 所示。

图 20-25　插入其他立面图块

图 20-26　编辑结果

⑭最后使用【保存】命令，将图形存储为“绘制卧室立面图.dwg”文件。

20.2.4　标注卧室立面图

接下来为卧室立面图标注尺寸和引线文字。

操作步骤

❶继续上例操作，并设置“尺寸层”为当前图层。

❷使用快捷键 D 激活【标注样式】命令，设置“建筑标注”为当前尺寸样式，并调整尺寸比例为 35。

❸单击菜单栏上的【标注】|【线性】命令，配合端点捕捉功能，标注如图 20-27 所示的线性尺寸作为基准尺寸。

❹综合使用【线性】和【连续】命令，配合对象捕捉和追踪功能，为卧室立面图标注尺寸，结果如图 20-28 所示。

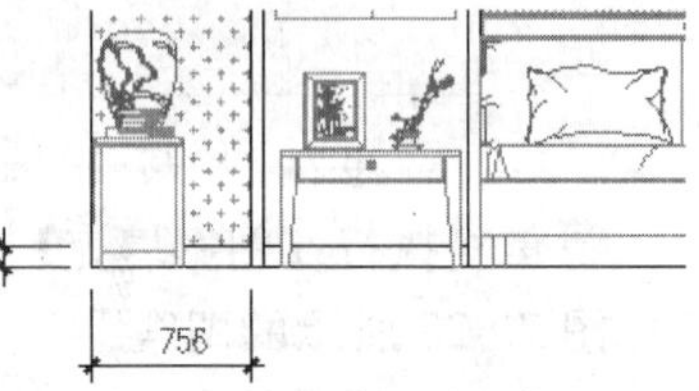

图 20-27　标注结果

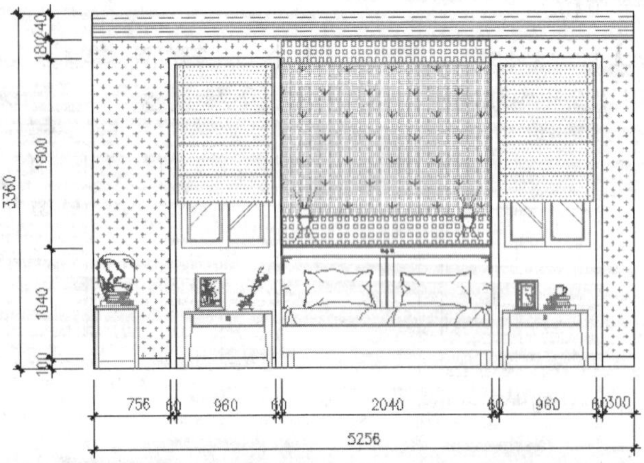

图 20-28　标注其他尺寸结果

❺单击【标注】工具栏中的按钮，激活【编辑标注文字】命令，对重叠尺寸的尺寸文字进行适当调整，结果如图 20-29 所示。

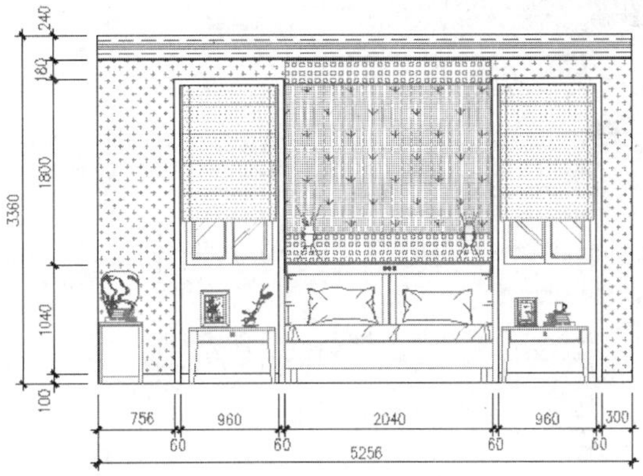

图 20-29　编辑尺寸文字

❻将“文本层”设置为当前图层。

❼使用快捷键D激活【标注样式】命令，对当前尺寸样式进行替代，替代尺寸文字的样式为“仿宋体”、尺寸比例为45。

❽使用【快速引线】命令，设置引线参数如图20-13所示，绘制引线并标注如图20-30所示的引线注释。

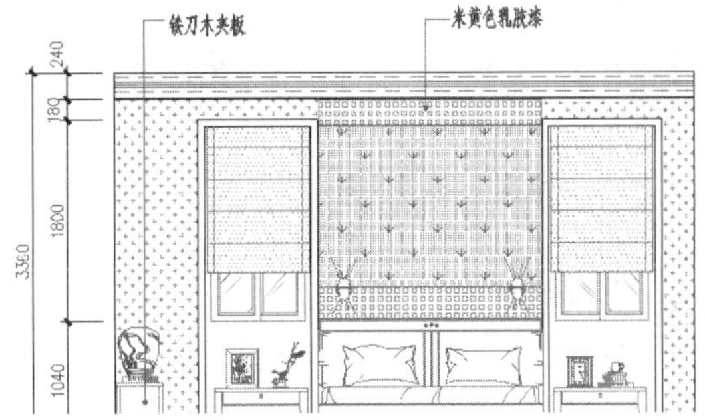

图 20-30　标注引线注释

❾重复执行【快速引线】命令，设置引线参数如图20-31所示，为立面图标注如图20-32所示的引线注释。

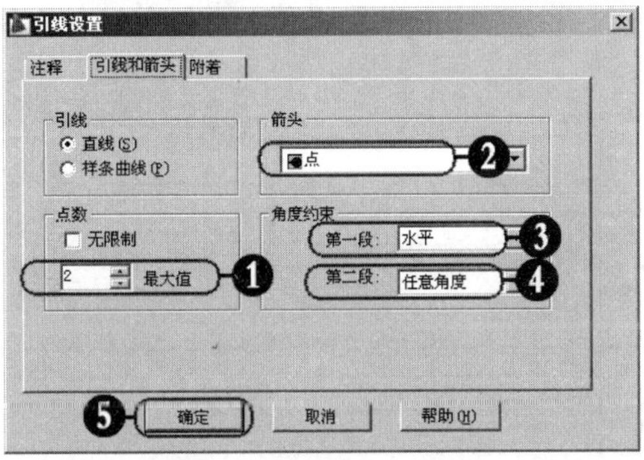

图 20-31　设置引线和箭头参数

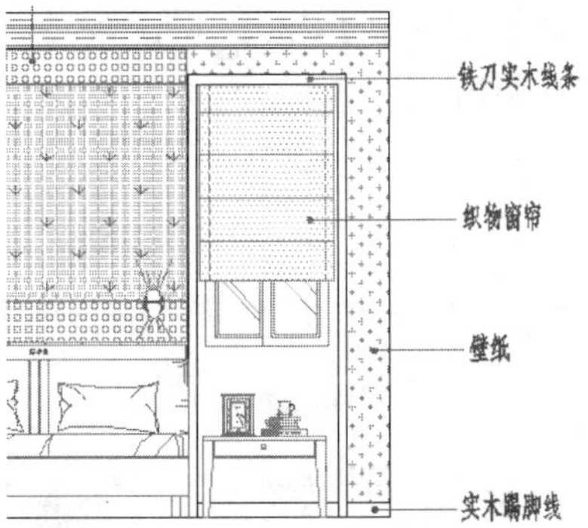

图 20-32　标注其他引线注释

❿调整视图，使立面图完全显示，最终效果如图20-16所示。

⓫最后使用【另存为】命令，将图形另存为“标注卧室立面图.dwg”文件。

20.2.5 绘制厨房立面图

本小节绘制如图 20-33 所示的厨房立面图。

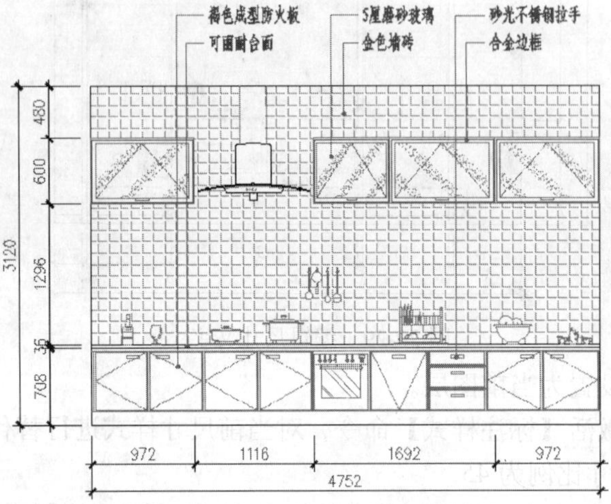

图 20-33　厨房立面图

操作步骤

❶单击菜单栏上的【文件】|【新建】命令，以“建筑模板.dwt”作为基础样板，创建空白文件。

❷设置“轮廓线”作为当前图层，使用【矩形】命令，绘制长度为 4752、宽度为 3120 的矩形作为主体轮廓线。

❸将矩形分解，然后单击菜单栏上的【修改】|【偏移】命令，将下侧的水平边向上偏移 708 和 744 个单位，结果如图 20-34 所示。

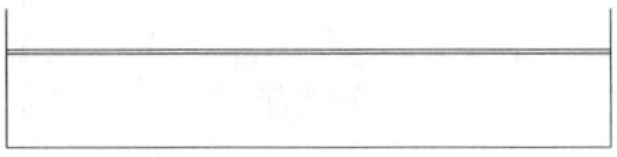

图 20-34　偏移结果

❹将“图块层”设置为当前图层。

❺使用快捷键 I 激活【插入块】命令，配合捕捉与追踪功能，插入随书光盘中的“图块文件\吊柜 01.dwg”，结果如图 20-35 所示。

❻综合【复制】和【移动】命令，将刚插入的吊柜图块进行复制和水平位移，结果如图 20-36 所示。

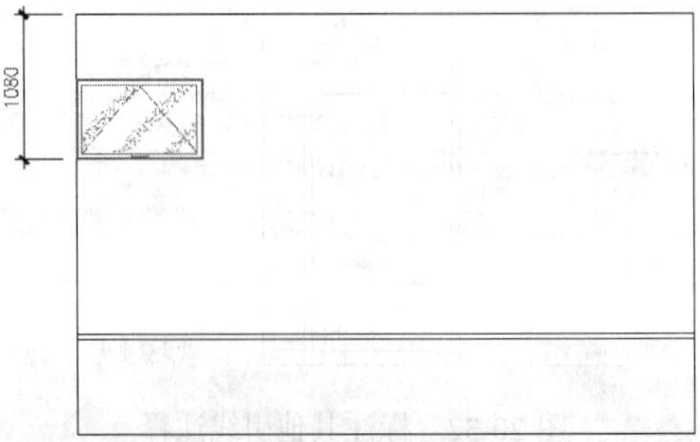

图 20-35　插入吊柜

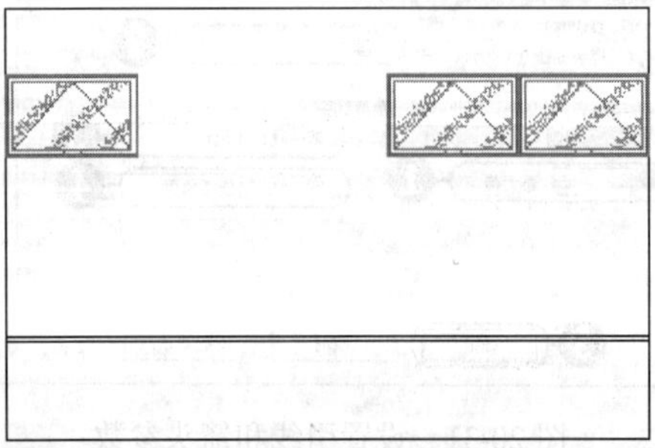

图 20-36　复制并移动的结果

❼重复执行【插入块】命令，将 X 轴向比例设置为 720/972，其他参数不变，再次插入吊柜图块，结果如图 20-37 所示。

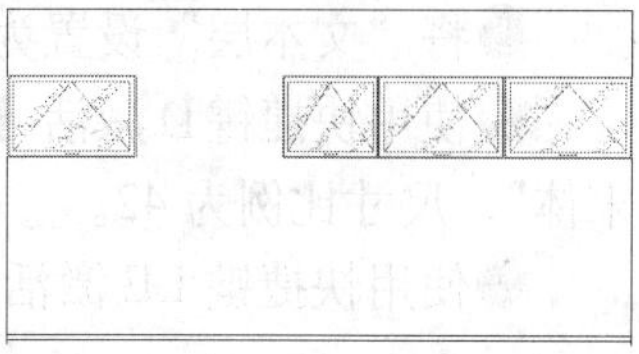
图 20-37 插入吊柜图块

❽重复执行【插入块】命令，配合捕捉和追踪功能，插入【图块文件】下的“抽油机.dwg”、“厨房用具.dwg”、“厨柜.dwg”的图块，结果如图 20-38 所示。

❾设置“剖面线”为当前图层，同时冻结“图块层”。

❿单击菜单栏上的【绘图】|【图案填充】命令，设置填充图案为 ANGLE、填充比例为 15，为立面图填充墙砖图案，填充结果如图 20-39 所示。

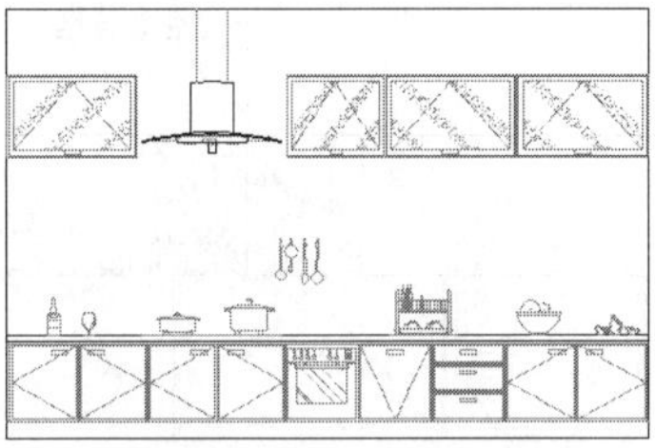
图 20-38 插入其他图块

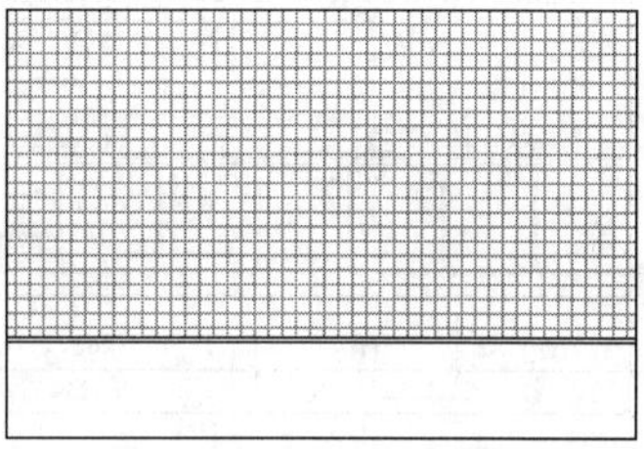
图 20-39 填充图案结果

⓫展开【图层控制】下拉列表，打开被冻结的“图块层”，结果如图 20-40 示。

⓬综合使用【分解】、【修剪】等命令，对立面图进行修整完善，结果如图 20-41 所示。

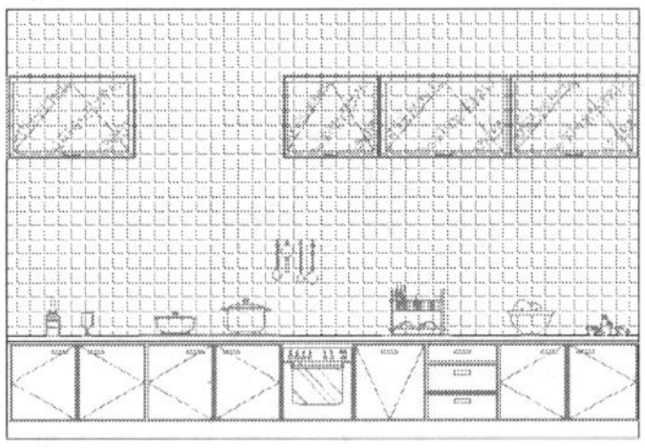
图 20-40 打开“图块层”效果

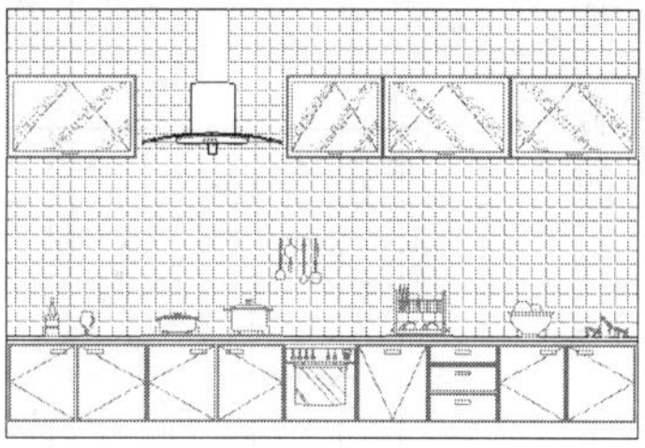
图 20-41 完善结果

⓭最后使用【保存】命令，将图形存储为“绘制厨房立面图.dwg”文件。

20.2.6 标注厨房立面图

接下来为厨房立面图标注尺寸和引线文字。

操作步骤

❶继续上节操作，并设置“尺寸层”为当前图层。

❷执行【标注样式】命令，设置“建筑标注”为当前尺寸样式，并调整尺寸比例为 35。

❸单击菜单栏上的【标注】|【线性】命令，配合端点捕捉功能，标注如图 20-42 所示的线性尺寸作为基准尺寸。

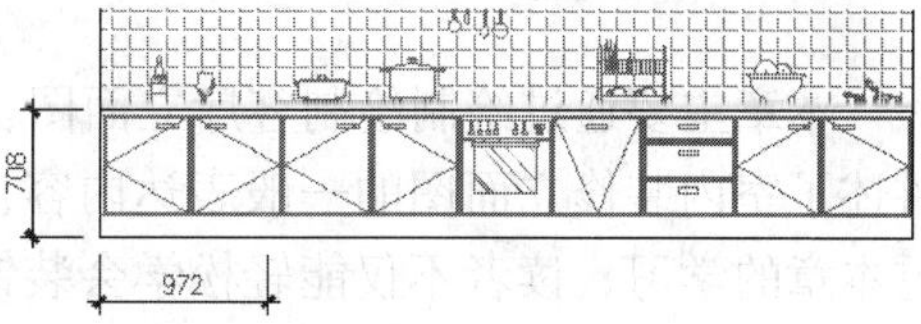

图 20-42 标注基准尺寸

❹综合使用【线性】和【连续】命令，配合对象捕捉和追踪功能，为厨房立面图标注尺

寸，结果如图 20-43 所示。

❺将“文本层”设置为当前层。

❻使用快捷键D激活【标注样式】命令，替代当前尺寸样式，并修改文字样式为“仿宋体”，尺寸比例为 42。

❼使用快捷键 LE 激活【快速引线】命令，标注如图 20-44 所示的引线注释。

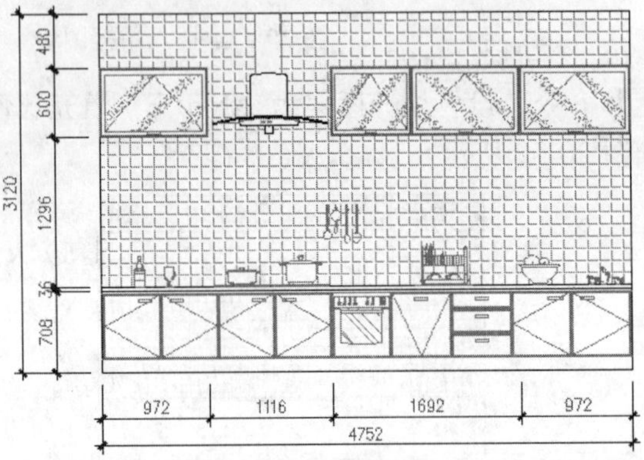

图 20-43 标注其他尺寸

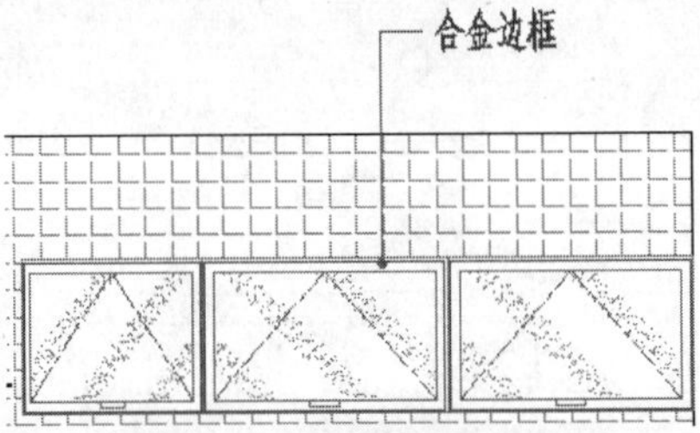

图 20-44 标注引线注释

❽重复执行【快速引线】命令，分别标注其他位置的文字注释，结果如图 20-45 所示。

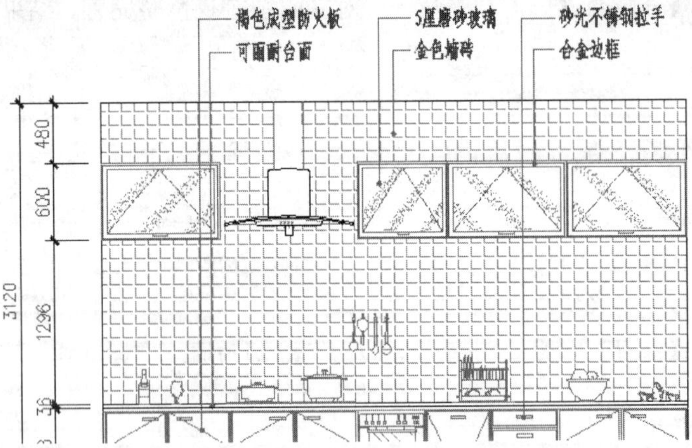

图 20-45 标注其他文字注释

❾调整视图，将图形全部显示，最终效果如图 20-33 所示。

❿最后使用【另存为】命令，将图形另存为“标注厨房立面图.dwg”文件。

20.3 本章小结

本章主要通过绘制绘制客厅立面图、卧室立面图、厨房立面图等 3 个典型实例，详细讲述了室内装修立面图的一般表达内容、绘制思路和具体的绘图过程和绘制技巧。相信通过本章的学习，读者不仅能轻松学会装饰立面图的绘制方法，而且还能学习到各种常用的绘制技法。

第21章

基础图

从建筑施工图中，可以了解建筑物的外形、内部布置、细部构造和内外装修等内容，但是建筑物各承重构件如柱、梁、板等的布置和结构内容还是空白，需要通过结构施工图表示出来。因此除了建筑施工图外，还要有结构施工图，它属于一整套建筑施工图纸中的第二部分。

本章在简单了解建筑物基础平面图图形成、功能、图示特点等知识的前提下，主要学习建筑物基础平面图的绘制思路以及具体的绘制过程和技巧。

21.1 基础平面图概述

本节将简单介绍基础平面图的功能、形成以及具体的图示特点。

21.1.1 基础图平面图功能

基础是建筑物埋在地面以下的承重构件，用于承受上部建筑物传递下来的全部荷载，并将荷载传给下面的土层。而基础平面图就是用来表示建筑物相对标高±0.000 以下基础构件等平面布置的图纸，具体表示基础墙、柱、留洞及构件布置等平面位置关系。

21.1.2 基础平面图形成

建筑物基础平面图是假想一个水平剖切面在相对标高±0.000 处将建筑物剖开，移去上面部分后所作出的水平投影图。

21.1.3 基础平面图图示特点

- 在基础平面图中，只需画出基础墙（或柱）及基础底面的轮廓线，其他细部的轮廓线都省略不画。
- 严格说来，基础墙、柱的边线要用粗实线绘制，基础边形用中实线绘制，而基础内留有孔洞及管沟位置处用虚线绘制。
- 凡基础截面形状、尺寸不同时，即基础宽度、墙体厚度、大放脚、基底标高及管沟做法等不同时，均要用标有不同的断面剖切符号表示画有不同的基础详图。根据画有断面剖切符号的编号可以查阅基础详图。

- 不同类型的基础、柱分别用代号 J1、J2 和 Z1、Z2 等表示。
- 基础平面图应标出与建筑平面图相一致的定位轴线及其编号和轴线之间的尺寸。
- 基础平面图的比例应与建筑平面图相同。常用的比例为 1:100 和 1:200。
- 基础平面图应反映出基础墙、柱、基础底面的形状、大小及基础与轴线的尺寸关系。
- 不同形式的基础梁要用代号 JL1、JL2 等表示。

21.2 绘制某楼体基础平面图

下面以绘制某小区住宅楼楼体基础平面图为例，了解和学习建筑基础平面图的绘制方法和详细的绘制过程及绘制技巧。

21.2.1 案例效果及分析

实例效果

某小区住宅楼基础平面图的最终绘制效果如图 21-1 所示。

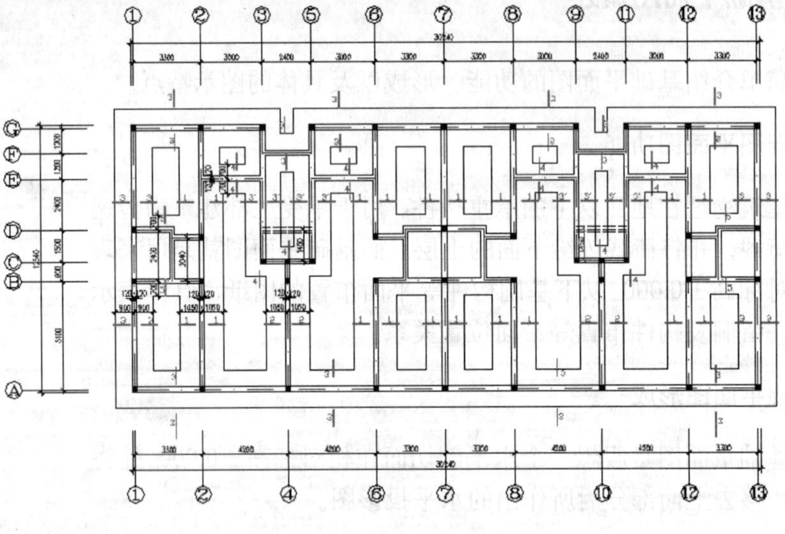

图 21-1 绘制建筑基础平面图

绘制流程

基础平面图的一般绘制流程如下：

- 首先设置绘图环境；
- 绘制纵横基础轴线网；
- 绘制基础轮廓线和基坑线；
- 标注基础平面图文字注释；
- 标注基础平面图内部尺寸。

21.2.2 绘制基础轴线网

下面绘制如图 21-2 所的基础轴线网。

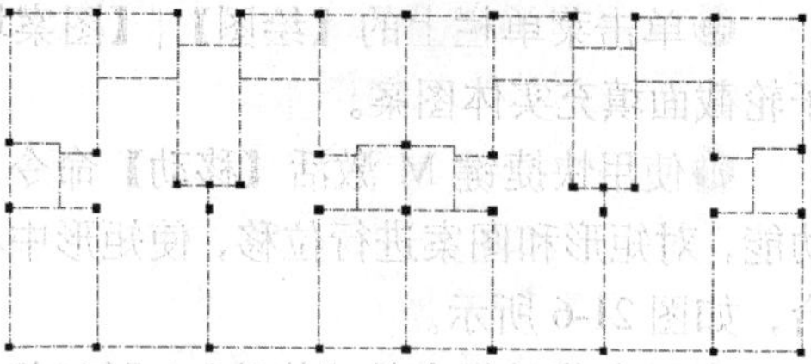

图 21-2 基础轴线网

操作步骤

❶以“建筑模板.dwt”作为基础样板，新建公制单位的空白文件。

❷单击菜单栏上的【格式】|【单位】命令，设置绘图单位为“毫米”、绘图长度为“小数”、绘图精度为 0。

❸单击菜单栏上的【文件】|【图形实用程序】|【清理】命令，将所有图层删除。

❹使用快捷键 LA 激活【图层】命令，在打开的【图层特性管理器】窗口中新建如图 21-3 所示的图层。

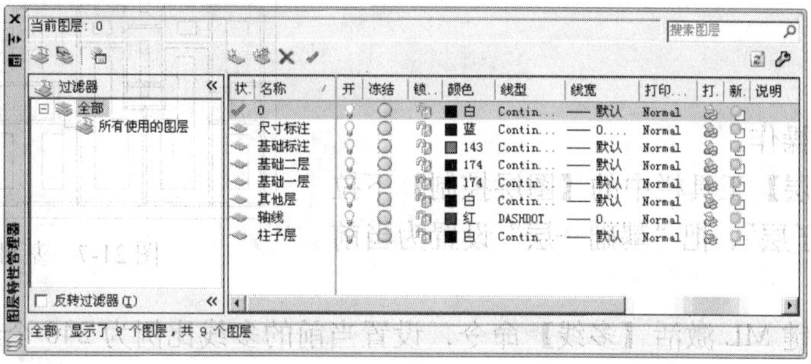

图 21-3 【图层特性管理器】窗口

❺按 F8 键，打开【正交】功能。

❻使用变量 LTSCALE 修改线型比例为 25。

❼以“轴线”为当前图层，然后用【矩形】绘制长度为 30000、宽度为 12300 的矩形，如图 21-4 所示。

❽将矩形分解，然后根据图 21-1 所示的尺寸，综合使用【偏移】、【修剪】等命令，绘制基础平面其他位置的轴线，最后结果如图 21-5 所示。

图 21-4 绘制矩形

图 21-5 编辑结果

技巧

在第 15 章中已详细讲解了施工图轴线网的绘制过程和技巧，故在此不再细述。

❾将“柱子层”设置为当前图层，然后使用【矩形】命令，绘制长、宽都为 240 的矩形，作为柱子的截面轮廓线。

图 21-6 位移结果

⑩单击菜单栏上的【绘图】|【图案填充】命令，对柱子轮截面填充实体图案。

⑪使用快捷键 M 激活【移动】命令，配合捕捉和追踪功能，对矩形和图案进行位移，使矩形中心点与轴线交点重合，如图 21-6 所示。

⑫单击菜单栏上的【修改】|【复制】命令，把柱子轮廓线和图案复制到轴线的交点位置，即主要承重部位，复制结果如图 21-2 所示。

⑬最后使用【保存】命令，将图形存储为“绘制基础轴线网.dwg”文件。

21.2.3 绘制基础轮廓线

本节通过绘制如图 21-7 所示的基础平面图，学习建筑物基础平面图的快速绘制方法和技巧。

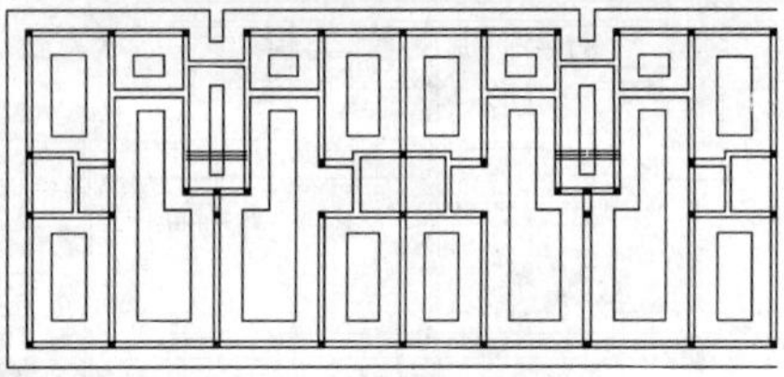

图 21-7 基础轮廓线

操作步骤

❶继续上节操作。

❷展开【图层】工具栏中的【图层控制】下拉列表，关闭“柱子层”，把“基础一层”设置为当前图层。

❸使用快捷键 ML 激活【多线】命令，设置当前的多线比例为 240 个绘图单位，对正类型为“无（Z）”，根据轴线网绘制基础墙线。

❹关闭“轴线层”。单击菜单栏上的【修改】|【对象】|【多线】命令，打开【多线编辑】对话框。

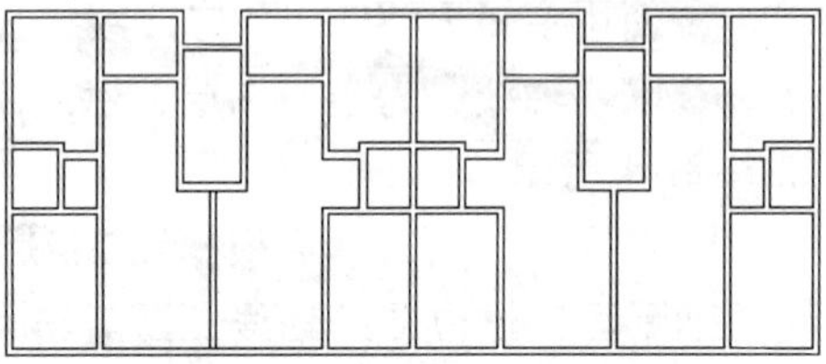

图 21-8 绘制基础墙线

❺执行【多线编辑】中的“T 形合并”、“十字合并”和“角点结合”功能，对基础墙线进行编辑，结果如图 21-8 所示。

本例中基础为条形基础，分布在各道轴线上。基础有 5 种截面形式，其中基础墙体厚都为 240，且分布于轴线的两侧。5 种条形基础底面宽分别为 2100、2300、1800、1400 和 3800，下面就依据基础底面的宽度绘制 5 种条形基础的底面轮廓线。

❻展开【图层控制】列表，关闭“基础一层”，打开“轴线层”，把“基础二层”设置为当前图层。

❼单击菜单栏上的【修改】|【偏移】命令，根据每种基础底面的宽度，偏移出各基础底面的轮廓线。

❽单击菜单栏上的【修改】|【倒角】命令，把两个倒角距离值设置为 0，对拐角处的基础线进行倒角。

❾单击【标准】工具栏中的按钮，把倒角处理后的基础底面轮廓线的图层修改为“基础二层”，结果如图 21-9 所示。

⑩绘制楼梯梁。单击菜单栏上的【修改】|【偏移】命令，将楼梯下侧的水平轴线向上偏移1450个单位，将偏移出的图线对称偏移120个单位，作为楼梯梁轮廓线及中心线。

⑪重复使用【特性】工具，修改楼梯梁的图层特性，结果如图21-10所示。

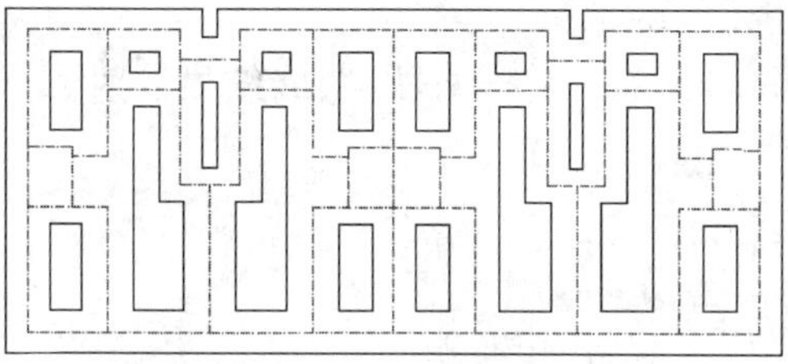
图21-9 绘制基础底面轮廓线

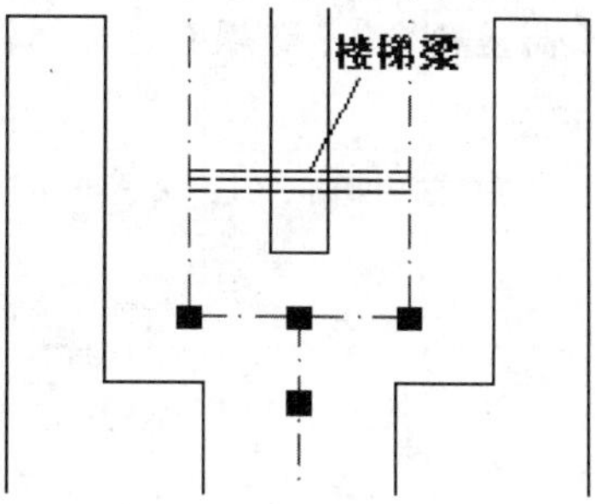

图21-10 绘制楼梯梁

⑫建筑物的基本构件的基础轮廓线绘制完毕，最终结果如图21-7所示。

⑬最后使用【另存为】命令，将图形另存为“绘制基础轮廓线.dwg”文件。

21.2.4 标注基础图符号

接下来为基础平面图标注剖符号、基础编号等。本例最终结果如图21-11所示。

操作步骤

❶继续上节操作。

❷打开“轴线层”，设置“基础标注”为当前图层。

❸用【多段线】命令绘制长度为800左右、宽度为30个单位的直线段作为基础剖切线。

技巧

在基础平面图中，只需画出基础墙（或柱）及基础底面的轮廓线，其他细部的轮廓线都省略不画。

❹综合运用【修改】工具栏中的【旋转】和【复制】命令，创建其他位置处的基础剖切线符号，结果如图21-12所示。

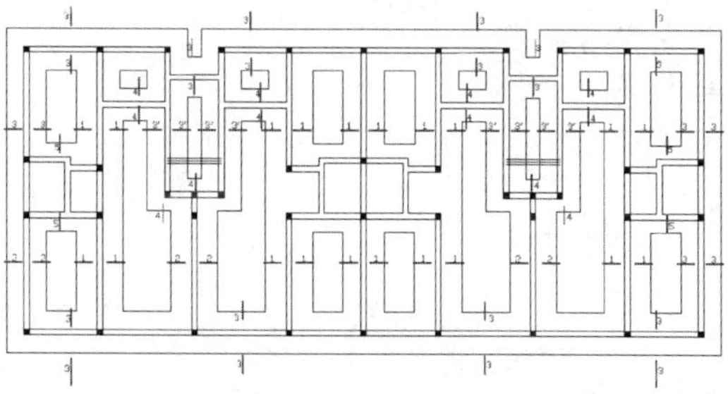
图21-11 标注基础图符号

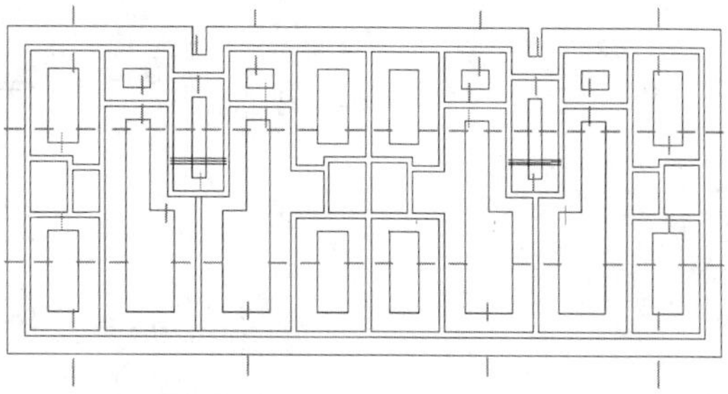
图21-12 绘制基础剖切符号

❺单击菜单栏上的【绘图】|【文字】|【单行文字】命令，设置当前文字高度为250个单位。

技巧

在标注文字时，可以配合正交功能，将文字标注在同一水平位置上，并综合运用【复制】命令和【编辑文字】工具创建其他位置的文本标注。

⑥根据命令行的提示，在各条形基础的剖切符号处输入基础编号，最终结果如图 21-13 所示。

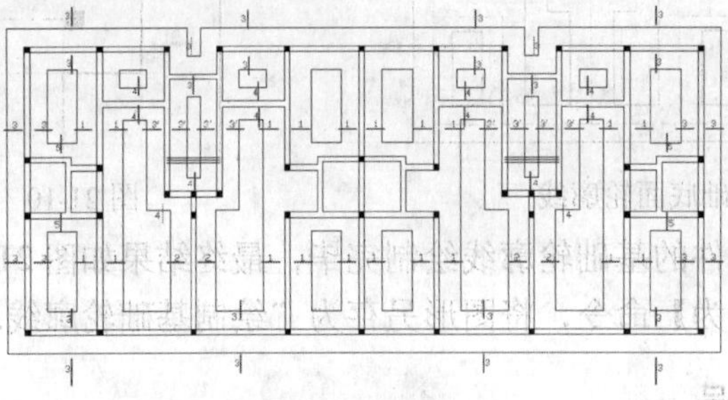

图 21-13　标注基础编号

技巧

不同类型的基础、柱分别用代号 J1、J2 和 Z1、Z2 等表示。不同形式的基础梁要用代号 JL1、JL2 等表示。

⑦最后使用【另存为】命令，将图形另存为“标注基础图符号.dwg”文件。

21.2.5　标注基础图尺寸

接下来为基础平面图标注内部尺寸和外部尺寸，标注效果如图 21-14 所示。

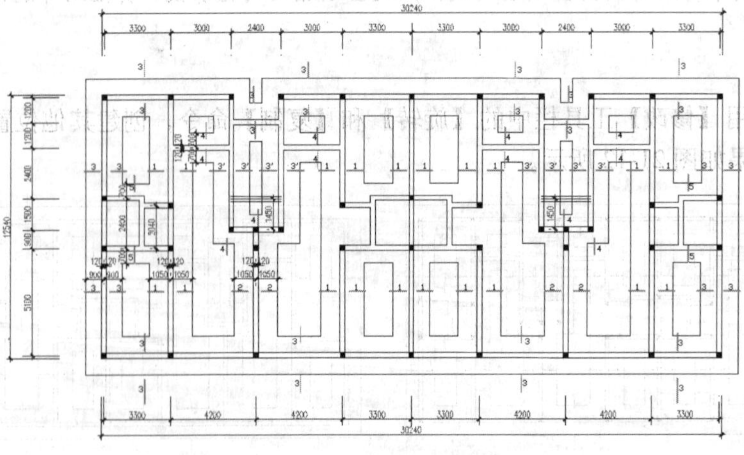

图 21-14　标注基础图尺寸

操作步骤

①继续上例操作，并将“尺寸标注”图层设置为当前层，打开“轴线”图层。
②使用系统变量 DIMSCALE，修改尺寸比例为 100。

③打开状态栏上的【对象捕捉】和追踪功能。

④标注外部尺寸。单击菜单栏上的【标注】|【线性】命令，配合捕捉和追踪功能，标注如图 21-15 所示的线性尺寸作为基准尺寸。

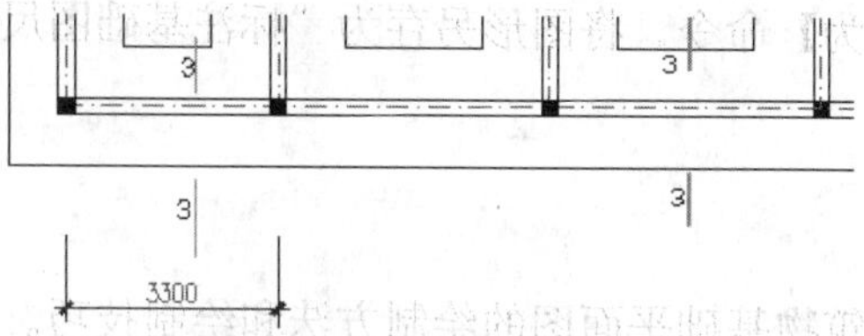

图 21-15 标注基准尺寸

⑤综合使用【连续】命令，配合捕捉与追踪功能，标注如图 21-16 所示的细部尺寸。

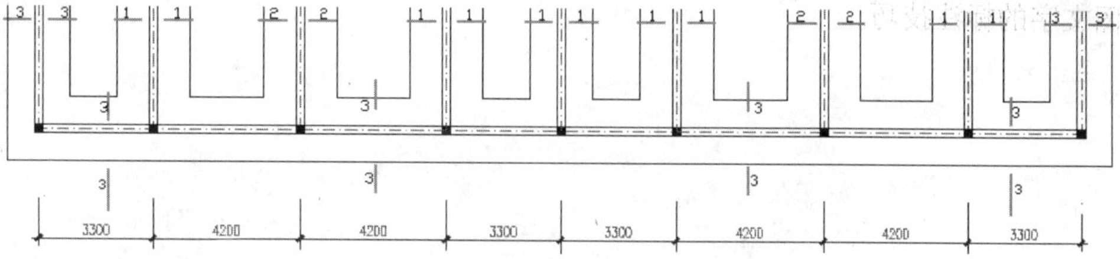

图 21-16 标注细部尺寸

⑥重复执行【线性】命令，配合捕捉和追踪功能，标注如图 21-17 所示的总尺寸。

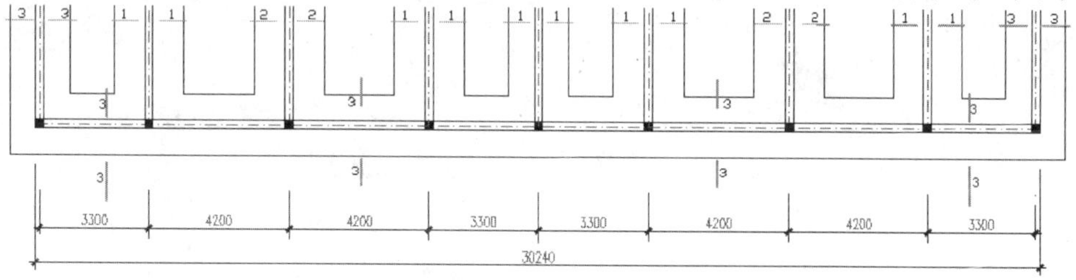

图 21-17 标注总尺寸

⑦重复第 4～6 操作步骤，分别标注平面图其他侧的外部尺寸。

⑧标注内部尺寸。综合使用【线性】和【编辑标注文字】命令，标注如图 21-18 所示的基础宽度尺寸和楼板梁的尺寸。

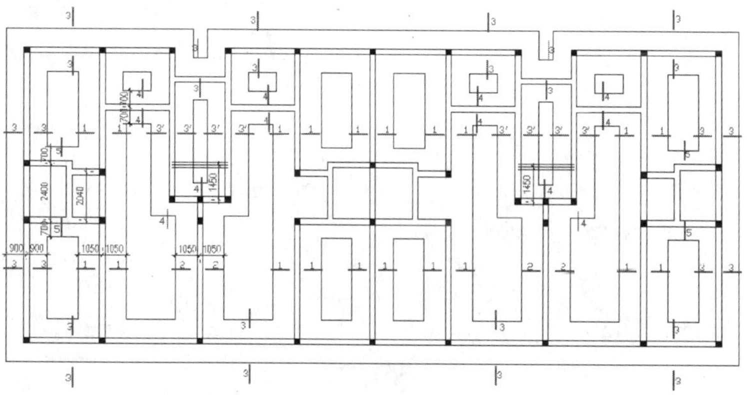

图 21-18 标注内部尺寸

⑨调整视图，使平面图完全显示。

⑩把“其他层”设置为当前图层，然后执行【插入块】命令，插入随书光盘中的“/图块文件/轴标号”，为基础轴线进行编号，最终结果如图 21-1 所示。

⑪最后执行【另存为】命令，将图形另存为“标注基础图尺寸.dwg”文件。

21.3 本章小结

本例主要学习了建筑物基础平面图的绘制方法和绘制技巧。其前期的绘制流程与绘制建筑平面图一样，也是在纵横轴线网的基础上进行绘制，只不过后期的构件表现不同。在绘制此类图形时，不但要注意基础墙线、基础底面轮廓线的绘制方法和技巧，还需要注意基础图文字的标注技巧。

第22章

结构图

前几章主要学习了建筑平面图、立面图、剖面图等重要图纸的绘制方法和绘制技巧。从这些施工图中，虽然可以了解建筑物的外形、内部布置、细部构造和内外装修等内容，但是建筑物各承重构件如柱、梁、板等的布置和结构内容还是空白，需要通过结构施工图表达出来。本章主要学习梁结构施工图的绘制方法和表达技巧。

22.1 结构图概述

本节将简单介绍结构平面图的功能、形成以及具体的图示特点。

22.1.1 结构平面图的形成

结构平面图就是沿着楼板面（只有结构层，尚未做楼面层面层）将建筑物水平剖开，所作的水平剖面图。表示各层梁、板、柱、墙、过梁和圈梁等的平面布置情况，以及现浇楼板、梁的构造与配筋情况及构件间的结构关系。

22.1.2 结构平面图的功能

结构平面图为施工中安装梁、板、柱等各构件提供依据，同时也为现浇构件立模板、绑扎钢筋、浇筑混凝土提供依据。

22.1.3 结构图的表达内容

- 对于预制楼板，用粗实线表示楼层平面轮廓，用细实线表示预制板的铺设，并把楼板以下不可见墙体的虚线改画为实线。
- 在结构单元范围内画一条对角线，并沿着对角线方向注明预制板数量及型号等。
- 楼梯间的结构布置一般不在楼层结构平面图中表示，只用双对角线表示楼梯间。
- 结构平面图中的定位轴线必须与建筑平面图中的一致。
- 对于承重构件布置相同的楼层，只需画出一个结构平面图，称为标准层结构平面图。

22.2 绘制某楼层梁结构平面图

下面以绘制某住宅楼楼层梁结构平面图为例，了解和学习梁结构图的绘制方法和绘制技巧。

22.2.1 案例流程及思路

实例效果

某小区住宅楼楼层梁结构平面图的最终绘制效果如图 22-1 所示。

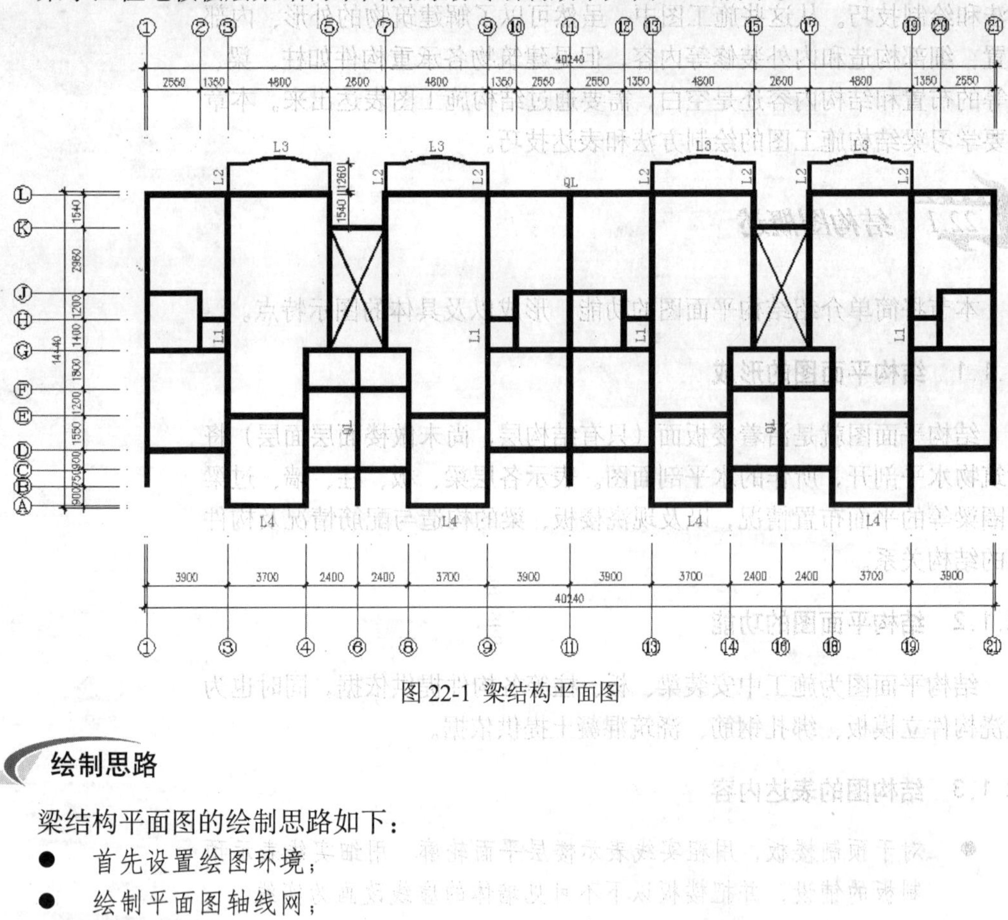

图 22-1 梁结构平面图

绘制思路

梁结构平面图的绘制思路如下：

- 首先设置绘图环境；
- 绘制平面图轴线网；
- 绘制梁轮廓线；
- 标注平面图文字；
- 标注平面图尺寸；
- 编写平面图轴号。

22.2.2 绘制纵横轴线

与绘制建筑平面图一样，绘制结构施工图也要从绘制纵横定位轴线开始。

操作步骤

❶执行【打开】命令，打开随书光盘中的“源文件\轴线网.dwt”，如图 22-2 所示。
❷按下 F3 键，激活状态栏中的【对象捕捉】功能。
❸单击菜单栏上的【格式】|【图层】命令，创建一个名为“梁图层”的新图层。
❹使用系统变量 LTSCALE，修改线型比例为 1，此时轴线的显示效果如图 22-3 所示。

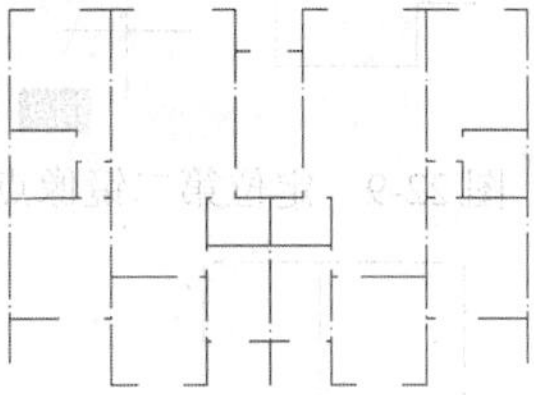

图 22-2 打开轴线网图

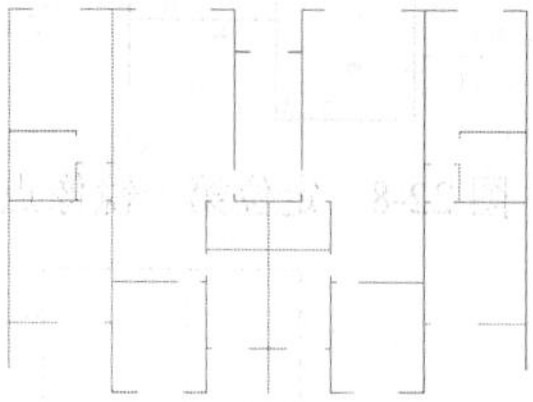

22-3 显示的轴线效果

❺单击菜单栏上的【修改】|【合并】命令，对轴线网进行编辑完善。命令行操作如下：

```
命令: _join
    选择源对象:                     //单击如图 22-4 所示的轴线
    选择要合并到源的直线:            //单击如图 22-5 所示的轴线
    选择要合并到源的直线:            //Enter，合并结果如图 22-6 所示
    已将 1 条直线合并到源。
```

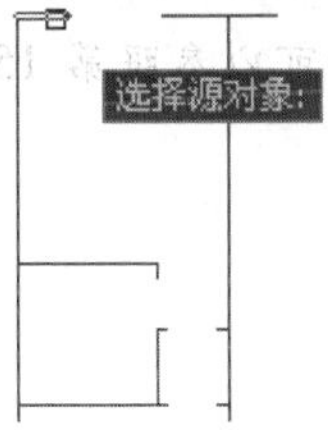

图 22-4 选择源对象

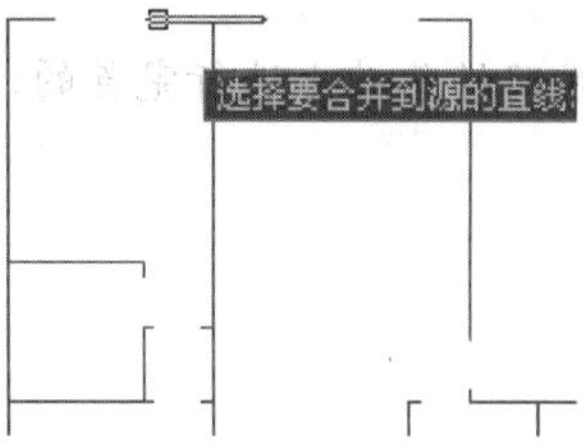

图 22-5 选择目标对象

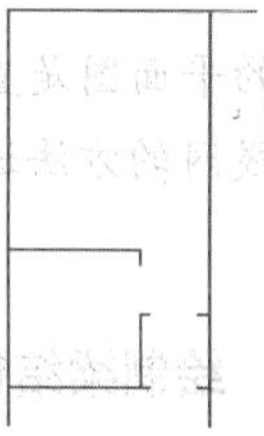

图 22-6 合并结果

❻重复上一步操作，分别将其他位置的门窗洞口进行合并，操作结果如图 22-7 所示。

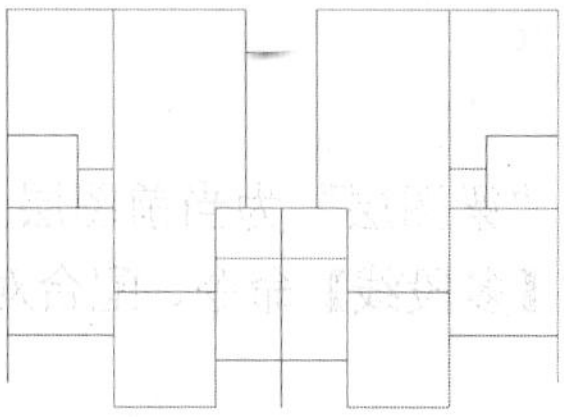

图 22-7 合并其他位置的门窗洞

❼单击菜单栏上的【修改】|【镜像】命令，对合并后的轴线进行镜像。命令行操作如下：

```
命令: _mirror
    选择对象:                            //选择合并后的所有轴线
    选择对象:                            //Enter，结束选择
    指定镜像线的第一点:                   //捕捉如图 22-8 所示的端点
    指定镜像线的第二点:                   //捕捉如图 22-9 所示的端点
    要删除源对象吗? [是(Y)/否(N)] <N>:     //Enter，镜像结果如图 22-10 所示
```

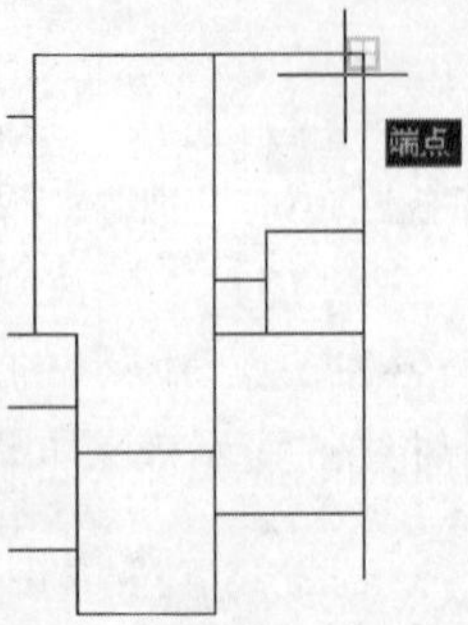

图 22-8　定位第一镜像点

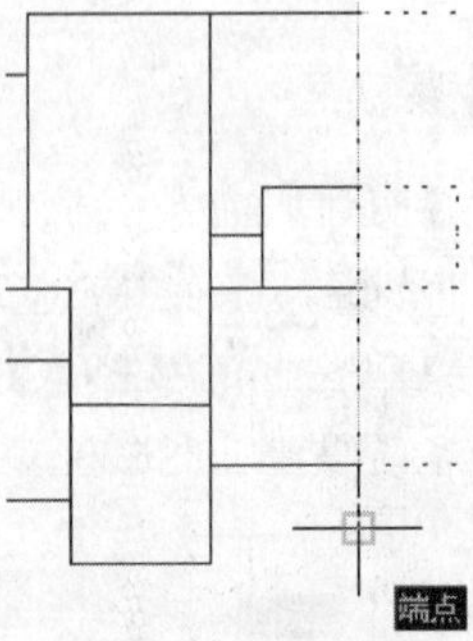

图 22-9　定位第二镜像点

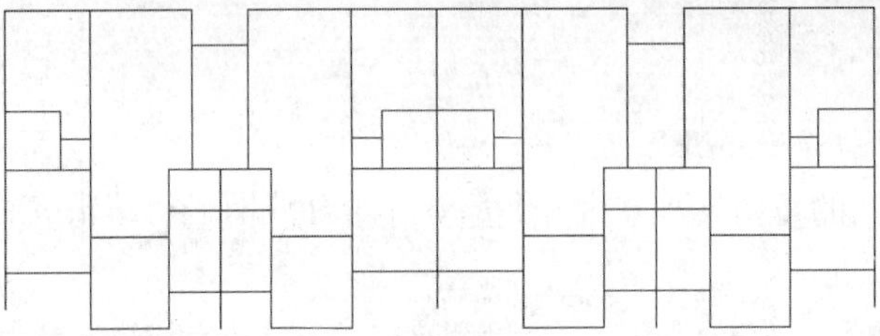

图 22-10　镜像结果

❽最后使用【另存为】命令，将图形另存为“定位轴线.dwg”文件。

技巧

本节的平面图是直接在单元轴线网的基础上进行完善的，另外，读者可以参照第 15 章绘制轴线网的方法进行绘制。

22.2.3　绘制梁结构轮廓

下面在纵横线基础上，绘制梁结构轮廓图。

操作步骤

❶继续上节操作。

❷执行【图层】命令，设置“梁图层”为当前图层。

❸单击菜单栏上的【绘图】|【多段线】命令，配合对象捕捉功能，绘制楼层梁轮廓线。命令行操作如下：

```
命令: _pline
    指定起点:                                              //捕捉如图 22-11 所示的端点
    当前线宽为 0.0
    指定下一个点或 [圆弧(A)/半宽(H)/长度(L)/放弃(U)/宽度(W)]: //w Enter，激活【宽度】选项
    指定起点宽度 <0.0>:                                    //240 Enter
    指定端点宽度 <240.0>:                                  // Enter
    指定下一个点或 [圆弧(A)/半宽(H)/长度(L)/放弃(U)/宽度(W)]:
                                                           //捕捉如图 22-12 所示的端点
```

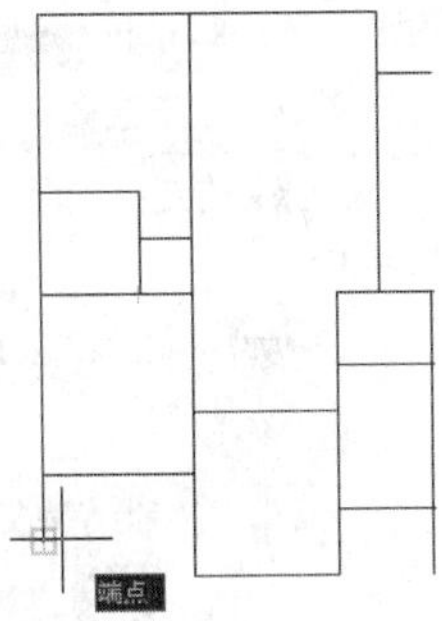

图 22-11 定位第一点

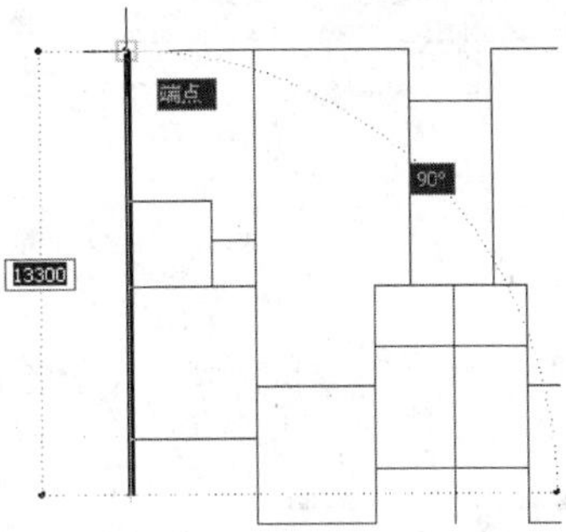

图 22-12 定位第二点

指定下一点或 [圆弧(A)/闭合(C)/半宽(H)/长度(L)/放弃(U)/宽度(W)]:
//捕捉如图 22-13 所示的端点
指定下一点或 [圆弧(A)/闭合(C)/半宽(H)/长度(L)/放弃(U)/宽度(W)]:
//捕捉如图 22-14 所示的交点
指定下一点或 [圆弧(A)/闭合(C)/半宽(H)/长度(L)/放弃(U)/宽度(W)]:
// Enter，结束命令，绘制结果如图 22-15 所示

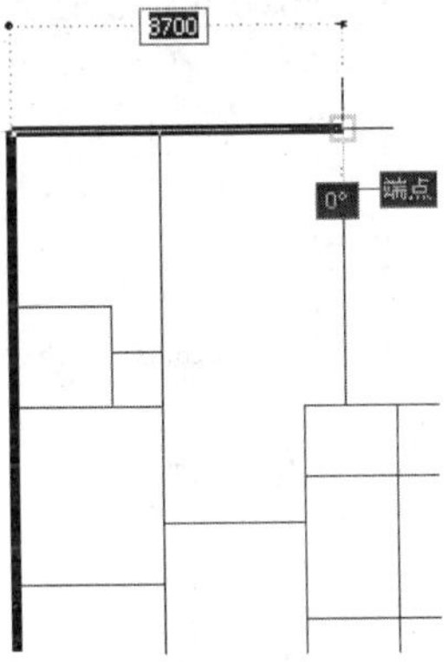

图 22-13 定位第三点

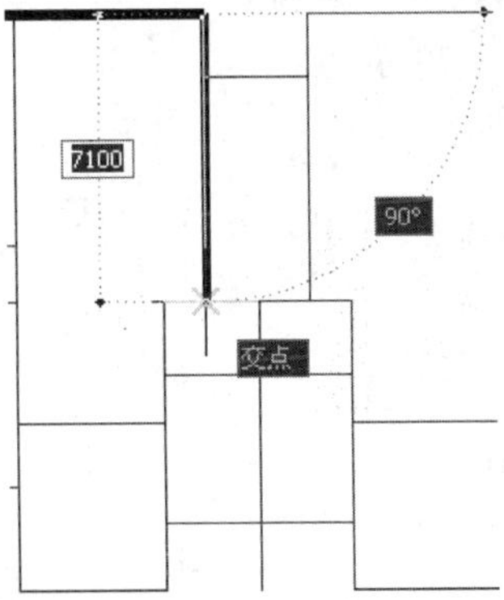

图 22-14 定位第四点

❹重复上一步操作，设置起点和端点的宽度保持不变，使用【多段线】命令绘制其他位置的轮廓线，结果如图 22-16 所示。

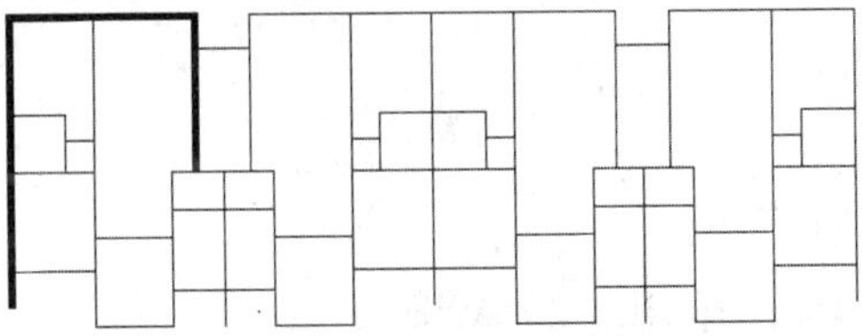

图 22-15 绘制楼层梁轮廓线

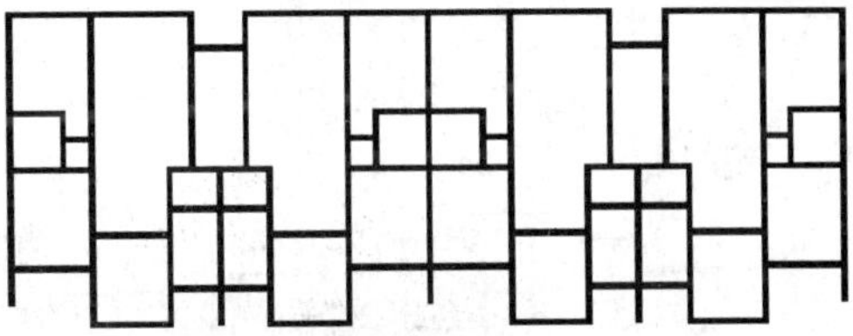

图 22-16 绘制其他位置的轮廓线

❺使用快捷键 PL 激活【多段线】，配合端点捕捉功能绘制楼梯间位置的轮廓线。命令行操作如下：

命令: _pline
指定起点: //捕捉如图 22-17 所示的端点
当前线宽为 0.0

指定下一个点或 [圆弧(A)/半宽(H)/长度(L)/放弃(U)/宽度(W)]: //w Enter，激活【宽度】选项
指定起点宽度 <240.0>: //75 Enter
指定端点宽度 <75.0>: // Enter
指定下一个点或 [圆弧(A)/半宽(H)/长度(L)/放弃(U)/宽度(W)]:
//捕捉如图 22-18 所示的交点
指定下一点或 [圆弧(A)/闭合(C)/半宽(H)/长度(L)/放弃(U)/宽度(W)]:
// Enter，绘制结果如图 22-19 所示

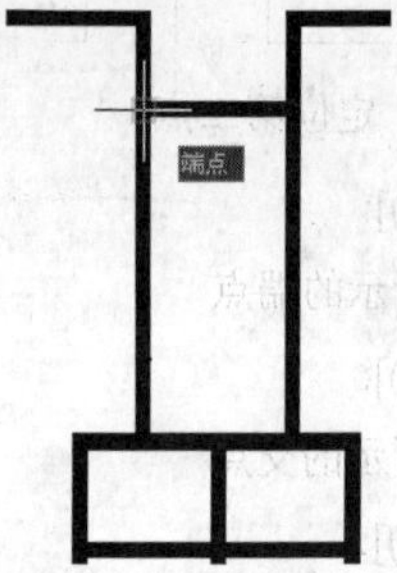

图 22-17 定位起点

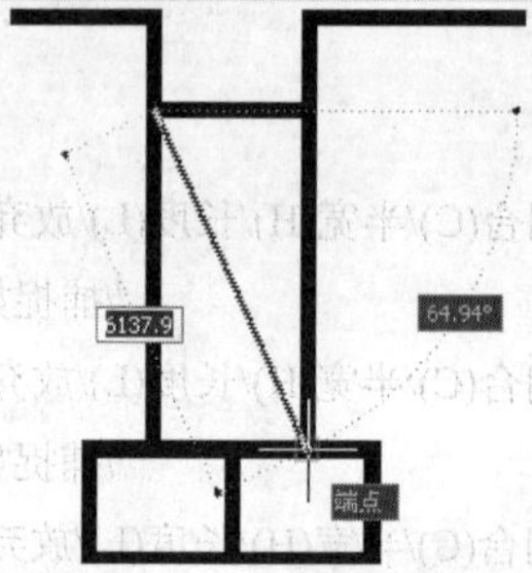

图 22-18 定位端点

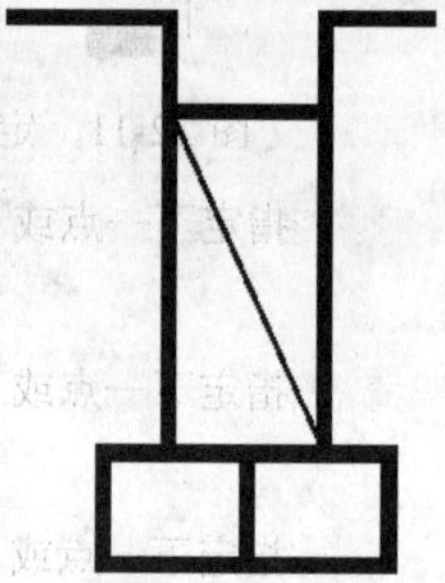

图 22-19 绘制楼梯间位置

❻重复上一步操作，使用【多段线】命令绘制其他位置的轮廓线，线宽为 75，绘制结果如图 22-20 示。

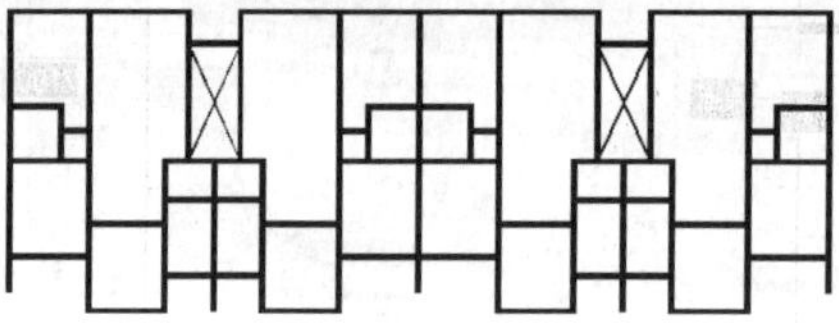

图 22-20 绘制其他楼梯间位置

❼单击菜单栏上的【绘图】|【多段线】命令，设置起点和端点宽度都为 120 个单位，绘制阳台位置的梁轮廓线。命令行操作如下：

命令: _pline
指定起点: //捕捉如图 22-21 所示位置的端点
当前线宽为 75.0
指定下一个点或 [圆弧(A)/半宽(H)/长度(L)/放弃(U)/宽度(W)]: //w Enter，激活【宽度】选项
指定起点宽度 <75.0>: //120 Enter
指定端点宽度 <120.0>: // Enter
指定下一个点或 [圆弧(A)/半宽(H)/长度(L)/放弃(U)/宽度(W)]: //@0,1380 Enter
指定下一点或 [圆弧(A)/闭合(C)/半宽(H)/长度(L)/放弃(U)/宽度(W)]: //@900,0 Enter
指定下一点或 [圆弧(A)/闭合(C)/半宽(H)/长度(L)/放弃(U)/宽度(W)]:
//a Enter，激活【角度】选项
指定圆弧的端点或[角度(A)/圆心(CE)/闭合(CL)/方向(D)/半宽(H)/直线样(L)/半径(R)/第二个点(S)/放弃(U)/宽度(W)]: //Enter
指定圆弧上的第二个点: //@1500,300 Enter
指定圆弧的端点: //@1500,-300 Enter
指定圆弧的端点或[角度(A)/圆心(CE)/闭合(CL)/方向(D)/半宽(H)/直线(L)/半径(R)/第二个点

(S)/放弃(U)/宽度(W)]: //l Enter，激活【直线】选项

指定下一点或 [圆弧(A)/闭合(C)/半宽(H)/长度(L)/放弃(U)/宽度(W)]: //@900,0 Enter

指定下一点或 [圆弧(A)/闭合(C)/半宽(H)/长度(L)/放弃(U)/宽度(W)]:

//@0,-1380 Enter

指定下一点或 [圆弧(A)/闭合(C)/半宽(H)/长度(L)/放弃(U)/宽度(W)]:

//Enter，绘制结果如图 22-22 所示

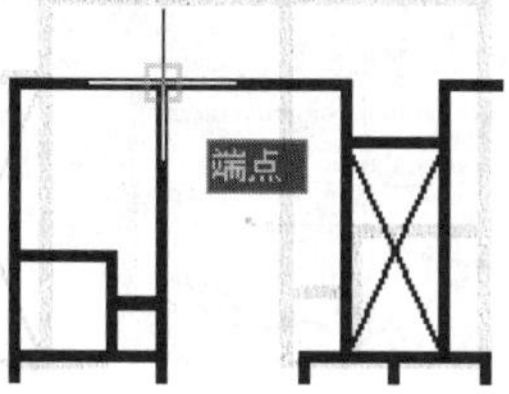

图 22-21 定位起点

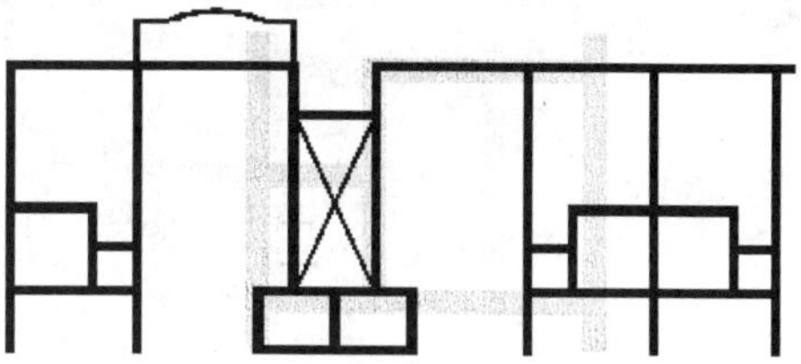

图 22-22 绘制阳台的梁轮廓线

❽参照上一步操作，使用【多段线】命令绘制其他位置的阳台梁轮廓线，结果如图 22-23 所示。

❾最后使用【另存为】命令，将图形另存为“绘制梁结构.dwg”文件。

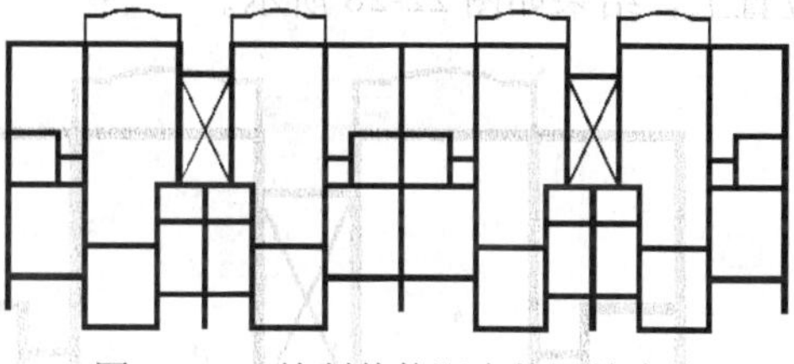

图 22-23 绘制其他阳台的梁轮廓线

22.2.4 为图形标注文字

接下来为梁结构平面图标注文字注释。

操作步骤

❶继续上例操作。

❷使用快捷键 LA 激活【图层】命令，将“文本层”设置为当前图层。

❸单击菜单栏上的【格式】|【文字样式】命令，设置“宋体”为当前样式，并修改宽度比例为 1。

❹单击菜单栏上的【绘图】|【文字】|【单行文字】命令，标注高度为 500 的单行文字。命令行操作如下：

命令: _dtext

当前文字样式: 宋体 当前文字高度: 2.5

指定文字的起点或 [对正(J)/样式(S)]: //在如图 22-24 所示位置上拾取一点

指定高度 <2.5>: //500 Enter

指定文字的旋转角度 <0.00>: //90 Enter

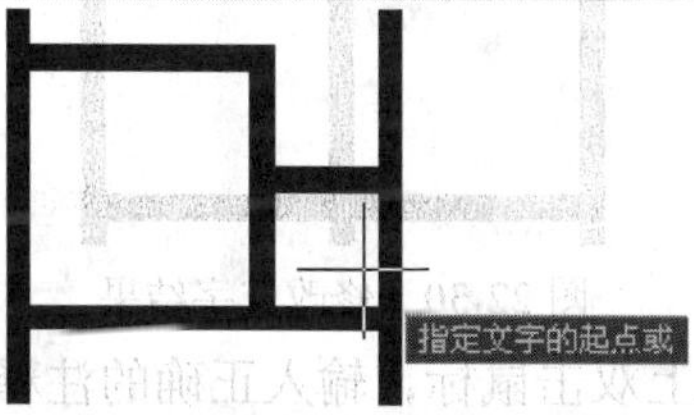

图 22-24 指定起点

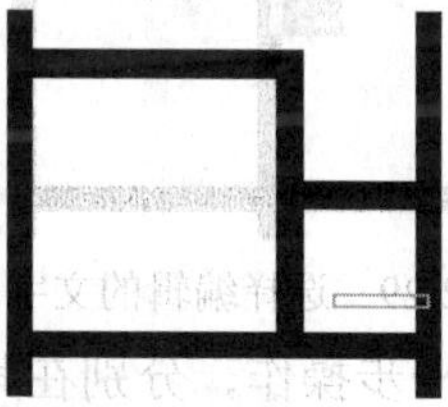

图 22-25 单行文字输入框

❺此时绘图区出现如图 22-25 所示的单行文字输入框，然后输入 L1 并按 Enter 键，标注结果如图 22-26 所示。

❻重复使用【单行文字】命令，设置旋转角度为 0°，高度为 500，标注如图 22-27 所示的文字对象。

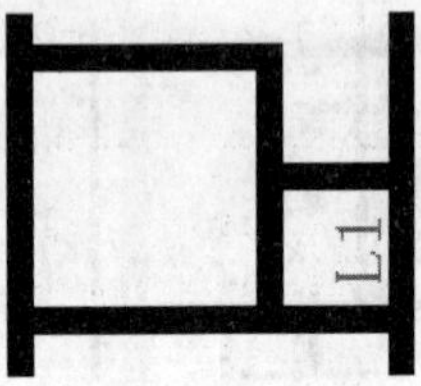

图 22-26　输入的文字

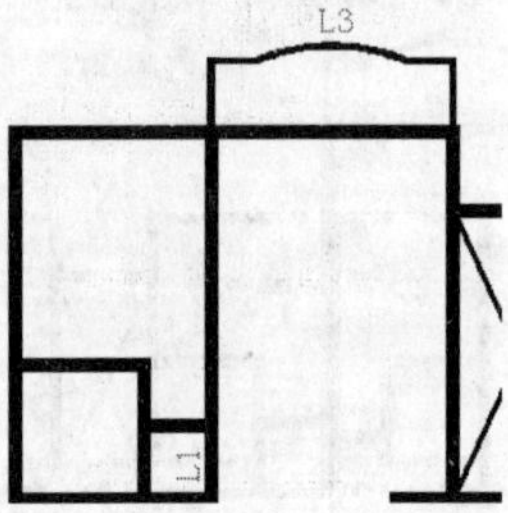

图 22-27　标注其他位置的文字

❼单击菜单栏上的【修改】|【复制】命令，将标注的两类文字注释复制到平面图其他位置上，结果如图 22-28 所示。

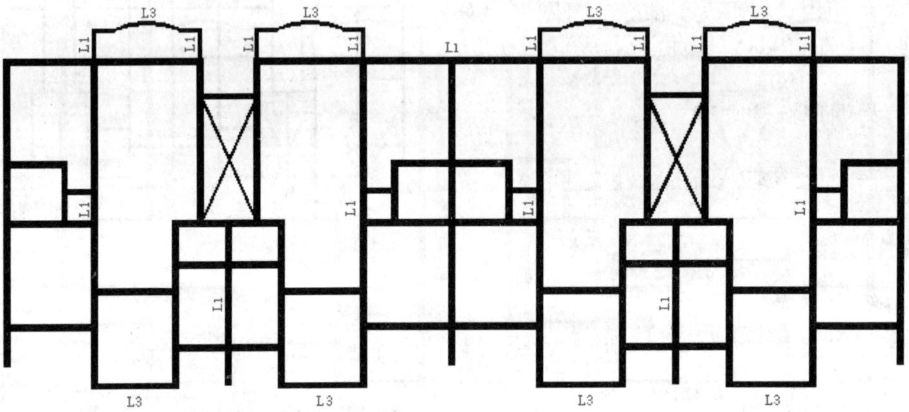

图 22-28　复制结果

❽在复制的文字上双击鼠标，此时该文字以反白显示的单行输入框显示，如图 22-29 所示，此时输入正确的文字 QL，按 Enter 键，结果如图 22-30 所示。

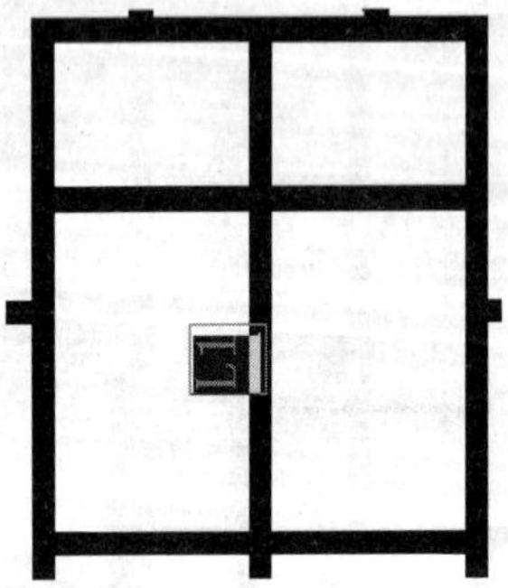

图 22-29　选择编辑的文字

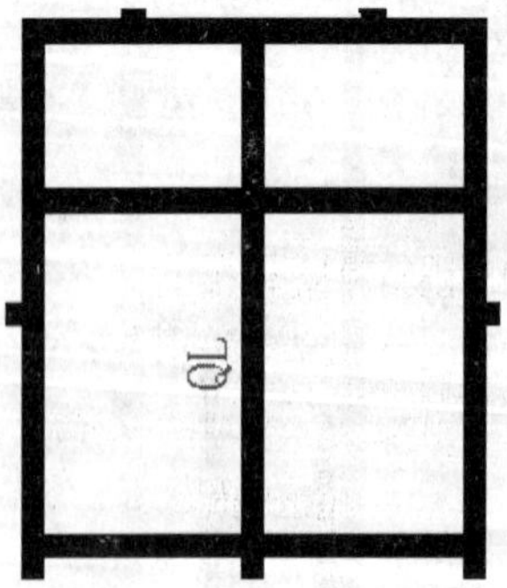

图 22-30　修改文字结果

❾参照上一步操作，分别在其他位置的文字对象上双击鼠标，输入正确的注释内容，结果如图 22-31 所示。

❿最后使用【另存为】命令，将图形中另存为“标注文字注释.dwg”文件。

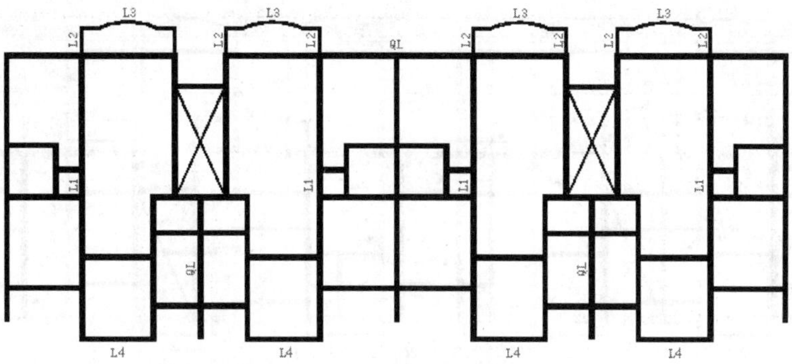

图 22-31 编辑其他文字结果

22.2.5 为图形标注尺寸

接下来开始为梁结构平面图标注尺寸。

操作步骤

❶继续上例操作，并设置“尺寸层”为当前图层。

❷在命令行修改系统变量 DIMSCALE 的值为 120。

❸单击菜单栏上的【绘图】|【构造线】命令，绘制如图 22-32 所示的水平构造型，作为尺寸定位线，其中尺寸定位线距离平面图最外轮廓线为 1000 个单位。

❹单击菜单栏上的【标注】|【线性】命令，配合端点捕捉和【对象追踪】功能标注如图 22-33 所示的线性尺寸作为基准尺寸。

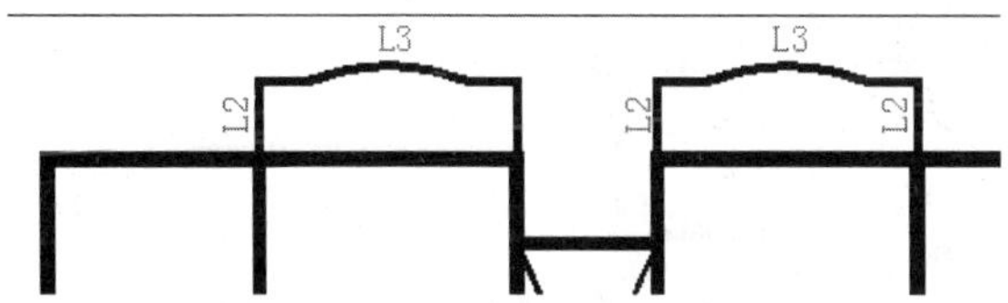

图 22-32 绘制尺寸定位线

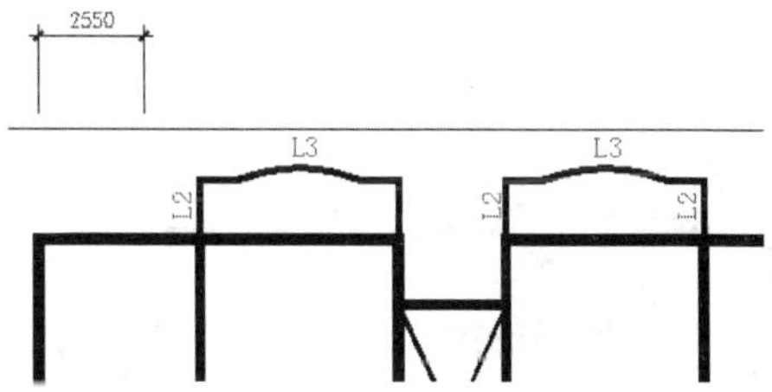

图 22-33 标注基准尺寸

❺单击菜单栏上的【标注】|【连续】命令，配合端点捕捉和【对象追踪】功能标注其他位置的尺寸，结果如图 22-34 所示。

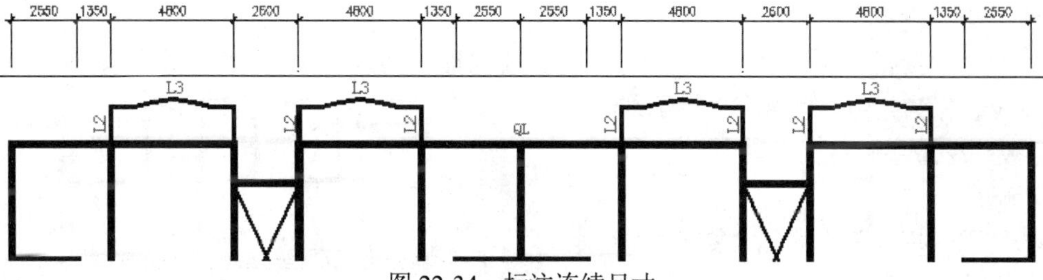

图 22-34 标注连续尺寸

❻重复执行【线性】命令，配合端点捕捉和【对象追踪】功能标注总尺寸，结果如图 22-35 所示。

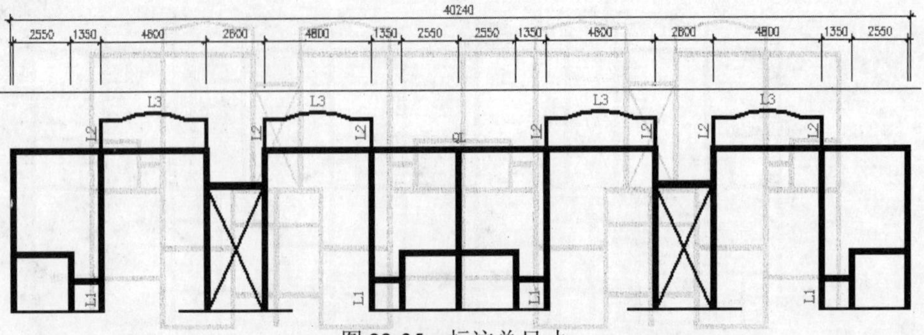

图 22-35　标注总尺寸

❼参照上述操作，综合使用【线性】和【连续】命令，分别标注梁平面图其他侧的尺寸，并删除尺寸定位辅助线，操作结果如图 22-36 所示。

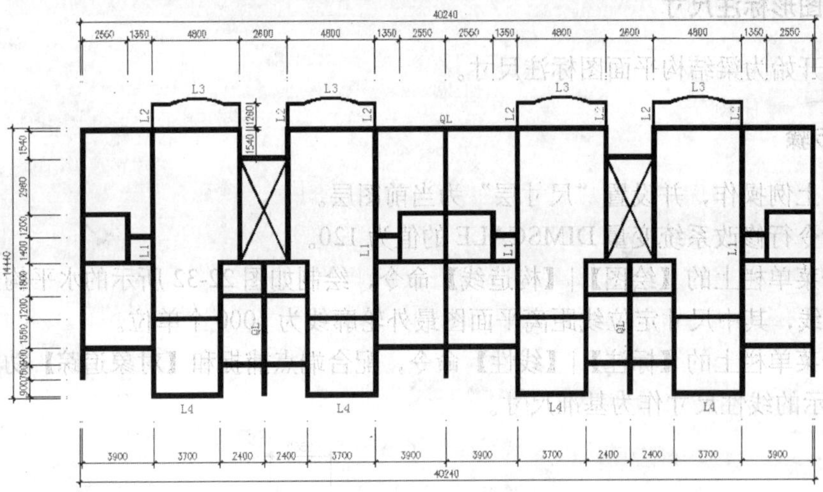

图 22-36　标注其他尺寸

❽最后使用【另存为】命令，将图形另存为“标注尺寸.dwg”文件。

22.2.6　为图形编写轴号

接下来为梁结构平面图编写轴号。

操作步骤

❶继续上例操作。

❷使用快捷键 L 激活【直线】命令，配合捕捉追踪功能，在平面图 4 侧绘制如图 22-37 所示的线段作为梁编号指示线，指示线的长度为 2200，起点为各轴线尺寸界线的外端点。

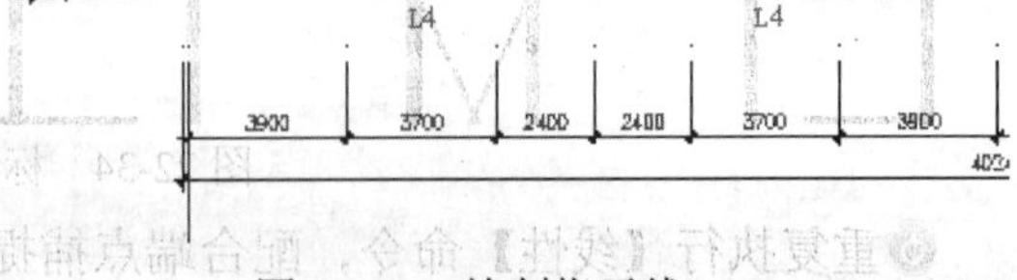

图 22-37　绘制指示线

❸使用快捷键 CO 激活【复制】命令，配合端点捕捉功能，将指示线分别复制到其他尺寸界限末端，结果如图 22-38 所示。

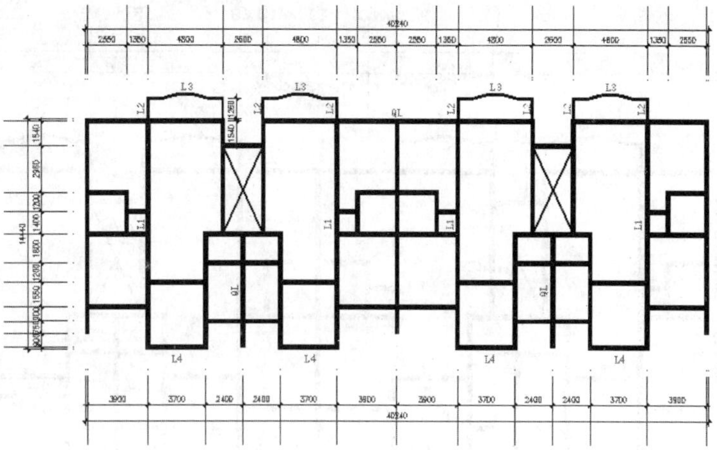

图 22-38　复制指示线

❹使用快捷键 I 激活【插入块】命令，插入随书光盘【图块文件】目录下的“轴标号.dwg”文件，块的缩放比例为 100，插入结果如图 22-39 所示。

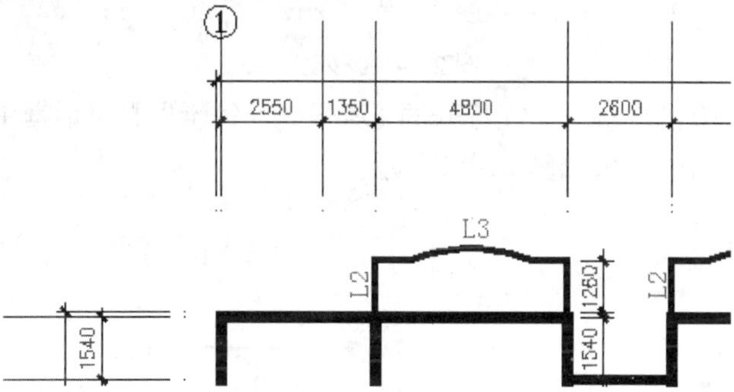

图 22-39　插入轴标号

❺重复执行上一步操作，使用【插入块】命令分别为其他位置的轴进行编号，结果如图 22-40 所示。

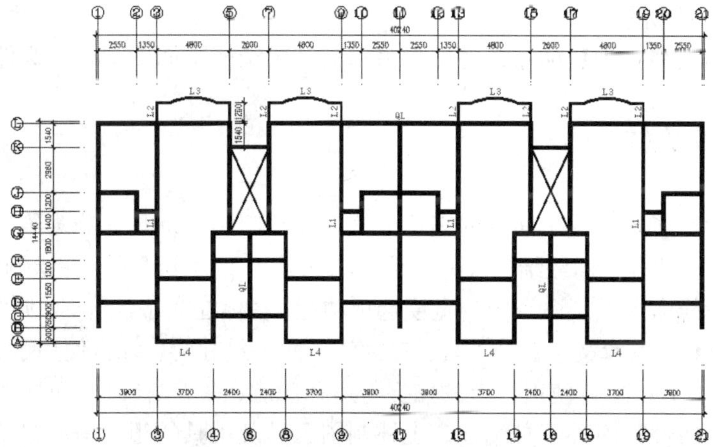

图 22-40　为其他轴线编号

❻使用快捷键 M 激活【移动】命令，选择平面图各侧的轴标号向外移，将各轴标号移至指示线的外端点处，如图 22-41 所示。

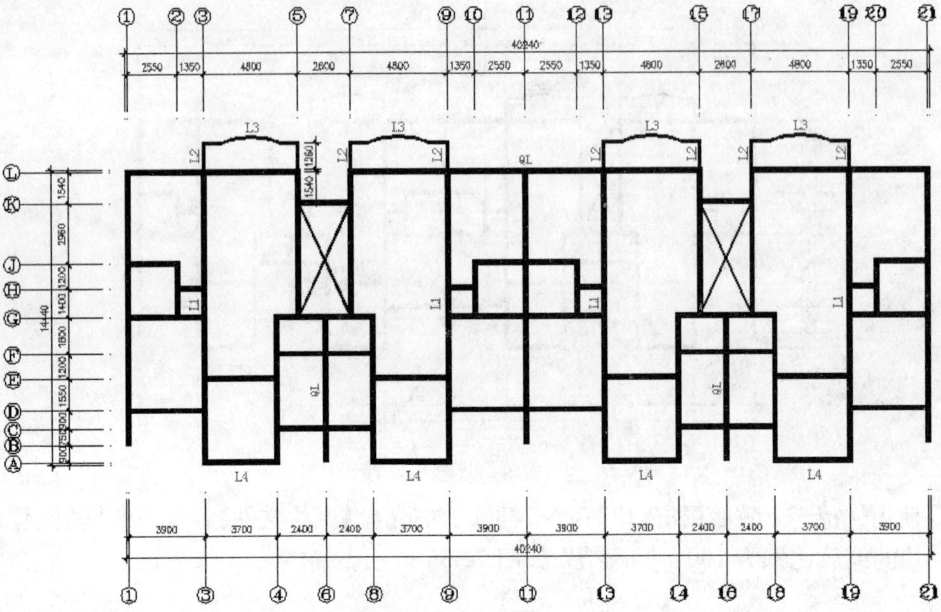

图 22-41　移动结果

❼双击编号为 10 的轴标号，在打开的【增强属性编辑器】对话框中调整属性文字的宽度比例为 0.7，修改后的结果如图 22-42 所示。

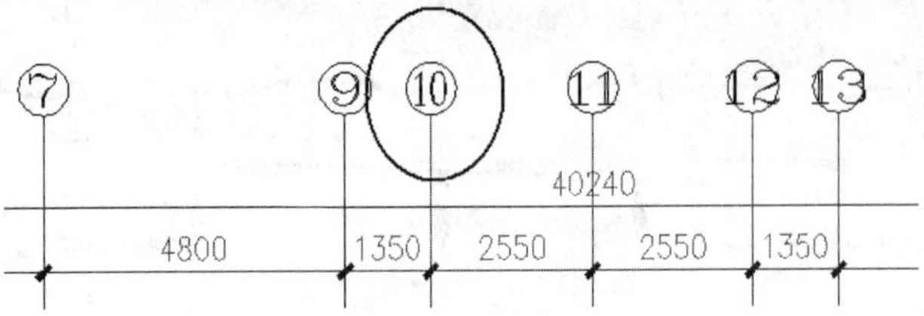

图 22-42　修改编号属性

❽重复上一步操作，分别修改其他位置的轴线编号，并调整视图以完全显示平面图，最终效果如图 22-1 所示。

❾最后使用【另存为】命令，将图形另存为“梁结构平面图.dwg”文件。

22.3　本章小结

本章主要学习了梁结构平面图的表达方法及其绘制技巧。具体分为绘制轴线网、绘制梁结构、标注文字注释、标注结构尺寸、编写轴标号 5 个操作环节。在绘制梁结构轮廓时，巧妙使用了多段线命令以及命令中的宽度选项功能；在标注文字注释时，则综合使用了【单行文字】、【复制】、【编辑文字】等工具；在标注平面图尺寸时，综合使用了【线性】和【连续】两种尺寸工具，并配合使用了点的捕捉与追踪功能；在编写轴标号时，则直接通过【插入块】和【编辑属性】两种工具编注。上述制图工具及工具的组合搭配是快速绘制平面图的关键。

第23章

详图与大样图

以上各章主要学习了建筑平面图、立面图、剖面图等重要图纸的绘制方法和绘制技巧，这些图纸都是从大处着眼来表达建筑物的内外结构。本章将从细处着手，以绘制某建筑物楼梯间的平面详图、剖面详图、窗子大样图为例，学习建筑详图的绘制方法和绘制技巧。

23.1 建筑详图概述

本节将简单讲述详图的概念、图示特点、基本内容及功能等内容。

23.1.1 详图基本概念

对于一个建筑来说，只有建筑平、立、剖面图还是不能施工的，因为平、立、剖面图的图样比例较小，建筑物的某些细部及构配件的详细构造和尺寸无法表示清楚，不能满足施工需求。所以，在一套施工图中，除了有全局性的基本图样外，还必须有许多比例较大的图形，对建筑物细部的形状、大小、材料和做法等加以补充说明，这种图样称为建筑详图。

23.1.2 详图图示特点

- 比例较大，常用比例为 1:20、1:10、1:5、1:2、1:1 等；
- 尺寸标注齐全、准确；
- 文字说明详细、清楚；
- 详图与其他图的联系主要采用索引符号和详图符号，有时也用轴线编号、剖切符号等；
- 对于采用标准图或通用详图的建筑构配件和剖面节点，只注明所有图集名称、编号或页次，而不画出详图。

23.1.3 基本内容与功能

建筑详图包括的主要图样有墙身详图、楼梯详图、门窗详图及厨房、卫生间等详图。建筑详图主要用于表示建筑构配件（如门、窗、楼梯、阳台、各种装饰等）的详细构造及连接关系；表示建筑细部及剖面节点（如檐口、窗台、明沟、楼梯扶手、踏步、楼地面、屋面等）的形式、层次、做法、用料、规格及详细尺寸；表示施工要求及制作方法。

23.2 绘制楼梯平面详图

楼梯结构平面图是楼梯结构详图的一种，也叫楼梯的水平剖面图。主要用来表明各构件（如楼梯梁、楼段板、平台板等）的平面布置、代号、尺寸大小、平台板的配筋及结构标高的图样。下面以绘制如图 23-1 所示的平面图为例，学习结构详图绘制方法和绘制技巧。

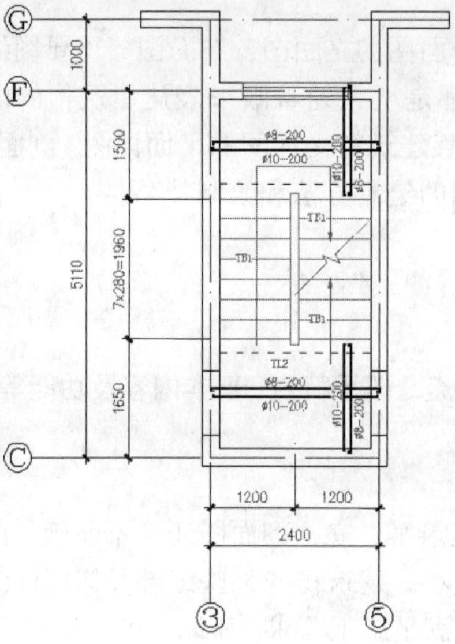

图 23-1 楼梯平面详图

绘图思路

楼梯平面结构详图的制作思路如下：

- 首先使用【新建】命令创建一张空白文件。
- 使用【矩形】、【分解】和【偏移】等命令创建定位轴线。
- 使用【多线】命令绘制墙线和窗线。
- 使用【直线】、【多段线】和【阵列】命令绘制楼梯平面轮廓线。
- 使用【单行文字】、【复制】和【移动】等命令标注文字注释。
- 使用【标注样式】、【线性】和【连续】等命令标注尺寸。
- 使用【插入块】和【移动】命令编写轴标号。
- 最后将图形命名存盘。

绘图步骤

❶以随书光盘中的“建筑模板.dwt”作为基础样板，新建空白文件。

❷单击菜单栏上的【格式】|【图形界限】命令，设置图形界限为 7000×10000，并将设置的图形界限全部显示。

❸使用系统变量 LTSCALE，设置线型比例为 50。

❹单击菜单栏上的【格式】|【图层】命令，新建名为“结构层”的图层，同时将“轴线层”设置当前图层。

❺单击菜单栏上的【绘图】|【矩形】命令，绘制长度为 2400、宽度为 6110 的矩形作为楼梯间轴线。

❻将矩形分解，使用快捷键 O 激活【偏移】命令，将矩形上侧的水平边向下偏移 1000 个单位。

❼单击菜单栏上的【修改】|【拉长】命令，将矩形上侧的水平边两端拉长 1000 个单位，结果如图 23-2 所示。

❽设置“墙线层”作为当前图层，然后单击菜单栏上的【绘图】|【多线】命令，配合捕捉功能绘制墙线。命令行操作如下：

```
命令: _mline
    当前设置: 对正 = 上，比例 = 20.00，样式 = 墙线样式
    指定起点或 [对正(J)/比例(S)/样式(ST)]:          //j Enter，激活【对正】选项
    输入对正类型 [上(T)/无(Z)/下(B)] <上>:          //z Enter，设置对正方式
    当前设置: 对正 = 无，比例 = 20.00，样式 = 墙线样式
    指定起点或 [对正(J)/比例(S)/样式(ST)]:          //s Enter，激活【比例】选项
    输入多线比例 <20.00>:                          //240 Enter
    当前设置: 对正 = 无，比例 = 240.00，样式 = 墙线样式
    指定起点或 [对正(J)/比例(S)/样式(ST)]:          //捕捉如图 23-2 所示的端点 1
    指定下一点:                                    //捕捉如图 23-2 所示的端点 2
    指定下一点或 [放弃(U)]:                        //捕捉端点 3
    指定下一点或 [闭合(C)/放弃(U)]:                //捕捉端点 4
    指定下一点或 [闭合(C)/放弃(U)]:                //捕捉端点 5
    指定下一点或 [闭合(C)/放弃(U)]:                //捕捉端点 6
    指定下一点或 [闭合(C)/放弃(U)]:                // Enter，绘制结果如图 23-3 所示
```

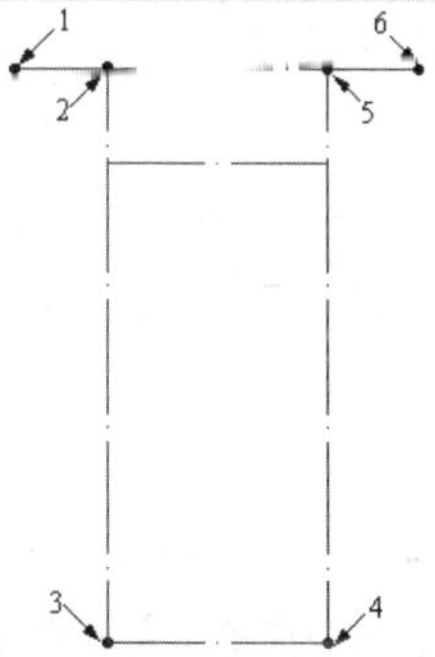

图 23-2 拉长结果

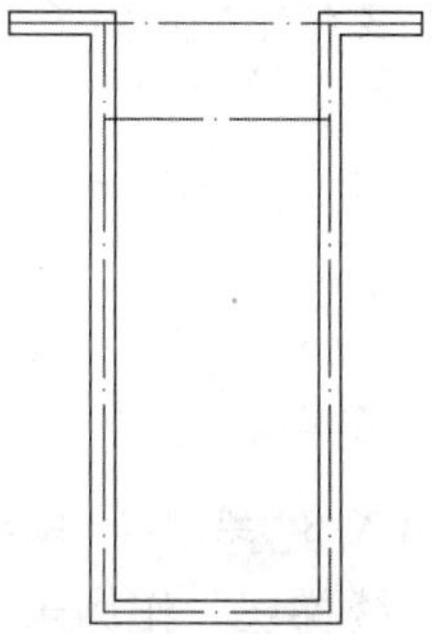

图 23-3 绘制墙线

❾重复执行【多线】命令，配合端点捕捉功能绘制下侧窗子两端的墙线，结果如图 23-4 所示。

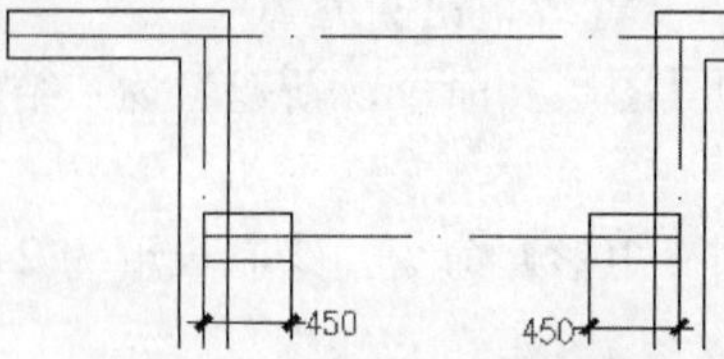

图 23-4　绘制窗子两端的墙线

⑩按 Enter 键，再次激活【多线】命令，绘制楼梯间的窗子平面轮廓线。命令行操作如下：

```
命令:                                          // Enter，重复执行命令
    MLINE
    当前设置: 对正 = 无，比例 = 240.00，样式 = 墙线样式
    指定起点或 [对正(J)/比例(S)/样式(ST)]:        //st Enter，激活【样式】选项
    输入多线样式名或 [?]:                        //窗线样式，Enter
    当前设置: 对正 = 无，比例 = 240.00，样式 = 窗线样式
    指定起点或 [对正(J)/比例(S)/样式(ST)]:        //捕捉如图 23-5 所示的交点
    指定下一点:                                  //捕捉如图 23-6 所示的交点
    指定下一点或 [放弃(U)]:                      // Enter，绘制结果如图 23-7 所示
```

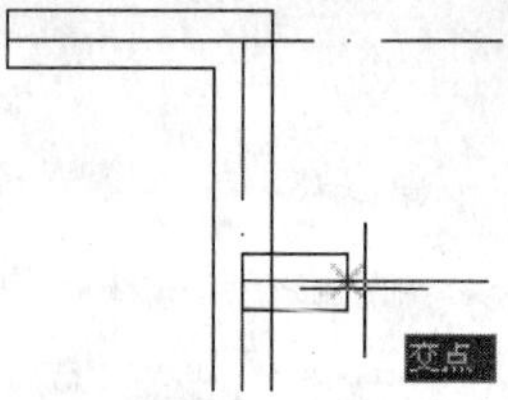

图 23-5　定位起点

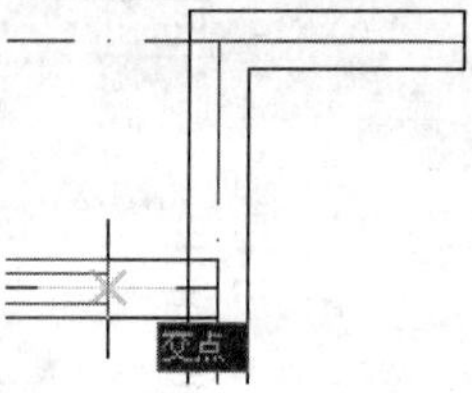

图 23-6　定位端点图

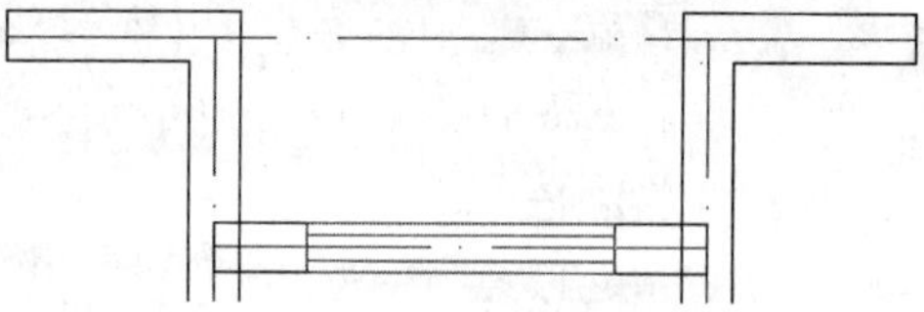

23-7　绘制窗子平面轮廓线

⑪使用快捷键 L 激活【直线】命令，配合捕捉与追踪功能绘制如图 23-8 所示的 4 条水平线段，以体现出门的位置。

⑫单击菜单栏上的【修改】|【对象】|【多线】命令，在打开的【多线编辑工具】对话框中激活“T 形合并”功能，对墙线进行编辑，结果如图 23-9 所示。

图 23-8　绘制水平线段

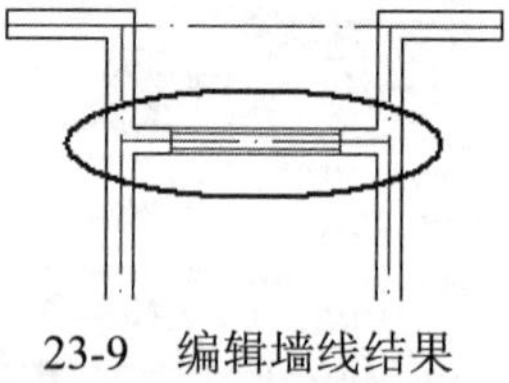

23-9　编辑墙线结果

⑬设置“楼梯层”作为当前图层，然后单击菜单栏上的【绘图】|【直线】命令，配合【捕捉自】功能绘制第一条台阶轮廓线。命令行操作如下：

```
命令: _line
    指定第一点:                                  //激活【捕捉自】功能
    _from 基点:                                  //捕捉如图 23-10 所示的端点
    <偏移>:                                      //@120,1650 Enter
```

```
指定下一点或 [放弃(U)]:  _per 到                 //捕捉如图 23-11 所示的垂足点
指定下一点或 [放弃(U)]:                          // Enter，绘制结果如图 23-12 所示
```

图 23-10 捕捉端点

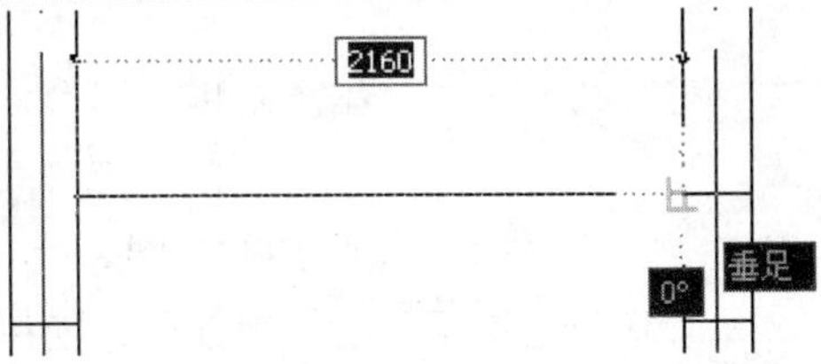

23-11 捕捉垂足点

⑭单击菜单栏上的【修改】|【阵列】命令，设置阵列行数为 8、列数为 1、行偏移为 280 个单位，对刚绘制的台阶轮廓线进行阵列，结果如图 23-13 所示。

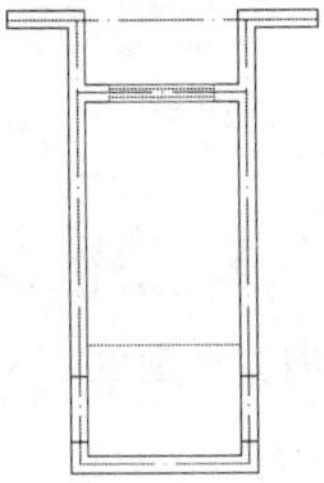

图 23-12 绘制台阶轮廓线

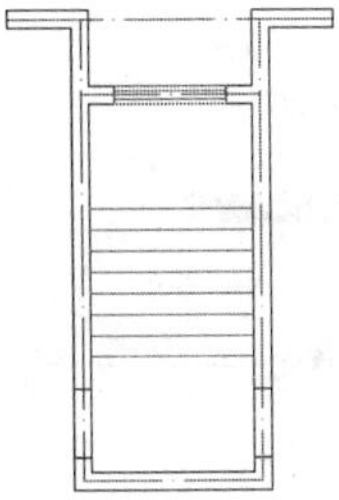

23-13 阵列结果

⑮单击菜单栏上的【绘图】|【矩形】命令，配合【捕捉自】功能绘制楼梯扶手轮廓线。命令行操作如下：

```
命令: _rectang
    指定第一个角点或 [倒角(C)/标高(E)/圆角(F)/厚度(T)/宽度(W)]://激活【捕捉自】功能
    _from 基点:                                   //捕捉如图 23-14 所示的中点
    <偏移>:                                       //@-60,-80 Enter
    指定另一个角点或 [面积(A)/尺寸(D)/旋转(R)]:
                                    //@120,2120 Enter，绘制结果如图 23-15 所示
```

⑯使用快捷键 TR 激活【修剪】命令，以刚绘制的扶手轮廓线作为剪切边界，将位于边界内的台阶轮廓线修剪掉，结果如图 23-16 所示。

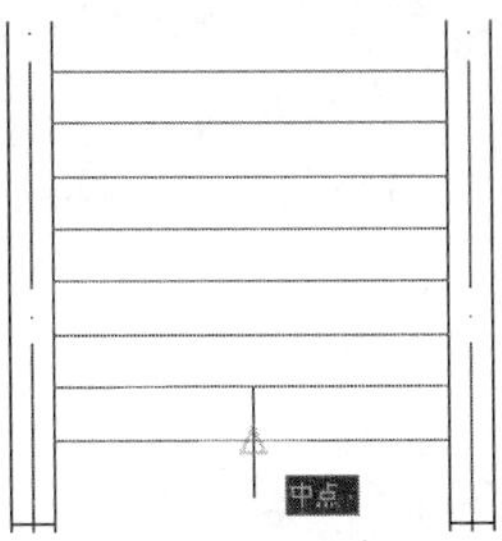

图 23-14 捕捉中点

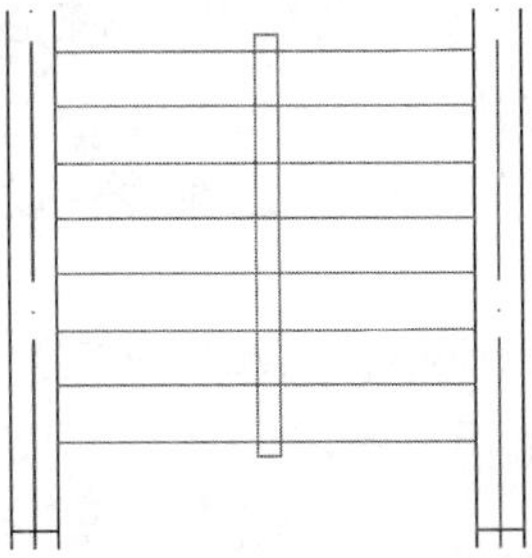

23-15 绘制扶手轮廓线

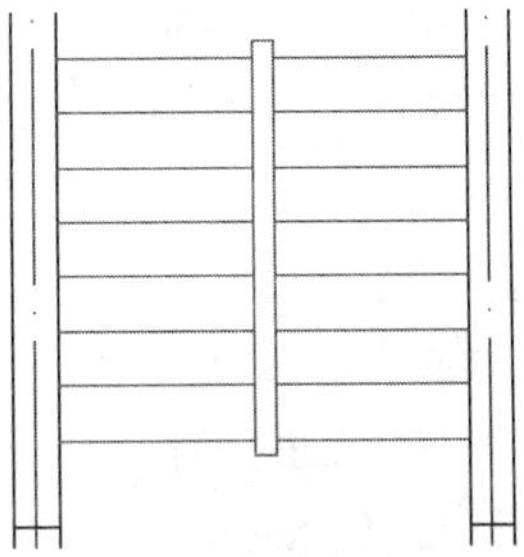

23-16 修剪结果

⑰使用快捷键 PL 激活【多段线】命令，绘制如图 23-17 所示的轮廓线作为楼梯方向线，其中箭头的长度为 125 单位，起点宽度为 40。

⑱使用快捷键 TR 激活【修剪】命令，以刚绘制的折断线作为边界，以台阶线进行修剪，结果如图 23-18 所示。

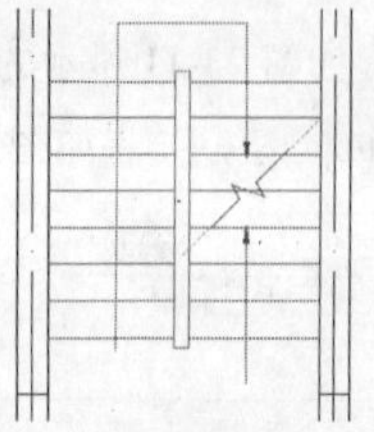

图 23-17　绘制楼梯方向线

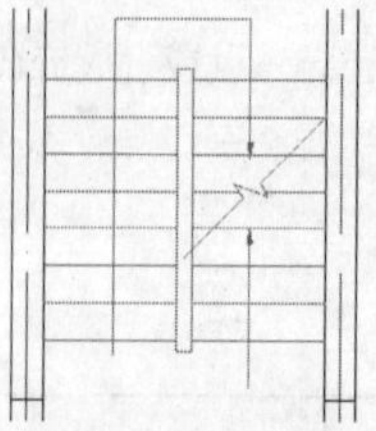

23-18　修剪结果

⑲将“结构层”设为当前层，使用【多段线】命令，将宽度设置为 15，绘制平台处的配筋轮廓线，配筋轮廓线两端尺寸如图 23-19 和图 23-20 所示，绘制结果如图 23-21 所示。

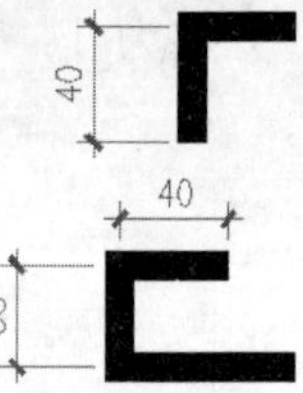

图 23-19　水平筋

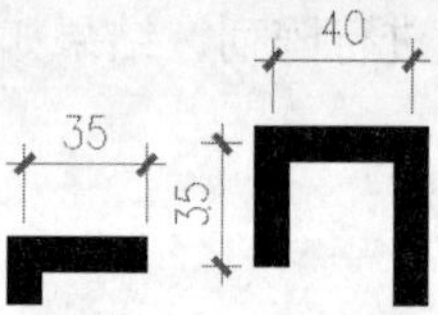

图 23-20　垂直筋

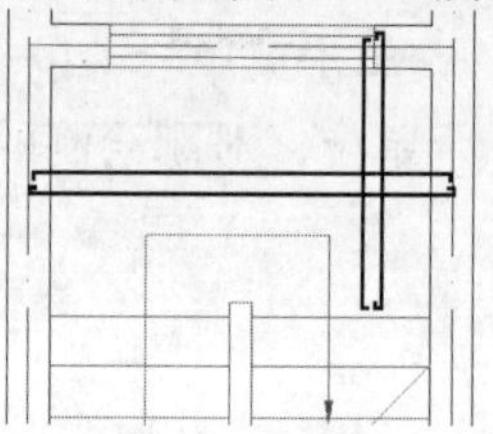

图 23-21　绘制配筋轮廓线

⑳单击菜单栏上的【修改】|【复制】命令，将刚绘制的配筋轮廓线进行复制，结果如图 23-22 所示。

㉑使用快捷键 L 激活【直线】命令，配合捕捉追踪功能，绘制两条水平线段作为平台梁轮廓线，此轮廓线距离两侧的台阶轮廓线为 200 个单位，如图 23-23 所示。

㉒使用【线型】命令加载一种名为 ACAD_ISO03W100 的线型，通过【特性】工具将加此线型附给平台梁轮廓线，同时调整比例为 0.2，图形的显示效果如图 23-24 所示。

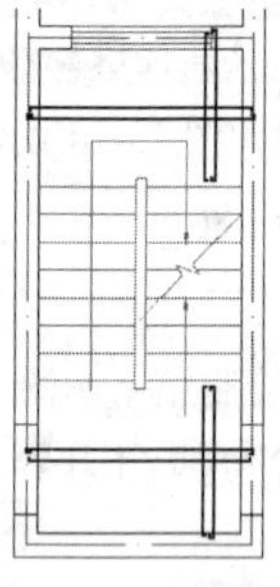

图 23-22　复制结果

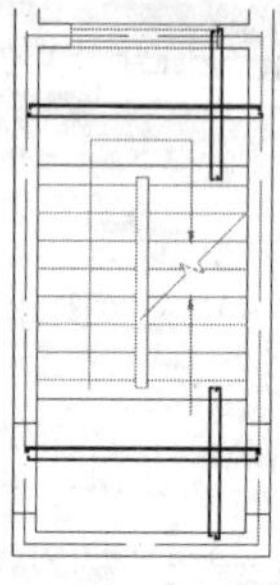

图 23-23　偏移结果

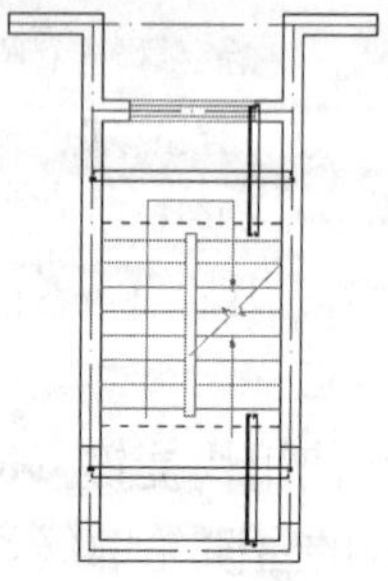

图 23-24　编辑结果

㉓将“文本层”设置为当前图层.

㉔单击菜单栏上的【格式】|【文字样式】命令，设置“宋体”为当前样式，同时修改宽度比例为 1。

㉕单击菜单栏上的【绘图】|【文字】|【单行文字】命令，为平台梁和楼梯板标注高度为 100 的文字注释。命令行操作如下：

```
命令: _dtext
    当前文字样式:  宋体   当前文字高度:  2.5
    指定文字的起点或 [对正(J)/样式(S)]:                //在平台梁轮廓线下侧拾取起点
    指定高度 <2.5>:                                    //120 Enter
    指定文字的旋转角度 <0.00>:
                              // Enter，分别输入 TL2 和 TB1 两行文字，如图 23-25 所示
```

㉖分别使用【移动】和【复制】命令，对 TB1 文字对象进行移动和复制，将其标注到所需位置，结果如图 23-26 所示。

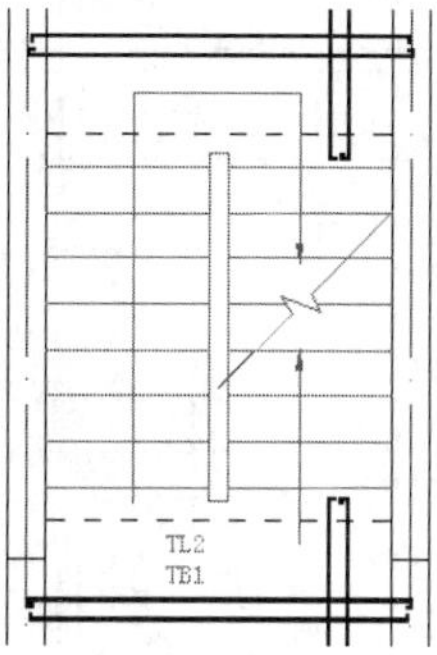

图 23-25　标注结果

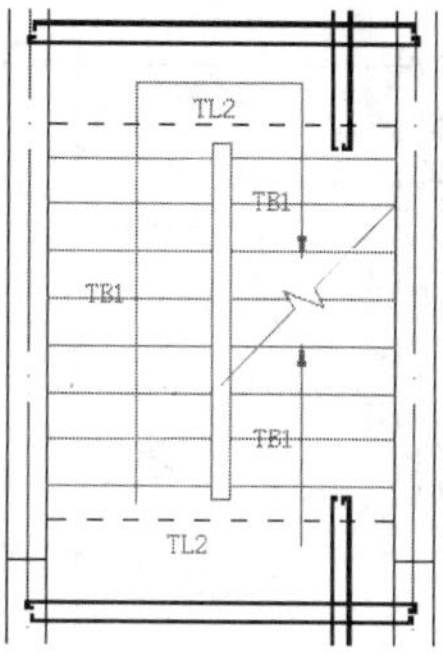

图 23-26　标注其他位置

㉗使用快捷键 DT 激活【单行文字】命令，为下侧的配筋轮廓线标注文字注释。命令行操作如下：

```
命令: dt                                      //Enter，激活命令
    TEXT
    当前文字样式：宋体  当前文字高度：120.0
    指定文字的起点或 [对正(J)/样式(S)]：        //s Enter，激活【样式】选项
    输入样式名或 [?] <宋体>:                   //SIMPLEX Enter
    当前文字样式：SIMPLEX  当前文字高度：2.5
    指定文字的起点或 [对正(J)/样式(S)]：        //在水平筋轮廓线上侧适当位置拾取一点
    指定高度 <2.5>:                           //120 Enter
    指定文字的旋转角度 <0.00>:                 // Enter，输入%%C8-200 和%%C10-200 两行文字，
                                                结果如图 23-27 所示
    命令:                                     // Enter，重复执行命令
    TEXT
    当前文字样式：SIMPLEX  当前文字高度：120.0
    指定文字的起点或 [对正(J)/样式(S)]：        //在垂直筋左侧适当位置拾取一点
    指定高度 <120.0>:                         // Enter
    指定文字的旋转角度 <0.00>:                 //90Enter，输入%%C10-200 和%%C8-200 两行
                                                文字，结果如图 23-28 所示
```

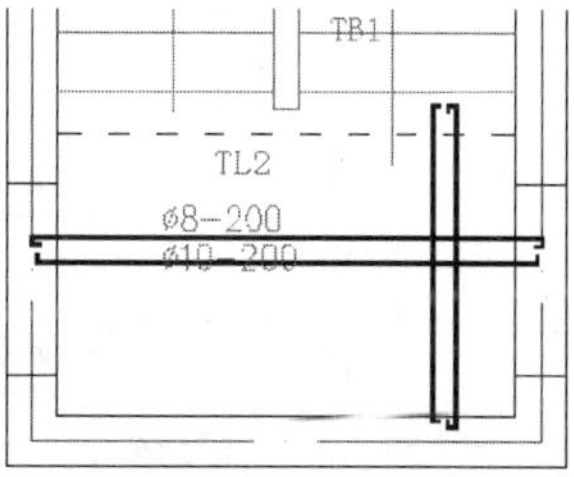

图 23-27　为水平筋标注注释

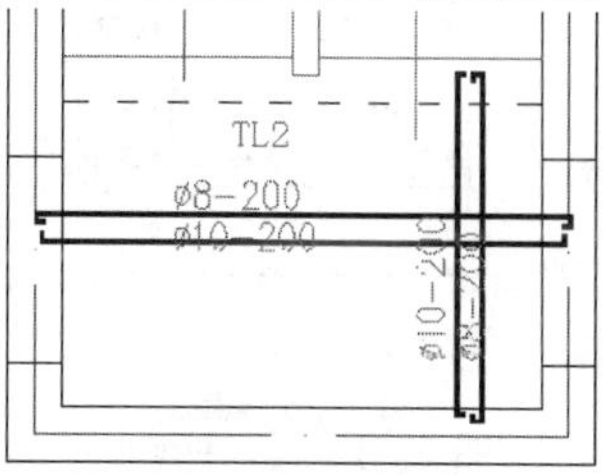

图 23-28　为垂直筋标注注释

㉘综合使用【移动】和【复制】命令，对刚标注的注释对象进行移动和复制，结果如图 23-29 所示。

㉙单击菜单栏上的【修改】|【打断】命令，将与文字对象重叠的轮廓线进行打断，打断结果如图 23-30 所示。

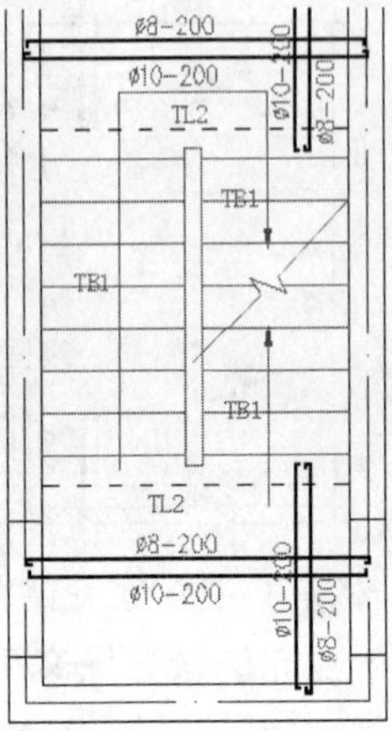

图 23-29　移动并复制结果

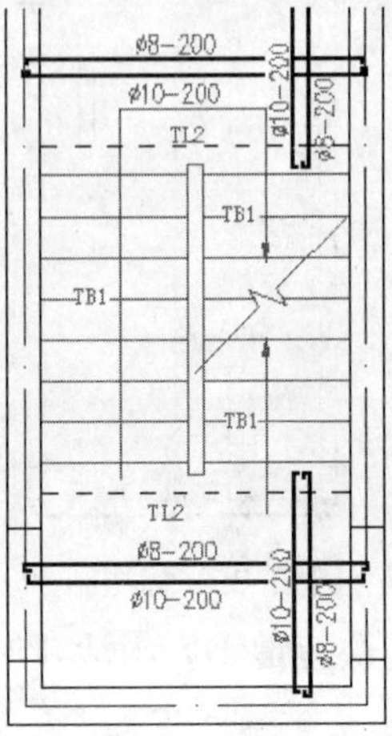

图 23-30　打断结果

㉚设置“尺寸层”作为当前图层，并使用【标注样式】命令设置“建筑标注”为当前尺寸样式，同时修改尺寸比例为 65。

㉛综合运用【线性】和【连续】命令，并配合点的捕捉追踪功能标注如图 23-31 所示的尺寸。

㉜使用快捷键 ED 激活【编辑文字】命令，然后在尺寸文字为 1960 的尺寸对象上单击鼠标，并在打开的【文字格式】编辑器中输入 7×280=1960，修改结果如图 23-32 所示。

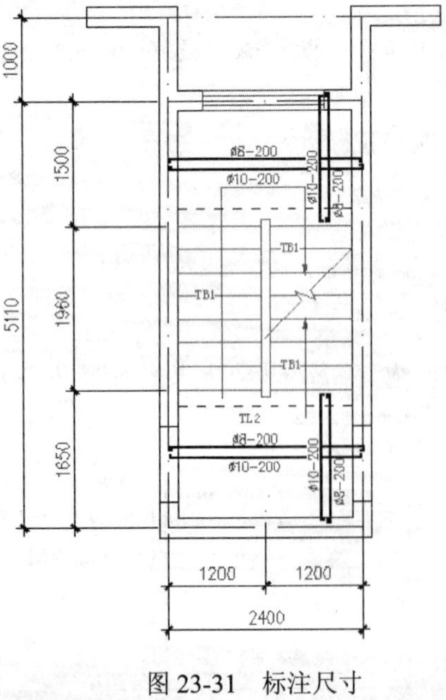

图 23-31　标注尺寸

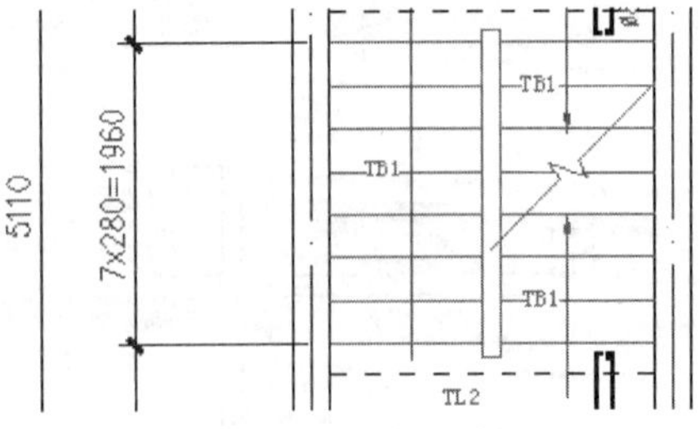

图 23-32　修改结果

㉝在无命令执行的前提下选择图 23-33 所示的尺寸，使其夹点显示。

㉞执行【特性】命令，在弹出的【特性】窗口内修改尺寸界线超出尺寸线的变量值为 16，修改结果如图 23-34 所示。

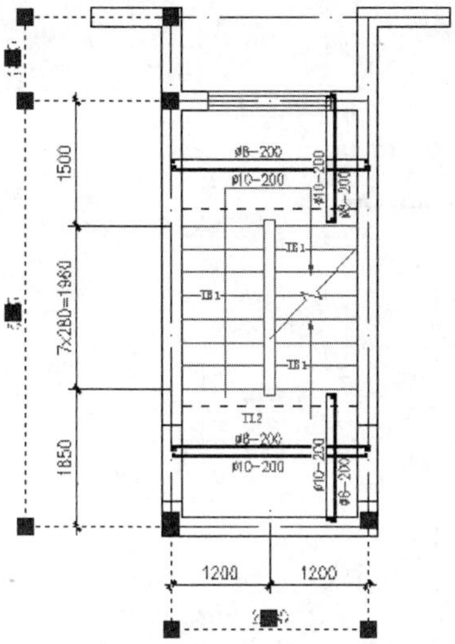

图 23-33　夹点显示尺寸

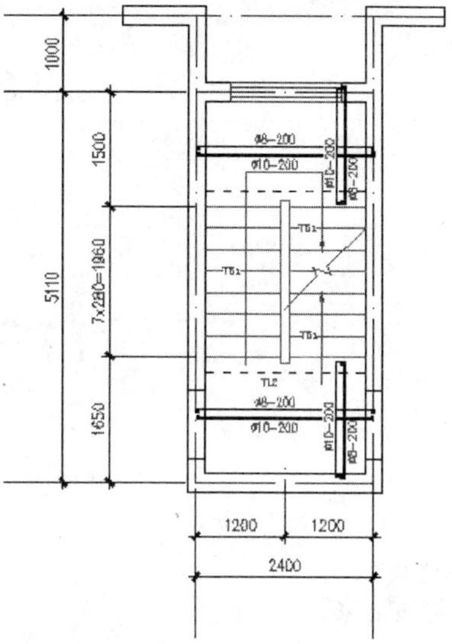

图 23-34　修改特性结果

㉟使用快捷键 I 激活【插入块】命令，插入随书光盘中的“图块文件\轴标号.dwg”文件，块的缩放比例为 50，插入结果如图 23-35 所示。

㊱使用【移动】命令，将各轴标号进行外移，基点为轴标号与指示线的交点，目标点为指示线的外端点，位移结果如上图 23-1 所示。

㊲最后使用【保存】命令，将图形存储为“楼梯结构平面图.dwg”文件。

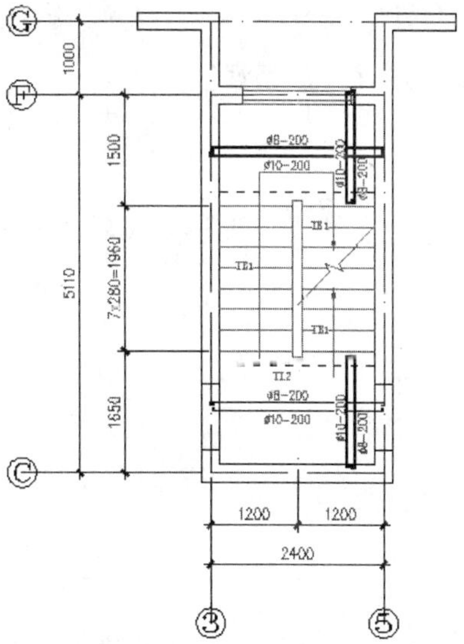

图 23-35　轴标号标注结果

23.3　绘制楼梯剖面详图

楼梯结构剖面图也是楼梯结构详图的一种，它其实是一种垂直剖面图，是表明构件的竖向布置与构造、楼梯板、楼梯梁的配筋和钢筋尺寸等的图样。本节以绘制如图 23-36 所示的详图为例，学习楼梯剖面结构详图的绘制方法和绘制过程。

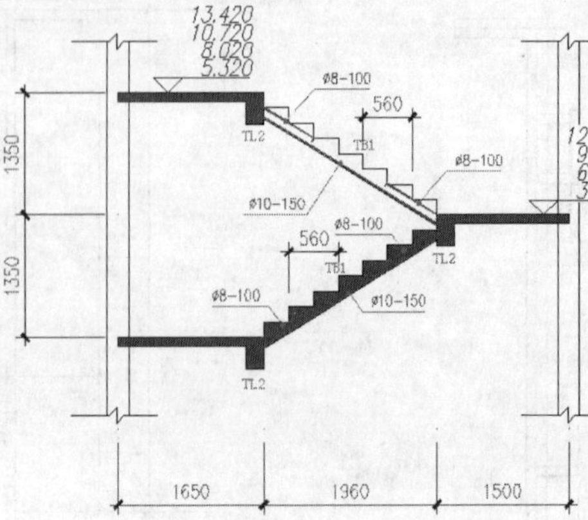

图 23-36 楼梯剖面详图

绘图思路

楼梯剖面结构详图的绘制思路如下：

- 首先使用【构造线】命令绘制定位辅助线。
- 使用【多段线】和【图案填充】命令绘制平台板和平台梁轮廓线。
- 使用【多段线】命令并配合极轴追踪功能绘制楼梯段。
- 使用【单行文字】、【复制】、【引线】等命令标注文字注释。
- 使用【标注样式】、【线性】和【连续】命令标注结构尺寸。
- 使用【插入块】命令标注标高尺寸。
- 最后使用【保存】命令进行命名存盘。

绘图步骤

①继续上节操作。单击菜单栏上的【修改】|【旋转】命令，并将楼梯平面图进行旋转-90°，如图 23-37 所示。

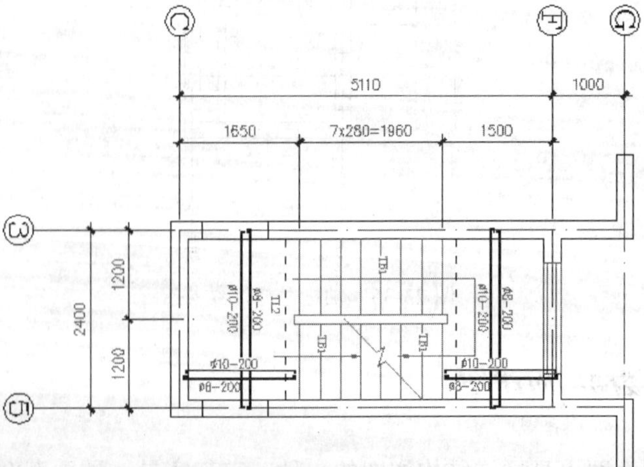

图 23-37 旋转楼梯平面图

❷单击菜单栏上的【绘图】|【构造线】命令，分别通过楼梯间墙体轴线和两端台阶绘制 4 条垂直的构造线，作为定位辅助线，结果如图 23-38 所示。

❸重复使用【构造线】命令，在楼梯平面图的下侧绘制一条水平的构造线，如图 23-39 所示。

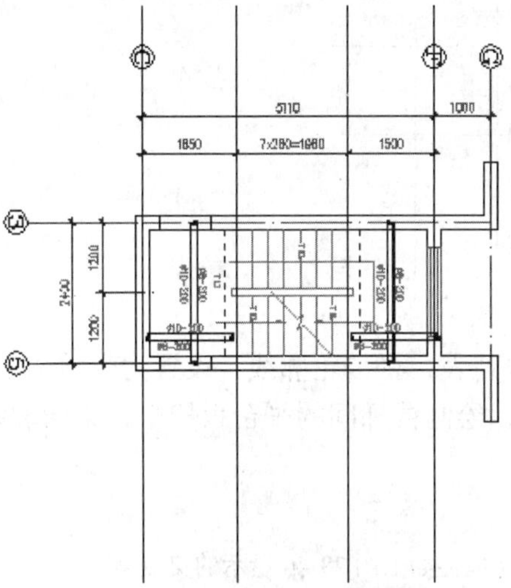

图 23-38 绘制垂直定位线

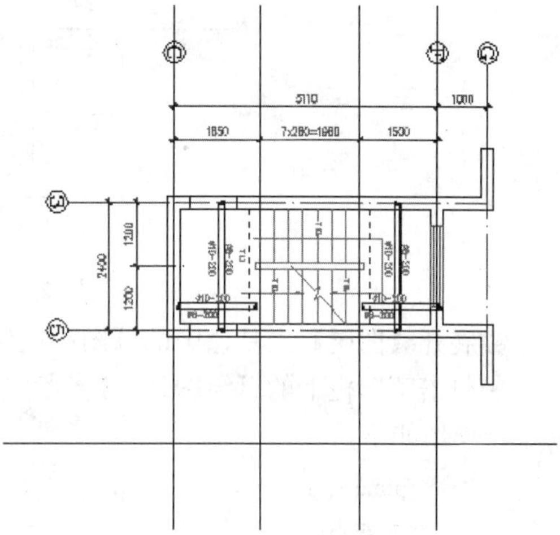

图 23-39 绘制水平定位线

❹使用快捷键 O 激活【偏移】命令，将刚绘制的水平构造线向下偏移复制，将中间的两条垂直构造线向两侧偏移，以创建其他定位辅助线。命令行操作如下：

```
命令: o                                                    // Enter，激活命令
    OFFSET 当前设置: 删除源=否  图层=源  OFFSETGAPTYPE=0
    指定偏移距离或 [通过(T)/删除(E)/图层(L)] <通过>: //1350 Enter
    选择要偏移的对象，或 [退出(E)/放弃(U)] <退出>: //选择水平的构造线
    指定要偏移的那一侧上的点，或 [退出(E)/多个(M)/放弃(U)] <退出>:
                                                //在水平构造线的下侧拾取一点
    选择要偏移的对象，或 [退出(E)/放弃(U)] <退出>:
                                                       //选择刚偏移出的水平构造线
    指定要偏移的那一侧上的点，或 [退出(E)/多个(M)/放弃(U)] <退出>:
                                                       //在构造线下侧拾取一点
    选择要偏移的对象，或 [退出(E)/放弃(U)] <退出>: // Enter
    命令:                                         // Enter
    OFFSET 当前设置: 删除源=否  图层=源  OFFSETGAPTYPE=0
    指定偏移距离或 [通过(T)/删除(E)/图层(L)] <1350.0>:    //200 Enter
    选择要偏移的对象，或 [退出(E)/放弃(U)] <退出>:
                                                       //单击左侧第二道垂直构造线
    指定要偏移的那一侧上的点，或 [退出(E)/多个(M)/放弃(U)] <退出>:
                                                       //在垂直构造线左侧拾取一点
    选择要偏移的对象，或 [退出(E)/放弃(U)] <退出>:
                                                       //单击右侧第二道垂直构造线
```

指定要偏移的那一侧上的点，或 [退出(E)/多个(M)/放弃(U)] <退出>:

//在垂直构造线右侧拾取一点

选择要偏移的对象，或 [退出(E)/放弃(U)] <退出>:

// Enter，偏移结果如图 23-40 所示

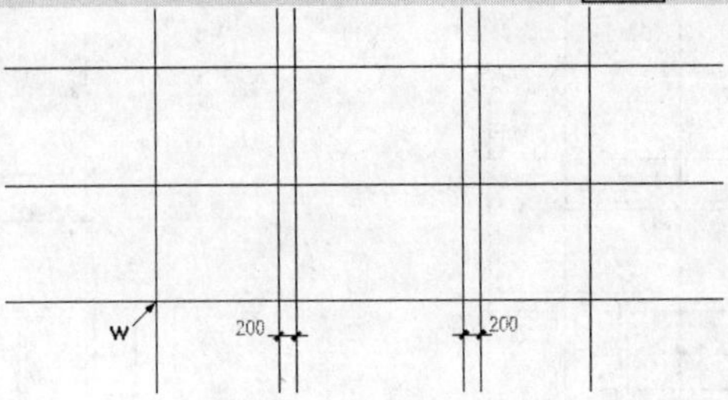

图 23-40 偏移结果

❺展开【图层】工具栏中的【图层控制】下拉列表，将“轮廓线”设置为当前图层。

❻单击菜单栏上的【绘图】|【多段线】命令，绘制楼梯间的平台板和平台梁轮廓线。命令行操作如下：

命令: _pline

指定起点: //捕捉如上图 23-40 所示的交点 W

当前线宽为 0.0

指定下一个点或 [圆弧(A)/半宽(H)/长度(L)/放弃(U)/宽度(W)]: //@0,-100 Enter

指定下一点或 [圆弧(A)/闭合(C)/半宽(H)/长度(L)/放弃(U)/宽度(W)]:

// Enter，捕捉如图 23-41 所示的交点

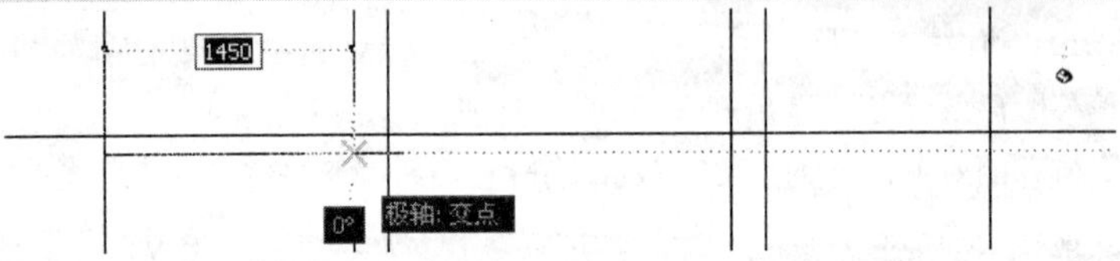

图 23-41 定位交点

指定下一点或 [圆弧(A)/闭合(C)/半宽(H)/长度(L)/放弃(U)/宽度(W)]: //@0,-250 Enter

指定下一点或 [圆弧(A)/闭合(C)/半宽(H)/长度(L)/放弃(U)/宽度(W)]: //@200,0 Enter

指定下一点或 [圆弧(A)/闭合(C)/半宽(H)/长度(L)/放弃(U)/宽度(W)]: //@0,350 Enter

指定下一点或 [圆弧(A)/闭合(C)/半宽(H)/长度(L)/放弃(U)/宽度(W)]:

//c Enter，闭合图形，绘制结果如图 23-42 所示

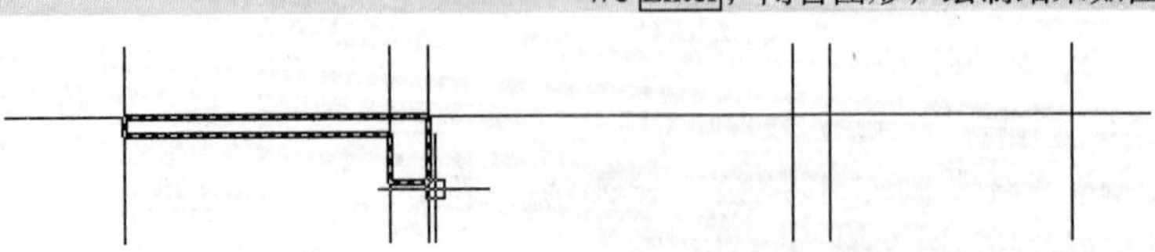

图 23-42 绘制平台板和平台梁轮廓线

❼重复执行【多段线】命令，配合【极轴追踪】功能绘制右侧的平台板和平台梁轮廓线，绘制结果如图 23-43 所示。

❽关闭“其他层”图层，然后使用【复制】命令，参照图示尺寸，对左侧的平台板和平台梁轮廓线进行复制。命令行操作如下：

```
命令: _copy
    选择对象:                                        //选择左侧的平台板和平台梁轮廓线
    选择对象:                                        // Enter
    指定基点或 [位移(D)] <位移>:                      //捕捉任一点
    指定第二个点或 <使用第一个点作为位移>:            //@0,2700 Enter
    指定第二个点或 [退出(E)/放弃(U)] <退出>:          // Enter，结果如图 23-44 所示
```

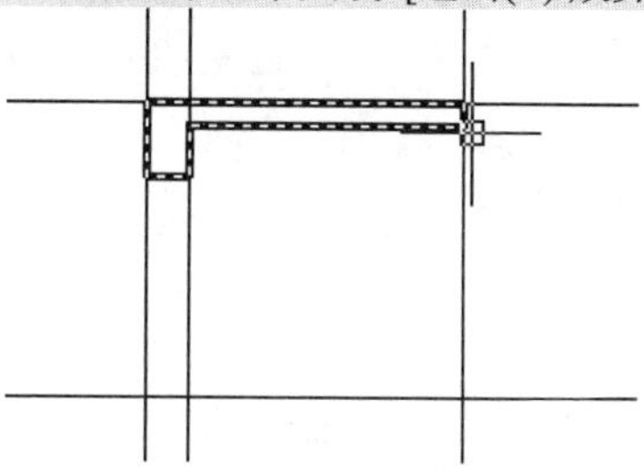

图 23-43 绘制右侧的轮廓线

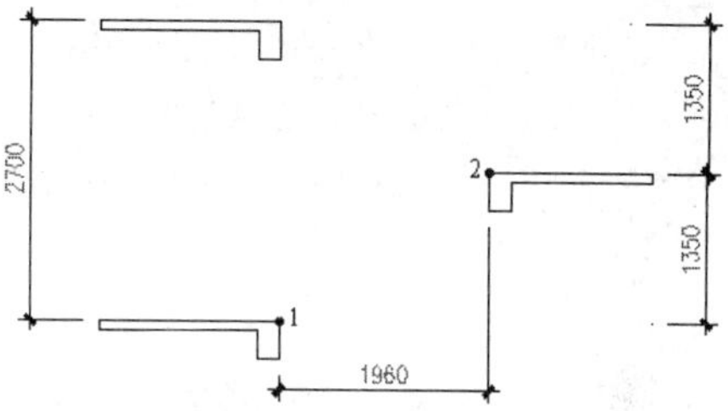

图 23-44 复制结果

❾单击菜单栏上的【绘图】|【多段线】的命令，绘制台阶和踏步轮廓线。命令行操作如下：

```
命令: _pline
    指定起点:                   //捕捉图 23-44 所示的端点 1
    当前线宽为 0.0
    指定下一个点或 [圆弧(A)/半宽(H)/长度(L)/放弃(U)/宽度(W)]:
    //引出如图 23-45 所示追踪虚线，输入 1350/8 Enter
    指定下一点或 [圆弧(A)/闭合(C)/半宽(H)/长度(L)/放弃(U)/宽度(W)]:
    //引出如图 23-46 所示极轴追踪虚线，输入 280 Enter
    指定下一点或 [圆弧(A)/闭合(C)/半宽(H)/长度(L)/放弃(U)/宽度(W)]:
    //引出 90° 的极轴追踪虚线，输入 1350/8Enter
    指定下一点或 [圆弧(A)/闭合(C)/半宽(H)/长度(L)/放弃(U)/宽度(W)]:
    //引出 0° 的极轴追踪虚线，输入 280Enter
    指定下一点或 [圆弧(A)/闭合(C)/半宽(H)/长度(L)/放弃(U)/宽度(W)]:
    //引出 90° 的极轴追踪虚线，输入 1350/8 Enter
    指定下一点或 [圆弧(A)/闭合(C)/半宽(H)/长度(L)/放弃(U)/宽度(W)]:
    //引出 0° 的极轴追踪虚线，输入 280 Enter
    指定下一点或 [圆弧(A)/闭合(C)/半宽(H)/长度(L)/放弃(U)/宽度(W)]:
    //引出 90° 的极轴追踪虚线，输入 1350/8 Enter
    指定下一点或 [圆弧(A)/闭合(C)/半宽(H)/长度(L)/放弃(U)/宽度(W)]:
    //引出 0° 的极轴追踪虚线，输入 280 Enter
    指定下一点或 [圆弧(A)/闭合(C)/半宽(H)/长度(L)/放弃(U)/宽度(W)]:
    //引出 90° 的极轴追踪虚线，输入 1350/8 Enter
    指定下一点或 [圆弧(A)/闭合(C)/半宽(H)/长度(L)/放弃(U)/宽度(W)]:
    //引出 0° 的极轴追踪虚线，输入 280 Enter
    指定下一点或 [圆弧(A)/闭合(C)/半宽(H)/长度(L)/放弃(U)/宽度(W)]:
```

//引出 90° 的极轴追踪虚线，输入 1350/8 Enter
指定下一点或 [圆弧(A)/闭合(C)/半宽(H)/长度(L)/放弃(U)/宽度(W)]:
//引出 0° 的极轴追踪虚线，输入 280 Enter
指定下一点或 [圆弧(A)/闭合(C)/半宽(H)/长度(L)/放弃(U)/宽度(W)]:
//引出 90° 的极轴追踪虚线，输入 1350/8 Enter
指定下一点或 [圆弧(A)/闭合(C)/半宽(H)/长度(L)/放弃(U)/宽度(W)]:
//引出 0° 的极轴追踪虚线，输入 280 Enter
指定下一点或 [圆弧(A)/闭合(C)/半宽(H)/长度(L)/放弃(U)/宽度(W)]:
// Enter，结束命令，绘制结果如图 23-47 所示

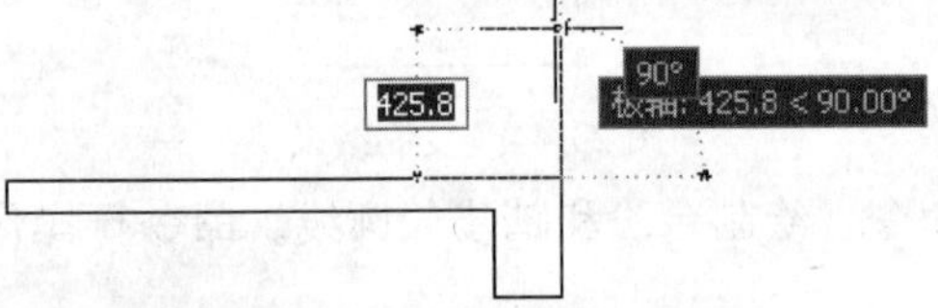

图 23-45　引出 90° 追踪虚线

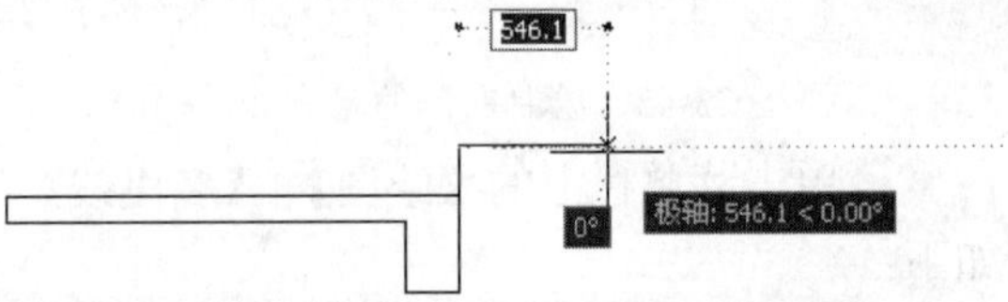

图 23-46　引出 0° 追踪虚线

⑩参照上一步操作，以图 23-44 所示的端点 2 作为起点，使用【多段线】命令绘制上侧的台阶和踏步轮廓线，绘制结果如图 23-48 所示。

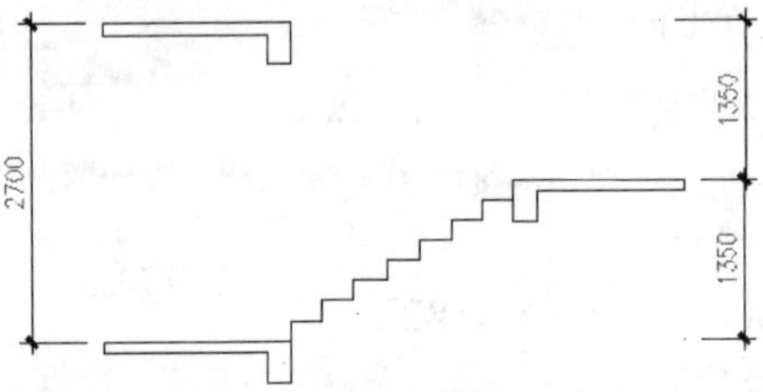

图 23-47　绘制台阶和踏步轮廓线

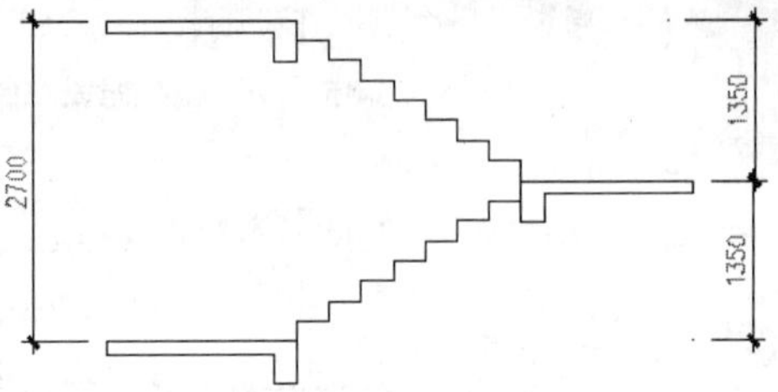

图 23-48　绘制上侧轮廓线

⑪使用快捷键 XL 激活【构造线】命令，配合端点捕捉功能绘制如图 23-49 所示的两条构造线。

⑫使用快捷键 O 激活【偏移】命令，分别将两条倾斜构造线向下偏移 100 个单位，同时删除原构造线，结果如图 23-50 所示。

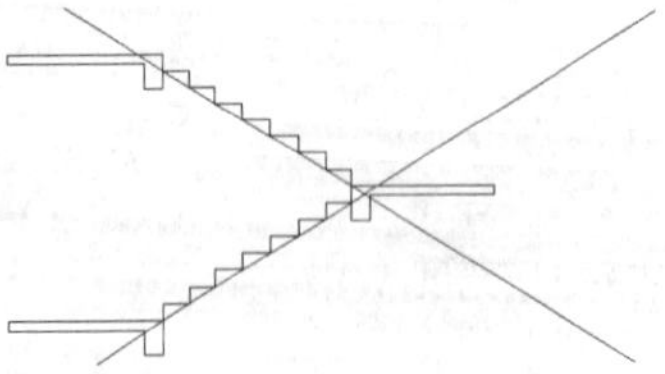

图 23-49　绘制构造线

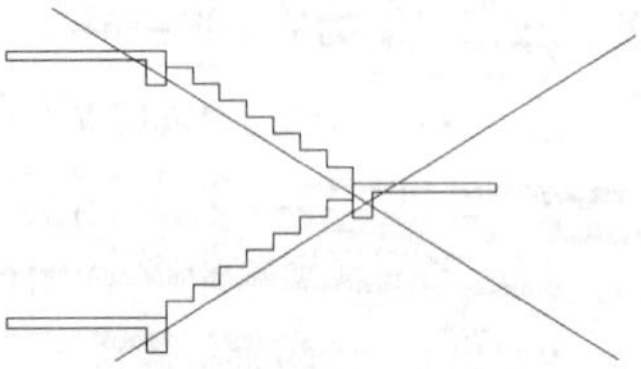

图 23-50　偏移构造线

⑬使用快捷键 TR 激活【修剪】命令，对偏移后的图形进行修剪操作，去掉多余的轮廓线，操作结果如图 23-51 所示。

⑭使用快捷键 H 激活【图案填充】命令，为修剪后的剖面图填充 SOLID 图案，并将填充图案放置到“剖面线”图层上，结果如图 23-52 所示。

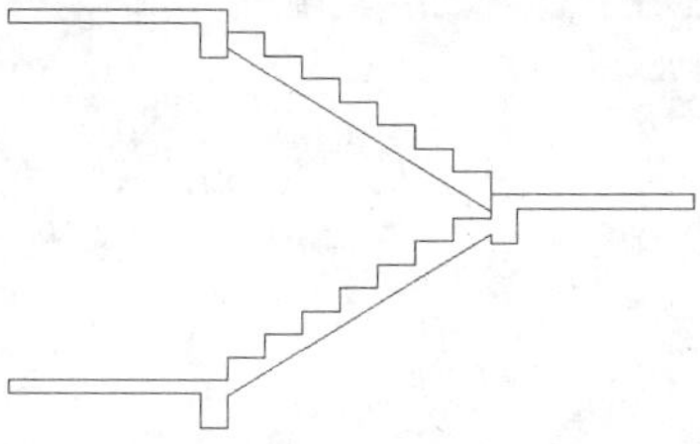

图 23-51 修剪结果

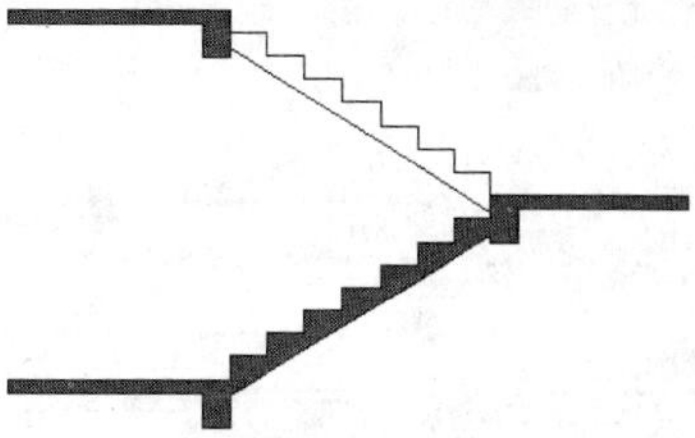

图 23-52 填充结果

⑮设置“结构层”作为当前图层，使用【多段线】命令配合捕捉追踪功能，根据图 23-53 所示尺寸绘制宽度为 10 个单位的多段线，作为楼梯配筋轮廓线，绘制结果如图 23-54 所示。

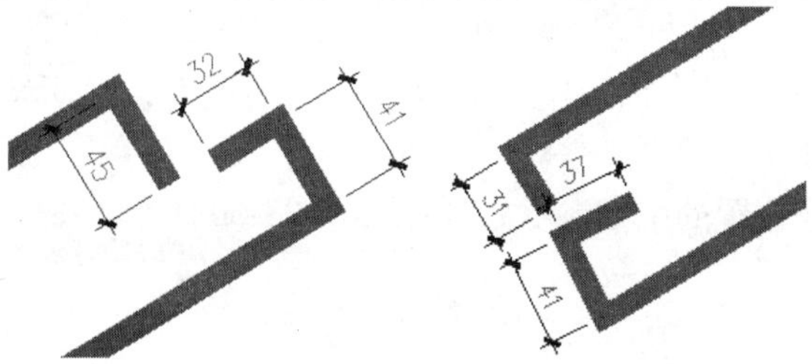

图 23-53 两端细部尺寸

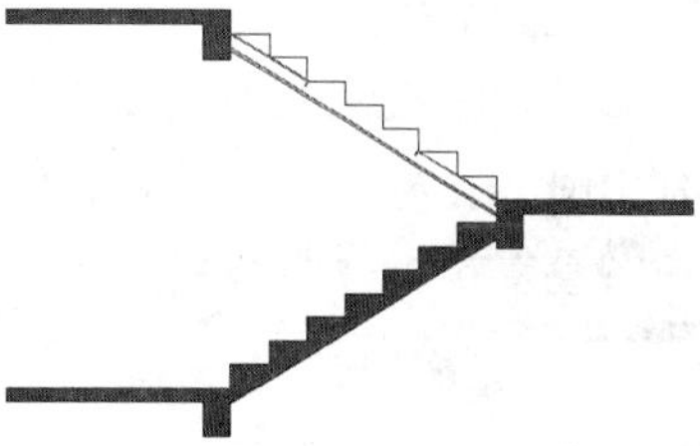

图 23-54 绘制楼梯配筋轮廓线

⑯设置“文本层”为当前图层，设置“宋体”作为当前文字样式。

⑰单击菜单栏上的【绘图】|【文字】|【单行文字】命令，分别为楼梯平台梁和梯段板标注文字注释。命令行操作如下：

```
命令: _dtext
    当前文字样式:  SIMPLEX   当前文字高度:  120.0
    指定文字的起点或 [对正(J)/样式(S)]:      //在平台梁下侧适当位置拾取一点
    指定高度 <120.0>:                        // Enter
    指定文字的旋转角度 <0.00>:               // Enter
```

⑱此时在显示的单行文字输入框内分别输入 TL2 和 TB1 文字，同时结束命令，标注结果如图 23-55 所示。

⑲综合使用【移动】和【复制】命令，将标注的两行文字进行移动和复制，创建其他位置的文字注释，操作结果如图 23-56 所示。

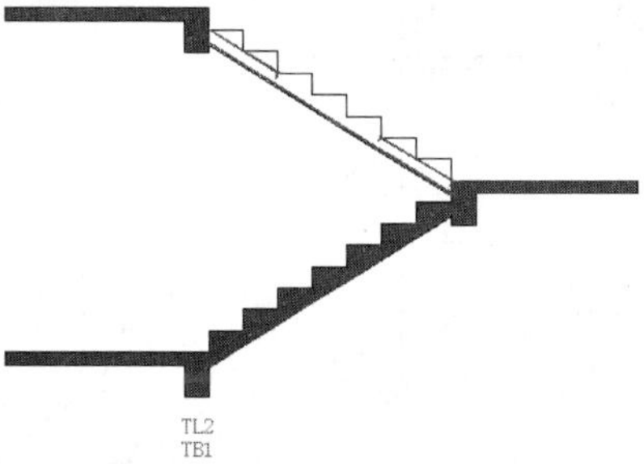

图 23-55 输入的标注文字

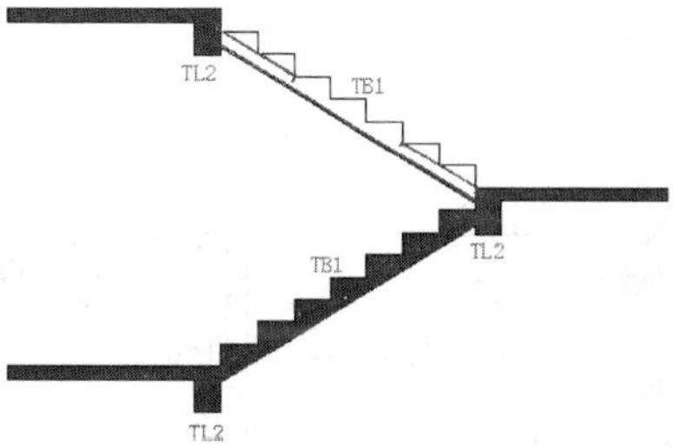

图 23-56 标注其他位置

⑳修改当前标注比例为 40，然后使用快捷键 LE 激活【快速引线】命令，设置引线类型、点数、样式以及文字的附着方式等参数，如图 23-57 和图 23-58 所示。

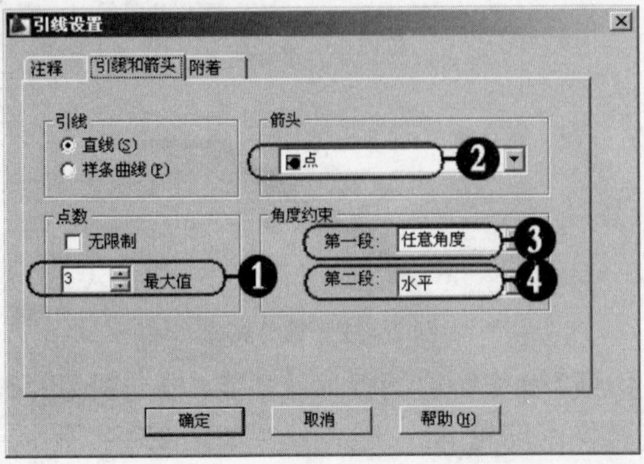

图 23-57　设置引线和箭头参数

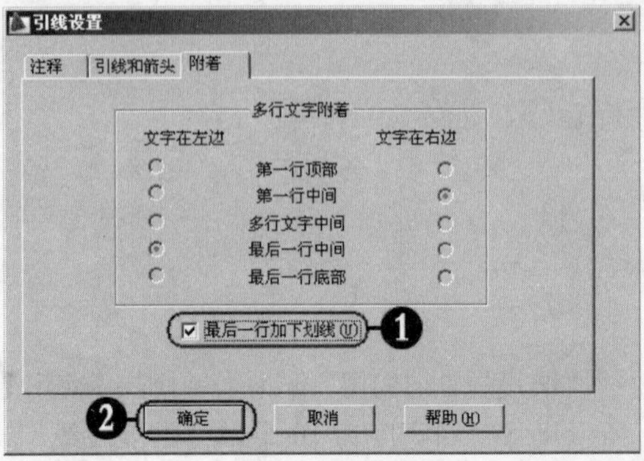

图 23-58　设置附着方式

㉑单击[确定]按钮，根据命令行提示，在梯板配筋轮廓线引出引线点，然后输入%%C10-150，标注引线注释，结果如图 23-59 所示。

㉒重复执行【引线】命令，标注其他位置的引线参数，结果如图 23-60 所示。

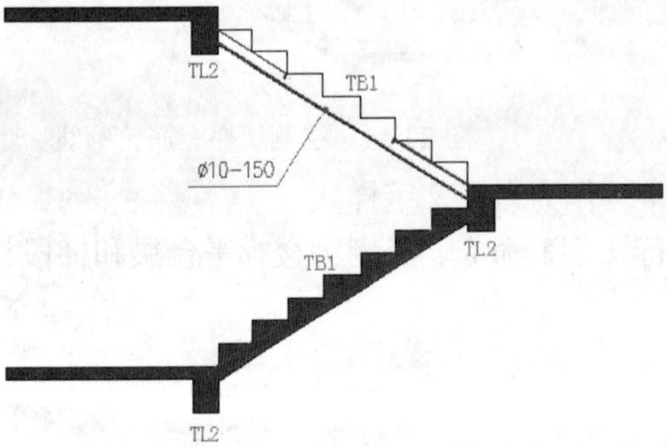

图 23-59　标注引线注释

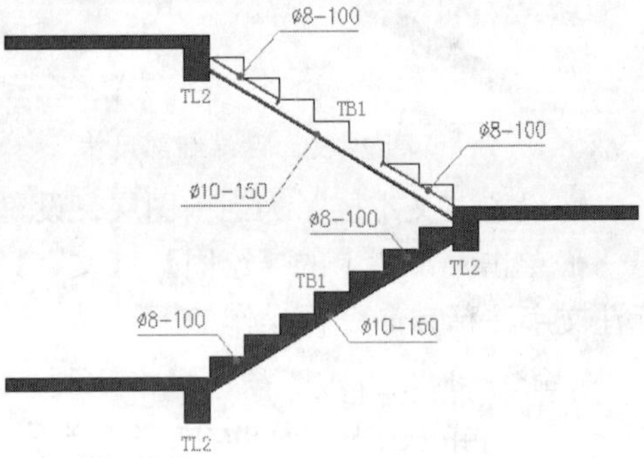

图 23-60　标注其他位置引线注释

㉓打开被关闭的“其他层”图层，然后将两侧的垂直定位线进行对称偏移 120 个单位，并使偏移出的对象图层命名为“轮廓线”层，如图 23-61 所示。

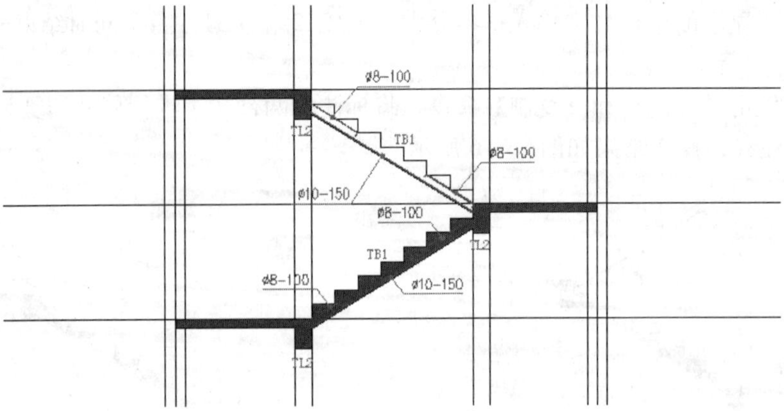

图 23-61　偏移结果

㉔关闭“其他层”图层，对偏移出的垂直构造线进行打断，将其编辑为墙线，结果如图 23-62 所示。

㉕在“轮廓线”图层上使用画线工具，分别在墙线的两端绘制如图 23-63 所示的折断线。

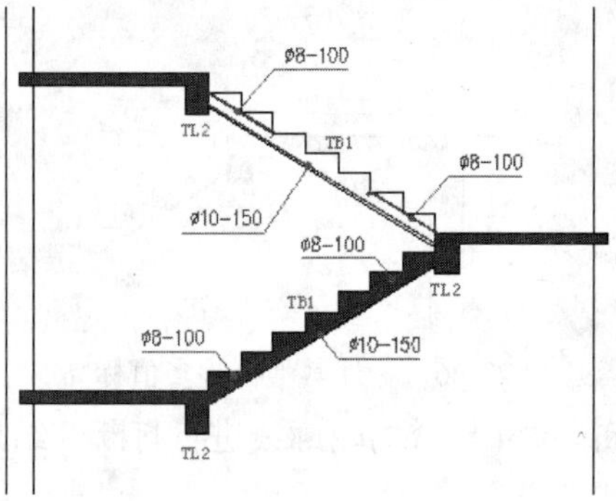

图 23-62 绘制墙线

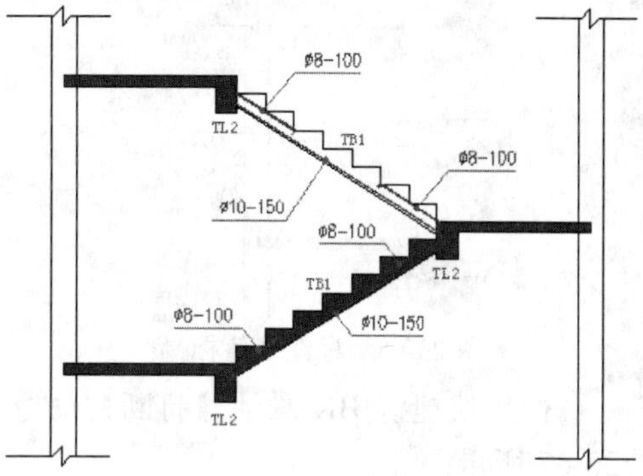

图 23-63 绘制折断线

㉖设置“尺寸层”作为当前图层，将“建筑标注”设置为当前样式。

㉗综合使用【线性】和【连续】命令，配合捕捉追踪功能标注如图 23-64 所示的尺寸。

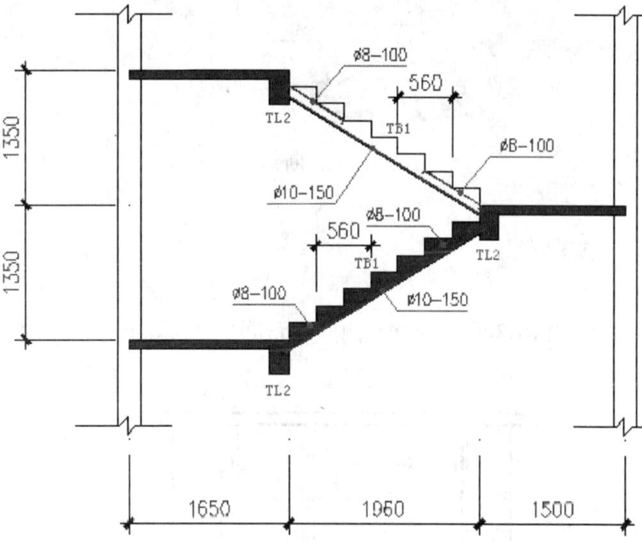

图 23-64 标注其他位置尺寸

㉘使用快捷键 I 激活【插入块】命令，插入随书光盘中的“图块文件\多值标高.dwg”，块的缩放比例为 50。命令行操作如下：

```
命令: I                                              // Enter，激活命令
    INSERT
    指定插入点或 [基点(B)/比例(S)/X/Y/Z/旋转(R)]:      //在右侧平台板位置拾取一点
    输入属性值
    输入标高值： <0.000>:                          //3.970 Enter，输入标高值
    输入标高值： <0.000>:                          //6.670 Enter，输入标高值
    输入标高值： <0.000>:                          //9.370 Enter，输入标高值
    输入标高值： <0.000>:                          //12.070 Enter，标注结果如图 23-65 所示
```

㉙重复执行【插入块】命令，标注其他位置的标高尺寸，标注结果如图 23-66 所示。

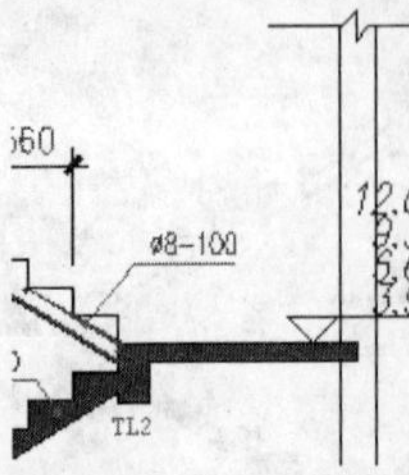

图 23-65　标注多值标高

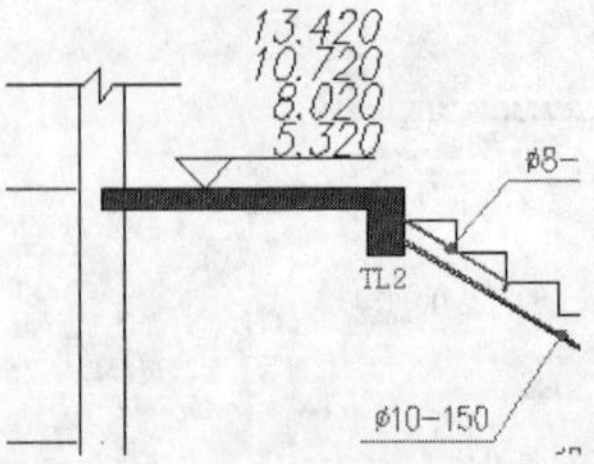

图 23-66　标注其他位置多值标高

㉚使用快捷键 BR 激活【打断】命令，将与标高尺寸重合的轮廓线进行打断，结果如图 23-67 所示。

㉛最后使用【另存为】命令，将图形另存为“绘制楼梯剖面结构详图.dwg”文件。

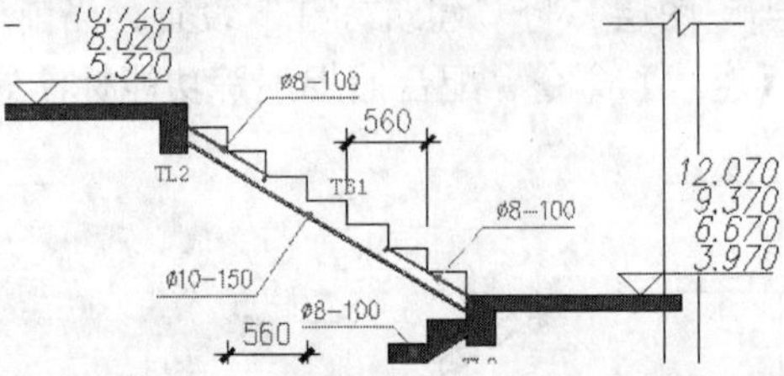

图 23-67　打断结果

23.4　绘制窗子大样图

本例通过绘制如图 23-68 所示的窗子的立面展开大样图，学习构件窗大样图的绘制过程和绘制技巧。

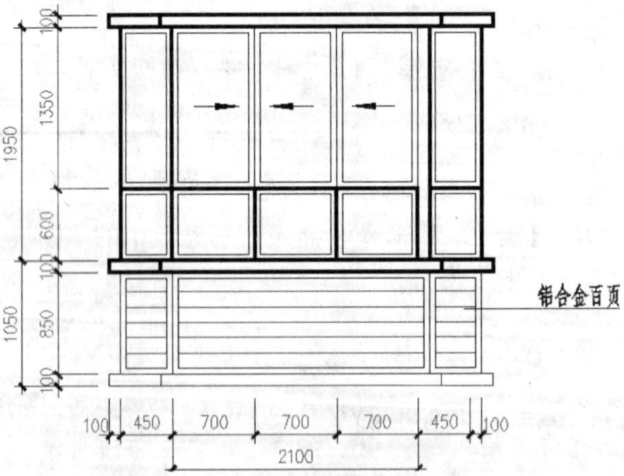

图 23-68　窗子立面展开大样图

绘图思路

窗子大样图的绘制思路如下：

- 首先使用【打开】命令打开图形源文件。
- 使用【矩形】、【多段线】和【复制】命令绘制窗台。

- 使用【矩形】、【偏移】、【阵列】、【图案填充】等命令绘制立面窗。
- 使用【单行文字】命令标注文本注释。
- 使用【线性】和【连续】命令标注尺寸。
- 最后使用【另存为】命令将图形另命名存盘。

操作步骤

❶执行【打开】命令，打开随书光盘中的“源文件\飘窗平面图.dwg”文件，如图 23-69 所示。

❷将“轮廓线”设置为当前层，然后使用【矩形】命令，绘制长度为 3300、宽度为 100 的矩形。

❸单击菜单栏上的【绘图】|【多段线】命令，配合捕捉和追踪功能，在矩形的两端分别绘制两条垂直的线段，如图 23-70 所示。

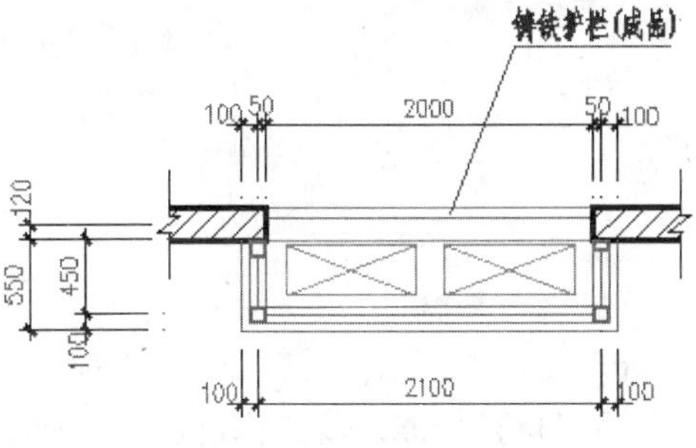

图 23-69 飘窗平面图

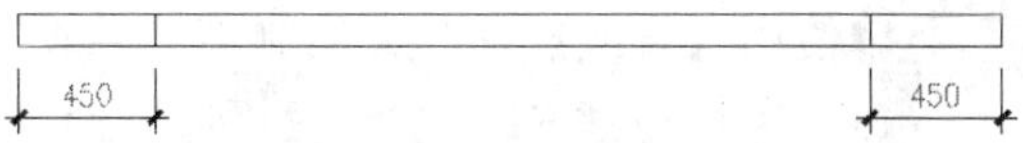

图 23-70 绘制的垂直线段

❹使用【复制】命令，将矩形和垂直图线，沿 Y 轴正方向复制 2050 个单位，沿 Y 轴负方向复制 950 个单位，结果如图 23-71 所示。

❺使用【矩形】命令，配合【捕捉自】功能，以图 23-71 所示的端点 S 作为偏移基点，以点（@100,0）作为第一角点，绘制长度为 450、宽度为 600 的矩形。

❻重复【矩形】命令，以刚绘制的矩形左上角点作为第一角点，绘制长度为 450、宽度为 1350 的矩形，结果如图 23-72 所示。

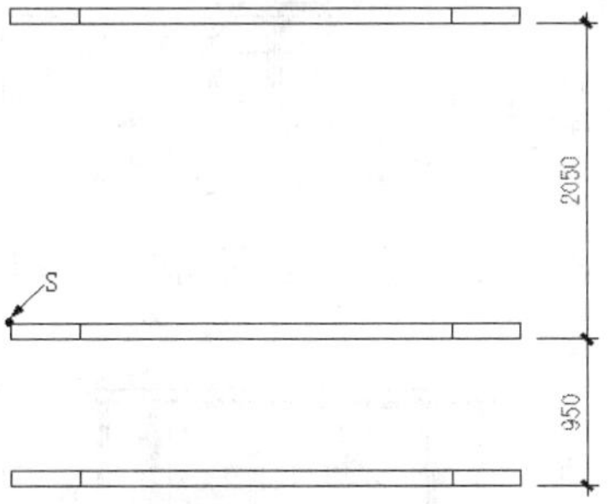

图 23-71 复制结果

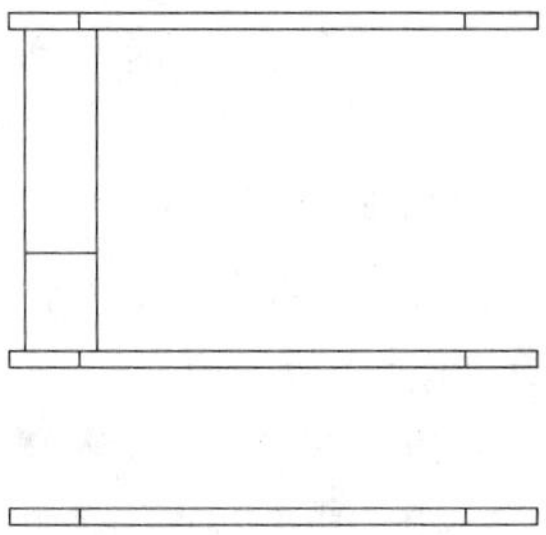
图 23-72 绘制的矩形

❼重复【矩形】命令，配合端点捕捉功能绘制尺寸为 700×600 和 700×1350 的两个矩形，结果如图 23-73 所示。

❽单击菜单栏上的【修改】|【偏移】命令，将刚绘制的 4 个矩形分别向内偏移 50 个单位，结果如图 23-74 所示。

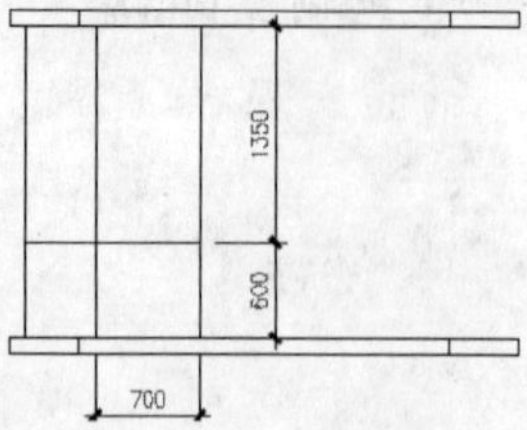

图 23-73　绘制另外两个矩形

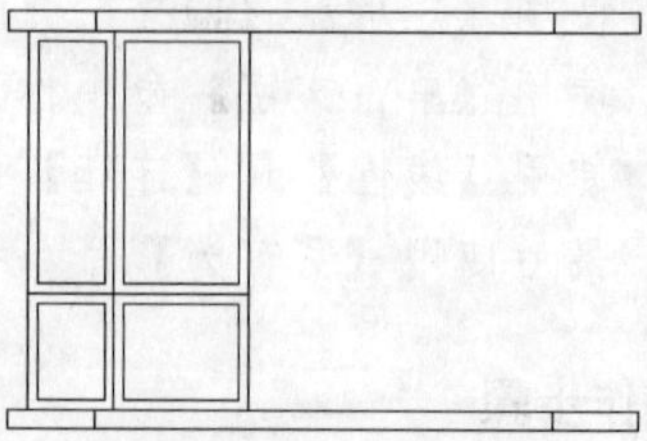

图 23-74　偏移结果

⑨单击菜单栏上的【修改】|【阵列】命令，将右侧的 4 个矩形水平向右阵列 3 份，列偏移为 700 个单位，阵列结果如图 23-75 所示。

⑩单击菜单栏上的【修改】|【镜像】命令，配合中点捕捉功能，将左侧的 4 个矩形进行镜像，结果如图 23-76 所示。

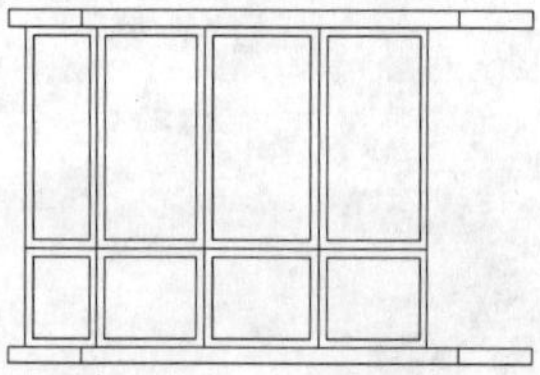

图 23-75　阵列结果

图 23-76　镜像结果

⑪使用【直线】命令，绘制下侧的垂直图线，如图 23-77 所示。

⑫使用快捷键 REC 激活【矩形】命令，配合【捕捉自】功能，绘制内部的矩形轮廓，结果如图 23-78 所示。

⑬设置“剖面线”作为当前图层，然后使用【图案填充】命令为矩形填充用户定义图案，间距为 128，结果如图 23-79 所示。

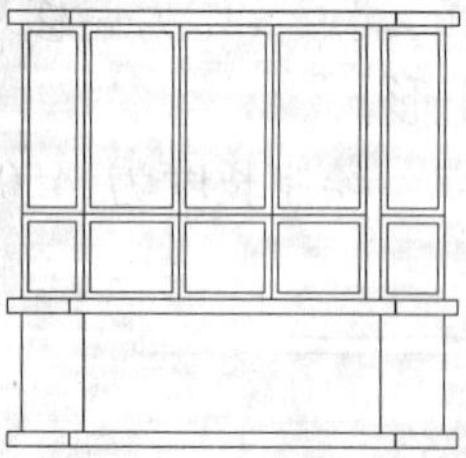

图 23-77　绘制下侧的垂直线

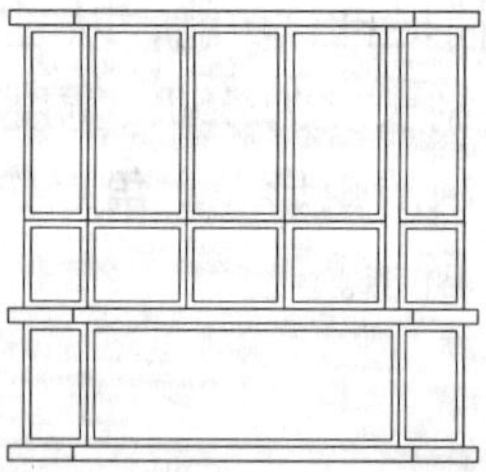

图 23-78　绘制内部矩形轮廓

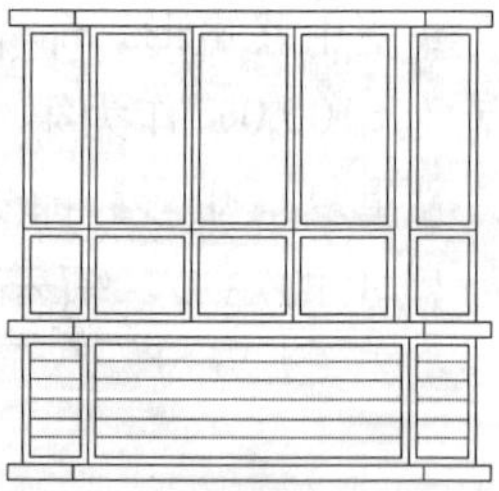

图 23-79　填充结果

⑭在无命令执行的前提下，选择如图 23-80 所示的夹点矩形和垂直线段，修改其宽度为 25，结果如图 23-81 所示。

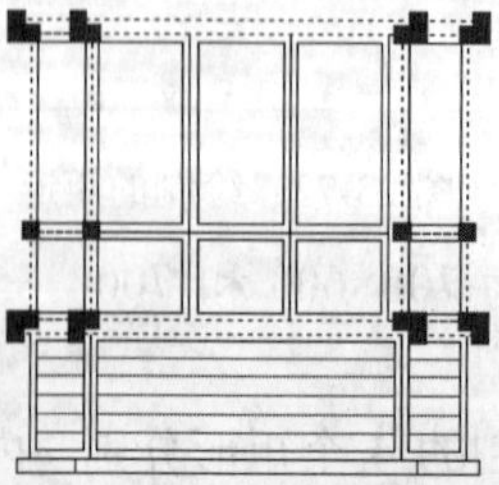

图 23-80　夹点显示图形

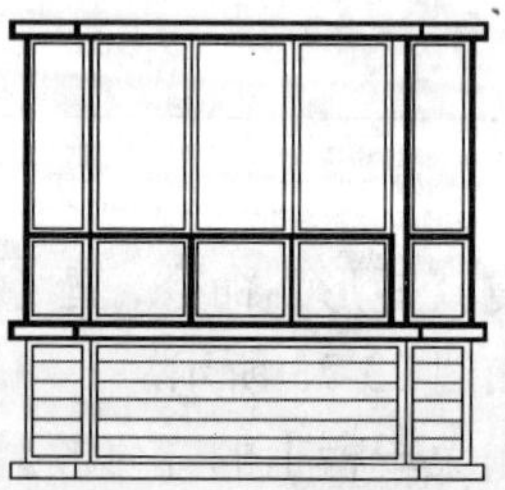

图 23-81　修改结果

技巧

由于系统将矩形看作是一条闭合的多段线，所以在此巧妙通过【特性】命令，可以方便快速地为矩形设置线宽。

⑮使用【多段线】命令绘制如图 23-82 所示的箭头，表示窗子的开启方向线，其中箭头的宽度为 50。

⑯设置“文本层”为当前层，然后使用画线和【单行文字】命令，标注如图 23-83 所示的文字注释。

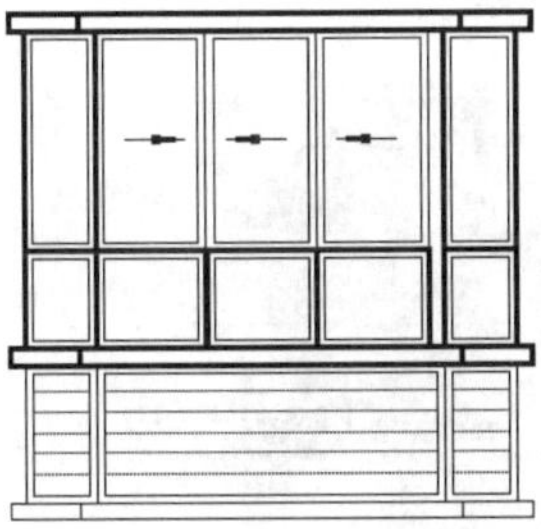

图 23-82 绘制箭头

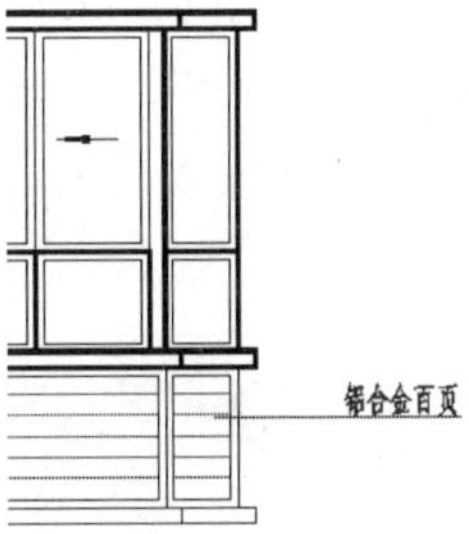

图 23-83 标注文字注释

⑰设置“尺寸层”为当前层，然后综合使用【线性】和【连续】命令，标注如图 23-84 所示的尺寸。

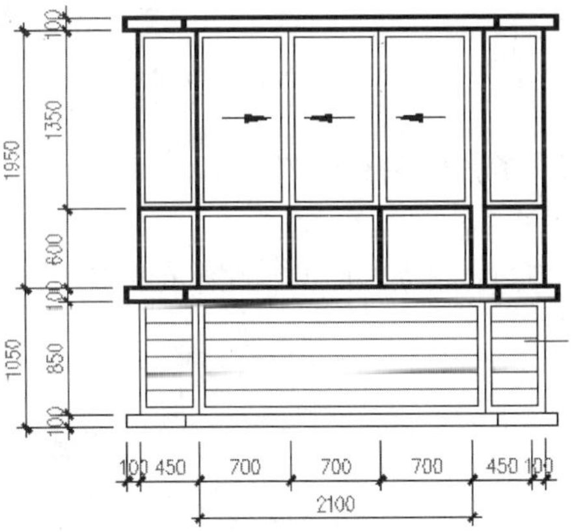

图 23-84 标注尺寸

⑱最后对重叠尺寸的位置进行协调，并将图形另存为“绘制窗子大样图.dwg”文件。

23.5 本章小结

本章主要通过绘制楼梯结构平面图、楼梯结构剖面图和窗子大样图 3 个典型实例，详细讲述了建筑详图的绘制方法和快速表达技巧。在每个操作实例的相应操作环节中，都使用了比较简单快速的操作工具以及工具组合，使读者在最短的时间内可以绘制出所需图形，轻松学到绘图的方法和技巧。

第24章

某住宅楼三维效果

本章通过制作如图24-1所示的住宅楼楼体模型，学习建筑物三维楼体模型的创建方法、详细创建过程和创建技巧。

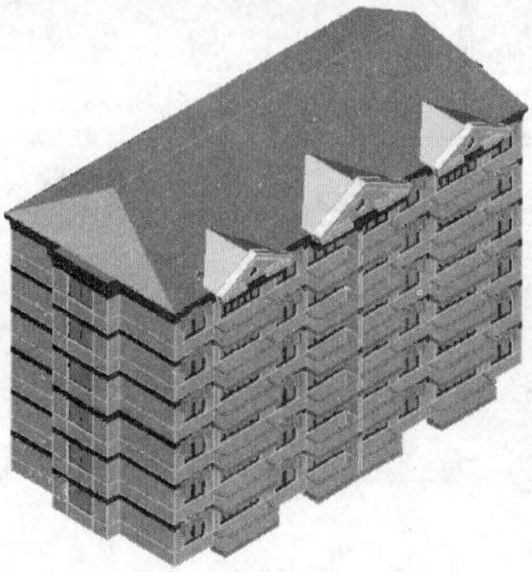

图24-1　住宅楼楼体模型

24.1 创建墙体造型

本将通过创建如图24-2的所示的造型，学习建筑物墙体造型的创建方法和技巧。

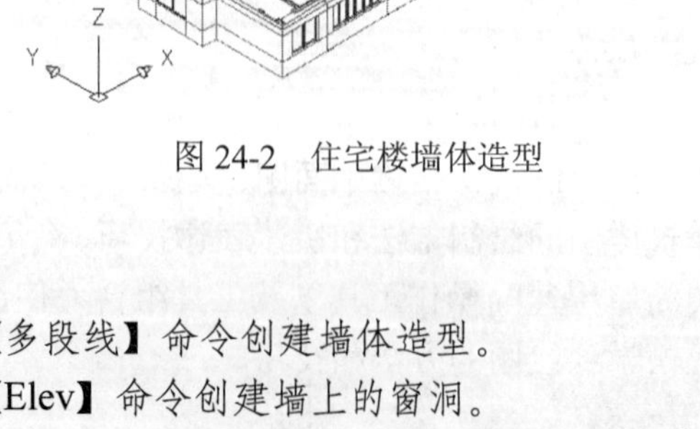

图24-2　住宅楼墙体造型

绘图要点

- 使用【多段线】命令创建墙体造型。
- 使用【Elev】命令创建墙上的窗洞。

绘图步骤

❶调用文件。首先打开随书光盘“源文件\平面图 03.dwg”文件，如图 24-3 所示。

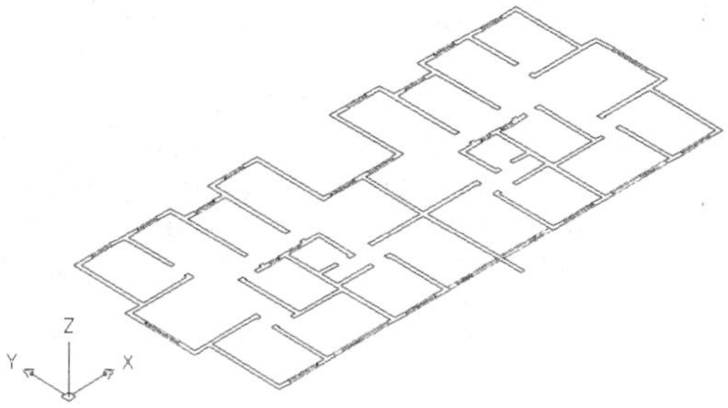

图 24-3 打开的平面图

技巧

以平面图为基础来创建三维模型，快速精确地定位建筑构件，是比较常用的一种技法。

❷使用快捷键 LA 激活【图层】命令，将“墙体层”设置为当前图层，并关闭“窗户层”和“门层”。

❸使用【草图设置】命令，设置捕捉模式为端点捕捉和中点捕捉。

❹创建窗下墙体。单击菜单栏上的【绘图】|【多段线】命令，设置多段线起点和终点的宽度为 240，绘制宽度为 240mm 的墙线。

❺夹点显示绘制的墙线，然后单击【标准】工具栏中的按钮，在打开的【特性】窗口中修改墙线的“厚度”，如图 24-4 所示。

❻取消夹点显示，结果创建出了宽度为 240、高度为 900 的窗下墙体造型，如图 24-5 所示。

❼创建窗间墙体。在命令行中输入 Elev 并按 Enter 键，把标高设置为 0，厚度设置为 1500。

❽单击菜单栏上的【绘图】|【多段线】命令，设置多段线宽度为 240，配合端点捕捉功能，绘制如图 24-6 所示的窗间墙体。

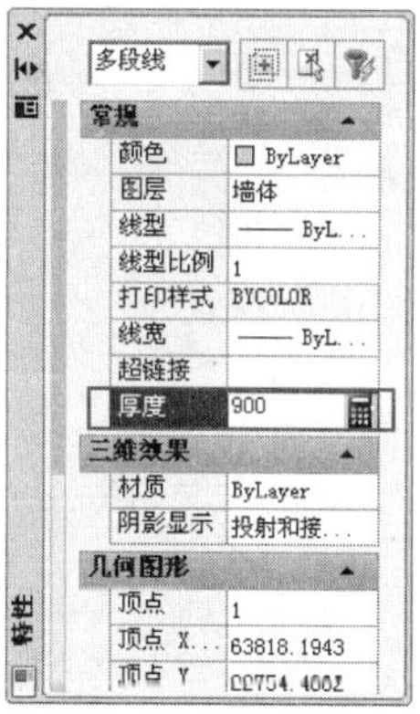

图 24-4 修改厚度

❾使用 Elev 命令，把当前厚度设置为 400。

❿重复执行【多段线】命令，配合端点捕捉功能，绘制如图 24-7 所示的窗上墙体。

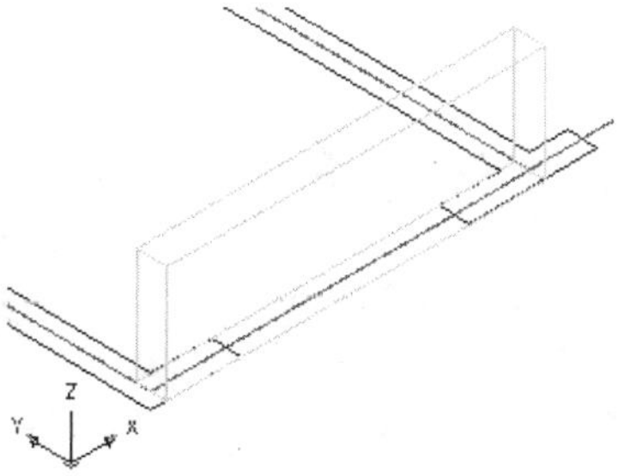

图 24-5 创建窗下墙体

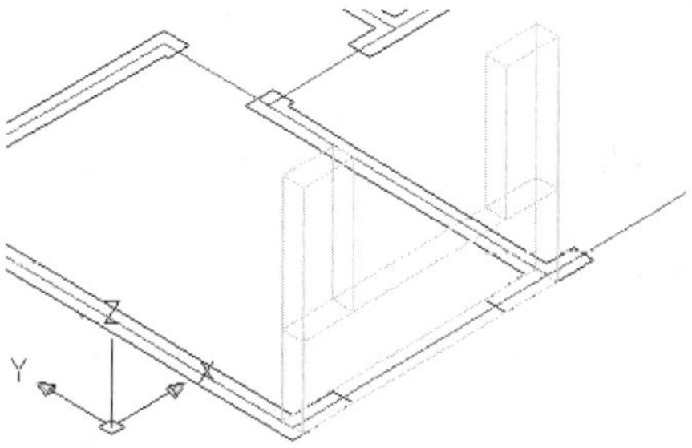

图 24-6 创建窗间墙体

技巧

用户可以使用 Shade 命令，对模型进行着色显示，以便更加逼真地显示造型，如图 24-8 所示。

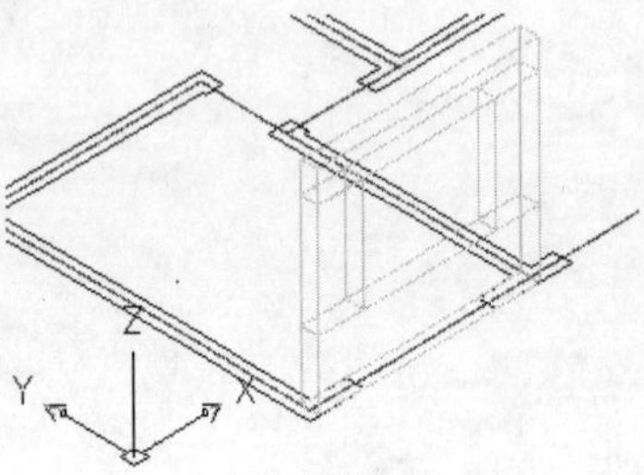

图 24-7 创建窗上墙体

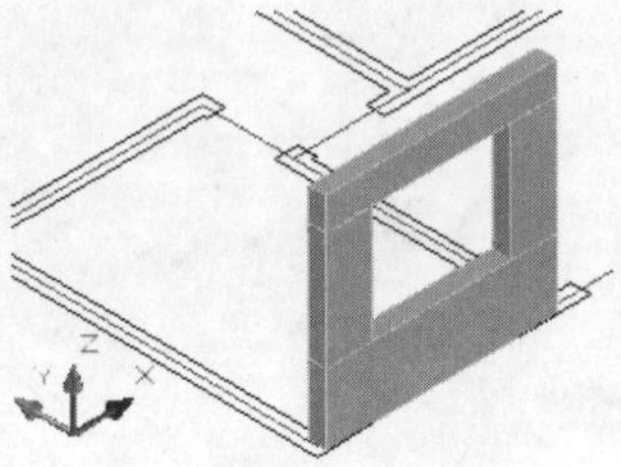

图 24-8 着色效果

⑪选择刚创建的窗上墙体，修改其图层为“线角”。

⑫使用【插入块】命令，插入随书光盘中的“图块文件\三维窗.dwg”，插入结果如图 24-9 所示。

⑬参数上述操作步骤，分别创建出其他位置的墙体和窗子模型，结果如图 24-10 所示。

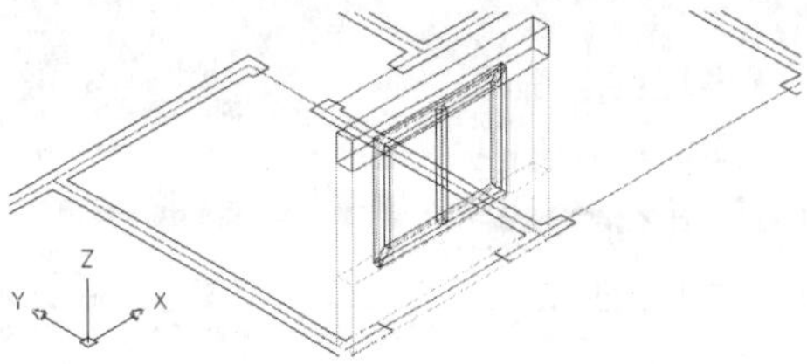

图 24-9 插入三维窗

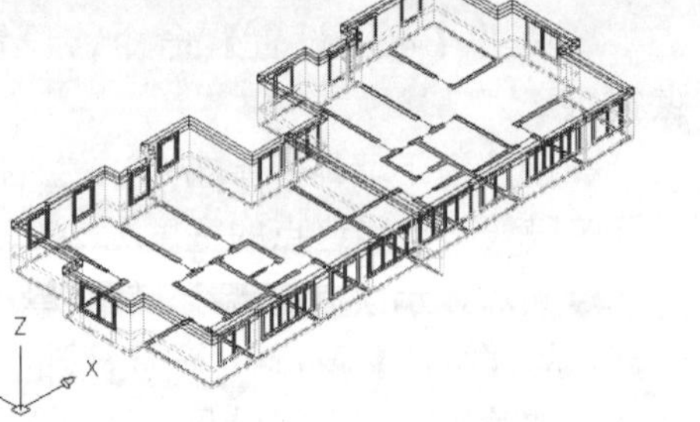

图 24-10 创建其他造型

技巧

使用快捷键 HI 激活【消隐】命令，可以隐藏被遮挡住的轮廓线。

⑭最后使用【另存为】命令，将图形另存为“创建墙体.dwg”文件。

24.2 创建阳台造型

本将通过创建如图 24-11 的所示的造型，主要学习建筑物阳台造型的创建方法和技巧。

绘图要点

- 使用【多段线】创建阳台窗。
- 使用【三维面】创建阳台底。
- 使用【插入块】、【三维阵列】创建花瓶柱。

图 24-11 阳台造型

绘图步骤

❶继续上节操作。

❷把“阳台层”置为当前图层。

❸创建阳台墙。单击菜单栏上的【绘图】|【多段线】命令，绘制宽度为 120 的阳台墙，其中，上侧墙体高度为 180、下侧为 400，中间为 520，如图 24-12 所示。

❹创建阳台底。利用【三维面】命令，捕捉阳台下部墙体端点和拐角点绘制阳台的底面，如图 24-13 所示。

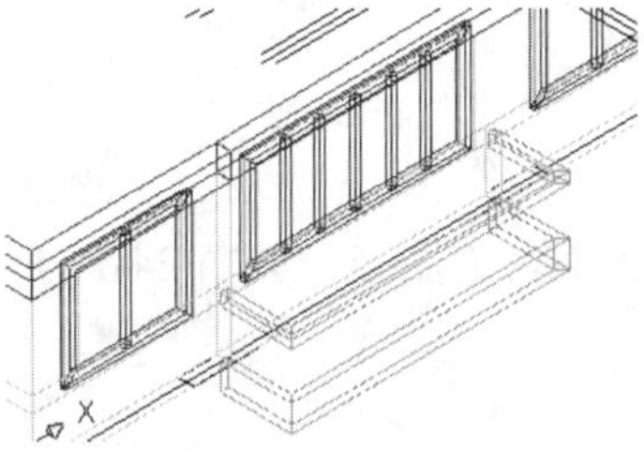

图 24-12　创建阳台墙

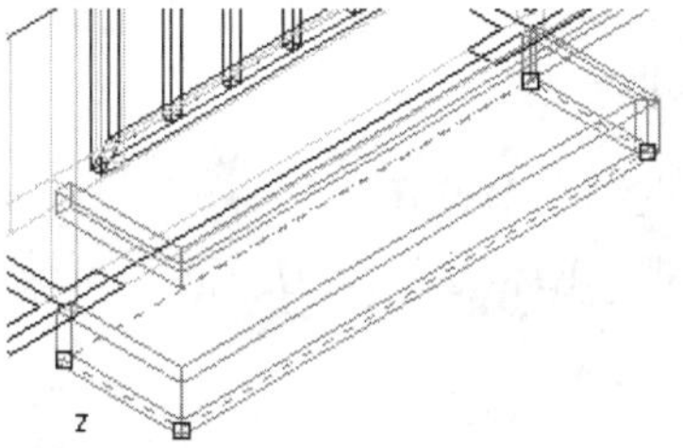

图 24-13　创建阳台底面

❺使用快捷键 I 激活【插入块】命令，插入随书光盘中的“图块文件\阳台柱.dwg”，插入结果如图 24-14 所示。

❻使用【三维阵列】功能，将阳台柱沿 X 轴阵列 22 份，列间距为 200 个单位，结果如图 24-15 所示。

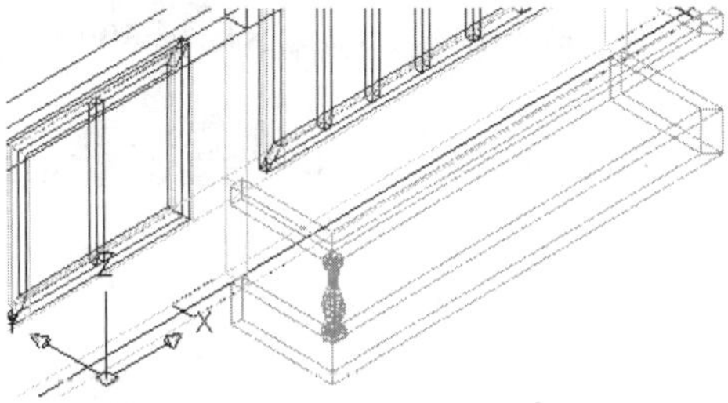

图 24-14　插入阳台柱

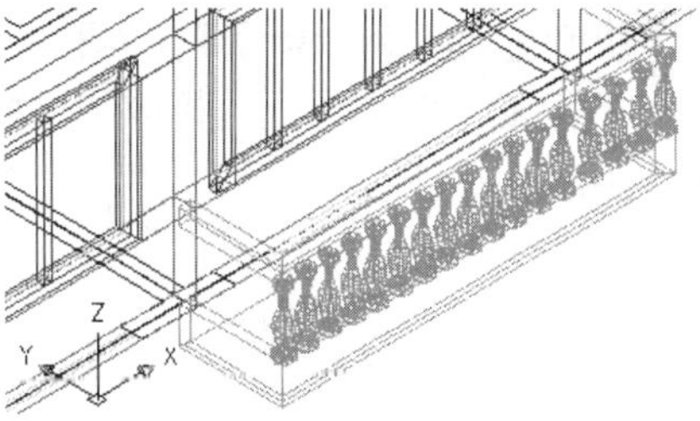

图 24-15　沿 X 轴阵列结果

❼重复执行【三维阵列】命令，沿 Y 轴正方向阵列两端的阳台柱，阵列份数为 6 份，列间距为 200 个单位，结果如图 24-16 所示

❽参照上述操作步骤，分别绘制其他位置的阳台模型，结果如图 24-17 所示。

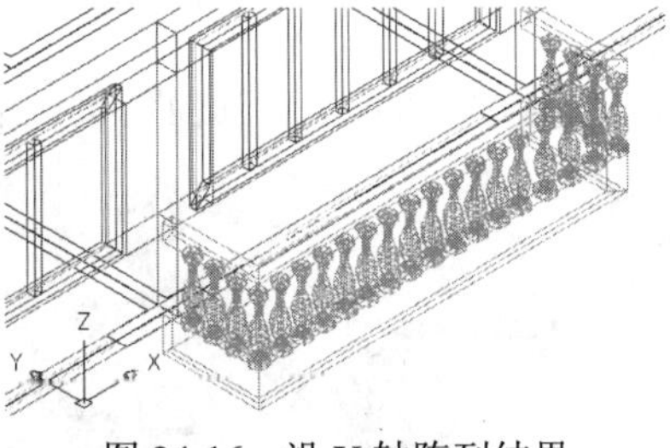

图 24-16　沿 Y 轴阵列结果

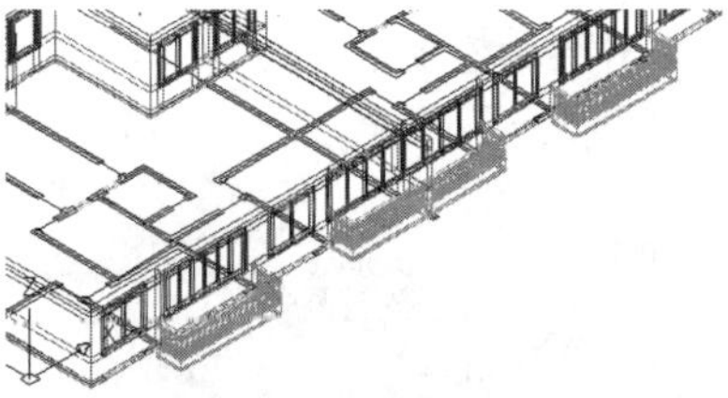

图 24-17　创建其他阳台造型

❾使用【消隐】命令对模型进行消隐显示，最终效果如图 24-11 所示。

❿最后使用【另存为】命令，将图形另存为“创建阳台.dwg”文件。

24.3 创建窗套造型

本将通过创建如图 24-18 的所示的造型，学习窗套立体造型的创建方法和技巧。

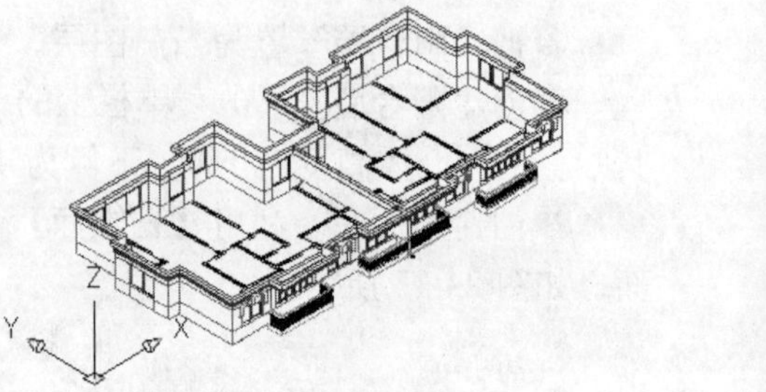
图 24-18　窗套造型

绘图要点

- 运用布尔运算创建窗套模型。
- 使用【插入块】命令创建线角模型。

绘图步骤

❶继续上节操作。

❷把“阳台层”置为当前层，据窗套的尺寸绘制 3 个封闭图形，如图 24-19 所示。

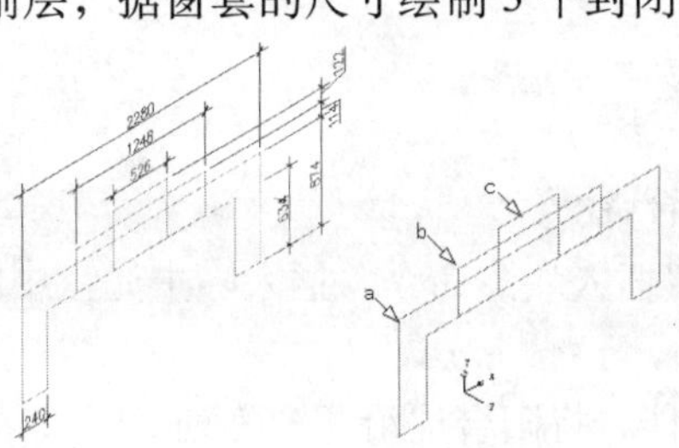
图 24-19　绘制截面

❸使用快捷键 EXT 激活【拉伸】命令，拉伸 a 图形 200 个单位，拉伸 b 图形 300 个单位，拉伸 c 图形 500 个单位，拉伸结果如图 24-20 所示。

❹使用快捷键 UNI 激活【并集】命令，就把 3 个拉伸实体进行合并了，结果如图 24-21 所示。

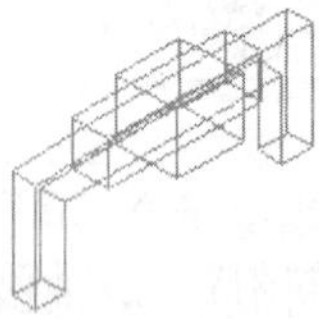
图 24-20　拉伸结果

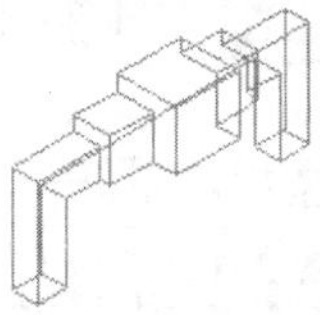
图 24-21　并集运算

❺关闭不相关的图层，然后使用快捷键M激活【移动】命令，配合对象捕捉功能，将窗套模型进行位移，位移后的着色效果如图 24-22 所示。

❻单击菜单栏上的【修改】|【复制】命令，将窗套造型分别复制到其他位置，结果如图 24-23 所示。

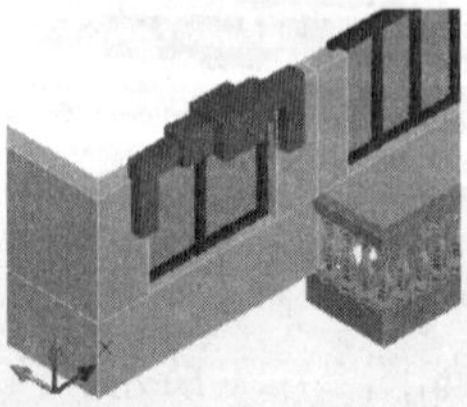
图 24-22　位移后着色结果

图 24-23　复制结果

⑦打开“轴网”层，然后使用快捷键 I 激活【插入块】命令，插入随书光盘“/图块文件/线角.dwg”，插入点为左下角轴线交点，结果如图 24-24 所示。

⑧使用快捷键 HI 激活【消隐】命令，对模型进行消隐显示，最终效果如图 24-18 所示。

⑨最后使用【另存为】命令，将图形另存为“创建窗套.dwg”文件。

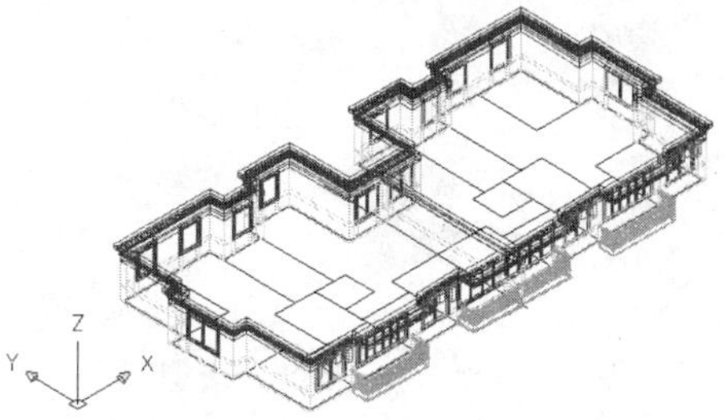

图 24-24 插入线角

24.4 创建阁楼造型

阁楼是楼体建筑的一个特殊组成部份，它一般由阁楼墙、阁楼窗、阁楼檐和阁楼瓦等部分组成。本将通过创建如图 24-25 的所示的造型，主要学习阁楼造型的创建方法和技巧。

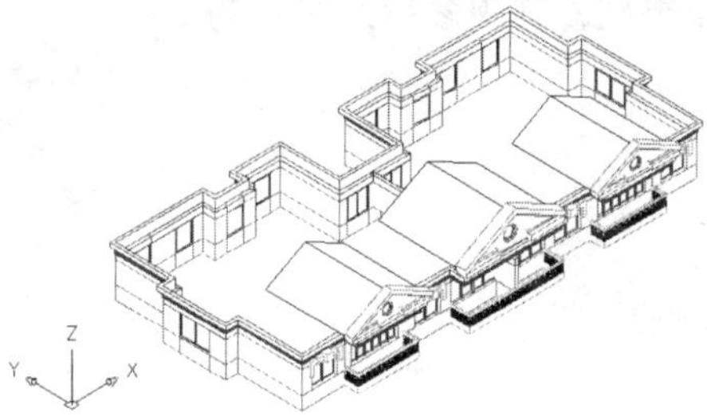

图 24-25 阁楼造型

绘图要点

- 使用【多段线】、【面域】等命令创建阁楼墙。
- 使用【多段线】、Elcv 命令创建阁楼瓦。

绘图步骤

①继续上例操作，并设置“墙体层”为当前层。

②将当前视图切换为前视图。

③综合使用【多段线】和【圆】命令，绘制阁楼墙和窗的轮廓线，如图 24-26 所示。

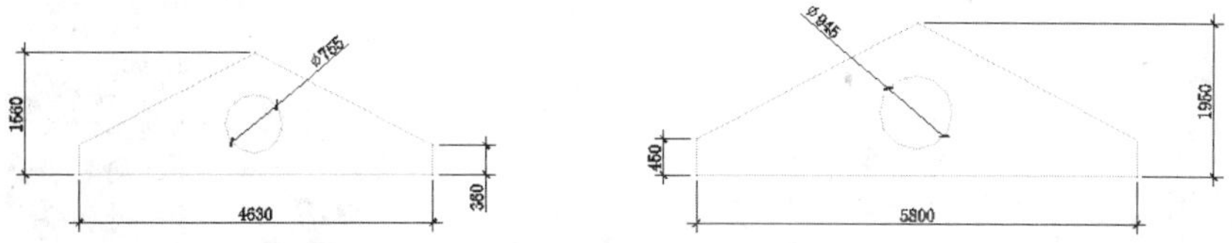

图 24-26 绘制的阁楼墙和窗的轮廓线

④单击菜单栏上的【绘图】|【面域】命令，把阁楼墙与阁楼窗的轮廓线创建为面域，并对其进行差集运算，从墙体面域中减去阁楼窗。

⑤使用快捷键 EXT 激活【拉伸】命令，把差集后的面域拉伸 240 个单位，并将其移到合适位置，消隐效果如图 24-27 所示。

⑥执行【插入块】命令，插入随书光盘中的“图块文件\阁楼窗.dwg”，其着色效果如图 24-28 所示。

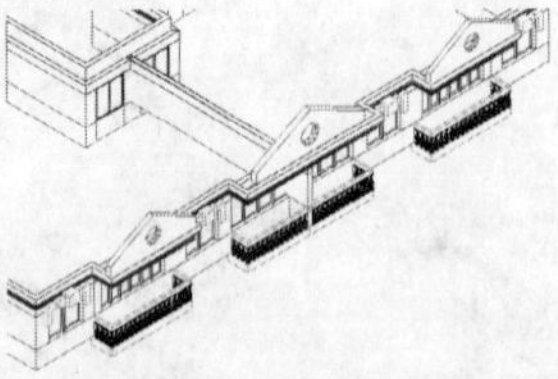
图 24-27　创建阁楼墙

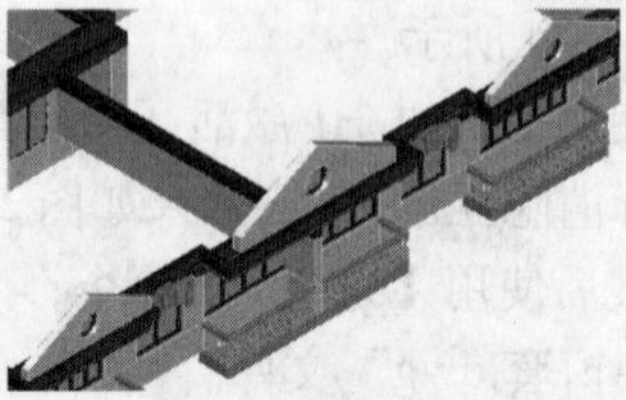
图 24-28　插入阁楼窗

⑦阁楼檐的创建方法与阁楼墙类似，直接从附盘中的【图块文件】目录下，插入阁楼檐模型，结果如图 24-29 所示。

⑧设置“瓦层”为当前层，使用 Elev 命令设置“厚度”值为-6000。

⑨设置用户坐标系，然后使用【多段线】命令，沿着阁楼墙的外轮廓，绘制如图 24-30 所示的 3 条多段线，作为阁楼瓦，其中多段线线宽为 0。

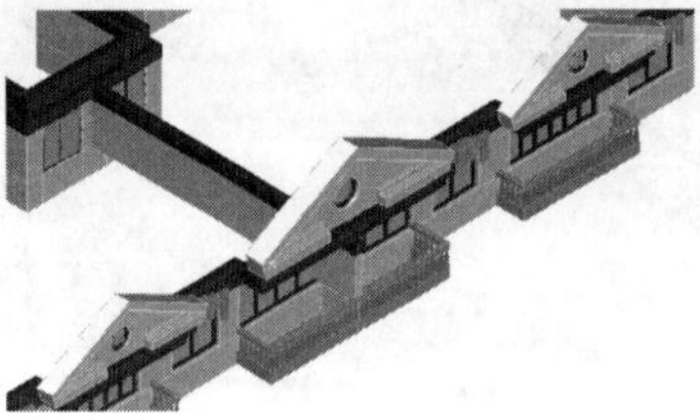
图 24-29　插入阁楼檐模型

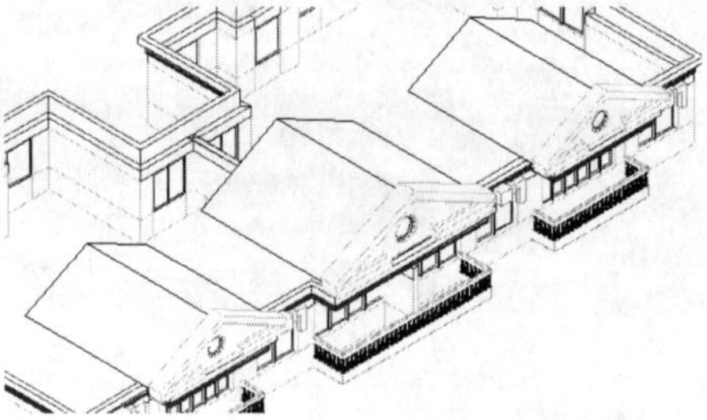
图 24-30　创建阁楼瓦

⑩最后执行【另存为】命令，将图形另存为“创建阁楼.dwg”文件。

24.5　创建坡楼顶造型

一般住宅楼顶有平顶和坡顶两种样式，平屋顶造型制作比较简单，而坡形楼顶的创建较为复杂，需要熟练运用各种建模知识和技巧，深入理解空间中面和线的关系。本将通过创建如图 24-31 的所示的造型，学习坡楼顶造型的创建方法和技巧。

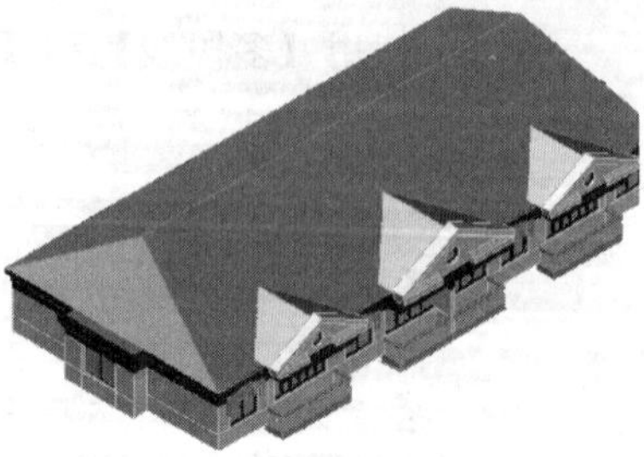
图 24-31　坡楼顶造型

绘图要点

- 使用【多段线】、【打断】命令绘制脊线。
- 使用【三维面】命令创建屋顶面。

绘图步骤

①继续上例操作。

②单击菜单栏上的【视图】|【三维视图】|【俯视】命令，将当前视图切换为俯视图。

③使用 Elev 命令将当前厚度设置为 0。

❹单击菜单栏上的【绘图】|【多段线】命令，绘制如图 24-32 所示的多段线，作为楼顶脊线。

❺单击菜单栏上的【修改】|【拉长】命令，将刚绘制的脊线两端都缩短 3000 个单位，结果如图 24-33 所示。

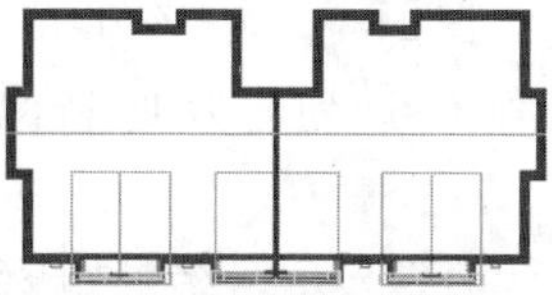

图 24-32　绘制楼顶脊线

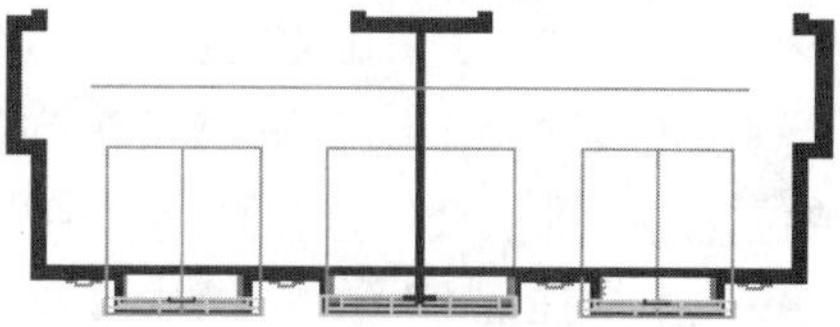

图 24-33　缩短结果

❻使用快捷键 M 激活【移动】命令，将缩短后的脊线垂直上移 4000 个单位。

❼将当前视图切换为东南视图。

❽使用【三维面】命令，以坡形楼顶的 4 个顶点和楼顶脊线的两侧端点作为顶点，创建如图 24-34 所示的楼顶坡形屋面。

❾使用快捷键 HI 激活【消隐】命令，对当前视图进行消隐显示，效果如图 24-35 所示。

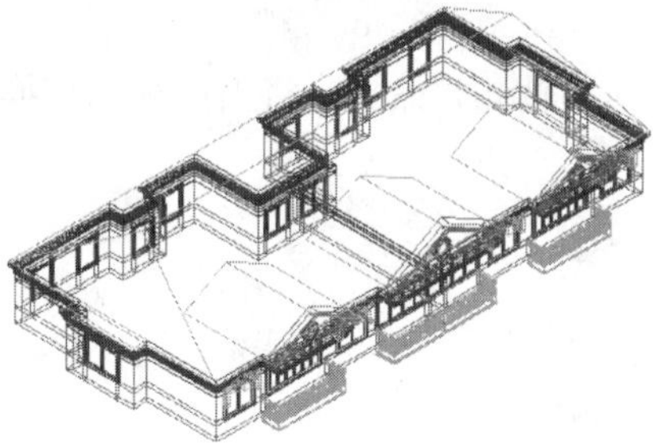

图 24-34　绘制楼顶坡形屋面

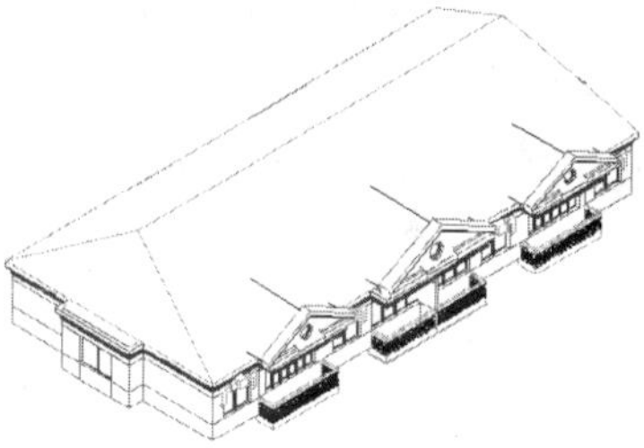

图 24-35　消隐显示

❿使用 Shade 命令，对模型进行着色，最终效果如上图 24-31 所示。

⓫最后使用【另存为】命令，将图形另存为“创建坡楼顶.dwg”文件。

24.6　楼体整合与完善

以上逐一介绍了建筑墙体、阳台、窗户、阁楼和楼顶等的造型的建模方法和技巧，这些建筑构件组合在一起就构成了一个完整的三维建筑物模型。下面以创建如图 24-36 所示的完整楼体模型为例，学习楼体模型的后期合成方法和技巧。

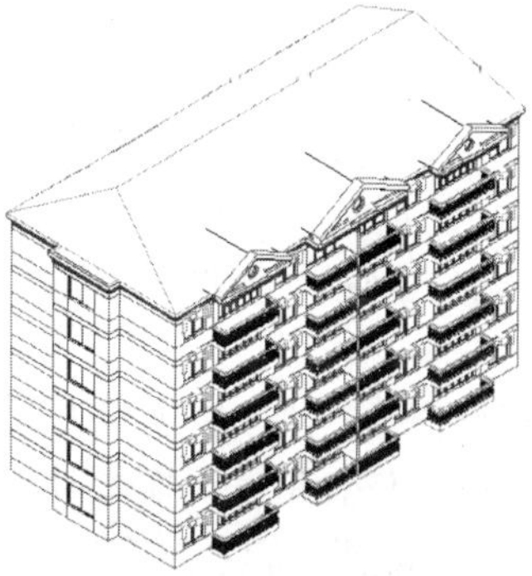

图 24-36　住宅楼楼体模型

操作步骤

❶继续上节操作。

❷单击菜单栏上的【视图】|【三维视图】|【前视】命令，将当前视图切换为前视图，结果如图 24-37 所示。

❸使用快捷键 HI 激活【消隐】命令，对其进行消隐显示，结果如图 24-38 所示。

图 24-37　切换视图

图 24-38　消隐结果

❹单击菜单栏上的【修改】|【阵列】命令，设置阵列行数为 6、列数为 1、行偏移为-2800 个单位，对标准层楼体进行阵列，结果如图 24-39 所示。

❺使用快捷键 HI 激活【消隐】命令，对楼体模型进行消隐显示，结果如 26-40 所示。

图 24-39　阵列结果

图 24-40　消隐结果

❻单击菜单栏上的【视图】|【三维视图】|【西南等轴测】命令，将当前视图切换为西南视图，效果如图 24-41 所示。

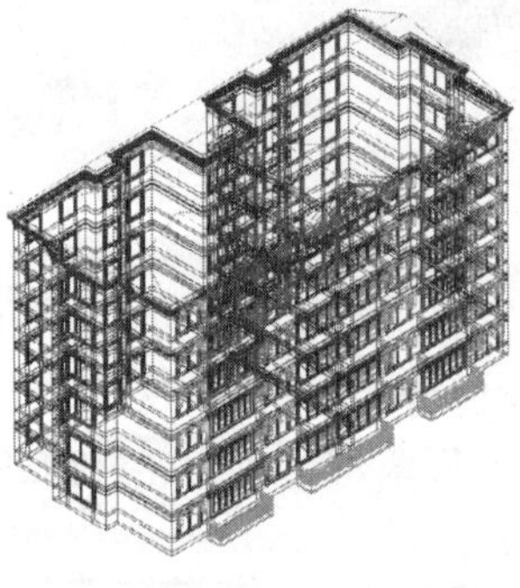

图 24-41　切换视图

❼最后使用【另存为】命令，将图形命名另存为“楼体合成.dwg”文件

24.7 本章小结

三维模形的绘制在建筑设领域中也是极其重要的一个环节，它不仅具有较强的真实感，而且可以从任意角度对物体对象进行观察，获得不同的视觉效果，能得到一个接近真实形状和构造的感觉，能看到比二维平面图形更多和更丰富的内容。AutoCAD 在三维建模方面，有其独到之处，比较适合于创建民房、高层建筑、厂房和园林建筑等建筑物的三维模型。

本章主要以创建某住宅楼立体模型为例，详细讲述了建筑物立体模型的快速创建方法和创建技巧，引导读者从三维空间的角度来表达作者的设计思想和设计意图。本章使用到的命令虽然不多，但技巧性的知识点较多，特别是坐标系的适时定义与视图的适时切换，是创建三维模型的关键，另外【多段线】、【特性】和【标高】等命令的组合搭配，也是快速建模的关键和技巧，希望读者细心体会并灵活运用。

第25章

数据转换与打印输出

本章将学习 AutoCAD 的打印功能及数据转换功能。

AutoCAD 为用户提供了两种操作空间，即模型空间和布局空间。“模型空间”是图形的设计空间，主要用于设计和修改图形，但是它在打印方面有一定的缺陷，只能进行简单的打印操作；而“布局空间”则是 AutoCAD 的主要打印空间，打印功能比较完善。本章将学习这两种空间下的图纸打印技巧以及与其他软件间的数据转换技巧。

25.1 数据转换

25.1.1 与 3ds Max 间的数据转换

AutoCAD 精确强大的绘图和建模功能，加上 3ds Max 无与伦比的特效处理及动画制作功能，既克服了 AutoCAD 的动画及材质方面的不足，又弥补了 3ds Max 建模的烦琐与不精确。在这两种软件之间存在着一条数据互换的通道，用户完全可以综合两者的优点来构造模型。

AutoCAD 与 3ds Max 都支持多种图形文件格式。下面学习这两种软件之间进行数据转换时，使用到的 3 种文件格式。

- DWG 格式。该格式是一种常用的数据交换格式，即在 3ds Max 中可以直接读入该格式的 AutoCAD 图形，而不需要经过第二种文件格式。使用该格式进行数据交换，可能为用户提供图形的组织方式（如图层、图块）上的转换，但是该格式不能转换材质和贴图信息。
- DXF 格式。使用 Dxfout 命令将 CAD 图形输保存为*.dxf 格式的文件，然后在 3ds Max 中也可以读入该格式的 CAD 图形。不过该格式属于一种文本格式，它是在众多的 CAD 建模程序之间，进行一般数据交换的标准格式。使用该格式，可以将 AutoCAD 模型转化为 3ds Max 中的网格对象。
- DOS 格式。这是 DOS 环境下的 3DStudio 的基本文本格式，使用这种格式可以使 3ds Max 转化为 AutoCAD 的材质和贴图信息，并且它是从 AutoCAD 向 3ds Max 输出 ARXn 对象的最好办法。

另外，用户可以根据自己的实际情况，选择相应的数据交换格式，具体情况如下：

- 如果要使从 AutoCAD 转换到 3ds Max 中的模型尽可能参数化，则可以选择 DWG 格式；
- 如果在 AutoCAD 和 3ds Max 来回交换数据，也可使用择 DWG 格式；
- 如果在 3ds Max 中保留 AutoCAD 材质和贴图坐标，则可以使用 3DS 格式；
- 如果只需要将 AutoCAD 中的三维模型导入到 3ds Max，则可以使用 DXF 格式。

技巧

使用 3ds Max 创建的模型也可转化为 DWG 格式的文件，在 AutoCAD 应用软件中打开，进一步细化处理。具体操作方法就是使用菜单栏中的【文件】|【输出】命令，将 3ds Max 模型直接保存为 DWG 格式的图形。

25.1.2 与 Photoshop 间的数据转换

AutoCAD 绘制的图形，除了可以用 3ds Max 处理外，同样也可以用 Photoshop 对其进行更细腻的光影、色彩的处理。

❶使用【输出】命令。单击菜单栏上的【文件】|【输出】命令，打开【输出数据】对话框中，将【文件类型】设置为【Bitmap (*.bmp)】选项，再确定一个合适的路径和文件名，即可将当前 CAD 图形文件输出为位图文件。

❷使用“打印到文件”方式输出位图，使用该方式时，需要事先添加一个位图格式的光栅打印机，然后再进行打印输出位图。

虽然 AutoCAD 可以输出 BMP 格式图片，但 Photoshop 却不能输出 AutoCAD 格式图片，不过在 AutoCAD 中可以通过【光栅图像参照】命令插入 BMP、JPG、GIF 等格式的图形文件。

单击菜单栏上的【插入】|【光栅图像参照】命令，打开【选择图像文件】对话框，然后选择所需的图像文件，如图 25-1 所示。

图 25-1 【选择图像文件】对话框

单击 打开(O) 按钮，打开如图 25-2 所示的【图像】对话框中，根据需要设置图片文件的插入点、插入比例和旋转角度。单击 确定 按钮，并按提示完成操作。

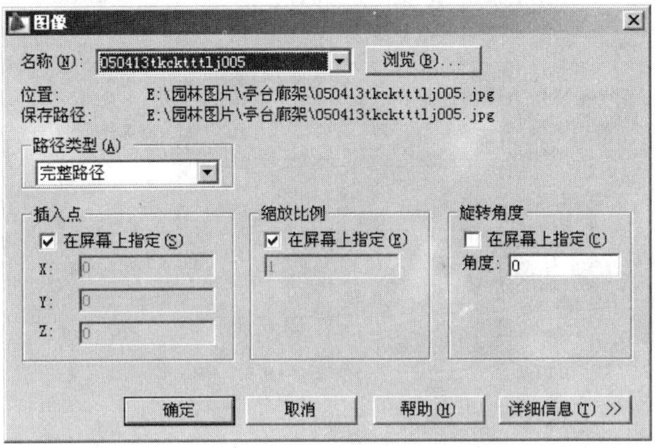

图 25-2 【图像】对话框

25.2 模型快速打印

本例将在模型空间内将某室内吊顶图打印输出到 4 号图纸上，学习模型操作空间中图纸的快速打印技巧。本例打印效果如图 25-3 所示。

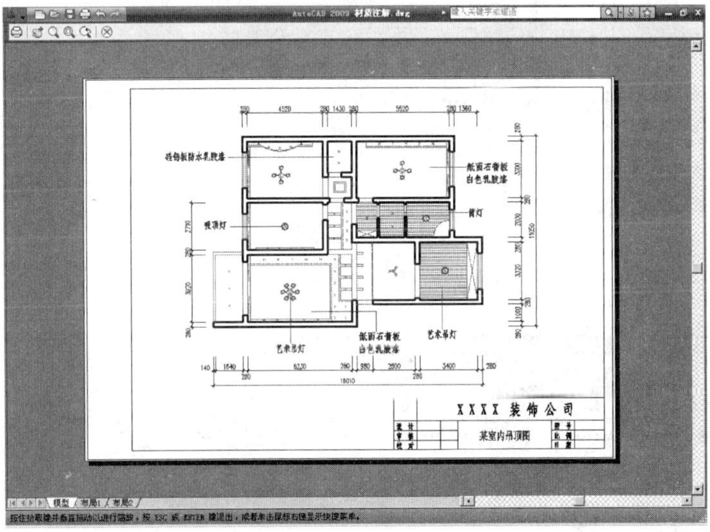

图 25-3 打印效果图

操作步骤

❶打开随书光盘“效果文件\第 19 章\材质注解.dwg”，如图 25-4 所示。

❷执行【图层】命令，在打开的对话框中双击“其他层”，将此图层设置为当前图层。

❸使用快捷键 I 激活【插入块】命令，以 105 倍的缩放比例，插入随书光盘“图块文件\A4-H.dwg”文件，并适当调整位置，结果如图 25-5 所示。

❹单击菜单栏上的【文件】|【绘图仪管理器】命令，在打开的对话框中双击 DWF6 ePlot 图标，如图 25-6 所示。

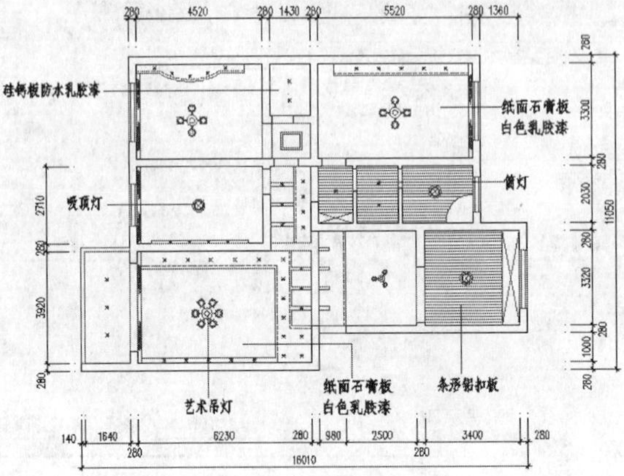

图 25-4　打开的文件

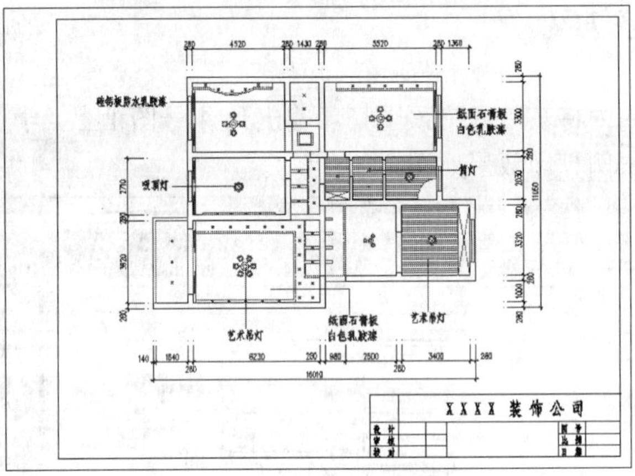

图 25-5　插入图纸中

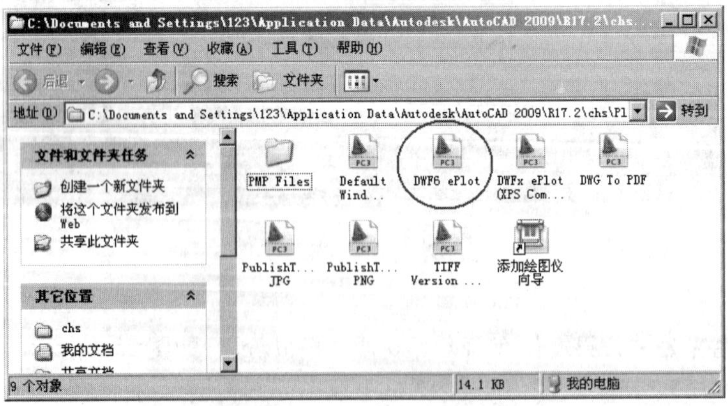

图 25-6　双击打印机图标

技巧

在布置图表框时，用户可以使用系统默认参数将图框插入到绘图区，然后再使用参照缩放和移动命令调整图框的大小和位置。

❺此时系统打开如图 25-7 所示的【绘图仪配置编辑器】对话框。

❻在此对话框中展开【设备和文档设置】选项卡，选择【用户定义图纸尺寸与校准】目录下【修改标准图纸尺寸（可打印区域)】选项，如图 25-8 所示。

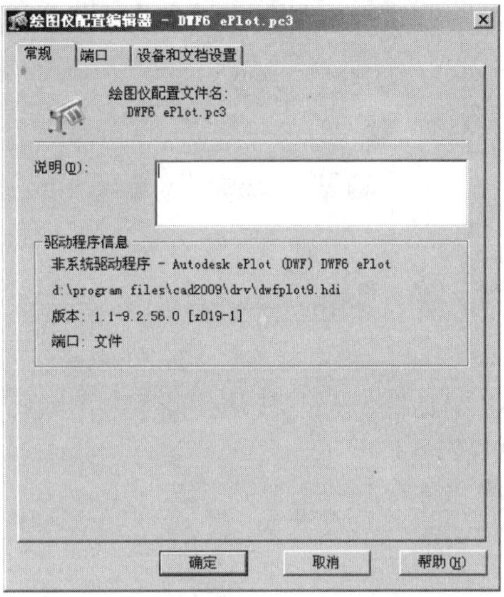

图 25-7 【绘图仪配置编辑器】对话框

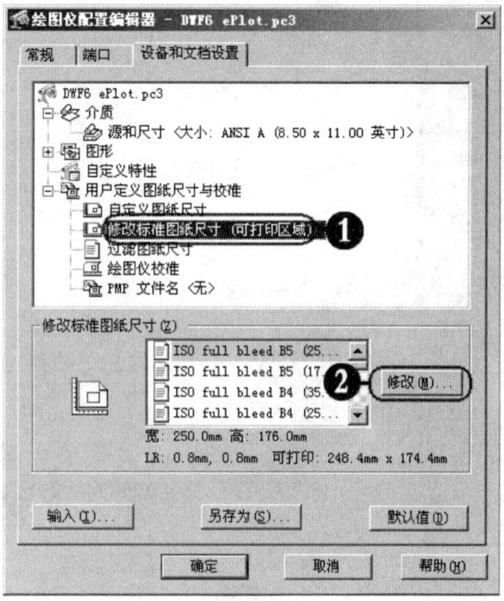

图 25-8 展开【设备和文档设置】选项卡

❼在【修改标准图纸尺寸】选项组中选择“ISO A4 图纸尺寸”选项，单击修改(M)...按钮，在打开的【自定义图纸尺寸-可打印区域】对话框中设置参数如图 25-9 所示。

❽依次单击下一步(N) >按钮，在打开的【自定义图纸尺寸-完成】对话框中，列出了所修改后的标准图纸的尺寸，如图 25-10 所示。

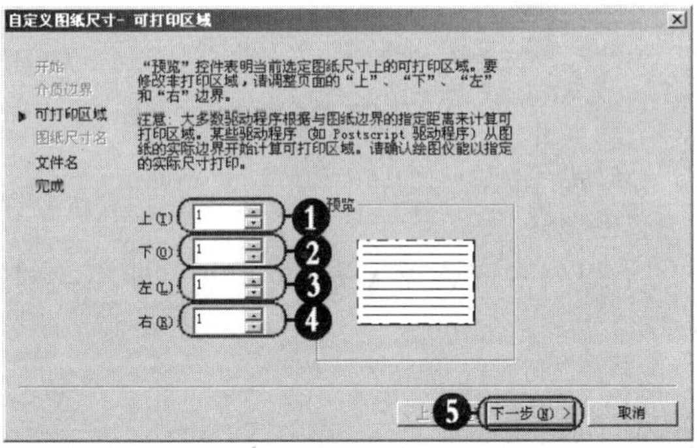

图 25-9 修改图纸打印区域图

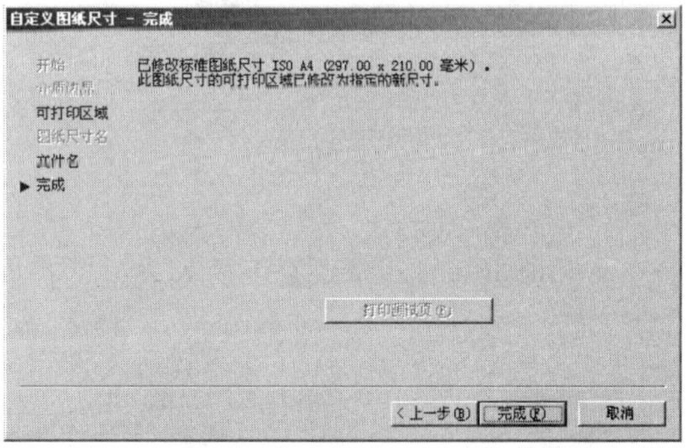

25-10 【自定义图纸尺寸—完成】对话框

❾单击完成按钮系统返回【绘图仪配置编辑器】对话框，然后单击另存为(S)...按钮，将当前配置进行保存，如图 25-11 所示。

❿单击保存(S)按钮返回【绘图仪配置编辑器】对话框，然后单击确定按钮，结束命令。

⓫单击菜单栏上的【文件】|【页面设置管理器】命令，在打开的对话框单击新建(N)...按钮，为新页面赋名，如图 25-12 所示。

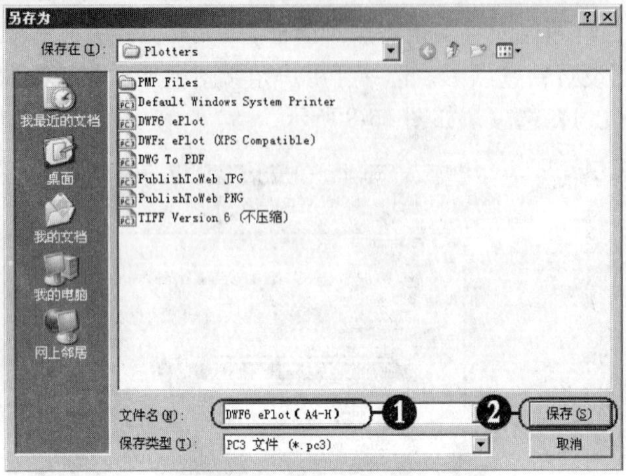

图 25-11 【另存为】对话框

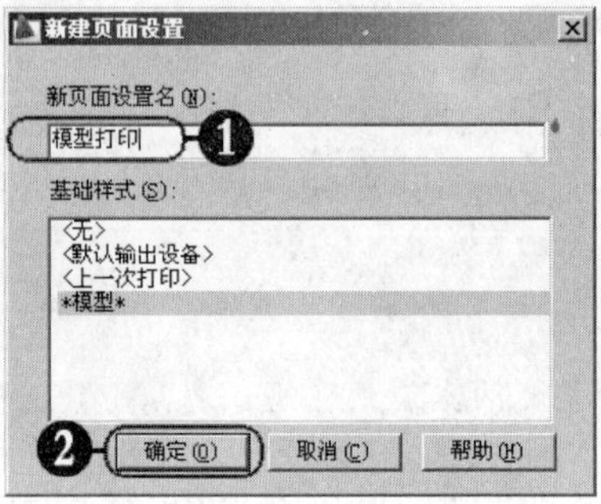

图 25-12 为新页面命名

⑫单击 确定 按钮，打开【页面设置-模型】对话框，设置打印机的名称、图纸尺寸、打印偏移、打印比例和图形方向等页面参数，如图 25-13 所示。

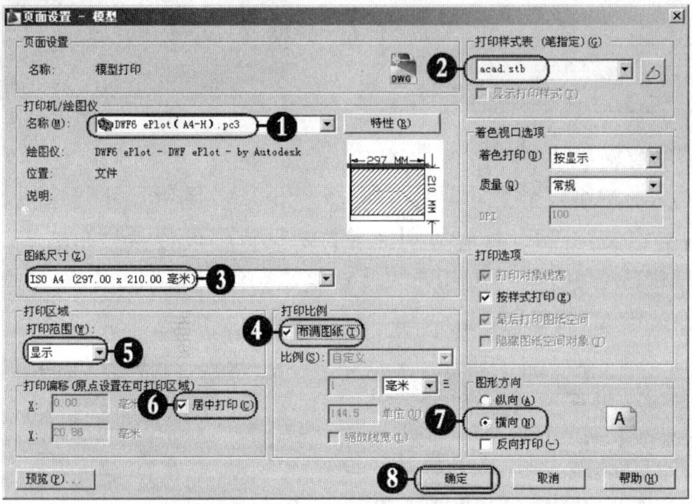

图 25-13 设置页面参数

⑬单击【打印范围】下拉列表框，在展开的下拉列表内选择【窗口】选项，如图 25-14 所示。

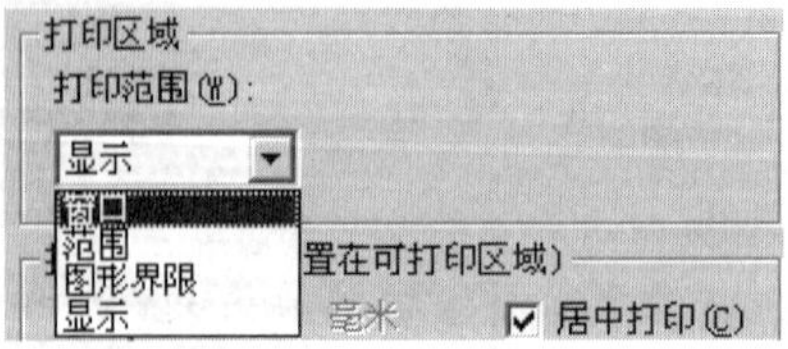

图 25-14 选择窗口打印

⑭系统自动返回绘图区，在命令行“指定第一个角点、对角点等”操作提示下，捕捉 4 号图框的两个对角点，作为打印区域。

⑮当指定打印区域后，系统自动返回【页面设置-模型】对话框，单击 确定 按钮，返回【页面设置管理器】对话框，将刚创建的新页面置为当前，如图 25-15 所示。

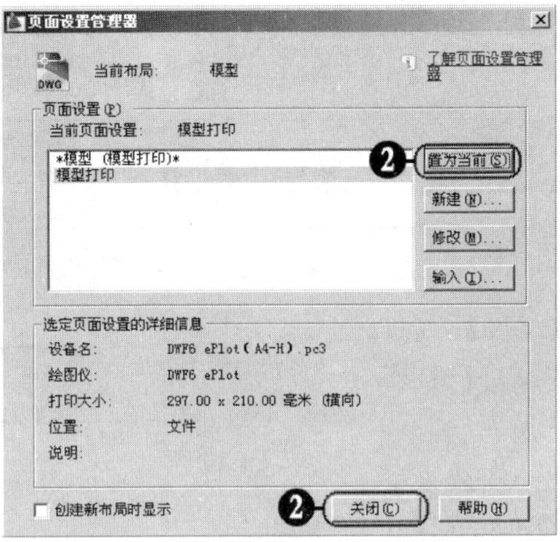

图 25-15　设置当前页面

⑯使用【窗口缩放】视图调整工具，将标题栏区域进行放大显示，如图 25-16 所示。

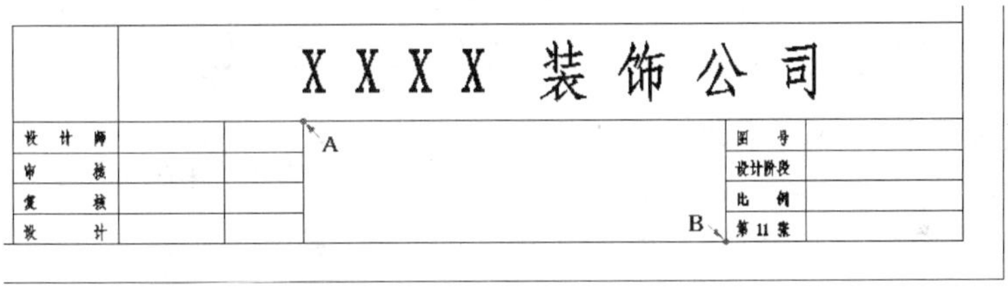

图 25-16　放大标题栏区域

⑰使用快捷键 T 激活【多行文字】命令，打开如图 25-17 所示的【文字格式】编辑器。

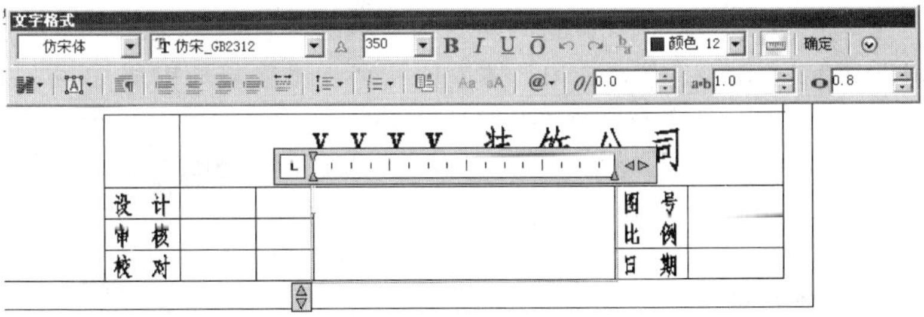

图 25-17　【文字格式】编辑器

⑱在【文字格式】编辑器中设置字体样式、字高和对正方式等参数，然后输入图名，如图 25-18 所示。

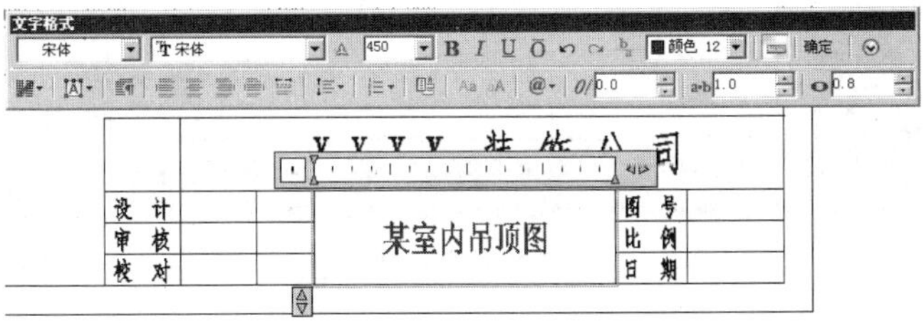

图 25-18　输入文字

⑲单击确定按钮，为标题栏填充图名，结果如图 25-19 所示。

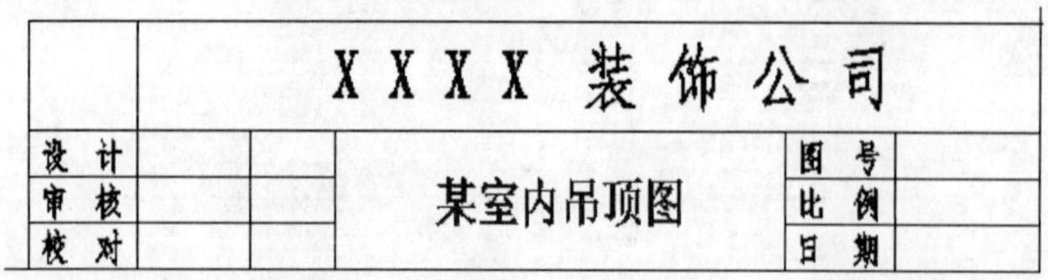

图 25-19　填充的图名

⑳单击菜单栏上的【文件】|【打印预览】命令，对当前图形进行打印预览，预览结果如图 25-3 所示。

㉑右击鼠标，在弹出的快捷菜单中选择【打印】命令，此时系统打开如图 25-20 所示的【浏览打印文件】对话框，在此对话框内设置打印文件的保存路径及文件名。

㉒单击 保存(S) 按钮，系统弹出【打印作业进度】对话框，等此对话框关闭后，打印过程即可结束。

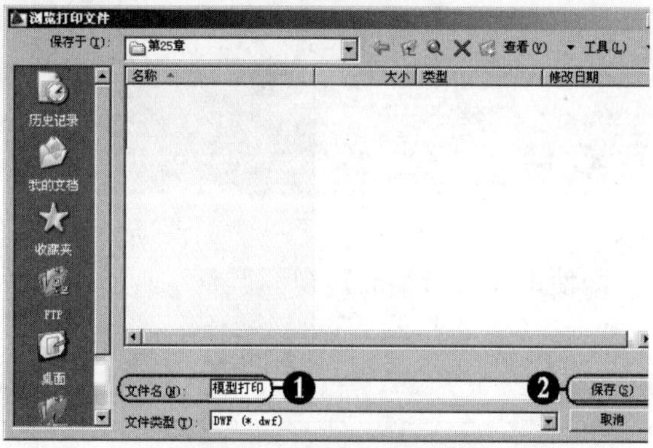

图 25-20　保存打印文件

㉓最后使用【另存为】命令，将当前图形另存为“模型打印.dwg”文件。

25.3 单比例精确打印

本例将在布局空间内按照 1:100 的精确出图比例将某住宅楼梁结构平面图打印到 3 号图纸上，学习单比例打印的操作方法和具体操作技巧。本例打印效果如图 25-21 所示。

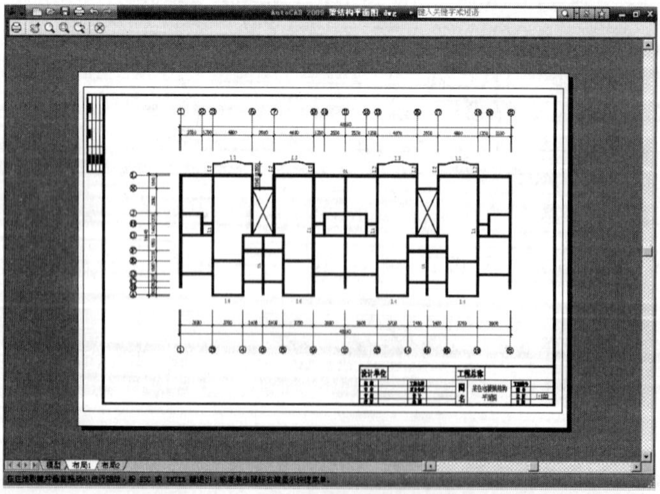

图 25-21　打印效果图

操作步骤

❶打开随书光盘“效果文件\第 22 章\梁结构平面图.dwg”，如图 25-22 所示。

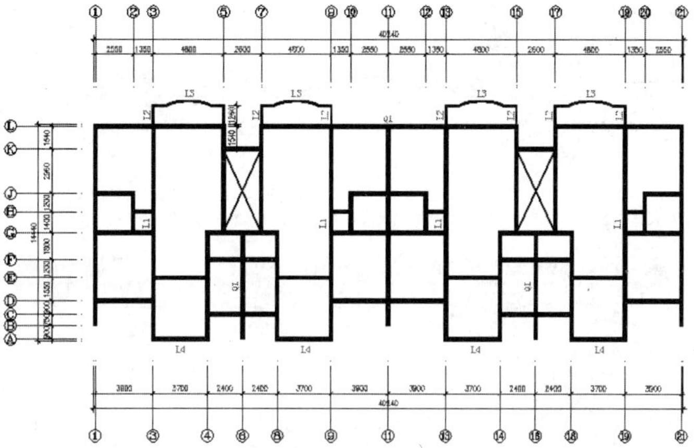

图 25-22 打开的平面图

❷单击绘图区布局1标签，进入“布局 1”操作空间，如图 25-23 所示。

❸单击菜单栏上的【视图】|【视口】|【多边形视口】命令，分别捕捉内框各角点，创建一个多边形视口，结果如图 25-24 所示。

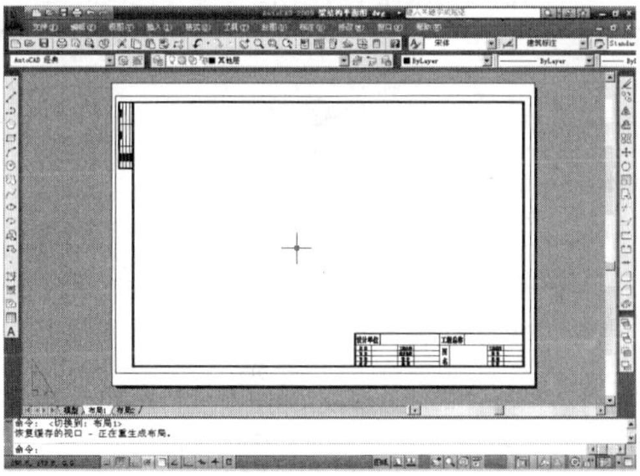

图 25-23 进入布局空间

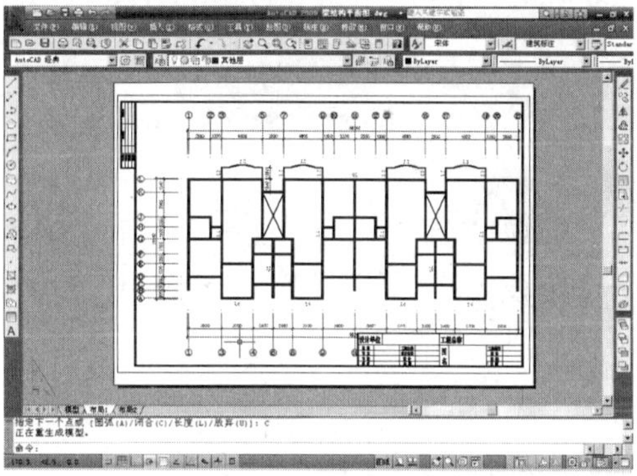

图 25-24 创建多边形视口

❹在状态栏上单击图纸按钮，激活刚创建的多边形视口。

❺打开【视口】工具栏，并调整出图比例为 1:100，如图 25-25 所示，图形的显示效果如图 25-26 所示。

图 25-25 【视口】工具栏

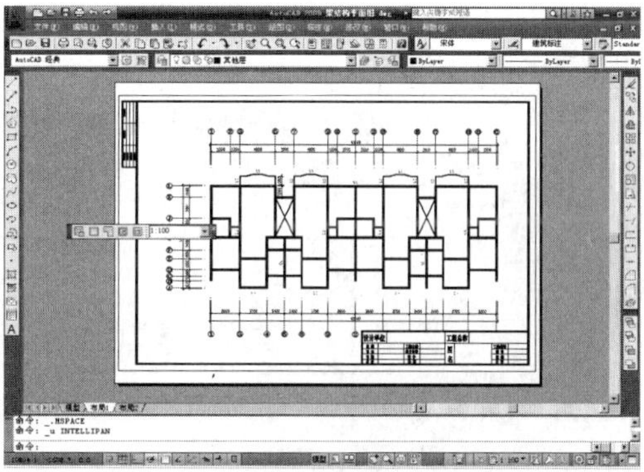

图 25-26 调整图形显示效果

技巧

在设置图形的出图比例时，需要事先将布局中的视口激活，然后配合【缩放缩放】和【视口】工具栏，调整图形的精确出图比例。

⑥使用【实时平移】工具调整平面图位置，结果如图 25-27 所示。

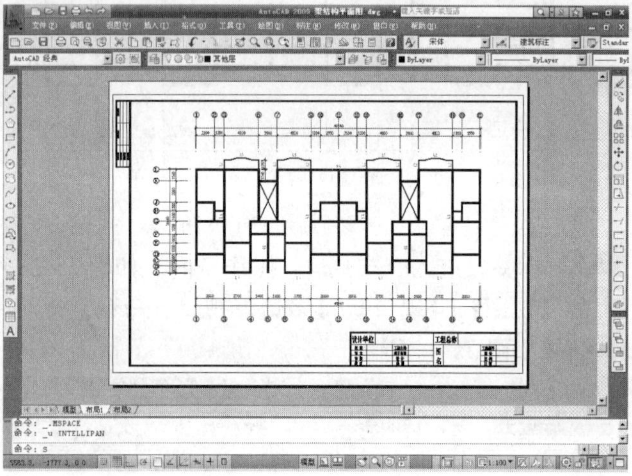

图 25-27　调整图形位置

⑦单击状态栏中的 模型 按钮，返回图纸空间。

⑧设置“文本层”为当前图层，设置当前文字样式为“宋体”，使用【窗口缩放】工具调整视图，如图 25-28 所示。

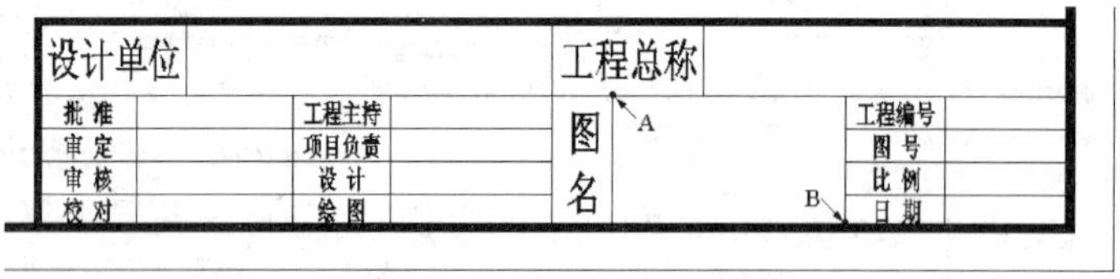

图 25-28　窗口缩放效果

⑨使用快捷键 T 激活【多行文字】命令，分别捕捉图 25-28 所示的两个角点，打开【文字格式】的编辑器，设置字体、字高、对正方式等参数，并输入图名，如图 25-29 所示。

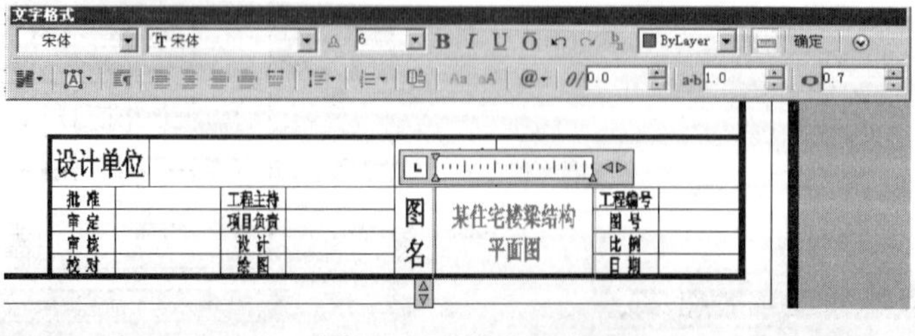

图 25-29　输入文字

⑩单击 确定 按钮结束命令，结果为标题栏填充图名，如图 25-30 所示。

图 25-30 填充的图名

⑪重复使用【多行文字】命令，设置字体、字高、对正方式不变，为标题栏填充比例，结果如图 25-31 所示。

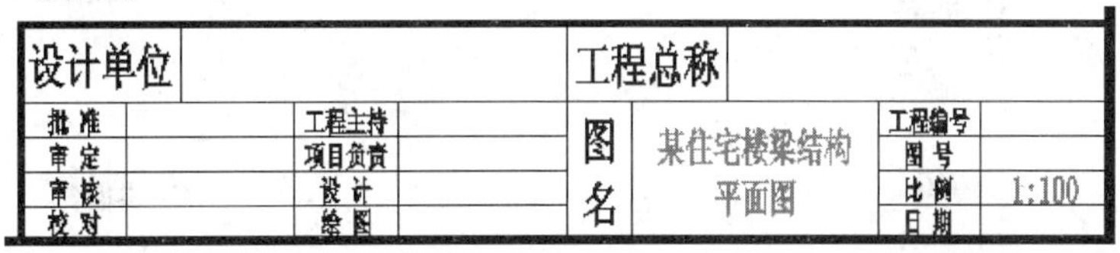

图 25-31 设置填充比例

⑫单击菜单栏上的【视图】|【缩放】|【全部】命令，调整视图，结果如图 25-32 所示。

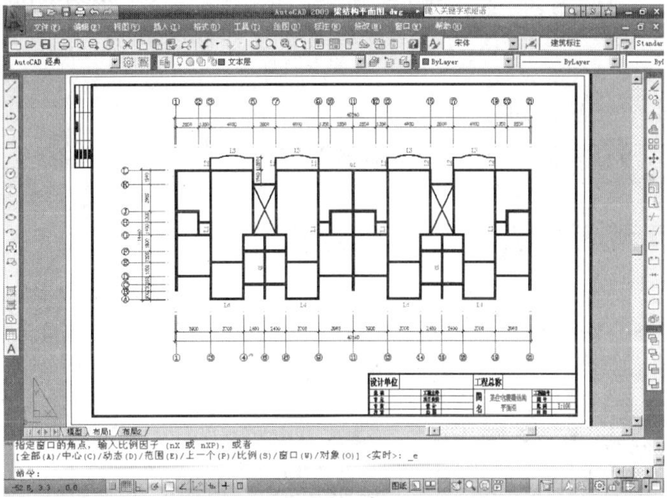

图 25-32 调整视图结果

⑬单击【标准】工具栏中的按钮，打开如图 25-33 所示的【打印-布局 1】对话框。

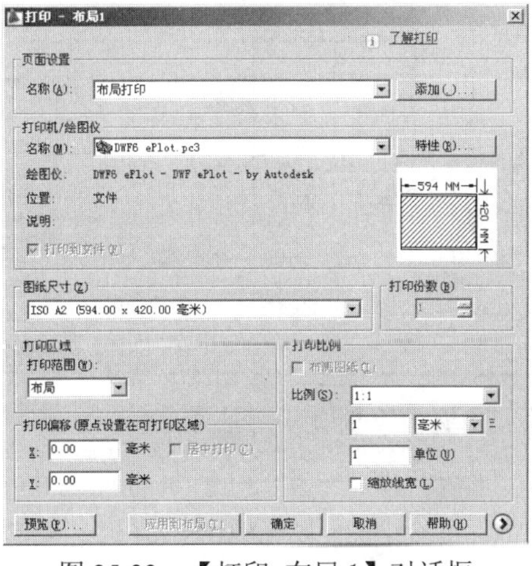

图 25-33 【打印-布局 1】对话框

⑭单击 预览(P)... 按钮，对图形进行预览，效果如上图 25-11 所示。

⑮按 Esc 键退出预览状态，返回【打印-布局 1】对话框单击 确定 按钮。

⑯系统打开【浏览打印文件】对话框，设置文件的保存路径以及文件名，如图 25-34 所示。

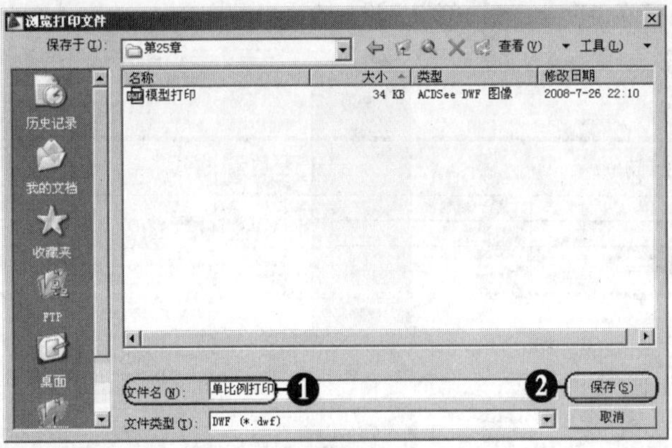

图 25-34 保存打印文件

⑰单击 保存(S) 按钮，即可进行精确打印。

⑱最后使用【另存为】命令，将当前图形另存为“单比例打印.dwg”文件。

25.4 多比例精确打印

本例将以“多比例打印”方式将某居民楼施工剖面图按照两种不同的出图比例输出到 2 号图纸上，学习“多比例打印”的布图技巧和出图技巧。本例打印预览效果，如图 25-35 所示。

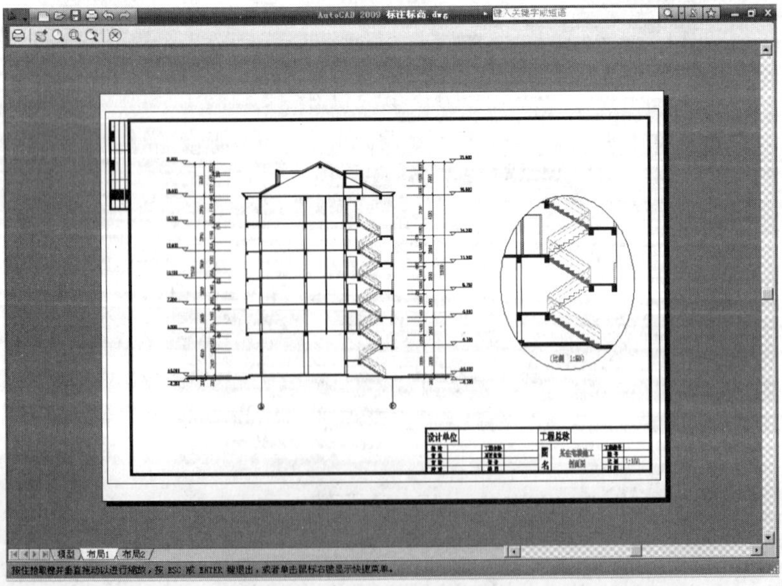

图 25-35 打印效果图

操作步骤

❶首先打开随书光盘中的“效果文件\第 17 章\标注标高.dwg”，如图 25-36 所示。

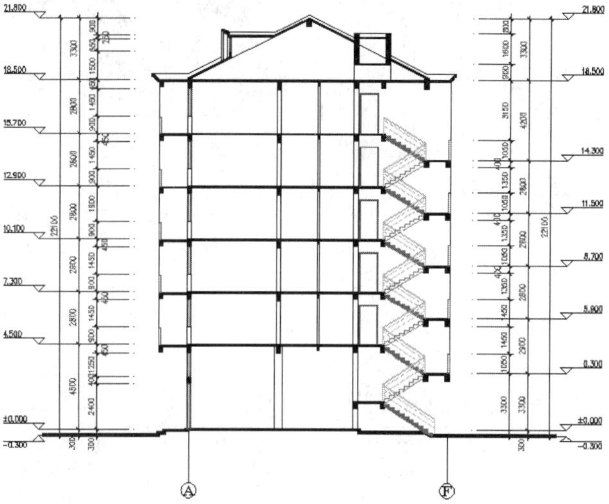

图 25-36　打开的平面图

❷单击绘图区下方的布局1标签，进入布局空间。

❸单击菜单栏上的【视图】|【视口】|【多边形视口】命令，分别捕捉内框各角点，创建一个闭合的多边形视口，将平面图形纳入到图纸空间内，如图 25-37 所示。

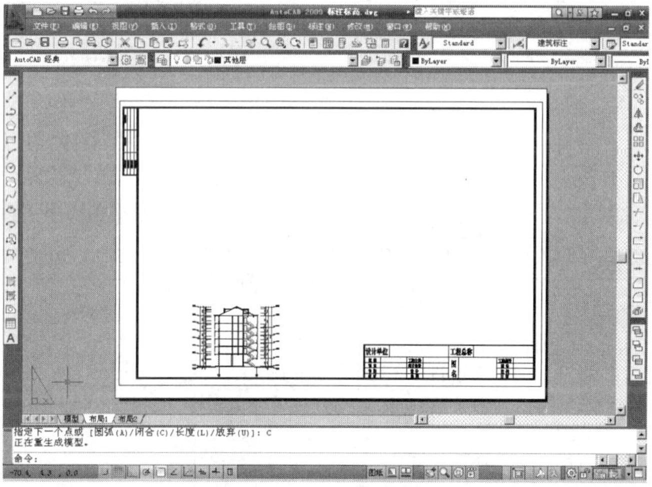

图 25-37　创建多边形视口

❹激活刚创建的多边形视口，然后调整比例为 1:100，并使用【实时平移】工具调整剖面图在视口内的位置，结果如图 25-38 所示。

❺返回图纸空间，然后使用快捷键 EL 激活【椭圆】命令，在右侧空白区域绘制长轴为 180、短轴为 140 的椭圆，如图 25-39 所示。

❻单击菜单栏上的【视图】|【视口】|【对象】命令，将椭圆转化为椭圆形视口，结果如图 25-40 所示。

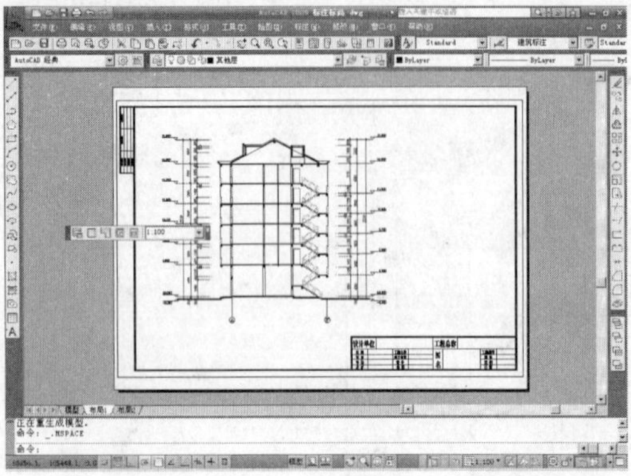

图 25-38　调整图形位置

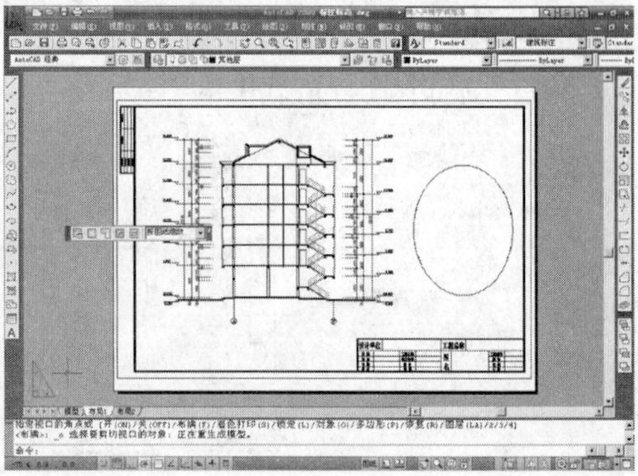

图 25-39　绘制椭圆

❼单击状态栏中的图纸按钮，激活刚创建的矩形视口，此时视口边框线变为粗线状态，如图 25-41 所示。

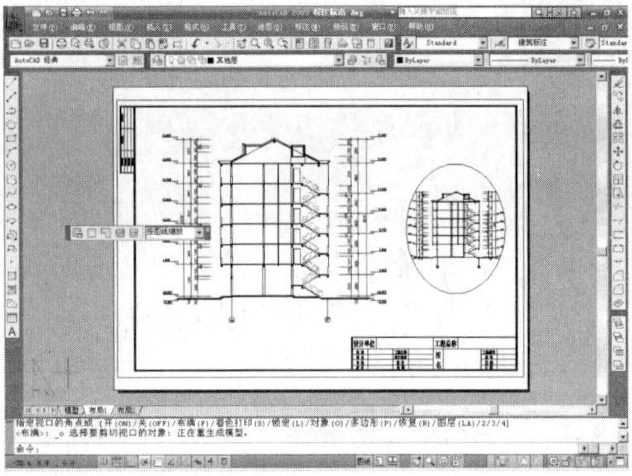

图 25-40　转化为椭圆视口

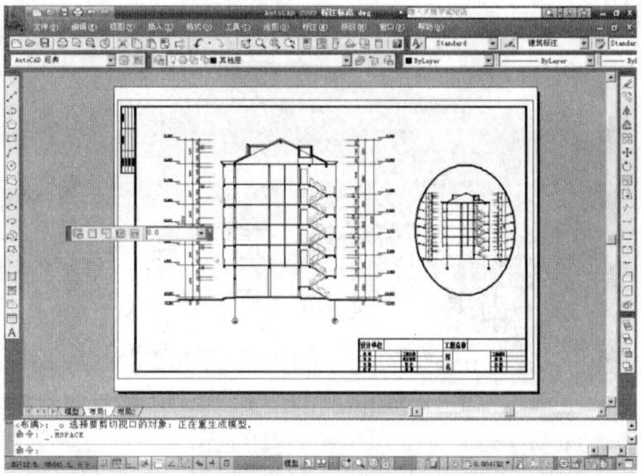

图 25-41　激活矩形视口

❽在【视口】工具栏中，将比例调整为 1:50，此时视口内的图形显示如图 25-42 所示。

❾使用【实时平移】工具调整图形在视口内的显示，结果如图 25-43 所示。

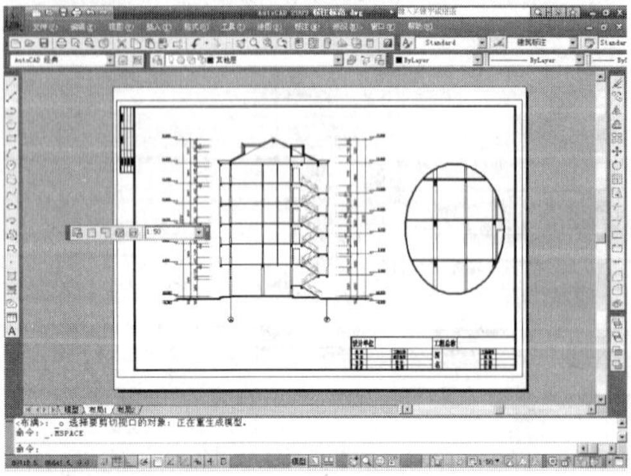

图 25-42　调整显示比例

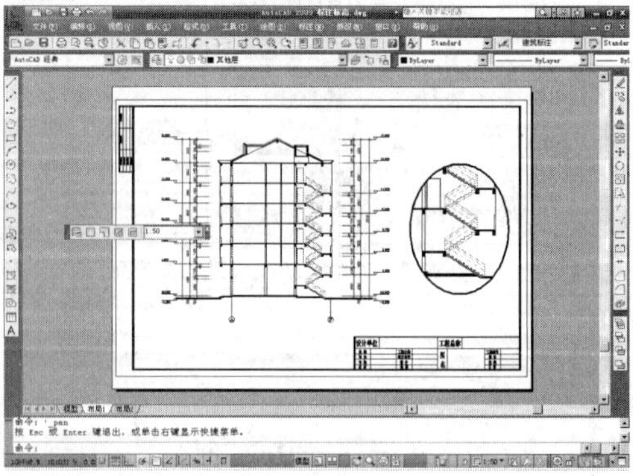

图 25-43　调整图形位置

❿返回图纸空间，设置“文本层”为当前图层。

⓫使用【文字样式】命令，将“宋体”设置为当前样式。

⓬将标题栏进行窗口缩放，然后使用【多行文字】命令，为标题栏填充图名，如图 25-44 所示。

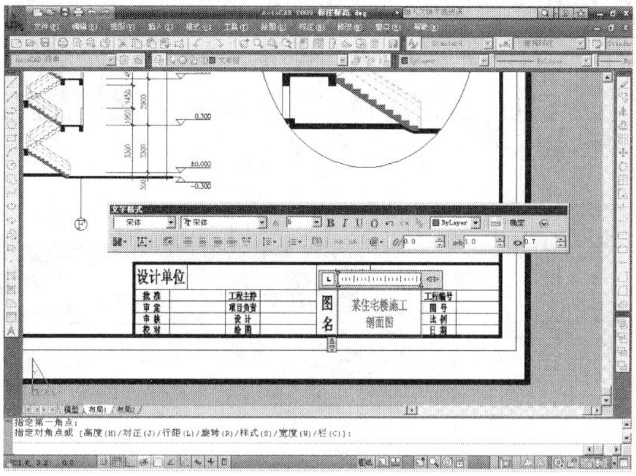

图 25-44 填充图名

⑬重复执行【多行文字】命令，设置文字样式和对正方式不变，为标题栏填充出图比例，如图 25-45 所示。

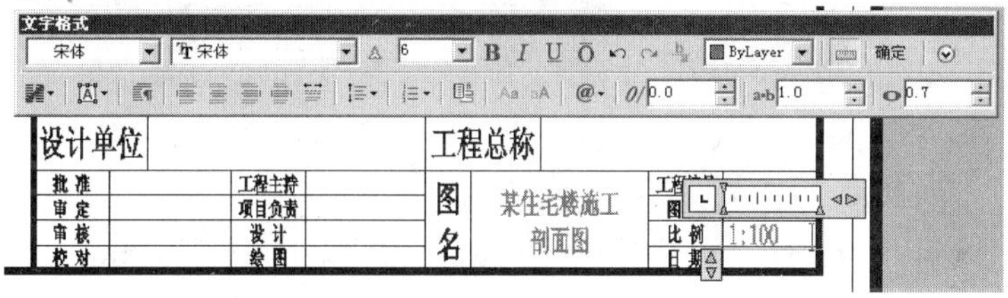

图 25-45 填充比例

⑭重复执行【多行文字】命令，为右侧的椭圆形视口标注比例，其中文字高度为 10，结果如图 25-46 所示。

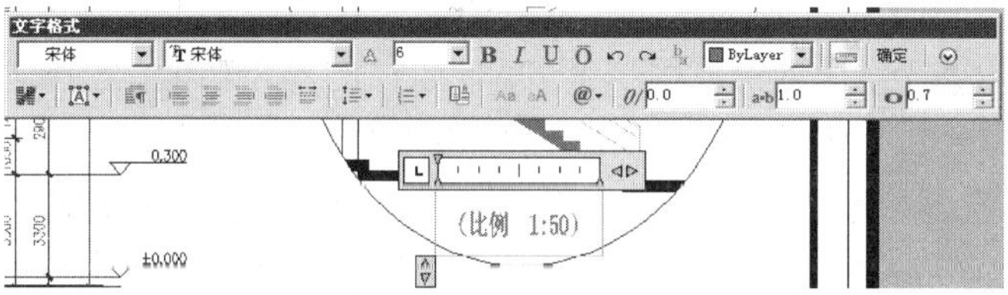

图 25-46 标注结果显示比例

⑮使用【全部缩放】工具调整视图，调整结果如图 25-47 所示。

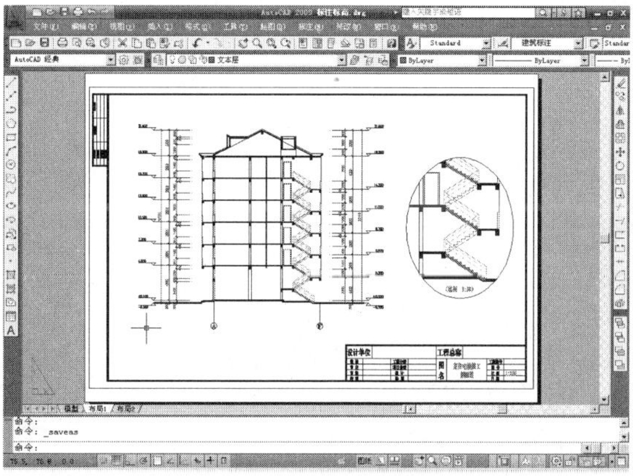

图 25-47 调整视图

⑯执行【打印】命令，打开如图 25-48 所示的【打印–布局 1】对话框。

⑰单击 预览(P)... 按钮，对图形进行预览，效果如上图 25-35 所示。

⑱退出预览状态，返回【打印–布局 1】对话框单击 确定 按钮，在系统打开的对话框中设置文件的保存路径及文件名，如图 25-49 所示。

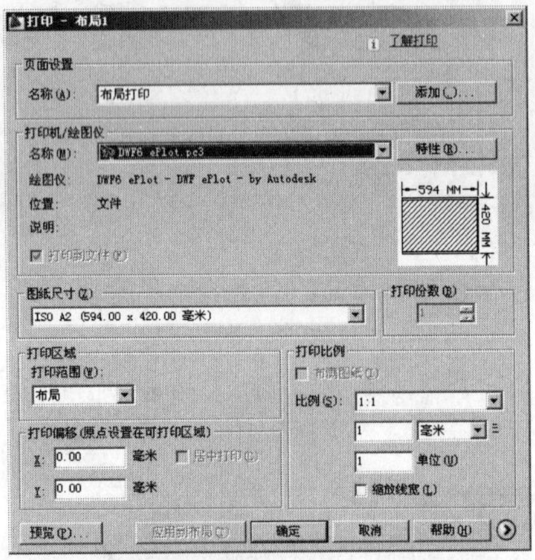

图 25-48　【打印-布局 1】对话框

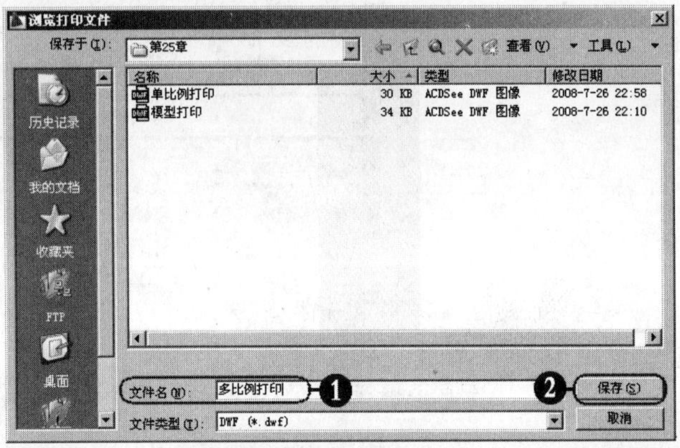

图 25-49　保存打印文件对话框

⑲在对话框中的单击 保存(S) 按钮，即可进行精确打印

⑳最后使用【另存为】命令，将当前图形另存为“多比例打印.dwg”文件。

25.5 本章小结

打印输出是绘制施工图的最后一个操作环节。本章通过模型快速打印、单比例打印和多比例打印 3 个典型案例，详细讲述了 AutoCAD 软件的打印功能。另外，学习了 AutoCAD、Photoshop、3ds Max 这 3 个软件之间数据转换功能。

通过本章的学习，希望读者重点掌握打印的基本参数设置、图纸的布图技巧以及出图比例的调整等技能，灵活使用相关的出图方法精确打印施工图，使其完整准确地表达出图纸的意图和效果。